APPARATE

TECHNIK - BAU - ANWENDUNG

APPARATE

TECHNIK - BAU - ANWENDUNG

2. Ausgabe

Zusammenstellung und Bearbeitung
Dipl.-Ing. B. Thier, Marl

VULKAN-VERLAG ESSEN

Die Deutsche Bibliothek – CIP-Einheitsaufnahme

Apparate : Technik – Bau – Anwendung / Zsstellung und Bearb.: B. Thier. – 2. Ausg. – Essen : Vulkan-Verl., 1997

ISBN 3-8027-2172-1

NE: Thier, Bernd [Bearb.]

Printed in Germany

Vorwort

Nach dem erfolgreichen Start der 1. Ausgabe des

Handbuches „Apparate"

folgt nun die 2. Ausgabe mit aktuellen Beiträgen und Neuentwicklungen der letzten 5 Jahre, wobei die ACHEMA '94 im besonderen Maße Innovationen auf diesem Gebiet ausgelöst hat.

Apparate stehen im Mittelpunkt der verfahrenstechnischen Anlagen. In ihnen vollziehen sich chemische, physikalische oder wärmetechnische Prozesse zur Herstellung oder Verarbeitung von Produkten. Entsprechend seiner Funktion ist der Apparat daher z. B. als Rührbehälter, Trockner, Filter und Trennkolonne usw. ausgebildet, um energie- und stoffaustauschende Prozesse durchführen zu können oder auch als Vorratsbehälter zu dienen.

Die Vielseitigkeit der verfahrenstechnischen Aufgaben in der Apparatetechnik wird für den Ingenieur zunehmend schwieriger. Die 2. Ausgabe des Handbuches

Apparate – Technik, Bau, Anwendung

vermittelt den Stand der Technik auf diesem Gebiet und zeigt Neuentwicklungen und anwendungsbezogene Beispiele.

Das Buch enthält zahlreiche Beiträge von anerkannten Fachleuten. Es ist übersichtlich gegliedert und umfaßt nahezu den gesamten Einsatzbereich der Apparatetechnik.

Ziel des Handbuches ist es, praxisnah und anwendungsbezogen sowie aktuell zu informieren. Die Schwerpunkte der Themen liegen in den Bereichen

- **Apparatebau**
  Entwicklung, Forschung
- **Druckbehälter, Auslegung, Regelwerke**
- **Berechnung, Konstruktion und Fertigung von Apparaten**
- **Werkstoffe für Apparate, Korrosionsschutz**
- **Apparative Baugruppen**
  Kristallisationsapparate, Entspannungs- und Abscheidesysteme, Filter, Wärmeaustauscher, Trockner, Trennkolonnen
- **Anlagenkomponenten für Apparate**
- **Sicherheitstechnische Ausrüstung**

Das Buch ist konzipiert für die Praxis von Verfahrenstechnikern und Ingenieuren der gesamten Apparateindustrie, z. B. aus der Betriebstechnik, der Planung, der Projektorganisation und aus der anwendungsorientierten Forschung und Entwicklung. Es wird weiterhin eine hervorragende Arbeitsgrundlage zur Einarbeitung und stetigen Weiterbildung für Ingenieure sowie auch für Studierende der Verfahrenstechnik sein.

Dipl.-Ing. Bernd Thier
Ing.-Büro IBT, Marl

Autoren

Dr.-Ing. Dr. rer. pol. Herbert Backhaus
NOELL-LGA
Gastechnik GmbH
Bonner Straße 10
53424 Remagen (Rohlandseck)

Dipl.-Ing. Holger Blawatt
Fachhochschule Flensburg
Institut für Verfahrenstechnische Anlagen
Kanzlei Straße 91-93
24943 Flensburg

Dipl.-Ing. Falk Beyer
Technische Universität Hamburg-Harburg
AB Apparatebau
Eißendorfer Straße 38
21073 Hamburg

Prof. Dr.-Ing. Udo Boltendahl
Fachhochschule Flensburg
Institut für Verfahrenstechnische Anlagen
Kanzlei Straße 91-93
24943 Flensburg

Dr. rer. nat. Peter Drodten
ehm. Thyssen Stahl AG, Duisburg
Wittenbergstraße 50
45131 Essen

Dr-Ing. Ralph Flügel
Lehrstuhl für Apparatetechnik und Chemiemaschinenbau
Universität Erlangen-Nürnberg
Cauerstraße 4
91058 Erlangen

Dr.-Ing. Heinz-Dieter Gerlach
RWTÜV Anlagentechnik GmbH
Steubenstraße 53
45138 Essen

Dr. Boris Gibbesch
Keramchemie GmbH
Berggarten 1
56427 Siershahn

Dr.-Ing. Ralph Günter
Technische Universität Hamburg-Harburg
AB Apparatebau
Eißendorfer Straße 38
21073 Hamburg

Prof. Dr.-Ing. Jobst Hapke
Technische Universität Hamburg-Harburg
AB Apparatebau
Eißendorfer Straße 38
21073 Hamburg

Dipl.-Ing. Gunnar Harms
Bayer AG
Abt. IN-EN-EW
51368 Leverkusen-Bayerwerk

Dipl.-Ing. Joachim Hederich
SGL TECHNIK GmbH
Werner-von-Siemens-Straße 19
86405 Meitingen

Dipl.-Ing. (ETH) Adolf Heierle
Sulzer Chemtech AG
Postfach 65
CH-8404 Winterthur

Prof. Dr.-Ing. Gerhard Hörber
Hochschule Bremen
Neustadtwall 30
28199 Bremen

Dr.-Ing. Dietmar Hunold
HHT Hochtemperatur-Technik GmbH
Füllenbruchstraße 138
32051 Herford

Prof. Dr.-Ing. Bernd Jatzlau
Fachhochschule Offenburg
Fachbereich Maschinenbau
Badstraße 24
77652 Offenburg

Dipl.-Ing. Torsten Katz
RWTH Aachen
Institut für Verfahrenstechnik
Turmstraße 46
52056 Aachen

Dr.-Ing. Jürgen Künzel
SGL Technik GmbH
Bereich Apparatebau
Werner-von-Siemens-Straße 18
86405 Meitingen

Ing. Dieter Kuron
Lessingstraße 38
53113 Bonn

Dipl.-Ing. Andreas Litzmann
Universität Dortmund
Fachgebiet Chemieanlagenbau
Emil-Figge-Straße 70
44227 Dortmund

Dr.-Ing. Sebastian Muschelknautz
Linde AG
Verfahrentechnik und Anlagenbau
Dr.-Carl-von-Linde-Straße 6-12
82049 Höllriegelskreuth

Nasser Osama
OTTO HEAT
Heizungs-, Energie- und Anlagentechnik
GmbH
Postfach 14 60
57223 Kreuztal

Dipl.-Ing. Jürgen Oess
Krauss-Maffei
Verfahrenstechnik GmbH
Krauss-Maffei-Straße 2
80997 München

Dr.-Ing. Wolfgang Peukert
Hosokawa
Mikropul GmbH
Welserstraße 9-11
51149 Köln

Prof. Dr.-Ing. Robert Rautenbach
Institut für Verfahrenstechnik
RWTH Aachen
Turmstraße 46
52056 Aachen

Dr.-Ing. Herbert Richter
DMV Stainless Deutschland GmbH
Industriestraße 12-14
40764 Langenfeld

Dr. rer. nat. Manfred Rockel
Auf der Emst 159
58638 Iserlohn

Dipl.-Ing. Reinhard Rödel
Klinger GmbH
Richard-Klinger-Straße 8
65510 Idstein

Dipl.-Ing. Jürgen Rudolph
Universität Dortmund
FB Chemietechnik/Chemieapparatebau
Emil-Figge-Straße 70
44227 Dortmund

Dipl.-Ing. Bernhard Sauckel
Talstraße 32
69181 Leimen

Dr. rer. nat. Dietmar Schedlitzki
Keramchemie GmbH
Berggarten 1
56427 Siershahn/Westerwald

Dr. sc. nat. Lothar Spiegel
Sulzer Chemtech AG
Postfach 65
CH-8404 Winterthur

Dipl.-Ing. K.-H. Steppuhn
ehem. Fachhochschule Flensburg
Institut für Verfahrenstechnische
Anlagen
Kanzlei Straße 91-93
24943 Flensburg

Ing. (grad.) Viktor Stichler
Tannhäuserweg 13
45473 Mülheim/Ruhr

Prof. Dr.-Ing. Klaus Strohmeier
Langestraße 29
82327 Tutzig

Prof. Dr. rer. nat. Theodor Tellkamp
Technische Universität Clausthal
Institut für Apparatebau und
Anlagentechnik
Am Regenbogen 15
38678 Clausthal-Zellerfeld

Dipl.-Ing. Bernd Thier
Ing. Büro IBT
Im Frett 16
45770 Marl

Dr.-Ing. Franz Thurner
Krauss-Maffei
Verfahrenstechnik GmbH
Krauss-Maffei-Straße 2
80997 München

Dipl.-Ing. Jörg-Uwe Upatel
Dango & Dienenthal Filtertechnik GmbH
Postfach 10 02 03
57002 Siegen

Prof. Dr.-Ing. Gerhard Vetter
Universität Erlangen-Nürnberg
Lehrstuhl für Apparatetechnik und
Chemiemaschinenbau
Cauerstraße 4
91058 Erlangen

Dipl.-Ing. Walter Wedel
Schott Engineering GmbH
Hattenbergstraße 36
55122 Mainz

Prof. Dr.-Ing. Eckart Weiß
Universität Dortmund
Fachbereich
Chemietechnik/Chemieapparatebau
Emil-Figge-Straße 70
44227 Dortmund

Prof. Dr. Elsbeth-Kalsch
Universität Erlangen-Nürnberg
Cauerstraße 4
91058 Erlangen

Dipl.-Ing. Manfred Wersel
Alfa Laval GmbH
Wilhelm-Bergner-Straße 1
21503 Glinde

Dipl.-Ing. Wolfgang Wöhlk
Messo Chemietechnik GmbH
Friedrich-Ebert-Straße 134
47119 Duisburg

Inhalt

Vorwort ... V

Autoren ... VII

1 Einführung ... 1

B. Thier

2 Apparatebau ... 5
Entwicklung – Auslegung – Regelwerke

Entwicklung Forschung auf den Gebieten des Apparate- und Anlagenbaues ... 6

Th. Tellkamp

1 Einführung ... 6
2 Strukturwandel, Produktionssorte, Strategien ... 6
3 Modularisierung, Standardisierung, Automatisierung ... 9

Technische Regeln für Druckbehälter ... 12

H. D. Gerlach

1 Gesetzliche Aspekte ... 12
2 Schutzziele für den Betrieb von Druckbehältern ... 14
3 Technische Regeln für Druckbehälter (TRB) ... 14
4 AD-Merkblätter ... 15
5 Grundprinzipien der AD-Merkblätter ... 16
5.1 Werkstoffauswahl ... 16
5.2 Konstruktion und Berechnung ... 17
5.2.1 Design by rules ... 17
5.2.2 Festigkeitskennwert und Sicherheitsbeiwert ... 20
5.2.3 Design by analysis ... 21
5.2.4 Expertensysteme ... 21
5.2.5 Berechnungsgrundlagen ... 21
5.3 Wechselbeanspruchung ... 23
5.4 Herstellung und erstmalige Prüfung ... 23
5.5 Vorprüfung, Bau- und Druckprüfung ... 25
5.6 Regelmäßige Prüfungen ... 25
6 Europäische Entwicklung ... 26
7 Ausblick ... 26
8 Zusammenfassung ... 26

Auslegung von Apparaten nach Regelwerk 28

B. Jatzlau

1 Allgemeine Richtlinien 28
2 Werkstoffe 29
3 Berechnung bei innerem Überdruck 32
3.1 Zylindrische Mäntel und Kugeln 33
3.2 Gewölbte Böden 33
3.3 Ebene Böden 34
3.4 Ausschnitte in der Behälterwand 34
3.5 Kegelmäntel und Tellerböden 37
3.6 Äußerer Überdruck 37
3.6.1 Zylinderschalen 37
3.6.2 Gewölbte Böden 38
3.7 Dickwandige zylindrische Mäntel unter innerem Überdruck 38
3.8 Sonderfälle 39
3.8.1 Berechnung auf Wechselbeanspruchung 39
3.8.2 Standsicherheitsnachweis 39
4 Zusammenfassung 40
5 Verwendete Formelzeichen 42

3 Berechnung, Konstruktion und Fertigung von Apparaten 43

Beanspruchungsgerechte Auslegung von Druckbehältern und Apparatekomponenten 44

K. Strohmeier u.a.

1 Einleitung 44
2 Rechnergestützte Berechnung und Zeichnungserstellung von Druckbehältern 44
2.1 Vorschriftenrechnung 45
2.2 Bauteiloptimierung durch Strukturanalyse 46
2.3 Zeichnungserstellung 48
3 Auslegung von Bajonettverschlüssen 48
4 Sicherheitstechnische Betrachtung von Rohrleitungssystemen 50
4.1 Untersuchung einzelner Komponenten 50
5 Leckageberechnung an Flanschverbindungen 51
5.1 Spannungsanalyse an hydraulisch gefügten Rohr - Rohrplattenverbindungen 51
6 Schwingungssichere Auslegung von querangeströmten Rohrbündeln .. 53
6.1 Experimentelle Untersuchungen 53
6.2 Entwicklung numerischer Berechnungsverfahren 54

Ermüdungsfestigkeitsnachweis von Behälter-Stutzen-Verbindungen unter Innendruck und Rohrlasten ... 56

E. Weiß und J. Rudolph

1 Einleitung ... 56
2 Beeinflussung der Ermüdungsfestigkeit durch konstruktive Maßnahmen ... 57
3 Konzeptionelle Gestaltung des Ermüdungsfestigkeitsnachweises ... 59
4 Methodisches Vorgehen bei der parametrisierten Beanspruchungsanalyse ... 62
5 Auswertung der Ergebnisse ... 65
6 Berücksichtigung der Mikrostützwirkung ... 68
7 Ausblick ... 70

Auslegung von Vertikalschneckendosierern für die Schüttgutdosierung ... 73

G. Vetter und R. Flügel

1 Einleitung ... 73
2 Versuchseinrichtungen und Methodik ... 74
3 Kontinuierlicher Schneckenbetrieb ... 76
3.1 Einflußgrößen auf den Dosierstrom ... 76
3.2 Verifizierung der Modellierung ... 87
4 Diskontinuierlicher Schneckenbetrieb (Abfüllung) ... 88
5 Auslegungsstrategie ... 90

Konstruktive und fertigungstechnische Gesichtspunkte eines HYBRID-Plattenwärmetauschers ... 95

O. Nasser

1 Allgemeine Beschreibung ... 95
2 Schweißtechnik ... 96
3 Festigkeitsberechnung ... 97
4 Werkstoffe ... 98
5 Konstuktive und fertigungstechnische Details ... 100

4 Werkstoffe für Apparate – Korrosionsschutz ... 107

4.1 Metallische Werkstoffe ... 107

Hochlegierte Stähle für den Apparatebau ... 108

H. Richter

1 Chrom ... 108
2 Nickel ... 109
3 Kohlenstoff ... 111
4 Sonstige Elemente ... 111

Nichteisenwerkstoffe im Apparatebau – Al, Cu, Pb – 124

E. Wendler-Kalsch

1 Einleitung 124
2 Aluminiumwerkstoffe 124
3 Kupferwerkstoffe 128
3.1 Kupfer DIN 1787 128
3.2 Kupferlegierungen 132
3.2.1 CuZn-Legierungen DIN 17660 132
3.2.2 CuAl-Werkstoffe DIN 17665 134
3.2.3 CuSn-Werkstoffe DIN 17662 136
3.2.4 CuNi-Werkstoffe DIN 17664 und DIN 17658 136
3.3 Korrosionsschutzmaßnahmen 137
4 Bleiwerkstoffe 138
4.1 Blei 138
4.2 Bleilegierungen 139
4.2.1 PbSb-Werkstoffe (Hartblei) 142
4.2.2 PbCu-, PbCuSn- und Pb-Mehrstofflegierungen 142
4.3 Anwendungsbereich von Bleiwerkstoffen 145

Unlegierte und niedriglegierte Stähle für den Apparatebau 147

P. Drodten

1 Einleitung 147
2 Einfluß von Legierungselementen und Herstellungsbedingungen auf die mechanische-technologischen Eigenschaften und das Verarbeitungsverhalten 148
2.1 Festigkeit 148
2.2 Zähigkeit 149
2.3 Schweißeignung 150
2.3.1 Terrassenbruchsicherheit 150
2.3.2 Kaltrißverhalten 151
2.3.3 Zähigkeit in der Wärmeeinflußzone 152
4 Einfluß von Legierungselementen und Herstellungsbedingungen auf das Korrosionsverhalten 153
4.1 Stähle mit erhöhter Beständigkeit gegen wasserstoffinduzierte Rißbildung 153
4.2 Druckwasserstoffbeständige Stähle 154
4.3 Interkristalline Spannungsrißkorrosion 155

Hochkorrosionsbeständige Nickellegierungen für Anlagenkomponenten .. 159

M. Rockel

1 Einleitung 159
2 Nickelwerkstoffe für die Naßkorrosion 159
2.1 Rein-Nickel, Nickel-Kupfer-, Nickel-Molybdän-Legierungen 159
2.1.1 Rein-Nickel 159
2.1.2 Nickel-Kupfer-Legierungen 161

2.1.3 Nickel-Molybdän ... 161
2.2 Nickel-Chrom-Eisen-Legierungen ... 162
2.3 Nickel-Chrom-Molybdän-Legierungen ... 163
2.3.1 Nickel-Chrom-Eisen-Molybdän-Kupfer-Legierungen ... 163
2.3.2 Ni-Legierungen der sogenannten C-Reihe ... 164
3 Nickellegierungen für die Hochtemperaturanwendung ... 165
3.1 NiCrFe-Legierungen ... 166
3.2 NiCrFe mit weiteren Legierungszusätzen ... 167
3.3 Neuentwickelte Hochtemperaturwerkstoffe ... 167
3.3.1 AC66 (X5NiCrNbCe3227; 1.4877) ... 168
3.3.2 Alloy 45 TM (NiCr28FeSiCe; 2.4889) ... 168
3.3.3 Alloy 602 CA (NiCr25FeAlY; 2.4633) ... 168
4 Verarbeitung ... 170
4.1 Kalt- und Warmformgebung, Wärmebehandlung ... 170
4.2 Schweißen ... 171
4.3 Einsatz von Plattierungen ... 173
5 Resumeé und Ausblick ... 174

4.2 Kunststoffe ... 175

Kunststoffe im chemischen Apparatebau ... 176

E. Weiß und A. Lietzmann

1 Einleitung ... 176
2 Schädigungsverhalten der Thermoplaste ... 176
3 Dimensionierung von Kunststoffkonstruktionen ... 177
4 Fertigung im Apparatebau ... 180
4.1 Schweißen ... 180
4.1.1 Warmgasschweißen ... 181
4.1.2 Heizelementschweißen ... 182
5 Kunststoffgerechtes Konstruieren ... 182
5.1 Zylinder/Boden-Verbindung bei stehenden, runden Kunststofftanks ... 182
5.2 Stutzenverbindungen im Apparatebau ... 183
6 Zusammenfassung ... 187

Einsatz von Phenolharzwerkstoffen im Apparatebau ... 191

B. Gibbesch und D. Schedlitzki

1 Einleitung ... 191
2 Rohstoffe ... 191
3 Physikalische und chemische Eigenschaften ... 192
3.1 Mechanische Eigenschaften ... 192
3.2 Chemische Tauglichkeit ... 192
3.3 Thermische Eigenschaften ... 194
3.4 Elektrische Eigenschaften ... 195
4 Dimensionierung ... 195
5 Bauteilfertigung ... 196
6 Anwendungen ... 197
7 Zusammenfassung ... 201

Apparate aus Thermoplast-GFK-Verbundkonstruktionen 202

B. Gibbesch und D. Schedlitzki

1 Einleitung 202
2 Rohstoffe und Halbzeuge 202
3 Physikalische und chemische Eigenschaften 203
3.1 Mechanische Eigenschaften 203
3.2 Chemische Tauglichkeit 206
3.3 Thermische Tauglichkeit 207
3.4 Elektrische Eigenschaften 208
3.5 Permeation 209
4 Dimensionierung 209
4.1 Behälter 209
4.2 Stutzenanbauten 211
5 Fertigung 211
5.1 Thermoplastverarbeitung 211
5.2 GFK-Armierung 212
5.3 Stutzenanbauten 212
5.4 Reparaturen 213
6 Qualitätssicherung 213
7 Anwendungen 213
8 Zusammenfassung 214

4.3 Glas, Email, Graphit 217

Glasapparate- und Anlagenbau 218

W. Wedel

1 Bauprogramm 218
1.1 Normen 220
2 Werkstoffeigenschaften 222
2.1 Chemische Resistenz 222
2.2 Mechanische Festigkeit 222
2.3 Wärmespannungen 224
3 Borosilicatglas und Kombinationswerkstoffe 224
3.1 Ganzglasapparate 224
3.2 Kombinationswerkstoff-Auswahl 224
3.3 Kombinierte Apparate 226
3.3.1 Naturumlaufverdampfer 226
3.3.2 Stahl-Email-Kessel als Rührreaktor 226
4 Anwendungen in Produktion und Umweltschutz 227
5 Sicherheit 227
5.1 Apparatekonstruktion und -montage 227
5.2 Primäre Sicherheitsmaßnahmen 228
5.3 Sekundäre Sicherheitsmaßnahmen 228
5.4 Vermeidung elektrostatischer Aufladung 229
6 Zusammenfassung 229

Graphit-Apparatebau 230

J. Künzel

1 Einleitung 230
2 Der Werkstoff 230
2.1 Herstellungsverfahren 230
2.2 Physikalische und chemische Eigenschaften von Apparatebaugraphit . 231
2.3 Verbindungstechnik 233
2.4 Konstruieren mit Apparatebaugraphit 234
2.5 Verbundwerkstoffe aus Graphit mit Carbonfasern sind Stand der Technik 234
3 Apparate aus kunstharzimprägniertem Graphit 236
3.1 Wärmeaustauscher 236
3.1.1 Rohrbündelwärmeaustauscher 237
3.1.2 Blockwärmeaustauscher 237
3.1.3 Ringnutwärmeaustauscher 239
3.1.4 Plattenwärmeaustauscher 240
3.2 Kolonnen 242
3.3 Syntheseeinheiten 242
3.4 Sonderapparate 242
4 Anwendungsbeispiele 243
5 Zusammenfassung 244

Korrosionsschutzmaßnahmen im Chemie-Apparatebau 246

D. Kuron

1 Einleitung 246
2 Korrosionsschutzmaßnahmen 248
2.1 Werkstoffe 250
2.1.1 Stähle und NE-Werkstoffe 254
2.1.1.1 Stähle 255
2.1.1.2 NE-Werkstoffe 258
2.2 Medium 259
3 Korrosionsschutzmaßnahmen an metallischen Werkstoffen 261
3.1 Plattierungen und Überzüge 261
3.2 Auskleidungen, Gummierungen, Beschichtungen 267
4 Zusammenfassung 270

5 Apparative Baugruppen 273

Kristallisationsapparate 274

W. Wöhlk

1 Einleitung 274
2 Chemisch-technologische Grundlagen der Kristallisation 274
3 Kinetische und hydrodynamische Grundlagen 275
4 Kristallisatorbauarten 278

4.1 Diskontinuierliche Kristallisatoren 278
4.2 Kontinuierliche Kristallisatoren 280
5 Zusammenfassung 284

Flüssiggasdruckbehälter-Lageranlagen 286

H. Backhaus

1 Einleitende Anmerkungen 286
2 Technische Regeln zur Druckbehälterverordnung 287
2.1 Grundsätzliche Anmerkungen zur TRB 801, ANr. 25 287
2.2 Druckbehälter 288
2.3 Rohrleitungen 289
2.4 Sicherheitssysteme 290
3 Abschließende Bemerkungen 291

Hydrozyklone: Klassische Anwendungen und neuere Verfahrensentwicklungen 293

G. Hörber

1 Grundlagen 293
2 Beschreibung des Trennerfolges 297
3 Klassische Anwendungen 300
4 Neuere Verfahrensentwicklungen 303
4.1 Rauchgasentschwefelung 303
4.2 Waschen und Klassieren kontaminierter Böden 303
4.3 Aufbereitung von Schlick aus Häfen, Flüssen und Seen 305
4.4 Werkstoffliches Recycling von Kunststoffen 308
5 Ausblick 308

Entspannungs- und Abscheidesysteme 310

S. Muschelknautz

1 Einleitung 310
2 Geschlossene Entspannungssysteme 312
3 Abscheidesysteme 314
3.1 Flüssigkeitsabscheidung 314
3.2 Wäscher 318
3.3 Verbrennung 318

6 Filter 323

Modultypen für die Umkehrosmose, Nanofiltration, Ultrafiltration und Pervaporation 324

R. Günther, F. Beyer und J. Hapke

1 Einleitung 324
2 Grundlagen 325

3 Module für RO, NF und UF ... 327
3.1 Plattenmodule ... 328
3.1.1 Plattenmodul ohne Druckrohr ... 328
3.1.2 Plattenmodul mit Druckrohr ... 329
3.2 Kassettenmodul (K-Modul) ... 331
3.3 Wickelmodul ... 332
3.4 Rohrmodul ... 334
3.5 Kapillarmodul ... 335
3.6 Hohlfasermodul (HF-Modul) ... 335
4 Module für PV ... 337
5 Zusammenfassung ... 339

Muscheln, Muschellarven und andere Feststoffe in Kühlwasserkreisläufen ... 341

J.-U. Upatel

1 Allgemeines ... 341
2 Die DPP-Larve ... 341
3 Die DPP-Muschel ... 342
4 Die Bekämpfung der Muschel ... 343
5 Die Bekämpfung der Larve ... 343

Heißgasfilter ... 357

W. Peukert

1 Aufbau von Heißgasfiltern ... 357
2 Grundlagen der Partikelabscheidung ... 358
3 Filtermedien ... 362
4 Regenerierung ... 363
5 Hinweise zur Dimensionierung ... 36

7 Wärmeaustauscher ... 369

Dichtungslose Plattenwärmeübertrager ... 370

M. Wersel

1 Einleitung ... 370
2 Semigeschweißter Plattenwärmeübertrager ... 371
2.1 Doppelwand-Plattenwärmeübertrager ... 372
2.2 Gelöteter Plattenwärmeübertrager CB ... 372
2.3 Vollverschweißter Plattenwärmeübertrager AlfaRex ... 374
2.4 Rolls-Laval Plate Fin Heat Exchanger PFHE ... 377

Mischer-Wärmeaustauscher 379

A. Heierle

1 Einführung und Definition 379
2 Konstruktive Ausführungsformen 379
2.1 Mischer-Wärmeaustauscher in Doppelmantelausführung, Aufbau und Funktionsweise 379
2.2 Mischer-Wärmeaustauscher in Rohrbündelausführung 383
2.3 Mischer-Wärmeaustauscher SMR, Mischreaktor SMR 384
3 Mischer-Wärmeaustauscher im Einsatz in der Prozeßindustrie 386
3.1 Wärmeaustauscher für viskose Produkte 386
3.1.1 Produkterwärmer für viskose Produkte 389
3.1.2 Aufkonzentrierung und Entgasung viskoser Lösungen und Schmelzen 389
3.2 Produktkühler 391
3.3 Temperaturkontrollierte Reaktionsführung 392
3.3.1 Schaltungen, Betriebsweise für Reaktionsführungen 392

Langzeitverhalten und Kosten von industriell eingesetzten Wirbelschicht-Wärmeaustauschern 397

R. Rautenbach, T. Katz und J. Hederich

1 Einleitung 397
2 Funktionsweise eines Wirbelschicht-Wärmeaustauschers 397
3 Wärmeübergang bei der Wirbelschicht 399
4 Verhinderung von Fouling 401
5 Ausgeführte Anlagen 403
6 Betriebserfahrungen 404
7 Kosten 407
8 Zusammenfassung 409

8 Trockner 413

Trocknungsverfahren und Apparate 414

U. Boltendahl, K.-H. Steppuhn und H. Blawatt

1 Einführung 414
2 Einteilung der Trocknungsverfahren 414
3 Konvektionstrockner 415
3.1 Bandtrockner 415
3.2 Hordentrockner 416
3.3 Kammertrockner 416
3.4 Prallstrahltrockner 416
3.5 Sprühtrockner 417
3.6 Stromtrockner 417
3.7 Trommeltrockner 417
3.8 Wirbelschichttrockner 418

4 Kontakttrockner 419
4.1 Walzentrockner 420
4.2 Dünnschichttrockner 421
4.3 Schaufel- und Schneckentrockner 421
4.4 Tellertrockner 421
4.5 Drallrohrtrockner 422
5 Adsorptionstrockner 422
6 Strahlungstrockner 424
7 Mikrowellentrockner 424
8 Marktübersicht von Trocknungsapparaten 425
9 Zusammenfassung 425

Der Misch-Trockner MT
ein diskontinuierlicher Trockner für hochwertige Produkte 439

F. Thurner und J. Oess

1 Einleitung 439
2 Beschreibung des Trocknungsapparates 439
3 Beschreibung des Trocknungssystems 442
4 Arbeitsweise 444
5 Anwendungsbeispiel 444
6 Einsatzgebiete 445
7 Zusammenfassung 446

9 Destillations-, Rektifikations-Extraktionsanlagen 447

Trennkolonnen mit geordneten Packungen für die Rektifikation und Absorption 448

L. Spiegel

1 Einleitung 448
2 Geordnete Packungen 448
2.1 Mellapak 451
2.2 Optiflow 454
3 Kolonneneinbauten 455
3.1 Flüssigkeits-Verteiler 458
3.2 Gasverteiler 462
4 Anwendungen für die Rektifikation 462
4.1 Chemische Industrie 462
4.2 Petrochemie 464
5 Anwendungen für die Absorption 466
5.1 Gastrocknung und -reinigung 466
5.2 Abgasreinigung und Lösungsmittelrückgewinnung 467
5.3 Weitere Anwendungen in Absorptionsanlagen 469
6 Zusammenfassung 469

10 Anlagenkomponenten für Apparate 473

Heiz- und Kühlanlagen für den Niedertemperatur-Bereich 474

B. Thier

1 Einführung 474
2 Anforderungen an Prozeßführung 474
3 Heiz- und Kühlverfahren 475
3.1 Temperiersysteme mit Wasser 475
3.1.1 Einzelanlagen 475
3.2 Temperiersysteme mit Wasser-Glykol 480
3.2.1 Einzelanlagen 480
3.3 Heiz- und Kühlanlagen (Zentrale Anlagen) 482
3.3.1 Zwei Energiesysteme 482
3.3.2 Zwei-Energiesysteme mit integrierter Kälteanlage 484
3.3.3 Heiz- und Kühlsysteme (drei Energiesysteme) 484
3.3.4 Zyklische Steuerung der Ausgangs-Stellventile am Sekundärkreislauf .. 487
4 Kälte/Sole-Systeme 489
4.1 Einbindung in Kühlkreisläufe 489
4.2 Anforderungen an Kältesysteme 489
4.3 Schaltungen: Kalte-Sole-Systeme 490
4.3.1 Temperiersystem Sulzer 490
4.3.2 Kühlsystem mit integriertem NH_3-Verdampfer 492

Erhitzer für Wärmeträgeranlagen – Systemtechnische Überlegungen und Beispiele aus der Praxis 494

D. Hunold

1 Einleitung 494
2 Prinzipieller Aufbau von Wärmeübertragungsanlagen 494
3 Elektrisch beheizter Erhitzer 500
3.1 Aufbau eines Elektro-Erhitzers 500
3.2 Wärmeübergang an einem Heizelement eines Elektro-Erhitzers 502
3.3 Druckverlustbetrachtung 504
3.4 Aufbau von Widerstands-Heizelementen 505
4 Befeuerte Wärmeträgererhitzer 506
4.1 Einsatzgebiete und Bauformen 506
4.2 Auslegung von befeuerten Erhitzern 508
5 Einige Beispiele aus der Praxis 510
5.1 Befeuerter Erhitzer mit höchstem Wirkungsgrad und geringsten Schadstoff-Emissionen 510
5.2 Feststoffbefeuerte Erhitzer 512
5.3 Befeuerter Erhitzer in "Chemie-Ausführung" 513
5.4 Heiz-Kühl-Tiefkühlanlagen 513
5.5 Indirekt beheizte und gekühlte Hochdruck-Wasser/Dampf-Anlage 515

Heiz- und Kühltechnik emaillierter Apparate 519

B. Sauckel

1 Einleitung 519
2 Emaillierter Rührkessel 519
2.1 Wärmedurchgangszahl 519
2.1.1 Wärmeleitwiderstand 520
2.1.2 Wärmeübergang Produktseite 521
2.1.3 Wärmeübergang Mantelseite 522
2.1.4 Berechnungsbeispiel 527
2.2 Einsatz von Kennzahlen 528
3 Lagerbehälter und Vorlagen 530
4 Wärmetauscher 531
5 Thermische Einsatzgrenzen 531
5.1 Emailschock 531
5.2 Heizen und Kühlen über den Mantel 531
6 Zusammenfassung 533

Statische Dichtungen im Apparatebau 536

R. Rödel

1 Vorwort 536
2 Übersicht über die wichtigsten statischen Dichtungen 536
3 Die Entwicklung asbestfreier Dichtungsmaterialien 537
3.1 Asbestfreie Faserstoffdichtungen (FA) 537
3.2 Werkstoffe auf Basis von expandiertem Graphit (GR) 538
3.3 Werkstoffe auf Basis von PTFE (TF) 538
4 Die wesentlichen Unterschiede zwischen den asbestfreien Dichtungswerkstoffen und den It-Materialien 538
4.1 Dichtungswerkstoffe auf Faserbasis (FA) 538
4.1.1 Negativ 538
4.1.2 Positiv 539
4.2 Werkstoffe auf Basis Graphit (GR) 539
4.2.1 Negativ 539
4.2.2 Positiv 540
4.3 Dichtungswerkstoffe auf PTFE-Basis (TF) 540
4.3.1 Negativ 540
4.3.2 Positiv 540
5 Die Funktion der Dichtung im Dichtverbund 540
5.1 Was ist dicht? (Leckkriterium) 542
5.2 Was heißt standfest? 544
5.2.1 Der Einfluß von sogenannten Dichthilfsmitteln 545
5.3 Die Dichtungscharakteristik 547
6 Die neuen Normen für Dichtungen 547

11 Sicherheitstechnische Ausrüstung 549

Sicherheitskonzept bei der Lagerung von chemischen Stoffen in Behältern 550

G. Harms

1 Einleitung und Grundsätzliches zur Vorgehensweise 550
2 Strategie zur Erarbeitung eines Sicherheitskonzeptes 558
2.1 Vermeiden von Gefahrenpotentialen 558
2.2 Verhindern des Wirksamwerdens von Gefahrenpotentialen 560
2.3 Begrenzen der Auswirkungen bei Gefahreneintritt 563
3 Beispiel einer Sicherheitsbetrachtung 564
4 Zusammenfassung 570

Absichern von Behältern mit Armaturen 572

V. Stichler

1 Einleitung 572
2 Füllen und Entleeren des Behälters 572
3 Absicherung gegen Überdruck 576
4 Flüssiggasbehälter 577
5 Behälter mit staubförmigen Medien 578
6 Zusätzliche Armaturen bei unterschiedlichen Behälterarten 578
7 Zusammenfassung 581

Stichwortverzeichnis 583

Inserentenverzeichnis 589

Inserenten-, Lieferungs- und Leistungsverzeichnis 594

1 Einführung

Der Apparate- und Anlagenbau erlebt z. Zt. einen regionalen wie globalen Strukturwandel, der gekennzeichnet ist von verändertem Wachstumsverhalten, fernöstlicher Konkurrenz, langfristigen Genehmigungsverfahren sowie hohen Kosten.

Die Einbeziehung technischer Informationssysteme in die Planungsprozesse im Zusammenhang mit Modularisierung, Standardisierung und Automatisierung bringt zwar Erleichterung und hilft Kapazitäten freizusetzen, sie ist langfristig jedoch nicht ausreichend.

Der Schwerpunkt der sicherheitstechnischen Grundlagen für die deutschen Druckbehälterregeln liegen in der Werkstoffauswahl, der Konstruktion sowie der Herstellung und Prüfung. Die „Technischen Regeln Druckbehälter" (TRB) haben sich jahrzehntelang bewährt. Sie reichen für die Auslegung von Apparaten, Druckbehältern und Rohrleitungen in der Regel aus.

Die Ermüdungsfestigkeiten von Behälter-Stutzen-Verbindungen läßt sich sowohl durch konstruktive Maßnahmen günstig beeinflussen als auch durch Festigkeitsanalysen (FEM) nachweisen.

Untersuchungen über Auslegung von Vertikalschneckendosierern für die Schüttgutdosierung ergaben, daß die Auslegung für hohe Abfüllraten sich auf größtmögliche Werte für den Dosierstrom bzw. für die Schneckendrehzahl konzentriert.

Im Bereich der Werkstoffe für Apparate sind sowohl hochlegierte Stähle als auch Nichteisenwerkstoffe (Al, Cu, Pb) sowie unlegierte und niedriglegierte Stähle im Einsatz.

Für besondere Korrosionsbeanspruchung finden Nichtlegierungen mit Chrom- und Molybdän-Verstärkung bevorzugt Anwendung.

Kunststoffe haben durch ihre hervorragende Chemikalienbeständigkeit weite Verbreitung im chemischen Apparatebau gefunden. Die Festigkeit der Kunststoffe ist allerdings im starken Maße zeit-, temperatur- und medienabhängig. Kunststoffe weisen gegenüber den im Druckbehälterbau üblichen metallischen Werkstoffen aufgrund der Werkstoffstruktur ein anderes Festigkeits- und Schädigungsverhalten auf.

In Thermoplast-GFK-Verbundkonstruktionen ergänzen sich beide Werkstoffgruppen in vorteilhafter Weise. Während der GFK-Werkstoff die hohe Festigkeit, Biegesteifigkeit und geringe Kriechneigung einbringt, zeichnet sich der als Schutzschicht dienende Thermoplast-Inliner durch günstige chemische Eigenschaften aus.

Weiterhin bieten im Apparatebau Phenolharzwerkstoffe eine herausragende Wärmestandfestigkeit und eine hohe Korrosionsbeständigkeit gegenüber nichtoxidierenden Säuren und anderen Medien.

Die Werkstoffe Glas, Email und Graphit runden die Anwendungen im Apparatebau ab, verbunden mit der Möglichkeit hochkorrosive bzw. hochreine Produkte herzustellen.

Die Auswahl geeigneter Korrosionsschutzmaßnahmen für einen sicheren und störungsfreien Betrieb sollte bereits bei der Planung erfolgen, wobei Gesetze, Verordnungen, Regeln und Normen zu beachten sind.

Konstruktive Entwicklungen, die neueren Möglichkeiten der Vorausberechnung, bessere regelungstechnische Einbindung der Kristallisatoren in die Gesamtprozesse und bewußter Umgang mit den Einzelelementen durch die nun erreichte wissenschaftliche Durchdringung und Beschreibbarkeit der Vorgänge bei der Kristallisation haben zur erheblichen Verbesserung der Betriebsweise von Kristallisatoren geführt.

Bei Flüssiggas-Anlagen stehen nicht nur der Druckbehälter, sondern auch seien Peripherie, das heißt Rohrleitungen, Armaturen, Pumpen, Kompressoren und Meßeinrichtungen zur Diskussion für alle sicherheitstechnischen Belange.

Hydrozyklone haben sich seit mehreren Jahrzehnten in der modernen Aufbereitungstechnik eingeführt und finden schnell Einzug in den unterschiedlichsten Bereichen der Industrie.

Entspannungs- und Abscheidesysteme werden hinter Druckentlastungsorganen angewendet, wenn ein gefahrloses Ableiten der entlasteten Medien in die Umgebung nicht gewährleistet werden kann.

Die Trennung von flüssigen Gemischen mit Polymer- und anorganischen Membranen hat eine zunehmende Bedeutung in verschiedenen industriellen und biotechnologischen Prozessen wie auch in der Energietechnik gewonnen. Hervorgerufen durch die großen Verbesserungen in der Chemie der Polymere und der Modulkonstruktion konnte sich die Trennung von flüssigen Gemischen mit Hilfe von Polymermembranen als eigenständige Grundoperationen der Verfahrenstechnik etablieren.

Um kleinste Larven aus Kühlwasserkreisläufen abzufiltern, haben sich automatische wartungsfreie Rückspülfilter mit Spaltsieben bewährt.

Heißgasfilter können bis zu Temperaturen von etwa 800 °C gebaut werden. Sie müssen individuell für jeden Anwendungsfall ausgelegt werden. Ein beträchtlicher Fortschritt wurde bei der Entwicklung von Filtermedien gemacht.

Bei vollverschweißten Plattenwärmeüberträgern mit spezieller Schweißtechnik ist sichergestellt, daß die sonst üblicherweise als Schwachstellen zu betrachtenden Schweißnähte ungefährdet sind. Schweißungen an den Platten sind nur in zwei Achsen ausgeführt, während die 3. Achse frei von jeglicher Schweißung bleibt.

Mischer-Wärmeaustauscher sind Apparate, in welchen, ohne bewegte Teile, gleichzeitig mit dem Wärmeaustauscher definierte und reproduzierbare Mischvorgänge ablaufen. Die zwei wichtigsten Anwendungen von Mischer-Wärmeaustauschern sind der Wärmeaustausch an viskose Produkte und die Führung temperaturkontrollierter, chemischer Reaktionen.

Wirbelschicht-Wärmeaustauscher eignen sich sehr gut zum Einsatz bei stark krustenbildenden Flüssigkeiten. Besonders vorteilhaft ist der Einsatz der zirkulierenden Wirbelschicht, da sie Betriebssicherheit über einen breiten Volumenstrombereich gewährleistet.

Aus der Vielzahl der Anforderungen haben sich zahlreiche Trocknungsverfahren und Apparate entwickelt; oft werden sie kombiniert eingesetzt. Die wichtigsten Verfahren und Apparate mit ihrer differenten Arbeitsweise sind in dem Beitrag aufgeführt. Neuere Entwicklungen wie die Mikrowellentrocknung wurden ebenfalls berücksichtigt.

Der Mischer Trockner ist ein diskontinuierlicher Vakuumkontakttrockner. Die Trocknung erfolgt unter Erhalt der Produktqualität (Reinheit, Kornform, Korngröße). Eine Kontamination durch Fremdpartikel, Keime und Produktablagerungen vorhergegangener Chargen wird vermieden.

Geordnete Packungen sind heute bei vielen Anwendungen der Rektifikation und Absorption die wirtschaftlichste Lösung. Sie lassen sich aus den verschiedensten Werkstoffen (Metallgewebe, Blech, Kunststoff, Porzellan, CFC) und Strukturvarianten herstellen.

Wärmeträgeranlagen sowohl für den Niedertemperatur-Bereich als auch für extrem hohe Temperaturen werden in standardisierten Systemen mit ausgereiften Konstruktionen und regeltechnischen Schaltungen beschrieben.

In dem Beitrag werden die für die wärmetechnische Auslegung emaillierter Apparate maßgeblichen Einflußgrößen beschrieben. Im wesentlichen wird am Beispiel des emaillierten Rührkessels die Berechnung der Wärmedurchgangszahl behandelt.

Der Umstieg auf asbestfreie Dichtungstechnologien in weiten Teilen Europas und darüber hinaus die immer schärferen Auflagen hinsichtlich der Begrenzung von Emissionen und Immissionen im Zuge eines wachsenden Umweltbewußtseins der Gesellschaft (TA-LUFT, CLEAN AIR ACT, Störfallverordnung etc.) haben weitere Einflüsse auf die Entwicklung in der Dichtungstechnik zur Folge.

Ein optimales Sicherheitskonzept setzt sich aus den drei grundsätzlichen Schritten **Vermeiden – Verhindern – Begrenzen** zusammen. Der Vermeidung des Potentials gefährlicher Stoffe ist in der Regel die Priorität gegenüber dessen Beherrschung zu geben.

Behälter sind in ein Sicherheitssystem mit einbezogen, auch wenn es sich um die Lagerung handelt. Die Steuerung und Überwachung übernimmt die Meß- und Regeltechnik, die nach einem vorgegebenen Programm arbeitet. Ihr unterliegen alle Vorgänge vom Füllen und Entleeren bis zu chemischen Reaktionen. Weiterhin müssen Armaturen vorhanden sein, die ohne zusätzliche Steuerung Gefahren abwenden.

Dipl.-Ing. B. Thier
Ing.-Büro IBT, Marl

2 Apparatebau

Entwicklung – Auslegung – Regelwerke

Entwicklung Forschung auf den Gebieten des Apparate- und Anlagenbaues

Von Th. Tellkamp [1])

1 Einführung

Anlaß der nachfolgenden Betrachtung ist ein regional wie globaler Strukturwandel, geprägt von weltweit deutlich erkennbarem, verändertem Wachstumsverhalten.

Die Frage sei berechtigt:

„Kann der heimische Anlagen- und Apparatebau auf Dauer fernöstlicher Konkurrenz widerstehen und unter welchen Voraussetzungen?"

Der Apparate- und Anlagenbau sieht sich dieser Herausforderung gegenübergestellt und ist bemüht, alle Reserven und verfügbaren Ressourcen zur Steigerung der Effizienz zu nutzen oder zu mobilisieren. Wenn Begriffe wie „Make or Buy" fußfassen und ein „Buy" unbedacht vermehrt angewandt wird, besteht Gefahr, Kompetenz und Know-how auf Dauer zu verlieren. Allgemeiner Arbeitsplatzmangel, anhaltende Rezession, Harmonisierung der Normen und erhebliche Auftragsverluste der wertschöpfenden Industrie bei gleichzeitigem Überhang produktionsfremder Dienstleistungen kennzeichnen die momentane Situation, selbst anfängliche Erfolge im Zusammenhang mit der Wiedervereinigung erwiesen sich mehr als „Schein" denn „Sein".

Der Apparate- und Anlagenbau, über lange Zeiten eine deutsche Domäne, erlebt diese strukturellen Änderung hautnah. Langfristige Genehmigungsverfahren mit spürbarer Kapitalbindung und große Durchlaufzeiten bedingen hohe Kostensätze und Verluste, sie verlangen ein Umdenken auf allen Gebieten einer Projektrealisierung. Bild (1) zeigt einen formalen Genehmigungsablauf. Im Vergleich zu anderen Mitbewerbern sind deutsche auftragsrelevante Preisfindungen zu hoch. Dabei fehlt es nicht an Ideen in der Industrie, den Hochschulen und anderen Entwicklungsstätten, doch bleibt die Realisierung und die Umsetzung dieser Ideen aus, weil Forschungs- und Entwicklungsabteilung der Industrie schrumpfen, wissenschaftliche Planstellen an unseren Hochschulen dem Rotstift zum Opfer fallen.

2 Strukturwandel, Produktionssorte, Strategien

Die allgemeine Rezession in den alten Industriestaaten und ein zweistelliges Wirtschaftswachstum fernöstlicher Länder sind Anlaß für viele Unternehmen, die Märkte in Südostasien für sich zu erschließen. Die erhebliche staatliche Unterstützung in diesen Regionen wird auf Dauer eine Verlagerung von Forschung und Produktion in diese Länder beschleunigen.

Es besteht die Gefahr, daß die bisherigen Industriestandorte sukzessive ihre Vormachtstellung verlieren. Diesen Verlusten zu begegnen heißt, so lange wie möglich

---

[1]) Prof. Dr. rer. nat. Th. Tellkamp, Institut für Apparate- und Anlagentechnik, Technische Universität Clausthal-Zellerfeld

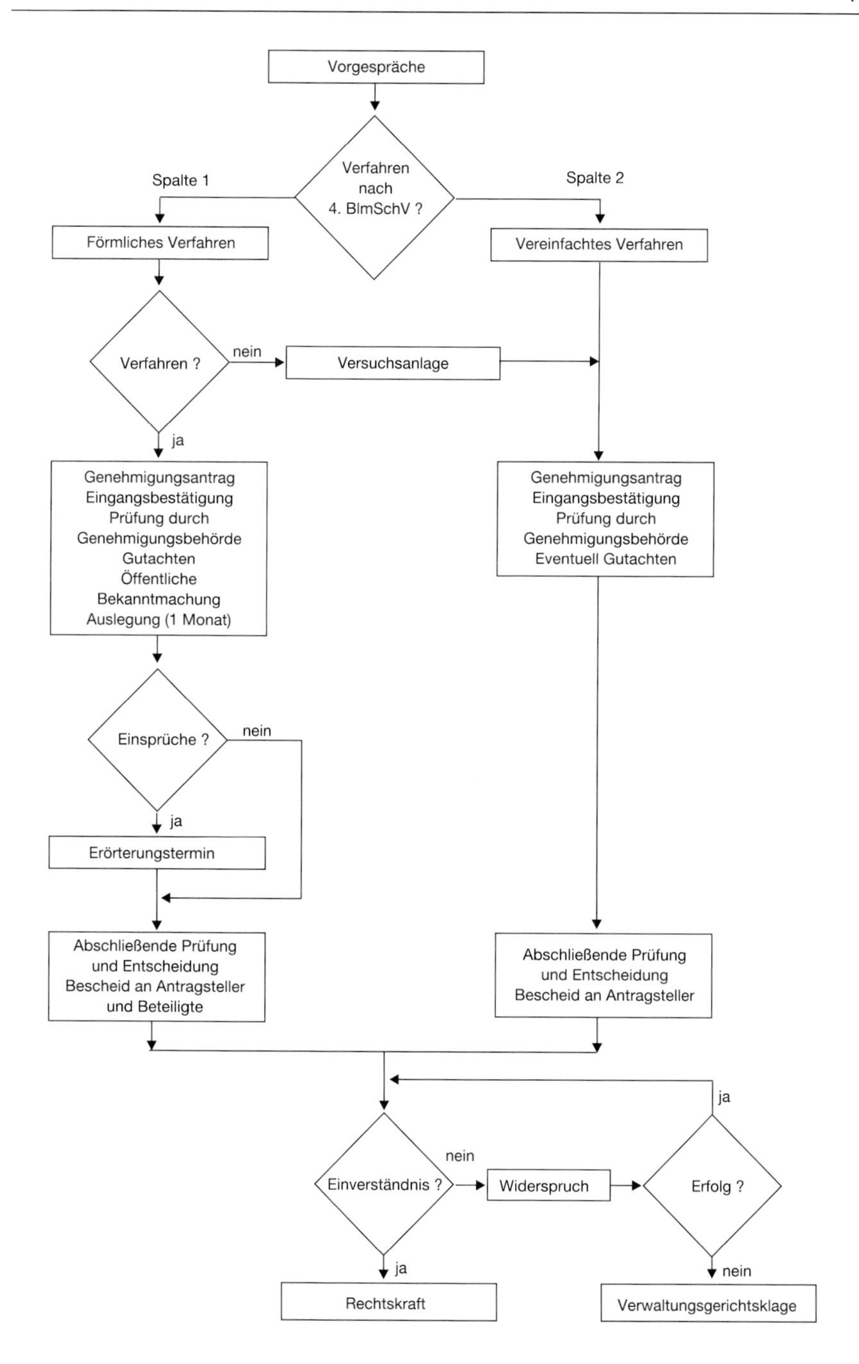

Bild 1: Ablauf von Genehmigungsverfahren

konzeptionelle Tätigkeiten zu wahren und zur Reduktion der Kostensätze personal- und lohnintensive Projektierungsaufgaben auch mit veränderter Fertigungstiefe auszulagern. In einem Beitrag anläßlich der Fachausschußsitzung „Rohrleitungstechnik" der VDI-Gesellschaft Verfahrenstechnik und Ingenieurwesen (GVC) heißt es,

Zitat:

„Die Tendenz ist klar erkennbar, ständige Reduzierung der Fertigungstiefe im Anlagenbau durch Verlagerung von Dienstleistungen zu Fremdfirmen und Lieferanten"

sind Maßnahmen einer Kostenreduzierung. In den VDI-Nachrichten vom 12. April 1996 ist vermerkt:

„Betriebskosten allein entscheiden nicht die Standortfrage"

doch nur dann, wenn im Vollzug dieses globalen Strukturwandels Kompetenzen, Konzepte und Know-how innerhalb der Landesgrenzen erhalten bleiben.

Was aber ist an Dienstleistungen ohne Verlust an Know-how, möglicherweise auch mit Vorteil, auszulagern, um gegenüber Mitbewerbern erfolgreich zu bestehen? Die zukünftige Reaktion der neuen Märkte sich selbst kompetenter darstellen zu wollen ist dabei nicht außer acht zu lassen.

Jedenfalls ist schon heute festzustellen, daß die Vergabe lohnintensiver Ingenieurleistungen in diese Regionen allein nicht mehr zufriedenstellend ist. Der Wunsch nach einem höheren „local content" Anteil nimmt verstärkt zu. Auf Dauer ist dem externen Kundenwunsch, orts- oder kundennähere Dienstleister in die Ingenieur- oder Projektierungsarbeiten einzubeziehen, Rechnung zu tragen.

Das momentan praktizierte „Make or Buy" Verhalten ist nicht neueren Datums, seit langem gehört es zur Gepflogenheit größerer Planungsbüros oder Anlagenbetreiber, kleinere, flexiblere Dienstleister mit Projektierungsarbeiten zu betrauen und das unabhängig davon, ob es sich um In- oder Auslandsinvestitionen handelt. Nun aber steht ins Haus, bei den stark expandierenden Investitionen im fernen Osten einerseits aus Wettbewerbsgründen, andererseits aber auch entsprechend dem Wunsch nach mehr „local content", Dienstleister dieser Länder in Projektierung und Fertigung zu berücksichtigen.

Der Personalabbau in unseren Planungsbüro geschieht nicht nur aus Kostengründen oder Rationalisierungsmaßnahmen er ist zum Teil auch eine Folge dieses Strukturwandels. Vielleicht läßt sich argumentieren, daß wegen fehlender Kapazität eine vermehrte Auslagerung von Ingenieurleistung sogar zu begrüßen ist. Da der Personalabbau primär in Forschungs- und Entwicklungsabteilungen stattfindet, zeichnet sich heute eher eine negative denn positive Entwicklung für den deutschen Anlagen- und Apparatebau ab.

Alle politischen Diskussionen zur Arbeitsplatzbeschaffung, zur Reduktion der Soziallasten sind nicht geeignet grundsätzlichen Wandel zu schaffen, sie setzen keine Personal- oder Sachmittel für Forschungs- und Entwicklungsaufgaben der anstehenden, auch umwelttechnischen, Herausforderungen frei. In Aussicht gestellte Maßnahmen sind nicht nachhaltig genug. Die Nutzung ausländischer Dienstleistungen ist daher nicht vorübergehender Natur, auf Dauer werden auch diese Länder konzeptionelles Wissen anreichern.

3 Modularisierung, Standardisierung, Automatisierung

Ungeachtet der momentanen wirtschaftlichen Lage lassen sich über Automatisierungsmaßnahmen vorübergehend positive Teileffekte erzielen. In [2] werden Lösungsansätze vorgeschlagen, die helfen Projektabwicklungen zu beschleunigen. Unter welchen Voraussetzungen die Anlagenprojektierung zu automatisieren und zu beschleunigen ist, zeigt Bild (2) aus [2]. Bereits in [3] und [4] sind Hinweise enthalten, wie die Apparatekonstruktion und -auslegung rechnergestützt forciert werden kann.

Die Modularisierung einer Anlage entsprechend [2] scheint nahezu eine conditio sine qua non für weiterführende Rationalisierungseffekte. Ergänzend ist zu bemerken, daß die Variantenvielfalt im Anlagen- und Apparatebau einer Automatisierung nicht förderlich ist. Eine Reduktion dieser Variantenvielfalt und mehr Diversität ist ein anzustrebendes Ziel.

Eine Vermeidung dieser Variantenvielfalt und eine modulare Strukturierung der Anlage schaffen der Standardisierungsmöglichkeiten wegen Vorteile, wie

- Transparentes Dokumentenmanagement
- Standardisierte Dokumente bei Auslagerung von Ingenieurleistungen
- Reduktion der Durchlaufzeiten
- Reduktion der Instandhaltungsmaßnahmen
- Günstigere Lagerhaltung
- Reduktion außer- und innerbetrieblicher Schnittstellen
- Temporäres Freisetzen von Personal für Sonderaufgaben.

Im Rahmen einer Projektabwicklung, wie zum Beispiel die Anlagenprojektierung, lassen sich Planungsabschnitte definieren. Grob einzuteilen ist die Projektierung in

- Vorplanung
- Basic-Design
- Basic-Engineering
- Detail-Engineering
- Montage
- Inbetriebnahme.

Die Planungsabschnitte Vorplanung und BASIC-Design erarbeiten Grundlagen für eine genehmigungsfähige Anlage. Das Basic-Engineering ist stärker spezifiziert, es erstellt die Prozeßdaten, bilanziert Stoffe und Energien und zeigt das Verfahren im Detail-zum Beispiel anhand der R & I-Schemata. Diese Planungsergebnisse erlauben es, eine Anlage auszuschreiben. Die einzelnen Planungsphasen sind in ihrer geistigen Herausforderung verschieden. Während Basic-Design und Basic-Engineering stärker kreativ orientiert sind, ist das Detail-Engineering sehr fachspezifisch mit einem hohen Aufwand an Zeit und Personal.

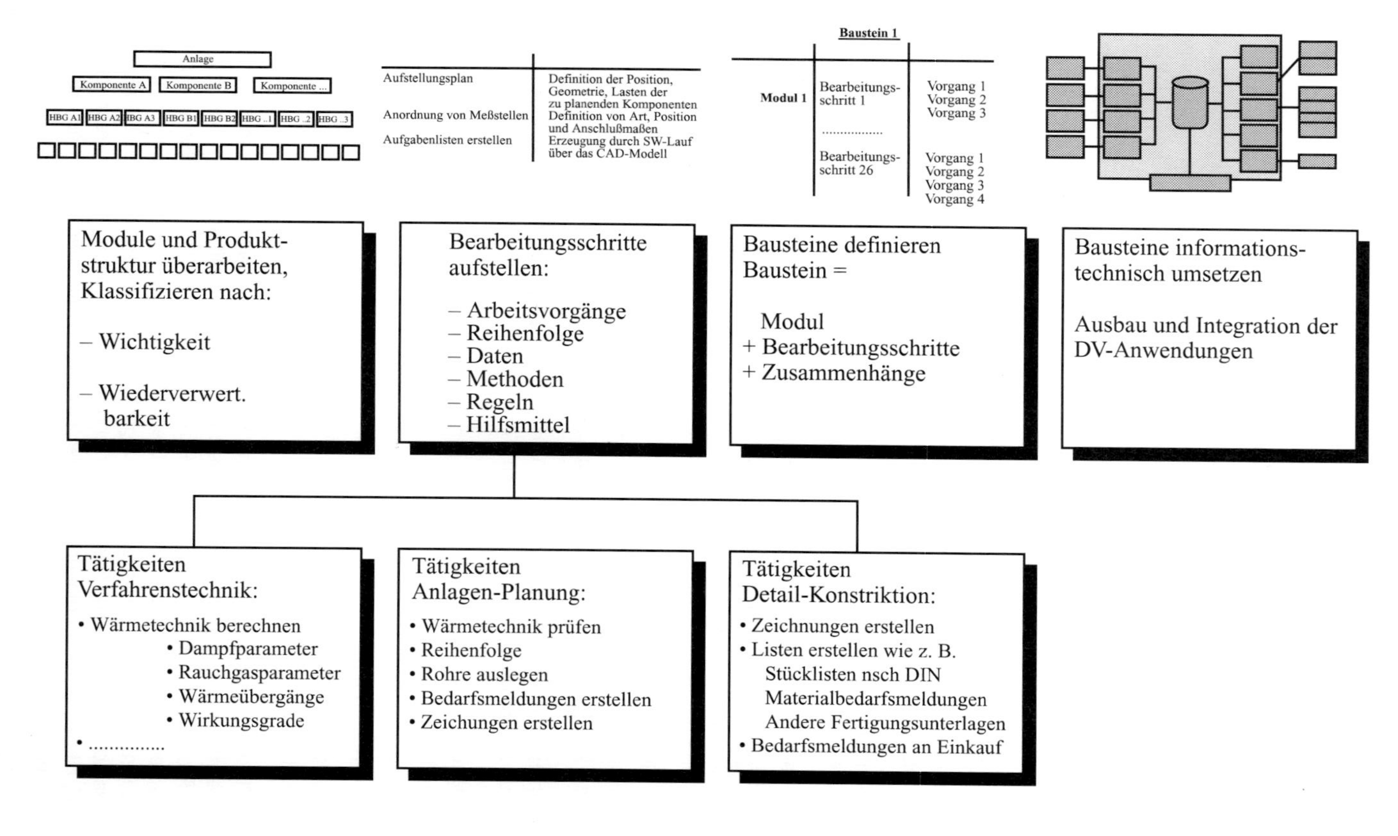

Bild 2: Modularisierung der Produkte und Standardisierung der Prozesse [2]

Aus dieser Tatsache heraus gehört es zur Gepflogenheit unserer Anlagenplaner, diese Arbeiten mit Vorteil auszulagern. Leider mit dem Effekt, zusätzliche externe Schnittstellen mit unvermeidbaren Blindleistungen zu schaffen.

Es sei denn, Modularisierung und Standardisierung haben stattgefunden. In diesen Fällen sind die Endkopplungen möglich um Schnittstellen transparenter zu gestalten.

Zusammenfassung

Es wird versucht, die momentane Situation darzustellen und Entwicklungen aufzuzeigen, die dem Anlagen- und Apparatebau bevorstehen.

Wie vorübergehend Teilerfolge zu erzielen sind, zeigt [2]. Es ist jedoch nicht auszuschließen, daß die alten Industriestandorte wie auch die Bundesrepublik Deutschland an Bedeutung verlieren, das allein aus der Tatsache heraus, daß mit der Vergabe von Dienstleistungen ein Anspruch auf mehr „local content" Anteilen immer stärker gefordert wird, was auf Dauer zu einer substantiellen Wissenanreichung führen muß.

Die Einbeziehung technischer Informationssysteme in die Planungsprozesse im Zusammenhang mit Modularisierung, Standardisierung und Automatisierung bringt Erleichterung und hilft Kapazitäten freizusehen, sie ist langfristig jedoch nicht ausreichend. Es sind erstrebenswerte Ziele mit einigen Erfolgsaussichten. Zu bedenken bleibt, daß der Apparate und Anlagenbau Einzelfertigung geprägt ist, was oft eine Modularisierung und Standardisierung ausschließt.

Schrifttum

[1] Seminarunterlagen, VDI Bildungswerk, 4./5. März 1996

[2] Das „neue" Engineering im Anlagenbau, VDI-Verlag, Heft

[3] Vetter, Ch.: Integriertes Entwurfs- und Konstruktionssystem im rechnerunterstützten Apparatebau, Dissertation, Technische Universität Clausthal, 1984

[4] Dittrich, T.: Rechnergestützte Konstruktion im Apparate- und Anlagenbau, Dissertation, Technische Universität, München

Technische Regeln für Druckbehälter

Von H. D. Gerlach[1])

Einführung

Das heutige hohe Sicherheitsmaß in der Anlagentechnik ist Ergebnis jahrzehntelangen Zusammenarbeitens von Konstrukteuren, Anlagenbauern und -betreibern und Sachverständigen in diesem sensiblen Gebiet der Ingenieurtechnik.

Das hohe eingeschlossene Energiepotential bedeutet ein latentes Risiko für Gesundheit und Leben der an diesen Anlagen Beschäftigten und Dritter. Feste Regelwerke wurden daher in allen Industrieländern eingeführt. Im folgenden wird gezeigt, welche Sicherheitsüberlegungen hinter dem deutschen Regelwerk für Druckbehälter stehen.

Im wesentlichen wird sich der Beitrag dabei auf die Werkstoffauswahl, die Konstruktion und die Herstellung von Druckbehältern konzentrieren.

1 Gesetzliche Aspekte

Die deutschen technischen Regeln gehen zurück auf die zweite Hälfte des 19. Jahrhunderts, als Versicherungsgesellschaften der Betreiber begannen, technische Regeln für die Sicherheit von Dampfkesseln und Druckbehältern aufzustellen.

Seit 1980 ist die Verordnung über Druckbehälter, Druckgasbehälter und Füllanlagen (Druckbehälterverordnung-DruckbehV) in Kraft, zuletzt geändert 1993 [1]. Sie enthält für Druckbehälter, Druckgasbehälter, Füllanlagen und Rohrleitungen die Vorschriften für Konstruktion, Bau, Aufstellung und Betrieb. Sie ist eingebunden in das Gerätesicherheitsgesetz.

Entsprechend dem mechanischen Gefährdungspotential, das heißt dem zulässigen Betriebsüberdruck, dem Rauminhalt des Druckraumes und dem Druckinhaltsprodukt werden die Druckbehälter nach der Druckbehälterverordnung in sieben Gruppen eingeteilt, wobei in den Gruppen I bis IV der Druck durch Gase oder Dämpfe ausgeübt wird, in den Gruppen V bis VII durch Flüssigkeiten (Bild 1). Druckbehälter der Gruppen III, IV, VI und VII sind durch den amtlich anerkannten Sachverständigen einer erstmaligen und einer Abnahmeprüfung zu unterziehen, Druckbehälter der Gruppen IV und VII darüber hinaus auch wiederkehrenden Prüfungen innerhalb bestimmter Fristen durch den Sachverständigen. Druckbehälter der Gruppe I für brennbare, ätzende oder giftige Gase und der Gruppe II müssen einer Druckprüfung durch den Hersteller und einer Abnahmeprüfung durch einen Sachkundigen unterzogen werden. Die zuletzt genannten Behälter und Behälter der Gruppen III und VI sind wiederkehrenden Prüfungen durch den Sachkundigen zu unterziehen.

Rohrleitungen werden nach Nenndurchmesser und Inhalt eingeteilt. Auch hier sind die Bauteile mit höherem Gefährdungspotential durch den amtlich anerkannten Sachverständigen zu prüfen.

---

[1]) Dr.-Ing. Heinz-Dieter Gerlach, RWTÜV Anlagentechnik GmbH, Essen

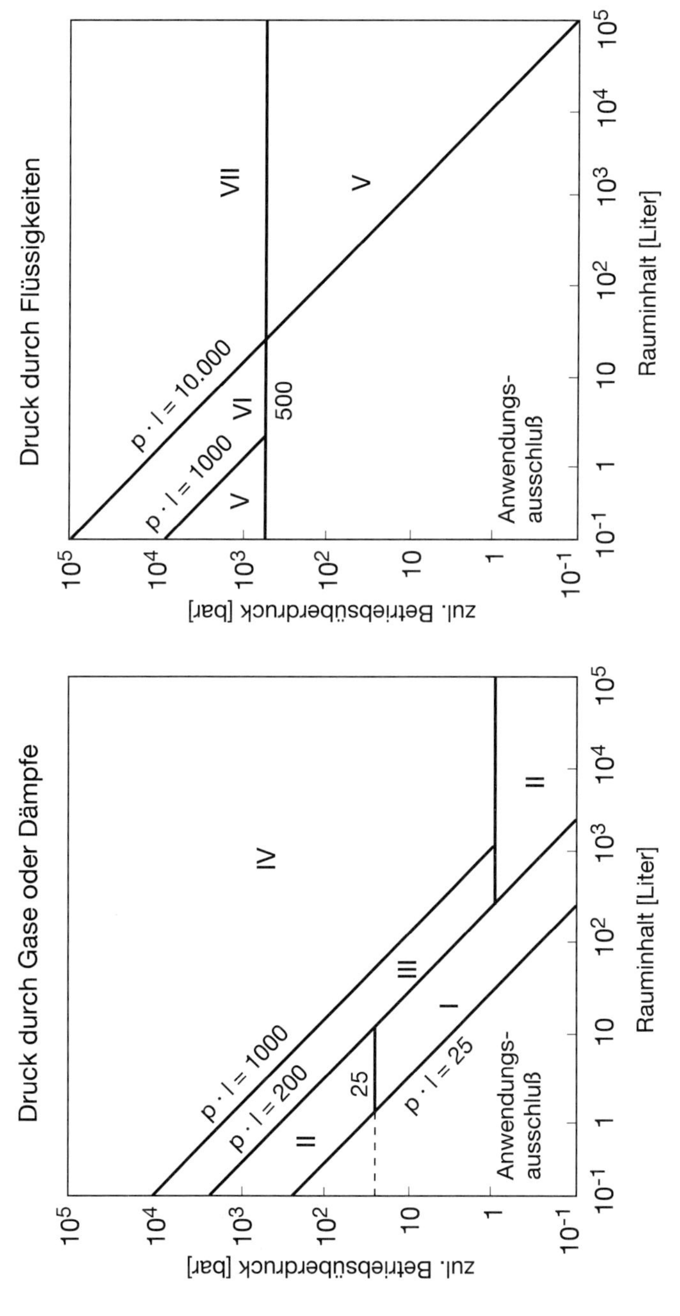

Bild 1: Druckbehälter-Prüfgruppen nach Druckbehälterverordnung

Die nachfolgenden Ausführungen beziehen sich im wesentlichen auf die Druckbehälter der Gruppen IV und VII, die technischen Inhalte gelten jedoch auch für alle anderen Druckbehälter.

2 Schutzziele für den Betrieb von Druckbehältern

Im Anhang I zur DruckbehV sind in knapper Form die grundlegenden Schutzziele genannt, die durch technische Regeln auszufüllen sind. Druckbehälter müssen für die vorgesehene Betriebsweise so beschaffen sein, daß sie

- den zulässigen Betriebsüberdruck und die zulässige Betriebstemperatur sicher aufnehmen
- Beanspruchungen aufnehmen, die auf gefährliche Reaktionen der Beschickung zurückzuführen sind
- aus Werkstoffen erforderlicher mechanischer Eigenschaften hergestellt sind. Die Werkstoffe dürfen vom Beschickungsgut in gefährlicher Weise nicht angegriffen werden und müssen korrosionsbeständig oder gegen Korrosion geschützt sein
- Ausrüstungsteile haben, die ihrer Aufgabe sicher genügen.

Hinsichtlich Aufstellung und Betrieb wird ausgeführt, daß Beschäftigte oder Dritte nicht gefährdet werden dürfen.

Da einfache Strukturen und Vorgänge immer besser beherrschbar sind als komplizierte, lassen sich bereits aus diesen allgemeinen Schutzzielen 5 einfache Sicherheitsregeln herleiten, deren Beachtung einen sicheren Betrieb ermöglichen. Bild 2 zeigt diese vom Verfasser seit vielen Jahren als 5-Finger-Prinzip herausgestellten Grundregeln. Eine Vielzahl von Schäden und Unfällen ist auf die Verletzung eines oder mehrerer dieser Kriterien zurückzuführen.

3 Technische Regeln für Druckbehälter (TRB)

Die Technischen Regeln Druckbehälter (TRB) [2] werden vom Fachausschuß Druckbehälter (FAD) erarbeitet und vom Bundesminister für Arbeit bekanntgegeben. Die TRB

Eine Komponente ist zuverlässig und sicher, wenn die folgenden Kriterien erfüllt sind:

- gute Konstruktion:
  verläßlicher Werkstoff, einfach berechenbar
- einfach herzustellen
- einfach zu prüfen
- einfach zu betreiben, einschließlich wiederkehrender Prüfungen
- einfach zu reparieren und zu ersetzen, eingeschlossen den Einfluß auf die Umwelt bei Entsorgung.

Bild 2: 5-Finger-Prinzip für sichere Druckbehälter

(Bild 3) enthalten die sicherheitstechnischen Anforderungen, bei deren Anwendung die Bedingungen der Druckbehälterverordnung erfüllt sind. Sie enthalten ferner die Anforderungen zur Verhinderung von Störfällen im Sinne der Störfallverordnung.

Allgemeines	Reihe 000
Werkstoffe für Druckbehälter	Reihe 100
Herstellung der Druckbehälter	Reihe 200
Berechnung von Druckbehältern	Reihe 300
Ausrüstung der Druckbehälter	Reihe 400
Verfahrens- und Prüfrichtlinien für Druckbehälter	Reihe 500
Aufstellung der Druckbehälter	Reihe 600
Betrieb der Druckbehälter	Reihe 700
Besondere Arten von Druckbehältern und Druckbehälter-Füllanlagen	Reihe 800

Bild 3: Technische Regeln Druckbehälter (TRB). Gliederung

Die TRB, Reihe 100 bis 300 für Werkstoffe, Herstellung und Berechnung enthalten nur eine sicherheitstechnische Grundaussage und nehmen ansonsten die AD-Merkblätter der Reihen Werkstoffe, Herstellung und Berechnung direkt in Bezug, so daß die von der Arbeitsgemeinschaft Druckbehälter (AD) erarbeiteten AD-Merkblätter, die auch im Ausland internationale Bedeutung haben, weiterhin gültig sind. Die TRB, Reihe 500 enthalten im Sinne von Prüfrichtlinien ausführliche Anforderungen an alle Druckbehälterprüfungen und damit im Zusammenhang stehende Verfahren. Sie richten sich also im wesentlichen an Sachkundige und Sachverständige. Aufstellung und Betrieb von Druckbehältern werden in den TRB der Reihe 600-800 geregelt.

4 AD-Merkblätter

Die AD-Merkblätter [3] enthalten technische Sicherheitsanforderungen für normale Betriebsbedingungen. Daher geben diese Regeln, die die unterschiedlichsten Arten von Druckbehältern, Medien und Betriebsdaten abdecken sollen, ein mittleres Sicherheitsmaß für die Durchschnittsanlage [4]. Wenn im Betrieb außergewöhnliche Beanspruchungen oder außergewöhnliche Bedingungen erwartet werden müssen, sind gesonderte Betrachtungen anzustellen, die alle Einflußgrößen auf die Gesamtsicherheit berücksichtigen.

Mit den AD-Merkblättern ist ein tragfähiges Konzept entstanden für die „Normalbehälter" in chemischen Anlagen. Die AD-Merkblätter gelten im wesentlichen für Druckbehälter, die keine außergewöhnlichen thermischen und zeitlich wechselnden Lasten im Betrieb erfahren und für die es im allgemeinen als ausreichend angesehen wird, nur den Betriebszustand sowie den Prüfzustand voraussagend zu erfassen. Durch den großen Bestand an druckführenden Komponenten und eine fast lückenlose Verfolgung der Betriebsbewährung sowie durch ein umfassendes System wiederkehrender Prüfungen liegt eine langjährige Erfahrung vor, die dieses Konzept bestätigt.

Die Gliederung der AD-Merkblätter stimmt im wesentlichen mit den bereits genannten Schutzzielen überein. Die Maßnahmen, die den sicheren Betrieb der Druckbehälter bewirken, nämlich Auswahl geeigneter Werkstoffe, geeignete Konstruktion, fachkundige Herstellung, Bereitstellung vollständiger Sicherheits- und Kontrolleinrichtungen, kompetenter Betrieb mit entsprechender Beobachtung sowie erstmalige und wiederkehrende äußere und innere Besichtigungen und Prüfungen, hängen eng miteinander zusammen.

In Einzelfällen sind Abweichungen von den AD-Merkblättern möglich. Dann muß durch andere Unterlagen schlüssig belegt werden, daß die Sicherheitsanforderungen erfüllt sind, zum Beispiel durch entsprechende Werkstoffprüfungen, Versuche, theoretische oder experimentelle Spannungsanalysen, Betriebsbewährung usw..

In den Fällen, in denen die AD-Merkblätter bestimmte Probleme nicht erfassen, kann Anleihe bei anderen technischen Regeln gemacht werden. Hier sind beispielsweise zu nennen DIN-Normen, VDI-Richtlinien, VdTÜV-Merkblätter, ASME-Code for Pressure Vessels, Section VIII Division 1 oder 2, British Standards, CODAP, Regels voor Toestellen onder Druk. CEN-Regeln, die vom Technischen Komitee TC 54 erarbeitet werden, werden ebenfalls als Alternative anzusehen sein.

5 Grundprinzipien der AD-Merkblätter

5.1 Werkstoffauswahl

Die Werkstoffanforderungen der AD-Merkblätter sind in der Reihe W angegeben. Diese AD-Merkblätter gelten für Werkstoffe, aus denen drucktragende Teile für Druckbehälter in unterschiedlicher Produktform angefertigt werden, wie Bleche, Rohre, Schmiedeteile und Flansche. Die AD-Merkblätter enthalten Angaben über die Prüfung der Güteeigenschaften und über die Werkstoffkennwerte, die der Berechnung zugrunde gelegt werden. Sie werden um DIN-Normen, Stahl-Eisen-Werkstoffblätter, Stahl-Eisen-Lieferbedingungen und VdTÜV-Werkstoffblätter ergänzt.

Entsprechend den grundsätzlichen Überlegungen muß der Werkstoffhersteller über technische Einrichtungen und Personal verfügen, die eine Werkstoffherstellung in Übereinstimmung mit dem gegenwärtigen Stand der Technik gewährleisten, und die auch eine Werkstoffprüfung in Übereinstimmung mit den entsprechenden DIN-Blättern und anderen Regeln gestattet. Vor Aufnahme der Produktion muß in einer erstmaligen Begutachtung gezeigt werden, daß diese Anforderungen erfüllt sind.

Die Werkstoffauswahl für Druckbehälter oder Druckbehälterteile erfolgt im Hinblick auf die erwarteten mechanischen und thermischen Lasten und im Hinblick auf mögliche chemische Einflüsse. Die Werkstoffzulassung trägt diesen Gesichtspunkten Rechnung unter besonderer Berücksichtigung der Verarbeitungseigenschaften der Druckbehälterwerkstoffe, insbesondere Schweißen und Wärmebehandlung.

Werkstoffe, die auf der Basis der Bewährung als begutachtet angesehen werden können, sind in den AD-Merkblättern, Reihe W, genannt. Für sonstige Werkstoffe ist ein erstmaliges Werkstoffgutachten erforderlich. Das Ergebnis dieser Begutachtung wird in einem VdTÜV-Werkstoffblatt zusammengefaßt. Sofern ein Werkstoff außerhalb des Geltungsbereiches eines Standards benutzt werden soll, zum Beispiel ein Werkstoff aus dem Ausland, ist ein Einzelgutachten erforderlich.

Schweißzusatzwerkstoffe dürfen nur verwendet werden, wenn die Eignung nachgewiesen ist.

In den deutschen Druckbehälterregeln wird als Werkstoffkennwert für normale Betriebsbedingungen die 0,2 %-Streckgrenze $R_{p0,2}$ für Walz- und Schmiedestähle angesehen. Dieser Wert ist geeignet, das Verhalten von Strukturteilen zu beschreiben, sofern eine ausreichende Zähigkeit vorausgesetzt werden kann. Da in den Werkstoffstandards nur Mindeststreckgrenzen spezifiziert sind, ohne daß auch die zulässigen Höchstwerte angegeben sind, war es das Bestreben der Stahlhersteller, hochfeste Feinkornbaustähle zu erschmelzen, bei denen ein hohes Streckgrenzenverhältnis $R_{p0,2}/R_m$ vorliegt. Diese Stähle erfordern bei der Weiterverarbeitung einen hohen Grad an Qualitätssicherung mit eng tolerierten Schweißparametern. Insbesondere bei Behältern für schwellende Betriebsbelastung ist daher auf günstige Konstruktion mit kerbarmen Übergängen zu achten, und es ist auf Materialanhäufungen zu verzichten, die dreiachsige Spannungszustände bewirken können.

5.2 Konstruktion und Berechnung

Das Ziel der Berechnung ist es, die drucktragende Wanddicke zu ermitteln und nachzuweisen, daß sowohl die Spannungen und Dehnungen ausreichend unter den Grenz-Werkstoffkennwerten liegen, die für den in der Komponente auftretenden Spannungszustand relevant sind, als auch daß ein ausreichender Abstand zu Stabilitätsversagen vorhanden ist.

5.2.1 Design by rules

In den AD-Merkblättern der Reihe B wird die Festigkeitsberechnung durch pauschalierte Formeln vorgenommen, design by rules. Es wird vorausgesetzt, daß mittlere Spannungen im Bauteil in der Lage sind, die äußeren Belastungen durch Innendruck aufzunehmen, ohne daß unzulässige Werkstoffzustände auftreten, die zum Behälterversagen führen. Eine detaillierte Analyse der örtlich vorhandenen Spannungen erfolgt nicht. Vielmehr wird der Bauteilgeometrie durch konstruktionsbedingte Faktoren, den sogenannten C-Werten, und dem Werkstoffverhalten durch Stützwerte (Formdehngrenzen) und unterschiedliche Sicherheitsbeiwerte Rechnung getragen. Durch die Wahl hinreichend zutreffender Werkstoffkennwerte wird sowohl im Kurzzeit- als auch im Kriechbereich mit den gleichen Rechenformeln der Sicherheitsnachweis erbracht.

Der Sicherheitsbeiwert soll außer dem Verhältnis zwischen dem Werkstoffkennwert und der tatsächlichen Spannung auch Unbestimmtheiten von Abnahmeversuchen, Streuungen im Werkstoffverhalten, insbesondere bedingt durch die Verarbeitung (z. B. in der Wärmeeinflußzone), vereinfachte Berechnungsmethoden und pauschale Berechnungsmodelle, Streuungen in den Betriebsbedingungen, Toleranzen und Abweichungen der tatsächlichen Komponente von der geplanten Komponente (z. B. Formabweichungen), Einflüsse des Druckbehältermediums (z. B. hinsichtlich Korrosion) und andere Ungewißheiten mit abdecken.

Die Versagensarten, die in der Festigkeitsrechnung berücksichtigt werden sollen, oder bei denen die Festigkeitsberechnung wenigstens flankierende Hilfe leistet, sind in Bild 4 angegeben.

Versagensarten bei Druckbehältern:

- ausgedehnte elastische Verformung einschließlich Instabilität,
- ausgedehnte plastische Verformung infolge Überlast,
- Behälterbersten (Gewaltbruch),
- Ermüdung durch wechselnde mechanische und thermische Belastungen einschließlich Niedrig-Lastwechsel-Versagen,
- Versagen durch inkrementellen Dehnungsanstieg oder fortwährende wechselnde Plastifizierung,
- zeitabhängiger Kriechbruch im Hochtemperaturgebiet (einsinnige und zyklische Belastung)
- Sprödbruch, eingeleitet durch Risse in der Komponente,
- Korrosion wie Spannungsrißkorrosion, und Korrosionsermüdung,
- Funktionsverlust infolge von Verformungen, z. B. Klemmen, Vibrationen,
- Versagen in unschädlicher Form, z. B. Leckage.

Bild 4: Versagensarten von Druckbehältern

In den AD-Merkblättern werden nur die wichtigsten dieser Versagensarten durch Berechnung abgedeckt. So wird beispielsweise der Korrosion durch entsprechende Werkstoffwahl Rechnung getragen. Auch Sprödbruch muß durch Wahl geeigneter Werkstoffe mit ausreichender Zähigkeit abgedeckt werden. Die Einhaltung von Mindestwerten für Bruchdehnung und Kerbschlagzähigkeit sind hier entscheidend. Nähere Angaben hierzu sind in den AD-Merkblättern der Reihe W enthalten.

Örtliche plastische Deformationen, ausgedehnte plastische Deformationen und Instabilität (sofern notwendig) werden durch die AD-Merkblätter der Reihe B berücksichtigt. Ebenso wird zeitabhängiges Kriechen durch vereinfachte elastische Methoden im Kriechbereich betrachtet, wobei die effektiven Dehnungen durch Umrechnen auf Spannungswerte begrenzt werden.

Die AD-Merkblätter der Reihe B decken einen überwiegend nichtzyklischen Betrieb mit nicht mehr als etwa 1000 vollen Drucklastwechseln ab. Bei Überschreiten dieser Grenze muß für Druckbehälter aus Stahl die Ermüdung, die konstruktiv beeinflußt werden kann, nach den AD-Merkblättern der Reihe S überprüft werden. Dabei beinhaltet das AD-Merkblatt S 1 zunächst eine überschlägige Berechnung, um zu prüfen, ob eine detaillierte Ermüdungsanalyse notwendig ist. Das AD-Merkblatt S 1 ermöglicht eine Abschätzung der zulässigen Druckwechsel, die in Abhängigkeit von der zulässigen Spannung unbegrenzt möglich sind, und eine Abschätzung der Anzahl zulässiger Druckwechsel vorgegebener Höhe. Eine Abschätzung der Verlängerung dieser Lebensdauer wird ebenfalls angegeben, wenn der Druckbehälter in einem Druckwechselbereich betrieben wird, der kleiner ist als der fiktive Druck, der einer vollen Ausnutzung der Berechnungsspannung entspricht. Eine detaillierte Ermüdungsanalyse ist mit AD-Merkblatt S 2 möglich, siehe Abschnitt 5.3.

Es wurde bereits ausgeführt, daß die AD-Merkblätter der Reihe B Dimensionierungsformeln enthalten. Diese gelten für

- zylindrische, konische und Kugelschalen unter Innen- und Außendruck
- gewölbte Böden unter Innen- und Außendruck
- unverankerte und verankerte Böden und Platten
- Ausschnitte
- Schrauben
- Flansche
- einwandige Kompensatoren.

Zusätzliche Belastungen auf Druckbehälterwandungen, wie Gewichtskräfte, Windkräfte, Wärmespannungen bei Wärmetauschern mit festen Rohrplatten sowie Anschlußkräfte aus Rohrleitungen werden in den AD-Merkblättern S 3/1 - S 3/7 behandelt, die erst in den letzten Jahren erarbeitet worden sind. Hier sind vor allem Regelungen nach British Standard BS 5500 und Erfahrungen von Wichman, Hopper, Mershon [6] und aus den früheren TGL [7, 8] eingeflossen. Die Grundsätze für den Standsicherheitsnachweis sind in AD S 3/0 angegeben. Hier sind einige Regelungen aus dem Stahlbau übernommen worden, ohne daß jedoch das vollständige Konzept, das mit den AD-Merkblättern nicht kompatibel ist, übernommen worden wäre.

Die Berechnungen nach den AD-Merkblättern müssen bei dem Berechnungsdruck und der Berechnungstemperatur durchgeführt werden. Das sind im allgemeinen der zulässige Betriebsüberdruck und die höchste zu erwartende Wandtemperatur, sofern nicht ein Zuschlag für Beheizung notwendig ist. Für Betriebstemperaturen unterhalb +20 °C ist die Berechnungstemperatur gleich der Raumtemperatur. Für Temperaturen des Druckbehältermediums unterhalb -10 °C werden zusätzliche Anforderungen an die Werkstoffzähigkeit gestellt, die in AD-Merkblatt W 10 niedergelegt sind.

Drucküberschreitungen im Druckbehälter von mehr als 10 % des zulässigen Betriebsüberdrucks werden durch den Einbau eines Sicherheitsventils abgesichert. Desgleichen sollen durch Temperaturbegrenzer Temperaturüberschreitungen abgeblockt werden. Für normale Druckbehälter reicht es daher aus, die Berechnung für den durch Berechnungsdruck und Berechnungstemperatur fixierten Zustand durchzuführen. In besonderen Fällen müssen auch die Bedingungen für die Druckprüfung nachgerechnet werden. Eine Betrachtung von Störfällen mit höheren Temperaturen oder höheren Drükken ist nicht vorgesehen.

5.2.2 Festigkeitskennwert und Sicherheitsbeiwert

Der Festigkeitskennwert K ist für die Berechnungstemperatur nach den Angaben in den AD-Merkblättern der Reihe B zu wählen. Für statisch belastete Komponenten ist der Festigkeitskennwert K in Abhängigkeit vom Werkstoff einer der folgenden Werte:

- für Werkstoffe mit garantierter Streckgrenze oder Elastizitätsgrenze (unterhalb des Kriechbereiches)

$$K = \begin{cases} R_{p0.2T} & \text{für ferritische Werkstoffe} \\ R_{p1.0T} & \text{für austenitische Werkstoffe} \end{cases}$$

- für Werkstoffe ohne garantierte Streckgrenze oder Elastizitätsgrenze (unterhalb des Kriechbereiches)

$$K = R_{mT}$$

- im Kriechbereich

$$K = \mathrm{Min} \begin{cases} R_{m\,100.000h\,T} \\ R_{p\,T} \end{cases}$$

vermindert um 20 % für vollbeanspruchte Schweißnähte, solange dafür noch keine verbindlichen Zeitstandswerte vorliegen.

Der Sicherheitsbeiwert S muß bei Berechnungstemperatur in Abhängigkeit vom Werkstoff wie folgt gewählt werden:

$$S = \begin{cases} 1{,}5 & \text{für Walz – und Schmiedestähle} \\ 2{,}0 & \text{für Stahlguß} \\ 3{,}0 \text{ bis } 6{,}0 & \text{für Sphäroguß abhängig von Festigkeit} \\ & \text{und Wärmebehandlung} \\ 7{,}0 \text{ bis } 9{,}0 & \text{für Grauguß} \\ 1{,}5 & \text{für Aluminium} \\ 3{,}5 \text{ bis } 4{,}0 & \text{für Kupfer, Kupfer – Legierungen} \\ \text{nach Sachverstän-} & \text{für sonstige Werkstoffe} \\ \text{digengutachten} & \end{cases}$$

Aus Festigkeitskennwert und Sicherheitsbeiwert folgt die zulässige Spannung σ_{zul} = K/S. Das bedeutet, daß in den meisten Fällen, in denen zähe ferritische Werkstoffe benutzt werden, die zulässige Spannung nur als Funktion der Streckgrenze gebildet wird. Unter Berücksichtigung des Werkstoffverhaltens oberhalb des Elastizitätsbereiches bedeutet dies einen Sicherheitsbeiwert gegen die Zugfestigkeit von ungefähr 2,5, je nach verwendetem Werkstoff. Dies ist ein vergleichsweise niedriger Wert. Der ASME-Code, Section VIII Division I, verlangt zum Beispiel einen Sicherheitsfaktor von 4 gegen die Zugfestigkeit. Allerdings wird das Zugfestigkeitskriterium im ASME-Code nur benutzt, um Konstruktionen zu vermeiden, die aus Werkstoffen niedriger Zähigkeit und hoher Streckgrenzenverhältnisse bestehen [5]. Wie noch gezeigt wird, führen nach deutschem Regelwerk hergestellte Druckbehälter daher im allgemeinen zu geringeren Wanddicken.

5.2.3 Design by analysis

In Fällen, in denen eine Berechnung mit Dimensionierungsformeln nicht vorgenommen werden kann, wird eine Berechnung mit genaueren Spannungsanalyseverfahren erforderlich, **design by analysis**.

Es ist besonders zu begrüßen, daß das neue AD-Merkblatt S4 Regelungen für eine Bewertung von Spannungen aus rechnerischen und experimentellen Spannungsanalysen enthält. Hier sind die seit langem aus dem ASME-Code bekannten Spannungskategorisierungen aufgenommen worden und um einige Detailregelungen ergänzt worden, die eine zu große Dreiachsigkeit des Spannungszustandes und damit eine Versprödungsgefahr verhindern. Eine detaillierte Analyse von nichtlinearen Berechnungen wird bis auf weiteres nach CEN TC 54 [9] vorgenommen werden müssen. Dies lohnt sich jedoch nur in wenigen Sonderfällen.

5.2.4 Expertensysteme

Die Berechnungsregeln haben heute einen Umfang angenommen, die eine Anwendung ohne Hilfsmittel praktisch nicht mehr gestatten. Da CAD-Systeme inzwischen fast überall Eingang gefunden haben und PCs in jedem Konstruktionsbüro verfügbar sind, empfiehlt sich die Benutzung von Expertensystemen für die Festigkeitsberechnung von Druckbehältern, da hiermit gleichzeitig eine Dokumentation der Berechnung erzielt werden kann, siehe zum Beispiel [10]. Solche Systeme sollten modular aufgebaut sein und eine Benutzerführung im Dialog enthalten, die den Konstrukteur gezielt an die wesentlichen Details führt. Als wesentlich wird auch die Einbindung von zugeordneten Daten wie Werkstoffinformationen, Toleranzen, Normteilinformationen etc. angesehen.

5.2.5 Berechnungsgrundlagen

Die AD-Merkblatt-Formeln berücksichtigen das Werkstoffverhalten über die Elastizitätsgrenze hinaus, verwenden aber modifizierte elastische Ansätze. Drei sich ergänzende Methoden für Komponenten unter vorwiegend statischer Beanspruchung sind in die Regeln eingeflossen:

1. **Traglastanalyse** [11]. Mit der Traglastanalyse ist es unter der Annahme elastisch-idealplastischen Werkstoffverhaltens bei ungleichmäßigen Spannungsverteilungen über den Querschnitt möglich, die statischen und kinematischen Gleichgewichtsbedingungen zu erfüllen, wenn man vollplastische Gelenke an den Stellen einführt, wo die Streckgrenze überschritten wird. Dadurch wird das statische System bestimmt, und im Fall von Biegung können untere Grenzwerte für die statische Grenzlast ermittelt werden, die oberhalb der elastischen Grenze liegen.

2. **Einspielverfahren (Shake down)** [12]. Das Einspielprinzip für örtlich ungleichmäßige Spannungsverteilungen besagt, daß örtlich begrenzte plastische Dehnungen nach wenigen Lastwechseln zu elastischen Dehnungen führen, sofern die Einspielgrenze nicht überschritten wird. Diese Einspielgrenze ist die größte plastische Dehnung, die gerade noch zu plastischem Verhalten führt. Wenn die Dehnungen diese Grenze wiederholt überschreiten, führt dies jedoch zu Versagen durch inkrementellen Dehnungsanstieg oder durch fortwährende wechselnde Plastifizierung.

Beide Methoden können nur angewendet werden, wenn der Spannungszustand in der betrachteten Komponente ungleichmäßig ist. Die Traglastanalyse ist anwendbar, wenn Biegespannungen vorhanden sind, zum Beispiel bei Flanschen. Die Shake-down-Analyse ist anwendbar in Fällen örtlicher Spannungskonzentration infolge von Randstörungen, zum Beispiel bei gewölbten Böden. Unter Berücksichtigung des elastisch-plastischen Werkstoffverhaltens ergibt sich daher an diesen Stellen eine wirksame Spannungserhöhung, die deutlich unterhalb des elastisch ermittelten Spannungserhöhungsfaktors α liegt.

3. **Bauteilfließkurvenkonzept.** In der experimentellen Spannungsanalyse wird das Bauteilfließkurvenkonzept angewendet, das ebenfalls die plastische Dehnung begrenzt [13, 14]. Die wesentliche Idee ist dabei, beim Vorhandensein eines inhomogenen Spannungszustandes kleine plastische Deformationen in eng begrenzten Bereichen zuzulassen, um die weniger belasteten Teile des Querschnittes höher zu belasten, als dies bei elastischer Lastaufnahme der Fall ist. Im Ergebnis führt dies zu einer Vergleichmäßigung der Spannungen in einem Querschnitt.

Definiert man eine zulässige Grenze von 0,2 % plastischer Dehnung in der höchstbelasteten Zone, kann man die zulässige Last $F_{0,2}$ oberhalb der Fließgrenze F_{fl} durch Berechnung oder Versuch finden, wenn man die Bauteilfließkurve, das heißt also die Kurve der Belastung, als Funktion der maximalen Vergleichsdehnung betrachtet (Bild 5).

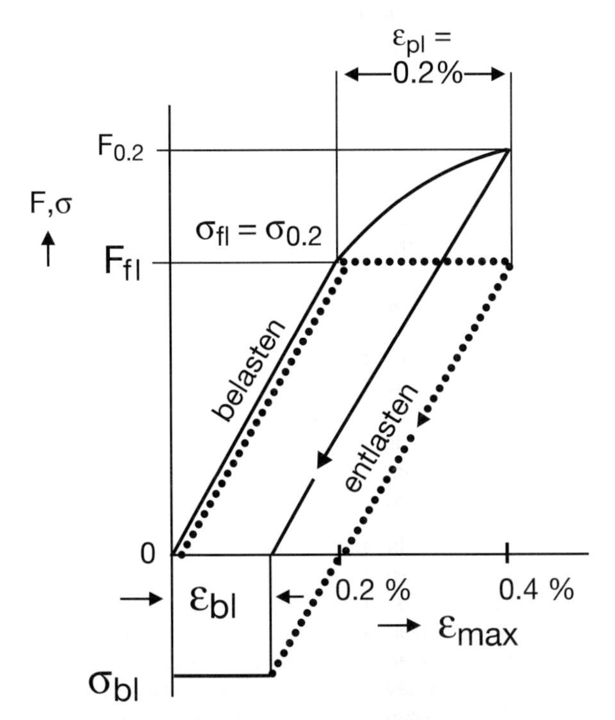

Bild 5: Plastisches Verhalten für inhomogenen Spannungszustand

Die zulässige Last $F_{0,2}$ entspricht einer fiktiven Spannung, die gefunden wird, wenn man anstelle der Werkstoff-Fließkurve die Bauteil-Fließkurve heranzieht. Damit läßt sich dann die Stützwirkung der Struktur ausnutzen.

Der Nachteil dieser Methode besteht darin, daß die Stützfaktoren in den meisten Fällen nur durch Messungen ermittelt werden können und daß Wärmespannungen, die selbstbegrenzend sind, nicht berücksichtigt werden können.

5.3 Wechselbeanspruchung

In Abschnitt 5.2 wurde auf die Abgrenzung zwischen der Berechnung auf vorwiegend statische Beanspruchung und der Berechnung gegen Wechselbeanspruchung bereits hingewiesen.

Die eigentliche Berechnung auf Wechselbeanspruchung wird nach AD-Merkblatt S 2 vorgenommen.

Dabei werden streckgrenzenabhängig elastisch ermittelte Spannungsschwingbreiten mit Ermüdungskurven verglichen, die Anrißlastspielzahlen für glatte Proben bei Raumtemperatur enthalten. Für die Ermittlung der maßgebenden Spannungsschwingbreite sind Korrekturfaktoren für konstruktive Ausbildung von Schweißnahtdetails und Einfluß von Oberfläche, Wanddicke, Temperatur und Mittelspannung angegeben. Zur Berücksichtigung der Schweißnahtkerbwirkung sind drei Gestaltungsgruppen definiert, in die die üblichen Schweißnähte von Druckbehältern eingruppiert werden. Als Spannungssicherheitsbeiwert ist S = 1,5, als Lastspielsicherheitsbeiwert ist $S_L = 10$ gegen eine Mittelwertkurve der Anrißlastspielzahlen eingearbeitet worden [15]. Die Grenzkurven basieren auf Eurocode 3 [16].

Für Betriebslastkollektive wird eine lineare Schädigungshypothese verwendet.

Das AD-Merkblatt S 2 ist insbesondere für eine Optimierung aller Bauteile einer Komponente auf annähernd gleiche Lebensdauer nützlich [17-19].

5.4 Herstellung und erstmalige Prüfung

Die AD-Merkblätter der Reihe HP behandeln die Regeln für Auslegung und Herstellung von Druckbehältern und Druckbehälterteilen, die vorwiegend ruhend beansprucht werden, sowie für die Verbindung mit nicht drucktragenden Teilen, zum Beispiel durch Schweißen. Sie regeln außerdem die vor, während und nach der Herstellung erforderlichen Prüfungen. Das Hauptaugenmerk wird also in den AD-Merkblättern der Reihe HP auf den Druckbehälterhersteller gerichtet.

Die Zielstellung der AD-Merkblätter der Reihe HP ist es, dem Hersteller einen Rahmen der Verantwortlichkeit zu geben, in dem er Prüfungen in Eigenverantwortung durchführen kann. Voraussetzung dafür ist, daß er die für die sachgemäße Ausführung notwendigen Arbeiten unter Einhaltung der Regeln der Technik durchführt, insbesondere unter Einhaltung der AD-Merkblätter. Der Sachverständige prüft dabei die Voraussetzungen, das heißt die geplanten Fertigungsverfahren, sowie Ausrüstung und Personal des Herstellers in einer erstmaligen Prüfung. Der Druckbehälter-Hersteller darf nur geprüfte Schweißer einsetzen; weiterhin muß er eigenes, verantwortliches Aufsichtspersonal sowie unabhängige Prüfer und eine unabhängige Prüfaufsicht haben. Sofern sich aus den Betriebsbedingungen der Behälter über die AD-Merkblätter hinausgehende Forderungen ergeben, zum Beispiel Berücksichtigung wechselnder Beanspruchungen, Korrosionszuschläge, zusätzliche Prüfungen, eingeengte Maßtoleranzen, Auswahl bestimmter Werkstoffe und Fügeverfahren, zusätzliche Wärmebehandlung usw., muß der Betreiber dem Hersteller diese so bekanntgeben, damit er sie bei der Auslegung und Fertigung der Behälter berücksichtigen kann. Außerdem können zusätzliche Anforderungen zwischen Betreiber und Hersteller vereinbart werden, die dem Betreiber eine größere Verfügbarkeit der Anlage gewährleisten.

Das AD-Merkblatt HP 0 beinhaltet die allgemeinen Grundsätze für Auslegung, Herstellung und erstmalige Prüfung. Es gibt die Voraussetzungen für den Hersteller an, der in einer Verfahrensprüfung nachweisen muß, daß er die geplanten Schweißverfahren sicher beherrscht. Die Prüfergebnisse aus der Verfahrensprüfung sind vom Sachverständigen zu begutachten. In der Verfahrensprüfung werden im wesentlichen die folgenden Gesichtspunkte geprüft und begutachtet: Schweißverfahren, die zu verschweißenden Werkstoffe einschließlich Schweißzusatzstoffe, Schweißposition, geplante Wanddicken- und Durchmesserbereiche, Wärmebehandlung und zusätzliche Bedingungen.

Die Kennzeichnung der Werkstoffe muß während der Verarbeitung erhalten bleiben, das heißt bei Abtrennen von Teilen übertragen werden. Dies ermöglicht nach Fertigstellung eines Druckbehälters, daß alle drucktragenden Teile auf Verwechslung geprüft werden können.

Nach der im Anhang zu AD-Merkblatt HP 0 enthaltenen Übersichtstafel kann für alle Stähle, mit Ausnahme von warmfesten legierten Stählen, für Wanddicken bis zu 30 mm eine Wärmebehandlung nach dem Schweißen entfallen. Für die höherfesten Stähle, die bei tiefen Temperaturen angewendet werden sollen, muß diese Wanddicke nach den Festlegungen des jeweiligen Werkstoffblattes herabgesetzt werden. Für niedriglegierte Stähle und Feinkornbaustähle mit Streckgrenzen unterhalb 370 N/mm² und mit einfacher geometrischer Gestalt ist diese Grenze auf 38 mm festgelegt. Eine weitere Erhöhung darüber hinaus ist bei diesen Stählen nur in besonderen Fällen möglich, wobei aber dann eine besondere Sprödbruchuntersuchung durchzuführen ist.

Weiterhin sind die Bedingungen angegeben, für die keine Wärmebehandlung nach dem Schweißen notwendig ist, und die außerdem Art und Umfang der Arbeitsprüfungen und der zerstörungsfreien Prüfung geschweißter Druckbehälter oder Druckbehälterteile angibt.

Art und Umfang der Arbeitsprüfungen und der zerstörungsfreien Prüfung hängen weitgehend vom verschweißten Werkstoff ab. Die zerstörungsfreie Prüfung wird im wesentlichen im Hinblick auf die Wärmeeinflußzone durchgeführt. Der Schwerpunkt der zerstörungsfreien Werkstoffprüfung liegt auf der Ultraschallprüfung, für die detaillierte Angaben im AD-Merkblatt HP 3/5 zu finden sind. Eine Reduktion im Ausmaß der zerstörungsfreien Prüfung ist nur für niedrigfeste Stähle, Feinkornbaustähle mit einer Streckgrenze unterhalb 370 N/mm² und austenitische Stähle vorgesehen. Dann darf die Wanddicke 30 mm nicht überschreiten. Die zulässige Berechnungsspannung K/S darf dabei nur zu 85 % ausgenutzt werden. In allen anderen Fällen ist eine zerstörungsfreie Prüfung von 100 % durchzuführen, und die Ausnutzung der zulässigen Berechnungsspannung in der Schweißnaht darf ebenfalls 100 % des Grundmaterials betragen.

5.5 Vorprüfung, Bau- und Druckprüfung

TRB 511 regelt die Vorprüfung von Druckbehältern, bei der nicht nur Dimensionierung und konstruktive Gestaltung geprüft werden, sondern auch die Eignung der Werkstoffe für drucktragende und Anschweißteile. Eignung der Schweißzusätze, vorgesehene Schweißverfahren (insbesondere Nahtform, Nahtlage) und vorgesehene Wärmebehandlung.

Die in TRB 512 geregelte Bau- und Druckprüfung wird nach Fertigstellung des Behälters im allgemeinen beim Hersteller vorgenommen. Durch die Bauprüfung wird festgestellt, daß der Druckbehälter in seinen wesentlichen Eigenschaften den Zeichnungsvorgaben entspricht. Die Druckprüfung, im allgemeinen bei 1,3-fachem Betriebsdruck ist als integrale Sicherheitsprüfung aufzufassen.

5.6 Regelmäßige Prüfungen

Das Konzept der regelmäßigen Prüfungen besteht aus erstmaligen und wiederkehrenden Prüfungen, damit alle Planungs-, Bau- und Betriebsphasen eines Behälters abgedeckt werden. Die erstmaligen Prüfungen wurden in den Abschnitten 5.4 und 5.5 bereits beschrieben. An sich würde auch die gesondert genannte Abnahmeprüfung nach TRB 513, die am Aufstellungsort des Behälters durchgeführt wird, zu den erstmaligen Prüfungen gehören. Sie wird jedoch dort nicht eingruppiert, da sie als „nullte" wiederkehrende Prüfung angesehen werden kann. In der Abnahmeprüfung wird festgestellt, ob der Druckbehälter ordnungsgemäß aufgestellt ist und alle sicherheitstechnisch erforderlichen Ausrüstungsteile vorhanden, geeignet und richtig eingestellt sind. Außerdem wird eine Ordnungsprüfung durchgeführt.

Aus der Sicht der Druckbehälterverordnung kommt der wiederkehrenden Prüfung der Behälter im Betrieb, siehe TRB 514 und 515, eine entscheidende Rolle zu, insbesondere im Hinblick auf einen langjährigen Betrieb und auf das Ausräumen von Unsicherheiten durch anfänglich geschätzte Daten, die erst während des Betriebs genau ermittelt werden können. Bei den wiederkehrenden regelmäßigen Prüfungen wird festgestellt, ob ein Druckbehälter sich technisch noch im Zustand der Betriebsaufnahme befindet oder ob sich sicherheitstechnisch wesentliche Veränderungen ergeben haben. Das Ziel der wiederkehrenden Prüfungen ist eine Aussage, daß der Druckbehälter und seine Ausrüstung auch bis zur nächsten Prüfung ohne Schaden betrieben werden können.

Die wiederkehrenden Prüfungen für Druckbehälter der Gruppen IV und VII werden durch die Sachverständigen ausgeführt, für die anderen Druckbehältergruppen hingegen durch die Sachkundigen.

Für die Gruppen IV und VII sind in den AD-Merkblättern vorgesehen:

- äußere Prüfung nach zwei Jahren Betrieb,
- innere Prüfungen der Druckbehälter und ihrer Einrichtungen nach fünf Jahren Betrieb, sofern eine innere Prüfung nicht möglich ist, wird eine Wasserdruckprüfung verbunden mit zerstörungsfreier Prüfung vorgenommen.
- regelmäßige Druckprüfungen nach zehn Jahren.

Sofern bei den wiederkehrenden Prüfungen besondere Umstände aufgedeckt werden, die eventuell einen Einfluß auf die Betriebssicherheit haben, können außerordentliche Prüfungen veranlaßt werden.

6 Europäische Entwicklung

Gegenwärtig wird die europäische Druckgeräterichtlinie [20] erarbeitet, die innerhalb der EU die nationalen Gesetze und Verordnungen auf diesem Arbeitsgebiet ablösen wird. Es ist zu erwarten, daß die Druckgeräterichtlinie 1996 durch das europäische Parlament verabschiedet und zwischen 2000 und 2005 voll wirksam wird. Außer Verschiebungen in den Grenzen zwischen den einzelnen Druckbehältergruppen zu größeren Werten hin besteht der wesentliche Unterschied darin, daß es kein zugehöriges, verbindliches europäisches Regelwerk geben wird. Die Anwendung der von CEN TC 54 und TC 267 zur Zeit erarbeiteten europäischen Druckgerätenormen [21,22] bringt zwar die Vermutungswirkung mit sich, daß die wesentlichen sicherheitstechnischen Anforderungen der Druckgeräterichtlinie erfüllt sind; zwingend anzuwenden werden diese Normen jedoch nicht sein. Je nach Attraktivität vorhandener nationaler technischer Regeln werden also auch weiterhin bewährte Regeln verfügbar bleiben, mit denen ein direkter Nachweis der Erfüllung der wesentlichen Sicherheitsanforderung erbracht werden kann.

Ein weiterer Unterschied zwischen den bisher erprobten und künftigen europäischen Konzepten zu Konstruktion und Herstellung von Druckbehältern liegt in der Ausrichtung der Druckgeräterichtlinie auf die Anwendung von Qualitätssicherungskonzepten nach ISO 9000 und auf weitgehender Einschränkung und Abschaffung von Prüfungen am Endprodukt durch den unabhängigen Sachverständigen. Es muß daher befürchtet werden, daß unter dem sich eher noch verstärkenden Termin- und Kostendruck die Sicherheit der nach der europäischen Druckgeräterichtlinie hergestellten Druckbehälter verringern wird. Da die vorwiegend aus Gründen des Abbaues von Handelshemmnissen erarbeitete Druckgeräterichtlinie nur das Inverkehrbringen von Druckgeräten regelt, bleiben für den Betrieb von Druckbehältern nationale Konzepte erhalten. Die Frage der Prüfintervalle muß daher neu überdacht werden.

7 Ausblick

Es wurden die wichtigsten Gesichtspunkte des deutschen Druckbehälterregelwerks mit besonderer Berücksichtigung der Spannungsabsicherung diskutiert. Mit diesem Regelwerk liegt durch jahrzehntelange Erfahrung ein tragfähiges Konzept vor, bestehend aus projektunabhängigen Systemprüfungen bei Werkstoffhersteller und Druckbehälterhersteller und aus projektbezogenen Einzelprüfungen an den Druckbehältern selbst. Das Feedback aus den wiederkehrenden Prüfungen bestätigt die Richtigkeit des Ansatzes, der in vielen Diskussionen aller an der Druckbehältertechnik Beteiligter entstanden ist.

Neue, multinationale Konzepte mit „ausgehandelten" technischen Anforderungen müssen diesen Beweis erst erbringen [23, 24].

8 Zusammenfassung

Die sicherheitstechnischen Grundlagen für die deutschen Druckbehälterregeln wurden erläutert. Der Schwerpunkt liegt dabei auf der Werkstoffauswahl, der Konstruktion, der Herstellung und der Prüfung. Die „Technischen Regeln Druckbehälter" (TRB), die technische Regeln im Sinne der Druckbehälterverordnung darstellen, sind primär unter der Zielsetzung der Sicherheit für den Normalbetrieb konzipiert worden. Die Detailregelungen sind in den AD-Merkblättern enthalten.

Diese Regeln haben sich jahrzehntelang bewährt. Aus dem Betrieb von über 900.000 Druckbehältern ist ein sicheres Regelwerk entstanden. Diese Bewährungsprobe wird das neu entstehende europäische Regelwerk erst noch bestehen müssen.

Schrifttum

[1] Verordnung über Druckbehälter, Druckgasbehälter und Füllanlagen (Druckbehälterverordnung - DruckbehV) vom 27.2.1980, zuletzt geändert Dez. 1993

[2] Technische Regeln zur Druckbehälterverordnung – Druckbehälter (TRB) –, Taschenausgabe, Carl Heymanns Verlag, Berlin, 1995

[3] AD-Merkblätter, Taschenbuch-Ausgabe 1995, Carl Heymanns Verlag, Berlin, 1995

[4] Grenzen Technischer Regelwerke, Geschäftsbericht VdTÜV, Essen, 1977, S. 9

[5] Criteria of the ASME boiler and pressure vessel code for design by analysis in section III and VIII, division 2, ASME, United Engg. Center, New York, 1969

[6] Wichmann, K. R.; Hopper, A. G., Mershon, J. L.: Local Stresses in Spherical and Cylindrical Shells due to External Loadings, WRC Bull, 107, New York, 1979

[7] Richtlinienkatalog Festigkeit RKF, Teil 2/3, 3. Aufl. 1979/81, Dresden

[8] TGL 32903, div. Blätter, Behälter und Apparate, Festigkeitsberechnung

[9] Design by analysis, CEN TC 54, document N 190, rev. 3, Juni 1995

[10] DIMy, RWTÜV-Expertensystem Druckbehälterfestigkeit, RWTÜV Anlagentechnik, Essen, 1995

[11] Drucker, D. C.; Prager,W., Greenberg, H. J.: Quart. Appl. Math. 9 (1952), S. 381

[12] Melan, E.: Ing. Archiv 9 (1938), S. 116

[13] Siebel, E.; Schwaigerer, S.: Das Rechnen mit Formdehngrenzen, Z, VDI, 1948, S. 335

[14] Krägeloh, E.: Plastifizierung und Belastbarkeit, Berücksichtigung in verschiedenen Berechnungsverfahren, Chemie-Ing. Tech., 48 (1976), S. 612-618

[15] Gorsitzke, B.: Neuere Berechnungsvorschriften zum Ermüdungsnachweis von Druckbehältern, TÜ 36 (1995) Nr. 6, S. 239-244 und Nr. 7/8, S. 301-309

[16] DIN V ENV 1993, Teil 1-1, Eurocode 3, Bemessung und Konstruktion von Stahlbauten, Teil 1-1, Allgemeine Bemessungsregeln für den Hochbau, Deutsche Fassung ENV 1993 - 1-1 : 1992, April 1993

[17] Gorsitzke, B.; Wieczorek, P.: Ermüdungsfestigkeitsgerechte Gestaltung von geschweißten druckführenden Bauteilen des Energie- und Chemieanlagenbaus und ihre Lebensdauerabschätzung nach deutschem Regelwerk, DVS-Berichte 108 (1987), S. 150-155

[18] Gerlach, H. D.: Optimized Pressure Vessel Design with Special Respect to Operating Conditions, Int. J. Press. Ves. and Piping 31 (1988), S. 285-293

[19] Gorsitzke, B.: Vorhersage der Ermüdungsfestigkeit druckführender Komponenten im Energie- und Chemieanlagenbau, TÜ 30 (1989) Nr. 2, S. 46-50 und Nr. 3, S. 110-114

[20] Druckgeräterichtlinie, Gemeinsamer Standpunkt (EG), Nr. 22/96 vom Rat festgelegt am 29. März 1996, Amtsbl. Eur. Gemeinsch., Nr. C 147, 21.5.96. Brüssel

[21] Draft compilation of the Unfired Pressure Vessel Standard, CEN TC 54 N 601, Secretariat CEN TC 54, London, July 1995

[22] Draft compilation of the Industrial Piping Standard, CEN TC 267, N 292 E, Secretariat CEN TC 267, Paris, July 1995

[23] Gerlach, H. D.: Europäische Druckbehälterregeln - Grundlagen für Konstruktion und Berechnung, TÜ 37 (1996) Nr. 3, S. 22-26

[24] Gerlach, H. D.: Materials in Pressure Vessels and Piping, Proceedings of the ICPVT-AFIAP Colloqium on development of European pressure equipment directives and standards, Paris, 19/25 Oct. 1995

Auslegung von Apparaten nach Regelwerk

Von B. Jatzlau [1])

Einleitung

Regelwerke ermöglichen die Auslegung von Apparaten auf schnelle und einfache Art. Gleichzeitig erfüllen sie eine Kontrollfunktion, da beim Einhalten der Regeln nach menschlichem Ermessen gewährleistet ist, daß der Apparat den zu erwartenden Beanspruchungen sicher stand hält. Aus der Vielzahl internationaler Regelwerke, um nur British Standards, CODAP, ASME zu nennen, werden bewußt die AD-Merkblätter und die Technische Regeln Dampfkessel (TRD) herangezogen. Die nachstehenden Ausführungen sollen einen Überblick vermitteln, um einen schnellen Einstieg zu ermöglichen.

1 Allgemeine Richtlinien

Behälter oder Rohranordnungen, bei denen durch die Betriebsweise ein Betriebsüberdruck herrscht oder entstehen kann, der

$> 0{,}1$ bar

ist, sind Druckbehälter im Sinn der Druckbehälterverordnung [1]. Dieses Kriterium trifft häufig auch auf Apparate zu. Unter Betriebsüberdruck wird hierbei der von der Sicherheitseinrichtung gegen Drucküberschreitung bestimmte Druck verstanden [2].

Darüber hinaus muß derjenige, der technische Arbeitsmittel in Verkehr bringt, dafür Sorge tragen, daß die sicherheitstechnischen Anforderungen erfüllt und durch den Betrieb der Anlage weder Leben noch Gesundheit oder sonstige Rechtsgüter beeinträchtigt werden [3].

Der Beweis des ersten Anscheines, also der Nachweis der ingenieurmäßigen Sorgfaltspflicht, gilt als erbracht, wenn der Konstrukteur die veröffentlichten Technischen Regeln anwendet.

Verbindliche Regeln existieren für Werkstoffe, Herstellung, Berechnung, Ausrüstung, Prüfung, Aufstellung und Betrieb, die je nach Verwendungszweck in den entsprechenden Technischen Regeln für Dampfkessel, Druckbehälter, Rohrleitungen, Druckgase, Gashochdruckleitungen spezifiziert sind. Alle diese Technischen Regeln wiederum verweisen auf die Merkblätter der Arbeitsgemeinschaft Druckbehälter (AD-Merkblätter) [4], in der die Ausführungsregeln unter folgenden Abschnitten (= Blättern) zu finden sind

Reihe	Inhalt
A	Ausrüstung
B	Berechnung

[1]) Prof. Dr.-Ing. Bernd Jatzlau, Fachbereich Maschinenbau, Studiengang Versorgungstechnik, Fachhochschule Offenburg, Offenburg

G	Grundsätze
HP	Herstellen und Prüfen
N	Nichtmetallische Werkstoffe
S	Sonderfälle
W	Werkstoffe

Daneben wurde für einfache Druckbehälter zwischenzeitlich die DIN EN 286 veröffentlicht, die für zylindrische Behälter mit zwei gewölbten oder runden Böden für Luft oder Stickstoff-Luft-Gemische anzuwenden sind.

Behälter sind dünnwandige, durch Böden geschlossene Hohlzylinder; Stumpfnähte verbinden die Komponenten miteinander, siehe Bild 1 [5]. Als wichtigste Forderung gilt, daß die Bestandteile des Behälters die durch Betriebsüberdruck, Eigengewicht und Wärmespannungen verursachten Kräfte aufnehmen und dabei dicht sein müssen. Die Dichtheit ist hierbei durch Prüfungen nachzuweisen.

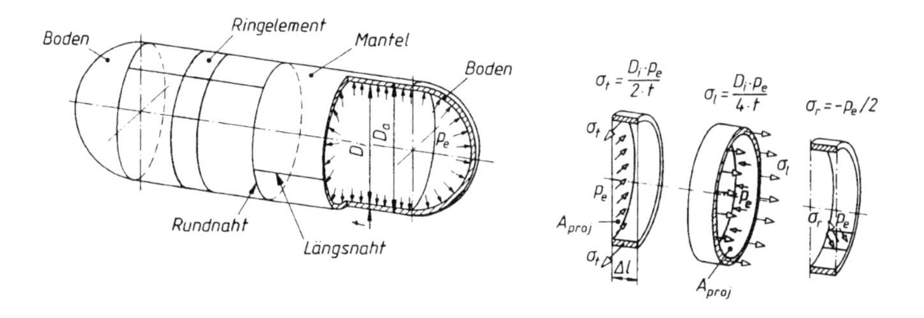

Bild 1: Beanspruchung des Behältermantels durch inneren Überdruck [5] Behälter als geschlossener Hohlzylinder, Bilanzen am Ringelement

Längs- und Rundnähte, die die Behälterkomponenten verbinden, werden nicht gesondert betrachtet, sondern vereinfacht über einen Schweißnahtausnutzungsfaktor v. Dieser bezieht in Abhängigkeit vom Prüfverfahren die Schweißnahtfestigkeit auf die Ausnutzung des zulässigen Festigkeitswertes des Grundkörperwerkstoffes und stellt schlicht eine Verhältniszahl (v = 1,0 bzw. v = 0,85) dar. Ein Schweißnahtausnutzungsfaktor v = 1,0 ist unter Sicherheitsgesichtspunkten die bessere Wahl, weil eine Aussage über die Güte der Fügeverbindung getroffen wird.

2 Werkstoffe

Die grundlegende Anforderung an Werkstoffe ist, daß sie für drucktragende Teile in ihren Eigenschaften den mechanischen, thermischen und chemischen Ansprüchen beim Betrieb genügen müssen. Dies ist durch entsprechende Prüfungen und Bescheinigungen (EN 10 204, früher DIN 50 049) nachzuweisen, siehe AD-Reihe HP:

Reihe HP	(Herstellung und Prüfung)
HP0	allgem. Grundsätze für Auslegung; Herstellung und damit verbundene Prüfungen
HP1	Auslegung und Gestaltung
HP2/1	Verfahrensprüfung für Fügeverfahren; Verfahrensprüfung für Schweißverbindungen
HP3	Schweißaufsicht, Schweißer
HP4	Prüfaufsicht und Prüfer für zerstörungsfreie Prüfungen
HP5/1	Herstellung und Prüfung der Verbindungen; Arbeitstechnische Grundsätze
HP5/2	Herstellung und Prüfung der Verbindungen; Arbeitsprüfung an Schweißnähten, Prüfung des Grundwerkstoffes nach Wärmebehandlung nach dem Schweißen
HP5/3	Herstellung und Prüfung der Verbindungen; zerstörungsfreie Prüfung der Schweißverbindungen
HP5/3 A	Verfahrenstechnische Mindestanforderungen für die zerstörungsfreien Prüfverfahren
HP7/1	Wärmebehandlung; allgemeine Grundsätze
HP7/2	Wärmebehandlung; ferritische Stähle
HP7/3	Wärmebehandlung; austenitische Stähle
HP7/4	Wärmebehandlung; Aluminium und Aluminiumlegierungen
HP8/1	Prüfung von Preßteilen aus Stahl sowie Aluminium uns Al-Legierungen
HP8/2	Prüfung von Schüssen von Stahl
HP30	Durchführung von Druckprüfungen

Überwiegend werden verformungsfähige Walz- und Schmiedestähle und Stahlguß, aber auch nichtrostende Stähle, plattierte Bleche, NE-Metalle sowie nichtmetallische Werkstoffe, wie Glas und Kunststoff eingesetzt.

Die relevanten Stoffwerte und Einsatzgebiete für die Hauptwerkstoffgruppen sind in Tafel 1 zusammengestellt. Die bevorzugte Verwendung von zähen Werkstoffen läßt sich darauf zurückführen, daß damit ein überbeanspruchtes Bauteil nicht ohne Vorwarnung versagt.

Im AD-Regelwerk sind die Anforderungen und Nachweise für folgende Werkstoffe zusammengefaßt:

Reihe W	Werkstoffe
W0	Allgemeine Grundsätze für Werkstoffe
W1	Bleche aus unlegierten und legierten Stählen
W2	Austenitische Stähle
W3/1	Gußeisenwerkstoffe, Gußeisen mit Lamellengraphit (Grauguß), unlegiert und niedriglegiert

Tafel 1: Hauptwerkstoffgruppen [6]

Werkstoff	Einsatzgebiete	Anmerkungen
Stähle	ges. Apparatebau kaum Einschränkungen	Für den Apparatebau steht eine große Anzahl von Stahlsorten zur Verfügung, deren Eigenschaften den untersch. Anforderungen gerecht werden. Temperatureinsatzgebiet -270 ° C bis 800 ° C
Kupfer und Kupferleg.	Destillations- und Rektifikationsapparate, Sauerstofferzeugung; Lagerbehälter in der Lebensmittelindustrie, Siederohre, Rohrböden	gute Wärmeleitfähigkeit; Temperatureinsatzgebiet: tiefe Temp.: keine Einschränkung höchste Temperatur: 300 ° C
Aluminium und Aluminiumleg.	Druckbehälter, Lager- und Transportbehälter	Einsatztemperaturen bis 200 ° C, geeignet für Tieftemperaturgebiet
Polyvinylchlorid (PVC)	Rohrleitungsbau, Lagerbehälter, Be- und Entlüftungsanlagen Kolonnen-bauteile und Füllkörper Verbundkonstruktionen	weitgehend chemisch beständig Versprödungsneigung bei Temperaturen unter -5 ° C max. Temp. ca. 50 ° C bei langzeitig wirkender statischer Beanspruchung
Polyethylen (PE)	Rohrleitungsbau Verbundkonstruktionen	hohe chemische Beständigkeit auch bei niedrigen Temperaturen schlagfest ND-PE: max. Temp. ca. 40 ° C bei langzeitig wirkender statischer Beanspruchung, anfällig für Spannungsrisse, Quellungen, Diffusion HD-PE: max. Temp. ca. 70 ° C bei langzeitig wirkender statischer Beanspruchung
Polypropylen (PP)	Rohrleitungsbau Behälter, Gaswäscher, Filterplatten, Kolonneneinbauten Verbundkonstruktionen	geringste Dichte aller Hochpolymere; geringste Neigung zu Spannungsrißkorrosion bei Temp. < -5 ° C Neigung zur Versprödung, durch Zusätze bis -20 ° C max. Temp. ca. 90 ° C bei langzeitig wirkender stat. Beanspruchung. Geringste Durchlässigkeit für Wasserdampf und Gase; bestes Zeitstandsverhalten
ungesätt. Polyesterharze	Behälterauskleidung, Rohrleitungsbau;	Gieß- und Laminierharz, max. Temp. ca. 100 ° C
Epoxidharze	Mat. für Pumpen zur Förderung aggr. Medien; Korossionsschutz	Verbesserungen der Eigenschaften durch Verstärkungsmaterial max. Temp. ca. 80 bis 30 ° C
Glas	Rohrleitungs- und Apparatebau	gute chem. Beständigkeit, sehr gute Oberflächenbeschaffenheit Nachteile: geringe Festigkeit, hohe Stoßempfindlichkeit, niedrige Temperaturwechselbeständigkeit, max. Temp. ca. bis 350 ° C
Keramik	Rohrleitungen, Kühlschlangen, Reaktionsgefäße, Behälter, Pumpen, Wasch- und Absoprtionstürme Pharma- und Nahrungsmittelind.	gute chem. Beständigkeit, geringe Schlag- und Zugfestigkeit, max. Temp. ca. 150 ° C max. Temperaturwechsel 50 bis 80 K

W3/2	Gußeisenwerkstoffe, Gußeisen mit Kugelgraphit, unlegiert und niedriglegiert
W3/3	Gußeisenwerkstoffe, austenitisches Gußeisen mit Lamellengraphit
W4	Rohre aus unlegierten und legierten Stählen
W5	Stahlguß
W6/1	Aluminium und Aluminiumlegierungen, Knetwerkstoffe
W6/2	Kupfer und Kupfer-Knetlegierungen
W7	Schrauben und Muttern aus ferritischen Stählen
W8	Plattierte Stähle
W9	Flansche aus Stahl
W10	Werkstoffe für niedrige Temperaturen, Eisenwerkstoffe
W12	Nahtlose Hohlkörper aus unlegierten und legierten Stählen für Druckbehältermäntel
W13	Schmiedestücke und gewalzte Teile aus unlegierten und legierten Stählen

3 Berechnung bei innerem Überdruck

Mäntel und Böden dünnwandiger Behälter bestehen aus zweidimensionalen Flächentragwerken (= Schalen) mit geringen Abmessungen senkrecht zur Fläche (= Wandstärke). Unter dünnwandig versteht man in diesem Zusammenhang, daß das Verhältnis Außen- zum Innendurchmesser für Behälter von

$$D_a/D_i < 1,2$$

nicht überschritten wird. (Hinweis: Diesem Verhältnis entspricht eine Wandstärke von bis zu 10 % des Innen- oder 8,3 % des Außendurchmessers.)

Der im Inneren der Schale herrschende Betriebsüberdruck bewirkt eine in alle Richtungen gleichmäßige Flächenbelastung. Mit Hilfe der Krümmung wird sie durch in der Schalenfläche liegende (Membran-)Spannungen aufgenommen. Am Übergang vom zylindrischen Mantel auf den gewölbten Böden sind zusätzlich wirkende Biegemomente zu berücksichtigen. Die zulässige Spannung darf dabei jeweils nicht überschritten werden.

Die AD-Blätter geben Berechnungsverfahren für folgende Fälle an:

Reihe B	Berechnung
B0	Berechnung von Druckbehältern
B1	Zylinder- und Kugelschalen unter innerem Überdruck
B2	Kegelförmige Mäntel unter innerem und äußerem Überdruck
B3	Gewölbte Böden unter innerem und äußerem Überdruck
B4	Tellerböden
B5	Ebene Böden und Platten nebst Verankerungen
B6	Zylinderschalen unter äußerem Überdruck

B7	Schrauben
B8	Flansche
B9	Ausschnitte in Zylindern, Kegeln und Kugeln unter innerem Überdruck
B10	Dickwandige zylindrische Mäntel unter innerem Überdruck
B13	Einwandige Balgkompensatoren

3.1 Zylindrische Mäntel und Kugeln

Betrachtet man einen beliebigen zylindrischen oder kugelförmigen Behälter lassen sich in den drei Hauptrichtungen leicht über Kräftegleichgewichte die entsprechenden Spannungen ermitteln:

- in Längsrichtung: Tangentialspannung, Beanspruchung in der Längsnaht
- in Umfangsrichtung: Längsspannung, Beanspruchung der Rundnaht, und
- in Radialrichtung: Radialspannung

Die größte Beanspruchung tritt im Behälter parallel zur Zylinderachse auf, also in der Längsnaht. Wertmäßig ist die Tangentialspannung doppelt so groß wie die Längsspannung der Rundnaht, während die Radialspannung die kleinste auftretende Spannung darstellt. Die Kugel weist in jeder Richtung nur die Längsspannung der Rundnaht auf und erfordert daher bei gleichem Außendurchmesser eine wesentlich dünnere Wandstärke.

Dieser mehrdimensionale Spannungszustand wird unter Voraussetzung isotropen Werkstoffverhaltens über die Schubspannungshypothese auf eine zulässige einachsige Spannung zurückgeführt. Abweichend von der im Maschinenbau üblichen Gestaltänderungsenergiehypothese (GEH) wird im Regelwerk die Schubspannungshypothese (SH) bevorzugt, da sie von vornherein zu etwa 15 % dickeren Wandstärken führt [6]. Damit befindet sich auch das regelgebende Gremium „auf der sicheren Seite".

Beispielsweise lautet die Berechnungsgleichung für Zylindermäntel

$$s = D_a\, p / (20\, K/S\, v + p) + c.$$

3.2 Gewölbte Böden

Als Abschlüsse zylindrischer Behälter werden meist gewölbte Böden verwendet, da sie gegenüber ebenen Böden wesentlich dünnwandiger ausgeführt werden können. Die Kräftebilanz am Kugelkörper führt auch analytisch zur besten Ausnutzung des Werkstoffes, weil der Halbkugelboden die Druckbelastung gleichmäßig und biegungsfrei abträgt. Zwischen den beiden Grenzwerten Kugelboden und ebener Boden liegen die aus Kugelkalotte (Kugel R) und Krempe (Radius r) mit zylindrischem Bord (Höhe h_1) zusammengesetzten Klöpper- oder Korbbogenböden nach DIN 28011/28013. Gegenüber Halbkugelböden werden sie trotz dickerer Wandstärke wegen der geringeren Bauhöhe und der besseren Zugänglichkeit vorgezogen.

Die größere Wandstärke resultiert aus dem ungleichförmigen Krümmungsverlauf von der Kugelkalotte über die Krempe mit dem Anschlußmaß des Zylindermantels.

Gleichzeitig wechselt die Beanspruchung von zum Beispiel reinem Zug in der Kalotte auf Biegung in der Krempe, wobei sich bei kleinen Wandstärken Falten bilden können.

Der Größtwert der Spannung liegt in der Krempe und wird um so größer, je kleiner r/D_a und R/D_a werden. Daher baut der Korbbogenboden dünner als der Klöpperboden bei gleicher Belastung. Mindestwerte für r/D_a und h sind vorgeschrieben, in AD-B3 werden auch die Geometriebedingungen für die Böden zusammengefaßt.

Da in der Krempe die höchste Beanspruchung auftritt, ist sie auch für die Auslegung maßgebend. Die Berechnungsgleichung nach AD-B3 lautet

$$s = D_a \, p \, \beta / (40 \, K/S \, v) + c.$$

Der Berechnungsbeiwert β ist für einen gegebenen Böden einzusetzen, da β iterativ von der Wandstärke s abhängig ist. Befindet sich im Krempenbereich ein Stutzen erhöht sich auch die Beanspruchung und wird mit einer Erhöhung des Berechnungsbeiwertes in Abhängigkeit des Verhältnisses Stutzeninnen-/Mantelaußendurchmesser d_i/D_a berücksichtigt. Der Kalottenteil (grob innerhalb 0,6 D_a) wird wie eine Kugel mit dem Außendurchmesser $D_a = 2\,(R + s)$ berechnet.

Wird ein gewölbter Boden aus unterschiedlich starken Werkstoff zusammengesetzt, muß die Schweißnaht einen Mindestabstand von der Krempe aufweisen, vergleiche AD-B3.

3.3 Ebene Böden

Einseitig durch gleichmäßigen Druck belastete ebene Platten und Böden erfahren eine Biegebeanspruchung, die von der Art der Verbindung mit dem Behältermantel abhängt, vgleiche AD B5.

Durch die ungünstige Spannungsverteilung sind ebene Böden werkstoffmäßig schlecht ausgenutzt und sollten nur verwendet werden, wenn Platzverhältnisse oder Anschlußbedingungen dies erfordern.

Für runde ebene Platten und Böden beträgt zum Beispiel die erforderliche Wandstärke

$$s = C \, D_1 \, (p \, S / 10 \, K)^{1/2} + c \, .$$

3.4 Ausschnitte in der Behälterwand

Behälterwandungen müssen vielfach durchbrochen werden, zum Beispiel für

- Besichtigungsöffnungen
- Zu- und Abfuhr des Beschickungsmittels
- Meß-, Sicherheits-, Regeleinrichtungen.

Die meist runde Ausführung der Verschwächung kann über Verstärkungen ausgeglichen werden und ist mit AD B9 auf Festigkeit nachzuprüfen.

Der Festigkeitsnachweis erfolgt wie bei der Berechnung der Grundkörperwandstärken über Kräftebilanzen. Die durch den Innendruck wirkende Druckkraft (Innendruck p mal drucktragende Fläche A_p) muß durch die in der Wand erzeugten Kraft (Spannung σ mal spannungsaufnehmende Fläche A_σ) im Gleichgewicht gehalten werden.

Die Bilanzgrenzen stellen dabei die mittragende Länge b des Grundkörpers, die mittragende Länge l_s des Stutzens sowie die Mittellinie des zylindrischen Behälters und des Rohrstutzens dar, siehe Bild 2.

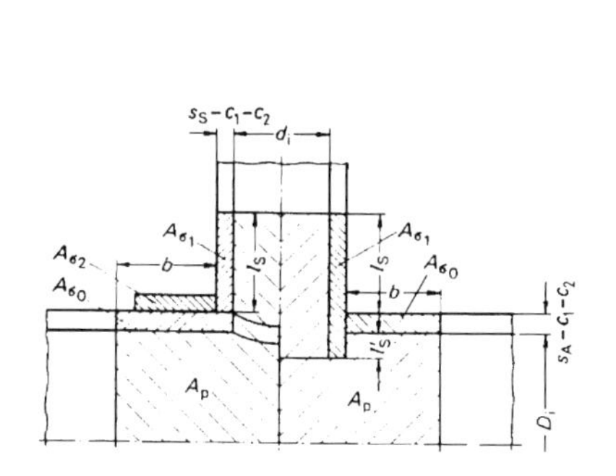

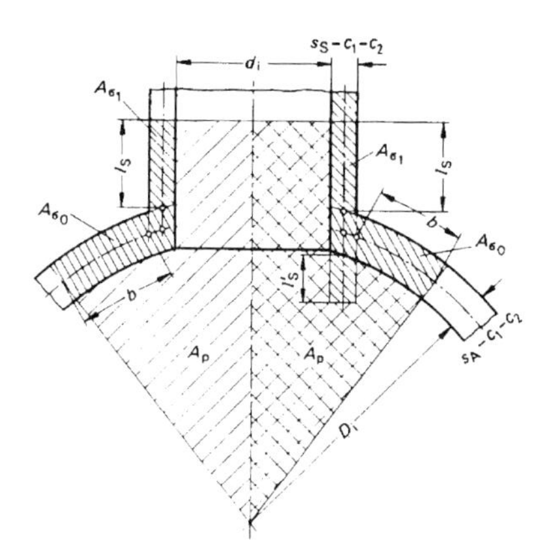

Bild 2: Flächenvergleichsverfahren nach AD-B9 Berechungsschema für zylindrische und kugelige Grundkörper

Da auch hier ein mehrdimensionaler Spannungszustand vorliegt, wird wiederum die Schubspannungshypothese zur Berechnung der zulässigen (isotropen) Spannung (= Werkstoffestigkeit) verwendet. Die allgemeine Festigkeitsbedingung für gleiche Werkstoffe des Behälters und des Stutzen lautet dann:

$$\sigma_V = p\,(A_p/A_\sigma + 1/2) \le K/S$$

Werden Werkstoffe mit unterschiedlichen Festigkeitswerten K_0, K_1, $K_2 \dots K_n$ verwendet, so gilt

$$p\,A_p \le \sum_{i=0}^{n} (K_i / S - p/2)\,A_{\sigma.i}$$

die mittragenden Längen errechnen sich aus

$$b = ((D_i + (s_A - c))\,(s_A - c))^{1/2}$$

$$l_s = 1{,}25\,((d_i + (s_S - c))\,(s_S - c))^{1/2}\,.$$

Physikalisch läßt sich die mittragende Länge als Länge interpretieren, nach dem die Störung der Membran durch die Verschwächung abgeklungen ist. Demzufolge können Wechselwirkungen mehrerer Stutzen dann vernachlässigt werden, wenn die Stutzen eine Entfernung von 2 b im Grundkörper aufweisen. Ist dies nicht der Fall, muß die Bilanz über mehrere Verschwächungen hinweg durchgeführt werden, vgl. [7].

a) eingesetzte Verstärkung

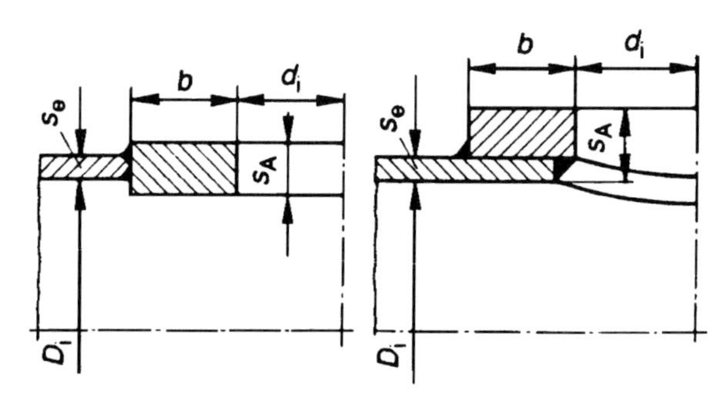

b) aufgesetzte Verstärkung

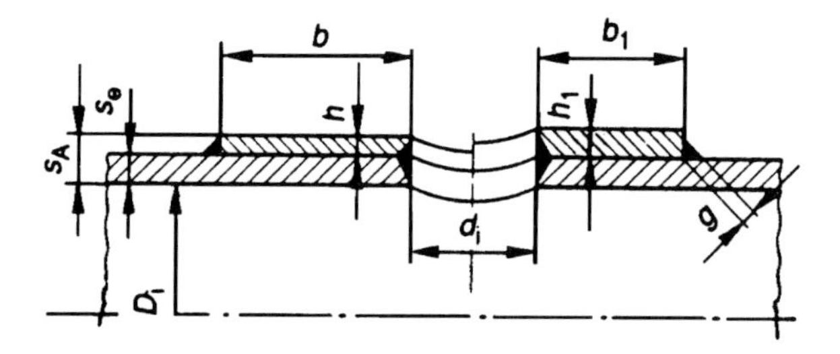

c) rohrförmige Verstärkung

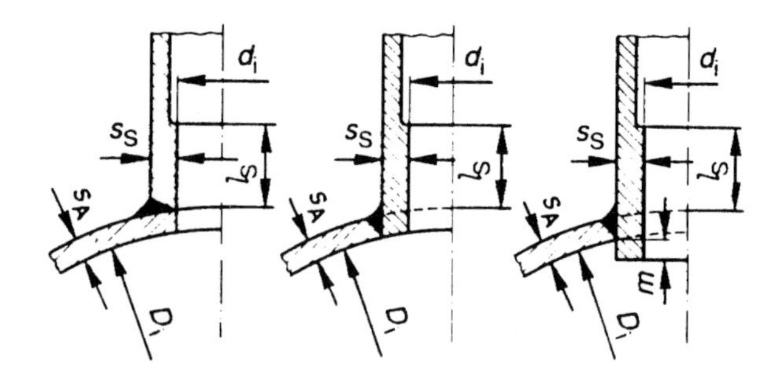

Bild 3: Ausführungsformen der Verstärkung maximale Verstärkung $s_{Verstärkung}/s_{Grundkörper} < 2$

Schräge Stutzen werden in zwei Bereiche aufgeteilt und die Bilanz jeweils für den Bereich mit dem stumpfen Winkel und dem für den spitzen Winkel aufgestellt und mit dem entsprechenden Festigkeitswert verglichen. Zu beachten ist hierbei, daß es im Bereich des spitzen Winkels zu lokalem Fließen kommen kann.

Reicht die vorgesehene Wandstärke für Grundkörper oder Stutzen nicht aus, darf bis maximal dem doppelten der ausgeführten Grundkörperwandstärke verstärkt werden und zwar sowohl für scheiben- als auch für rohrförmige Verstärkungen, siehe Bild 3. Darüber hinaus dürfen rohr- und scheibenförmige Verstärkungen gleichzeitig verwendet werden

Das Berechnungsverfahren für zylindrische und kugelförmige Grundkörper ist bis auf den unterschiedlichen Bezugsdurchmesser gleich.

Existiert kein Programm, das iterativ die Stutzen- und der Wandverstärkung analytisch ermittelt, empfiehlt sich, zunächst das grafische Verfahren nach AD B9 durchzuführen und danach die gefundenen Abmessungen mit dem Flächenvergleichsverfahren explizit nachzuweisen. Bei der Anwendung des grafischen Verfahrens ist zu beachten, daß bei unterschiedlichen Werkstoffen mit dem Verhältnis der Festigkeitskennwerte zu kompensieren und daß es nur für einzelne Stutzen anzuwenden ist.

3.5 Kegelmäntel und Tellerböden

Kegelmäntel werden in AD B2, Tellerböden in AD B4 behandelt. Wie bereits in den vorangegangenen Abschnitten werden in den entsprechenden Merkblättern jeweils der Gültigkeitsbereich der anzuwendenden Gleichungen und die dazugehörigen grafischen Verläufe der Berechnungsbeiwerte angegeben.

3.6 Äußerer Überdruck

3.6.1 Zylinderschalen

Die Berechnung erfolgt nach AD B6 und gilt für glatte, dünne Zylinderschalen als Druckbehältermäntel und für Rohre unter äußerem Überdruck, wobei der Druck am gesamten Umfang wirken muß. Größere als vom äußeren Überdruck wirkende Axialbelastungen sind gesondert zu berücksichtigen.

Fügeverbindungen bleiben bei der Berechnung ebenso unberücksichtigt, wie Ausschnitte in Doppelmänteln, die durch Stutzen gegenseitig versteift sind. Verschwächungen werden nach AD B9 mit innerem Überdruck ermittelt.

Das Berechnungsverfahren erfolgt gegen

- elastischen Einbeulen und
- plastisches Verformen,

wobei der kleinste Wert des zulässigen äußeren Überdruckes maßgebend ist.

In die Rechnung gehen neben dem Festigkeitswert, dem E-Modul, der Querkontraktionszahl und den Abmessungen (s - c), D_a, die

- Beullänge l,
- die Anzahl n der Einbeulwellen sowie
- die Sicherheitsbeiwerte

ein.

Die Beullänge ist hierbei entweder die Länge des Doppelmantels oder die Entfernung zweier wirksamer Versteifungen. Die Anzahl n der Einbeulwellen die bei Versagen auftreten können, ist näherungsweise so abzuschätzen, daß der äußere Überdruck minimal wird. Die erforderlichen Sicherheitsbeiwerte sind in AD B0 Tafel 1 festgelegt. Weitergehend müssen bei Unrundheiten über 1,5 % die Sicherheitsbeiwerte gegen plastisches Einbeulen mit der angegebenen Umrechnung korrigiert werden.

Für gebräuchliche Abmessungen und den Werkstoff Stahl sind grafische Lösungen angegeben, ebenso Berechnungsgleichungen für Versteifungen und Einbauanordnungen.

Abweichend hiervon sind Zylinderschalen mit gewellter Zylinderschale, wie sie als Flammrohr von Großwasserraumkessel verwendet werden, nicht gegen elastisches Einbeulen zu rechnen [8].

3.6.2 Gewölbte Böden

Abweichend von der Berechnung der Wandstärke bei innerem Überdruck sind die Sicherheitsbeiwerte gegenüber AD B0 um 20 % zu erhöhen.

Die Berechnung auf ausreichende Sicherheit bei äußerem Überdruck erfolgt gegen elastisches Einbeulen und plastische Instabilität, wobei Mindestsicherheitsbeiwerte festgelegt sind und nicht unterschritten werden dürfen.

3.7 Dickwandige zylindrische Mäntel unter innerem Überdruck

Die Berechnung dickwandiger Bauteile wird im AD-Merkblatt B10 behandelt. Unter dickwandig wird hierbei ein Außen- zu Innendurchmesserverhältnis von D_a/D_i zwischen

$$1{,}2 < D_a/D_i < 1{,}5$$

verstanden (entsprechend bis zu 25 % des Innendurchmessers), für darüber hinaus gehende Durchmesserverhältnisse wird auf die einschlägige Literatur verwiesen. Voraussetzung für die Berechnung ist, daß der Werkstoff verformungsfähig ist und der vollen Axialbeanspruchung unterliegt.

Ist der Behälter warmgehend (> 200 °C) und in einem besonderen Raum aufgestellt, darf bei $D_a/D_i > 1{,}35$ der Sicherheitsbeiwert beim Betriebszustand auf 1,4 reduziert werden. Der Nachweis der 1,1-fachen Sicherheit gegen die Streckgrenze bei 20 °C ist dann gesondert zu erbringen.

Die Ausnutzung der Längsschweißnaht von v = 1,0 muß durch die Herstellung nach AD-HP gewährleistet sein, kleine radiale Bohrungen sind gesondert zu betrachten.

Die erforderliche Wanddicke ohne nennenswerte Temperaturdifferenz errechnet sich aus

$$s = D_a\, p /(23\, K/S - p) + c,$$

die Vergleichsspannung infolge Innendrucks an der Innen- und Außenfaser mit

$$\sigma_{vi} = p\,(D_a + s)/23\, s, \text{ bzw. } \qquad \sigma_{va} = p\,(D_a - 3\, s)/23\, s\,.$$

Wird die Zylinderwand geheizt oder gekühlt, muß die zusätzliche Vergleichsspannung infolge des Wärmeflusses unter Berücksichtigung der Richtung des Wärmestromes hinzugerechnet werden. Hierfür werden in AD B10 ebenfalls Gleichungen angegeben.

3.8 Sonderfälle

3.8.1 Berechnung auf Wechselbeanspruchung

Werden Behälter oder Apparate ständig zwischen dem drucklosen Zustand und dem zulässigen Betriebsüberdruck durch An- und Abfahren betrieben oder überlagern Druckschwankungen den Betriebsüberdruck mehr als 10 % des zulässigen Betriebsüberdruckes, muß der Behälter auf Wechselbeanspruchung ausgelegt werden, also eine Lebensdauer ermittelt werden [4]. Gleiches gilt für Dampfkessel die durch schwellenden Innendruck bzw. durch kombinierte Innendruck- und Temperaturänderungen beansprucht werden [8]. Nachstehend soll kurz auf das AD-Regelwerk eingegangen werden, da es diesbezüglich erst vor kurzem geändert wurde.

Die AD-Merkblätter verwenden hierzu zwei Berechnungsverfahren, die auf [9] basieren.

Die beiden Verfahren sind eine vereinfachte Methode nach AD S1 und die allgemeine Berechnung auf Wechselbeanspruchung nach AD S2. Das vereinfachte Verfahren ist anzuwenden, wenn die Bauteile mit zeitunabhängigen Festigkeitswerten dimensioniert sind und nur durch Druckschwankungen wechselbeansprucht werden. Treten zusätzliche Wechselbeanspruchungen auf, zum Beispiel durch Temperaturänderungen oder durch die Einleitung äußerer Kräfte und Momente ist das allgemeine Verfahren nach AD S2 anzuwenden, ebenso wenn die Anzahl der zu erwartenden Lastspielzahl die der errechneten zulässigen Zahl überschreitet.

Als Kriterium für das Versagen durch Wechselbeanspruchung gilt das Auftreten des technischen Anrisses, was durch die Berücksichtigung kerbarmer Gestaltung (Konstruktion, Herstellung, Werkstoffe, Oberflächenbeschaffenheit, Wanddicke und Temperatur) beeinflußt werden kann. Tafel 2 stellt sprödbruchfördernde Bedingungen zusammen, die zum Anriß führen, Tafel 3 zeigt eine Auswahl kerbarmer Gestaltung nach AD S2.

3.8.2 Standsicherheitsnachweis

Der Standsicherheitsnachweis der Reihe S3/0 bis S3/7 der AD-Merkblätter soll die Berücksichtigung von Zusatzkräften in die Druckbehälterwandung ermöglichen und nachweisen, daß zusätzliche Einwirkungen auf die Halterungs- beziehungsweise Auflagerungskonstruktion auszuschließen sind.

Tafel 2: Sprödbruchfördernde Bedingungen [6]

Einflußgröße	Faktoren
Gestaltung	Kerben, schroffe Querschnittänderungen, dickwandige Bauteile, schroffe Krümmungsänderungen
Fertigung	Oberflächenfehler, Anrisse, Eigenspannungen durch Schweißen, Härten, Schleifen; Gefügeänderungen, Kaltverformung
mechanische Beanspruchungen	mehrachsige Zugspannungen, große örtl. Spannungsgradienten, schroffe Änderung der Belastungen, plastische Wechselverformungen
nichtmechanische Beanspruchungen	niedrige Temperaturen, große Temperaturgradienten, Warmversprödung bei unlegierten Stählen (300 bis 400 ° C), Medieneinwirkung, Neutronenstrahlung
Werkstoffgefüge	grobkörniges Gefüge, inhomogenes Gefüge, Korngrenzenausscheidungen, Verunreinigungen, kubisch raumzentriertes und hexagonales Gitter

Neben dem Vorgehen beim allgemeinen Standsicherheitsnachweis werden folgende Auflagerungen beschrieben:

- Behälter auf Standzargen
- liegende Behälter auf Sätteln
- Behälter mit gewölbten Böden auf Füßen
- Behälter mit Tragpratzen
- Behälter mit Ringlagerung
- Behälter mit Stutzen unter Zusatzbelastung
- Berücksichtigung von Wärmespannungen bei Wärmeaustauschern mit festen Rohrplatten

4 Zusammenfassung

Die Auslegung von Apparaten, Druckbehältern, Rohrleitungen usw. unter Zuhilfenahme des Regelwerkes reichen aus, den Nachweis zu führen, daß Apparate sicher hergestellt und betrieben werden können.

Der größte Vorteil der Auslegung von Apparaten mit Hilfe von Regelwerken ist, daß Rechenverfahren vorgegeben sind und über die rechnerische Nachprüfung der Konstruktionsunterlagen eine Gefährdung von Beschäftigten und unbeteiligten Dritten ausgeschlossen werden kann.

Die Vergangenheit hat gezeigt, daß auch ohne Computer Apparate so ausgelegt werden können, um die zu erwartenden Betriebsbedingungen sicher zu beherrschen.

Tafel 3: Beispiele kerbarmer Gestaltung nach AD S2

lfd. Nr.	Darstellung	Beschreibung	Voraussetzung	Nahtklasse für Spannungsnachweis 1 o. 2	
				1	2
1.10	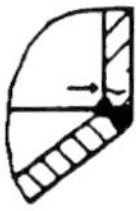	Kegelanschlußnaht	beidseitig geschweißt oder einseitig geschweißt mit Gegennaht	–	K 1
1.11			einseitig geschweißt ohne Gegennaht	–	K 3
1.12	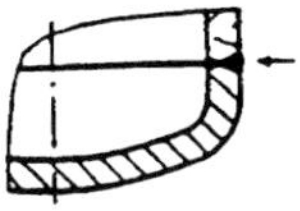	Bodenanschlußnaht bei gewölbten Böden mit zylindrischen Bordhöhen nach AD-Merkblatt B 3	Spannungsnachweis 2: Beschreibung der Schweißverbindungen, Voraussetzungen und zugeordnete Nahtklassen siehe Beispiele Nr.: 1.1 bis 1.9		
2. Stützeneinschweißungen					
2.1	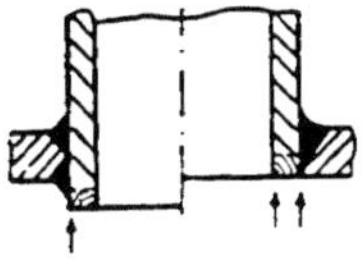	Stutzen durchgesteckt oder eingesetzt	beidseitig durchgeschweißt oder einseitig durchgeschweißt mit Gegennaht	–	K 1
2.2			einseitig durchgeschweißt ohne Gegennaht	–	K 2
2.3	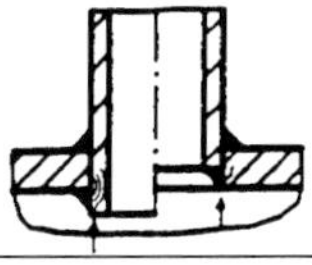	Stutzen durchgesteckt (in der Darstellung: linke Ausführung)	beidseitig, aber nicht durchgehend verschweißt	–	K 2
2.4		Stutzen durchgesteckt (in der Darstellung: rechte Ausführung)		–	K 3
2.5	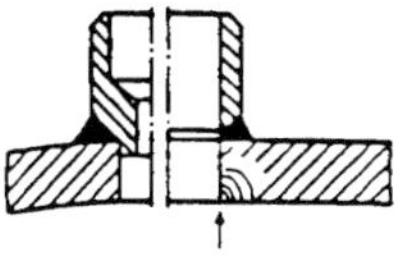	Stutzen aufgesetzt	einseitig durchgeschweißt (ohne Restspalt), Stutzen ausgebohrt oder Wurzel überschliffen	–	K 1
2.6			einseitig durchgeschweißt ohne Gegennaht oder ohne mechanische Bearbeitung der Wurzel	–	K 2
2.7	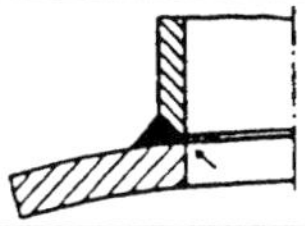	Stutzen mit scheibenförmiger Verstärkung. Naht: Scheiben-Außendurchmesser		–	K 3
2.8	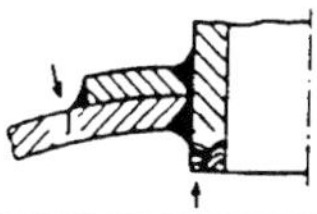	Stutzen mit scheibenförmiger Verstäkung Naht: Stutzeneinschweißung	Verbindung Stutzenrohr mit Grundkörper und Verstärkungsscheibe durchgeschweißt	–	K 1

5 Verwendete Formelzeichen

c : Zuschläge in mm, $c = c_1 + c_2$

c_1 : zulässige Wanddickenunterschreitung in mm (bei Ferriten Minustoleranz des Halbzeuges)

c_2 : Korrosionszuschlag in mm

$c_2 = 1$ mm : Ferrite

$c_2 = 0$ mm : Austenite, Korrosionsschutz, NE-Metalle, $s > 30$ mm

$c_2 > 1$ mm : bei starker Korrosion

C : Einspannfaktor, abhängig von Art und Auflage bzw. Einspannung am Außenrand, vergleiche Tafel 1 + 2 AD B5

D_a : Außendurchmesser in mm

d_i : Innendurchmesser des Stutzens in mm

D_i : Innendurchmesser Grundkörper in mm

D_1 : Berechnungsdurchmesser in mm , Tafel 1 + 2 AD B5

K : Festigkeitswert bei Auslegungstemperatur in N/mm^2

p : Betriebsüberdruck in bar

s : Wandstärke in mm

s_A : Wandstärke des Grundkörpers in mm

s_S : Wandstärke der Stutzens in mm

S : Sicherheitsbeiwert nach AD B0, Tafel 2 und 3

v : Schweißnahtausnutzungsfaktor

$v = 1{,}0$ mit erhöhten Prüfaufwand, nahtlose Bauteile

$v = 0{,}85$ bei verringertem Prüfaufwand

$v = 0{,}8$ bei Lötverbindungen

β : Berechnungsbeiwert

σ : Spannung in N/mm^2

σ_v : Vergleichsspannung in N/mm^2

6 Schrifttum

[1] Druckbehälterverordnung vom 27. 2. 1980, einschließlich Verordnungen zu Änderung der Druckbehälterverordnung

[2] Technische Regel Druckbehälterverordnung, TRB 002, Februar 1989

[3] Gerätesicherheitsgesetz (GSG), idF. September 1992 einschließlich Nachträge

[4] AD-Merkblätter, Taschenbuchausgabe 1996, Herausgegeben vom VdTÜV

[5] Roloff; Matek: Maschinenelemente, 13. Auflage, Vieweg, Braunschweig 1994

[6] Lewin, G.; Lässig, G., Woywode, N.: Apparate und Behälter, VEB Verlag Technik, Berlin, 1990

[7] Schwaigerer, S.: Festigkeitsberechnung im Dampfkessel-, Behälter- und Rohrleitungsbau, 4. Auflage, Springer-Verlag, Berlin 1990

[8] Technische Regeln Dampfkesselverordnung TRD, Taschenbuchausgabe 1995, Herausgegeben vom VdTÜV

[9] Richtlinienkatalog Festigkeitsberechnungen (RKF), Behälter und Apparate Teil 5, Ausgabe 1986, Linde-KCA-Dresden GmbH

3 Berechnung, Konstruktion und Fertigung von Apparaten

Beanspruchungsgerechte Auslegung von Druckbehältern und Apparatekomponenten

Von K. Strohmeier u. a. [1])

1 Einleitung

Das hohe Gefährdungspotential drucktragender Apparate und Anlagen der verfahrenstechnischen Industrie wird durch den in der Druckbehälterverordnung vorgeschriebenen Festigkeitsnachweis verringert. Häufig werden die Festigkeitsnachweise jedoch unter ausschließlicher Anwendung von Regelwerken durchgeführt. Diese Regelwerke basieren meistens auf bauteilorientierten Näherungsverfahren, die zum Teil empirisch ermittelt wurden. Im allgemeinen werden mit den Regelwerken Abmessungen ermittelt, ohne den jeweiligen Beanspruchungszustand zu kennen. Insbesonders kann die Sicherheit des Apparates nicht quantifiziert werden. So ist häufig auch der bedenkenlose und alleinige Einsatz solcher Regelwerke der Ausgangspunkt für spätere Schäden oder aufwendige Nachbesserungen.

Im bisherigen Konstruktionsablauf wird der sicherheitstechnische Nachweis dem Apparateentwurf nachgeschaltet. Um aber den hohen sicherheitstechnischen Anforderungen im Apparatebau gerecht zu werden und gleichzeitig eine kostengerechte Konstruktion zu gewährleisten, sollten bereits in der Entwicklungsphase Konstruktionswerkzeuge zur Verfügung stehen, die den Konstrukteur bei routinemäßigen Arbeiten entlasten und ihn bei der sicherheitsgerechten Auslegung unterstützen.

Solche Konstruktionswerkzeuge sind spezielle Auslegungs- und Optimierungsprogramme für einzelne, hoch beanspruchte Apparatekomponenten sowie im besonderen der Einsatz der Finite-Element-Methode zur Ermittlung und Simulation des tatsächlichen Beanspruchungszustandes. (Bild 1).

Der Einsatz der Finiten-Element-Methode zur optimalen Bauteilauslegung erfordert aber ein großes Maß an Erfahrung und ist in den meisten Fällen für die Industrie zu zeitaufwendig und zu kostspielig. Aus diesem Grund befaßt sich unser Lehrstuhl mit der Entwicklung sowohl eines integrierten Konstruktionssystems speziell für den Apparatebau sowie von beanspruchungsgerechten Auslegungsmethoden, die den Einsatz der Finite-Element-Methode für häufig vorkommende Apparatekomponenten erleichtern.

Im Rahmen dieses Beitrags soll daher an ausgewählten Problemstellungen über den Stand der Rechnerunterstützung zur optimalen Auslegung von Apparatekomponenten berichtet werden.

2 Rechnergestützte Berechnung und Zeichnungserstellung von Druckbehältern

Die Mehrzahl von Apparaten und Anlagen wird bei erhöhtem Innendruck betrieben. Nach der Druckbehälterverordnung sind diese Anlagen genehmigungspflichtig. Im Ge-

---

[1]) Prof. Dr.-Ing. Klaus Strohmeier, Lehrstuhl für Apparatebau, Experimentelle Spannungsanalyse, Technische Universität München

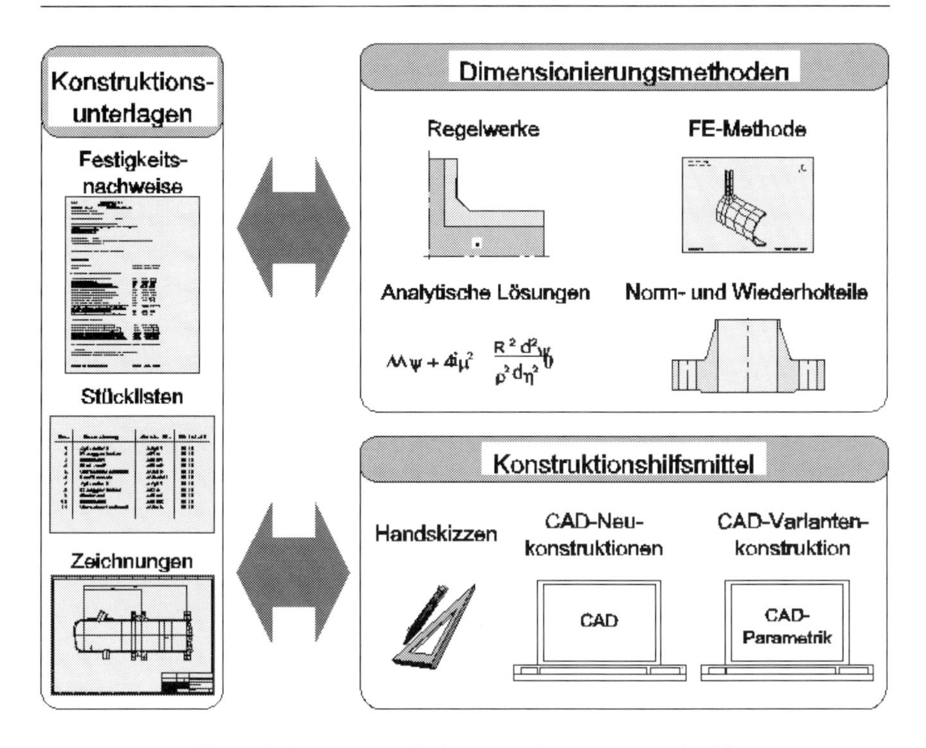

Bild 1: Rechnergestützte Werkzeuge zur Apparatekonstruktion [1]

nehmigungsantrag müssen Fertigungszeichnungen und die Festigkeitsnachweise enthalten sein. Werden die Druckbehälter nach den vom Technischen Überwachungsverein herausgegebenen AD-Merkblättern ausgelegt, sind die Anforderungen der Druckbehälterverordnung erfüllt.

Zur Unterstützung der Konstruktion werden bisher zwei Insellösungen eingesetzt, Programme zur Dimensionierung der einzelnen Bauteile nach den AD-Merkblättern und CAD-Systeme für die Zeichnungserstellung. Aus diesem Grund wurde an unserem Lehrstuhl das Konstruktionssystem ABP entwickelt (Bild 2). Mit dem System können komplette Druckbehälter nach den AD-Merkblättern ausgelegt werden, Bauteile und Baugruppen mit der Methode der Finiten Elemente optimiert werden und anschließend Fertigungszeichnungen des Druckbehälters erzeugt werden [1].

2.1 Vorschriftenrechnung

Die Auslegung der Behälterelemente nach dem AD-Regelwerk kann mit dem Konstruktionswerkzeug ADBER erfolgen.

Der Konstrukteur beginnt mit der Auswahl eines Grundkörpers. Nach der Eingabe der Abmessungen und der anschließenden Berechnung erhält er eine Liste von möglichen Anschlußbauteilen. Für jedes Anschlußbauteil läuft die Auslegung nach dem gleichen Schema ab. Zuerst muß die Lage und anschließend die Geometrie des Bauteiles

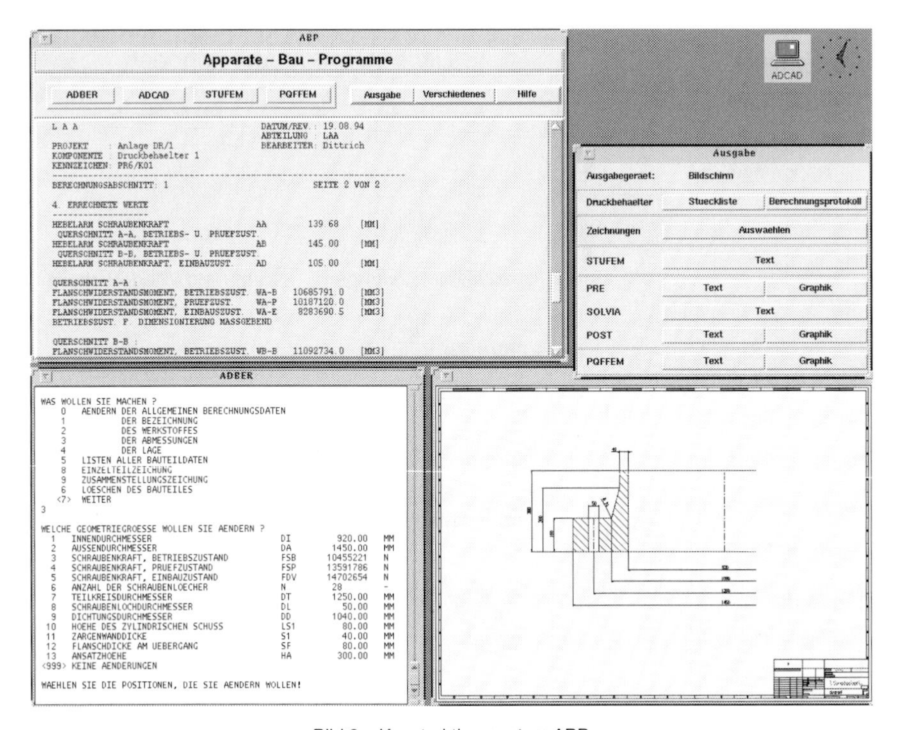

Bild 2: Konstruktionssystem ABP

eingegeben werden. Mit diesen Werten erfolgt die Berechnung entsprechend den AD-Merkblättern. Danach werden die Ergebnisse gelistet. Bei einer Vorrechnung erhält der Konstrukteur die ermittelten Geometriegrößen und kann sie bestätigen beziehungsweise die auszuführende Geometriegröße einlesen. Bei Nachrechnungen erhält er die Mitteilung, ob das Bauteil ausreichend dimensioniert ist oder nicht. Sollte die Dimensionierung nicht ausreichen, bekommt er einen Hinweis über die zu ändernden Eingabeparameter und springt automatisch in eine Änderungsroutine.

Der Vorteil der Berechnung von kompletten Druckbehältern besteht darin, daß Anschlußmaße von benachbarten Bauteilen übernommen werden und somit die Möglichkeit besteht, Baugruppen zum Beispiel Flanschverbindungen mit deren gegenseitiger Beeinflussung zu berechnen.

Der Konstrukteur hat die Möglichkeit, mehrere Bauteilvarianten zu berechnen und die für seinen Anwendungsfall günstigste Variante auszuwählen.

2.2 Bauteiloptimierung durch Strukturanalyse

Die Berechnung nach den AD-Merkblättern beruht teilweise auf Näherungsrechnungen, bei denen keine Aussage über den tatsächlichen Spannungsverlauf im Bauteil gemacht wird. Bauteile könnten wesentlich leichter, effizienter und somit billiger gebaut werden, wenn man über den genauen Spannungszustand im Bauteil Bescheid weiß. (Bild 3).

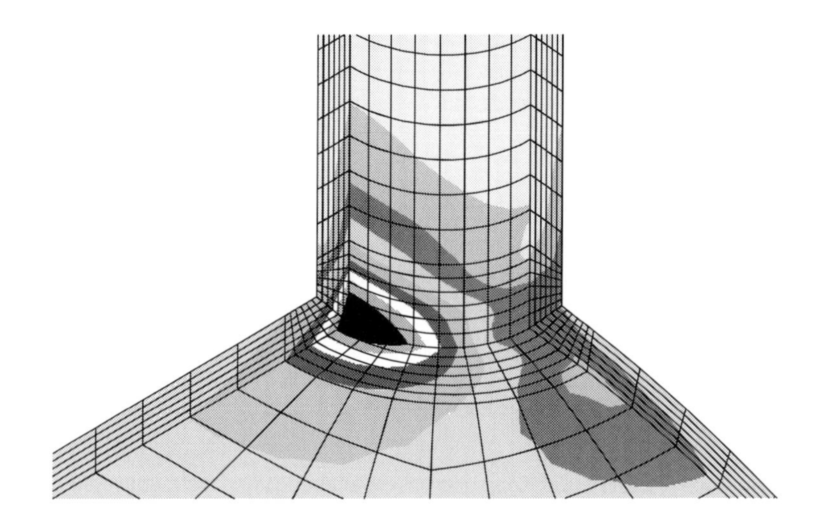

Bild 3: Strukturanalyse einer mit innerem Überdruck beanspruchten Zylinder-Stutzen-Verbindung

Mit der Methode der Finiten Elemente ist eine Strukturanalyse möglich, die Aufschluß über den Spannungs- und Dehnungsverlauf in einem Bauteil gibt.

Der Aufwand zur Erstellung eines Finite-Element-Modelles ist sehr groß und fehleranfällig. Deshalb wurden Strukturanalysen bisher hauptsächlich in Großfirmen mit eigens auf Finite-Element-Rechnungen spezialisierten Abteilungen oder von externen Unternehmen durchgeführt.

Mit der Kopplung eines Finite-Element-Pre-Prozessors an das Konstruktionssystem kann ein komplettes Analysemodell einer Zylinder-Stutzen-Verbindung generiert werden. Die Geometriedaten, äußere Belastungen, Materialeigenschaften und physikalische Eigenschaften werden vom Apparatemodell übernommen. Schnittkräfte und Verschiebungsrandbedingungen werden automatisch an das Finite-Element-Modell angetragen.

Die Elementegenerierung erfolgt nach beanspruchungsspezifischen Gesichtspunkten, das heißt in Bereichen wo hohe Spannungskonzentrationen erwartet werden, erfolgt eine feinere Elementeaufteilung und in Bereichen mit relativ konstanten Spannungen eine gröbere Elementeaufteilung.

Die Genauigkeit einer Finite-Element-Rechnung hängt stark von der Feinheit des Netzes ab. Durch Konvergenzbetrachtungen kann dies abgeschätzt werden. Eine Rechnung ist konvergent, wenn eine zunehmende Verfeinerung des Netzes keine bedeutende Änderung des Spannungs- und Dehnungsverlaufes ergibt. Innerhalb des Konstruktionssystems kann die Konvergenz auf einfache Weise ermittelt werden. Ein Parameter steuert die Aufteilung des Elementenetzes. Durch Erhöhung dieses Parameters kann das Netz verfeinert werden und nach einer erneuten Berechnung die Konvergenz festgestellt werden.

Mit dem Pre- und Postprozessor für Zylinder-Stutzen-Verbindungen ist es möglich, ohne detaillierte Kenntnisse der Finite-Element-Methode bei geringem Zeitaufwand Strukturanalysen von verschiedenen Geometrievarianten durchzuführen und die Verbindung zu optimieren.

2.3 Zeichnungserstellung

Nach der Berechnung liegen alle Geometriegrößen fest. Die Umsetzung in Fertigungszeichnungen ist zum großen Teil Routinearbeit. Davon soll der Konstrukteur zugunsten kreativer Arbeiten entlastet werden.

Ein Zeichnungsmodul erstellt aus den eingegebenen und berechneten Geometriegrößen eine Zusammenstellungszeichnung und zu jedem Bauteil eine Einzelteilzeichnung. Für Detaillierungen und Änderungen kann der Konstrukteur die vielfältigen Möglichkeiten eines CAD-Systems nutzen.

Ein wesentlicher Punkt bei der Kopplung von Berechnung und Zeichnungserstellung ist die Auswahl einer geeigneten Schnittstelle. Die einfachste Möglichkeit liegt in der Nutzung eines parametrischen CAD-Systems.

Zur weiteren Verarbeitung stehen die Funktionen des CAD-Systems zur Verfügung. Für die Zeichnungs- und Stücklistenverwaltung kann das Datenbanksystem des jeweiligen CAD-Systems eingesetzt werden. Der Datenaustausch mit anderen CAD-Systemen kann über die Standardschnittstellen zum Austausch produktdefinierender Daten erfolgen, zum Beispiel STEP oder IGES.

3 Auslegung von Bajonettverschlüssen

Hochdruckschnellverschlüsse sind wichtige Komponenten im Druckbehälterbau und aufgrund ihrer Bauweise durch die Möglichkeit des schnellen Öffnens und Schließens von großer wirtschaftlicher Bedeutung.

Häufig eingesetzt wird der Bajonettverschluß in seinen konstruktiven Varianten. Im Gegensatz zu anderen Behälterkomponenten existierten für den Bajonettverschluß nahezu keine Vorschriften zur Auslegung. Auslegungskriterien aus einfachster Modellbildung führen zu Über- bzw. Fehldimensionierungen, die sich in der Wirtschaftlichkeit bei der Herstellung, aber auch in der Sicherheit im Betrieb auswirken. Es entstehen örtliche Spannungsspitzen, die zu Plastifizierungen in den belastungsübertragenden Teilen führen. Mit steigender Lastwechselzahl kann dies zu größeren Schädigungen und damit zum plötzlichen Versagen oder Unbrauchbarkeit des Verschlusses führen.

Grund für das Entstehen der Spannungsspitzen in den Kontaktflächen eines Bajonettverschlusses ist das unangepaßte Verformungsverhalten von Deckel und Klammer. Während sich der Deckel unter Innendruckbelastung verwölbt, ist die Klammer als Resultat der einfachen konservativen Auslegung meist sehr steif ausgeführt und in der Klammerwand überdimensioniert. Die Verformung der Komponenten Deckel und Klammer ist in der herkömmlichen Auslegung in keiner Weise berücksichtigt. Hierdurch sind die beiden häufigsten Schadensarten, Abrutschen und Fressen in der Kontaktfläche zu erklären. Diese anscheinend gegenläufigen Auswirkungen haben dieselbe Ursache in den hohen Flächenpressungen. Sie bewirken durch die auftretenden Plastifizierungen ein Herabsinken der Rauhigkeitswerte und somit der Reibungszahl. Durch geringfügige Verschiebungen, wie sie bei Änderungen des Innendrucks radial in der Kontaktfläche vorkommen, entsteht eine initiale Bewegung, so daß die Haftreibung überwunden und zur Gleitreibung wird. Gerade bei Bauweisen mit abgeschrägten Kontaktflächen kann unter solchen Vorraussetzungen der Reibwert unter die Selbsthemmungsgrenze fallen, der Verschluß dreht sich und rutscht ab. Ein anderer Effekt dieser Spannungskonzentrationen tritt gerade dann auf, wenn Kanten in Ebenen der Kontaktfläche drücken und dort plastifizieren. Es entsteht ein Formschluß im Kontaktbereich, der im ungünstigsten Fall zum Fressen des gesamten Verschlusses führen kann.

Die genaue Kenntnis der Auswirkungen einzelner Geometrieparameter auf den Gesamtspannungs- und Gesamtverformungszustand im Bajonettverschluß erlaubt es, eine weitaus sichere Auslegung vorzunehmen.

Da der Bajonettverschluß ein komplexes dreidimensionales Bauteil mit vielschichtigen Problemfeldern ist, kann nur ein so mächtiges Werkzeug wie die Finite-Element-Analyse die einzelnen Effekte aufzeigen und mit dem ihr eigenen Auswertepotential auch trennen und bewerten (Bild 4).

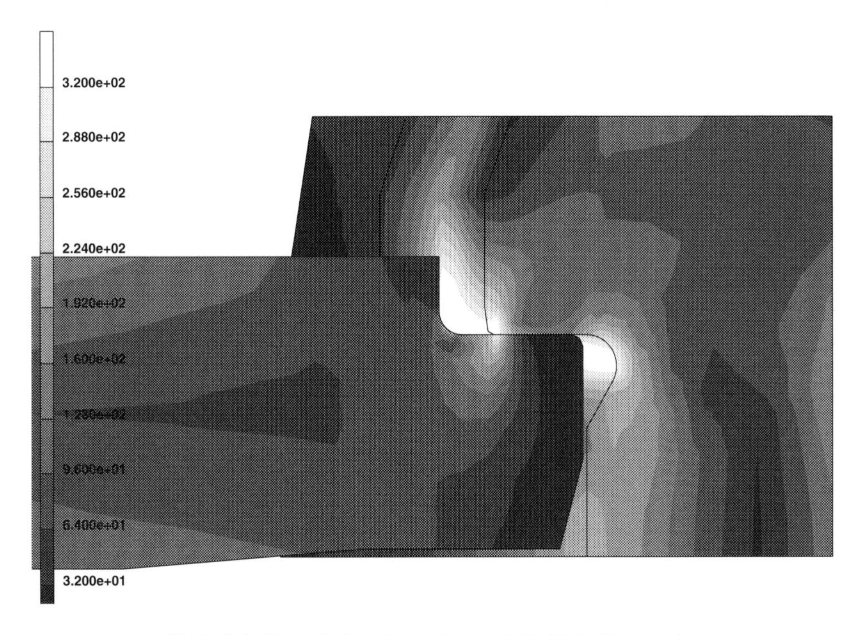

Bild 4: Schnitt durch einen Bajonettverschluß – Finite-Element-Analyse

Eine Verifizierung des FE-Modells am realen Bauteil ist wünschenswert. Es wurden Messungen mit drei verschiedenen Meßgrößen an einem in üblicher Weise gefertigten Verschluß durchgeführt, wobei auch zum 1. Mal mit Hilfe eines neuartigen Meßverfahrens zur Messung der Flächenpressungsverteilung zwischen zwei verspannten Flächen das ausgeprägte Kantentragen online im Experiment sichtbar gemacht werden konnte.

Ein so verifiziertes parametrisches Finite-Element-Modell kann den Einfluß verschiedener Geometrieparameter durch das Analysieren geeigneter Variationsreihen aufzeigen. Ziel ist es, die Struktur in ihrer gesamten Tragfähigkeit besser auszunutzen, durch geeignete Querschnittsübergänge Spitzenspannungen zu minimieren und als Ergebnis eine optimierte Verschlußform zu bestimmen.

Ein weiteres Ziel der Forschungsarbeit ist es, Gesetzmäßigkeiten aus den Ergebnissen der FE-Reihenuntersuchung zu finden, mit etwaigen analytischen Berechnungsmethoden zu vergleichen, diese dann anzupassen und in einem integrierten Berechnungssystem zu bündeln, um so ein schnelles, leistungsfähiges Werkzeug zur endgültigen Beurteilung eines Bajonettverschlusses zu erhalten.

Somit ist der Weg zu einer umfassenden beanpruchungs- und verformungsgerechten Auslegung geebnet, was letztlich zu einem sicheren und wirtschaftlicheren Betrieb von Bajonettverschlüssen führt.

4 Sicherheitstechnische Betrachtung von Rohrleitungssystemen

Eine umfassende Ermittlung der Beanspruchung von Rohrleitungssystemen und deren Komponenten ist aufgrund der oft komplexen Geometrien und Belastungen nur mit computergestützten Berechnungsmethoden möglich.

4.1 Untersuchung einzelner Komponenten

Diese Programme arbeiten auf der Basis der Finiten-Element-Methode. Hierzu wird die Isometrie der Rohrleitung in einzelne Abschnitte unterteilt, welche als Biegebalken idealisiert werden. Die Steifigkeitsmatrix des Gesamtsystems setzt sich aus den Steifigkeiten der einzelnen Elemente zusammen, wobei spezielle Rohrleitungskomponenten, wie Rohrbögen oder T-Stücke, deren Steifigkeiten von denen eines geraden Rohres abweichen, über analytische oder experimentell hergeleitete Flexibilitäts- und Spannungserhöhungsfaktoren berücksichtigt werden. In den einschlägigen Regelwerken sind diese lediglich für die gängigsten Komponenten aufgelistet.

Eine sichere Berechnung des Verhaltens des Gesamtsystems kann auf diese Weise nur erreicht werden, wenn alle relevanten Einflußparameter auf die Flexibilitätsfaktoren mit berücksichtigt werden. In Regelwerksvorschriften ist dies meist nicht der Fall. So wird zum Beispiel bei Rohrbögen die versteifende Wirkung des Innendrucks nicht erfaßt, was bei der Berechnung von Anschlußlasten auf Stutzen und ähnlich kritischen Bauteilen leicht zu sicherheitsrelevanten Fehleinschätzungen führen kann. Bei anderen Komponenten, wie zum Beispiel Flanschverbindungen, werden jegliche Flexibilitäten mangels genauerer Kenntnis vernachlässigt.

Aufgrund der eindimensionalen Betrachtungsweise erhält man mit Hilfe solcher Programme zur Rohrleitungsberechnung für jedes Element lediglich einen maximalen Spannungswert. Elastisch-plastische Einflüsse oder geometrische Nichtlinearitäten können zudem nicht in die Berechnung einbezogen werden.

Dies führt vor allem im Fall großer Spannungsgradienten zu konservativen Ergebnissen. Abhilfe kann hier nur eine rationelle Kopplung solcher Rohrleitungsprogramme mit FE-Netzgeneratoren oder analytischen Programmen schaffen.

Am Lehrstuhl wurde ein solches Programmpaket für Rohrbögen und Flanschverbindungen entwickelt, das es erlaubt, diese unter den tatsächlichen Randbedingungen innerhalb eines Rohrleitungsnetzes zu untersuchen. So können alle Einflußparameter und Nichtlinearitäten bei Bedarf mitberücksichtigt werden. Ein zweiter analytischer Teil erlaubt den Vergleich mit Berechnungsmethoden aus der Literatur.

5 Leckageberechnung an Flanschverbindungen

Sicherheitsanalysen, wie sie im Rahmen der Störfallverordnung durchzuführen sind, beruhen einerseits auf der Beschreibung von Gefahrenquellen, die einen Störfall auslösen und andererseits auf den aus einem Störfall resultierenden Schadensszenarien. Die Kenntnis der Auswirkungen von Störfällen ist erforderlich, um sinnvolle Vorkehrungen zur Schadensminimierung treffen zu können. Hierzu bedarf es physikalisch begründeter Lösungsansätze zur Abschätzung des Gefährdungspotentials von Anlagen und deren Komponenten.

Als lösbare Verbindung mediumführender Anlagenteile sind Flanschverbindungen in sehr großer Zahl Bestandteil jeglicher Art von Anlagen. Durch betrieblich- oder störfallbedingte Rohrleitungsreaktionen werden diese zusätzlich zum Innendruck belastet. Aufgrund dieser Zusatzbeanspruchung kann sich ein sichelförmiger Leckagespalt am Umfang ergeben, aus dem große Mengen Medium entweichen können.

Mit Hilfe dreidimensionaler Finite-Elemente-Untersuchungen unter Einbeziehung nichtlinearen Geometrie- und Materialverhaltens werden derzeit sowohl die Bedingungen für die Ausbildung eines solchen Spaltes geklärt, als auch dessen Abmessungen bestimmt. Die durch den jeweiligen Spalt bedingten Leckageströme werden ebenfalls mit Hilfe numerischer Methoden berechnet. Durch experimentelle Untersuchungen an realen Bauteilen können die Ergebnisse verifiziert werden.

5.1 Spannungsanalyse an hydraulisch gefügten Rohr - Rohrplattenverbindungen

Mit Hilfe von Rohrbündelwärmeaustauschern werden in der Industrie große Wärmemengen mit hohen Wirkungsgraden und in vielen Anwendungsgebieten übertragen. Dabei ist die Verbindung der Rohre mit den Rohrplatten diejenige Komponente, die häufig Störungen verursacht. Das hydraulische Aufweiten stellt ein wichtiges Verfahren zur Herstellung von Rohr-Rohrplattenverbindungen. Dabei wird mittels Fluiddruck durch überelastische Verformung des Rohres und häufig auch der Rohrplatte ein definierter Eigenspannungszustand erzeugt. Die daraus entstehende Haftverbindung ist aufgrund zu niedriger Haftdrücke an den Kontaktflächen der Verbindungspartner oftmals die Schadensursache.

Bisher entwickelte, meist auf analytischen Ansätzen basierende Berechnungsverfahren unter ebenem Spannungszustand oder ebenem Deformationszustand beschreiben den tatsächlichen Sachverhalt nur unzureichend.

Um zu einer exakteren Beschreibung und einer besseren Vorstellung der bei der Herstellung dieser Verbindungen ablaufenden Vorgänge zu kommen, werden experimentelle Untersuchungen und begleitende Berechnungen mittels Finite-Element-Methode durchgeführt, deren Ziel eine verbesserte Haftverbindung ist.

Als experimentelle Methoden kommen das Oberflächenschichtverfahren, eine Anwendung der ebenen Spannungsoptik und die Speckle-Technik, ein interferometrisches Meßverfahren ähnlich der Holographie zur Anwendung. Die Messungen erfolgen auf der Plattenoberfläche, da der Kontaktbereich von Rohr und Rohrplatte nicht zugänglich ist. Die spannungsoptischen Ergebnisse erhält man in Form von Isochromatenordnungen, die der Hauptdehnungsdifferenz proportional sind und gleichzeitig ein Maß für die Beanspruchung an der Plattenoberfläche gemäß der Tresca'schen Schubspannungshypothese darstellen. Als Ergebnis der Speckle-Technik resultieren Oberflächenpunktverschiebungen, wobei besondere Vorkehrungen zur Schwingungsisolierung getroffen werden müssen.

Durch aufwendige dreidimensionale Finite-Element-Analysen mit den Programmpaketen MARC und SOLVIA unter Berücksichtigung von Plastizität und Kontaktbedingung kann man den Aufweitvorgang annähernd real nachbilden.

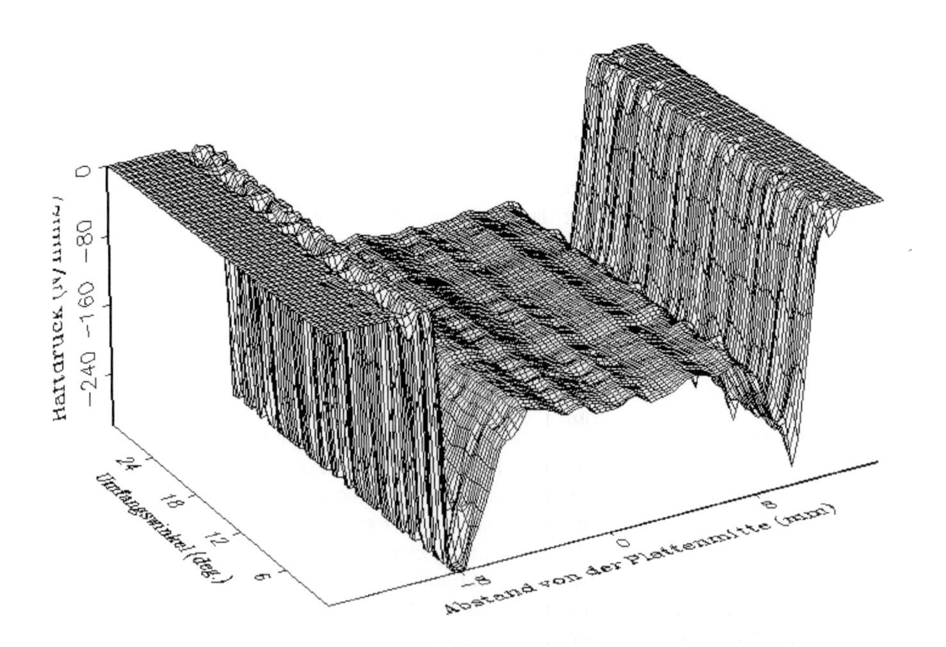

Bild 5: Kontaktdruckfläche bei 2000 bar Aufweitdruck

Ein universell einsetzbares Finite-Element-Modell, mit dem völlig automatisiert der Eigenspannungszustand nach dem Aufweitzyklus simuliert werden kann, ist derzeit in der Entwicklung. Dabei können nahezu beliebige Werkstoffe und Werkstoffkombinationen für Rohre und Rohrplatten bei der gegebenen Geometrie analysiert werden. Aus den errechneten Deformationen und Beanspruchungen ergibt sich, daß dem Reibschluß im Kontaktbereich ein Formschluß überlagert ist, dem bisher wenig Aufmerksamkeit geschenkt wurde. Darüberhinaus weist der Haftdruck zwischen Rohr und Rohrplatte eine starke axiale Abhängigkeit auf (Bild 5), die für Unterschiede bei den als Dimensionierungskriterium dienenden Rohrausreißkräften mitverantwortlich ist. Gerade die eben genannten Einflüsse können von analytischen Ansätzen nicht erfaßt werden und führen somit zu Fehldimensionierungen.

Als weitere Störeinflüsse sind zu nennen:

- Geometrieschwankungen bei Rohren und Rohrplattenbohrungen aufgrund von Teilungsfehlern, Unrundheiten, Maß- und Formtoleranzen,
- Streuungen der Materialkennwerte Streckgrenze und Elastizitätsmodul,
- Lage und Größe des Aufweitbereiches,
- unterschiedliche Bohrungsrauhigkeiten,
- Genauigkeit und Reproduzierbarkeit des Aufweitdruckes.

Mit einer besseren Vorausberechnung ist eine höhere Werkstoffausnutzung, eine kostengünstigere Dimensionierung und vor allem eine erhöhte Betriebssicherheit verbunden.

6 Schwingungssichere Auslegung von querangeströmten Rohrbündeln

Schwingungsschäden an querangeströmten Rohrbündeln in Wärmeaustauschern stellen ein Problem dar, welches auch in jüngster Zeit immer wieder auftritt. Dabei sind die Zusammenhänge zwischen den auf die Rohre wirkenden Fluidkräften und den daraus resultierenden Rohrbewegungen sehr komplex, da die Rohrbewegungen das Strömungsfeld beeinflussen und somit eine Rückkopplung vorliegt. Es existieren daher bis heute keine analytischen Lösungen zur Vorhersage der kritischen Anströmgeschwindigkeit, ab welcher die Rohrschwingungen innerhalb eines Bündels nicht mehr tolerierbare Amplituden annehmen.

Zur Erarbeitung von Auslegungsrichtlinien werden zwei Wege beschritten:

6.1 Experimentelle Untersuchungen:

Alle am Institut durchgeführten Versuche wurden in einem mit Wasser betriebenen Strömungskanal gefahren. Die Prüflinge sind Rohrbündelausschnitte mit bis zu acht mal acht Rohren. Variiert werden Teilungsverhältnis, Rohreigenfrequenz, Rohranordnung, Rohrteilung, sowie Anström- und Lagerungsbedingungen. Gemessen werden bei jedem Versuch der Volumenstrom und die Längs- und Querschwingungen von drei Meßrohren. Diese sind hierzu knapp oberhalb der Einspannstelle mit DMS bestückt. Sämtliche Signale werden von Meßverstärkern umgewandelt und während einer Messung in regelmäßigen Zeitabständen, gesteuert von einem PC, abgegriffen und anschließend gespeichert. Bisher wurden über einhundert verschiedene Anordnungen bei jeweils zwölf verschiedenen Anströmgeschwindigkeiten vermessen. Hierdurch konnte bei diesen Bündeln der Verlauf der Schwingungsamplituden in Abhängigkeit von der Anströmgeschwindigkeit bestimmt werden. Daraus wurden dann einfach zu handhabende Auslegungskriterien abgeleitet (siehe Kassera und Strohmeier [2]).

6.2 Entwicklung numerischer Berechnungsverfahren:

Während die experimentelle Untersuchung der Schwingungsphänomene von Rohrbündeln bereits seit etwa 25 Jahren weltweit betrieben wird, stellt die numerische Simulation dieser Vorgänge einen völlig neuen Weg dar, der erst mit der heute zur Verfügung stehenden Rechnerleistung beschritten werden kann. Gegenüber experimentellen Methoden bietet eine Simulation eine Reihe von Vorteilen:

- Das betrachtete Rohrbündel kann ohne physikalische Einschränkungen in der Originalgröße mit dem Original-Anströmmedium (zum Beispiel stellen auch heiße oder aggressive Fluide, die im Versuch nicht verwendet werden können, kein Problem dar) modelliert werden. Für Versuchswerte hingegen muß zur Übertragung auf Originalbedingungen auf meist stark vereinfachende Ähnlichkeitsbetrachtungen zurückgegriffen werden.
- Im Vergleich zu den gängigen halbempirischen Auslegungskriterien bietet die Simulation eine erheblich höhere Vorhersagegenauigkeit bezüglich der kritischen Anström-

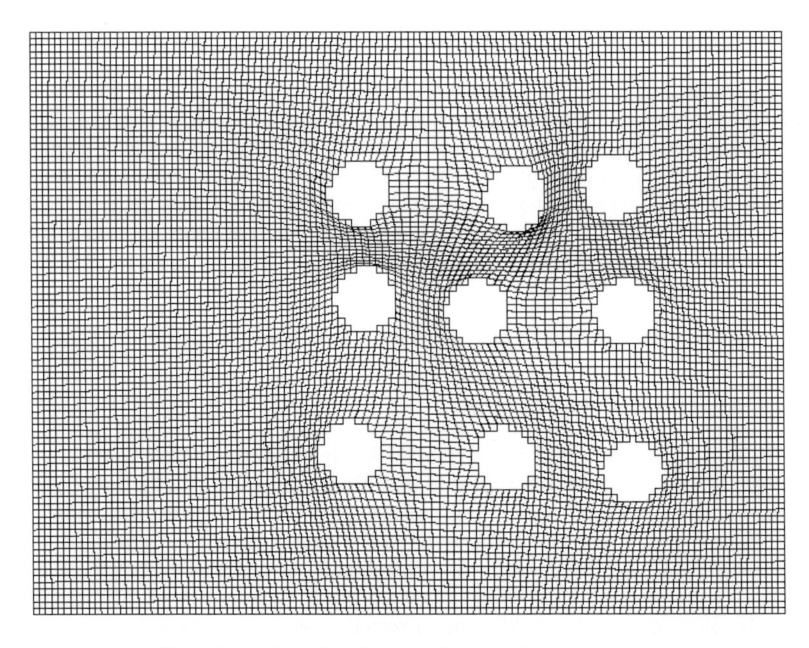

Bild 6: Numerische Simulation von Rohrbündelschwingungen

geschwindigkeit des Systems. Zudem werden die Bewegungsdaten aller Rohre zu jeder Zeit berechnet, womit auch Vorhersagen über die Schwingungsamplituden im subkritischen Bereich gewonnen werden.

- Zur Untersuchung der Entstehung von Rohrbündelschwingungen kann eine numerische Betrachtung wertvolle Beiträge liefern, da das Strömungsfeld um die Rohre zu jedem Zeitpunkt visualisiert werden kann.

Bei dem am Institut entwickelten Berechnungsverfahren werden die instationären Navier-Stokes Gleichungen mit Hilfe des Finiten-Volumen-Verfahrens auf einem flexiblen Mehrgittersystem gelöst (siehe Kassera und Strohmeier [3]). Dadurch kann das Strömungsfeld innerhalb des Rohrbündels bestimmt werden. Mit den Strömungsgrößen können dann die Strömungskräfte auf jedes einzelne Rohr und somit die dadurch induzierte Rohrbeschleunigung, Rohrgeschwindigkeit und Rohrauslenkung in einem Zeitpunkt bestimmt werden. Diese dynamischen Größen gehen wiederum als Randbedingungen in die Bestimmung des Strömungsfeldes im nächsten Zeitschritt ein. Bislang wurden sechs verschiedene Anordnungen zweidimensional bei verschiedenen Anströmgeschwindigkeiten nachgerechnet, wobei sich eine gute Übereinstimmung mit entsprechenden Versuchsergebnissen herausstellte.

Für dreidimensionale Analysen wird derzeit ein Verfahren entwickelt, welches die Erhaltungsgleichungen in einem krummlinigen Koordinatensystem löst. (Bild 6).

Schrifttum

[1] Dittrich, T.: Rechnergestützte Konstruktion im Apparate- und Anlagenbau, Fortschr.-Ber. VDI Reihe 20 Nr. 179, VDI-Verlag, Düsseldorf, 1995

[2] Kassera, V.; Strohmeier, K.: Schwingungssichere Auslegung von Rohrbündeln in Wärmeaustauschern, Chemie Ingenieur Technik 2/95, 67.Jahrgang, S. 188-189

[3] Kassera, V.; Strohmeier, K.: Numerical Simulation of Flow Induced Vibrations of a Tube Bundle in Uniform Cross Flow, The Joint ASME/JSME Pressure Vessels and Piping Conference, Honolulu, 1995, ASME PVP-Vol.298, S. 37-43

Ermüdungsfestigkeitsnachweis von Behälter-Stutzen-Verbindungen unter Innendruck und Rohrlasten

Von E. Weiß und J. Rudolph [1])

Kenntnisse über das Ermüdungsverhalten von Druckbehälterkomponenten im allgemeinen und Schalen-Stutzen-Verbindungen im besonderen nehmen in zunehmendem Maße einen zentralen Platz im Apparatefestigkeitskonzept ein, um einerseits steigenden Sicherheitsstandards gerecht zu werden, andererseits aber auch ausfallbedingte zusätzliche Kosten zu vermeiden. Neben den allgemeingültigen und in der Praxis des Druckbehälterbaus auch meist anerkannten und angewandten Grundregeln ermüdungsgerechter konstruktiver Gestaltung, rückt der rechnerische Nachweis der Ermüdungsfestigkeit aufgrund moderner Möglichkeiten detaillierter Beanspruchungsermittlung in den Mittelpunkt der Betrachtungen. Dabei sind es vor allem lokale Nachweiskonzepte, die Anwendung finden und als Richtlinien in entsprechenden Regelwerken fixiert werden.

1 Einleitung

Die ständig wachsenden verfahrenstechnischen Anforderungen an Anlagen der Chemie- und der Kraftwerkstechnik sowie die gesellschaftlich notwendigen strengen Sicherheitsbestimmungen verlangen eine ausreichende Vorsorge gegen Bauteilversagen und im besonderen gegen das Versagen durch Werkstoffermüdung. Prädestiniert für das Versagen infolge zyklischer Belastung sind Bereiche mit ausgeprägter Spannungskonzentration. Unterschiedliche Herangehensweisen an den rechnerischen Ermüdungsfestigkeitsnachweis (z. B. Nennspannungs-, Kerbspannungs- und Rißfortschrittskonzept) belegen das Streben nach gesicherten Vorhersagen des Verhaltens mechanischer Strukturen unter zyklischer Belastung. In jüngster Zeit haben in maßgebenden Regelwerken zur Druckbehälterdimensionierung vor allem strukturspannungsorientierte Konzepte (Hot-Spot-Methode) und auf fiktiv-elastischen Kerbspannungen beruhende Konzepte Eingang gefunden, wobei aufgrund des unterschiedlichen Ermüdungsverhaltens auch folgerichtig eine Aufteilung in ungeschweißte und geschweißte Bauteilbereiche erfolgt.

Perspektivisch müssen die auf der realen elastisch-plastischen Kerbgrundbeanspruchung basierenden lokalen Konzepte in die Betrachtungen einbezogen werden. Allgemein sind die Spezifika des Druckbehälterbetriebes hinsichtlich auftretender Lastspektren und -frequenzen zu beachten, was zur Herausstellung der niederzyklischen Ermüdung (low cycle fatigue, LCF) führt.

Die Nutzung fortgeschrittener Konzepte des Ermüdungsfestigkeitsnachweises verlangt adäquate detaillierte Beanspruchungsanalysen, die gegenwärtig vor allem auf Grundlage der Finite-Elemente-Methode (FEM) durchgeführt werden sollten. Die geforderte Genauigkeit der Analyseresultate bestimmt wiederum die zu wählenden Modellierungs- und Vernetzungsstrategien. Dabei ist es besonders für die Forschungsarbeit wichtig, für Standardbauteile (zum Beispiel Behälter-Stutzen-Verbindungen, Rohrre-

[1]) Prof. Dr.-Ing. E. Weiß, Dipl.-Ing. J. Rudolph, Universität Dortmund, Fachbereich Chemietechnik/Chemieapparatebau

duzierungen, Rohrbögen usw.) unter Belastung durch Innendruck und Zusatzlasten von Einzelanalysen zu Serienrechnungen überzugehen und die Analyseresultate in möglichst allgemeingültiger und praxisnaher Form aufzubereiten, um dem mittelständischen Nutzer das Know-How zugänglich zu machen.

2 Beeinflussung der Ermüdungsfestigkeit durch konstruktive Maßnahmen

Behälter-Stutzen-Verbindungen unter Wirkung der funktionsbedingten inneren oder äußeren Überdruckbelastung stellen aufgrund der auftretenden geometrischen Diskontinuität und unvermeidbarer lokaler Kerbwirkung einen unter allen Festigkeitsaspekten (Tragfähigkeit einschließlich Stabilität, Ermüdungsfestigkeit, Kriech- und Ratchetingverhalten) kritischen Bauteilbereich dar. Zusätzlich sind die Lasten, die über eine sich anschließende Rohrleitung eingetragen werden können sowie mögliche fertigungstechnische Mängel als ermüdungsfestigkeitsrelevante Größen zu beachten. Bei Erwartung zyklischer Belastungen, die allein schon durch An- und Abfahrprozesse verursacht werden können, was oft übersehen wird, sollte die Kenntnis der Ermüdungsrißgefährdung des Übergangsbereiches von Grundkörper und Stutzen schon in der Entwurfsphase zu Überlegungen hinsichtlich ermüdungsgerechter konstruktiver Gestaltung führen. In der Praxis des Druckbehälterbaus sind die Varianten aufgesetzter, eingesetzter, durchgesteckter und gebördelter Stutzen (Bild 1 a bis d) gebräuchlich. Hinsichtlich der Ausführung der Schweißverbindung kann beispielsweise [1] herangezogen werden.

Aufgrund der hohen Beanspruchung der Verbindung ist in der Regel durchgeschweißten Verbindungen (V-Naht, K-Naht mit entsprechender Schweißnahtvorbereitung [2]) der Vorzug gegenüber mittels Kehlnähten befestigten Stutzen zu geben. Selbst wenn der Stutzen aufgrund seines im Vergleich zum Grundkörper geringen Durchmessers (zum Beispiel Druck- und Temperaturmeßstutzen) im Sinne der Tragfähigkeit keine Verschwächung mehr darstellt [3], kann die Ausbildung von Ermüdungsrissen aufgrund unzureichender schweißtechnischer Realisierung zum Untauglichwerden der Konstruktion führen.

Die gebördelte Verbindungsvariante (Bild 1 d) weist im Vergleich zu aufgezeigten Alternativen den Vorteil auf, daß sich die unter dem Aspekt der Ermüdungsfestigkeit kritische Schweißnaht außerhalb des höchstbeanspruchten Bereiches befindet. Durch gezielte Beeinflussung des Bördelradius könnte man einen weiteren Abbau der Kerbbeanspruchung erreichen [4], was jedoch auf fertigungstechnische Schwierigkeiten stößt. Generell ist die Herstellung einer ausgehalsten Stutzenverbindung als relativ aufwendig zu betrachten und wird deshalb in der Praxis seltener angewandt.

Beim durchgesteckten Stutzen (Bild 1c) kann man im Vergleich zum aufgesetzten oder eingesetzten Stutzen (Bild 1 a) hinsichtlich Kerbwirkung von einer Verminderung der Höchstbeanspruchung ausgehen, obwohl die Verbindung eine vergleichsweise höhere Steifigkeit (Strukturbeanspruchung) aufweist. Der fertigungstechnische Aufwand ist im Vergleich zur Verbindung mit aufgesetztem oder eingesetztem Stutzen nicht wesentlich höher. Auf qualitativ hochwertige schweißtechnische Realisierung sollte selbstverständlich auch hier großer Wert gelegt werden.

Großen Einfluß auf das Ermüdungsverhalten der zu betrachtenden Konstruktion hat das Verhältnis der Wanddicken von Grundkörper und Stutzen t / T, da die mit unter-

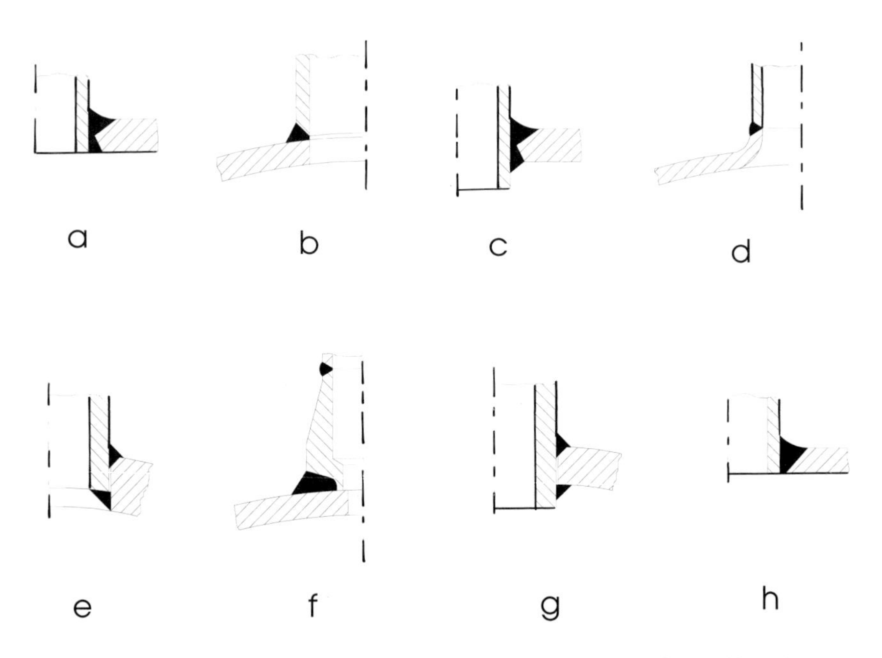

Bild 1: Konstruktive und schweißtechnische Ausführungsformen der Behälter-Stutzen-Verbindung

schiedlichen Wanddicken verbundenen Steifigkeitsunterschiede zu signifikanten Strukturbeanspruchungserhöhungen führen. Besonders im Verhältnis zum Grundkörper sehr dünne Stutzen verschlechtern die Ermüdungsfestigkeit der Verbindung erheblich [5]. Als konstruktive Empfehlung kann die Verwendung angepaßter Wanddicken von Grundkörper und Stutzen gelten, die entweder durch die Auswahl entsprechender Stutzenrohre oder durch rohrförmige Verstärkungen im Übergangangsbereich (Bild 1 f) realisiert werden kann. Im Vergleich zum Grundkörper dickere Stutzen fallen zwar in den Geltungsbereich einschlägiger Berechnungsrichtlinien (zum Beispiel Merkblatt B9 des AD-Regelwerkes [6]), finden jedoch aufgrund der starken Überdimensionierung des Stutzens seltener Anwendung. Wanddickensprünge wirken sich in jedem Fall ungünstig auf das Ermüdungsverhalten aus.

Einen weiteren Einflußparameter auf das Ermüdungsverhalten der Behälter-Stutzen-Verbindung stellt bei gleichen Stutzendurchmessern und Wanddickenverhältnissen das Verhältnis von Grundkörperwanddicke und -durchmesser T/D, folglich der Dickwandigkeitsgrad des Behälters, dar. Sehr kleine Dickwandigkeitsgrade führen insbesondere zur Erhöhung der Makrokerbwirkung der Behälter-Stutzen-Verbindung. Da aus reinen Tragfähigkeitsbetrachtungen heraus (zum Beispiel AD-Merblatt B9 [6]) aber bereits eine ausreichende Bemessung des Ausschnittsbereiches zu erfolgen hat, kann die Forderung nach angemessenen Grundkörperwänden in vielen Fällen bei Anwendung der auf Kriterien der Tragfähigkeit beruhenden Dimensionierungsgleichungen (zum Beispiel [6]) bereits als erfüllt betrachtet werden. An dieser Stelle soll jedoch ausdrücklich auf die Notwendigkeit der Separation von Tragfähigkeits- und Ermüdungsbetrachtungen hingewiesen werden, zumal sich unter Umständen sogar tendenziell grundverschiedene Aussagen ergeben können, wie es beispielsweise bei der Einschätzung des Einflusses sehr kleiner Verschwächungen der Fall ist [3].

Größere Stutzen führen in der Regel zu einer Beanspruchungserhöhung im Durchdringungsbereich. Erst wenn sich die Verbindung einem Durchmesserverhältnis d/D von 1 nähert, der Stutzen praktisch einem tangentialen Übergang zum Grundkörper entgegenstrebt, kommt es wieder zur Spannungsverminderung [5].

Entscheidende Forderung bleibt die Ausführung qualitativ hochwertiger, festigkeitsmäßig hochbeanspruchbarer, in der Regel durchgeschweißter und an den Übergängen kerbarmer Schweißnähte. Im Fertigungsprozeß kann die Lebensdauer folglich bereits entscheidend beeinflußt und eine Optimierung hinsichtlich Ermüdungsverhalten vorgenomme n werden.

3 Konzeptionelle Gestaltung des Ermüdungsfestigkeitsnachweises

Entsprechend seiner großen Bedeutung für den sicheren Langzeitbetrieb einer Anlage ist der rechnerische Ermüdungsfestigkeitsnachweis in den verschiedenen nationalen Regelwerken der Druckbehältertechnik [6, 7, 8] enthalten. Dabei finden in aller Regel struktur- und/oder kerbspannungsorientierte lokale Konzepte der Nachweisführung Verwendung, die auf detaillierten linearelastischen Festigkeitsanalysen beruhen. An dieser Stelle kann auf Unterschiede zum Betriebsfestigkeitsnachweis [9] dynamisch beanspruchter Bauteile des Maschinen- und Fahrzeugbaus verwiesen werden, wo einerseits häufig auf Nennspannungen [10] (Grundbeanspruchungszustände nach elementaren Theorien) basierende Konzepte angewendet werden [11] und das Problem der Zyklendefinition bei quasistochastischer Beanspruchung und der Schadensakkumulation (originäre und modifizierte Minerregel) in den Vordergrund rückt. Andererseits erfordert der Betrieb der genannten Bauteile im hochzyklischen Bereich oft eine Bemessung hinsichtlich Dauerfestigkeit, während man sich beim Druckbehälterbetrieb typischerweise im niederzyklischen Bereich (low cycle fatigue, LCF) bewegt.

Bei Anwendung von Rißfortschrittskonzepten geht man vom bereits initiierten Ermüdungsriß aus und verfolgt dessen Fortschreiten auf Grundlage der Bruchmechanik (zum Beispiel [12]). Man ist zwar mittlerweile in der Lage, die Rißausbreitung mathematisch recht genau zu beschreiben, jedoch ist es im Rahmen der Dimensionierung nicht zulässig, bei druckbeaufschlagten Wandungen von vornherein von der Existenz einer Schädigung auszugehen. Aus diesem Grunde sehen die gegenwärtig praktizierten Nachweise den technischen Anriß, das heißt die mit bloßem Auge oder einfachen optischen Hilfsmitteln erkennbare makroskopische Werkstoffschädigung durch Ermüdungsriß [10, 6], als Grenzzustand an, dessen Eintreten mit einem Sicherheitsfaktor ausgeschlossen wird.

Unterschieden wird in den Regelwerken meist zwischen einem vereinfachten, zu konservativen Resultaten führendem Nachweis (zum Beispiel Merkblatt S1 des AD-Regelwerkes [6]) und einem detaillierten Ermüdungsfestigkeitsnachweis (zum Beispiel Merkblatt S2 des AD-Regelwerkes [6]). Der Nachweis wird im letzteren Fall durch Vergleich der tatsächlich auftretenden Vergleichsspannungsschwingbreite mit der durch verschiedene Einflußfaktoren korrigierten zulässigen Vergleichsspannungsschwingbreite unter Vorgabe der zu erwartenden Lastwechselzahl nach

$$2\,\sigma_{VA} \leq 2\,\sigma_a \cdot f_i \tag{1}$$

geführt. Sinngemäß ist die Ermittlung einer zulässigen Lastwechselzahl N_{zul} bei vorgegebenem Beanspruchungsniveau möglich. Der relativ hohe statistische Streubereich der Resultate von Ermüdungsversuchen führt zu hohen Sicherheitsbeiwerten von 10 hinsichtlich Lastwechselzahl und 1.5 hinsichtlich Spannung.

Während man früher einheitliche Ermüdungskurven für geschweißte und ungeschweißte Bauteile nutzte, ist in den letzten Jahren berechtigterweise (zum Beispiel Enquiry Case 5500/79 in [8] oder [13]) die Frage nach unterschiedlicher Behandlung der benannten Bauteilgruppen aufgeworfen worden, da das Ermüdungsverhalten eines geschweißten Bauteiles selbst bei völliger äußerer geometrischer Identität im Vergleich zum ungeschweißten Bauteil Unterschiede aufweist. Diese Unterschiede sind auf die stets vorhandene innere Kerbwirkung der Schweißnaht zurückzuführen. In der entstehenden europäischen Norm [14] und im Merkblatt S2 des AD-Regelwerkes [6, 15 und 16] wird diesem Umstand durch Bereitstellung von separaten Ermüdungskurven für geschweißte und für ungeschweißte Bauteile Rechnung getragen. Dem Bild 2 sind die entsprechenden Ermüdungskurven nach AD-Merkblatt S2 [6] zu entnehmen, wobei die Kurven für geschweißte Bauteile im Vergleich zu denen ungeschweißter Bauteile verschiedenen Anstieg aufweisen. Dieser Umstand ist auf die bereits erwähnte innere Kerbwirkung der Schweißnaht zurückzuführen. Der Anwender des AD-Merkblattes S2 [6] hat bei der Analyse geschweißter Bauteilbereiche die Wahl zwischen der Beanspruchungsermittlung nach Strukturspannungskonzept (Hot-Spot-Methode) und Bewertung mittels Bauteilwöhlerlinien (Kurven K1 bis K3) und der detaillierten Festigkeitsananlyse gemäß Kerbspannungskonzept und Bewertung mit Kurve K0 als „Quasiwerkstoffwöhlerlinie". Eine solche Kennlinie ist dadurch gekennzeichnet, daß sie das Ermüdungsverhalten eines Bauteils widerspiegelt, das annähernd frei von äußeren Kerben ist und lediglich den Struktureinfluß des Schweißnahtgefüges berücksichtigt. Detaillierte FE-Analysen ermöglichen die weitgehend reale Erfassung der konstruktiven Kerbe.

Aus der Sicht der Autoren sprechen folgende Probleme gegen die Anwendung des strukturspannungsorientierten Konzeptes:

- willkürliche Festlegung von Extrapolationspunkten zur Strukturspannungsermittlung am Schweißnahtübergang
- Nichtausschöpfung der Möglichkeiten detaillierter Beanspruchungsermittlung mittels moderner numerischer Verfahren wie der Finite-Elemente-Methode (FEM)
- pauschale Zuordnung von Druckbehälterschweißverbindungen zu Bauteilwöhlerlinien aus dem Bereich des Stahlbaus
- ungenügende Beachtung der äußeren Schweißnahtform.

Aus den genannten Gründen wird das kerbspannungsorientierte Konzept auch für den Ermüdungsfestigkeitsnachweis geschweißter Bauteilbereiche nachdrücklich empfohlen.

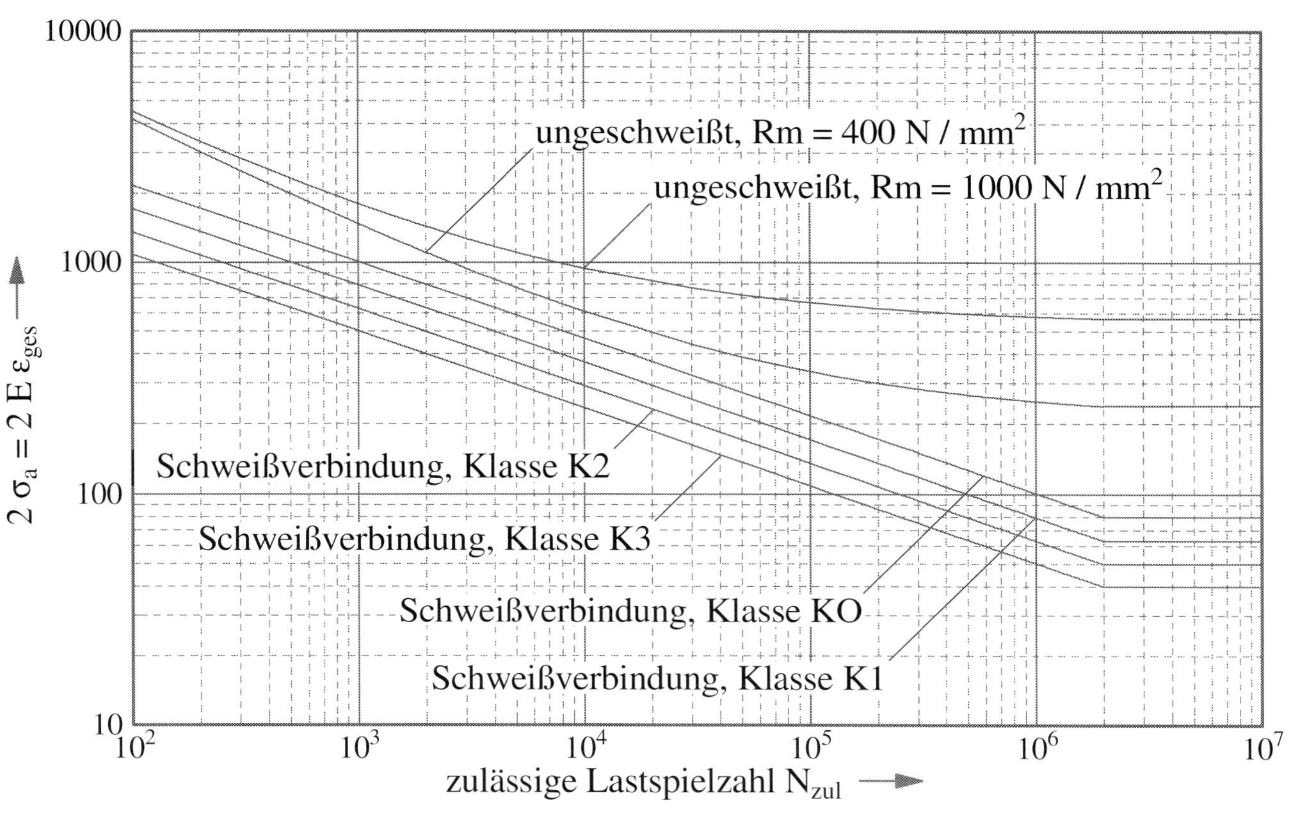

Bild 2: Ermüdungskurven für geschweißte und ungeschweißte Bauteile nach AD-Merkblatt S2 [6]

4 Methodisches Vorgehen bei der parametrisierten Beanspruchungsanalyse

Bei der Behälter-Stutzen-Verbindung kann die ermüdungsrißauslösende Maximalbeanspruchung entsprechend den geometrischen Parametern sowohl im ungeschweißten (Innenseite oder -kante des Stutzens) als auch im geschweißten Bereich (Schweißnahtübergänge) liegen. Es macht sich somit eine detaillierte Festigkeitsanalyse der Verbindung erforderlich, wobei die verschiedenen Orte (Grundkörper innen und außen, Stutzen innen und außen, Schweißnaht und Schweißnahtübergänge) hinsichtlich ihrer struktur- und kerbspannungserhöhenden Wirkung untersucht werden müssen. Zum gegenwärtigen Zeitpunkt wird man zur Durchführung einer derartig detaillierten Festigkeitsanalyse vorzugsweise auf die Finite-Elemente-Methode (FEM) [17, 18] zurückgreifen. Bild 3 zeigt exemplarisch das Vernetzungsschaubild einer Verbindung zwischen sphärischem Grundkörper und auf- beziehungsweise eingesetztem Stutzen unter Berücksichtigung der Schweißnaht und deren Übergänge. Die hohe Netzdichte im Bereich der Schweißnahtübergänge macht sich aufgrund der großen Sensibilität der Methode bei der Ermittlung von Kerbspannungen mit deren charakteristischen hohen Gradienten erforderlich. Die Entwicklung neuer Elementtypen mit Polynomansätzen höheren Grades (p-Elemente) zur besseren Erfassung von Beanspruchungsgradienten bei herabgesetztem Diskretisierungsgrad sollte nicht dazu führen, auf hohe Anforderungen an die Güte des zu verwendenden FE-Netzes zu verzichten.

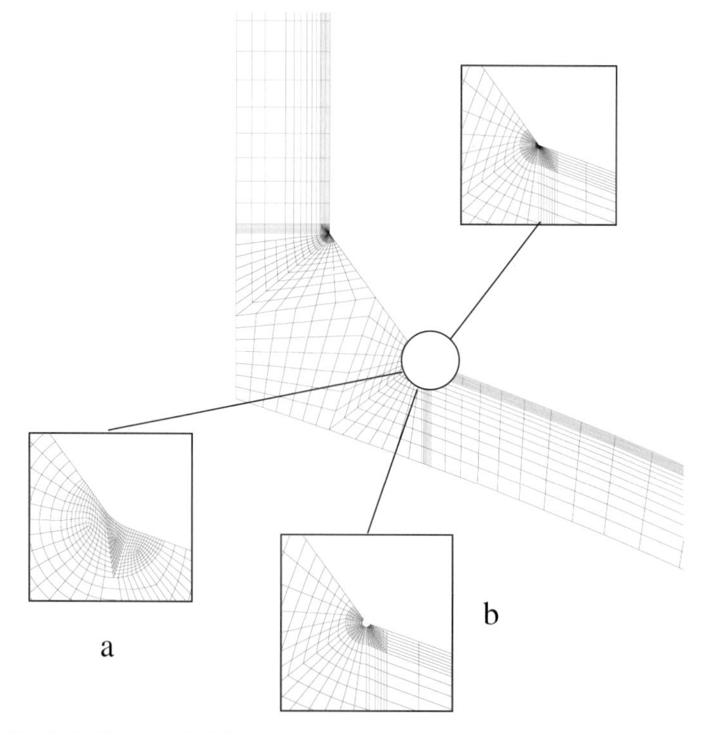

Bild 3: Finite-Elemente-Modelle zur Kerbspannungsermittlung an Schweißnahtübergängen

Der heutige Stand der soft- und hardwaremäßigen Implementierung der Methode ermöglicht die Durchführung von Reihenuntersuchungen auf der Grundlage parametrisierter Modelle. Die Resultate derartiger Serienrechnungen lassen sich in allgemeingültiger Form aufbereiten [19, 20] und können dem in der Praxis der Druckbehältertechnik tätigen Ingenieur zur Verfügung gestellt werden. Er kann damit von der Durchführung der aufwendigen FE-Festigeitsanalysen befreit werden.

Die Vorgehensweise soll exemplarisch anhand der Verbindung einer konischen Grundschale mit aufgesetztem/eingesetztem Stutzen (Bild 1 a und b) dargestellt werden. Bild 4 zeigt das Vernetzungsschaubild des entsprechenden FEM-Modells. Unter Nutzung des FE-Programmsystems ANSYS Rev. 5.0 [21], das mit einer Programmierumgebung zur Erstellung und Analyse parametrisierter Modelle ausgestattet ist, wurden Serienrechnungen unter Variation der verschiedenen Belastungsgrößen (Innendruck, Axialkraft, Biegung in Längs- beziehungsweise Umfangsrichtung des Kegels, Torsion) und der geometrischen Einflußparameter (Durchmesserverhältnis d/D, Wanddickenverhältnis t/T und Dickwandigkeitsgrad T/D, Öffnungswinkel α) durchgeführt. Zur Ermittlung der für den Ermüdungsfestigkeitsnachweis maßgebenden Beanspruchungsgrößen [18] machte sich die Erstellung eines 3D-Modells unter Nutzung von Volumenelementen (ANSYS-Elementtyp Solid 45, 8-Knoten Brick) erforderlich, wobei die vorliegende geometrische Symmetrie unter Angabe entsprechender Randbedingungen (Symmetrie bei Innendruck, Axialkraft und Längsbiegung, Antisymmetrie bei Umfangsbiegung und Torsion) die Beschränkung auf ein Halbmodell erlaubte. Die Modellierung des unteren Konusteils erfolgte mit Blick auf das Abklingverhalten in Umfangsrichtung bei großen Stutzen.

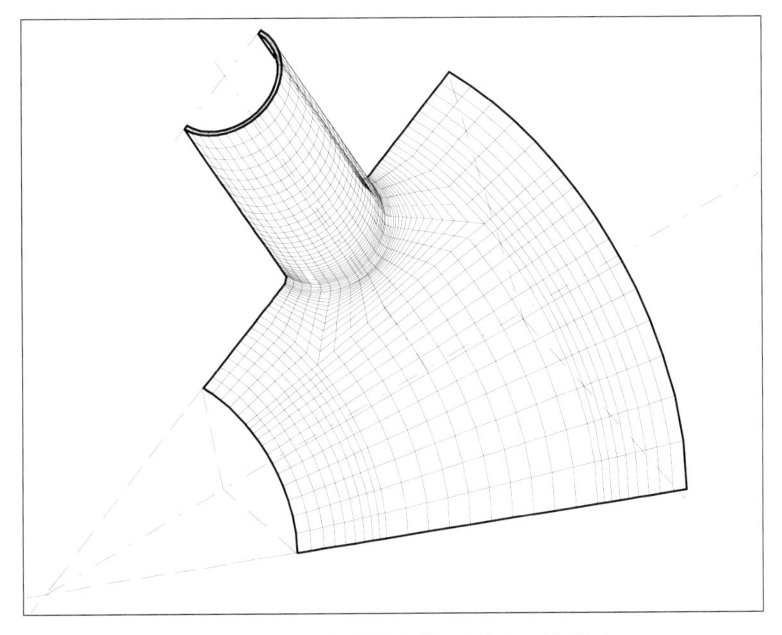

Bild 4: Vernetzungsschaubild der Kegel-Stutzen-Verbindung

Unter Annahme schwellender Belastung (zum Beispiel An- und Abfahrprozesse) können die Resultate der linearelastischen FE-Rechnungen durch Bezug der jeweiligen maximalen Vergleichsspannung nach Gestaltänderungsenergiehypothese $\sigma_{V_{max}}$ auf entsprechende Nenngrößen σ_N in allgemeingültiger Form mittels Spannungserhöhungsfaktoren (stress concentration factors, SCF)

$$SCF = \frac{\sigma_{V\max}}{\sigma_N} \tag{2}$$

dargestellt werden. Zur Definition der Nennspannungen bieten sich hierbei einfache Grundbeanspruchungszustände wie der Membranspannungszustand bei Innendruckbelastung (Umfangsrichtung)

$$\sigma_{Np} = p\frac{D}{2 \cdot T}\,\frac{1}{\cos\alpha} \tag{3}$$

oder eine fiktive Schubbelastung im Behälter-Stutzen-Schnitt bei Belastung durch Axialkraft

$$\sigma_{NF} = \sqrt{3}\,\frac{F}{\pi \cdot (d+t) \cdot T} \tag{4}$$

an.

Unter Nutzung des in der einschlägigen Fachliteratur [8, 22] üblichen Schalenparameters

$$\rho = \frac{d}{D}\sqrt{\frac{D}{2 \cdot T}} \tag{5}$$

der de facto das Durchmesserverhältnis spezifiziert, ist in Bild 5 der Verlauf der sich aus den Rechnungen ergebenden Spannungserhöhungsfaktoren für den Ort Stutzen innen bei Wirkung inneren Überdruckes grafisch dargestellt. Deutlich wird der große Einfluß des Wanddickenverhältnisses t/T. Der Einfluß des Kegelöffnungswinkels α bleibt vergleichsweise gering, was Rückschlüsse hinsichtlich des Vergleichs zwischen konischem und zylindrischem Grundkörper erlaubt, wobei der Zylinder einen Sonderfall des Kegels mit einem Öffnungswinkel $\alpha = 0°$ darstellt.

Der Ermüdungsfestigkeitsnachweis könnte für eine vorliegende geometrische Konfiguration unter Nutzung des Diagramms (Bild 5) und der Ermüdungskurven nach Merkblatt S2 des AD-Regelwerkes [6] für den Ort Stutzen innen als ungeschweißten Bereich durch Ermittlung der maximalen Vergleichsspannung nach

$$\sigma_{V\max} = SCF \cdot \sigma_{Nn} \tag{6}$$

und Einführung der entsprechenden Korrekturfaktoren nach AD-Merkblatt S2 [6] für Temperatur, Oberflächenzustand und Bauteildicke direkt geführt werden. Zu beachten

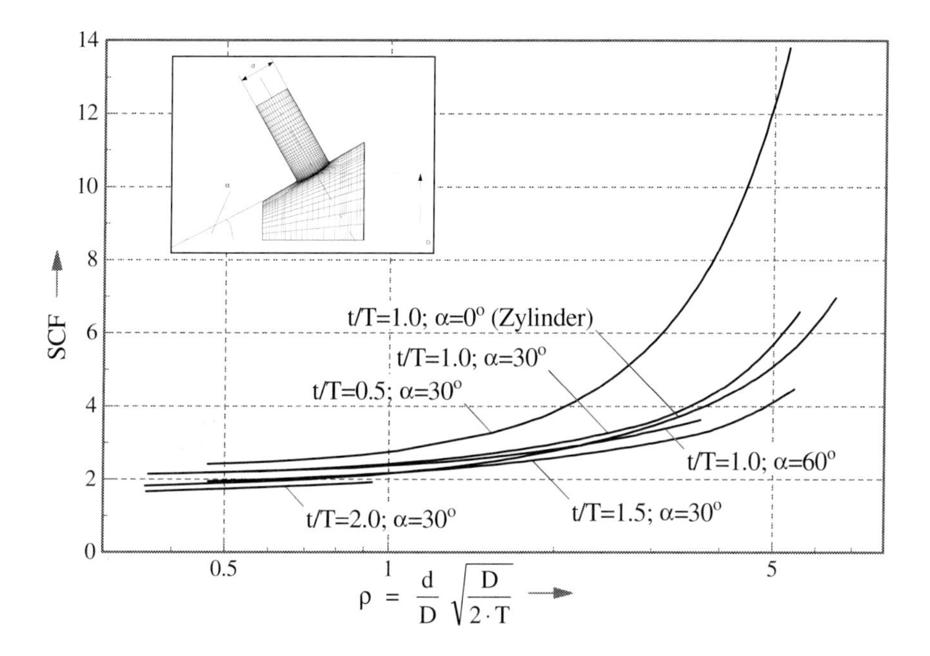

Bild 5: Spannungserhöhungsfaktoren (SCF) für Kegel-Stutzen-Verbindung (Stutzeninnenseite) unter Innendruckwirkung (T/D = 0.010)

ist in diesem Fall die Auswahl der Ermüdungskurve mit der entsprechenden Zugfestigkeit R_m. Zu betrachten sind, wie eingangs erwähnt, sämtliche ermüdungsrelevanten Orte der Behälter-Stutzen-Verbindung unter Beachtung der Unterscheidung in geschweißte und ungeschweißte Bauteilbereiche.

5 Auswertung der Ergebnisse

Bild 6 liefert entsprechende Spannungserhöhungsfaktoren für die Kegelschale-Stutzen-Verbindung unter Wirkung axialer Zusatzkräfte im Stutzen. Exemplarisch betrachtet wird in diesem Fall der Ort Schweißnaht, wobei der Verlauf der Kurve t/T = 0,5 (α = 30°) darauf hindeutet, daß eine Beanspruchungsverlagerung eintritt. Der durch die Schweißnahtübergänge zusätzlich eingetragene Kerbspannungsgradient ist in den angegebenen Faktoren noch nicht enthalten. Die kerbspannungsgerechte Modellierung dieser Übergänge ist mit vertretbarem Modellierungs- und Rechenzeitaufwand am 3D-Volumenmodell derzeit noch nicht möglich,so daß die für die Schweißnaht im 3D-Modell gewonnenen Spannungserhöhungsfaktoren mit Korrekturfaktoren aus 2D-Modellen vergleichbarer geometrischer Konfiguration (Kugelschale-Stutzen-Verbindung) zur Berücksichtigung der Kerbwirkung der Schweißnahtübergänge versehen werden sollten [23]. Dabei können verschiedene Kerbgeometrien wie zum Beispiel tangentiale Übergänge (Bild 3 a) oder scharfe Einbrandkerben (Bild 3 b) im FE-Modell Berücksichtigung finden.

Die Korrekturfaktoren sind für die entsprechenden geometrischen Konfigurationen und Lasten (Innendruck, Zusatzlasten) durch FE-Reihenuntersuchungen ermittelt worden und stehen somit für Grundkörpertypen sphärischer, zylindrischer, konischer oder torisphärischer Art zur Verfügung.

Unter Beachtung der genannten Kerbfaktoren kann der Ermüdungsfestigkeitsnachweis nach AD-Merkblatt S2 [6] unter Nutzung der Kurve K0 entsprechend der Klassifizierung als geschweißter Bauteilbereich für die Übergangsbereiche Stutzen-Schweißnaht und Schweißnaht-Grundkörper außen geführt werden. Anzumerken bleibt der Konservatismus der unter Nutzung der Kurve K0 gewonnenen Resultate, der auf die Tatsache zurückzuführen ist, daß diese Kurve auf Ermüdungsversuchen an leicht gekerbten Schweißverbindungen basiert. Interessant ist die Bereitstellung einer Kennlinie (Class 100) in [14], der bildlich eine stumpfgeschweißte, blecheben geschliffene und von äußeren Kerben freie Schweißverbindung zugeordnet ist. Eine derartige Kennlinie könnte man als Werkstoffwöhlerkurve betrachten, die lediglich die Mikrokerbwirkung des Schweißnahtgefüges enthält. Obgleich in den gegenwärtig vorliegenden Entwürfen zur europäischen Norm explizit die Anwendung des Hot-Spot-Verfahrens für geschweißte Bauteilbereiche gefordert wird, ist es sehr gut denkbar, für den Schweißnahtbereich einen kerbspannungsorientierten Nachweis zu führen. Vom zugrunde liegenden Berechnungsmodell ist dann die möglichst exakte Wiedergabe der äußeren Schweißnahtform und damit der Makrokerbwirkung zu fordern.

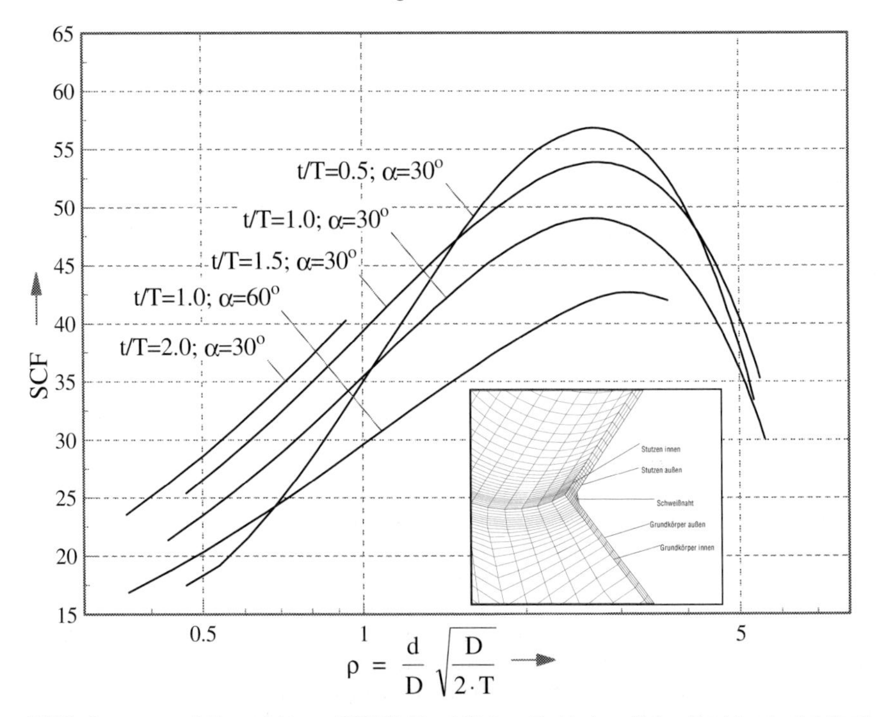

Bild 6: Spannungserhöhungsfaktoren (SCF) für Kegel-Stutzen-Verbindung (Schweißnaht) unter Axialkraftwirkung (T/D = 0.010)

Zur weiteren Vereinfachung wurden die ermittelten Spannungserhöhungsfaktoren und Kerbfaktoren durch geeignete Polynome approximiert und programmtechnisch umgesetzt. Die Implementierung erfolgte für aufgesetzte/eingesetzte und durchgesteckte Stutzen (siehe Bild 1 a bis d) auf sphärischen und zylindrischen Grundkörpern in Form von MATHCAD-Dokumenten. Bild 7 ist exemplarisch das Ergebnis der nutzerfreundlichen Auswertung des umfassenden Datenmaterials zu entnehmen. Die Eingabe von Geometrie- und Lastgrößen liefert direkt die entsprechenden Beanspruchungsgrößen beziehungsweise unter Implementierung der Beanspruchungsbewertung nach Regelwerk die zulässigen Lastwechselzahlen oder Vergleichsspannungsschwingbreiten. Dabei findet dann auch die Überlagerung von Innendruck- und Zusatzbelastung in Form einer auf FE-Analysen basierenden gewichteten Addition der Beanspruchungsgrößen Berücksichtigung, wobei von der Möglichkeit der Lastfallüberlagerung bei linearelastischen Berechnungen Gebrauch gemacht wird [28].

Eingabe -und Ergebnisblätter

Grundkörper: sphärisch   Durchdringung: eingesetzt/aufgesetzt

Benutzereingaben:

Geometrie:	Mittlerer Durchmesser Grundkörper		D = 1990 mm
	Mittlerer Durchmesser Stutzen		d = 590 mm
	Wanddicke Grundkörper		T = 10 mm
	Wanddicke Stutzen		t = 10 mm
Lasten:	Druck	Axialkraft	Torsionsmoment
	p = 1,5 MPa	F_{ax} = 100000 N	M_t = 1000 N · m

Resultate:

Dickwandigkeitsgrad $TD = \frac{T}{D}$; TD = 0.00503 Wanddickenverhältnis $tT = \frac{t}{T}$; tT = 1

Schalenparameter: $\rho = \frac{d}{D} \cdot \sqrt{\frac{D}{2T}}$; ρ = 2.9574 Durchmesserverhältnis: $dD = \frac{d}{D}$; dD = 0.29648

	Druck	Axialkraft	Torsion
Nennspannungen:	$\sigma_{Np} = \lvert p \rvert \cdot \frac{D}{2T}$	$\sigma_{NF} = \sqrt{3} \cdot \frac{\lvert F_{ax} \rvert}{\pi \cdot (d+t)\,t}$	$\sigma_{NT} = \frac{\sqrt{3} \cdot 2 \lvert M_t \rvert}{\pi \cdot (d+t)^2 \cdot t}$
	$\sigma_{Np} = 149.25 \cdot \frac{N}{mm^2}$	$\sigma_{NF} = 9.18881 \cdot \frac{N}{mm^2}$	$\sigma_{NT} = 0.30629 \cdot \frac{N}{mm^2}$

Bild 7: Auszüge aus einem MATHCAD-Programmdokument

Spannungserhöhungsfaktoren:

Grundkörper außen (GA)	$SCF_{gap} = 3.31042$	$SCF_{gaf} = 4.48249$	$SCF_{gat} = 0.86086$
Grundkörper innen (GI)	$SCF_{gip} = 3.97513$	$SCF_{gif} = 5.42027$	$SCF_{git} = 0.87949$
Stutzen innen (SI)	$SCF_{sip} = 3.49133$	$SCF_{sif} = 5.16698$	$SCF_{sit} = 1.01573$
Stutzen außen (SA)	$SCF_{sap} = 2.44708$	$SCF_{saf} = 3.75764$	$SCF_{sat} = 1.07363$
Schweißnaht	$SCF_{snp} = 2.88393$	$SCF_{snf} = 4.00897$	$SCF_{snt} = 0.84403$

Wichtungsfaktoren für Lastüberlagerung:

Axialkraft/Biegung: $a_F = 0.999$ Torsion: $a_T = 0.04$

Faktor für den inneren Übergang (Innendruck): $\alpha_{ip} = 1.00417$ (bezogen auf Stutzen innen)

•••

Faktoren für Schweißnahtübergänge (Bezug auf Ort Schweißnaht SN)

Übergang Schweißnaht - Grundkörper

scharfe Einbrandkerbe	$\alpha PESG = 4.44397$	$\alpha AESG = 6.00535$	$\alpha TESG = 3.2279$
tangentialer Übergang:	$\alpha PTSG = 3.14562$	$\alpha ATSG = 4.22085$	$\alpha TTSG = 2.34395$

•••

Ermüdungsfestigkeitsnachweis nach AD-Merkblatt S2

•••

Spannungsschwingbreite

$$\sigma_{a2st} := \frac{\sigma_{a2}}{f_0 \cdot f_D \cdot f_M \cdot f_T} \qquad \sigma_{a2st} := 670.09874 \cdot \frac{N}{mm^2}$$

$$N_{zulu1} = \left[\frac{4 \cdot 10^4}{\left(\sigma_{a2st} \cdot \frac{mm^2}{N} - 0{,}55\, R_m \cdot \frac{mm^2}{N} \right) + 10} \right]^2$$

$$N_{zulu} = 9.74986 \cdot 10^3$$

Bild 7: Auszüge aus einem MATHCAD-Programmdokument (Fortsetzung)

6 Berücksichtigung der Mikrostützwirkung

Bei der Behandlung scharfer Kerben, wie sie beispielsweise an den Schweißnahtübergängen auftreten können, ist die Mikrostützwirkung des Werkstoffes zu beachten, die dazu führt, daß die Beanspruchungsspitze aufgrund der realen Werkstoffstruktur nicht in vollem Maße zur Wirkung kommt. Die gegenseitigen Bindungen der Stoffteilchen führen zu Verformungswiderständen und dazu, daß sich solche Stoffbereiche blockweise auf ihre Umgebung abstützen [25]. In solchen Fällen kommt nicht die die theoretische

Maximalbeanspruchung repräsentierende Formzahl α_K, sondern die Kerbwirkungszahl β zum tragen [zum Beispiel 9, 11, 26 , 27], die sich formal aus

$$\beta = \frac{\alpha_K}{n}$$

ergibt. Die Schwierigkeit besteht in der Ermittlung der Stützziffer n, die im Berechnungsmodell nicht enthalten ist. Sie zeigt zudem funktionale Abhängigkeiten von der Lastwechselzahl und ist dementsprechend unterschiedlich für den statischen, quasistatischen, niederzyklischen, hochzyklischen und Dauerfestigkeitsbereich. Rechnerische Berücksichtigung kann sie durch eine fiktive Vergrößerung des Kerbradius nach dem Neuberschen Ansatz [25] oder nach dem Spannungsgradientenansatz nach Siebel, Meuth und Stieler [zum Beispiel 26] finden. Im erstgenannten Fall wird durch die fiktive Vergrößerung des realen Kerbradius nach

$$\rho_F = \rho_N + s\,\rho^*$$

eine Beanspruchungsminderung erreicht, die der Mikrostützwirkung näherungsweise Rechnung trägt. In der Praxis der Schweißnahtberechnungen hat es sich durchgesetzt, den Übergangsradius um 1 mm zu erhöhen, was auf die Annahme einer Ersatzstrukturlänge von $\rho^* = 0{,}4$ mm für das Schweißnahtgefüge und von $s \approx 2.5$ für die verwendete Festigkeitshypothese zurückgeht. Darauf zurückzuführen ist folglich auch die Annahme des Neuberradius von $\rho_F = 1$ mm bei scharfen radienlosen Schweißnahtübergängen ($\rho_N = 0$ mm).

Der Spannungsgradientenansatz

$$n = 1 + \sqrt{s_g\,\chi}$$

$$\chi = -\frac{1}{\sigma_{Vmax}} \left.\frac{d\sigma_{Vmax}}{ds_{max}}\right|_{s_{max}=0}$$

setzt hingegen die Kenntnis des Beanspruchungsverlaufes in Richtung des maximalen Spannungsgradienten zur Ermittlung des bezogenen Spannungsgefälles χ voraus. Im Rahmen des Postprocessing rechnergestützter FE-Analysen stellt diese Größe ein grundsätzlich verfügbares Ergebnis dar. Ein auf diesem Ansatz beruhendes Berechnungsverfahren zur Ermittlung von Kerbwirkungszahlen im Zeitfestigkeitsbereich ist in [10] beschrieben. Die Stützfähigkeit des Werkstoffes wird dabei mit

$$s_g = \max\left\{\alpha_K \cdot \frac{\sigma_{Va}}{\sigma_F};\ 1\right\} \cdot \left\{\begin{array}{l} 0.4\ \text{mm} / \sqrt{10 \cdot \sigma_F / E} \\ 0.2\ \text{mm} / \left(10^3 \cdot \sigma_F / E\right)^1 \\ 0.1\ \text{mm} / \left(10^3 \cdot \sigma_F / E\right)^2 \end{array}\right\} \quad \begin{array}{l} 1) \\ 2) \\ 3) \end{array}$$

1) für Grauguß
2) für austenitische Stähle, Stahlguß und Nichteisenmetalle
3) für ferritische Stähle

in Ansatz gebracht. Der Faktor $\left\{\alpha_K \cdot \frac{\sigma_{Va}}{\sigma_F}\right\}$ ist dabei als Näherung für den niederzyklischen Bereich zu betrachten, die der Abnahme der Kerbwirkung infolge Zunahme der Stützwirkung bei Beanspruchungserhöhung Rechnung trägt [10]

7 Ausblick

Die Ermüdungsfestigkeit von Behälter-Stutzen-Verbindungen läßt sich, wie gezeigt wurde, zum einen bei vorliegenden Erfahrungen und bei möglichst detaillierter Kenntnis der Beanspruchungsverhältnisse gezielt durch konstruktive Maßnahmen günstig beeinflussen. Zum anderen läßt sich anhand der genannten Verbindungen exemplarisch zeigen, wie die zur Durchführung des rechnerischen Ermüdungsfestigkeitsnachweises erforderlichen detaillierten Resultate aus Festigkeitsanalysen im Rahmen von Grundlagenuntersuchungen mittels FEM ermittelt und in allgemeingültiger und praxisnaher Form dargestellt werden können. Die Ermittlung einer zulässigen Lastwechselzahl oder eine Aussage über die Zulässigkeit eines vorliegenden Beanspruchungsniveaus bei vorgegebener Lastwechselzahl stellt dann unter Anwendung moderner Regelwerke [6] kein Problem mehr dar und ist innerhalb sehr kurzer Bearbeitungszeiten rechnergestützt realisierbar.

Hinsichtlich der heutigen rechentechnischen Möglichkeiten detaillierter Festigkeitsanalyse und unter Beachtung der allgemeingültigen Darstellbarkeit von Analyseresultaten dürfte das kerbspannungsorientierte lokale Konzept für geschweißte Bauteilbereiche gegenüber dem auf Extrapolation von Strukturspannungen beruhenden Hot-Spot-Konzept [14] die genauere Alternative darstellen. Das komplizierte Problem der Beanspruchungsermittlung kann auf einfach handhabbare Diagramme, Approximationspolynome und Berechnungsprogramme zurückgeführt werden.

Die Heranziehung fiktivelastischer Kerbspannungen zur Beanspruchungsbewertung bei Ermüdungsfestigkeitsproblemen wird für die nahe Zukunft in der Druckbehältertechnik die vorherrschende Methode bleiben. Perspektivisch sollte man jedoch auf realen elastisch-plastischen Kerbgrundbeanspruchungen beruhende lokale Konzepte nicht aus den Augen verlieren [9].

Formelzeichen

Symbol	Einheit	Bedeutung
f	—	Einflußfaktor auf die Ermüdungsfestigkeit
E	N/mm²	Elastizitätsmodul
F	N	Axialkraft im Stutzen
d	mm	Mittlerer Durchmesser des Stutzens
D	mm	Mittlerer Durchmesser des Grundkörpers
n	—	Stützziffer
N	—	Lastwechselzahl
R_m	N/mm²	Zugfestigkeit

s	—	Stützfaktor nach Neuber
s_g	mm	Stützlänge nach Gradientenansatz
s_{max}	mm	Wegkoordinate in maximaler Gradientenrichtung
SCF	—	Spannungserhöhungsfaktor
t	mm	Wanddicke des Stutzens
T	mm	Wanddicke des Grundkörpers
α	°	Kegelöffnungswinkel
α_K	—	Elastische Kerbformzahl
β	—	Kerbwirkungszahl
ε_{ges}	m/m	Gesamtdehnung
ρ	—	Schalenparameter
ρ_F	mm	Fiktiver Kerbradius nach Neuber
ρ_N	mm	Geometrischer Radius einer scharfen Kerbe
ρ^*	mm	Strukturlänge nach Neuber
σ_F	N/mm^2	Fließgrenze
σ_{Vmax}	N/mm^2	Maximale Vergleichsspannung nach Gestaltänderungsenergiehypothese
σ_N	N/mm^2	Nennspannung, Nominalspannung
$2\sigma_{VA}$	N/mm^2	Vergleichsspannungsschwingbreite
$2\sigma_a$	N/mm^2	Zulässige Vergleichsspannungsschwingbreite
χ	1/mm	Bezogenes Spannungsgefälle

Indizes

F	Axialkraft
p	Druck
zul	zulässige Größe

Schrifttum

[1] DIN 8558 (Teil 2): Gestaltung und Ausführung von Schweißverbindungen. Behälter und Apparate aus Stahl für den Chemie-Anlagenbau. Beuth Verlag GmbH, Berlin

[2] DIN 8551 (Teil 1): Schweißnahtvorbereitung; Fugenformen an Stahl, Gasschweißen, Lichtbogenhandschweißen und Schutzgasschweißen. Beuth Verlag GmbH, Berlin

[3] Weiß, E.; Lietzmann, A., Rudolph, J.: Ausschnittsgrößen in Druckbehältern ohne Auswirkung auf deren Tragfähigkeit. Konstruktion 47 (1995), Heft 7/8, S. 233-236

[4] Weiß, E.; Rudolph, J.: Beitrag zur Festigkeitsanalyse von Druckbehälterstutzen. Konstruktion 46 (1994), Heft 9, S. 313-321

[5] Weiß, E.; Rudolph, J.: Finite-Element-Analyses Concerning the Fatigue Strength of Nozzle-to-Spherical Shell Intersections. The International Journal of Pressure Vessels and Piping 64 (1995), Elsevier Science Limited, S. 101-109.

[6] AD-Regelwerk, Carl Heymanns Verlag KG Köln (1991)

[7] ASME-CODE. Section VIII Division 1 and Division 2 and Section III. The American Society of Mechanical Engineers

[8] BS 5500, British Standards Institution (1991)

[9] Haibach, E.: Betriebsfestigkeit: Verfahren und Daten zur Bauteilberechnung. VDI-Verlag Düsseldorf (1989)

[10] Richtlinienkatalog Festigkeitsberechnungen (RKF) Teil 5 und 6, LINDE-KCA Dresden

[11] Gudehus, H.; Zenner, H.: Leitfaden für eine Betriebsfestigkeitsrechnung. Verlag Stahleisen mbH, Düsseldorf (1995)

[12] Zhang, J.: The design philosophy of fatigue life on a cylinder wall with surface cracks. The International Journal of Pressure Vessels and Piping 60 (1994), Elsevier Science Limited, S. 21-26.

[13] Spence, J.; Tooth, A. S.: Pressure Vessel Design. Concepts and principles. E & FN Spon, London, Glasgow, New York, Tokio, Melbourne, Madras (1994)

[14] CEN TC 54 WG C SG-DC: Sixth Draft of Proposed Detailed Fatigue Assessment Method Based on Draft Eurocode 3. Entwurf Mai 1995

[15] Gorsitzke, B.: Neuere Berechnungsvorschriften zum Ermüdungsfestigkeitsnachweis von Druckbehältern, Teil 1. TÜ-Zeitschrift 36 (1995), Heft 6, S. 239-245

[16] Gorsitzke, B.: Neuere Berechnungsvorschriften zum Ermüdungsfestigkeitsnachweis von Druckbehältern, Teil 2. TÜ-Zeitschrift 36 (1995), Heft 7/8, S. 301-310

[17] Zienkiewicz, O. C.: Methode der finiten Elemente. Carl Hanser Verlag München Wien (1975)

[18] Weiß, E.; Rudolph, J.; Lietzmann, A.: Anwendung der Finite-Elemente-Methode (FEM) als Basis der Druckbehälterdimensionierung, Chemie-Ingenieur-Technik, 67 (1995) Nr. 7, S. 874-879

[19] Weiß, E.; Lietzmann, A., Rudolph, J.: Linear and Nonlinear Finite-Element-Analyses of Pipe Bends. The International Journal of Pressure Vessels and Piping 67 (1995), Elsevier Science Limited, S. 211-217

[20] Rudolph, J.; Weiß, E.: Untersuchungen zur Ermüdungsfestigkeit der Schweißverbindung Behälter - Rohranschlußstutzen. 3R international 34 (1995), Heft 6, S. 273-278

[21] ANSYS User's Manual for Revision 5.0, Volumes I-IV, Swanson Analysis Systems, Houston 1994

[22] Rodabaugh, E. C.; Witt, F. J., Cloud, R. L.: Stresses at nozzles in spherical shells loaded with pressure, moment or thrust. United States Atomic Energy Commission, Phase Report No. 2, 1966

[23] Weiß, E.; Joost, H.; Lietzmann, A.; Rudolph, J.: Beitrag zur Bewertung von Finite-Elemente-Analysen bei der Druckbehälterbemessung. 13. CAD-FEM Users' Meeting, Bad Wildungen 1995

[24] Weiß, E.; Rudolph, J., Lietzmann, A.: Komplexe Festigkeitsanalyse von Komponenten des Druckbehälter- und Dampfkesselbaus am Beispiel der Kugelschale-Stutzen-Verbindung. VGB Kraftwerkstechnik 75 (1995), Heft 9, S. 824-828

[25] Neuber, H.: Über die Berücksichtigung der Spannungskonzentration bei Festigkeitsberechnungen. Konstruktion 20 (1968), Heft 7, S. 245-251

[26] Radaj, D.: Ermüdungsfestigkeit. Grundlagen für Leichtbau, Maschinen- und Stahlbau. Springer Verlag Berlin (1995)

[27] Dietmann, H.: Angenäherte Bestimmung von Stützziffern für die Festigkeitsberechnung. Konstruktion 32 (1980), Heft 5, S. 179-184

[28] Rudolph, J.: Dissertation, Universität Dortmund, Fachbereich Chemietechnik/Chemieapparatebau. In Vorbereitung.

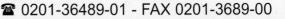

Auslegung von Vertikalschneckendosierern für die Schüttgutdosierung

Von G. Vetter und R. Flügel [1])

Es werden an Vertikalschneckendosierern für Abfüllzwecke experimentelle und theoretische Untersuchungen zur Klärung der Auslegungsoptimierung durchgeführt. Die dabei festgestellte Systemeigenschaft des gegenläufigen Einflusses von Förderwinkel und Schüttgutdichte bei dennoch linearen Dosierstromkennlinien ist interessant.

Die theoretische Modellierung des Fördervorgangs in Vertikalschnecken ergibt zufriedenstellende Übereinstimmung mit experimentellen Ergebnissen. Dabei wird unter anderem die Schüttgutdichte aus den Spannungszuständen im Aufgabetrichter bestimmt.

Bei den verwendeten Randbedingungen zeigen Abfüllversuche an einer Schlauchbeutelmaschine, daß bezüglich Schüttguttransport beziehungsweise -ankoppelung kein wesentlicher Unterschied zur kontinuierlichen Betriebsweise besteht.

1 Einleitung

Eine zu Verpackungszwecken eingesetzte Dosiermaschine für pulvrige Schüttgüter ist der vertikale Schneckendosierer, der wegen der hohen Abfüllsequenz volumenabgrenzend arbeitet. Gravimetrische Arbeitsweise mit Kontrollwägung und Nachdosierung ist bekannt [1].

Am häufigsten wird der Vertikaldosierer in Kombination mit Schlauchbeutelmaschinen (bis 2000 min^{-1}, 200 Takte/min) eingesetzt. Nachgeschaltete Verwägung und computergestützte, retrospektive Tendenzkorrektur von Umdrehungsanzahl beziehungsweise Drehwinkel werden angewandt. Verschiedene Verschlußsysteme minimieren Nachrieselfehler (Bild 1).

Geöffnete Halbschalen entsprechen etwa dem offenen Dosierrohr, Siebverschlüsse wirken stopfend.

Der hochfrequente Taktbetrieb bedeutet eine hochdynamische Beanspruchung des Schüttguts während des Dosiervorgangs, große Durchsätze und geringe Verweilzeit im Dosierbehälter. Bei inkompressiblen, leichtfließenden Schüttgütern genügt in der Regel die exakte elektronische Ablaufsteuerung des Vertikalschneckendosierers zur Einhaltung eines konstanten Füllvolumens pro Dosierzyklus. Bei kompressiblen, kohäsiven Schüttgütern müssen dagegen noch weitere schüttgutmechanische Probleme beachtet werden:

- Brücken- oder Schachtbildung im Rührwerk zur Sicherung des Schüttgutflusses.
- Wiederbefüllung, Füllhöhe und Fluidisation beeinflussen die Schüttgutdichte.
- Reibungs- und Fließverhalten bestimmen den Fördervorgang.

---

[1]) Prof. Dipl.-Ing. Gerhard Vetter, Vorstand, Dr.-Ing. Ralph Flügel, wissenschaftlicher Mitarbeiter am Lehrstuhl für Apparatetechnik und Chemiemaschinenbau, Universität Erlangen-Nürnberg. Diese Arbeit ist ein teilweiser Auszug der Dissertation von R. Flügel.

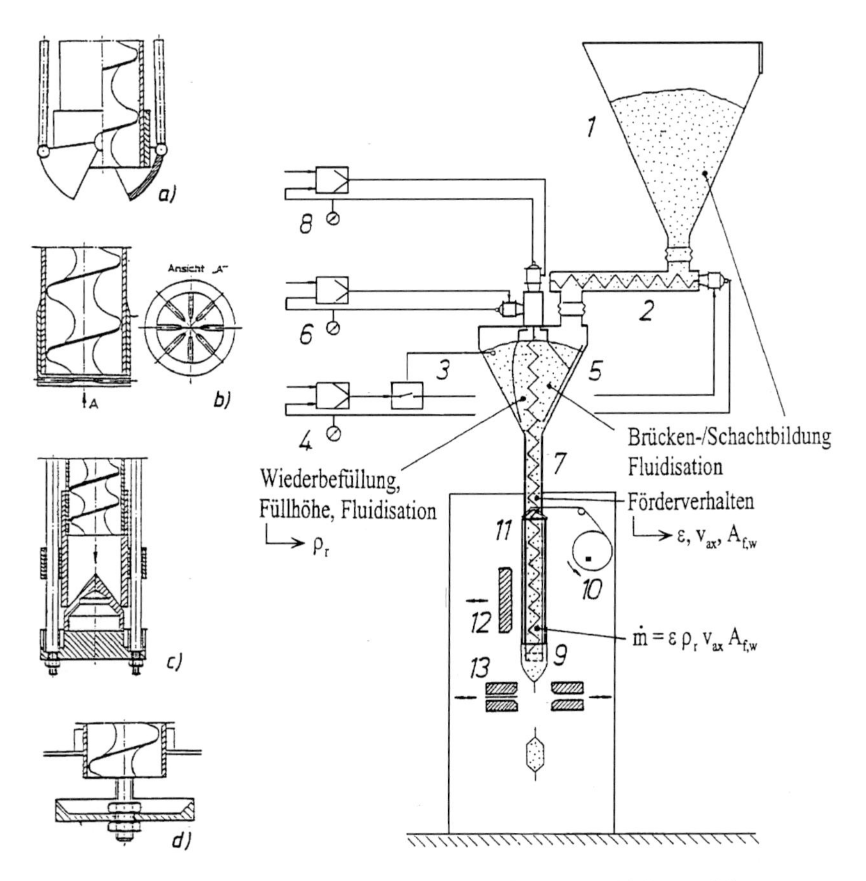

Bild 1: Vertikaldosierer mit Schlauchbeutelmaschine: Verschlußsysteme und Schüttguteinflüsse
a) Halbschalenverschluß, pneumatisch betätigt; b) Siebverschluß mit 8 Nadeln; c) Kegelverschluß, pneumatisch betätigt; d) Schleuderteller

Die Übertragung und Weiterführung früher gewonnener Erkenntnisse [2 bis 8] auf die Vertikaldosierung stellen die Ziele der Untersuchungen dar.

2 Versuchseinrichtungen und Methodik

Die experimentellen Untersuchungen wurden in einem Schüttgutkreislauf durchgeführt (Bild 2). Neu ist die Anwendung der radiometrischen Dichtemessung [8, 9] bei kontinuierlichem Schneckenbetrieb.

Das Dosierverhalten von Vertikalschnecken wurde mit drei Schüttgütern von gut- bis schlechtfließend unter Variation von Schneckengeometrie, -drehzahl und -einzugsbereich untersucht. Bei kontinuierlichem Betrieb wird der Dosierstrom durch vier Haupteinflußgrößen beschrieben:

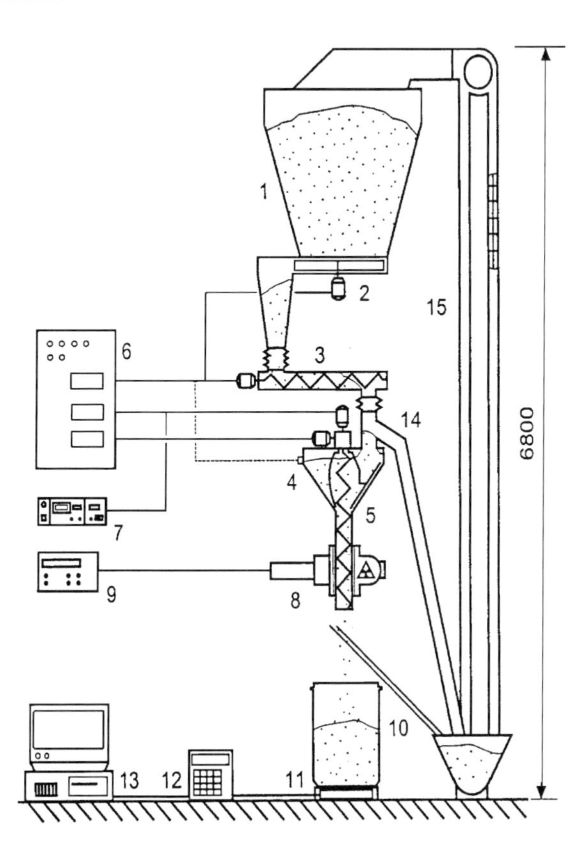

Bild 2: Versuchskreislauf mit vertikalem Schneckendosierer
1 Vorratssilo, 2 Rührwerksaustragsapparat, 3 Zuführschnecke (drehzahlgeregelt), 4 Füllstandsgrenzmelder, 5 Schneckendosierer, 6 Schaltschrank, 7 Dosiersteuerung, 8 Dichtemeßgerät, 9 Dichte-Auswertecomputer, 10 Faß, alternativ Gutrutsche, 11 Waage, 12 Waagenanzeigegerät, 13 PC, 14 Aufgabetrichterüberlauf, 15 Scheibenförderer

$$\dot{m} = \varepsilon \, \rho_r \, v_{ax} \, A_{f,w} \tag{1}$$

Der Füllgrad ε ist bei der Vertikaldosierung nahezu immer 100 %.

Da bei kompressiblen Schüttgütern die Schüttgutdichte die Haupteinflußgröße auf den Massenstrom darstellt, wird die Schüttgutmechanik unter Analyse der Spannungsverhältnisse und Fließtypen genauer betrachtet. Die Axialgeschwindigkeit v_{ax} erfordert die Analyse der Reibungsverhältnisse beim Fördervorgang. Der wirksame Antriebsquerschnitt $A_{f,w}$ ergibt sich hauptsächlich aus geometrischen Betrachtungen.

Die Untersuchungen fanden mit Halbschalen- und 8-Nadelsiebverschluß statt, wobei nur die Ergebnisse mit Halbschalen dargestellt werden, weil sich keine Abhängigkeit der Dosierstromkennlinien vom verwendeten Verschlußsystem ergab [9].

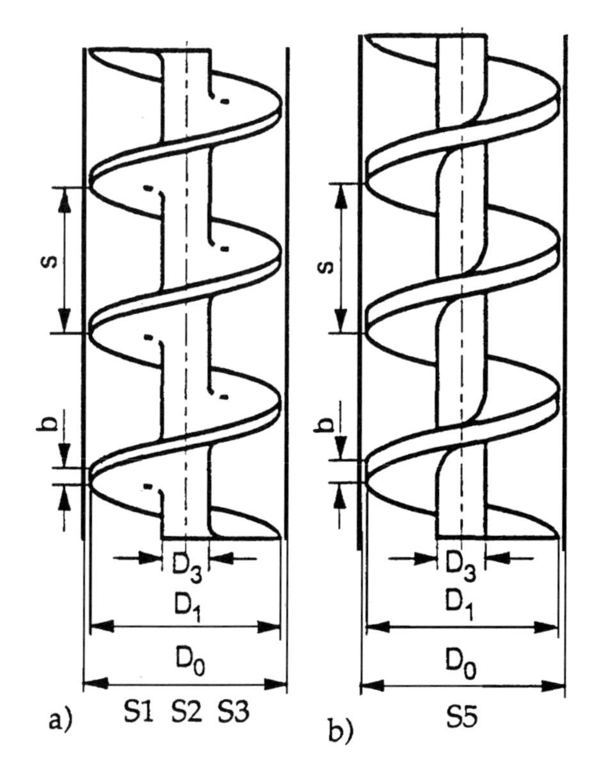

Bild 3: Geometrie der Schnecken

3 Kontinuierlicher Schneckenbetrieb

Die wichtigen Einflußgrößen auf den Dosierstrom – Transportquerschnitt $A_{f,w}$, axiale Transportgeschwindigkeit v_{ax} und reale Dichte ρ_r – werden an Experiment und Modell erläutert.

3.1 Einflußgrößen auf den Dosierstrom

Transportquerschnitt $A_{f,w}$

Es kamen hochglanzpolierte Schnecken mit abgerundetem Kernübergang (Bild 3, links) und eine oberflächenunbehandelte, ebene Schnecke (Bild 3, rechts) zum Einsatz. Der freie wirksame Transportquerschnitt $A_{f,w}$ ergibt sich aus dem Dosierrohrquerschnitt (kleiner Schneckenspalt) abzüglich der Schneckeneigenfläche [5, 9] für Vollblattschnecken (Gl. 2) und solche mit abgerundetem Kernübergang (Gl. 3):

$$A_{f,w} = \frac{\pi}{4}(D_0^2 - D_3^2) - \frac{b}{2\,s}(D_1 - D_3)\sqrt{\frac{\pi^2}{4}(D_1 + D_3)^2 + s^2} \qquad (2)$$

$$A_{f,w} = \frac{\pi}{4}(D_0^2 - D_3^2) + \frac{\pi}{16}D_3^2 - \frac{b}{2\,s}(D_1 - D_3)\sqrt{\frac{\pi^2}{4}(D_1 + D_3)^2 + s^2} - \frac{D_3}{6\,(D_1 + D_3)}\left(\frac{3}{4}D_3^2 + (D_1 + D_3)^2\right) \quad (3)$$

Gl. (3) enthält Näherungen [9], welche die Realität sehr genau wiedergeben.

Axiale Transportgeschwindigkeit v_{ax}

Mit Schneckendrehzahl n_s, Schneckendurchmesser D, Steigungswinkel β sowie Förderwinkel ω ergibt sich unter Ansatz der Blockströmung (Bild 4):

$$v_{ax} = \pi\, D_1\, n_s \frac{\tan\omega \ \tan\beta_1}{\tan\omega + \tan\beta_1} \quad (4)$$

$$\beta\,(D) = \arctan\left(\frac{s}{\pi\, D}\right) \quad (5)$$

Blockströmung bedeutet, daß das Schüttgut im Schneckengang mit konstanter Axialgeschwindigkeit über den Transportquerschnitt ohne Scherung im Dosierrohr geführt wird. Dabei koppelt das Schüttgut durch die Reibung an der Schnecke teilweise an die Schneckenrotation an und wird in charakteristischer Weise mit dem Förderwinkel ω gefördert beziehungsweise verschraubt.

Das Schüttgut wird also unter der treibenden Wirkung der Gravitation wie auf einer wendelförmigen Rutsche im Dosierrohr kontrolliert nach unten geführt beziehungsweise am freien Fall gehindert. Das Schüttgut-Volumenelement hat am Schneckenkern, an der Dosierrohrinnenwand und an seiner Unterseite am Schneckenblatt Reibungskontakt (oben keine Reibung!).

Aus Kräftebilanzen ergibt sich für den Förderwinkel ω, der im wesentlichen von den Reibungswinkeln an Schnecke $\phi_{w,s}$ und Dosierrohr $\phi_{w,r}$, dem Druckanisotropiekoeffizienten k, dem Schneckensteigungswinkel β und den Reibungsflächen A an Schneckenblatt, Schneckenkern sowie Dosierrohr abhängt:

$$\omega = \phi_{w,s} - \beta^* + \arccos\,(C_G \cos\phi_{w,s}) \qquad \text{mit:} \quad (6)$$

$$C_G = \frac{A_S\,(\mu_{w,s}\cos\beta^* - \sin\beta^*) + \mu_{w,s}\, k\, A_K\left(\cos(\beta_3 - \beta^*) - \mu_{w,s}\sin(\beta_3 - \beta^*)\right)}{\mu_{w,r}\, k\, A_r}$$

Die Reibwinkel an Schnecke und Dosierrohrinnenwand sind für eine feste Schneckendrehzahl konstant, aber vom Druckanisotropiekoeffizienten, der Gleitgeschwindigkeit im Schneckenkanal und der Schüttgutdichte abhängig (alternative Modellansätze s. [9]).

Der Förderwinkel ist über einen Trick bei kohäsiven Schüttgütern der Messung zugänglich.

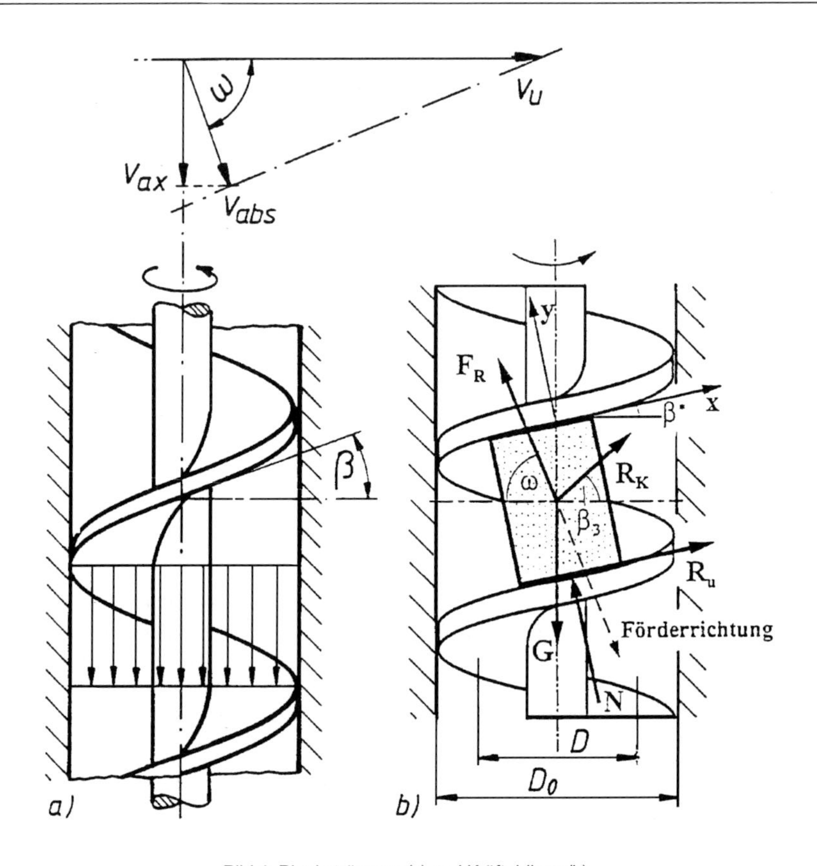

Bild 4: Blockströmung (a) und Kräftebilanz (b)

Hierzu wird ein dünner Draht durch eine kleine Bohrung knapp in den Dosierrohrspalt eingeführt, der die Oberfläche des vorbeistreichenden Schüttguts ritzt und die störungsinduzierte Spur auf einem Winkelraster direkt ablesbar macht.

Der gemessene Förderwinkelverlauf (Punkte in Bild 5) ist im unteren Drehzahlbereich relativ stark drehzahlabhängig, mündet bei hoher Drehzahl in ein Plateau und korreliert mit dem Schneckensteigungswinkel: Je steiler die Schneckenflanke (Schnecke S1, größte Ganghöhe) desto größer der Förderwinkel.

Der experimentell ermittelte Förderwinkelverlauf (Punkte) wird dem berechneten (Linie) gegenübergestellt. Bereits geringe Änderungen des Wandreibungswinkels (3° bei S1 und 2° bei S3) haben merkliche Änderungen des Förderwinkels zur Folge.

Messung des Wandreibungswinkels (Jenike-Schertest) an hochglanzpolierten Proben ergaben Streuungen, deren Ursache wohl in Hafteffekten zu suchen ist. Bei Modellrechnungen mit Zentrifugalkraftansatz erwies sich die Zentrifugalkraft als vernachlässigbar.

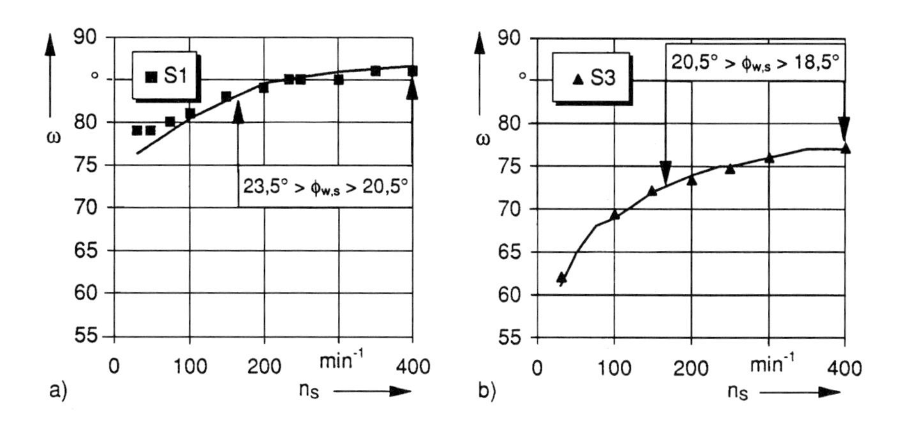

Bild 5: Förderwinkel (Kalksteinmehl)

Schüttgutdichte ρ_r

Die Dichte kompressibler Schüttgüter ist besonders im Bereich kleiner Drücke in Schneckendosierern sehr druckabhängig. Entsprechend hoch ist auch der Einfluß auf den Dosierstrom bei volumetrischen Dosierverfahren.

Zur genauen Bestimmung der von der Schnecke eingezogenen Schüttgutdichte erfolgt eine qualifizierte Schüttgutcharakterisierung [10].

Die Kompressionskurven der Schüttgüter (Bild 6) werden mit der Regressionsgleichung (7) ausgehend von der Schüttgutdichte ρ_{sch} für beliebige Drücke bestimmt:

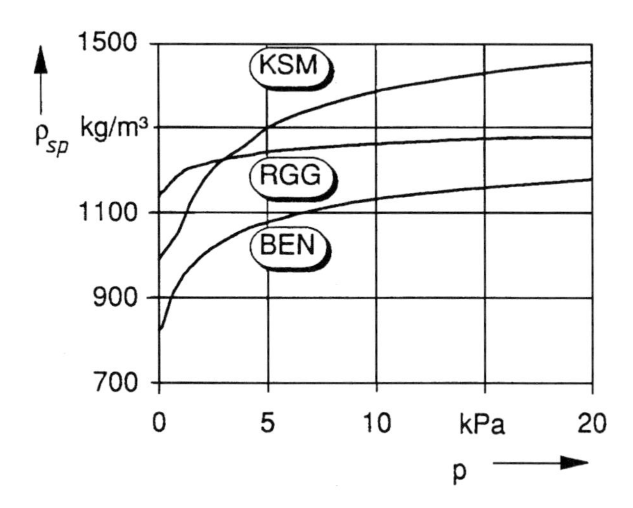

Bild 6: Kompressionskurven (KSM Kalksteinmehl, RGG Rauchgasgips, BEN Bentonit)

$$\rho_{sp}(p) = \rho_{sch} \left(1 + \frac{a_\rho\, b_\rho\, p}{1 + b_\rho\, p}\right) \tag{7}$$

Die zur Schüttgutdichtebestimmung erforderliche **Vertikalspannungsverteilung** σ_V entlang der Dosierbehältertiefe z ergibt sich mit dem Wandnormal-Vertikalspannungsverhältnis aus der Silotheorie (Bild 7) [11].

Da beim vorliegenden Trichter Kernfluß vorherrscht, werden im weiteren nur die hierfür maßgeblichen Formeln angeführt. Der Unterschied besteht im wesentlichen nur darin, daß anstelle des Trichterneigungswinkels α der Kernflußneigungswinkel α_{fu} (index fu : funnel flow) angesetzt wird [12, 13, 14]:

$$\sigma_{V,fu}(z_{fu}) = \frac{\rho\, g\, (h_{F0} - z_{fu})}{n_{fu} - 1} - \left(\frac{\rho\, g\, h_{F0}}{n_{fu} - 1}\right)\left(\frac{h_{F0} - z_{fu}}{h_{F0}}\right)^{n_{fu}} \tag{8}$$

m = 0 für keilförmigen, m = 1 für rotationssymmetrischen Auslauf.

$$n_{fu} = (1 + m)\left(K_{fu}\, \frac{\tan\alpha_{fu} + \sin\phi_e}{\tan\alpha_{fu}} - 1\right) \tag{9}$$

Der denkbar größte Vertikalspannungsverlauf (Hydrostatik) wird für n = 0 erhalten:

$$K_{fu} = \frac{\tan\alpha_{fu}}{\tan\alpha_{fu} + \sin\phi_e} = K_{fu,min} \tag{10}$$

Reale Spannungsverläufe befinden sich dazwischen. Nach [12] läßt sich das Spannungsverhältnis $K_{fu,\,max}$ im kreisrunden Kernflußschacht ermitteln:

$$K_{fu,max} = \left(24\, \tan\alpha_{fu} + \frac{\pi}{q_{fu}}\right) \frac{1 - \tan\alpha_{fu}\, \sin\phi_e}{16\,(\tan\alpha_{fu} + \sin\phi_e)} \tag{11}$$

$$q_{fu} = \frac{\left(\frac{\pi}{3}\right)^m}{4\, \tan\alpha_{fu}} \left(\frac{Y\,(\tan\alpha_{fu} + \sin\phi_e)}{(X-1)\, \sin\alpha_{fu}} - \frac{1}{1 + m}\right) \tag{12}$$

$$X = \frac{2^m \sin\phi_e}{1 - \sin\phi_e}\left(\frac{\sin(2\beta + \alpha)}{\sin\alpha} + 1\right) \tag{13}$$

$$Y = \frac{2^m\,(1 - \cos(\beta + \alpha))^m\,(\beta + \alpha)^{1-m}\,\sin\alpha + \sin\beta\,\sin^{1+m}(\beta + \alpha)}{(1 - \sin\phi_e)\,\sin^{2+m}(\beta + \alpha)} \tag{14}$$

$$\beta = \frac{1}{2}\left(\phi_W + \arcsin\left(\frac{\sin\phi_W}{\sin\phi_e}\right)\right) \tag{15}$$

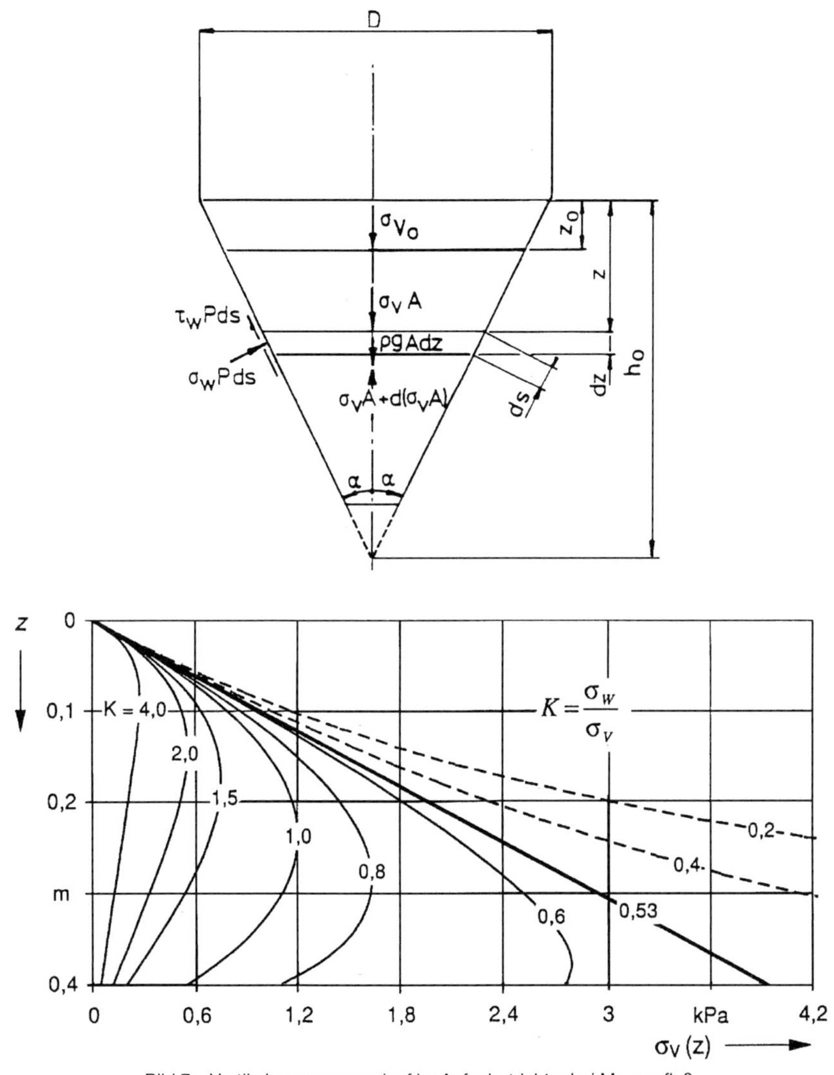

Bild 7: Vertikalspannungsverlauf im Aufgabetrichter bei Massenfluß

Für die verwendeten Schüttgüter ergeben sich als $K_{fu,\,max}$-Werte: 0,29 für Kalksteinmehl, 0,26 für Bentonit und 0,39 für Rauchgasgips, welche alle nahe bei $K_{fu,\,min} = 0{,}18$ liegen.

Theoretische Ansätze zum Kernflußneigungswinkel α_{fu} werden in der Literatur sehr verschieden mit dem effektiven Reibungswinkel ϕ_e korreliert (Bild 8). Die Beobachtungen ergaben Übereinstimmung mit Kurve A [15, 16]:

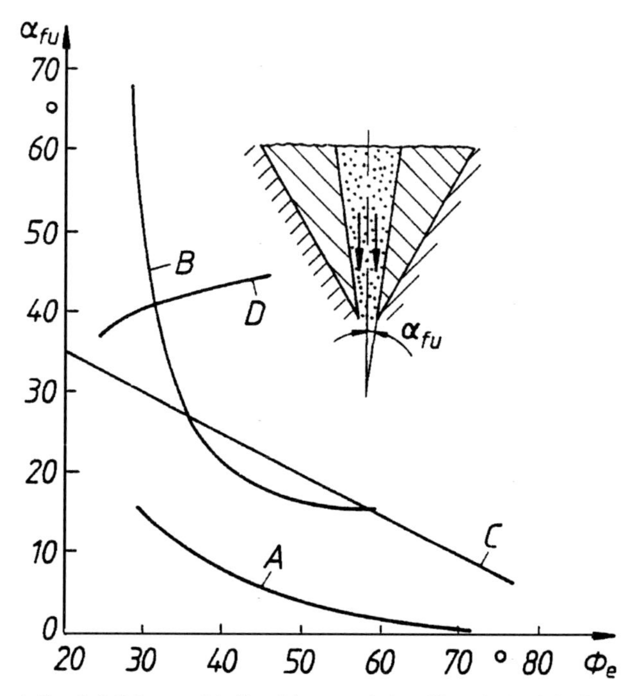

Bild 8: Maximale Kernfluß-Neigungswinkel in axialsymmetrischen Siloausläufen A Jenike, alte Theorie [15], B Jenike, neue Theorie [17], C Johanson [18], D Benink [16]

$$\alpha_{fu} = 45° - \frac{1}{2} \arccos\left(\frac{1 - \sin \phi_e}{2 \sin \phi_e}\right) \tag{16}$$

Im Unterschied zum horizontalen Schneckendosierer, wo die druck- und dichteprägende Einzugstiefe in der Schneckenachse liegt und unveränderlich ist, zieht der vertikale Schneckendosierer längs des Dichtegradienten im Aufgabetrichter ein. Eine mittlere, dichteprägende Einzugsebene z_s wird angenommen und abgeschätzt (Bild 9):

- Das Schüttgut kommt etwa mit Schüttdichte im Aufgabetrichter an.
- Schnelle Wiederbefüllung und ständig laufendes Rührwerk sorgen für gleichbleibenden Füllstand.
- Das Rührwerk erschüttert den Kernflußschacht und setzt die kohäsiven Kräfte herab. Der maximale Kernfluß-Auslaufmassenstrom ist nach Johanson [18] abschätzbar:

$$\dot{m}_{fu} = \frac{\pi}{8}\, \rho_r\, D_1^{2,5} \sqrt{\frac{g}{\tan \alpha_{fu}}} \tag{17}$$

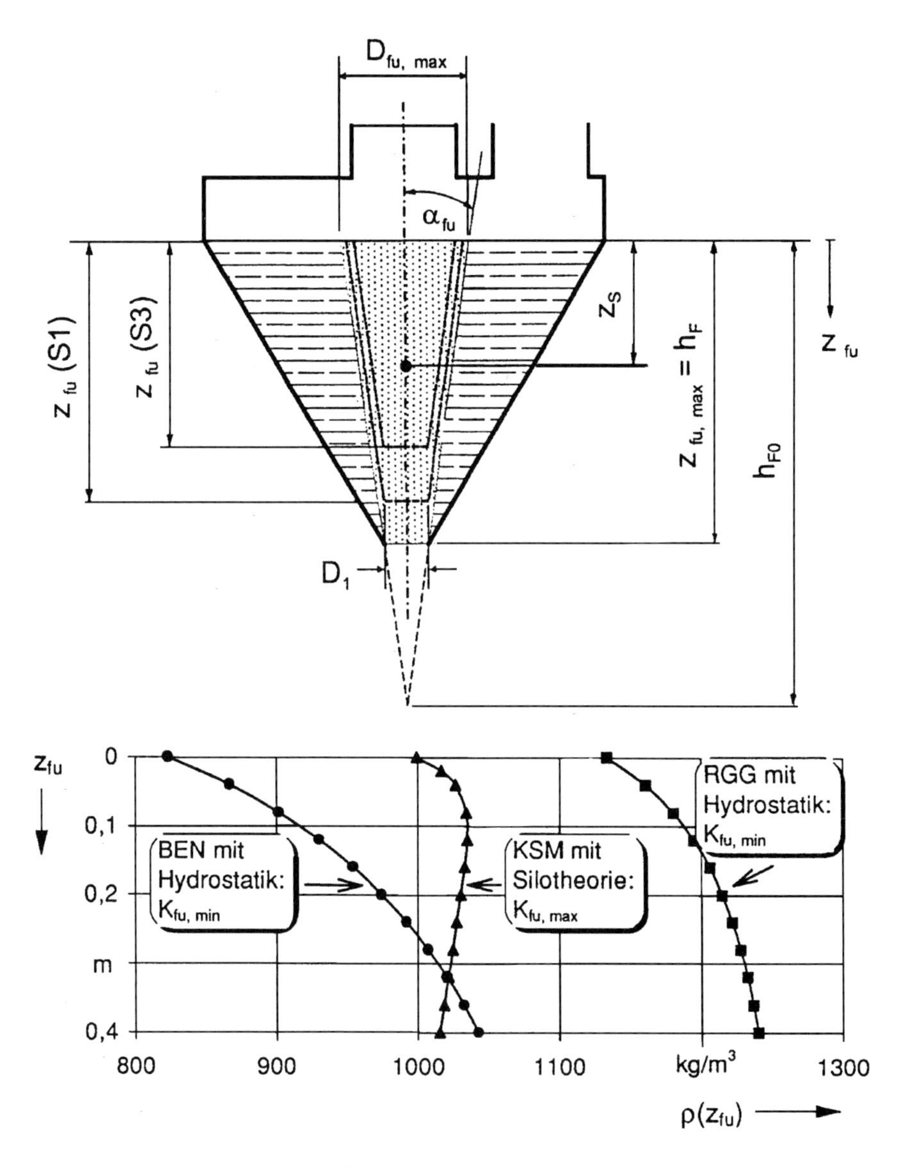

Bild 9: Theoretischer Schüttgutdichteverlauf und relevante Einzugstiefe

- Die Vertikalschnecken ziehen ein kegelstumpfförmiges Schüttgutvolumen ein, das kontinuierlich, hauptsächlich von oben gefüllt wurde ("first in, first out"-Prinzip).
- Da der Zufluß durch Gravitationsfluß bei maximalem Kernfluß-Auslaufmassenstrom gleich dem Abfluß durch Schneckenaustrag bei maximaler Schneckendrehzahl ist, läßt sich für jede Schnecke die Einzugstiefe z_{fu} berechnen.

- Die dichteprägende Tiefe z_s, ergibt sich dann als Schwerpunkt dieses an die Austragsleistung der Schnecke gekoppelten Kernflußtrichters.
- Mit z_s und K_{fu} wird die gesuchte Vertikalspannung σ_v und mit Gl. (7) die Einzugsdichte ρ_r bestimmt (Struktogramm Bild 10).

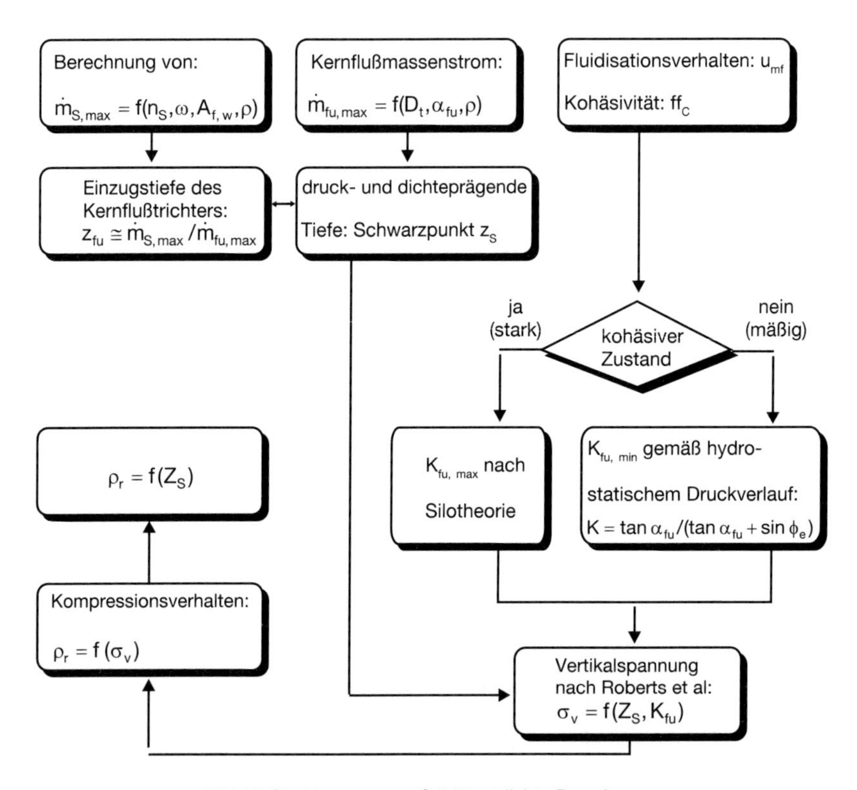

Bild 10: Struktogramm zur Schüttgutdichte-Berechnung

Eine allgemeingültige Aussage für die richtige Wahl des K_{fu}-Wertes und die vorgenommene diesbezügliche Unterscheidung der Schüttgüter in „stark" beziehungsweise „mäßig kohäsiv" auf der rechten Seite des Struktogramms bereitet Schwierigkeiten, da die Zusammenhänge zwischen Kohäsivität, Fluidisierbarkeit, Kompressibilität und (hoher) Fließgeschwindigkeit feinkörniger Schüttgüter und deren Auswirkungen auf die Spannungsverteilung noch unzureichend erforscht sind [9]. Da bei Kernfluß $K_{fu,max}$ nahe bei $K_{fu,min}$ liegt, ist dort die Verwendung des hydrostatischen Ansatzes ausreichend genau.

Schüttgutdichtemessungen

Die Dichtemeßstrecke besteht aus einem Cäsium-Strahler in einem Bleischutzgehäuse, dessen Gamma-Strahlen knapp am Schneckenkern vorbeigehen und von einem Szintillationszähler in elektrische Impulse umgewandelt werden. Das Beersche Absorptionsgesetz beschreibt die Intensitätsabnahme der Strahlung beim Durchtritt durch den zu messenden Stoff [9]. Durch die drehende Schnecke, die abwechselnd das stärker absorbierende Schneckenblatt in den Strahlengang hinein- und hinausführt, ergibt sich ein sinusförmiger Impulsratenverlauf pro Umdrehung. Für die Kalibrierung müssen die Intensitäten bei eingestellten Dichtewerten in 20°-Schritten gemessen und dem Auswertecomputer als Mittelwert zugewiesen werden, woraus er eine Kalibrierkurve nach dem Beerschen Absorptionsgesetz errechnet.

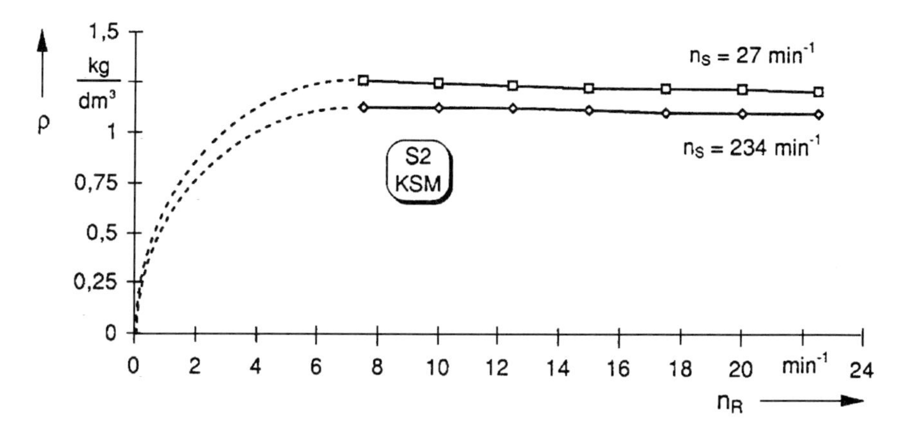

Bild 11: Dichte-Rührerkennlinie (S2, KSM)

Entgegen den Erfahrungen bei horizontalen Schneckendosierern [8] zeigt die Schüttgutdichte im Dosierrohr keine Abhängigkeit von der Rührerdrehzahl n_R (Bild 11). Ohne Rührerbetrieb bildet sich sofort ein stabiler Schacht, und der Dosierstrom erliegt (Dichte „$\rho = 0$"). Die weiteren Versuche wurden zur Sicherheit bei maximaler Rührerdrehzahl (22,5 min^{-1}) gefahren.

Die so bei n_R = const. bestimmten Dichte-Dosiererkennlinien nehmen interessanterweise im niedrigen Drehzahlbereich ab und nähern sich (> 700 min^{-1}) einem Grenzwert. Der Verlauf hängt offensichtlich mit der Abzugsleistung der Schnecken zusammen: S1 mit der größeren Abzugsleistung zieht eine geringere Dichte ein als S3 mit der kleinsten (Bild 12a).

Die Dosierschnecke wurde abschnittsweise oben, in der Mitte und unten abgedeckt, um qualitativ den theoretischen, parabolischen Dichteverlauf mit einem Maximum in der Behältermitte beziehungsweise -auslauf zu belegen. Der Vergleich der Dichte-Dosiererkennlinien untereinander zeigt: Das Dichteniveau ist in der Mitte und unten ungefähr gleich groß (Bild 12b).

Den Einfluß der Rührerwirkung, insbesondere der verdrängenden Flächen der Rührarme, verdeutlicht Bild 12c. Mit ihrer messerartigen Form zerstören die Rührarme

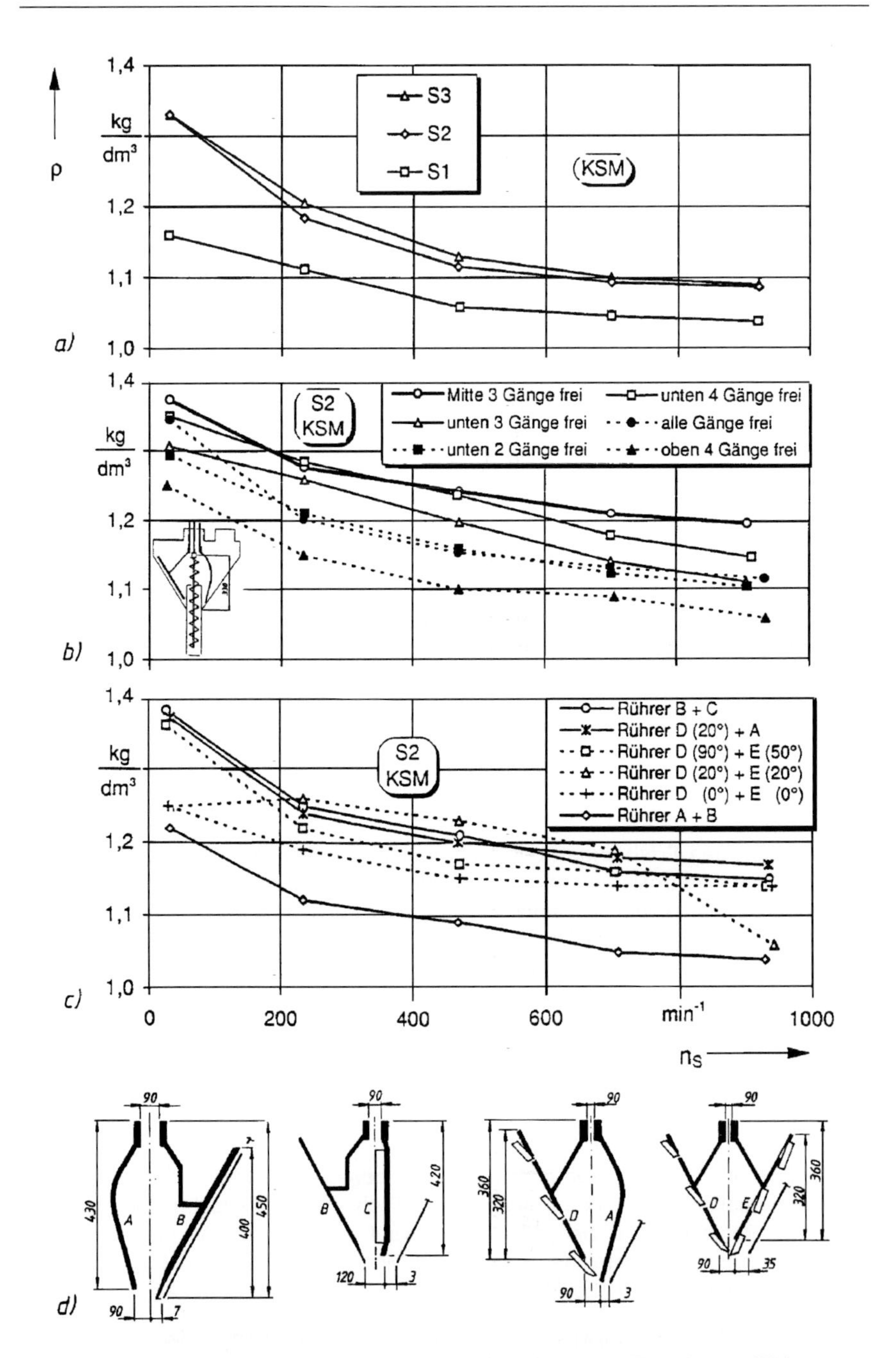

Bild 12: Dichte-Dosierkennlinien unter dem Einfluß von Schnecken-Einbaulage und Rührer

A + B die Schachtbildung, sorgen für eine gleichmäßige Füllhöhe und unterstützen den Gravitationsfluß.

Es wurden verschiedene Varianten entwickelt (Bild 12 b bis d), die durch verdrängend wirkende Flächenanteile (anstellbare Rührerblätter) verschieden große Füllströme nach unten zur Schnecke erzeugen und so die Schneckenbefüllung steigern oder die Schüttgutdichte vergleichmäßigen. Rührwerk D + E mit 20° angestellten Blättern mit Gutverdrängung sowohl in tangentialer als auch in vertikaler Richtung zur Schnecke hält die Schüttgutdichte über einen großen Drehzahlbereich relativ konstant hält.

3.2 Verifizierung der Modellierung

Es zeigt sich, daß Förderwinkel ω und Schüttgutdichte ρ_r einen entgegengesetzten Einfluß der Schneckendrehzahl n_s aufweisen, die in der Überlagerung zu einer linearen Dosierstromkennlinie führen (Bild 13a), was eine Systemeigenschaft vertikaler Schneckendosierer darstellt.

Da das Fließverhalten des Schüttgutes im Trichter im wesentlichen vom abgezogenen Massenstrom beziehungsweise der Schneckendrehzahl abhängt, hat man unter den genannten Bedingungen nur eine Möglichkeit zur modellgestützten Interpretation des Förderwinkels sowie der Schüttgutdichte, wenn sich stationäre Fließzustände eingestellt haben, für welche die Theorien des ungestörten Silo-Gravitationsflusses anwendbar sind.

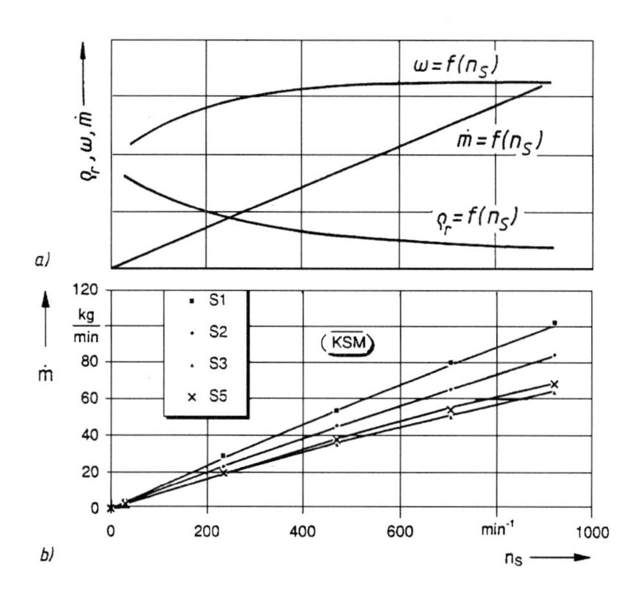

Bild 13: Systemeigenschaft (a) und Modellierung (b) von Vertikaldosierern

Diese liegen nach dem experimentellen Befund ungefähr ab einer Schneckendrehzahl > 700 min^{-1} sowie einer Rührerdrehzahl > 7 min^{-1} mit einem nicht verdichtend wirkenden Rührwerk vor.

Die für die maximale Schneckendrehzahl von (920 min^{-1}) durchgeführte Modellrechnung für die untersuchten Schnecken S1, S2, S3, S5 (Bild 13b) demonstriert gute Übereinstimmung zwischen den Meßwerten (Punkte) und der Modellierung von Dosierstromkennlinien. Lediglich im hohen Drehzahlbereich treten bei S1 und S5 Abweichungen auf, da hier die eingezogene Schüttgutdichte unter der Vorhersage liegt.

4 Diskontinuierlicher Schneckenbetrieb (Abfüllung)

An einer kommerziellen Schlauchbeutelmaschine wurden Abfüllversuche mit unterschiedlichen Maschinenkonfigurationen durchgeführt. Gemäß der Schneckenkinematik (Bild 14) und den ihr pro Abfüllung zugeordnete Größen werden die Soll-Anzahl Schneckenumdrehungen I_{soll} beziehungsweise die Chargendosierzeit t_{dos} eingestellt. Nach Erfassung des Drehwinkels wird die Schnecke gestoppt.Für die pro Abfülltakt dosierte Chargenmasse sind jedoch die insgesamt vollführten Schneckenumdrehungen I_{ist} (im weiteren ohne Index genannt) maßgebend, welche die Bremsphase mit berücksichtigten.

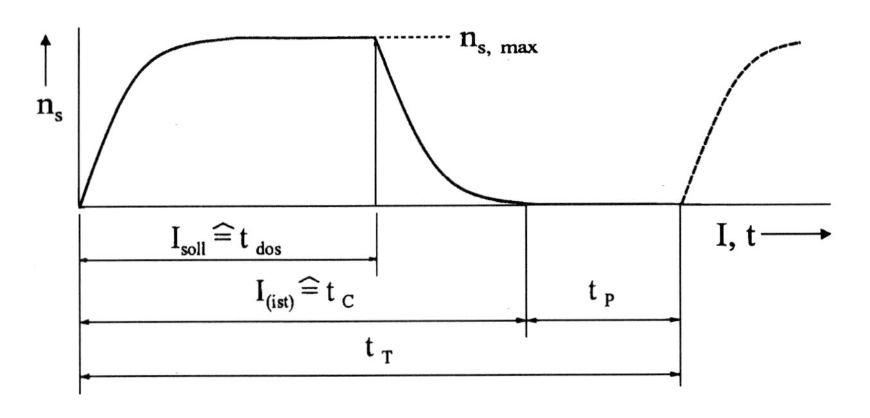

Bild 14: Schneckenkinematik und zugeordnete Größen

Kleine I-Werte bedeuten kurze Dosierzeiten und häufige Beschleunigungs- und Bremsvorgänge. Entgegen der Vermutung, daß die Ankoppelung des Schüttguts an die Schnecke die Dosierkonstanz beeinflußt, zeigen die Meßwerte (Bild 15b,d, S1, S3), daß die Dosierkonstanz weitgehend im Bereich der mechanischen meßtechnische Fehler (fette Kurve), herrührend aus Drehwinkelerfassung und Waagenauflösung, liegen.

Grundlage der Diagramme sind 50 Chargen pro Umdrehungsanzahl I, aus denen über die empirische Standardabweichung s die Chargendosierkonstanz s_V mit der mittleren Chargenmasse pro Umdrehung $\overline{m}_{C,U}$ gebildet wurde: $s_V = s / \overline{m}_{C,U}$.

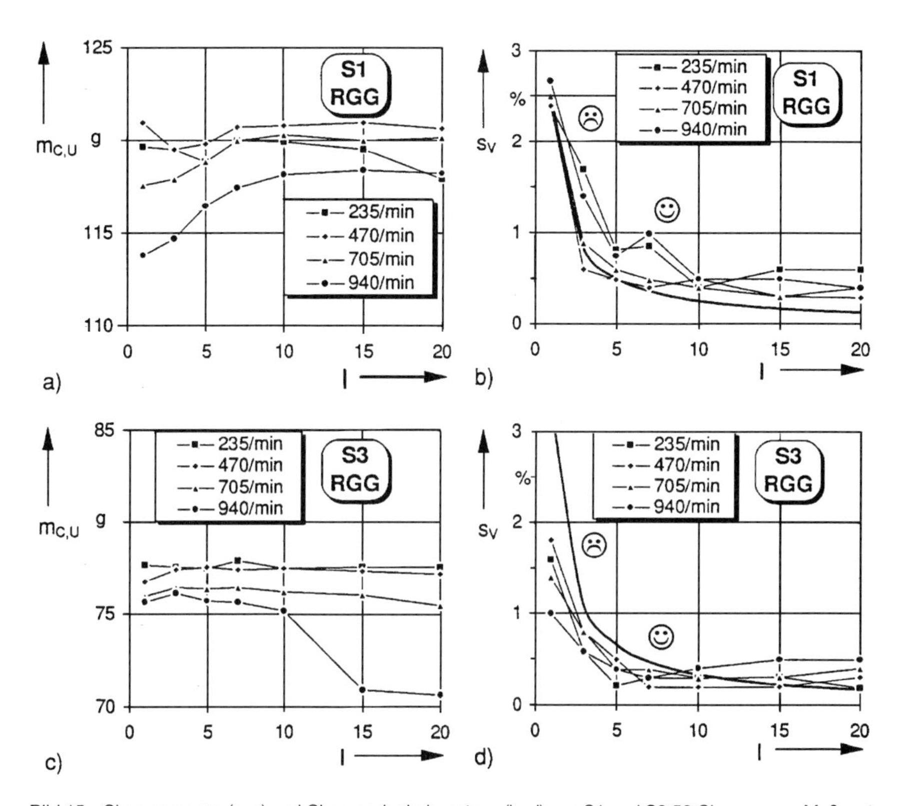

Bild 15: Chargenmasse (a, c) und Chargendosierkonstanz (b, d) von S1 und S3 50 Chargen pro Meßwert, $t_P = 8$ s, $f_T \leq 50$ min^{-1}, Rührer A + B, $n_R = 22{,}5$ min^{-1}, Schüttgut Rauchgasgips (RGG)

Bei Betrachtung der Chargenmassen (Bild 15a, c) hingegen erweisen sich die Schüttguteigenschaften (Fluidisation/Entgasung oder Kompression) als insbesondere bei hohen Schneckendrehzahlen von Einfluß. Beispielsweise zeigt sich bei Schnecke S3/940 min^{-1}, daß für I > 10 zunehmend fluidisiertes Schüttgut eingezogen wird und dadurch die Chargenmasse sinkt.

Die experimentellen Befunde legen die „triviale" Modellvorstellung nahe, daß sich die Chargenmasse m_C in Abhängigkeit der Umdrehungsanzahl I aus den Herleitungen für den kontinuierlichen Massenstrom ergibt:

$$m_c = \varepsilon \, I \, \rho_r \, A_{f\,w} \, \pi \, D_1 \frac{\tan\omega \tan\beta}{\tan\omega + \tan\beta_1} \tag{18}$$

oder anschaulicher mit $\tan \beta_1 = s/\pi D_1$ und $V_{f,w} = A_{f,w}\, s$:

$$m_c = \varepsilon \, I \, \rho_r \, V_{f\,w} \frac{\tan\omega}{\tan\omega + \tan\beta_1} \tag{19}$$

Tafel 1: Vergleich der gemessenen mit berechneten Chargenmassen bei RGG

Schnecke S1 ($m_{C,U}$/g)		Schnecke S3 ($m_{C,U}$/g)	
Experiment	Theorie	Experiment	Theorie
118,9	121,2	76,3	74,7

Die gute Übereinstimmung zwischen Theorie und Experiment (Tafel 1) für relativ gut fließenden Rauchgasgips bestätigt die Annahme, daß sich im Rahmen der vorliegenden Untersuchungen bei den realisierbaren Taktfrequenzen, Dosierzeiten und Schneckendrehzahlen die Chargenmasse direkt aus dem kontinuierlichen Massenstrom ergibt. Die Ankoppelung des Schüttguts an die Schnecke geschieht, wie auch visuell beobachtet, praktisch momentan und beeinflußt die Chargenmasse oder -dosierkonstanz nicht. Derartige Effekte können jedoch bei modernen Vertikaldosierern mit mehr als doppelt so hohen erreichbaren Taktfrequenzen und Schneckendrehzahlen nicht von vornherein ausgeschlossen werden. Aber auch dort gilt, daß die besonderen Schwierigkeiten, die kohäsive, kompressible Schüttgüter durch sehr variable Schüttgutdichten und Fließstörungen mit sich bringen, entscheidend am Dosierfehler beteiligt sind und dementsprechend beachtet werden sollten.

5 Auslegungsstrategie

Auf der Grundlage der gewonnenen Erkenntnisse kann die Auslegung von vertikalen Schneckendosierern auf schüttgutmechanischer Basis (Bild 16) erfolgen:

- Die Auslegung für hohe Abfüllrate konzentriert sich auf größtmögliche Werte für Dosierstrom beziehungsweise Schneckendrehzahl. Taktfrequenz und Dosiergenauigkeit legen das notwendige Schneckengangvolumen fest. Eine kleine Schnecke portioniert die Abfüllmenge exakter, aber langsamer als eine große.
- Die Schüttguteigenschaften bestimmen die Schneckensteigung (Teilung s/D_1), woraus sich dann insgesamt die optimale Schneckengeometrie und damit die Dosierstromkennlinie beziehungsweise Chargenmasse ergeben.
- Mit dem Ansatz „Gravitationsfluß = Schneckenabzug" ist die nötige Einzugslänge abschätzbar, womit teure Herstellungskosten der Schnecken reduziert werden können.

Bei leicht fluidisierbaren Schüttgütern sollte die Behälterhöhe mindestens doppelt so groß wie die Schneckeneinzugslänge sein, um dem Schüttgut mehr Verweilzeit zum Entgasen zu geben (Bild 16).

Auch sorgt die ringförmige Verteilung über einen Spitzkegel zusammen mit einem verdrängenden Rührwerk für bessere Dichtekonstanz.

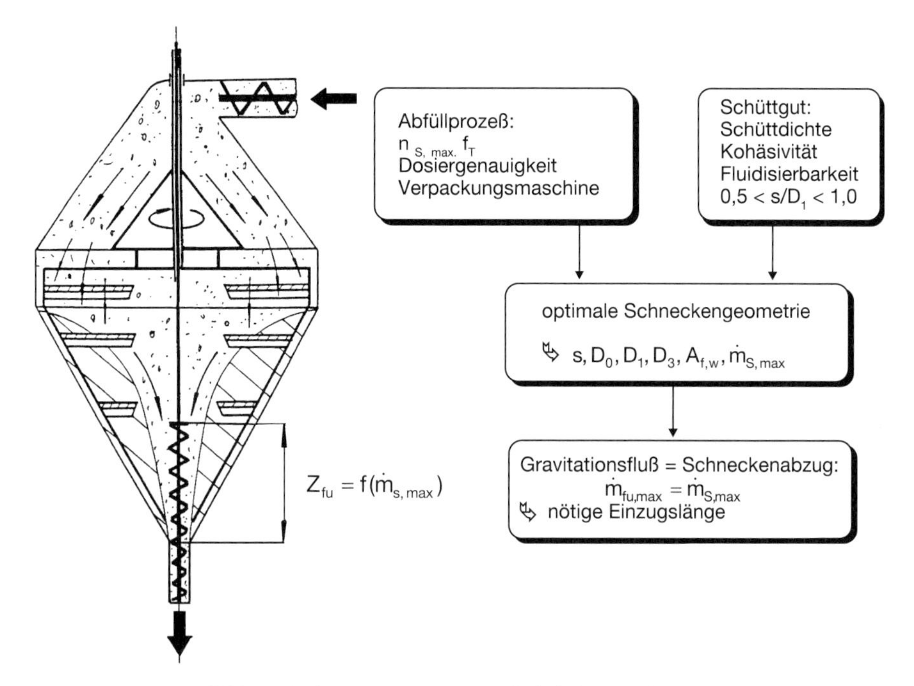

Bild 16: Auslegungsstrategie für vertikale Schneckendosierer

Formelzeichen

Symbol	Einheit	Benennung
A	m^2	Trichterquerschnitt
	m^2	Kreisabschnitt bei Transportquerschnittsberechnung
a_ρ	—	Regressionsparameter der Kompressionskurve
$A_{f,w}$	m^2	(freier, wirksamer) Transportquerschnitt
A_K	m^2	Helixfläche des Schneckenkerns pro Gang
A_ρ	m^2	Helixfläche des Rohres pro Gang
A_s	m^2	Helixfläche des Schneckenblattes pro Gang
b	m	Schneckenblattbreite
b_ρ	kPa^{-1}	Regressionsparameter der Kompressionskurve
BEN		Bentonit
C_G	—	Konstante der Förderwinkelgleichung mit Gravitationsansatz
D	m	Schneckendurchmesser
D^*	m	geometrischer, mittlerer Schneckendurchmesser
D_0	m	Dosierrohrinnendurchmesser
D_1	m	Schneckenaußendurchmesser
D_3	m	Schneckenkerndurchmesser
$D_{fu,max}$	m	maximaler, oberer Kernflußdurchmesser

F_R	N	Rohrreibkraft
f_T	min^{-1}	Taktfrequenz
g	m/s^2	Gravitationskonstante
G	N	Gravitation
h	m	Kreisabschnittshöhe bei Transportquerschnittsberechnung
h_0	m	Trichterhöhe vom Rand bis zur fiktiven Spitze
h_F	m	Füllhöhe
h_{F0}	m	bis zum fiktiven Scheitelpunkt verlängerter Füllstand
I	—	Umdrehungsanzahl
I_{ist}	—	Ist-Anzahl Schneckenumdrehungen
I_{soll}	—	Soll-Anzahl Schneckenumdrehungen
k	—	Horizontal-Vertikalspannungsverhältnis
K	—	Wandnormal-Vertikalspannungsverhältnis (bei Massenfluß)
K_{fu}	—	Wandnormal-Vertikalspannungsverhältnis bei Kernfluß
K_{max}	—	maximales Wandnormal-Vertikalspannungsverhältnis am Trichterauslauf
K_{min}	—	minimales Wandnormal-Vertikalspannungsverhältnis (bei hydrostatischen Druckverhältnissen)
m	—	Parameter der Trichterspannung
$\dot{m}$	kg/min	Massenstrom
m_C	kg	Chargenmasse
$m_{C,U}$	kg	Chargenmasse pro Umdrehung
$\dot{m}_{fu,max}$	kg/min	maximaler Auslauf-Massenstrom aus Kernflußtrichter
N	N	Normalkraft
n		Parameter
n_R	min^{-1}	Rührerdrehzahl
n_s	min^{-1}	Schneckendrehzahl
p	Pa	Druck
q_{fu}	—	Hilfsvariable bei Berechnung von $K_{fu,max}$
R_K	N	Reibkraft am Schneckenkern
R_u	N	Reibkraft an unterer Schneckenflanke
s	m	Ganghöhe
	kg	Standardabweichung (der Chargendosierung)
s_V	%	Variationskoeffizient, Dosierkonstanz
t	s	Zeit
t_C	s	Chargendosierzeit
t_{dos}	s	Zeitdauer vom Start- bis zum Stoppsignal
t_P	s	Pausenzeit
t_T	s	Taktzeit
V	m^3	Schüttgutvolumen im Schneckengang
v_{abs}	m/min	Absolutgeschwindigkeit
v_{ax}	m/min	axiale Transportgeschwindigkeit

$V_{f, w}$	m^3	(freies, wirksames) Verdrängungs- oder Transportvolumen
v_u	m/min	Umfangsgeschwindigkeit
x		Koordinate
X	—	Hilfsvariable bei Berechnung von K_{max}
y		Koordinate
Y	—	Hilfsvariable bei Berechnung von K_{max}
z	m	Tiefenkoordinate
z_0	m	Tiefe des Spannungseintrags vom Siloschaft auf den Trichter
z_{fu}	m	Tiefenkoordinate des Kernflußtrichters
z_s	m	Tiefe des Schwerpunkts des Kernflußtrichters
α	°	Konusneigungswinkel des Aufgabetrichters
α_{fu}	°	Neigungswinkel des Kernflußtrichters
β	°	Gangsteigungswinkel
	—	Hilfsvariable bei Berechnung des K_{max}-Wertes
β^*	°	geometrischer, mittlerer Gangsteigungswinkel
β_1	°	Gangsteigungswinkel am Schneckenaußendurchmesser
β_3	°	Gangsteigungswinkel am Schneckenkern
ε	—	Füllgrad
μ_w	—	Reibungskoeffizient (= tan ϕ_w)
$\mu_{w,r}$	—	Rohrreibungskoeffizient
$\mu_{w,s}$	—	Reibungskoeffizient am Schneckenblatt beziehungsweise -kern
ρ_r	kg/m^3	Schüttgutdichte im Dosierrohr
ρ_{sch}	kg/m^3	Schüttdichte
ρ_{sp}	kg/m^3	Schüttgutdichte unter Druck
σ	Pa	Normalspannung
σ_V	Pa	Vertikalspannung im (Massenfluß-) Trichter
$\sigma_{V, fu}$	Pa	Vertikalspannung im Kernflußtrichter
σ_{V0}	Pa	Vertikalspannung vom Siloschaft her in Tiefe z_0
σ_W	Pa	Wandnormalspannung im (Massenfluß-) Trichter
τ_W	Pa	Wandschubspannung
ϕ_e	°	effektiver Reibungswinkel (des stationären Fließens)
ϕ_w	°	Wandreibungswinkel
$\phi_{w, r}$	°	Rohrwandreibungswinkel
$\phi_{w, s}$	°	Schneckenwandreibungswinkel (am Blatt bzw. Kern)
ω	°	Förderwinkel

Schrifttum

[1] N. N.: Hochleistungs-Verpackungsmaschine für feste Behältnisse. Druckschrift von OPTIMA Maschinentechnik

[2] Vetter, G.; Fritsch, D.: Zum Einfluß von Zulaufbedingungen von Schneckendosierern auf Dosierstromschwankungen. Chem.-Ing.-Tech. 58 (1986) H. 4, S. 685 und Vortrag auf dem Jahrestreffen der Verfahrensing., Hamburg, Sept. (1985)

[3] Vetter, G.; Fritsch, D., Wolfschaffner, H.: Schüttgutmechanische Gesichtspunkte bei der Auslegung von Schneckendosiergeräten. Chem.-Ing.-Tech. 62 (1990) H. 3, S. 224-225 und Vortrag auf dem Jahrestreffen der Verfahrensing., Berlin, Sept. (1989)

[4] Vetter, G.; Wolfschaffner, H.: Entwicklungslinien der Schüttgutdosiertechnik. Chem.-Ing.-Tech. 62 (1990) H. 9, S. 695-706

[5] Fritsch, D.: Zum Verhalten volumetrischer Schneckendosiergeräte für Schüttgüter. Dissertation Universität Erlangen-Nürnberg (1988)

[6] Wolfschaffner, H.: Zur Wirkung von Rührwerken auf den Schüttgutfluß in Schneckendosiergeräten. Dissertation Universität Erlangen-Nürnberg (1992)

[7] Vetter, G.; Wolfschaffner, H.: Schüttgutmechanische Auslegung von Dosierdifferentialwaagen mit Schneckenaustrag. Wägen + Dosieren 24 (1993) H. 4, S. 3-16

[8] Vetter, G.; Wolfschaffner, H.: Rühreinrichtungen in Schneckendosiergeräten – Wirkung und Auslegungsstrategie. Chem.-Ing.-Tech. 66 (1994) H. 2, S. 163-171

[9] Flügel, R.: Schüttgutdosierung mit Vertikalschnecken. Dissertation Universität Erlangen-Nürnberg (1995)

[10] Vetter, G.; Flügel, R.: Charakterisierung der Stoffeigenschaften bei Dosieraufgaben. Kapitel 1 „Grundlagen", Handbuch Dosieren (Hrsg. G. Vetter), Vulkan-Verlag Essen (1994), S. 30-56

[11] Molerus, O.: Schüttgutmechanik, Grundlagen und Anwendungen in der Verfahrenstechnik. Springer-Verlag Berlin, Heidelberg, New York, Tokyo (1985)

[12] Arnold, P. C.; McLean, A. G., Robert, A. W.: Bulk solids: Storage, flow and handling. TUNRA Ltd., The Univ. of Newcastle, N.S.W., Australien (1978)

[13] Roberts, A. W.; Ooms, M., Manjunath, K. S.: Feeder Load and Power Requirements in the Controlled Cravity Flow of Bulk Solids from Mass Flow Bins. Trans. Inst. Eng. Australia, ME9 (1984), S. 49-61

[14] Manjunath, K. S.; Roberts, A. W.: Interactive Roles of Hopper/Feeder Systems as an Essential Criteria for Feeder Design. 2nd International Conference on Bulk Materials Storage Handling and Transportating, Wollongong, Australia, 7-9 July (1986), S. 248-257

[15] Jenike, A. W.: Storage and flow of solids. Bulletin of the Univ. of Utah, No. 123 (1967)

[16] Benink, E. J.: Flow and Stress Analysis of Cohesionless Bulk Materials in Silos Related to Codes. Dissertation, Universität Twente (1989)

[17] Jenike, A. W.: A Theory of Flow of Particulate Solids in Converging and Diverging Channels Based on a Conical Yield Function. Powder Technology 50 (1987) S. 229-236

[18] Johanson, J. R.: Method of calculating rate of discharge from hoppers and bins. Society of Mining Engineers (1965) H. 3, S. 69-80

Konstruktive und fertigungstechnische Gesichtspunkte eines HYBRID-Plattenwärmetauschers

Von O. Nasser [1])

1 Allgemeine Beschreibung

Der vollverschweißte HYBRID-Plattenwärmetauscher füllt die Lücke zwischen den konventionellen Rohrbündel- und Plattenwärmetauschern. Er besteht im Inneren aus einem oder mehreren Blöcken mit einer Vielzahl wellenförmig geprägter Rechteckplatten. Die Medien werden im Kreuz- oder Kreuzgegenstrom geführt.

Gute Wärmeübertragung bei gleichzeitig günstigen Druckverlusten sind hervorzuhebende Merkmale. Die Auslegung der Apparate in statischer und verfahrenstechnischer Hinsicht wird über gegebene Anforderungen durch Rechneranlagen mit bewährten Programmen ermittelt. Konstruktion, Fertigung, Schweißtechnik und Gütesicherung runden den technischen Bereich ab.

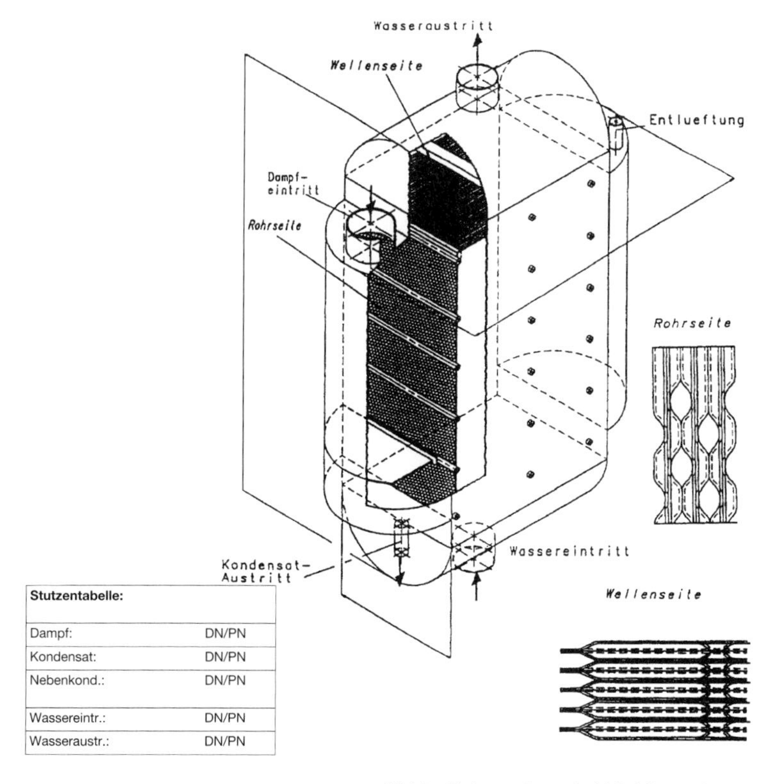

Stutzentabelle:	
Dampf:	DN/PN
Kondensat:	DN/PN
Nebenkond.:	DN/PN
Wassereintr.:	DN/PN
Wasseraustr.:	DN/PN

Bild 1: Heizvorwärmer in Hybridbauweise

[1]) Osama Nasser, OTTO HEAT, Heizungs-, Energie- und Anlagentechnik GmbH, Kreuztal

2 Schweißtechnik

Die Schweißtechnik mit ihren produktspezifischen Einrichtungen hat einen hohen Stellenwert im Wärmetauscherbau. Die Schweißbarkeit der Apparate ist abhängig von der Schweißeignung der Werkstoffe, Schweißsicherheit der Konstruktion und Schweißmöglichkeiten in der Fertigung.

Unter dieser Prämisse setzt sich das Hauptaufgabengebiet der Schweißtechnik wie folgt zusammen:

- Mitarbeit bei der Werkstoffauswahl
- Zusammenarbeit und schweißtechnische Beratung der Konstruktion
- Festlegung der Schweißverfahren mit Angaben der Schweißzusatzwerkstoffe
- Durchführung von Schweißer- und Verfahrensprüfungen
- Erstellen der Schweißfolgepläne und Mitarbeit bei der Ausarbeitung von Fertigungsvorschriften und Bauprüffolgeplänen.

Der Nachweis der Schweißsicherheit wird über Verfahrensprüfungen nach AD-Merkblatt HP 2/1 erbracht.

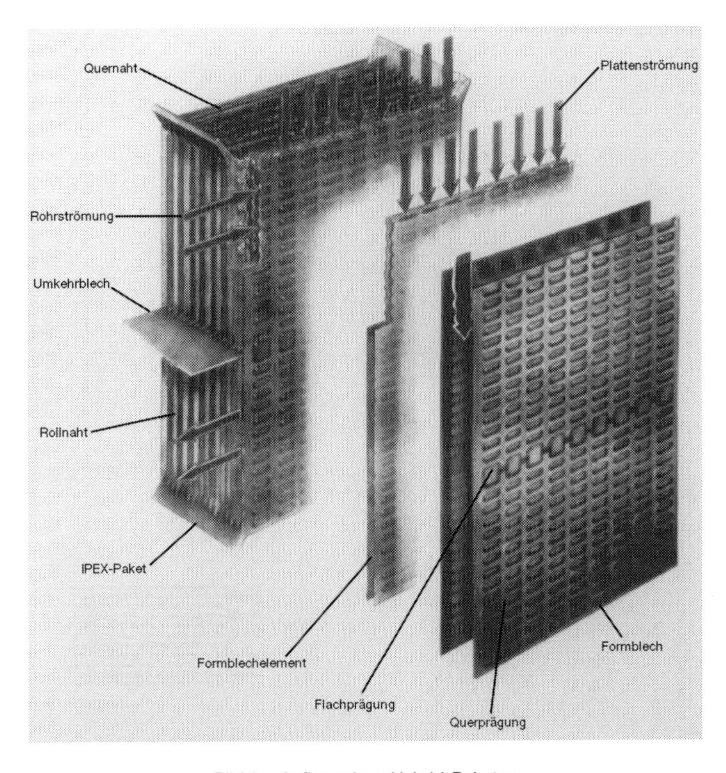

Bild 2: Aufbau eines Hybrid-Paketes

Für den Behälterbau werden die konstruktionsbedingten Rund-, Längs- und Kehlnähte untersucht.

Beim Wärmetauscherblock haben wir es mit immer wiederkehrenden Schweißnähten zu tun – es sind lediglich werkstoff- und wanddickenbedingte Änderungen der Schweißparameter zu beachten.

Schweißverbindungen am Wärmetauscherblock:

- Längsnähte an den Formblechelementen (Θ)
- Stirnflachnaht an den Quernähten (III)
- Anschlußnaht Block/Seitenwand (∠)
- Anschlußnaht Block/Anschlußblech (II)
- Ecknaht (~III)

3 Festigkeitsberechnung

Der HYBRID-Wärmetauscher ist ein Druckbehälter nach Paragraph 8 der Druckbehälterverordnung. Sein Einsatzgebiet in der Industrie für den Wärmetausch der unterschiedlichen Medien und Temperaturen reicht vom Gas/Gas-Wärmetauscher der Gruppe I bis hin zum Flüssigkeit/Flüssigkeit-Wärmetauscher der Gruppe V. Da das Druckinhaltsprodukt p x 1 in mehreren voneinander getrennten Druckräumen in den meisten Fällen Gruppe I und II übersteigt, so unterliegen diese Behälter vor Inbetriebnahme einer erstmaligen Prüfung durch den Sachverständigen einer technischen Überwachungsorganisation. Die Druckbehälter der GruppeIII , IV, VI und VII werden einer Vor-, Bau- und Druckprüfung unterzogen. Bei der rechnerischen Vorprüfung des HYBRID-Systems sind zwei unterschiedliche Bemessungskriterien zu beachten.

- Keine Rundbehälter – die spaltseitige Druckkraft im Wärmetauscherblock wird über Zuganker oder ähnlichem in zwei ebene Platten eingeleitet. Die Rohrseite wird ähnlich den Rundbehältern (Halbrohr) ausgeführt.
- Eingespannte Formblechelemente – eine Berechnung der Beanspruchung in den einzelnen Formblechelementen und die Kraftverteilung im Wärmetauscherblock läßt sich nur unter größtem Aufwand rechnen. Zum Nachweis der Sicherheit des Wärmetauscherblocks werden, in Absprache mit der technischen Überwachungsorganisation, über Berstversuche die Standsicherheit der Schweißverbindungen und des geprägten Blechmaterials getestet.

In Tafel 1 sind Versuchsergebnisse div. Berstversuche beschrieben.

- Ni-Basislegierungen (alloy C4, c 276, MONEL) nach AD-Merkblatt HPO – Werkstoffgruppe 7
- Titan Grad 1

In den Anwendungsbeispielen werden aus dieser Materialpalette die Werkstoffe der Tafel 2

Tafel 1: Berstversuchsergebnisse verschiedener Werkstoffe

Werkstoff Wandstärke Prägetiefe	Übergang elastisch/plastisch bar	Berstbereich Berstdurck bar
X6CrNiMoTi 17 22 2		Eckaufbaunaht (WEZ)
S = 0,8 mm PT = 4,00 mm	78	540
S = 0,6 mm PT = 2,75 mm	45	440
X2CrNiMoCuN 20 18 6		Rollnaht (WEZ)
S = 0,8 mm PT = 3,15 mm	85	370
S = 0,6 mm PT = 2,75 mm	60	350
NiMo16Cr16Ti		Rollnaht (WEZ)
S = 0,7 mm PT = 2,75 mm	60	530

4 Werkstoffe

Hier kommt die gesamte Materialpalette des konventionellen Wärmetauscherbaues nach AD-Merkblatt HPO zum Einsatz:Werkstoffauswahl: Entsprechend durchzusetzende Medien, atmosphärische Umweltbedingungen und konstuktive Anforderungen.

Für den Wärmetauscherblock, mit seiner Vielzahl an Formblechelementen im Wanddickenbereich von 0,2-1,0 mm, können alle tiefziehfähigen und gut verschweißbaren Materialien eingesetzt werden.

Im Regelfall werden folgende Werkstoffe verarbeitet:

- Austenitische Stähle nach AD-Merkblatt HPO – Werkstoffgruppe 6
- Austenitische Sonderstähle nach AD-Merkblatt HPO – Werkstoffgruppe 7
- Ni-Basislegierungen (alloy C4, C276, MONEL) nach AD-Merkblatt HPO-Werkstoffgruppe7
- Titan Grad 1

In den Anwendungsbeispielen werden aus dieser Materialpalette die Werkstoffe der Tafel 2 angesprochen.

Tafel 2

Werkstoffe			Chemische Zusammensetzung(Massenteile in %)						
Kurzname DIN	Werkstoff-Nr:	nach DIN/Vd.: TÜV Wbl	C	Si	Mn	Cr	Ni	Mo	sonstiges
x 6 CrNiMoTi	1.4571	DIN	=	=	=	16,5	10,5	2,0	Ti 5 x % C
						—	—	—	bis 0,80
17 12 2		17 44 0	0,08	1,0	2,0	18,5	13,5	2,5	N=0,12-0,22
X 2 CrNiMoCuN		Vd TÜV Wbl.:	=	=	=	19,5	17,5	6,0	Cu=0,5-1,0
20 18 6		473	0,02	0,8	1,0	20,5	18,5	6,5	N==,18-0,22
NiMo16Cr16Ti	2.4610	Vd TÜV Wbl.:	=	=	=	14,5		14,0	Ti = 0,70
		424	0,009	0,05	1,0	17,5	58	17,0	Fe = 3,0 Co = 2,0

5 Konstruktive und fertigungstechnische Details

Die Fertigung dieser Apparate unterteilt sich in drei Fertigungsabschnitte:

a) Paketfertigung
b) Blockfertigung
c) Gehäusefertigung

An einem ausgewählten, repräsentativen Apparat wird nachfolgend auf wesentliche konstruktive und fertigungstechnische Details eingegangen (Bilder 1, 2, 3 und 4):

Zu a) Paketfertigung

Zuerst werden die Formbleche (Pos. 1, Bild 3) auf einer Presse geprägt. Die Prägetiefe sowie Formblechlänge ergibt sich aus den thermodynamischen Anforderungen (wärmetechnische und strömungsmechanische Auslegung), die der Kunde vorgibt.

Danach werden paarweise die geprägten Formbleche über ein Rollnahtschweißverfahren auf der Längsseite beidseitig zu Formblechelementen verbunden.

Beim Rollnahtschweißen werden die Schweißparameter in einem Schweißversuch ermittelt und stichprobenweise über Zwei-Kanal-Schreiber überprüft. Bei Vollast im Betrieb ist auf Stromschwankungen zu achten. Eine permanente Überwachung der Rollnahtschweißbereiche in Bezug auf Öl- und Schmiermittelreste ist, trotz vorhandener Dampfentfettungsanlage, zu beachten. Auch kann die Oberflächenbeschaffenheit der einzelnen Chargen eine Beeinflussung der eingestellten Schweißparameter bewirken. Hier helfen nur permanente Aufschreibungen, Kurzschweißversuche in der laufenden Fertigung, gute Unterweisung durch die Schweißaufsicht.

Zu b) Blockfertigung

In einer Paketierungsvorrichtung werden die Formblechelemente einzeln eingestapelt, auf Stapelhöhe plus Schweißzugabe gepreßt. Zwischen zwei dünnwandigen Seitenblechen (Pos. 5, Bild 3) wird das fertige Paket (Pos. 3) eingelegt und mittels einer Spannvorrichtung auf Stapelhöhe zusammengepreßt.

Danach werden die Schraubenhülsen (Pos. 6, Bild 3) eingepaßt und in die Seitenbleche geheftet und eingeschweißt.

Hier ist auf die genau festgelegte Lage der Heftstelle zu achten. Ein allgemeiner Hinweis: Unkotrolliert eingebrachte Heftstellen verursachen in der Regel nur Nacharbeit oder eine verminderte Schweißnahtgüte.

Mit je einem Halbautomaten werden an beiden Seiten die Quernähte fallend ohne Zusatzwerkstoff beim 1.4571 mit dem WPL-Verfahren geschweißt. Es ist auf die satte Auflage der Bleche zu achten und der Anpreßdruck der Cu-Backen der Werkstoffqualität und Wanddicke anzupassen. Kleine Luftspalte führen zu Bindefehlern, ungenügend gepreßte Bleche haben einen Luftangriff wurzelseitig mit den bekannten Begleiterscheinungen im hochlegierten Werkstoffbereich. Die gleichen Voraussetzungen müssen für das Schweißen mit Schweißzusatzwerkstoffen beim X 2 Cr Ni Mo Cu N 20 18 6 geschaffen werden. Hier werden die Stirnflachnähte in q-Position geschweißt. Dem Schweißer muß die Notwendigkeit des Schweißzusatzwerkstoffes bekannt sein – ein Verlaufenlassen der Naht ohne Zusatzwerkstoff ist für ihn einfacher. Eine visuelle Kontrolle durch die Schweißaufsicht ist in regelmäßigen Abständen durchzuführen.

Die Ecknaht ist die schweißtechnisch aufwendigste Naht und hat zwei Anforderungen zu erfüllen: Zum einen die vorgeschriebene Dichtheit zwischen Spalt- und Rohrseite und zum anderen als Anschlußnaht für die Anschlußprofile. Auf eine gute Nahtvorbereitung muß hier speziell geachtet werden. Mit Sonderwerkzeugen wurden die geringen Spalte und Kantenversatz bei den I-Stößen vor Schweißbeginn vom Schweißer noch nachbehandelt. Die Wurzellage wird mit dem WPL-Verfahren bei einer Stromstärke von 10-20 A, die Aufbaunähte werden, je nach Ausführung der Wurzellage, mit dem WPL- oder WIG-Verfahren geschweißt.

Es ist auf die Parallelität der beiden Nähte (Anschluß Profile) und die Einhaltung des Höhenmaßes (Stapelhöhe) zu achten. Für diese Arbeiten werden die Schweißer gesondert geschult und – über Farbeindringprüfung und Begutachtung der Fehlerhäufigkeit bei den Dichtheitsprüfungen – überwacht. Die entsprechenden Vorgaben im Schweißfolgeplan mit Angabe der Schweißzugaben basieren auf Erfahrungswerten aus Voraufträgen und Auswertungen von durchgeführten Schweißversuchen.

Zu c) Gehäusefertigung

Zunächst werden die rohrseitigen Hauben (Pos. 7 und 8, Bilder 1 + 2) mit den entsprechenden systemseitigen Anschlußstutzen (Pos. 13 und 14, Bild 1) sowie, falls erforderlich, mit entsprechenden Umlenkblechen (Pos. 10, Bild 1) zwischen die Stirnbleche (Pos. 9) eingepaßt und verschweißt.

Danach erfolgt die Anpassung der wellenseitigen Hauben (Pos. 12) mit den notwendigen systemseitigen Anschlußstutzen (Pos. 15 und 16, Bild 1) an die Stirnbleche (Pos. 9) und Seitenbleche (Pos. 5) sowie die Verschweißung der entsprechenden Bauteile.

Zum Abschluß werden die beiden Druckhalteplatten (Pos. 17, Bild 4) mit der entsprechenden Tragkonstruktion (Tragpratzen oder Fußkonstruktionen Pos. 18, Bild 4) montiert.

Die Druckhalteplatten liegen auf den beiden Seitenblechen (Pos. 5) und werden mit Zugankerschrauben, die durch die Schraubhülsen (Pos. 6) geführt werden, mit einem erforderlichen Anzugsdrehmoment zusammengehalten (siehe Bild 4).

Vorteile dieser Konstruktion mit Druckhalteplatten ergeben sich vor allem bei Edelstahlwärmetauschern, wodurch der Edelstahlanteil drastisch verringert werden kann. Durch die gewählte Konstruktion wird erreicht, daß die Seitenbleche (Pos. 5) aus dünnwandigem Edelstahl gefertigt werden können, da diese keine tragende Funktion mehr auszuüben haben. Diese Edelstahlanteile dienen somit lediglich dem eigentlichen Korrosionsschutz, während die Festigkeits- und Stabilitätsaufgaben durch die Druckhalteplat-

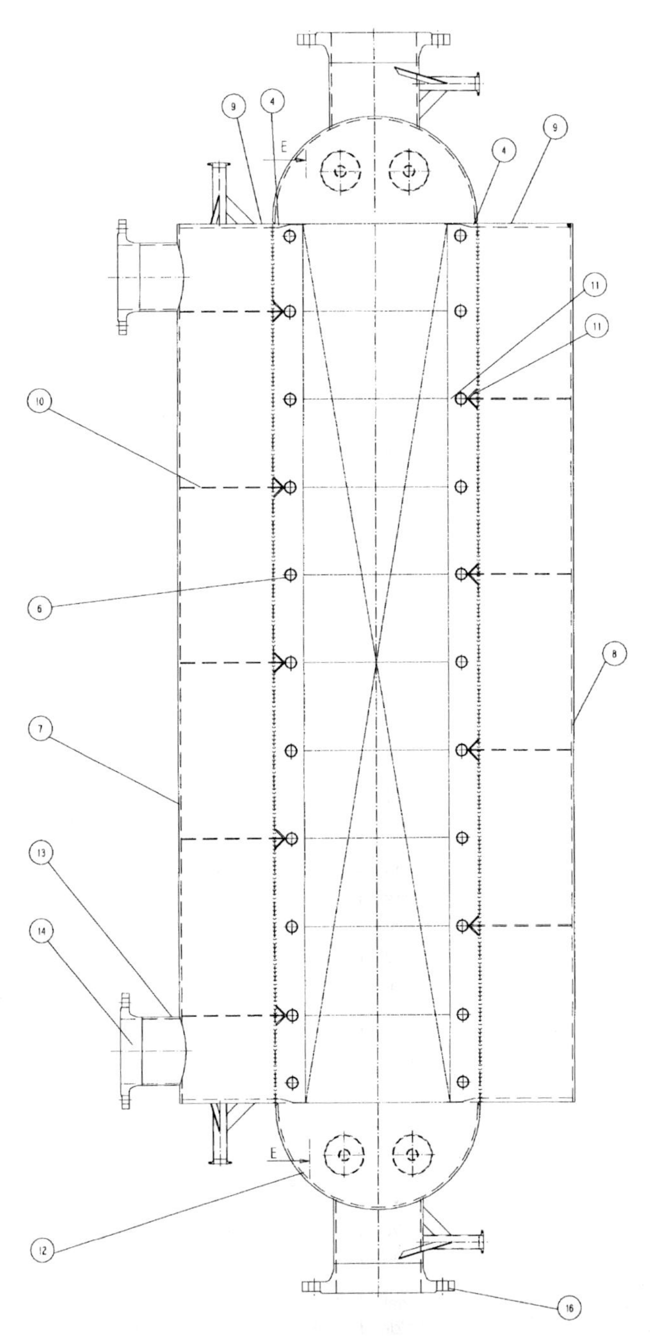

Bild 3: Vorderansicht Block

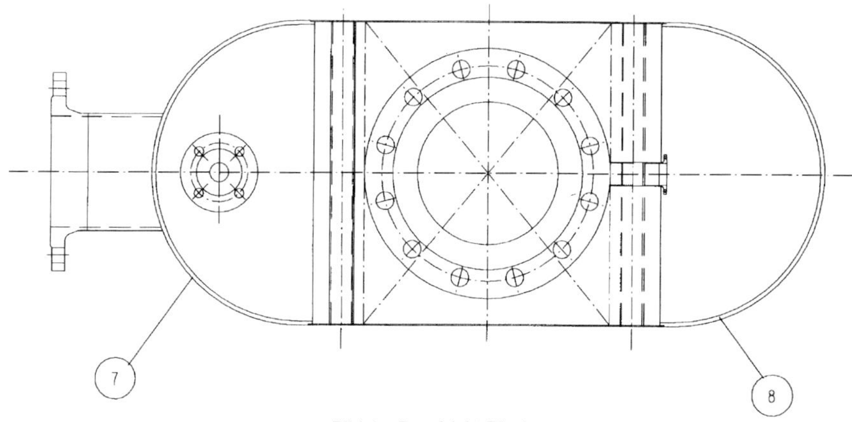

Bild 4: Draufsicht Block

ten (Pos. 17) übernommen werden. Diese können aus unlegiertem Material (z. B. P265 GH) gefertigt werden, da sie nicht mit den Medien in Berührung kommen.

Da die Druckhalteplatten mit dieser Einheit (Paket Pos. 3, Seitenbleche Pos. 5 und Hauben Pos. 7, 8 und 12) nicht verschweißt sondern verschraubt sind, kann diese sich bei Wärmeeinwirkung frei ausdehnen. Dadurch können höhere Temperaturdifferenzen zwischen den beiden aneinander vorbeigeführten Medien als auch zwischen dem jeweiligen Medium und der Umgebung problemlos aufgenommen werden.

Dieser Plattenwärmetauscher kann somit bei gleicher Funktionssicherheit und Korrosionsbeständigkeit auch für Medien mit höheren Temperaturdifferenzen eingesetzt werden.

Schrifttum

[1] Nasser, O.: „Hybridwärmetauscher", Vulkan Verlag, Wärmeaustauscher 2. Ausgabe 94
[2] Nasser, O.; Morgenroth, B.: „Hybridwärmtauscher als Verdampfer", Vulkan Verlag, Wärmeaustauscher 2. Ausgabe 94
[3] Nasser, O.: „In allen Dimensionen variabel", Konradin Verlag, CAV Ausgabe 5.96
[4] Nasser, O.: „Das Material ist entscheidend", Vogel Verlag, Process Ausgabe 7/8.96
[5] Nasser, O.: „Hybrid-Wärmeübertrager", VWEW-Verlag, Fernwärme international Ausgabe 10.96

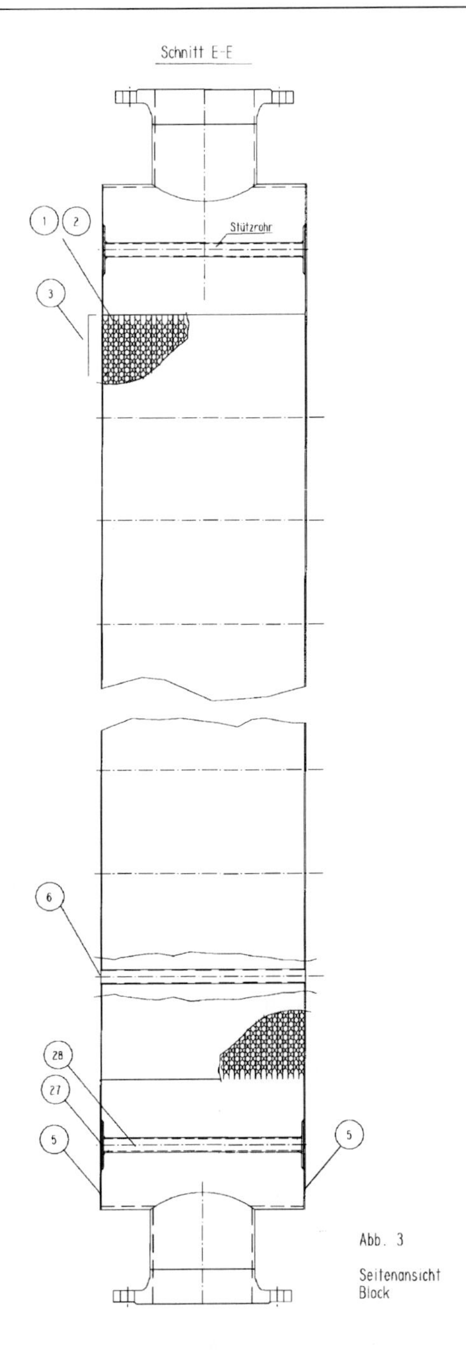

Bild 5: Seitenansicht Block

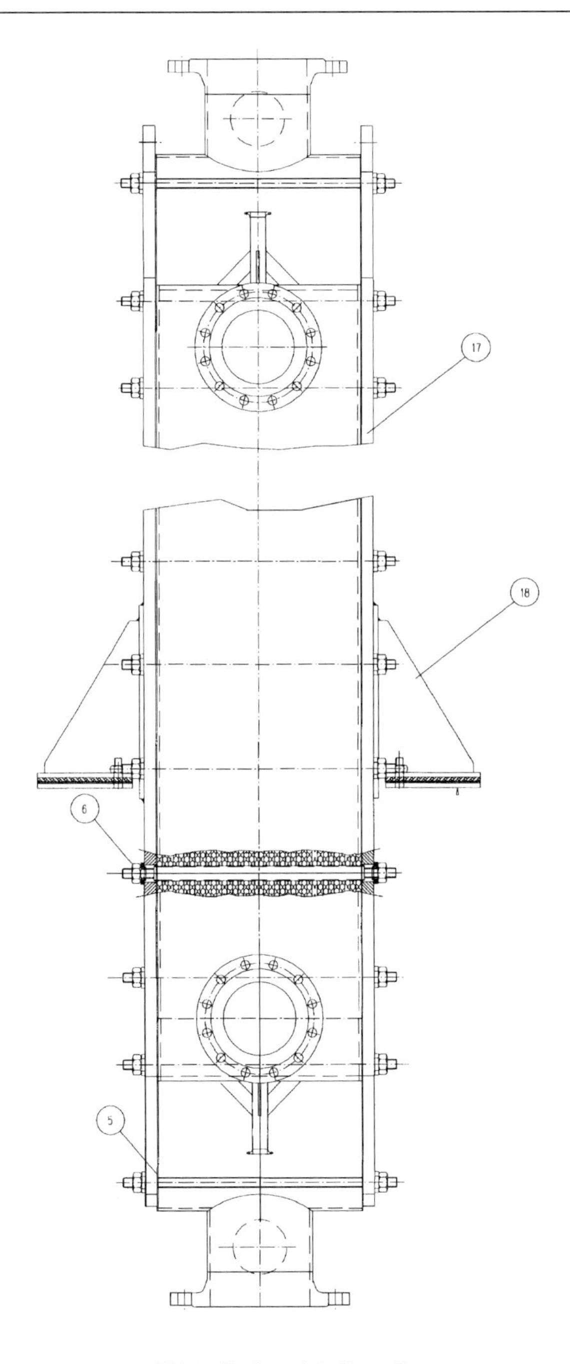

Bild 6: Vorderansicht Disposition

4 Werkstoffe für Apparate – Korrosionsschutz

4.1 Metallische Werkstoffe

Hochlegierte Stähle für den Apparatebau

Von H. Richter [1])

Unter hochlegierten Stählen versteht man die Gruppe der nichtrostenden und säurebeständigen Stähle sowie die hitzebeständigen und hochwarmfesten Stähle. Diese Werkstoffe sind in erster Linie durch einen Chromgehalt von mindestens 13 % sowie Zulegierungen von Nickel, Molybdän und weiteren Elementen gekennzeichnet, die die Korrosionsbeständigkeit unter den vorherrschenden Bedingungen des Prozesses sicherstellen. Die hochlegierten Stähle nehmen eine bedeutende Position im chemischen Apparate- und Anlagenbau ein. Viele moderne Verfahren der chemischen Technik wären ohne diese Werkstoffe nicht durchführbar.

Durch den Einsatz hochlegierter Stähle wird in erster Linie die Korrosionsbeständigkeit unter Prozeßbedingungen sichergestellt. Korrosionsbeständigkeit wird gefordert, um eine Gefährdung durch Entweichen von Prozeßmedien bei Schäden zu vermeiden, um die Lebensdauer der Apparate sicherzustellen und um eine Verunreinigung der Produkte zu verhindern.

Die mechanischen Eigenschaften, die gefordert werden, müssen ausreichende Festigkeit und Duktilität sowie Verarbeitbarkeit unter den Bedingungen des Apparatebaus sicherstellen. Eine besondere Forderung ist die Schweißeignung. Es müssen geeignete Schweißverfahren anwendbar sein und die Schweißverbindungen dürfen keine Schwachstellen hinsichtlich Korrosionsbeständigkeit und der mechanischen Eigenschaften darstellen.

Wirkung der Legierungselemente

1 Chrom

Während unlegiertes Eisen unter der Wirkung von Atmosphärilien leicht korrodiert, kann durch Zulegierung von Chrom dieser Vorgang durch Bildung einer festhaftenden Chromoxidschicht unterbunden werden. So werden Eisenlegierungen mit Chrom bei Cr-Gehalten über 13 % von der Atmosphäre nicht mehr angegriffen. Bei noch höheren Chromgehalten kann ein Angriff in zahlreichen wässrigen Medien verhindert und die schützende Wirkung kann durch zusätzliche Elemente wie Molybdän verbessert werden.

Chrom begünstigt die Ausbildung eines kubisch-raumzentrierten α-Kristallgitters. Es tritt, wie Bild 1 zeigt, eine Abschnürung des γ-Gebietes (des Austenits) ein.

Eisen-Chromlegierungen mit mehr als 17 % Chrom wandeln nicht mehr um. Man spricht dann von ferritischen hochlegierten Stählen. Chromhaltige Stähle bilden bei Temperaturen unterhalb 820 °C (abhängig vom Cr-Gehalt) Anteile einer Ordnungsphase (σ-Phase). Diese führt sowohl zu einer Verschlechterung des Korrosionsverhaltens als auch zu einer Versprödung. Das Auftreten der Sigma-Phase läßt sich bei technischen

[1]) Dr.-Ing. Herbert Richter, DMV Stainless Deutschland, GmbH, Langenfeld

Eisen-Chrom-Werkstoffen durch schnelles Abkühlen von der Glühtemperatur von 800-900 °C unterdrücken. Ferritische Chromstähle neigen zur Grobkornbildung und sind schwierig zu schweißen.

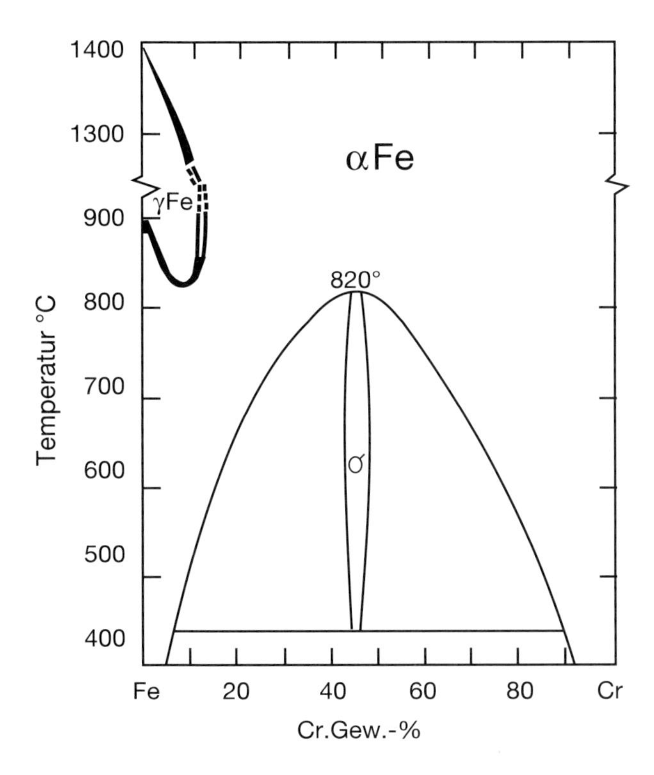

Bild 1: Zustandsschaubild Eisen-Chrom, nach RivLin und Raynor

2 Nickel

Nickel begünstigt die Ausbildung des kubisch-flächenzentrierten Austenit-Kristallgitters. Nach Bild 2 wird das γ-Gebiet durch Nickel stark erweitert. Außerdem wird die Temperatur der α/γ-Umwandlung erniedrigt und verläuft träge.

In der Praxis kann man aus Bild 3, in welchem isotherme Schnitte durch das Dreistoffsystem Eisen-Chrom-Nickel dargestellt sind, ablesen, daß die Zulegierung von ca. 10 % Ni bei Chromgehalten bis über 20 % ausreicht, um bei ca. 1000 °C ein homogenes austenitisches Gefüge zu erhalten. Bei schneller Abkühlung dieser Temperatur tritt keine Veränderung ein infolge der Trägheit der Umwandlungsvorgänge, desgleichen nicht bei der üblichen Kalt- und Warmverarbeitung. Bei Langzeitglühungen bei ca. 650 °C oder langsamer Abkühlung von hohen Temperaturen muß vor allem bei hohen Chromgehalten mit dem Auftreten der Sigma-Phase gerechnet werden (Bild 3).

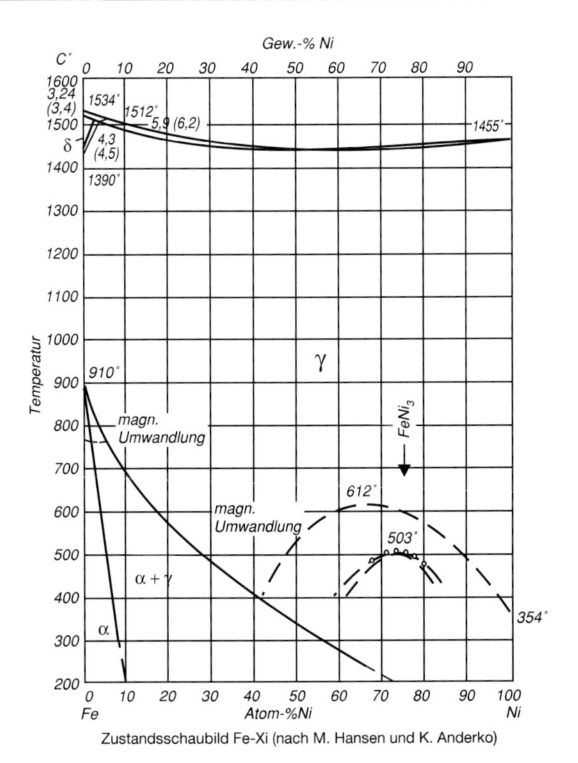

Zustandsschaubild Fe-Xi (nach M. Hansen und K. Anderko)

Bild 2: Zustandsschaubild Eisen-Nickel

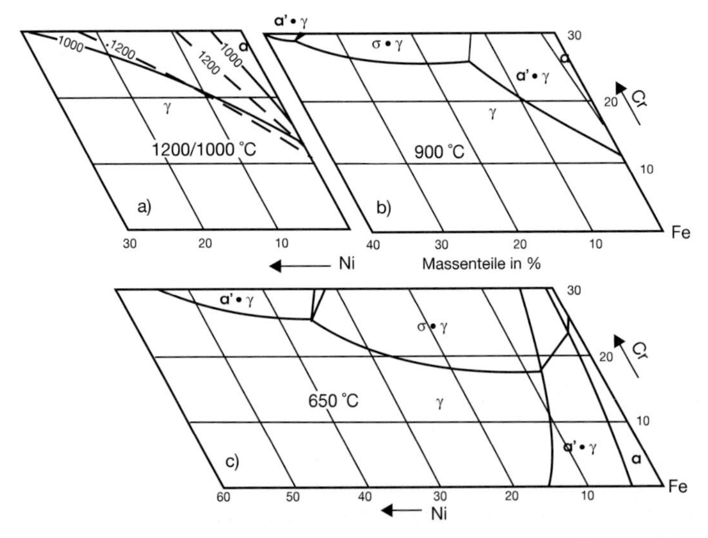

Bild 3: Ausschnitte aus dem Dreistoff-System Nickel-Eisen-Chrom nach RivLin und Raynor

Eisen-Chrom-Nickellegierungen mit austenitischen Gefügen neigen nicht zur Grobkornbildung, sie zeichnen sich durch besonders gute Schweißeignung unter den nichtrostenden Stählen aus.

3 Kohlenstoff

Kohlenstoff ist ein Element, das wie Nickel das Austenit-Gebiet erweitert. Es ist jedoch seit langem bekannt, das Kohlenstoff die korrosionsschützende Wirkung des Chroms durch Karbidbildung vermindert. Es tritt eine Chromverarmung ein, die Anlaß zu erhöhter Korrosionsanfälligkeit ist. Um diesen ungünstigen Einfluß des Kohlenstoffs zu vermeiden, werden zwei Wege beschritten:

- Stabilisierung, das heißt Abbinden des Kohlenstoffs durch Elemente mit stärkerer Affinität zu Kohlenstoff als Chrom, wie Titan oder Niob.
- Absenkung des Kohlenstoffgehaltes durch metallurgische Maßnahmen auf Werte, die je nach Stahlsorte und Anforderungen von „maximal 0,030 % C" bis „maximal 0,010 % C" gehen können.

Die Legierungsentwicklung auf dem Gebiet der Sonderedelstähle hat vornehmlich den letzteren Weg der Kohlenstoffabsenkung beschritten, falls nicht aus Festigkeitsüberlegungen höhere Kohlenstoffgehalte erforderlich sind.

4 Sonstige Elemente

Die Auswirkung weiterer Elemente auf die Gefügeausbildung wird praxisnah durch das Schaeffler-Delong-Diagramm wiedergegeben (Bild 4), in welchem ein Chromäquivalent aus der Summe der ferritbegünstigenden Elemente und ein Nickeläquivalent aus den Elementen, die das austenitische Gefüge stabilisieren, gebildet wird (jeweils mit Wertungsfaktoren für das betreffende Element). Aus diesem Diagramm kann abgelesen werden, ob ein Edelstahl mit ferritischem, austenitischem, ferritisch-austenitischem oder martensitischem Gefüge vorliegt (letzteres vor allem bei niedriger legierten Stählen).

Eine Übersicht über die wichtigsten korrosionsbeständigen Stähle ist in Tafel 1 wiedergegeben. Als Legierungselemente neben Chrom und Nickel sind die Elemente Titan und Niob, die den Anteil an Kohlenstoff abbinden sowie Molybdän, Kupfer, Stickstoff, Silizium und Mangan zu nennen.

Die Gruppe der ferritischen Stähle, die im Apparatebau verwendet werden, ist relativ klein. Sie spielen wegen der schwierigen Verarbeitbarkeit durch Schweißen und ihrer Neigung zur Versprödung nur eine untergeordnete Rolle, trotz des Vorteils niedriger Legierungskosten durch Wegfall des teuren Nickels. Sie sind für den Druckbehälterbau nur bedingt zugelassen.

Die ferritisch-austenitischen Stähle der nächsten Gruppe sind deutlich besser verarbeitbar. Sie sind normalerweise feinkörnig und durchaus schweißgeeignet. Eine Versprödungsneigung ist bei geeigneter Verarbeitung bei Temperaturen unterhalb von 300 °C auch im Langzeitbetrieb nicht zu befürchten. Sie zeichnen sich durch hohe Festigkeit aus, ihre Duktilität ist noch ausreichend (siehe Tafel 2).

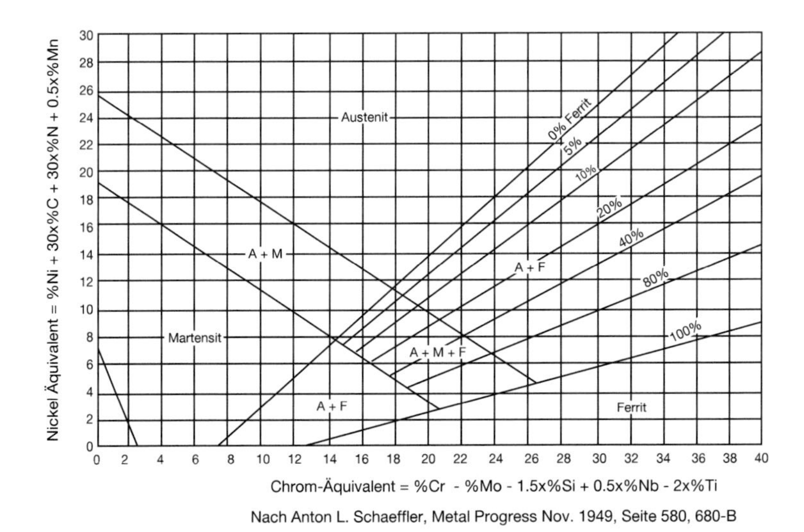

Nach Anton L. Schaeffler, Metal Progress Nov. 1949, Seite 580, 680-B

Bild 4: Schaeffler-Diagramm

Tafel 1: Nichtrostende Stähle (Legierungselemente)

Werkstoff-Nr.	Kurzzeichen	UNS-No	C	Cr	Ni	Mo	Sonst.
Ferritisch							
1.4006	X10Cr13	S41000	≤ 0,10	13,0			
1.4512	X6CrTi12	S40800	≤ 0,08	11,5			Ti 6X % C - 1,00
1.4016	X6Cr17	S43000	≤ 0,08	16,5			
1.4510	X6CrTi17	S43036	≤ 0,08	17,0			Ti 7X % C - 1,20
1.4521	X2CrTi18	S43035	≤ 0,015	18,0		2,0	Ti 10X % (C+N)
1.4575	X1CrNiMoNb28 4 2	S44800	≤ 0,015	28,0	3,5	2,0	
Ferritisch-Austenitisch							
1.4417	X2CrNiMoSi19 5	S31500	≤ 0,03	18,0	5,0	2,7	Si 1,6
1.4462	X2CrNiMoN22 5 3	S31803	≤ 0,03	22,0	5,5	3,0	N 0,15
1.4501	X2CrNiMoCuWN25 7 4	S32760	≤ 0,03	25,0	7,0	3,0	N 0,20, Cu 0,5
1.4362	X2CrNiN23 4	S32304	≤ 0,03	23,0	4,0		N 0,1
Austenitisch							
1.4301	X5CrNi18 10	S30400	≤ 0,07	18,0	9,5		
1.4306	X2CrNi19 11	S30403	≤ 0,03	19,0	11,0		
1.4541	X6CrNiTi18 10	S32100	≤ 0,08	18,0	10,5		Ti 5X % C - 0,80
1.4550	X6CrNiNb18 10	S34700	≤ 0,08	18,0	10,5		Nb 10X % C - 1,0
1.4401	X5CrNiMo17 12 2	S31600	≤ 0,07	17,5	12,0	2,2	
1.4404	X2CrNiMo17 13 2	S31603	≤ 0,03	17,5	12,5	2,2	
1.4571	X6CrNiMoTi17 12 2	S31635	≤ 0,08	17,5	12,0	2,2	Ti 5X % C - 0,80
1.4435	X2CrNiMo18 14 3	S31603	≤ 0,03	18,0	13,5	2,7	
1.4429	X2CrNiMoN17 13 3	S31653	≤ 0,03	17,5	13,0	2,7	N 0,18
1.4335	X1CrNi25 21	S31008	≤ 0,02	25,0	20,0		

Tafel 1: Nichtrostende Stähle (Legierungselemente) (Fortsetzung)

Werkstoff-Nr.	Kurzzeichen	UNS-No	C	Cr	Ni	Mo	Sonst.
1.4466	X1CrNiMoN25 22 2	S31050	≤ 0,02	25,0	23,5	2,2	N 0,12
1.4361	X1CrNiSi18 15	S30600	≤ 0,01	18,0	15,0		Si 4,0
1.4439	X2CrNiMoN17 13 5	S31726	≤ 0,03	17,5	13,5	4,5	N 0,18
1.4539	X1NiCrMoCuN25 20 5	N08904	≤ 0,02	20,0	25,0	4,5	Cu 1,1
1.4529	X1NiCrMoCuN25 20 6	N08926	≤ 0,02	20,0	25,0	6,5	Cu 0,9, N 0,2
1.4503	X1NiCrMoCuTi27 23 1		≤ 0,03	23,0	27,0	2,7	Cu 2,7
1.4563	X1NiCrMoCuN31 27 4	N08028	≤ 0,01	27,0	31,0	3,5	Cu 1,3

Tafel 2: Nichtrostende Stähle (mechanische Eigenschaften)

Werkstoff-Nr.	Kurzzeichen	UNS-No N/mm²	Rp 0,2 N/mm²	Rm %	A_5
Ferritisch					
1.4006	X10Cr13	S41000	≥ 250	450 - 600	≥ 17
1.4512	X6CrTi12	S40800	≥ 250	450 - 600	≥ 17
1.4016	X6Cr17	S43000	≥ 270	450 - 600	≥ 17
1.4510	X6CrTi17	S43036	> 270	450 - 600	≥ 17
1.4521	X2CrTi18	S43035	≥ 270	450 - 600	≥ 17
1.4575	X1CrNiMoNb28 4 2	S44800	≥ 450	600 - 800	≥ 17
Ferritisch-Austenitisch					
1.4417	X2CrNiMoSi18 5	S31500	≥ 440	630 - 850	≥ 30
1.4462	X2CrNiMoN22 5 3	S31803	≥ 450	680 - 850	≥ 25
1.4501	X2CrNiMoCuWN25 7 4	S32760	≥ 450	690 - 900	≥ 25
1.4362	X2CrNiN23 4	S32304	≥ 400	600 - 800	≥ 25
Austenitisch					
1.4301	X5CrNi18 10	S30400	≥ 195	500 - 700	≥ 40
1.4306	X2CrNi19 11	S30403	≥ 180	460 - 680	≥ 40
1.4541	X6CrNiTi18 10	S32100	≥ 200	500 - 730	≥ 35
1.4550	X6CrNiNb18 10	S34700	≥ 205	510 -740	≥ 35
1.4401	X5CrNiMo17 12 2	S31600	≥ 205	510 - 710	≥ 40
1.4404	X2CrNiMo17 13 2	S31603	≥ 190	490 - 690	≥ 40
1.4571	X6CrNiMoTi17 12 2	S31635	≥ 210	500 - 730	≥ 35
1.4435	X2CrNiMo18 14 3	S31603	≥ 190	490 - 690	≥ 35
1.4429	X2CrNiMoN17 13 3	S31653	≥ 295	580 - 800	≥ 35
1.4335	X1CrNi25 21	S31008	≥ 210	490 - 690	≥ 35
1.4466	X1CrNiMoN25 22 2	S31050	≥ 230	580 - 750	≥ 35
1.4361	X1CrNiSi18 15	S30600	≥ 220	540 - 740	≥ 30
1.4439	X2CrNiMoN17 13 5	S31726	≥ 285	580 - 800	≥ 35
1.4539	X1NiCrMoCuN25 20 5	N08904	≥ 220	520 - 720	≥ 40
1.4529	X1NiCrMoCuN25 20 6	N08926	≥ 300	650 - 950	≥ 40
1.4503	X1NiCrMoCuTi27 23 1		≥ 210	500 - 750	≥ 40
1.4563	X1NiCrMoCuN31 27 4	N08028	≥ 215	500 - 750	≥ 40

In der Gruppe der austenitischen Stähle stellt der erste Block die Gruppe der sogenannten 18/8 Chrom-Nickelstähle mit oder ohne 2-2,5 % Molybdän dar. Es sind die austenitischen Standard-Edelstähle, die in zahlreichen chemischen Prozessen und in allen Bereichen der Technik wie Haushaltstechnik, Lebensmitteltechnik, pharmazeutische Industrie und Automobilbau verwendet werden.

Sie sind in allen Regelwerken für den Druckbehälterbau bis über 550 °C zugelassen. Sie zeichnen sich durch geringere Festigkeit gegenüber die ferritischen und ferritisch-austenitischen hochlegierten Stähle aus. Ihre Duktilität und daher ihre Verarbeitbarkeit sind ausgezeichnet (siehe Tafel 2). Sie sind mit allen einschlägigen Schweißverfahren schweißbar. Die gute Verarbeitbarkeit hat die Standard-Edelstähle zur beherrschenden Gruppe des Sonderstahl-Apparatebaus gemacht.

Die folgende Gruppe der austenitischen Sonderstähle ist durch legierungstechnische Besonderheiten gekennzeichnet, die sie als maßgeschneiderte Werkstoffe für besondere Anwendungen ausweisen.

Zum Verständnis der Stahlauswahl seien die wesentlichen Korrosionsformen in Erinnerung gebracht. Die allgemeine, das heißt abtragende Korrosion spielt bei hochlegierten Stählen nur eine untergeordnete Rolle. Vielmehr sind die verschiedenen Formen selektiver Korrosion wie

- Spannungsrißkorrosion
- Loch- und Spaltkorrosion
- Interkristalliner Angriff

zu betrachten.

Hochlegierte Stähle können bei gleichzeitiger Wirkung von Zugspannungen und einem aggressiven Medium die Bildung von Rissen zeigen. Geprüft wird die Anfälligkeit eines Stahles gegen diese Korrosionsart mit einer unter Zugspannungen stehenden Probe in einer Prüflösung, die aus einer siedenden 42%igen Magnesium-Chlorid-Lösung besteht. In Bild 5 ist die Standzeit in dieser Lösung in Abhängigkeit vom Nickelgehalt wiedergegeben. Es zeigt sich, daß gerade die Gruppe der Standard-Edelstähle mit ca. 10 % Nickel am anfälligsten gegen diese Korrosionsart ist. Sie weisen die geringste Standzeit auf. Stähle mit höheren Ni-Gehalten und niedrigeren Ni-Gehalten wie die austenitisch-ferritischen Stähle sind weniger anfällig.

In Prozessen, in denen Standard-Edelstähle diese Korrosionsart zeigen, wird man höher oder niedriger Nickel-legierte Werkstoffe einsetzen. Der Einfluß des Molybdäns hat nach diesem Diagramm keine besondere Bedeutung.

Der entscheidende Vorteil eines Molybdänzusatzes kommt in seiner Wirkung auf die Loch- bzw. Spaltkorrosion zum Ausdruck. Es hat sich gezeigt, daß die Beständigkeit gegen eine Loch- oder Spaltkorrosion in direkter Abhängigkeit von der sogenannten Wirksumme, das heißt der Summe aus Chromgehalt und dem 3,3fachen des Molybdängehaltes und dem 16fachen des Stickstoffgehaltes abhängt.

Die Wirksummen (auch „Pitting resistance equivalent" genannt) ist definiert durch:

$$PRE = \%\,Cr + 3{,}3 \times \%\,Mo + 16 \times \%\,N$$

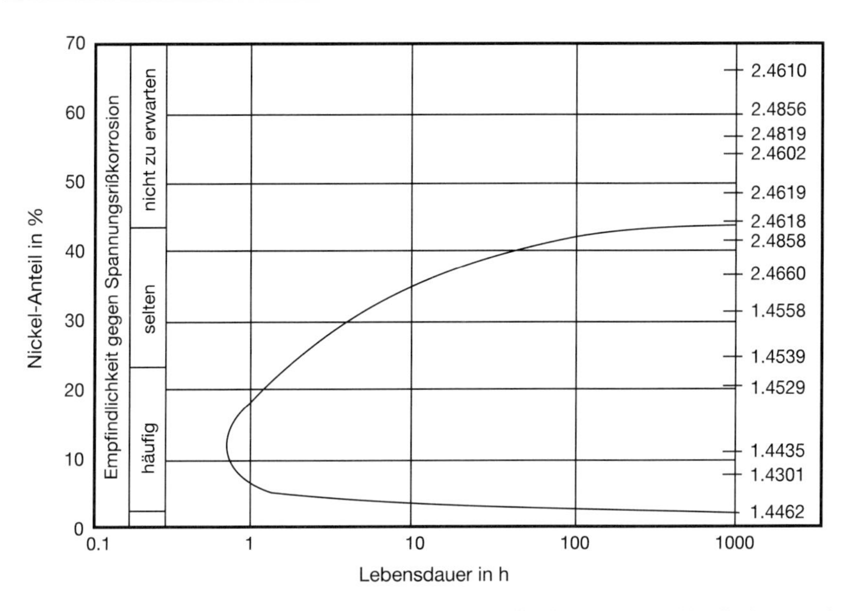

Bild 5: Einfluß von Nickel auf die Spannungsrißkorrosion bei Sonderstählen und Nickellegierungen in 43%iger $MgCl_2$-Lösung

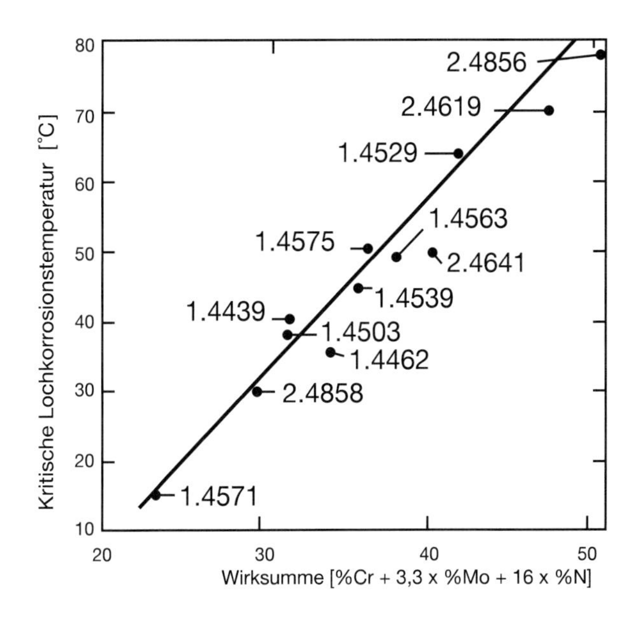

Bild 6: Kritische Lochkorrosionstemperatur in 10% $FeCl_3$-Lösung als Funktion der Wirksumme (%Cr + 3,3 x%Mo + 16x%N)

In Bild 6 ist die kritische Lochfraßtemperatur, das heißt diejenige Temperatur, bei der erstmalig Korrosionsangriffe in Form von tiefen Mulden in einer sonst nicht angegriffenen Metalloberfläche bei Prüfung in einer sehr aggressiven 10%igen Fe Cl_3-Lösung auftreten, wiedergegeben. Je höher diese Temperatur ist, desto besser die Beständigkeit. Bild 6 zeigt eine außerordentlich gute Korrelation zwischen Wirksumme und kritischer Lochfraßtemperatur, unabhängig von Nickelgehalt, das heißt die Darstellung gilt in gleichem Maße für ferritische, ferritisch-austenitische und austenitische Stähle. Selbst Chrom- und Molybdänhaltige Nickelbasislegierungen ordnen sich in dieses Schema ein.

In Bild 7 ist eine analoge Darstellung für die kritische Spaltkorrosion wiedergegeben. Auch hier zeigt es sich, daß die Wirksumme als Arbeitshypothese gut geeignet ist, die Anfälligkeit gegen eine Spaltkorrosion zu beschreiben.

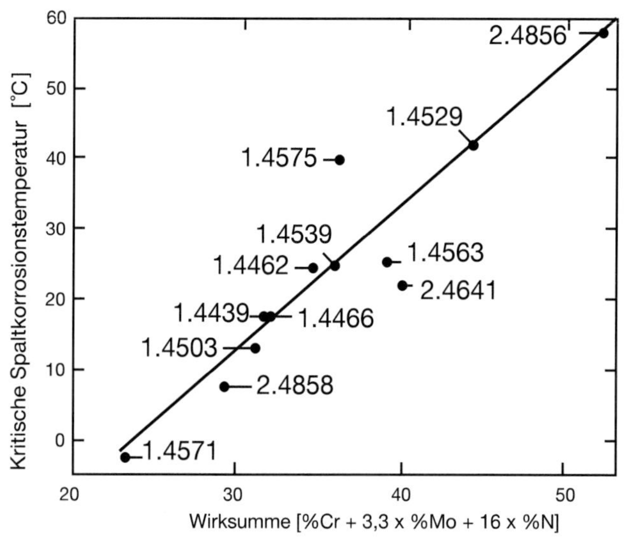

Bild 7: Kritische Spaltkorrosionstemperatur in 10%FeCl3-Lösung als Funktion der Wirksumme (%Cr + 3,3x%Mo + 16x%N)

Chloridische Verunreinigungen sind in allen natürlichen Brauchwässern von Flüssen, Seen und besonders in küstennahen Gebieten vorhanden. Seewasser mit je nach Standort 3-4,5 % Salzgehalt ist ein Medium, das bei Standard-Edelstählen sehr leicht Loch- und Spaltkorrosion bewirkt.

Die Auswahl der Stähle richtet sich nach den Prozeßmedien. Bei geringen Chlorid-Belastungen (unter 100 ppm) reichen Molybdänfreie Standard-Edelstähle aus. Bei Chloridgehalten über dieser Grenze werden Molybdänhaltige Stähle bevorzugt.

Für Seewasseranwendungen bedarf es höher legierter Stähle mit außerordentlich hohen PRE-Werten wie den austenitisch-ferritischen Stählen 1.4462 oder 1.4501 (Super-Duplex-Stahl) oder hochlegierten Austeniten wie 1.4539 oder 1.4529. Diese Werkstoffe haben im Apparatebau eine bedeutende Position, wenn zum Beispiel nur Seewasser als Kühlmittel zur Verfügung steht, was in wasserarmen Regionen, zum Beispiel im nahen Ostens typisch ist.

Für die Herstellung von Salpetersäure und Düngemitteln auf Harnstoffbasis sind Werkstoffe mit besonderer Beständigkeit gegen interkristalline Korrosion erforderlich. Hierfür ist ein stabil-austenitisches Gefüge erforderlich. In einfachen Fällen kann Werkstoff 1.4306 mit niedrigem Kohlenstoffgehalt und zusätzlicher Absenkung aller Ferritbildenden Elemente wie Molybdän und Silizium eingesetzt werden. Zusätzlich ist besonders darauf zu achten, daß der Stahl in einwandfreiem lösungsgeglühten Zustand vorliegt.

Für höhere Konzentrationen an Salpetersäure wird der Werkstoff 1.4335 eingesetzt. Für Salpetersäure höchster Konzentration wird der Werkstoff 1.4361 mit 4 % Silizium eingesetzt, der sich unter diesen speziellen Bedingungen bewährt hat.

Für die großtechnischen Prozesse der Düngemittelherstellung werden aufgrund von chloridischen Beimengungen molybdänhaltige Werkstoffe wie die Werkstoffe 1.4429, 1.4435 und 1.4466 eingesetzt. Die Austenit-Stabilität wird durch erhöhte Nickelgehalte und Zusätze an Stickstoff gewährleistet. Der Vorteil des Stickstoffzusatzes ist neben der Stabilisierung des Austenits die Erhöhung der mechanischen Festigkeit ohne Einbuße an Duktilität.

Die Prüfung der Austenitstabilität der Stähle für Salpetersäure- und Harnstoffanlagen erfolgt üblicherweise in einem Kochversuch über 5 x 48 Stunden in siedender, azeotroper Salpetersäure (68%ig). Sie ist vor allem ein Kriterium für die Güte der Wärmebehandlung (Huey-Test).

Schwefelsäure ist die Basis zahlreicher chemischer Verfahren und wird daher großtechnisch in vielen Anlagen hergestellt oder verarbeitet. Phosphorsäure wird nach verschiedenen Verfahren aus Kalziumphosphat mit Hilfe von Schwefelsäure hergestellt, so daß die Werkstoffprobleme in Phosphor- und Schwefelsäure sich ähneln. Für die Anwendung in diesen beiden Medien werden Werkstoffe benötigt, die in Schwefelsäure der unterschiedlichsten Konzentrationen beständig sind. Der günstige Einfluß von Molybdän ist in Schwefelsäure bei hoher Temperatur auf Mo-Gehalte bis ca. 5 % beschränkt.

Chrom wirkt sich uneingeschränkt günstig aus. Bekannt ist gegenüber Schwefelsäure der günstige Einfluß von Kupfer. Kupfer reduziert die Anfälligkeit gegen Korrosionsangriffe im transpassiven Bereich der Stromspannungskurve. Geeignete Werkstoffe sind die Stähle 1.4539, 1.4503 und 1.4563.

Hitzebeständige und hochwarmfeste Stähle

Auch bei erhöhten Temperaturen ist Chrom ein wirksamer Schutz vor einer Oxidation an Luft und in zahlreichen Prozeßgasen. Wie Bild 8 erkennen läßt, wird die Oxidation durch Chromzusätze bis 18 % sehr stark, durch Erhöhung des Chromgehaltes bis über 25 % noch sehr deutlich bei allen untersuchten Temperaturen bis 1200 °C ermäßigt. Zusätze an Silizium, Aluminium und seltenen Erdmetallen (Cer-Mischmetall) verbessern zusätzlich die Oxidationsbeständigkeit.

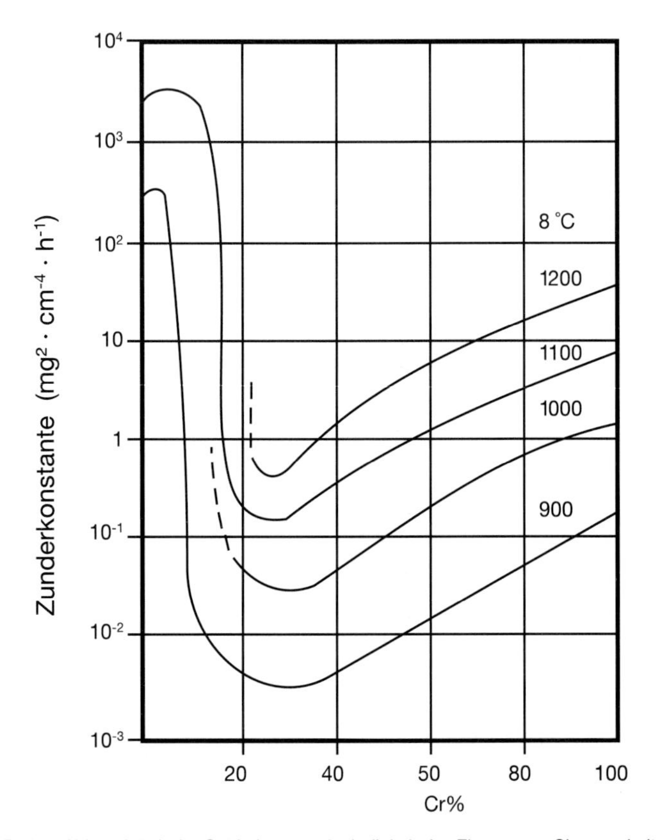

Bild 8: Abhängigkeit der Oxidationsgeschwindigkeit des Eisens vom Chromgehalt

Die Zusätze führen zur Ausbildung schützender Decksichten aus Oxiden des Chroms, in denen die zusätzlichen Elemente eingelagert sind. Diese Schichten wirken als Diffusionsbarriere nicht nur für die Vorgänge bei der Oxidation, sondern auch beim Angriff von durch aufkohlende und sulfidierende Medien, wie sie bei Verbrennungsvorgängen aller Art entstehen.

Die Stähle für Hochtemperaturanwendungen werden nach Anwendungsfällen in die Gruppe der hitzebeständigen und der hochwarmfesten Stähle eingeteilt. Bei den hitzebeständigen Stählen steht die Beständigkeit gegen die verschiedenen Arten der Hochtemperaturkorrosion im Vordergrund. In dieser Gruppe (vergleiche Tafel 3) findet man Werkstoffe, die außer Chrom noch Silizium, Aluminium, Titan und seltene Erdmetalle enthalten. Die ferritischen Stähle dieser Gruppe werden in solchen Fällen eingesetzt, wo keine hohen Anforderungen an die Hochtemperaturfestigkeit gestellt werden. Sie werden für Apparate wie Rekuperatoren, die drucklos arbeiten, verwendet. Die bei lang-

Tafel 3: Hitzebeständige und hochwarmfeste Stähle

Werkstoff-Bezeichnungen			Typische chemische Zusammensetzung (%)					Mechanische Eigenschaften		
Werkstoff-Nr.	Kurzzeichen	UNS-No.	C	Cr	Ni	Mo	Sonstige	0,2 % Dehngrenze N/mm²	Zugfestigkeit N/mm²	Bruchdehnung %
Hitzebeständige Stähle										
Ferritisch:										
1.4713	X10CrAl7	–	≤ 0,12	7,0	–	–	Si 0,8; Al 0,8	≥ 220	420 - 650	≥ 20
1.4724	X10CrAl13	–	≤ 0,12	13,0	–	–	Si 1,0; Al 1,0	≥ 250	450 - 650	≥ 15
1.4749	X18CrN28	S44600	0,18	27,0	–	–	N 0,18	≥ 285	500 - 750	≥ 10
Austenitisch:										
1.4878	X12CrNiTi1809	S32109	≤ 0,12	18,0	9,5	–	Ti 5 X % C	≥ 210	500 - 750	≥ 40
1.4828	X15CrNiSi2012	–	≤ 0,20	20,0	12,0	–	Si 2,0	≥ 230	500 - 750	≥ 30
1.4835	X10CrNiSiN2111	S30815	≤ 0,12	21,0	11,0	–	Si 2,0; N 0,16 + SE	≥ 250	500 - 750	≥ 30
1.4845	X12CrNi2521	S31008	≤ 0,15	25,0	20,5	–	-	≥ 210	500 - 750	≥ 35
1.4841	X15CrNiSi2520	–	≤ 0,20	25,0	20,5	–	Si 2,0	≥ 230	550 - 800	≥ 30
1.4876	X10NiCrAlTi3220	N08800	≤ 0,12	21,0	32,0	–	+ Al + Ti	≥ 170	500 - 750	≥ 30
1.4877	X5NiCrNbCe3227	S33228	≤ 0,06	27,0	32,0	–	Ce 0,07; Nb 0,8	≥ 185	500 - 750	≥ 35
1.4864	X12NiCrSi3616	N08330	≤ 0,15	16,0	36,0	–	Si 1,5	≥ 225	550 - 800	≥ 30
Austenitische hochwarmfeste Stähle										
1.4949	X3CrNiN1811	S30453	≤ 0,04	18,0	10,5	–	N 0,10	≥ 240	500 - 700	≥ 35
1.4948	X6CrNi1811	S30409	0,04 - 0,08	18,0	11,0	–	–	≥ 185	500 - 700	≥ 40
1.4941	X8CrNiTi1810	S32109	0,04 - 0,10	18,0	10,5	≤ 0,60	Ti 5 X % C ≤ 0,80	≥ 195	490 - 640	≥ 35
1.4910	X3CrNiMoN1713	S31653	≤ 0,04	17,0	13,0	2,2	N 0,10	≥ 260	550 - 750	≥ 35
1.4919	X6CrNiMo1713	S31609	0,04 - 0,08	17,0	13,0	2,2	–	≥ 205	490 - 690	≥ 35
1.4961	X8CrNiNb1613	–	0,04 - 0,10	16,0	13,0	–	Nb 10 X % C ≤ 1,20	≥ 205	510 - 690	≥ 35
1.4981	X8CrNiMoNb1616	–	0,04 - 0,10	16,5	16,0	1,8	Nb 10 X % C ≤ 1,20	≥ 215	530 - 690	≥ 35
1.4988	X8CrNiMoVNb1613	–	0,04 - 0,08	16,5	13,5	1,3	Nb 10 X % C ≤ 1,20	≥ 255	540 - 740	≥ 30
1.4958	X5NiCrAlTi3120	N08810	0,03 - 0,08	20,5	31,0	–	Al, Ti	≥ 170	500 - 750	≥ 35
1.4959	X8NiCrAlTi3221	N08811	0,05 - 0,10	20,5	32,0	–	Al, Ti	≥ 170	500 - 750	≥ 35
1.4877	X5NiCrNbCe3221	S3328	≤ 0,06	27,0	32,0	–	Ce 0,07 Nb 0,8	≥ 185	500 - 750	≥ 35

zeitigem Einsatz im Hochtemperaturbereich möglichen Versprödungserscheinungen durch die σ-Phase (vergleiche Bild 1) werden um den Preis höchster Zunderbeständigkeit in Kauf genommen. Die austenitischen Werkstoffe dieser Gruppe zeichnen sich durch hohe Festigkeit im Temperaturbereich über 700 °C aus. Durch Nickelzusatz wird gemäß Bild 3 die Ausscheidung der Sigma-Phase vermieden oder zurückgedrängt. So werden die Austenite dieser Gruppe dort eingesetzt, wo hohe Festigkeit neben guter Zunderbeständigkeit verlangt wird.

Ein Einsatz hitzebeständiger Werkstoffe unter den Bedingungen des Druckbehälterbau bei Temperaturen von 600 °C und mehr, erfordert neben der ausreichenden Oxidationsbeständigkeit das Vorliegen von Langzeitfestigkeitswerten bei den Anwendungstemperaturen und Mindestwerten für die Duktilität auch nach Langzeitbeanspruchung.

Werkstoffe, die diese Kriterien erfüllen, werden als hochwarmfeste Stähle bezeichnet. Für die Zulassung eines Werkstoffes als hochwarmfester Stahl nach dieser Definition ist dies Vorliegen von Ergebnissen aus Zeitstandversuchen erforderlich, die eine Festlegung von zulässigen Beanspruchungen bis zu einer Lebensdauer von 100.000 Stunden oder mehr erlauben. Legierungstechnisch sind die hochwarmfesten Stähle den hitzebeständigen Werkstoffen ähnlich, zum Teil auch identische Zusammensetzungen. Doch muß als Werkstoff für den Druckbehälterbau auf für die Hochtemperaturbeständigkeit wünschenswerte, aber versprödend wirkende Zusätze wie hohe Anteile an Aluminium oder Silizium verzichtet werden. Aufgrund der Gefahr der Versprödung durch die Sigma-Phase von ferritischen Chromstählen werden praktisch nur austenitische Stähle für den Druckbehälterbau für Temperaturen oberhalb 600 °C zugelassen.

Die Zeitstandfestigkeit austenitischer Stähle wird durch Kohlenstoff günstig beeinflußt. Daher sind bei den Kohlenstoffgehalten der meisten hochwarmfesten Stähle obere und untere Grenzen für den Kohlenstoffgehalt vorgesehen.

Tafel 4 gibt eine Übersicht über die Langzeitfestigkeitswerte hitzebeständiger und hochwarmfester Stähle bei Temperaturen von 600-800 °C wieder. Die Kurzzeitfestigkeitswerte bei Raumtemperatur entsprechen denjenigen ähnlich legierter korrosionsbeständiger Stähle.

Verarbeitungsfragen

Die hier behandelten Werkstoffe sind in allen vom Apparatebau benötigten Halbzeugen wie Bleche, Band, Schmiedeteile, Rohre und Stangen verfügbar. Der Lieferzustand ist normalerweise der lösungsgeglühte Zustand mit einem ausscheidungsfreien, feinkörnigen Gefüge. Glühbehandlungen erfolgen meist bei 1000 bis 1150 °C (nur ferritische Stähle werden niedriger geglüht). Glüh- oder Verarbeitungstemperaturen im Bereich von 550-950 °C sind im allgemeinen zu vermeiden, um Ausscheidungen zu verhindern.

Die Verarbeitung hitzebeständiger und hochwarmfester Stähle unterscheidet sich nicht von der korrosionsbeständiger Stähle.

Standard-Lieferzustand ist bei hochwarmfesten Stählen stets der lösungsgeglühte Zustand. Da bei extrem hohen Anwendungstemperaturen die Einhaltung einer Mindestkorngröße von Vorteil für die Zeitstandfestigkeit ist, kann in solchen Fällen auch eine

Mindestkorngröße spezifiziert werden. Wie weit nach Kaltumformungen im Zuge der Herstellung von Apparaten erneute Wärmebehandlungen erforderlich werden, ist in den anzuwendenden Regelwerken festgelegt.

Tafel 4: Langzeitfestigkeit bei höheren Temperaturen

Werkstoff-Bezeichnungen			Zeitstandfestigkeit N/mm² Rm / 100000 h bei			
Werkstoff-Nr.	Kurzzeichen	UNS-No.	600 °C	700 °C	750 °C	800 °C
Hitzebeständige Stähle (Anhaltswerte)						
Ferritisch:						
1.4713	X10CrAl7	–	20	5	–	2,3
1.4724	X10CrAl13	–	20	5	–	2,3
1.4749	X18CrN28	S44600	20	5	–	2,3
Austenitisch:						
1.4878	X12CrNiTi1809	S32109	65	22	–	10
1.4828	X15CrNiSi2012	–	65	16	–	7,5
1.4835	X10CrNiSiN2111	S30815	65	16	–	7,5
1.4845	X12CrNi2521	S31008	80	18	–	7
1.4841	X15CrNiSi2520	–	80	18	–	7
1.4876	X10NiCrAlTi3220	N08800	114	47	–	19
1.4877	X5NiCrNbCe3227	S33228	120	52	–	19
1.4864	X12NiCrSi3616	N08330	75	25	–	7
Austenitische hochwarmfeste Stähle (Werte gemäß DIN 17459/17460)						
1.4949	X3CrNiN1811	S30453	114	30	–	–
1.4948	X6CrNi1811	S30409	89	28	15	–
1.4941	X8CrNiTi1810	S32109	90	35	–	–
1.4910	X3CrNiMoN1713	S31653	141	52	34	20
1.4919	X6CrNiMo1713	S31609	120	34	–	–
1.4961	X8CrNiNb1613	–	108	34	20	–
1.4981	X8CrNiMoNb1616	–	152	44	15	–
1.4988	X8CrNiMoVNb1613	–	172	–	–	–
1.4958	X5NiCrAlTi3120	N08810	90	30	–	–
1.4959	X8NiCrAlTi3221	N08811	90	50	32	21
1.4877	X5NiCrNbCe3228	S33228	120	52	27	19
Werkstoff Nr. 1.4877 ist gemäß VdTÜV-Werkstoffblatt 497 auch als hochwarmfester Stahl zugelassen.						

Als Schweißverfahren kommen überwiegend Schutzgas-Verfahren zur Anwendung. Für das Schweißen bieten sich artgleiche oder sogenannte überlegierte Zusatzwerkstoffe an, die sicherstellen sollen, daß die Schweißverbindungen auch hinsichtlich Korrosionsbeständigkeit und Festigkeit keine Schwachstellen sind. Die Wärmeeinbringung beim Schweißen ist so zu wählen, daß in der wärmebeeinflußten Zone und im Schweißgut keine Sensibilisierung eintritt. Im allgemeinen führt dies zu einer engen Begrenzung der Wärmeeinbringung.

Die für die verschiedenen Werkstoffe geeigneten Schweißzusätze unterliegen den gleichen Bedingungen der Werkstoffzulassung wie die Grundwerkstoffe. Es können, abhängig vom Schweißverfahren, geringe Modifikationen der Zusammensetzung gegenüber den Grundwerkstoffen angezeigt sein. Als Überlegierte Zusatzwerkstoffe werden oft Nickelbasislegierungen eingesetzt, wie SG Ni Cr 21 Mo 9Nb/Alloy 625 (W.-Nr. 2.4831) für korrosionsbeständige Stähle und Werkstoffe SG Ni Cr 20 Nb (W.-Nr. 2.4806) für hochwarmfeste Stähle. Hochnickelhaltige Zusätze werden auch beim Verschweißen hochlegierter Stähle mit unlegierten C-Stählen angewandt.

Bei der Verarbeitung austenitischer Stähle mit anderen ferritischen oder niedriglegierten Stählen in einem Apparat ist der große Unterschied des thermischen Ausdehnungskoeffizienten zu beachten. Er liegt bei Austeniten um ca. 50 % höher als bei ferritischen Stählen.

Normen

Für die besprochenen Werkstoffe liegen umfangreiche DIN-Normen vor, in denen die chemische Zusammensetzung, die mechanischen Eigenschaften und die technischen Lieferbedingungen festgelegt sind. Nachfolgend seien die wichtigsten DIN-Normen und Stahl-Eisen-Werkstoffblätter genannt, die in die neuen EU-Standards überführt werden. Eine schematische Übersicht ist in Tafel 5 gegeben. International sind besonders die Standards der ASTM/ASME-Regelwerke von Bedeutung.

Tafel 5: Normen für legierte Stähle

	Bleche	Schmiedestücke	nahtlose Rohre	geschweißte Rohre
Korrosionsbeständige Stähle				
ferritisch	DIN 17440 SEW 400	SEW 400 DIN 17440	DIN 17456 SEW 400	DIN 17455 SEW 400
ferritisch-austenitisch	DIN 17440 SEW 400	SEW 400 DIN 17440	SEW 400	SEW 400
austenitisch	DIN 17440 SEW 400	SEW 400	DIN 17456 DIN 17458 SEW 400	DIN 17455 DIN 17457 SEW 400
Hitzebeständige Stähle				
ferritisch	SEW 470	SEW 470	SEW 470	SEW 470
austenitisch	SEW 470	SEW 470	SEW 470	SEW 470
Hochwarmfeste Stähle				
austenitisch	DIN 17460	DIN 17460	DIN 17459	DIN 17459
Schweißzusätze	DIN 1736			

Die Anforderungen dieser Normwerke stimmen mit denen der deutschen Normen und technischen Regeln weitestgehend überein.

Für die Qualifizierung eines neuen Werkstoffes im Druckbehälterbau ist es Stand der Technik, ein VdTÜV-Werkstoffblatt zu erarbeiten, welches sicherstellt, daß alle sicherheitsrelevanten Fragen für den Einsatz des Werkstoffes geklärt sind einschließlich Vorgaben für Verarbeitung und Schweißen.

Schrifttum

[1] U. Heubner et. al. Nickelwerkstoffe und hochlegierte Sonderedelstähle, 2. Aufl., expert-Verlag, 1993

[2] Les Aciers Inoxidables, P. Lcombe, G. Béranger und B. Baroux (Herausg.) Les Éditions de Physique, Les Ulis Cedex, France, 1990

[3] M. Rockel und M. Renner, Werkstoff und Korrosion, 35 (1984), 537

[4] E. M. Horn und A. Kügler, Z. Werkstofftechnik, 8 (1977), 362

[5] G. Herbsleb und P. Schwaab, Mannesmann Forschungsbericht 957/1983

[6] E. M. Horn und K. Schoeller, Werkstoff und Korrosion, 41 (1990), 57

[7] C. Miola und H. Richter, Werkstoff und Korrosion, 43 (1992), 396

[8] J. Lindemann und W. Schendler, VGB Kraftwerkstechnik, 71 (1991), 746

[9} W. Bendick, K. Haarmann und H. Richter, VGB Kraftwerkstechnik, 73 (1993), 1062

Nichteisenwerkstoffe im Apparatebau – Al, Cu, Pb –

Von E. Wendler-Kalsch [1])

1 Einleitung

Nichteisenmetalle wie Aluminium, Kupfer, Blei und ihre Legierungen haben neben den Eisenwerkstoffen in vielen Anwendungsbereichen eine hervorragende technische und wirtschaftliche Bedeutung erlangt. Entscheidend für den vielfältigen Einsatz der Nichteisenmetalle und insbesondere ihrer Legierungen ist häufig ihre herausragende Korrosionsbeständigkeit in zahlreichen, insbesondere aber in spezifischen Angriffsmedien.

2 Aluminiumwerkstoffe

Aluminiumwerkstoffe sind aufgrund ihres günstigen Verhältnisses von Festigkeit und Dichte hervorragend für Leichtbaukonstruktionen geeignet, was ihren Einsatz als Konstruktionswerkstoff im Bau-, Fahrzeug- und Flugwesen rechtfertigt. In einer Reihe von Fällen wird die Wirtschaftlichkeit der Verwendung von Aluminiumwerkstoffen aber auch durch deren Korrosionsverhalten bestimmt [1, 2]. Im Chemieanlagenbau haben Aluminiumwerkstoffe nur in ganz bestimmten Einsatzbereichen eine technische Bedeutung.

Die gute Korrosionsresistenz von Aluminium beruht, trotz seines sehr negativen Normalpotentials (-1,66 V), auf der Ausbildung kaum fehlgeordneter, nicht-elektronenleitender Al_2O_3-Passivfilme. Entscheidend für die Korrosionsbeständigkeit ist die Reinheit des Materials, das für Zwecke der chemischen Technik nicht unter 99,5 % Al liegen sollte. Da die Al_2O_3-Oberflächenschutzschicht im pH-Bereich zwischen 4,5 und 8,8 weitgehend unlöslich ist (Bild 1), zeichnen sich Aluminiumwerkstoffe durch eine sehr gute Korrosionsresistenz in etwa neutralen wäßrigen Medien aus. Hieraus leitet sich der Hauptanwendungsbereich von Reinaluminium im Bau-, Fahrzeugwesen und der Lebensmitteltechnik ab. Weitere Einsatzbereiche sind in Tafel 1 zusammengestellt [1].

Wegen der fehlenden Elektronenleitfähigkeit des Al_2O_3-Passivfilms lassen sich durch anodische Oxidation (Eloxieren) dickere Al_2O_3-Korrosionsschutzschichten erzeugen. Mit Hilfe der Hartanodisation können besonders harte und verschleißfeste Oxidschichten für technische Zwecke erzeugt werden [2]. Für die Hartanodisation eignen sich neben Aluminium eine Vielzahl von Knetlegierungen, sowie Gußlegierungen auf der Basis AlMg, AlMn, AlMgSi, AlZnMg u.a.. Im Chemieanlagenbau werden Aluminiumwerkstoffe nur in Ausnahmefällen eingesetzt, was darauf zurückzuführen ist, daß sie im allgemeinen sowohl in Säuren als auch Laugen nicht resistent sind (Bild 1) und in chloridhaltigen Medien anfällig werden für Lochfraß, interkristalline Korrosion und Spannungsrißkorrosion.

[1]) Prof. Dr.Dr. Elsbeth Wendler-Kalsch, Friedrich-Alexander-Universität Erlangen-Nürnberg, Institut für Werkstoffwissenschaften

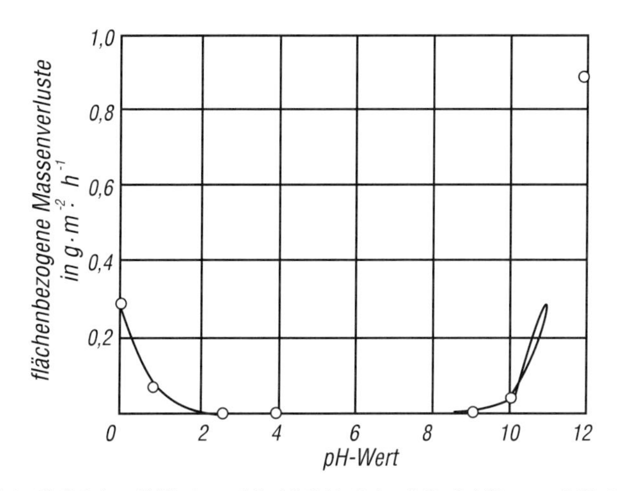

Bild 1: Einfluß des pH-Wertes auf die Löslichkeit des Al_2O_3-Oxidfilms, nach Shatalov

Tafel 1: Beispiele zum Korrosionsverhalten von Aluminiumwerkstoffen in verschiedenen Medien, nach B. Beyer.

Einwirkender Stoff	Al99,5	AlMg	AlCuMg	Verwendung
Ethylalkohol. wasserhaltig	1... 2			
-, völlig entwässert	5			
Acetylen, trocken	1		2 ... 3	Druckflaschen
Ammoniak, trocken, flüssig	1... 2	1... 2		Kühlelemente
Ethan	1	1		Druckflaschen
Atmosphäre, Industrie-	2... 3	3... 2	3	Bauw., Verkehr
-, See-	1... 2	1	3... 5	Schiffsbau
Benzol	1	1	1	Behälter, Apparaturen
Benzin	1	1	1... 3	
-, verbleit, wasserhaltig	3... 6			
destilliertes Wasser	1... 2	1... 2		
Freon (Kühlmittel)	1	1		Kältemaschinen
Eis	1	1	2	Kühlanlagen
Meerwasser	2... 3	1... 2	3... 5	

1 gut beständig; 2 beständig; 3 wenig beständig; 4 noch verwendbar; 5 bedingt beständig; 6 unbeständig

Die geringe Beständigkeit von Aluminium gegen Säuren hat Ausnahmen und gerade diese macht man sich in der chemischen Technik zunutze. Herausragend ist die Resistenz von Reinstaluminium bzw. AlSi12-Guß gegen hochkonzentrierte HNO_3 (Bild 2)

auch bei hoher Temperatur [3]. Daneben besteht eine gute Beständigkeit gegenüber konzentrierter Essigsäure (Bild 3). Rein und Reinstaluminium haben daher als Plattierungswerkstoff im Behälterbau für Hokosäure und Essigsäure eine technische Bedeutung.

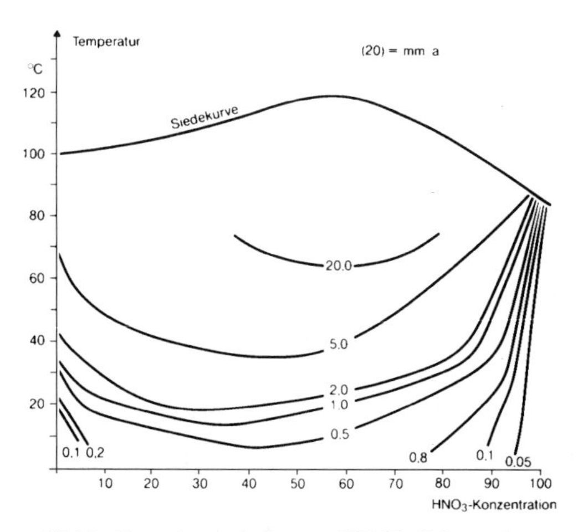

Bild 2: Korrosionsverhalten von Al99,5 in Salpetersäure

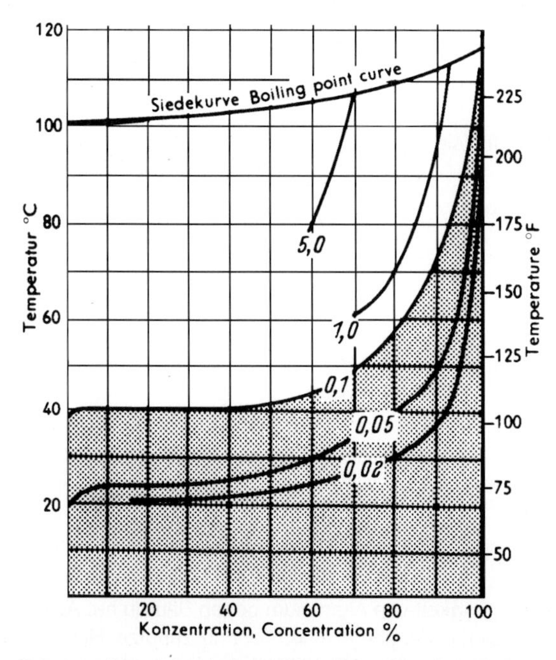

Bild 3: Reinstaluminium (99,3% Al) und Silumin (12% Si) in Essigsäure, nach Berg

Aufgrund des unedlen Charakters von Aluminium (Normalpotential -1,66 V) besteht bei Mischbauweisen mit edleren Metallen immer wieder das Problem der Kontaktkorrosion. Die elektrisch leitende Verbindung kann infolge unmittelbarer Berührung der blanken Metalloberfläche oder über Schrauben, Nieten, Bolzen, Schweißverbindungen und dergleichen hergestellt sein. Als Elektrolyt kommen alle leitenden Flüssigkeiten in Betracht. Feuchtigkeit aus der Atmosphäre genügt häufig schon, einen derartigen Korrosionsangriff auszulösen. Bild 4 veranschaulicht hierzu als Beispiel die Kontaktkorrosion an AlMgSi1 mit einer Schraubverbindung aus CrNi-Stahl. Obwohl es Stand der Technik ist, Al-Werstoffe mit CrNi-Schrauben zu verbinden, kann bei höherer Korrosionsbeanspruchung Kontaktkorrosion auftreten.

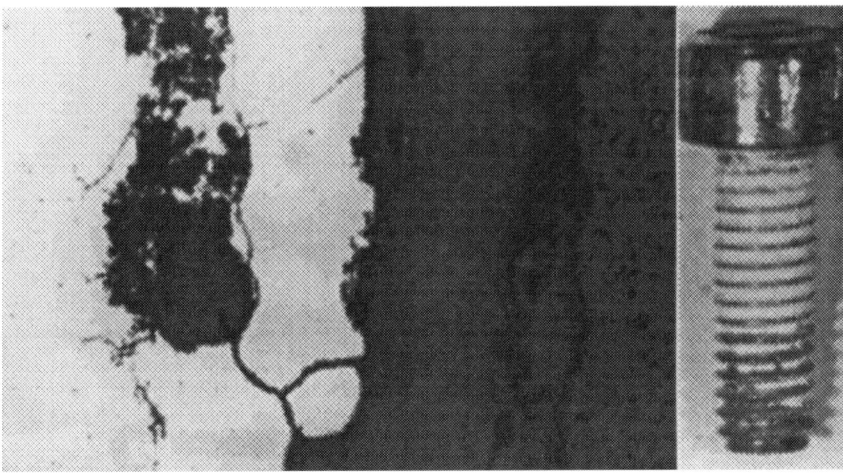

Maßstab 80 : 1 4 : 1

AlMgSi1 Lochfraß Korrosionsprodukte ***CrNi-Stahl*** **Schraube**

Bild 4: AlMgSi1 mit Schraubverbindung aus CrNi-Stahl, nach Beanspruchung in Meeresatmosphäre

Besonders ungünstig wirken sich auch edle Fremdmetallteilchen an einer Al-Oberfläche aus, weil sie in Anwesenheit einer Elektrolytlösung mit Aluminium Korrosionselemente bilden. Als Beispiel wird die Kontaktkorrosion durch Kupferabscheidungen auf Aluminium angeführt (Bild 5).

Zusammenfassend läßt sich sagen, daß im Chemieanlagenbau, von Ausnahmen abgesehen, Aluminiumwerkstoffe keine wesentliche Rolle spielen und sich der Einsatz vor allem auf solche Bauteile erstreckt, bei denen durch Verminderung des Gewichtes die Massenkräfte verringert werden können. Beispiele hierfür sind Laufräder für Verdichter und Gebläse, Gehäuse jeglicher Art, sowie Behälter für Lagerung und Transport.

Bild 5: Kontaktkorrosion durch Kupferabscheidungen auf Aluminium

3 Kupferwerkstoffe

Kupfer und Kupferbasislegierungen finden wegen ihres guten Korrosionsverhaltens in feuchter Atmosphäre, Trink-, Brauch- sowie Hochtemperaturwässern vielfältige Anwendung. Ihr weiter Anwendungsbereich in der Außenbewitterung, als Frischwasserleitungen, Armaturen, Kondensatoren, Wärmeaustauscher, im Chemieapparatebau und vieles mehr, beruhen neben der guten Korrosionsbeständigkeit aber auch auf ihrer guten Bearbeitbarkeit und Festigkeitseigenschaften, sowie hohen thermischen und elektrischen Leitfähigkeit.

3.1 Kupfer DIN 1787

Kupfer weist entsprechend seiner Stellung in der Spannungsreihe (Standardpotential Cu/Cu^{+} = 0,34 V) eine gute Korrosionsbeständigkeit auf, die sich auch den höher kupferhaltigen Legierungen mitteilt. Die geringe Empfindlichkeit in etwa neutralen bis alkalischen wäßrigen Medien (Ausnahme NH_3-haltige Wässer) beruht auf der Ausbildung gut schützender Oxidschichten, die in Abhängigkeit von der Art des Mediums und dem Korrosionspotential aus Cu_2O bzw. CuO bestehen [5]. In der Außenbewitterung, einschließlich Meeresklima, erweist sich Kupfer als weitgehend resistent, weshalb es auch im Bauwesen Verwendung findet. Sein Hauptanwendungsgebiet liegt jedoch im Bereich der Trink-, Kühl- und Brauchwässer [1]. Auch in diesem Bereich besteht eine gute Beständigkeit, obwohl unter ungünstigen Bedingungen (Ablagerungen, Wasserbeschaffenheit) Lochkorrosion nicht völlig auszuschließen ist [6].

Bild 6 veranschaulicht als Beispiel eine Lochfraßstelle an einem Cu-Kühlrohr im Querschliff. Kennzeichnend ist eine Cu_2O-Oberflächenschutzschicht mit einer Verletzung, unterhalb derer sich der Lochfraß ausbreitet.

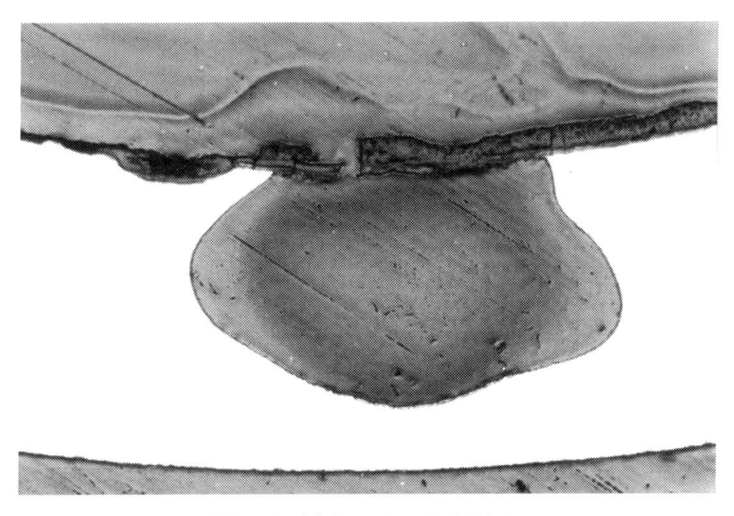

Bild 6: Lochfraß an einem Cu-Kühlrohr

In anorganischen und organischen Säuren hängt die Korrosionsabtragungsrate in großem Maße von der Anwesenheit von Oxidationsmitteln ab. Während sie in nicht oxidierenden Säuren bei Abwesenheit von Sauerstoff und bei Raumtemperatur gering bleibt, nimmt sie in oxidierenden Säuren mit zunehmendem O_2-Gehalt zu. Anhand einiger Beispiele wird die Korrosionsbeständigkeit von Kupfer in Säuren veranschaulicht [3], (Bilder 7a bis d; Isokorrosionslinien von Kupfer in Säuren, nach F. F. Berg).

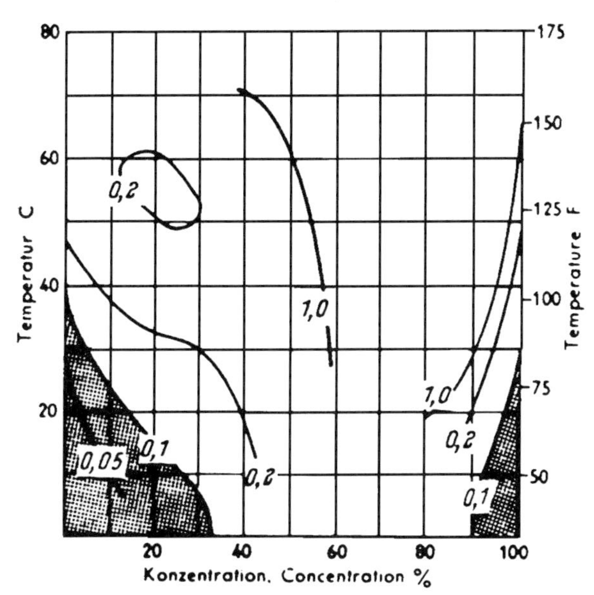

Bild 7a: Abtragsraten (mm/a) von Cu in H_2SO_4

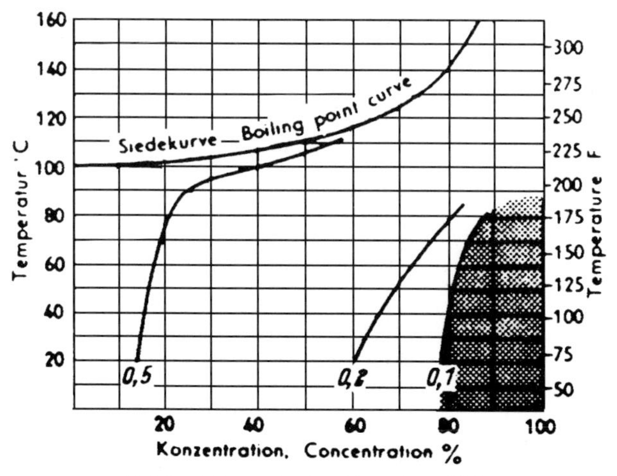

Bild 7b: Abtragsraten (mm/a) von Cu in H_3PO_4

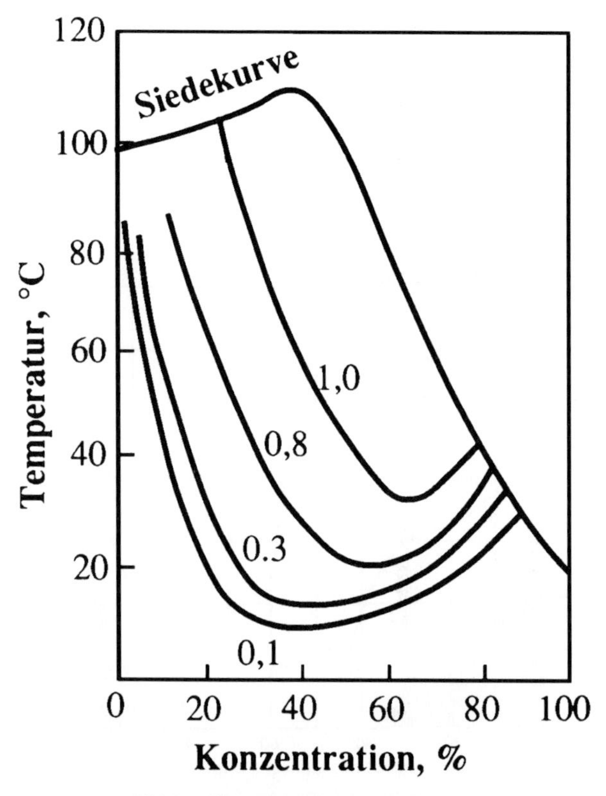

Bild 7c: Abtragsraten (mm/a) von Cu in HF

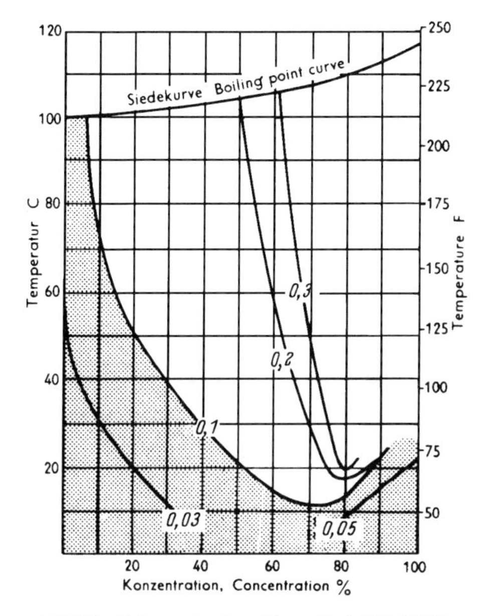

Bild 7d: Abtragsraten (mm/a) von Cu in CH_3COOH

In NH_3-haltigen wäßrigen Lösungen wird Kupfer bei hoher Alkalität stark angegriffen. In deckschichtbildenden etwa neutralen Lösungen, insbesondere aber in NO_2-haltigen wäßrigen Medien, ist selbst an Reinkupfer eine gewisse Empfindlichkeit für Spannungsrißkorrosion (SpRK) nicht völlig auszuschließen [7]. Als Ursache für SpRK-Schäden an Kupferrohren sind nitrithaltige bzw. nitritabgebende Wärmedämmstoffe anzuführen [7]. Bild 8 veranschaulicht die nitritinduzierte SpRK an einem SF-Kupferrohr.

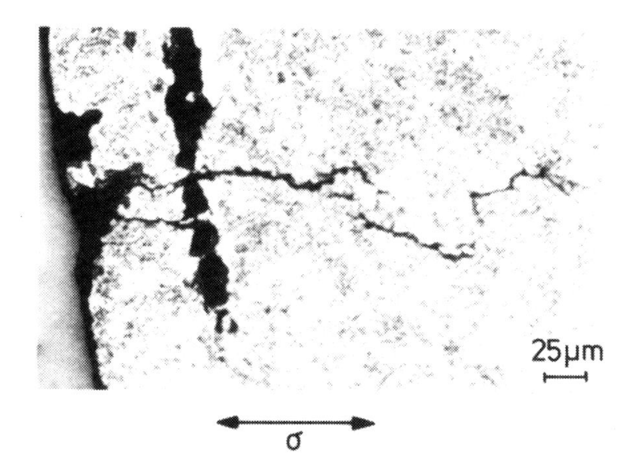

Bild 8: Nitritinduzierte Quer- und Längsrisse in einem harten Kupferrohr, nach [7]

3.2 Kupferlegierungen

Durch Legierungsbildung, vornehmlich mit Zn, Al, Ni, Sn u.a., werden höhere Festigkeiten erzielt.

3.2.1 CuZn-Legierungen DIN 17 660

Man unterscheidet einphasige α-Legierungen (Zn $\leq$ 37 %) und ($\alpha + \beta$)-Legierungen (37 bis 46 % Zn). Korrosionsbeständiger sind die Einphasenlegierungen. Die ($\alpha + \beta$)-Legierungen neigen zu einem bevorzugten Angriff der Zn-reicheren β-Phase. Beide Legierungstypen, in verstärktem Maße die ($\alpha + \beta$)-Legierungen, werden in chloridhaltigen Wässern durch Entzinkung angegriffen (Bild 9).

Bild 9: Entzinkung an einem ($\alpha + \beta$)-Messing

Der Entzinkung begegnet man durch Zulegieren von As, Sn, Sb und P. Während bei den einphasigen α-Legierungen hierdurch ein weitgehender Schutz vor Entzinkung erreicht wird, kann bei den ($\alpha + \beta$)-Legierungen die Empfindlichkeit häufig nicht gänzlich unterdrückt werden und gegebenenfalls bei höheren As- und P-Zusätzen zu einer gewissen Neigung für Korngrenzenangriff führen.

Unter den ternären Legierungen haben sich vorzugsweise CuZn28Sn und CuZn20Al (2 % Al) seit vielen Jahren als Werkstoffe für Kühler-, Kondensator- und Wärmetauscherrohre in weniger stark verunreinigten Kühlwässern bewährt [8]. Wegen ihres günstigen Korrosionsverhaltens in Atmosphäre und Wasser werden CuZn-Legierungen vor allem auch für Armaturen sowie Schlauchrohre eingesetzt.

In NH_3- bzw. H_2S-haltigem Kühlwasser besteht die Gefahr der SpRK. Die kritische Grenzspannung für NH_3-induzierte SpRK nimmt bei CuZn-Werkstoffen mit zunehmendem Zn-Gehalt kontinuierlich ab und beträgt bei der Legierung Cu70Zn30 nur etwa 10 N/mm^2 (Bild 10).

Restspannungen nicht vollständig spannungsfrei geglühter Bauteile reichen daher unter Umständen aus, um Rißbildung hervorzurufen.

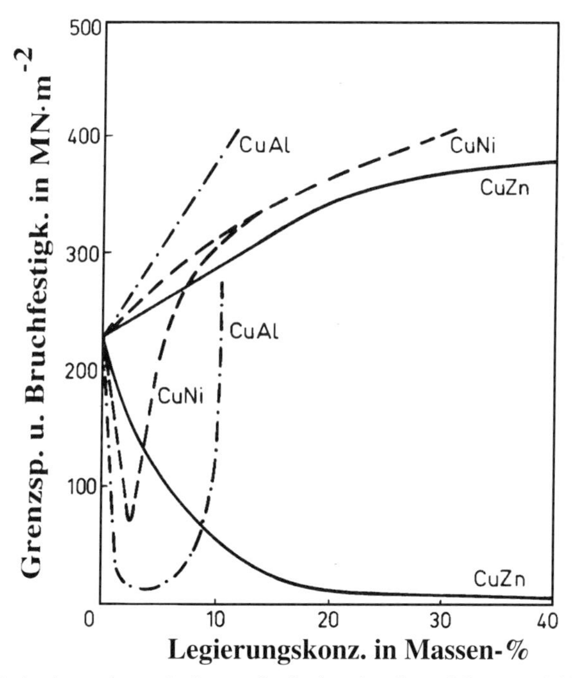

Bild 10: Einfluß der Legierungskonzentration von Cu-Basiswerkstoffen auf die ammoniakinduzierte SpRK

Das typische Erscheinungsbild von Schäden, die auf fertigungsbedingte Rohrumfangsspannungen zurückzuführen sind, sind Rohrlängsrisse (Bild 11a). Rohrquerrisse können als Folge unsachgemäßen Einwalzens der Rohrenden auftreten (Bild 11b). Zur Vermeidung von SpRK ist eine Spannungsarmglühung mit nachfolgender Prüfung der Restspannungen nach DIN 50 916 erforderlich.

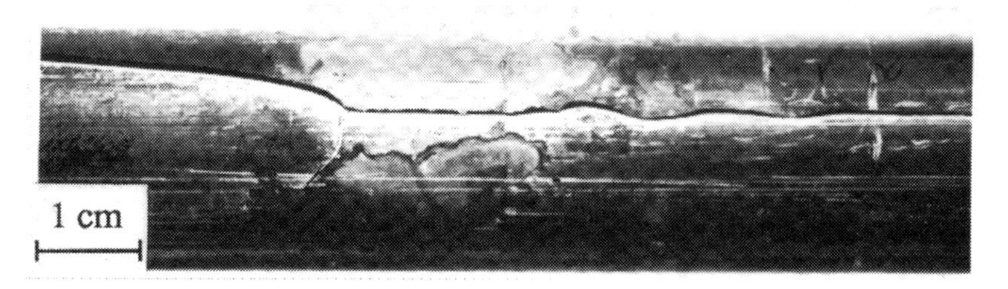

Bild 11a: Längsrisse in einem CuZn20Al-Rohr, nach Eichhorn

Bild 11b: Querrisse in einem CuZn20Al-Rohr, nach Eichhorn

3.2.2 CuAl-Werkstoffe DIN 17665

Die homogenen α-Legierungen (Al $\leq$ 7,8 %) zählen zu den korrosionsbeständigen Cu-Al-Werkstoffen (z. B. CuAl5, CuAl5As, CuAl8). Bei Meerwasserbeanspruchung sind sie sogar Reinkupfer überlegen [1]. Ihre erhöhte Resistenz verdanken sie der Ausbildung festhaftender, gutschützender Oxidfilme, die mit erhöhtem Al-Gehalt neben Cu_2O auch Al_2O_3 enthalten [5].

Aluminiumbronzen finden Anwendung als Kondensatorrohre (z. B. CuAl5As), für Steuerteile der Hydraulik (z. B. CuAl10Fe3Mn1), insbesondere aber auch für Pumpenteile (Laufräder) und Heißarmaturen. Auch im Chemieanlagenbau werden sie eingesetzt. Sie sind beständig gegenüber Alkalihydroxiden. Herausragend ist ihre Resistenz in hochkonzentrierter Phosphorsäure bis zu hohen Temperaturen (Bild 12).

Im Vergleich zu den einphasigen CuAl-Legierungen sind die zweiphasigen (α + β)-Legierungen (Al > 7,8 %) weniger korrosionsbeständig. Bei den heterogenen Mehrphasenlegierungen (Al > 10 %), die neben der α-Phase noch die γ_2-Phase sowie in Abhängigkeit von der Wärmebehandlung auch martensitische Phasen (β', β'_1 und γ'_1) enthalten können, tritt neben erhöhter Korrosionsgeschwindigkeit vorzugsweise auch Entaluminierung auf (Bild 13). Zusätze an Ni, Fe und Mn verbessern das Korrosionsverhalten der heterogenen Legierungen (z. B. CuAl11Ni, CuAl10Fe, CuAl9Mn).

Hinsichtlich SpRK-Beständigkeit ist anzuführen, daß gerade die homogenen α-Legierungen, die die besten Eigenschaften bezüglich gleichmäßiger Korrosion und Entaluminierung zeigen, eine erhöhte Anfälligkeit für NH_3-induzierte SpRK, namentlich bei CuAl-Werkstoffen mit ca. 4 % Al, aufweisen (vgl. Bild 10). Die heterogenen Werkstoffe mit Al > 8 % zeigen hingegen eine gute SpRK-Resistenz, sind aber, wie bereits angeführt, anfällig für selektive Korrosion (5).

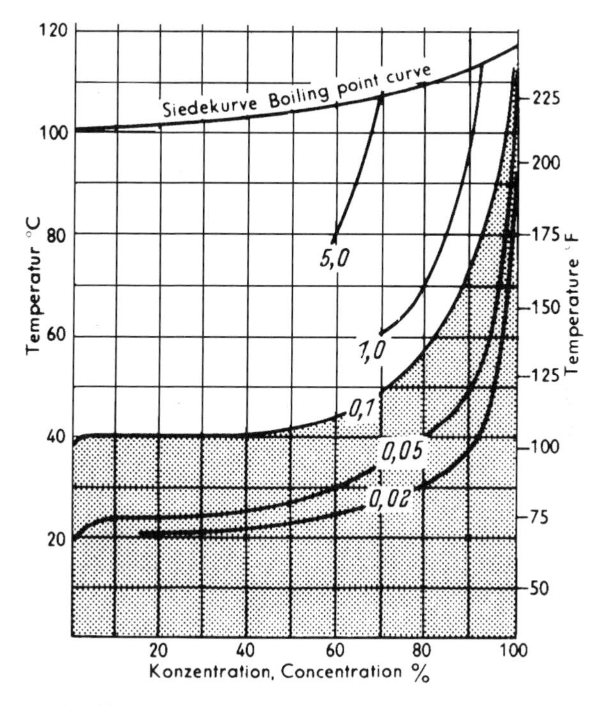

Bild 12: Abtragsraten (mm/a) von Aluminiumbronze (90 % Cu, 7 % Al, 3 % Fe) in Phosphorsäure, nach Berg

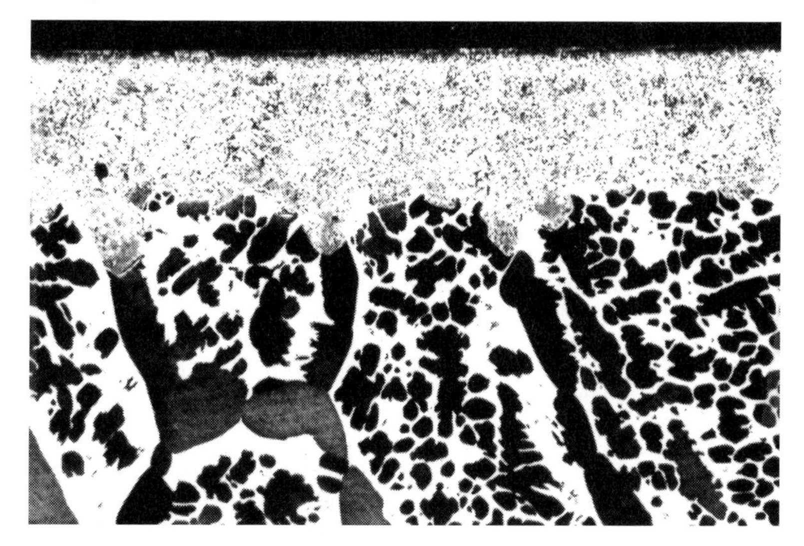

Bild 13: Entaluminierung (grau) der γ_2-Phase (schwarz) und des β'-Martensits (weiß) einer Mehrphasen CuAl-Legierung, nach Kaiser [9].

3.2.3 CuSn-Werkstoffe DIN 17662

Technisch interessante CuSn-Werkstoffe (Zinnbronzen) enthalten als Knetlegierungen bis zu 9 % und als Gußlegierungen bis zu 14 % Sn [1]. Ihre Festigkeit hängt vom Sn-Gehalt und dem Kaltverformungsgrad ab. Aufgrund ihres günstigen Verhaltens hinsichtlich Verformungsvermögen, Wechselfestigkeit bei guter Korrosionsresistenz in neutralen Salzlösungen und alkalischen Lösungen (Ausnahme NH_3-Medien), finden sie Anwendung für Schrauben, Federn (CuSn2), Rohre (CuSn6), sowie für Teile im Chemieapparatebau (CuSn4, CuSn6). Gußwerkstoffe in Form binärer CuSn-Bronzen und Mehrstofflegierungen mit Zusätzen an Pb (SnPb-Bronzen) oder Zn (Rotguß) haben sich in der Meerestechnik sowie im Maschinen- und Apparatebau bewährt. Wegen ihrer teils hervorragenden Gleiteigenschaften eignen sie sich für Lager, Schrauben, Schnecken, Zahnräder, Laufräder für Pumpen und Turbinen etc.

3.2.4 CuNi-Werkstoffe DIN 17664 und DIN 17658

CuNi-Legierungen bilden eine ununterbrochene Mischkristallreihe, was sich auf das Korrosionsverhalten positiv auswirkt. So zählen die technisch interessanten CuNi-Werkstoffe (CuNi10, CuNi20, CuNi30), die meist noch Eisen und Mangan enthalten, zu den korrosionsbeständigsten Cu-Basiswerkstoffen. Der gute Korrosionsschutz der häufig verwendeten technischen Werkstoffe CuNi10Fe und CuNi30Fe beruht auf der Ausbildung von oxidischen Oberflächenfilmen, die metallseitig aus Cu_2O und lösungsseitig aus komplexen Korrosionsprodukten mit einem hohen Fe- und Ni-Anteil bestehen [5, 10].

Im allgemeinen verwendet man CuNi-Werkstoffe dort, wo höhere Ansprüche an die Korrosionsbeständigkeit und Warmfestigkeit gestellt werden, so im Kraftwerksanlagenbau für Kühler und als Kondensatorrohre. Wegen der hohen Korrosionsbeständigkeit gegen Meer- und Brackwasser werden sie auch im Schiffsbau, für Meerwasserleitungen und -entsalzungsanlagen und in Anlagen zur Gewinnung von Trinkwasser eingesetzt [1].

Ebenso wie andere Kupferwerkstoffe werden auch die Kupfer-Nickel-Legierungen von Säuren angegriffen. Die Größe des Abtrages ist von der Belüftung und Temperatur abhängig. Anorganische Säuren greifen stärker an als organische [1]. Während für Salzsäure je nach Konzentration und Belüftung Abtragungen zwischen 7 und 150 g m^{-2} je Tag gemessen werden, belaufen sie sich bei Essigsäure nur auf 0,5 bis 15 g m^{-2} je Tag. Die Einwirkung belüfteter Flußsäure führte in einigen Fällen zur Entnickelung der Legierung. Alkalische Lösungen greifen kaum an. In 5%-iger NaOH treten Abtragungen zwischen 0,005 und 0,01 g m^{-2} je Tag auf. Dagegen wird erhebliche Korrosion in Gegenwart von Ammoniumhydroxiden festgestellt. Die gute Beständigkeit gegen Halogene geht bei Feuchtigkeit und Temperaturerhöhung merklich zurück.

CuNiFe-Legierungen zeigen auch ein günstiges Verhalten gegenüber Erosionskorrosion und Kavitation. Unter ungünstigen Bedingungen tritt gelegentlich chloridinduzierte Lochkorrosion auf. Gegenüber NH_3-induzierter, interkristalliner SpRK zeichnen sich CuNiFe-Werkstoffe mit Ni-Gehalten ab 10 % durch eine merklich höhere Beständigkeit im Vergleich zu den übrigen Cu-Basiswerkstoffen aus (vgl. Bild 10). In chloridhaltigen

Medien werden sie aufgrund praktischer Erfahrungen als immun gegen SpRK bezeichnet [10].

Da die technisch interessanten CuNiFe-Legierungen im Temperaturbereich von ca. 350 bis 650 °C zur Ausbildung FeNi-reicher Korngrenzenausscheidungen neigen [11], ist man bislang davon ausgegangen, daß der homogenisierte ausscheidungsfreie Werkstoff die höchste Beständigkeit gegenüber interkristalliner SpRK aufweisen sollte.

Demzufolge kam für technische Bauteile auch stets der homogenisierte Werkstoffzustand in Frage. Durch neuere Untersuchungen zum Einfluß des Ausscheidungszustandes auf das SpRK-Verhalten einer technischen CuNi10Fe1,5-Legierung in NH_3-haltiger Lösung konnte jedoch gezeigt werden, daß durch gezielte Wärmebehandlungen Werkstoffzustände erzeugt werden können, die den homogenen Zuständen deutlich überlegen sind [10], Bild 14.

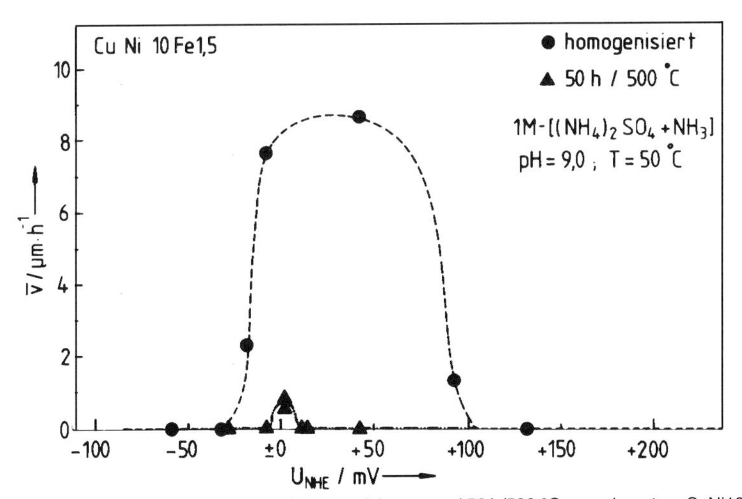

Bild 14: Mittlere Rißgeschwindigkeit v von homogenisiertem und 50 h/500 °C ausgelagertem CuNi10Fe als Funktion des Elektrodenpotentials, nach [10]

Des weiteren konnte gezeigt werden, daß das SpRK-Verhalten alleinig durch die Härte des Werkstoffes bestimmt wird (Bild 15), wobei sich eine höhere Härte, entgegen bisheriger Annahmen, durch eine höhere SpRK-Resistenz auszeichnet [10].

3.3 Korrosionsschutzmaßnahmen

Durch die Vielfalt der zur Verfügung stehenden Cu-Basiswerkstoffe läßt sich die sicherste Korrosionsschutzmaßnahme durch geeignete Werkstoffauswahl und deren Anpassung an die Betriebsverhältnisse erzielen.

a)

b)

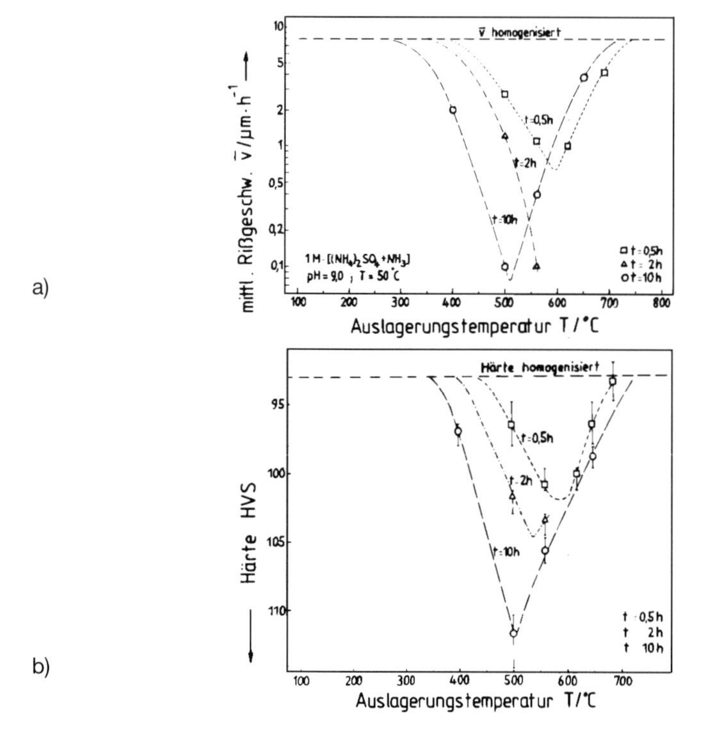

Bild 15: Vergleich zwischen a) mittlerer Rißgeschwindigkeit als Funktion der Auslagerungstemperatur für verschiedene Auslagerungszeiten bei U = +42 mV und b) Härte HVS bei gleicher Wärmebehandlung, nach [10]

4 Bleiwerkstoffe

4.1 Blei

Blei, das zu den ältesten metallischen Werkstoffen der Menschheit zählt, war schon im Altertum wegen seiner hohen Korrosionsbeständigkeit geschätzt. Blei verdankt seine gute Korrosionsresistenz der Fähigkeit, dichte, festhaftende Oberflächenschichten aus Bleiverbindungen auszubilden, die in Abhängigkeit vom angreifenden Medium aus Sulfaten, Carbonaten oder Oxiden bestehen [1, 12]. In der Außenbewitterung sowie in etwa neutralen Wässern wird der Korrosionsschutz durch die Bildung schwerlöslicher basischer Bleicarbonate – $Pb(OH)_2 \cdot 2\,PbCO_2$ – die daneben auch noch Bleisulfate enthalten können, hervorgerufen. Die Abtragungsraten von Blei betragen in Industrieatmosphäre ≈ 0,6 µm/Jahr, in Meeresklima ≈ 0,4 µm/Jahr, in Trockenklima ≈ 0,23 µm/Jahr. Blei findet deshalb im Bauwesen als Fassadenwerkstoff, Verkleidung von Dächern und Brüstungen und zur Schallschutzisolierung Anwendung.

In Säuren und Alkalien wird Blei im allgemeinen durch abtragende Korrosion stark angegriffen (Bild 16). Es zeichnet sich jedoch durch eine herausragende Resistenz gegenüber Schwefelsäure, sowie eine gute Beständigkeit in Phosphor- und Chromsäure aus, was auf die geringe Löslichkeit der entstehenden Salzdeckschichten in Form von Sulfaten, Phosphaten bzw. Chromaten zurückzuführen ist.

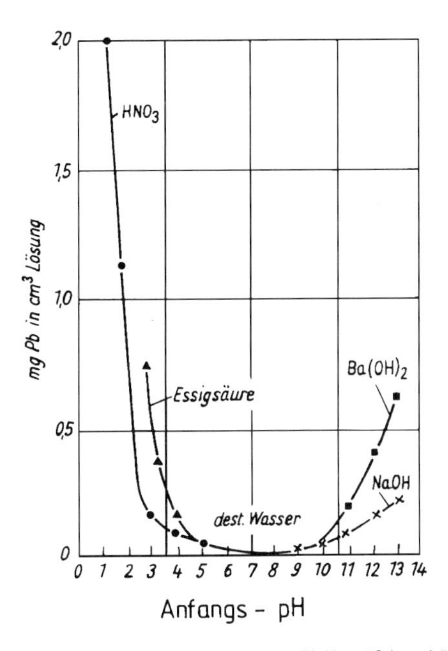

Bild 16: pH-Wert-Abhängigkeit des Korrosionsverhaltens von Blei in wäßrigen Lösungen, nach H. H. Uhlig

Seinen recht verbreiteten Einsatz in der chemischen Industrie verdankt das Blei seiner Beständigkeit gegenüber Schwefelsäure. Bild 17 veranschaulicht die hohe Resistenz von Hartblei in H_2SO_4 [3].

Diese Resistenz beruht im wesentlichen auf der Ausbildung einer Deckschicht aus Bleisulfat, deren Löslichkeit in Schwefelsäure zwar gering ist, deren Schutzwirkung aber durch die Entstehungsbedingungen im günstigen oder ungünstigen Sinn beeinflußt werden kann [13]. Die Korrosion von Pb in Schwefelsäure kann nämlich in zwei Formen auftreten, wobei die eine Form dem aktiven, die andere dem passiven Blei entspricht. Während aktive Korrosion vorwiegend an Feinblei und an mit unedlen Elementen legiertem Blei beobachtet wird, tritt Passivität an Blei auf, das mit relativ edlen Metallen, z. B. Cu oder Pd legiert ist.

4.2 Bleilegierungen

Zur Erhöhung der Korrosionsbeständigkeit und Festigkeit, insbesondere Kriechfestigkeit bei höheren Temperaturen, wird Blei mit Cu, Sb, Sn und Pd legiert. Durch edlere Legierungselemente kann die Bildung von schützenden Deckschichten gefördert werden, wobei sich kathodisch wirksame Elemente wie Kupfer und Palladium in der Weise als günstig erweisen, daß sie die Wasserstoffüberspannung herabsetzen, die Sauerstoffreduktion beschleunigen und dadurch die Bleilegierungen über den Aktivbereich hinweg in den Passivbereich polarisieren. Begünstigt wird dieser Effekt dadurch, daß die Löslichkeit von Cu und Pd gering ist und diese Legierungselemente im ausgeschiedenen Zustand vorliegen, wobei sich eine Feinverteilung der Partikel positiv auswirkt. Bild 18 zeigt hierzu den Einfluß verschiedener Pb-Legierungen auf die Lage des freien Korrosionspotentials in siedender 70%-iger H_2SO_4.

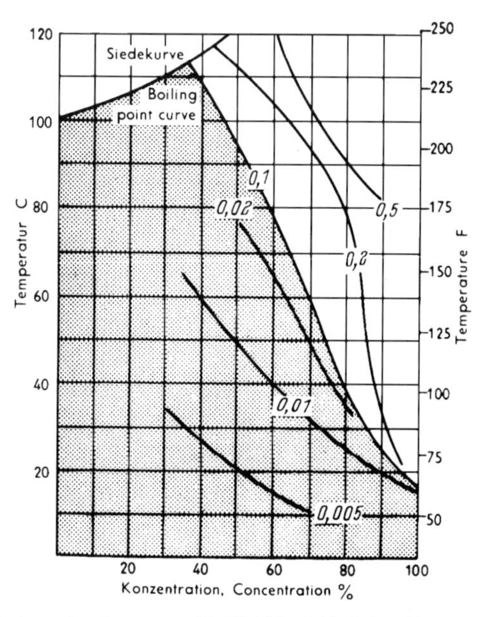

Bild 17: Isokorrosionskurven von Hartblei (Pb+Sb) in Schwefelsäure, nach Berg

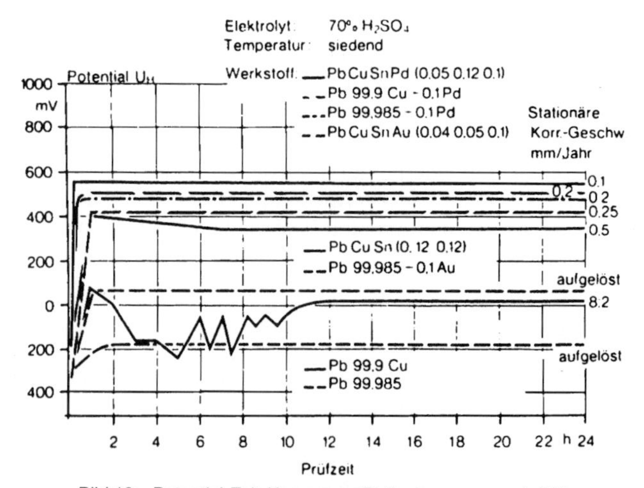

Bild 18: Potential-Zeit-Kurven von Bleilegierungen, nach [13]

Neben der guten Korrosionsbeständigkeit, sind die leichte Verformbarkeit, der niedrige Elastizitätsmodul und die hohe Dichte von Pb-Werkstoffen von Vorteil. Nachteilig dagegen wirkt sich bei Blei seine geringe Wechselbiege- und Temperaturwechselfestigkeit aus. Bei mechanischer und/oder Wärmewechselbeanspruchung entstehen als erste Anzeichen einer Ermüdung von Blei Oberflächenveränderungen, die als sogenannte „Elefantenhaut" bezeichnet werden (Bild 19) und ein mögliches Versagen des Werkstoffs ankündigen.

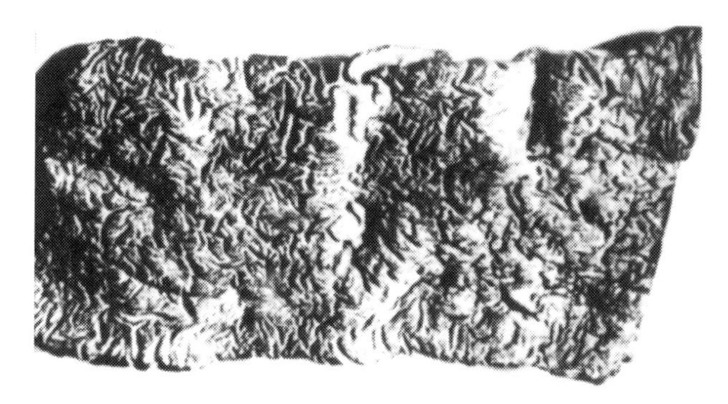

Bild 19: Homogenverbleiung mit „Elefantenhaut"

Beim praktischen Einsatz von Pb-Werkstoffen in hochkonzentrierter heißer beziehungsweise siedener H_2SO_4 spielt daher auch das Festigkeitsverhalten, das heißt das Zeitstandverhalten bei hohen Temperaturen eine entscheidende Rolle. In Bild 20 sind die Kriechkurven der Legierung PbCuSnPd (0,05; 0,12; 0,1) bei 20, 40 und 80 °C und einer Belastung von 0,4 kp/mm² dargestellt. Als Vergleich enthält das Diagramm außerdem die Kurven von Feinblei und Kupferfeinblei bei 40 °C. Die Legierung PbCuSnPd zeigt hiernach das beste Zeitstandverhalten.

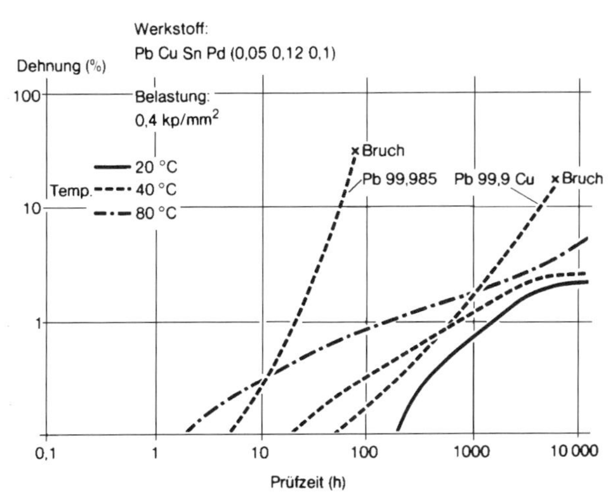

Bild 20: Zeitstandverhalten von Pb-Werkstoffen

In Bild 21 sind die Kriechkurven verschiedener Pb-Werkstoffe bei 40 °C und 0,4 bzw. 0,6 kp/mm² zusammengestellt. Dieser Vergleich zeigt wiederum, daß der Werkstoff PbCuSnPd bezüglich seiner Kriechfestigkeit alle anderen Mehrstofflegierungen übertrifft.

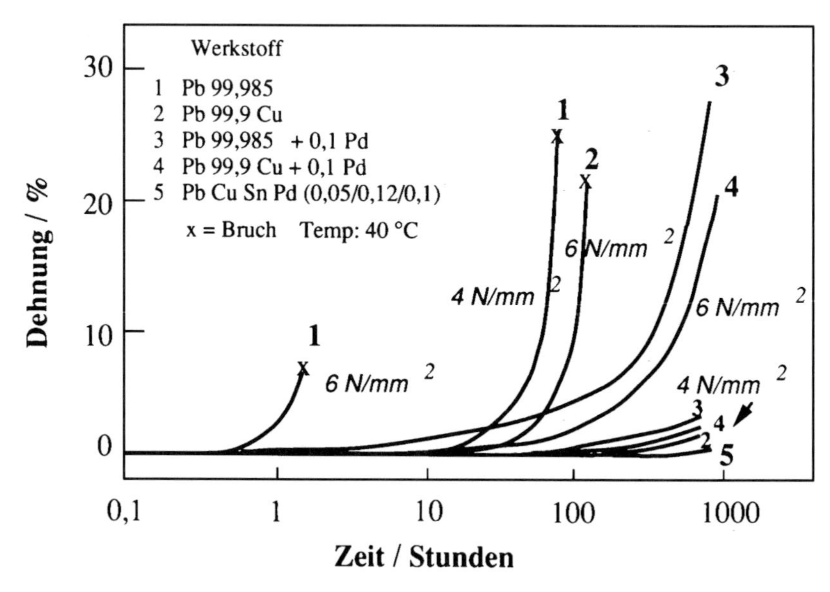

Bild 21: Kriechkurven von Pb und Pb-Legierungen

4.2.1 PbSb-Werkstoffe (Hartblei)

Zur Erhöhung der Festigkeit und Kornfeinung wird Blei mit Antimon legiert (0,5 bis 13 % Sb). PbSb-Legierungen sind aushärtbar (Ausscheidungshärtung), wodurch eine weitere Festigkeitssteigerung erzielt wird (Hartblei). Hartblei weist im Vergleich zu Feinblei und Kupferblei ein deutlich günstigeres Korrosionsverhalten in Chromsäure auf (Bild 22). Wie aus Bild 23 hervorgeht, trifft dieses Verhalten auch für Schwefelsäure zu.

PbSb-Werkstoffe finden vor allem Anwendung, wenn neben der Korrosionsbeständigkeit auch mechanische Anforderungen gestellt werden, so zum Beispiel für Akkumulatorenplatten, Pumpen, Ventile und Laufräder [1]. Die Korrosionsbeständigkeit läßt sich durch geringe Zusätze von As und Se noch weiter verbessern.

4.2.2 PbCu-, PbCuSn- und Pb-Mehrstofflegierungen

Im Vergleich zu reinem Blei zeichnen sich Legierungen auf der Basis PbCu, PbCuSn beziehungsweise Mehrstofflegierungen der Art PbCuSnPd mit jeweils äußerst geringen Legierungsbestandteilen an Cu (0,01 bis 0,1 %), Sn (0,05 bis 0,12 %) beziehungsweise Pd (0,10 %) durch eine erhöhte Korrosionsresistenz in heißer und siedender Schwefelsäure aus [12, 13], vgl. Tafel 2.

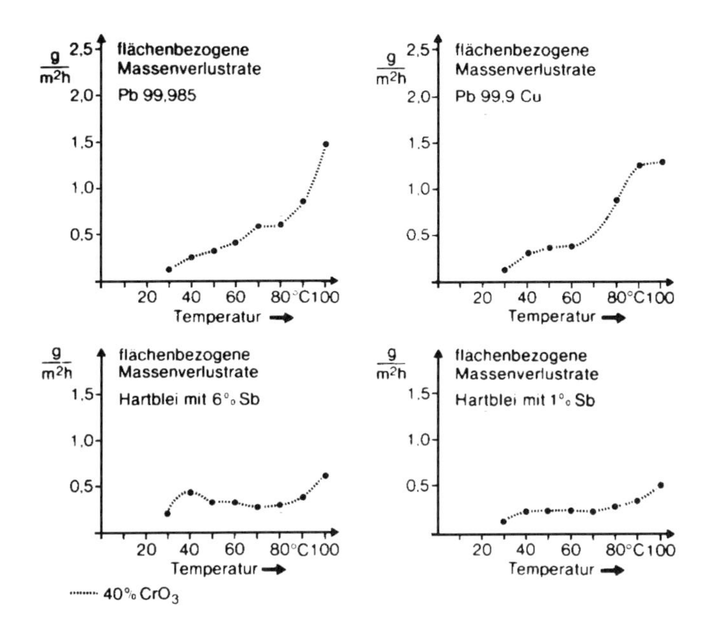

Bild 22: Korrosionsverhalten von Bleiwerkstoffen in Chromsäure

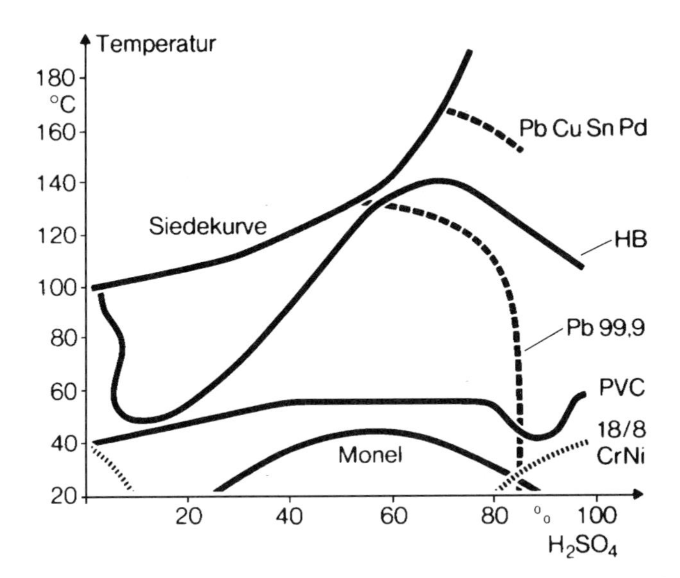

Bild 23: Isokorrosionskurven (0,1 mm/a) verschiedener Werkstoffe in H_2SO_4, nach [12]

Tafel 2: Lineare Korrosionsgeschwindigkeiten von Mehrstofflegierungen in siedender Schwefelsäure

Legierung	50% H_2SO_4	70 % H_2SO_4	80 % H_2SO_4
Pb 99,9 Cu	0,48 mm/Jahr	8,23 mm/Jahr	aufgelöst
Pb Cu Pd (0,06 0,1)	0,12 mm/Jahr	0,21 mm/Jahr	0,22 mm/Jahr
Pb Cu Au (0,06 0,1)	1.86 mm/Jahr	0,10 mm/Jahr	0,30 mm/Jahr
Pb Sb Pd (1,1 0,1)	0,17 mm/Jahr	0,19 mm/Jahr	aufgelöst
Pb Cu Sn Pd (0,05 0,12 0,10)	0,01 mm/Jahr	0,10 mm/Jahr	0,26 mm/Jahr
Pb Cu Sn Pd (0,10 0,13 0,2)	0,01 mm/Jahr	0,05 mm/Jahr	0,19 mm/Jahr
Pb Cu Sn Au (0,04 0,05 0,10)	0,15 mm/Jahr	0,23 mm/Jahr	1,95 mm/Jahr
Pb Ni Sn Pd (0,10 0,10 0,10)	0,09 mm/Jahr	0,28 mm/Jahr	2,80 mm/Jahr
Pb Te Sn Pd (0,10 0,10 0,10)	0.09 mm/Jahr	0,29 mm/Jahr	3,50 mm/Jahr

In Bild 23 sind die Isokorrosionskurven verschiedener Pb-Legierungen zum Vergleich untereinander, sowie im Vergleich zu einem CrNi-Stahl und PVC in H_2SO_4 zusammengestellt. Diese Befunde verdeutlichen wiederum die herausragende Korrosionsresistenz von PbCuSnPd, insbesondere bei hoher Konzentration und Temperatur. Darüber hinaus zeichnet sich dieser Werkstoff, wie bereits in den Bildern 20 und 21 dargelegt, durch eine erhöhte Zeitstandfestigkeit bei hoher Temperatur aus.

Die verschiedenen Formen des Korrosionsangriffes in siedender 70%-iger H_2SO_4 zeigt Bild 24. Bei Feinblei tritt schon innerhalb eines Tages ein ausgeprägter Korngrenzenangriff auf (Bild 24a). Dieser zeigt, daß die Deckschichtbildung im Bereich der Korngrenzen besonders gestört ist. Dadurch entsteht dort ein erhöhter Pb-Inonentransport, dessen Resultat die Grabenbildung an den Korngrenzen ist [13]. Im fortgeschritteneren Stadium kann an Feinblei Kornzerfall auftreten (Bild 25).

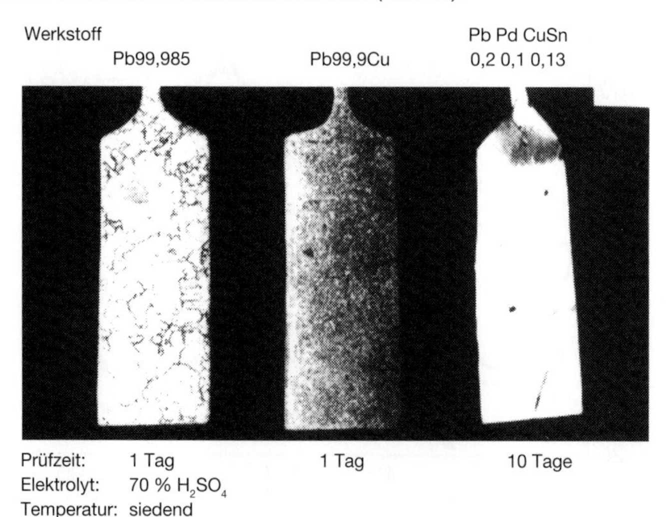

Bild 24: Formen des H_2SO_4-Angriffs an Pb-Werkstoffen

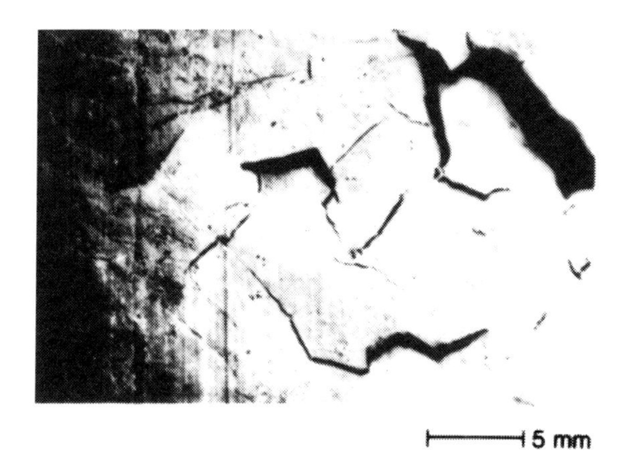

Bild 25: Kornzerfall beim Feinblei

Das feinkörnige Kupferfeinblei wird etwas gleichmäßiger korrodiert, wobei ein gewisser Korngrenzenangriff immer noch festgestellt werden kann (Bild 24b). Die Legierung PbCuSnPd (0,1/0,13/0,2) ist nach 10 Tagen Prüfdauer praktisch frei von Korrosion (Bild 24c). Die im unteren Drittel der Probe sichtbare Furche entstand mechanisch bei der Herstellung der Probe.

Bleiwerkstoffe sind auch in Phosphor- und Flußsäure bei nicht all zu hoher Temperatur hinreichend beständig, sie versagen jedoch in Salzsäure und insbesondere Salpetersäure bereits bei Raumtemperatur (Tafel 3).

Tafel 3: Lineare Korrosionsgeschwindigkeiten von Feinblei, Kupferfeinblei und der Blei-Mehrstofflegierung PbCuSnPd in anorganischen Säuren bei Raumtemperatur

Legierung	10 % HCl	10 % HNO_3	20 % H_3PO_4
Pb 99,985	0,32 mm/Jahr	17,38 mm/Jahr	0,05 mm/Jahr
Pb 99,9 Cu	0,46 mm/Jahr	21,40 mm/Jahr	0,03 mm/Jahr
Pb Cu Sn Pd (0,06 0,08 0,1)	0,53 mm/Jahr	aufgelöst	0,01 mm/Jahr

4.3 Anwendungsbereich von Bleiwerkstoffen

Bleiwerkstoffe sind als Konstruktionswerkstoffe für die Auskleidung von Apparaten (Reaktionsgefäße, Elektrolysebehälter) sowie für die Herstellung von Armaturen, Rohren, Pumpenteile und sonstige Maschinenteile interessant. Bei der Homogenverbleiung von Apparaten, Behältern und Rohrleitungen wird nach DIN 28058 auf die zuvor verzinnte Werkstoffoberfläche meist Kupferfeinblei mit reduzierender Flamme in einer oder in mehreren Lagen aufgeschmolzen. Das Aufschmelzen mehrerer Lagen Blei ist dann erforderlich, wenn Cu-freies Blei als Auftragsmaterial verwendet wird, damit an der korrosionsbeanspruchten Oberfläche der Gehalt an Zinn niedrig bleibt, denn der positive Einfluß, den Zinn auf das Korrosionsverhalten von Blei ausübt, ist nur bei Anwesenheit von Kupfer gegeben.

Beispiele für die technische Anwendung von Bleiwerkstoffen im Chemieapparatebau sind Gaskühler mit Pb-Rippenrohren (Bild 26) oder homogen verbleite Destillationskolonnen.

Bild 26: Gaskühler mit Blei-Rippenrohren

Schrifttum

[1] Werkstoffe des Maschinen-, Anlagen- und Apparatebaues, Hrg. W. Schatt, VEB-Verlag Leipzig 1983
[2] Aluminium-Taschenbuch, Hrg. Aluminium-Zentrale, Aluminium-Verlag Düsseldorf 1984
[3] Berg, F. F.: Korrosionsschaubilder, VDI-Verlag, Düsseldorf 1965
[4] Fäßler, K.: Konstruktiv bedingte Korrosionserscheinungen und ihre Vermeidung, in: VDI-Bericht Nr. 365 (1980), S. 97-113
[5] Wendler-Kalsch, E.: Z. Werkstofftechnik 13 (1982), 129-137
[6] v. Franqué, O.: Sanitär-, Heizungs- und Klimatechnik Heft 1+2 (1984), S. 34-40; 94-97
[7] Wendler-Kalsch, E.: Korrosion in Kalt- und Warmwassersystemen der Hausinstallation, DGM Oberursel (1984), S. 51-70
[8] Eichhorn, K.: Werkstoffe und Korrosion 21 (1970) 535-553
[9] Langer, R.; Kaiser, H.: Zur Korrosion von binären CuAl-Legierungen in Schwefelsäure, Werkstoffe und Korrosion 29 (1978) 409-414
[10] Vogel, H.: Dissertation Universität Erlangen-Nürnberg 1985
[11] Vogel, H.; Wendler-Kalsch, E.: Z. Metallkunde 75 (1984), S. 217-221
[12] Huppatz, W. in Gräfen, H. u. a.: Die Praxis des Korrosionsschutzes, expert Verlag, Grafenau 1981, S. 64-81
[13] Gräfen, H.; Kuron, D.: Werkstoffe und Korrosion 20 (1969), S. 749-761

Unlegierte und niedriglegierte Stähle für den Apparatebau

Von P. Drodten [1])

1 Einleitung

Die sichere und möglichst störungsarme Funktion eines Bauteils erfordert nicht nur eine funktionsgerechte Konstruktion, sondern auch die Wahl geeigneter Werkstoffe, die allen Beanspruchungen, denen das Bauteil ausgesetzt ist, während der Nutzungsdauer ausreichend gewachsen sind. Die Werkstoffe müssen dabei nicht nur hinsichtlich ihrer mechanischen Eigenschaften den statischen, dynamischen und thermischen Belastungen während des Betriebes genügen, sondern in den meisten Fällen auch einer chemischen Beanspruchung durch das umgebende Medium widerstehen. Weitere wesentliche Faktoren, die eine Werkstoffauswahl entscheidend beeinflussen, sind die Verarbeitungseigenschaften, die Verfügbarkeit und der Preis. Daneben sind natürlich noch die geltenden Gesetze, Verordnungen, Regeln und Normen zu beachten.

Die Auswahl eines Werkstoffes für den praktischen Einsatz im Chemieapparatebau erfolgt daher im wesentlichen anhand folgender Merkmale:

- technologische Eigenschaften,
- Verarbeitungseigenschaften,
- Korrosionsverhalten,
- Preis und
- Verfügbarkeit

Die technologischen Eigenschaften und die Gebrauchseigenschaften der Stähle werden weitgehend bestimmt durch die chemische Zusammensetzung und das Gefüge.

Sie lassen sich damit über die Fertigungsbedingungen Erschmelzung, Formgebung und Wärmebehandlung in weiten Bereichen steuern und so den Anforderungen des jeweiligen Einsatzgebietes anpassen. Als werkstoffkundliche Kriterien sind in diesem Zusammenhang von zentraler Bedeutung:

- der Formänderungswiderstand, gekennzeichnet durch Streckgrenze und Zugfestigkeit.
- das Formänderungsvermögen, gekennzeichnet durch Bruchdehnung und Brucheinschnürung.
- die Zähigkeit, bestimmend für Rißauslösungsverhalten und Rißauffangvermögen und damit ausschlaggebend für die Sprödbruchsicherheit.
- die Warmfestigkeit.
- die Zeitstandfestigkeit.
- das Verhalten bei Wechselbelastung.
- die Korrosionsbeständigkeit.

---

[1]) Dr. rer. nat Peter Drodten, Essen

2 Einfluß von Legierungselementen und Herstellungsbedingungen auf die mechanisch-technologischen Eigenschaften und das Verarbeitungsverhalten

2.1 Festigkeit

Bei dem Bemühen, durch eine Festigkeitserhöhung die Wirtschaftlichkeit von Baustählen zu verbessern, gelang es – ausgehend vom Stahl St 52-3 – die Streckgrenze hochfester Baustähle von etwa 355 auf etwa 900 N mm^{-2} anzuheben. Der erste Schritt dieser Entwicklung bestand darin, den Legierungsgehalt normalgeglühter Baustähle zu erhöhen. Diesem Vorgehen sind jedoch dadurch Grenzen gesetzt, daß eine Zunahme des Legierungsgehaltes zu Lasten der Kaltrißsicherheit beim Schweißen geht. Normalgeglühte Baustähle werden daher mit einer Mindeststreckgrenze bis zu 500 N mm^{-2} hergestellt.

Wesentlich höhere Streckgrenzen lassen sich, selbst bei niedrigerem Legierungsgehalt, durch eine Vergütung erreichen. Bei warmfesten Baustählen kommt bevorzugt die Luftvergütung zur Anwendung. Für Stähle, an die hohe Zähigkeitsanforderungen gestellt werden, ist eine Wasservergütung vorteilhafter. Der vom Mengenaufkommen wichtigste Vertreter dieser Stahlgruppe ist der P690QL mit einer Mindeststreckgrenze von 690 N mm^{-2}.

Stähle dieser Streckgrenzenstufe sind in beträchtlichem Umfang auch im Druckbehälter- und Apparatebau verwandt worden. Bild 1 zeigt als Beispiel einen in großer Stückzahl aus dem Stahl P690QL hergestellten Druckbehälter zum Straßentransport von verflüssigtem Propan [1].

Bild 1: Druckbehälter aus P690QL für den Flüssiggastransport (N-A-XTRA 70)

Technische Daten:			
Betriebsdruck	= 245 bar	Mantellänge	= 17000 mm
Betriebstemperatur	= 355 °C	Wanddicke	= 84 mm
Innendurchmesser	= 2035 mm	Zahl der Lagen	= 9
		Gesamtgewicht	= 155 t

Bild 2: Ammoniakreaktor in Mehrlagenbauweise mit Hüllagen aus P690QL (N-A-XTRA 70)

Der gleiche Stahl fand auch Anwendung als drucktragender Werkstoff für hochbeanspruchte Reaktoren der chemischen Industrie. Einzelheiten eines Ammoniakreaktors in Mehrlagenbauweise gehen aus Bild 2 hervor.

Weitere Qualitätsverbesserungen hochfester Stähle, vor allem ihrer Schweißeignung, lassen sich erreichen durch

- thermomechanisches Walzen (TM),
- eine Intensivkühlung nach dem Walzen (IK) oder
- eine Direkthärtung aus der Walzhitze (DH).

2.2 Zähigkeit

Durch die Umstellung auf moderne und leistungsfähigere Verfahren der Stahlerschmelzung wurden Verbesserungen in Bezug auf die Zähigkeit von Stählen ermöglicht. Eine deutliche Qualitätssteigerung hat dabei die Einführung der Pfannenmetallurgie ermöglicht [2]. Dabei wird die Stahlschmelze vakuumbehandelt, und man injiziert Calciumverbindungen in den flüssigen Stahl, die sich mit den unerwünschten Begleitelementen Schwefel und Sauerstoff verbinden. Gleichzeitig kommt es zur Bildung von Ausscheidungen, die infolge der im Vakuum heftigen Badbewegungen überwiegend aus der Schmelze ausgespült werden. Dies führt zu einem wesentlich höheren Reinheitsgrad. Zudem weisen die noch im Stahl verbleibenden Ausscheidungen einen bei Walztemperatur erhöhten Formändrungswiderstand auf und verformen sich folglich beim Walzen nur unwesentlich. Hierdurch werden flächenförmige Ausscheidungen vermieden, die primär für die unerwünschte Richtungsabhängigkeit der mechanischen Eigenschaften und auch für eine erhöhte Anfälligkeit gegenüber wasserstoffinduzierten Innenrissen verantwortlich sind.

Die Erniedrigung des Schwefelgehaltes in Baustählen wirkt sich besonders günstig auf die Kerbschlagzähigkeit in der Hochlage der A_v-T-Kurve aus. Bemerkenswert ist, daß die erst in jüngster Zeit betriebstechnisch sicher beherrschbare Einstellung von Schwefelgehalten unterhalb von 0,005 % nochmals zu einer deutlichen Zähigkeitsverbesserung geführt hat.

2.3 Schweißeignung

2.3.1 Terrassenbruchsicherheit

Flächenförmige Einschlüsse sind die Ursache für die Anisotropie der mechanischen Eigenschaften in Walzerzeugnissen. Sie ist besonders ausgeprägt in Bezug auf das Verformungsvermögen. Diesem Problem mußte lange Zeit durch aufwendige konstruktive und fertigungstechnische Maßnahmen Rechnung getragen werden, um Terrassenbrüche in Schweißkonstruktionen zu vermeiden [3]. Pfannenmetallurgisch behandelte Stähle

Bild 3: Plattformkomponente aus Offshore-Stahl TOS 36 (Hersteller: Blohm + Voss)

weisen eine geringe Richtungsabhängigkeit der mechanischen Eigenschaften auf. Sie sind damit wesentlich weniger anfällig für Terrassenbrüche als konventionelle Stähle. Entsprechend verbesserte Stähle haben eine Mindesteinschnürung an Senkrechtproben und sind in großem Umfang für hochbeanspruchte Offshore-Konstruktionen eingesetzt worden, bei denen sich infolge der Schweißeigenspannungen eine hohe Beanspruchung senkrecht zur Erzeugnisoberfläche nicht vermeiden läßt. Bild 3 zeigt die Komponente einer Bohrplattform, in der für derartige Konstruktionen typischen Fachwerkbauweise.

2.3.2 Kaltrißverhalten

Ein weiterer wichtiger Aspekt der Schweißeignung von Baustählen ist deren Kaltrißverhalten, das die für ihre Verarbeitung wesentliche Kenngröße der Mindestvorwärmtemperatur beim Schweißen bestimmt. Die Kaltrißneigung von niedriglegierten Baustählen und ihrer Schweißverbindung nimmt mit dem Legierungsgehalt zu. Der Kohlenstoffgehalt spielt dabei eine dominierende Rolle [4].

Bei den Baustählen mit Mindeststreckgrenzen von 355 N mm^{-2} wird eine Erhöhung der Kaltrißsicherheit über eine Verringerung des Kohlenstoffgehaltes erzielt. Bild 4 weist für drei Stähle dieser Streckgrenzenstufe aus, daß der St 52-3 nach DIN 17100 mit einem Kohlenstoffgehalt von etwa 0,20 % auf rund 150 °C vorgewärmt werden muß, wenn Kaltrisse ausgeschlossen werden sollen. Beim P355N nach DIN EN 10028 T3 mit einem Kohlenstoffgehalt von 0,16 % beträgt die Mindestvorwärmtemperatur nur 120 °C. Der im Offshore-Bereich eingesetzte Stahl TOS 36, mit 355 N mm^{-2} Mindeststreckgrenze und Kohlenstoffgehalten von etwa 0,10 % erfordert nochmals deutlich geringere Vorwärmtemperaturen.

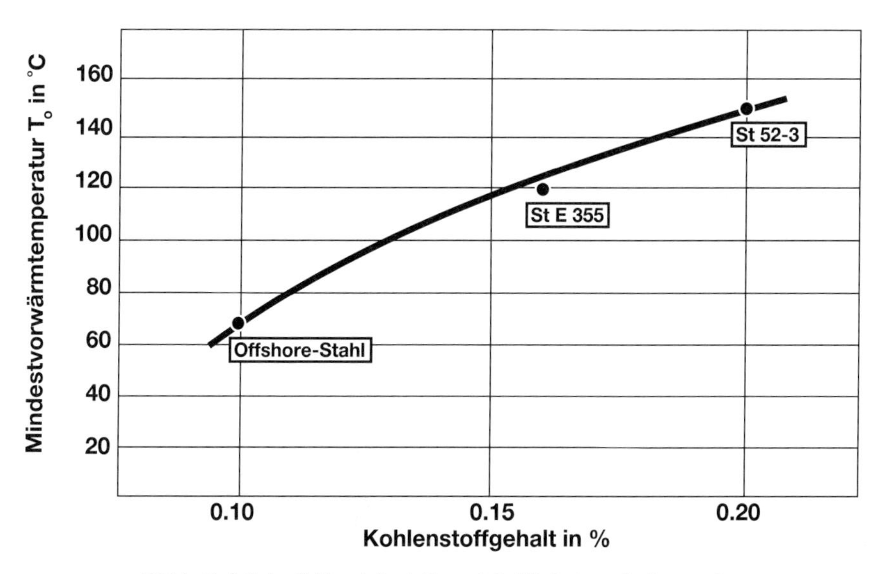

Bild 4: Einfluß des Kohlenstoffgehaltes auf die Mindestvorwärmtemperatur

2.3.3 Zähigkeit in der Wärmeeinflußzone

Beim Schmelzschweißen von Stählen kommt es in der an das Schweißgut angrenzenden Wärmeeinflußzone häufig zu einer Beeinträchtigung der Zähigkeit. Auch hier hat sich die pfannenmetallurgische Behandlung als vorteilhaft erwiesen. Die in Bild 5 wiedergegebenen Summenhäufigkeitskurven der Übergangstemperatur T_{27} für die Wärmeeinflußzone von Mehrlagenverbindungen von nicht Calcium-behandelten und von Calcium-behandelten Schmelzen lassen erkennen, daß die Übergangstemperatur in der Wärmeeinflußzone dieser Stähle durch eine pfannenmetallurgische Behandlung mittels Calcium um etwa 30 K verbessert wird. Die entsprechend behandelten Stähle weisen also nicht nur im Grundwerkstoff, sondern auch in der Wärmeeinflußzone ihrer Schweißverbindungen eine höhere Zähigkeit auf.

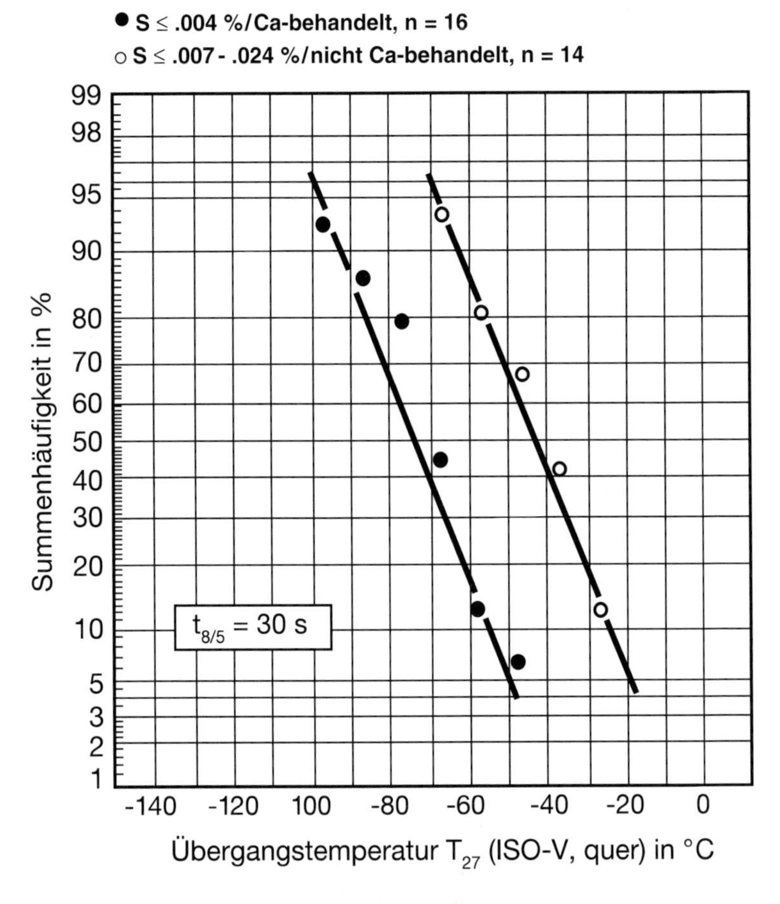

Bild 5: Vergleich der Zähigkeit in der Wärmeeinflußzone von Schweißverbindungen konventionell erschmolzener und mit Calcium behandelter, normalgeglühter Baustähle

Eine Verbesserung der Zähigkeit in der Wärmeeinflußzone durch metallurgische Maßnahmen läßt sich auch dadurch erreichen, daß man das Austenitkornwachstum im kritischen Grobkornbereich der Wärmeeinflußzone durch feindisperse, selbst bei hohen Temperaturen noch beständige Ausscheidungen unterdrückt. Dafür eignen sich feindisperse Titannitride [5]. Dies führt dazu, daß pfannenmetallurgisch behandelte und mit Titan dotierte Stähle eine wesentlich günstigere Übergangstemperatur in der Wärmeeinflußzone aufweisen als konventionelle Stähle. Ein weiterer Vorteil des Titannitridstahls besteht darin, daß er auf eine Erhöhung der Abkühlzeit $t_{8/5}$ beim Schweißen kaum reagiert. Er kann folglich mit hohem Wärmeeinbringen und damit wirtschaftlicher geschweißt werden.

4 Einfluß von Legierungselementen und Herstellungsbedingungen auf das Korrosionsverhalten

Die niedriglegierten Stähle enthalten Legierungselemente in einer Größenordnung, die das allgemeine Korrosionsverhalten in wäßrigen Lösungen nicht so entscheidend verbessern können wie der hohe Chromanteil in den nichtrostenden Stählen. Unter besonderen Korrosionsbedingungen können aber auch vergleichsweise geringe Gehalte bestimmter Legierungselemente, die beschriebenen metallurgischen Maßnahmen oder eine Wärmebehandlung das Korrosionsverhalten wesentlich beeinflussen.

4.1 Stähle mit erhöhter Beständigkeit gegen wasserstoffinduzierte Rißbildung

Alle Stähle mit ferritischen, bainitischen oder martensitischen Gefügeanteilen können bei der Aufnahme von Wasserstoff verspröden und im Extremfall bis zur Unbrauchbarkeit geschädigt werden. Zu diesen Stählen zählen zum Beispiel Baustähle, Röhrenstähle und Vergütungsstähle.

Eine Wasserstoffaufnahme kann dabei grundsätzlich sowohl aus gasförmigen als auch aus wäßrigen Medien erfolgen. Hierbei kann der Wasserstoff auch aus der kathodischen Teilreaktion eines Korrosionsvorganges stammen. Das auffälligste Merkmal einer wasserstoffinduzierten Korrosion sind Oberflächenblasen.

Nach dem gleichen Mechanismus entstehen auch Innenrisse ohne Einwirkung äußerer Spannungen, wenn der eindiffundierte atomare Wasserstoff an geeigneten Stellen zu molekularem Wasserstoff rekombiniert [6]. Stellen für eine solche Rekombination des Wasserstoffs und damit Ausgangspunkte für die Rißentstehung sind Gefügeinhomogenitäten, vorwiegend Härtungsgefügezeilen, und nichtmetallische Einschlüsse. Man bezeichnet diese Art der Korrosion als wasserstoffinduzierte Rißbildung oder nach dem englischen Begriff als Hydrogen Induced Cracking (HIC). Als die wichtigsten werkstoffseitigen Einflußgrößen für die wasserstoffinduzierte Rißbildung sind anzusehen [7]:

- flache Einschlüsse (MnS) oder oxidische Einschlußketten
- Ausscheidungen (Carbide, Nitride)
- harte Gefügebestandteile in Seigerungen

Wasserstoffinduzierte Risse verlaufen in Flachprodukten bevorzugt parallel zur Walzoberfläche. Das Auftreten derartiger Risse setzt entweder eine hohe Wasserstoffaktivität an der Phasengrenzfläche Stahl/Medium voraus, die z. B. beim Beizen in starken Säuren gegeben ist (Beizblasen), oder bei Stählen üblicher Festigkeit auch besondere Bedingungen, die das Eindiffundieren des Wasserstoffs in den Stahl fördern. Solche Bedingungen sind zum Beispiel Belastungen, die örtlich zu plastischer Verformung des Werkstoffs führen, oder das Vorliegen von Promotoren im Medium.

HIC-bedingte Schäden spielen vor allem bei der Förderung und Verarbeitung von Sauergas oder Saueröl eine wichtige Rolle. Da zunehmend Erdöle und Erdgase gefördert werden, die große Mengen an Schwefelwasserstoff – und damit einen äußerst wirkungsvollen Promotor für die Wasserstoffaufnahme – enthalten, sind Stähle mit erhöhter HIC-Resistenz dringend erforderlich. Bei der Herstellung solcher Bau- und Röhrenstähle ergeben sich grundsätzlich zwei unterschiedliche Möglichkeiten:

- Maßnahmen, die der Wasserstoffabsorption an der Stahloberfläche entgegenwirken oder
- Maßnahmen, die eine Rekombination des eindiffundierten Wasserstoffs im Werkstoffinneren erschweren.

Bewährt hat sich hierbei das Zulegieren von geringen Kupfergehalten (ca. 0,3 %), die in Medien mit pH-Werten über 5 die Wasserstoffabsorption in niedriglegierten Stählen verhindern, indem sich bei freier Korrosion auf der Werkstückoberfläche kupferhaltige Niederschläge mit inhibierender Wirkung abscheiden. Werden zusätzlich zu Kupfer auch geringe Nickel- oder Molybdängehalte legiert, so geht die vorteilhafte Wirkung von kupferhaltigen Deckschichten weitgehend verloren. Legierungelemente, die auch im Bereich niedrigerer pH-Werte praktische Bedeutung haben, sind bisher nicht bekannt.

Der Rekombination des eindiffundierten Wasserstoffs läßt sich durch eine Verbesserung der Gefügehomogenität begegnen, um die für die Rekombination und damit für eine Rißbildung bevorzugten Stellen auf ein Minimum einzuschränken.

Stähle mit erhöhter HIC-Resistenz haben daher sehr weitgehend abgesenkte Gehalte an Schwefel und Sauerstoff sowie in Bezug auf ihre Form beeinflußte sulfidische und oxidische Einschlüsse. Die pfannenmetallurgische Behandlung der Schmelzen mit Calcium-Trägerlegierungen hat sich hier als erfolgreiche Technik durchgesetzt. Erreicht werden Schwefelgehalte unter 20 ppm und Sauerstoffgehalte von weniger als 30 ppm. Diese Werte liegen etwa eine Größenordnung unter denen von Stählen konventioneller Metallurgie. Die als besonders aktive Keimstellen für die Mikrorißbildung bekannten Mangansulfide werden vermieden. Die verbleibenden Restgehalte an Sulfiden und Oxiden werden eingeformt zu Einschlüssen mit bevorzugt globularer Form, die hinsichtlich einer HIC-Bildung unwirksam sind.

Eine weitere Verbesserung der HIC-Beständigkeit wird durch das Vermeiden zeilenförmig angeordneter Härtungsgefüge erzielt. Das möglichst seigerungsarme Erstarren der Stahlschmelze nach dem Vergießen spielt hier eine wesentliche Rolle. Naturgemäß sind auch die Gehalte an seigerungsfreudigen Legierungselementen insbesondere Mangan, Phosphor und Kohlenstoff zu berücksichtigen.

4.2 Druckwasserstoffbeständige Stähle

Während das Maximum der Empfindlichkeit gegenüber wasserstoffinduzierten Innenrissen bei Raumtemperatur gegeben ist, können in gasförmigem Wasserstoff bei

Temperaturen oberhalb 200 °C ebenfalls Risse auftreten, die aber auf einen gänzlich anderen Mechanismus zurückzuführen sind. Der dem von Druck und Temperatur abhängigen Gleichgewicht der Reaktion

$$H_2 \longleftrightarrow 2\,H$$

entsprechende atomare Wasserstoff kann bei hohen Temperaturen in den Stahl eindringen und mit dem im Gefüge vorliegenden Eisencarbid nach

$$Fe_3C + 2\,H_2 \longrightarrow 3\,Fe + CH_4$$

Methan bilden.

Der Abbau des Kohlenstoffs im Stahl führt einerseits zu einem Festigkeitsverlust des Werkstoffes, andererseits kann sich das entstandene Methangas in Hohlräumen des Gitters ansammeln und dort hohe Drücke aufbauen, die zu Werkstofftrennungen führen.

Legierungsgehalte des Stahles der Elemente Chrom und Molybdän bewirken, daß anstelle des Fe_3C Molybdän- und Chromcarbide gebildet werden, die auch bei hohen Temperaturen stabil sind und nicht mit Wasserstoff zu Methangas regieren. DIN 17176 legt die technischen Lieferbedingungen für nahtlose kreisförmige Rohre aus druckwasserstoffbeständigen Stählen fest und nennt neun Stähle mit unterschiedlichen Legierungsgehalten im Bereich von etwa 1 bis 12 % Cr und etwa 0,5 bis 1 % Mo, die zudem eine gute Warmfestigkeit aufweisen [8]. Je nach Betriebstemperatur und Wasserstoff-Partialdruck wird für die Wahl des geeigneten Werkstoffes üblicherweise die sogenannte Nelson-Kurve herangezogen [9]. In diesem Schaubild, das in unregelmäßigen Abständen von dem American Petroleum Institute (API) herausgegeben wird, sind anhand der positiven und negativen Erfahrungen aus langjährig betriebenen Anlagen Beständigkeitsgrenzlinien für die unterschiedlichen Stähle in Abhängigkeit von Temperatur und Druck aufgetragen.

4.3 Interkristalline Spannungsrißkorrosion

Spannungsrißkorrosion tritt auf unter gleichzeitiger Einwirkung von einem spezifischen Angriffsmittel und von Zugspannungen. Die Zugspannungen können als Betriebsspannungen einwirken oder auch als Eigenspannungen im Bauteil vorliegen. Für die verschiedenen Werkstoffe gibt es unterschiedliche kritische Systeme Werkstoff/Medium, die zur Spannungsrißkorrosion führen. Bei den unlegierten und niedriglegierten Stählen tritt Spannungsrißkorrosion bei höherer Temperatur in Nitratlösungen und in Alkalilaugen auf. Beide Systeme sind dadurch gekennzeichnet, daß die Risse in der Regel interkristallin verlaufen und daß es Grenzbedingungen gibt, die überschritten werden müssen, um Risse auszulösen. Solche Grenzbedingungen gelten für

- die Konzentration des Mediums,
- die Temperatur,
- die Höhe der Zugspannungen und
- den Potentialbereich.

In Tafel 1 sind Ergebnisse von Spannungsrißkorrosionsuntersuchungen an verschiedenen Stählen (Tafel 2) für besonders kritische Bereiche von Temperatur und Potential in den beiden Medien zusammengefaßt [10].

Es hat sich gezeigt, daß sich die Legierungsgehalte der niedriglegierten Stähle in den beiden Angriffsmitteln durchaus unterschiedlich auswirken können. In nitrathaltigen Lösungen werden vorzugsweise die aluminiumberuhigten Kohlenstoff-Mangan-Feinkornbaustähle des Typs S355N eingesetzt. Vanadiumlegierte Feinkornbaustähle sind

Tafel 1: Verhalten verschiedener Stähle in Nitratlösungen und in Natronlauge

Stahl	Belastungsart	Calciumnitratlösung 60%; 120 °C; U_H = 0,2V O=beständig; X=anfällig Grenzspannung s_G/R_e, 120 °C	Natronlauge 35%; 124 °C; U_H = -0,75V O=beständig; X=anfällig Grenzspannung s_G/R_e, 120 °C
HII	konstante	X	X
S355N	Verformung.	O	X
15Mo3	Biegeprobe	O	X
13CrMo44	nach	O	X
10CrMo910	DIN 50 915.	O	X
VS A	ε = const.	O	X
VS B		O	X
VS C		O	X
HII	konstante	1,0	0,3
S355N	Last:	> 1,5	0,7
15Mo3	Zugprobe.	> 1,4	0,3
13CrMo44	σ = const.	> 1,6	0,3
10Cr910		> 1,6	0,3
VS A		> 1,6	0,2
VS B		1,6	0,7
VS C		1,2	0,3
HII	konstante	X	X
S355N	Dehnung.	X	X
15Mo3	Langsamer	X	X
13CrMo44	Zugversuch.	X	X
10CrMo910	einsinnig	X	X
VS A	$\dot{\varepsilon}$ = const.	X	X
VS B		X	X
VS C		X	X
HII	Wechselbe-	< 0,40	< 0,35
S355N	lastung	0,96	0,96
15Mo3	Langsamer	0,90	< 0,3
13CrMo44	Zugversuch,	0,96	< 0,6
10CrMo910	zyklisch	> 0,70	< 0,5
VS A	$\dot{\varepsilon}$ = const.	< 0,80	< 0,25
VS B		< 0,80	0,70
VS C		0,94	< 0,28

Tafel 2: Wesentliche chemische Analysenwerte der Stähle aus Tafel 1 (Massenanteile in %, VS = Versuchsschmelze)

Stahl	C	Si	Mn	P	S	Cr	Mo	Al	N
HII	0,09	0,22	0,55	0,037	0,015		0,03	0,005	0,009
S355N	0,18	0,43	1,38	0,015	0,003		0,01	0,040	0,004
15Mo3	0,14	0,26	0,68	0,011	0,008		0,30	0,055	0,005
13CrMo44	0,14	0,23	0,63	0,010	0,008	1,03	0,43	0,022	0,006
10CrMo910	0,11	0,23	0,51	0,013	0,003	2,07	0,95	0,026	0,006
VS A	0,08	0,04	0,80	0,005	0,005		0,98	0,080	0,009
VS B	0,08	0,01	0,78	0,007	0,003		0,01	0,009	0,009
VSC	0,18	0,31	1,04	0,007	0,004		1,10	0,031	0,009

jedoch zu vermeiden. Bei diesen Stählen kann es zu kritischen Ausscheidungen von Vanadiumnitriden oder -carbonitriden auf den Korngrenzen kommen, die zu einer deutlich erhöhten Anfälligkeit für interkristalline Spannungsrißkorrosion führen [11]. Die warmfesten mit Molybdän oder mit Chrom und Molybdän legierten Baustähle zeigen ebenfalls sehr gute Beständigkeit gegenüber Spannungsrißkorrosion in Nitratlösungen.

In Natronlaugelösungen wirkt sich das Legierungselement Molybdän sowohl alleine als auch in Verbindung mit dem Legierungselement Chrom hingegen negativ auf die Beständigkeit aus. Hier läßt sich unter kritischen Bedingungen nur mit Al-beruhigten C-Mn-Feinkornbaustählen eine befriedigende Beständigkeit erreichen. Die kritische Grenze der Zugspannung liegt in bei allen Stählen in Natronlauge deutlich unter den in Nitratlösung ermittelten Grenzwerten.

Die Art der vorliegenden Spannungen hat einen erheblichen Einfluß auf das Korrosionsverhalten. Bei konstanter Verformung sind nur Stähle anfällig gegen Spannungsrißkorrosion, deren kritische Grenzspannung unter konstanter Last im Bereich der Streckgrenze oder darunter liegt. Bei Belastung durch langsame Dehnung werden alle Stähle empfindlich für Spannungsrißkorrosion. Auch unter diesen Bedingungen zeigen die Al-beruhigten Feinkornbaustähle des Typs S355N das beste Verhalten.

Zusammenfassung

Die chemische Zusammensetzung und das Gefüge bestimmen im wesentlichen die technologischen Eigenschaften und die Gebrauchseigenschaften der Stähle. Über die Fertigungsbedingungen Erschmelzung, Formgebung und Wärmebehandlung können sie den Anforderungen des jeweiligen Einsatzgebietes angepaßt werden. Neuere Methoden der Erschmelzung, insbesondere die pfannenmetallurgische Behandlung, führen zu erheblichen Vorteilen in den Verarbeitungs- und Gebrauchseigenschaften.

Dies betrifft vorwiegend das Zähigkeitsverhalten, die Schweißeignung und das Korrosionsverhalten.

Schrifttum

[1] Degenkolbe, J.; Uwer, D.: Schweißen und Schneiden 25, 385-388 (1973)
[2] Haastert, H. P.; Mehlan, D., Richter, H., Simon, R. W.: Stahl und Eisen, 105, 35-39 (1985)
[3] Pircher, H.; Uwer, D.: DVS Berichte, Band 33 „Schweißen von Baustählen und Rohrleitungen" S. 57-62 (1975)
[4] Uwer, D.; Höhne, H.: Technika 24, 103-111 (1987)
[5] Uwer, D.; Baumgardt, H., Lotter, U.: Schweißen und Schneiden 41, 170-177 (1989)
[6] Haumann, W.; Heller, W., Jungblut, H.-A., Pircher, H., Pöpperling, R., Schwenk,W.: Stahl und Eisen 107, 585-594 (1987)
[7] Uwer, D.; Drodten, P.: Thyssen Technische Berichte, 87-94 (1990)
[8] DIN 17176 Nahtlose kreisförmige Rohre aus druckwasserstoffbeständigen Stählen; Technische Lieferbedingungen. November 1990, Beuth Verlag GmbH, Berlin
[9] Steels for Hydrogen Service at elevated Temperatures and Pressures in Petroleum Refineries and Petrochemical Plants API Publication 941,Fourth Edition April 1990, American Petroleum Institute, Washington,D. C.
[10] Drodten, P.; Herbsleb, G., Kuron, D., Savakis, S., Wendler-Kalsch, E.: Stahl und Eisen, 110 (1990) 1, 83-87
[11] Drodten, P.; Forch, K.: Arch. Eisenhüttenwesen, 44 (1973), 12, 893-898

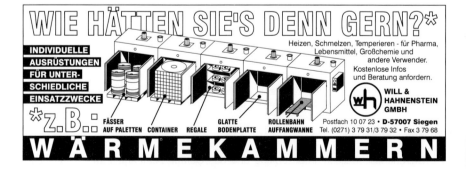

Hochkorrosionsbeständige Nickellegierungen für Anlagenkomponenten

Von M. Rockel [1])

1 Einleitung

Nickellegierungen sind seit Jahrzehnten im Apparatebau bewährte Konstruktionswerkstoffe, die immer dann eingesetzt werden, wenn hochlegierte nichtrostende Stähle aus Gründen der Korrosionsbeständigkeit nicht mehr ausreichen. Nickel als Legierungselement bewirkt die gute Korrosionsbeständigkeit in reduzierenden wäßrigen und sauren Medien, die durch weitere Legierungselemente wie insbesondere Chrom und Molybdän noch verstärkt wird [1, 2]. Chrom und Molybdän erhöhen in Chloridmedien entscheidend die Beständigkeit gegenüber Lokalkorrosion (Loch- und Spaltkorrosion). Hieraus resultiert der eine große Anwendungsbereich der Nickelwerkstoffe unter Bedingungen sogenannter ‚Naßkorrosion', wofür Rein-Nickel und Legierungen der Systeme Nickel-Kupfer, Nickel-Molybdän sowie vor allem Nickel-Chrom-Molybdän für den Apparatebau zum Einsatz kommen.

Zum anderen besitzen Nickelwerkstoffe eine hohe Warmfestigkeit bei Temperaturen oberhalb 550 °C, wo ferritische Stähle stark abfallen. Deshalb werden insbesondere die Nickel-Chrom-Eisen Werkstoffe unter Hochtemperaturbedingungen bis 1200 °C eingesetzt, weil sie zudem in Verbindung mit Zusatzelementen wie Aluminium, Silizium, gegebenenfalls Seltenen Erden (SE) eine hervorragende Beständigkeit gegenüber Verzunderung und korrosiven Atmosphären besitzen.

Nachfolgend soll auf die Analysen, die Metallurgie, das Korrosionsverhalten, die Verarbeitung und auf Einsatzgebiete ausgewählter Nickelwerkstoffe – nach Legierungsgruppen unterschieden – eingegangen werden.

2 Nickelwerkstoffe für die Naßkorrosion

Eine Auswahl der wichtigsten Nickellegierungen für die naßkorrosive Anwendung, also in der chemischen sowie Papier- und Zellstoffindustrie, in der Meerestechnik (Öl- und Gasgewinnung) sowie in Energie- und Umwelttechnik, ist in Tafel 1 aufgeführt [2].

2.1 Rein-Nickel, Nickel-Kupfer-, Nickel-Molybdän-Legierungen

2.1.1 Rein-Nickel

Rein-Nickel besitzt eine gute Beständigkeit gegenüber einer Vielzahl korrosiver Medien, wie neutrale und alkalische Salzlösungen, Laugen, organische Verbindungen, weshalb es oft für Kristallisatoren, für Herstellung und Eindampfung von Natron- und Kalilauge, von Vinylchloridmonomer (VCM) sowie von Kunststoffen eingesetzt wird. In vielen Anwendungsfällen ist nicht die gute Korrosionsbeständigkeit ausschlaggebend, son-

[1]) Dr. rer. nat, Manfred Rockel, Krupp VDM, Werdohl

Tafel 1: Ausgewählte Nickelwerkstoffe für den Einsatz unter den Bedingungen der Naßkorrosion

Kurzzeichen	Alloy	Werkstoff Nr.	Hauptlegierungselemente (beispielhafte Angaben in %)					
			Ni	Cr	Mo	Cu	Fe	andere
Nickel 99.2	200	2.4066	> 99					
LC-Nickel 99	201	2.4068	> 99					
NiCu30Fe	400	2.4360	64			32	1,5	0,7 Mn
NiCu30Al	K-500	2.4375	65			30	1	0,6 Mn 2,8 Al 0,45 Ti
NiMo28	B-2	2.4617	69		28		1,7	0,7 Cr
NiCr22Mo9Nb	625	2.4856	62	22	9		3	3,4 Nb
NiCr21Mo	825	2.4858	40	23	3,2	2,2	31	0,8 Ti
NiCr20CuMo	20	2.4660	38	20	2,4	3,4	34	0,2 Nb
X1NiCrMoCu32287	31	1.4562	31	27	6,5	1,3	31	0,2 N
NiMo16Cr15W	C-276	2.4819	57	16	16		6	3,5 W
NiMo16Cr16Ti	C-4	2.4610	66	16	16		1	0,3 Ti
NiCr21Mo14W	C-22	2.4608	57	21	13		4	3,2 W
NiCr23Mo16Al	59	2.4605	59	23	16		1	

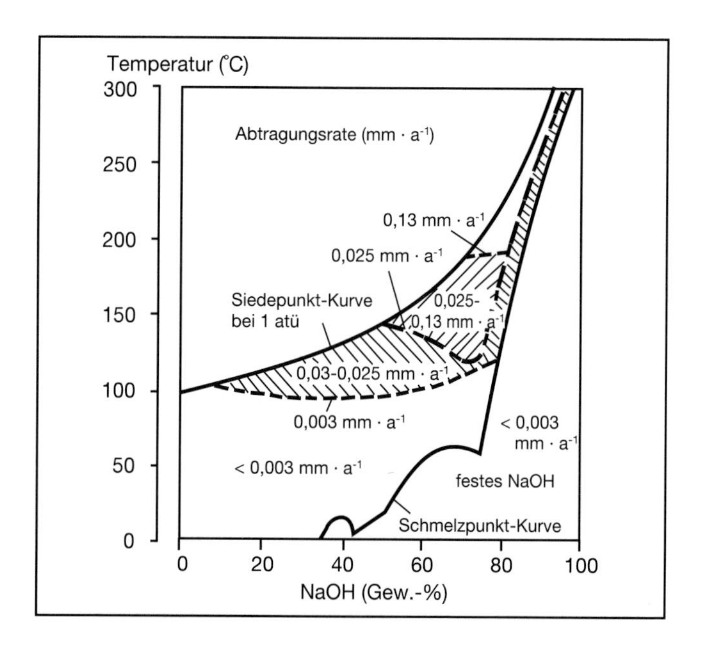

Bild 1: Die Korrosionsbeständigkeit von unlegiertem Nickel in Natronlauge in Abhängigkeit von der Konzentration und Temperatur [1]. Korrosionsraten in mm pro Jahr

dern die Tatsache, daß es nicht toxisch ist, also Lebensmittel bei deren Herstellung und Verarbeitung in ihrer Qualität nicht beeinträchtigt (Frucht- und Gemüsesäfte, Vitamine); ähnliches gilt für die Herstellung bestimmter Produkte wie Kunstseide, Phenole und synthetische Harze, die beim Einsatz von Eisen- oder Kupferwerkstoffen Zersetzungen, Farbänderungen oder Änderungen physikalischer Eigenschaften zeigen – nicht jedoch beim Einsatz von Rein-Nickel. Weil Nickel eine außergewöhnlich hohe Korrosionsbeständigkeit in allen Konzentrationsbereichen und auch bei sehr hohen Temperaturen besitzt (Bild 1) sowie beständig gegenüber Laugenrißkorrosion ist, wird es in allen Stufen der Produktion von Natronlauge eingesetzt: in Elektrolysezellen als Dünnbleche, in Aufkonzentrierungsanlagen als Rohre und Rohrplatten für die Verdampfungswärmetauscher, als Blech (auch plattiert) für die Verdampfereinheiten, als Rohrleitungen für den Transport der Lauge. Bei den Rohren hat eine Weiterentwicklung zu der Version ‚halbhartes Rohr' geführt, das mit seiner poliergezogenen Innenoberfläche weniger verschleißanfällig ist und deshalb bis zu 25 % höhere Durchsatzmengen bzw. Strömungsgeschwindigkeiten erlaubt. Nickel 2.4066 mit > 0,1 % C kann oberhalb 315 °C durch Graphitausscheidungen auf Korngrenzen verspröden. Die niedrig gekohlte (< 0,02 % C) Variante LC-Nickel/2.4068 wird deshalb eingesetzt, wenn – wie beispielsweise beim Prozeß über Fallfilmverdampfung – eine Salzschmelze von ca. 400 °C als Aufheizmedium dient.

2.1.2 Nickel-Kupfer-Legierungen

Die Legierung NiCu30Fe (2.4360; Monel) enthält ca. 65 % Nickel, 30 % Kupfer und gezielt 1,5-2,0 % Eisen, das eine Verstärkung der quasi passiven Schutzschicht bewirkt. Der im Apparatebau sehr bewährte Werkstoff hat gute mechanische und Verarbeitungseigenschaften. Ausgezeichnete Korrosionsbeständigkeit besteht gegenüber einer Vielzahl, insbesondere reduzierender Medien wie: verdünnten Salzsäurelösungen, die allerdings luftfrei sein müssen; neutrale und alkalische Salzlösungen (keine oxidierend sauren!); Flußsäure, auch höherer Konzentration und Temperatur, sofern frei von Luft beziehungsweise Sauerstoff; Natronlauge bis 75 % und 130 °C; in Meerwasser. Daraus resultieren die bevorzugten Anwendungsbereiche wie: die Aufkonzentration und Kristallisation von Salzen, Einsatz in Salinen, Herstellung von Vinylchloridmonomer (VCM), von Flußsäure (Erhitzer und unterer Teil von Destillationskolonnen); Aufbereitung von Kernbrennstoffen; Raffination von Rohöl; Speisewassererhitzer, Dampferzeuger und Wärmetauscher in Kraftwerken; in der Offshoretechnik für Steigrohre sowie Ummantelungen der Standbeine von Förderplattformen.

Die durch Zusatz von Aluminium und Titan aushärtbare Variante NiCu30 Al (2.4375/ K-Monel) besitzt eine dreifach höhere Streckgrenze und zweifache Zugfestigkeit. Deshalb wird dieser Werkstoff bevorzugt für hochfeste und korrosionsbeständige Komponenten eingesetzt: Pumpen und Propellerwellen; Ventilteile für den Schiffbau und die Offshoretechnik; Bohrgestänge und Meßinstrumentengehäuse für die Erdöl- und Erdgasförderung.

2.1.3 Nickel-Molybdän

Durch den sehr hohen Mo-Gehalt von 28 % Mo besitzt die Nickellegierung NiMo28 (2.4617; Alloy B-2) ausgezeichnete Beständigkeit in reduzierenden Säuren: in Salzsäure bei allen Konzentrationen, auch bei hohen Temperaturen – allerdings nur bei Abwesenheit oxidierender Zusätze wie Luft, Sauerstoff und Schwermetallionen; ähnliches gilt für den Einsatz in hochkonzentrierter Schwefelsäure bis ca. 90 % und 120 °C; in organischen Medien ist die Beständigkeit in Essigsäure herausragend.

In der chemischen Industrie wird NiMo28 unter anderem in Anlagen eingesetzt, die reduzierende Chloridkatalysatoren wie $AlCl_3$ verwenden sowie für Verfahren, bei denen Salzsäure als Nebenprodukt anfällt wie bei der Synthese von Styrol, Bisphenol A, Chloropren, MDI und in der Essigsäureherstellung. Aufgrund der extrem niedrigen Kohlenstoff- und Siliziumgehalte besitzt die Legierung gute Beständigkeit gegenüber Messerlinienkorrosion sowie selektiver Korrosion in der Wärmeeinflußzone, weshalb sie im allgemeinen im geschweißten Zustand ohne eine Wärmenachbehandlung eingesetzt werden kann. In einzelnen Fällen ergaben sich im Chemieapparatebau Probleme bei der Verarbeitung dahingehend, daß nach Wärmebehandlungen beziehungsweise Schweißen insbesondere dickerer Abmessungen als Folge des Auftretens von Ausscheidungen intermetallischer Phasen Duktilitätseinbußen registriert wurden. Eine verbesserte Legierung NiMo29 (2.4600 – Alloy B-4) mit den auf 3 % Eisen und 1,3 % Cr angehobenen Gehalten berücksichtigt die Erkenntnis, daß beide Elemente die Ausscheidung solcher die Duktilität wie auch die (Spannungsriß-) Korrosionsbeständigkeit beeinträchtigenden Phasen deutlich verzögern, Bild 2, [3].

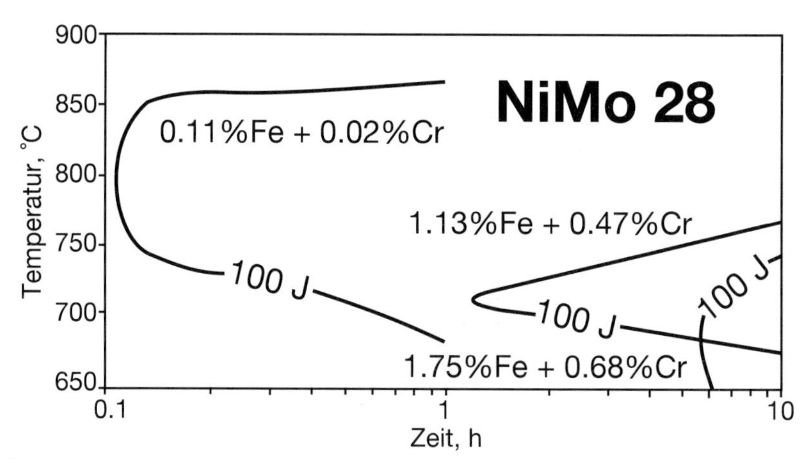

Bild 2: ISO-Kerbschlagarbeits-Diagramm für NiMo28 (B-2 bzw. B-4; 2.4617) in Abhängigkeit vom Gehalt an den weiteren Legierungselementen Eisen und Chrom [3]

2.2 Nickel-Chrom-Eisen-Legierungen

Nickelwerkstoffe auf dieser Basis werden in erster Linie unter Hochtemperaturbedingungen eingesetzt, siehe auch Kapitel 3.1. Ihre Anwendung in der Naßkorrosion beschränkt sich auf den Einsatz in Dampferzeugern von Kernkraftwerken und die beiden Typen NiCr15Fe (Alloy 600) und NiCrAlTi (Alloy 800). Chromgehalte von 20 bzw. 16 % Cr gewährleisten in beiden Legierungen passives Verhalten in leicht oxidierenden wäßrigen Medien. Der hohe Nickelgehalt garantiert Beständigkeit gegenüber Spannungsrißkorrosion, wenn Chloride und hohe Temperaturen auftreten. Um bei Dampferzeugerrohren interkristalline Korrosion (IK) bzw. IK-induzierte Spannungsrißkorrosion auszuschließen, kommen die niedriggekühlten LC-Qualitäten LC-NiCr15Fe (2.4817) sowie x2NiCrAlTi3220 (1.4558) zur Anwendung. NiCr15Fe besitzt auch eine hervorragende Beständigkeit in siedender Natronlauge bis 80 %. Der Werkstoff wird statt Rein-Nickel dann verwendet, wenn eine höhere mechanische Festigkeit bei hohen Temperaturen konstruktiv erforderlich ist oder wenn Sulfide in der Lauge anwesend sind.

2.3 Nickel-Chrom-Molybdän-Legierungen

Die Nickel-Chrom-Molybdän-Legierungen verbinden die gute Beständigkeit der Nikkel-Molybdän-Legierungen unter reduzierenden Bedingungen mit der guten Beständigkeit der Nickel-Chrom-Legierungen unter oxidierenden Bedingungen. Chrom in Verbindung mit Molybdän erhöht die Beständigkeit gegenüber Loch- und Spaltkorrosion in Chloride enthaltenden wäßrigen Medien. Die für nichtrostende Stähle gefundenen Zusammenhänge zur sogenannten Wirksumme % Cr + 3,3 x % Mo – je höher der Legierungsgehalt an Cr und (dreifach ausgeprägter) an Mo, um so höher die Beständigkeit gegenüber Lokalkorrosion – können mit Einschränkungen auch für die Nickellegierungen fortgeschrieben werden. Insbesondere die sehr hoch mit Molybdän (9-16 %) legierten Nickellegierungen kommen im Apparatebau dann zum Einsatz, wenn gute Beständigkeit in Medien hoher Chloridlast gefordert wird, also in entsprechend korrosiven Kühlwässern wie Fluß-, Brack- und Meerwasser sowie in chloridhaltigen sauren Prozeßmedien der chemischen Industrie, Papier- und Zellstoffindustrie, Erdöl-/Erdgasgewinnung, Umwelttechnik: Rauchgasentschwefelung, Abwasserentsorgung etc..

2.3.1 Nickel-Chrom-Eisen-Molybdän-Kupfer-Legierungen

Wie man an dem hohen Eisengehalt erkennt stellt diese Legierungsgruppe das Bindeglied zu den nichtrostenden austenitischen Stählen dar, von denen ein Vertreter in Tafel 1 mitaufgeführt ist (1.4562). Im Apparatebau seit Jahrzehnten im Einsatz sind die beiden bekannten Legierungen NiCr21Mo (2.4858; Alloy 825) und NiCr20CuMo (2.4660; Alloy 20). Herausragend ist ihre Beständigkeit in verdünnten Lösungen reduzierender Säuren wie Schwefel- und Phosphorsäure. Das gezielt zulegierte Kupfer verbessert hierbei die Korrosionsbeständigkeit insbesondere in Schwefelsäurelösungen. Wegen des mit 42 % Ni relativ hohen Nickelgehaltes ist NiCr21Mo/Alloy 825 in der Vergangenheit immer dann eingesetzt worden, wenn nichtrostende austenitische Stähle durch Spannungsrißkorrosion (SpRK) ausgefallen waren. Nickel ab ca. 30 % Ni gewährleistet Beständigkeit gegenüber SpRK in praktischen Chloridmedien, während oben genannte Stähle bei Anwesenheit höherer Chloridgehalte, bei angehobenen Temperaturen (schon ab 50 °C) und Vorliegen überhöhter mechanischer Eigen- und Fremdspannungen SpRK erleiden können. Der international weit verbreitete Nickelwerkstoff NiCr21Mo/Alloy 825 hat aus heutiger Sicht einen Schwachpunkt: mit 2,2 bis maximal 2,7 % Mo hat der Werkstoff keine außergewöhnliche Lokalkorrosionsbeständigkeit (s. a. ‚Wirksumme'). Bei hoher Anforderung an Loch- und Spaltkorrosionsbeständigkeit verhalten sich die höhermolybdänhaltigen (6 % Mo) Werkstoffe wie zum Beispiel Alloy 31/ 1.4562 wesentlich besser.

2.3.2 Ni-Legierungen der sogenannten C-Reihe

Als Vorläufer dieser Legierungsgruppe ist NiCr22Mo9Nb (2.4856; Alloy 625) anzusehen – in den vergangenen Jahrzehnten stets als Problemlöser-Werkstoff bei Vorliegen extrem naßkorrosiver Bedingungen eingesetzt. Mit ca. 21 % Cr, einem relativ hohen Mo-Gehalt von 9 % Mo und 60 % Ni zeigte der Werkstoff gute Beständigkeit gegenüber den meisten sauren sowie chloridhaltigen Medien – auch bei höheren Temperaturen – und vor allem ausgezeichnete SpRK-Beständigkeit. Der ursprünglich für Hochtemperaturanwendung, durch Niobzusatz (ca. 3,5 % Nb) hochwarmfeste Nickelwerkstoff wird wegen seiner hohen mechanischen Festigkeit und guten Beständigkeit gegenüber Säuren und Alkalien sowie Chloridmedien und Meerwasser in der chemischen Industrie eingesetzt. Ein Schweißzusatz auf dieser Legierungsbasis wird im übrigen für das Schweißen von hochlegierten austenitischen Sonderstählen bevorzugt eingesetzt, weil nur so höchste Beständigkeit gegenüber Loch- und Spaltkorrosion dieser dann als ‚überlegiert' anzusehenden Schweißverbindung (artgleiches Schweißgut kann bei hochlegierten Sonderstählen zu vorzeitigem Ausfall führen) gewährleistet ist.

Die Nickellegierungen der sogenannten ‚C-Reihe' sind charakterisiert durch einen bei ca. 60 % liegenden Nickelgehalt, Chromgehalte ab 16 % und Molybdängehalte um 16 %. Die älteste Variante, die dieser Gruppe auch den Namen verlieh, ist die in den 60er Jahren entwickelte, heute weltweit als Alloy C-276/NiMo16Cr15W/2.4819 bekannte und bewährte Legierung. Wegen deren teilweise problematischer Verarbeitung in bestimmten Anwendungsfällen, folgte in Deutschland ca. 1970 die Variante Alloy C-4/NiMo16Cr16Ti/2.4610, und zwar durch die chemische Großindustrie, die einen betreffend Verarbeitung und Ausscheidungsneigung sicheren Werkstoff suchte. Die Absenkung des Gehaltes an Si, Fe und C, insbesondere aber das Weglassen von W verbesserte den Werkstoff deutlich, siehe Bild 3 und 4.

Eine in den USA in den 80er Jahren entwickelte Variante – Alloy 22 (2.4602/NiCr21Mo14W) verbesserte das Verhalten dieser Legierungsgruppe gegenüber oxidierenden Bedingungen durch Anheben des Cr-Gehaltes von 16 auf ca. 21 %. Schließlich wurde um 1990 in Deutschland die Legierung Alloy 59 (2.4605; NiCr23Mo16Al) entwickelt. Mit einem auf 23 % angehobenen Chromgehalt, niedrigstem Eisengehalt

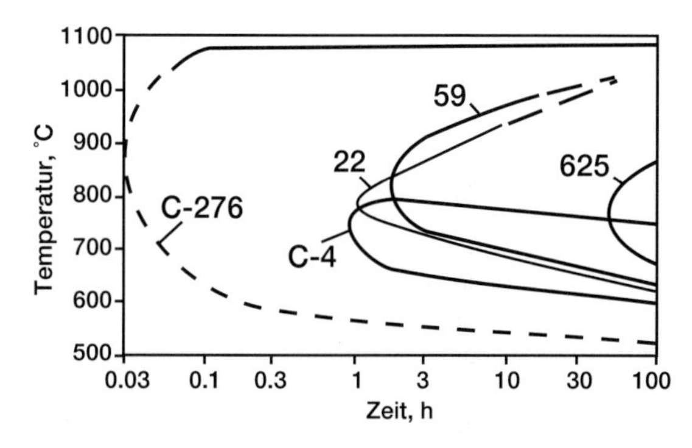

Bild 3: Zeit-Temperatur-Sensibilisierungs-Diagramm unterschiedlicher Nickel-Chrom-Molybdän-Legierungen [2]

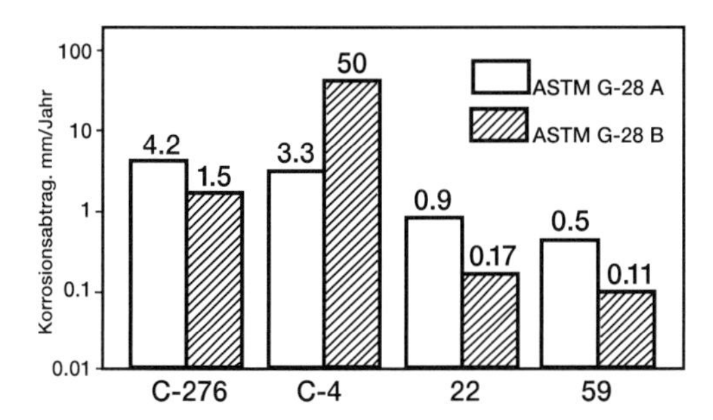

Bild 4: Korrosionsabtrag unterschiedlicher Nickel-Chrom-Molybdänlegierungen in Schwefelsäurestandardtests [2]

(Fe < 1 %) und 16 % Mo erweist sich dieser höchstlegierte Nickelwerkstoff in vielen Laborprüfmedien und nach nunmehr fünf Jahren Praxiserfahrung als außergewöhnlich korrosionsbeständig mit im allgemeinen niedrigsten Korrosionsraten im Vergleich zu den anderen Varianten der ‚C-Reihe', siehe auch Bild 3. Weil Alloy 59 frei von Wolfram ist, weist sie eine außergewöhnlich gute Gefügestabilität auf, wodurch größere Sicherheit bei Warmformgebung, Wärmebehandlungen und insbesondere beim Schweißen gegeben ist. Eine Aussage hierzu liefert das Zeit-Temperatur-Sensibilisierungsdiagramm, Bild 4. Man erkennt die geringe Anfälligkeit von Alloy 59 gegenüber interkristalliner Korrosion und damit verbunden das unproblematische Verschweißen auch dickerer Abmessungen.

Die Nickelwerkstoffe der ‚C-Reihe' und hier insbesondere Alloy 59 kommen wegen ihrer herausragenden Korrosionsbeständigkeit in folgenden Anwendungen zum Einsatz: Herstellung und Verarbeitung anorganischer Chemikalien wie verdünnte Schwefelsäure, Salzsäure und Salzsäure abspaltende Prozesse, Mischsäuren wie Salpeter-, Phosphor-, Fluß-, Salz- und Schwefelsäure; Papier- und Zellstoffindustrie; Herstellung und Verarbeitung organischer chloridhaltiger Chemikalien; von pharmazeutischen Zwischenprodukten, Feinchemikalien und (verunreinigte) Essigsäure; in der Meerestechnik – unter Offshore- und Sourgasbedingungen; in der Umwelttechnik: für Wäscher und Komponenten in Rauchgasentschwefelungsanlagen (REA) mit fossilen Brennstoffen betriebener Kraftwerke und Müllheizkraftwerke, in Rauchgaswäschern von Müllverbrennungsanlagen (MVA) sowie für die Abwassereindampfung von REA und MVA.

3 Nickellegierungen für die Hochtemperaturanwendung

Hochtemperaturwerkstoffe kommen vor allem in der Petrochemie, dem Kraftwerksbau, in der Wärmetechnik, im industriellen Ofenbau, in Müllverbrennungsanlagen etc. zum Einsatz. Oberhalb 550 °C fallen die mechanischen Eigenschaften, das heißt die Kriechfestigkeit warmfester ferritischer Stähle drastisch ab, man muß zu nickellegierten austenitischen Stählen übergehen. Bei noch höheren Temperaturen versagen auch diese, weil eine Festigkeitssteigerung durch entsprechende Legierungselemente an der mangelnden Löslichkeit dieser Elemente in der Eisen-Chrom-Nickel-Matrix scheitert. Hier setzen die Nickellegierungen an, weil nur bei hohen Nickelgehalten eine gute Löslichkeit für solche Legierungselemente gegeben ist, die die Warmfestigkeit, aber auch die Korrosionsbeständigkeit in verschiedenen Gasatmosphären in günstiger Weise beeinflussen. Festigkeitssteigernde Zusatzelemente zur Grundmatrix NiCrFe sind Mo, W, Co, Ti, Al, Nb ... . Die drei wesentlichen Mechanismen der Festigkeitssteigerung sind die Mischkristallhärtung durch Ti, Al, Nb, die Ausscheidunghärtung sowie die Karbidhärtung durch angehobene C-Gehalte. Ein positiver Einfluß wird auch durch das Gefüge des Werkstoffs erzielt: grobes Korn erhöht die Zeitstandfestigkeit. Damit kann der Halbzeughersteller durch eine gezielte Glühbehandlung die Warmfestigkeit beeinflussen beziehungsweise einstellen.

Neben der hohen Warmfestigkeit besitzen Nickellegierungen als Folge der Bildung schützender Deckschichten auch die bei hohen Temperaturen gewünschte Beständigkeit gegenüber Oxidation, Aufkohlung, Nitrierung, Halogenierung, Salzen etc., weniger gegenüber S-haltigen Atmosphären.

3.1 NiCrFe-Legierungen

Klassischer Vertreter dieser Gruppe ist Alloy 800 H (1.4958/1.4876; X8NiCrAlTi3120), die hochwarmfeste Variante von Alloy 800 mit kontrolliertem Kohlenstoffgehalt, zur Verbesserung der Zeitstandfestigkeit im Hochtemperaturbereich lösungsgeglüht. Die Legierung zeichnet sich durch hervorragende Beständigkeit gegenüber aufkohlenden, oxidierenden und aufstickenden Gasen aus und wird bei Betriebstemperaturen von 600 bis 950 °C eingesetzt. Als „Arbeitspferd" unter den Werkstoffen für die Petrochemie findet sie verbreitet Einsatz für Pyrolyserohre in Äthylenöfen, Sammler und Pigtails in katalytischen Kohlenwasserstoff-Krackanlagen sowie Komponenten für Kracköfen zur Herstellung von Vinylchlorid, Diphenyl und Essigsäureanhydrid, für Transferleitungen, Armaturen und andere Teile, die bei Temperaturen über 600 °C hohen Korrosionsbelastungen standhalten müssen. Die Variante Alloy 800 HT (X8NiCrAlTi3221; 1.4959) enthält höhere Zusätze an Ti und Al und kommt dann zur Anwendung, wenn höchste Zeitstandwerte im Temperaturbereich von 700 bis 1000 °C gefordert sind.

Alloy 600 (NiCr15Fe, 2.4816)

Diese NiCrFe-Legierung ist Standardwerkstoff im Industrieofenbau für Temperaturen bis ca. 700 °C. Sie besitzt eine hervorragende Beständigkeit gegenüber aufstickenden Atmosphären sowie sehr gute Beständigkeit gegenüber dem Angriff aufkohlender und halogenhaltiger Gase, insbesondere im Temperaturbereich unter 600 °C. Zu den wichtigsten Anwendungen zählen Ofenmuffeln sowie die Herstellung von Titandioxid (Chlorid-Route), die Vinylchloridmonomer (VCM)- und Perchlorethylen-Synthese, die Herstellung von Aluminiumfluorid und -chlorid, MDI- und TDI-Synthese.

Die Variante Alloy 600 H besitzt als Folge einer gezielt vorgenommenen Lösungsglühung bei hohen Temperaturen eine deutlich höhere Kriechfestigkeit, weshalb sie für den Einsatz oberhalb 700 °C empfohlen wird. Zu den wichtigsten Anwendungen zählen Glühmuffeln, Anlagenkomponenten für die Herstellung von „fumed silica" und Melamin sowie für Katalyseregeneratoren in petrochemischen Prozessen und die Vinylchloridmonomer (VCM)-Synthese.

3.2 NiCrFe mit weiteren Legierungszusätzen

Die Legierung Alloy DS (X8NiCrSi3818; 1.4862) ist gekennzeichnet durch einen Siliziumzusatz von ca. 2 %. Dadurch wird die Beständigkeit gegenüber oxidierenden, aufkohlenden und karbonitrierenden Gasen deutlich erhöht. Der Werkstoff wird deshalb für Ofenbaukomponenten dann empfohlen, wenn wechselnd oxidierende und aufkohlende Bedingungen bei anderen Werkstoffen zu sogenannter Grünfäule führen.

Der Werkstoff Alloy 625 H (NiCr22Mo9Nb; 2.4856), dessen Hauptanwendung heute im Naßkorrosionsbereich liegt (siehe auch Kap. 2.3), kam in der Vergangenheit wegen seiner hohen Zeitstandfestigkeit – bedingt durch hohe Gehalte an Nb und Mo (vgl. Tafel 1) und deshalb gleichzeitig hoher Korrosionsbeständigkeit gegenüber heißen oxidierenden Gasen auch für die Hochtemperaturanwendung zum Einsatz unter anderem für Abfackelsysteme, Einspritzdüsen, Nachbrenner, Heißgaskanäle etc.. Obwohl als lösungsgeglühte und damit hochwarmfeste Variante eingesetzt, zeigten jüngere systematische Untersuchungen, daß der Werkstoff gerade im Temperaturbereich 600 bis 800 °C deutliche Duktilitätseinbußen aufweist, weshalb verbesserten beziehungsweise neueren Nickelwerkstoffen für solche Anwendungsbereiche der Vorzug zu geben ist.

Alloy 617 (NiCr23Co12Mo; 2.4663)

Die lösungsgeglühte Nickel-Chrom-Kobalt-Molybdän Legierung verbindet ausgezeichnete Kriechfestigkeit mit hervorragender Beständigkeit gegen Aufkohlung, sehr guter Oxidationsbeständigkeit sowie einer ausgezeichneten metallurgischen Stabilität bei Temperaturen bis zu 1000 °C Zu den wichtigsten Anwendungen zählen nichtrotierende Gasturbinen-Komponenten, Flammrohre und Wärmebehandlungseinrichtungen.

Darüber hinaus wird die Legierung für den bei 950 °C arbeitenden Helium/Helium-Wärmetauscher zur Gewinnung von Prozeßwärme aus dem Hochtemperatur-Kernreaktor eingesetzt sowie als Trägerwerkstoff für Katalysatoren in der Salpetersäureproduktion und für eine Reihe weiterer chemischer Verfahren im Hochtemperaturbereich.

Alloy 601 H (NiCr23Fe; 2.4851)

Dieser Werkstoff verbindet die ausgezeichneten Eigenschaften der hitzebeständigen Legierung Nicrofer 6023 – Alloy 601 mit höherer Kriechfestigkeit bei Betriebstemperaturen über 500 °C. Er findet verbreitet Anwendung für Glühmuffeln und Bauteile für Wärmebehandlungsöfen, Sauerstoffvorerhitzer in der Titandioxid-Produktion (Chlorid-Route), Müllverbrennung, Komponenten für Gasturbinen, Abfackelköpfe und Transportrollen für Keramiköfen.

3.3 Neuentwickelte Hochtemperaturwerkstoffe

Zur Verbesserung der Zunderbeständigkeit, aber auch für den Einsatz in bestimmten neueren Technologien wie Müllverbrennung und Müllpyrolyse sind Werkstoffe durch Zulegieren höherer Gehalte an Cr, Al, Si, Nb, SE entwickelt worden, von denen die für den Apparatebau wichtigsten kurz erläutert werden, siehe Tafel 2.

Tafel 2: Einige ausgewählte Nickelwerkstoffe für den Hochtemperatureinsatz

Kurzzeichen	Alloy	Werkstoff Nr.	Ni	Cr	C	Fe	andere
X5NiCrAlTi3120	800 H	1.4958	31	20	0,07	47	0,25 Al; 0,35 Ti
NiCr15Fe	600 H	2.4816	74	16	0,07	9	0,20 Al; 0,2 Ti
X8NiCrSi3818	DS	1.4862	36	18		42	0,15 Al; 0,15 Ti
NiCr23Co12Mo	617	2.4663	54	22	0,06	1	12 Co; 9 Mo 1 Al; 0,5 Ti
NiCr23Fe	601H	2.4851	60	23	0,06	14	1,4 Al; 0,5 Ti
X5NiCrNbCe3227	AC 66	1.4877	32	28	0,05	39	0,8 Nb; 0,07 Ce
NiCr28FeSiCe	45 TM	2.4889	47	27		23	2,7 Si; 0,1 SE
NiCr25FeAlY	602 CA	2.4633	62	25	0,18	9,5	2,0 Al; 0,15 Ti; 0,1 Y; 0,1 Zr

3.3.1 AC66 (X5NiCrNbCe3227; 1.4877)

Ein hoher Chromgehalt in Verbindung mit kontrollierten Zusätzen von Niob und Cer verleiht dieser Legierung eine ausgezeichnete Beständigkeit gegen Oxidation und Sulfidierung. Sie findet Einsatz insbesondere in Anlagen, die mit aggressiven Gasen bei hohen Temperaturen betrieben werden, zum Beispiel Industrie- und Hausmüllverbrennung und -pyrolyse sowie Industrieöfen.

3.3.2 Alloy 45 TM (NiCr28FeSiCe; 2.4889)

Für die Umwelttechnik und hier insbesondere die Müllverbrennung (MVA) liegt mit Alloy 45 TM/2.4889 – die Abkürzung TM steht für Thermische Müllentsorgung – ein Nickelwerkstoff vor, der den extrem korrosiven MVA-Bedingungen standhält. Dafür sorgt ein sehr hoher Chromgehalt von 27 % Cr, ein Siliziumgehalt von 2,7 % Si sowie Zusätze an Seltenen Erden. Der Gehalt an Nickel ist mit 45 % Ni eingeschränkt, um einerseits die Beständigkeit gegenüber den schwefelhaltigen, andererseits gegenüber den in MVA-Atmosphären aus der Verbrennung von PVC und anderem Abfall stark angereicherten und sehr korrosiven Chlorwasserstoffen zu gewährleisten. Umfassende Labor- sowie praktische Auslagerungsversuche belegen die gute Beständigkeit dieses neuen Nickelwerkstoffes in komplexen MVA-Atmosphären bei Temperaturen bis 850 °C, siehe auch Bild 5.

Der Werkstoff ist auch geeignet für kohlebefeuerte Brenner, Wärmetauscher in Kohlevergasungsanlagen, Nachbrenner und Ofeneinbauten, die stark korrosiven Gasen bei hohen Temperaturen standhalten müssen.

3.3.3 Alloy 602 CA (NiCr25FeAlY; 2.4633)

Die Neuentwicklung Alloy 602 CA/2.4633 mit der Analyse 60 Ni, 25 Cr, 2 Al sowie Zusätzen an Titan und Zirkonium erfüllt weitgehend die Anforderungen der chemischen und petrochemischen Industrie sowie des Ofenbaus nach einem Werkstoff, der auf grund seiner Korrosions- und Zeitstandfestigkeit den Einsatz bis 1200 °C erlaubt, siehe auch Tafel 3.

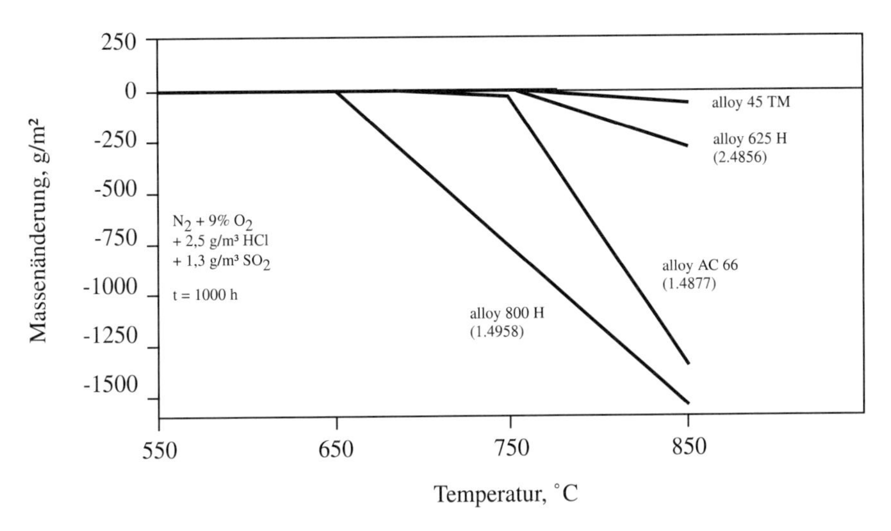

Bild 5: Masseänderung des neuen Hochtemperaturwerkstoffs NiCr28FeSiCe (Alloy 45 TM; 2.4889) in einer Müllverbrennungsatmosphäre im Vergleich zu anderen bekannten Legierungen [2]

Tafel 3: Ergebnisse von Zeitstandprüfungen an Alloy 602 CA im Vergleich zu Alloy 800 H und Alloy 617 [4]

Zeitstandfestigkeit	$R_{m/1000}$ [MPa]		
Temperatur °C	Alloy 800 H 1.4958	Alloy 617 2.4663	Alloy 602 CA 2.4633
900	17,0	30,0	17,3
1000	– *	10,0	10,0
1100	– *	4,0	5,8
1200	– *	– *	3,3

* Keine Werte verfügbar; Werkstoff aufgrund mangelnder Oxidationsbeständigkeit nicht einsetzbar

Dabei gewährleistet Nickel die außerordentliche Beständigkeit gegenüber Chlorgas/Chlorwasserstoff, Fluor/Fluorwasserstoff, Kohlenwasserstoffe (Aufkohlung) sowie Stickstoff (Nitrierung) enthaltenden Prozeßatmosphären. Chrom bewirkt zusammen mit Aluminium und Zirkonium die Bildung einer schützenden Oxidschicht und damit die hervorragende Oxidationsbeständigkeit an Luft beziehungsweise sauerstoffreichen Atmosphären. Diese Elemente gewährleisten daneben im Zusammenspiel mit einem relativ hohen Kohlenstoffgehalt die Ausscheidung von stabilen Carbiden, die Träger der Zeitstandfestigkeit im oberen Bereich der Anwendungstemperatur sind. Ein Anwendungsbeispiel für diesen Werkstoff ist die für die Weißpigmentherstellung wichtige Titanoxidproduktion.

4 Verarbeitung

Grundsätzlich lassen sich die Nickellegierungen gut verarbeiten, ähnlich den hochlegierten nichtrostenden Stählen. Auf einige Besonderheiten ist jedoch zu achten. Das für die jeweilige Legierung mögliche Höchstmaß an Korrosions- beziehungsweise Oxidationsbeständigkeit ist nur dann gewährleistet, wenn äußere Verunreinigungen vermieden werden. Äußerste Sauberkeit bei der mechanischen Bearbeitung, Formgebung, Glühbehandlung sowie insbesondere beim Schweißen ist Voraussetzung für die einwandfreie Herstellung von Apparaten, Anlagen und Komponenten. Insbesondere ist bei Warmformgebung und Glühbehandlung das Arbeiten mit schwefelhaltigen Ölen oder Schmierfetten zu vermeiden, weil Nickel eine hohe Affinität zu Schwefel hat, der über Korngrenzen in das Innere dringt und zu interkristalliner Zerstörung führt. Ähnliches bewirkt Blei in bleihaltigen Farbmarkierungen.

4 .1 Kalt- und Warmformgebung, Wärmebehandlung

Eine spanabhebende Bearbeitung sollte an Material im geglühten Zustand erfolgen. Da Nickelegierungen im allgemeinen zur Kaltverfestigkeit neigen, muß eine niedrige Schnittgeschwindigkeit zur Anwendung kommen sowie das Schneidwerkzeug ständig im Eingriff bleiben. Eine ausreichende Spantiefe ist wichtig, um die zuvor entstandene kaltverfestigte Zone zu unterschneiden.

Bei der Wahl der Biege- beziehungsweise Umformeinrichtungen ist die gegenüber nichtrostenden austenitischen Stählen deutlich höhere Kaltverfestigung zu berücksichtigen. Das Werkstück soll im lösungsgeglühten Zustand vorliegen. Bei starken Kaltumformungen sind Zwischenglühungen unumgänglich. Je nach Werkstoff ist nach 10 bis 15 % Kaltverformung eine erneute Zwischenglühung erforderlich [2].

Warmumformungen erfolgen im allgemeinen im Temperaturbereich zwischen 1100 und 900 °C [2]), mit anschließend schneller Abkühlung in Wasser oder Luft. Zur Erzielung optimaler Eigenschaften ist nach einer Warmumformung eine Wärmenachbehandlung erforderlich. Dies kann eine Spannungsfrei-, eine Weich- bzw. -Stabil-, bevorzugt und überwiegend aber eine Lösungsglühung sein [2]). Letztere erfolgt überwiegend im Temperaturbereich 1080 bis 1150 °C. Zur Erzielung optimaler Korrosionseigenschaften ist beschleunigt mit Wasser abzukühlen, bei Dicken unter 2,0 mm kann auch schnelle Luftabkühlung erfolgen.

Bei jeder Wärmebehandlung sind oben genannte Sauberkeitsanforderungen strikt zu beachten. Brennstoffe müssen einen möglichst niedrigen Schwefelgehalt aufweisen. Erdgas sollte einen Anteil von weniger als 0,1 Gew.-% Schwefel enthalten. Heizöl mit einem Anteil von maximal 0,5 Gew.-% ist ebenfalls geeignet.

Die Ofenatmosphäre soll neutral bis leicht reduzierend eingestellt werden und darf nicht zwischen oxidierend und reduzierend wechseln. Die Werkstücke dürfen nicht direkt von den Flammen beaufschlagt werden.

---

[2]) Genaue Angaben sind TÜV- oder Werkstoffleistungsblättern zu entnehmen; gegebenenfalls Halbzeughersteller fragen

Oxide und Verfärbungen im Bereich von Schweißnähten haften bei Nickellegierungen fester als bei nichtrostenden Stählen. Schleifen mit sehr feinen Schleifbändern oder Schleifscheiben wird empfohlen. Oxidschichten müssen durch Strahlen mechanisch zerstört oder in Salzschmelzen vorbehandelt werden. Anschließend erfolgt Beizen in Salpeter-Flußsäure.

4.2 Schweißen

Die Nickellegierungen können nach allen konventionellen Verfahren wie WIG, MIG und Lichtbogenschweißung mit umhüllten Stabelektroden geschweißt werden. Zur Erzielung optimaler Korrosionseigenschaften ist das WIG-Verfahren zu bevorzugen. Während des Schweißens ist peinlichste Sauberkeit Bedingung. Das Material soll im lösungsgeglühten Zustand vorliegen und frei von Zunder, Fett und Markierungen sein. Eine Zone von ca. 25 mm beiderseits der Naht ist metallisch blank zu schleifen. Auf eine geringe Wärmeeinbringung und schnelle Wärmeabfuhr ist zu achten. Die Zwischenlagetemperatur soll 150 °C nicht überschreiten. Es ist weder ein Vorwärmen noch eine Wärmenachbehandlung erforderlich.

Für das Schweißen von Nickellegierungen steht eine ausreichende Auswahl von Schweißzusatzwerkstoffen zur Verfügung, Tafel 4. Nickel wie die quasibinären Legierungen werden mit artgleichen Zusatzwerkstoffen geschweißt.

NiCrFeMo-Werkstoffe sollten dagegen bevorzugt überlegiert geschweißt werden, weil die Legierungselemente Cr und Mo in diesen Mehrstofflegierungen im Gußgefüge zu starken Seigerungen und diese zur Korrosionsbeeinträchtigung führen. Galt diesbezüglich für die naßkorrosive Anwendung früher der Schweißzusatz SG-NiCr21Mo9Nb (2.4831; Alloy 625) als überlegierter trouble shouter Zusatz, so ist dies heute der noch höher legierte SG-NiCr23Mo16 (2.4607; Alloy 59). Bei hochkorrosiver Beanspruchung, insbesondere durch hochchloridhaltige, saure Medien (Papier- und Zellstoffindustrie, Rauchgasentschwefelungsanlagen, Müllverbrennung, Abwassereindampfung etc.) gewährleistet dieser Zusatz die relativ höchste Beständigkeit gegenüber Loch- und Spaltkorrosion im Schweißnahtbereich, weshalb er unter anderem auch für hochlegierte austenitische Sonderstähle bevorzugt zum Einsatz kommen sollte.

Generell sollten beim Schweißen hochlegierter Nickelwerkstoffe die nachfolgenden Empfehlungen unbedingt berücksichtigt werden:

- Um die korrosionsbeeinträchtigenden Seigerungen im Schweißgut sowie eine Sensibilisierung des Grundwerkstoffes in der WEZ zu minimieren, ist beim Schweißen die Wärmeeinbringung und damit die Streckenenergie zu begrenzen (beim Schutzgasschweißen: ca. 10 kJ/cm).
- Zur Vermeidung von IK, aber auch mit Blick auf die grundsätzliche Gefügestabilität des zu schweißenden Werkstoffes ist das entsprechende Zeit-Temperatur-Sensibilisierungsdiagramm zu beachten.
- Fehler in der Oberfläche und im Schweißgut wie: Schlackenreste, Poren, Schweißrippen, Schweißspritzer, Erstarrungs-, Nahtübergangs- und Heißrisse, Randkerben, Bindefehler – fördern die Korrosion und sind deshalb zu vermeiden.

Tafel 4: Schweißzusatzwerkstoffe für Nickel und Nickellegierungen in Form von Draht- und Bandelektroden, Schweißdrähten und Schweißstäben

Schweißzusatz				Hauptlegierungselemente (beispielhafte Angaben in %)					
Kurzzeichen		Werkstoff-Nr.	AWS-Bezeichnung	Ni	Cr	Mo	Cu	Fe	andere
SG - NiTi 4	Alloy 61	2.4155	ERNi-1	96	–	–	–	–	3,3 Ti
SG - NiCu30MnTi	Alloy 60	2.4377	ERNiCu-7	65	–	–	29	–	3,2 Mn;2,3 Ti
SG - CuNi30Fe		2.0873	ERCuNi	30	–	–	68	–	0,4 Ti
SG - NiMo27	Alloy B-2	2.4615	ERNiMo7	64	1	28	–	2	–
SG - NiCr20Nb	Alloy 62	2.4806	ERNiCr-3	72	21	–	–	–	3,2 Mn; 2,5 Nb 0,4 Ti
SG - NiCr22Co12Mn	Alloy 617	2.4627	ERNiCrCoMo-1	55	22	9	–	0,5	12Co;0,45 Ti 1,0 Al
SG - NiMo16Cr16W	Alloy C-276	2.4886	ERNiCrMo-4	58	16	16	–	5	3,5 W;0,5 Mn 0,2 V
SG - NiCr23Mo16	Alloy 59	2.4607	ERNiCrMo-12	59	23	16	–	1	
SG - NiCr21Mo9Nb	Alloy 625	2.4831	ERNiCrMo-3	64	22	9	–	1	3,4 Nb
SG - NiMo16Cr16Ti	Aloy C-4	2.4611	ERNiCrMo-7	66	16	15	–	0,3	0,3 Ti

- Bei Rohrschweißungen sind durchhängende Schweißnähte auszuschließen, da sie mediumseitig zu Turbulenzen und damit zu Erosionskorrosion führen können; überstehendes Schweißgut kann bei Blechen zu Ablagerungen und darunter zu bevorzugter Spaltkorrosion führen. Beischleifen der Schweißnaht sollte sorgfältig und naß erfolgen, zuletzt als Feinschliff mit mindestens 120er Körnung.
- Korrosionsprüfungen zu ermitteln, die belegen müssen, daß eine lokale Beeinträchtigung der Korrosionsbeständigkeit im entsprechenden Einsatzmedium nicht zu erwarten ist.
- Ein Nachbürsten von Schweißnähten unmittelbar nach dem Schweißen ist zwingend, und zwar mit einer Edelstahldrahtbürste, um Oberflächenverunreinigungen, Schlackenreste, Anlauffarben etc. zu vermeiden. Nachbeizen mittels Beizlösungen oder Beizpasten ist empfehlenswert und insbesondere nach grobem Schleifen oder Strahlen des Schweißnahtbereiches erforderlich. Eine Überprüfung der Korrosionsbeständigkeit der Schweißnaht und ihrer Gleichwertigkeit mit der des Grundwerkstoffes ist zwingend und sollte erfolgen durch: Laborstandardtests auf Loch- und Spaltkorrosion; Prüfung im simulierten Einsatzmedium; Auslagerungsversuche geschweißter Proben in bestehenden Anlagen und schließlich bei Anlageninspektionen und -begehungen durch besondere Begutachtung der Schweißnähte.

4.3 Einsatz von Plattierungen

Hochlegierte Nickelwerkstoffe sind erheblich teurer als herkömmliche nichtrostende Stähle. Wegen ihrer besonders hohen Korrosionsbeständigkeit können sie jedoch als relativ dünne Bleche eingesetzt werden, sofern die tragenden Elemente der Anlage aus Baustahl bestehen. In diesem Fall kommen beide Werkstoffe im Verbund zum Einsatz: der hochlegierte Werkstoff entweder als Auskleidung in ‚Losehemdform' (‚Wall papering') oder fest verbunden über eine Spreng- oder Walzplattierung sowie als Auftragsschweißungen (Band und Draht).

Hinsichtlich der Verarbeitung insbesondere Schweißen liegen umfassende Erfahrungen aus der chemischen Industrie [2], seit einigen Jahren zunehmend auch aus dem Bereich Rauchgasentschwefelungs- und Rauchgasreinigungsanlagen vor [5]. Die geringen Blechdicken von ca. 1,6 bis 2,0 mm bei Hemdauskleidungen erlauben nur den Einsatz höchstkorrosionsbeständiger Nickelwerkstoffe. Das Schweißen solcher Dünnblechauskleidungen auf C-Stahl wird durch das Arbeiten mit Unterleg- oder Abdeckstreifen weitgehend beherrscht [6]. Großformatige Warmwalzplattierungen mit hochkorrosionsbeständigen Auflagewerkstoffen [7] werden zunehmend eingesetzt, unter anderem für den REA-Neubau. Die Auflagendicke sollte hierbei 2,0 mm möglichst nicht unterschreiten, weil dann Eisen- und Kohlenstoffaufmischungen aus dem Trägerwerkstoff C-Stahl zu erheblicher Beeinträchtigung der Korrosionsbeständigkeit des Schweißnahtbereiches führen können.

Der zulässige Grenzwert der Fe-Aufmischung ist gegebenenfalls anhand von Korrosionsprüfungen an geschweißten Proben zu ermitteln. Diese müssen belegen, daß eine lokale Beeinträchtigung der Korrosionsbeständigkeit der Schweißnaht im entsprechenden Einsatzmedium nicht zu erwarten ist.

5 Resumeé und Ausblick

Die hochlegierten Nickelwerkstoffe haben aufgrund ihrer besonderen Eigenschaften unter Bedingungen der Naß- und Hochtemperaturkorrosion einen relativ breiten Anwendungsbereich. Neben den hier aufgeführten und diskutierten Nickellegierungen gibt es weitere, die dann aber meist auf sehr eng begrenzte Anwendungen zugeschnitten sind.

Die hier betreffend der Korrosionsbeständigkeit gemachten Aussagen sind aus Platzgründen kurz gefaßt und allgemeiner gehalten. Detailangaben über das Korrosionsverhalten beziehungsweise konkrete Korrosionsraten sind Tabellenwerken, wie zum Beispiel den DECHEMA Werkstofftabellen, der Literatur und gegebenenfalls den Angaben der Hersteller zu entnehmen. Grundsätzliches ist in dem Standardwerk von Friend [1] sowie in der deutschsprachigen Abhandlung von Heubner [2] nachzulesen. Daneben haben für die Nickelwerkstoffe die Normen DIN 17740 bis 17744 Gültigkeit.

Betreffend der Verarbeitung der Nickelwerkstoffe liegen ausreichende Erfahrungen aus der Praxis vor. Apparatebauer, die hochlegierte Stähle beherrschen, sollten grundsätzlich auch Nickelwerkstoffe verarbeiten können – allerdings ist eine noch höhere Sauberkeit (Schwefel-, bleifreies Arbeiten ...), eine hohe Qualifikation der Mitarbeiter und hier insbesondere der Schweißer, absolute Voraussetzung.

Alle Halbzeughersteller haben neben Werbe- und Übersichtskatalogen, Werkstoff-TÜV-Blätter sowie hauseigene Werkstoffleistungsblätter. Dies sind im allgemeinen vier- bis achtseitige Faltblätter, in denen viele Details über Eigenschaften und Verarbeitung jedes einzelnen Werkstoffes aufgeführt sind. Sie sind vom Halbzeughersteller aufwendig erarbeitet worden und im allgemeinen vom TÜV begutachtet Hinweise und Empfehlungen beruhen auf eigenen Erfahrungen und sind zur Vermeidung von Verarbeitungsfehlern – hier insbesondere durch Wärmebehandlungen und Schweißen – zu berücksichtigen. In komplizierten Fällen ist mit der Qualitätsstelle des Halbzeugherstellers Rücksprache zu halten.

Schrifttum

[1] Friend, W. Z.: Corrosion of Nickel and Nickel-Base Alloys, J. Wiley and Sons, New York - Chichester, Brisbane - Toronto, 1980

[2] Heubner, U.: Nickelwerkstoffe und hochlegierte Sonderedelstähle, Kontakt und Studium; Band 153, Expert Verlag 1993

[3] Heubner, U.: Neue Werkstoffe für den Apparatebau Chemische Produktion, Heft 11, Nov. 1992

[4] Brill, U.: Neue warmfeste und korrosionsbeständige Nickel-Basislegierung für Temperaturen bis zu 1200 °C, Metall '92, Heft 8, August 1992

[5] Hoffmann, T; Rockel, M.; Herda, W.: Schweißtechnische Verarbeitung der neuen hochkorrosionsbeständigen Nickelbasislegierung Alloy 59 (Werkstoff-Nr. 2.4605), DVS-Berichte, 1994, Band 155

[6] Drefke, P.; Scharnberg, W.; Schliesser, W.; Schwab, E.: Praktische Erfahrungen bei der Sanierung von Rauchgaswäschern eines Müllheizkraftwerks durch Auskleidung mit Blechen aus Nickelbasiswerkstoff, VGB-Konferenz ‚Werkstoffe und Schweißtechnik im Kraftwerk 1994' – 15. u. 16. März 1994, Essen; VGB-TB 512

[7] Plattierte Bleche: VOEST-Alpine-Stahl Linz GmbH, Abtlg. WGV, Postfach 3, A-4031 Linz, Österreich

[8] DECHEMA-Werkstofftabellen; DECHEMA, Theodor Heuss Allee 25, 60486 Frankfurt/Main

4.2 Kunststoffe

Kunststoffe im chemischen Apparatebau

Von E. Weiß und A. Lietzmann [1])

1 Einleitung

Die Verbreitung der Kunststoffe schreitet unaufhaltsam voran. Sie hielten selbst in Bereichen Einzug, die als Domäne der metallischen Werkstoffe galten. Dies trifft im besonderen Maße für den Einsatz in der chemischen Industrie zu. Zunächst als optimistische Werkstoffvariante beziehungsweise als Alternative erprobt, wurden vielfach Bereiche erobert, die nur noch mit polymeren Werkstoffen ökonomisch beziehungsweise überhaupt zu realisieren sind. Die Haupteinsatzgebiete der polymeren Werkstoffe im Apparate- und Rohrleitungsbau sind dabei sowohl als Auskleidungswerkstoff (Liner) und als Konstruktionswerkstoff zu sehen, wobei thermo- und duroplastische Basismassen mit und ohne Verstärkung zum Einsatz kommen. Seitdem für das bisher hemmende Recycling-Problem eine Lösung angestrebt wird, ist eine weitere Perspektive gegeben.

Der Einsatz von Kunststoffen in der chemischen Industrie hat verantwortungsbewußt zu erfolgen, weil sehr verlockende Eigenschaften meist mit bestimmten Randbedingungen verbunden sind, die während der gesamten Einsatzdauer garantiert werden müssen [1]. Besonderes Augenmerk ist dabei auf das zeit- und temperaturabhängige Materialverhalten und das darin involvierte Schädigungsverhalten zu legen. In der Werkstoffentwicklung auf dem Kunststoffsektor zeichnet sich der Trend ab, daß die traditionellen Massenwerkstoffe weiterhin, qualitativ verbessert, dominierend sein werden, aber für spezielle Einsatzgebiete zunehmend Entwicklungen „nach Maß" in Anwendung kommen. Die Kennwertprognose für eine sichere Dimensionierung ist im letztgenannten Fall problematisch.

In der allgemeinen technischen Entwicklung ist ein weiterer Trend erkennbar. Der sparsame Umgang mit den natürlichen Ressourcen erfordert einen ökonomischen Materialeinsatz, das heißt auch für die Kunststoffe einen beanspruchungsgerechten Einsatz zu forcieren. Moderne numerische Berechnungsmethoden (unter anderem Finite-Elemente-Methode) machen konstruktive Fragestellungen zunehmend transparenter und erlauben eine optimale werkstoffgerechte Umsetzung der Erkenntnisse in der Konstruktionspraxis. Die nachfolgenden Ausführungen vertiefen die Zusammenhänge Fertigung/Festigkeitsanalyse/Konstruktion anhand einiger typischer Beispiele.

2 Schädigungsverhalten der Thermoplaste

Bei überelastischer Beanspruchung beobachtet man bei metallischen Werkstoffen eine Verformungsverfestigung. Die Zugfestigkeit liegt insbesondere bei austenitischen Werkstoffen wesentlich über der Streckgrenze. Dieses Werkstoffverhalten macht man

[1]) Prof. Dr.-Ing. Eckart Weiß und Dipl.-Ing. Andreas Lietzmann, Universität Dortmund, Chemietechnik/ Chemieapparatebau, Dortmund

sich bei der Dimensionierung zunutze, indem man örtlich überelastische Beanspruchung zuläßt. Bei Kunststoffen beobachtet man ein abweichendes Schädigungsverhalten, welches im allgemeinen als Mikrorißbildung oder Crazing bezeichnet wird. An Inhomogenitäten und Fehlstellen kommt es bei amorphen Kunststoffen durch die Spannungskonzentration zu einer lokalen Verstreckung beziehungsweise zum Reißen der Makromoleküle [2]. Bei teilkristallinen Kunststoffen tritt in Bereichen der größten positiven Dehnung durch Verstrecken der amorphen Phase und segmentweises Abgleiten der Lamellenblöcke eine fibrilläre Struktur auf [3]. Mikrorisse entstehen bevor globale Deformationsprozesse sichtbar werden. Sie gelten als erste irreversible Schädigung des Materials. Es wird daher empfohlen, die maximale positive Dehnung gegenüber einer kritischen Dehnung abzusichern [4]. Diese Dehngrenze ist werkstoffabhängig und liegt zwischen 0,8 % bei PVC und 3 % bei PE-HD [5]. Für die Dimensionierung ausschlaggebend ist, daß diese Dehnung auch lokal nicht überschritten werden darf, da sie den Ausgangspunkt einer globalen Schädigung darstellt. Insbesondere bei Chemikalieneinwirkung [6] stellen die Mikrorisse Orte eines bevorzugten Angriffs dar, man spricht daher auch von Spannungsrißkorrosion. Da auch an unbelasteten Bauteilen Mikrorisse aufgrund von Eigenspannungen durch den Extrusionsvorgang zu beobachten sind, wird empfohlen, Kunststoffe nach der Halbzeugfertigung zu tempern.

3 Dimensionierung von Kunststoffkonstruktionen

Aufgrund der unterschiedlichen Zug- und Druckfestigkeit der thermoplastischen Kunststoffe kann die im Metallsektor anerkannte Ermittlung einer Vergleichsspannung wie Schubspannungs- oder Gestaltänderungsenergiehypothese nicht versagensgerecht zur Anwendung kommen. Für Kunststoffe wurden eine Vielzahl verschiedener Festigkeitshypothesen vorgeschlagen [2, 7, 8] von denen sich aber in der Praxis keine durchsetzen konnte. Aus den genannten Gründen verwendet die DVS-Richtlinie 2205 Teil 1 [5] die Hypothese der größten Hauptspannung. Die maximal auftretende Hauptspannung wird dabei gegenüber einer zulässigen Spannung abgesichert.

$$\mathrm{Max}\,(\sigma_1, \sigma_2, \sigma_3) \leq \sigma_{zul} = \frac{K_{(A_1 \cdot A_3)}\, f_s}{A_2\, A_4\, S}\,. \tag{1}$$

Es ist dabei durchaus vertretbar, Druckspannungen mit einem geringeren Sicherheitsbeiwert abzusichern, wobei man sich über den Wirkungsbereich von Druckspannungen und über das eventuelle Auftreten von Stabilitätsproblemen im klaren sein muß. Der maßgebende Festigkeitskennwert kann aus Zeitstandfestigkeitsdiagrammen entnommen werden, welche den Zeit- und Temperatureinfluß auf das Festigkeitsverhalten der Kunststoffe beschreiben. Diese Diagramme werden durch Langzeitversuche an Kunststoffrohren ermittelt und können daher als werkstoffgerecht angesehen werden. Bild 1 zeigt ein solches Diagramm für PE-HD. Man erkennt einen Knick im Kurvenverlauf, der den Übergang vom Versagen infolge großer plastischer Deformation bei hohen Spannungen und kurzer Zeit und den verformungsarmen, spröden Bruch bei längeren Beanspruchungszeiten beschreibt [9]. Der Übergang ist nur bei den teilkristallinen Kunststoffen PE-HD und PP zu beobachten. Der Faktor A_2 beschreibt den Chemikalieneinfluß auf das Festigkeitsverhalten. Er ist aus Tafeln zu entnehmen und wurde teilweise durch Innendruckversuche an Rohrproben mit den entsprechenden Chemikalien ermittelt. Der Faktor A_4 ist ein Maß für die spezifische Zähigkeit der Werkstoffe. Er basiert auf dem Kerbschlagverhalten.

Tafel 1 stellt ergänzende Untersuchungen der Kerbschlagarbeiten in Abhängigkeit der Temperatur dar. Es sind Werte für eine scharfe Kerbe (V-Kerbe) und eine runde Kerbe (U-Kerbe) aufgeführt. Man erkennt, daß PVC im gesamten Temperaturbereich ein sprödes Verhalten aufweist, während PE-HD als verformungsfähig gelten kann. Man beachte jedoch den Sprödbruchbereich bei längeren Beanspruchungszeiten (Bild 1). PP zeigt bei niedrigen Temperaturen sprödes Verhalten und wird mit steigender Temperatur verformungsfähiger. Kerbschlagarbeiten werden quantitativ nicht zur Beanspruchungsbewertung herangezogen. Sie qualifizieren aber die Verformungsfähigkeit allgemein, hier im besonderen einschließlich des Temperatureinflusses und der Kerbschärfe. Eine beachtenswerte Konstruktionsregel läßt sich daraus ableiten. Die einerseits zu respektierenden relativ geringen Spannungswerte (unter Einbeziehung von Spannungsspitzen) müssen andererseits durch betont kerbarme Konstruktionen ausgeglichen werden, um den Werkstoff attraktiv zu erhalten. Dies gilt aus den genannten Gründen besonders für den Apparatebau. Aufgrund des zeitabhängigen Verhaltens der Festigkeitseigenschaften haben Fehler „Langzeitwirkung".

Tafel 1: Kerbschlagzähigkeiten in KJ/m² nach DIN ISO 180 für V- und U-Kerbe in Abhängigkeit der Temperatur

	0 °C	20 °C	40 °C	60 °C
PVC (V)	4	5	5	5
PVC (U)	8	10	14	16
PP (V)	3	4	7	31
PP (U)	4	12	21	43
PE-HD (V)	17	34	37	29
PE-HD (U)	38	61	55	60

Der Fügefaktor f_S ist vom Schweißverfahren abhängig und schwankt zwischen 0,4 und 0,8. Als Sicherheitsfaktor wird im allgemeinen ein Wert von 2 verwendet, der über der üblichen Sicherheit von 1,5 liegt und als Maß für die Unsicherheiten bei der Dimensionierung von Kunststoffkonstruktionen angesehen werden kann. Bei präzisen Festigkeitsanalysen (u. a. FEM) erscheint der Wert unverhältnismäßig hoch.

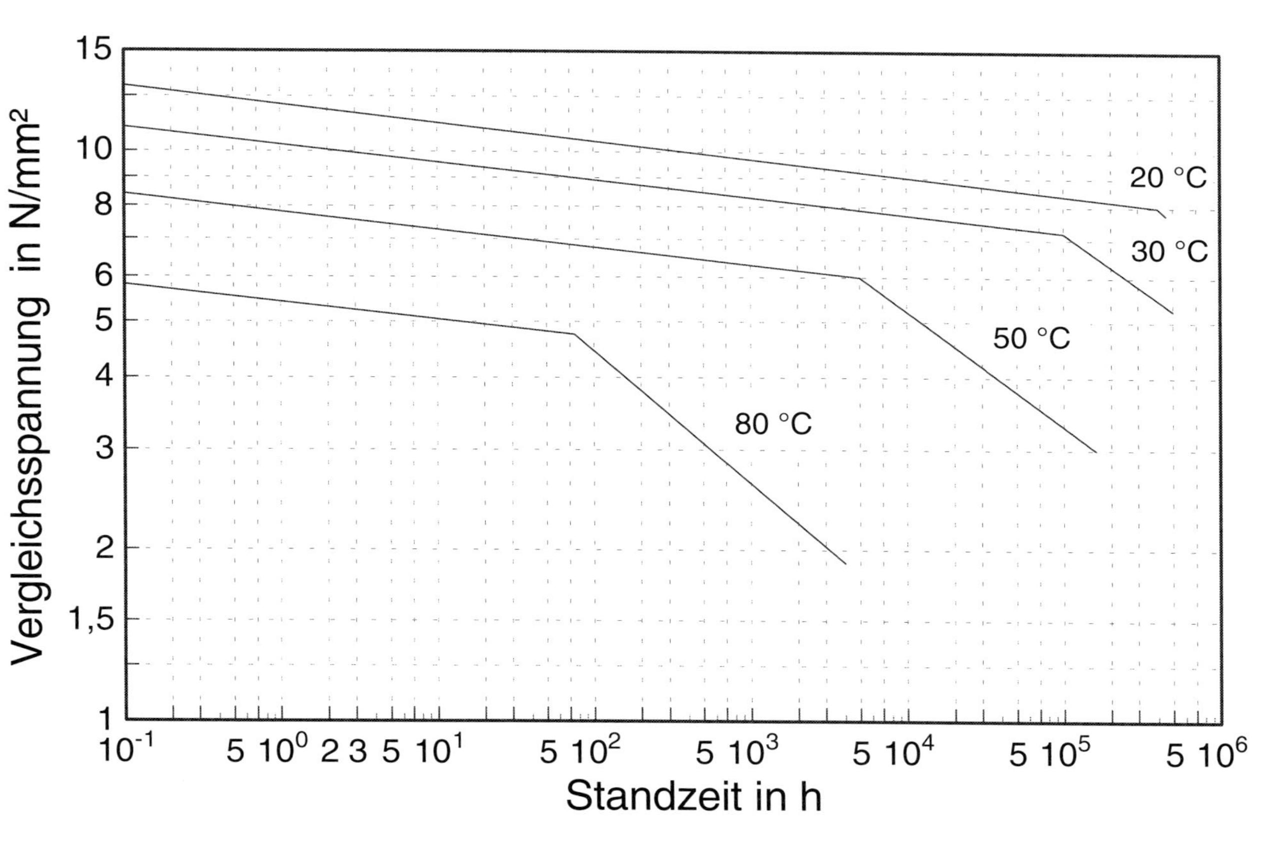

Bild 1: Zeitstandfestigkeit von Rohren aus Polyethylen hoher Dichte (PE-HD) nach DIN 8075

4 Fertigung im Apparatebau

Thermoplaste lassen sich einerseits leicht warmformen, andererseits sind sie aufgrund des geringen Elastizitätsmoduls auch im kalten Zustand leicht verformbar [10]. Bei kaltverformten Bauelementen aus thermoplastischen Werkstoffen wird deshalb oftmals die Empfehlung gegeben, die aus dem Biegevorgang resultierenden Randfaserdehnungen auf einen Maximalwert zu begrenzen. Diese Vorgehensweise ist nicht zulässig, da hier suggeriert wird, daß eine bestimmte Beanspruchung gegenüber einer anderen Beanspruchung zu vernachlässigen wäre. Bei metallischen Werkstoffen, Duktilität vorausgesetzt, ist vergleichsweise das plastische Verformen mit einem Abbau von Spannungsspitzen verbunden, was auch in der Regel zu Restspannungen mit entgegengesetzter Wirkung führt, die letztlich der Beanspruchbarkeit förderlich sind. Bei Kunststoffen führt die überelastische Dehnung dagegen zu einer irreversiblen Schädigung. Für einen Zylindermantel, welcher aus Plattenmaterial kalt geformt wird, läßt sich die maximale Dehnung durch den Biegevorgang leicht berechnen. Unter Zugrundelegen des linearviskoelastischen Materialgesetzes für den zweidimensionalen Spannungszustandes bei Vernachlässigung der axialen Dehnung, läßt sich für den innendruckbeanspruchten Zylindermantel mit überlagerter Biegebeanspruchung die maximale Umfangsspannung ermitteln zu

$$\sigma_\phi = \frac{p\left(D_{aM} - s_M\right)}{2\,s_M} + \frac{E_C(t)}{1-\mu^2} \cdot \frac{s_M}{D_{aM} - s_M}. \tag{2}$$

Der zweite Term in Gl. (2) beschreibt die Beanspruchung durch den Biegevorgang. Es ist zu erkennen, daß mit größerer Wanddicke die Beanspruchung durch die Biegung steigt. Mit der Vorschrift $d\,o_0 / d\,s_M$ kann man einen optimalen Druck bei vorgegebenem Außendurchmesser des Mantels ermitteln. Dieser Druck stellt ein absolutes Maximum dar und kann nicht durch Vergrößerung der Wanddicke erhöht werden. Als Fazit bleibt festzustellen, daß bei größeren Wanddicken die Warmformgebung unbedingt in Betracht zu ziehen ist, um die Sicherheit des Apparates über die Einsatzzeit zu garantieren.

4.1 Schweißen

Als Verbindungsverfahren kommt im Kunststoffapparatebau bei thermoplastischen Werkstoffen zumeist das Schweißen zur Anwendung, wobei man nur beim PVC auch Kleben als Alternative hat. Während bei den metallischen Werkstoffen ein Schweißbad vorliegt, erfolgt bei den Kunststoffen eine Verbindung der Werkstoffe nur durch die plastizierten Oberflächen (Bindenaht). Die Schweißung muß immer unter Druck erfolgen. In der Modellvorstellung wird davon ausgegangen, daß sich aufgrund der Entropiezunahme im plastizierten Zustand die Makromolekülketten aufrichten und durch die äußere Druckwirkung im Verbindungsbereich ineinander fließen und verknäulen. Da die-se Verknäulungen aber nicht so zahlreich wie im Grundmaterial sein können, wird die Zeitstandfestigkeit nie ganz die der Grundmaterialien erreichen [11]. Häufig sehr optimistisch postulierte Fügefaktoren resultieren aus einer Querschnittsvergrößerung im Nahtbereich. Aufgrund der geringen Wärmeleitfähigkeit der Thermoplaste erfolgt die Erwärmung des Materials nur sehr langsam. Durch die geringe Wärmeabfuhr besteht die Gefahr der Werkstoffschädigung durch Überhitzen und thermische Zersetzung. Aufgrund des großen Wärmeausdehnungskoeffizienten schrumpft die Naht sehr stark beim Abkühlen. Spannungsarme Schweißverbindungen werden folglich nur durch eine gleichmäßige und ausreichend tiefe Erwärmung der Fügezonen sowie durch ein langsames und gleichmäßiges Abkühlen der Schweißnaht erreicht. Die Schwindung der Schweißnaht darf beim Abkühlen nicht behindert werden. Unmittelbar vor Schweißbeginn müssen die Fügeflächen spanend bearbeitet werden, um oxidierte und verschmutzte Oberflächen zu entfernen. Vor allem ist auf kerbfreies Arbeiten zu achten, Maße dürfen zum Beispiel nicht angerissen werden. Als Nahtformen kommen alle aus dem Metallsektor bekannten Nahtformen zur Anwendung. In erster Linie ist bei Kunststoffen auf ein sorgfältiges Durchschweißen der Nahtwurzel zu achten. Besteht die Möglichkeit, so sollte die X-Naht Vorzug vor der V-Naht haben. Im nachfolgenden werden die im Kunststoffapparatebau hauptsächlich angewendeten Schweißverfahren vorgestellt.

4.1.1 Warmgasschweißen

Beim Warmgasschweißen werden die Werkstoffoberflächen durch warme Luft aus einem Handschweißgerät plastiziert. Beim Warmgasschweißen kann mit oder ohne Zusatzwerkstoff gearbeitet werden, wobei bei der innendruckbeanspruchten Schweißverbindung nur mit Zusatzwerkstoff gearbeitet wird. Beim Warmgasfächelschweißen (WF) werden der Zusatzwerkstoff, verwendet werden hier Schweißdrähte von 3 oder 4 mm Durchmesser, und der Grundwerkstoff durch eine Fächelbewegung des Warmluftgerätes abwechselnd erwärmt. Der Druck wird mit der Hand über den Schweißdraht aufgebracht. Das WF wird nur noch beim PVC angewendet und ist auch hier aufgrund der geringen Schweißgeschwindigkeit vom Warmgasziehschweißen (WZ) nahezu vollständig verdrängt worden.

Beim WZ erfolgt die Erwärmung von Schweißdraht und Grundwerkstoff über eine Schweißdüse am Handschweißgerät. Der notwendige Fügedruck wird über eine Nase an der Düse über das Handschweißgerät aufgebracht. Es können sowohl Rund- als auch Profildrähte verarbeitet werden. Der Nahtaufbau erfolgt schichtweise wie in Bild 2a dargestellt ist. Nach jeder Lage muß die Schweißoberfläche erneut durch spanende Bearbeitung vorbereitet werden. Aufgrund der Mehrlagigkeit ist die Naht niemals frei von Kerben. Das Verfahren ist rein handwerklich und bietet daher keine Rationalisierungsmöglichkeiten. Die Langzeitfestigkeit der Naht erreicht aufgrund der Kerben nur das 0,4-fache des Grundwerkstoffs [5]. Aufgrund des hohen Zeitaufwands beim WZ wurde das Warmgasextrusionsschweißen (WE) entwickelt.

Die Fertigung der Naht erfolgt beim WE in einem Arbeitsgang. Die vorbereitete Schweißfuge wird mit Warmluft plastiziert. Der vollständig plastizierte Zusatzwerkstoff wird über einen Extruder direkt in die Schweißfuge gedrückt. Der notwendige Druck wird über einen Schweißschuh aus Teflon aufgebracht. Bild 2b zeigt den Aufbau einer solchen Naht. Da die Naht einlagig ist, entfallen die inneren Kerben. Problematisch ist hier, daß der Zusatzwerkstoff beim Abkühlen stark schwindet. Aus diesem Grund ist diese Naht nicht eigenspannungsfrei. Die Festigkeit erreicht das 0,6-fache des Grundwerkstoffs. Das WE ist nur für PE-HD, PP und neuerdings auch für PVDF geeignet.

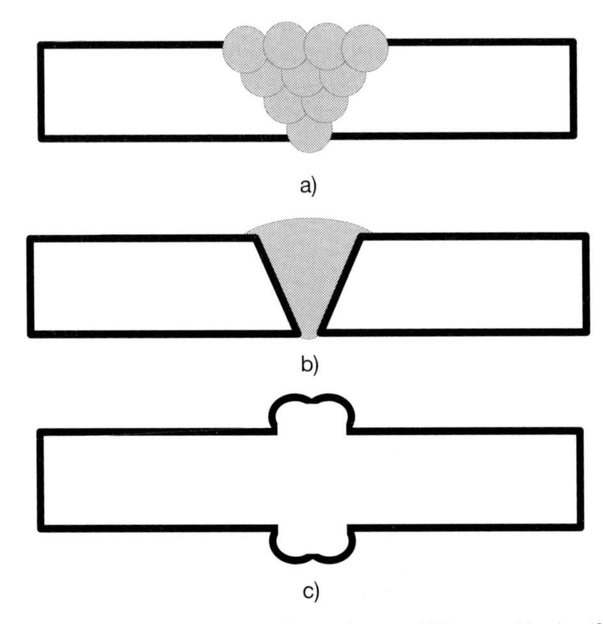

Bild 2: Schweißnahtaufbau bei Kunststoffschweißverbindungen, a) Warmgasziehschweißen b) Warmgasextrusionsschweißen, c) Heizelementstumpfschweißen

4.1.2 Heizelementschweißen

Beim Heizelementstumpfschweißen (HS) werden die Fügeflächen durch ein Heizelement erwärmt und anschließend unter Druck zusammengefügt. Ein Zusatzwerkstoff wird nicht verwendet. Das HS stellt ein Schweißverfahren dar, welches sich weitgehend maschinell durchführen läßt. Durch die ausreichend tiefe Erwärmung des Grundmaterials und die gute Reproduzierbarkeit weisen die Schweißnähte Langzeitwertigkeiten von 0,8 [5] auf. Das Verfahren ist allerdings nur für Platten und Rohre anwendbar. Es ist besonders auf eine versatzfreie Ausrichtung der Werkstücke zu achten.

5 Kunststoffgerechtes Konstruieren

Während sich bei metallischen Werkstoffen plastische Verformungen zum Teil positiv auf die Werkstoffeigenschaften auswirken (Verformungsverfestigung), stellen sie bei Kunststoffen irreversible Schädigungen dar, wie oben beschrieben wurde. Somit können Konstruktionen und Berechnungsrichtlinien, wie sie sich im Metallsektor etabliert und bewährt haben, nicht ohne weiteres auf die Kunststoffe übertragen werden. Als Beispiel sollen hier zwei Konstruktionselemente erhöhter Beanspruchung im Kunststoffapparatebau diskutiert werden.

5.1 Zylinder/Boden-Verbindung bei stehenden, runden Kunststofftanks

Die Verbindung der Behälterwand mit dem Boden erfolgt in der Praxis mit einer beidseitigen Kehlnaht. Als hauptsächlich angewandtes Verfahren kann das Warmgasextrusionsschweißen genannt werden, folglich ist mit einer Nahtwertigkeit von 0,6 zu rechnen. Im Übergangsbereich ist der Membranspannungszustand durch die Einspannstelle gestört. Man beobachtet lokale Spannungserhöhungen, die jedoch schnell abklingen. Für den Grenzfall des vollständig eingespannten Zylindermantels erhält man nach der Biegetheorie der Zylinderschale [12] für den Lastfall der Flüssigkeitsfüllung mit

$$\alpha = \frac{\sigma_{max}}{\sigma_N} \quad (3)$$

und

$$\sigma_N = \sigma_\phi = \frac{D_{aM}\, \rho_F\, g\, h}{2\, s_M} \quad (4)$$

einen Spannungserhöhungsfaktor von $\alpha = 1{,}8$. Bei metallischen Werkstoffen hat der sich einstellende Spannungszustand keine Auswirkung auf die Tragfähigkeit, da die lokalen Spannungen nach dem System der Spannungskategorien [13], als selbstbegrenzend eingestuft, das dreifache der zulässigen Spannung erreichen dürfen. Bei Kunststoffen ist dagegen ein Einfluß auf die Tragfähigkeit aufgrund des spezifischen Schädigungsverhaltens zu verzeichnen. Bild 3 zeigt die mittels der Finite-Elemente-Methode ermittelten linearen Spannungserhöhungsfaktoren α in Abhängigkeit der geometrischen Parameter. Man erkennt, daß der maximale Wert von 1,8 nicht erreicht wird. Dies Verhalten läßt sich damit erklären, daß sich der Boden auf der Innenseite des Mantels vom Untergrund abhebt und damit die Verbindung entlastet. Mit abnehmender Wanddicke des Bodens verringern sich zunächst die Spannungen, bis sie schließlich bei einem Wanddickenverhältnis von $s_B/s_M = 0{,}5$ wieder ansteigen. Anfänglich wird die Nachgiebigkeit und damit die entlastende Wirkung größer. Bei dünnen Böden wandert schließlich die höchst beanspruchte Stelle vom oberen Ansatz der inneren Schweißnaht in den unteren Ansatz und damit in den Boden. Aus den Untersuchungen kann als konstruktive Empfehlung ein optimales Boden/Zylinder-Wanddickenverhältnis von 0,6 abgeleitet werden.

Zum Teil wird in der Praxis der Fehler begangen, die Nahtwertigkeit der Umfangsnaht für die Berechnung anzusetzen, weil nach der „Faßformel" die Umfangsspannung das doppelte der axialen Spannung erreicht. Dieses Vorgehen ist aber nur für den ungestörten Zylindermantel korrekt. An der Störstelle verringert sich indes die Umfangsspannung durch die geringere Aufweitung des Mantels. Die Verformungsbehinderung bewirkt ein lokales Biegemoment, welches axiale Zugspannungen auf der Innenseite des Zylindermantels induziert. Da diese axialen Spannungen oberhalb der Umfangsmembranspannung liegen, muß die Nahtwertigkeit der Bodennaht für die Berechnung in Ansatz gebracht werden.

5.2 Stutzenverbindungen im Apparatebau

Aus dem Druckbehälterbau sind im wesentlichen die in Bild 4 dargestellten konstruktiven Varianten für Stutzenverbindungen bekannt. Ausführung a stellt die ausgehalste Variante dar. Die Konstruktion ist durch die Aushalsung sehr kerbarm gestaltet. Die

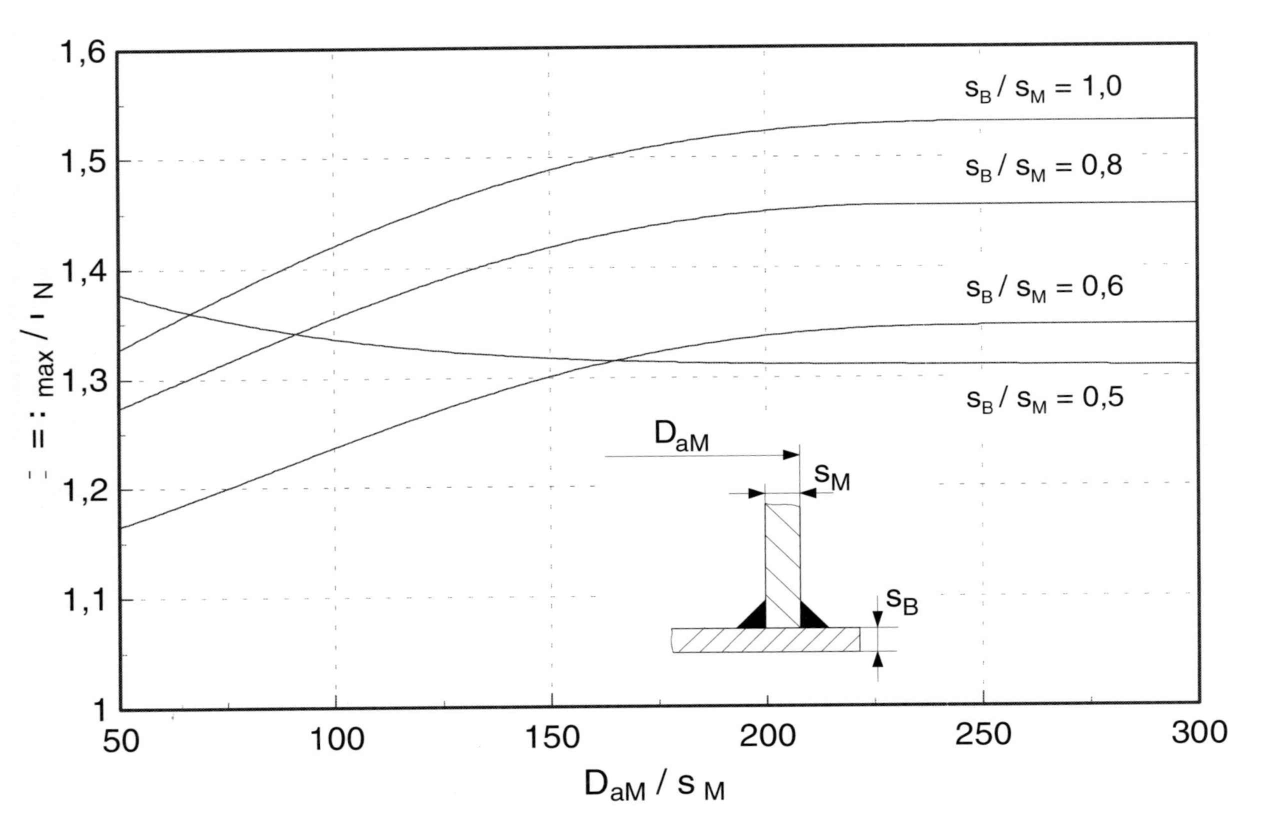

Bild 3: Spannungserhöhungsfaktoren für die Boden/Zylinderverbindung in Abhängigkeit vom Dickwandigkeitsgrad D_{aM}/s_M und dem Wanddickenverhältnis s_B/s_M

Schweißnaht liegt etwas außerhalb vom direkten Durchdringungsbereich. Da im Ausschnittsbereich besonders bei kleinen Stutzen starke Spannungsgradienten zu verzeichnen sind, ist die Schweißnaht hier bereits wesentlich entlastet. Diese Variante wird trotz ihrer Vorteile kaum verwendet, da der Fertigungsaufwand sehr hoch ist. Zwar ist es so, daß sich die Aushalsung gegenüber metallischen Werkstoffen durch die wesentlich geringere Erweichungstemperatur der Kunststoffe kostengünstiger fertigen läßt, mit dem eingesetzten Stutzen, Bild 4b, kann diese Variante dagegen im Fertigungsaufwand nicht konkurrieren. Der eingesetzte, innen bündige Stutzen kommt in der Regel dann zur Anwendung, wenn verfahrenstechnische Gründe oder eine nur einseitige Zugänglichkeit gegen die Variante c sprechen. Beim aufgesetzten Stutzen entsprechend Variante b mit der Schweißnaht im Stutzenbereich sprechen Fertigungsgründe gegen den Einsatz, da die Anpassung des Stutzenrohres aufwendiger ist und der Stutzen beim Schweiß-

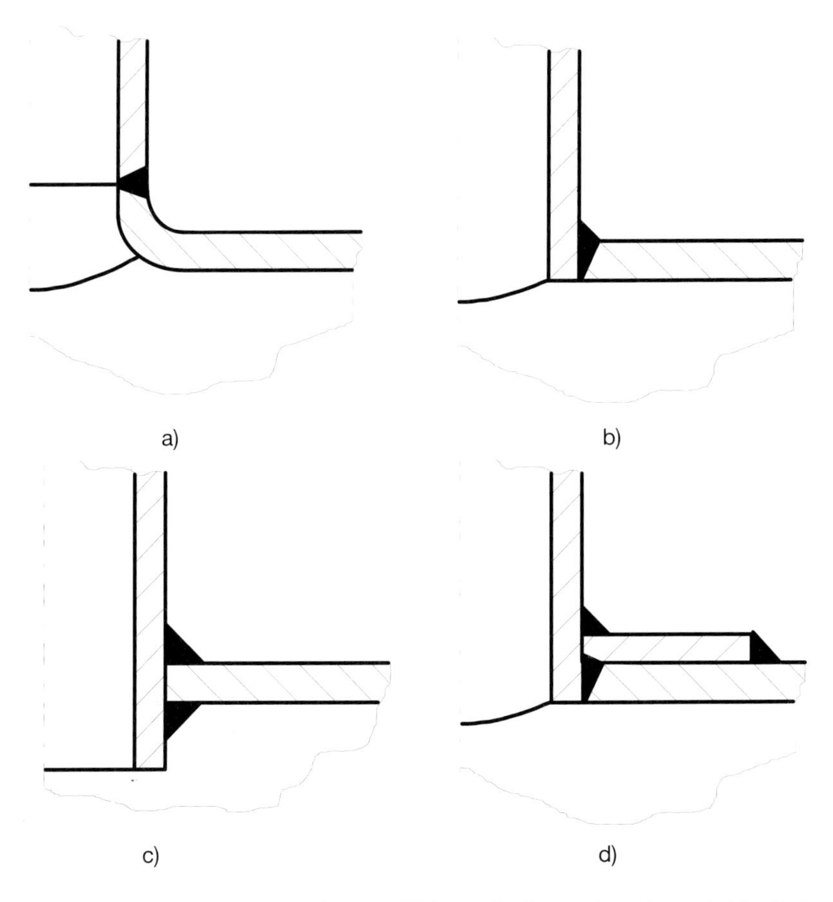

Bild 4: Konstruktive Ausführungen von Stutzenverbindungen im Apparatebau, a) ausgehalster Stutzen, b) eingesetzter Stutzen, c) durchgesteckter Stutzen, d) Stutzen mit scheibenförmiger Verstärkung

vorgang fixiert werden müßte. Aus reinen Festigkeitsüberlegungen sind der eingesetzte, innen bündige und der aufgesetzte Stutzen gleichwertig. Wird der Stutzen durchgesteckt, Bild 4c, so erfolgt die Verschweißung zumeist beidseitig. Einerseits ist eine höhere Festigkeit aufgrund des zusätzlichen Schweißnahtvolumens zu erwarten, da der tragende Querschnitt vergrößert wird. Zum anderen erhöhen zwei Schweißnähte die Sicherheit vor Leckagen, weil in der Praxis zumeist nur Anrisse und ein Undichtwerden der Nähte zu beobachten ist, aber kein vollständiges Versagen der Schweißnaht. Eine scheibenförmige Verstärkung, Variante d, ist bei metallischen Werkstoffen relativ häufig anzutreffen. Für den Kunststoffapparatebau ist diese Verstärkungsart aufgrund des vorn beschriebenen Werkstoffverhaltens nicht zu empfehlen. Der axiale Schnitt, dargestellt in Bild 4, wird freilich geringer beansprucht, schon aufgrund der zusätzlich eingebrachten Wanddicke. Der Schnitt normal zur Zylinderachse erfährt jedoch eine zusätzliche Biegebeanspruchung aufgrund des Wanddickensprungs [14]. Die Spannungsspitze ist direkt am Übergang der äußeren Kehlnaht zur Zylinderwandung zu lokalisieren und aufgrund der geringen Schweißnahtwertigkeit besonders kritisch. Bei metallischen Werkstoffen hat dieser Beanspruchungszustand einen geringeren Einfluß auf die Tragfähigkeit, da nach der Traglasttheorie [15] bei vorwiegend ruhender Belastung Biegespannungen um den Faktor 1,5 über den Membranspannungen liegen dürfen.

Der rechnerische Nachweis von Ausschnitten erfolgt momentan nach dem Flächenvergleichsverfahren [16]. Bei dem Berechnungsverfahren wird davon ausgegangen, daß sich überelastische Beanspruchungen im Ausschnittsbereich durch plastisches Fließen abbauen. Aufgrund dieses für duktile metallische Werkstoffe typischen Werkstoffverhaltens, das bewirkt, daß schwächer belastete Bereiche des Werkstoffs zum Tragen herangezogen werden, kann man bei der Berechnung von einer gleichmäßig verteilten Spannung im Ausschnittsgebiet ausgehen. Man gelangt somit zu einem einfachen Berechnungsgang, bei dem drucktragende und druckbelastete Flächen im Gleichgewicht stehen [14].

$$p\,A_P = \overline{\sigma}_\phi\,A_\sigma\,. \tag{5}$$

Das Flächenvergleichsverfahren (Kellog-Methode) ist explizit an die Verwendung von duktilen, metallischen Werkstoffen unter ruhender Belastung gebunden. Die Annahme einer mittleren Umfangsspannung ist nur für fließfähige Werkstoffe gerechtfertigt. Kunststoffe weisen aber gegenüber den metallischen Werkstoffen das oben beschriebene abweichende Schädigungsverhalten auf. Eine Stützwirkung, welche die Voraussetzung für die Traglasttheorie bildet, kann bei Kunststoffen nicht ausgenutzt werden. Folglich muß bei Kunststoffen immer die maximal auftretende Spannung respektiert werden.

In Bild 5 sind die auf FEM-Parameteruntersuchungen basierenden Spannungserhöhungsfaktoren α entsprechend Gl. (3) und (4) für den durchgesteckten Stutzen dargestellt. Für kleine Stutzendurchmesser kann die Auftragung gegen den dimensionslosen Schalenparameter ρ erfolgen, der wie folgt definiert ist:

$$\rho = \frac{D_{aS}}{D_{aM}}\sqrt{\frac{D_{aM}}{2\,s_M}}\,. \tag{6}$$

Man erkennt, daß die Stutzenwanddicke einen wesentlichen Einfluß auf das Tragfähigkeitsverhalten der Verbindung hat. Die maximale Beanspruchung liegt bei kleinen Stutzen und größerem Wanddickenverhältnis s_S/s_M auf der Innenseite des Stutzens und damit außerhalb des Schweißnahtbereichs. Dieser Sachverhalt ist besonders wichtig, da für die Stutzeneinschweißung oftmals das Warmgasziehschweißen mit der geringen Langzeitnahtwertigkeit von 0,4 zur Anwendung kommt. Die Dimensionierung der Verbindung hat folglich nach zwei Festigkeitskriterien zu erfolgen. Einmal mit den durchgezogenen Kurven und der zulässigen Spannung des Grundmaterials und zum anderen unter Berücksichtigung des Fügefaktors f_S mit den gestrichelten Kurven. Beim eingesetzten Stutzen ist eine klare Trennung zwischen Grundwerkstoff und Schweißnahtbereich nicht möglich. In diesem Fall muß die Dimensionierung mit dem Nahtfaktor auch für den Grundwerkstoff durchgeführt werden. Die Spannungen sind beim eingesetzten Stutzen weitaus höher, weshalb diese Konstruktionsvariante nach Möglichkeit keine Verwendung finden sollte. Die maximalen Beanspruchungen liegen bei allen Konstruktionsvarianten im axialen Schnitt. Die Schweißnahtansätze, welche eine besonders geringe Festigkeit aufweisen, sollten deshalb nicht in diesem Schnitt liegen.

Die Spannungskonzentrationsfaktoren lassen sich durch

$$\alpha = a + \rho^{b}\, e^{c} \tag{7}$$

rechnerisch ermitteln. Die maximalen Abweichungen von den FEM-Ergebnissen liegen dabei unter 7 %. Im einzelnen erhält man für den durchgesteckten Stutzen im Grundwerkstoff

$$a = -0{,}78\ (s_S/s_M) + 2{,}52;\ b = -6{,}37\ (s_S/s_M) + 2{,}96;\ c = 2{,}65\ (s_S/s_M) + 1{,}62\ . \tag{8}$$

Für den durchgesteckten Stutzen im Schweißnahtbereich

$$a = 0{,}09\ (s_S/s_M) + 0{,}91;\ b = -3{,}49\ (s_S/s_M) + 2{,}42;\ c = 2{,}31\ (s_S/s_M) + 0{,}64\ , \tag{9}$$

und für den eingesetzten Stutzen

$$a = -0{,}68\ (s_S/s_M) + 3{,}47;\ b = -2{,}81\ (s_S/s_M) + 0{,}72;\ c = -2{,}63\ (s_S/s_M) + 4{,}98\ . \tag{10}$$

6 Zusammenfassung

Kunststoffe haben durch ihre hervorragende Chemikalienbeständigkeit weite Verbreitung im chemischen Apparatebau gefunden. Die Festigkeit der Kunststoffe ist allerdings im starken Maße zeit-, temperatur- und medienabhängig. Kunststoffe weisen gegenüber den im Druckbehälterbau üblichen metallischen Werkstoffen aufgrund der Werkstoffstruktur ein anderes Festigkeits- und Schädigungsverhalten auf. Die im Druckbehälterbau bewährten Berechnungsrichtlinien, basierend auf praktischen Erfahrungen, Traglasttheorie und analytischen Modellen unter Einschluß der Spannungskategorien, können auf den Kunststoffapparatebau nicht kommentarlos übertragen werden. Kerbarmes Konstruieren ist bei Kunststoffen von weitaus größerer Bedeutung als bei Metallen. Kerben stellen Orte von Spannungskonzentrationen dar, die besonders bei gleichzeitiger Medieneinwirkung, der Ausgangspunkt eines schwerwiegenden Schadens sein können.

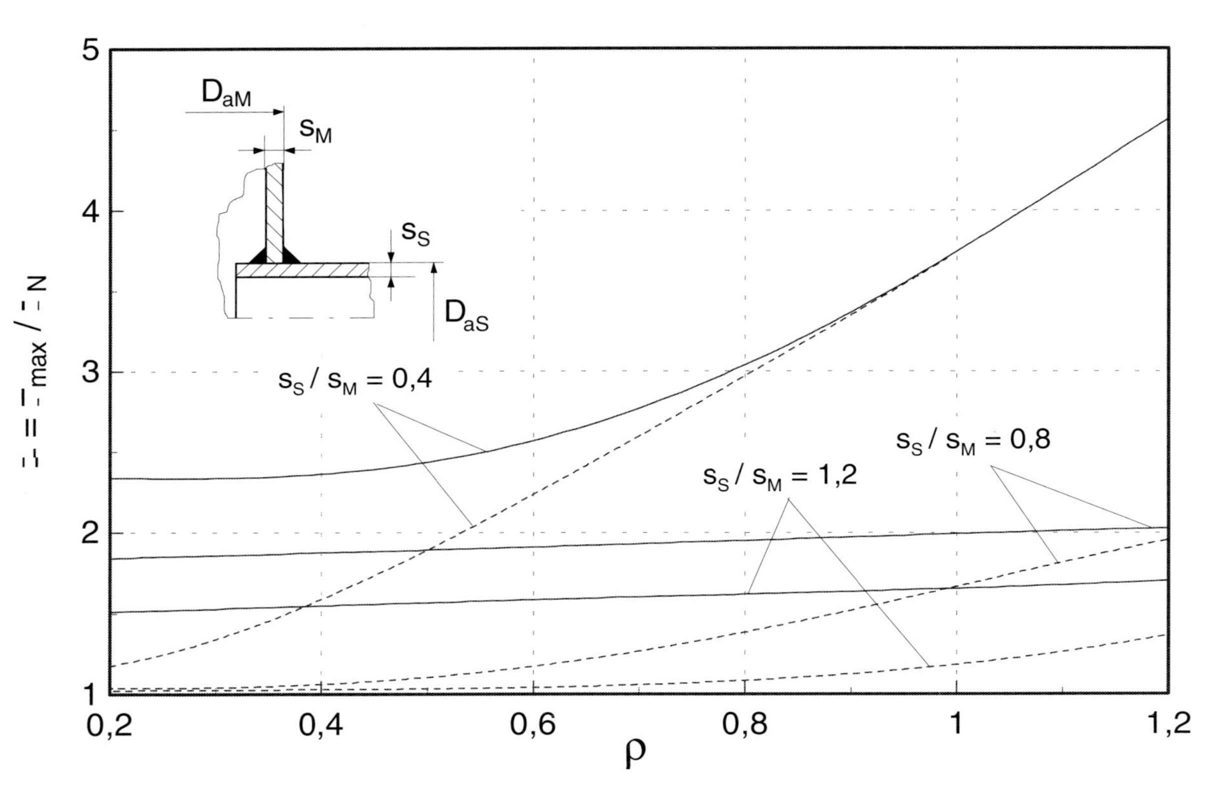

Bild 5: Spannungserhöhungsfaktoren für den durchgesteckten Stutzen in Abhängigkeit vom geometrischen Schalenparameter und dem Wanddickenverhältnis s_S/s_M, Spannungen im Grundwerkstoff, Beanspruchung der Schweißnaht

——— Spannungen im Grundwerkstoff — — — Beanspruchung der Schweißnaht

Aufgrund der geringen Schweißnahtwertigkeiten und der handwerklichen Fertigung kommt dem Halbzeugverarbeiter eine große Verantwortung bei der Herstellung eines betriebssicheren Apparates zu, der über die vorgesehene Einsatzzeit die Tragfähigkeit garantiert. Der hohe Sicherheitsstandard in der chemischen Industrie verlangt bei thermoplastischen Kunststoffen eine werkstoffspezifische Konstruktion, Dimensionierung und Fertigung.

Formelverzeichnis

α	/	Spannungserhöhungsfaktor
A_P	mm^2	druckbelastete Fläche
A_σ	mm^2	drucktragende Fläche
A_1 - A_4	/	Abminderungsfaktoren, im einzelnen
A_1	/	Abhängigkeit der Festigkeit von der Beanspruchungszeit
A_2	/	Einfluß des Umgebungsmediums
A_3	/	Abhängigkeit der Festigkeit von der Temperatur
A_4	/	Einfluß der spezifischen Zähigkeit
D_{aS}	mm	Außendurchmesser des Stutzens
D_{aM}	mm	Außendurchmesser des Mantels
$E_C(t)$	N/mm^2	Kriechmodul
f_S	/	Fügefaktor (Schweißnahtwertigkeit)
g	m/s^2	Erdbeschleunigung
h	mm	Füllhöhe
$K_{(A1, A3)}$	N/mm^2	Zeitstandfestigkeit bei der Berechnungstemperatur
μ	/	Querkontraktionszahl
p	N/mm^2	Innendruck
ρ	/	geometrischer Schalenparameter
ρ_F	kg/m^3	Dichte des Füllmediums
S	/	Sicherheitsfaktor
s_B	mm	Bodenwanddicke
s_M	mm	Mantelwanddicke
s_S	mm	Stutzenwanddicke
σ_{max}	N/mm^2	maximale Spannung
σ_N	N/mm^2	Nennspannung
σ_ϕ	N/mm^2	Umfangsspannung der Zylinderschale
σ_{zul}	N/mm^2	zulässige Spannung
$\overline{\sigma}_\phi$	N/mm^2	mittlere Umfangsspannung im Ausschnittsbereich

Schrifttum

[1] Michaeli, W.: Einführung in die Kunststoffverarbeitung. München, Carl Hanser Verlag, 1992

[2] Michler, G. H.: Kunststoff-Mikromechanik. München, Carl Hanser Verlag, 1992

[3] Zahn, H.; Menges, G., Troost, A., Klee, D., Feser, W., Stabrey, H., Jansen, E.: Charakterisierung der Struktur von zugbeanspruchten Polypropylen. Kunststoffe 76 (1986) 5, S. 458-461

[4] Taprogge, R.: Konstruieren mit Kunststoffen; VDI-Verlag, 1974, 2. Auflage

[5] DVS-Richtlinie 2205: Berechnung von Behältern und Apparaten aus Thermoplasten. Taschenbuch DVS-Merkblätter und Richtlinien Kunststoffe, Schweißen und Kleben. DVS-Verlag 1990

[6] Menges, G.; Rogalla, D., Knausenberger, R.: Zum Chemikalienverhalten von Thermoplasten; 3R international, 22 (1983) 6, S. 286-291

[7] Schneider, W.; Bardenheier, R.: Versagenskriterien für Kunststoffe. Z. Werkstofftech. 6 (1975) 8, S. 269-280 und 6 (1975) 10, S. 339-348

[8] Schmauch, C.: Werkstoffspezifische Grundlagen zum Konstruieren mit Kunststoffen. Mat.-wiss. u. Werkstofftech. 21 (1990) S. 314-320

[9] Hessel, J.: Kunststoffe im Anlagen- und Rohrleitungsbau. 3R international 25 (1986) 7/8, S. 390-397

[10] Weiß, E.: Kaltverformte Apparateelemente aus Thermoplasten. Kunststoffe 85 (1995) 3, S. 388-390

[11] Gaube, E.: Der Kunststoff im Apparate- und Anlagenbau. Z. Werkstofftech. 12 (1981) 1, S. 2-10

[12] Timoshenko, S.; Woinowsky-Krieger, S.: Theory of Plates and Shells. McGraw-Hill, Book Company , 1959

[13] ASME-CODE: Section VIII, Rules for Construction of Pressure Vessels. Div. 2, 1992

[14] Schwaigerer, S.: Festigkeitsberechnung im Dampfkessel-, Behälter- und Rohrleitungsbau. 4. überarbeitete Auflage, Berlin, Springer Verlag, 1990

[15] Burth, K.; Brocks, W.: Plastizität. Braunschweig, Vieweg Verlag, 1992

[16] AD-Regelwerk, Köln, Carl Heymanns Verlag, 1991

Einsatz von Phenolharzwerkstoffen im Apparatebau

Von B. Gibbesch und D. Schedlitzki [1])

1 Einleitung

Phenolharzwerkstoffe werden seit mehreren Jahrzehnten im Apparatebau mit Erfolg vor allem dort eingesetzt, wo hohe Temperaturen und eine starke chemische Belastung durch nichtoxidierende Säuren vorliegen [1-3].

Aufgrund günstiger Verarbeitungseigenschaften der Rohmassen bereitet die Herstellung kompliziert geformter und großvolumiger Bauteile keine Probleme.

Bauteile aus Phenolharzwerkstoffen werden vor allem in der chemischen Industrie, in Beiz- und Regenerieranlagen, in der Spinnfaserindustrie und in der Umwelttechnik eingesetzt.

2 Rohstoffe

Die zur Herstellung der Bauteile verwendeten Rohmassen enthalten als Hauptbestandteil Phenolformaldehydharze sowie Fasern, Füllstoffe und Additive.

Als Phenolformaldehydharze werden flüssige Resolharze mit einem molaren Verhältnis Phenol : Formaldehyd von 1 : 1,3 bis 1 : 1,8 und mittleren Molekulargewichten von unter 1.500 verwendet.

Phenolharze sind nach der Härtungsreaktion wegen des hohen Vernetzungsgrades spröde und daher schlagempfindlich. Versuchen, Phenolharze durch Zusatz von Ölen, anderen Harzen oder sonstigen organischen Substanzen zu flexibilisieren, sind enge Grenzen gesetzt, weil damit gleichzeitig eine Verringerung der Wärmestandfestigkeit und der Korrosionsbeständigkeit einhergeht. Dennoch haben einige mit Phenolharz reaktive Substanzen [4] und in feinteiliger Form dispergierte Kautschuke, die in der Phenolharzmatrix eine zweite Phase bilden, besondere Bedeutung erlangt [5].

Unterschiedliche Additive beeinflussen die Verarbeitungseigenschaften günstig , steuern die Härtungsreaktion und können die chemische Tauglichkeit erhöhen.

Anorganische Fasern, insbesondere Glas- und Kohlenstoffasern, erfüllen die Forderung nach einer bis etwa 200 °C fast gleichbleibend hohen Festigkeit und Steifigkeit. Unter dem Aspekt der Korrosionsbeständigkeit bieten Kohlenstoffasern bei bestimmten Anwendungen Vorteile. Sie werden jedoch aufgrund ihres hohen Preises nur dann eingesetzt, wenn extreme chemische Belastungen vorliegen. Aus Gründen der Verarbeitung ist die Faserlänge auf maximal 40 mm beschränkt.

Anorganische Füllstoffe mit einer flächigen Struktur, wie Glimmer und Graphit sind wegen ihrer wirksamen Sperrwirkung gegenüber eindringenden Medien interessant.

---

[1]) Dr. Boris Gibbesch und Dr. Dietmar Schedlitzki, Keramchemie GmbH, Siershahn

Phenolharze besitzen gegenüber alkalischen Medien nur eine begrenzte Beständigkeit. Für Praxisanwendungen im alkalischen Bereich werden deshalb Cokondensate aus Phenol, Formaldehyd und Furfurylalkohol eingesetzt, die eine erhöhte Beständigkeit gegenüber Alkalien und vergleichbare thermische Eigenschaften aufweisen.

Die bei der Härtung ablaufende Polykondensation des Phenolharzes führt zu einem engen räumlichen Netzwerk, das dem Werkstoff die gute chemische Resistenz und Wärmeformbeständigkeit verleiht.

Dem Härten von Phenolharzen bei Umgebungstemperatur und ohne Druck unter Zusatz von Säuren ist der technisch aufwendigere Autoklavprozeß vorzuziehen, da sich damit ein besseres Eigenschaftsbild ergibt.

Bei Bedarf werden die Phenolharzbauteile mit GFK-Laminaten armiert, die aus Epoxidharzen und Polyaminhärtern sowie Matten und Geweben aus E-Glas als Verstärkungsmaterialien nach dem bekannten Stand der Technik bestehen.

3 Physikalische und chemische Eigenschaften

3.1 Mechanische Eigenschaften

Tafel 1 gibt einen Überblick über mechanische Eigenschaften der Phenolharzwerkstoffe sowie der GFK-Laminate, die im Bedarfsfall auf die Außenseite der Bauteile aufgebracht werden. Die relativ niedrigen mechanischen Kennwerte der Phenolharzwerkstoffe sind durch die kurzen Verstärkungsfasern bedingt. Aufgrund des Herstellungsprozeßes ergeben sich Faserlängen von 1-2 mm.

Bruchmechanische Messungen haben ergeben, daß die Zähigkeit der Penolharzwerkstoffe durch die Dimension der Fasern und Füllstoffe beeinflußt wird. Sie kann durch eine optimale Wahl der Füllstoffe um bis zu 60 % gesteigert werden.

Die Anisotropie der mechanischen Eigenschaften ist wegen der quasi isotropen Verteilung der Fasern nur schwach ausgeprägt.

Die Epoxidharzlaminate weisen dagegen erhöhte mechanische Eigenschaften auf, so daß sie sehr effektiv als Armierung des Phenolharzwerkstoffs eingesetzt werden können.

Die Haftfestigkeit zwischen dem EP-Laminat und dem Phenolharzwerkstoff von 6-10 MPa entspricht der interlaminaren Haftung von GF-EP-Laminaten, so daß diese Grenzfläche eine hohe Dauerfestigkeit besitzt und den im Betrieb auftretenden thermischen Wechselbeanspruchungen widersteht.

3.2 Chemische Tauglichkeit

Phenolharzwerkstoffe sind hervorragend beständig gegen Säuren, Salze, Fette und Öle sowie gegen zahlreiche organische Lösemittel. Mit speziellen Füllstoffen versehene Phenolharze eignen sich auch bei Belastung mit Flußsäure. Lösemittel, wie niedere Alkohole, Ester und Ketone, können dagegen zu einer erhöhten Quellung der einzelnen

Tafel 1: Mechanische Eigenschaften von Phenolharzwerkstoffen und GF-EP-Laminaten

Eigenschaft		Norm	Phenolharzwerkstoffe mit Glasfasern	Phenolharzwerkstoffe mit Kohlenstoffasern	GF-EP-Laminate [1]
Zugfestigkeit	MPa	DIN 53 455	15	25	160
Zug-E-Modul	GPa	DIN 53 455	5,5	6	6 - 10
Reißdehnung	%	DIN 53 455	0,4	0,4	2,5 - 3,5
Randfaserdehnung	%	DIN 53 455	1,2	1,3	—
Biegefestigkeit	MPa	DIN 53 452	30	50	180
Biege-E-Modul	GPa	DIN 53 457	5	7	7 - 11
Druckfestigkeit	MPa	DIN 53 454	110	130	130 - 200
Schlagzähigkeit	kJ/m²	DIN 53 453	4	4,5	270 - 330
Kritischer Bruchwiderstand K_{Ic}	MPa · $m^{-1/2}$	—	1,4	1,8	—
Haftzugfestigkeit	MPa	DIN 50 160	Verbund Phenolharzwerkstoff/GF-EP 6-10		

[1] Glasgehalt: 45 Gew.-% Aufbau: Matte und Gewebe im Wechsel

Phenolharzwerkstoffe führen, so daß durch geeignete Beständigkeitsprüfungen der entsprechende Werkstoff gezielt ausgewählt werden muß.

Gegenüber Basen weisen die Phenolharzwerkstoffe nur eine bedingte Beständigkeit auf und gegenüber stark oxidierenden Medien, wie Salpetersäure, sind sie gänzlich unbeständig, da Phenolharz chemisch abgebaut wird. Gute Erfahrungen liegen jedoch gegenüber einer wäßrigen Lösung mit bis zu 5 % freiem Chlor vor.

Für alkalische Beanspruchungen stehen Werkstoffe auf Basis von Phenol-Furanharzen zur Verfügung.

Insgesamt gesehen liegt der Schwerpunkt der Anwendungen der Phenolharzwerkstoffe im Bereich der nichtoxidierenden sauren Medien, bei gleichzeitig hohen Temperaturen.

Einen qualitativen Überblick über die chemische Tauglichkeit der Phenolharzwerkstoffe vermittelt Tafel 2.

Tafel 2: Chemische Tauglichkeit von Phenolharzwerkstoffen

	Tauglichkeit
Säuren, nicht oxidierend	+
Säuren, oxidierend	-
Salzlösungen	+
Wasser	+
Basen, nicht oxidierend	-
Basen, oxidierend	-
aliphatische Kohlenwasserstoffe	+
aromatische Kohlenwasserstoffe	+
Chlorkohlenwasserstoffe	+
Alkohole	0
Ester, Ketone	0
Öle, Fette	+

+ = tauglich
0 = bedingt tauglich
- = nicht geeignet

3.3 Thermische Eigenschaften

In Tafel 3 sind einige thermische Eigenschaften zusammengestellt. Die Wärmeform- und Temperaturbeständigkeit der Phenolharzwerkstoffe übertrifft mit bis zu 170 °C die meisten im Apparatebau eingesetzten organischen Werkstoffe. Vorteilhaft ist auch, daß diese hohe Wärmeformbeständigkeit besteht, obwohl die Härtung bei niedrigerer Temperatur stattfindet.

Tafel 3: Thermische Eigenschaften

Eigenschaft		Norm	Phenolharz-werkstoffe	GF-EP-Laminate
Wärmeformbeständigkeit nach Martens	°C	DIN 53 458	150-170	100-125[1]
Linearer thermischer Ausdehnungskoeffizient	$10^{-6} \cdot K^{-1}$	VDE 0304	20-30	20 - 25
Wärmeleitfähigkeit	$W/m \cdot K$	DIN 52 612	0,2-0,5 [2]	0,2-0,3

[1] bezogen auf unverstärktes Harz
[2] abhängig von Füllstoffen und Fasern

Phenolharze aus reinem Phenol und Formaldehyd weisen die höchste thermische Beständigkeit auf. Dagegen liefern Kondensate mit alkylsubstituierten Phenolen, z. B. Kresolen, eine verminderte Stabilität [6]. Bauteile aus Phenolharzwerkstoffen sind dauerhaft bis zu 155 °C belastbar, kurzzeitig sogar bis 170 °C Die Wärmeformbeständigkeit der Harzmatrix des GFK-Laminats liegt etwa 50 K niedriger. Die Dicke der Phenolharzschicht mindert jedoch die auf das GFK-Laminat einwirkende Temperatur beträchtlich, so daß hierdurch die hohen Einsatztemperaturen der Phenolharzwerkstoffe nicht eingeschränkt werden.

Befindet sich in einem Phenolharzbauteil mit der Wanddicke von 30 mm, das mit einem 4 mm dicken EP-Laminat verstärkt ist, ein Medium der Temperatur von 170 °C, so wird aufgrund der geringen Wärmeleitung des Phenolharzwerkstoffs an der Grenzfläche EP-Laminat-Phenolharzwerkstoff die Temperatur auf etwa 85 °C gesenkt.

3.4 Elektrische Eigenschaften

Phenolharzwerkstoffe weisen einen hohen elektrischen Durchgangs- und Oberflächenwiderstand auf. Durch Einsatz leitfähiger Füllstoffe (z. B. Graphit) und Kohlenstofffasern lassen sich sehr gute antistatische Eigenschaften erzielen. So kann der elektrische Durchgangswiderstand nach DIN 53 482 von 10^{13} auf 10^{3} $\Omega \cdot$ m und der Oberflächenwiderstand von 10^{12} auf 10^{3} Ω reduziert werden.

4 Dimensionierung

Aufgrund der chemischen und physikalischen Belastungen wird der geeignete Phenolharzwerkstoff festgelegt.

Die mechanischen Belastungen durch das Füllgut, die Verfahrensparameter und das Bauteilgewicht werden zunächst analysiert, da sie über die Wanddicke des Phenolharzwerkstoffs und der GF-EP-Armierung entscheiden. Da es keine Normierung der Phenolharzwerkstoffe gibt, müssen die mechanischen Kenndaten im Zug- und Biegeversuch jeweils ermittelt werden. Es reicht in der Regel aus, diese bei einer Temperatur, zum Beispiel 20 °C, zu ermitteln. Die Dimensionierung erfolgt in Anlehnung an das AD-Merkblatt N1 [7] und die VDI-Richtlinien VDI 2013 Blatt 1 sowie VDI 2012.

Der kurzfaserverstärkte Phenolharzwerkstoff wird wie die GF-EP-Armierung voll in die Berechnung einbezogen. Die Berechnung des GF-EP-Laminats erfolgt jedoch nicht im Hinblick auf seine maximalen mechanischen Eigenschaften, wie Festigkeit und E-Modul, sondern wird durch die maximal tolerierbare Dehnung des Phenolharzwerkstoffs limitiert. Die maximal tolerierbare Dehnung beträgt etwa $^1/_6$ der mittleren Reißdehnung des Phenolharzwerkstoffs bei 20 °C, wenn der Sicherheitsfaktor 6 beträgt.

FE-Rechnungen haben gezeigt, daß der Phenolharzwerkstoff bei dieser Art der Dimensionierung aufgrund der Dehnungsbehinderung unter Druckspannungen steht [8]. Erst wenn der zulässige Druck im Behälter überschritten wird, können Zugspannungen auftreten. Insgesamt ist dadurch eine hohe Langzeitstabilität der Apparate gewährleistet. Es ist jedoch darauf zu achten, daß bei kombinierter Innendruck- und Temperaturbelastung die GF-EP-Armierung nicht zu dick gewählt wird, da sonst im Phenolharzwerkstoff erhöhte Druckspannungen auftreten, die die Druckfestigkeit des Werkstoffs überschreiten können.

Aus diesem Grund können Apparate aus Phenolharzwerkstoffen mit Durchmessern von 600-4.500 mm auf einen Innendruck zwischen -0,3 und 2 bar ausgelegt werden.

Aufgrund der Sonderstellung der kurzfaserverstärkten Phenolharzwerkstoffe liegen in der Literatur noch keine allgemeingültigen Berechnungsgrundlagen auf Basis von FE-Analysen vor, so daß hier noch ein Handlungsbedarf besteht.

5 Bauteilfertigung

Zur Herstellung der Bauteile werden knet- und formbare Massen eingesetzt, die Kurzfasern mit einer Länge < 5 mm enthalten. Die Homogenisierung erfolgt in überwiegend diskontinuierlich arbeitenden Doppel-Z-Knetern, die optional mit Unterdruck beaufschlagt werden können, um ein möglichst dichtes Gefüge der Formmassen zu erreichen.

Zur Fertigung der Phenolharzapparate werden Stahlinnenformen und Holzaußenformen verwendet, auf die die Formmasse manuell augetragen wird. Die Konsistenz der Massen reicht dabei aus, senkrechte Flächen zu belegen und auch über Kopf zu arbeiten. Zylindrische Bauteile bis 1.200 mm Durchmesser werden im Wickelverfahren auf Stahldornen hergestellt.

Dabei sind in einem Arbeitsgang Schichtdicken von 50 mm und mehr realisierbar. Übliche Wanddicken liegen zwischen 20 und 30 mm.

In größerer Stückzahl anfallende Bauteile, wie Bögen, werden mit Hilfe von Doppelmantelstahlformen hergestellt. Die Formmasse wird in den Hohlraum gepreßt und bei 150 °C gehärtet. Nachdem die Bauteile entformt sind, werden sie nochmals getempert, um den Endzustand der Härtung zu erreichen.

Blockflansche mit eingelassenen Muttern werden in Stahlformen hergestellt und im Autoklav bei 140 °C ausgehärtet.

Einbauteile wie Glocken, Hauben und Überlaufkronen für Austauscherböden werden aus Phenolharzgranulat im Heiß-Preßverfahren hergestellt.

Die Härtung der Phenolharzbauteile findet üblicherweise im Autoklav bei 140 °C und 7 bar statt. Der Druck von 7 bar gewährleistet ein dichtes Gefüge des Werkstoffs. In Ausnahmefällen wird mit Formmassen gearbeitet, die bei Unterdruck hergestellt wurden, um die Gefügedichte nochmals zu erhöhen.

Die fertigen Bauteile lassen sich ähnlich wie Stahl durch Sägen, Drehen, Fräsen oder Bohren mechanisch bearbeiten und mit ungehärteter Formmasse durch einen nochmaligen Autoklavprozeß fest miteinander verbinden. Mechanisch beschädigte Bauteile können mit ungehärteter Formmasse ausgebessert und im Autoklaven warm oder bei Raumtemperatur ausgehärtet werden.

Apparatebauteile und Rohrleitungen, die hohen thermischen, chemischen und mechanischen Belastungen ausgesetzt sind, erhalten in der Regel eine GFK-Armierung als Wickel- oder Handlaminat. Vor allem Epoxidharzlaminate gewährleisten einen festen, dauerhaften Verbund zum Phenolharzwerkstoff, so daß auch bei Unterdruckbelastung die verstärkende Funktion erhalten bleibt.

6 Anwendungen

Beispiele für Bauteile aus Phenolharzwerkstoffen enthält Tafel 4.

Tafel 4: Einsatz von Phenolharzwerkstoffen

Anlagen	Bauteile
Chemie	Lager- und Rührwerksbehälter, Rührer, Elektrolysezellen, Reaktoren, Eindampfer, Rohre
Umweltschutz	Absorberbehälter und -türme
Beizen und Regenerieren	Wannen, Absorbertürme, Schächte
Galvanik	Wannen
Spinnfaserproduktion	Wannen, Walzen
Abwasser	Rohre, Rohrleitungen

In der chemischen Industrie bestehen Elektrolysezellen bei der Elektrolyse von Abfallsalzsäure seit langer Zeit aus Phenolharzwerkstoffen. Sie setzen sich zusammen aus rund 30 Einzelrahmen (Bild 1) mit den Abmessungen 2.000 mm x 2.100 mm. In den Zellen wird Abfallsalzsäure variabler Zusammensetzung bei ca. 70 °C elektrolysiert, wobei auf den Phenolharzwerkstoff unter anderem auch Chlorgas einwirkt.

Für die Rückgewinnung von Salzsäure in der chemischen Industrie und in Beizanlagen haben sich Kolonnen aus Phenolharzwerkstoffen (Durchmesser 500 bis 3.000 mm, Höhe 5.000 bis 15.000 mm) bewährt (s. Bild 2). Die Kolonnen sind außen mit einem GF-EP-Laminat versehen. Die Konzentration der Salzsäure beträgt bis zu 25 Gew.-% und die Temperatur 95 bis 110 °C. Neben Salzsäure liegen Chloride und andere Salze vor.

Die Kolonnen enthalten im Innern Einbauteile aus Phenolharzwerkstoffen, z. B. Roste, Böden unterschiedlicher Konstruktionen, Rohre oder Sprührohre. Bild 3 zeigt Flüssigkeitsverteilerböden als Einbauteile für Kolonnen. Ebenfalls in der chemischen Industrie finden Rührwerksbehälter mit Durchmessern bis 3.600 mm und zugehörigen Rührern, die in der Regel eine Welle aus Stahl enthalten, Verwendung.

In Anlagen zur Rückgewinnung von Lösemitteln, zum Beispiel von Chlorkohlenwasserstoffen aus Prozeßabluft, bestehen die mit Aktivkohle bestückten Absorber (Abmessungen: Durchmesser bis 3.000 mm, Länge bis 4.500 mm) aus Phenolharzwerkstoffen. Die Absorber sind außen mit einem GF-EP-Laminat versehen und unterliegenim Innern häufigen Temperaturwechseln von Raumtemperatur bis zu 130 °C sowie Be-

Bild 1: Elektrolysezellen zur Aufbereitung von Abfallsalzsäure

Bild 2: Kolonne zur Rückgewinnung von Salzsäure

Bild 3: Flüssigkeitsverteilerböden für Kolonnen

Bild 4: Absorber zur Reinigung lösemittelhaltiger Abluft

Bild 5: Wannen für die Spinnfaserproduktion

Bild 6:Streckwalzen für die Spinnfaserindustrie

lastungen durch Wasserdampf und Lösemittel. Ein derartiger Absorber ist in Bild 4 abgebildet.

In der Spinnfaserproduktion finden Wannen, die meist eine sehr komplizierte Form mit zahlreichen Einbauten, Stutzen und Bohrungen aufweisen, sowie Streckwalzen aus Phenolharzwerkstoffen breite Anwendung. Die Bauteile werden durch verdünnte Schwefelsäure mit Anteilen an Schwefelkohlenstoff bei einer Temperatur von bis zu 95 °C beansprucht. In Bild 5 sind Wannen für die Spinnfaserproduktion, in Bild 6 Streckwalzen abgebildet.

7 Zusammenfassung

Im Apparatebau bieten Phenolharzwerkstoffe eine herausragende Wärmestandfestigkeit und eine hohe Korrosionsbeständigkeit gegenüber nichtoxidierenden Säuren und anderen Medien.

Ausgehend von knet- und formbaren Rohmassen sind kompliziert geformte und großvolumige Bauteile ohne Probleme herstellbar. Die mechanische Festigkeit und Belastbarkeit kann durch außen aufgebrachte GFK-Laminate weiter gesteigert werden. Bauteile aus Phenolharzwerkstoffen werden seit Jahrzehnten in verschiedensten Industriezweigen, zum Beispiel in der chemischen Industrie, in Beiz- und Regenerieranlagen, in der Spinnfaserindustrie und in der Umwelttechnik eingesetzt.

Schrifttum

[1] Schedlitzki, D.: Phenolharze im Chemieapparatebau, Chemische Produktion 1992, Heft 11, S. 18-26
[2] Gibbesch, B.; Schedlitzki, D.: Faserverstärkte Phenolharzwerkstoffe für den Anlagenbau, Kunststoffe 84 (1994), Heft 6, S. 773-778
[3] Gibbesch, B.: Faserverstärkte Kunststoffe für den Anlagenbau, Maschinenmarkt 101 (1995), Heft 12, S. 58-61, und Heft 21, S. 64-67
[4] DE-AS 1172848, Keramchemie
[5] DE 3818942 A1, Keramchemie
[6] O'Connor, D.; Blum, F. D.: Thermal Stability of Substituted Phenol-Formaldehyde Resins, Journal of Applied Polymer Science 33 (1987), S. 1933-1941
[7] Druckbehälter aus textilglasverstärkten duroplastischen Kunststoffen (GFK) AD-Merkblatt N1, Ausgabe Juli 1987
[8] Hufenbach, W.: Optimierung eines GFK-Zylinderverbunds mit Hilfe der FE-Analyse, unveröffentl. Bericht, Institut für technische Mechanik, TU Clausthal, 1990

Apparate aus Thermoplast-GFK-Verbundkonstruktionen

Von B. Gibbesch und D.Schedlitzki [1])

1 Einleitung

Im Kunststoffapparatebau ist die Kombination aus Thermoplasten und GFK besonders interessant, weil sich vorteilhafte Eigenschaften der Einzelwerkstoffe ergänzen und Schwächen gemindert werden. Die hohe Festigkeit, Biegesteifigkeit und Wärmeformbeständigkeit wird durch die GFK-Schicht eingebracht, während die mediumseitige Thermoplastschicht, auch als Inliner bezeichnet, aufgrund ihrer guten chemischen Widerstandsfähigkeit und hohen Diffusionsdichtigkeit die Glasfasern des GFK-Werkstoffs vor korrosivem Angriff schützt. Von weiterem Vorteil ist, daß sich Thermoplaste gegenüber abrasiven oder zu Feststoffablagerungen neigenden Medien verhältnismäßig inert verhalten und im Verbund mit GFK besonders widerstandsfähig gegenüber schlagartig einwirkenden, mechanischen Belastungen sind. Aufgrund des günstigen Eigenschaftsbildes werden Apparate aus Thermoplast-GFK-Verbundkonstruktionen in der chemischen Industrie, aber auch in anderen Industriezweigen seit mehreren Jahrzehnten in großem Umfang eingesetzt [1-3].

2 Rohstoffe und Halbzeuge

Angesichts der vielfältigen Praxisbeanspruchungen der Apparate ist es erforderlich, eine größere Anzahl unterschiedlicher Thermoplaste [4] und GFK-Werkstoffe [3] zu berücksichtigen.

Die Standardthermoplaste PP, PVC-Hart und in geringerem Umfang auch PE-HD werden wegen ihres günstigen Preis-Leistungs-Verhältnisses breit eingesetzt, wobei PP wegen der relativ hohen Einsatztemperatur (bis 100 °C) eine besondere Bedeutung erlangt hat. Bei hoher chemischer Belastung werden die teilfluorierten Thermoplaste PVDF, E-CTFE und ETFE angewendet, während die vollfluorierten Thermoplaste FEP und PFA wegen ihres außerordentlich hohen Preises nur bei extrem hoher chemischer Beanspruchung Verwendung finden. Das bekannte PTFE läßt sich nicht als Liner verwenden, da es nicht verschweißbar ist.

Die Thermoplaste werden in Form von Tafeln mit einer Dicke von 2,3 mm bis ca. 5 mm eingesetzt. Die Tafeln weisen auf der Rückseite ein Gewebe oder Gestrick aus Glas- oder Synthesefasern auf, um den Verbund zum GFK-Werkstoff sicherzustellen. PVC benötigt dank seiner guten adhäsiven Eigenschaften keine rückseitige Kaschierung.

Zur Herstellung der GFK-Werkstoffe werden nahezu ausschließlich ungesättigte Polyesterharze (UP-Harze) sowie in begrenztem Umfang auch Vinylesterharze (VE-Harze) eingesetzt [5].

---

[1]) Dr. Boris Gibbesch und Dr. Dietmar Schedlitzki, Keramchemie GmbH, Siershahn

Die UP- und VE-Harze weisen gegenüber den Epoxidharzen preisliche und verarbeitungstechnische Vorteile auf. Bei mittlerer chemischer Belastung und Temperaturen bis zu 80 °C werden preiswerte UP-Harze auf Phthalsäurebasis und bei höherer Belastung UP-Harze auf Isophthalsäure- und Terephthalsäurebasis angewendet. VE-Harze auf Bisphenol A-Basis zeichnen sich durch eine sehr hohe chemische Resistenz und hohe Wärmeformbeständigkeit aus, die nur noch von den VE-Harzen auf Novolakbasis übertroffen werden. Letztere bieten zur Zeit das Maximum an chemischer und thermischer Beständigkeit.

Als Faser- bzw. Verstärkungsmaterialien werden Rovings, Gewebe, Matten oder Komplexe aus den genannten Materialien aus E-Glas verwendet [6]. Neben E-Glas steht seit einiger Zeit auch ECR-Glas zur Verfügung, das eine höhere Beständigkeit gegen Säuren und Wasser als E-Glas aufweist [7]. In der Außenschicht der Apparate werden häufig Vliese aus Synthese- oder Glasfasern eingesetzt, um eine glatte Oberfläche zu erhalten.

Aus dekorativen Gründen und zum Schutz vor Witterungseinflüssen können die Apparate außen mit Lacken gleicher oder anderer Harzbasis beschichtet werden. Häufig verzichtet man jedoch auf eine Lackierung, um während der Betriebszeit aufgrund der Transluzens des GFK eine visuelle Kontrolle vornehmen zu können.

3 Physikalische und chemische Eigenschaften

3.1 Mechanische Eigenschaften

Die Klassifizierung der Kunststoffe nach physikalischen Gesichtspunkten erfolgt nach der DIN 7724 anhand ihrer temperaturabhängigen Schubmodulen.

Thermoplaste beginnen oberhalb der Glasübergangstemperatur (amorphe Thermoplaste) oder der Kristallitschmelztemperatur (teilkristalline Thermoplaste) viskos zu fließen und besitzen somit den Vorteil, verschweißbar und verformbar zu sein [8].

Unterhalb der Glasübergangstemperatur verhalten sich die Thermoplaste elastisch beziehungsweise linear-viskoelastisch.

Ihre Zugfestigkeit und ihr E-Modul sind sehr niedrig. Dafür besitzen sie jedoch eine hohe Reißdehnung bis zu 800 % und eine hohe Schlagzähigkeit bis zu 70 kJ/m^2 (Tafel 1).

Aufgrund der starken Temperaturabhängigkeit der mechanischen Eigenschaften werden unverstärkte Thermoplaste nur bei niedrigen Temperaturen und mechanischen Lasten eingesetzt, da sonst die Wanddicken der Bauteile unwirtschaftlich hoch gewählt werden müßten.

Aus diesem Grund werden im Apparatebau die verwendeten Thermoplaste mit glasfaserverstärkten Kunststoffen (GFK) armiert.

Glasfaserverstärkte Kunststoffe sind aus mit Reaktionsharzen, in der Regel UP- oder VE-Harze, getränkten Glasfasern aufgebaut. Die Duromere sind chemisch dreidimensional vernetzt und besitzen daher in der Regel gegenüber den Thermoplasten

Tafel 1: Mechanische Eigenschaften von Thermoplasten bei 20 °C

Werkstoff	Zugfestigkeit [MPa]	Reißdehnung [%]	E-Modul [MPa]	Kerbschlagzähigkeit [kJ/m²]
PVC	50-65	20-50	3.000	2-5
PVC-C	75	10-15	3.500	2
PE-HD	20-30	400	800	4-70
PP-H	32	70	1.000	7
PP-B	26	120	1.000	35
PP-R	23	< 100	750	25
PVDF	40-60	20-80	2.400	12
E-CTFE	42-48	200	1.700	
FEP	20-30	250-350	350-500	
PFA	15-30	100-250	600-700	

eine geringere Reißdehnung. Die mechanischen Eigenschaften hängen jedoch bis zur Glasübergangstemperatur T_G nur gering von der Temperatur ab. Außerdem neigen Duromere und damit die GFK-Werkstoffe aufgrund ihrer hohen Vernetzung nicht zum Kriechen.

Tafel 2: Mechanische Eigenschaften von GFK bei 20 °C

Werkstoff/Verstärkungsmaterial	Glasgehalt [%]	Zugfestigkeit [MPa]	Reißdehnung [%]	E-Modul [GPa]
GF-UP/Glasmatte	30	110 ± 10	2	9,5 ± 1,5
GF-UP/Glasmatte	45	135 ± 15	2	12,0 ± 2,0
GF-UP/Glasgewebe	60	300 ± 20	2	19,5 ± 1,5
GF-VE/Glasmatte	30	120 ± 10	2	9 ± 1
GF-VE/Glasmatte	45	165 ± 15	2	12 ± 2
GF-VE/Glasgewebe	60	320 ± 20	2	20 ± 2

Aus Tafel 2 ist deutlich zu erkennen, daß die mechanischen Eigenschaften des GFK's mit dem Glasgehalt ansteigen. Die Matrix hat nur einen untergeordneten Einfluß. Die Art der Verstärkungsmaterialien bestimmt die Richtungsabhängigkeit der mechanischen Eigenschaften eines GFK-Laminats (siehe Bild 1).

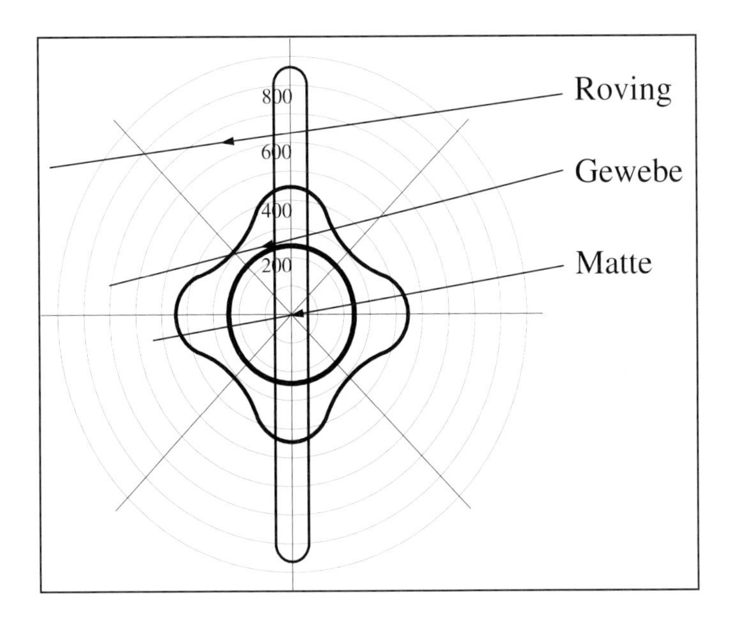

Bild 1: Zugfestigkeit in Abhängigkeit von der Verstärkungsart in der Laminatebene [9]

Die mechanischen Eigenschaften von faserverstärkten Kunststoffen hängen neben der Faserart (Bild 2) auch von der Haftung zwischen Matrix und Faser ab [9]. In der Regel besitzen die Glasfasern eine Schlichte, die aus einer speziellen Silanverbindung und Gleitmitteln besteht. Durch diese Anbindung der Matrix an das Glas erhält man eine gute Haftung, die sich positiv auf die Zug- und Druckfestigkeit des Verbundwerkstoffs auswirkt.

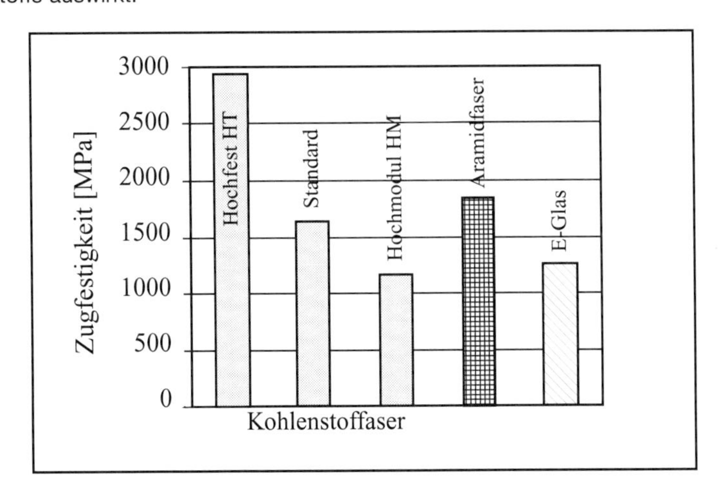

Bild 2: Zugfestigkeit in Abhängigkeit von der Faserart [9]

Da in Bauteilen dreiachsige Spannungsverteilungen vorliegen, ist es notwendig, eine möglichst hohe interlaminare Scherfestigkeit zu gewährleisten. Dies wird durch einen speziellen Aufbau von Mattenzwischenlagen und der Vermeidung von Reinharzschichten (Glasgehalt ≈ 0 %) erreicht. Dadurch wird eine interlaminare Haftfestigkeit von über 8 MPa erreicht.

Damit die Vorteile der Thermoplast-GFK-Verbundbauweise voll zum Tragen kommen, muß eine genügende Haftung zwischen Thermoplast und GFK vorliegen. Das PVC besitzt eine so hohe Oberflächenspannung, daß mittels eines Haftharzes die Scherfestigkeit zwischen PVC und GFK mindestens 7 MPa beträgt.

Die Polyolefine (PP, PE) und die fluorierten Thermoplaste (PVDF, E-CTFE, FEP, PFA) besitzen dagegen eine sehr geringe Oberflächenspannung, so daß man hier mit in den Thermoplast halb eingeschmolzenes Gewebe (Kaschierung) aus Glas oder Synthesefaser arbeitet. Im allgemeinen handelt es sich um Stretchgewebe, damit eine genügend hohe Verformbarkeit der kaschierten Platten gewährleistet ist. Das Gewebe ragt noch etwas aus der Oberfläche heraus, so daß es vom Reaktionsharz durchtränkt werden kann und eine mechanische Verankerung zwischen Thermoplast und GFK über das Gewebe vorliegt. Man erreicht dadurch eine Scherfestigkeit von über 3,5 MPa.

3.2 Chemische Tauglichkeit

Eine möglichst hohe Lebensdauer von Apparaten aus Thermoplast-GFK-Verbundkonstruktionen wird dann erreicht, wenn die Resistenz gegenüber einem äußeren chemischen Angriff hoch ist. Man spricht in diesem Fall von hoher chemischer Tauglichkeit des Werkstoffs.

Die chemische Tauglichkeit eines Kunststoffs ist vor allem vom molekularen Aufbau abhängig. Polymere mit einer hohen Konzentration von Estergruppen oder aliphatischen Ethergruppen sind relativ anfällig gegenüber einer Belastung durch starke Säuren und Alkalien. Die genannten Thermoplaste sind frei von diesen Gruppen.

Polyolefine wie PP und PE besitzen relativ inerte C-C- und C-H-Bindungen, die lediglich oxidativ angegriffen werden. Eine hohe Oxidationsstabilität erreicht man durch den Einbau von Cl-Atomen wie bei PVC. Noch höhere Resistenz erhält man bei Kunststoffen, die Fluoratome enthalten, wie dies beim E-CTFE der Fall ist. Die höchste chemische Resistenz wird bei den vollfluorierten Thermoplasten FEP und PFA erreicht.

Ein weiteres Kriterium der chemischen Tauglichkeit ist die Medienaufnahme, die in manchen Fällen zu einer erheblichen Quellung der Werkstoffe führen kann.

Je nach der Höhe der Medienaufnahme kann es zu einer merklichen Veränderung der mechanischen Eigenschaften kommen. Kritisch sind oftmals leicht diffundierende Medien, wie HCl und Wasser, zu bewerten. Aber auch organische Lösemittel, wie Ketone, Ester und chlorierte Kohlenwasserstoffe, führen zu einer Quellung der Thermoplaste.

In Tafel 3 sind einige Thermoplaste und deren chemische Tauglichkeit angegeben.

Tafel 3: Chemische Tauglichkeit von Thermoplasten

Medium		Maximale Anwendungstemperatur [°C]						
		PE	PP	PVC	PVC-C	PVDF	E-CTFE	FEP/ PFA
Schwefelsäure	10%	80	100	70	90	120	130	150
Schwefelsäure	50%	80	80	70	90	120	130	150
Salzsäure	15%	80	100	70	70	100	130	150
Salzsäure	25%	80	100	70[1]	90[1]	100	120	150
Phosphorsäure	85%	50	100	70	90	120	130	150
Salpetersäure	30%	30	30	40[1]	60[1]	100	120	150
Chromsäure	25%	30	30	60[1]	60[1]	80	120	150
Flußsäure	40%	40	60	30	30	100	120	130
Ameisensäure	50%	60	60	50	80	100	120	130
Natronlauge	20%	60	60	60[1]	80[1]	(80)	140	150
Natronlauge	50%	60	60	60[1]	80[1]	(80)	120	150
Natriumhypochlorit	12,5%	(40)	(40)	60	90	80	130	150
Natriumchlorid lösung (jede Konzentration)		80	100	70	90	120	140	150
Deionat		80	100	70	90	120	140	150
Schwefeldioxid		60	80	70	90	90	120	150
Aceton		60	60	U	U	60	80	130
Benzin		70	(40)	60	60	120	140	150
Ethanol		60	80	50	60	80	130	150
Toluol		(40)	(40)	U	U	80	110	150
Chlorbenzol		(20)	(20)	U	U	50	50	150
Trichlorethylen		(20)	(20)	U	U	75	75	150

U = Unbeständig
( ) = bedingt tauglich
[1] = Gefahr von Spannungsrissen bei erhöhten Spannungen

Der Thermoplast hält die chemische Beanspruchung weitgehend vom GFK fern. Aufgrund langjähriger Praxiserfahrungen hat die Permeation geringer Mengen leicht diffundierender Substanzen keine Auswirkungen auf das GFK. Dann sollte jedoch insbesondere bei Temperaturen oberhalb von 100 °C auf VE-Harze für das GFK zurückgegriffen werden.

3.3 Thermische Tauglichkeit

Die Werkstoffauswahl wird häufig durch die Prozeßtemperatur bestimmt. Als Einsatzgrenze wird die Martenstemperatur nach DIN 53 462 oder die HDT nach DIN ISO

75 verwendet, die ein direktes Maß des von der Temperatur abhängigen E-Modul-Abfalls ist und somit die Wärmeformbeständigkeit charakterisiert.

Thermoplaste besitzen in der Regel eine geringere Wärmeformbeständigkeit als Duroplaste. Durch die Kombination mit den GFK-Armierungen läßt sich die Einsatztemperatur jedoch oftmals bis zur Einsatzgrenze des GFK's steigern (siehe Tafel 4).

Tafel 4: Thermische Eigenschaften

Werkstoff	Wärmeform-beständigkeit HDT DIN ISO 75A [°C]	obere Gebrauchs-temperatur [°C]	Wärmeleit-fähigkeit [W/m · K]	lineare thermische Dehnung [$10^{-6} \cdot K^{-1}$]
PVC	70	70-80	0,16	70-80
PVC-C	90	90-100	0,14	60
PE-HD	50	80-90	0,4-0,5	180-200
PP-H	60	100	0,22	150-160
PVDF	110	150	0,19	110-140
E-CTFE	115	150	0,15	50-70
FEP	—	205	0,23	100-120
PFA	—	250	0,19	120-140
UP-Harze	105-135	105-135	0,14-0,16	75-110
VE-Harze	110-145	110-145	0,18	55-70
GF-UP[1]) (60% Glas)	105-135	105-135	0,20-0,28	14-16
GF-VE[1]) (60% Glas)	110-145	110-145	0,25	15

[1]) in Faserrichtung

Durch die GFK-Armierung der Thermoplaste wird ebenfalls die thermische Dehnung der Gesamtkonstruktion auf nahezu das Maß des GFK's reduziert. Dies liegt in erster Linie an dem wesentlich höheren E-Modul des GFK's, so daß eine durch den Thermoplast thermisch induzierte Spannung, die auf das GFK aufgrund der hohen Scherfestigkeit übertragen wird, zu einer entsprechend geringen Dehnung führt.

Ein weiterer Vorteil der Kunststoffe ist ihre geringe Wärmeleitfähigkeit. Sie bewirkt, daß der hohe Temperaturabfall innerhalb der Wanddicke eines Bauteils häufig keine zusätzliche Isolierung von außen notwendig macht. Ein PP-GFK-Behälter mit der Wanddicke von 20 mm, der 90 °C heißes Wasser enthält, besitzt eine äußere Wandtemperatur von nur noch 52 °C bei einer Umgebungstemperatur von 20 °C.

3.4 Elektrische Eigenschaften

Technische Kunststoffe sind elektrische Isolatoren, deren spezifischer Volumenwiderstand oberhalb von $10^8\ \Omega \cdot cm$ liegt. Aufgrund von elektrischen Dipolen ist er zeitabhängig und sinkt mit steigender Temperatur.

Um elektrostatische Aufladungen zu vermeiden, die durch das Fließen von nichtleitenden Flüssigkeiten oder Gasen entstehen können, werden die Kunststoffe speziell ausgerüstet, so daß ihr Widerstand unter $10^6\ \Omega \cdot cm$ sinkt. Häufig werden hierzu spezielle Ruße, Graphit, Kohlenstoffasern oder auch halbleitende Füllstoffe verwendet.

Elektrisch leitfähige Kunststoffe sind dann unverzichtbar, wenn sie in exgeschützten Bereichen eingesetzt werden.

3.5 Permeation

Aufgrund der geringen Dichte von Kunststoffen sind sie mehr oder weniger durchlässig für Moleküle mit einem niedrigen Wirkungsquerschnitt. Dazu zählen zum Beispiel Wasser, Ammoniak, HCl und HF. Im Apparatebau wird der Permeationskoeffizient als Maß der Durchlässigkeit der Kunststoffe verwendet. Da Wasser einen ähnlich niedrigen Wirkungsquerschnitt besitzt wie die obigen Medien und zudem noch einfach zu handhaben ist, wird der Permeationskoeffizient für Wasser bestimmt [10].

In Tafel 5 sind die Permeationskoeffizienten einiger Thermoplaste und GFK-Werkstoffe in Abhängigkeit von der Temperatur aufgelistet. Es ist deutlich zu erkennen, daß der Permeationskoeffizient mit der Temperatur ansteigt. Zudem ist der Permeationskoeffizient vom Faseranteil des GFK's abhängig.

Die Verwendung eines thermoplastischen Inliners hat gegenüber einer Chemieschutzschicht den Vorteil der höheren Dichtigkeit. Dadurch wird der Partialdruck des Mediums in der Grenzfläche Thermoplastliner-GFK stark gesenkt und die Gefahr der Blasenbildung eliminiert.

4 Dimensionierung

4.1 Behälter

Um die optimale Werkstoffkombination für die jeweilige Anwendung festzulegen, sollten die physikalischen und chemischen Belastungen bekannt sein. Besonderes Augenmerk sollte auch den Grenzbelastungen geschenkt werden, da hierdurch die Lebensdauer erheblich eingeschränkt werden kann. Die Aufgabe des Thermoplastinliners besteht darin, der chemischen oder abrasiven Belastung standzuhalten. Die mechanischen Belastungen durch Innendruck und Eigengewicht des Behälters werden durch die GFK-Armierung übernommen.

Zur Festlegung des Laminataufbaus und der Laminatdicke werden zunächst die mechanischen Belastungen des Apparates analysiert. Anhand dieser Daten kann ein Behälter nach dem AD-Merkblatt N1 [11] dimensioniert werden. Weitere Hilfestellungen und Berechnungsgrundlagen enthalten die VDI Richtlinien VDI 2013 Blatt 1 und VDI 2012. Hinweise auf Reaktionsharze und Verstärkungsmaterialien enthalten die Richtlinien VDI 2010 Blatt 1 und Blatt 2.

In der Richtlinie VDI 2013 Blatt 1 sind Richtwerte der mechanischen Eigenschaften von GFK-Laminaten angegeben. Da die mechanischen Kennwerte jedoch stark von

Tafel 5: Permeationskoeffizient für Wasser unterschiedlicher Apparatebauwerkstoffe [10]

Werkstoff Matrix	Glasgehalt [Ma.-%]	Permeationskoeffizient [ng/cm · h · Torr] 40 °C	50 °C	70 °C	90 °C
PE-HD		0,4 ± 0,2	–	2,2 ± 0,6	4,1 ± 0,2
PP-H		2,6 ± 0,4	–	6,0 ± 0,6	10,0 ± 1,3
PP-B		–	4,8 ± 0,7	7,4 ± 0,2	10,0 ± 1,0
PP-R		–	4,3 ± 0,9	5,7 ± 0,7	10,1 ± 0,2
PVC		–	3,5 ± 0,5	–	–
PVDF		–	7,9 ± 0,9	12,0 ± 2,0	20,0 ± 1,0
FEP		0,23 ± 0,1	–	1,0 ± 0,1	1,8 ± 0,1
a) GFK-Chemieschutzschicht					
VE-Harz (Bisphenol A-Basis)	27	–	5,8 ± 0,3	9,4 ± 0,4	–
VE-Harz (Novolak-Basis)	25	–	6,8 ± 0,2	9,4 ± 0,2	12,2 ± 0,1
b) GFK-Schichten mit erhöhtem Glasanteil					
VE-Harz (Bisphenol-A-Basis)	55	–	3,8 ± 0,7	6,0 ± 0,1	8,0 ± 0,2
VE-Harz (Novolak-Basis)	35	–	4,7 ± 0,3	6,7 ± 0,1	9,1 ± 0,1
	50	–	2,3 ± 0,3	4,0 ± 0,1	5,9 ± 0,1
UP-Harz (Standard)	46	8,8 ± 0,8	–	16 ± 2,0	–

dem Glasanteil, Aufbau und der Fertigung abhängen, ist es ratsam, Laminate unter den Fertigungsbedingungen und mit dem im Bauteil verwendeten Aufbau herzustellen und deren mechanische Kennwerte zur Dimensionierung heranzuziehen.

Verwendet man obige Dimensionierungsvorschriften nicht, so geht man üblicherweise nach der klassischen Laminattheorie (CLT) vor [12]. Dort beteiligen sich sowohl die Fasern wie auch die Matrix an der mechanischen Lastaufnahme eines Bauteils.

Die CLT beruht im Prinzip auf der Modellierung des Laminats aus Einzelschichten. Die Einzelschichten, die aus Wirrfaser- (Matten-, Vlies-), Gewebe-, Unidirektional- oder Multiaxialgelegelaminaten bestehen können, stellen somit die kleinste Berechnungseinheit dar.

Die der CLT zugrundeliegende Makromechanik ermöglicht die Berechnung der Laminateigenschaften aus den Kennwerten der Einzelschichten und ihres Aufbaus. Durch die Vorgabe der äußeren Last kann anhand der CLT die Verformung des Laminats berechnet und damit das geforderte Deformationsverhalten eines Bauteils überprüft werden. Anschließend erfolgt eine Festigkeitsanalyse, um die Festigkeitsreserven zu erfassen. Dazu sind geeignete Versagenskriterien zu wählen, um die Grenzspannungen für Faserbruch und Zwischenfaserbruch wirklichkeitsnah zu erfassen.

Relativ einfach ist die Betrachtung bei dünnwandigen Bauteilen, da dort in guter Näherung mit dem ebenen Spannungszustand gerechnet werden kann (Belastungen vorwiegend in der Laminatebene). Dickwandige Bauteile weisen jedoch eine dreidimensionale Spannungsverteilung auf. Damit treten auch Spannungen quer zur Faserrichtung auf, die matrixdominiert und somit viskoelastisch sind.

Aufgrund der Mittelung der Schichteigenschaften gehen einige Informationen für eine belastungsgerechte Dimensionierung verloren, so daß in neuerer Zeit versucht wird, mittels der Methode der finiten Elemente (FEM) eine beanspruchungsgerechte Dimensionierung, thermische Spannungen oder auch fertigungsbedingte Eigenheiten in die Betrachtung einzubeziehen [13-16]. Unbedingt notwendig zur Beurteilung der berechneten Werte ist es, geeignete Festigkeitshypothesen einzubeziehen.

4.2 Stutzenanbauten

Angebaute Stutzen stellen immer kritische Stellen bei der Beurteilung eines Behälters dar, da an diesen Stellen die tragfähigen Laminatschichten durchtrennt wurden. Um diese Schwachstelle zu beseitigen, werden Ausschnittsverstärkungen bestimmter Dicke und Breite angebracht [11]. Aus wirtschaftlicher Sicht können die Verstärkungen nicht mit sehr kleinen Winkeln zum Grundlaminat auslaufen. Hier machen sich dann erhöhte Spannungen im Übergangsbereich aufgrund der Dehnungsbehinderung und des dreiaxigen Spannungszustands bemerkbar [17].

5 Fertigung

5.1 Thermoplastverarbeitung

Der Thermoplastinliner wird bei der Verbundkonstruktion vorab gefertigt und dient als Form für die anschließende Armierung mit dem GFK.

Die Fertigung der Zylinder und Böden (Flach-, Korbbogenböden) erfolgt aus Plattenmaterial, das maschinell oder manuell verschweißt wird. Nach dem Schweißen werden die Platten zu einem Zylinder kalt gebogen. Ein Boden wird warm tiefgezogen.

Die Verschweißung des Materials muß sehr sorgfältig unter Einhaltung der jeweiligen Schweißparameter erfolgen, damit die Schweißnahtfestigkeiten die geforderten Mindestwerte der DVS 2203 erfüllen.

Durch die Verformung der Platten zu Zylindern und Böden werden aufgrund der geringen Wanddicken von 2,3 bis 5 mm nur geringe Spannungen induziert, so daß ein anschließendes Tempern nicht notwendig ist. Zudem entstehen zur Medienseite hin Druckspannungen, die einer Spannungsrißkorrosion entgegenwirken.

Die Dichtigkeit der Schweißnähte wird mit Hilfe eines Funkeninduktors geprüft.

5.2 GFK-Armierung

Zur Armierung des Thermoplastliners wird dieser zunächst innen ausgesteift. Dann erfolgt der Auftrag einer Haftschicht, die in der Regel aus ein oder mehreren Mattenlagen besteht. Es ist hierbei darauf zu achten, daß keine Harzanreicherungen entstehen, um die Schlagzähigkeit nicht zu verschlechtern.

Der Boden des Behälters wird manuell mit dem GFK armiert. Auch hier erfolgt zunächst der Auftrag einer oder mehrerer Mattenlagen. Anschließend werden Gewebe und Matten gemäß dem vorgegebenen Aufbau laminiert. Zur Verbesserung der Oberfläche wird anschließend ein Deckvlies auflaminiert.

Nachdem der Zylinder mit der Haftschicht laminiert wurde, besitzt er eine genügend hohe Stabilität, so daß der Liner des Zylinders mit den Linern der Böden verschweißt werden kann. Die Verschweißung erfolgt in diesem Fall manuell, da sich dies als sehr sicher herausgestellt hat.

Anschließend erfolgt der Auftrag des Laminats auf den Zylinder gemäß der Dimensionierung mit Geweben, UD-Gelegen, Matten und Rovings. Die Rovings werden im Parallelwickelverfahren maschinell aufgetragen und besitzen daher den höchsten Glasanteil von (60 ± 5) Ma.-%.

Wie beim Boden wird zur Verbesserung der Oberflächenqualität ein Deckvlies auflaminiert.

Die Reaktionszeiten der Harzansätze sind so einzustellen, daß die Laminierarbeiten komplett an jedem Einzelteil durchgeführt werden können, ohne daß zwischenzeitlich der Ansatz oder das Harz im Laminat zu gelieren beginnt. Zu schnelle Aushärtungen führen zu einer schlechteren Benetzung der Fasern, erhöhten Lufteinschlüssen und zu höheren Temperaturspitzen im Laminat. Zu lange Topfzeiten gefährden dagegen die komplette Aushärtung, so daß diese Laminate getempert werden müssen, um die Endeigenschaften des Laminats zu erreichen.

5.3 Stutzenanbauten

Stutzen werden erst angebaut, wenn der Behälter komplett gewickelt ist.

Nach Vermessung des Behälters, werden die Stellen markiert, an denen die Ausschnitte herausgetrennt werden.

Nach dem Heraustrennen des Ausschnitts wird das Laminat in einer Breite von etwa 2-3 cm vom Liner entfernt. Das verbleibende Laminat wird keilförmig zum Ausschnitt hin angeschliffen.

Der vorbereitete Stutzen besitzt ebenfalls an dem zu verbindenden Ende einen vom GFK freigelegten Liner, der manuell mit dem Liner des Behälters verschweißt wird.

Anschließend erhalten die Anbauten eine Ausschnittsverstärkung, die gemäß der Dimensionierung anlaminiert wird [11].

5.4 Reparaturen

Reparaturen und nachträgliche Stutzenanbauten an Thermoplast-GFK-Verbundkonstruktionen sind genauso durchzuführen wie bei der Erstfertigung. Beim Thermoplast ist jedoch zuvor zu überprüfen, ob im Kunststoff gelöstes Medium zu einer Beeinträchtigung der Schweißnahtfestigkeit geführt hat. Wird dies festgestellt und das Material ist chemisch nicht signifikant angegriffen, so reicht eine mehrstündige Temperung unterhalb der Martenstemperatur aus, um das Medium aus dem Thermoplast zu desorbieren.

Die auszubessernde Stelle oder der Stutzen kann anschließend über- bzw. anlaminiert werden, nachdem das alte Laminat gründlich angeschliffen wurde. Die Haftung zwischen dem Überlaminat und dem alten Laminat ist mit der interlaminaren Haftung von ordnungsgemäß hergestellten Laminaten vergleichbar.

6 Qualitätssicherung

Apparate aus Thermoplast-GFK-Verbundkonstruktionen unterliegen bei der Herstellung und Montage vielfältigen Qualitätssicherungsmaßnahmen, deren Ergebnisse dem Auftraggeber oder der überwachenden Prüfinstitution zur Verfügung gestellt werden. Die Qualitätssicherungsmaßnahmen beinhalten Prüfungen an den Rohstoffen und Halbzeugen, während der Fertigung der Bauteile, an den fertigen Apparaten im Herstellerwerk und bei der Montage der Apparate. Die Prüfungen werden mit der Abnahmeprüfung der Apparate am Aufstellungsort abgeschlossen. Beispiele für Qualitätssicherungsmaßnahmen werden in [3], [18] und [19] beschrieben. Führende Apparatebauhersteller besitzen eine Zertifizierung gemäß DIN EN ISO 9001 oder 9002.

7 Anwendungen

Das Hauptanwendungsgebiet der Apparate aus Thermoplast-GFK-Verbundkonstruktionen liegt in der chemischen Industrie und verwandten Industriezweigen. Kennzeichnend für viele Apparate ist die individuelle Formgebung und Werkstoffauswahl, die auf die jeweiligen Betriebsverhältnisse des Betreibers zugeschnitten sind, und ihre verhältnismäßig niedrige Stückzahl.

Besonders häufig vorkommende Apparate sind zylindrische Flachboden- und Standzargenbehälter sowie liegende Behälter mit einem Durchmesser bis ca. 5.000 mm und einer Höhe bis ca. 15.000 mm, in denen meist Säuren oder Laugen gelagert werden. Als Inliner werden häufig PVC und PP sowie bei oxidierenden Medien PVDF verwendet.

Absorber, Absorptionskolonnen und Waschkolonnen, die mit sauren oder basischen Medien bei erhöhter Temperatur (bis ca. 100 °C) beaufschlagt werden, enthalten als Inliner häufig PP.

In mehrstufigen Verdampferanlagen für Schwefelsäure, in denen ca. 75%ige Schwefelsäure bei 110-120 °C einwirkt, werden Apparate der letzten Konzentrierstufe aus PFA oder FEP als Inliner und VE-GFK eingesetzt.

In Rauchgasreinigungsanlagen sind Quencher und Quenchbögen aus E-CTFE/VE-GFK im Einsatz. Für die Abführung von Abgasen aus verschiedenen Industrieanlagen wurden Abgaskamine aus PVC oder PP und UP-GFK mit Durchmessern bis ca. 5.000 mm und Höhen bis ca. 100.000 mm installiert.

Aus der Vielfalt der Praxisanwendungen sind einige Beispiele in Tafel 6 aufgeführt.

In Bild 3 ist ein Naßelektrofilter aus PVC/UP-GFK mit dem Durchmesser von 5.100 mm und einer Höhe von 13.500 mm, das bei 40 °C betrieben wird, wiedergegeben.

Bild 3: Naßelektrofilter aus PVC/GF-UP

8 Zusammenfassung

In Thermoplast-GFK-Verbundkonstruktionen ergänzen sich beide Werkstoffgruppen in vorteilhafter Weise. Während der GFK-Werkstoff die hohe Festigkeit, Biegesteifigkeit und geringe Kriechneigung einbringt, zeichnet sich der als Schutzschicht dienende Thermoplast-Inliner durch folgende Eigenschaften aus:

- homogene Schicht, frei von Hohlräumen
- vollflächig auf Dichtheit prüfbar
- hohe chemische Widerstandsfähigkeit
- niedrige Permeabilität für Wasserdampf und andere niedermolekulare Substanzen
- hohe Verschleißfestigkeit
- antiadhäsiv gegenüber Anbackungen

Tafel 6: Praxisanwendungen von Apparaten aus Thermoplast-GFK-Verbundkonstruktionen

Apparat	Abmessungen		Werkstoffe		Betriebsbedingungen			Medium/chem. Belastung
	Durchm.	Höhe	Inliner	GFK	Temperatur	Druck bar		
	mm	mm			°C	Unterdruck	Überdruck	
Flachbodenbehälter	4.000	8.600	PVC	UP	60	–	–	Natronlauge 50%
Flachbodenbehälter	4.000	13.000	PVC	UP	60	–	–	Ammoniumhydroxidlsg
Flachbodenbehälter	4.500	10.100	PVC	UP	50	0,02	0,02	Salzsäure 32%
Flachbodenbehälter	4.000	7.200	PP	UP	60	0,01	0,02	div. Abwässer
Flachbodenbehälter	3.600	9.000	PP	UP	60	0,04	0,45	Tensidgemisch
Flachbodenbehälter	3.200	6.400	PP	UP	60	0,01	0,02	Schwefelsäure 30%
Flachbodenbehälter	4.500	12.500	PVDF	UP	40	–	–	Bleichlauge
Flachbodenbehälter	3.000	10.600	PVDF	UP	50	–	–	Schwefelsäure 50-96%.
Waschturm	3.500	15.500	PVC	UP	30	–	0,02	SO_2-haltiges Rauchgas aus Schwefelsäureanlage
Absorptionsturm	2.170	18.800	PVC	UP	70	0,1	–	Chlorgas, Natriumhypochlorit
Füllkörperkolonne	2.000	31.000	PP	UP	60	0,1	0,1	Natronlauge, Abluft
Absorptionskolonne	3.500	23.800	PP	UP	84	0,1	0,1	Waschwasser, Rauchgas gequencht
Desorber	1.600	6.650	PVDF	UP	60	–	0,05	Ammoniak, Schwefelwasserstoff, Kohlendioxid
Verdampfer	3.000	4.990	PFA	VE	120	0,95	0,5	Schwefelsäure 75%
Quenchrohr (mit Quenchbogen)	5.000	6.600	E-CTFE	VE	130	0,1	0,1	Rauchgas aus Kraftwerk, saures Waschwasser
Rauchgaskamin	1.400	22.000	PP	VE	90	0,1	0,1	gereinigtes Rauchgas, feucht, aus Rückstandsverbrennung
Abluftkamin	1.800	100.000	PP	UP	55	–	–	Abgas aus Düngemittelproduktion
Abluftkamin	1.900	59.300	PP	UP	67	–	–	Rauchgas aus Sondermüllverbrennung

Die Herstellung und Montage der Apparate hat einen hohen Qualitätsstand erreicht, zu dem eine ständige Optimierung der Fertigungsbedingungen und umfassende Qualitätssicherungsmaßnahmen, aber auch technische Fortschritte bei den Rohstoffen und Halbzeugen beigetragen haben.

Apparate aus Thermoplast-GFK-Verbundkonstruktionen werden in der chemischen Industrie und anderen Industriezweigen seit Jahrzehnten breit angewendet.

Schrifttum

[1] Bertelmann, L.: Organische Werkstoffe in Massivbauweise, Chem.-Ing.-Techn. 64 (1992), Heft 11, S. 1000-1005

[2] Busse, H.; Schindler, H.: Polymerwerkstoffe im Chemie-Apparatebau, Chem.-Ing.-Techn. 62 (1990), Heft 4, S. 271-277

[3] Gibbesch, B.; Schedlitzki, D.: Rohrleitungen aus Thermoplast-GFK-Verbundwerkstoffen, VGB Kraftwerkstechnik 73 (1993), Heft 12, S. 1033-1043

[4] Saechtling, H.: Kunststoff Taschenbuch, 26. Ausgabe, Carl Hanser Verlag München Wien, 1995

[5] Firmenschriften über UP- und VE-Harze: Palatal-Harze, BASF; Derakane Vinyl Ester Resins, DOW Chemical; Atlac Resins, DSM Kunstharze; Alpolit-Harze, Vianova

[6] Schmidt, K. A.: Textilglas für die Kunststoffverstärkung, 2. Ausgabe, Zechner und Hüthig Verlag Speyer, 1972

[7] Firmenschrift über ECR-Glas, Owens-Corning Fiberglas, 1991

[8] Retting, W.: Mechanik der Kunststoffe, Carl Hanser Verlag München Wien, 1991

[9] Michaeli, W. ; Wegener, M.: Einführung in die Technologie der Faserverbundtechnologie, Carl Hanser Verlag München Wien,1989

[10] Gibbesch, B.; Schedlitzki, D.: Wasserdampfpermeabilität organischer Korrosionsschutzwerkstoffe, Kautschuk Gummi Kunststoffe 49 (1996), Heft 6, S. 452-457

[11] Druckbehälter aus textilglasverstärkten duroplastischen Kunststoffen (GFK) AD-Merkblatt N1, Ausgabe Juli 1987

[12] Michaeli, W.; Huybrechts, D., Wegener, M.: Dimensionieren mit Faserverbundkunststoffen, Carl Hanser Verlag München Wien, 1994

[13] Hermann, A. S.; Hanselka, H., Haben, W.: Faserverbundwerkstoffe am Rechner komponieren, Kunststoffe 82 (1992), Heft 6, S. 494

[14] Hufenbach, W.; Kroll, L., Troschitz, R.: Rechnerunterstützte Auslegung von glasfaserverstärkten Kunststoffrohrleitungssystemen, 3R international 32 (1993), Heft 12, S. 669

[15] Hufenbach, W.; Kroll, L., Troschitz, R.: Beanspruchungsgerechte Verbundgestaltung bei mehrschichtigen Rohrleitungen mit Anschlüssen, 3R international 33 (1994), Heft 4-5, S. 180

[16] Bettenworth, J.: Auslegung von Druckbehältern aus Faserverbundkunststoffen, Diplomarbeit IKV Aachen 1992

[17] Hufenbach, W.: Optimierung von Flansch- und Ausschnittsverstärkungen an Behältern und Rohrleitungen aus glasfaserverstärkten Reaktionsharzen, Bericht zum AiF-Projekt Nr. 8510, 1995

[18] Bureick, G.: GFK- und Verbundkonstruktionen im Behälter- und Tankbau, Vortrag, gehalten am 12./13.02.1992, im Rahmen der Tagung Hochleistungskunststoffe im Apparate- und Rohrleitungsbau in Würzburg.

[19] Brenik, W. J.; Conradt, G.: Qualitätssicherung von Thermoplasten für den Einsatz im Apparate- und Behälterbau, Chemie-Technik 17 (1988), Heft 3, S. 66-73

4.3 Glas, Email, Graphit

Glasapparate- und Anlagenbau

Von W. Wedel [1])

Einleitung

Das Borosilicatglas nimmt aufgrund seiner hervorragenden Werkstoffeigenschaften – speziell der universellen Korrosionsbeständigkeit – einen festen Platz unter den Konstruktionsmaterialien für Apparate, Anlagen und Rohrleitungen in der chemischen Verfahrenstechnik ein. Zur Konstruktion und Planung stehen entsprechende technische Regelwerke zur Verfügung, die alle erforderlichen Kenndaten und Vorschriften enthalten. Bei Beachtung dieser Vorschriften und unter Verwendung werkstoffgerechter Konstruktionen ist auch im rauhen Chemiebetrieb eine hohe Betriebssicherheit von Glasinstallationen gewährleistet.

Die Anforderungen der chemischen und pharmazeutischen Industrie an die Werkstofftechnik sind in den letzten Jahren wesentlich gestiegen. Die Entwicklung von Werkstoffen mit besonderen Eigenschaften auf dem Gebiet der Korrosion hat diesen Forderungen weitgehend Rechnung getragen. Anhand des Einsatzes von Borosilicatglas in Kombination mit anderen hochkorrosionsfesten Werkstoffen, wie z. B. PTFE, Graphit, Stahl-Email, Titan, Tantal, SiC u. a., wird eine Übersicht über Anwendungsgebiete und Eigenschaften geben.

Die Qualität der Produkte und die Kosten der Herstellung sind die erfolgsbestimmenden Punkte für die chemische und pharmazeutische Produktion. Daraus ergeben sich wichtige Forderungen an die Anlagenplaner und Apparatebauer, die auch bei hochkorrosionsfesten Ausrüstungen zur Beurteilung des Standes der Technik und als Zielsetzung für Weiterentwicklungen herangezogen werden müssen.

[1] Die Werkstofftechnik, das heißt in diesem Zusammenhang für ein vorgegebenes Verfahren die Auswahl der wirtschaftlich und technisch günstigsten Werkstoffe bzw. Werkstoffkombinationen, beeinflußt sowohl die Kostenseite als auch die Qualität der Produkte:

- Bei den Kosten ist neben der Investitionshöhe immer wichtiger der Wartungsaufwand, der mit hohen Lohnkosten verbunden ist und mit zunehmenden Alter der Anlagen ansteigt. Daraus ergeben sich direkte Forderungen an die Materialauswahl, die konstruktive Gestaltung und an die Qualitätssicherung.
- Hochresistente Werkstoffe mit äußerst geringen Korrosionsraten beeinflussen aber auch positiv die Produktqualität, da keine verunreinigenden Stoffe an die Medien abgegeben und außerdem bei organischen Synthesen unerwünschte Nebenreaktionen vermieden werden.

1 Bauprogramm

[2] Borosilicatglas wird in großem Umfang zum Bau von Apparaten, kompletten Anlagen und Rohrleitungen in der chemischen und pharmazeutischen Verfahrenstech-

[1]) Dipl.-Ing. Walter Wedel, Schott Engineering GmbH, Mainz

nik verwendet. Die steigende Bedeutung dieses Werkstoffes läßt sich auch an den stetig erweiterten Dimensionen der Bauteile ermessen, die vom Markt gefordert wurden. Verfügbar sind Kolonnenbauteile bis DN 1000 (Bild 1), die im Schleuderverfahren hergestellt werden, und Kugelgefäße bis 500 l Volumen, die mittels modernster Einblasverfahren ihre Form erhalten.

Bild 1: Gaswäscher DN 1000

Verfahrenstechnische Anlagen aus Borosilicatglas haben sich bei verschiedensten Verwendungszwecken, in unterschiedlichen Ausführungsformen und Größen, auch unter extremen Betriebsbedingungen, in vielen Jahren in der Industrie bewährt. Infolgedessen wurde der Werkstoff Glas in das nationale und internationale Regelwerk aufgenommen, das zur Durchführung des Arbeitsschutzes geschaffen wurde und durch laufende Überarbeitung und Erweiterung mit der technischen Entwicklung Schritt hielt. In der Druckbehälterverordnung wird der Druckbehälter aus Glas unter § 12 behandelt und Bezug genommen auf das anzuwendende AD-Merkblatt N4. Dies gilt für Druckbehälter, Druckbehälterteile und Armaturen aus Borosilicatglas. Es ist eine Besonderheit der Bauweise mit dem Werkstoff Glas, daß Apparate und Rohrleitungen nicht in beliebig großen Einheiten hergestellt bzw. auf der Baustelle zu Einheiten verschweißt werden können, sondern aus Einzelteilen zusammengeflanscht werden. Dieser Sachverhalt bedingt eine Vielzahl von Verbindungsstellen (Bild 2), die natürlich höchsten Dichtheitsanforderungen genügen müssen, und führen dabei konsequent zu einem Baukastensystem mit seinen vielen Vorteilen für die praktische Anwendung. Dieses System erleichtert bei der Verlegung von Rohrleitungen deren Anpassung an räumliche Gegebenheiten und gestattet individuelle Problemlösungen ohne Verwendung von Sonderanfertigungen. Weitere Vorteile für den Anwender liegen

- in der mühelosen Auswechselbarkeit von Einzelbauteilen,
- bei Änderungen und Reparaturen,
- in dem leichten Abbau von Anlagenteilen oder ganzen Anlagen bei Umstellungen in der Produktion,
- in der Wiederverwendbarkeit der Teile in neuer Kombination für ganz andere Produktionsverfahren
- sowie in der Lagerhaltung.

Bild 2: Baukasten-System

1.1 Normen

Da größere Installationen nur mit dem Baukastenprinzip zu bewerkstelligen sind, haben die verschiedenen Hersteller für den industriellen Apparate- und Rohrleitungsbau frühzeitig ihre eigenen Systeme geschaffen (Bild 3). Dabei liegt der wesentliche herstellerspezifische Unterschied in der Gestaltung der Flansche. Als Folge davon ging von Anwendern, besonders den großen Chemiewerken, der Wunsch nach Normung der Abmessungen der Glasbauteile aus. Die Zielsetzung war die Verbindbarkeit und Austauschbarkeit von Teilen unterschiedlicher Herkunft. Das Ergebnis der Zusammenarbeit europäischer Hersteller, Anwender und Normeninstitutionen ist in folgenden Normen veröffentlicht:

- DIN-ISO 3585, Borosilicatglas 3.3 Eigenschaften
- DIN-ISO 3586, Allg. Grundsätze für Prüfung und Gebrauch
- DIN-ISO 3587, Rohrleitungen und Fittings DN 15 bis DN 150; Verbindbarkeit und Austauschbarkeit
- DIN-ISO 4704, Apparatebauteile aus Glas.

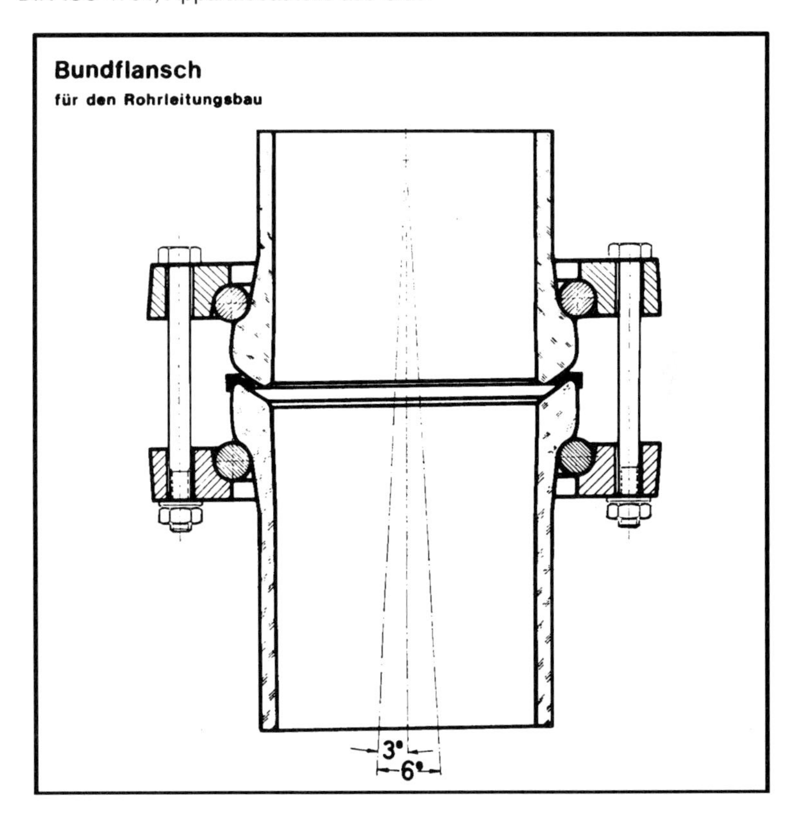

Bild 3: Flanschverbindung „Kugel-Pfanne"

In DIN-ISO 3585 wird vorgeschrieben, daß Druckbehälter nur aus diesem speziellen Borosilicatglas hergestellt werden dürfen. Der Wert 3.3 bezieht sich als Kenngröße auf den thermischen Wärmeausdehnungskoeffizienten mit $3{,}3 \times 10^{-6}\ K^{-1}$, der sich nur in engen Toleranzen verändern darf. Die Einhaltung dieser Toleranzen ist von großer Bedeutung für die Eigenspannungsfreiheit von Bauteilen. Die Freiheit von Eigenspannungen wird in der Druckbehälterverordnung als Merkmal für die ordnungsgemäße Herstellung gefordert. An dieser Stelle soll erwähnt werden, daß permanente Eigenspannungen bei Borosilicatglas 3.3 infolge Wärmebehandlung nur in der Nähe der Transformationstemperatur T_g von 530 °C entstehen und bei unsachgemäßer Abkühlung auch „eingefroren" werden können. Das heißt, im üblichen Temperaturarbeitsbereich für Apparate- und Rohrleitungssysteme bis max. 200 °C können irreversible thermische Spannungen niemals auftreten. Die internationale Norm DIN-ISO 3586 stellt allgemeine Grundsätze über Prüfung, Umgang und Gebrauch von Apparaturen, Rohrleitungen und Fittings aus Glas auf. Sie befaßt sich nicht mit der Konstruktion der Bauteile. Aufmerksamkeit verdient die Bedeutung der Einhaltung der Sicherheitsvorschriften, die dort, wo Apparate oder Rohrleitungen montiert werden, anwendbar sind. In den Normen DIN-ISO 3587 und DIN-ISO 4704 sind die wesentlichen Anforderungen an die Verbindbarkeit und die Austauschbarkeit von Rohrleitungs- und Apparatebauteilen aus Glas festgelegt.

2 Werkstoffeigenschaften

Glas ist ein Werkstoff, dessen Allgegenwart für uns selbstverständlich ist; es hat eine jahrtausend alte Geschichte in der menschlichen Kultur und Technik. Für die Erfüllung der Ansprüche, die aus der chemischen und physikalisch-chemischen Technik gestellt werden, wurde die Gruppe der Borosilicatgläser entwickelt. Diese sind sehr beständig gegen Angriff durch Chemikalien und formstabil bis zu hohen Temperaturen. Zur Beurteilung der Gläser auf die chemischen und thermischen Eigenschaften und Beständigkeiten, welche für die Anwendung in der chemischen Technik am wichtigsten sind, wurde eine Reihe von deutschen und internationalen Normen aufgestellt. Die Spitzenentwicklung der Borosilicatgläser in Richtung Tauglichkeit für den Bau von Apparaten und Rohrleitungen für die chemische Verfahrenstechnik ist das Borosilicatglas 3.3 gemäß DIN-ISO 3585.

2.1 Chemische Resistenz

Dieses Glas enthält als wichtigste Bestandteile etwa 81 % SiO_2 und 13 % B_2O_3 und zeichnet sich vor allen anderen Glasarten durch hohe chemische Resistenz bei gleichzeitiger guter Temperaturwechselbeständigkeit aus. Lediglich Flußsäure – die ja zum Ätzen von Gläsern verwendet wird – konzentrierte Phosphorsäure und starke Laugen tragen die Glasoberfläche bei erhöhten Temperaturen merklich ab. Jedoch kann auch bei diesen Medien der Einsatz von Glas wegen seiner sonstigen vorteilhaften Eigenschaften im Vergleich mit anderen teureren Werkstoffen zweckmäßig und wirtschaftlich sein. Glas übt auch keinerlei katalytische Wirkung auf die Prozeßmedien aus. Außerdem gilt Glas als ökologisch unbedenklich und im Sinne der Feuersicherheit als unbrennbar. Für den Bau von Apparaten, in denen lichtempfindliche Stoffe verarbeitet werden, kann das Glas von außen braun eingefärbt geliefert werden.

2.2 Mechanische Festigkeit

Die Verwendung zum Bau der Anlagen erfordert eine ausreichende Druck- und Zugfestigkeit des Glases. Es ist ein Merkmal der Gläser, daß sie zwar eine hohe Druckfestigkeit, aber eine niedrige Zugfestigkeit besitzen. Das Verhältnis der Werte von Druckfestigkeit zu Zugfestigkeit liegt zwischen 10 bis 30.

Der Einfluß der Temperatur auf die Glasfestigkeit ist ab Raumtemperatur bis zur höchsten Verwendungstemperatur vernachlässigbar gering. Im Bereich unterhalb Raumtemperatur bis -200 °C nimmt die Festigkeit mit fallender Temperatur allgemein zu. Damit unterscheidet sich der Werkstoff Glas wesentlich von den metallischen Werkstoffen und den Kunststoffen („Chemiewerkstoffen"), deren Festigkeit mehr oder weniger ausgeprägt temperaturabhängig ist.

Infolge Sprödigkeit des Glases lassen sich die Spannungsspitzen bei Überlastung nicht durch plastische Verformung abbauen, wie es zum Beispiel bei Stählen der Fall ist.

Die Oberflächenbeschaffenheit beeinflußt die Festigkeit in besonderem Maße, da die höchsten mechanischen Zug- und Biegezugbeanspruchungen in der Oberfläche liegen. Unmittelbar nach der Herstellung ist die Festigkeit am höchsten, sie erreicht dann in verhältnismäßig kurzer Zeit einen praktisch gleichbleibenden Wert. Ein Alterungsvorgang findet bei Borosilicatglas nicht statt.

Die Werte der zulässigen Berechnungsspannungen berücksichtigen die dargelegten Einflüsse und enthalten einen Sicherheitswert, der den praktischen Erfahrungen über das Festigkeitsverhalten von Glas Rechnung trägt. Bei dem wissenschaftlichen Nachweis dieser Spannungen wurden in Versuchen deshalb die Probekörper mit definierter Schmirgelgröße vorbeschädigt und unter Wasser Biegezugbelastungen ausgesetzt, weil hier, infolge Spannungsrißkorrosion, eine geringere Festigkeit als in trockener Umgebung vorhanden ist.

Die zulässige Beanspruchung auf Zug und Biegung der Gläser beträgt

$$\frac{K}{S} = 6\,N/mm^2$$

wenn die Oberfläche geschliffen oder poliert ist bzw. wenn eine feuerblanke Oberfläche durch chemischen oder mechanischen Einfluß (z. B. Kratzer) verändert ist.

Bei Oberflächen in feuerblankem Zustand darf mit 10 N/mm^2 gerechnet werden. Dies trifft für die meisten im Rohrleitungs- und Apparatebau verwendeten Glasteile wegen der Schleifebearbeitung der Dichtflächen jedoch nicht zu.

Die zulässige Beanspruchung der Gläser auf Druck beträgt

$$\frac{K}{S} = 100\,N/mm^2 \;.$$

Die nachstehenden physikalischen Daten gelten speziell für Borosilicatglas:

Dichte:	$\rho = 2{,}23\ g/cm^3$	Poissonsche Zahl:	$\mu = 0{,}2$
Elastizitätsmodul:	$E = 63\ kN/mm^2$	max. Einsatztemperatur:	$TB_{max} = 300\ °C$

2.3 Wärmespannungen

Wenn die Temperaturen der beiden Medien, die je eine der beiden Seiten der Glaswandung berühren, unterschiedlich hoch sind, so fließt ein Wärmestrom vom wärmeren Medium durch die Glaswand hindurch zum kälteren Medium. Es entsteht ein Temperaturgefälle in der Glaswand.

Diese auftretenden Kräfte erzeugen Spannungen in der Wand. Das Temperaturgefälle in der Wand könnte, erzeugt durch einen großen Wärmestrom, so hoch werden, daß die entstehende Zugspannung den zulässigen Wert überschreitet. Um dies sicher zu vermeiden, ist nur ein bestimmtes Temperaturgefälle zulässig. Die in den Wandoberflächen herrschenden maximalen Wärmespannungen werden berechnet nach der Gleichung

$$\sigma_t = \frac{\alpha \cdot E \cdot \Delta t}{2(1-\mu)}$$

Diese gilt für stationären, das heißt gleichbleibenden Wärmestrom. Die temperaturbedingten Spannungen überlagern die mechanischen Beanspruchungen, die durch den Betriebsdruck in der Glaswandung entstehen. Diese Abhängigkeit ist bei der Berechnung der Wanddicken und zulässigen Betriebsdrücke zu beachten.

3 Borosilicatglas und Kombinationswerkstoffe

3.1 Ganzglasapparat

Bild 4 zeigt den Aufbau von Füllkörperkolonnen DN 600 bzw. DN 450 aus genormten Einzelteilen in einem Rohrgestell. Trotz weitgehender Normung ist durch die Vielfalt der Einzelteile die individuelle Planung kompletter Installationen in sehr einfacher Weise möglich. Entscheidend für die Betriebssicherheit und den geringen Wartungsaufwand ist die werkstoffgerechte Konstruktion, die die Eigenschaften von Borosilicatglas berücksichtigen muß. Dazu gehört zum Beispiel die gegenüber der Zugfestigkeit wesentlich höhere Druckfestigkeit.

3.2 Kombinationswerkstoff-Auswahl

Zur Lösung der angeschnittenen Problemkreise stehen heute dem Anlagenplaner eine Reihe von Werkstoffen zur Verfügung, z. B. Borosilicatglas, Elektrographit, Titan, Tantal, SiC, Zirkon usw. Dazu kommen Auskleidungen mit Fluor-Kunststoffen, wie z. B. PTFE, PFA und FEP. Die aufgezählten Werkstoffe weisen den Vorteil einer universellen Korrosionsbeständigkeit auf, verbunden mit einer weitgehend ausgereiften Verarbeitungstechnik. Es hat sich aber in den letzten Jahren eindeutig gezeigt, daß es nicht sinnvoll ist, einen dieser Werkstoffe allein einzusetzen. Dabei spielt es keine Rolle, ob es sich um die Entwicklung eines einzelnen Bauteiles oder um die Planung kompletter Anlagen handelt. Der wirtschaftliche Aspekt kann nur voll zur Geltung kommen durch den Einsatz von Werkstoffkombinationen unter Berücksichtigung der Lebensdauer und

Bild 4: Füllkörperkolonnen DN 600 und DN 450 Abgasreinigung

Bild 5: Umlaufverdampfer in der Werkstoffkombination Borsilicatglas/Graphit

Bild 6: Stahl/Email-Reaktor mit Glaskondensatoren

der Investitionskosten. Außerdem wird bei richtiger Auswahl der Kombinationswerkstoffe die Betriebssicherheit entscheidend gesteigert, da eine exakte Anpassung an die jeweiligen Anforderungen erfolgen kann.

3.3 Kombinierte Apparate

Daß sich Borosilicatglas mit anderen Werkstoffen problemlos kombinieren läßt und sich damit eindeutige Vorteile für die Anwendung ergeben, sollen die folgenden Beispiele demonstrieren:

3.3.1 Naturumlaufverdampfer

Naturumlaufverdampfer aus Borosilicatglas, kombiniert mit einem Rohrbündel-Wärmeübertrager aus Graphit und zwar als Heizer und Kondensator gemäß Bild 5. Diese Installation wird zum Aufkonzentrieren verdünnter Schwefelsäuren eingesetzt, und zwar bis zu Konzentrationen um 80 % H_2SO_4.

3.3.2 Stahl-Email-Kessel als Rührreaktor

Bild 6 zeigt einen Stahl-Email-Kessel als Rührreaktor, verbunden mit Kondensatoren aus Glas. In der Chemie und der Pharmazie ist diese wirtschaftliche Kombination sehr weit verbreitet. Der Werkstoff Polytetrafluorethylen (PTFE) ist für den Glasapparatebau von entscheidender Bedeutung. Die chemische Beständigkeit von PTFE über den gesamten Temperaturbereich erlaubt eine Vielzahl von Anwendungsfällen, so zum Beispiel Dichtungen, Faltenbälge, Armaturen, Rührer und Pumpen.

4 Anwendungen in Produktion und Umweltschutz

Die Einsatzgebiete der korrosionsfesten Apparate und Rohrleitungen reichen aufgrund der zur Verfügung stehenden Nennweiten von der Forschung bis hin zu kompletten Produktionsanlagen. Gerade bei Technikumsinstallationen sind die universelle Korrosionsbeständigkeit, die Durchsichtigkeit und der Aufbau aus leicht austauschbaren Apparate-Einheiten entsprechend einem Baukastensystem von großer Bedeutung. Typische Beispiele für Betriebsanlagen sind:

- Produktion hochreiner Wirkstoffe in der Pharmazie,
- Herstellung organischer Spezialitäten, sehr oft im Chargenbetrieb bei häufig wechselnden Aufgabenstellungen,
- Chlorierungsanlagen,
- Aufarbeitung von Abfallsäuren, die z. B. Salzsäure, Schwefelsäure oder Salpetersäure einzeln oder in Mischungen enthalten,
- Pflanzenschutzmittel-Produktion, in den meisten Fällen ebenfalls basierend auf Chlorierungsreaktionen.

5 Sicherheit

5.1 Apparatekonstruktion und -montage

Wie die einzelnen Glasbauteile auf dem Transport, bei der Lagerung und der Abstellung am Montageort zu behandeln sind, ist der Norm DIN-ISO 3586 kurz und treffend zu entnehmen. Ebenso sind in dem AD-Merkblatt N4 Hinweise für die Aufstellung gegeben. Vor allem ist bei der Montage, deren Grundkenntnisse in Montagekursen vermittelt werden, darauf zu achten, daß kein Zwang auf die Glasteile ausgeübt wird, der Zugspannungen hervorruft. Es ist unzulässig, daß das Glasbauteil unter Zwang in eine Lage ge-drückt, gezogen, gebogen oder geschoben wird. Die Befestigungen, Halterungen und Festpunkte sind nach der Lage der Glasteile anzuordnen und anzupassen. Hierfür stehen entsprechende werkstoffgerechte Befestigungselemente zur Verfügung. Die Glasinstallation darf in ihrer Relativbewegung zum Gebäude durch die Halterungen nicht behindert werden. Relativbewegungen treten ein durch unterschiedliche Wärmelängenausdehnungen, durch wechselnde Belastungen beim Füllen und Entleeren der Glasapparatur, aber auch der Behälter und Kessel, mit denen sie verbunden sind, durch Verkehrslasten auf den Bühnen des Gebäudes, durch Windkräfte am Gebäude, durch von Maschinen herrührende Erschütterungen und dergleichen mehr.

Es werden PTFE-Faltenbälge zur Kompensation eingebaut und Bühnen zum Beispiel auf 1 mm Auslenkung statisch ausgelegt, um unzulässige Spannungen zu verhindern. Bei zu hohen Windkräften wird die Gestellkonstruktion der Glasanlage von der

Gebäudekonstruktion getrennt aufgestellt und damit Auswirkungen von Windkräften auf die Anlage ausgeschlossen.

Bei hohen Kolonnen werden Gewichtsausgleicher vorgesehen, die unzulässige Lasten aufnehmen und in die Stützkonstruktion (Gestell oder Bühne) überleiten.

5.2 Primäre Sicherheitsmaßnahmen

[2] Die Anlage und die Einzelteile müssen für den vorgesehenen Betrieb ausgelegt sein, dürfen aber keinen weitergehenden Beanspruchungen ausgesetzt werden. Um das zu verhindern, können geeignete Sicherheitsmaßnahmen wie Regelungen der Energieströme, der zu- und abströmenden Prozeßstoffe, der Füllstände, Temperaturen und Drücke vorgesehen werden. Meß- und Stellgeräte, soweit sie chemisch beständig sein müssen, werden aus Glas und/oder PTFE oder auch geeigneten metallischen Werkstoffen, wie säurebeständigen Stählen oder Tantal, hergestellt. Durch die Glaswände hindurch lassen sich die Vorgänge innerhalb der Installationen beobachten. Füllstände, Durchmischungen, Trennungen sowie Färbungen der Medien, die Aufschluß über Reaktionen und dergleichen geben, sind gut sichtbar. Ebenso können Störungen schon im Entstehungsstadium bemerkt und rechtzeitig Gegenmaßnahmen ergriffen werden. Derartige Störungen reichen von Flüssigkeitsanstauungen, Mitreißen von Flüssigkeit in Destillierapparaten, Schäumen in Verdampfern, Anstauungen in Füllkörperkolonnen bis zu Verstopfungen durch festwerdende Medien und durch unerwünschte Kristallbildung. Dort, wo es auf die Reinheit oder auf die Sterilität der Medien ankommt, kann die Sauberkeit der inneren Oberfläche visuell leicht geprüft werden. Federbelastete Sicherheitsventile für Gase und Dämpfe sowie Überströmventile für Flüssigkeiten stehen zur Sicherung von Glasanlagen gegen Überschreitung des zulässigen Betriebsdruckes zur Verfügung. Ihre Gehäuse bestehen aus Glas, die Verschlußkörper aus PTFE. Flüssigkeitsverschlüsse mittels Tauchrohren oder Berstscheiben dienen ebenfalls diesem Zweck. Fernbetätigte Absperrventile - Gehäuse aus Glas, Kegel und Faltenbalg aus PTFE - mit pneumatischem Antrieb sind mit Sicherheitsstellung „Auf" oder „Zu" lieferbar und schalten bei Störfällen selbsttätig durch Federkraft in die gewünschte Richtung. Der Einbau von Rückschlagventilen aus Glas/PTFE in Saugleitungen zu Vakuumanlagen ist immer zu empfehlen und kann auch in Druckleitungen hinter Pumpen zweckmäßig sein. Für die Überwachung der Temperaturen stehen Glasthermometer mit und ohne Kontakte sowie Widerstandsthermometer aus Glas mit Pt-Meßwiderständen zur Verfügung.

5.3 Sekundäre Sicherheitsmaßnahmen

An häufig begangenen Stellen können Glasanlagen durch Schutzwände aus transparentem oder sonstigem Material abgeschirmt werden. Damit läßt sich die Gefahr der Beschädigung durch mechanische Einwirkungen von außen beseitigen. Anlagen, die bei höheren Temperaturen arbeiten und im Freien stehen, sollten vor Zugluft geschützt werden. Für Anlagenteile an gefährdeten Aufstellungsorten können die Glasbauteile mit einem Schlag- und Splitterschutz zum Beispiel aus Glasfaser-Polyester (GFP) versehen werden. Dieser bewahrt die Glasoberfläche vor Beschädigungen durch Anschläge und hält im Falle eines Glasbruchs das Glasbauteil zusammen; dadurch wird das Auslaufen gefährlicher oder der Verlust wertvoller Flüssigkeiten verhindert. Es können alle Bauformen geschützt werden. Außerdem ist es vorteilhaft, daß die Armierung bis zum Flanschende reicht und somit von der Schellenverbindung mitgefaßt wird. Dadurch erhöht sich die Betriebssicherheit von Glasinstallationen noch wesentlich.

5.4 Vermeidung elektrostatischer Aufladung

Aus den Richtlinien für die Vermeidung von Zündgefahren infolge elektrostatischer Aufladung gehen für Glas folgende Regeln hervor: Da Glas bei mittlerer relativer Luftfeuchte (50 %) einen Oberflächenwiderstand von etwa $10^{11}\,\Omega$ hat, sind im allgemeinen keine Schutzmaßnahmen erforderlich, wenn es nur geringer Reibung ausgesetzt ist und der umgebende Bereich nicht Zone 0 ist. Werden aufladbare Flüssigkeiten in Glasapparaturen unter Bedingungen verarbeitet, bei denen mit gefährlicher Aufladung der Flüssigkeit, zum Beispiel in Pumpen, Filtern oder Düsen zu rechnen ist, sind abgestuft nach Zonen Schutzmaßnahmen, insbesondere Erdungsmaßnahmen an Metallflanschen, Ventilen und Meßeinrichtungen aus Metall, zu treffen. Für die Förderung homogener Flüssigkeiten, mit Ausnahme von Ether und Schwefelkohlenstoff, in Rohrleitungen gilt die Faustregel: Wenn die Strömungsgeschwindigkeit $v = 1$ m/s ist, entstehen keine gefährlichen Ladungen. Ist der Bereich außerhalb der Glasapparatur bei Gasen und Dämpfen als Zone 0 und bei Stoffen der Unterteilung C auch als Zone 1 einzustufen, sind alle leitfähigen Anlagenteile, zum Beispiel metallische Schellenringe, an der Glasrohrleitung zu erden. Es empfehlen sich für diese Einsatzfälle Kunststoff-Schellenverbindungen, also nichtleitfähige Bauteile, bei denen auch die Verbindungsschrauben nicht geerdet werden brauchen, weil ihre Kapazität kleiner als 3 pF ist. Im Kolonnenbau reicht jedoch die Festigkeit von Kunststoffringen nicht zur Übertragung der Schraubenkräfte aus und man verwendet darum GG- oder Stahl-Ringe. Deshalb müssen diese Schellenringe einzeln durch Anklemmen, mittels einer Erdungsschraube, geerdet werden. Hierfür sind bereits Bohrungen an den Ringen angebracht. Die Rohrgestelle, in die Apparate eingebaut werden, sind ebenfalls zu erden.

6 Zusammenfassung

Die Qualität der Bauteile aus Borosilicatglas und die werkstoffgerechte Konstruktion ermöglichen den Anlagenbau für hochkorrosive bzw. hochreine Produkte. Unter Hinzunahme anderer hochkorrosionsbeständiger Werkstoffe und unter Beachtung der gültigen Regelwerke führen diese Anwendungen zu sehr wirtschaftlichen Problemlösungen. Diese zeichnen sich durch die weitgehende Wartungsfreiheit und hohe Betriebssicherheit aus, die dem Borosilicatglas den Weg als anerkannter Apparatebau-Werkstoff in der chemischen und pharmazeutischen Industrie geebnet hat.

Schrifttum

[1] Schulze, B: Planung und Konstruktion hochkorrosionsfester Anlagen für die Thermische Verfahrenstechnik, CIT, Nr. 4/1980

[2] Wedel, W.: Sicherheit im Chemieapparatebau mit Borosilicatglas, CIT, Nr. 4/1988

Graphit-Apparatebau

Von J. Künzel [1])

1 Einleitung

Kunstharzimprägnierter Graphit ist aufgrund seiner hervorragenden Korrosionsbeständigkeit und der hohen Wärmeleitfähigkeit ein ausgezeichneter Werkstoff für Apparate, insbesondere Wärmeaustauscher, die mit aggressiven Produkten beaufschlagt werden. Er wird deshalb schon seit mehr als 50 Jahren erfolgreich in vielen Bereichen der Chemischen Industrie und in Umweltschutzanlagen eingesetzt. Die langjährigen Erfahrungen aus den vielfältigen Anwendungen und die heute verfügbaren neuen Werkstoffe sind in die Materialentwicklung und Konstruktion eingeflossen, so daß Graphitapparate den gestiegenen Anforderungen an Betriebssicherheit und Wirtschaftlichkeit gerecht werden können.

2 Der Werkstoff

2.1 Herstellungsverfahren

Kunstharzimprägnierter Elektrographit (Apparatebaugraphit) ist unter verschiedenen Handelsnamen erhältlich, zum Beipiel ®DIABON[2]) [1], Graphilor® [2] u. a.. Für die Herstellung von Elektrographit werden aschearme Petrolkokse und carbonisierbare Bindemittel, in den meisten Fällen Pech, Kunstharze oder Kunstharz/Pechmischungen verwendet. Nach dem Zerkleinern der kalzinierten Kokse werden diese in definierte Fraktionen getrennt. Daraus werden nach bestimmten Rezepturen Mischungen hergestellt und mit Pech bei höherer Temperatur geknetet. Die Mischung kann nach unterschiedlichen Verfahren heiß zu Formkörpern wie z. B. Rohren, Blöcken oder Zylindern verarbeitet werden. Beim anschließenden Brand des Formteiles verkokt das Bindemittel unter Abspaltung flüchtiger Bestandteile und bildet Bindebrücken aus Koks zwischen den Körnern aus. Die entstehenden gasförmigen Zersetzungsprodukte des Bindemittels entweichen durch feine Poren aus dem Formkörper. Dieser besteht nach dem Brennen aus Koks. Koks ist sehr hart und hat eine relativ niedrige thermische und elektrische Leitfähigkeit. Solches Material wird zum Beispiel für Auskleidungen von Behältern und Reaktionsapparaten mit Kohlenstoffsteinen oder in Form von Rohrabschnitten als Füllkörper für thermische Trennverfahren verwendet. Die Halbzeuge aus Koks werden in einem weiteren Hochtemperaturverfahrensschritt im Elektroofen bei 2600 bis 3000 °C graphitiert. Dabei wandelt sich der Koks in Elektrographit um. Dieser Werkstoff weist dann die gewünschten, charakteristischen Eigenschaften des Graphits auf: Gute elektrische und thermische Leitfähigkeit und gute Bearbeitbarkeit. Allerdings ist das Material noch von feinen Poren durchzogen. Die für den Apparatebau erforderliche Dichtheit wird nach der mechanischen Vorbearbeitung der Halbzeuge durch Imprägnierung mit Kunstharzen erreicht. Für die Imprägnierung werden besonders korrosionsbeständiges Harze, z. B. Phenol-Formaldehydharz, Furanharze oder auch Fluorkunststoffe verwendet. Die

---

[1]) Dr. Ing. Jürgen Künzel, SGL Technik GmbH, Meitingen

[2]) ®DIABON ist ein für die SGL Carbon AG eingetragener Markenname

Harze füllen die Poren vollständig aus und werden meist thermisch ausgehärtet. Der Werkstoff ist nach der Imprägnierung im technischen Sinn gas- und flüssigkeitsdicht.

Bild 1 zeigt eine Schliffaufnahme von imprägniertem DIABON NS1 in einhundertfacher Vergrößerung. Das dunkel erscheinende Kunstharz füllt die Poren vollständig aus. Selbst die feinsten, gerade noch erkennbaren Poren sind gefüllt. Die schwarzen Punkte im Harz sind geschlossene Bläschen ohne Verbindung nach außen. Sie entstehen bei der thermischen Härtung des Materials und verhindern ein Abschrumpfen des Harzes von den Porenwänden während des Härtungsvorganges.

Bild 1: Schliffbild von kunstharzimprägniertem Elektrographit, 100fache Vergrößerung

Einige Hersteller bieten auch Imprägnierungen mit PTFE [2] oder anderen Fluorkunststoffen an. Diese Werkstoffe haben Vorteile in einigen besonderen Einsatzgebieten aufgrund der erhöhten Korrosionsbeständigkeit. Festigkeit und Permeabilität (Durchlässigkeit) sind im Vergleich mit harzimprägnierten Graphiten ungünstiger.

2.2 Physikalische und chemische Eigenschaften von Apparatebaugraphit

Je nach Wahl der Rohstoffe, der Formungs-, Brenn- und Graphitierungsverfahren ist es möglich, Graphitsorten mit unterschiedlichen Eigenschaften herzustellen. Tafel 1 zeigt die Spannen der Eigenschaften von kunstharzimprägniertem und nicht imprägniertem Graphit.

Tafel 1: Wertebereich der charakteristischen physikalischen Eigenschaften

Eigenschaften	nicht imprägnierter Graphit	kunstharzimprägnierter Graphit
Rohdichte [g/cm³]	1,55 - 1,75	1,75- 1,95
Porosität offen [%]	3 - 25	-
Dyn. E-Modul [GPa]	4 - 8	14 - 17
Biegefestigkeit [MPa]	5 - 40	20 - 60
Druckfestigkeit [MPa]	12 - 70	60 -140
Zugfestigkeit [MPa]	4 - 20	10 - 35
lin. Ausdehnungskoeffizient (20 - 200 °C) [1/K]	$0,5 - 2 \times 10^{-6}$	$5 - 8 \times 10^{-6}$
Wärmeleitfähigkeit [W/mK]	60 - 180	60 -180

Der Apparatebauer kann durch Auswahl der richtigen Materialsorte den Apparat an die Anforderungen bezüglich Festigkeit und Korrosionsbeständigkeit anpassen.

Graphit ist für seine hohe Temperaturbeständigkeit bekannt. Diese wird aber durch die Kunstharzimprägnierung eingeschränkt. Der phenolharzimprägnierte Werkstoff DIABON NS1 ist beispielsweise für den Druckbehälterbau nach dem AD-Merkblatt N2 bis 180 °C, bei befeuchtender Beaufschlagung bis 200°C zugelassen.

Besonders ist die ausgezeichnete Korrosionsbeständigkeit von kunstharzimprägnierten Elektrographiten hervorzuheben (Bild 2). Nur wenige Stoffe, z. B. Salpetersäu-

Apparatebaugraphit ist	
beständig gegen	bedingt beständig oder unbeständig gegen
Chlorwasserstoff/Salzsäure Schwefelsäure < 80 % Phosphorsäure Flußsäure wäßrige Salzlösungen Bromwasserstoff, Jodwasserstoff alle Salzlösungen Mono-, Di- und Trichloressigsäure halogenierte Kohlenwasserstoffe Kohlenwasserstoffe, Alkohole, Äther Aldehyde, Ketone, Ester, Carbonsäuren Aminosäuren Meerwasser, Deponiesickerwasser Abwasser, Rauchgaswaschwasser und viele andere Stoffe	Salpetersäure Schwefelsäure > 80% Chlorwasser, Bromwasser feuches Chlor, Brom, Jod Chromsäure Säuremischungen mit Salpetersäure Bleichlauge Tetrahydrofuran, Dioxan

Bild 2: Auszug aus den Beständigkeitstabellen von Apparatebaugraphit

re, elementares Brom, Jod, heiße Schwefelsäure über 80 % und andere sehr starke Oxidationsmittel greifen den Werkstoff an. Selbstverständlich spielt die Temperatur für das Ausmaß des Angriffes eine große Rolle. Für die wichtigsten Chemikalien halten die Hersteller Beständigkeitstabellen bereit. Gute Angaben zur Korrosionsbeständigkeit enthalten auch die DECHEMA-Werkstofftabellen [3].

Ein besonderer Anreiz zum Einsatz von kunstharzimprägnierten Graphiten im Apparatebau besteht darin, daß der Werkstoff im Vergleich mit ähnlich korrosionsbeständigen Metallen wesentlich kostengünstiger ist (Bild 3).

Werkstoff	korrosive Belastbarkeit	Preisverhältniszahl bezogen auf H II
Kesselblech H II	keine	1
Edelstahl 1.4301, 1.4571	schwache Säuren; Nahrungsmittelindustrie	2 - 2,5
Nickelbasiswerkstoffe, z. B. Inconel, Hastelloy	Säuren; Salzlösungen (ohne F-); Umwelttechnik	6 - 10
Titan	ähnlich Inconel; Hastelloy	5 - 6
Apparatebaugraphit	stark korrosive Säuren; Salzlösungen, auch fluoridhaltig; Chloressigsäure; saures Rauchgaswaschwasser, u. a.	4 - 5
Tantal	ähnlich Apparatebaugraphit	50 - 60

Bild 3: Kostenvergleich von Wärmeaustauschern aus verschiedenen Werkstoffen, Bezugsapparat: 60 m^2 Austauschfläche, Betriebsüberdruck 6 bar

Seit 1986 ist unter dem Handelsnamen DIABON F ein thermoplastischer Werkstoff verfügbar, der ähnliche physikalische und chemische Eigenschaften wie kunstharzimpägnierter Graphit aufweist [4]. Dieser Werkstoff besteht aus ca. 80 % Graphit und 20 % eines Fluorthermoplasten. Graphit und Kunststoff werden gemischt und unter hohem Druck und hoher Temperatur zu fertigen Bauteilen verpreßt. Vorzugsweise werden daraus dünnwandige Bauteile wie zum Beispiel Platten für Plattenwärmeaustauscher hergestellt.

2.3 Verbindungstechnik

Graphitteile werden untereinander nach bewährten Klebetechniken verbunden. Als Kleber benutzt man im allgemeinen sogenannten Kitt, der aus dem Imprägnierharz mit einem Graphitfüller hergestellt wird. Die Verbindungsstelle, fachgerecht vorbereitet und ausgeführt, hat nach der Aushärtung des Kittes nahezu die gleichen chemischen und mechanischen Eigenschaften wie das Grundmaterial. Stumpfkittungen sind zu vermeiden. Wichtig sind eine dünne Klebefuge und die gleichmäßige Verdichtung des Kittes beim Fügen.

Die einfache Verbindungstechnik und die leichte Bearbeitungsmöglichkeit des Grundwerkstoffes haben große Vorteile bei Reparaturen. Es können mit einfachen Werkzeugen vor Ort beispielsweise Rohre in Wärmeaustauschern verschlossen oder ausgewechselt werden. Reparaturen an Graphitapparaten sind wesentlich einfacher durchzuführen als Reparaturen an Apparaten aus hochlegierten metallischen Werkstoffen.

2.4 Konstruieren mit Apparatebaugraphit

Die Konstruktion von Graphitapparaten muß den keramischen Eigenschaften des Werkstoffes Rechnung tragen. Grundsätzlich wird bei der Berechnung von Druckbehältern aus kunstharzimprägniertem Graphit nach dem AD-Merkblatt N2 der Sicherheitsbeiwert neun eingesetzt [5]. Im Vergleich zu metallischen Konstruktionen resultieren daraus relativ dickwandige Bauteile. So ist eine Stärke zwischen 400 und 500 mm für eine Rohrplatte eines Rohrbündelwärmeaustauschers für 6 bar Betriebsdruck für Graphitapparate charakteristisch.

Da die Druckfestigkeit des Werkstoffes wesentlich höher ist als die Zug- bzw. Biegefestigkeit, ist es vorteilhaft, die Bauteile möglichst auf Druck zu belasten oder entsprechend vorzuspannen. In Verbindung mit anderen Werkstoffen, zum Beispiel Stahl, ist immer für ausreichende Kompensation der unterschiedlichen Ausdehnungen zu sorgen. Graphitapparate sind daher meistens mit federbelasteten Zugankern verspannt, welche die unterschiedlichen Längenänderungen abfangen können. Bild 4 zeigt eine Schnittzeichnung eines Rohrbündelwärmeaustauschers mit Stahlmantel. Besonders auffallend sind die federbelastete Verspannung und die Abdichtung mittels O-Ring auf der Mantelfläche am dicken unteren Rohrboden. Eine solche Konstruktion ermöglicht freie Bewegungen zwischen Graphitrohrbündel und Stahlmantel durch Temperaturunterschiede [6].

2.5 Verbundwerkstoffe aus Graphit mit Carbonfasern sind Stand der Technik

Auch bei genauer Einhaltung der Gestaltungsregeln und Berechnungsvorschriften können nicht kalkulierbare Überbeanspruchungen zum Versagen von Bauteilen führen. Das hohe Sicherheitsbedürfnis unserer Zeit macht es erforderlich, besonders bei hoch korrosiv beaufschlagten Apparaten die Risiken des Versagens von Bauteilen weitgehend zu mindern. Das Sprödbruchverhalten von imprägniertem Graphit ist im Hinblick auf die Sicherheitsanforderungen ungünstig. Es wurden aus diesem Grund Verbundsysteme aus Apparatebaugraphit mit Carbonfasern entwickelt, welche die mechanischen Nachteile des Werkstoffes auffangen. Dabei zielt die Verstärkung der Bauteile mit Carbonfasern weniger in Richtung Erweiterung des zulässigen Betriebsbereiches, sondern vielmehr in Richtung Erhöhung der Betriebssicherheit, vor allem auf die Verminderung der Auswirkung von Schäden durch Überlastung.

Das erste auf dem Markt erhältliche, ausgereifte Produkt im oben genannten Sinn waren die carbonfaserverstärkten DIABON HF1-Rohre der SIGRI GmbH [3]) [7]. Unverstärkte Rohre haben keramisches Bruchverhalten, das heißt es brechen im Schadensfall in der Regel größere Stücke aus der Rohrwand. Dadurch können relativ große Querschnitte frei werden, durch die das Produkt in größeren Mengen vom Rohrraum in den

[3]) SIGRI GmbH, seit 1995 SGL Technik GmbH, Meitingen

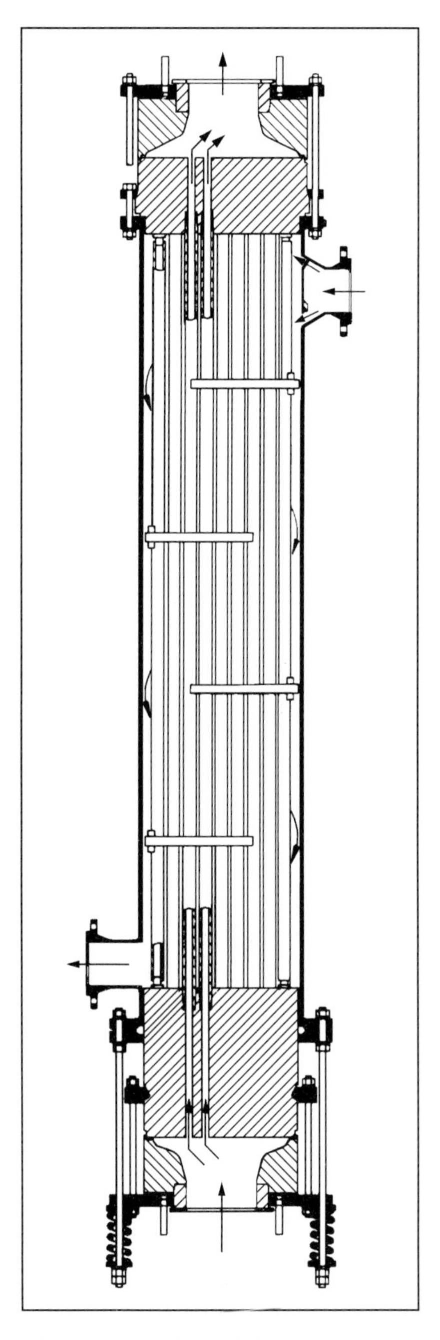

Bild 4: Schnittzeichnung eines DIABON-Rohrbündelwärmeaustauschers

Mantelraum gelangen kann. Ein carbonfaserverstärktes Rohr weist dieses ungünstige Verhalten nicht auf. Es entsteht bei Überlast höchstens ein Riß, der aber durch die hohe Vorspannung der Carbonfaser zusammengepreßt wird. Experimente mit carbonfaserverstärkten Rohren zeigen, daß bei einem inneren Überdruck von 2 bis 3 bar auch aus einem beschädigten Rohr kaum Produkt austreten kann. Die langjährigen Erfahrungen zeigen mittlerweile, daß die Carbonfaserwicklung der Rohre die Versagenswahrscheinlichkeit um mehr als eine Zehnerpotenz vermindert.

Selbstverständlich können nicht nur Rohre, sondern auch Zylinder, Rohrböden u. a. Apparatebauteile mit Carbonfasern verstärkt werden. Bild 5 zeigt einen Stapel carbonfaserverstärkter DIABON HF1-Rohre.

Carbonfaserverstärkte Graphitapparate sind ein wesentlicher Beitrag zur Verbesserung der Betriebssicherheit und repräsentieren heute den Stand der Technik.

Bild 5: Carbonfaserverstärkte DIABON HF1-Rohre

3 Apparate aus kunstharzimprägniertem Graphit

3.1 Wärmeaustauscher

Aufgrund der guten Wärmeleitfähigkeit und der hervorragenden Korrosionsbeständigkeit ist kunstharzimprägnierter Graphit ein ausgezeichneter Werkstoff für den Wärmeaustauscherbau. Neben den klassischen Rohrbündelwärmeaustauschern sind die für den Graphitapparatebau typischen Blockwärmeaustauscher weit verbreitet. Darüber hinaus werden von einigen Herstellern eine Reihe von Sonderbauformen angeboten. Rohrbündelwärmeaustauscher werden in der Regel bis 10 bar, Blockwärmeaustauscher bis 20 bar Betriebsdruck ausgelegt. Die zulässigen Betriebstemperaturen reichen von - 60 °C bis 200 °C. Die wichtigsten Ausführungsformen werden im Folgenden beschrieben.

3.1.1 Rohrbündelwärmeaustauscher

Rohrbündelwärmeaustauscher werden für den Wärmeaustausch zwischen Flüssigkeiten, Flüssigkeiten und Gasen oder Dämpfen oder zwischen Gasen verwendet. Das korrosive Medium wird in der Regel durch die Rohre, das nicht korrosive um die Rohre geführt.

Das Rohrbündel aus Graphit wird von einem Stahlmantel umgeben, der im Falle einer korrosiven Beanspruchung auf der Mantelseite ausgekleidet, emailliert, gummiert oder beschichtet sein kann. Gelegentlich wählt man auch hochlegierte Edelstähle oder Graphit als Mantelwerkstoffe.

Den prinzipiellen Aufbau eines Standard - Rohrbündelwärmeaustauschers zeigt Bild 4. Für die Rohrbündel sind Rohre der Abmessung 25 x 4,5 mm, 32 x 5 mm, 37 x 6 mm 50 x 6,5 mm und 70 x 10 mm üblich. Die Länge der Rohre ist durch Zusammenkitten der Halbzeuge wählbar. Die Bemessung von Graphitrohrbündelwärmeaustauschern erfolgt auf Wunsch nach den üblichen Regelwerken für Druckbehälter, z. B. AD-Merkblätter, ASME-Code, Stoomwezen u.a..

Die thermische Auslegung erfolgt, wie bei Stahlrohrbündeln auch, mit Hilfe von anerkannten Rechenprogrammen.

Graphitwärmeaustauscher können auch als Fallfilmwärmeaustauscher ausgeführt werden. Der obere Rohrboden wird bei dieser Bauform mit einer besonderen Haube und der Rohrboden mit Einlaufkronen zur gleichmäßigen Verteilung der Flüssigkeit auf der Innenfläche der Rohre ausgerüstet.

Für den Wärmeaustausch zwischen sehr großen Gasmengen, wie zum Beispiel in Kraftwerken oder Müllverbrennungsanlagen, werden sogenannte Modulwärmeaustauscher eingesetzt. Diese bestehen aus rechteckigen Rohrbündelwärmeaustauscherelementen, die in einem korrosionsgeschütztem Stahlgehäuse in der benötigten Anzahl zu großen Einheiten zusammengefaßt werden. Gelegentlich werden aus ökonomischen Gründen für die Rohrbündel Werkstoffkombinationen eingesetzt. Die verwendeten Werkstoffe richten sich nach den korrosiven Anforderungen und der Betriebstemperatur.

3.1.2 Blockwärmeaustauscher

Standard-Blockwärmeaustauscher bestehen aus zylindrischen Blockelementen mit Bohrungen für Produkt und Servicemedium. Die aus mehreren Blöcken gebildete Blocksäule wird mit einem Stahlmantel umgeben (Bild 6). Die Blocksäule wird mit sogenannten Kopfstücken oder Hauben abgeschlossen, welche die Zu- und Ablaufstutzen tragen. Stahl- und Graphitbauteile sind mit federbelasteten Zugankern verspannt.

Bild 6: Funktionsmodell eines Blockwärmeaustauschers

Blockwärmeaustauscher sind aufgrund der in weiten Bereichen freien Wahl der Strömungsquerschnitte für Produkt und Servicemedium gut an die verfahrenstechnischen Anforderungen anpaßbar.

Neben den zylindrischen Standard-Blockwärmeaustauschern gibt es eine Reihe von Sonderbauformen, zum Beispiel die kubischen Blöcke vom Typ EC oder ECM für beidseitig korrosive Beaufschlagung oder die Blockwärmeaustauscher vom Typ Polyblock® [2]

3.1.3 Ringnutwärmeaustauscher

Für kleine Mengenströme und Betriebsdrücke nicht über sechs bar ist der Ringnutwärmeaustauscher weit verbreitet (Bild 7). Dieser Wärmeaustauschertyp ist für die Wärmeübertragung zwischen zwei flüssigen Medien, als Kondensator, Partialkondensator oder Gaskühler geeignet. Der Ringnutwärmeaustauscher ist ähnlich einem Spiralwärmeaustauscher aufgebaut. Er besteht aus einer größeren Anzahl von Ringnut-Scheiben, in die zwei gegenläufige Kanalsysteme eingefräst sind. Die Scheiben werden miteinander verkittet.

Durch Einbau je einer Deckel- bzw. Bodenscheibe aus Graphit erhält man eine Ausführung, die für zwei korrosive Stoffströme eingesetzt werden kann [9].

Bild 7: Funktionsmodell eines Ringnutwärmeaustauschers

Verfahrenstechnisch hat der Ringnutwärmeaustauscher Vorteile. Dazu zählen die günstige Strömungsführung (reiner Gegenstromapparat), geringer Platzbedarf, hoher Widerstand gegen chemischen Angriff aufgrund relativ hoher Wandstärken, gute Anpaßbarkeit an die vorgegebenen Mengenströme durch die in weiten Grenzen variierbare Breite und Höhe der Strömungskanäle und gute Wärmeübertragungsleistung.

3.1.4 Plattenwärmeaustauscher

Moderne Bearbeitungsmaschinen und Diamantwerkzeuge ermöglichen heute die wirtschaftliche Herstellung von Plattenwärmeaustauschern aus kunstharzimprägniertem Graphit in ähnlicher Form, wie sie von metallischen Apparaten bekannt sind. Bild 8 zeigt eine gefräste Wärmeaustauscherplatte aus dem Apparatebaugraphit DIABON NS1. Ein mit solchen Platten ausgerüsteter Apparat verbindet die hervorragenden Eigenschaften des kunstharzimprägnierten Graphits mit den verfahrenstechnisch günstigen Formen der Plattenwärmeübertrager.

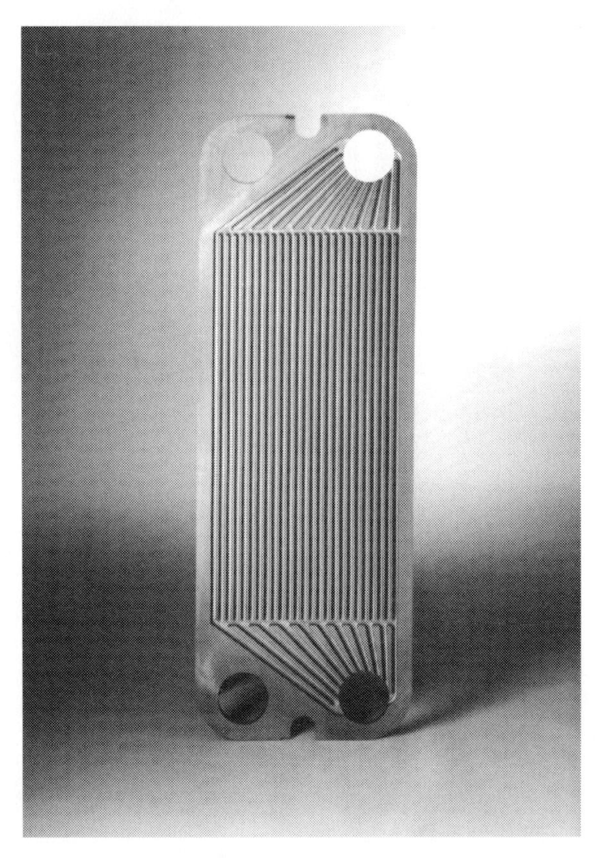

Bild 8: Gefräste Wärmeaustauscherplatte aus DIABON NS1

Aus dem fluorkunststoffgebundenen Werkstoff DIABON F werden vorzugsweise Plattenwärmeaustauscher hergestellt [10]. Da dieser Werkstoff thermoplastische Eigenschaften aufweist, können Wärmeaustauscherplatten ohne nachträgliche Bearbeitung des Wärmaustauscherfeldes durch Pressen gefertigt werden. Besondere Möglichkeiten bestehen bei diesem Verfahren in der Gestaltung der Dichtungsränder. Im Vergleich mit den meisten metallischen Plattenwärmeaustauschern, die mit dicken Elastomerdichtungen ausgerüstet sind, können DIABON F - Plattenwärmeaustauscher wegen der vorhandenen Randverstärkung mit sehr dünnen Flachdichtungen ausgerüstet werden. Nur ein winziger Teil der Dichtungsoberfläche ist damit dem aggressiven Medium ausgesetzt. Die Spannplatten und Anschlußstutzen dieser Apparate werden zum Schutz gegen Korrosion mit PTFE ausgekleidet.

Bild 9: Carbonfaserverstärkte Rektifikationskolonne für Salzsäure

3.2 Kolonnen

Zur Durchführung verfahrenstechnischer Grundoperationen, zum Beispiel für die destillative Trennung von Stoffen, für die Absorption bzw. Desorption von Gasen, die Durchführung von chemischen Reaktionen und anderen Aufgabenstellungen werden Kolonnen und Behälter mit und ohne Einbauten benötigt. Sind hochkorrosive Stoffe beteiligt, so bietet sich vor allem bei höheren Temperaturen als Werkstoff Apparatebaugraphit an. Kolonnen und Behälter werden aus einzelnen Bauelementen durch Kitten zusammengefügt. Die Größe von Kolonnen wird durch die Verfügbarkeit der Halbzeuge, Temperatur und Betriebsdruck begrenzt. Üblicherweise werden Kolonnen aus DIABON NS1 bis zu einem Durchmesser von 1600 mm für Betriebsüberdrücke von -1 bis 2,5 bar und Temperaturen bis 200 °C gefertigt. Selbstverständlich können auch Kolonnen mit Carbonfasern verstärkt und damit höheren Sicherheitsanforderungen gerecht werden (Bild 9). Einbauten für Kolonnen, zum Beispiel Sieb-, Glocken- oder Tunnelböden, Roste, Verteilerringe und Verteilerböden, Füllkörper, Packungen u. a. können ebenfalls aus Kohlenstoff oder Graphit hergestellt werden, so daß eine durchgehende Korrosions- und Temperaturbeständigkeit der verwendeten Werkstoffe erreicht werden kann.

3.3 Syntheseeinheiten

Die Herstellung von Chlorwasserstoff aus den Elementen Wasserstoff und Chlor durch Verbrennung wird in wassergekühlten Syntheseeinheiten aus Apparatebaugraphit durchgeführt. Dabei muß der Werkstoff extremen Beanspruchungen standhalten. Das bei einer Flammentemperatur von 2000 - 2500 °C erzeugte HCl-Gas strömt aus einer wassergekühlten Brennkammer aus Apparatebaugraphit in einen integrierten oder getrennt angeordneten Fallfilmabsorber und wird unter weiterer Kühlung mit Wasser zu Salzsäure der gewünschten Konzentration umgesetzt.

Die oben beschriebenen Syntheseeinheiten können auch für die thermische Spaltung von Verbindungen verwendet werden. So wird eine Sonderbauart für die Spaltung von FCKW's eingesetzt [11]. Die dabei erzeugten Spaltprodukte Chlorwasserstoff und Fluorwasserstoff werden in nachfolgenden Apparaten zurückgewonnen.

3.4 Sonderapparate

Pfeifenquenchen

Prinzipiell lassen sich die meisten gängigen Apparatetypen für die Verfahrenstechnik aus Graphit herstellen. Ein Beispiel sind die sogenannten Pfeifenquenchen (Bild 10). Diese Apparate dienen zur direkten Kühlung von Gasen mit Flüssigkeiten [12]. Das zu kühlende Gas strömt von oben nach unten durch die kurzen, mit Einlaufkronen versehenen, flüssigkeitsumspülten Pfeifen. Die starken Wirbel am Eintritt sorgen für eine optimale Vermischung der Flüssigkeit mit dem heißen Gasstrom, der durch Verdampfen der Kühlflüssigkeit (in der Regel Wasser) direkt gekühlt wird. Der Vorteil dieser Quenchen liegt in der Betriebssicherheit, der Unempfindlichkeit gegenüber Verschmutzung und der kompakten Bauform. Sie sind lieferbar für Gasströme bis 130 000 Nm^3/h, darüber hinaus müssen mehrere Einheiten nebeneinander geschaltet werden. Der Durch-

Bild 10: Pfeifenquenchen zur Kühlung von Rauchgasen

messer einer solchen Quenche beträgt ca. 2,7 m, die Bauhöhe ca. 1,5 m. Für Gase mit Temperaturen über 350 °C werden Hochtemperaturquenchen mit zusätzlichen Kühleinrichtungen angeboten.

4 Anwendungsbeispiele

Anwendung finden Graphitapparate hauptsächlich im Bereich der Chemischen Industrie und der Umwelttechnik, das heißt überall da, wo es um korrosive Produkte geht. Einige Beispiele für die Anwendung von Graphitwärmeaustauschern sind in Tafel 2 zusammengestellt:

Tafel 2: Anwendungsbeispiele für Graphitapparate

Apparatetyp	Verwendung	Bereich
Rohrbündelwärme- austauscher Blockwärmeaustauscher Plattenwärmeaustauscher Ringnutwärmeaustauscher Sonderbauarten	Eindampfung, Kühlung oder Aufheizung von Dünnsäure (H_2SO_4) Salzsäure Phosphorsäure Flußsäure Salzlösungen chlorierten organ. Verbindungen Beizbäder	Chemische Industrie Metallindustrie
Rohrbündelwärme- austauscher Modulwärmeaustauscher	Eindampfung von Deponiesickerwasser Rauchgaswaschwasser Abwasser Kühlung von Rauchgasen	Umwelttechnische Verfahren
Rohbündelwärme- austauscher Sonderbauformen	Abwärmenutzung in Heizungsanlagen mit Gas- und Ölfeuerung	Gebäudetechnik, Heizungstechnik
Graphitkolonnen	Aufbereitung von Salzsäure Reinigung und Konzen- trierung von Wäschersäure aus Verbrennungsanlagen	Chemische Industrie Umwelttechnische Verfahren
Quenchen	Kühlung von heißen korrosiven Gasen	Chemische Industrie Umwelttechnik Kraftwerke

5 Zusammenfassung

Kunstharzimprägnierter Elektrographit (Apparatebaugraphit) ist aufgrund seiner hervorragenden Korrosionsbeständigkeit ein ausgezeichneter Werkstoff für Apparate, welche mit aggressiven Produkten beaufschlagt werden. Der Werkstoff ist für den Bau von Druckbehältern nach dem AD-Merkblatt N2 zugelassen. Durch Verstärkung mit Carbonfasern erreichen Graphitapparate einen den heutigen Anforderungen entsprechenden Sicherheitsstandard. Wärmeaustauscher und Kolonnen aus Graphit werden in Chemischer Industrie und Umwelttechnik seit vielen Jahrzehnten eingesetzt und sind preiswerte Alternativen zu ähnlich korrosionsbeständigen metallischen Werkstoffen.

6 Schrifttum

[1] Materialbroschüre M, SGL Technik GmbH, 86405 Meitingen
[2] Firmenschrift: Deutsche Carbone Aktiengesellschaft, 60437 Frankfurt
[3] DECHEMA-Werkstofftabelle, DECHEMA e.V., 60061 Frankfurt
[4] Künzel, J.: DIABON F- eine Werkstoffgruppe für korrosionsbeständige Chemieapparate; Chemie Technik (1988), Heft 12, S. 16-20
[5] AD-Merkblätter, Vereinigung technischer Überwachungsvereine e.V., Beuth Verlag GmbH
[6] Würmseher, H.; Swozil, A., Künzel, J.: Kohlenstoff und Graphit als Werkstoffe für hohe Korrosionsbeanspruchung im Druckbehälter- und Apparatebau; Swiss Chem. 5 (1983). Nr. 10a
[7] Künzel, J.: Graphitwärmeaustauscher mit carbonfaserverstärkten Graphitrohren; Chemie Technik 16 (1987) Heft 2, S 18-21
[8] Firmenschrift: Deutsche Carbone Aktiengesellschaft, 60437 Frankfurt
[9] Firmenschrift: G.A.B. Neumann GmbH, 79689 Maulburg
[10] Firmenschrift: WP, SGL Technik GmbH, 86405 Meitingen
[11] Hug, R. S.: Vernichtung von FCKW unter Rückgewinnung von Fluß- und Salzsäure; Chem. Ing. Tech. 65 (1993) 4, S 430-433
[12] Bernt, D.; Härtel, G., Künzel, J.: Optimale Auslegung von Quenchen; Chemie Technik 2 (1995), S 22-24

Korrosionsschutzmaßnahmen im Chemie-Apparatebau

Von D. Kuron [1])

1 Einleitung

Die Gebrauchstauglichkeit und Nutzungsdauer von technischen Bauteilen aus metallischen Werkstoffen ist prinzipiell eingeschränkt, da alle Gebrauchsmetalle mit Stoffen der Umgebung reagieren. Durch diese Reaktionen können sich die gewährleisteten Eigenschaften der Werkstoffe so verändern, daß die Verwendungsfähigkeit der Bauteile eingeschränkt oder nicht mehr gegeben ist und im schlimmsten Falle zu einer Gefährdung von Mensch und Umwelt führt. Die Vermeidung von Gefahrenpotentialen und die Abwehr von Gefährdungen, wie sie von stoffumwandelnden verfahrenstechnischen Anlagen, aber auch von Umweltschutzanlagen ausgehen, sind Aufgaben von grundlegender Bedeutung für die Sicherheit, Nutzung und Wirtschaftlichkeit. Neben der Beherrschung der chemischen Reaktionen sowie der Vermeidung von gefährlichen Prozeßzuständen und betrieblichen Störungen muß eine weitere bedeutende Gefahrenquelle, nämlich die schädigende Einwirkung der Beschickungsstoffe und Reaktionsprodukte auf die Bauteilwerkstoffe, ausgeschaltet werden.

Erfolgt die Auswahl der Werkstoffe und Fertigungsverfahren sowie der Korrosionsschutzmaßnahmen nicht beanspruchungs-, funktions- und verarbeitungsgerecht, können schwerwiegende Schäden auftreten.

Nach DIN 50 900 Teil 1 haben Korrosionsschutzmaßnahmen zum Ziel, Korrosionsschäden zu vermeiden:

a) durch Beeinflussung der Eigenschaften der Reaktionspartner und/oder durch Änderung der Reaktionsbedingungen,
b) durch Trennung des metallischen Werkstoffs vom korrosiven Medium mittels aufgebrachter Schutzschichten sowie
c) durch elektrochemische Maßnahmen.

Unabdingbar für alle Korrosionsschutzmaßnahmen, daß heißt für eine beanspruchungsgerechte Auswahl der zu verwendenden Werkstoffe, Werkstoffkombinationen und Fertigungsverfahren ist die Betrachtung und Berücksichtigung des vorliegenden Korrosionssystems. Dieses besteht nach DIN 50 900 Teil 1: „Aus dem metallischen Werkstoff, dem Korrosionsmedium und allen zugehörigen Phasen, deren chemische und physikalische Variante die Korrosion beeinflussen" [1].

Überraschend und ernüchternd ist die Feststellung, daß die jährlichen Verluste durch Korrosionsschäden, die der Volkswirtschaft hochtechnisierter Länder über Jahre entstanden, bei jährlich rund 3,5 % des Bruttosozialprodukts liegen [2, 3, 4]. Für die Chemische Industrie liegt der Anteil der Korrosionskosten bei ca. 4 % des Umsatzes, sie beanspruchen rund 50 % der Instandhaltungskosten beziehungsweise 1,5 % des Wiederbeschaffungswertes [5].

---

[1]) Ing. Dieter Kuron, Bonn

Auch eine Verteilung der Schäden auf die einzelnen Korrosionsarten ist über die Jahre fast konstant (Bilder 1 und 2). Weiter zu berücksichtigen ist, daß sich die Korrosionskosten in Schutzkosten, Schadenskosten und Versicherungskosten aufteilen, wie in Bild 3 dargestellt.

In der 1. Auflage dieses Handbuchs wurde im Kapitel 6 ausführlich über Korrosionsschutzmaßnahmen berichtet. Aus diesem Grunde befaßt sich vorliegender Beitrag mit der Fortentwicklung dieser Maßnahmen und berichtet ausschließlich über neue Erkenntnisse.

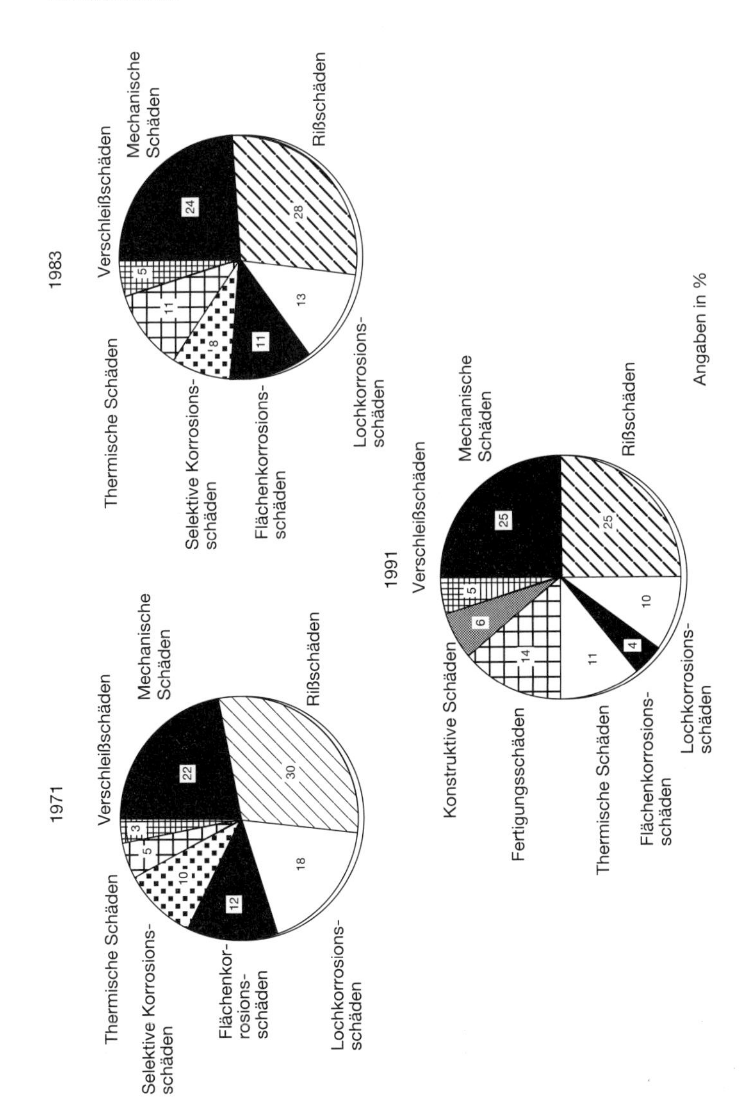

Bild 1: Korrosionsschäden pro Jahr in der Chemischen Industrie

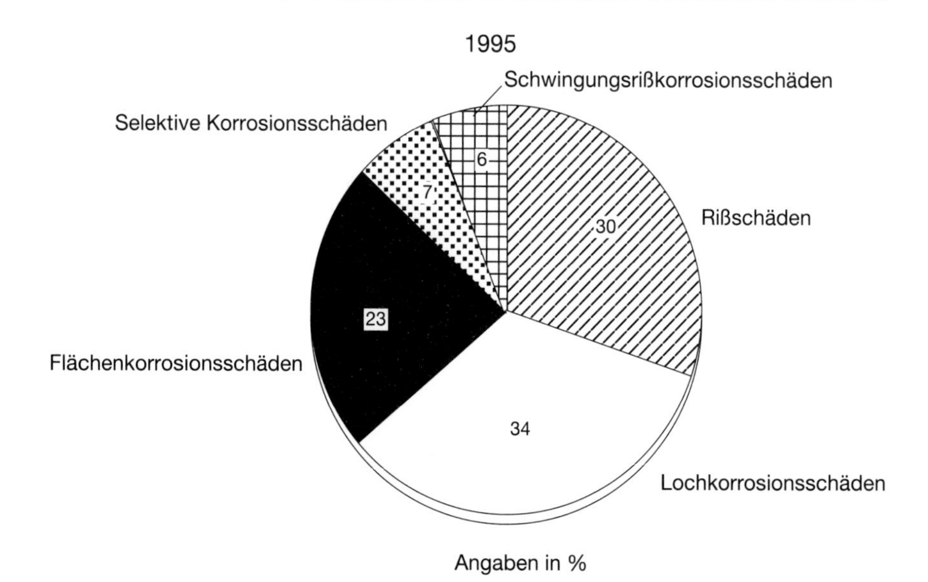

Bild 2: Korrosionsschäden pro Jahr an Wärmeaustauschern aus nichtrostendem Stahl in der Chemischen Industrie

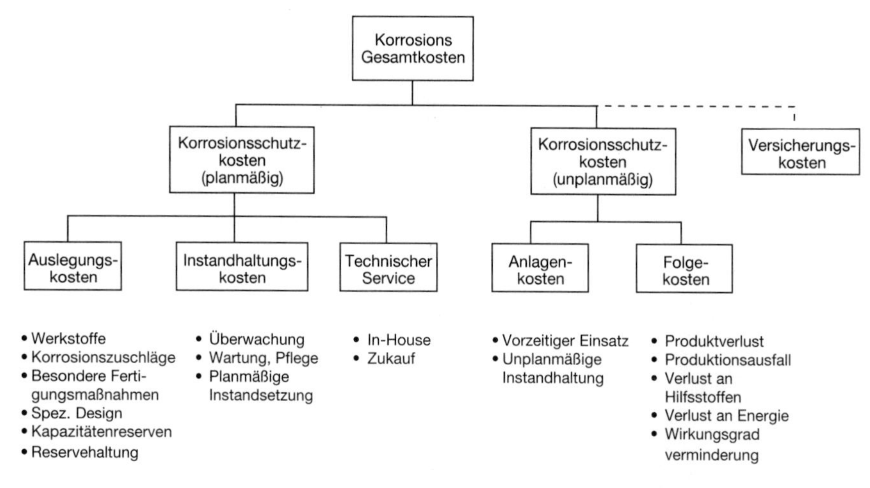

Bild 3: Kosten durch Korrosionsschutz und Korrosionsschäden

2 Korrosionsschutzmaßnahmen

Alle Korrosionsschutzmaßnahmen haben sich nach dem vorliegenden Korrosionssystem – Werkstoff, korrosives Medium, Betriebsbedingungen – zu richten, das mit äußerster Sorgfalt zu ermitteln ist.

Im folgenden sollen aus der Vielfalt der Korrosionsschutzmaßnahmen (Bilder 4 und 5) neben den bekannten, vor allem neue – erst in den letzten Jahren entwickelte und eingesetzte – Maßnahmen vorgestellt werden.

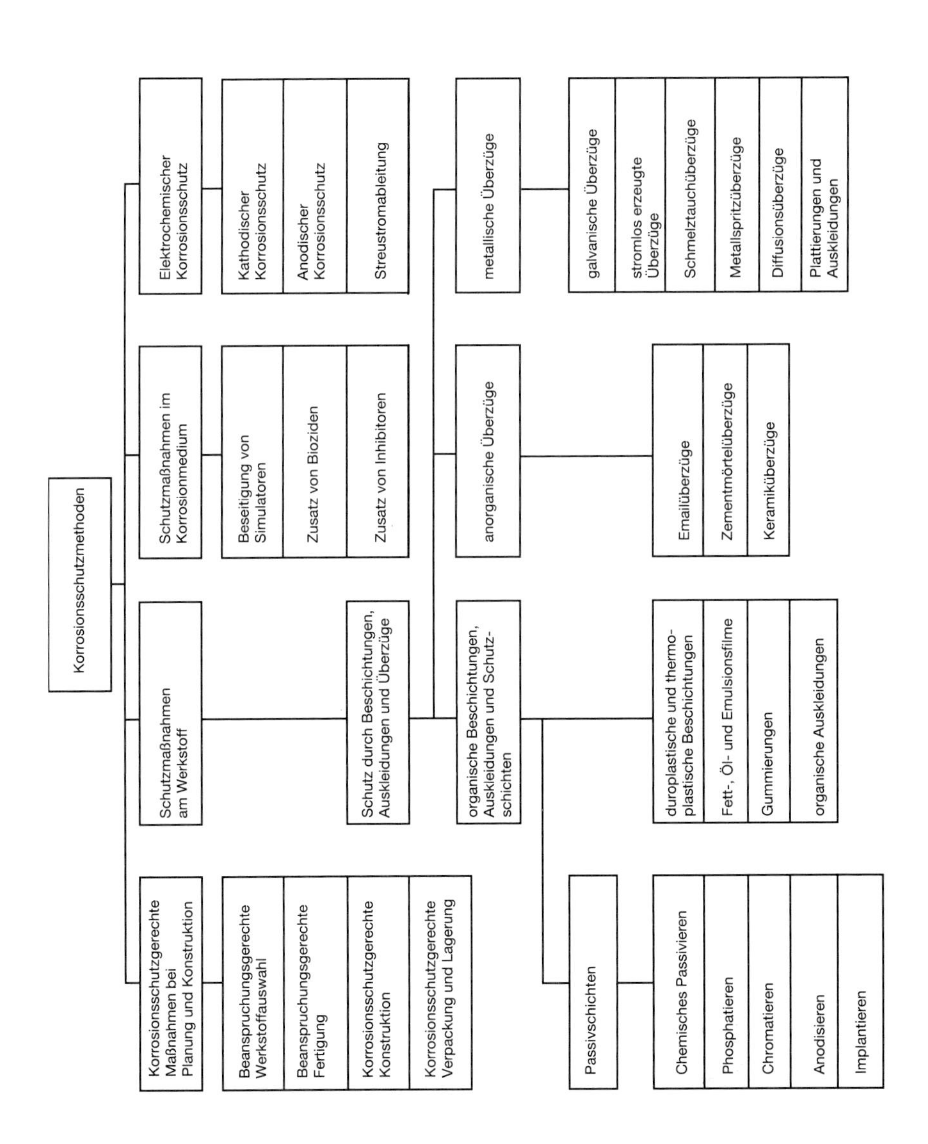

Bild 4: Übersicht über die Methoden des Korrosionsschutzes

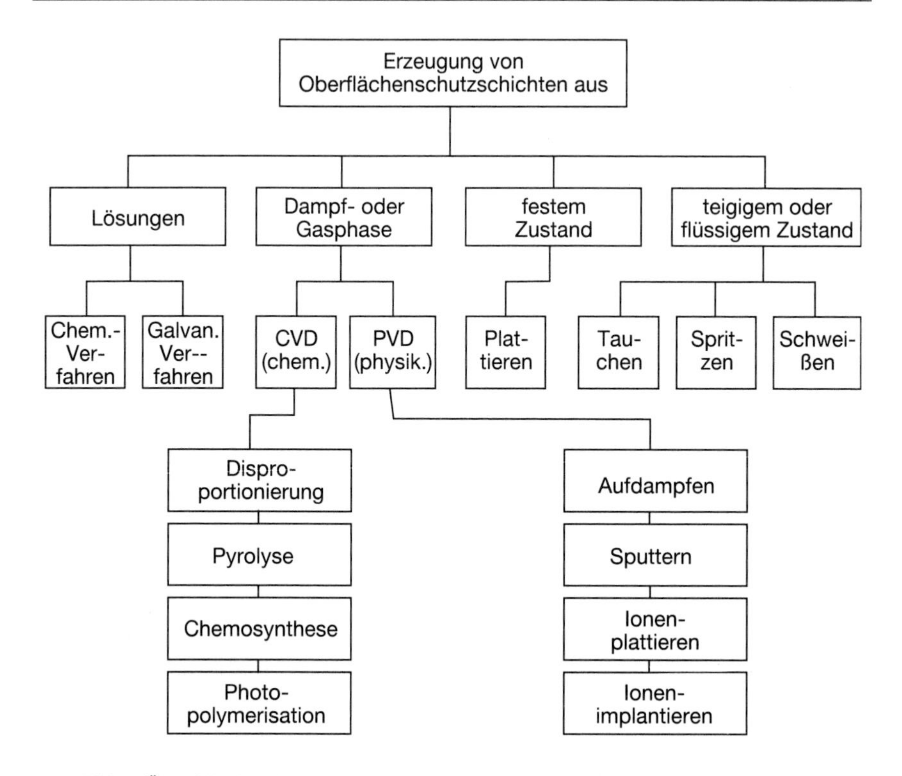

Bild 5: Übersicht über Herstellungsmethoden von metallischen Oberflächenschutzschichten

2.1 Werkstoffe

Das Grundsystem der Werkstoffauswahl, wie es in Bild 6 skizziert ist, zeigt, daß sowohl die anwendungs- als auch die fertigungsbedingten Anforderungen erfüllt werden müssen, aber auch Normen, Verordnungen, Richtlinien, Vorschriften und Technische Regeln zu beachten und einzuhalten sind. Alle diese Faktoren haben heute eine Bedeutung erreicht, die wesentliche Auswirkungen auf die werkstoffliche Auslegung und Gestaltung von verfahrenstechnischen Anlagen haben. In den Bildern 7 und 8 sind die wichtigsten Gesetze, Verordnungen, Verwaltungsvorschriften, Regeln und Normen auf den Gebieten Gewerberecht und Umweltschutz zusammengestellt [6]. Darauf hinzuweisen ist, daß schon zum 1.1.1995 die Übergangsfrist zur CE-Kennzeichnung im Anlagenbau und seit dem 1.1.1996 auch die Übergangsfrist der EMV-Richtlinie abgelaufen ist [7]. Des weiteren sind auch die Pflichten aus dem WHG (§§ 19g bis 19 l) und der VAwS [8] zu berücksichtigen.

Durch umfangreiche Prüfungen und Untersuchungen im Laboratorium und im Technikum sowie durch betriebliche Erfahrungen und Schadensanalysen wurden in den letzten Jahrzehnten wertvolle Erkenntnisse und Fakten über die Korrosionsbeständigkeit technischer Werkstoffe in den unterschiedlichsten Medien und Einsatzbereichen gesammelt. In der Phase der werkstofflichen Auslegung von verfahrenstechnischen

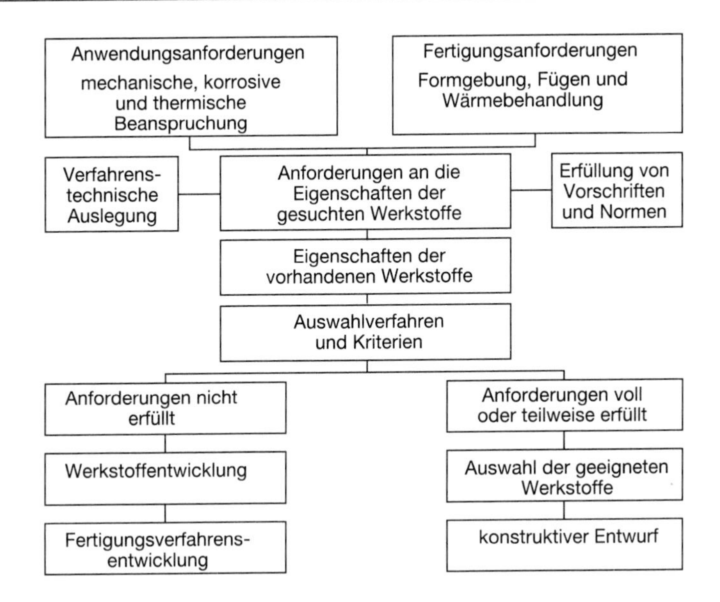

Bild 6: Grundsystem der Werkstoffwahl für Chemieapparate

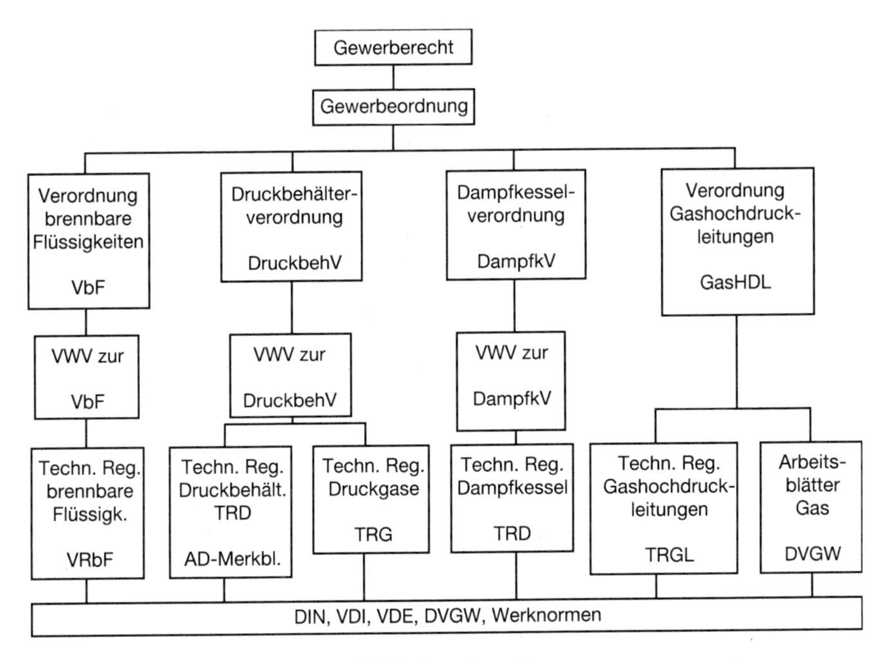

Bild 7: Gewerberecht

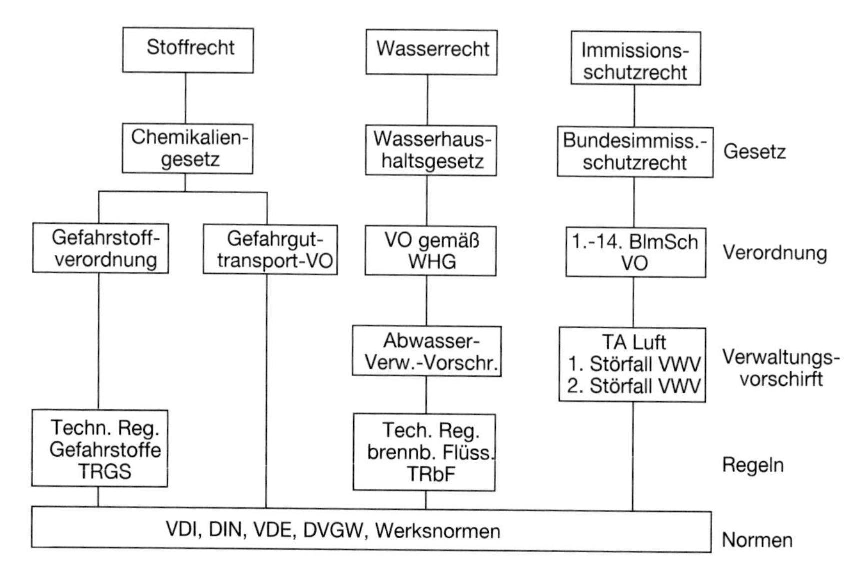

Bild 8: Umweltschutzrecht

und anderen Anlagen spielt die schnelle Verfügbarkeit von Erfahrungen und Fakten eine wichtige Rolle. Die Praxis zeigt, daß heute eine für den einzelnen nicht mehr überschaubare, breitgestreute Vielzahl publizierter Daten vorliegt. Es hat in der Vergangenheit viele Versuche gegeben (unter anderem in Tabellenwerken, ISO-Korrosionskurven, DECHEMA-Werkstofftabellen, Mannesmann ABC der Stahlkorrosion bzw. Lexikon der Korrosion) dem Werkstoffachmann diese Erfahrungen in einfach und schnell handzuhabender Form zur Verfügung zu stellen. Mit dem Einzug der Datenverarbeitung in das technische Leben sind vielerorts Datenbanken und wissensbasierte Systeme (Expertensysteme) entstanden, deren Nutzen umstritten ist [9, 10, 11]. Innerhalb des vom BMFT geförderten Forschungs- und Entwicklungsprogramms Korrosion/Korrosionsschutz (FE-KKs) ist das Korrosionsinformationssystem CORIS entstanden [3,12,13,14], das unter einer intelligenten Oberfläche unter Einbeziehung neuronaler Netze [15] neben einer Korrosionsdatenbank [16], eine Werkstoffdatenbank [17], Stoffdatenbank [18], Literaturdatenbank [19] und zwei wissensbasierte Systeme (Werkstoffauswahl für Schwefelsäurebeanspruchung und Lochkorrosion austenitischer Stähle) verwaltet [20, 21]. (Ansprechpartner für CORIS ist: DECHEMA e.V. Postfach 15 01 04, 60061 Frankfurt/Main).

Im Rahmen der Harmonisierung der nationalen Normen der Mitgliedstaaten der EU hinsichtlich metallischer Werkstoffe wurden und werden im Europäischen Komitee für Normung (CEN) Europäische Normen (EN) erstellt, die dann für alle Mitgliedstaaten verbindlich sind. Auf dem Stahlsektor ist diese Normung am weitesten fortgeschritten. Leider wurde bei dieser Gelegenheit versäumt, die Palette der Werkstoffe zu verringern.

Für den Sektor Stahl wurden folgende Europäische Normen geschaffen, in welche folgende deutsche Normen und Werkstoffblätter aufgehen [22]:

Neu	Alt
DIN EN 10 025 Allgemeine Baustähle	DIN 17 100
DIN EN 10 028 Flacherz. Druckbeh.	DIN 17 102, 17 155, 17 280, SEW 083
DIN EN 10 083 Verg.-Stähle Edelstahl	DIN 17 200
DIN EN 10 084 Einsatz-Stähle	DIN 17 210
DIN EN 10 088 Nichtrostende Stähle	DIN 17 440, 17441, SEW 470
DIN EN 10 111 Weiche Stähle	DIN 1614
DIN EN 10 113 Schweißb. Feinkorn-Stähle	DIN 17 102, SEW 083
DIN EN 10 137 Verg. schweißbare Stähle	
DIN EN 10 149 Kaltumform-Stähle	SEW 092
DIN EN 10 155 Wetterfeste Stähle	SEW 087
DIN EN 10 207 Einf. Druckbeh.-Stähle	
DIN EN 10 208 Geschweißte Stahlrohre	DIN 17 172
DIN EN 10 225 Offshore-Stähle	

Auch die Normbezeichnungen wurden geändert. Einige wenige Beispiele:

Neu DIN EN	Alt DIN/SEW
S235JR	St 37-2
S275JR	St 44-2
S295	St 50-2
S235J2W	W TSt 37-3
P235GH	H I
14CrMo4-5	13 CrMo 4 4
P275N/S275N	StE 285
P355N/S355N	StE 355
C22E	Ck 22
C22	C 22
X6Cr13	X6 Cr 13
X12Cr13	X10 Cr 13
X4CrNi18-10	X5 CrNi 18 10
X2CrNiMo18-14-3	X2 CrNiMo 18 14 3
X2CrNiMoN22-5-3	X2 CrNiMoN 22 5 3

Für Aluminium und Aluminiumlegierungen sind bisher folgende Europäische Normen erschienen: DIN EN 485 (DIN 1745, 1783, 1784, 1788, 59 600), DIN EN 486 (DIN -), DIN EN 487 (DIN -), DIN EN 515 (DIN 17 007), DIN EN 570 (DIN 59 604), DIN EN 573 (DIN 1700, 1712, 1725, 1732, 8513, 17 007), DIN EN 586 (DIN 1749), DIN EN 601 (DIN -), DIN EN 602 (DIN -), DIN EN 23 134 (DIN 17 600) [23].

Die Europäische Normung von Kupfer und Kupferlegierungen liegt in den Händen des Technischen Komitees TC 133. In TC 133 arbeiten elf Arbeitsgruppen. Soweit bekannt, gibt es bisher nur Normentwürfe [24].

2.1.1 Stähle und NE-Werkstoffe

In Bild 9 ist eine Aufstellung der in der Chemietechnik angewendeten metallischen Werkstoffe wiedergegeben. Eine Verteilung der einzelnen Werkstoffgruppen hinsichtlich ihrer Anwendung im Druckbehälterbau der BASF AG gibt Bild 10 wieder [25].

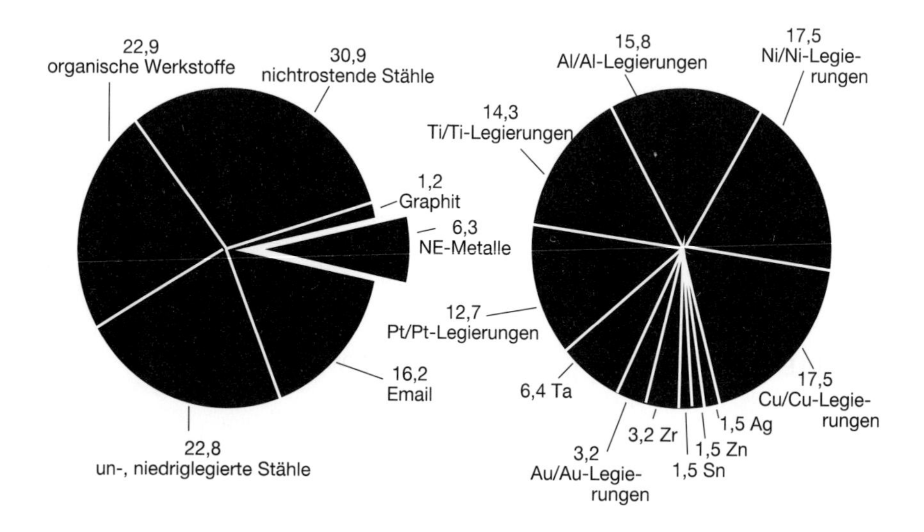

Bild 9: Eingesetzte metallische Werkstoffe in der Chemietechnik

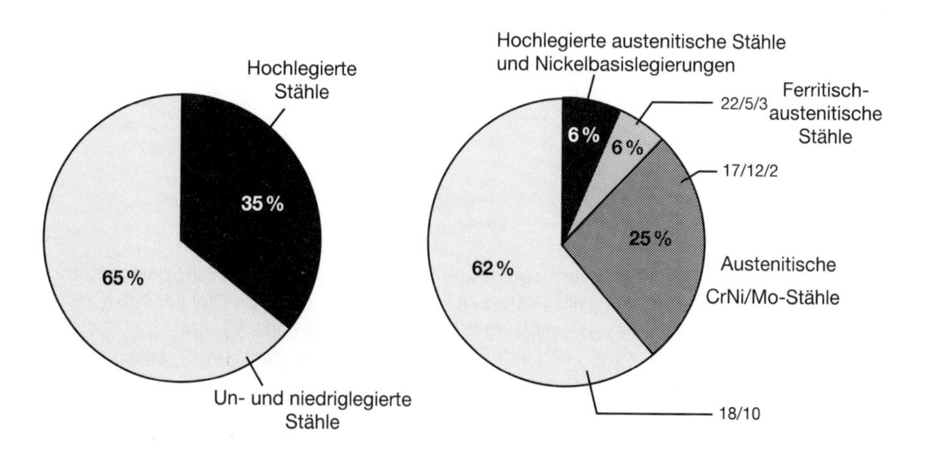

Bild 10: Eingesetzte metallische Werkstoffe für den Druckbehälterbau (BASF AG)

2.1.1.1 Stähle

Unlegierte und niedriglegierte Stähle

Un- und niedriglegierte Stähle werden in der Chemietechnik immer dann eingesetzt, wenn das Korrosionssystem es zuläßt. Liegen keine wesentlichen korrosiven Beanspruchungen vor (z. B. neutrale wäßrige Medien), können diese Stähle ohne oder mit einer Korrosionsschutzmaßnahme (Überzug, Beschichtung, Inhibition, elektrochemischer Schutz) vorteilhaft eingesetzt werden (s. Bild 10).

Nichtrostende ferritische Stähle

In dieser Werkstoffgruppe sind ferritische Chromstähle mit 12 bis 29 Massen-% Chrom zusammengefaßt, wobei zur Verbesserung der Korrosionsbeständigkeit Molybdän (Loch-/Spaltkorrosion), Titan bzw. Niob (Interkristalline Korrosion) oder Aluminium (HT-Korrosion) zulegiert werden können. Die Stähle dieser Werkstoffgruppe sind unempfindlich gegen anodische Spannungsrißkorrosion, gegenüber atomarem Wasserstoff dagegen sehr empfindlich [26]. Der sich mit steigendem Chromgehalt einstellenden Versprödungsneigung kann durch eine Minimierung des Kohlen- und Stickstoffgehaltes begegnet werden. Durch ungeeignete Wärmebeeinflussung kann die Korrosionsbeständigkeit beeinträchtigt werden. Die Schweißbarkeit und Bearbeitbarkeit der nichtrostenden ferritischen Stähle sind als gut zu bezeichnen. Der Superferrit 1.4592 (X1CrMoTi29-4) besitzt den bisher höchsten bekannten Chromgehalt in dieser Werkstoffgruppe.

Nichtrostende austenitische Stähle

Die Neuentwicklung nichtrostender austenitischer Stähle über die Standardstähle hinaus, oft durch die Industrie angeregt und begleitet, hat in den letzten Jahren zu einer Reihe von neuen Werkstoffen geführt, die ganz spezielle Anforderungen erfüllen. Zur Optimierung der Zusammensetzung der Stähle wurden unter anderem mathematische Verfahren und elektrochemische Untersuchungen herangezogen. Die Verbesserung der mechanischen und der Korrosionseigenschaften konnte im wesentlichen durch Erhöhung der Gehalte an Chrom bis 33 Massen-%, Molybdän bis 9 Massen-% und Stickstoff bis 0,9 Massen-% erreicht werden.

Zu erwähnen sind einmal die Mangan-legierten Austenite 1.4565 (X2CrNiMnMoNbN 25-18-5-4) sowie Remanit 4565 S (X2CrNiMnMoN24-17-6-4), die Molybdän-legierten Stähle 1.4529 (X1NiCrMoCuN25-20-7) und Avesta 654 SMO (CrNiMo 24-22-7) sowie 1.4562 (X1NiCrMoCu32-28-7), der hoch Chrom- und Nickel-legierte Austenit 1.4591 (X1CrNiMoCuN33-32-1) und zum andern der Silicium-legierte Stahl 1.4390 (X1NiCrSi24-9-7).

Auf dem Gebiet der verschleiß- und korrosionsbeständigen Werkstoffe gibt es neben den bekannten Kobaltbasislegierungen nun die neue Legierung 2.4681 – alloy Ultimet (CoCr 26 Ni 9 Mo 5 W).

Neben den bekannten hochwarmfesten Werkstoffen 1.4845 (X12CrNi25-21), 1.4893 (X8CrNiSiN21-11), 1.4877 (X5NiCrNbCe32-27 – alloy AC 66), 1.4959 (X8NiCrAlTi32-21

– alloy 800 HT), 1.4958 (X5NiCrAlTi31-20 – alloy 800 H), 2.4665 (NiCr 22 Fe 18 Mo – alloy X), 2.4608 (NiCr 26 MoW – alloy 333), 2.4816 (NiCr 15 Fe – alloy 600 H), 2.4851 (NiCr 23 Fe – alloy 601 H), 2.4889 (NiCr 28 FeSiCe – alloy 45 TM, werden auch die Legierungen Haynes alloy HR-120, eine Nickelbasislegierung mit 25 Massen-% Cr, 3 Massen-% Co, 2,5 Massen-% Mo und W sowie Haynes alloy 556, eine Lanthanlegierte Eisenbasislegierung mit 22 Massen-% Cr, 20 Massen-% Ni, 18 Massen-% Co und 3 Massen-% Mo und W eingesetzt.

Die Mehrzahl der neuen Werkstoffe aus nichtrostenden Stählen wurde auf eine ausgezeichnete Korrosionsbeständigkeit gegen Mineralsäuren konzipiert, wobei in der Regel auch eine hohe Beständigkeit gegen chloridinduzierte Loch- und Spannungsrißkorrosion angestrebt wurde. Die verkaufsfördernde Herausstellung der Wirksumme ist sachlich nicht zu begründen, da die Wirksumme nur in einem eng begrenzten Bereich eine Vergleichsgröße, aber keine zugesicherte und gewährleistete Kenngröße ist. Die Wirksumme ist eine Zahl, die den Gehalt an Chrom, Molybdän und Stickstoff in der Legierung unter Berücksichtigung unterschiedlicher Multiplikatoren für die Legierungselemente widerspiegelt aber nichts über das Verhalten der Legierung in dem in der Praxis vorliegenden Korrosionssystem besagt und damit nicht aussagefähig, also überflüssig ist [27].

An einem anderen Beispiel soll gezeigt werden, daß Normen und Regeln in der Praxis manchmal das Gegenteil des Geforderten bewirken. Der Werkstoff 1.4958 (alloy 800 H) zeigt, wenn er entsprechend dem Regelwerk behandelt wird, im empfohlenen Einsatzgebiet (Temperaturbereich 600 bis 800 °C) Rißbildung, die auf Relaxations- und Ausscheidungsvorgänge zurückgeführt wird [28]. Eine abschließende Wärmebehandlung im Bereich der Weichglühtemperaturen kann dieses Problem lösen. Eine Überarbeitung des Regelwerks (VdTÜV-Werkstoffblätter) ist zu empfehlen [25,28].

Ein weiteres Beispiel soll verdeutlichen, daß langjährige Praxiserfahrungen und Lehrmeinungen zum Teil korrigiert werden müssen. Im mehrjährigen Einsatz der unstabilisierten aber auch der stabilisierten Standardaustenite im Temperaturbereich um 300 °C in Kernkraftwerkswässern wurden IK-induzierte Rißschäden durch eine Langzeitsensibilisierung nachgewiesen. Bisher war man davon ausgegangen, daß erst ab 400 °C Karbidausscheidungen möglich sind.

Eine Konsequenz aus diesem Befund ist, daß die nach dem IK-Test nach DIN 50 914 aufgestellten „Kornzerfallsdiagramme" für nichtstabilisierte nichtrostende Stähle nur noch eingeschränkt angewendet werden können [29].

Als sich zu Beginn der 90er Jahre die Korrosionsschäden an den Korrosionsschutzsystemen – Beschichtungen und Gummierungen – der in den 80er Jahren gebauten Rauchgasentschwefelungsanlagen häuften und Schadenssummen von über 100 Mio. DM genannt wurden, konnten durch Schadensanalysen die Ursachen festgestellt und Abhilfemaßnahmen vorgeschlagen werden. Die Vorschläge beinhalteten:

- Wahl anderer Beschichtungssysteme bzw. Gummierungen mit Wärmedämmung der Apparate von außen und
- Bau der Anlagen (Absorber, Rohrleitungen usw.) aus hochlegierten austenitischen Werkstoffen wie 1.4529, 1.4562, 2.4856, 2.4819 oder 2.5605 aus Vollmaterial oder plattiert.

Besonders empfohlen wurde der Werkstoff 2.5605 (alloy 59) [30].

Insbesondere im Umweltschutz gewinnen die hochlegierten Werkstoffe zunehmend an Bedeutung [31, 32]. Eine wirkungsvolle Methode, Sonderabfälle zu zerstören, ist die Oxidation in überkritischem Wasser. Eines der Hauptprobleme dieser Technologie ist die nicht ausreichende Korrosionsbeständigkeit der Werkstoffe für den Reaktor. Bei den Versuchen wurden bisher keine geeigneten Werkstoffe gefunden [33]. Dies wäre nicht das erste Verfahren, das am Werkstoffproblem scheiterte.

Nichtrostende martensitische Stähle

Die Anwendung der martensitischen Stähle in der Praxis ist wenigen Bereichen vorbehalten. Ein Bereich befaßt sich mit Verdichtern sowie Gas- und Dampfturbinen. Die Schaufeln dieser Anlagenteile wurden traditionell aus 12 bis 13 Massen-%igen Chromstählen gefertigt. Aussichtsreich erschien die Verwendung höherlegierterer und höherfesterer martensitischer CrNi-Stähle mit niedrigem Kohlenstoffgehalt. Untersuchungen insbesondere hinsichtlich der Spannungsrißkorrosionsbeständigkeit dieser Werkstoffe zeigten, daß in Abhängigkeit von der Wärmebehandlung die Stähle X5CrNiCuNb15-6-1 und 1.4548 (X5CrNiCuNb17-4-4 PH) zu verwenden sind. Die anderen geprüften Werkstoffe zeigten Spannungsrißkorrosion, die wahrscheinlich Wasserstoff-induziert ist [34].

Nichtrostende ferritisch-austenitische Stähle

In die europäische Normen sind fünf Stähle aufgenommen worden: 1.6362 (X2CrNiN23-4) 1.4462 (X2CrNiMoN22-5-3), 1.4507 (X2CrNiMoCuN25-6-3), 1.4410 (X2CrNiMoN25-7-4) und 1.4501 (X2CrNiMoCuWN25-7-4). Von diesen Stählen hat der Werkstoff 1.4462 die größte Verbreitung gefunden. Noch ohne Werkstoffnummer ist der neue Super Duplex-Stahl Ferralium alloy SD40 mit 26 Cr; 6,4 Ni; 3,3 Mo; 1,6 Cu; 0,26 N und 0,03 C – Angaben in Massen-%, der bei hohen Festigkeitseigenschaften eine gute Beständigkeit gegen Verschleiß, Loch-, Spalt- und Spannungsrißkorrosion besitzen soll.

Dieser Werkstoffklasse gemeinsam sind die gegenüber austenitischen Werkstoffen höheren Festigkeitseigenschaften und eine deutlich geringere Anfälligkeit zur Chlorid-induzierten Spannungsrißkorrosion. Vergleichbar mit den nichtrostenden ferritischen Stählen sind sie anfällig zur Tieftemperatursprödigkeit und 475°-Versprödung.

Gußwerkstoffe

Die Anwendungsfelder für Gußwerkstoffe liegen einmal bei den Pumpen und zum andern bei den Armaturen. Auch hier ist, wie bei den Schmiedequalitäten, eine beachtliche Verbesserung der Korrosions- und Verschleißbeständigkeit erzielt worden. Die Rheinhütte (heute Friatec AG) und die KSB AG sind als Marktführer auf diesen Gebieten bekannt. An einigen wenigen Beispielen mit Gußwerkstoffen von KSB soll der Fortschritt auf diesem Sektor dokumentiert werden. Bei den ferritischen Qualitäten ist es der NORIHARD NH 15 3 (G-X250CrMo15-3) und der NORILOY NL 25 2 (G-X170CrMo25-

2), bei den austenitischen Qualitäten der Spezialstahlguß 9.4539 (G-X3NiCrMoCuN25-20-5) und der NORICID – 9.4306 – (G-X3CrNiSiN20-13) sowie bei den ferritisch-austenitischen Qualitäten der gut bekannte NORIDUR – 9.4460 – (G-X3CrNiMoCu24-6) und der NORICLOR NC 24 6 (G-XCrNiMoCuN24-6-5).

Für alle zur anodischen Spannungsrißkorrosion empfindlichen Werkstoffe bewirkt, wie Praxisversuche über fünf Jahre zeigten, die sach- und fachgerecht durchgeführte Kugelstrahlbehandlung der Werkstoffoberfläche einen guten temporären Schutz gegen Spannungsrißkorrosionsschäden. Die in die Werkstoffoberfläche eingebrachte Druckvorspannung erhält ihre Wirksamkeit länger als vermutet, wenn diese Zone nicht durch abtragende Korrosion vermindert wird [35].

Eine Gemeinschaftsuntersuchung des Max-Planck-Institutes für Eisenforschung, des Mannesmann Forschungs-Institutes, der BASF AG, der Bayer AG und des VDEh zum Thema „Einfluß der Anlauffarben bei Chrom-Nickel-Stählen in neutralen Wässern auf die Lochkorrosion" hat eindeutig gezeigt, daß Anlauffarben unabhängig von der Farbe schädlich sind. In einem Kreis von Fachleuten wurde ohne Ergebnis diskutiert, ob diese Anlauffarben zwingend entfernt werden müssen [36, 37]. Auf der sicheren Seite steht man, wenn durch eine passivierende Beizbehandlung mit Chlorid-freien Beizmitteln die Anlauffarben beseitigt werden.

Die Chemische Industrie verfolgt zur Zeit den Einstieg in den Bau von Mehrproduktanlagen. Dies besagt, daß in einer Anlage, je nach Nachfrage, mehrere Produkte gefertigt werden können. Dazu benötigt man keine großen Mengen auf spezielle Beanspruchung hin entwickelter Spezialwerkstoffe, sondern kleine Mengen einer überschaubaren Anzahl von Werkstoffen mit Breitbandanwendung, also Multifunktionsstähle. Das sich zwischen Stahlerzeugern und Abnehmern anbahnende Problem wird ein Mengen- und Kostenproblem sein. Auf der einen Seite bemühen sich die Stahlwerke aus Kostengründen immer größere Partien (hohe Coilgewichte) nach dem neuesten Stand der Technik (Sekundärmetallurgie nach dem AOD- und VOD-Verfahren, großtechnische Einführung der Stranggießtechnik, endabmessungsnahes Gießen) kostengünstig zu fertigen. Auf der anderen Seite verlangen die Abnehmer vergleichsweise geringe Mengen an Multifunktionsstählen. Unter Berücksichtigung dieser sich abzeichnenden Entwicklung scheint eine enge Zusammenarbeit zwischen den Herstellern und Anwendern auch im Hinblick auf eine Risikoentlastung bedeutsam [25, 43].

2.1.1.2 NE-Werkstoffe

Nickel und Nickel(basis)legierungen

Zu dieser Werkstoffgruppe gehört einmal das Reinnickel, das als LC-Nickel (2.4066 – Nickel 201) in verfahrenstechnischen Anlagen (Kunstfasern, Nahrungsmittel, Ätzalkali) eingesetzt wird. Es ist darauf hinzuweisen, daß Nickel bei erhöhten Temperaturen (> 400 °C) empfindlich gegen Schwefel und Schwefelverbindungen reagiert.

Zu den NiCu-Legierungen zählen das NiCu 30 Fe (2.4360), LC-NiCu 30 Fe (2.4361) und das NiCu 30 Al (2.4375), die eine gute Korrosionsbeständigkeit in Meer- und Brackwasser, Flußsäure sowie trockenem Brom besitzen.

Die Palette der NiCr-, NiCrFe-, NiMo- und NiCrMo-Legierungen beinhaltet einmal bekannte und bewährte Werkstoffe wie alloy 600 (NiCr 15 Fe - 2.4816), alloy 601 (NiCr 23 Fe – 2.4851), alloy 625 (NiCr 22 Mo 9 Nb – 2.4856), alloy 617 (NiCr 23 Co 12 Mo – 2.4663), alloy 825 (NiCr 21 Mo – 2.4858) alloy 75 (NiCr 20 Ti – 2.4951) alloy 80 A (NiCr 20 TiAl), alloy C-4 (NiMo 16 Cr 16 Ti – 2.4610), alloy B-2 (NiMo 28 – 2.24617) und ist um die Werkstoffe alloy 686 (NiCr 23 Mo 17 W), alloy D-205 (NiCr 20 Mo 2 Si 5 Cu – 2.4602), alloy 22 (NiCr 21 Mo 14 W – 2.4602), alloy 622 –), alloy 59 bzw. alloy C-2000 (NiCr 23 Mo 16 Al – 2.4605), und alloy B-3 (NiMo 29 Cr) erweitert worden.

Kupfer und Kupfer(basis)legierungen

Im chemischen Apparatebau finden Reinkupfer (SF-Kupfer – 2.0090), CuZn-Legierungen (z. B. CuZn 30 - 2.0265, CuZn 20 AL – 2.0460) und die CuNi-Legierungen (CuNi 10 Fe – 2.0872 bzw. CuNi 30 Fe – 2.0882) als Rohre und Böden für Wärmeaustauscher Anwendung. CuAl-Legierungen (CuAl5 – 2.0916; CuAl8 – 2.0920) finden zusätzlich noch in der Meerestechnik Anwendung und sollen auf diesem Gebiet dem Reinkupfer überlegen sein.

Aluminium und Aluminium(basis)legierungen

Die beste Korrosionsbeständigkeit in dieser Gruppe besitzen das Reinst- und Reinaluminium (Al99,99 – 3.0400; Al99,9 – 3.0300; Al99,5 – 3.0250). Werden höhere Festigkeitseigenschaften gefordert, kommen die AlMg-Legierungen zum Einsatz (AlMg3 – 3.3535; AlMg5 - 3.3555; AlMg4,5Mn - 3.3547; AlMgSiO,5 - 3.3206). Die Legierungen AlMg4,5Mn und AlMgSiO,5 zeigten die höchste Korrosionsbeständigkeit im Meerwasser [3].

Sondermetalle Ti, Zr, Nb, Ta und ihre Legierungen

Im chemischen Apparatebau kommen neben den Nickellegierungen in zunehmendem Maße auch die Sondermetalle zum Einsatz. Die refraktären Metalle der IV. und V. Nebengruppe des Periodensystems zeichnen sich durch eine herausragende Korrosionsbeständigkeit gegen zahlreiche hochkorrosive Medien auch bei erhöhten Temperaturen und Drücken aus [38, 39, 40]. Die hohe Affinität zum Sauerstoff bedingt eine spontane Ausbildung der schützenden Oxidschicht. Die ebenfalls vorhandene hohe Affinität zum Wasserstoff bewirkt eine große Empfindlichkeit zur Versprödung. In Flußsäure versagen alle Sondermetalle. Die Korrosionsbeständigkeit der Sondermetalle in ausgewählten Angriffsmitteln zeigen die Tafeln 1 und 2. Insbesondere beim Tantal können durch Legierungen mit Niob bei fast gleicher Korrosionsbeständigkeit Kosten gespart werden (TaNb 25, TaNb 40, TaNb 50). Interessant ist ein Preisvergleich dieser Werkstoffe, angewendet als Verbundwerkstoffe (Tafel 3).

2.2 Medium

In der Praxis der Chemietechnik kann nur in wenigen Fällen (Wasser/Abwasser, Beizen) durch den Einsatz von Inhibitoren ein Korrosionsschutz bewirkt werden. Das

Tafel 1: Korrosionsverhalten von Sondermetallen in ausgewählten Medien

	Abtragungsrate in mm/a				
	Konzentration Massen-%	Temp. °C	Ti	Ta	Zr
Chlor, feucht		75	< 0,05	< 0,001	unbeständig
Salzsäure (belüftet)	15	35	2,4	< 0,001	< 0,08
	37	35	15,0	< 0,001	< 0,08
	37	110	unbeständig	< 0,05	unbeständig
Schwefelsäure (belüftet)	10	35	1,2	< 0,001	< 0,05
	40	35	8,5	< 0,001	< 0 05
Salpetersäure rot, rauchend		siedend	luftentzündl.	< 0,001	luftentzündl. (SpRK)
Flußsäure	3	100	unbeständig	unbeständig	unbeständig
Natronlauge	10	100	< 0,05	1,0	< 0,05
	40	80	< 0,1	unbeständig	< 0,05

Tafel 2: Korrosionsverhalten von Sondermetallen in ausgewählten Medien

Medium	Konz. in Massen-%	Temp. in °C	Massenverlustrate in g/m² · d		
			TI	Zr	Hf
HCl	10	75	u. b.	0	0,03
H_2SO_4	10	75	u. b.	0,03	0,05
KOH	10	20	0,0012	0,0014	< 0,001
KOH	10	100	0,16	< 0,001	≈ 0
NaOH	40	80	< 0,08	< 0,05	

Tafel 3: Preisvergleich verschiedener Verbundwerkstoffe

Werkstoff	Dichte	Blechpreis DM/kg	Faktor	Plattierungen	DM/m²	Faktor
Cu	8,9	3,40	1			
Al	2,7	4,27	1,3			
Stahl	8,0	7	2	walzplattiert	936	1
1.4571				sprengplattiert 3mm	1.910	2
Ti	4,5	75	22	sprengplattiert 3mm	2.890	3
Ti Pd	4,6	120	35	sprengplattiert 3mm	3.520	3,8

Tafel 3: Preisvergleich verschiedener Verbundwerkstoffe (Fortsetzung)

Werkstoff	Dichte	Blechpreis DM/kg	Faktor	Plattierungen	DM/m²	Faktor
Zr	6,4	130	38	sprengplattiert 3mm	5.140	5,5
Nb	8,6	288	85	sprengplattiert 3 mm Cu, 1 mm Nb	6.707	7
Ta	16,6	670	197	sprengplattiert 3 mm Cu, 1 mm Ta	15.352	16,4

gleiche gilt für die Entfernung/Neutralisation von Stimulatoren (z. B. Sauerstoff). Interessant ist, daß in den letzten Jahren keine neuen gut inhibierenden Stoffklassen bekannt geworden sind. Mit bekannten Chemikalien wurden lediglich neue Mixturen kreiert, wobei man auf wirkende Synergismen setzt.

Schadensanalysen und Forschungsergebnisse haben gezeigt, daß sich an Rohrleitungen aus nichtrostenden Stählen und Kupfer durch mikrobiologischen Bewuchs Loch- und/oder Muldenkorrosion ausbilden kann [41]. Diese Schadensursache ist erst bekannt, seit es innerhalb der Schadensanalyse analytische Methoden zum Nachweis von schädigenden Mikroben gibt. Die Kühlwasserbehandlung mit Biziden ist somit auch zu einer Korrosionsschutzmaßnahme geworden [42].

3 Korrosionsschutzmaßnahmen an metallischen Werkstoffen

Alle Korrosionsschutzmaßnahmen, ob Plattierung, Auskleidung, Überzug oder Beschichtung, sollen den zu schützenden Werkstoff vom korrosiven Medium trennen, wie Bild 11 verdeutlicht. Demzufolge müssen die aufgebrachten Schutzschichten poren- und verletzungsfrei sein und eine ausreichende Korrosionsbeständigkeit im korrosiven Medium besitzen. Eine Prüfung auf Fehler wird dringend angeraten.

3.1 Plattierungen und Überzüge

Plattierungen

Auf dem Gebiet der Walzplattierung ist es heute möglich, nach dem Verfahren Voest-Alpine Stahl, Linz (Bild 12) kostengünstig Verbundwerkstoffe herzustellen. Es lassen sich, zum Teil mit einer Nickel-Zwischenschicht versehen, folgende bisher nicht walzplattierbare Auflagewerkstoffe plattieren: 1.4539, 1.4529, 2.4066, 2.4858, 2.4856, 2.4605, 24610, 2.4617, NiMo 29 Cr und Titan [44,45]. Bild 13 gibt einen Verbund von NiMo 28 mit einer Nickelzwischenschicht auf WStE 355 wieder.

Insbesondere auf dem Gebiet der Schweißplattierungen hat es in den letzten Jahren große Fortschritte gegeben. Neben den bekannten Verfahren Unterpulver(UP)-Auftragsschweißen, Elektroschlackenauftragsschweißen (RES), MIG/MAG-Auftragsschweißen, Plasmaauftragsschweißen (MIG, Pulver, Pulver/Pulver) sind als neue Verfahren das Plasma-Heißdraht-Auftragsschweißen (PHA) (Draht, Pulver/Draht, Pulver/Pulver) ohne und mit Zusatz von Hartstoffen z. B. Karbiden (Bild 14) [2, 46, 47] und das 3D-Laserauftragsschweißen [48] zu nennen. Mit dem PHA-Verfahren lassen sich vorteilhaft auch Nickellegierungen, z. B. alloy C-4, zweilagig, ohne eine wesentliche Aufmischung in der oberen Lage, auftragen [2,47]. In dem vom BMFT geförderten Forschungs- und Entwicklungsprogramm Korrosion und Korrosionsschutz (FE-KKs) konnte gezeigt werden, daß sich neben Blei und Bleilegierungen auch Titan, dies unter besonderen Bedingungen, nach dem PHA-Verfahren auftragen läßt. Versuche mit Zirconium und Tantal führten bisher zu keinem befriedigendem Ergebnis [2,49].

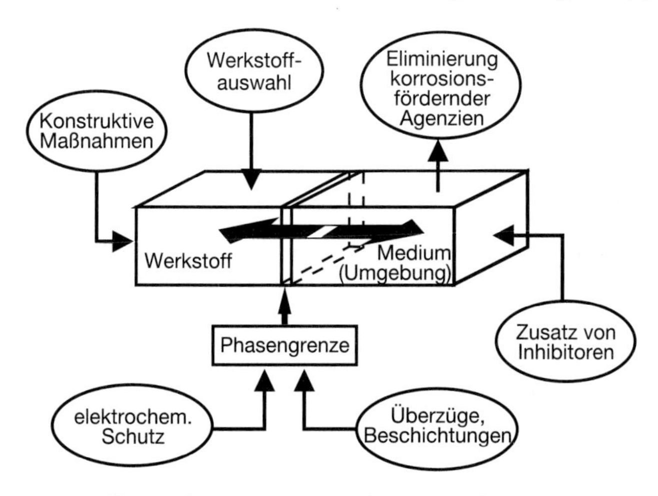

Bild 11: Wirkungsort von Korrosionsschutzmaßnahmen

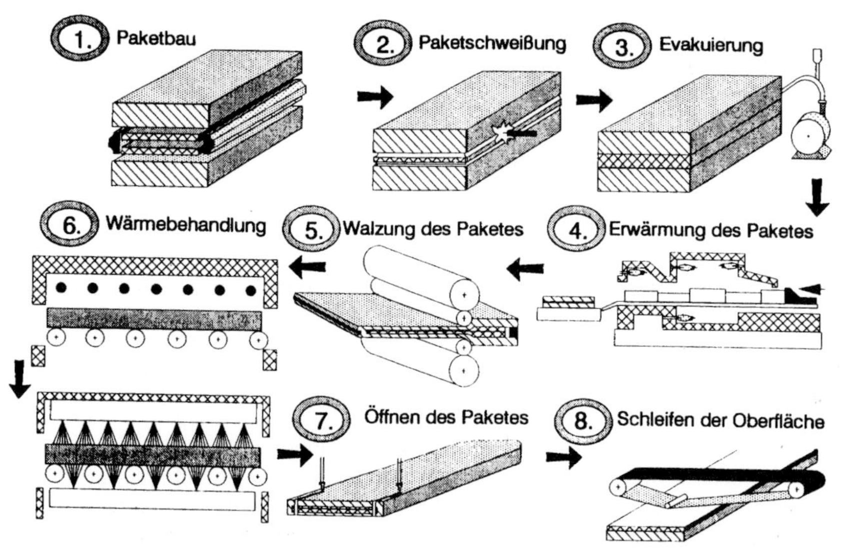

Bild 12: Voest-Alpine-Verfahren zur Herstellung von Walzplattierungen mit hochlegierten Werkstoffen und Nickelbasislegierungen

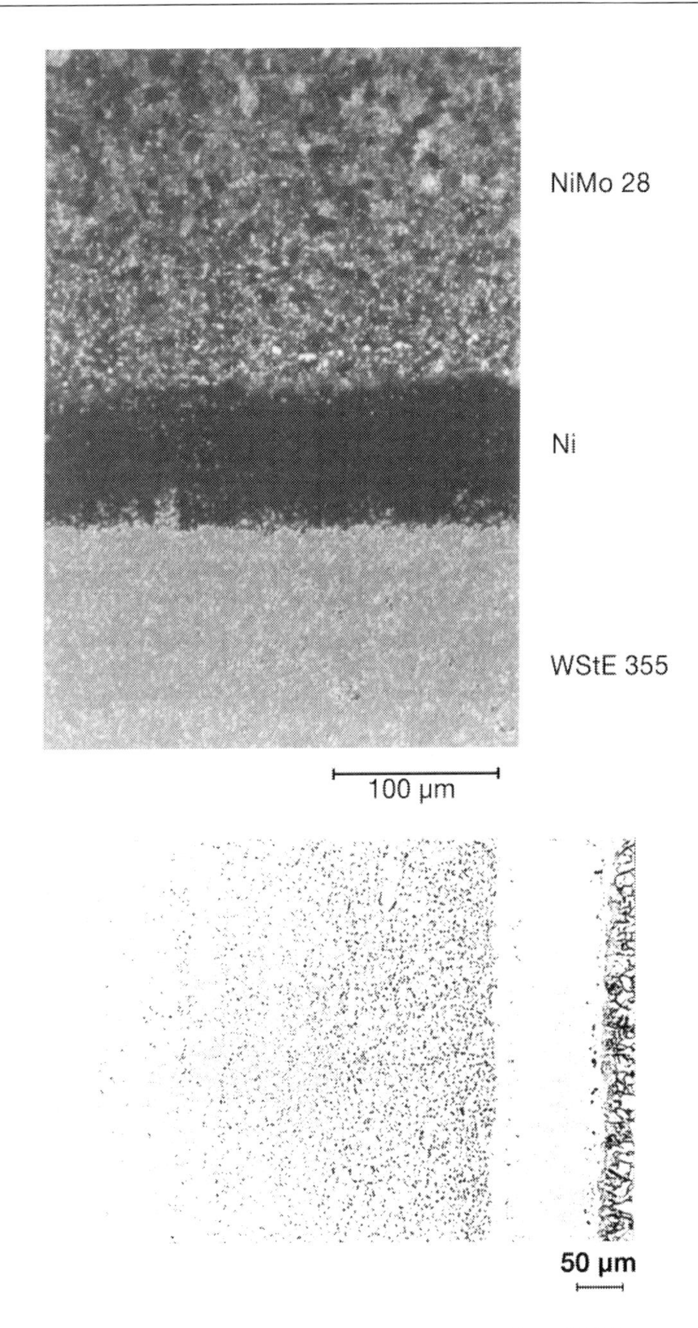

Bild 13: Walzplattierung WStE 355/NiMo 28 nach dem Voest-Alpine-Verfahren. REM-Aufnahme, Falschfarbendarstellung

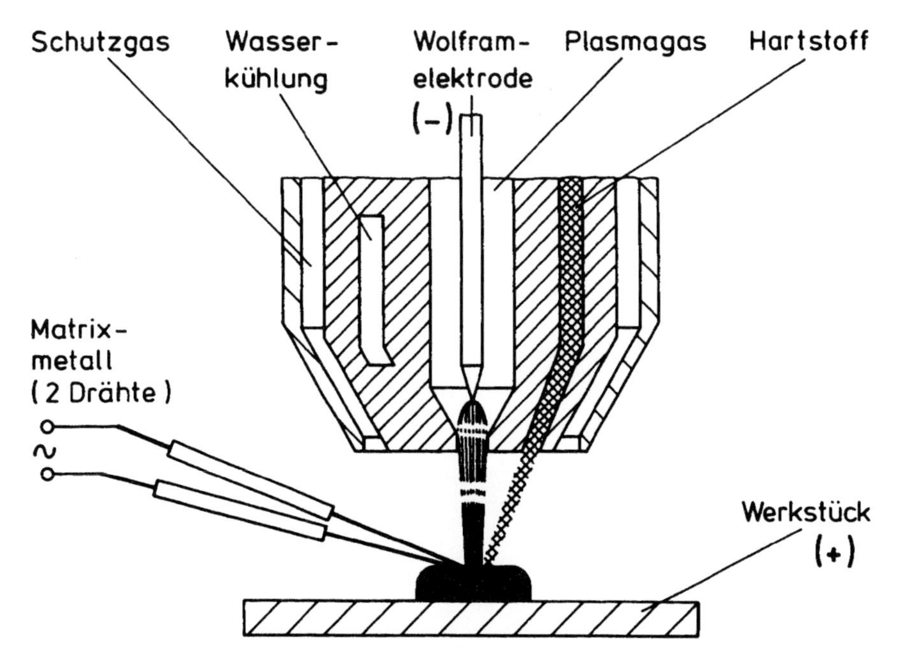

Bild 14: Plasma-Heißdraht-Auftragschweißen (PHA) – Draht/Hartstoffpulver

Überzüge

In einem weiteren Gemeinschaftsvorhaben (FE-KKs) wurde nachgewiesen, daß sich auch Nickelbasislegierungen emaillieren lassen. Diese Untersuchungen wurden durchgeführt, um in Zukunft die Sicherheit von verfahrenstechnischen Anlagen, insbesondere die von Druckbehältern, in denen hochkorrosive Medien in emaillierten Apparaten (unlegierten Stahl/Email) gehandhabt werden, zu verbessern [2, 50].

Die Palette der Herstellungsverfahren für Spritzüberzüge hat sich in den letzten Jahren erweitert. Neben den klassischen Verfahren (Lichtbogenspritzen, Flammspritzen, Flammschockspritzen, Plasmaspritzen) sind Varianten bekannter Verfahren (Lichtbogenspritzen mit geregeltem Drahtvorschub, Vakuum-Lichtbogenspritzen – z. B. Titan –, Vakuum-Plasmaspritzen, Hochfrequenzplasmaspritzen) und neue Verfahren (Laserspritzen, Schmelzbadspritzen) im Einsatz. Spritzüberzüge sind universell einsetzbar:

- Sie sind unabhängig von der Größe und Form des Bauteils,
- sind in der Werkstatt und auf der Baustelle aufbringbar,
- sie ermöglichen die Verwendung der verschiedensten Spritzwerkstoffe (Draht, Pulver, Metall, Legierung, Keramik, Hartstoff, selbstfließende Legierungen, Tafel 4),
- sie können zum Korrosions- und/oder Verschleißschutz eingesetzt werden und
- sie verursachen niedrige Herstellungskosten.

Tafel 4: Zusammensetzung unterschiedlicher Pulvertypen selbstfließender Legierungen

Pulvertyp	Anteil Massen-%	Härte HRC
Ni-Cr-Si-B	75-17-4-3,5	60
Ni-Cr-Fe-Si-B	82-10-2-2,5-2,5	57
Ni-Cr-Si-B-Fe	70-14-3,5-2,5-4	49
W-Karbid/Ni-Cr-Si-B	50-36-8,5-2-2	60 bis 75
Ni-Cr-B-Cu-Fe	62-16-4-4-24	30

Der Nachteil der Spritzüberzüge, die Porosität, kann durch Nachverdichten oder Mitverwendung selbstfließender Legierungen beseitigt werden [51,52]. Das Korrosionsverhalten solcher Überzüge in ausgewählten korrosiven Prüflösungen ist in Bild 15 wiedergegeben.

Verfahren	Pulverflammspritzen			Plasmaspritzen	
Spritzwerkstoff		gesintert	gesintert		
Beanspruchung	Ni, Al, Mo	Ni, Cr, B, Si	Ni, Cr, B, Si, WC, Co	Al_2O_3, TiO_2	ZrO_2, CaO
$CaCl_2$ T = 115 °C	nahezu kein Angriff	kein Angriff	kein Angriff	kein Angriff	kein Angriff
NaOH (50%ige) T = 25 - 90 °C	nahezu kein Angriff	kein Angriff	geringer Angriff	zunehmende Angriffsstärke mit steig. Temperatur	geringer Angriff
H_2SO_4 (96% ige) T = 25-90 °C	starker Angriff	zunehmende Angriffsstärke mit steig. Temperatur	zunehmende Angriffsstärke mit steig. Temperatur	kein Angriff	kein Angriff

Bild 15: Korrosionsverhalten von Spritzüberzügen in ausgewählten Prüflösungen

Durch die Möglichkeit der Zugabe von zum Beispiel Hartstoffen, organische Fasern oder Metalloxiden haben sich die Einsatzgebiete von elektrochemisch (galvanisch) und chemisch erzeugten Überzügen stark verbreitert. Die so erzeugten sogenannte Dispersionsüberzüge sind im Verschleiß- und/oder Korrosionsschutz heute unentbehrlich [2, 32, 51, 52]. Bei den galvanisch abgeschiedenen Überzügen besitzen die neuen ZnNi-Legierungsüberzüge gegenüber den Zn-Überzügen eine deutlich bessere Korrosionsbeständigkeit [52]. ZnCo-Legierungsüberzüge sind in der Erprobung [52]. Bei den chemisch erzeugten Überzügen hat sich herausgestellt, daß NiSnP-Überzüge eine deutlich bessere Korrosionsbeständigkeit besitzen als die NiP-Überzüge [52].

CoP-Überzüge sind in der Erprobung [52].

Die physikalisch erzeugten Überzüge durch Diffusion (Sheradisieren, Alitieren, Inchromieren, Chromaluminieren, Borieren, Silicieren, Carborieren, Nitrieren, Carbonitrieren, Nitrocarburieren), CVD, PVD (Aufdampfen, Kathodenzerstäuben = Aufsputtern, Ionenplattieren) und Ionenstrahltechniken (Ionenimplantation, Ionenstrahlmischen, ionenstrahlgestützte Technik = IBAD-Technik) finden immer mehr Eingang in die Praxis [2, 32, 51, 52]. Nach dem CVD-Verfahren abscheidbare Werkstoffe gibt Tafel 5 wieder. Die Anwendungsvielfalt für CVD-Hartstoffschichten dokumentiert Tafel 6. Eine Kombination von galvanisch erzeugten Schichten mit Schichten nach dem PVD-Verfahren hergestellt, sogenannte Hybridschichtsysteme, sollen sowohl einen guten Verschleiß- als auch Korrosionsschutz bieten [53]. Kombinationsmöglichkeiten von Verbundsystemen zeigt Bild 16.

Tafel 5: Nach dem Chemical Vapour Deposition(CVD)-Verfahren abscheidbare Werkstoffe

Metalle:	Be, Al, Ti, Nb, Ta, Cr, Mo, W, Re, V, Ni
Boride:	AlB_2, HfB_X, SiB_X, TiB_2, VB_2, ZrB_2
Carbide:	B_4C, Cr_7C_3, Cr_3C_2, HfC, Mo_2C, SiC, TiC, W_2C, VC
Nitride:	BN, HfN, Si_3N_4, TaN, VN, ZrN, TiN, $Fe_{2-3}N$, Fe_4N
Oxide:	Al_2O_3, SiO_2, SiON, SnO_2, TiO_2
Silicide:	V_3Si, MoSi
Org. Verb.:	PTFE

Metall-Matrix Keramische Matrix Glas-Matrix Zement-Matrix Kunststoff-Matrix Gummi-Matrix	Faserverbund-werkstoffe = FVBW	Orientierte Ausscheidungen Draht-Einlagerungen Glasfaser-Einlagerungen Asbestfaser-Einlagerungen C-, B-, SiC-, Al_2O_3-Faser-Einlag. Synthesefaser-Einlagerungen
Metall-Basis Glas-Basis Kunststoff-Basis Keramik-Basis	Oberflächen-schichten = OVBW	Metall-Auflage Metalloxid-Auflage, usw. Email-Auflage Kunststoff-Auflage
Metall-Schicht Kunststoff-Schicht Glas-Schicht Gummi-Schicht	Schichtver-bundwerkstoff = SVBW	Metall-Zwischenschicht Kunststoff-Zwischenschicht Keramik-Zwischenschicht Gummi-Zwischenschicht
Metall-Matrix Glas-Matrix Keramik-Matrix Kunststoff-Matrix Gummi-Matrix	Partikel- und Teilchenver-bundwerkstoffe = PVBW	Metall-Partikel Keramik-Partikel C-, SiC-, BN-Partikel Kunststoff-Partikel Oxid-Partikel

Bild 16: Kombinationsmöglichkeiten von Verbundsystemen

Tafel 6: Anwendungsbeispiele für CVD-Hartstoffschichten

Einsatzgebiet	Verschleißart der Funktionsflächen	zu beschichtendes Werkzeug/ Maschinenteil	empfohlene Überzüge			
			TiC	TiN	Cr-C	Fe_2B
Chemie	Erosion	Prallplatten	x			
	Abrieb	Schiebereinsätze	x	x	x	
	Kavitation	Wellendichtungssitze	x		x	
	Korrosion	Ventileinsätze	x	x	x	
		Düsen	x		x	
		Katalysatoren	x	x	x	
		Reaktoren	x	x	x	
		Mischerflügel	x	x	x	
		Rohre	x	x	x	
Kunststoff-Gummiverarbeitung	Erosion	Schneckenspitzen	x			x
	Abrieb	Zylinder	x			x
	Korrosion	Rückstromsperren	x		x	x
		Formwerkzeuge	x			x
		Schneidwerkzeuge (Bohrer, Stanzstempel) Fräser, Sägeblätter, Messer)	x		x	x
		Kneterteile	x		x	
		Lochplatten	x		x	x
Textilindustrie	Abrieb	Fasermesser	x			
	(Korrosion)	Fadenführungselemente	x			
		Stauchrollen	x			

Zum Gebiet des kathodischen und anodischen Korrosionsschutzes wird auf die Ausführungen in der 1. Auflage dieses Handbuches verwiesen. (s. auch Handbuch des kathodischen Korrosionsschutzes, VCH Verlagsgesellschaft, Weinheim 1989)

3.2 Auskleidungen, Gummierungen, Beschichtungen

Bild 17 zeigt in der Übersicht die verschiedenen Möglichkeiten des Korrosionsschutzes mit organischen Werkstoffen. Eine Aufteilung dieser Werkstoffe hinsichtlich der Nutzung über 20 Jahre geben die Bilder 18 und 19 wieder.

Auskleidungen

Mit verbundfesten und losen Auskleidungen können sowohl Apparate aus Stahl als auch Kunststoff (Duroplaste – GFK, Thermoplaste) ausgerüstet werden. Als Auskleidungswerkstoffe kommen in der Regel Thermoplaste (PE-HD, PP, PVC-P, PVDF, E/CTFE, FEP, PTFE), weniger Duroplaste (graphit-, glasfaser-, kohlenstoffkurzfaserhaltige

Gummierungen (Werkstatt und vor Ort)	Kunststoffauskleidungen (Werkstatt und vor Ort)	Lack-, Pulver-, Laminatbeschichtungen (Werkstatt und vor Ort)
Hartgummierungen auf Basis von Naturkautschuk / Synthesekautschuk	Kunststoffauskleidungen mit Thermoplasten / Duroplasten	Lackierungen mit thermisch härtbaren Lacken / katalytisch härtbaren Lacken
Weichgummierungen auf Basis von Naturkautschuk / Synthesekautschuk		Pulverbeschichtungen mit Thermoplasten Laminatbeschichtungen mit Duroplasten

Bild 17: Verschiedene Möglichkeiten des Korrosionsschutzes mit organischen Materialien

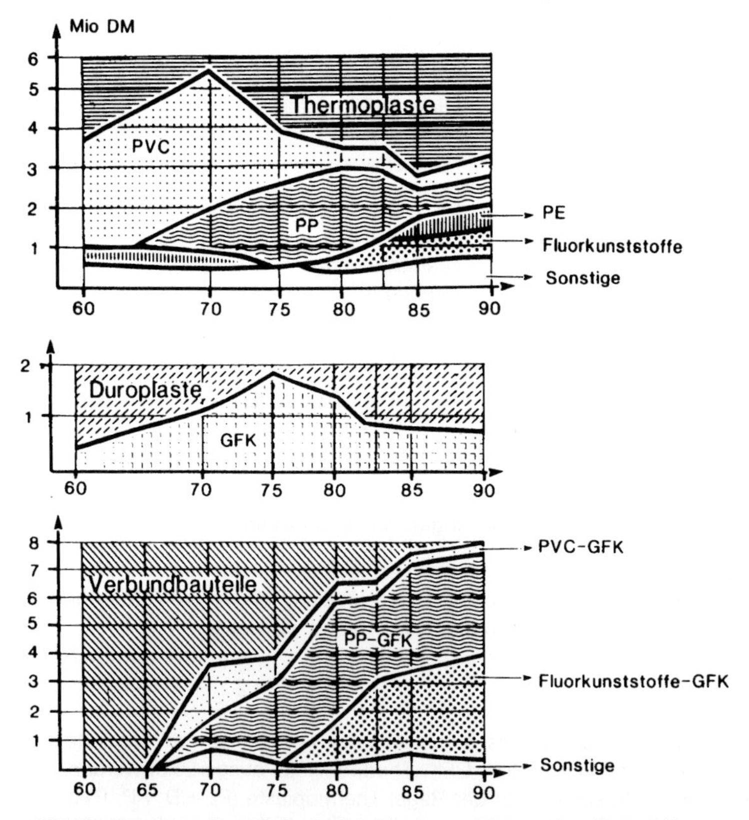

Bild 18: Einsatz von Kunststoffen im Rohrleitungs- und Apparatebau (Bayer AG)

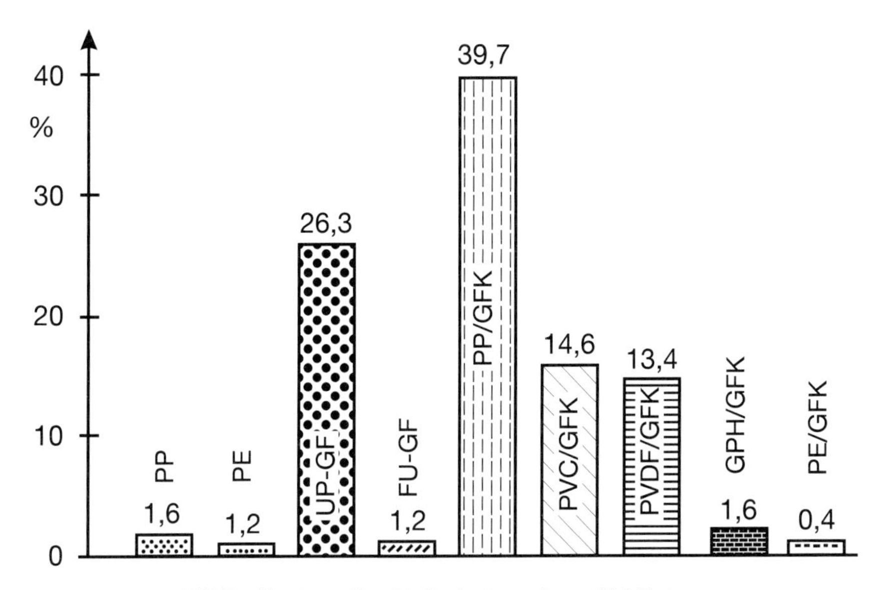

Bild 19: Einsatz von Kunststoffen im Apparate- und Behälterbau

Phenolformaldehyd-, Epoxid- und Furanharze) im Korrosionsschutz zum Einsatz [52, 54]. Mehrschichtauskleidungen haben sich bei einer Beanspruchung mit Chemikalien bewährt. Die chemische Widerstandsfähigkeit einiger Thermo- und Duroplaste zeigt Tafel 7 [52, 54].

Tafel 7: Chemische Widerstandsfähigkeit von Thermoplasten und Reaktionsharzen

Harzarten	Säuren	Laugen	Lösungsmittel	Oxidationsmittel
Polyesterharze	+/o	+/–	o/–	+
Vinylharze	+/o	+	o/–	+
Epoxidharze	o/–	+	+/o	+/–
Furanharze	+	+	+	o/–
PE-HD	+	+	+/–	+/–
PP	+	+	o/–	+/–
PVC	+	+	+	o/–
PVDF	+	o/–	+	+/–

+ = widerstandsfähig, o = bedingt widerstandsfähig, – = nicht widerstandsfähig

Gummierungen

Für den Korrosionsschutz kommen die bekannten Hart- und Weichgummierungen (NR, SBR, NBR, IIR, CR, CSM) zur Anwendung. Negative Schlagzeilen produzierten Ende der 80er Jahre Schäden an Rauchgasreinigungsanlagen, die überwiegend mit

CR-/SBR-„Vor-Ort"-Gummierungen geschützt worden waren. Umfangreiche Schadensanalysen klärten den Schadensmechanismus auf und lieferten Hinweise, wie mit welchen Gummierungen und Klebern zu arbeiten ist. Die Neugummierungen wurden in BIIR (Brombutylkautschuk) ausgeführt, welcher sich besser als CIIR (Chlorbutylkautschuk) verhält. CR ist für die Gummierung bei vorliegendem Korrosionssystem ungeeignet [28,30].

Beschichtungen

In DIN 55 928 mit 9 Teilen „Korrosionsschutz von Stahlbauten durch Beschichtungen und Überzüge" ist der Kenntnisstand Anfang der 90er Jahre niedergelegt. Im Teil 1 werden neben den Begriffen „Beschichtung und Überzug" auch die Begriffe „Korrosionsbelastung, Korrosionsschutzsystem, Nutzungsdauer und Schutzdauer" definiert. Alles wissenswerte von der Planung, Oberflächenvorbehandlung, Wahl des Beschichtungssystems, Applikation bis zur Kontrolle der fertigen Beschichtung ist überschaubar und klar dargestellt [55, 56].

In der Praxis wird der Weg zu umweltverträglichen Bechichtungssystemen (Lösemittelarme Systeme, Wassersysteme) intensiv verfolgt. Durch den Einsatz von oberflächentoleranten Beschichtungsstoffen können Stahlbauten mit defekten Altbeschichtungen saniert werden, ohne daß durch eine Strahlbehandlung eine Umweltbelastung verursacht wird. Mit zum Beispiel zwei- oder einkomponentigen, hochpenetrierfähigen, feuchtigkeitshärtenden Polyisocyanaten ist eine dauerhafte „Rostverfestigung" möglich [28].

Aus Sicherheitsgründen sollen wärmegedämmte Bauteile, auch solche aus nichtrostenden Stählen, mit organischen Beschichtungen, die entsprechend der vorliegenden Oberflächentemperatur auszuwählen sind, geschützt werden [57].

4 Zusammenfassung

Die Auswahl geeigneter Korrosionsschutzmaßnahmen ist für den sicheren und störungsfreien Betrieb von Chemieanlagen und die kostengünstige Produktion von entscheidender Bedeutung. Eine Betrachtung des vorliegenden Korrosionssystems zur Auswahl eines geeigneten Werkstoffs und zur Festlegung weiterer Korrosionsschutzmaßnahmen sollte bereits in einem frühen Stadium der Planung vorgenommen werden, wobei Gesetze, Verordnungen, Regeln und Normen zu beachten sind. Nach dem Stand der Korrosionsschutztechnik gibt es heute kaum ein Verfahren in der Chemietechnik, für das nicht zumindest eine sichere und wirtschaftliche Lösung vorhanden ist. In der Regel sind mehrere Lösungsansätze verfügbar. Zur dringend gebotenen Überwachung der Wirksamkeit von Korrosionsschutzmaßnahmen sind heute zahlreiche on-line bzw. in-line Verfahren verfügbar.

5 Schrifttum

[1] DIN e.V. DIN-Taschenbuch 219: Korrosion und Korrosionsschutz, Beuth Verlag, Berlin, 1987 / Fischer, W: Korrosionsschutz durch Information und Normung - Kommentar zum DIN-Taschenbuch 219, Verlag Irene Kuron, Bonn, 1988

[2] Gräfen, H.; Rahmel, A.: Korrosion verstehen - Korrosionsschäden vermeiden, Verlag Irene Kuron, Bonn, 1994
[3] Diaserie des Fonds der Chemischen Industrie: Nr.: 8 Korrosion/Korrosionsschutz, Frankfurt/M., 1990
[4] Rickenbacher, F.; Wulff, I.: gwa 75 (1995) 649-655
[5] Heitz, H.: Chem.-Ing.-Tech. 66 (1994) 643
[6] Gramberg, U.: Chem.-Ing.-Tech. 65 (1993) 683-702
[7] Zimmermann, M.: cav (1996) 5, 146-150
[8] Hennecken, H.: Handbuch zum Seminar: Vermeidung von Korrosionsschäden und Überwachung der Sicherheit an verfahrenstechnischen Anlagen, VDI Bildungswerk, Düsseldorf, 1995
[9] Fischer, W.; Fohmann, L., Mader, W.: Werkstoffe und Korrosion 38 (1987) 325-329
[10] Schönfeld, R.; Leicht, R., Luthard, G., Wingender, H. J.: Werkstoffe und Korrosion 41 (1990) 396-402
[11] Chembank, DS Strömungstechnik, Filderstadt, 1991
[12] Kruck, P.; Biegler-König. F., Kuron, D., Schlagner, W.: DECHEMA-monographs vol 116, VCH Verlagsgesellschaft, Weinheim, 1989, 133-160
[13] Hatzinasios, A.; Eckermann, R.: cav (1991) 6, 40-44
[14] Eckermann, R.; Hatzinasios, A.: Werkstoffe und Korrosion 44 (1993) 398-401
[15] Bärmann, F.; Gervens, T.; Renner, M.; Schlagner, W.: Werkstoffe und Korrosion 44 (1993) 467-472
[16] Gervens, T.; Krohm-Huppertz, R., Schlagner, W.: Werkstoffe und Korrosion 44 (1993) 402-409
[17] Kirchheiner, R.; Kowalski, P., Hartung, T.: Werkstoffe und Korrosion 44 (1993) 410-415
[18] Hatzinasios, A.; Gaul, B. P.: Werkstoffe und Korrosion 44 (1993) 431-433
[19] Eckermann, R.; Sass, R.: Werkstoffe und Korrosion 44 (1993) 416-419
[20] Hatzinasios, A.: Werkstoffe und Korrosion 44 (1993) 420-425
[21] Gervens, T.; Gunia, H., Schlagner, W.: Werkstoffe und Korrosion 44 (1993) 426-430
[22] Werksnormenblätter, Thyssen Schulte/Thyssen AG, 1995
[23] Fricke, Ch.: Aluminium-Zentrale e.V., Düsseldorf, 1994, 4-9
[24] FNNE des DIN e.V., Zweigstelle Köln, Papier TC 133, 1995
[25] Proceedings: Stainless Steels'96, VDEh, Düsseldorf, 1996, 12-27
[26] Kuron, D.: Wasserstoff und Korrosion, 1. Auflage, Verlag Irene Kuron, Bonn, 1986 / 2. überarbeitete und erweiterte Auflage, 1996
[27] Kuron, D.; Gräfen, H.: Werkstoffe und Korrosion 47 (1996) 16-26
[28] Brill, U.; Korkhaus, J., Wagner, G.: in Tagungsband der GfKORR-Fachtagung: Korrosionsschutz und Komponentensicherheit, DECHEMA e.V., Frankfurt/M., 1996, 95-96
[29] Forchhammer, P.; Woitscheck, R.: in [28], 31-32
[30] Schmitt, G.; Kuron, D.: Korrosion in Abgasreinigungsanlagen und Schornsteinen, 6. Korrosionum, Verlag Irene Kuron, Bonn, 1993
[31] VDI Bericht 773: Werkstoffe für die Umwelttechnik, VDI Verlag, Düsseldorf, 1990
[32] Boukis, N.; Friedrich, C., Habicht, W.: in [28], 93-94
[33] Tagungsband zur INNOMATA'96: Material-Technologie und Werkstoff-Anwendung, DECHEMA e.V., Frankfurt/M., 1996
[34] Wendler-Kalsch, E.: in [2], 134-139 und Werkstoffe und Korrosion 44 (1993) 240ff
[35] Persönliche Mitteilung
[36] Schwenk, W.: Werkstoffe und Korrosion 44 (1993) 367-372
[37] Veröffentlichung in Vorbereitung
[38] Wendler-Kalsch, E.: VDI Berichte 600.2, !986, 97-128
[39] Hörmann, M.; Lupton, D.; Heinke, H., Horn, E.-M.: DECHEMA Monographien Vol. 103 (1986) 219-267
[40] Kuron, D.: in [26]
[41] 7 Beiträge in [28]
[42] Schmitt, G.: Korrosion in Kühlkreisläufen, 5. Korrosionum, Verlag Irene Kuron, Bonn, 1990
[43] Gramberg, U.: Werkstoffe und Korrosion 47 (1996) 139-145
[44] Pleschko, R.; Schimböck, R., Horn, E.-M., Mattern, P., Renner, M., Heimann, W.: Werkstoffe und Korrosion 41 (1990) 563-570
[45] Schimböck, R.; Malina-Altzinger, U., Ornig, H., Horn, E.-M., Mattern, P., Pfaffelhuber, M.: Werkstoffe und Korrosion 44 (1993) 335-341

[46] Draugelatis, U.; Bouaifi, B.: Mat.-wiss. u. Werkstofftech. 19 (1988) 201-205
[47] Bouaifi, B.; Plegge, Th., Sommer, D., Mettiger, F., Hallen, H.: Schweißen und Schneiden (1992) 1-3
[48] Haferkamp, H.; Marquering, M.; Niemeyer, M.: in [33] 48-49
[49] Draugelatis, U.; Bouaifi, B., Steinberg, H.: Werkstoffe und Korrosion 44 (1993) 269-273
[50] Renner, M.; Köhler, M., Ernst, E., Spang, M.: Werkstoffe und Korrosion 47 (1996) 125-132
[51] Kuron, D.: in Seminarunterlagen: Korrosions- und Verschleißschutz durch Überzüge und Beschichtungen, HDT e.V., Essen, 1996
[52] Schmitt, G.: in Handbuch zum Seminar: Korrosionsschutz durch Überzüge und Beschichtungen, VDI Bildungswerk, Düsseldorf, 1995
[53] Brandl, W.; Gendig, C., Reichel, K.: Werkstoffe und Korrosion 47 (1996) 208-214
[54] Busse, M.; Schindler, H.: Chem.-Ing.-Tech. 62 (1990) 271-277
[55] DIN Taschenbuch: Korrosionsschutz von Stahl durch Beschichtungen und Überzüge - Leistungsbereich DIN 55 928, Beuth Verlag, Berlin, 1991
[56] Peters, U.: Kommentar zum DIN Taschenbuch [55], Carl Hanser Verlag, München, 1994
[57] Werknormen 2208 (1992) der Bayer AG und 3301 der BASF AG / ASTM STP 880

5 Apparative Baugruppen

Kristallisationsapparate

Von W. Wöhlk [1])

1 Einleitung

Die Kristallisation gehört zu den ältesten angewandten Grundverfahren der Menschheit. Bereits im Altertum wurde Salz – damals das „weiße Gold" – aus Meerwasser in Sonnensalinen kristallisiert. Die theoretischen Grundlagen dieses Verfahrens wurden allerdings erst in den letzten 20 Jahren wissenschaftlich soweit geklärt, daß heute der Bau von Kristallisatoren und Kristallisationsanlagen nicht mehr ausschließlich empirisch erfolgt. Die zuverlässige Auslegung eines Kristallisationsprozesses setzt aber immer noch umfassendes Erfahrungswissen voraus.

2 Chemisch-technologische Grundlagen der Kristallisation

Die Kristallisation ist wie die Eindampfung ein thermisches Stofftrennverfahren. Zur Abscheidung eines gelösten Stoffes als feste Phase aus einer Lösung oder Schmelze muß diese Substanz über ihre Gleichgewichtskonzentration hinaus aufkonzentriert werden. Den Unterschied zwischen der Gleichgewichtskonzentration, der „Sättigung" und der zur Auslösung der Kristallisation eingestellten höheren Konzentration nennt man die „Übersättigung". Diese Übersättigung ist die treibende Kraft für die Kristallisation. Aus der übersättigten Lösung heraus erfolgt zunächst die Bildung kleinster Feststoffpartikel – der Keime –, die dann bei andauernder Übersättigung zu größeren Kristallen wachsen [1]. Die Steuerung der Schritte Keimbildung und Kristallwachstum ist wesentliche Aufgabenstellung bei der Auswahl und Auslegung der Kristallisationsapparate und bei der Ausgestaltung der Anlage. Eine Übersättigung kann, dem jeweiligen Stoffsystem angepaßt, auf unterschiedliche Weise eingestellt werden [2, 3]:

- Entzug des Lösungsmittels (Verdampfung) so weit, daß die Gleichgewichtskonzentration überschritten wird, zum Beispiel NaCl aus wäßriger Lösung
- Abkühlung der Lösung unter ihre Gleichgewichtstemperatur, z. B. Adipinsäure aus wäßriger Lösung
- Reaktion mehrerer Stoffe zu einem neuen Stoff, dessen Löslichkeit in der flüssigen Phase bei der Reaktion überschritten wird, z. B. Ammoniumsulfat aus der Reaktion von H_2SO_4 mit NH_3
- Aussalzen (Veränderung der Gleichgewichtskonzentration eines Stoffes in einer Lösung durch Zugabe eines löslichkeitsverändernden Stoffes) z. B. Zugabe von Methanol in eine wäßrige Na_2SO_4-Lösung

Die größte technische Bedeutung haben die Verfahren der Verdampfungs- und Kühlungskristallisation. Die Betriebsweise der Kristallisatoren kann kontinuierlich oder diskontinuierlich sein.

---

[1]) Dipl. Ing. Wolfgang Wöhlk, MESSO-CHEMIETECHNIK GmbH, Duisburg

3 Kinetische und hydrodynamische Grundlagen

Die meisten kontinuierlich arbeitenden Kristallisatoren und die Chargenkristallisatoren neuerer Bauart verfügen über eine gerichtete Strömungsführung. Diese gerichtete Förderung der Suspension hat zwei Aufgaben zu erfüllen:

- möglichst homogene Suspendierung des Kristallisates in der Lösung
- Einstellung einer vorgewählten Übersättigung.

Die Einhaltung des „Suspendierkriteriums" [4] ist in solchen Kristallisatoren – anders als in Rührwerkskristallisatoren – bereits durch die gerichtete Strömung und durch die Bauart gegeben. Die Umwälzmenge richtet sich damit ausschließlich nach kristallisationskinetischen Gesichtspunkten. Wie in Bild 1 skizziert, erzeugt die gerichtete Förderung in einem Leitrohrkristallisator einen zyklischen Übersättigungverlauf. Die höchste Übersättigung liegt vor am Ort der Übersättigungs-Erzeugung; im Beispiel Bild 1 ist das die Verdampfungsfläche im Vakuum-Kühlungskristallisator (Punkt 1). Die erzeugte Übersättigung wird am suspendierten Kristall über die Exponentialfunktion

$$\frac{d(\Delta c)}{\Delta t} = -kg\ A\ \Delta c^m \qquad (1)$$

abgebaut. Darin bedeuten: $d(\Delta c)/\Delta t$ den Übersättigungsabbau pro Zeiteinheit, kg die Proportionalitätskonstante des Kristallwachstums, A die Oberfläche der suspendierten Kristalle, m den Übersättigungsexponenten des Kristallwachstums. Die Übersättigung nimmt während eines Umwälz-Zyklus (durch Kristallwachstum) ständig ab. Die geringste Übersättigung liegt am Ende eines solchen Zyklus, das heißt kurz vor Wiedererreichen des Lösungsspiegels vor. Da die Umwälzzeiten endlich sind, wird die Sättigungskonzentration nie vollständig erreicht, es verbleibt eine „Restübersättigung".

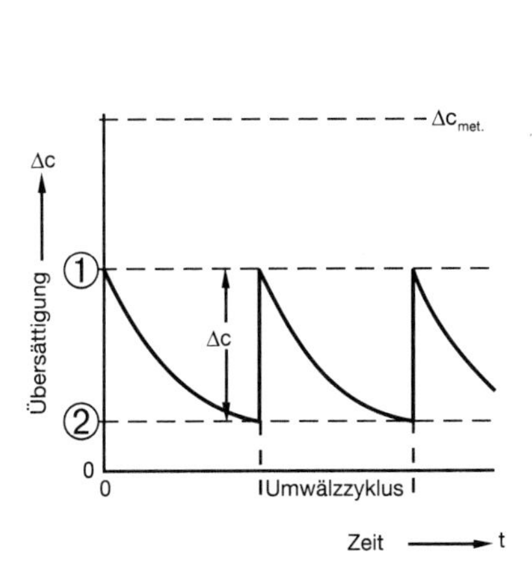

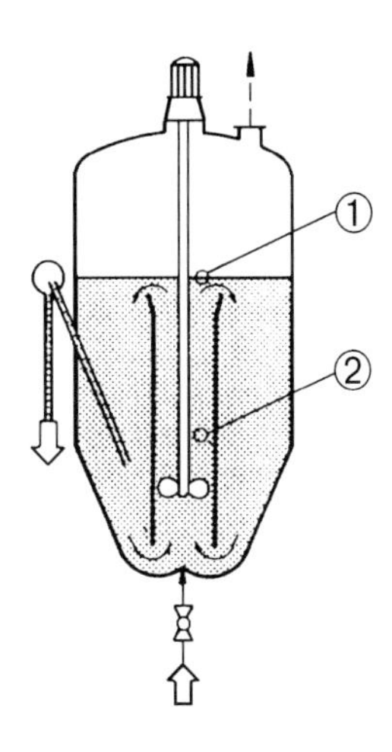

Bild 1: Übersättigungszyklen im industriellen Kristallisator

Je größer die Umwälzrate bei gleicher Kristallisatleistung, um so mehr verteilt sich die am Lösungsspiegel produzierte Übersättigung auf die größere Menge und nimmt dadurch kleinere Werte an. Die Höhe der pro Umwälzzyklus neu aufgeladenen Übersättigung Δc ergibt sich entsprechend als Quotient aus Kristallisatleistung $\dot{P}$ des Kristallisators und der Umwälzrate $\dot{V}_{\mu mw}$.

$$\Delta c = \frac{\dot{P}}{\dot{V}_{\mu mw}} \tag{2}$$

Zur Bestimmung der maximalen Gesamtübersättigung muß der pro Umwälzkreislauf jeweils neu aufgeladenen Übersättigung die stehengebliebene Restübersättigung zuaddiert werden. Diese Gesamtübersättigung darf nie größer sein, als der metastabile Bereich [5]. Für die praktische Auslegung bestimmt man den metastabilen Bereich (Δc_{met}) der zu verarbeitenden Lösung bei der vorgesehenen Arbeitstemperatur experimentell [6] und setzt etwa die Hälfte dieses Wertes ($\Delta c = 0{,}5\,\Delta c_{met}$) für die überschlägige Berechnung der Umwälzmenge im Kristallisator ein:

$$\dot{V}_{\mu mw} = \frac{P}{0{,}5\,\Delta c_{met}} \tag{3}$$

$\dot{V}_{\mu mw}$ in m^3/h
$\dot{P}$ in kg/h
Δc_{met} in kg/m^3 bzw. in g

Damit wird ein Überschreiten der metastabilen Grenze und Primärkeimbildung sicher ausgeschlossen, wenn darüber hinaus

- die Suspensionsdichte ausreichend hoch und die
- Zykluszeit lang genug ist, das heißt die Restübersättigung klein bleibt.

Da die Kristallwachstumsgeschwindigkeit aber mit abnehmender Übersättigung, das heißt mit zunehmender Umwälzrate kleiner wird, darf die Übersättigung auch nicht zu klein gewählt werden, wenn groberes Kristallisat erzeugt werden soll. Darüber hinaus steigen die Investitionskosten mit größerer Pumpenleistung an. Optimale Übersättigungswerte müssen im Versuch bestimmt werden. Mit der Verhinderung der Primärkeimbildung wird die „Sekundärkeimbildung" zur entscheidenden Einflußgröße für die Auslegung industrieller Kristallisatoren. Die Anzahl der „überlebenden" Keime aus den insgesamt gebildeten Keimen – primäre und sekundäre – entscheiden über die in einem Kristallisator erzielbare Kristallgrößenverteilung. Je mehr Keime sich in die angebotene Kristallisatmasse – in die Produktionsleistung eines Kristallisators – teilen müssen, um so kleiner werden die Produktkristalle. Hauptverursacher der Sekundärkeimbildung in Kristallisatoren, in denen Suspension umgewälzt wird, ist der Energieeintrag über die Umwälzpumpe. Daneben bestimmen die Suspensionsdichte und die aktuelle Übersättigung (über die Kristallwachstumsgeschwindigkeit) die Sekundärkeimbildung [7, 8]:

$$B^{\circ} \sim \varepsilon^{r}\, m_T^{\,l}\, G^{i} \tag{4}$$

Die erzielbare mittlere Kristallgröße ergibt sich aus

$$\bar{x} \sim \varepsilon^{r}\, m_T^{\ y}\, \tau^{z}$$

Darin bedeuten B° die Keimbildungsrate, ε die spezifische, über die Umwälzpumpe in den Kristallisator dissipierte Energie bei konstanter Pumpenausführung, $\bar{x}$ die mittlere Kristallgröße, m_T die auf das Suspensionsvolumen bezogene Kristallisatmasse (die Suspensionsdichte), G die lineare Kristallwachstumsgeschwindigkeit, τ die Verweilzeit des Kristallisates im Kristallisator. Die Exponenten r, l, i , x , y , z sind die kinetischen Kenngrößen des jeweiligen Systems und durch Versuche zu bestimmen (MSMPR-Untersuchungen) [9]. Je geringer der Energie-Eintrag bei konstanten anderen Bestimmungen (Suspensionsdichte, Verweilzeit) um so gröber wird das erzeugte Kristallisat. Da aber der Energieeintrag direkt von der Umwälzmenge abhängig ist und diese wiederum von der systembedingten zulässigen Übersättigung, ist eine Steuerung der Sekundärkeimbildung über eine Änderung der in den Kristalisator dissipierten Energie nur in engen Grenzen möglich. Für eine bestimmte Kristallisationsaufgabe sind die Umwälzrate $\dot{V}_{\mu mw}$ über die zulässige Übersättigung Δc (Gleichung 2) und die Förderhöhe H der Umwälzpumpe über den Druckverlust der Strömung im Kristallisator festgelegt. Für den Energieeintrag N an der Umwälzpumpe beziehungsweise für die massebezogene dissipierte Energie ergibt sich:

$$N = \frac{\dot{V}_{\mu mw} \cdot \rho \cdot H}{\eta} \tag{6}$$

$$\varepsilon = \frac{N}{V_{Krist} \cdot \rho} \tag{7}$$

Hierin bedeuten: N die Pumpenleistung, $\dot{V}_{\mu mw}$ die Umwälzrate, die Dichte der Suspension, H die zu überwindende Förderhöhe (der Druckverlust der Umwälzung im Kristallisator), η der Wirkungsgrad der Pumpe, V_{Krist} das Suspensionsvolumen im Kristallisator. Durch konstruktive Gestaltung, beispielsweise durch geringere Strömungsgeschwindigkeit oder durch Aufteilung der Gesamtförderhöhe in zwei Pumpenkreisläufe (vgl. DP-Kristallisator in Bild 4), läßt sich der Druckverlust H zwar reduzieren, die Auswirkungen auf die Sekundärkeimbildung sind jedoch marginal. In weitaus größerem Maß nimmt die Auslegung der Pumpe selbst Einfluß. Bei der Auslegung der Umwälzpumpe sind nämlich unter Beibehaltung der Förderaufgabe, bei $\dot{V}_{\mu mw}$ und H, das heißt bei N = const., der Laufrad-Durchmesser und die Drehzahl variierbar. Für eine Axialpumpe gilt innerhalb der für das jeweilige Laufrad zutreffenden spezifischen Drehzahl [10]:

$$N \sim n^3 D^5 \tag{8}$$

$$\varepsilon \sim n^3\, D^5\, \frac{1}{V_{Krist}\, \rho} \tag{9}$$

mit D als dem Laufraddurchmesser und n als der Drehzahl der Umwälzpumpe. Mit der Änderung von D und n ändert sich die Umfangsgeschwindigkeit des Pumpenlaufrades und damit die Höhe der Aufprallenergie der Kristalle auf das Laufrad entsprechend. Mit der Umfangsgeschwindigkeit steigt bei gleichbleibender Umwälzrate und Förderhöhe, das heißt bei N = const., die Sekundärkeimbildung. Aus (Gl. 8) folgt:

$$n_2 = \sqrt[3]{\frac{n_1^3 \cdot D_1^5}{D_2^5}} \tag{10}$$

Die Veränderung der Umfangsgeschwindigkeit mit der Änderung des Laufraddurchmessers bei gleichbleibender Förderaufgabe geht aus nachfolgender Aufstellung hervor:

D_2/D_1	1,0	1,2	1,4	1,6	1,8	2,0
c_{u2}/c_{u1}	1,0	0,89	0,80	0,73	0,68	0,63

Zusammenfassend läßt sich formulieren:

$$\dot{V}_{\mu mw} = \text{const} \rightarrow \varepsilon = \text{const} \begin{cases} \rightarrow n \text{ groß, } D \text{ klein} \rightarrow B^\circ \text{ groß} \rightarrow \bar{x} \text{ klein} \\ \rightarrow n \text{ klein, } D \text{ groß} \rightarrow B^\circ \text{ klein} \rightarrow \bar{x} \text{ groß} \end{cases}$$

Pumpen mit großen Laufraddurchmessern, das heißt geringerer Sekundärkeimbildung, werden in Kristallisatoren eingesetzt, in denen grobes Kristallisat erzeugt werden soll. Neben den von der Pumpe ausgehenden hydrodynamischen Einflüssen auf die Sekundärkeimbildung gibt es in der Bauart und Auslegung der Kristallisatoren liegende Möglichkeiten zur Reduzierung der „überlebenden" Keime, das heißt der Keime, die tatsächlich am Kristallwachstum teilnehmen. Wirksame Maßnahme in diesem Zusammenhang ist beispielsweise die gezielte „Feinkornlösung" (s. unter 4.2).

4 Kristallisatorbauarten

4.1 Diskontinuierliche Kristallisatoren

Chargen-Kristallisatoren werden insbesondere – aber keineswegs ausschließlich – bei kleinen Produktionsleistungen eingesetzt (Zucker beispielsweise wird auch heute noch in größten Mengen in diskontinuierlich betriebenen Anlagen hergestellt). Typische Bauweisen diskontinuierlicher Kühlungs-Kristallisatoren für kleinere Leistungen sind in Bild 2 [11] dargestellt. Die häufig anzutreffende Bütte mit Rührer stellt die bauartlich einfachste, aber mit Blick auf Optimierung der Betriebsergebnisse schwierige Ausführungsvariante dar. Dem Rührer fallen nämlich unterschiedliche Aufgaben mit konkurrierenden Auslegungskriterien zu. Zur Gewährleistung homogener Kristallisat- und Übersättigungsverteilung muß der Rührer mit verhältnismäßig hohen Drehzahlen betrieben werden [4]. Hohe Drehzahlen beanspruchen aber die erzeugten Kristalle mechanisch, erhöhte sekundäre Keimbildung und gegebenenfalls Kristallbruch sind die Folge. Leitrohr-Kristallisatoren, gekennzeichnet durch eine in das Zentralrohr eingebaute Pumpe mit Axial-Laufrad, lassen sich dagegen definierter auslegen und betreiben. Alle Kristallisatorräume sind hydrodynamisch beschreibbar.

Bei den in Bild 2 oben gezeigten Kühlungs-Kristallisatoren wird das zur Verfügung stehende Kühlwasser direkt auf die Kühlflächen aufgegeben. Zu Beginn einer Charge kommt es dann bei heißem Lösungsinhalt und kaltem Kühlwasser zu sehr großen Übersättigungen mit der Folge spontaner Keimbildung und damit zu feinem Kristallisat. Will man dies vermeiden, muß die Abkühlung der Lösung gesteuert so erfolgen, daß die Übersättigung während der gesamten Charge einen vorgewählten Wert nicht überschreitet. Maximal zulässig ist eine Übersättigung, die noch innerhalb des metastabilen Bereiches des Lösungssystemes liegt. Eine programmgesteuerte Abkühlung mit übersättigungsabhängiger Kühlwasserzugabe in einen über den Kühlmantel des Kristallisators umlaufenden Kühlwasserstrom stellt die anzustrebende Lösung dar (Bild 1 unten). Anstelle der im allgemeinen nur schwierig kontinuierlich zu bestimmenden Übersättigung kann – mit gewissen Einschränkungen – die Temperaturdifferenz zwischen Lösung und Kühlwasser als Regelgröße gewählt werden, die der vorgewählten Übersättigung an der gekühlten Wand entspricht oder man kühlt den Kristallisator über eine Abkühlkurve programmiert bis auf Kühlendtemperatur. Die Werte der jeweils zulässigen Temperaturdifferenz oder die Kühlkurve selbst müssen experimentell für jede Kristallisationsaufgabe ermittelt werden. Als Anhaltswert für die Auslegung kann man zunächst von einer über den gesamten Chargenverlauf konstanten Temperaturdifferenz an der Wand ausgehen, die dem metastabilen Bereich entspricht. So vorteilhaft eine solche Auslegung für das Kristallisationsergebnis ist, so nachteilig ist sie vom Standpunkt der Investitionskosten. Ein Chargenkristallisator, der nach diesen Kriterien ausgelegt ist, hat – wegen der mit Rücksicht auf geringe Übersättigungen nur kleinen zulässigen Temperaturdifferenz

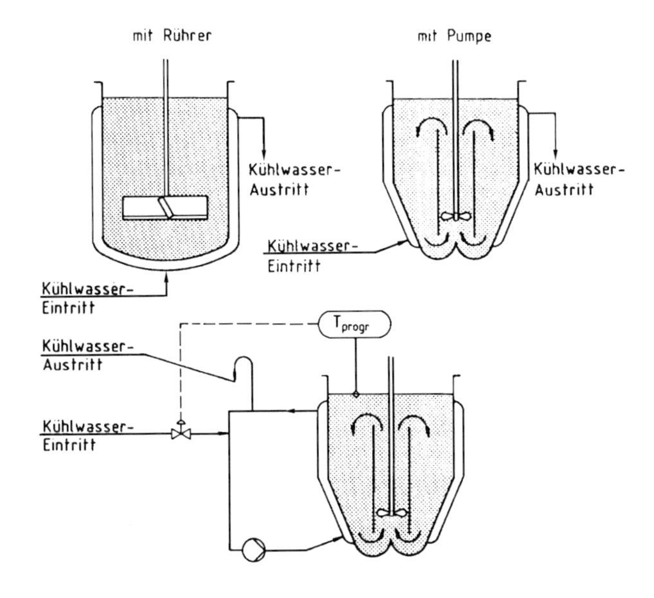

Bild 2: Diskontinuierliche Kühlungs-Kristallisatoren

– eine große Kühlfläche. In ungünstigen Fällen reicht die Behälteraußenwand dann auch nicht mehr aus, um die Kühlfläche aufzunehmen. Dann muß gegebenenfalls ein außenliegender Kühlkreislauf (s. kontinuierliche Kristallisatoren) gewählt werden. Chargenkristallisatoren für große Leistungen – beispielsweise in der Zuckerherstellung – sind den kontinuierlichen Kristallisatoren (s. dort) sehr ähnlich.

4.2 Kontinuierliche Kristallisatoren

Gegenüber der diskontinuierlichen Arbeitsweise erreicht man bei kontinuierlichem Betrieb eine

- Erhöhung der Raum-Zeit-Ausbeute
- Verringerung des Bedienungsaufwandes
- gleichbleibende Produktqualität

Sobald die Produktionsleistungen es zulassen und wenn nicht der Gesamtbetrieb ohnehin kampagnenweise arbeitet – wie zum Beispiel eine Zuckerfabrik, die nur einige Monate im Jahr in Produktion ist –, werden kontinuierliche Kristallisatoren eingesetzt.

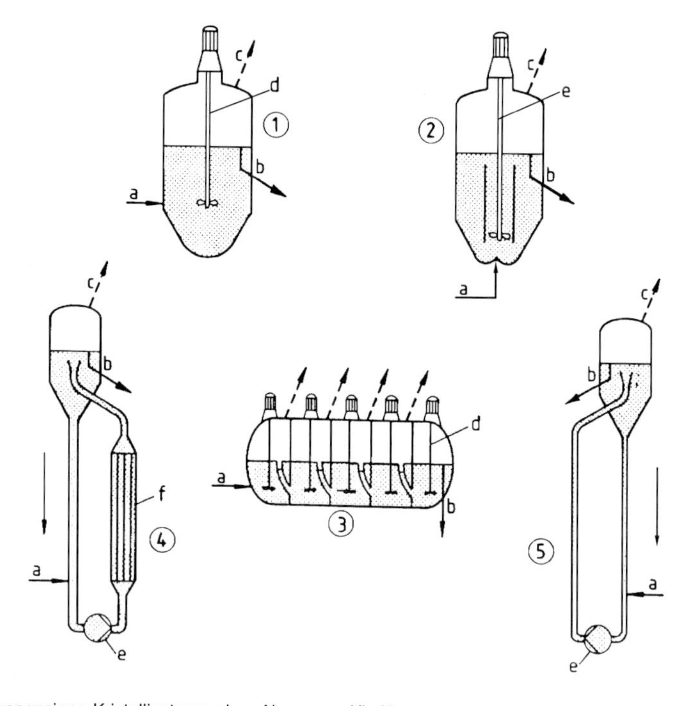

Bild 3: Suspensions-Kristallisatoren ohne Abzug von Klarlösung
1 Rührwerks-Kristallisator, 2 Leitrohr-Kristallisator, 3 liegender Kristallisator, 4 und 5 Zwangsumlauf-Kristallisatoren; a Eintrittslösung, b Suspension, c Brüden, d Rührwerk, e Umwälzpumpe, f Wärmeaustauscher

Als Untergrenze für den kontinuierlichen Betrieb werden im allgemeinen hundert Kilogramm Kristallisatleistung pro Stunde angesehen, aber hier kann im Einzelfall das Optimum durchaus viel tiefer liegen. Bei der Kristallisation von Coffein-Hydrat ist beispielsweise bereits bei 20 kg/h ein wirtschaftlicher Betrieb der kontinuierlichen Kristallisation zu verzeichnen. Im Hinblick auf das mit der Kristallisation angestrebte Produktionsziel gibt es unterschiedliche Kristallisatorbauarten [11]. Die einzelnen Typenklassen sind gekennzeichnet durch die jeweils erreichbare Kristallgrößenverteilung. Mit zunehmendem Anspruch an die Kristallqualität – große mittlere Korngröße, enge Verteilung, hohe Reinheit – werden die Kristallisatoren aufwendiger. Die Mehrzahl der Typen können für die verschiedenen Kristallisationsverfahren – Kühlungs-, Vakuumkühlungs-, Verdampfungs-, Reaktionskristallisation – eingesetzt werden. Bild 3 zeigt eine Zusammenstellung technisch wichtiger Rührwerks-, Leitrohr- und Zwangsumlauf- (forced circulation - FC -) Kristallisatoren, die der einfachsten Typklasse zuzuordnen sind. Rührer beziehungsweise Pumpe fördern eine Kristallsuspension. Die Übersättigung wird in der Suspension erzeugt.

Der Rührwerks-Kristallisator (1) wird für die Vakuum-Kühlungskristallisation bei Vorliegen eines größeren metastabilen Bereiches (in der Größenordnung von mehreren Gramm pro Liter) gewählt, wenn gut wachsende, nicht besonders abriebsempfindliche Kristallisate ohne besonderen Anspruch an die Kristallgrößenverteilung erzeugt werden sollen. Dem Rührer fällt als wesentliche Aufgabe zu, die Suspension im Behälter möglichst homogen zu verteilen und die Einspeiselösung schnell unterzumischen. Die Scherkräfte, die hierbei vom Rührer auf die Kristalle einwirken, sind verhältnismäßig hoch, Keimbildung und Kristallbruch entsprechend groß.

Mehrere, in einem Gehäuse hintereinandergeschaltete Stufen des Rührwerks-Kristallisators kennzeichnen den liegenden Kristallisator (3), der ausschließlich für die Vakuum-Kühlungskristallisation dann eingesetzt wird, wenn die Kühlung aus energetischen Gründen vielstufig ausgeführt werden muß, bei nicht sehr hohen Ansprüchen an die Kristallgröße. Im Vergleich zum Rührwerkskristallisator hat der liegende Kristallisator dann folgende Vorteile:

- Durch die Unterteilung der Gesamtkühlung in mehrere Stufen werden die Einzelstufen und der gesamte Kristallisator kleiner, als wenn die Kühlung in einer stehenden Stufe bei Kühlendtemperatur durchgeführt würde.
- die Investitionskosten für den mehrstufigen liegenden Kristallisator sind deutlich geringer als für gleich viele stehende Rührwerks-Kristallisatoren.
- die mechanische Belastung des Kristallisates ist dann geringer und die erreichbare Kristallgrößenverteilung besser, wenn die Homogenisierung der Kristalle in den einzelnen Stufen mit „Luftrührung" aufrechterhalten werden kann. Liegende Kristallisatoren werden beispielsweise für die Erzeugung von KCl oder für die Regenerierung von Beiz- oder Spinnbädern, das heißt bei der Kristallisation von Eisensulfat-Heptahydrat oder Glaubersalz eingesetzt. Eine wirksame „Luftrührung" setzt ein bei relativ niedrigen Stufendrücken unterhalb von etwa 25 mbar.

Der Leitrohr-Kristallisator (2) arbeitet anstelle eines Rührers mit einer Umwälzpumpe, in ihm wird also eine gerichtete Strömung aufrecht erhalten. Damit wird das Einstellen der Übersättigung möglich. Primärkeimbildung als Folge zu hoher Übersättigung kann damit sicher unterbunden werden. Er wird eingesetzt für weniger schnell wachsende Kristallisate mit kleineren metastabilen Bereichen und in der dargestellten Form ausschließlich für die Vakuum-Kühlungs-Kristallisation.

Der Zwangsumlauf-Kristallisator (4) ist in der Funktion mit dem Leitrohr-Kristallisator vergleichbar, wird jedoch.bevorzugt für die Verdampfungs- und Oberflächenkühlungs-Kristallisation eingesetzt. Die gerichtete Förderung der Suspension wird bei diesem Typ mit einer Axialpumpe durch einen außenliegenden Wärmeaustauscher vorgenommen. Dieser Typ kann auch für die Vakuumkühlungs-Kristallisation (5) verwendet werden. Die Produktionsergebnisse sind mit denen des Leitrohr-Kristallisators vergleichbar, wenn die Pumpenauslegungen ähnlich sind.

Mit den bisher beschriebenen Kristallisatoren ergibt sich die Suspensionsdichte direkt aus der Massenbilanz. Höhere Suspensionsdichten (z. B. zur Verlängerung der Kristallverweilzeit) können nur erzielt werden, wenn dem Kristallisator zusätzlich zur Suspension auch geklärte Lösung entnommen wird. Eine solche Entnahmemöglichkeit für klare Mutterlauge ist in den Leitrohr-Kristallisatoren mit Klärfläche (Bild 4) verwirklicht. Dadurch sind Kristall- und Lösungsverweilzeiten in diesen Typen unabhängig voneinander einstellbar, so daß sich selbst längere Kristallverweilzeiten noch bei wirtschaftlichen Kristallisatorvolumina realisieren lassen. Die dazu erforderliche Trennung von Kristallbrei und Mutterlauge erfolgt durch Sedimentation. Abhängig von der gewählten Aufströmgeschwindigkeit im Klärteil und der Korngrößenverteilung des suspendierten Kristallisates enthalten die Klarlaugen (d) daher stets Reste vom Feinkristallisat. Von

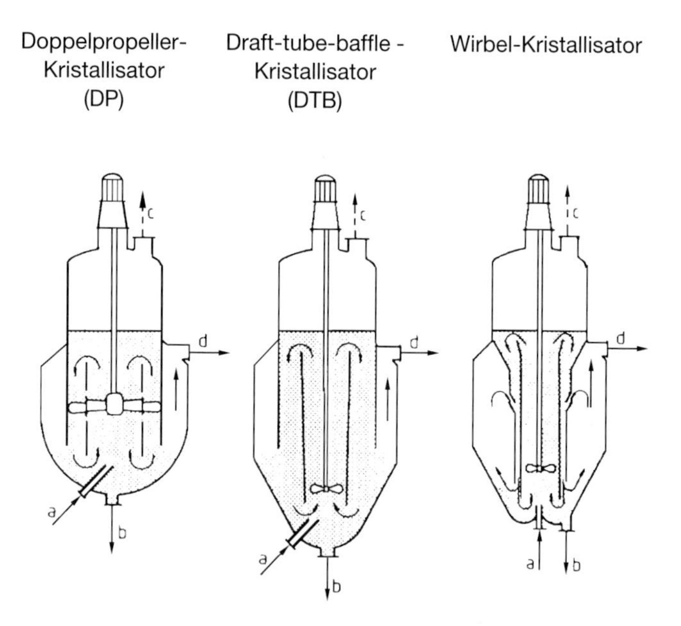

Bild 4: Suspensions-Kristallisatoren mit Abzug von Klarlösung; a Eintrittslösung, b Suspension, c Brüden, d Abzug der Klarlösung

der Masse her völlig vernachlässigbar, übersteigt die Anzahl der so abgeführten Feinstkristalle oft die Anzahl der Kristalle im Suspensionsaustrag (b) [12]. Mit dem Abzug der Klarlauge und der damit verbundenen Feinkornentnahme kann daher neben der Suspensionsdichte auch die erzielbare Kristallgrößenverteilung positiv beeinflußt werden. Im Fall der Verdampfungs-Kristallisation wird der Abzug der Klarlauge dazu benutzt, dem System in einem Außenkreislauf Wärme zuzuführen. Dabei werden die Feinkornanteile aufgelöst, das System verfügt damit über eine steuerbare Feinkornlösung. Die aufgeheizte Lösung fließt bei (a) wieder in den Kristallisator zurück.

Die Umwälzpumpen bewirken auch hier eine gerichtete Förderung, so daß ein exaktes Einstellen der Übersättigung möglich ist. Sie sind außerdem auf eine besonders schonende Kristallisatbehandlung ausgelegt. Das wird durch große Laufrad-Durchmesser und daher niedrige Umfangsgeschwindigkeiten erzielt.

Die besonders schonende Förderung der Suspension, die Feinkristall-Entnahme über den Abzug der Klarlauge sowie der Klassiereffekt ermöglichen bei dieser Typenklasse die Produktion mittelgroßer bis grober Kristallisate. So werden in Kristallisatoren dieser Bauart Produkte wie Ammoniumsulfat, Kaliumchlorid oder Harnstoff bis zu mittleren Kristallgrößen von etwa 1,5 mm hergestellt.

Noch gröbere Kristallisate erfordern den Wechsel auf ein völlig anderes Kristallisatorprinzip. Die Umwälzpumpe, die größte Keimbildungsquelle, muß dazu gänzlich aus

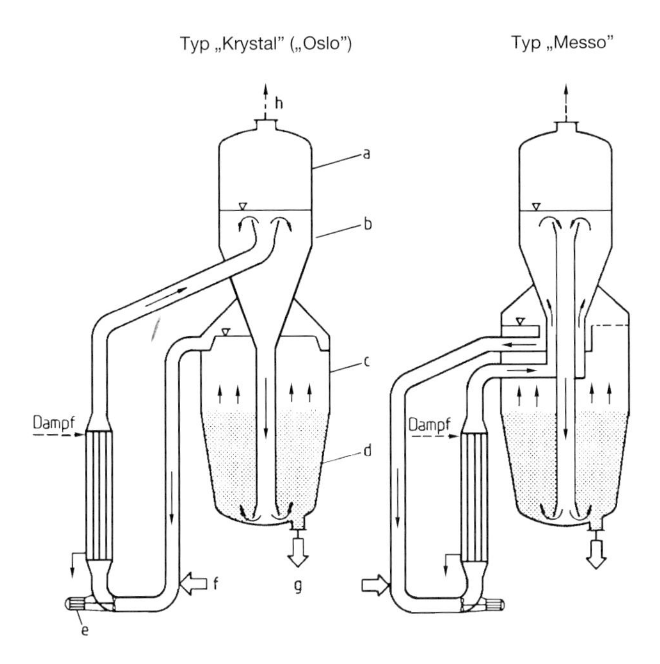

Bild 5: Klarlauf-Kristallisatoren; a Verdampfungsraum, b Flüssigkeitsraum, c Sedimentationszone, d Fließbett, e Umwälzpumpe, f Lösungseintritt, g Austritt der Kristallsuspension, h Brüden.

der Suspensionsströmung herausgenommen werden. Das führt zu Kristallisatoren (Bild 5), in denen die Suspendierung in einem Fließbett erfolgt. Alle im Kristallisator vorhandenen Kristalle befinden sich in diesem Fließbett. Die im Außenraum aufsteigende Lösung wird durch Sedimentation vom Kristallisat befreit, womit der Umwälzpumpe kristallfreie Lösung zugeführt wird und sekundäre Keimbildung und mechanischer Abrieb an dieser Stelle nicht stattfinden können.

Von diesem Kristallisatortyp existieren mittlerweile zwei Bauformen. Die unter der Bezeichnung „Krystal"-Kristallisator bekannte ältere Ausführung ist in ihrem Betriebsverhalten nicht unproblematisch. Bei Natriumchlorid zum Beispiel dauert es nur drei Tage, bis sich Krusten in einer solchen Dicke gebildet haben, daß sie die Wandhaftung überwinden, herunterfallen und den Ringspalt zum Fließbett blockieren. Als unmittelbare Folge bricht das Fließbett irreversibel zusammen, der Kristallisator muß entleert, gespült und neu in Betrieb genommen werden.

Die neuere Bauweise wurde speziell für die Kristallisation von verkrustungsaffinen Substanzen entwickelt und zeigt diese Probleme der alten Bauweise nicht. Durch die Umkehrung der Strömung im Verdampferteil wird erreicht, daß die vom Wärmeaustauscher überhitzte – also untersättigte Lösung – über den Verdampferkonus geführt wird, bevor bei Erreichen des Lösungsspiegels Verdampfung und Übersättigung einsetzen. Durch diese Maßnahme wird das Entstehen von Verkrustungen an den Wandflächen des Verdampferteils sicher vermieden, und man erreicht störungsfreie Betriebszeiten von mehreren Wochen.

Das Oslo-Prinzip ermöglicht die kontinuierliche Herstellung besonders groben und einheitlichen Kristallisates. Mittlere Korngrößen von einigen Millimetern und wenig Über- und Unterkorn im Produkt sind bei entsprechender Auslegung sicher erreichbar.

Neben diesen – nach kinetischen Gesichtspunkten dimensionierten Kristallisatoren – existiert eine Vielzahl von Bauarten [1], die im wesentlichen auf die Kühlaufgabe ausgerichtet sind.

In Kratzkühlern beispielsweise erfolgt die Kristallisation in Schichten an der von außen gekühlten Wand. Die angewachsene Kristallschicht wird durch eine Schnecke kontinuierlich wieder von der Wand entfernt (abgekratzt).

In Scheibenkristallisatoren drehen sich scheibenförmige, hintereinander auf einer Welle angeordnete Kühlelemente in einem Trog, kühlen die Lösung und leiten damit die Kristallisation ein. Auch diese Kühlelemente „verkrusten" bestimmungsgemäß und müssen abgeschabt werden.

Kristallisierwiegen sind lange Tröge, die zur Aufrechterhaltung einer Suspendierung des Kristallisates in der Lösung in schaukelnder Bewegung gehalten werden. Die Kristallisation erfolgt durch offene Verdunstung des Lösungsmittels (Wasser) und gegebenenfalls durch die hierdurch bedingte Abkühlung der Lösung.

5 Zusammenfassung

Insgesamt sind die gebräuchlichen Kristallisatorbauarten seit vielen Jahren in ihren Grundprinzipien unverändert geblieben. Konstruktive Entwicklungen, die neueren Möglichkeiten der Vorausberechnung, bessere regelungstechnische Einbindung der Kristallisatoren in die Gesamtprozesse und bewußter Umgang mit den Einzelelementen durch die nun erreichte wissenschafltiche Durchdringung und Beschreibbarkeit der Vorgänge bei der Kristallisation haben jedoch zur erheblichen Verbesserung der Betriebsweise von Kristallisatoren geführt.

Schrifttum

[1] Matz, G.: Kristallisation, Grundlagen und Technik, Springer-Verlag, 1969

[2] Messing, Th.: Moderne Entwicklung in der technischen Kristallisation Chemiker Zeitung/Chemische Apparatur, Jahrg. 91 (1967) Nr. 24, S. 963-967

[3] Firmenschrift Massenkristallisation, Messo Chemietechnik GmbH, Friedrich-Ebert-Str. 134, 47229 Duisburg

[4] Mersmann, A.; Einenkel, W.D., Käppel, M.: Chem.Ing. Tech. 47 (1975) Nr. 23, S. 953-964

[5] van Hook, A.: Crystallization, Theory and Practice, Reinhold Publishing Corporation, (1963)

[6] Messing, Th.: Übersättigungsbestimmungen als wichtige Problemlösung bei der Massenkristallisation, Verfahrenstechnik Nr. 3/72, S. 106-108

[7] Mersmann, A.; Kind, M.: Chem.Ing.Techn. 57 (1985) Nr. 3, S. 190/200

[8] Kuboi, R.; Nienow, A.W., Conti, R.: Mechanical attrition of crystals in stirred vessels, in: Industrial Crystallization 84, Elsevier Science Publ. B.V., Amsterdam 1984, S.I 211-216

[9] Mersmann, A.; Kind, M.: Modelllierung in der Verfahrenstechnik am Beispiel von Kristallisatoren, Ber. Bunsenges. Phys. Chem. 90, S. 955-963, (1986)

[10] Dubbel, Taschenbuch für den Maschinenbau, Springer Verlag

[11] Wöhlk, W.; Hofmann, G.: Bauarten von Kristallisatoren, Chem. Ing. Tech. 57 (1985), S. 318-327

[12] Wöhlk, W.; Hofmann, G.: Operation of a large scale KCl crystallization plant. Industrial Crystallization (1976), Plenum Publishing Corp., New York.

Flüssiggasdruckbehälter-Lageranlagen

Von H. Backhaus [1])

1 Einleitende Anmerkungen

Für die Lagerung von verflüssigten Gasen (Propan, Butan, Propylen, Butylen) bei Umgebungstemperaturen sind Behälter erforderlich, die für bestimmte Drücke ausgelegt sind. Für Propylen beispielsweise beträgt bei 20 ° C der Sättigungsdampfdruck etwa 10 bar.

In Lagerbehältern für Flüssiggase herrscht also stets ein Überdruck und an undichten Stellen können deshalb mehr oder weniger große Gasmengen freigesetzt werden, die zusammen mit dem Sauerstoff der Umgebungsluft explosionsfähige Gemische bilden.

Es versteht sich von selbst, daß man in den technischen Vorschriften dem Druckbehälter seit langem besondere Aufmerksamkeit gewidmet hat. Dies hat sich seit einigen Jahren geändert und heute stehen nicht nur der Druckbehälter, sondern auch seine Peripherie, daß heißt Rohrleitungen, Armaturen, Pumpen, Kompressoren und Meßeinrichtungen zur Diskussion. In den relevanten Vorschriften ist der Begriff „Anlage" in Zusammenhang mit Druckbehältern das Maß für alle sicherheitstechnischen Belange.

Maßgebend für Druckbehälteranlagen ist zunächst das Gerätesicherheitsgesetz (GSG-Gesetz über technische Arbeitsmittel) vom 1. Januar 1993, Ausgabe Januar 1994.

In § 11 (1) GSG ist festgelegt, daß in überwachungsbedürftigen Anlagen, durch die eine Gefährdung von Beschäftigten und Dritten hervorgerufen werden kann, die Anforderungen dem Stand der Technik entsprechen müssen.

Diese Forderung gilt insbesonders für die Herstellung, die Errichtung sowie den Betrieb der Anlage und ihrer Komponenten. Weitere Einzelheiten – so das Gesetz – finden sich in Rechtsverordnungen, zu deren Erlaß die Bundesregierung ermächtigt ist.

Die maßgebliche Rechtsverordnung für Druckbehälteranlagen zur Lagerung und zum Umschlagen verflüssigter Gase ist die Druckbehälterverordnung (DruckbehV –Verordnung über Druckbehälter, Druckgasbehälter und Füllanlagen) vom 1. Juli 1992, Ausgabe Januar 1994.

In § 4 (1) DruckbehV wird ausdrücklich gefordert, daß Druckbehälter und Rohrleitungen samt Zubehör nach den allgemein anerkannten Regeln der Technik errichtet und betrieben werden müssen. Der Erlaß solcher Regeln wird auf den Bundesminister für Arbeit und Sozialordnung übertragen.

Nach § 3 (1) GSG sind Ausnahmen zulässig. Danach darf von den allgemein anerkannten Regeln der Technik sowie von den Arbeitsschutz- und Unfallverhütungsvorschriften abgewichen werden, wenn die gleiche Sicherheit auf andere Weise gewährleistet ist.

---

[1]) Dr.-Ing. Dr. rer. pol. Herbert Backhaus, NOELL-LGA Gastechnik GmbH, Remagen-Rolandseck

Die nach § 11 (2) GSG einzusetzenden technischen Ausschüsse sollen dem zuständigen Bundesminister in technischen Fragen beraten und ihm Vorschriften vorschlagen, die dem Stand von Wissenschaft und Technik entsprechen.

Diese Ausschüsse wiederum stimmen sich mit dem technischen Ausschuß für Anlagensicherheit gemäß § 31 a (1) des Bundes-Immissionsschutzgesetzes ab, wenn es um technische Regeln geht, in denen der Stand von Technik und Sicherheitstechnik für genehmigungspflichtige Anlagen festgeschrieben werden soll.

Durch die Einbeziehung des Ausschusses für Anlagensicherheit in die Ermittlung von technischen Regeln, werden somit auch die Aspekte des Bundes-Immissionsschutzgesetzes berücksichtigt.

Bei dieser Ausgangslage ist dann insbesondere die Störfall-Verordnung (12. Verordnung zum Bundes-Immissionsschutzgesetz) vom 20.09.1991, Stand 26.10.1993, für die Errichtung und den Betrieb von genehmigungspflichtigen Druckbehälteranlagen maßgebend.

2 Technische Regeln zur Druckbehälterverordnung

In den technischen Anforderungen, die an Druckbehälteranlagen zu stellen sind, findet man in § 4 (1) DruckbehV den folgenden Generalverweis:

> „Druckbehälter, Druckgasbehälter, Füllanlagen und Rohrleitungen müssen ... nach den allgemein anerkannten Regeln der Technik errichtet und betrieben werden."

Die technischen Regeln, ermittelt vom Fachausschuß „Druckbehälter" (FAD) bei der Zentralstelle für Unfallverhütung und Arbeitsmedizin des Hauptverbandes der gewerblichen Berufsgenossenschaften, enthalten den Stand der Technik für Werkstoffe, Herstellung, Berechnung, Ausrüstung, Aufstellung, Prüfung und Betrieb von Druckbehältern.

Bei einigen technischen Regeln für Druckbehälter, insbesondere den TRB der Reihe 500, handelt es sich um Richtlinien des Bundesministers für Arbeit und Sozialordnung. Die TRB 801 stellt – wie es im Vorspann heißt – teilweise eine technische Regel, teilweise eine Richtlinie des Bundesministers für Arbeit und Sozialordnung dar.

Die TRB der Reihen 100 (Werkstoffe für Druckbehälter), 200 (Herstellung der Druckbehälter), 300 (Berechnung von Druckbehältern) und 400 (Ausrüstung der Druckbehälter) und 600 (Aufstellung der Druckbehälter) enthalten das technische Rüstzeug für den planenden Ingenieur.

Die vorgenannten technischen Regeln gelten generell für Druckbehälter, daß heißt auch für solche, die in Flüssiggasanlagen errichtet und betrieben werden sollen. Darüber hinaussgehend gilt für Flüssiggaslagerbehälteranlagen die Anlage zu Nr. 25 der TRB 801, auf die im folgenden näher eingegangen werden soll.

2.1 Grundsätzliche Anmerkungen zur TRB 801, ANr. 25

Die Anlage zu Nr. 25 der TRB 801 (kurz TRB 801, ANr. 25 genannt) ist bis heute das einzige technische Regelwerk, das speziell und nur für die Flüssiggase Propan, Butan,

Propylen, Butylen und deren Gemische ermittelt wurde. Alle anderen TRB gelten unabhängig von den in Druckbehältern gelagerten Stoffen. Sie gelten somit auch für die zur Diskussion stehenden Flüssiggase. Dies gilt allerdings mit der Einschränkung, daß die Anforderungen der TRB 801, ANr. 25 erfüllt werden müssen, wenn diese über die Vorschriften des allgemein gültigen technischen Regelwerks hinausgehen.

In Abschnitt 1.1 der TRB 801, ANr. 25 ist ausdrücklich festgehalten, daß diese für Flüssiggaslager-Behälteranlagen geltende technische Regel Anforderungen enthält, die dem Stand der Sicherheitstechnik entsprechen, und die zur Erfüllung der sogenannten Betreiberpflichten (§§ 3-6 der Störfall-Verordnung) realisiert werden müssen.

Um deutlich zu machen, daß die Druckbehälteranlage gemäß Bundes-Immissionsschutz- und Gerätesicherheitsgesetz von der TRB 801, ANr. 25 als sicherheitstechnische Einheit erfaßt wird, heißt es in Abschnitt 2.1:

„Im wesentlichen sind Flüssiggaslager-Behälteranlagen

- die in einem engen räumlichen und betrieblichen Zusammenhang stehenden Druckbehälter zur Lagerung von Flüssiggas, Einrichtungen zum Abfüllen von Druckgasbehältern in Druckbehälter, Pumpen, Verdichter, Verdampfer und Rohrleitungen,
- die Sicherheitseinrichtungen (wie Wasserberieselungseinrichtungen, Meßwarten, MSR-System, Gaswarneinrichtungen, Feuerlöscheinrichtungen) sowie
- die sonstigen betriebstechnischen und sicherheitstechnischen Ausrüstungen"

In der TRB 801, ANr. 25 finden sich für die wichtigsten Komponenten einer Flüssiggasdruckbehälteranlage spezielle Anforderungen.

2.2 Druckbehälter

Für die rechnerische Auslegung der Druckbehälter, daß heißt für die Festlegung des zulässigen Betriebsüberdruckes, sind die Vorschriften der TRB 801, Nr. 27 zu beachten. Nach Abschnitt 3.5 dieser technischen Regel gelten für oberirdisch aufgestellte Druckbehälter (mit weißem Schutzanstrich gegen Erwärmung) 40 ° C als höchstmögliche Temperatur des Beschickungsgutes. Ausgehend von Propylen bedeutet dies, daß der Druckbehälter für einen Betriebsüberdruck von 15,6 bar ausgelegt werden muß.

Falls die Druckbehälter erdgedeckt aufgestellt werden und die Überdeckung mindestens 0,5 m beträgt, ist von einer höchstmöglichen Temperatur von 30 ° C auszugehen. Für Propylen liegt damit der maßgebliche Betriebsüberdruck bei 12,1 bar. Für das Flüssiggas „n-Butan", das vielfach in reiner Form eingelagert wird, gelten folgende Betriebsüberdrücke: Bei 40 ° C/2,8 bar und bei 30 ° C/1,8 bar.

Ungeachtet dieser erheblichen Druckdifferenz zwischen Propylen und Butan wird in der TRB 801, ANr. 25 zwischen diesen beiden Stoffen kein Unterschied gemacht. Dies gilt auch für Verdampfer, Rohrleitungen und Armaturen, die „in der Regel" für 25 bar auszulegen sind.

Da dem Druckbehälter in einer Flüssiggasanlage ein besonders hohes Gefährdungspotential zugemessen wird, gelten für seine Armaturenbestückung spezielle Vorschriften:

Rohrleitungsanschlüsse am Lagerbehälter müssen grundsätzlich mit zwei fernbetätigbaren Schnellschlußarmaturen (Gasphasenleitungen nur bei Durchmessern über 50 mm) ausgerüstet werden, wenn die sich in einer Anlage befindliche Flüssiggasmenge über 30 t liegt (Abschnitt 6.2.8 der TRB 801, ANr. 25).

Für die Armaturen gilt das sogenannte Ruhesignal-Prinzip, daß heißt sie müssen bei Ausfall ihrer Antriebsenergie selbsttätig schließen, was in der Praxis durch eine beim Öffnen gespannte Feder bewirkt wird. Die Schnellschlußarmaturen sind in das Not-Aus-System der Anlage einzubeziehen (Abschnitt 6.2.10 der TRB 801, ANr. 25).

Der Lagerbehälter muß mit einem Sicherheitsdruckbegrenzer ausgerüstet werden, dessen Ansprechdruck mindestens 2 bar unter demjenigen des Sicherheitsventils liegt (Abschnitt 6.2.4 der TRB 801, ANr. 25).

Bei erdgedeckten Behältern kann auf Sicherheitsventile verzichtet werden, wenn ein System von automatisch gesteuerten Sicherheitseinrichtungen vorhanden ist. Zu einem solchen System gehört auch eine Überfüllsicherung (Abschnitt 6.2.13 der TRB 801, ANr. 25).

Um das Überfüllen eines Druckbehälters zu verhindern, muß ein Füllstandanzeiger installiert werden, der den Füllstand örtlich anzeigt, diesen zu einer Meßwarte überträgt, sowie Vor- und Hauptalarm auslöst (Abschnitt 6.1.4.2 der TRB 801, ANr. 25).

Zusätzlich sind mindestens zwei voneinander unabhängige Überfüllsicherungen zu installieren, über deren sicherheitstechnische Funktion im Regelwerk keine Anforderungen zu finden sind. In der Praxis geht man davon aus, daß auch die Überfüllsicherungen bei bestimmten Füllhöhen im Druckbehälter Alarme auslösen und letztlich das Not-Aus-System aktivieren.

2.3 Rohrleitungen

Für die Auslegung, die Installation und den Betrieb von Rohrleitungen gelten heute grundsätzlich die Technischen Regeln Rohrleitungen (TRR).

Absperrbare Rohrleitungsteile, in denen sich die Flüssigphase von Flüssiggasen befindet, müssen mit Sicherheits- oder Überstromventilen ausgerüstet werden (Abschnitt 6.4. der TRB 801, ANr. 25 und Abschnitt 10.2 der TRR 100).

Behälterseitige Rohranschlüsse müssen bis zur ersten Absperrarmatur den materiellen Anforderungen für Druckbehälter und deren Prüfkriterien entsprechen (Abschnitt 6.2.10 der TRB 801, ANr. 25).

Rohrleitungssysteme sind so auszuführen, daß durch Bewegungen auch an den Anschlüssen der Lagerbehälter keine unzulässigen Zusatzbeanspruchungen bewirkt werden (Abschnitt 7.4 der TRB 801, ANr. 25 und Abschnitt 7.4.5 der TRR 100).

Die Flanschdichtungen von Rohrleitungsverbindungen müssen so angeordnet oder so ausgeführt sein, daß sie ausreichend gegen Wärmeeinwirkung geschützt sind (Abschnitt 5.4 der TRB 801, ANr. 25). In der Praxis wird ein sicheres Funktionieren der Dichtungen bis zu einer Temperatur von 620 °C gefordert.

Die gleichen Anforderungen gelten auch für Armaturen, wobei der Schutz gegen unzulässige Wärmeeinwirkung beispielsweise durch eine sogenannte Fire-safe-Ausführung gemäß ISO 10 497 zu gewährleisten ist (Abschnitt 5.3 der TRB 801, ANr. 25).

2.4 Sicherheitssysteme

In Flüssiggasanlagen werden verschiedene Systeme gefordert, durch welche die Betriebssicherheit gewährleistet werden soll. Insbesondere müssen Einrichtungen zum Melden von Bränden und Explosionsgefahr vorhanden sein (Abschnitt 6.1.2 der TRB 801, ANr. 25).

In erster Linie gehören hierzu Gaswarneinrichtungen, die bei einer Konzentration des Gas-/Luftgemisches von 20 % der unteren Explosionsgrenze Voralarm, bei 40 % Hauptalarm auslösen. Der Hauptalarm muß gleichzeitig das Not-Aus-System aktivieren (Abschnitt 6.1.3 der TRB 801, ANr. 25).

Falls eine gefährliche Wärmeeinwirkung aus der Nachbarschaft nicht ausgeschlossen werden kann, muß eine Brandmeldeanlage installiert werden (Abschnitt 7.1.13 der TRB 801, ANr. 25).

Für sicherheitsrelevante Ausrüstungsteile, die bei einer Störung des bestimmungsgemäßen Betriebs funktionsfähig bleiben müssen, ist eine Energienotversorgung erforderlich. Zu diesen Ausrüstungsteilen gehören Brandmeldeanlagen, Gaswarneinrichtungen, Alarmanlagen, Lüftungseinrichtungen etc. (Abschnitt 7.1.6 und 7.1.7 der TRB 801, ANr. 25).

Als weitere Sicherheitseinrichtung gilt die Wasserberieselung von Anlagenkomponenten, wenn es um den Schutz vor unzulässiger Erwärmung geht. In erster Linie sind neben den Druckbehältern die Eisenbahnkesselwagen und die Straßentankwagen zu nennen, mit denen das Flüssiggas zur Anlage gebracht oder von dieser abgeholt wird.

Die geforderten Wassermengen liegen – gerechnet für die gesamte Behälteroberfläche – bei mindestens 400 l/m^2h an ungestörten Flächen und bei 600 l/m^2h im Bereich von Anschlüssen, Armaturen und sonstigen komplizierten Geometrien (Abschnitt 7.1.12, TRB 801, ANr. 25).

Je nach Anlagengröße müssen, um diese Forderung erfüllen zu können, Wassermengen von 100-300 m^3/h (und gegebenenfalls mehr) bereit gehalten werden. Da dies in vielen Fällen nicht möglich ist, werden heute in Flüssiggasanlagen liegende zylindrische Druckbehälter mit einer allseitigen Erddeckung vorgesehen. Für die so vor unzulässiger Erwärmung geschürten Flüssiggasbehälter ist keine Wasserberieselungseinrichtung erforderlich.

Die Kühlung mit Wasser im Brandfall reduziert sich dann auf Eisenbahnkesselwagen und Straßentankwagen, die in einer Flüssiggasbehälteranlage be- oder entladen werden.

Da auch in diesem Fall Wassermengen vorgehalten werden müssen, die nicht oder nur mit größerem finanziellem Aufwand (Verlegung größerer Rohrleitungsquerschnitte) zu beschaffen sind, ist in den TRB 801, ANr. 25 eine Erleichterung vorgesehen. Der Abschnitt 7.1.12, Satz 2, lautet:

„Bei ausschließlicher Wärmestrahlung mit einer Wärmestromdichte von nicht größer als 6 kW/m² ist eine Wassermenge von mindestens 100 l/m² h ausreichend."

Der Nachweis, daß beispielsweise ein Eisenbahnkesselwagen nur einer Wärmestrahlung ausgesetzt sein wird, und daß diese nur 6 kW/m² beträgt, obliegt dem Betreiber einer Flüssiggasanlage. In der genehmigungsrechtlichen Praxis läßt sich ein solcher Nachweis kaum erbringen, da keiner der Beteiligten voraussagen kann, ob überhaupt ein Brand entsteht, und wo der Brandherd in Bezug auf die wärmebestrahlten Flächen liegen wird.

3 Abschließende Bemerkungen

Das speziell für Flüssiggaslager-Behälteranlagen geltende technische Regelwerk, nämlich die TRB 801, ANr. 25 enthält eine Vielzahl weiterer sicherheitstechnischer, unter Umständen kostspieliger Anforderungen, auf die im Rahmen dieser Veröffentlichung nicht weiter eingegangen werden kann.

Für die Beantwortung der Frage, ob in diesem technischen Regelwerk der Stand der Technik und Sicherheitstechnik für alle Beteiligten, daß heißt in erster Linie für Betreiber und Genehmigungsbehörden, verbindlich festgeschrieben ist, soll der Abschnitt 1.2 der TRB 801, ANr. 25 wörtlich zitiert werden:

„Werden bei noch näher zu bestimmenden „Flüssiggaslagerbehälteranlagen" die Anforderungen dieser Anlage zur TRB 801 Nr. 25 nicht erfüllt, ist die gleiche Sicherheit auf andere Weise zu gewährleisten."

In dem technischen Regelwerk für Flüssiggas werden die Ausnahmebestimmungen in § 3 (1) des Gerätesicherheitsgesetzes gleichsam bestätigt. Abweichungen vom schriftlich fixierten Stand von Technik und Sicherheitstechnik wollen sowohl der Gesetzgeber als auch die Ermittler von technischen Regelwerken zulassen. Diese an sich vernünftige Vorgabe spielt in der Genehmigungspraxis kaum eine Rolle.

Die zuständigen Behörden und ihre technischen Gutachter werden in fast allen Fällen auf eine ausnahmslose Verwirklichung von Regelwerksanforderungen bestehen. Der vom Gesetzgeber und auch von den Ermittlern eines technischen Regelwerk vorgegebene Ermessensspielraum wird von den Aufsichts- oder Genehmigungsbehörden kaum genutzt. Es wird nicht zugestanden, daß technische Regeln letztlich nur eine, allerdings nach Möglichkeit zu beachtende Erkenntnisquelle sind.

Sollte ein Betreiber – aus welchen Gründen auch immer – die Sicherheit seiner Anlage auf eine andere, vom Regelwerk abweichende, Weise gewährleisten wollen, dann muß er meist eine Verlängerung seines Genehmigungsverfahrens mit ungewissem Ausgang in Kauf nehmen. Unter solchen Umständen verzichten Betreiber dann auf den Bau neuer Anlagen oder sie setzen bestehende Anlagen still.

Diese Praxis trifft insbesondere für Flüssiggasanlagen mit kleineren Druckbehältern (100-300 m³) zu, weil die kostspieligen sicherheitstechnischen Anforderungen der TRB 801, ANr. 25 weniger den Behälter selbst als vielmehr seine peripheren Einrichtungen betreffen. Während früher für den oder die Druckbehälter etwa 70-80 % der erforderlichen Gesamtinvestition aufgewendet werden mußten, ist es heute vielfach umgekehrt.

Je größer der oder die Druckbehälter werden, desto geringer ist der anteilige finanzielle Aufwand für die von der TRB 801, ANr. 25 geforderte sicherheitstechnische Peripherie. Deshalb werden von den Flüssiggasvertriebsunternehmen heute meist dezentrale Lageranlagen gebaut mit Behältergrößen von 450 bis 1000 m³.

Es versteht sich von selbst, daß in solchen Fällen die Transportwege für Flüssiggasfahrzeuge zu Verbrauchern länger werden, und somit ein erhöhtes Gefahrenpotential auf Schienen oder Straßen verlagert wird.

Bei einem nicht auszuschließenden Unfall auf öffentlichen Verkehrswegen wird die Anzahl der Betroffenen unter Umständen wesentlich größer sein, als es innerhalb einer Flüssiggasanlage der Fall wäre.

Während die Anlage fest im Griff von Bundes-Immissionsschutzgesetz, Störfall-Verordnung, Technischem Regelwerk und der zuständigen Behörden ist, gelten für den Straßenverkehr andere Rechtsvorschriften, die aber bei der Genehmigungsprozedur für eine Flüssiggasanlage keine Rolle spielen.

Diese sicherheitstechnisch kontraproduktive Entwicklung hat der Gesetzgeber sicher nicht gewollt. Er hat aber nicht bedacht, wie seine Vorgaben auf der Vollzugsebene gehandhabt werden, und welche Auswirkungen sie für Flüssiggaslagerbehälteranlagen haben.

Hydrozyklone: Klassische Anwendungen und neuere Verfahrensentwicklungen

Von G. Hörber [1])

Hydrozyklone haben sich seit mehreren Jahrzehnten in der modernen Aufbereitungstechnik eingeführt und finden schnell Einzug in die unterschiedlichsten Bereichen der Industrie. So einfach dieser Apparat vom äußerlichen Aufbau erscheint, so kompliziert wird jedoch die theoretische Beschreibung und Modellierung; deshalb wurde im folgenden der Schwerpunkt mehr auf das Verständnis der physikalischen Zusammenhänge und die vielfältigen Anwendungsmöglichkeiten gelegt. Theoretische Betrachtungen werden angedeutet, auf reichlich vorhandene Originalliteratur wird verwiesen.

1 Grundlagen

Im Gegensatz zu den bekannten Maschinen aus der naßmechanischen Trenntechnik ist der Hydrozyklon ein verhältnismäßig einfacher Apparat, der keinerlei drehende Teile benötigt. Die für die Funktion notwendige Energie wird durch eine Druckerhöhungspumpe vor dem Apparat geliefert.

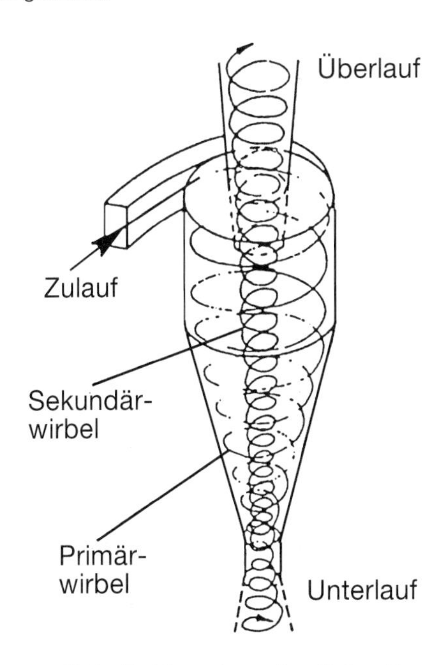

Bild 1: Funktionsschema eines Hydrozyklons

[1]) Prof. Dr.-Ing. Gerhard Hörber, Umweltverfahrenstechnik, Fachhochschule für Technik und Wirtschaft, Berlin

Aus einem Vorlagebehälter wird dem Hydrozyklon das Feststoff-Flüssigkeits-Gemisch unter Druck zugeführt. Der Zulauf in den Zyklon erfolgt tangential (Bild 1). Dadurch wird ein Zentrifugalfeld erzeugt, das dazu führt, daß sich Teilchen mit höheren Absetzgeschwindigkeiten näher zur Apparatewand hin orientieren, während Teilchen mit geringeren Absetzgeschwindigkeiten im Zentrifugalfeld zur Mitte wandern. Die durch den tangentialen Zulauf entstehende abwärts gerichtete schraubenförmige Partikelbahn wird Primärwirbel genannt.

Die Austrittsöffnung am Unterlauf ist so gestaltet, daß sie als Drossel wirkt und nicht die gesamte ankommende Suspensionsmenge austreten läßt. So kann nur der wandnahe Teil der Suspension, der die Partikel mit hohen Absetzgeschwindigkeiten enthält, aus dem Apparat austreten, während die größte Wassermenge zusammen mit den sich weiter innen anreichernden Teilchen zum Umkehren gezwungen wird. Dieser nun entstandene Wirbel heißt Sekundärwirbel und ist dem Primärwirbel entgegengesetzt, also aufsteigend gerichtet. Der Drehsinn bleibt erhalten. Dieser Suspensionsteilstrom verläßt den Apparat durch die Überlaufdüse. Im inneren des Sekundärwirbels bildet sich ein Luftkern, der bei genügend kleinen örtlichen Drucken auch verdampfende Flüssigkeit enthalten kann.

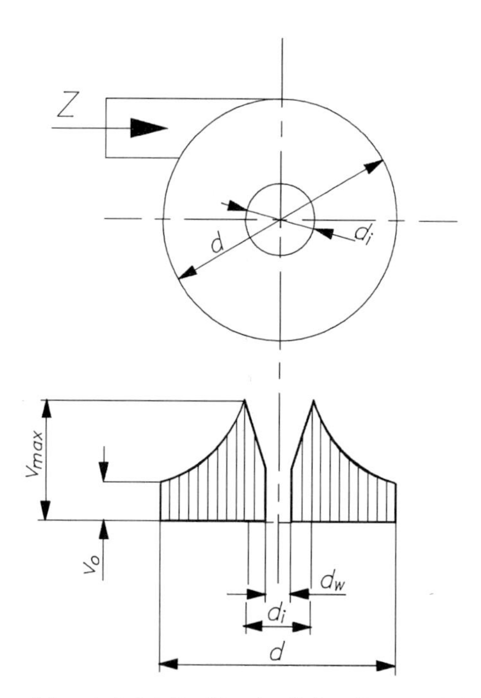

Bild 2: Verlauf der Tangentialgeschwindigkeiten über den Hydrozyklonquerschnitt; im oberen Bild ist ein Querschnitt in der Zulaufebene gelegt. Die Geschwindigkeitsverteilung im unteren Bild ist einem Schnitt etwas unterhalb der Zulaufebene zugeordnet, bei dem keine Störung durch den Zulauf auftritt. Z=Zulauf, d=Hydrozyklondurchmesser, di=Durchmesser der Überlaufdüse, Dw=Durchmesser des Luftkerns

Aufgrund der eben beschriebenen Funktion des Hydrozyklons kann die Trennwirkung als zweistufiges Verfahren aufgefaßt werden. Zunächst erfolgt eine Vorabscheidung im Primärwirbel (1. Stufe). Die in den Sekundärwirbel gelangenden Teilchen werden jedoch weit höheren Tangentialgeschwindigkeiten ausgesetzt (Bild 2). Dies führt dazu, daß Teilchen aus dem Sekundärwirbel zurück in den Primärwirbel geschleudert werden (2. Stufe). Für Teilchen mit mittleren Absetzgeschwindigkeiten kann das bedeuten, daß sie mehrmals zwischen Primär- und Sekundärwirbel zirkulieren, bevor sie den Hydrozyklon verlassen.

Bei der Entwicklung des Hydrozyklons wurde auf die strömungsgerechte Ausführung der Einlaufgeometrie besonderer Wert gelegt [1]. Um ein störungsfreies „Anlegen" der neu in den Apparat einströmenden Suspension an den schon einmal umgelaufenen Strom zu ermöglichen, wurde aus der ursprünglichen Konstruktion „A" (Bild 3) mit fast rechtwinklig aufeinandertreffenden Teilströmen über die Gestaltung einer quasilaminaren Anlaufstrecke „B", die heute übliche Evoluteneinlaufgeometrie „C" entwikkelt, die maßgeblich von Prof. Dr. H. TRAWINSKI beeinflußt wurde.

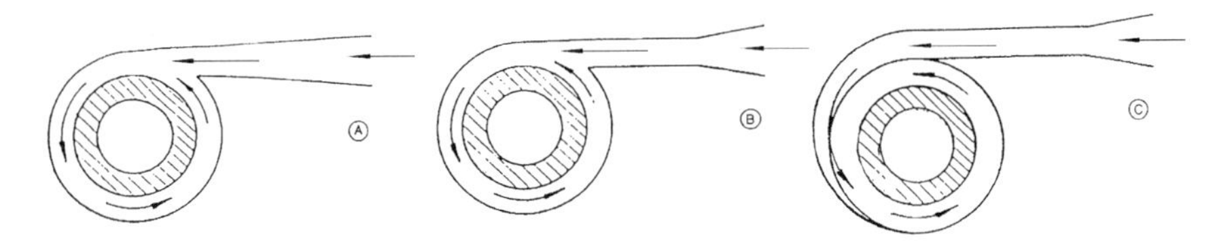

Bild 3: Entwicklung der Hydrozyklon-Einlaufgeometrie [1], A = Ursprüngliche ungünstige Anordnung, B = quasilaminare Anlaufstrecke, C = Evoluteneinlaufgeometrie

Zur theoretischen Beschreibung des Trennvorgangs wurden schon viele unterschiedliche Modelle veröffentlicht. Bisher konnte jedoch keine befriedigende Beschreibung der Realität gefunden werden. Älteren Betrachtungsweisen werden Modelle der laminaren Gleichstromklassierung oder auch Gegenstromklassierung zugrundegelegt. Diese Modelle können unter dem Oberbegriff „Gleichgewichtsmodelle" zusammengefaßt werden.

Schon seit Mitte der siebziger Jahre wurde an der Universität Bergakademie Freiberg in Sachsen um Prof. Dr. H. SCHUBERT an Modellen gearbeitet, die die turbulenten Stömungsverhältnisse berücksichtigen. Diese Betrachtungsweise wird als „Turbulenzmodell" bezeichnet.

Eine Bewertung der Berechnungsmodelle soll hier nicht versucht werden. Der interessierte Leser sei auf die Originalliteratur verwiesen [1, 2, 3, 4, 5, 6, 7, 8]. In absehbarer Zeit schein die theoretische Beschreibung der Trennvorgänge nicht so präzise zu sein, daß auf Pilotversuche verzichtet werden kann.

Betrachtet man die radiale Verteilung der Tangentialgeschwindigkeiten (Bild 2), so erkennt man, daß im Hydrozyklon sehr hohe Scherkräfte herrschen müssen. Größere Teilchen, die etwa durch Flockung entstanden sind, werden im Schergefälle zerstört und können deshalb aufgrund ihrer geringen Absetzgeschwindigkeit nicht abgeschieden werden. Das bedeutet wiederum, daß auch Agglomerate zerstört werden und in ihre „Primärteilchen" zerlegt werden. Ist diese Tatsache unerwünscht, so muß auf ein anderes Trenngerät zurückgegriffen werden, etwa Zentrifuge oder Eindicker.

Eine vollständige Klärung der Überlaufsuspension ist nicht möglich, da feinste Feststoffteilchen im abgetrennten Wasser verbleiben (Trennkorngrenze ca. 5 mm, Dichte Flüssigkeit 1000 kg/m^3, Dichte Feststoff 2650 kg/m^3).

Dieses Verhalten kann als Abgrenzungsmerkmal zu anderen Trenngeräten dienen. Zentrifugen und Eindicker sind die besseren Klärer – insbesondere, wenn polymere Flockungsmittel zum Einsatz kommen. Hydrozyklone sind die besseren Klassierer, nicht zuletzt wegen der oben beschriebenen zweistufigen Trennwirkung.

Ein Vorteil von Hydrozyklonen gegenüber Zentrifugen ist die freiere Werkstoffwahl. Es gibt kaum Festigkeitsprobleme und keine Rücksichtnahme auf Unwuchten. Der Werkstoff kann nach rein verfahrenstechnischen Gesichtspunkten ausgewählt werden, während man bei den Trenntrommeln von Zentrifugen praktisch auf metallische Werkstoffe beschränkt ist. Als wichtigste Kriterien für die Werstoffauswahl gelten: Druck, Temperatur, Abrasion, Korrosion. Diese vier Kriterien können einzeln, aber auch in Kombination auftreten.

Edelstahl beispielsweise wird bei Großzyklonen als Schweißkonstruktion, bei kleineren als Gußwerkstoff eingesetzt. Porzellan hat sich bei kleineren Zyklontypen ebenfalls viele Anwendungen erobert; aus hygienischen Gründen vor allem in der Lebensmittelindustrie.

Auch sind in den letzten Jahren andere hochverschleißfeste Keramiken dazugekommen, wie zum Beispiel Aluminiumoxid und Siliziumkarbid. Mit der Ausbreitung der Kunststofftechnik kommen Polyamide und Polyolefine zum Einsatz. Fluorcarbone, die nach Weiterentwicklung jetzt besser verformbar sind, kommen ebenso zur Anwendung wie Polyurethane.

Die verhältnismäßig einfache konstruktive Ausführung der Hydrozyklone läßt den Bau kleiner Geräte zu. Diese werden zur Erzielung hoher Abscheidegrade oder auch niedriger Trennkorngrößen benötigt.

Bei Zentrifugen lassen sich niedrige Trennkorngrößen auch mit größeren Geräten erzielen. Der Grund liegt darin, daß für Zentrifugen die Drehzahl – und damit die Zentrifugalbeschleunigung – einerseits und der Durchsatz andererseits unabhängig voneinander gewählt werden können.

Bei Hydrozyklonen dagegen sind Durchsatz und Zentrifugalbeschleunigung über den Vordruck starr miteinander verkoppelt. Der Drehzahl einer Zentrifuge sind im Rahmen der Festigkeitsgrenzen kaum ökonomische Grenzen gesetzt, während für Hydrozyklone höhere Differenzdrucke (zwischen Zulauf und Über/Unterlauf) als z. B. 0,3-0,4 MPa wegen Zunahme der Reibungsverluste unwirtschaftlich sind [9].

Die Auswahl der richtigen Hydrozyklongröße muß sich also nach der geforderten physikalischen Trennleistung richten und kann nicht einfach über den gewünschten Durchsatz erfolgen. Das führt dazu, daß bei den meisten technischen Awendungen eine Vielzahl von einzelnen Hydrozyklonen parallel geschaltet werden muß, um bei der geforderten Trennleistung den nötigen Durchsatz zu erzielen.

Der parallele Betrieb der einzelnen Apparate sollte so erfolgen, daß alle Einzelgeräte unter identischen Bedingungen betrieben werden. Dies führte zur Konstruktion der sogenannten Ringverteiler (Bild 4). Durch die ringförmige Anordnung ist ein Maximum an Symmetrie gegeben, wodurch gleichmäßige Betriebsbedingungen für die Einzelapparate gewährleistet werden.

Bild 4: Suspensionsaufteilung auf mehrere parallelgeschaltete Ringverteiler, an denen wiederum mehrere Hydrozyklone parallelgeschaltet sind

2 Beschreibung des Trennerfolges

Die Charakterisierung der Trennung im Hydrozyklon erfolgt mittels der Trennkorngröße d_{50}, des Abscheidegrades θ, des Volumensplittverhältnisses α und der Imperfektion I.

Trennkorngröße d_{50}:

Wie eingangs erwähnt, reichern sich in der Überlauffraktion Partikel an mit niedrigeren Absetzgeschwindigkeiten – im allgemeinen kleinere Korngrößen –, während im Unterlauf vorwiegend Partikel mit höheren Absetzgeschwindigkeiten – also gröbere Korngrößen – vertreten sind. Somit kann eine Trennkorngröße definiert werden.

Wie aber bei den meisten realen Apparaten ist auch hier kein ideales Verhalten vorhanden, und es gibt daher keine „scharfe" Trennung, das heißt, es sind auch feinere Korngrößen im Unterlauf vorhanden (Bild 5). Um dieses reale Verhalten zu berücksichtigen, wird die Trennkorngröße so festgelegt,daß die zu jeweils gleichen Massenanteilen im Überlauf und im Unterlauf auftretende Korngröße dem d_{50}-Wert zugeordnet ist.

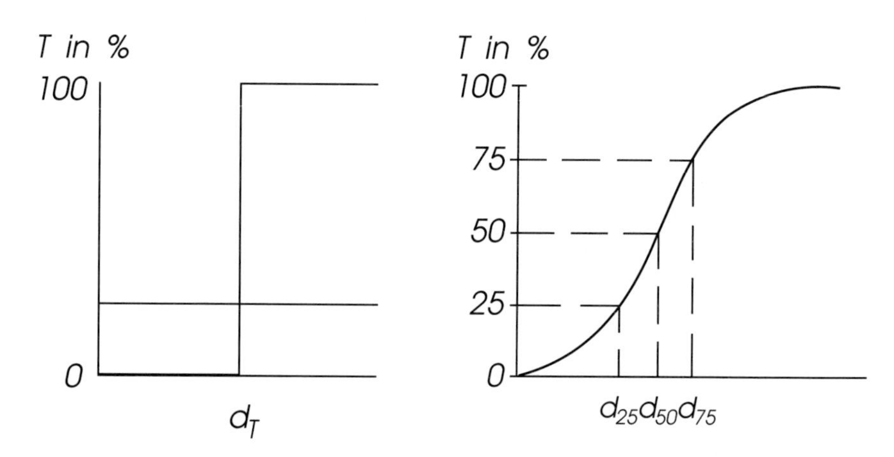

Bild 5: Trennfunktion T(d), Bild links: ideale Trennung, Bild rechts: reale Trennung

Imperfektion I:

Damit man beurteilen kann, wie gut die reale Trennung im Vergleich zur idealen ist, wurde die sogenannte Imperfektion eingeführt:

$$I = \frac{1}{2} \, \frac{d_{75} - d_{25}}{d_{50}}$$

Die Werte d_{25} und d_{75} sind der Trennfunktion T(d) – auch Tromp-Kurve genannt – entnommen (Bild 5). Kleine Werte von I stehen für scharfe Trennung. Nähere Einzelheiten zur Trennfunktion sind beispielsweise in [10] nachzulesen.

Volumensplitverhältnis α:

Diese Verhältniszahl gibt an, welcher Anteil des Gesamtvolumenstroms in den Überlauf gelangt.

Abscheidegrad θ:

Diese Verhältniszahl gibt an, welcher Anteil der gesamten Feststoffmenge in den Unterlauf abgeschieden wird.

Mit Hilfe dieser vier Kenngrößen kann die Trennleistung des Hydrozyklons hinreichend quantifiziert und qualifiziert werden. Häufig genügt sogar die Kenntnis von α und θ.

Wird ein Hydrozyklon zum Beispiel als Voreindicker eingesetzt, so sollte möglichst viel Feststoff im Unterlauf abgeschieden werden und dabei möglichst viel Flüssigkeit in den Überlauf gelangen. In den Kenngrößen α und θ ausgedrückt, bedeutet dies, daß beide Kennzahlen möglichst nahe an 100 % heranreichen sollten.

Gute Werte für die Imperfektion liegen bei etwa 0,2-0,3.

Die Trennkorngröße ist variabel und abhängig vom Durchmesser des Apparates. Nach unten zu kleineren Trennkorndurchmessern hin scheint nach heutigem Wissensstand eine natürliche Grenze zu existieren.

Der absolute Wert ist abhängig von mehreren Größen. Es hat sich eingebürgert als Angabe den Wert von „Sand in Wasser" als Maßstab heranzuziehen. Hierfür gilt als untere Grenze etwa 5 mm. Für andere Feststoff-Flüssigkeitssysteme lassen sich Umrechnungen nach der folgenden Gleichung durchführen:

Dabei sind:

$$d_t = d_{t0} \sqrt{\frac{\rho_{Po} - \rho_{F0}}{\rho_P - \rho_F} \frac{\mu_F}{\mu_{F0}}}$$

d_t : zu berechnender neuer Trennkorndurchmesser
d_{t0} : bekannter Trennkorndurchmesser
ρ_F : Dichte der Flüssigkeit
ρ_P : Dichte des Feststoffs
μ_F : dynamische Zähigkeit
„0" : Werte, zugehörig zum bekannten Trennkorndurchmesser

Physikalisch sinnvoll wäre hier eine Beschreibung mit Hilfe der Absetzgeschwindigkeit, weil damit die entscheidende Größe gegeben ist. In der Praxis hat sich jedoch das Arbeiten mit dem Trennkorndurchmesser durchgesetzt.

Die äußere Form des Hydrozyklons hat einen starken Einfluß auf die Trennleistung. Sie variiert zwischen schlanken langen Konen und vollzylindrischer Form mit flachem Boden (Bild 6).

Für grobe Klassierungen im Bereich von 100-500 µm Trennkorndurchmesser hat sich der zylindrische Hydrozyklon bewährt. Für feinere Klassierungen wählt man stumpfe Konen. Hydrozyklone mit schlanken Konen dienen der Feingut-Abtrennung oder auch der Klärung und Eindickung.

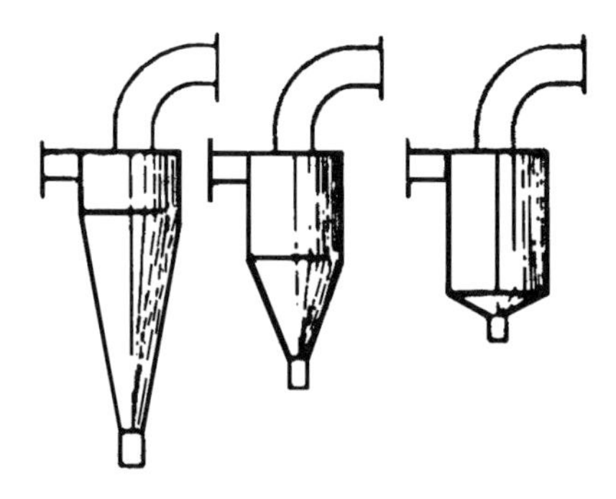

Bild 6: Verschiedene prinzipielle Hydrozyklonbauformen
rechts: Flachbodenhydrozyklon für grobe Trennschnitte
mitte: Hydrozyklon mit stumpfen Konus für mittlere Trennschnitte
links: Hydrozyklon mit spitzem Konus für niedrige Trennschnitte (Entschlämmung, Eindickung)

3 Klassische Anwendungen

Wie eingangs schon erwähnt, hat sich der Hydrozyklon in der Technik schon eine ganze Reihe von unterschiedlichen Anwendungen erobert. Die Fähigkeit des Hydrozyklons, feinste Körnungen abzutrennen, führt zur Anwendung bei der Entschlämmung. Die Feinfraktion stört meist in nachgeschalteten Anreicherungsprozessen, zum Beispiel Flotation, Magnetscheidung oder Schwertrübeverfahren. Ebenfalls abgeschlämmt werden feinste Fremdmineralien, zum Beispiel Tonanteile aus Industriesanden oder Rohphosphat.

Die Rückgewinnung der Feinsandfraktion in der Sand- und Kiesaufbereitung erfolgt häufig aus den Siebdurchschlägen der Entwässerungssiebe mit Hydrozyklonen, die im freien Fall betrieben werden und nachgeschalteten Ringverteilerstationen [11].

Auch zur Kornvergröberung in der Metallurgie und chemischen Industrie eignen sich Hydrozyklone. Die Feinfraktion wird als Impfkristall zum Kristallisator zurückgeführt. Bekannte Anwendungen sind zum Beispiel Aluminiumhydratproduktion, Kristallsalzprodukte oder auch die Vorentwässerung von Rauchgasgips.

Die Überkornabscheidung oder Entgrittung kann für nachgeschaltete Prozesse ebenfalls von Wert sein. So finden die Apparate Verwendung bei sogenannten Kreislaufmahlungen. Dabei wird das Mahlprodukt über den Hydrozyklonüberlauf ausgeschieden, während das noch zu grobe Material in den Unterlauf gelangt und der Mühle erneut zugeführt wird [9].

Grundsätzlich können beide resultierenden Teilströme nach Durchlaufen des Hydrozyklons alternativ als Produkt verwertet werden, aber auch eine Verwertung beider Ströme ist denkbar. Im letzteren Fall kann der Zyklon nicht auf einen Teilstrom alleine auf Kosten der Qualität des anderen optimiert werden. Man benutzt deshalb eine der beiden Alternativen, wie sie in Bild 7 dargestellt sind. Im Falle a) wird der Zyklon I auf optimalen Unterlauf getrimmt. Das hat zur Folge, daß im Überlauf noch gröbere Partikel zu finden sind, die nicht erwünscht sind. Nun wird in einer zweiten Stufe ein weiterer Zyklon beschickt, wobei auf den Überlauf besonderer Wert gelegt wird. Der Unterlauf des zweiten Zyklons wird als Mittelgut vor dem ersten Zyklon zurückgeführt.

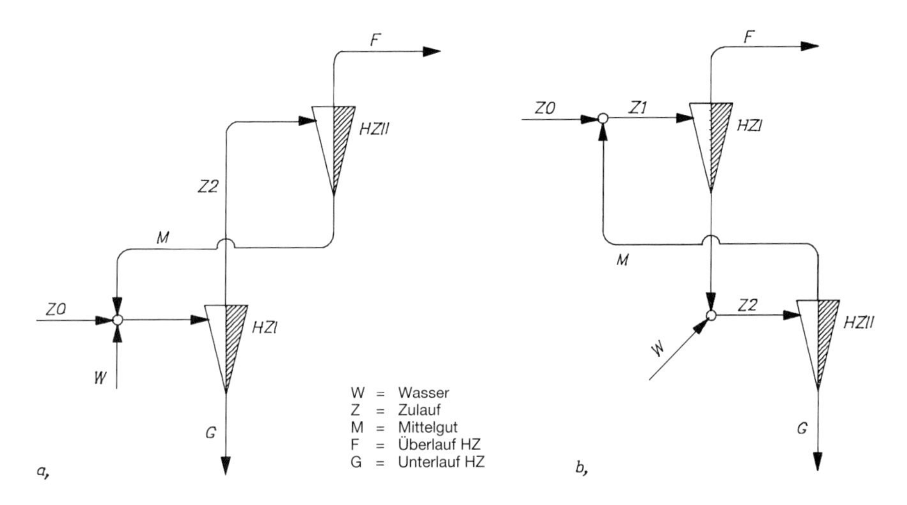

Bild 7: Zweistufige Hydrozyklonschaltungen mit Mittelgutrezirkulierung

Eine weitere Möglichkeit der Schaltung ist im Falle b) beschrieben. Dort wird der Unterlauf des ersten Zyklons „nachgewaschen", um Verluste an Feinprodukt im Unterlauf zurückzugewinnen. Bei der Kaolinaufbereitung werden zur optimalen Trennung von Kaolin und Feldspat die Schaltungen nach a) und b) mehrstufig hintereinander ausgeführt.

Ein weiteres Beispiel für die Anwendung von Hydrozyklonen ist die zweistufige Entwässerung nach Bild 8. Das teilgeklärte Wasser der zwei Stufen wird als Betriebswasser im Kreislauf geführt. Der Unterlauf des ersten Zyklons wird auf ein Entwässerungssieb gegeben. Der Siebdurchschlag wird einem zweiten – kleineren – Zyklon zugeführt, der die darin enthaltenen feinen Feststoffe größtenteils abscheidet.

Dieser zweite Unterlauf wird auf den schon ausgebrachten, ausgebildeten Filterkuchen auf das Entwässerungssieb aufgebracht. Damit wird diese Schicht als Anschwemmfilter – auch „pre-coat filter" genannt – benutzt. Mit dieser Anordnung kann die Feststoffabscheidung erhöht werden.

Ein weiteres Beispiel wird in Bild 9 aufgezeigt. In den letzten Jahren häuften sich die Anwendungen von sogenannten Gegenstromschaltungen, die vor allem bei der Waschung von Produkten aus der chemischen Industrie zum Einsatz kommen.

Dabei handelt es sich um Festprodukte, die zum Beispiel nach einer Kristallisation in der Mutterlauge dispergiert vorliegen. Durch eine mehrstufige Zyklonschaltung, wobei in der letzten Stufe Frischwasser zugegeben wird, erfolgt ein Auswaschen der Mutterlauge vom Feststoff, der jeweils im Unterlauf abgeschieden wird, während die Mutterlauge in den Überlauf abgetrennt wird.

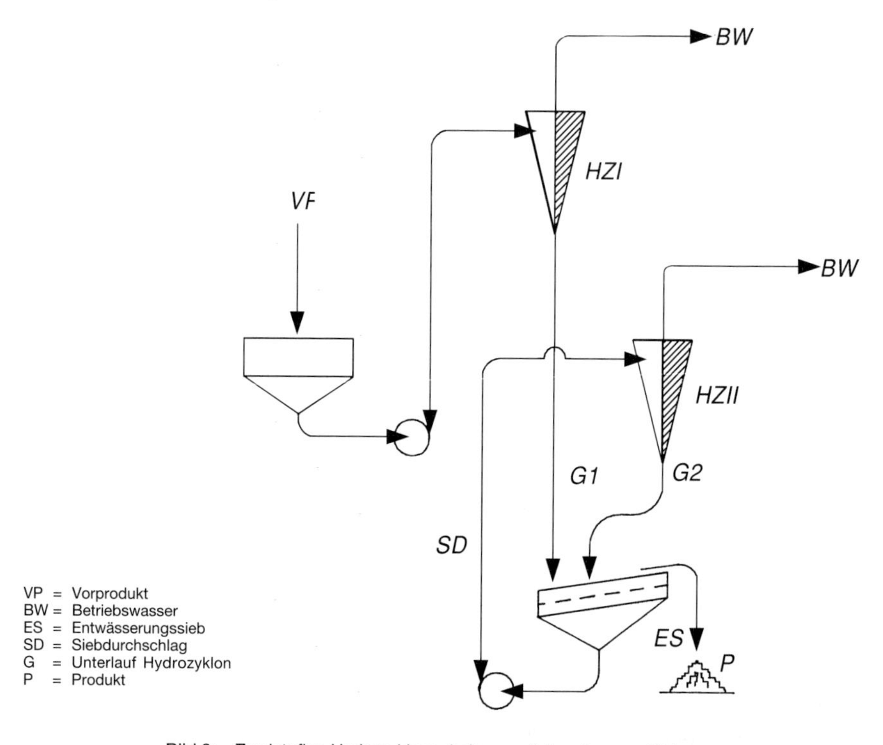

Bild 8: Zweistufige Hydrozyklonschaltung mit Anschwemmfiltrierung

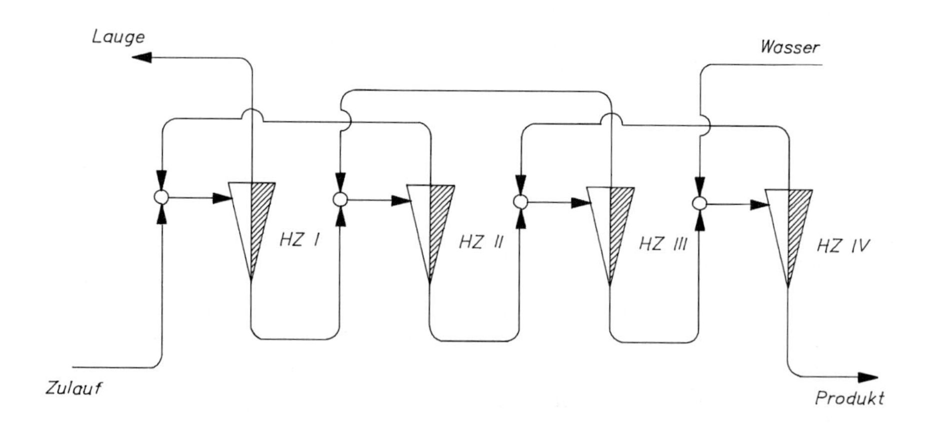

Bild 9: Vierstufige Gegenstromwäsche

Der Begriff „Gegenstromwäsche" kommt daher, daß wie im Bild gezeigt, der Feststoff von links nach rechts geführt wird, während die ausgewaschene Lauge von rechts nach links fließt.

4 Neuere Verfahrensentwicklungen

Hydrozyklone haben sich seit der großtechnischen Einführung vor etwa 50 Jahren als brauchbarer Apparat in der Aufbereitungstechnik bewährt. Es sind seither viele weitere Anwendungsgebiete dazugekommen wie beispielsweise die Nahrungsmittel-, Chemie- und Pharmaindustrie. Damit wurden auch die Werkstoffe sehr stark an die benötigten Anwendungen angepaßt. Hingegen wurden konstruktive Entwicklungen, die den einfachen Apparat zwangsläufig aufwendiger und komplizierter gestalten, vom Markt bisher nicht angenommen. Dazu gehört die Wasserzugabe im konischen Teil des Hydrozyklons zur Verbesserung der Imperfektion ebenso wie die Variation des Trennkorndurchmessers durch Änderung der Betthöhe im Flachbodenzyklon [1]. Es scheint so, daß die Weiterentwicklung des Trennverhaltens mit dem dafür erforderlichen Mehraufwand an Meß- und Regeltechnik, der zwangsläufig erhöhten Anfälligkeit der Anlagen und den unvermeidlich erhöhten Kosten von den Kunden zumindest zum jetzigen Zeitpunkt nicht akzeptiert werden.

Die neueren Verfahrensentwicklungen beziehen sich überwiegend auf Anwendungen im Bereich der Umwelttechnik und dabei stehen die konstruktiven Entwicklungspotentiale im Hintergrund. Im folgenden werden exemplarisch einige neuere Verfahrensentwicklungen vorgestellt.

4.1 Rauchgasentschwefelung

In der Bundesrepublik Deutschland sind die meisten fossil beheizten Kraftwerke mit Rauchgasentschwefelungsanlagen ausgerüstet, die zu den sogenannten „Gipsverfahren" zählen.

Das schädliche Schwefeldioxid wird in einem wässrigen Prozeß mit Kalkmilch zu Gips umgewandelt. Dieser Gips liegt nach der Umsetzung im Wasser suspendiert vor. Zur Weiterbehandlung des Feststoffs wird der Gips entwässert.

Eine Verfahrensvariante ist die zweistufige Entwässerung mit Hydrozyklonen zur Voreindickung und Entwässerung auf Bandfiltern. Die unvollständige Abscheidung des Feststoffs im Zyklon erweist sich hier als Vorteil, da die feineren Partikel aus dem Überlauf als Impfkristalle in den Absorber zurückgeführt werden und damit den Prozeß positiv beeinflussen. Ist der Gips mit einer Hydrozyklonstufe nicht gut genug geeignet für eine Weiterverarbeitung, wird eine zweite Stufe mit niedrigem Trennschnitt nachgeschaltet, um feine Störstoffe aus dem Gipskreislauf auszuschleusen (Bild 10). Mit Hilfe dieser Hydrozyklonnachreinigung ist es im allgemeinen möglich, den Gips qualitativ so zu verbessern, daß eine Deponierung zugunsten einer Wiederverwertung entfallen kann.

4.2 Waschen und Klassieren kontaminierter Böden

Bei diesen – auch extraktive Bodenreinigung – genannten Verfahren werden Hydrozyklone zum Waschen und Klassieren verwendet. Aufgrund der großen spezifi-

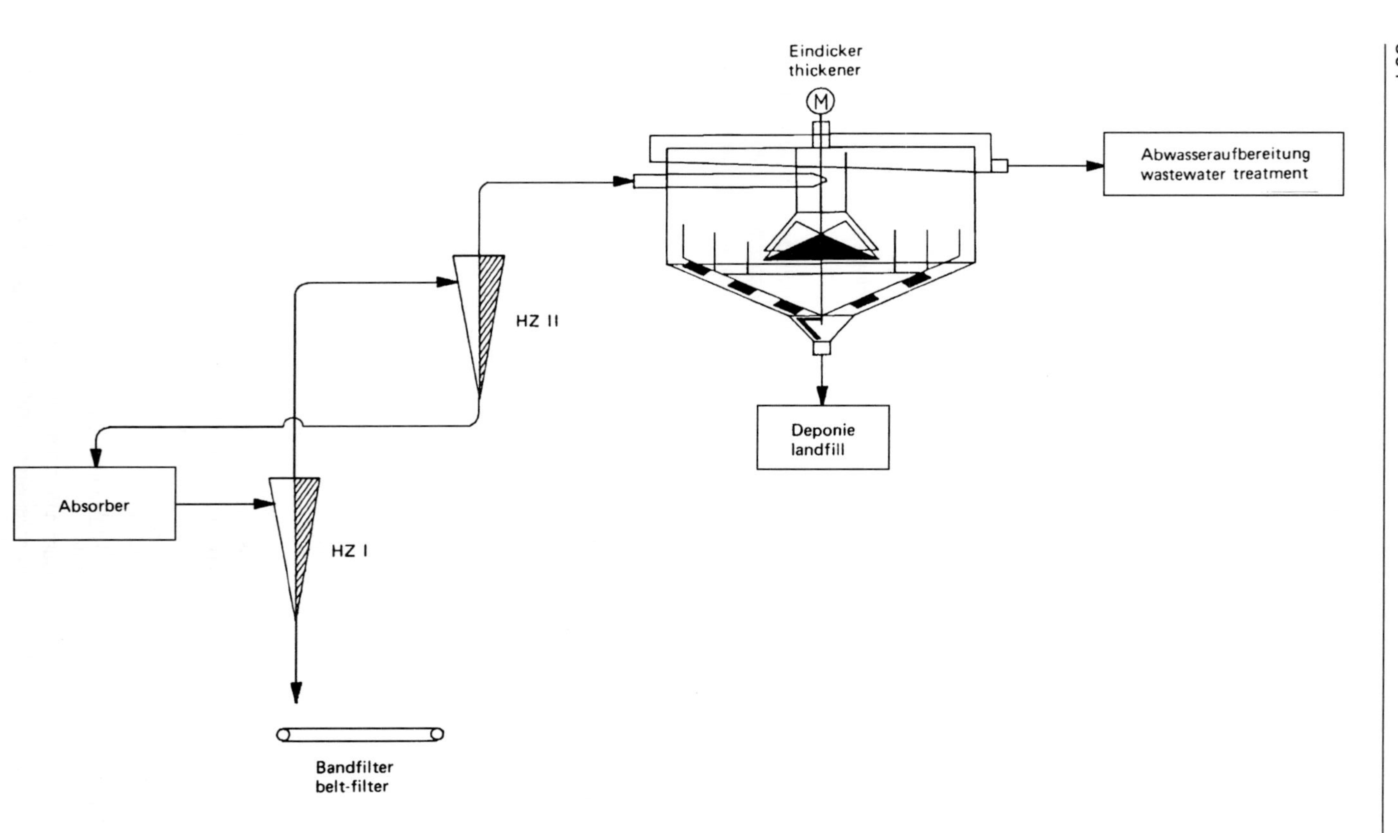

Bild 10: Zweistufige Gipsentwässerung mit Ausschleusung der Störstoffe [14]

schen Oberfläche der tonigen und schluffigen Bestandteile der Böden sind Schadstoffe meist in dieser Fraktion anzureichern. Eine Klassierung im Bereich von ca. 10-60 µm erbringt wiederverwertbare Grobfraktionen und meist in der Menge geringe mit Kontaminationen hochangereicherte Feinstfraktionen. Die notwendige Trennschärfe erfordert meist mehrstufige Zyklonanlagen, um eine Verschleppung von schadstoffhaltigen Feinteilen in die verwertungsfähige Grobfraktion zu minimieren [12]. Bei stark kontaminierten Böden reicht das Waschen der Sande auf Sandentwässerungssieben mit Frischwasser zur Erreichung der geforderten Reinigung nicht aus [13]. In diesen Fällen wird zum Nachwaschen der Hydrozyklonunterläufe der ersten Stufe (Bild 11) eine weitere Hydrozyklonstufe nachgeschaltet, wobei der Unterlauf der ersten Stufe mit Wasser verdünnt wird.

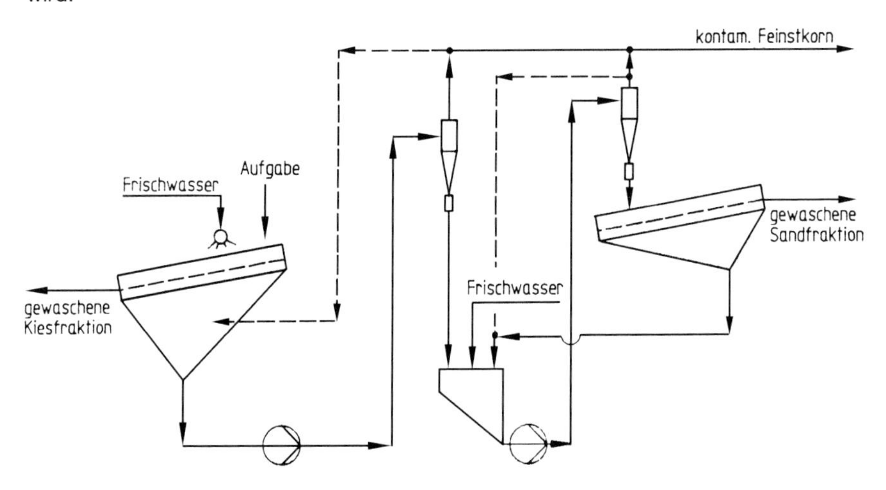

Bild 11: Nachwaschen des Sandes im Hydrozyklon [13]

4.3 Aufbereitung von Schlick aus Häfen, Flüssen und Seen

Zur Freihaltung von Schiffahrtswegen ist es notwendig, die Gewässer von Zeit zu Zeit auszubaggern, um ein Verlanden zu verhindern. Aufgrund der vorgegebenen Grenzwerte ist es in der Regel nicht möglich, den meist mit Schadstoffen behafteten Schlamm einfach abzulagern.

Als Alternative kann – ähnlich der extraktiven Bodenreinigung – die kontaminierte Menge reduziert werden, indem die nicht belastete Sandfraktion vom Schlamm abgetrennt wird (Bild 12).

Nach einer Grobabsiebung wird eine Hydrozyklongruppe beschickt. Der Überlauf enthält den belasteten Schlamm. Im Unterlauf wird der Sand angereichert. Die schlammigen Anteile, Holz- und Teerpartikel werden im nachgeschalteten Aufstromsortierer ausgewaschen und gelangen zusammen mit dem Hydrozyklonüberlauf in die Entwässerung [14].

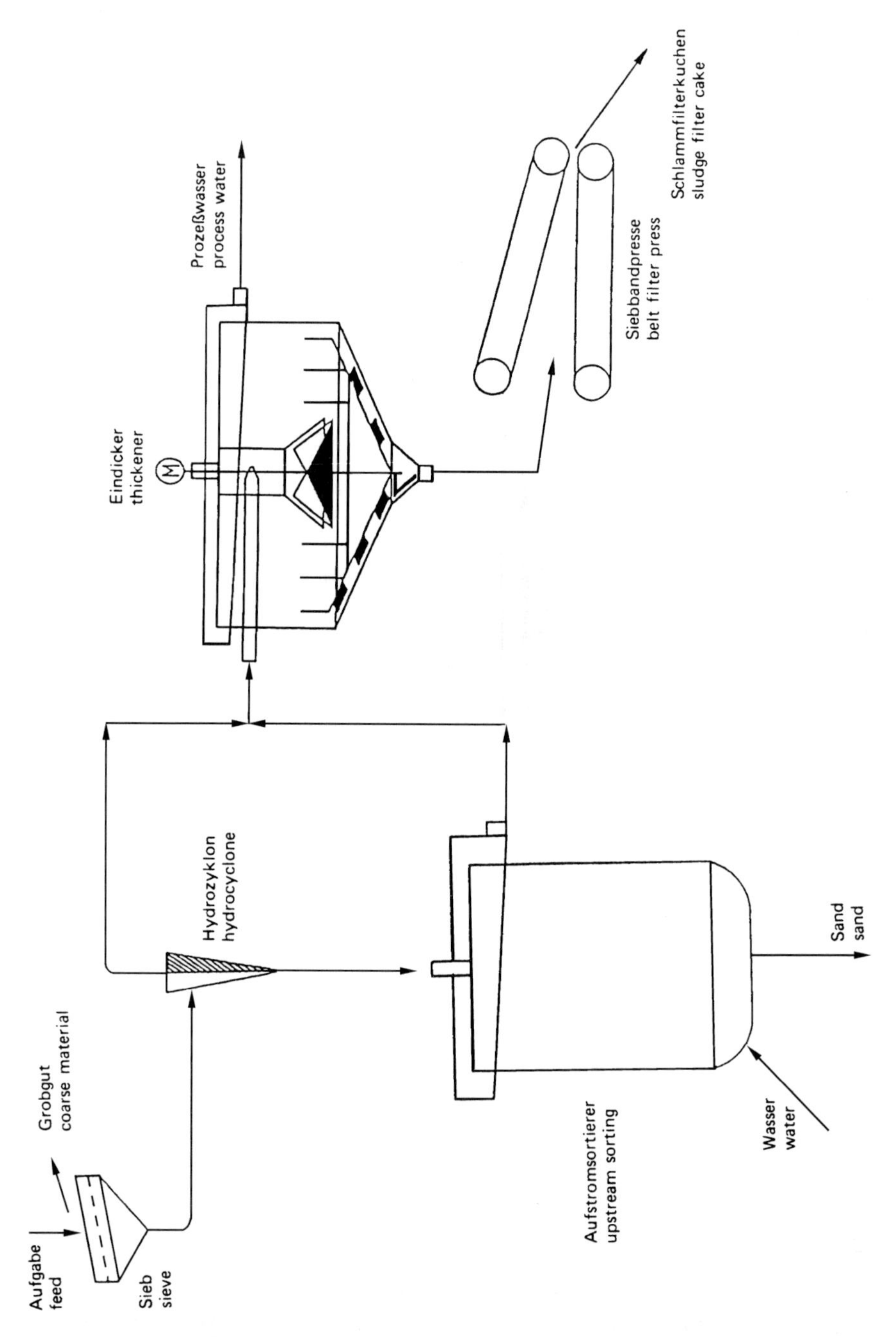

Bild 12: Trennung von Schlick und Sand aus Baggergut [14]

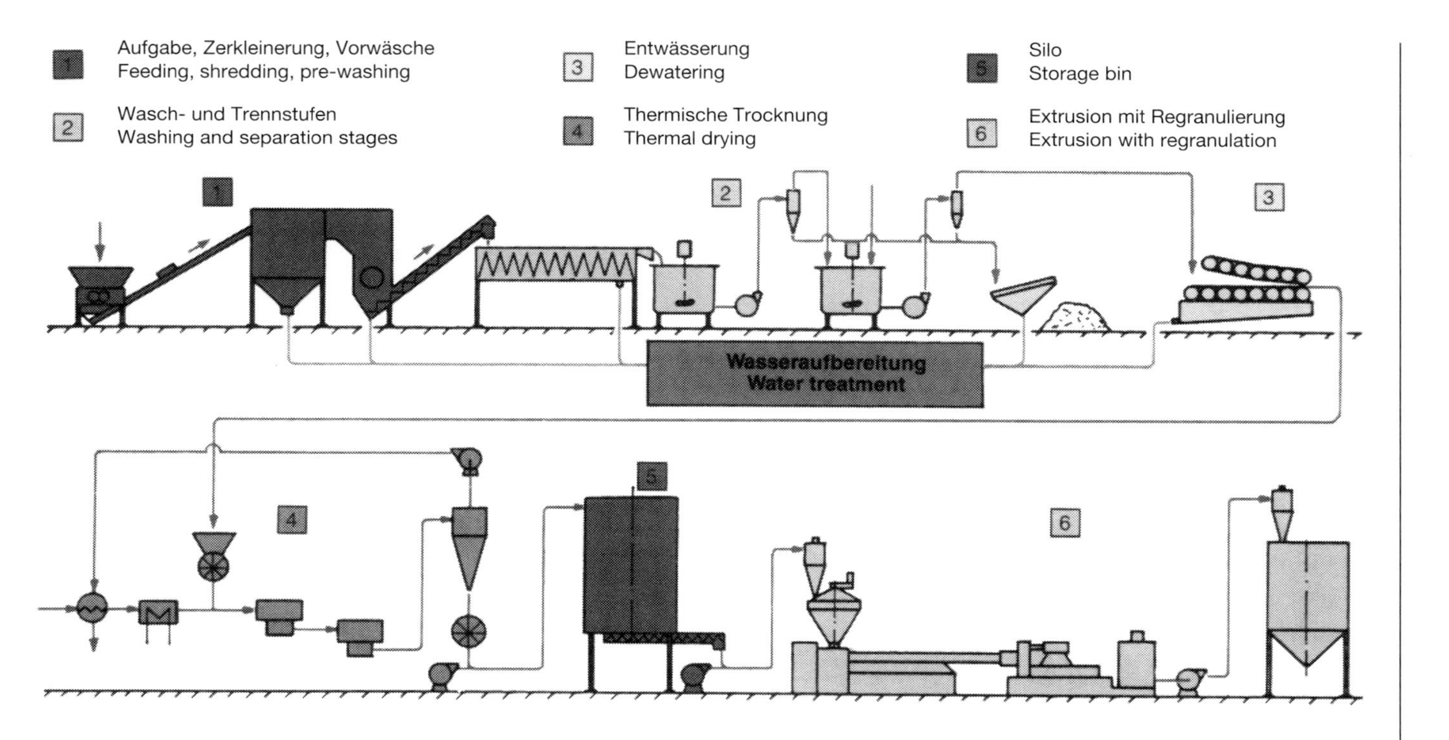

Bild 13: Rückgewinnungsanlage für Polyethylen aus Haus- und Industriemüll [15]

4.4. Werkstoffliches Recycling von Kunststoffen

Voraussetzung für eine Rückgewinnung von sortenreinen Kunststoffen bildet die Wertstofferfassung von Abfällen aus Haushalt und Industrie in einer kompostfreien Form. Die sehr heterogene Kunststofffraktion aus Haushalten wird im Auftrag des „Duales System Deutschland GmbH" als Wertstoff im Rahmen der „gelben Tonne" oder des „gelben Sacks" gesammelt und nach einer Vorsortierung in einer Aufbereitungsanlage (Bild 13) verarbeitet. In einer mehrstufige Hydrozyklonanlage wird mittels einer Dichtetrennung die Polyolefin-Wertstofffraktion (Polyethylen/Polypropylen) von der mengenmäßig geringeren Fraktion (PVC, Polystyrol und andere) abgetrennt. Die Dichtetrennung im Hydrozyklon erfolgt mit Wasser (ρ = 1000kg /m^3) [15]. Die spezifisch leichteren Polyolefine gelangen mit dem Wasser in den Überlauf, während die spezifisch schwereren Kunststoffe abgetrennt werden und den Zyklon durch den Unterlauf verlassen. In einem weiteren Trennschritt (nicht dargestellt), kann mit einem anderen Trennmedium wie zum Beispiel Salzsole oder Schwertrübe aus Schwerspat beziehungsweise Titandioxid oder ähnlichen Pigmenten die Dichtetrennung bei einer erhöhten Dichte durchgeführt werden. Damit ist eine Aufspaltung der Schwerfraktion aus den Unterläufen der Wasserstufen möglich. Die Verwirklichung wird abhängen von den zu erwartenden Mengen, damit eine Wirtschaftlichkeit gegeben ist.

5 Ausblick

Die konstuktive trenntechnische Weiterentwicklung der Hydrozyklontechnik scheint gegenwärtig nicht im Vordergrund der Entwicklungstendenzen zu stehen. In der Anwendungstechnik werden jedoch weitere Entwicklungsmöglichkeiten gesehen. Hierbei werden für die einzelnen Anwendungsfälle spezifische Lösungen bezüglich Werkstoffauswahl und konstruktive Anpassung an die jeweilige Problemstellung geschaffen, die durchaus auch über den Einzelfall hinaus allgemeine Anwendung finden können.

Schrifttum

[1] Trawinski, H.: Der Trennvorgang im Hydrozyklon, Aufbereitungstechnik 36 (1995) S. 410-417
[2] Svarovsky, L.: Hydrocyclones, London, Holt, Rinehart and Winston, 1984
[3] Rietema, K.: Performance and design of hydrocyclones, Chem. Engng. Sci. 15 (1961) 3/4, S. 298-325
[4] Trawinski, H.: Trennwirkungsgrad und toter Fluß des Hydrozyklons, Keram. Z. 26 (1974) S. 21-24
[5] Lynch, A. J.; Rao, T. C.: Modelling and scale-up of hydrocyclone classifiers, Proc. 11th Congr. Inst. Min. 1975
[6] Schubert, H.; Neeße, T.: The role of turbulence in wet classification, Inst. Min. Met. 1973, S. 213-239
[7] Neeße, T.; Dallmann, W., Espig, D.: Effect of turbulence on the efficiency of separation in hydrocyclones at high feed solid concentrations, 2nd Int. Converence of hydrocyclones 1984, paper B3, S.51-66
[8] Hilligardt, R.: Zum Einsatz von Hydrozyklonen für die mechanische Aufbereitung organikhaltiger Baggerschlämme, Dissertation Technische Universität Hamburg-Harburg
[9] Trawinski, H.: Die Betriebspraxis des Hydrozyklons, TIZ 9, 10, 11 (1984)
[10] Schubert, H.: Aufbereitung fester mineralischer Rohstoffe, Bd. 1, Kap. 3.2 VEB-Verlag, Leipzig (1984)
[11] Bohle, B.: Hydrozyklone und Sortierspiralen-eine einfache Lösung für die wirtschaftliche Sortierung und Rückgewinnung von Feinsand in der europäischen Sandindustrie, Aufbereitungstechnik 36 (1995) Dezember
[12] Donhauser, F.: AKW Apparate + Verfahren GmbH, Hirschau, Persönliche Mitteilung, 13.12.1995
[13] Neeße, T.; Grohs, H.: Waschen und Klassieren kontaminierter Böden, Aufbereitungstechnik 32 (1991) S. 72-77

[14] Hörber, G.: Naßmechanische Trenntechnik im Umweltschutz, Aufbereitungstechnik 31 (1990) S. 185-193

[15] Hörber, G.; Ropertz, G., Kaniut, P.: Das AKW-Kunststoff-Aufbereitungssystem-eine moderne und wirtschaftliche Alternative für die Wiederverwertung von „Alt"-Kunststoffen, Aufbereitungstechnik 30 (1989) S. 500-506

Bildnachweis

Bild 3 AKW Apparate + Verfahren GmbH, Hirschau

Entspannungs- und Abscheidesysteme

Von S. Muschelknautz [1])

Zusammenfassung

Entspannungs- und Abscheidesysteme werden hinter Druckentlastungsorganen angewendet, wenn ein gefahrloses Ableiten der entlasteten Medien in die Umgebung nicht gewährleistet werden kann. In diesen Fällen werden die aus der Anlage abgeführten Stoffe einem Nachbehandlungssystem zugeführt, wo sie teilweise oder vollständig zurückgehalten oder unter Einhaltung der zulässigen Emissionsgrenzwerte verbrannt werden.

Üblicherweise wird zwischen

1 Geschlossene Entspannungssysteme

2 Rückhaltung durch Abscheidesysteme

unterschieden.

Zur ersten Gruppe zählen geschlossene Windkessel, die die abgeblasenen Medien bei niedrigem Druck zwischenspeichern. Sofern es sich um kondensierbare Gase handelt, läßt sich das in der Regel große Speichervolumen reduzieren, indem gekühlte Packungen zur Kondensation eingebaut werden.

Die Abscheidesysteme (Gruppe 2) werden unterschieden nach:

- Blowdownbehälter zur Abtrennung und Rückhaltung ausgetragener Flüssigkeiten oder Feststoffe
- Wäschersysteme zur Abtrennung gefährlicher Substanzen aus dem Gasstrom
- Fackelsysteme zur Flüssigkeitsabscheidung und zur Verbrennung der entspannten Gasmengenströme.

Eine unmittelbare Ableitung der abgeblasenen Stoffe in die Umgebung ist unter bestimmten Voraussetzungen tolerierbar, erfordert jedoch in der Regel eine Einzelfallbetrachtung.

Im Rahmen der Übersicht werden verfahrenstechnische und konstruktive Kriterien zur Auslegung von Entspannungs- und Abscheidesystemen erläutert.

1 Einleitung

Entspannungs- und Abscheidesysteme werden hinter Druckentlastungsorganen angewendet, wenn ein gefahrloses Ableiten der entlasteten Medien in die Umgebung nicht gewährleistet werden kann. In diesen Fällen werden die aus der Anlage abgeführten Stoffe einem Nachbehandlungssystem zugeführt, wo sie teilweise oder vollständig

---

[1]) Dr.-Ing. S. Muschelknautz, Linde Aktiengesellschaft, Höllriegelskreuth

zurückgehalten oder unter Einhaltung der zulässigen Emissionsgrenzwerte verbrannt werden.

Wie im Bild 1 dargestellt, wird zwischen

1 Geschlossene Entspannungssysteme

2 Rückhaltung durch Abscheidesysteme

unterschieden.

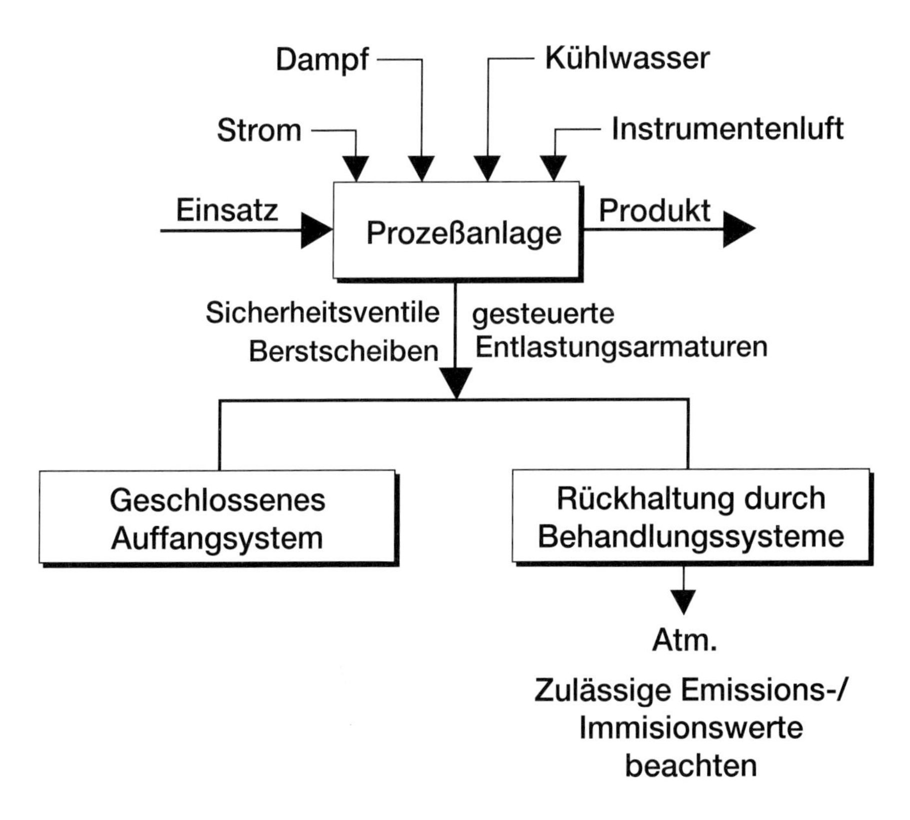

Bild 1: Prozeßanlage und Auffangsysteme

Zur ersten Gruppe zählen geschlossene Windkessel, die die abgeblasenen Medien bei niedrigem Druck zwischenspeichern. Sofern es sich um kondensierbare Gase handelt, läßt sich das in der Regel große Speichervolumen reduzieren, indem gekühlte Packungen zur Kondensation eingebaut werden.

Die Abscheidesysteme (Gruppe 2) werden unterschieden nach

- Blowdownbehälter zur Abtrennung und Rückhaltung ausgetragener Flüssigkeiten oder Feststoffe

- Quencheinrichtungen zur weitgehenden Kondensation entspannter Gasmengenströme
- Wäschersysteme zur Abtrennung gefährlicher Substanzen aus dem Gasstrom
- Fackelsysteme zur Flüssigkeitsabscheidung und zur Verbrennung der entspannten Gasmengenströme.

Eine unmittelbare Ableitung der abgeblasenen Stoffe in die Umgebung ist unter bestimmten Voraussetzungen tolerierbar, erfordert jedoch in der Regel eine Einzelfallbetrachtung. Einzelheiten hierzu können einer Empfehlung des Technischen Ausschusses für Anlagensicherheit in [9] entnommen werden.

2 Geschlossene Entspannungssysteme

Geschlossene Entspannungssysteme bestehen aus einem Blowdownbehälter mit größerem Volumen, der über eine Blowdownleitung mit einem oder mit mehreren Prozeßbehältern verbunden ist. In einem Beispiel in Bild 2 wird ein Reaktor unter dem Druck p_1 und mit dem Volumen V_1 über ein Sicherheitsventil in einen Blowdownbehälter mit dem Volumen V_2 druckentlastet. Bei nichtkondensierenden Gasen läßt sich V_2 in erster Näherung mit dem Druck-Liter-Produkt, wie in Bild 2 angegeben, berechnen. Abhängig von der Ausrüstung des Sicherheitsventils mit beziehungsweise ohne Faltenbalg darf der Gegendruck am Ventil 30 % bzw. 10 % von p_1 nicht überschreiten. Zusätzlich wird empfohlen, den Blowdownbehälter gegen unzulässigen Überdruck (z. B. thermische Ausdehnung) mit einem Sicherheitsventil abzusichern.

Die in der Regel großen Dimensionen des Blowdownbehälters können deutlich reduziert werden, wenn die Gase mit einem akzeptablen technischen Aufwand teilweise oder vollständig kondensiert werden können (siehe Bild 2 rechts). Sofern die Kondensationstemperatur bei p_2 größer gleich der Umgebungstemperatur T_∞ ist, genügt es, den Blowdownbehälter zum Beispiel mit einer Packung großer Oberfläche als Kältefalle auszurüsten. Die Packung nimmt im Normalbetrieb die Umgebungstemperatur ein. Im Blowdown-Fall können die abgeblasenen Gase an der Packungsoberfläche kondensieren.

Bei $T < T_\infty$ muß die Packung mit einem Kühlaggregat auf Kondensationstemperatur gehalten werden. Das erforderliche freie Auffangvolumen V_2 wird um den kondensierbaren Gasanteil M_{kond}/ρ_D dt verringert, wobei eine eventuelle Gasproduktion im Reaktor M_D/ρ_D dt nicht unberücksichtigt bleiben darf.

Ein effektives Verfahren zur Direktkondensation druckentlasteter, gasförmiger Medien wird in [1] vorgestellt. Das Gas wird dazu mit Injektoren in eine Flüssigkeitsvorlage eingedüst. Durch intensive Mischung mit der Flüssigkeit werden sehr hohe Kondensationsgrade bei kompakten Apparatedimensionen erzielt. Das Verfahren eignet sich auch zur Teilkondensation von Dampf-/Gasgemischen. Der nichtkondensierte Gasanteil wird als Abgas abgeleitet, weshalb bei dieser Fahrweise nicht mehr von einem geschlossenen Auffangsystem gesprochen werden kann. Zu beachten ist der zusätzliche Vordruck von einigen bar zur Eindüsung der Gase.

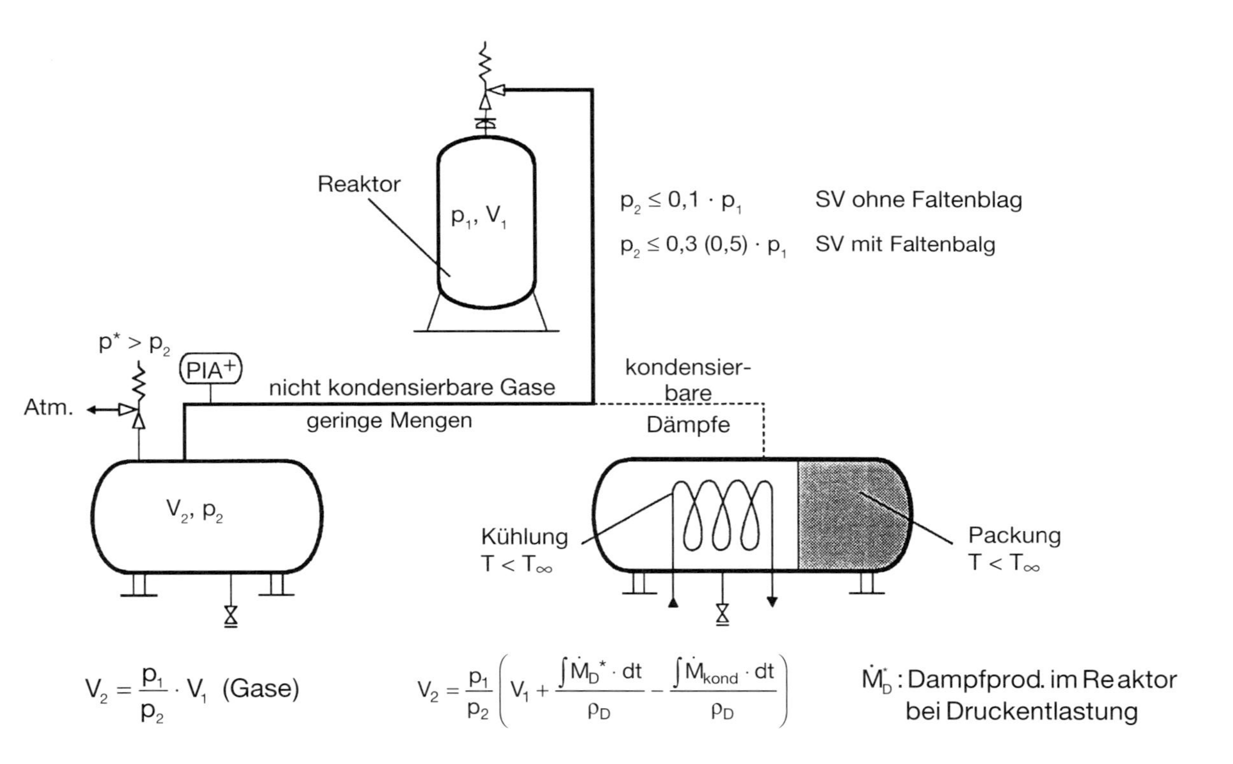

Bild 2: Geschlossene Auffangsystem

3 Abscheidesysteme

Die Aufgaben und Einsatzbereiche verschiedener Abscheidesysteme sind in einer Übersicht in Tafel 1 dargestellt.

Tafel 1: Aufgaben und Einsatzbereiche von Abscheidesstemen

- Abscheider
  - Abtrennen der Flüssigkeit vor weiterer Behandlung des Gases

- Wäscher
  - einsetzbar für brennbare, giftige oder kanzerogene Stoffe, die
    löslich
    neutralisierbar
    kondenssierbar
    chemisch absorbierbar
  sind.

- Fackeln/thermische Abgasreinigung
  - einsetzbar für brennbare Gase/Dämpfe (giftige und kanzerogene Stoffe, wenn thermisch zersetzbar und Endprodukte ungefährlich)

3.1 Flüssigkeitsabscheidung

Bei zweiphasigen Abblasevorgängen haben die mitgerissenen Flüssigkeiten einen erheblichen Anteil an der insgesamt ausgetragenen Masse. Eine wesentliche Aufgabe eines Abscheidesystems ist daher die Abtrennung der Flüssigkeiten vor der weiteren Behandlung der Entspannungsgase. Um einen gleichmäßigen Mitriß der ausgetragenen Flüssigkeiten bis zum Abscheider zu gewährleisten, muß das Entlastungsorgan als Hochpunkt angeordnet und die Blowdownleitung mit leichtem Gefälle bis zum Abscheider verlegt werden. Dadurch wird auch verhindert, daß sich im Laufe der Zeit Flüssigkeit nach dem Entlastungsorgan ansammelt, was beim Ansprechen der Armatur durch starke Beschleunigung zu übermäßigen Impulskräften führen kann.

Wie im Bild 3 eingezeichnet, wird sich in der Blowdownleitung bei üblichen Geschwindigkeiten von 10 m/s bis 50 m/s eine Ringströmung mit erheblichem Tropfenanteil im Gaskern einstellen. Aus Druckentlastungsversuchen flüssigkeitsgefüllter Behälter unter Siedebedingungen weiß man, daß der Strömungsmassengasgehalt $\dot{x} = \dot{M}_G / \dot{M}_{ges}$ in aller Regel oberhalb von $\dot{x} \geq 0{,}05$ liegt, selbst wenn der Anfangsfüllgrad bei 95 % liegt und über Kopf entlastet wird.

Die in [2] dokumentierten Versuche ergaben auch Aufschlüsse über die Massenverteilung zwischen Wandfilm und Tropfen sowie über die mittlere Tropfengröße. Die Meßergebnisse wurden in Modellgleichungen erfaßt, so daß die Berechnung derartiger Strömungen zumindest näherungsweise möglich ist.

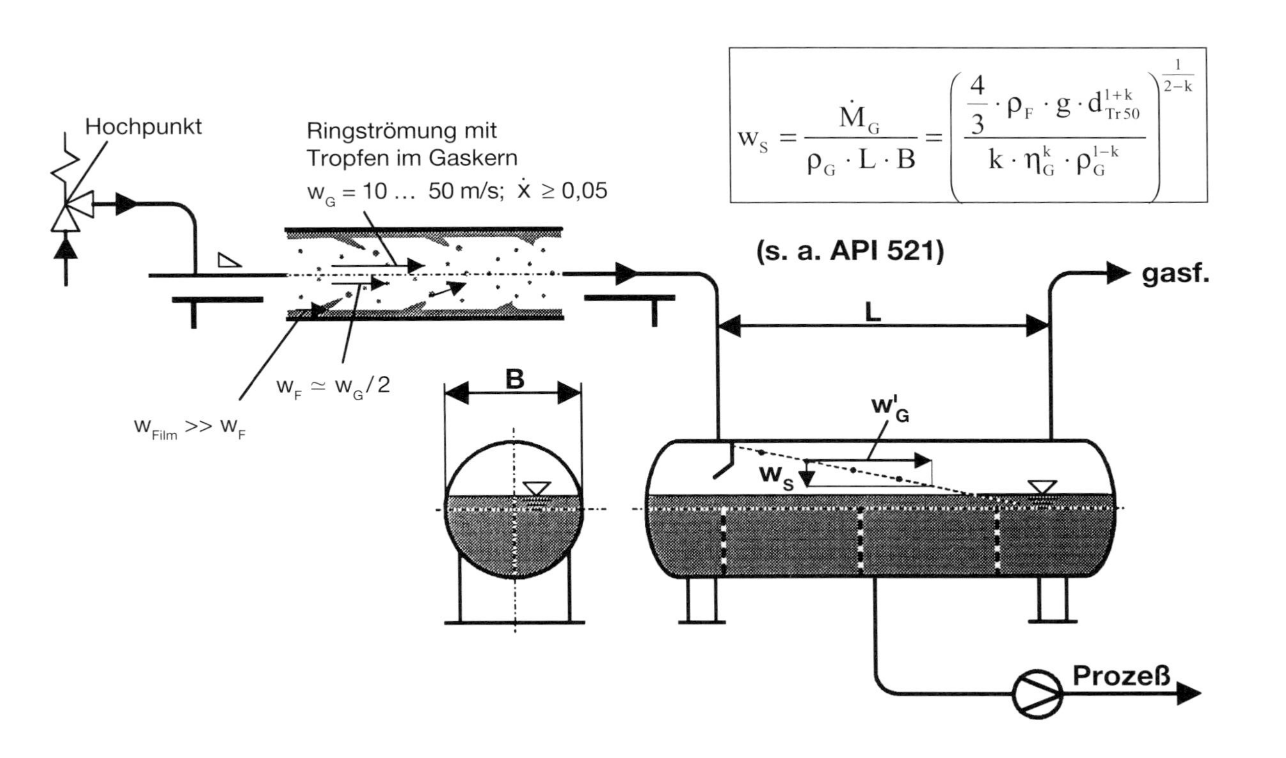

Bild 3: Zweiphasenströmung in der Abblaseleitung und Schwerkraftabscheider zur Phasentrennung

In einer einfachen Ausführung besteht der Abscheider aus einem liegenden Behälter, in den das Gemisch auf der einen Seite eingeleitet und die Flüssigkeit unter Schwerkrafteinfluß vom Gas separiert wird.

Der für eine ausreichende Trennleistung mit einer Grenztropfengröße $d_{Tr,50}$ erforderliche Strömungsquerschnitt ist durch die Behälterbreite B bei maximal zulässigem Füllstand charakterisiert. Bei vorgegebenen Abstand L zwischen Ein- und Austritt kann B mit der im Bild 3 angegebenen Beziehung nach Umformung berechnet werden.

Eine alternative, auf den gleichen physikalischen Grundlagen basierende Auslegungsmethode für solche Apparate wird in der Empfehlung Nr. 521 des „American Petroleum Institute" [3] angegeben.

Bei höheren Gasmengenströmen ist die Methode der Schwerkraftabtrennung wegen der großen freien Behälterquerschnitte für die Separation nicht mehr wirtschaftlich.

In diesen Fällen empfiehlt es sich, die Phasentrennung in einem aufgesetzten Zyklonabscheider nach Bild 4 vorzunehmen. Dabei ist zu beachten, daß das Zweiphasengemisch nicht mit kritischer Strömung in den Apparat eintreten darf. Dieser Strömungszustand begrenzt den Massenstrom wie die Schallgeschwindigkeit bei einphasigen Strömungen. Er wird durch die sogenannte „kritische Massenstromdichte" $\dot{m}_{krit}$ gekennzeichnet, zu deren Berechnung diverse Methoden in [4] angegeben werden.

Es wird empfohlen, mit der Massenstromdichte am Zykloneintritt unterhalb von 50 % der kritischen Massenstromdichte zu bleiben.

Zur verfahrenstechnischen Auslegung des zylindrischen, aufgesetzten Zyklonabscheiders wird auf die bekannten Methoden verwiesen, die zum Beispiel in [5] im Detail erläutert werden. Die Auslegung wird heutzutage überwiegend mit entsprechenden Rechenprogrammen durchgeführt.

Zur Dimensionierung eines geeigneten Apparates sind in Bild 4 einige Anhaltswerte angegeben.

Der Abschirmkegel im Zentrum des Zyklon ist erforderlich, um den Mitriß von Flüssigkeit aus dem liegenden Speicherbehälter durch starken Unterdruck im Wirbelkern zu unterbinden. Dabei wirken erhebliche Druckkräfte auf den Abschirmkegel, die in der Festigkeitsberechnung berücksichtigt werden müssen.

Neben den Druckkräften sind vor allem die Impulskräfte der Flüssigkeit auf die Zyklonwand von Bedeutung. Die zu Beginn des Blowdowns schwallartig eintretende Flüssigkeit wird durch die Zyklonwand umgelenkt, und es bildet sich durch inneren Überdruck ein sich stetig verbreiternder Wandfilm aus, der durch Wandreibung abgebremst wird. Nach Messungen in [6] liegen die Maximalwerte für die Reaktionskraft F_Z bei

$$F_{Zmax} \equiv 1{,}5 \cdot \dot{M}_F \cdot w_{FE}$$

mit der Flüssigkeitseintrittsgeschwindigkeit w_{FE}.

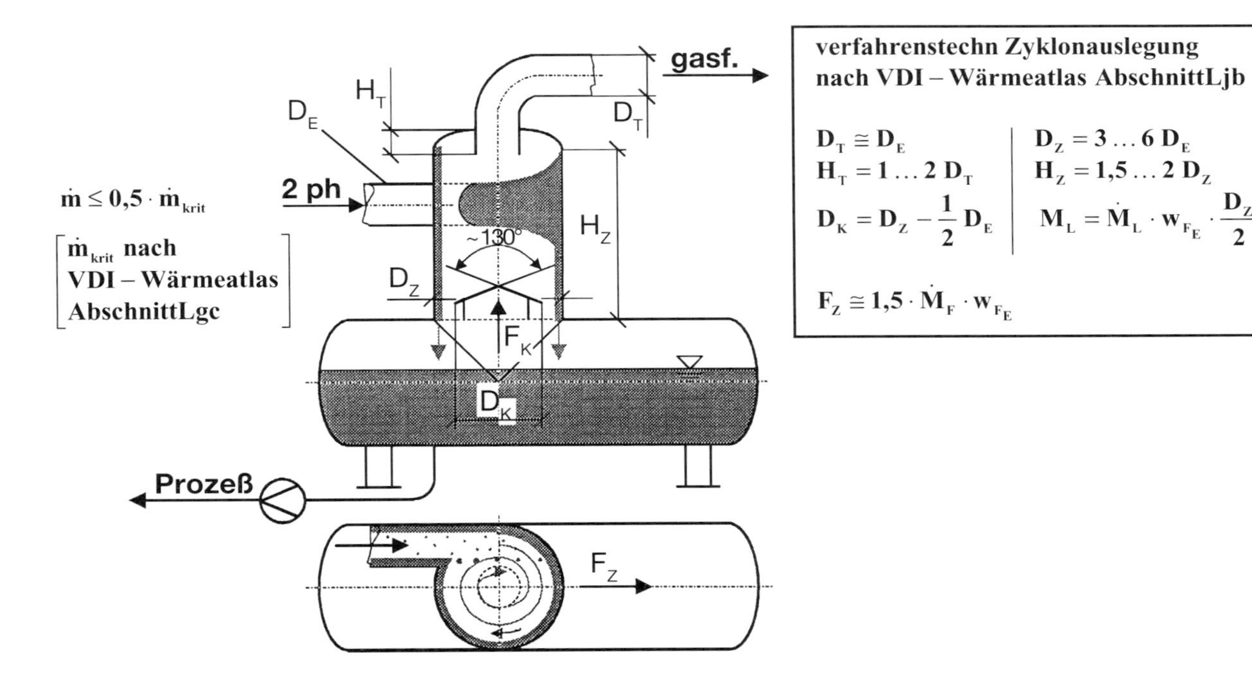

Bild 4: Blow-Down-Behälter mit aufgesetztem Zyklonabscheider zur Phasentrennung

Bei sehr zähen Flüssigkeiten wird das Reibungsmoment M_L durch den abbremsenden Wandfilm bedeutsam. Falls der Wandfilm während eines Umlaufs vollständig abbremst, wird das Reibungsmoment M_L zu

$$M_L \equiv \dot{M}_F \cdot w_{FE} \cdot D_Z/2\,.$$

3.2 Wäscher

Zur Entfernung gefährlicher Substanzen aus dem Gasstrom können spezielle Wäscher eingesetzt werden. Sie sollten möglichst einfach aufgebaut sein und ohne Fremdenergie eine ausreichende Waschwirkung erzielen. Ein Betrieb mit Fremdenergie sollte vermieden werden, weil eine permanente und ausfallsichere Energieversorgung in Anbetracht des unwahrscheinlichen Eintretens eines Blowdowns sehr aufwendig wäre.

Eine einfache „Stand-by" Waschvorrichtung ist in Bild 5 links im Halbschnitt dargestellt. Das kontaminierte Gas wird über ein Tauchrohr in eine Wasservorlage eingeleitet. Eine Schürze sorgt dafür, daß das Gas unter Flüssigkeitsmitriß mit hoher Geschwindigkeit aufwärts strömt. Dabei entstehen sehr feine Tropfen, die sich im Gasstrom gleichmäßig verteilen und durch ihre Relativgeschwindigkeit zum schnelleren Gas die Waschfunktion bewirken. Durch einen Prallschirm wird das Gemisch zweimal um 180° umgelenkt, wodurch die Waschflüssigkeit nahezu vollständig abgeschieden wird und über einen äußeren Ringraum durch Schwerkraft in das Zentrum zurückströmt. Der auf diese Weise entstehende Waschwasserumlauf wird vom Gas angetrieben, wobei etwa ein Druckverlust in Höhe der abgetauchten Wassersäule entsteht. Das Tropfenspektrum läßt sich durch entsprechende Bemessung der Strömungsquerschnitte in geeigneter Weise einstellen.

Die spezifischen Energieverbräuche konventioneller Wäscher sind im Bild 5 rechts als Funktion einer mittleren Partikelgröße dp^*_{50} zur Beurteilung der Waschfunktion bei Staubabscheidung dargestellt. Das Diagramm ist [7] entnommen und zeigt, daß der günstigste Energieverbrauch mit Venturiwäschern erzielt wird. Das gilt nicht nur für die Staubabscheidung sondern auch für die hier vorherrschenden Anwendungsfälle.

Erste Auslegungsrechnungen für einen Umlaufwäscher nach Bild 5 lassen einen ähnlich niedrigen spezifischen Energieverbrauch erwarten.

3.3 Verbrennung

Handelt es sich bei den Entlastungsmedien um brennbare Stoffe, empfiehlt sich eine Verbrennung in einem Fackelsystem. Dieses besteht in der Regel aus drei Abschnitten, die in Bild 6 dargestellt sind.

Im ersten Systemabschnitt Fackelgasaufbereitung werden die Flüssigkeiten vom Gas getrennt und weitgehend in den Prozeß zurückgeführt. Sofern es sich um kalte Fackelgase mit Minustemperaturen handelt, werden diese in einer Anwärmstrecke mittels 16-bar-Dampf auf Plustemperaturen erwärmt. Das ist erforderlich, damit die wassergefüllte Tauchung im nachgeschalteten zweiten Systemabschnitt nicht einfriert und verlegt.

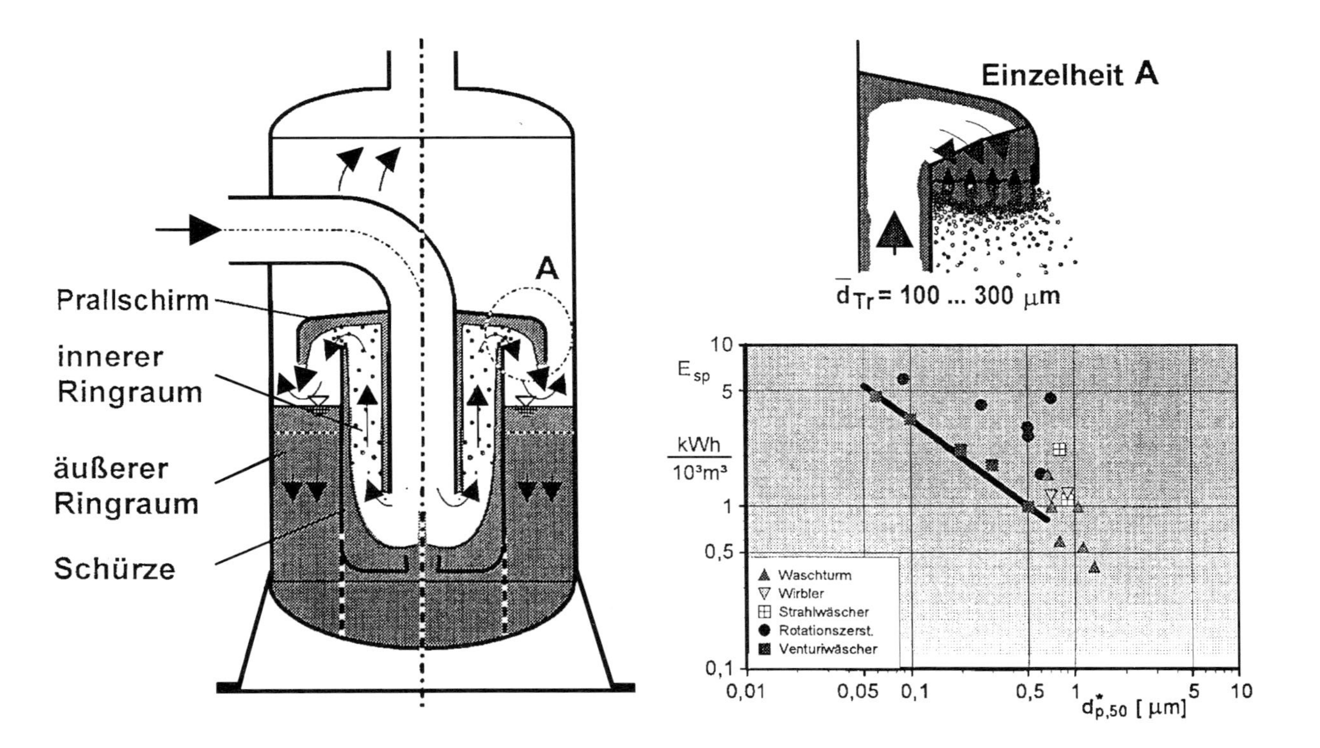

Bild 5: Umlaufwäscher zur Entfernung toxischer Stoffe aus den Entlastungsgasen

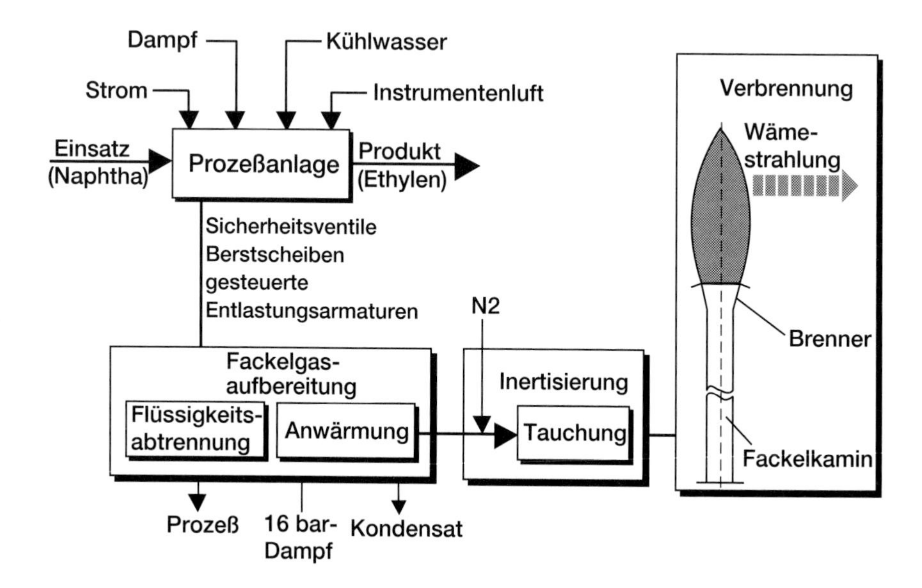

Bild 6: Übersicht Prozeßanlage und Fackelsysteme

In Kombination mit einer permanenten Stickstoffeinspeisung sorgt die Tauchung für eine Inertisierung des Fackelsystems, indem durch permanente Überdruckhaltung über die hydrostatische Druckdifferenz der Tauchung das Eindringen von Luftsauerstoff verhindert wird. Gleichzeitig dient sie als Flammensperre zur Vermeidung von Rückzündungen, sofern Sauerstoffanteile im Fackelgas nicht zuverlässig ausgeschlossen werden können.

Die Verbrennung der angewärmten trockenen Fackelgase im dritten Abschnitt geschieht in einer Hochfackel, die aus einem höheren Fackelkamin und einem aufliegendem Spezialbrenner großer Dimension besteht. Sie vollzieht sich in der Umgebung bei sichtbarer Flamme mit erheblicher Dimension und Wärmeabgabe an die Umgebung durch Strahlung.

Als Sicherheitseinrichtung werden an Fackelsysteme besonders hohe Anforderungen hinsichtlich Funktion und Verfügbarkeit gestellt. Bei Versagen einer oder mehrerer Komponenten des Fackelsystems würden andernfalls Störfälle größeren Ausmaßes die Folge sein.

Deshalb wird im einzelnen gefordert:

- eine ausfallsichere Funktion unter allen denkbaren Prozeß- und Umgebungsbedingungen, das heißt zum Beispiel sichere Verbrennung bei Windgeschwindigkeiten bis zu Orkanstärke oder Umgebungstemperaturen bis zu -60 °C in nördlichen Breitengraden.
- eine rauchfreie Verbrennung bei unterschiedlichster Gaszusammensetzung von Wasserstoff bis hin zu sehr schweren Kohlenwasserstoffen wie Gasöl.

- Die Verbrennung muß in solcher Höhe ablaufen, daß die entstehende Wärmestrahlung unzulässige Werte am Boden nicht übersteigt. Nach amerikanischen und international anerkannten Richtlinien darf Equipment mit maximal 15 kW/m² belastet werden, während Personen kurzzeitig 6 kW/m², permanent jedoch nur 1,5 kW/m² ausgesetzt sein dürfen. Zum Vergleich sei darauf hingewiesen, daß die Sonneneinstrahlung in gemäßigten Breitengraden im Mittel 0,5 kW/m² erzeugt.

Die maximale Wärmestrahlungsbelastung am Boden wird üblicherweise in einer Entfernung vom Fackelfuß verzeichnet, die etwa der Fackelhöhe entspricht. Bei größerem Bodenabstand geht die Wärmebelastung wegen der zunehmenden Entfernung zum Flammenzentrum zurück, während im Nahbereich wegen des bei flacher Abstrahlung geringen Emissionsgrades kleinere Werte auftreten.

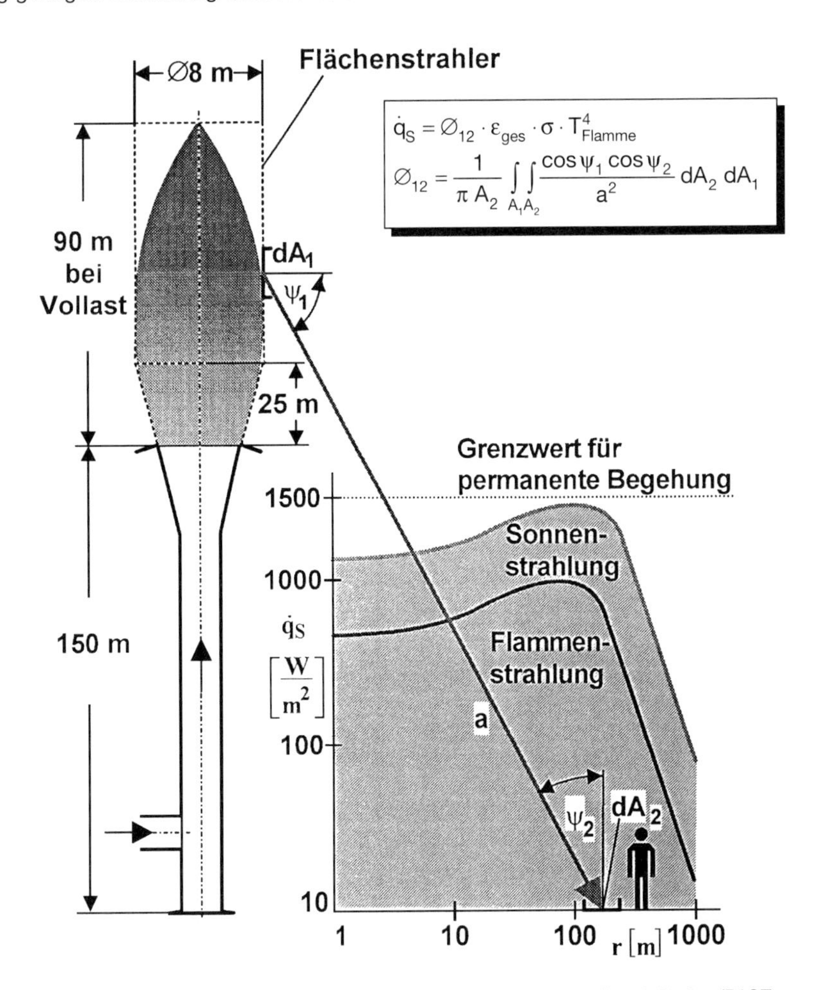

Bild 7: Wärmestrahlungsbelastung $\dot{q}_s$ am Boden mit Flächenstrahlermodell nach Becker (BASF)

In Bild 7 ist die typische Abhängigkeit der Wärmestrahlungsbelastung $\dot{q}_S$ vom Bodenabstand r dargestellt. Die eingezeichneten Kurven wurden beispielhaft mit einem Rechenmodell von Becker [8] ermittelt, bei dem die Flamme als Flächenstrahler in der gestrichelt gezeichneten Form angenommen wird.

Zur Berechnung der Einstrahlzahl $\varnothing$ 12 nach der in Bild 7 angegebenen Gleichung müssen die Oberflächenintegrale über A1 und A2 numerisch gelöst werden.

Mit einem einfacher zu handhabenden Modell nach [3] wird die Flamme als Punktstrahler abgebildet. Diese Annahme führt aber zu überhöhten Wärmestrahlungsbelastungen, vor allem im Nahbereich.

Schrifttum

[1] Hafkesbrink, S.; Schecker, H.-G.; Hermann, K.: Use of jet condensers in a blow-down-system, CIT, 66, S. 871-873, (1994)

[2] Muschelknautz, S.; Mayinger, F.: Strömungsuntersuchungen in der Austrittsrohrleitung und in einem Zyklonabscheider bei Druckentlastung, CIT 62, Nr. 7, S. 576-577, (1990)

[3] American Petroleum Institute, API Recommended Practice 521, third edition, Nov. 1990

[4] Muschelknautz, S.: Kritische Massenstromdichte, Abschnitt Lgc, 7. Aufl. VDI-Wärmeatlas; (1994)

[5] Muschelknautz, E.: Zyklone zur Abscheidung von Tropfen und feststoffbeladenen Tropfen aus Gasen, Abschnitt Ljb, 7. Auflage VDI-Wärmeatlas, (1994)

[6] Muschelknautz, S.; Klug, F.; Ruppert, K.-A.: Dynamische Belastungen von Zyklonabscheidern bei Anwendung in Blowdown-Systemen, CIT 66, Nr. 2, (1994)

[7] Holzer, K.: Naßabscheidung von Feinstäuben und Aerosolen, CIT 51, Nr. 3, S. 200-207, (1979)

[8] Becker, R.: Strahlungswärme leuchtender Fackelflammen, CIT 52, Nr. 2, S. 162-163, (1980)

[9] TAA-GS-06, Leitfaden „Rückhaltung von gefährlichen Stoffen aus Druckentlastungseinrichtungen", Technischer Ausschuß für Anlagensicherheit, (1994)

6 Filter

Modultypen für die Umkehrosmose, Nanofiltration, Ultrafiltration und Pervaporation

Von R. Günther, F. Beyer und J. Hapke [1])

1 Einleitung

Die Membrantrennverfahren Umkehrosmose (RO), Nanofiltration (NF), Ultrafiltration (UF) und Pervaporation (PV) finden in den Bereichen Biotechnik, Chemische Technik, Lebensmitteltechnik und Umweltschutztechnik zunehmende Bedeutung [1]. Sowohl Fortschritte auf dem Gebiet der Membranentwicklung als auch die Suche nach neuen Verfahren, die bei niedrigem Kapital- und Energieeinsatz bessere Trennleistungen als herkömmliche Verfahren besitzen, haben zur Verbreitung der Membrantrennverfahren außerhalb der „klassischen" Meerwasserentsalzung beigetragen. Neben den bereits angesprochenen Vorteilen, spielen oftmals die Möglichkeit der Trennung bei Raumtemperatur (RO, NF, UF), der einfache modulare Aufbau oder der mögliche Verzicht auf den Einsatz von Chemikalien eine Rolle für die Wahl dieses Verfahrens.

Module für die Ultrafiltration, die Nanofiltration, die Umkehrosmose und die Pervaporation sind Membrantrennapparate für die Aufarbeitung wäßriger Systeme. Ihre Bauart beeinflußt die Stofftrennung, die Leistungsfähigkeit des Verfahrens und die Praxiseignung.

Die Modulkonstruktion kann sich auf unterschiedliche Membranformen stützen. Verfügbar sind Flach-, Rohr-, Kapillar- und Hohlfaser-Membranen. Sie lassen sich zu folgenden Modultypen

- Plattenmodul
- Kassettenmodul
- Wickelmodul
- Rohrmodul
- Kapillarmodul
- Hohlfasermodul

integrieren, die in Verbindung mit den Anschlüssen für das Feed, Retentat und das Permeat den kompletten Stofftrennapparat ergeben. Dabei soll mit der Bezeichnung Feed der Stoffstrom belegt sein, der in den Modul eintritt. Der Stoffstrom, der die Membran passiert und aus dem Modul austritt, wird als Permeat bezeichnet und der Stoffstrom, der von der Membran zurückgehalten wird und aus dem Modul austritt, als Retentat. Die Konstruktionskriterien (Kompaktheit, Versatilität) dieser Module werden in ihrer Verbindung zu ihren Leistungscharakteristiken und zur Handhabbarkeit diskutiert. Vor allem wird die wechselseitige Verknüpfung der Modulkompaktheit mit der für die Praxis wichtigen Verschmutzungsempfindlichkeit herausgestellt, und die Wechselwirkung zwischen der Modulbauart und den Betriebsbedingungen untersucht.

[1]) Dr.-Ing. Ralph Günther, Dipl.-Ing. Falk Beyer und Prof. Dr.-Ing. Jobst Hapke, Hamburg

2 Grundlagen

Alle Membrantrennverfahren zeichnen sich dadurch aus, daß eine Membran die Phasengrenzfläche bildet, über die der Stofftransport abläuft. Diese ermöglicht erst durch ihren selektiven Charakter die Trennung von Stoffgemischen. Unter apparativen Gesichtspunkten sei an dieser Stelle darauf hingewiesen, daß das Membranmaterial sowohl organischen als auch anorganischen Ursprungs sein kann. Letztere sind im Moment ausschließlich für Ultra- und Mikrofiltration in technischen Abmessungen verfügbar und zeichnen sich durch eine große thermische (maximal mögliche Betriebstemperatur) sowie chemische (Beständigkeit im sauren beziehungsweise basischen Milieu, Beständigkeit gegenüber Chemikalien allgemein) Resistenz aus.

Bei den hier diskutierten Verfahren können nach Tafel 1 jeweils zwei unterschiedliche Trennmechanismen und Triebkräfte ausgemacht werden. Die Membrantrennverfahren RO, NF und PV trennen aufgrund unterschiedlicher Löslichkeit und Diffusionsgeschwindigkeit der Komponenten im Membranmaterial, während bei der UF ein Ausschluß von Stoffen aufgrund deren Größe im Vergleich zum Porendurchmesser der Membran (Siebeffekt) erfolgt. Als Triebkraft für den Stofftransport der Komponenten durch die Membran können eine Druckdifferenz (RO, NF, UF) beziehungsweise eine Konzentrationsdifferenz (PV) unterschieden werden.

Mit Hilfe von Bild 1 lassen sich die hier diskutierten Verfahren im Hinblick auf mögliche Anwendungen näher charakterisieren [2].

Tafel 1: Übersicht der Membrantrennverfahren

Membran-verfahren	treibende Kraft	Trenn-mechanismus	Membran-typ	Anwendung
Umkehr-osmose	transmembrane Druckdifferenz	Löslichkeit und Diffusion	asymmetrisch dicht	Trennung gelöster Stoffe
Nano-filtration	transmembrane Druckdifferenz	Löslichkeit und Diffusion	asymmetrisch dicht	Trennung gelöster Stoffe
Ultra-filtration	transmembrane Druckdifferenz	Siebeffekt	asymmetrisch porös	Fraktionierung, Konzentrierung von makromolekularen Lösungen
Mikro-filtration	transmembrane Druckdifferenz	Siebeffekt	asymmetrisch porös	Trennung von Suspensionen
Perva-poration	Konzentrations-differenz	Löslichkeit und Diffusion	asymmetrisch dicht	Trennung azeotroper Stoffsysteme
Elektro-dialyse	elektrisches Feld	Löslichkeit und Diffusion aufgrund unterschiedlicher Ladung	symmetrisch geladen	Trennung von ionogenen Lösungen
Gastren-nung	transmembrane Druckdifferenz	Löslichkeit und Diffusion	asymmetrisch dicht oder porös	Trennung von Gasen und Dämpfen

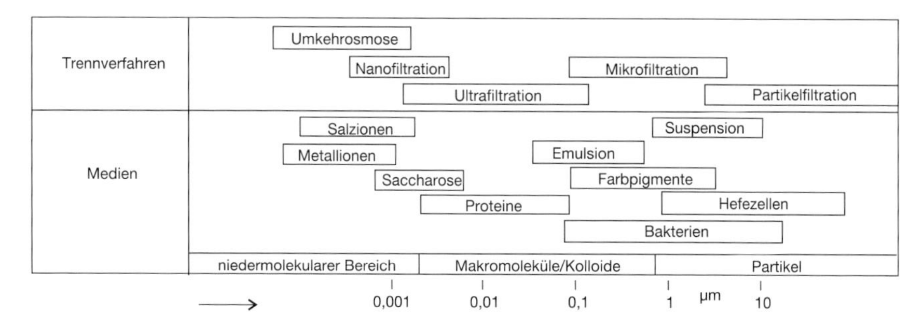

Bild 1: Einordnung der Membrantrennverfahren im Filtrationsspektrum

RO:

Typisch für ein Umkehrosmoseverfahren ist ein Betriebsüberdruck zwischen 20 und 200 bar, wobei sich die Höhe nach dem osmotischen Druck der Lösung beziehungsweise der Konzentration des Elektrolyten richtet. So werden bei der Herstellung von Kesselspeisewasser aus Leitungswasser die Betriebüberdrücke im unteren Bereich eingestellt und in der Aufarbeitung von Deponiesickerwasser im oberen Bereich [3]. Durch die Verwendung dichter Membranen werden kleinste Partikel, wie Metall- oder Salzionen, vor allem aus wäßriger Lösung abgetrennt.

NF:

Die Nanofiltration nimmt einen Bereich zwischen Umkehrosmose- und Ultrafiltration mit einer kleinsten abtrennbaren Partikelgröße von ca. 100-200 g/mol ein. Sie eignet sich besonders zur Abtrennung mehrwertiger Anionen (so ist zum Beispiel der Rückhalt einer NF-Membran für SO_4^{2-}-Ionen wesentlich größer als für Cl^--Ionen) oder zur Reduktion der organischen Belastung. Der Prozeß läuft bei Betriebsüberdrücken zwischen 10 und 20 bar, wobei ebenfalls dichte Membranen eingesetzt werden [4].

UF:

Die Ultrafiltration eignet sich zur Fraktionierung und Konzentrierung von niedermolekularen gelösten und makromolekularen Stoffen von ca. 1000-200.000 g/mol, wobei im oberen Bereich der Übergang zur Mikrofiltration wieder fließend ist. Über die Wahl der Trenngrenze der Membran besteht also die Möglichkeit, den Schnitt zwischen den Partikeln, die zurückgehalten werden sollen, und denen, die die Membran passieren sollen, festzulegen. Der Betriebsüberdruck liegt zwischen 1 und 10 bar, zum Einsatz kommen poröse Membranen. Als ein Beispiel sei hier die Trennung von Kühlschmieremulsionen genannt [5].

PV:

Die Pervaporation unterscheidet sich von den bisher diskutierten Verfahren dadurch, daß eine Konzentrationsdifferenz für den Stofftransport durch die Membran verantwortlich ist und die Komponenten beim Durchtritt durch die Membran einen Phasenwechsel (flüssig → dampfförmig) durchlaufen. Das zu trennende Gemisch wird dem

Modul im flüssigen Zustand zugeführt, das Permeat liegt dampfförmig vor. Der Betriebsüberdruck auf der Flüssigseite überschreitet in der Regel 5 bar nicht, auf der Dampfseite liegt ein Grobvakuum von 1 bis 10 mbar vor. Im Gegensatz zu RO, NF und UF muß der PV-Prozeß bei erhöhten Temperaturen bis ca. 120 °C durchgeführt werden, da der Stofftransport durch die Membran stark temperaturabhängig ausfällt. Vor allem die selektive Abtrennung von Minderkomponenten (Wasser oder Organika) zählt zu den Stärken der PV. So können azeotrope Gemische, zum Beispiel bei der Absolutierung von Alkoholen, ohne Zusatz von Schleppmitteln getrennt werden.

3 Module für RO, NF und UF

In einem UF-, NF- oder RO-Modul wird eine bestimmte Membranform zu einer Stofftrenneinheit integriert und mit Anschlüssen für Feed, Retentat und Permeat versehen. Entsprechend den Membranformen gibt es

- Plattenmodul
- Kassettenmodul
- Wickelmodul
- Rohrmodul
- Kapillarmodul
- Hohlfasermodul

Für jeden Modultyp gelten einheitliche Konstruktionskriterien wie

- große spezifische Membranfläche (Kompaktheit)
- einfache Handhabbarkeit
- Versatilität,

die auch mit verfahrenstechnischen Anforderungen verknüpft sind.

Dazu sind die Strömungsführung und die Verschmutzungsempfindlichkeit zu zählen. Aus den Membranformen ist, wie aus Tafel 2 ersichtlich, abzuleiten, daß sich Modulbauarten ganz unterschiedlicher Kompaktheit und Verschmutzungsempfindlichkeit ergeben [7].

Tafel 2: Packungsdichte von Modulen

Packungsdichte (m^2 Membranfläche pro m^3 Volumen)			
Hohlfasermodul	Wickelmodul	Rohrmodul	Plattenmodul
10000	1000	100	100

Je kompakter ein Modul ist, desto größer ist seine Verschmutzungsempfindlichkeit. Die sogenannten „offenen Systeme", der Platten- und Rohrmodul, haben eine kleine spezifische Membranfläche und sind wenig verschmutzungsempfindlich. Module mit großer Packungsdichte, die „Kompaktsysteme", dagegen neigen außerordentlich stark zur Verschmutzung.

3.1 Plattenmodule

Plattenmodule zeichnen sich durch relativ große Kanalquerschnitte für Feed und Retentat aus: sie bilden ein offenes System. Die wichtigsten Konstruktionselemente sind, neben der Flachmembran, die Modulplatte, die Umlenkscheibe sowie die Anschlüsse für Feed, Permeat und Retentat. Plattenmodule können danach unterschieden werden, ob sie ohne oder mit Druckrohr ausgeführt sind.

3.1.1 Plattenmodul ohne Druckrohr

Der Aufbau dieses Plattenmoduls geht aus Bild 2 hervor. Er besteht aus einer Vielzahl von Modulplatten, die beidseitig mit einem Drainagevlies und einer RO-, NF- oder UF-Membran belegt sind. Zentral und peripher sitzen auf den Membranen Dichtungsringe. Zwischen zwei Modulplatten ist jeweils eine Umlenkscheibe angeordnet. Die Modulplatten werden zu einem Stapel zusammengefaßt und über eine Grund- und Abschlußplatte verspannt. Die Bild 3 enthält Einzelheiten der Dichtungstechnik und Angaben über die feedseitige Strömungsführung. Das Feed tritt über die Grundplatte zentral in die erste Modulplatte ein und wird über die Umlenkscheibe radial nach außen und dann radial von außen nach innen geführt. Dabei überströmt es die Membran. Das Permeat sammelt sich in dem unter der Membran liegenden Faservlies und erreicht den am

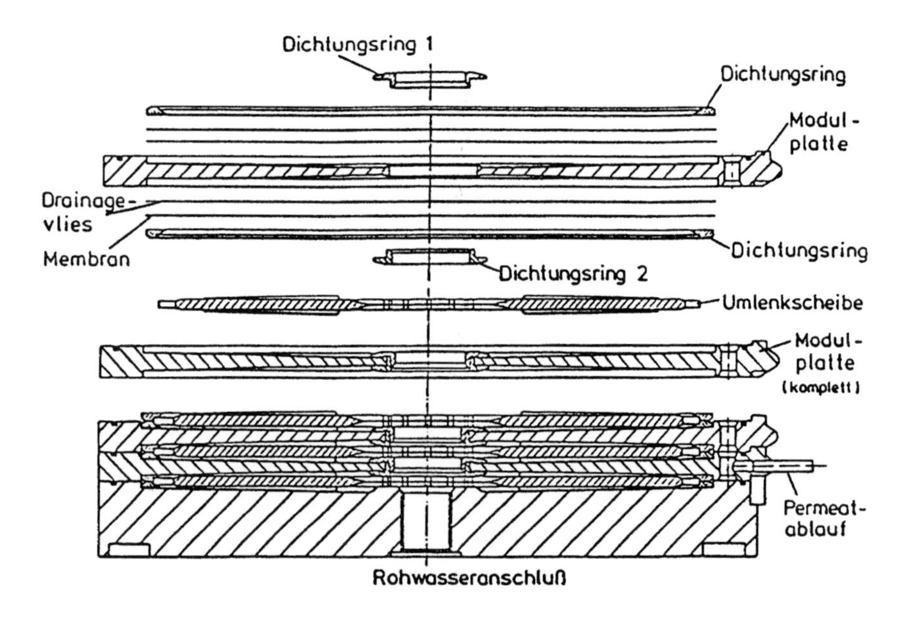

Bild 2: Plattenmodul ohne Druckrohr (GKSS, Typ RP)

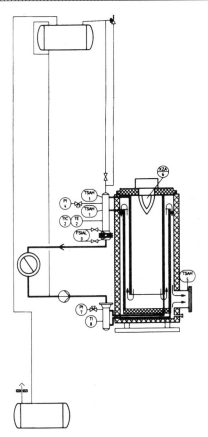

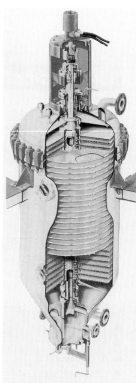

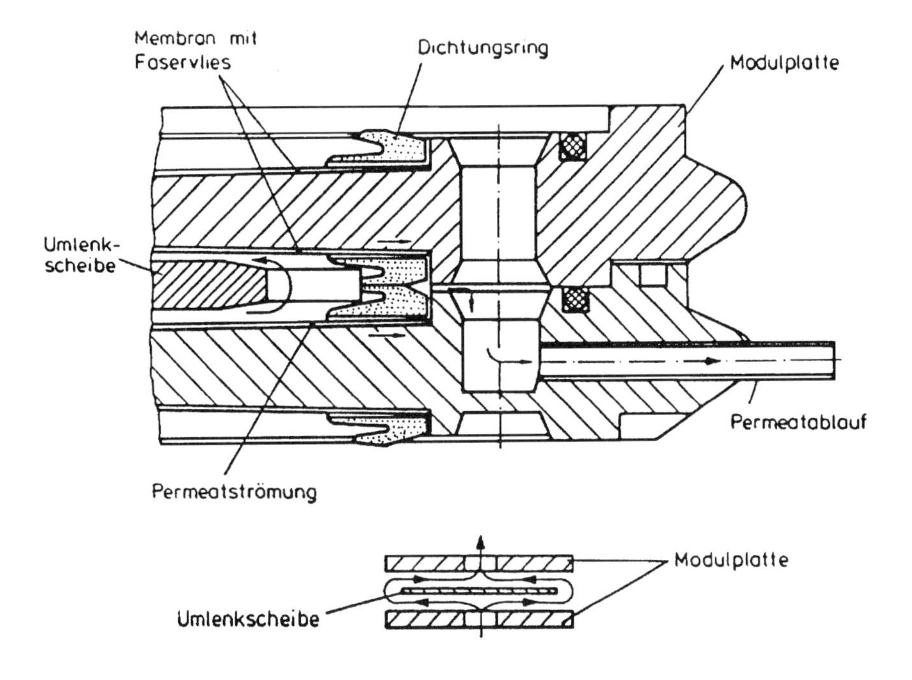

Bild 3: Plattenmodul ohne Druckrohr (Detailzeichnung)

Umfang liegenden Permeatsammelkanal. Dieser Vorgang wiederholt sich von Modulplatte zu Modulplatte. Das Retentat verläßt das Modul zentral über die Abschlußplatte, das Permeat wird peripher abgezogen.

Diese Konstruktion führt zu einer definierten feedseitigen Überströmung der Membran. Konzentrationsüberhöhungen können rechnerisch erfaßt und durch entsprechend große Strömungsgeschwindigkeiten und kleine Strömungslängen niedrig gehalten werden. Die Druckverluste auf der Feedseite erhöhen sich durch die zahlreichen Umlenkungen, bleiben aber, bezogen auf die üblichen Betriebsdrücke, relativ gering. Eine die Triebkraft vermindernde Rückvermischung tritt nicht auf. Konstruktionsbedingt neigt das Plattenmodul nur wenig zur Verschmutzung und ist leicht zu reinigen. Defekte Membranen können ausgetauscht und die Membranfläche durch Erhöhung der Modulplattenzahl vergrößert werden. Das Plattenmodul weist die größte Anzahl von Dichtungselementen pro m^2 Membranfläche auf. Das verursacht unter Umständen Probleme nach dem Membranaustausch oder einer Membranflächenvergrößerung [7].

3.1.2 Plattenmodul mit Druckrohr

Der Plattenmodul mit Druckrohr, auch als **D**(isc)- **T**(ube)-Modul (Fa. Rochem) bezeichnet, hat im Unterschied zum druckrohrlosen Modul nicht einzelne Membranen sondern Membrankissen. Diese Membrankissen enthalten im Innern einen Abstandshalter zur

Bildung der Permeatpassage und werden am äußeren Umfang durch Ultraschall verschweißt. Wie aus der Bild 4 hervorgeht, befinden sich im Druckrohr aufeinander gestapelte Modulplatten, in deren Zwischenräumen die Membrankissen liegen. Die Modulplatten und Membrankissen sind mittig gelocht. Im Bereich des Zentralloches liegen radial angeordnete Durchlaßschlitze für Feed beziehungsweise Retentat, die durch einen inneren O-Ring vom Permeatraum abgetrennt sind. In diesem Bereich hat die Modulplatte langlochähnliche Durchbrechungen, die mit dem zentralen Spannanker die jeweiligen Permeatsammelkanäle bilden. Das Druckrohr ist mit End- und Anschlußflansch abgeschlossen.

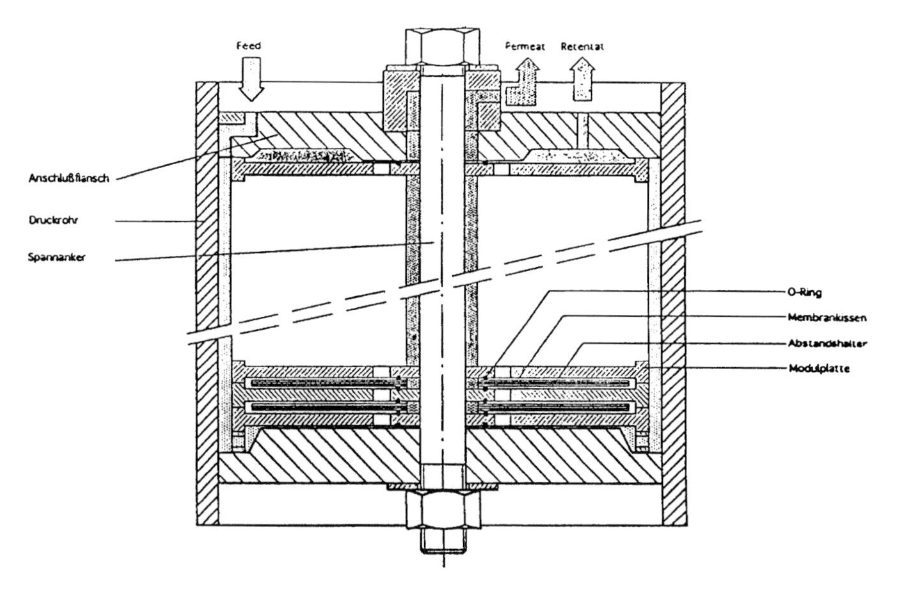

Bild 4: Plattenmodul mit Druckrohr (ROCHEM, Typ DT)

Das Feed durchströmt in axialer Richtung den äußeren Ringkanal, der sich zwischen dem Außenrand der Modulplatten und dem inneren Umfang des Druckrohres einstellt, fließt dann am Endflansch radial von außen nach innen und tritt über die Durchlaßschlitze der unteren Modulscheibe in den Feed- beziehungsweise Retentatraum ein. Hier überströmt es radial von innen nach außen die untere Seite des Membrankissens, wird erneut um 180° umgelenkt und strömt über seine Oberseite zum Zentrum zurück. Diese feed- beziehungsweise retentatseitige Strömungsführung wiederholt sich von Modulplatte zu Modulplatte. Das Permeat sammelt sich in den Membrankissen, erreicht die Permeatsammelkanäle und verläßt über den mittig angeordneten Permeatanschluß das Modul, während das Retentat am Anschlußflansch in Umfangsnähe abgeleitet wird.

Auch hier ist, ähnlich wie beim Plattenmodul ohne Druckrohr, die feedseitige Überströmung der Membran definiert, so daß die Konzentrationsüberhöhung über die Einstellung der Strömungsgeschwindigkeit und die Wahl kurzer Strömungswege klein gehalten werden kann. Eine Rückvermischung tritt nicht auf. Das Modul hat verhältnismäßig große Querschnitte in den Strömungskanälen und ist deshalb wenig anfällig für Verblockungen und/oder Verschmutzungen. Es ist darüber hinaus leicht zu reinigen. Defekte Membrankissen können ausgetauscht sowie die Membranfläche durch Hinzufügen von Modulplatten und Membrankissen vergrößert werden.

Die Verwendung eines separaten Druckrohres verringert deutlich die Anzahl der Dichtelemente und verbessert die Betriebszuverlässigkeit und Verfügbarkeit der mit diesen Modulen ausgerüsteten RO-Anlagen [8].

3.2 Kassettenmodul (K-Modul)

Das K-Modul besteht aus einzelnen übereinander gestapelten Membrankissen, die durch Abstandshalter getrennt sind (siehe Bild 5). Ein Membrankissen entsteht dadurch, daß zwei Flachmembranen, einschließlich eines Vlieses zur Permeatdrainage, aufeinandergelegt und an den Rändern verschweißt werden. Die Membrankissen sind an zwei Stellen zur Aufnahme eines Permeatsammlers gelocht. Bis zu zehn K-Module werden hintereinander auf einem Permeatsammelrohr montiert und in ein Druckrohr eingesetzt. Auf einer Stirnseite dieses Druckrohres befinden sich die Anschlüsse für das Feed, das Retentat und das Permeat. Die Strömungsführung ist dadurch gekennzeichnet, daß das

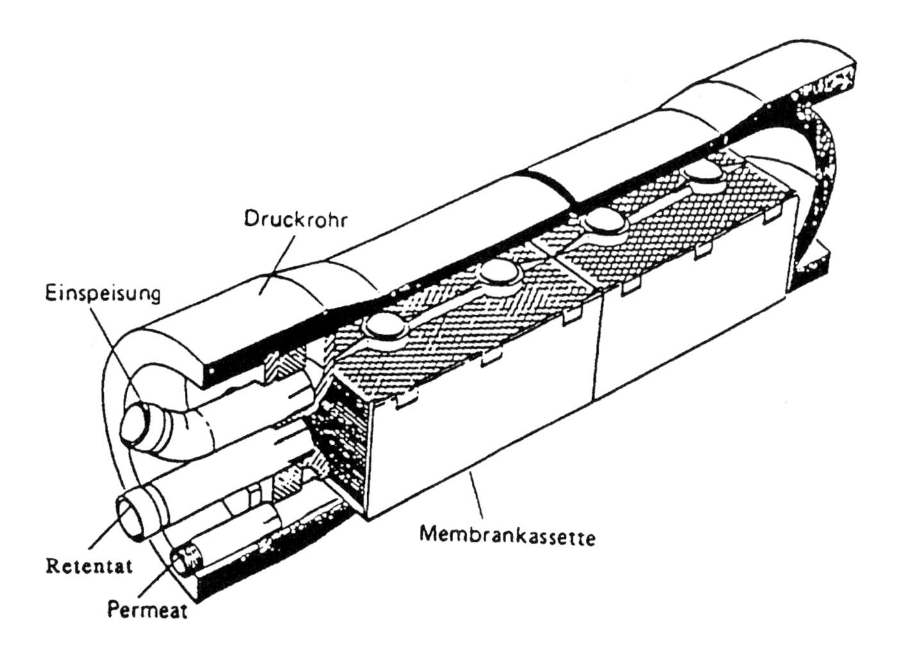

Bild 5: Kassettenmodul

Feed von der Anschlußseite longitudinal an den K-Modulen vorbeiströmt, an der Abschlußseite umgelenkt und dann die K-Module in Längsrichtung durchströmt. Das Permeat tritt von außen durch die Membrankissen hindurch und wird über die Permeatsammler abgeführt. Die Strömungsverhältnisse ähneln denen im Plattenmodul, so daß sich bezüglich der Konzentrationspolarisation, des Druckverlustes und der Rückvermischung keine neuen Gesichtspunkte ergeben. Da die Strömungskanäle im K-Modul enger sind als im Plattenmodul, ist er verschmutzungsanfälliger. Allerdings besteht auch hier eine gute Reinigungsmöglichkeit. Defekte Membranen können zwar nicht einzeln, doch kassettenweise ausgewechselt werden. Wegen der geringen Stabilität des Membrankissenverbandes ist das K-Modul relativ empfindlich gegen Überdrücke oder Druckstöße auf der Permeatseite. Mit einer spezifischen Membranfläche von ca. 700 m^2/m^3 erreicht das K-Modul die Kompaktheit des Wickelmoduls [9].

3.3 Wickelmodul

Das Wickelmodul enthält eine Membrankartusche, die aus einer spiralförmig aufgewickelten Flachmembranbahn besteht. Wie die Bild 6 zeigt, befindet sich zwischen zwei Flachmembranen eine poröse, nicht komprimierbare Zwischenschicht (Permeat-Spacer). Die beiden Flachmembranen sind an drei Seiten miteinander verbunden.

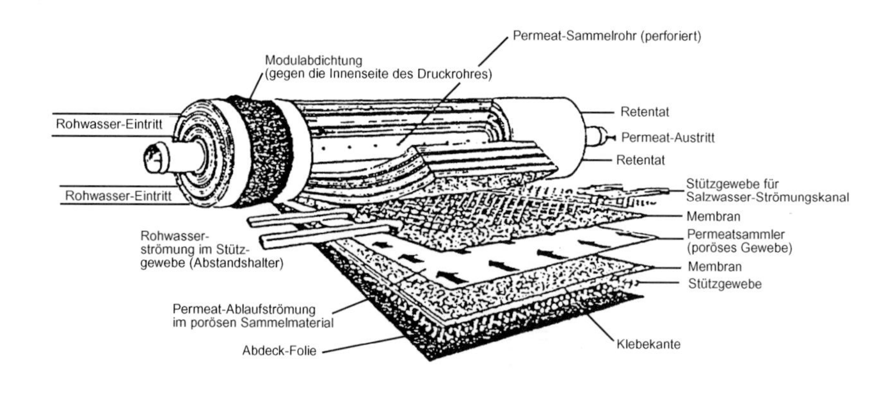

Bild 6: Wickelmodul

Zusammen mit einem Stützgewebe (Feed-Spacer) werden sie über ein perforiertes Zentralrohr aufgewickelt und mit ihm druckfest verbunden. Die Abfolge der verschiedenen Schichten in einer solchen Membrankartusche ist in Bild 7 dargestellt. Die Wickeltechnik ergibt die erforderlichen Strömungskanäle für Feed, Retentat und Permeat. Das Feed durchströmt in den Ringspalten zwischen den Membranen axial die Kartusche, während das Permeat beidseitig durch die Membranbahnen hindurchtritt, vom Permeatsammler aufgenommen wird und auf einer spiraligen Bahn zum Permeatsammelrohr strömt.

Die Strömungsführung wird in Bild 8 verdeutlicht.

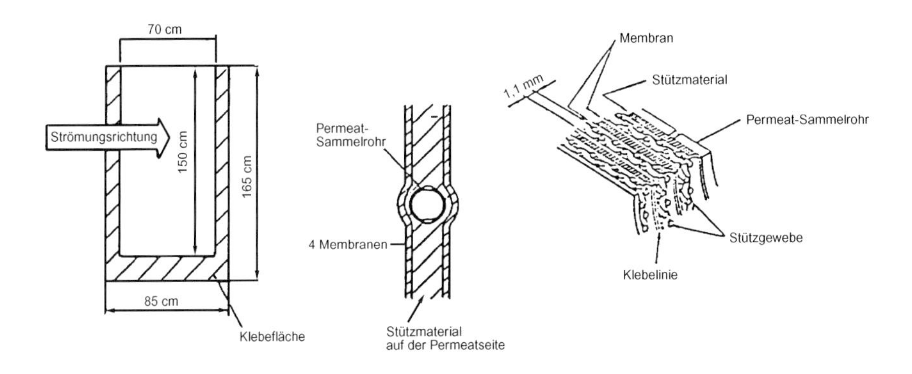

Bild 7: Wickelmodul (Detailzeichnung)

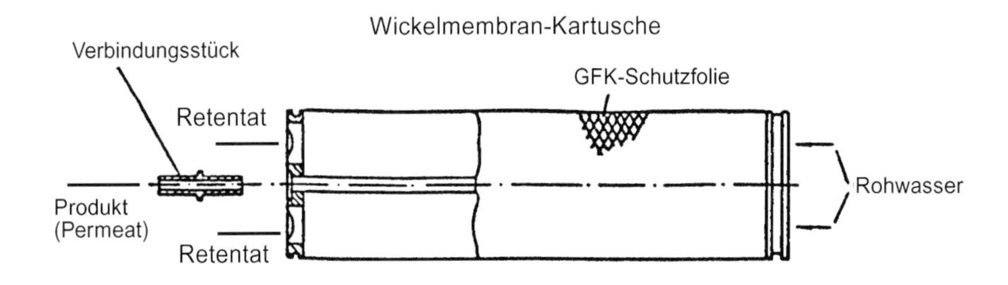

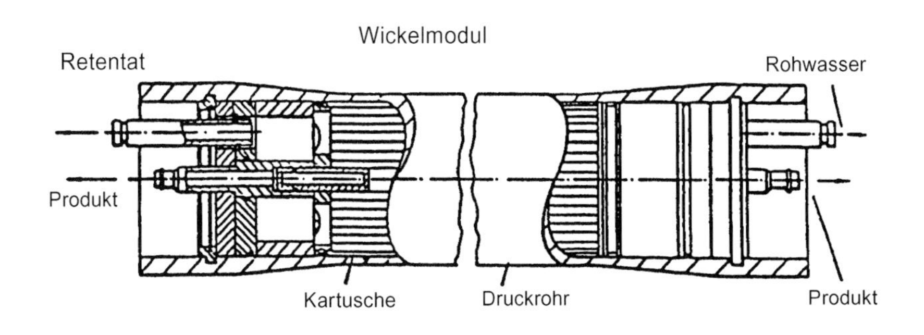

Bild 8: Längsschnitt eines Wickelmoduls

Auf einer Stirnseite des Druckrohres, das eine oder mehrere Membrankartuschen aufnehmen kann, tritt das Feed ein, durchströmt das Modul und verläßt ihn auf der gegenüberliegenden Seite als Retentat. Auf der Retentataustrittsseite wird auch das Permeat abgeführt. Die feedseitige Durchströmung der Ringkanäle im Wickelmodul ähnelt den Strömungsverhältnissen im Platten- und K-Modul. Auch hier läßt sich die Konzentrationsüberhöhung durch die Strömungsgeschwindigkeit des Feed und durch die Länge des Strömungsweges begrenzen. Der Druckverlust auf der Hochdruckseite ist gering, eine Rückvermischung tritt nicht auf. Die Ringkanäle haben so große Abstände, daß ein Wickelmodul in der Regel noch bei einem Kolloidindex von 5 betrieben werden kann. Im Verschmutzungsfall läßt es sich chemisch leicht reinigen. Schwierigkeiten bereiten unter Umständen die gegenseitige Abdichtung der beiden Membranbahnen. Eine einzige undichte Stelle führt, im Gegensatz zum Plattenmodul, zum Ausfall des gesamten Wickelmoduls. Ähnlich wie das K-Modul ist auch das Wickelmodul empfindlich gegen einen Druckanstieg auf der Permeatseite [7].

3.4 Rohrmodul

Beim Rohrmodul befindet sich die Membran im Innern eines dünnwandigen, porösen Geweberohres. Die (Schlauch-)Membran und das Geweberohr sind fest miteinander verbunden. Bei den Betriebsdrücken der Ultrafiltration sind die Geweberohre meistens selbsttragend, bei den RO-Betriebsdrücken reicht ihre Stabilität nicht mehr aus. Sie werden in diesem Fall in ein druckfestes, perforiertes Metallrohr eingesetzt. Mehrere solcher Rohre werden, wie die Bild 9 zeigt, in einem Druckrohr zu einem Modul zusammengefaßt. Die einzelnen Rohre werden in die Rohrplatten eingesetzt und mit Dichtungsstopfen versehen. Die Strömungsführung ist beim Rohrmodul leicht zu übersehen.

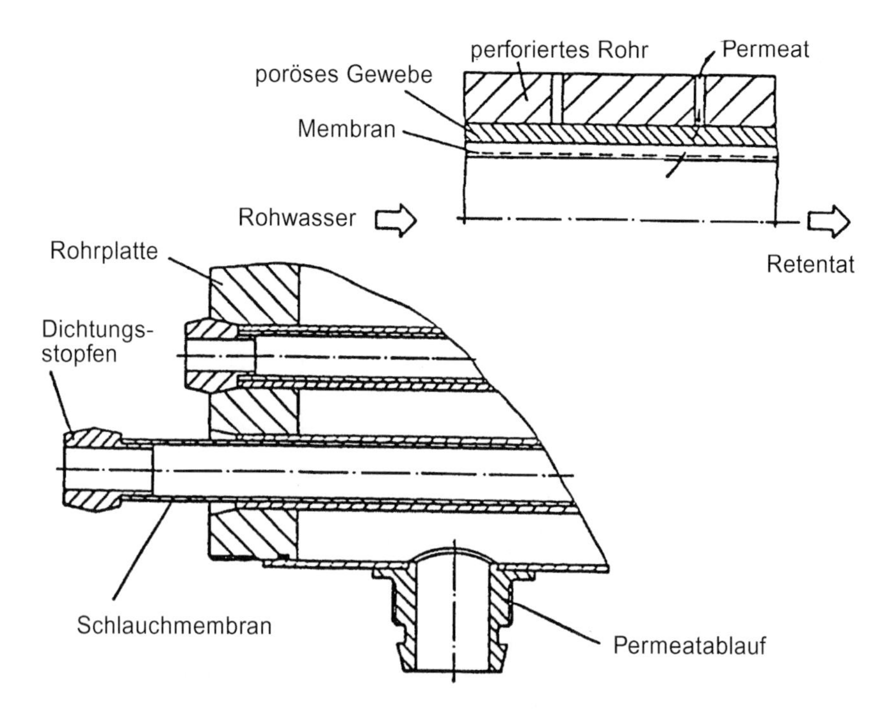

Bild 9: Rohrmodul

Das Feed durchströmt die einzelnen Rohre, und das Permeat tritt über die Membran in den Rohraußenraum ein und wird über einen Radialstutzen aus dem Druckrohr abgeleitet. Der Feedein- und der Retentataustritt befinden sich auf der gegenüberliegenden Endplatte des Druckrohres. Die Feedströmung in den Rohren ist hydrodynamisch vollständig beschreibbar, so daß auch der Verlauf der Konzentrationsüberhöhung angegeben werden kann. Die Druckverluste in den Rohren sind ebenfalls klein. Eine Rückvermischung tritt bei diesem Modultyp nicht auf. Typische Innenrohrdurchmesser liegen bei Rohrmodulen bei 12 bis 25 mm mit der Folge, daß eine ausreichend große Strömungsgeschwindigkeit des Feed (> 1 m/s) nur mit großen Volumenströmen, i. e. einer großen Pumpenleistung, zu erreichen ist.

Bezüglich des Verschmutzungs- und Reinigungsverhalten ist diese Modulbauart am günstigsten. Die Strömungsquerschnitte auf der Feedseite sind so groß, daß mit einer Verblockung kaum zu rechnen ist. Beläge auf der Membran können sowohl chemisch als auch mechanisch (Schwammballreinigungssystem) entfernt werden. Zerstörte Membranen können rohrweise ersetzt werden. Auch das Rohrmodul weist eine gewisse Empfindlichkeit gegen permeatseitige Druckstöße auf, die sowohl zu einer Trennung von Membran und Geweberohr als auch zum Knicken des Geweberohres (UF) führen können [10].

3.5 Kapillarmodul

Kapillarmodule werden fast ausschließlich für die Ultrafiltration eingesetzt. Sie ähneln in ihrem Aufbau den Rohrmodulen. Die Innendurchmesser der Kapillarrohre ist allerdings wesentlich geringer und liegt im Bereich zwischen 0,5 und 2,0 mm. Bei diesen Abmessungen und den UF-Betriebsdrücken sind die Kapillaren selbsttragend. Die Verbindung zwischen Kapillaren und -platten werden nicht mehr wie beim Rohrmodul über Dichtungsnippel hergestellt, sondern durch Vergießen oder Verschweißen der Polymerteile. Häufig findet man auch durchsichtige Druckgehäuse für die Aufnahme des Kapillarbündels. Die Strömungsführung und das Strömungsverhalten von Kapillarmodul und Rohrmodul sind gleich. Entsprechendes gilt für die Verschmutzungsneigung und das Reinigungsverhalten. Es ist allerdings nicht möglich, Kapillarmodule mechanisch zu reinigen oder defekte Kapillare einzeln zu ersetzen [5].

3.6 Hohlfasermodul (HF-Modul)

Der HF-Modul hat von allen Modultypen die weitaus größte spezifische Membranfläche. Diese Kompaktheit erreicht er durch die Abmessungen der Hohlfasern. Der Hohlfaseraußendurchmesser liegt zwischen 80 und 165 µm, der -innendurchmesser zwischen 40 und 80 µm. Damit entspricht die Hohlfaser bezüglich ihrer mechanischen Beanspruchung einem dickwandigen Rohr (AD-Regelwerk, B10) und ist damit selbst bei den Betriebsdrücken für die Meerwasser-Umkehrosmose selbsttragend. Die Hohlfaser ist eine asymmetrische polymereinheitliche Membran, deren Aktivschicht auf der Hohlfaseraußenseite liegt. Diese Membranstruktur ist für die Modulkonstruktion und die Strömungsführung entscheidend. Die einzelnen Fasern werden, wie Bild 10 zeigt, zu einem Faserbündel zusammengefaßt und als Membrankartusche in ein Druckrohr eingesetzt. An einem Ende, an der Umlenkplatte, ist diese Membrankartusche hohlfa-

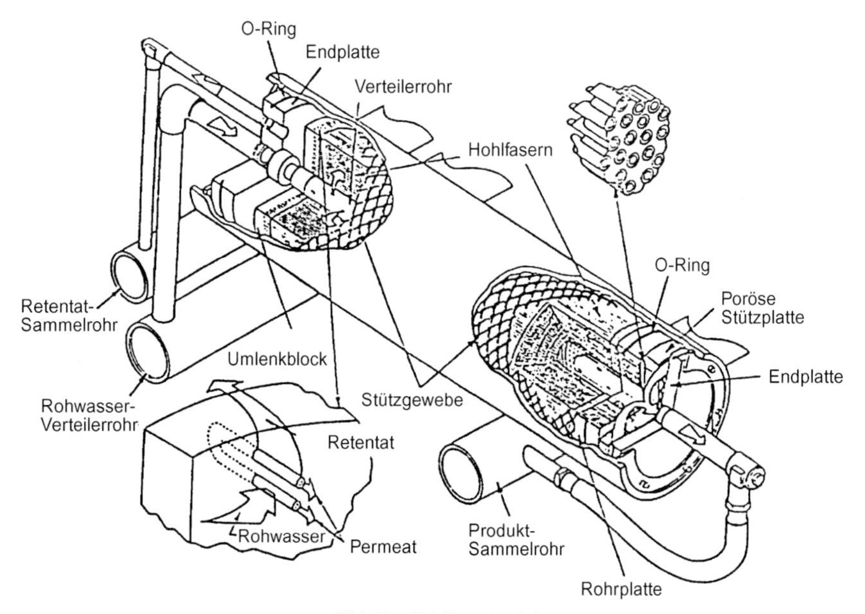

Bild 10: Hohlfasermodul

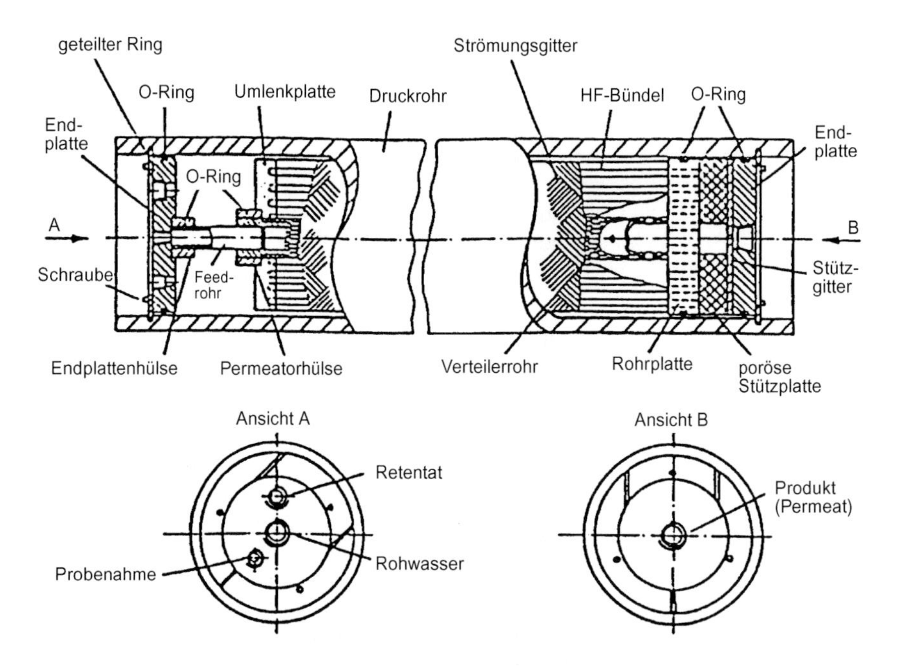

Bild 11: Längsschnitt eines Hohlfasermoduls

serseitig abgeschlossen, am anderen Ende, an der Rohrplatte, ist sie offen (Bild 11). Sie wird zwischen den beiden Endplatten des Druckrohres axial fixiert. Dazu dient auf der Umlenkplattenseite ein Distanzstück, das aus einem Feedrohrstück und zwei Hülsen besteht.

Am offenen Ende werden eine poröse Stützplatte und ein Stützgitter verwendet, um die Längsverschiebung der Membrankartusche zu begrenzen. Zur Abdichtung zwischen den einzelnen Druckräumen im Modul werden ausschließlich O-Ringe benutzt. Ein Vergleich mit dem Dichtungssystem des Plattenmoduls macht deutlich, daß das HF-Modul mit einer relativ geringen Anzahl von Dichtungen auskommt. Die Strömungsführung im HF-Modul unterscheidet sich von der der anderen Module. Das Feed wird über das perforierte Zentralrohr in das HF-Bündel eingespeist und durchströmt das Bündel radial von innen nach außen. Das Permeat tritt von außen in den Innenraum der Hohlfasern ein und wird über Stützplatte und Stützgitter zentral an der der Feedzuführung gegenüberliegenden Seite aus der Membrankartusche abgeführt. Das Retentat tritt über den Ringspalt zwischen Druckrohr und Umlenkplatte in den Vorraum zwischen Endplatte und Umlenkplatte ein und wird von dort aus über die Endplatte aus dem Modul abgeleitet. Die radiale Anströmung der Hohlfasern im Bündel führt dazu, daß, im Gegensatz zu den anderen Modultypen, nahezu keine Konzentrationsüberhöhung auf der Feedseite eintritt. Die bündelseitigen Druckverluste sind, bezogen auf die Betriebsdrücke bei der Brack- und Meerwasserentsalzung, vernachlässigbar klein. Allerdings ergeben sich konstruktionsbedingt Rückvermischungsprobleme.

Da die Lage der Hohlfasern im Bündel nicht eindeutig fixiert ist, wird das Bündel radial und axial nicht gleichmäßig durchströmt. Das hat zur Folge, daß die feedseitige Konzentrationsverteilung veränderlich ist und Unregelmäßigkeiten im Stofftransport nach sich zieht. Die Abmessungen der Hohlfasern und die Kompaktheit des Moduls führen zu seiner außerordentlich großen Empfindlichkeit gegenüber Verschmutzung. Deshalb müssen Inhaltsstoffe, die zur Membranverblockung oder -verschmutzung führen können, weitgehend vor dem Eintritt in das Modul entfernt werden (Kolloidindex $< 0{,}2$). Die Methoden der chemischen Reinigung, die für die anderen Modultypen gelten, können auch für das HF-Modul angewendet werden. Bei defekten Hohlfasern oder einer zu starken Abnahme des Permeatflusses läßt sich kartuschenweise ein Membranwechsel vornehmen [7].

Tafel 3 faßt abschließend noch einmal alle Kriterien für die Auswahl von RO-, NF- und UF-Modulen zusammen.

4 Module für PV

Module für die Pervaporation sind Plattenmodule mit kreisförmigem oder rechteckigem Querschnitt. Konstruktiv ähneln sie den UF- und RO-Plattenmodulen und bauen auch wie diese auf Flachmembranen auf. Unterschiede in der Ausführungsform ergeben sich vor allem durch die bei der Pervaporation betriebsbedingten permeatseitigen Unterdrücke.

Entsprechend des sich in der Anfangsphase befindlichen Entwicklungsstandes der PV sind die bisher bekanntgewordenen Modulkonstruktionen noch als vorläufig zu betrachten. Die Bild 12 zeigt schematisch den Ausschnitt aus einem Plattenmodul, für

Tafel 3: Kriterien für die Auswahl von Modulen

Nr.	Modultyp / Kriterium	Plattenmodul ohne Druckrohr	Plattenmodul mit Druckrohr	Kasettenmodul	Wickelmodul	Rohrmodul	Kapillarmodul	Hohlfasermodulmodul
1	Überströmung (definiert = d, undefiniert = ud)	d	d	d	ud	d	d	ud
2	Konzentrationspolarisation (definiert = d, undefiniert = ud)	d	d	d	ud	d	d	ud
3	Packungsdichte (gering = g, mittel = m, hoch = h)	g	g	m	m	g	m	h
4	Rückvermischung v. Feed und Retentat (nein = n, ja =j)	n	n	n	n	n	n	j
5	feedseitiger Druckabfall (gering = g, hoch = h)	g-h	g	g	h	g	h	g
6	feedseitige Druckfestigkeit (gering = g, mittel = m, hoch = h)	m	h	m	m	h	m	h
7	Verblockungsneigung (gering = g, mittel = m, hoch = h)	g	g	m	m	g	m	g
8	Verschmutzungsanfälligkeit (gering = g, mittel = m, hoch = h)	g	g	m	m	g	m	h
9	mechanische Reinigung (nein = n, ja = j)	j	j	n	n	j	n	n
10	chemische Reinigung (nein = n, ja = j)	j	j	j	j	j	j	j
11	Austauschbarkeit v. Membranen (einzelne M. = M, Kartusche = K)	M	M	K	K	M	K	K
12	Erweiterungsfähigkeit (gut = g, mittel = m, schlecht = s)	g	g	m	m	s	s	s
13	Anzahl der Dichtungen (gering = g, mittel = m, hoch = h)	h	m	g	g	g	g	g
14	Druckempfindlichkeit auf der Permeatseite (gering = g, hoch = h)	h	h	h	h	g	g	g
15	Verfügbarkeit (geing =g, mittel = m, hoch = h)	h	h	m	m	h	m	m
16	Betriebssicherheit (geing = g, mittel = m, hoch = h)	h	h	m	m	h	m	m
17	spezifische Kosten (gering = g, mittel = m, hoch =h)	h	h	m	g-m	h	g	g

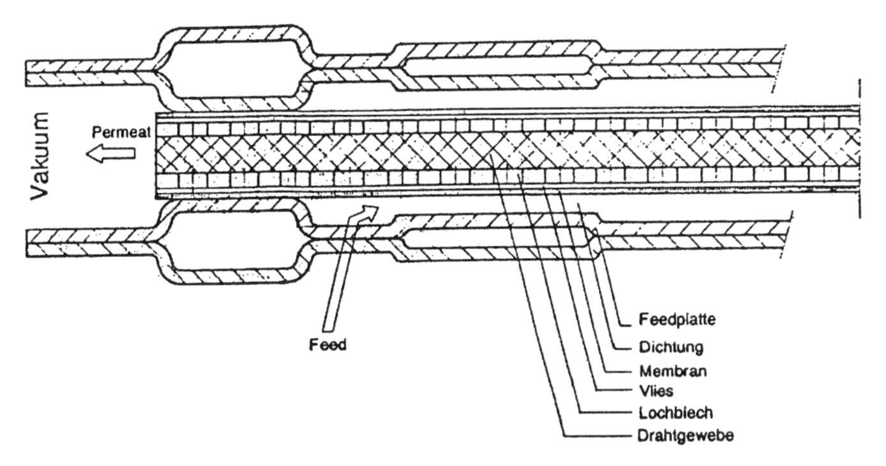

Bild 12: Schematischer Ausschnitt eines Plattenmoduls

dessen Feedplatten modifizierte Wärmeaustauscherbleche verwendet worden sind. Die Feedplatten haben eine umlaufende Nut zur Aufnahme der feedseitigen Dichtung und Sicken zur Versteifung im Einström- und Ausströmbereich des Feeds. Das Feed überströmt beidseitig die Membran, die sich in dem zwischen zwei Feedplatten gebildeten Kanal befindet. Zur Abstandshaltung zwischen den Membranen dient ein Drahtgewebe. Die Permeatpassage sowie die gleichmäßige Auflage der Membran werden durch ein Lochblech und ein Vlies bewirkt. Bei dieser einfachen Konstruktion ist der Permeatraum zum Vakuumgefäß hin offen. Mehrere solcher Feedplatten werden zu einem Stapel zusammengefaßt, und das Feed durch innere Umlenkungen mäanderartig durch die Kanäle des Moduls geleitet. die Forderung nach formstabilen und ausreichend großen Permeatsammelkanälen ist bei diesem Modul konstruktiv nicht verwirklicht. Dieses Problem ist auch bei anderen aus der UF- oder RO-Technik abgeleiteten PV-Plattenmodulen nicht gelöst.

5 Zusammenfassung

Die Trennung von flüssigen Gemischen mit Polymer- und anorganischen Membranen hat eine zunehmende Bedeutung in verschiedenen industriellen und biotechnologischen Prozessen wie auch in der Energietechnik gewonnen. Hervorgerufen durch die großen Verbesserungen in der Chemie der Polymere und der Modulkonstruktion konnte sich die Trennung von flüssigen Gemischen mit Hilfe von Polymermembranen als eigenständige Grundoperation der Verfahrenstechnik etablieren. Diskutiert wurden die unterschiedlichen Apparate beziehungsweise Module, die in der Membrantrenntechnik zum Einsatz kommen, mit einem Kriterienkatalog im Hinblick auf ihre Anwendung.

Schrifttum

[1] Rautenbach, R. ; Albrecht, R.: Membrane processes. Chichester: John Wiley & Sons, 1989

[2] Beyer, F.; Günther, R., Hapke, J.: Membrantrennverfahren im Umweltschutz – Stand der Technik. Chemietechnik, 25 (1996) 6, 64-66

[3] Günther, R.; Perschall, B., Hapke, J.: Verfahrens-, Apparate- und Anlagentechnik der Hochdruckumkehrosmose. Tagungsband zum Aachener Membran Kolloquium 1995, 14.3.-16.3.95, Aachen, S. 339-342

[4] Linn, T.: Behandlung von Abwasserkonzentraten mittels Membranverfahren. IVT Inf. 26 (1996) 1, S. 11-19

[5] Seifert, R.; Steiner, R.: Betriebsverhalten von Kapillar- und Rohrmodulen bei der Ultrafiltration von Kühlschmieremulsionen und Kompressorkondensaten. Chemie Ingenieur Technik, 68 (1996) 4, S. 428-434

[6] Staudt-Bickel, C.; Lichtenthaler, R.N.: Integration of pervaporation for the removal of water in the production process of methylisobutylketone. Journal of Membrane Science, 111 (1996), S. 135-141

[7] Fischer, W.: Experimentelle und analytische Untersuchungen an einem Hohlfasermodul. Dortmund, Universität, Fachbereich Chemietechnik, Diss., 1983

[8] Peters, Th. A.: Aufbereitung von Deponiesickerwasser mit Umkehrosmose und DT-Modul. WLB Wasser, Luft und Boden,4 (1991), S. 42, 44, 46

[9] Grünbeck Wasseraufbereitung GmbH: Membrantechnik: Filtrieren, Separieren, Konzentrieren. 1990 (Best.-Nr. 825 016 11). Firmenschrift

[10] Günther, R.: Der Einsatz von gekoppelten Membrantrennverfahren für die Aufarbeitung industrieller Abwässer. Hamburg-Harburg, Technische Universität, Studiendekanat Verfahrenstechnik, Diss., 1993

Muscheln, Muschellarven und andere Feststoffe in Kühlwasserkreisläufen

Ihre Bekämpfung auf mechanisch-physikalischer und chemischer Basis

Von J.-U. Upatel [1])

Der verstärkt greifende Umweltschutz fördert die Fauna und Flora in unseren Flüssen, deren Wasser für viele Betriebe als Primärkreislauf von Kühlsystemen dient.

Platten- oder Rohrbündelwärmetauscher stellen die Schnittstelle zum geschlossenen Sekundärkreislauf dar und werden vermehrt durch Muschelbefall und Feststoffeintrag in ihrer Funktion gestört. Die Folgen für die deutsche Industrie sind Schäden und Produktionsausfälle in Millionenhöhe.

Eine sinnvolle aber auch wirtschaftliche Bekämpfung dieser „Schadstoffe" ist unumgänglich. Im folgenden werden die wirtschaftlichsten Möglichkeiten beschrieben:

1 Allgemeines

Die mit Abstand verbreitetste Muschel ist die „Dreissena polymorpha Pallas", nachfolgend DPP genannt. Die Larven der DPP sind die einzigen in Europa, die in der Lage sind, im freien Wasser bis zu 8 Tagen planktonisch umherzuschwimmen. Durch die letzte Eiszeit wurde sie aus Europa verdrängt. Sie ist seit 200 Jahren aber wieder im Begriff, den Kontinent zu erobern. Seit Anfang des 19. Jahrhunderts verbreitet sie sich explosionsartig, denn sie ist in der Lage, bis zu 500 Nachkommen zu zeugen.

1966 wurde sie zum erstenmal im Bodensee gesichtet und wird sich mangels natürlicher Feinde, außer der Plötze und dem Blesshuhn, weiter explosionsartig vermehren. Bereits 1970 betrug die Vermehrung das 200-fache des Vorjahres. Die größte gemessene Dichte der DPP betrug mehrere 1000 Tiere/m^3.

2 Die DPP-Larve

Die normale Laichzeit der Muschel wird in den meisten Veröffentlichungen zwischen Juni und Herbst angegeben. Vereinzelte Larven wurden allerdings auch schon Ende April bei einer Wassertemperatur von nur 2½ °C gesichtet. Das Maximum kann im September erwartet werden, wo bis zu 70 Larven je Liter gezählt wurden.

Die Eier der DPP werden durch weiße Schleimklümpchen schwach zusammengehalten und frei im Wasser abgelegt. Die Eier haben in der Regel einen Durchmesser von 50-60 µm, jedoch wurden auch schon welche mit ca. 30 µm gefunden.

Die Gründe, wieso sich die DPP so gut und rasch verbreitet, sind einerseits die ungefähr 8 Tage frei schwimmenden Larven, die sich irgendwo festsetzen und auch wieder loslassen können, zum Beispiel an Sportbooten, die an andere Seen transportiert werden und andererseits die Verschleppung durch Vögel.

[1]) Dipl.-Ing. Jörg-Uwe Upatel, Dango & Dienenthal Filtertechnik GmbH, Siegen

Bild 1 zeigt die Entwicklung vom Ei bis zur Muschel. Innerhalb von 8 Tagen wächst sie von ca. 50 µm bis zu ca. 185 µm, wobei 80 % der Larven eine Größe von ≤ 90 µm, und ca. 20 % eine Größe von 185 µm haben.

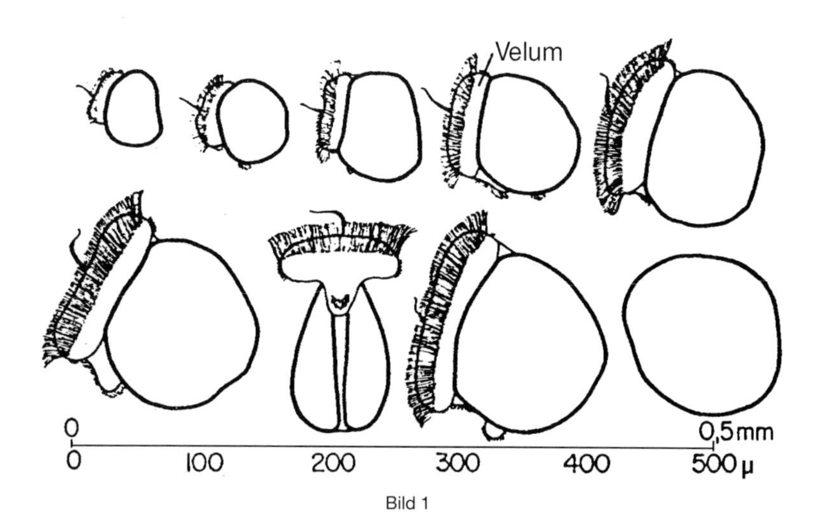

Bild 1

Weil ihre Form etwa rund, aber von der Seite gesehen nur halb so dick ist, ist sie in der Lage, nach ihrer Geburt durch einen 30 µm-Spaltfilter zu rutschen. Wegen ihrer weichen Konsistenz ist sie bei geringen Fließgeschwindigkeiten sogar in der Lage, noch kleinere Spalte zu überwinden.

Im letzten „siedlungsfähigen" Entwicklungsstadium ist die Larve in der Lage, sich fortzubewegen und, wie auch die spätere Muschel, sich an Gegenständen festzusetzen. Erst bei Strömungsgeschwindigkeiten oberhalb 1,5 m/s wird dieses Festsetzen verhindert.

Mit den oben genannten Dichten von bis zu 70 Larven/Liter bis zu Tiefen von 6 m und der daraus sich ergebenden Larvenmenge von 420.000 Stück, ist ihre Bedeutung erkennbar.

3 Die DPP-Muschel

Die Anfangsgröße der Muschel liegt bei etwa 200 µm. Sie wächst im ersten Jahr bis zu 5 mm, im zweiten bis zu 1½ cm, im dritten bis zu 3 cm, und im vierten bis zu 4 cm. Ihre durchschnittliche Lebensdauer liegt bei 5-7 Jahren, wobei bis zu 10 Jahren erreicht werden können. Ihr Körpergewicht beträgt je nach Alter zwischen 1 bis 1100 mg. Obwohl sie sich kräftig an ihrer Unterlage festsetzen kann, ist sie zu einem Ortswechsel in der Lage. Unbekämpft ist sie in der Lage, ganze Wassernetze zu verstopfen.

4 Die Bekämpfung der Muschel

Die einfachste, meist aber nicht praktizierbare Methode ist die Trockenlegung der Leitungen. Nach 7 bis 14 Tagen sterben die Muscheln ab und können dann zum Beispiel mit einem Molch entfernt werden. Eine weitere oft nicht praktizierbare Methode ist das Einfrierenlassen der befallenen Leitungen, wobei auch hier der Befall sich nach 2 Jahren wieder einstellen wird.

Eine effizientere Methode ist das Aufheizen der befallenen Leitungen. Erfahrungen zeigten, daß Temperaturen von 35 °C über 2 ½ Stunden, bzw. 40 °C über 15 Minuten alle Muscheln abtöten. Die hierbei erreichten Temperaturen liegen im allgemeinen jedoch über der zulässigen Kühlwassertemperatur.

Eine preiswertere, aber oft nicht erlaubte, Methode ist die Chlorierung. Einer Dauerchlorierung von 0,3 mg/l widersteht die Muschel bis zu 18 Monaten. Erst eine Dosierung von ca. 10 mg/l über 3 Tage, bei Wassertemperaturen von 20 °C, führt zum gewünschten Erfolg. Der gleiche Erfolg bei 6 °C stellt sich erst bei 100 mg/l ein. Wegen der anschließend erforderlichen Entchlorung mit Aktiv-Kohlefiltern eignet sich diese Methode meist nicht bei größeren Volumenströmen.

Eine erfolgversprechendere Methode ist das Anheben des pH-Wertes auf über 9. Hier sind dann die Lebensbedingungen der Muschel nicht mehr erfüllt. Ab einem pH-Wert von 11 (0,001 % NaOH) reichen Einwirkzeiten von 36 Stunden aus, um die Tiere abzutöten und sich ablösen zu lassen. Eine anschließende Zugabe von schwacher Salzsäure mit einem pH-Wert von 2-3 läßt eine anschließende Neutralisierung zu.

5 Die Bekämpfung der Larve

Aus dem Vorhergehenden ist klar zu erkennen, daß die Muscheln nur sehr schwer zu entfernen sind und man daher unbedingt vorbeugen sollte; denn viel einfacher ist es, die Larven zu bekämpfen.

Versuche zeigten, daß heute zulässige Chlormengen bis zu 100 mal zu klein sind, um die Larven abzutöten. Eine einfachere Methode ist die, dem kreisenden Wasser den Sauerstoff zu entziehen. Ohne Zugabe von Frischwasser verzehrt der „Biologische

Sauerstoffbedarf" (BSB) den Sauerstoff. Obwohl Fische bereits bei 3 ppm O_2 absterben, überlebt die Larve noch 2 Tage.

Als weitere chemisch wirksame Methode hat sich die Ozonisierung erwiesen. Man hat festgestellt, daß 5 mg Ozon pro Liter oft nicht ausreichen, um Muschellarven und vorhandene Muscheln abzutöten. Dies soll nur ab einer Konzentration von 15-20 mg/l möglich sein. Zu beachten ist hierbei, daß sich eine Ozonkonzentration von 3 mg/l binnen 10 Minuten auf „0" abbaut. An der betreffenden Stelle muß dann erneut dosiert werden, da sonst der DPP-Befall unausweichlich ist. Letzte Erkenntnisse zeigen allerdings auch, daß O_3 Flockungseigenschaften besitzt und bisher gelöste Stoffe ausfallen läßt, was zu Sedimentationen und Verstopfungen führen kann.

Wenig wirkungsvoll ist die Methode der Filtrierung des Wassers. Das feinste Filter, der Kiesfilter (im Vollstrom oft nicht mehr wirtschaftlich) mit einer Feinheit von ca. 10 bis 20 µm (abhängig von der gesammelten Feststoffmenge im Filter) ist nicht in der Lage, Larvenfreiheit im Filtrat zu gewährleisten! Durch die geringen Fließgeschwindigkeiten von maximal 60 m^3/m^2 h (60 m/h) im Schnellfilter, und selbst die 20 m^3/m^2h (20 m/h) im Langsamfilter, lassen die Larven durch den feinen Kies auf die Reinseite gelangen.

Selbst wenn nur ein kleiner Teil die Passage überlebt, ist von dieser Methode abzuraten, weil ja die zurückgehaltenen Larven noch leben und beim Rückspülen unter Umständen in das Kanalnetz gelangen und dort zu den beschrieben Schäden führen können. Weil bei großen Volumina im 1000 m^3/h-Bereich Kiesfilter meist nur im Teilstrom betrieben werden, verbietet sich schon aus diesem Grund diese Lösung.

Das Spaltsieb (Bild 2)

In den letzten Jahren kommen in den in Frage kommenden Bereichen mehr und mehr automatische wartungsfreie Rückspülfilter zum Einsatz. Weil Drahtgewebe sich meist nicht so gut zum Rückspülen eignen, haben sich heute die Spaltsiebe durchgesetzt. Obwohl die Industrie hier heute Feinheiten bis zu 10 µm anbietet, ist an nachstehenden Skizzen erkennbar, daß nicht alles, was heute technisch möglich ist, wirtschaftlich auch sinnvoll sein muß.

Um hier selbst die kleinsten Larven von 30 µm (entsprechend 15 µm Dicke) abzufiltrieren, müßte ebenfalls, wie beim Sandfilter, mit mindestens 10 µm Spaltweite gearbeitet werden. Aus Fertigungsgründen wird hier aber mit Toleranzen in der gleichen Größenordnung gerechnet, womit eine Sicherheit gegen Larvenfreiheit nicht mehr gegeben ist.

Die Bilder 2, 3 und 4 zeigen, wie mit abnehmender Spaltweite (Feinheiten unter 50 µm) durch den sich bildenden tiefen „Trichter" (gebildet aus Spalt und Kantenradius) die Verklemmgefahr von zum Beispiel feinstem Sand nicht akzeptabel steigt. Durch das Verklemmen entstehen Reibkräfte, die durch das Rückspülen nicht mehr überwunden werden können.

Es wird das Wissen vorausgesetzt, daß es, mikroskopisch gesehen, keine scharfen Kanten gibt. Jede vermeintlich scharfe Kante entpuppt sich beim genauen Hinschauen als eine Kante mit einem Radius. Bei den erwähnten Spaltsieben ist der kleinste heute wirtschaftlich herstellbare Radius r = 50 µm.

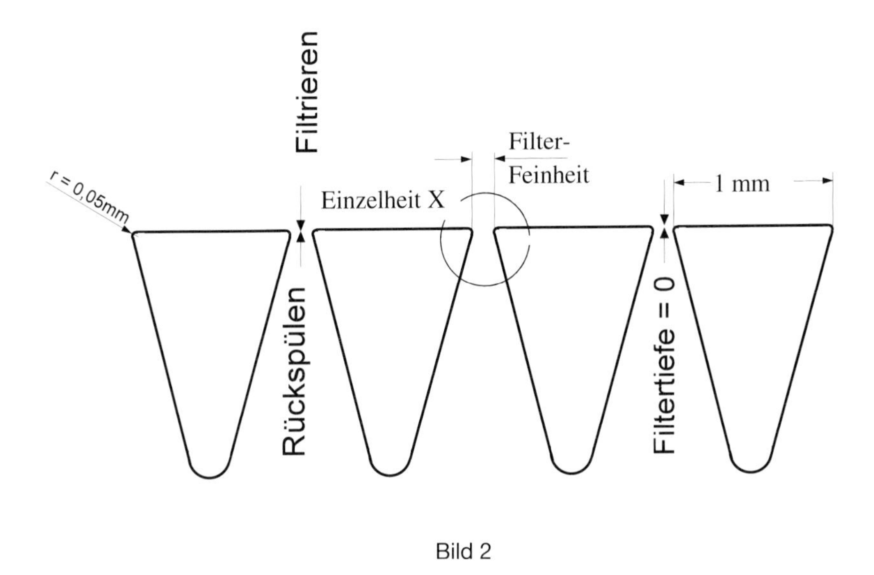

Bild 2

Das Spaltsieb

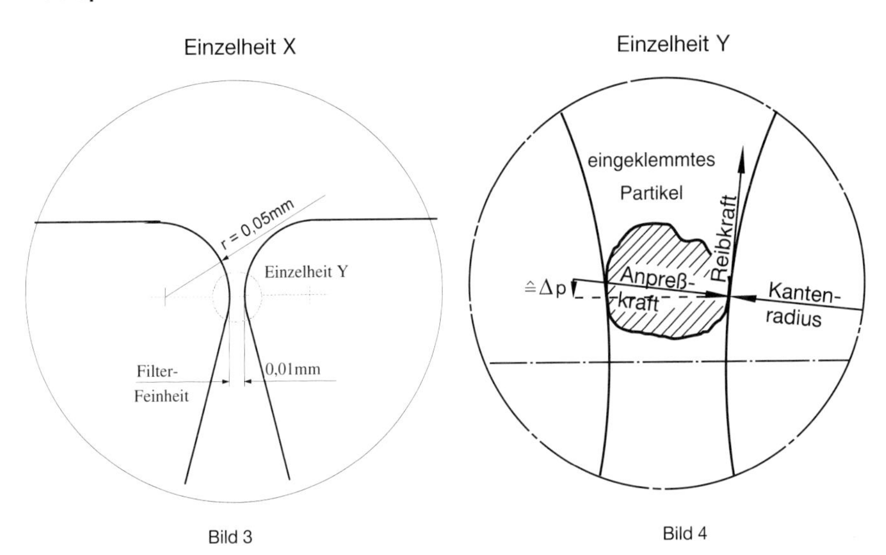

Bild 3

Bild 4

Damit ist aber nur scheinbar das Problem durch Filtration nicht lösbar.

Erforderliche Filterfeinheit für den Schutz von Plattenwärmeaustauschern

Grundsätzlich gilt die Regel: „So grob filtrieren wie möglich; so fein filtrieren wie nötig."

Da maximal drei Partikel in der Lage sind, eine stabile (verstopfende) Brücke zu bilden, ergibt sich die Forderung nach einer Filterfeinheit von < 1/3 der zu schützenden lichten Weite (siehe nachfolgendes Bild).

Diese Faustregel gilt allerdings nur für körnige Feststoffe. Die Einhaltung dieser Regel bezogen auf Plattenwärmeaustauschern mit ca. 4 mm Plattenabstand, durchflossen von Flußwasser, wird zu nicht akzeptablen Reinigungsintervallen führen. Weil, wegen der Vielfaltigkeit der anfallenden Feststoffkonsistenzen hier auch faserige Stoffe zu erwarten sind, sind hier feinere Feinheiten erforderlich. Praxiserfahrungen zeigen, daß man hier sinnvollerweise mit Feinheiten um 300 µm arbeiten sollte. Mit diesen Feinheiten arbeitende Wasserkraftwerke berichten von zugehörigen Reinigungsintervallen der Plattenwärmeaustauscher von einem knappen Jahr. Der Wunsch nach feineren Feinheiten führt bei gleicher Nettofläche zu extrem größer werdenden Filterapparaten.

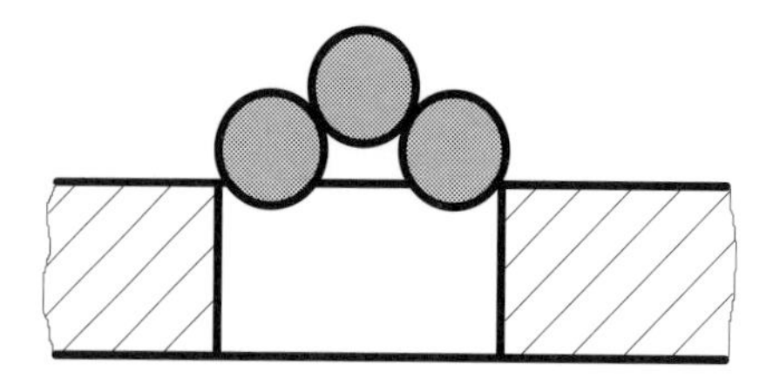

Filterfeinheit < 1/3 Spaltweite

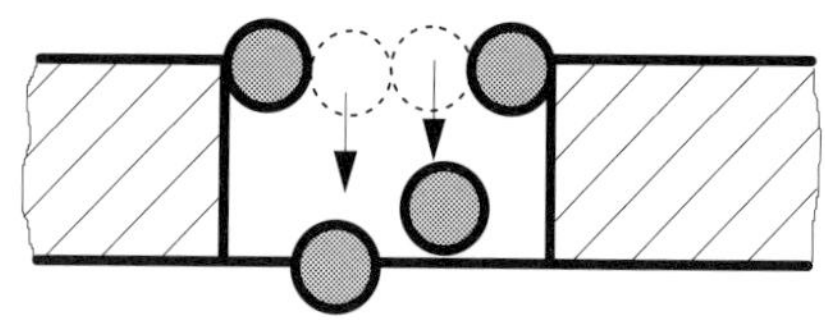

Filterfeinheit < 1/3 Spaltweite

Die nachfolgende Grafik gilt für nahezu alle Spaltfilterhersteller und zeigt die abnehmende freie Filterfläche in % bezogen auf abnehmende Filterfeinheiten (Seite 347).

Die Abtötung von Muschellarven bei der Spaltsiebpassage

Vor einigen Jahren stellte das Kohlekraftwerk Lausward der Düsseldorfer Stadtwerke AG nach Installation der patentierten automatischen Rückspülfilter, Typ DDF-Filterautomat, (Bild 5) fest, daß sich auf der Reinseite der Filter keine lebenden Muschellarven mehr befinden!

Ein erneutes Nachrechnen der Filter ergab, daß man hier bei Filterfeinheiten von ca. 300 µm mit Fließgeschwindigkeiten im Spalt von >1,5 m/s arbeitete. Selbstverständlich findet bei dieser Feinheit keine Filtration von Muschellarven statt. Der Folgeschluß dieser oben genannten Feststellung ist jedoch, daß das zarte Gebilde der Muschellarve die kurzfristige Erhöhung der Fießgeschwindigkeit von ca. 0,5 m/s auf die 1,5 bis 2 m/s bei der Passage im Spalt nicht überlebt.

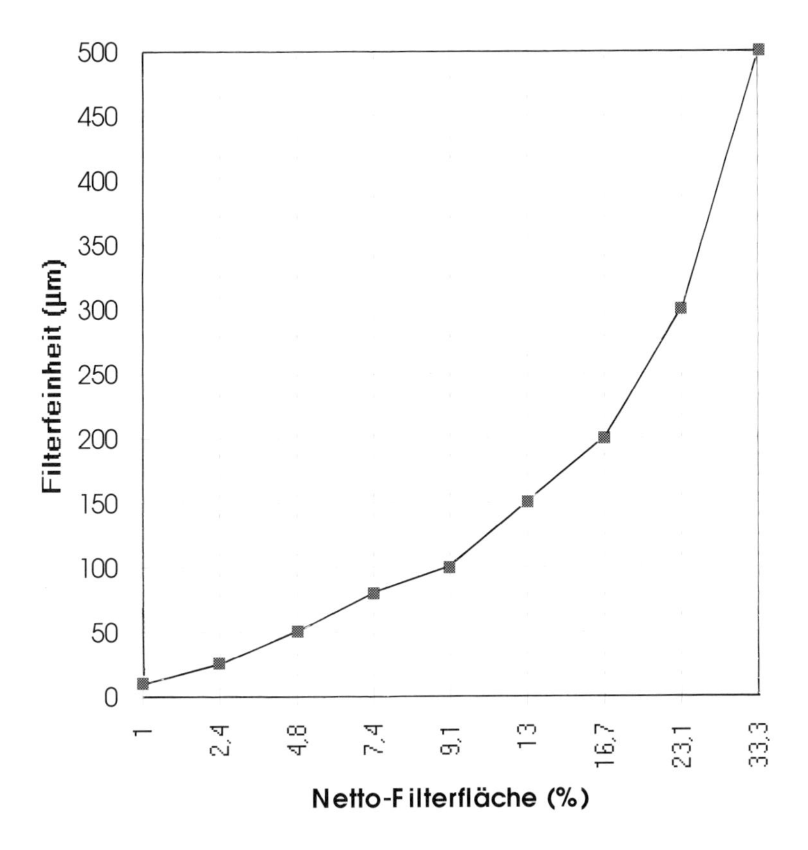

Weil die Beschleunigung von 0,5 m/s auf bis zu 2 m/s nur zu Druckunterschieden im 1/10-bar-Bereich führt, können diese veränderten Druckverhältnisse nicht die Ursache des Absterbens sein.

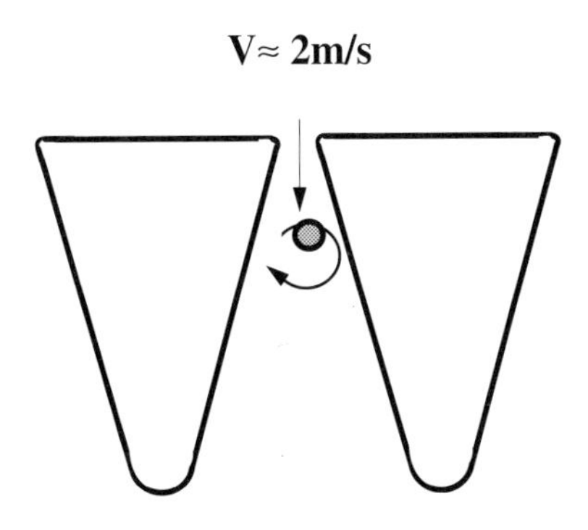

Auftretende Beschleunigung: $b = \frac{v^2}{r}$

b = Beschleunigung (m/s²)
v = Umfangsgeschwindigkeit (2 m/s)
r = Radius (150 µm = 0,00015 m)

$$b = \frac{4\,\frac{m^2}{s^2}}{0{,}00015\,m} = 26.666\ m/s^2 = 2.700\text{-fache Erdbeschleunigung}$$

Bild 5

Dies ist eine Beschleunigung, die diese zarten Organismen, eventuell in Verbindung mit einem Anstoßen an die Drahtflanken, nicht überleben!

Mit dieser Maßnahme ist dem Muschelproblem entsprochen worden. Trotzdem reicht die verbleibende Feinheit von 300 µm nach Aussage anderer Rheinkraftwerke aber aus, die nachgeschalteten Plattenwärmeaustauscher so zu schützen, daß hier nur noch Reinigungsintervalle von einem knappen Jahr anfallen. Der Schutz von Rohrbündelwärmeaustauschern ist wegen der 19 mm-Rohre noch ungleich besser.

Der in Frage kommende Betreiber muß hier selbst abwägen, ob ihm der Schutz vor Muschellarven und feinsten Feststoffen wichtiger ist, als eine 4-5 mm-Grobfiltration mit anschließender Rohrreinigungsanlage und dem gelegentlichen Handikap des unkontrollierten Steckenbleibens der Schwammkugeln, was nur durch Effizienzabfall des Wärmeaustauschers feststellbar ist.

Der DDS-Filterautomat

Alle oben genannten Fakten mit zusätzlichen weiteren Vorteilen sind in dem nachfolgend beschriebenen patentierten Filterautomaten vereinigt. Der DDS-Filterautomat beseitigt störende mechanische Verunreinigungen aus Kühl- und Brauchwasser-Versorgungsanlagen und anderen Flüssigkeitsdrucksystemen. Die Verunreinigungen werden aus der zu reinigenden Flüssigkeit durch die Verwendung von Speziel-Spaltsieben zurückgehalten (100%-ige Oberflächenfiltration).Die Reinigung des Spaltsiebes mit Austrag der Feststoffe erfolgt durch Rückspülung im Gegenstrom zur Filtrationsrichtung gegen die Atmosphäre mit reinwasserseitigem Überdruck filtrierter Flüssigkeit (≥ 1,2 bar). Dieser Prozeß läuft ohne Unterbrechung des Filtervorganges ab.

Ein weiterer Vorteil des hier verwendeten Filterautomaten ist der, daß als Vorfilter nur ein 20-30 mm-Rechen erforderlich ist. Alles, was durch diesen Rechen durchgeht und in das automatische Filter gelangt (daumendicke Äste, Fische, Plastiktüten usw.), wird im Filter durch die Dynamik der sich drehenden Filtertrommel zerschert und beim Rückspülvorgang ausgeschieden. Diese verbindliche Aussage gilt für kein anderes auf dem Markt befindliches Filter!

Diese zur Zeit recht hohen Scherkräfte, die alle anderen Filter zum Stillstand bringen, werden durch den robusten Filtertrommelantrieb in Verbindung mit der dreiteiligen Filtertrommel aufgebracht (Bild 6).

Die 20-30 mm tiefen Fenster der Außentrommel (Bild 7) nehmen die oben beschriebenen Feststoffe solange auf, bis entweder eine einstellbare Spülintervallzeit abgelaufen ist oder die übergeordnet arbeitende Differenzdrucksteuerung die Rückspülung einleitet.

Die mit ca. 6 UpM drehende Filtertrommel, die von außen nach innen durchflossen wird, rotiert während der Rückspülung an zwei kleinen im Gehäuse befindlichen Spülkanälen (bis zu 1/48 der Filterfläche) vorbei, die bei offener Rückspülklappe durch das Druckgefälle (innerer, reinseitiger Überdruck gegenüber Atmosphärendruck) die Feststoffe zur Atmosphäre während maximal 30 s ausspült (Bild 8).

Bild 6

Bild 7

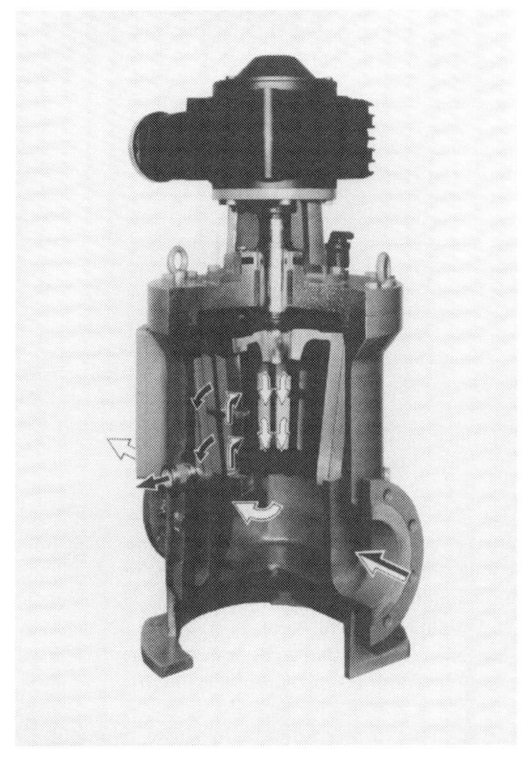

Bild 8

Wichtige Aussagen zur Filterrückspülung

Es liegt auf der Hand, daß die Güte eines Rückspülfilter mit der Effizienz der Rückspülung einhergeht! Die Rückspüleffizienz steigt mit steigender Rückspülgeschwindigkeit in der zu reinigenden Teil-Filterfläche.

Vorausgesetzt wird das Wissen, daß der Druckverlust bei einer Filterinbetriebnahme anfangs kaum, dann aber exponentiell schnell bis zum Enddruckverlust ansteigt.

Nun ist auch bekannt, daß ein zusätzlicher Druckverlust in einer Rohrleitung nur durch eine Blende erreichbar ist.

Auf nachstehender Kurve bezogen bedeutet dies, daß der Druckverlust erst dann merklich ansteigen wird, wenn durch Verschmutzung die Nettofläche (Summe aller Spalten) im Filter kleiner wird als der Zulauf-Flanschquerschnitt.

Die Grafik zeigt den Differenzdruckverlauf eines Rückspülfilters mit einer Nettofilterfläche, die etwa dem doppelten der Flanschquerschnittsfläche entspricht. Wegen der intensiven Reinigung extrem kleiner Flächensegmente steht danach immer wieder die volle Nettofläche zur Verfügung.

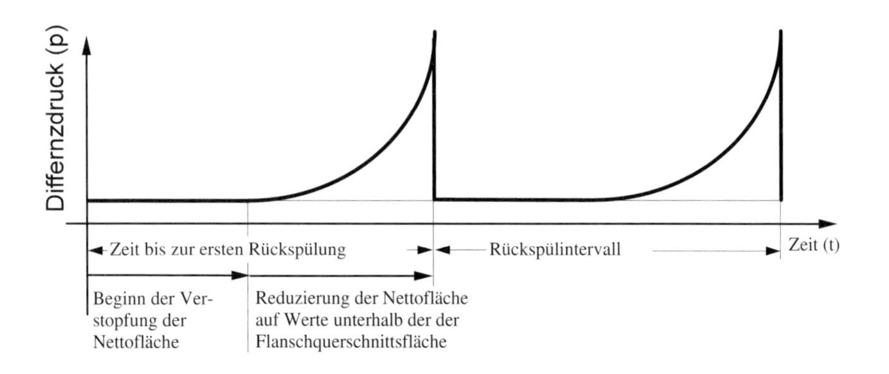

Fazit: Große Filterflächen nützen nur dann, wenn kleine Teilflächen mit hoher Geschwindigkeit (> 2 m/s) rückgespült werden!

Alternativ zum beschrieben Filterautomaten stehen dem Markt nur „Rückspülkerzenfilter" zur Verfügung. Konstruktionsbedingt arbeiten diese Filter mit wesentlich größeren Filterflächen, von denen auch nur ca. 5 % jeweils rückgespült werden. Dies führt zu Rückspülgeschwindigkeiten im Spalt im Bereich ≤ 1 m/s. Betreiber dieser Filterapparate bestätigen, daß die Filterkerzen nicht mehr einwandfrei sauber werden. Dies führt zu immer kürzeren Rückspülintervallen und zu der zwangsläufigen Maßnahme, die Filterkerzen im „Mehr-Monatsrhythmus" auszubauen und extern zu reinigen.

Die Rückspülwassermenge wird bestimmt durch den Öffnungsquerschnitt der Spülklappe und dem reinseitigen Systemdruck. Sie errechnet sich nach folgender Formel:

$$Q = \varphi \cdot \mu \cdot F \sqrt{\frac{2 \cdot g \cdot p}{\gamma}}$$

Berechnungsbeispiel:

Volumenstrom	= 420 m^3/h
Druck	= 3 bar
Filterfeinheit	= 300 µm
Geschwindigkeit in der Nettofläche	> 1,5 m/s

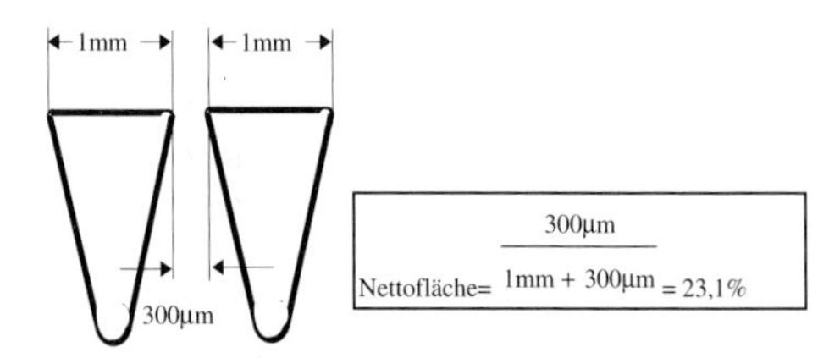

Entsprechend eines internen Datenblattes kommt hier ein Automatikfilter mit DN 250 mit A = 0,33 m^2 brutto und einer Nettofläche von (0,33 m^2 · 23,1 %) = 0,076 m^2 zum Tragen.

Das Filter ist mit einer Ebro-Rückspülklappe DN 80 (0,00315 m^2 Nettofläche) ausgerüstet.

$$Q = \varphi \cdot \mu \cdot F \sqrt{\frac{2 \cdot g \cdot p}{\gamma}}$$

Q = abfließender Volumenstrom (m^3/s)
φ = Reibzahl (für Wasser = 0,97)
μ = Einschnürzahl (scharfe Kanten ca. 0,4)
F = Fläche der freien Klappenöffnung (m^2) = 0,00315 m^2
g = Erdbeschleunigung 9,81 m/s^2
p = Überdruck (kg/m^2) = 3 bar = 30.000 kg/m^3
γ = Wasserdichte (1000 kg/m^3)

$$Q = 0{,}97 \cdot 0{,}4 \cdot 0{,}000315\,m^2 \cdot \sqrt{\frac{2 \cdot 9{,}81\,\frac{m}{s^2} \cdot 30.000\,\frac{kg}{m^2}}{1000\,\frac{kg}{m^3}}}$$

$$= 0{,}00122\,m^2 \cdot \sqrt{588{,}6\,\frac{kg \cdot m \cdot m^3}{s^2 \cdot m^2 \cdot kg}}$$

$Q = 0{,}030\,\frac{m^3}{s}$ = 106 m^3/h für maximal 30 s Spüldauer = 883 l/Spülvorgang

Dieser Volumenstrom reinigt jeweils

Flächensegmente von A = 0,014 m^2 brutto = 0,0035 m^2 netto

Die Rückspülgeschwindigkeit beträgt somit:

$$V = \frac{0{,}03\,\frac{m^3}{s}}{0{,}0035\,m^2} = 8{,}6\,m/s.$$

Für kritische (schmierige) Feststoffe ist dies ein ausgezeichnet hoher Wert. Für unkritische Feststoffe kann dieser Wert soweit reduziert werden, daß nur noch 2 m/s im zu reinigenden Flächensegment herrschen.

Flächensegment= 0,0035 $m^2 \cdot$ 2 m/s = 25,2 m^3/h

Dieser minimalste Volumenstrom fließt maximal 30 s = 210 l Wasserverlust/Spülvorgang.

Standzeit zwischen den Rückspülungen

Eine kürzliche Untersuchung der BEWAG (Berliner Elektrizität und Wasser AG) zeigt die Kornanalyse einer Inkrustation am Kondensator eines Kohlekraftwerkes, die infolge unzureichender Filtration und zu kleiner Fließgeschwindigkeiten von Spreewasser entstanden ist.

Eine Naßsiebung mit einem 630 µm-Sieb ergab:

0,7 % auf Trockensubstanz bezogen < 630 µm
99,3 % auf Trockensubstanz bezogen > 630 µm

Die 0,7 % wurden dispergiert und zeigten nachfolgende Kornanalyse:

Mikroskopische Untersuchung der Partikel < 630µm

- schlammige organische Partikel
- Blätter, Pflanzenreste
- tierisches Plankton (Flöhe)
- rote Mückenlarven
- Protozoen (Einzeller)
- pflanzliches Plankton:
  Blaualgen
  Grünalgen

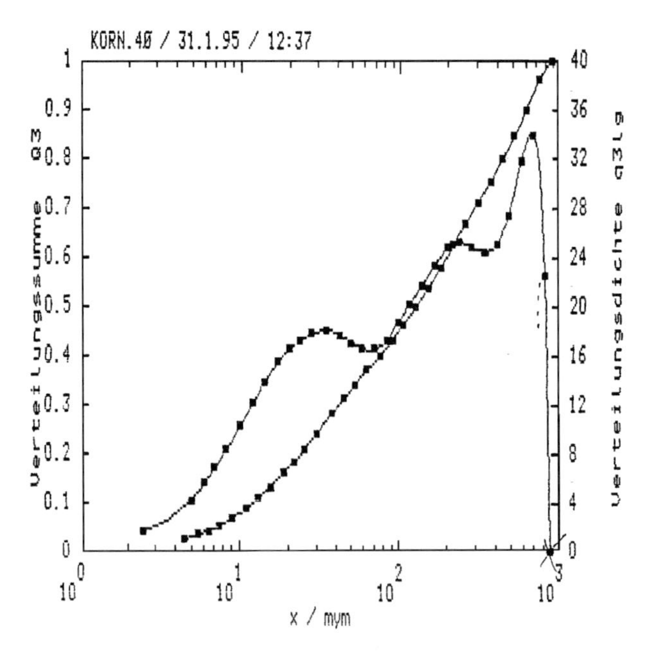

Bild 9: SYMPATEC HELOS Partikelgrößenanalyse

Der durchschnittliche Feststoffgehalt der Spree liegt bei 10 mg/l. Von diesen 10 mg/l liegen 0,7 % = 0,07 mg/l unter 630 µm. Entsprechend der Summenkurve und einer Filterfeinheit von 300 µm ist hier mit einer Rückhalterate von etwa 30 % zu rechnen.

Vom Filter sind demnach abzuscheiden:

alles über 630 µm = 99,3 % von 10 mg/l	= 9,93 mg/l
30 % unter 630 µm = 30 % von 0,07 mg/l	= 0,021 mg/l
	9,951 mg/l

Weil der größte Teil aus gut kuchenbildendem Muschelbruch besteht, kann mit einer Schichtfläche auf dem Spalt des Spaltsiebes von ca. 2 mm² gerechnet werden.

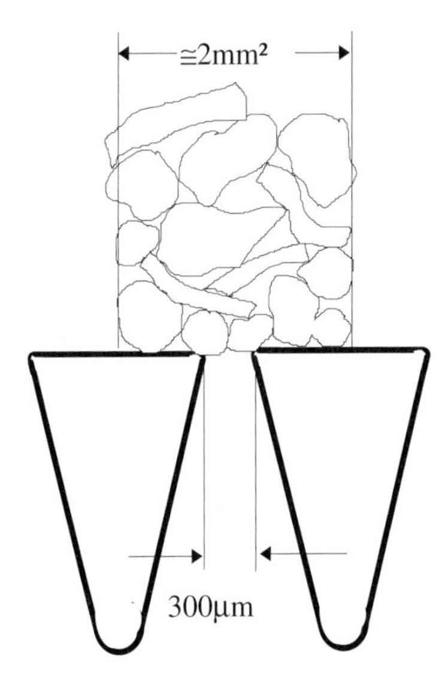

Mit der erforderlichen Fließgeschwindigkeit von >1,5 m/s im Spalt ergibt sich eine hydraulische Belastung von:

$$= 1{,}5\,\frac{m}{s}\cdot 3600\,\frac{s}{h} = 5400\,\frac{m}{h} = 5400\,\frac{m^3}{m^2\cdot h}$$

Zurückzuhaltende Feststoffe = 9,95 mg/l = $7{,}1\,\frac{mm^3}{l}$ (bei Dichte 1,4 von Kalk) = $7100\,\frac{mm^3}{m^3}$

Der (theoretische) Rückspülzyklus (t) beträgt:

$$t = \frac{\text{Kuchenquerschnittsfläche}}{\text{Spaltweite}} \cdot \frac{1}{\text{hydraulische Belastung}} \cdot \frac{1}{\text{zurückzuhaltende Feststoffe}}$$

$$t = \frac{2\,mm^2}{0{,}3\,mm} \cdot \frac{m^2h}{5400\,m^3} \cdot \frac{m^3}{7100\,mm^3} \cdot \frac{10^6\,mm^2}{m^2}$$

$$t = 0{,}174h = 10{,}5\ min$$

Die Praxis zeigt jedoch, daß diese Filter im Flußwasserbereich bei Hochwasser durchschnittliche Rückspülzyklen von 15 Minuten, ansonsten Stundenintervalle aufweisen. Diese Diskrepanz kann nur in der zu klein angenommenen Feststoffkapazität des Spaltsiebes liegen.

Trotz der Dynamik dieser Filter liegt die Lebenserwartung des kompletten Filtersystems nachweisbar im Bereich zwischen 10 bis 20 Jahren, wobei meist mit 100 % Verfügbarkeit gerechnet werden kann. Selbstverständlich hat sich dieses Filtersystem auch in den weniger feststoffbeladenen Kühlturmkreisläufen bewährt.Der Hersteller gibt Interessenten die Möglichkeit, sich durch Versuche mit diesem Filtersystem von seiner Funktionsfähigkeit zu überzeugen.

Schrifttum, Quellen

[1] Schalekamp, M.: Direktor der Wasserversorgung Zürich: Warnung vor der Wandermuschel Dreissena polymorpha Pallas und Bekämpfung derselben.

[2] Hopp, G.: chemisches Laboratorium der BEWAG/Berlin

[3] Lohmann, H.; Pauls, M.: Kraftwerk Lausward/Stadtwerke Düsseldorf AG

[4] Biesgen, W.: Kraftübertragungswerke Rheinfelden AG

Heißgasfilter

Von W. Peukert [1])

Einleitung

Die Filtration heißer Gase ist eine der vielversprechendsten Neuentwicklungen der Abscheidetechnik der letzten Jahre. Die Entwicklung von Heißgasfiltersystemen wurde wesentlich von fortschrittlichen Verfahren der Energieerzeugung beeinflußt. In Kraftwerken kann der Wirkungsgrad erhöht werden, wenn die heißen und gegebenenfalls druckaufgeladenen Gase bei hoher Temperatur gereinigt werden, so daß eine Gasturbine nachgeschaltet werden kann [1, 2]. Der Anwendungsbereich von Heißgasfiltern erweitert sich jedoch zunehmend in die chemische Prozeßindustrie. In vielen dieser Prozesse werden ebenfalls Gasströme bei hohen Temperaturen und/oder Drücken erzeugt, die sowohl Partikeln als auch verschiedene gasförmige Schadstoffe enthalten können. Falls diese Gasströme bei erhöhten Drücken und Temperaturen gereinigt werden können, besteht die Möglichkeit die Energieausnutzung zu erhöhen und die Prozesse kompakter zu gestalten.

Die Entscheidung für einen Heißgasfilter hängt von zahlreichen Faktoren ab. Neben den Vorteilen in der Prozeßtechnik, wie zum Beispiel Wärmerückgewinnung, Schutz nachgeschalteter Anlagenteile, Vermeidung der Dioxinneubildung im Temperaturfenster zwischen 500 und 200 °C durch Abscheiden katalytisch wirkender Partikeln oberhalb von 500 °C oder die trockene Einbindung gasförmiger Komponenten simultan mit den Stäuben, sind auch die Nachteile eines Heißgasfilters zu bedenken. Diese liegen in den relativ hohen Kosten für Werkstoffe und Filtermedien und in der Tatsache, daß die Volumenströme proportional zur Temperatur ansteigen. Eine sorgfältige Analyse des gesamten Prozesses unter Einbeziehung der Kosten ist entscheidend, wenn technisch, wirtschaftlich und ökologisch optimale Lösungen gefunden werden sollen.

Neben Zyklonen [3] und Schüttschichtfiltern [4] eignen sich für Anwendungen bei erhöhter Temperatur besonders Oberflächenfilter mit in der Regel starren Filterelementen [5, 6]. Gerade bei der Entwicklung hitzebeständiger Filtermedien wurde in den letzten Jahren ein beträchtlicher Fortschritt erzielt.

Dieser Beitrag stellt in knapper Form den Stand der Technik bei der Partikelabscheidung aus heißen Gasen in Oberflächenfiltern dar. Auf die Möglichkeiten zur Abscheidung gasförmiger Schadstoffe in Kombination mit der Partikelabscheidung kann aus Platzgründen nicht näher eingegangen werden.

1 Aufbau von Heißgasfiltern

Heißgasfilter werden aus Festigkeitsgründen oft als Rundfilter ausgeführt. Der zu reinigende Gasstrom tritt in den Rohgasraum ein und sollte darin so verteilt werden, daß die Filterelemente möglichst gleichmäßig durchströmt werden. Gegebenenfalls kön-

[1]) Dr.-Ing. Wolfgang Peukert; Hosokawa MikroPul GmbH, Köln

nen geeignete Einbauten wie Diffusoren oder Leitbleche die Luftverteilung begünstigen. Der Gasstrom verläßt das Gehäuse über den Reingasraum. Die Werkstoffauswahl richtet sich nach Temperatur und Druck sowie nach der chemischen Zusammensetzung der zu reinigenden Gase. Filternde Abscheider können heute bis zu Temperaturen von 800 °C und Drücken bis zu 60 bar gebaut werden. Beim Einsatz oberhalb von 600 °C können Ausmauerungen oder keramische Auskleidungen sinnvoll sein.

Zahlreiche Varianten sind für den Rohgaseinlaß bekannt. Vereinfachend kann davon ausgegangen werden, daß der Rohgaseinlaß nur bei der Abscheidung grober und schwerer Stäube unmittelbar in den Staubsammelbehälter erfolgen sollte. In diesem Fall können die Partikeln direkt in den Staubsammelraum gelangen, mit einer Wiederaufwirbelung bereits abgeschiedener Stäube ist hier weniger zu rechnen. Bei feinen und leichten Stäuben sowie bei hohen Temperaturen ist der Rohgaseinlaß unterhalb der Kopfplatte beziehungsweise seitlich am Filtergehäuse zu wählen, so daß sich im Rohgasraum eine nach unten gerichtete Strömung ergibt, die das Absinken der Staubteilchen erleichtert und Wiederaufwirbelungen aus dem Staubsammelraum vermeidet. Zu beachten ist, daß die Sedimentationsgeschwindigkeit feiner Partikeln mit steigender Temperatur abnimmt, was auf den Einfluß der kinematischen Viskosität des zu reinigenden Gases zurückgeht. Die Sinkgeschwindigkeit im Stokes'schen Bereich ($Re < 1$) ist direkt proportional zur kinematischen Viskosität, die sich gemäß $T^{0.7}$ ändert.

Zwischen Roh- und Reingasteil besteht nur Verbindung über die Filterelemente, die meistens in eine Lochplatte (im folgenden Kopfplatte genannt) eingebaut werden (siehe Bild 1). Eine hinreichende Abdichtung zwischen Filterelementen und der Kopfplatte sowie zwischen Kopfplatte und Gehäuse ist sicherzustellen. Für die Reinigung großer Gasvolumenströme wird auch die in Bild 2 dargestellte stehende Anordnung der Filterelemente eingesetzt. Die Filterelemente stehen auf den Reingasleitungen und können so in mehreren Etagen übereinander angeordnet werden, so daß bei gleicher Grundfläche eine größere Filterfläche zur Verfügung steht.

Der auf der Oberfläche der Filterelemente abgeschiedene Staub gelangt infolge der Regenerierung durch Sedimentation in den Staubsammelraum. Der Staubsammelraum ist konisch ausgebildet, wobei der Neigungswinkel den Fließeigenschaften des abgeschiedenen Staubes anzupassen ist. Die Fließeigenschaften des Staubes können sich mit steigender Temperatur aufgrund von Sintereffekten und Bildung von Festkörperbrücken zwischen den Partikeln verschlechtern. Systematische Untersuchungen zum Fließverhalten in Abhängigkeit der Temperatur wurden in der Vergangenheit kaum angestellt, sind aber Gegenstand laufender Forschungsvorhaben [7].

2 Grundlagen der Partikelabscheidung

Heißgasfilter sind filternde Abscheider, bei denen das zu reinigende Gas poröse Filterelemente durchströmt. Die Abscheidung findet nach einer kurzen Anlaufphase vor allem an der Oberfläche der Filtermedien statt, wo sich ein poröser Staubkuchen bildet, der wegen des ansteigenden Druckverlustes periodisch abgeworfen werden muß. Der prinzipielle Verlauf des Druckverlustes und die unmittelbar damit zusammenhängende Reingaskonzentration ist schematisch in Bild 3 dargestellt [8].

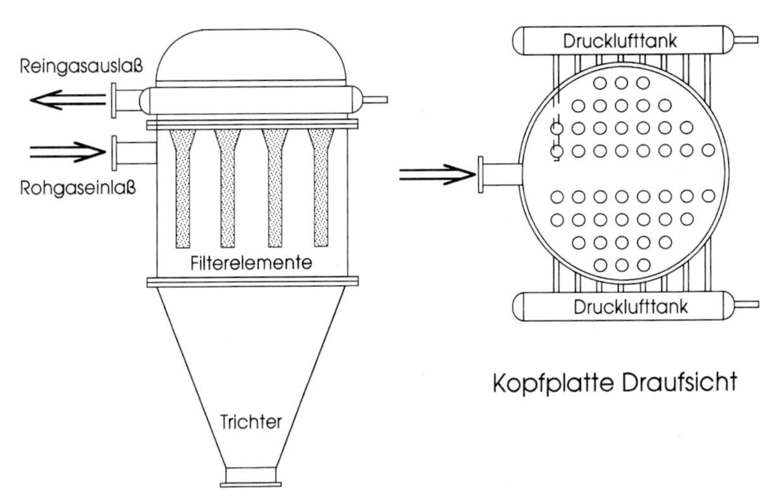

Bild 1: Schematischer Aufbau eines Heißgasfilters mit hängenden Filterelementen

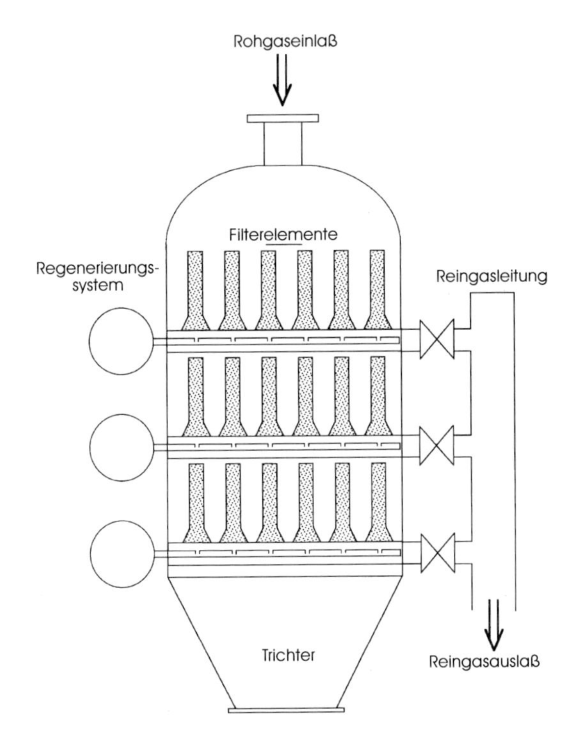

Bild 2: Prinzipieller Aufbau eines Heißgasfilters mit stehenden Filterelementen

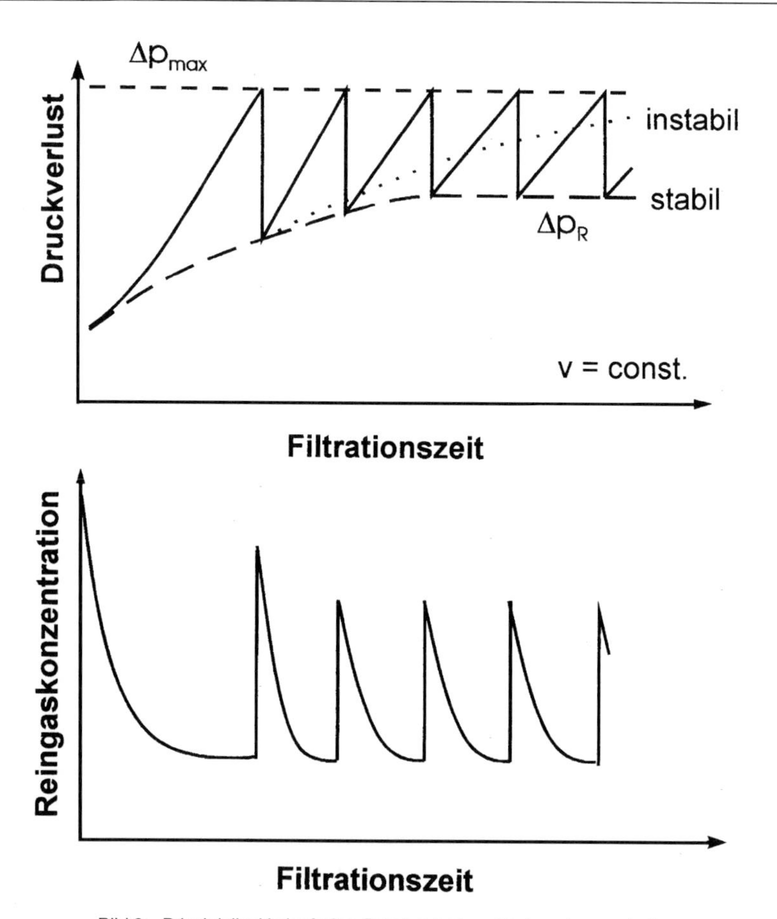

Bild 3: Prinzipieller Verlauf v3on Druckverlust und Reingaskonzentration

Die Abscheidung findet zunächst in der Tiefe des Mediums an der Oberfläche der Kollektoren (Fasern oder Körner) statt und verlagert sich mit zunehmender Masse des anfiltrierten Staubes infolge Dendritenbildung an die Oberfläche des Mediums. Die Struktur des Mediums sollte so aufgebaut sein, daß sich die Abscheidung möglichst schnell an die Oberfläche verlagert.

Der Einfluß von Temperatur und Druck auf die Partikelabscheidung läßt sich am besten an Hand der wirksamen Abscheidemechanismen diskutieren [9,10,11]. Die Partikeln müssen zur Oberfläche der Kollektoren transportiert werden und dort durch Haftkräfte festgehalten werden. Wichtige Transportmechanismen sind die Diffusion, die Partikelträgheit sowie elektrische Effekte. Vollständige Haftung der Partikeln beim Auftreten auf die Kollektoren ist in Oberflächenfiltern praktisch immer gegeben. Die Haftkräfte sind bei der Regeneration von entscheidender Bedeutung. Der Einfluß der Temperatur auf die Haftkräfte wird in [12] diskutiert.

Im Diffusionsbereich für Partikeln kleiner etwa 0,5 µm verbessert sich die Abscheidung mit abnehmender Partikelgröße, Filtrationsgeschwindigkeit und Kollektordurchmesser (Faser oder Korn). Entscheidender Parameter ist die Peclet-Zahl Pe, die als Konvektions- zu Diffusionsstrom definiert ist. Der partikelgrößenabhängige Fraktionsabscheidegrad T(x) verbessert sich mit abnehmender Peclet-Zahl gemäß [13]

$$1 - T(x) \sim \exp(-Pe^{-2/3})$$

mit

$$Pe = \frac{u_0 \, d_k}{D}$$

Dabei bedeuten u_0 die Filteranströmgeschwindigkeit, d_k ist der Kollektordurchmesser und D ist der Partikeldiffusionskoeffizient. Es gilt

$$D = \frac{k\,T}{3\,\pi\,x} \cdot \frac{Cu}{\mu}$$

Die Symbole bedeuten: Cu: Cunningham-Korrektur, siehe [14], k: Boltzmannfaktor, T: absolute Temperatur, µ: dynamische Zähigkeit des Gases, x: Partikeldurchmesser.

Temperatur und Druck beeinflussen den Partikeldiffusionskoeffizienten und damit den Fraktionsabscheidegrad in der Weise, daß sich die Abscheidung mit wachsender Temperatur und abnehmendem Druck verbessert.

Im Trägheitsbereich für Partikeln > 1 µm können die wesentlichen Einflußgrößen im sogenannten Trägheitsparameter zusammengefaßt werden. Die Abscheidung verbessert sich dabei mit zunehmendem Trägheitsparameter. Der Trägheitsparameter ist definiert als das Verhältnis aus Bremsstrecke einer Partikel der Größe x und der Dichte ρ_p, die mit der Geschwindigkeit u_0 in ruhende Luft eingeschossen wird, und dem Kollektordurchmesser d_k.

$$\Psi = \frac{Cu\,\rho_p\,u_0\,x^2}{18\,\mu \cdot d_k}$$

Steigende Temperatur führt über die Zunahme der Gasviskosität µ zu einer Verschlechterung der Abscheidung. Der Druck spielt dabei praktisch keine Rolle, da die kinematische Viskosität in weiten Bereichen unabhängig vom Druck ist.

Hat sich ein Staubkuchen gebildet, erfolgt die Trennung überwiegend durch weitgehend temperaturunabhängige Siebeffekte.

Der Druckverlust eines Oberflächenfilters setzt sich vereinfachend aus 2 Anteilen zusammen [13], nämlich dem Anteil des Filtermediums einschließlich eingelagerter Partikeln und dem Anteil des Staubkuchens:

$$\Delta p = \Delta p_{Medium} + \Delta p_{Staubkuchen}$$

mit

$$\Delta p = K_1 \mu u_0 + K_2 \mu u_0^2 t$$

Die spezifischen Widerstände K_1 und K_2 hängen von der Struktur des Filtermediums beziehungsweise von der des Staubkuchens ab. Der Temperatureinfluß drückt sich demnach über die Abhängigkeit der kinematischen Viskosität μ von der Temperatur aus ($\mu \sim T^{0.7}$). Eine Reihe von Untersuchungen lassen den Schluß zu, daß der Staubkuchen mit wachsender Temperatur poröser wird [15,16]. Untersuchungen zum Einfluß des Druckes auf die Struktur des Staubkuchen liegen nicht vor.

3 Filtermedien

Die Filterelemente bestehen aus Filtermedien und gegebenenfalls einer Stützkonstruktion. Das Filtermedium dient zur Abscheidung der Partikeln aus dem Rohgas, während die Stützkonstruktion den Einbau in das Filter ermöglicht und die Form bestimmt. Die Auswahl des Filtermediums erfolgt in Abhängigkeit von Temperatur, Druck, Gaszusammensetzung und Staubeigenschaften.

Der obere Einsatzbereich synthetischer Filtermedien (zum Beispiel Nadelfilze aus PTFE) liegt bei 250 ... 280 °C [8]. Glasfasermedien in Form von Geweben oder Nadelfilzen können mit PTFE und/oder Graphitbeschichtungen versehen werden, so daß sich maximale Einsatztemperaturen von 300 ... 320 °C ergeben. Die Beschichtungen haben die Aufgabe, die Reibung zwischen einzelnen Glasfaserfäden herabzusetzen und damit den Bruch der empfindlichen Glasfasern zu vermeiden. Oberhalb von 300 °C können nur noch keramische oder metallische Filtermedien eingesetzt werden.

Die Filterelemente können vereinfachend in zwei Gruppen eingeteilt werden, je nach dem, ob die Elemente aus Fasern oder Körnern aufgebaut sind (siehe Tafel 1). Im allgemeinen ist die Porosität in körnigem Material geringer im Vergleich zu den aus Fasern aufgebauten Elementen. Aus diesem Grund weisen körnige Materialien ein höheres Gewicht und einen höheren Druckverlust. Da die Durchmesser der Körner wesentlich größer sind als die der Fasern, die kleiner 5 µm sein können, sind die Einzelkollektorab-

Tafel 1: Qualitativer Vergleich verschiedener Filtermedien

	Struktur		
Eigenschaft	Kornverbund	Gewebe	Faservlies
Porosität	30 - 60 %	35 - 55 %	80 - 90 %
Durchlässigkeit	gering	mittel, abhängig von Webart	hoch
Gewicht	hoch	gering	gering
Druckverlust	50 - 150 mbar	20 - 35 mbar	< 30 mbar
Abscheidegrad	hoch	mittel	hoch

scheidegrade für Körner kleiner als für Fasern. Daher dringen Partikel in körniges Material tiefer ein und können sich dort irreversibel ablagern. Dies ist der Grund, warum Kornkeramiken teilweise mit einer dünnen Schicht aus feinen Fasern oder Körnern beschichtet werden [17].

Keramische Filtermedien sind temperaturstabil bis in Bereiche von 800 ... 900 °C. Sie werden aus Siliziumkarbid [17], Aluminiumsilikat [18] oder anderen anorganischen Fasern (siehe zum Beispiel [19]) hergestellt. Bei Einsatz metallischer Filtermedien bei hohen Temperaturen ist die chemische Beständigkeit sehr genau zu prüfen, auch wenn Inconel oder Hastelloy als Basismaterial verwendet werden. In einzelnen Anwendungsfällen zeigen sich allerdings metallische Filtermedien solchen aus Keramik überlegen, zum Beispiel wenn hohe Fluorgehalte in Rauchgasen den Einsatz keramischer Elemente verbieten. Metallische Faservliese weisen aufgrund ihrer feinen Fasern (teilweise unter 5 µm) und sehr glatten Oberflächen hervorragende Filtrationseigenschaften auf [20]. Allerdings sind die von einigen Herstellern genannten hohen Filterflächenbelastungen von bis zu 6 m/min mit Vorsicht zu betrachten. Die feinen Fasern können sich aufgrund ihrer Anfälligkeit gegen Korrosion gerade bei hohen Temperaturen auch als Nachteil erweisen. In neuerer Zeit wurden eine ganze Reihe von Geweben nach VDI 3926 [21] im Hinblick auf ihre Filtrationseigenschaften getestet, wobei sich zeigte daß in einigen Fällen durchaus vergleichbare Filterflächenbelastungen und Reingaskonzentrationen erreicht werden konnten. Fasergewebe sind häufig preisgünstiger als gesinterte Vliese.

Die chemische Stabilität der Filterelemente bei hohen Temperaturen ist ein grundlegendes und schwer zu lösendes Problem der Heißgasfiltration. Konzentrationsgrenzen und Temperaturbereiche, in welchen bestimmte Materialien eingesetzt werden können, sind nicht bekannt. Es muß auf Erfahrungswerte oder Pilotversuche zurückgegriffen werden [22].

4 Regenerierung

Die Regenierung wird heute meistens mit Hilfe von Druckstoß realisiert. Die Druckstoßregenerierung geht ursprünglich auf ein Patent der Firma MikroPul in den 50er Jahren zurück. Obwohl dieses Verfahren seit langem bekannt ist, sind die grundlegenden Mechanismen oft nur unzureichend verstanden. Es können 3 Mechanismen für die Regenerierung wirksam werden [23]:

- Regenerierung durch Spülluft
- Regenerierung mit Hilfe von Druckstoß
- Regenerierung infolge der Schlauchbewegung, beziehungsweise infolge der Trägheit des Staubkuchens während der schnellen Abbremsung des Schlauches

Bei starren Medien sind nur die beiden ersten Mechanismen von Bedeutung. Der Überdruck im Inneren des Filterelementes ist dabei der wichtigste Parameter. Spülluft ist von untergeordneter Bedeutung, weil diese durch Risse und Löcher im Staubkuchen entweichen kann. Hohe Luftvolumenströme sind daher notwendig um einen hinreichend hohen Regenerierungswirkungsgrad zu erreichen. Das Regenerierungssystem muß eine möglichst homogene Verteilung des Druckes in der Filterkerze gewährleisten.

Bild 4 zeigt gemessene mittlere Druckverteilungen in Filterkerzen aus Faserkeramik bei unterschiedlichen Filterflächenbelastungen und Temperaturen. Sowohl höhere Filteranströmgeschwindigkeiten als auch höhere Temperaturen führen zu einer Erhöhung des Druckniveaus während der on-line Regenerierung, da diese Parameter das Abströmen der Regenerationsluft durch das Filtermedium erschweren.

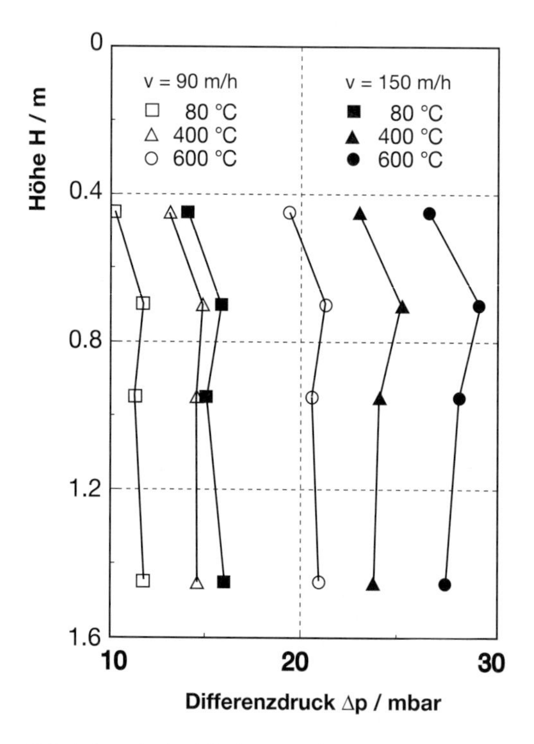

Bild 4: Mittlere Überdrücke in keramischen Filterkerzen während der on-line Regenerierung mit Druckluft

Die Regenerierung kann im off-line oder on-line Betrieb erfolgen. Im off-line Betrieb werden die zu reinigenden Filterelemente vom Rohgaskanal abgesperrt und anschließend regeneriert. Bei gut ausgelegten Abreinigungssystemen kann heute jedoch vielfach ohne mechanisches Abschalten des Filtrationsbetriebes regeneriert werden (online). Die Güte der Regenerierung ist von Art und Aufbau des Filtermediums, von der Intensität der Regenerierung (Überdruck in der Kerze, Spülluftvolumenstrom) und von den Staubeigenschaften abhängig. Der Überdruck im Filtermedium hängt ab von:

- Tankdruck und -größe
- Ventilart und -größe
- Blasrohrdurchmesser, Länge, Art, Anzahl und Größe der Öffnungen
- Einsatz eines Venturi und dessen Geometrie
- Geometrie und Permeabilität der Filterelemente (einschließlich Staubkuchen)

Eine vollständige Regenerierung läßt sich in der Regel nicht erreichen und ist auch nicht sinnvoll. Im Idealfall bleibt auf dem Filtermedium eine dünne Staubschicht zum Schutz des Filtermediums und zur Gewährleistung eines hohen Abscheidegrades erhalten.

Die Regenerierung erfolgt in der Regel so, daß einzelne Elementreihen oder Gruppen simultan regeneriert werden. Die Regenerierung kann sowohl zeit- als auch differenzdruckgesteuert erfolgen. Bei der zeitgesteuerten Regenerierung wird die Abreinigung einzelner Elementreihen mit vorgewählten Zeittakten ausgelöst. Diese Betriebsweise ist nur sinnvoll, wenn die Rohgasbeladung zeitlich konstant ist wie zum Beispiel bei der Produktrückgewinnung oder wenn das abgeschiedene Produkt auf der Elementoberfläche altert. Ansonsten ist die differenzdruckgesteuerte Regenerierung vorzuziehen. In diesem Fall wird regeneriert, wenn ein vorgegebener maximaler Druckverlust zwischen Roh- und Reingasseite erreicht wird. Hier kommt es auch bei schwankenden Rohgasbeladungen nicht zur Überreinigung des Filtermediums und damit zu verstärkten Staubeinlagerungen ins Filtermedium sowie zu erhöhten Partikelemissionen. Um die Regenerierung auch bei stark schwankenden Betriebsbedingungen optimal betreiben zu können, kann zusätzlich der Abreinigungsdruck geregelt werden. Übliche Druckverluste einschließlich Staubkuchen liegen zwischen 2000 Pa und 20 000 Pa.

Die Regenerierung sollte im Hinblick auf die Lebensdauer der Filterelemente so schonend wie möglich erfolgen. Über die Anzahl der Regenerierungen kann unmittelbar die Reingaskonzentration beeinflußt werden.

5 Hinweise zur Dimensionierung

Die Grundlage für die Auslegung filternder Abscheider ist die Kenntnis des zu reinigenden Volumenstromes. Wichtige Einflußgrößen sind weiterhin Temperatur, Druck und Gasatmosphäre sowie die Eigenschaften des abzuscheidenden Staubes und dessen Konzentration.

Eine wesentliche Kenngröße des filternden Abscheiders ist die Filterflächenbelastung. Sie ist definiert als Quotient aus dem Abgasvolumenstrom und der wirksamen Filterfläche. Die Filterflächenbelastung im technisch bedeutsamen Bereich liegt zwischen 40 und 240 $m^3/m^2\,h$ [24]. Dieser Bereich wird bestimmt durch folgende Gesichtspunkte: Filtermedium, Standzeit, Investitions- und Betriebskosten, Platzbedarf, betriebliche Zuverlässigkeit und Reingasstaubgehalt.

Die zu wählende Flächenbelastung hängt entscheidend von der Beschaffenheit des abzuscheidenden Staubes, des Rohgasstaubgehaltes, der Gaszusammensetzung, den Filtermedien, der Bauart des Abscheiders und insbesondere vom Abreinigungsverfahren ab. Allgemeingültige Aussagen oder Berechnungsmethoden für die Festlegung der Filterflächenbelastung gibt es bisher nicht. Hier ist auf Erfahrungen von Filterherstellern und Betreibern von Filteranlagen zurückzugreifen. Liegen diese nicht vor, ist insbesondere bei neuen Anwendungen, bei kritischen Stäuben oder bei extrem hohen Temperaturen die Möglichkeit zu prüfen, ob zusätzliche Pilotversuche erforderlich sind.

Den Staubeigenschaften in aggressiven Atmosphären und hohen Temperaturen kommt eine außerordentliche Bedeutung zu. Schmelzen oder Sintern der Stäube auf dem Filtermedium kann zum irreversiblen Verstopfen der Elemente führen. In erster Näherung sollte die Einsatztemperatur wenigstens 30 % unterhalb der Schmelztemperaturen der Stäube liegen. Berbner [25] konnte beispielsweise zeigen, daß die Restdruckverluste, die bei Versuchen zur Abscheidung von Braun- und Steinkohlenflugasche ähnlicher Partikelgrößenverteilung bei 600 °C nahezu identisch sind, bei 850 °C jedoch erheblich voneinander abweichen (siehe Bild 5). Die Ursache hierfür liegt vermutlich im etwas höheren Alkaliengehalt der Steinkohlenflugasche, was zu ersten Sintereffekten bei ca. 850 °C führt. Die Charakterisierung filtrationsrelevanter Staubeigenschaften ist Gegenstand laufender Forschungsvorhaben [7].

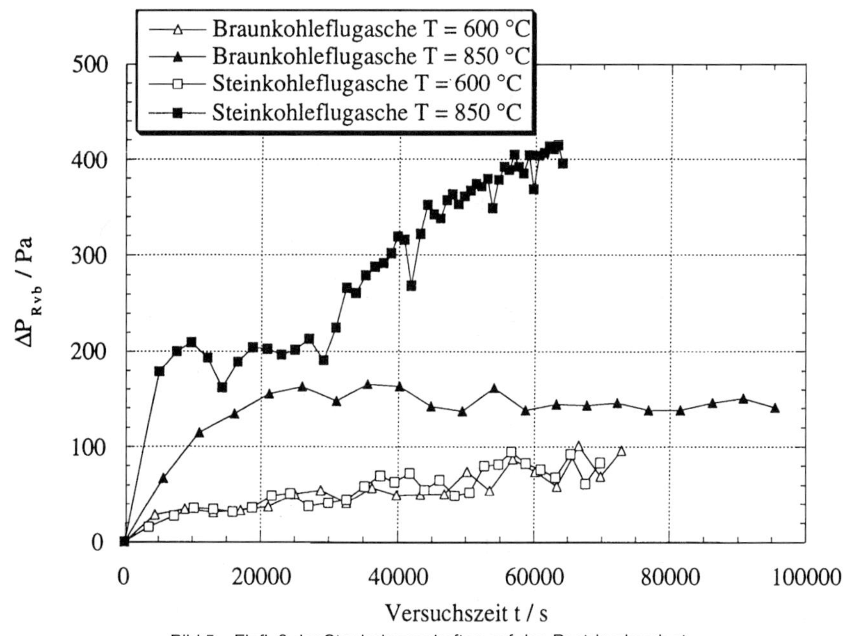

Bild 5: Einfluß der Staubeigenschaften auf den Restdruckverlust

Eine Auswahl des Filtermediums kann vielfach nach [21] erfolgen. Das dort dargestellte Prüfverfahren ist auch bei hohen Temperaturen anwendbar. Im Rahmen von relativ einfachen Feldversuchen ist es möglich, die chemische Beständigkeit des Filtermediums sowie die prinzipielle Machbarkeit sicherzustellen. Außerdem lassen sich so Hinweise auf die erwartende Reingaskonzentration ableiten. Für die Festlegung der Filterflächenbelastung sind jedoch weiterhin Pilotversuche erforderlich.

Heißgasfilter erreichen Reingasstaubgehalte von unter 10 mg/m³, teilweise sind auch Werte unter 1 mg/m³ möglich. Oft ist es erforderlich, die Flächenbelastung zum Erreichen eines niedrigeren Reingasstaubgehaltes zu reduzieren. In vielen Fällen sind niedrige Reingasstaubgehalte zum Beispiel bei der Abscheidung von gesundheitsgefährdenden Stäuben erforderlich [26]. Bei der Rückgewinnung wertvoller Materialien werden sie aus wirtschaftlichen Gründen angestrebt.

Das Abscheiden schwieriger (klebriger, abrasiver, feiner oder brennbarer) Stäube kann zusätzliche Maßnahmen zum Schutz des Filtermediums sowie zum Gewährleisten einer gleichmäßig guten Regeneration erfordern. Eine häufig getroffene Maßnahme ist das Aufbringen einer Filterhilfsschicht aus leicht abscheidbarem Material (z. B. Kalkstein). Weitere Konditionierungsmaßnahmen werden in [27] diskutiert.

Zusammenfassung

Heißgasfilter können bis zu Temperaturen von etwa 800 °C gebaut werden. Sie müssen individuell für jeden Anwendungsfall ausgelegt werden. Beträchtlicher Fortschritt wurde bei der Entwicklung von Filtermedien gemacht. Sowohl keramische als auch metallische Filtermedien sind heute verfügbar, mit denen sich extrem geringe Reingaskonzentrationen unterhalb von 1 mg/m³ erreichen lassen. Die Regenerierung kann mit Hilfe von Druckstoß von der Reingasseite aus erfolgen. Neben konstruktiven Problemen lassen sich die Schwierigkeiten für die Auslegung und den Betrieb von Heißgasfiltern auf 2 Problemkreise eingrenzen:

- die chemische und mechanische Beständigkeit der Filterelemente
- Änderung der Staubeigenschaften unter extremen Bedingungen in aggressiven Atmosphären

Daher sind oftmals Pilotversuche unumgänglich, deren Aufwand allerdings optimiert werden kann.

Schrifttum

[1] Lezno; Riedle, Wittchow, E.: Entwicklungstendenzen steinkohlebefeuerter Kraftwerke, BWK 41 (1989), Heft 1-2, S. 13-22

[2] Lange M.; Beckers, Haug, N., Remus R.: Luftreinhaltung bei Kraftwerks- und Industriefeuereungen, BWK 47 (1995), Heft 4, S. 156-161

[3] Lorenz T.; Bohnet, M.: Experimentelle und theoretische Untersuchungen zur Heißgasentstaubung mit Zyklonen, CIT 66 (1994), Heft 9, S. 1234 ff.

[4] Peukert; Löffler, F.: Zur Abscheidung von Staub und gasförmigen Schadstoffen in einem Schüttschichtfilter, Staub-Reinhaltung der Luft 48 (1988), S. 379-386

[5] Seville, J. P. K.: Rigid Ceramic Filter for Hot Gas Cleaning, KONA 11 (1993), S. 41-56

[6] Clift, R; Seville, J. P. K.: Gas Cleaning at High Temperatures, Chapman & Hall, 1993

[7] Pilz, Löffler: „Measurement of Bulk Properties at High Temperatures" gehalten am 21.-23. März 1995 im Rahmen der PARTEC, 3rd European Symposium Storage and Flow of Particulate Solids in Nürnberg

[8] Löffler, F.; Dietrich, Flatt: Staubabscheiden mit Schlauch- und Taschenfiltern, Vieweg Verlag, 1991

[9] Peukert, W.; Löffler, F.: Influence of temperature on particle separation in granular bed filters, Powder Technology 68 (1991), S. 263-270

[10] Peukert, W.: Die kombinierte Abscheidung von Partikeln und Gasen in Schüttschichtfiltern, Dissertation Universität Karlsruhe (TH) (1990)

[11] Gäng, P.: Die kombinierte Abscheidung von Stäuben und Gasen mit Abreinigungsfiltern bei hohen Temperaturen, Dissertation Universität Karlsruhe (TH) (1990)

[12] Berbner, St.; Löffler, F.: Influence of high temperature on particle adhesion, Powder Technology 78 (1994), S. 273-280

[13] Löffler, F.: Staubabscheiden, Vieweg-Verlag, 1988

[14] Hinds, W. C.: Aerosol Technology, John Wiley & Sons, 1982

[15] Hajek; Peukert, W.: „Experiences with High Temperature Filter Media" gehalten am 21.-23. März 1995 im Rahmen der PARTEC, European Symposion Separation of Particles from Gases in Nürnberg

[16] Berbner, St.; Löffler, F.: Untersuchnungen zu Druckstoßverlauf und Abreinigungsgrad bei der Regenerierung starrer keramischer Oberflächenfilterelemente, Staub-Reinhaltung der Luft 54 (1994), S. 297-303

[17] Durst, M.: Erfahrungen mit keramischen Filterelementen bei der Heißgasfiltration, BWK 42 (1990), Heft 10, S. 610-614

[18] Hilligardt, T.: Heißgasfiltration mit Filterelementen aus Faserkeramik, Staub-Reinhaltung der Luft 50 (1990), S. 107-111

[19] Weber, G.; Schelkoph, G.: Performance/durability evaluation of 3M Company's high temperature nextel filter bags, 8th Symposium on the Transfer and Utilization of Particulate Control Technology, San Diego 1990

[20] Pethik, F. K.: High temperature dust collection using unique metallic fiber filter medium in baghouses, in: Gas Cleaning at High Temperatures, Chapman & Hall, 1993

[21] VDI 3926: Prüfung von Filtermedien für Abreinigungsfilter, Teil 2

[22] Peukert, W.: „Design Criteria for High Temperature Filters" gehalten am 11.-15. September 1995 im Rahmen der 12th Annual International Coal Conference in Pittsburgh, USA

[23] Sievert, J.: Physikalische Vorgänge bei der Regenierung des Filtermediums in Schlauchfiltern mit Druckstoßabreinigung, Dissertation, Universität Karlsruhe (TH) (1988)

[24] VDI 3677: Filternde Abscheider - Oberflächenfilter

[25] Berbner, St.: Zur Druckstoßregenerierung keramischer Filterelemente bei der Heißgasreinigung, Dissertation Universiät Karlsruhe (TH) (1995)

[26] TA-Luft, Beuth-Verlag,

[27] Schmidt, E.; Pilz, Th.: Beeinflussung des Betriebsverhaltens von Oberflächenfiltern durch Rohgaskonditionierung und andere additiven Maßnahmen, Staub - Reinhaltung der Luft, 55 (1995), S. 31-35

7 Wärmeaustauscher

Dichtungslose Plattenwärmeübertrager

Von M. Wersel [1])

1 Einleitung

Die Entwicklung des Plattenwärmeübertragers unter besonderer Berücksichtigung des Trends zur Erweiterung der Einsatzgrenzen wird beschrieben.

Die klassischen, gedichteten Plattenwärmeübertrager mit ihren Grenzwerten 150 °C Betriebstemperatur und 25 bar Betriebsdruck gehören im Rahmen dieser Werte zum Stand der Technik, jedoch hat sich seit einigen Jahren eine Entwicklung herausgebildet, wonach diese Werte mit unterschiedlichen Konstruktionen weit verschoben haben.

So sind bereits seit einiger Zeit im Markt gut eingeführt **gelötete Plattenwärmeübertrager**, deren Grenzwerte bei 30 bar/225 °C liegen.

Zwei jüngere Entwicklungsergebnisse eröffnen der anwendenden Industrie nun auch in höheren Bereichen die Nutzung der Vorteile aus Effizienz und Kompaktheit, nämlich der von Alfa Laval entwickelte vollverschweißte **AlfaRex** mit Grenzwerten 40 bar/350 °C sowie das Gemeinschaftsprodukt von Rolls-Royce und Alfa Laval, der **Rolls Laval Plate Fin-Wärmeübertrager**, der in Größenordnungen von 500 bar beziehungsweise 400 °C vorstößt.

Selbst wenn dieses auf Kosten der Flexibilität und Zugänglichkeit geht, eröffnen sich hiermit weitere Anwendungsgebiete für den Plattenwärmeübertrager.

Die Technologie der Wärmeübertragung erfuhr in den 30er Jahren einen ersten Entwicklungsschub, der noch heute seine Eigendynamik nicht verloren hat: Die Entwicklung der Plattenwärmeübertrager.

Die ersten Plattenwärmeübertrager waren robust, schwer und uneffizient. Die Platten waren aus dem Vollen gefräst und hatten eine Wandstärke, die mehrere Millimeter maß, das Gestell war aus Guß, die Wärmeübertragungskoeffizienten niedrig.

Ein Hauptmerkmal, gleichzeitig gewertet als besonderer Vorteil, war die Tatsache, daß man die Platten einzeln aus dem Gestell herausnehmen konnte und die wärmeübertragenden Flächen beidseitig für Reinigungs- und Inspektionszwecke zugänglich waren und auch bei den heutigen, gedichteten Plattenwärmeübertragern sind.

Daneben ist die Leistungsfähigkeit so gesteigert worden, daß k-Werte von > 6000 W/m^2 K erzielt werden konnten. Die hierfür maßgeblichen Einflußfaktoren sind einerseits in einer mit Computerunterstützung optimierten Profilierung der Plattenprägung sowie andererseits in der geringen Wandstärke der Platten zu finden, die heute Werte von < 0,4 mm erreicht.

---

[1]) Dipl.-Ing. M. Wersel, Alfa Laval GmbH, Glinde

Die oben erwähnte Zugänglichkeit impliziert jedoch das Vorhandensein von Dichtungen.

Nachdem nun der gedichtete Plattenwärmeübertrager innerhalb seiner Einsatzgrenzen ca. 3000 m^3/h, 150 °C, 25 bar in allen Industriebereichen zum Stand der Technik gehört, ist es naheliegend, daß man damit begann, diese Grenzen zu verschieben und die Einsatzbereiche weiter auszuweiten.

Allerdings zeigen die ersten Ergebnisse solcher Entwicklungen, bei denen oberste Prämisse hohe Effektivität gepaart mit Kompaktheit ist, daß man hierbei „unorthodoxe" Wege beschreiten mußte.

Diese Ergebnisse haben inzwischen einen höchst interessanten Stand erreicht, der im Nachfolgenden weiter beschrieben werden soll. Sie gehen jedoch mit der Tatsache einher, daß die Elastomer-Dichtungen in diesem neuen Bereich wieder verschwinden und die Flexibilität reduziert ist.

Die Leistungsdichte in kW/m^2 Wärmeübertragungsfläche, kW/m^3 Raumbedarf sowie kW/kg Apparategewicht bleibt extrem hoch und der Installationsaufwand niedrig, was in manchen Bereichen, zum Beispiel im Off-Shore-Einsatz, von extremer Bedeutung sein kann.

Der Weg zum dichtungslosen Plattenwärmeübertrager läßt sich an einzelnen Entwicklungsschritten erkennen, die zum Teil umweltbedingt beeinflußt waren und somit bestimmten Vorschriften für Systemsicherheit entsprechen mußten, zum Teil nüchternen Marketinggesetzen folgten, indem man sich neue Absatzmärkte suchte, Marktnischen auszufüllen beziehungsweise technische Vorteile nutzt, um Marktanteile im Verdrängungswettbewerb zu gewinnen.

2 Semigeschweißter Plattenwärmeübertrager

Ein erster Schritt wurde mit der Entwicklung des „semigeschweißten Plattenwärmeübertragers" getan.

Dieser Plattenwärmeübertrager besteht aus dem vom klassischen Plattenwärmeübertrager her bekannten Gestell mit einem Plattenpaket. Jeweils zwei Platten sind jedoch zu einer Kassette verschweißt und bilden somit den einen, jetzt aber geschlossenen Kanal, während zwei Kassetten mit der üblichen Dichtung eines gedichteten Plattenwärmeübertragers zusammengefügt werden und so den zweiten Kanal bilden.

Die Schweißungen werden nach dem Laser-Schweißverfahren ausgeführt und haben lediglich einen Dichtungseffekt.

Damit entsteht wechselweise jeweils ein geschlossener, verschweißter sowie ein zugänglicher, gedichteter Kanal. Hierbei sind ca. 50 % der Dichtungen eliminiert, was die Einsatzgrenzen des Plattenwärmeübertragers hinsichtlich Temperaturbelastung erweitert, was sich in Grenzfällen aufgrund eines gewissen Kühleffektes durch das kältere Medium im gedichteten Kanal zusätzlich positiv auswirkt.

Ein weiterer, wesentlicher Aspekt ist hierbei der, daß dem Plattenwärmeübertrager damit auch der Einsatz zur Behandlung von Lösungsmitteln erschlossen ist, gegen die in der Regel Elastomerdichtungen nicht ausreichend beständig sind, da sie quellen oder – wenn der Quellvorgang erst nach dem Öffnen eintritt (Beispiel: Viton/Schwefelsäure) – zumindest irreversibel quellen.

Das Medium mit der höchsten Temperatur beziehungsweise das aggressive Medium (zum Beispiel Schwefelsäure, Kältemittel und andere) fließt durch den geschlossenen, verschweißten Kanal. Dieser kann seinerseits nun wiederum nur chemisch durch CIP (Cleaning-in-Place) gereinigt werden.

2.1 Doppelwand-Plattenwärmeübertrager

Eine andere Variante, bei der Platten miteinander verschweißt werden, ist der „Doppelwand-Plattenwärmeübertrager".

Hierbei ist das Hauptziel, eine Produktvermischung bei „Plattenbruch", zum Beispiel bei Korrosionsdurchbrüchen, zu vermeiden und somit die Kontaminierung eines Mediums, zum Beispiel Brauchwasser, durch ein anderes zu vermeiden oder die bei Vermischung der beiden an der Wärmeübertragung beteiligten Medien zu befürchtende chemische Reaktionen auszuschließen.

Bei dieser Konstruktion werden zwar beide Kanäle in gedichteter Form ausgeführt, womit gewährleistet ist, daß eventuelle Leckagen bei schadhaften oder gealterten Dichtungen immer nach außen austreten, aber bei Durchbrüchen des Plattenmaterials trifft das Leckagemedium auf die dahinterliegende Wand einer zweiten Platte, die mit der ersten an den Lochdurchgängen „O-Ring"-artig verschweißt ist, und tritt dann zwischen diesen beiden Metallplatten ebenfalls nach außen aus. Dadurch kann der Schaden unmittelbar bemerkt und Maßnahmen eingeleitet werden.

2.2 Gelöteter Plattenwärmeübertrager CB

Der erste völlig dichtungslose Plattenwärmeübertrager ist der von Alfa Laval entwickelte „gelötete Plattenwärmeübertrager CB".

Das erste Modell hatte eine maximale Größe von 1,2 m² Wärmeübertragungsfläche.

Bei diesem Wärmeübertragertyp sind die Dichtungen völlig eliminiert. Die Herstellung erfolgt mittels eines speziell entwickelten Lötverfahrens, bei dem Kupfer als Lot verwendet wird.

Zwischen je 2 Platten wird eine Kupferfolie eingelegt, die während des eigentlichen Lötvorganges schmilzt und dann an den Kontaktstellen der Platten feste Lötverbindungen eingeht (Bild 1.1).

Durch dieses Verfahren können Apparate mit maximalem Betriebsdruck von bis zu 30 bar und Betriebstemperaturen von bis zu 225 °C betrieben werden.

Dieser Wärmeübertragertyp hat seinen Einsatzbereich in erster Linie im Bereich von Fernwärmeübergabestationen sowie im Haustechnik- und Kälteanlagenbereich gefunden und deckt dort einen interessanten Leistungsbereich ab (Bild 1.2, Bild 1.3).

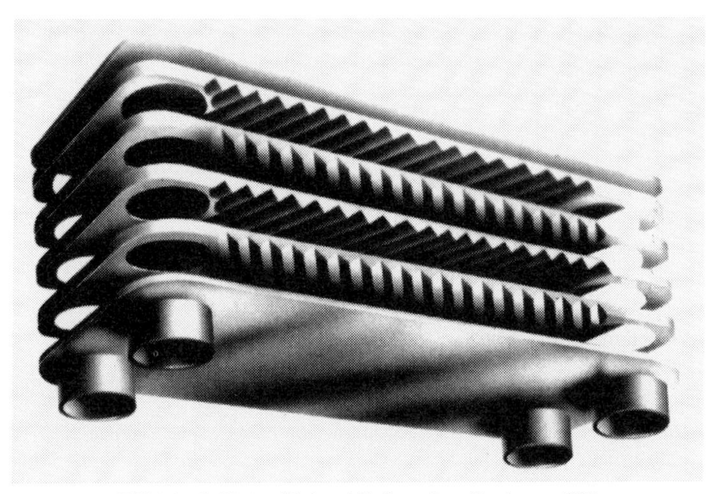

Bild 1.1: Gelöteter Alfa Laval Plattenwärmeübertrager „CB"

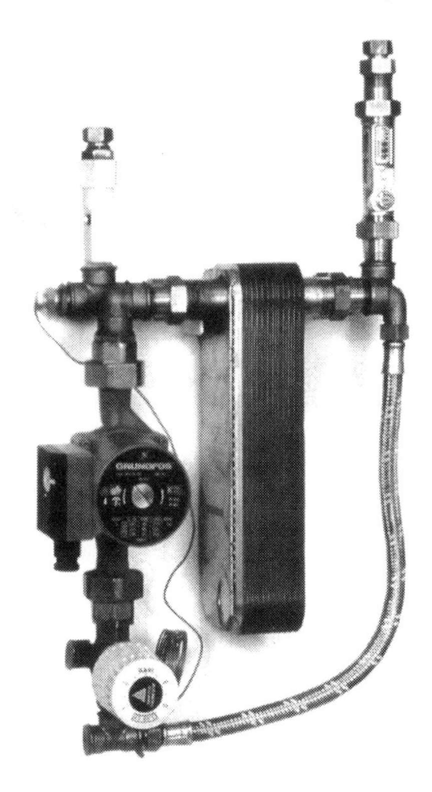

Bild 1.2: Brauchwassermodul mit Alfa Laval Plattenwärmeübertrager „CB", Leistung bis zu 1940 l/h Warmwasser

Wärmeübertragertyp	CB300	CB76	CB51	CB26	CB22	CB14
Max. Durchfluß, m^3/h	140/60	39	8.1	8.1	3.6	3.6
Max. Wärmeübertragungsfläche,m^2	50	14	3.5	2.5	1.32	0.5
Max. Betriebsdruck, MPa	16/25	30	30	30	30	30
Max. Betriebstemperatur, °C	225	225	225	225	225	225

Bild 1.3: Leistungsbereiche für gelötete Alfa Laval Plattenwärmeübertrager „CB“

Da das Lot Kupfer mit seiner limitierten Korrosionsbeständigkeit nur einen eingeschränkten Einsatz in anderen Industriebereichen, zum Beispiel der Chemieindustrie, zuläßt, war es nur eine Frage der Zeit, hier mit entsprechendem Entwicklungsaufwand Abhilfe zu schaffen. Das Ergebnis ist eine Ausführung, bei der Nickel als Lot verwendet wird. Somit ist der Anwendungsbereich nun auch für die chemische und artverwandte Industrie möglich, soweit der Plattenwerkstoff Edelstahl der Qualität AISI 316 (entsprechend 1.4401) dieses zuläßt.

Anläßlich der internationalen Ausstellung ACHEMA ‘94 in Frankfurt/Main stellte das innovationsfreudige Unternehmen Alfa Laval zwei weitere Neuigkeiten auf dem Gebiet der dichtungslosen Plattenwärmeübertrager vor, die verschiedenen Industriebereichen in Gebieten, wo man bisher an den Einsatz von Plattenwärmeübertragern der klassischen Bauweise aus technischen Gründen nicht denken konnte, die Vorteile eines Plattenwärmeübertragers nutzbar machen.

2.3 Vollverschweißter Plattenwärmeübertrager AlfaRex

Mit dem vollverschweißten Plattenwärmeübertrager AlfaRex liegt das Ergebnis einer intensiven Entwicklung auf diesem Gebiet vor, dessen Arbeitsbereich auf bis zu 40 bar beziehungsweise -50 °C/+350 °C Betriebstemperatur ausgedehnt ist (Bild 2.1)

Mit der hier angewandten Schweißtechnik ist sichergestellt, daß die sonst üblicherweise als Schwachstellen zu betrachtenden Schweißnähte ungefährdet sind. Schweißungen an den Platten sind nur in zwei Achsen ausgeführt, während die 3. Achse frei von jeglicher Schweißung bleibt. Wärmeausdehnungen können sich somit frei entfalten, ohne daß sie besondere Belastungen beziehungsweise Spannungen erzeugen, die zu frühzeitigen Schäden führen (Bild 2.2).

Die Dauerfestigkeit wurde im Härtetest nachgewiesen. Mit einem Temperaturgradienten von 5-6 °C/sec. und einer Temperaturschwankung von 88 °C (zwischen 7 °C und 95 °C) wurden Wechselbelastungen gefahren, die auch noch nach 20000 Zyklen keine Anzeichen von Materialermüdung erkennen ließen (Bild 2.3).

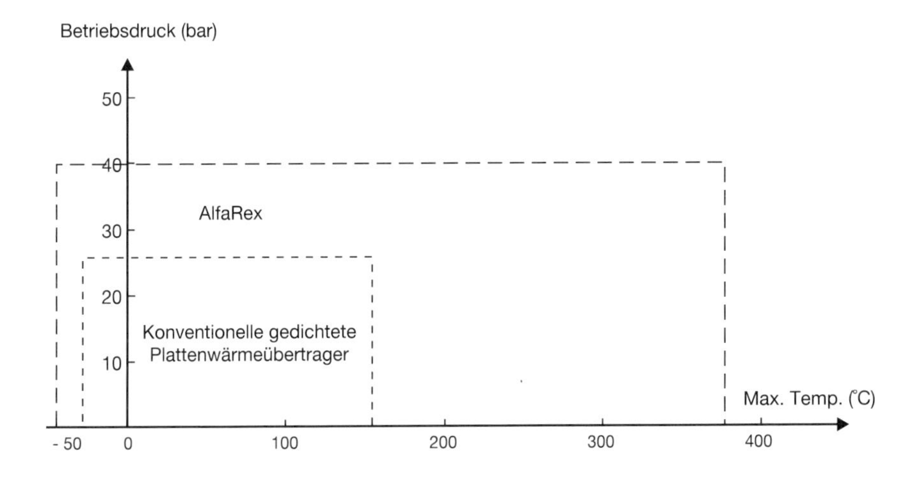

Bild 2.1: Druck und Temperaturgrenzen des AlfaRex im Vergleich zum konventionellen Plattenwärmeübertrager

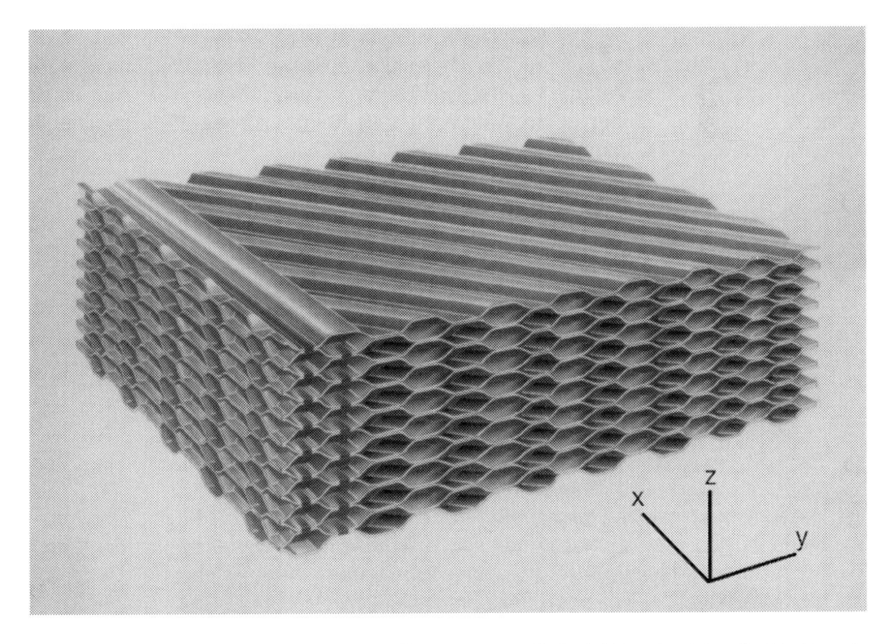

Bild 2.2: Der AlfaRex ist nur in den Nuten der Platten verschweißt (x, y). Keine der Schweißnähte ist senkrecht zu den Platten (z) angeordnet

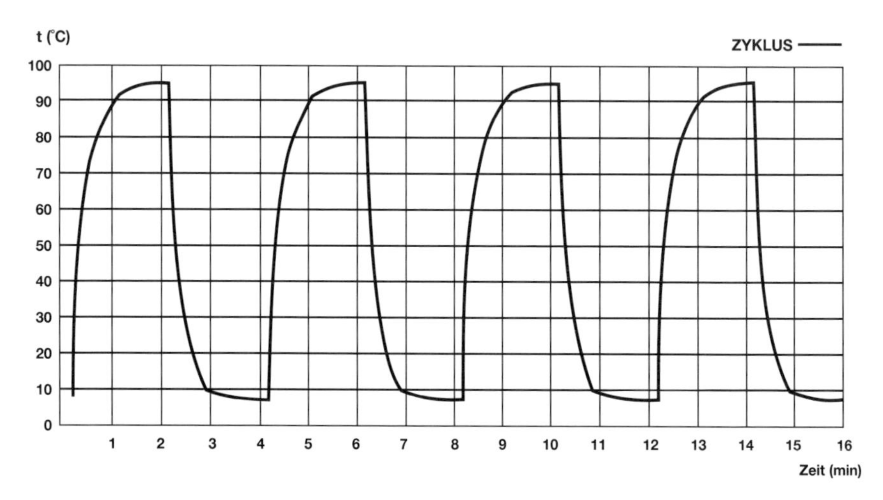

Bild 2.3: Vier aufgezeichnete Temperaturzyklen von 20000 in einem Dauertest, den der AlfaRex ohne Anzeichen von Ermüdungsrissen, Leckagen oder sonstigen Problemen bestanden hat

Praktische Erfahrungen liegen inzwischen reichlich vor. So wurden verschiedene Apparate im Feldtest als Pilotapparate bei härtesten Bedingungen über entsprechend lange Zeiträume getestet, zum Beispiel bei Batch-Reaktor-Betrieb mit Temperaturunterschieden Glykolkreislauf/Dampfseite von bis zum 150 °C.

Dieses ist nicht zuletzt auch auf die ausgeklügelte Schweißmethode zurückzuführen. Mit dem hier angewandten Laserschweißverfahren wird die Metallstruktur kaum verändert, zumal die eingebrachte Wärme mit 240 J/mm nur etwa 25 % gegenüber dem TIG-Schweißverfahren beträgt (Tafel 1).

Tafel 1: Vergleich verschiedener Schweißverfahren hinsichtlich Wärmebelastung

Parameter \ Methode	Laser	Plasma	TIG
Schweißgeschwindigkeit (mm/s)	16	7	2
Wärmeeinbringung (J/mm)	250	570	1000

Neben seiner Resistenz gegenüber Temperaturschwankungen, seinem Sicherheitsanspruch hinsichtlich Dichtheit im Vergleich zu gedichteten Plattenwärmeübertragern bietet dieser vollverschweißte Plattenwärmeübertrager einen Kostenvorteile aufgrund seiner Kompaktheit, wie es aus Tafel 2 ersichtlich ist.

Die produktberührten Platten sind zur Zeit in den Werkstoffen AISI 316 (entsprechend 1.4401), Titan und Hastelloy C-267 lieferbar.

Dem Gemeinschaftsunternehmen Rolls-Royce und Alfa Lavals, Rolls Laval Heat Exchangers Ltd., ist es gelungen, einen weiteren neuartigen Plattenwärmeübertrager zu entwickeln, dessen Einsatzgrenzen weit über denen des oben beschriebenen AlfaRex hinausgehen.

Tafel 2: Vergleich verschiedener Parameter zwischen Röhrenwärmeübertrager und vollverschweißten AlfaRex Plattenwärmeübertrager bei gleicher Aufgabenstellung

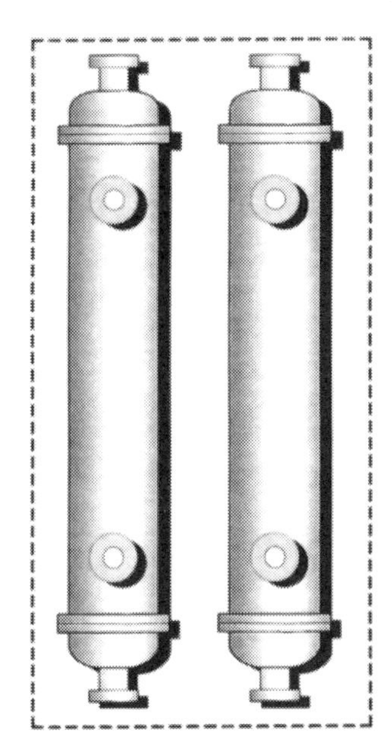

	Kompakte Vorteile	
	Rohrbündel	AlfaRex
Gesamtgewicht, leer (t)	8,6	1,8
Gesamtgewicht, Betrieb (t)	ca. 12	ca. 2
Grundfläche, m²	10	1,5
Temperaturannäherung [1]	5 °C	1 °C
Inhalt [2]	100	10-20
Kühlwassermenge	100	50
Geamt-Installationskosten	100	35-50

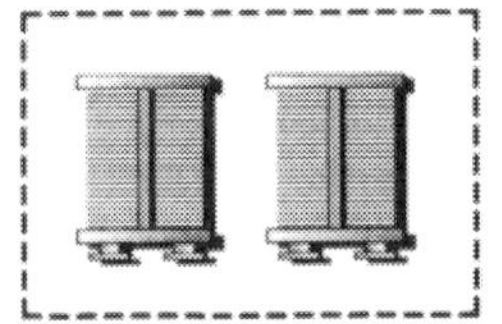

[1] Eine extreme Temperaturannäherung (geringer Temperaturunterschied zwischen den Ein- und Austrittstemperaturen der Flüssigkeiten) sorgt für höhere Wärmerückgewinnung.
[2] Geringerer Inhalt sorgt für präzisere Prozeßsteuerung und erhöht die Sicherheit bei gefährlichen Medien.

2.4 Rolls-Laval Plate Fin Heat Exchanger PFHE

Es handelt sich hierbei um um den Rolls-Laval Plate Fin Heat Exchanger PFHE, einem Platten-Rippen-Wärmeübertrager, der weder Dichtungen noch Schweißungen enthält, sonders als Ganzes eine einzige homogene Metallstruktur besitzt (Bild 3).

Ausführungen bis zu einem Betriebsdruck von 500 bar, zum Beispiel zur Gaskühlung im Off-Shore-Betrieb, sind lieferbar. Die maximale Betriebstemperatur wird mit 400 °C angegeben.

Dieser Wärmeübertrager wird unter Anwendung modernster metallurgischer Techniken, ursprünglich bei der Herstellung von Rolls-Royce Flugzeugtriebwerken entwikkelt, hergestellt.

Diese beruhen auf den Technologien „Superplastic-Forming" und „Diffusion Bonding". Titanplatten werden hierbei unter Anwendung eines Inhibitors übereinander gelegt, erhitzt und unter Druck zusammengefügt (Diffusion Bonding). Es werden keine Flußmittel oder Zusatzwerkstoffe benötigt. Die Verbindung erfolgt übergangslos und besitzt nach dem Zusammenfügungsprozeß eine mit dem übrigen Metallbereich identische Struktur.

Die Kanäle lassen sich, unter Nutzung der Eigenschaften von Titan bei entsprechender Temperatur, im superplastischen Bereich ohne „Einschnürungen" strecken. Sie werden mittels Druckgas „aufgeblasen", wobei Höhe und Form der Kanäle unterschiedlich sein kann. Dadurch wird die Anpassung eines PFHE an individuelle Aufgabenstellungen ermöglicht.

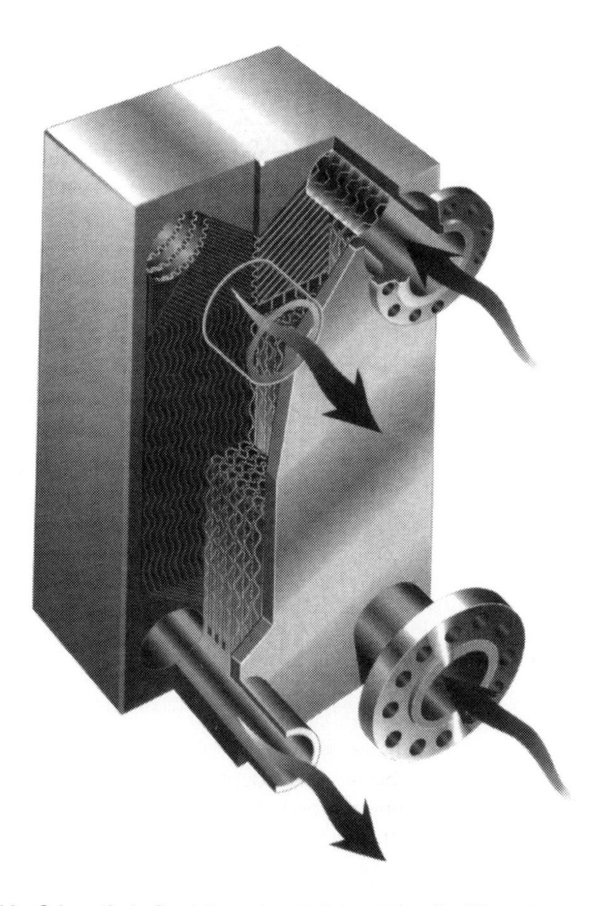

Bild 3: Schematische Darstellung eines Rolls Laval Plate Fin-Wärmeübertragers

Mischer-Wärmeaustauscher

Von A. Heierle [1])

1 Einführung und Definition

Mischer-Wärmeaustauscher sind Apparate, in welchen, ohne bewegte Teile, gleichzeitig mit dem Wärmeaustausch definierte und reproduzierbare Mischvorgänge ablaufen.

Die zwei wichtigsten Anwendungen von Mischer-Wärmeaustauschern sind der Wärmeaustausch an viskose Produkte und die Führung temperaturkontrollierter, chemischer Reaktionen.

Mischer-Wärmeaustauscher gibt es prinzipiell in drei verschiedenen Ausführungen. Deren Aufbau, Funktion, die verfahrenstechnischen Merkmale und industrielle Anwendungsbeispiele werden in der Folge erklärt.

2 Konstruktive Ausführungsformen

2.1 Mischer-Wärmeaustauscher in Doppelmantelausführung, Aufbau und Funktionsweise

Der einfachste Mischer-Wärmeaustauscher ist die Doppelmantelausführung (Bild 1). Das produktführende Innenrohr ist mit statischen Mischelementen gefüllt. Vom Produkt getrennt zirkuliert im Doppelmantel ein Wärmeträgermedium als Heiz- oder Kühlmittel. Die Wärmeübertragung erfolgt durch die Mischrohrwand.

Die spezifischen, verfahrenstechnischen Eigenschaften des Apparates sind die Folge von Strömungseffekten, welche die statischen Mischelemente im Produktrohr bewirken.

Die Funktion von statischen Mischelementen wird in der Folge am Beispiel des Sulzer Mischers SMX erklärt (Bild 2). Er ist aufgebaut aus einer Vielzahl von einzelnen Mischelementen, welche hintereinander in das Strömungsrohr eingebaut sind. Die einzelnen Mischelemente bestehen aus einem Gerüst von sich kreuzenden Stegen. Die sich im Strömungsrohr folgenden Mischelemente sind jeweils um 90° gegeneinander versetzt angeordnet.

Im unteren Teil von Bild 2 wird die Funktion der Mischelemente sichtbar. Zwei Epoxidharze mit unterschiedlicher Einfärbung wurden durch einen SMX-Mischer gepumpt. Nach der Aushärtung wurde der so entstandene Zylinder zersägt. Die entstandenen Schnittbilder zeigen, daß der Längsströmung durch die Mischelemente Querströmungskomponenten überlagert werden. Es bilden sich Schichten, die über dem Rohrquerschnitt ausgebreitet werden. Die Zahl der Schichten nimmt mit zunehmender Mischelementzahl nach Exponentialgesetzen zu. Gleichzeitig vermindert sich die Schichtdicke. Die

[1]) Dipl. Ing. ETH Adolf Heierle, Sulzer Chemtech AG, Winterthur, Schweiz

Homogenität nimmt mit zunehmender Mischerlänge zu. Konzentrationsunterschiede werden dementsprechend abgebaut.

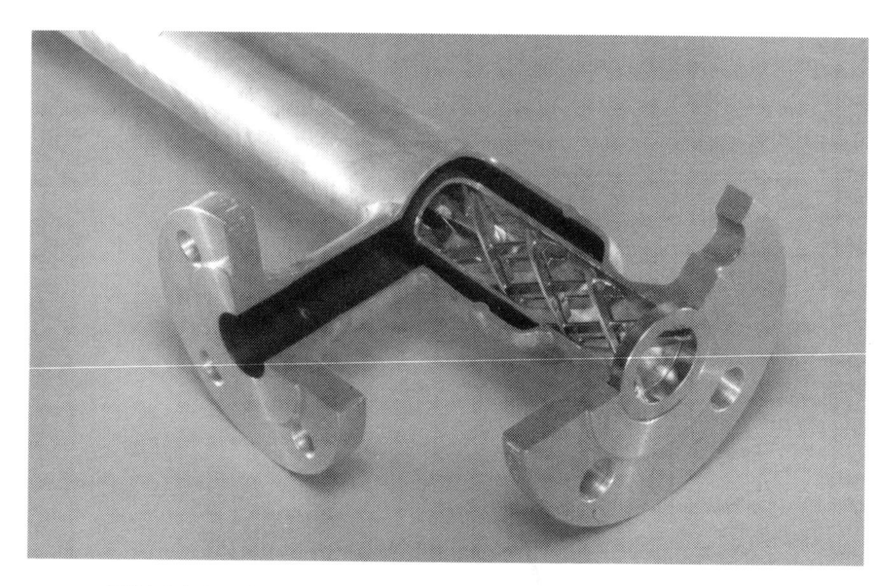

Bild 1: Schnittmodel eines Mischer-Wärmeaustauschers in Doppelmantelausführung.

Bild 2: Demonstration des Mischeffektes bei laminarer Strömung im Sulzer Mischer SMX. Die Schnittbilder zeigen die der Längsströmung überlagerten Querströmungskomponenten.

Ein weiterer Effekt der Mischelemente ist die Vereinheitlichung des Verweilzeitspektrums. Die Verweilzeitverteilung ist eine Aussage über das Austrittsalter der einzelnen Volumenanteile. In einem laminar durchströmten Leerrohr ist die Verweilzeitverteilung bei isothermer Strömung sehr breit. Die Bodensteinzahl Bo ist ein Maß für die Breite der Verweilzeitverteilung nach dem Dispersionsmodel. Für den kontinuierlich betriebenen, ideal durchmischten Rührkessel ist Bo = 0 und für die ideale Kolbenströmung ist Bo = ∞. Bild 3 zeigt Übergangsfunktionen mit den zugeordneten Bodensteinzahlen. Messungen bei isothermer Laminarströmung im SMX-Mischer ergeben pro Meter Mischerlänge Bodensteinzahlen von mehr als 50, was gleichbedeutend ist mit der Verweilzeitverteilung einer Kaskade von mehr als 25 ideal durchmischten Rührkesseln und demzufolge sehr nahe der idealen Kolbenströmung.

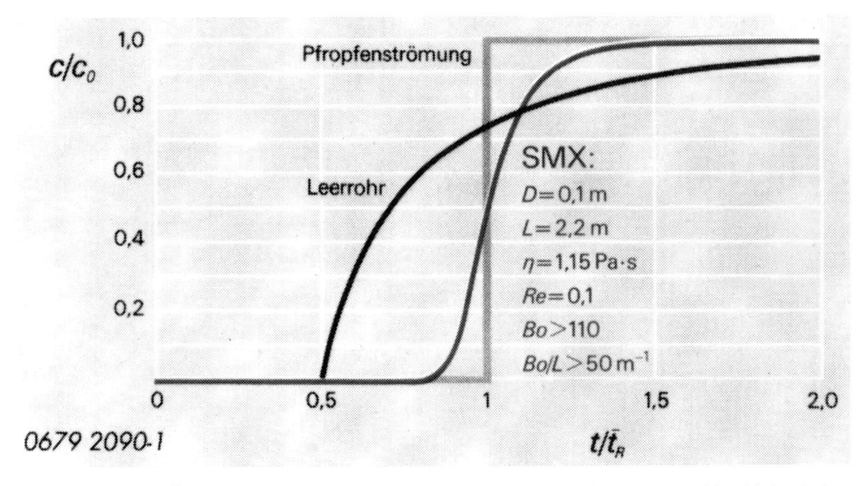

Bild 3: Gemessene Übergangsfunktion des Mischers SMX bei laminarer Strömung und Vergleich mit dem Leerrohr.

Durch den radialen Mischeffekt der Mischelemente wird die wandnahe thermische Grenzschicht im Mischer-Wärmeaustauscher dauernd erneuert. Das radiale Temperaturprofil wird ausgeglichen. In einem laminar durchströmten Leerrohrwärmeaustauscher bildet sich ein ausgeprägtes radiales Temperaturprofil aus. Im Mischrohr hingegen erfolgt durch den radialen Produkttransport ein dauernder Temperaturausgleich durch erzwungenen konvektiven Wärmetransport.

Nebst dem Temperaturausgleich über dem Querschnitt bewirkt der radiale Mischeffekt eine vielfache Erhöhung des Wärmeübergangs an die Rohrwand. (Bild 4).

In vielen praktischen Anwendungen von Mischer-Wärmeaustauschern in Doppelmantelausführung, zum Beispiel beim Erwärmen oder beim Kühlen von viskosen Produkten, ist der Wärmewiderstand auf der Produktseite dominierend. Der Wärmedurchgangskoeffizient (k-Wert) wird in all diesen Fällen somit annähernd in gleichem Masse erhöht wie der produktseitige Wärmeübergang.

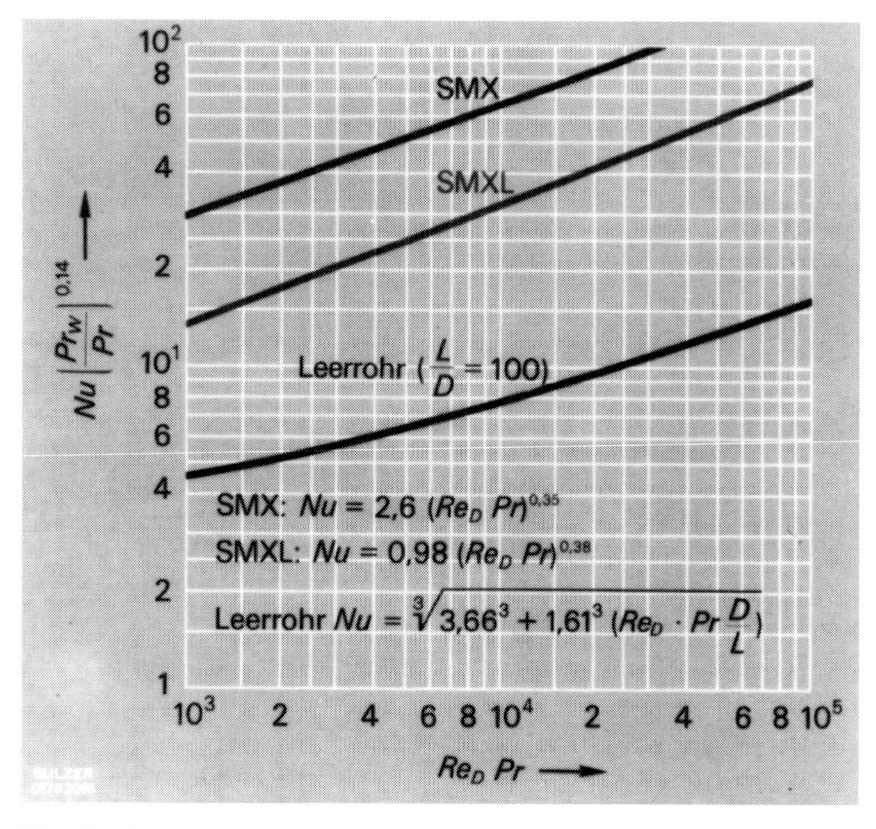

Bild 4: Nusseltzahl in Funktion des Produktes von Reynolds- und Prandtlzahl bei laminarer Strömung für die Mischer SMX, SMXL und das Leerrohr

Mischer-Wärmeaustauscher in Doppelmantelausführung sind deshalb in aller Regel um ein Vielfaches kürzer als ein entsprechend ausgelegter Leerrohr-Apparat. Bei größeren Apparatelängen werden oft schlangenartige Anordnungen von mehreren Schüssen, welche mit Rohrbögen hintereinander geschaltet werden, ausgeführt (Bild 5).

Der Einsatz der Mischer-Wärmeaustauscher in Doppelmantelausführung bleibt aber im allgemeinen begrenzt auf die Übertragung eher kleinerer Wärmeleistungen, respektive die Behandlung eher kleinerer Produktdurchsätze. Bei großen Produktdurchsätzen würden oft sehr große Apparatelängen erforderlich, was in vielen Fällen zu unvernünftig großen Druckabfällen führen würde. Das Auftreten hoher Druckabfälle ist theoretisch zwar kompensierbar, wenn man bei großen Apparatelängen auch auf große Apparatedurchmesser ausweicht. Diese Maßnahme ist, von wenigen Ausnahmen abgesehen, jedoch nur praktikabel bis zu Nennweiten von ca. DN 80. Der Wärmeübergangskoeffizient nimmt mit zunehmendem Rohrdurchmesser ab, während gleichzeitig das Produktvolumen mit zweiter Potenz zunimmt. Somit wird die volumenbezogene Wärmeübertragungskapazität bei großen Rohrdurchmessern gering. Man weicht deshalb in diesen Fällen besser auf Mischer-Wärmeaustauscher in Rohrbündelausführung aus.

Bild 5: Serieschaltung mehrerer Schüsse von Mischer-Wärmeaustauschern in Doppelmantelausführung.

2.2 Mischer-Wärmeaustauscher in Rohrbündelausführung

Bild 6 zeigt einen Mischer-Wärmeaustauscher in Rohrbündelausführung. Analog zur Doppelmantelausführung sind die produktführenden Rohre mit statischen Mischelementen gefüllt. Die Mischelemente können fest oder demontierbar eingebaut sein. Es sind wie bei Leerrohrapparaten ein- oder mehrgängige Ausführungen möglich.

Bezüglich maximal zu übertragender Wärmemengen oder bezüglich maximalem Produktdurchsatz gibt es bei der Rohrbündelkonstruktion praktisch keine Grenzen, kann doch die Anzahl paralleler Mischrohre grundsätzlich beliebig groß gewählt werden. Durch die Wahl einer großen Anzahl von Mischrohren mit relativ kleinem Durchmesser wird eine hohe volumenbezogene Wärmeübertragungskapazität erzielt.

Innerhalb der individuellen produktführenden Mischrohre findet man die gleichen verfahrenstechnischen Merkmale wie beim Mischer-Wärmeaustauscher in Doppelmantelausführung.

Man muß sich allerdings klar sein darüber, daß bei der Rohrbündelausführung der Produktstrom auf eine Vielzahl von parallelen Teilströmen aufgeteilt wird. Die Mischelemente bewirken lediglich innerhalb der Teilströme ihren Mischeffekt. Ein permanenter, radialer Mischeffekt über dem gesamten Produktstrom, wie bei der Doppelmantelausführung, findet nicht mehr statt. Es gibt verschiedene Anwendungen, bei welchen der Parallelaufteilung des Produktstromes keine nachteilige Bedeutung zukommt. Es gibt aber ebenso eine Anzahl von Anwendungsbeispielen, bei denen die Produktaufteilung in eine Vielzahl paralleler Teilströme nicht zulässig ist. Auf beide Anwendungsfälle wird in den Kapiteln 3.1 und 3.2 näher eingegangen.

Bild 6: Mischer-Wärmeaustauscher in Rohrbündelausführung mit demontierbaren Mischelementen.

2.3 Mischer-Wärmeaustauscher SMR, Mischreaktor SMR

Für Anwendungsfälle, bei denen eine Rohrbündelausführung nicht zuverlässig arbeitet und gleichzeitig ein Mischer-Wärmeaustauscher in Doppelmantelausführung nicht über ausreichende Kapazität verfügt, lautet die Forderung wie folgt: Der gewünschte Apparat sollte über die beliebig große Wärmeübertragungskapazität des Rohrbündelapparates verfügen. Der Produktstrom sollte jedoch nie in Parallelströme aufgeteilt werden müssen und der radiale Mischeffekt sollte über dem gesamten Produktstrom erfolgen, wie dies beim Doppelmantelapparat der Fall ist.

Die Erfüllung dieser Forderung wurde möglich durch die Idee, nicht mehr die Mischrohrwand allein als Wärmeübertragungsfläche zu benutzen, sondern die Mischelemente selbst als Wärmeaustauscher auszubilden. Die Ideenumsetzung findet man im Mischer-Wärmeaustauscher SMR.

Den Aufbau des Mischer-Wärmeaustauschers SMR zeigt Bild 7. Die statischen Mischelemente sind aus kreuzweise angeordneten Rohren aufgebaut. Diese bewirken im Produktstrom ein intensives radiales Mischen analog zur Funktion des SMX-Mischers. Die Rohre der Mischelemente werden von einem Wärmeträgermedium durchströmt. Sie sind an ihren Enden mit Rohrbogen untereinander verbunden und sie münden in gemeinsame Verteiler, respektive Sammler für das Wärmeträgermedium. Das Mischelement selbst bildet somit die aktive Wärmeübertragungsfläche. Im produktführenden Strömungskanal werden die sich folgenden Mischelemente jeweils um 90° versetzt angeordnet, analog zu konventionellen statischen Mischern.

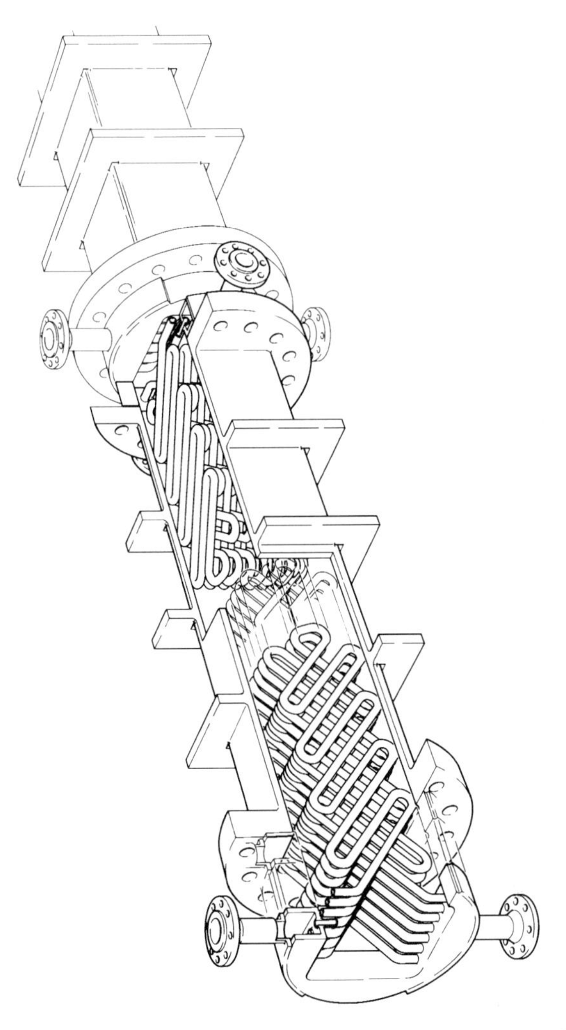

Bild 7: Schematische Zeichnung des Sulzer Mischer-Wärmeaustauschers SMR.

Aus diesem Konzept ergeben sich die folgenden verfahrenstechnischen Merkmale:

- Der radiale Mischeffekt ist ausgezeichnet und quantitativ vergleichbar mit demjenigen im Sulzer Mischer SMX. Konzentrations- und Temperaturunterschiede werden rasch über dem gesamten Strömungsquerschnitt ausgeglichen.
- Die axiale Rückmischung ist sehr gering. Es resultiert ein enges Verweilzeitspektrum. Messungen ergaben bei isothermer Laminarströmung Bodensteinzahlen von 70 bis 80 pro Meter Mischerlänge.
- Es resultiert eine hohe volumenbezogene Wärmeübertragungskapazität. Dies einerseits als Folge des Umstandes, daß volumenbezogen eine große Wärmeübertragungsfläche eingebracht werden kann und andererseits weil der im Produktstrom ablaufende permanente Mischeffekt zu hohen Wärmeübergangszahlen führt. Die hohe volumenbezogene Wärmeübertragungskapazität kann auch bei sehr großen Apparaten beibehalten werden.
- Das Produkt wird unabhängig vom Apparatedurchmesser und unabhängig vom Produktdurchsatz nie in Parallelströme aufgeteilt. Die bei Parallelstromführung unter gewissen Umständen auftretenden Maldistributionseffekte sind deshalb nicht möglich.
- Die Schergeschwindigkeiten sind im allgemeinen sehr gering. Typische Werte liegen bei hochviskosen Produkten im Bereich von 0,1 bis 10 sec^{-1}. Es treten daher keine lokalen Temperaturspitzen auf. Das Strömungsgut wird weder mechanisch noch thermisch geschädigt.
- Der produktseitige Druckabfall ist im allgemeinen gering. Typische Werte bei hochviskosen Lösungen und Schmelzen liegen im Bereich von 1 bis ca. 10 bar. Im Übergangsbereich oder bei turbulent strömenden Medien ist der Druckabfall in der Regel um Größenordnungen geringer. Ein kleiner Druckabfall ist gleichbedeutend mit einem geringen Energiebedarf für das Mischen und die Produktförderung.

3 Mischer-Wärmeaustauscher im Einsatz in der Prozeßindustrie

3.1 Wärmeaustauscher für viskose Produkte

Charakteristisch für die meisten hochviskosen Produkte ist der Umstand, daß die Viskosität mit zunehmender Temperatur abnimmt oder umgekehrt mit abnehmender Temperatur ansteigt. Der Verlauf der entsprechenden Abhängigkeiten ist produktspezifisch. Nicht selten verändern sich die Viskositäten in Wärmeaustauschern für viskose Produkte gleich um mehrere Größenordnungen. Zudem zeigen viele viskose Produkte ein nichtnewtonsches Fließverhalten, so daß bei der Auslegung von Mischer-Wärmeaustauschern nebst der Temperaturabhängigkeit der Viskosität auch deren Abhängigkeit von der auftretenden Scherung zu berücksichtigen ist.

Die möglichen Veränderungen der Viskosität beim Durchfließen des Produktes durch den Wärmeaustauscher, welche ihrerseits wieder abhängig sind vom Temperaturbereich, welchen das Produkt im Wärmeaustauscher durchfahren soll, sowie dem Temperaturniveau des Wärmeträgermediums auf der Mantelseite, können unter gewissen Umständen in Rohrbündelapparaten zum Auftreten von sogenannten Maldistributionseffekten führen.

Als Maldistribution ist die ungleichmäßige Verteilung des Produktes auf die verschiedenen parallelen, produktführenden Innenrohre eines Rohrbündelapparates zu verstehen.

Das Entstehen eines Maldistributionseffektes läßt sich am Beispiel eines Rohrbündelapparates erklären, dessen angenommene Aufgabe es sein soll, ein viskoses Produkt, das durch die Innenrohre gepumpt wird, abzukühlen durch Wärmeabgabe an ein Kühlmedium, welches im Mantelraum zirkuliert.

Bei der Auslegung von Rohrbündelwärmeaustauschern wird üblicherweise davon ausgegangen, daß sich der Produktstrom gleichmäßig auf die vorhandene Vielzahl paralleler Produktleitungen des Rohrbündels aufteilt. Nimmt man nun an, der Durchflußwiderstand eines bestimmten Rohres sei minim größer als in einem andern, (zum Beispiel als Folge einer leicht höheren Oberflächenrauheit oder eines etwas geringeren Rohrdurchmessers innerhalb des zulässigen Toleranzbereiches oder etwa wegen einer kaum sichtbar kleinen, zufälligen Deformation), so resultiert in diesem Rohr ein minimal geringerer Durchfluß. Als Folge ergibt sich eine etwas größere Verweilzeit des Produktes in diesem Rohr und daraus eine etwas tiefere Austrittstemperatur.

Da bei viskosen Produkten die Viskosität bei abnehmender Temperatur ansteigt, bedeutet dies, daß die mittlere integrierte Viskosität im besagten Rohr etwas höher ist als in den andern. Da der Druckabfall aber über allen parallelen Rohren eines gegebenen Rohrbündelapparates gleich sein muß, wird sich dementsprechend eben der Durchsatz im betrachteten Rohr verringern. Dies aber bedeutet wiederum längere Aufenthaltszeit, Kühlung auf noch tiefere Temperatur und entsprechend weiterer Anstieg der Viskosität. Der Endzustand ist in solchen Fällen eine Abkühlung des Produktes auf praktisch das Temperaturniveau des Kühlmittels bei entsprechend hoher Produktviskosität und entsprechend minimalem Produktdurchsatz. Ist die Produktviskosität bei Kühlmitteltemperatur wesentlich höher als die Viskosität bei der theoretischen Soll-Austrittstemperatur, so kann oft das betroffene Rohr einem praktisch blockierten gleichgesetzt werden.

Da der gesamte Produktstrom normalerweise volumetrisch gefördert wird, wird sich der Durchsatz bei andern Rohren entsprechend erhöhen. Dies hat wiederum zur Folge, daß dort die Verweilzeit geringer ist, die Austrittstemperatur nicht die Solltemperatur erreicht und die Viskosität entsprechend tiefer ist. Im Endzustand findet man in Rohrbündelapparaten bei ausgeprägt auftretendem Maldistributionseffekt in der Regel Gruppen von Rohren, die fast als eingefroren zu betrachten sind, während der Hauptstrom durch eine reduzierte Anzahl anderer Rohre mit überhöhter Geschwindigkeit und nicht ausreichender Abkühlung fließt.

Die Folge von Maldistributionseffekten ist immer eine verminderte gesamte Kühlleistung im Vergleich zur vorausberechneten und ein sehr breites Verweilzeitspektrum. Des weiteren ist in aller Regel auch der tatsächlich auftretende produktseitige Druckabfall höher als vorausberechnet.

Maldistributionseffekte der eben beschrieben Art können bei allen Konstruktionsvarianten von Wärmeaustauschern, bei denen eine Aufteilung des Produktstromes in mehrere parallele Teilströme erfolgt, auftreten. Die Gefahr des Maldistributionseffektes besteht jedoch in aller Regel nur dann, wenn die Viskosität zwischen Apparateeintritt und -austritt zunimmt oder zunehmen kann.

Hierbei ist nicht nur die Viskositätszunahme als Folge von Temperaturabsenkungen bei viskosen Produkten zu bedenken, sondern auch eine mögliche Viskositätszunahme infolge einer möglicherweise veränderten Schergeschwindigkeit bei nichtnewtonschem Fließverhalten. Analoge Maldistributionseffekte, wie sie eben am Beispiel der Abkühlung eines viskosen Produktes erklärt wurden, sind auch bekannt etwa dann, wenn versucht wird, in Rohrbündelapparaten Polymerisationsreaktionen durchzuführen. Die starke Zunahme der Viskosität als Folge des zunehmenden Umsatzes von Monomeren zu hochmolekularen Polymeren kann sich über bis zu sechs Zehnerpotenzen erstrekken. Maldistributionseffekte bei Polymerisationsreaktionen wirken sich praktisch in allen Fällen verheerend aus.

Andererseits kann Rohrbündelapparaten, eingesetzt als Erwärmer für viskose Produkte, in aller Regel ein sehr gutmütiges Verhalten attestiert werden. Bei ansteigender Temperatur nimmt bei fast allen viskosen Produkten die Viskosität ab. Würde sich in einem individuellen Rohr aus irgend einem Grund ein unterdurchschnittlicher Produktdurchsatz einstellen, so würde das Produkt im Erwärmerrohr auf eine leicht überdurchschnittlich hohe Temperatur erwärmt werden. Dadurch wäre die Viskosität etwas tiefer als in anderen parallelen Rohren, der Widerstand demzufolge geringer, wodurch sich sofort eine Beschleunigung ergeben müßte. Der Produktstrom im betreffenden Rohr wird sich selbsttätig wieder seinem Sollwert nähern.

Nimmt man in einem einzelnen Rohr eines Rohrbündelerwärmers eine überdurchschnittlich hohe Fließgeschwindigkeit an, so wird dies dazu führen, daß das Produkt am Austritt die Solltemperatur nicht erreicht. Die dadurch höhere, mittlere Viskosität führt dann automatisch zu einer Verzögerung des Durchflußes und somit ebenfalls zu einer Annäherung des Durchsatzes an den Sollwert. Statt von einem Maldistributionseffekt, wird deshalb in diesen Fällen von einem Selbstregelungseffekt gesprochen. Nur Apparate, welche unter selbstregelnden Betriebsbedingungen laufen, können auch als betriebssicher bezeichnet werden.

Ob Rohrbündelapparate bei einem bestimmten Bedarfsfall zu Maldistributionseffekten neigen oder selbstregelnde Eigenschaften zeigen werden, läßt sich analytisch feststellen. Man berechnet dazu über einen ausreichend großen Durchsatzbereich den Druckabfall in Funktion des Produktdurchsatzes für ein individuelles Rohr des Bündels. Dazu sind sichere Kenntnisse, der Abhängigkeit der Viskosität von der Temperatur und der Schergeschwindigkeit über dem gesamten Temperaturbereich von der maximal vorkommenden Produkttemperatur bis zum Temperaturniveau des Kühlmittels unerläßlich. Bei selbstregelnden Systemen ergibt sich mit zunehmendem Durchsatz immer ein monoton ansteigender Druckabfall. Funktionen mit einem Zwischenhoch, respektiv phasenweise wechselnder Steigung sind ein untrügliches Zeichen dafür, daß mit Maldistributionseffekten zu rechnen ist. Es sei an dieser Stelle noch darauf hingewiesen, daß es nicht in allen Fällen ausreichend ist, die genannte Funktion nur ausgehend vom stationären Sollbetrieb des Wärmeaustauschers zu untersuchen. Viele Wärmeaustauscher laufen in Anlagen mit wechselnden Betriebsbedingungen und sicher durchläuft jeder Wärmeaustauscher mindestens während der Anfahrphase ein ganzes Spektrum von sich verändernden Betriebsbedingungen. Die Erfahrung zeigt, daß in gewissen Fällen durch ungünstige Bedingungen bei Anfahrvorgängen Maldistributionseffekte eintreten können, die nicht mehr zu einer Selbstregelung des Systems überführbar sind, selbst wenn die Überprüfung des stationären Betriebszustandes allein noch keine entsprechenden Anzeichen ergab.

3.1.1 Produkterwärmer für viskose Produkte

Als Produkterwärmer kommen alle 3 Ausführungsvarianten zum Einsatz. Da die Viskositäten im allgemeinen mit zunehmender Temperatur abnehmen, ist in Produkterwärmern in Rohrbündelausführung nicht mit Maldistributionseffekten zu rechnen.

Mischer-Wärmeaustauscher als Erwärmer für viskose Produkte zeichnen sich durch ausgesprochen schonende Produktbehandlung aus. Der permanente Mischeffekt erneuert dauernd die thermische Grenzschicht an der (heißen) Wand und verhindert damit lokale thermische Überbelastungen. Lokale thermische Überbelastungen können sich in verschiedener Art auswirken. Bei polymeren Stoffen zum Beispiel können sehr unerwünschte Effekte wie Abbaureaktionen, Vernetzungen oder Gelbildungen auftreten. Die durch den Mischeffekt bewirkte Erhöhung des Wärmeüberganges trägt dazu bei, daß die Verweilzeit im Produkterwärmer gering wird, was in aller Regel auch weniger zu Produktschädigungen führt. Die schonende Produktbehandlung durch Mischer-Wärmeaustauscher, eingesetzt als Produkterwärmer, ist bei einer Vielzahl von Polymerschmelzen und Polymerlösungen belegt.

Mischer Wärmeaustauscher eignen sich hervorragend zur Erschmelzung von pastösen Produkten wie Fetten, Vaseline und ähnlich sich verhaltenden Produkten. Charakteristisch für diese Produkte ist der schlagartige Abfall der Viskosität bei Überschreitung der Schmelztemperatur. In Mischerwärmeaustauschern wird das pastöse Produkt an den warmen Wänden rasch abgeschmolzen. Dadurch wird es leichtflüssig und sofort von nachdrängendem noch nicht geschmolzenem Produkt von den Wänden verdrängt, das seinerseits wiederum rasch abschmilzt.

3.1.2 Aufkonzentrierung und Entgasung viskoser Lösungen und Schmelzen

Ein wichtiges Einsatzgebiet für Mischer-Wärmeaustauscher ist die Entgasung, respektive Aufkonzentrierung von Polymerlösungen nach dem Flashverfahren (Bild 8). Polymere, die in Masse oder in Lösung polymerisiert wurden, müssen vor der Granulierung von flüchtigen Komponenten getrennt werden. Die flüchtigen Komponenten sind im wesentlichen Lösungsmittel oder nicht umgesetzte Monomere. Die Zuführung der notwendigen Wärme zur Verdampfung der flüchtigen Komponenten ist in vielen Fällen eine reichlich delikate Angelegenheit. Bei der Herstellung von Polystyrol oder verschiedener styrolhaltiger Kopolymere zum Beispiel enthält das aus dem Reaktor austretende Gemisch erhebliche Anteile an nicht umgesetzten Monomeren, die weiterhin reaktiv sind. Beim Erwärmen reagieren diese schneller als auf den herrschenden Temperaturen im Reaktor. Sie bilden aber bei höherer Temperatur kürzere Polymerketten oder Oligomere, was zu einer unerwünschten, qualitätsmindernden Verbreiterung der Molekulargewichtsverteilung führt. Andere Polymere neigen zu Vernetzungen, respektive

Gelbildung, wie zum Beispiel gewisse Polyolefine oder Polyamide. Andere wiederum werden durch Degradationsreaktionen abgebaut, zum Beispiel gewisse Polyester. Die störenden Reaktionsprodukte können durch geringe Verweilzeit, geringe und gleichmäßige thermische Belastung während der Phase der Wärmezuführung und durch schnellen Entzug der Monomere mittels Entgasung, vermindert werden. Die statischen Mischer in den Rohren der Erwärmer erfüllen hierbei wesentliche Aufgaben. Der hohe Wärmeübergang erlaubt den Bau von kompakten Wärmeaustauschern mit kurzen Verweilzeiten der zu erwärmenden Lösung. Der intensive radiale Mischeffekt verhindert thermische Überbelastungen des nahe an der heißen Wand fließenden Produktes, respektive sorgt für eine gleichmäßige, geringe Temperaturbelastung aller Partikel während der Wärmezuführungsphase.

Mischer-Wärmeaustauscher werden zur Konzentrierung und Entgasung von glasklaren und gummimodifizierten Polystyrolen, vielen styrolhaltigen Kopolymeren, verschiedenen Akrylaten aber auch nach Lösungsmittelverfahren hergestellten Polyolefinen, verschiedenen zellulosischen Lösungen sowie einer Vielzahl von Spezialpolymeren eingesetzt, in ein sowie in mehrstufigen Aufkonzentrierungs- und Entgasungsanlagen. Vorteilhaft, zum Beispiel bei Polyolefinen, erweist sich die Tatsache, daß die Scherung in statischen Mischer-Wärmeaustauschern generell sehr gering ist. Statische Mischer-Wärmeaustauscher heben sich diesbezüglich vorteilhaft von allen Systemen mit dynamischen Mischern oder Knetern ab. Einziges bewegliches Teil am gezeigten Entgasungssystem ist die Austragspumpe.

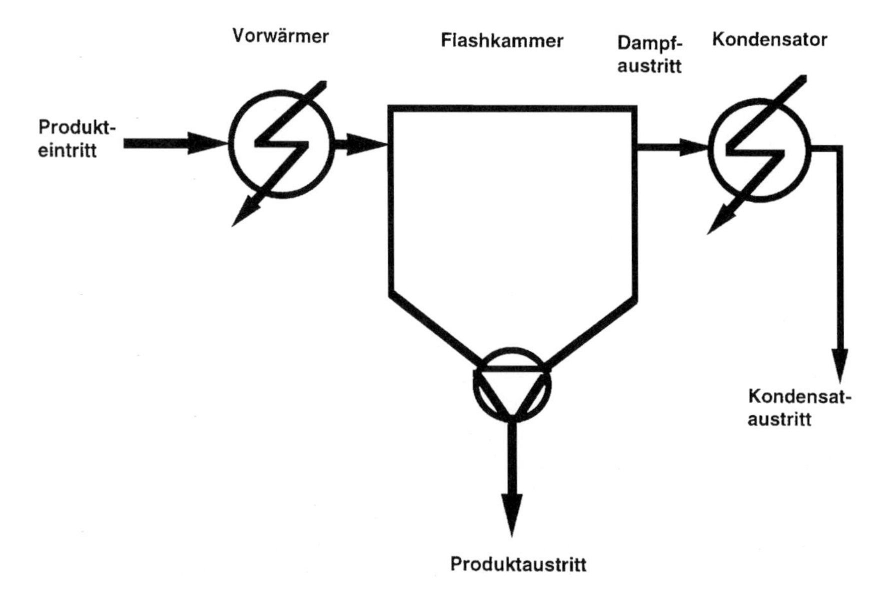

Bild 8: Aufkonzentrierung, respektive Entgasung von Polymerlösungen oder Polymerschmelzen nach dem Flashverfahren.

3.2 Produktkühler

Wie im Kapitel 3.1 beschrieben, können beim Abkühlen von viskosen Produkten unter gewissen Umständen in Rohrbündelapparaten Maldistributionseffekte auftreten. Es ist deshalb auch in Zweifelsfällen sinnvoll, auf den Einsatz von Rohrbündelapparaten zu verzichten und statt dessen Doppelmantel- oder SMR-Apparate einzusetzen.

Werden Mischer-Wärmeaustauscher als Produktkühler eingesetzt, so ist zu beachten, daß die Kühlmitteltemperatur nicht so weit unter die Verfestigungstemperatur des Produktes angesetzt wird, daß sich eingefrorenes Produkt auf den Wärmeaustauschflächen absetzen kann.

Anwendungen von Mischer-Wärmeaustauschern als Produktkühler gibt es in verschiedenen Industriezweigen. So werden Klebstoffe, pharmazeutische Salben, pastöse Lebensmittel, Silikone, Harze, etc. vor Abfüllstationen gekühlt um thermische Schäden am Verpackungsmaterial zu vermeiden oder um den Schwund in abgepacktem Zustand zu reduzieren.

In der Lebensmittelindustrie werden pastöse Produkte im Verein mit Produkterwärmern und Haltestrecken nach Beendigung des Pasteurisiervorganges gekühlt. Thermoplastische Schmelzen werden gekühlt um die Viskosität zu erhöhen (Bild 9) und damit die Schneidfähigkeit von Granulatoren zu verbessern. Viskositätseinstellungen mit Mischer-Wärmeaustauschern werden auch vorgenommen bei der Verarbeitung von Klebstoffen. In kontinuierlichen Anlagen zur Herstellung von thermoplastischen Schäumen wird die mit dem Treibmittel versehene Schmelze vor dem Werkzeug nahe an die Erstarrungstemperatur gekühlt, um den Erstarrungsvorgang nach dem Werkzeug zu beschleunigen. Abbaureaktionen werden vermindert durch Kühlung der Polymerschmelze in Polyester Faseranlagen und bei der Polystyrolherstellung.

Bild 9: Mischer-Wärmeaustauscher SMR für die Kühlung von Polymerschmelzen.

3.3 Temperaturkontrollierte Reaktionsführung

Der gleichzeitige Ablauf von intensiven Misch- und Wärmeaustauschvorgängen prädestiniert die Mischer-Wärmeaustauscher geradezu zur Führung von temperaturkontrollierten chemischen Reaktionen. Sie bieten sich naturgemäß als Instrument an für die kontinuierliche Prozeßführung.

Für die kontinuierliche Führung von Reaktionen sind die folgenden verfahrenstechnischen Eigenschaften statischer Mischer-Wärmeaustauscher von besonderer Bedeutung:

- Das enge Verweilzeitspektrum, das heißt die sehr geringe axiale Rückvermischung bei gleichzeitig intensiver Mischung in radialer Richtung. Es resultieren daraus hohe Umsätze, respektiv höhere Ausbeuten an Wertprodukt als mit konventionellen Apparaten und dementsprechend ein geringerer Anfall an zu entsorgenden oder wieder aufzubereitenden Nebenprodukten.
- Die hohe Wärmeübertragungskapazität als Folge hoher Wärmeübergangskoeffizienten und bei einigen Sonderkonstruktionen, wie beim Mischer-Wärmeaustauscher SMR, der zusätzlich hohen inneren Wärmeübertragungsfläche wegen, bei gleichzeitiger kontinuierlicher Temperaturhomogenisierung. Eine einheitliche Zeit-Temperatur-Geschichte für alle, den Reaktor durchlaufenden Partikel führt zu chemisch und physikalisch einheitlichen Produkten.

3.3.1 Schaltungen, Betriebsweise für Reaktionsführungen

Zur Reaktionsführung werden Mischer-Wärmeaustauscher in 3 verschiedenen Schaltungen betrieben, nämlich (Bild 10)

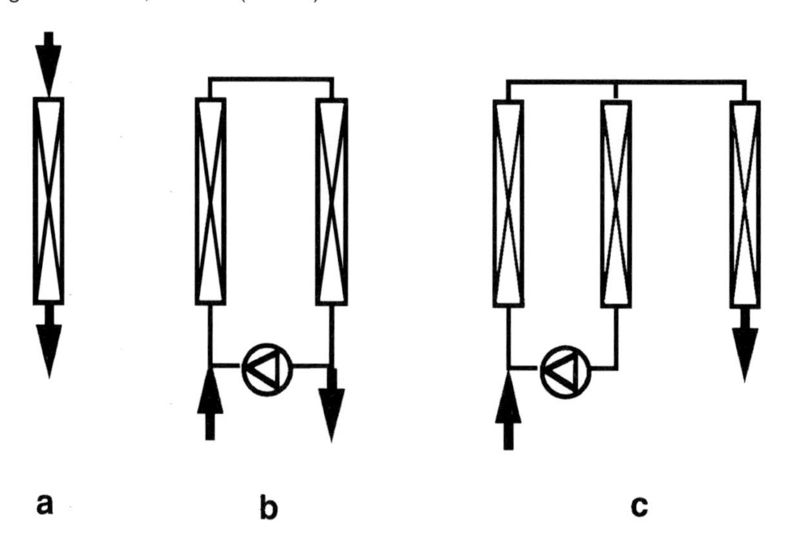

Bild 10: Schaltungen von Mischer-Wärmeaustauschern für die kontinuierliche Führung von temperaturkontrollierten chemischen Reaktionen.

a) mit einmaligem Produktdurchgang , der sogenannten Kolbenstrom- oder Plugflowschaltung.

b) in kontinuierlich betriebener Schlaufenschaltung, das heißt mit teilweiser Produktrückführung.

c) als Kombination von Schlaufen- und Plugflowschaltung.

Die Wahl der Schaltung hängt von der Kinetik und den physikalischen Bedingungen im Reaktor ab.

Das Verweilzeitverhalten in der Plugflowschaltung ist analog demjenigen einer Kaskade mit einer hohen Anzahl ideal durchmischter Rührkesseln. Bei langsam ablaufenden Reaktionen können axiale Temperaturprofile gefahren werden. Mit der Wahl bestimmter axialer Temperaturprofile bei Postreaktoren in Polystyrolanlagen läßt sich die Molekulargewichtsverteilung der entstehenden Produkte beeinflussen.

Das Verweilzeitverhalten der Schlaufenschaltung entspricht bei hoher Rezirkulationsrate desjenigen eines kontinuierlich betriebenen ideal durchmischten Rührkessels und bei einer Rezirkulationsrate von null derjenigen der Plugflowschaltung. Wenn bei hoher Rezirkulationsrate nur eine einzige Schlaufe gewählt wird, muß diese mit der Reaktionsgeschwindigkeit bei der Endkonzentration ausgelegt werden.

Bei der Kombination einer Schlaufe mit einem anschließenden Plugflowreaktor ergibt sich oft nahezu dasselbe Reaktorvolumen wie bei der Plugflowschaltung. Die Kombinationsschaltung ist oftmals deshalb eine ideale Lösung, weil hohe Wärmeentwicklung oder hohe Viskositätsänderungen, die in einem reinen Plugflowreaktor nicht zu beherrschen wären, in der Regel gerade zu Beginn der Reaktion eintreten.

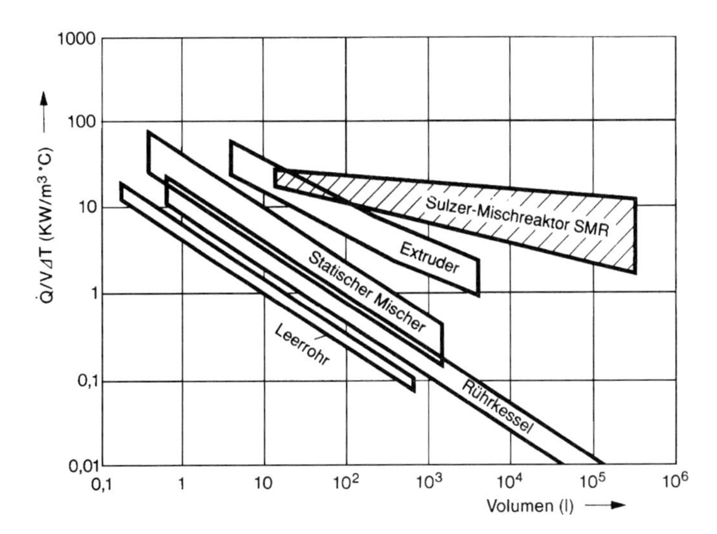

Bild 11: Volumenbezogenes Wärmeübertragungsvermögen verschiedener Reaktoren an hochviskose Flüssigkeiten in Funktion des Apparatevolumens.

Die wichtigste Kenngröße von Apparaten für die temperaturkontrollierte Führung von exothermen Reaktionen ist die übertragbare Wärmeleistung pro Volumeneinheit bezogen auf die mittlere treibende Temperaturdifferenz. In Bild 11 sind die Wärmeübertragungskapazitäten verschiedener Reaktortypen in Funktion des Reaktorvolumens aufgetragen. Die Grafik trifft zu für den Fall laminar strömender, viskoser Reaktionsmedien. Im Vergleich zum Leerrohr bietet der Rührkessel als Folge des Mischeffektes eine leicht höhere Wärmeübertragungskapazität. Diese beiden Reaktortypen werden aber eindeutig übertroffen vom statischen Mischer mit Doppelmantel und dem Extruder, der aber in der Regel eine kostspielige Lösung darstellt. Es ist ferner aus der Grafik ersichtlich, daß bei den meisten Reaktortypen die volumenbezogene Wärmeübertragungskapazität bei zunehmendem Volumen erheblich abfällt. Beim Mischreaktor SMR bleibt sie jedoch auch bei sehr großvolumigen Apparaten weitgehend erhalten. Dies ist von besonderer Bedeutung, wenn es etwa darum geht, zum Beispiel im Labor- oder Pilotmaßstab gewonnene Versuchsergebnisse auf einen industriellen Produktionsmaßstab zu übertragen. Der SMR-Apparat wird deshalb oft als eigentliches Scale-up-Werkzeug herbeigezogen.

Für Versuchsanlagen eignen sich deshalb sehr gut Reaktionssysteme in Doppelmantelausführung (Bild 12). Die Übertragung auf den Produktionsmaßstab wird mit

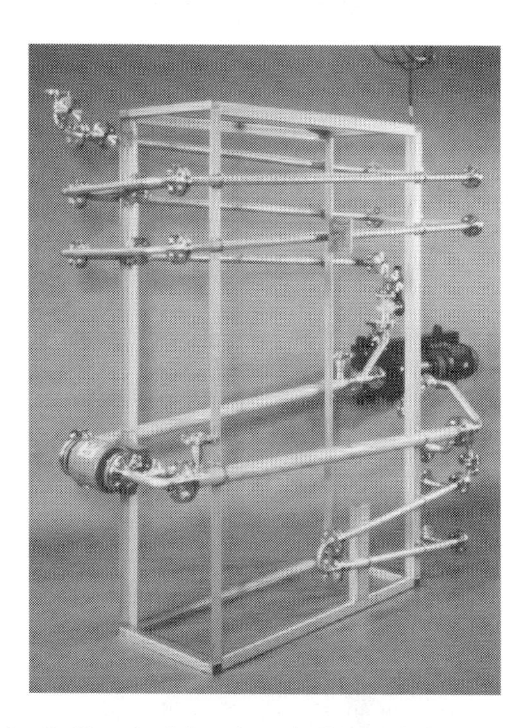

Bild 12: Kleinvolumiges Reaktorsystem in Doppelmantelausführung. Die Produktführung erfolgt von unten nach oben. Die Schaltung ist eine Kombination von einem Schlaufenreaktor mit einem anschließenden Plugflow Reaktor.

dem SMR vorgenommen. Bild 13 zeigt ein einzelnes Modul eines großvolumigen Reaktors zur Führung einer temperaturkontrollierten Polymerisationsreaktion. Eine Serie derartiger Module ist zu dem im Bild 14 gezeigten, aus zwei Türmen bestehenden Reaktorsystem, zusammengebaut.

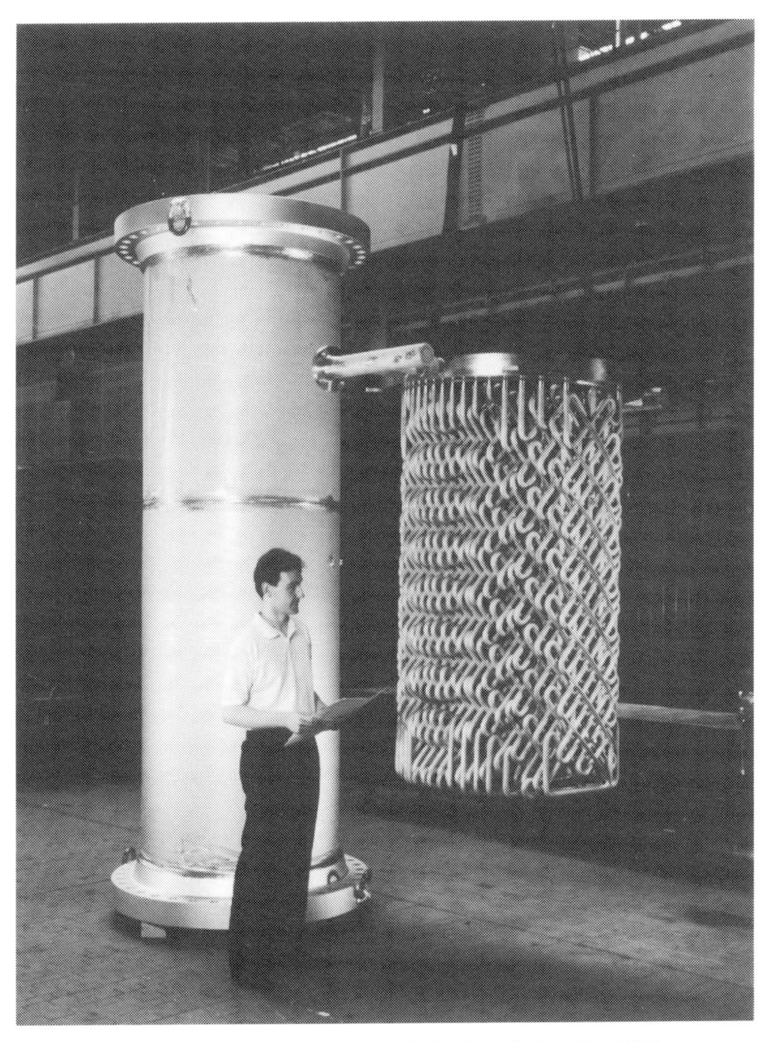

Bild 13: Einzelmodul als Teil eines großvolumigen Mischreaktors SMR.

Bild 14: Großvolumiges Reaktorsystem, aufgebaut aus SMR-Modulen zur Führung einer stark exothermen Polymerisationsreaktion.

Schrifttum

[1] Heierle A.: Statische Mischer-Wärmeaustauscher, Chemie-Anlagen + Verfahren 7/89

[2] Firmenprospekt Sulzer Misch- und Reaktionstechnik Nr. 23.27.06.20 (1994)

[3] Streiff, F. A.: Wärmeübertragung bei der Kunststoffaufbereitung, VDI-Verlag, Düsseldorf (1986)

[4] Heierle, A.: Chemie-Technik, Nr. 9/1980

[5] Firmenprospekt Sulzer Mischreaktor SMR Nr. 23.68.06.20 (1994)

Langzeitverhalten und Kosten von industriell eingesetzten Wirbelschicht-Wärmeaustauschern

Von R. Rautenbach, T. Katz, J. Hederich [1])

1 Einleitung

Die Technologie der Wirbelschicht-Wärmeaustauscher wurde in den letzten 30 Jahren in den USA, den Niederlanden und in Deutschland entwickelt. Zwischen 1965 und 1970 wurden in den USA die ersten Apparate als Spitzenerhitzer in der Meerwasserentsalzung eingesetzt [1]. Weiterhin wurde ihre Anwendung zur Nutzung geothermischer Energie getestet [2]. In den Niederlanden wurden Wirbelschicht-Wärmeaustauscher ab 1973 als Spitzenerhitzer und zur Wärmerückgewinnung in MSF-Verdampferanlagen eingesetzt [3]. Seit 1980 wird die Technologie auch in der chemischen Industrie verwendet [4]. In Deutschland wurde das Verfahren ab 1982 zur Eindampfung von Abwässern mit hohem Foulingpotential weiterentwickelt [5-7].

Die wesentlichen Ergebnisse lassen sich wie folgt zusammenfassen:

- in den meisten Fällen kann Belagbildung auf den Wärmeaustauschflächen vollständig vermieden werden,
- bereits bei Strömungsgeschwindigkeiten von unter 0,5 m/s erhält man sehr gute Wärmeübergangskoeffizienten,
- die Druckverluste sind im gewählten Arbeitsbereich vergleichbar zu konventionellen, zwangsumlaufdurchströmten Rohrbündelwärmeaustauschern,
- die Erosion metallischer Rohre ist vernachlässigbar.

2 Funktionsweise eines Wirbelschicht-Wärmeaustauschers

Die Wirbelschichttechnik setzt stehende Rohrbündelwärmeaustauscher voraus. Durch die Vermischung des Fluids mit inerten Partikeln (Stahldrahthack, Keramikkugeln) wird die Turbulenz in den Rohren des Wärmeaustauschers erhöht. Um einen breiten Durchsatzbereich abdecken zu können, werden seit einigen Jahren fast alle Apparate mit zirkulierender Wirbelschicht betrieben. Volumenströme bis zum Dreifachen des minimal erforderlichen Wertes sind so realisierbar. Für die meisten technisch interessanten Einsatzfälle ist diese Bandbreite ausreichend.

Einfache Umbaumaßnahmen ermöglichen es, jeden konventionell betriebenen Wärmeaustauscher zu einem Wirbelschicht-Wärmeaustauscher umzurüsten. Im unteren Bereich des Apparates ist ein Verteilersystem zu installieren, das für eine gleichmäßige Partikelbeaufschlagung der Rohre sorgt. Speziell gestaltete Ein- und Austrittselemente des Bündels erzwingen die interne Zirkulationsströmung. Die im Durchmesser erweiterte Austrittskammer sorgt dafür, daß nur ein reiner (partikelfreier) Strom den Wärme-

[1]) Prof. Dr. Ing. Robert Rautenbach, Dipl.-Ing. Torsten Katz, Institut für Verfahrenstechnik der RWTH Aachen, Aachen, Dipl.-Ing. Joachim Hederich, SGL-TECHNIK GmbH, Meitingen

austauscher verlassen kann. Zur Auslegung existiert ein Design Programm, das am Institut für Verfahrenstechnik der RWTH Aachen erhältlich ist [8].

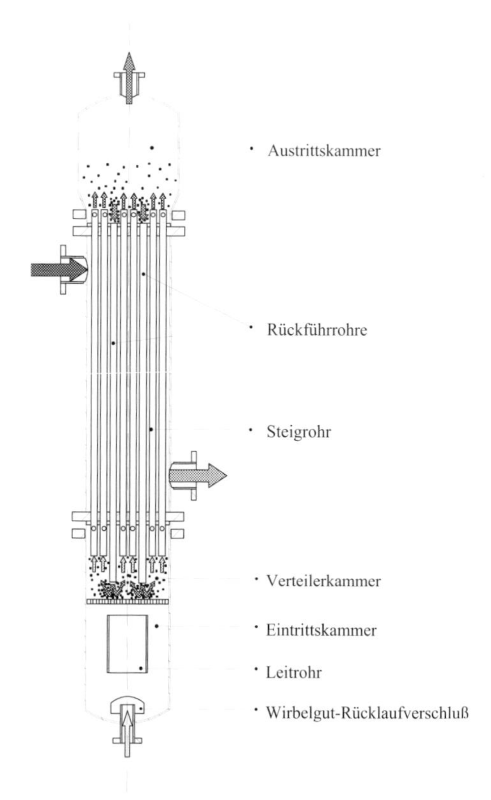

Bild 1: Aufbau eines Wirbelschicht-Wärmeaustauschers

Beim Anfahren des Apparates werden die in der Eintrittskammer und in der Verteilerkammer liegenden Partikeln zunächst als Festbett durchströmt, mit wachsendem Volumenstrom findet eine Lockerung und anschließende Fluidisation der Partikeln statt. Das Flüssigkeits-Feststoff-Gemisch steigt zunächst in alle Rohre des Rohrbündels. In den Steigrohren wird die Wirbelgutkonzentration durch einen partikelfreien Bypaßvolumenstrom herabgesetzt. Dieser Umstand und die Tatsache, daß es sich bei dem Rohrbündel um ein System kommunizierender Röhren handelt, sind dafür verantwortlich, daß sich die obere Partikelgrenzschicht beim Anfahren in den Steigrohren immer höher als in den Rückführrohren einstellt (Bild 2).

Bei der Sedimentation in der Austrittskammer sorgen sowohl die Gestaltung der Auslaufelemente als auch die – wegen der höheren Partikelkonzentration – geringe Fluidgeschwindigkeit in den Rückführrohren dafür, daß die Partikeln ausschließlich in die Rückführrohre fallen können. Der aufsteigenden Strömung wird hierdurch ein zusätzlicher Widerstand entgegengebracht, was schließlich zum Umschlag der Strömungsrichtung führt. Motor der Zirkulation ist der Wirbelgut-Differenzdruck, der durch die unterschiedlichen Partikelkonzentrationen in Steig- und Rückführrohren zustande kommt.

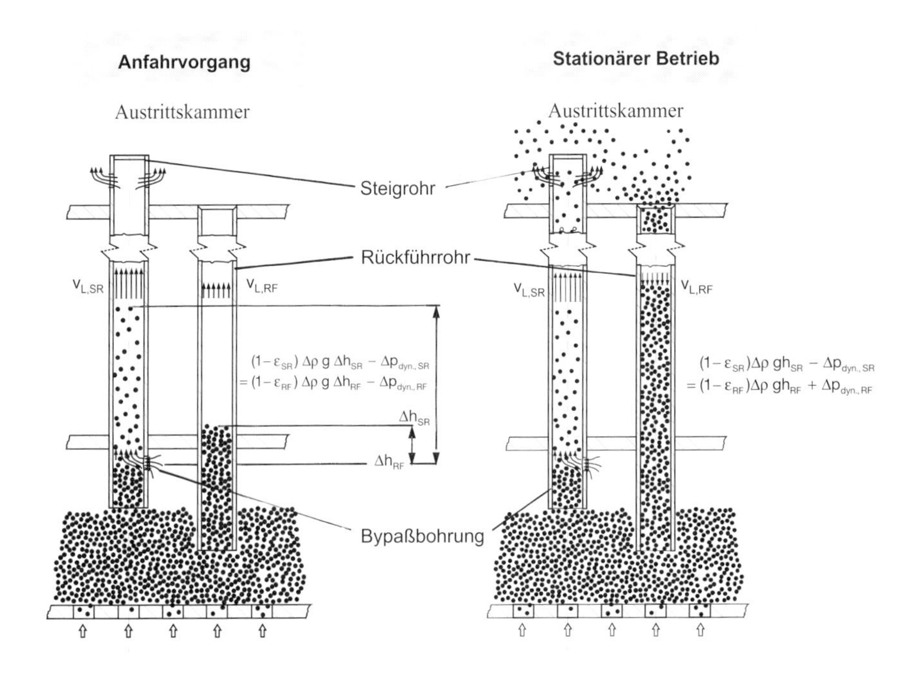

Bild 2: Funktionsweise der internen Zirkulation

3 Wärmeübergang bei der Wirbelschicht

Sowohl in der Literatur beschriebene Versuche [9-11] als auch eigene Meßreihen zeigen bereits bei geringen Strömungsgeschwindigkeiten von 0,3-0,5 m/s einen guten Wärmeübergang. In gleichwertigen, einphasigen Rohrbündelwärmeaustauschern sind dazu Werte von 1,5-2,5 m/s erforderlich. Bild 3 zeigt Wärmeübergangskoeffizienten bei Wirbelschichten unterschiedlicher Partikelsorten im Vergleich zur Beziehung der einphasigen turbulenten Rohrströmung.

Die zirkulierende Wirbelschicht bietet zwar den Vorteil eines stabilen Betriebsverhaltens, leider hat die interne Zirkulation jedoch eine negative Auswirkung auf die Triebkraft. Da neben dem Wirbelgut immer auch ein Teilstrom Flüssigkeit im Apparat zirkuliert, stellt sich eine verringerte treibende Temperaturdifferenz ein [6,12,13]. Dieser Effekt ist bei der Auslegung der Apparate zu berücksichtigen: ausgehend von der wärmetechnischen Dimensionierung ohne Mischungsverluste ist die ermittelte Fläche durch einen Korrekturfaktor zu erhöhen. Bild 4 zeigt den Korrekturfaktor in Abhängigkeit der Übertragungseinheiten NTU und der Zirkulationsrate R_W.

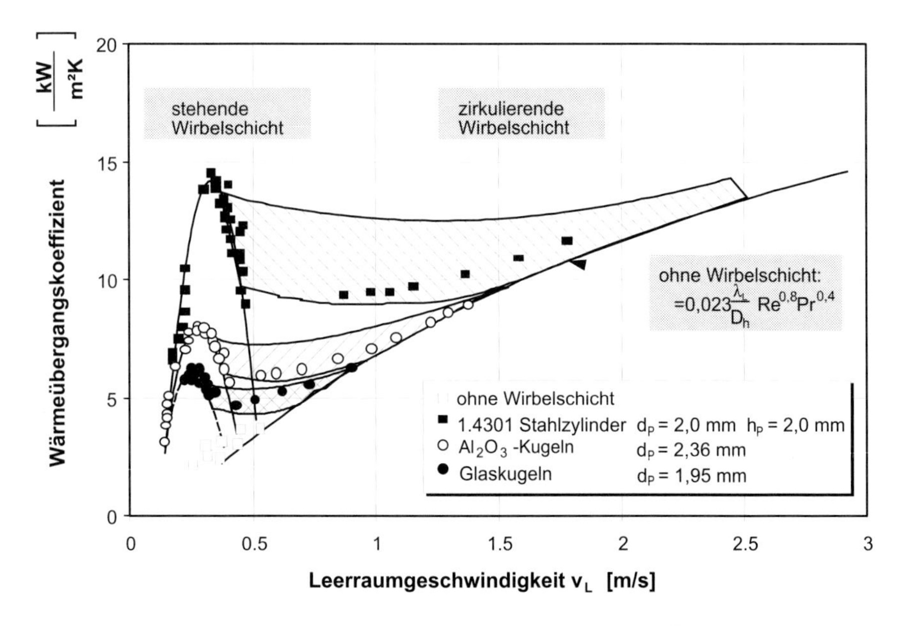

Bild 3: Wärmeübergang mit Wirbelschichttechnik im Vergleich zur einphasigen Strömung

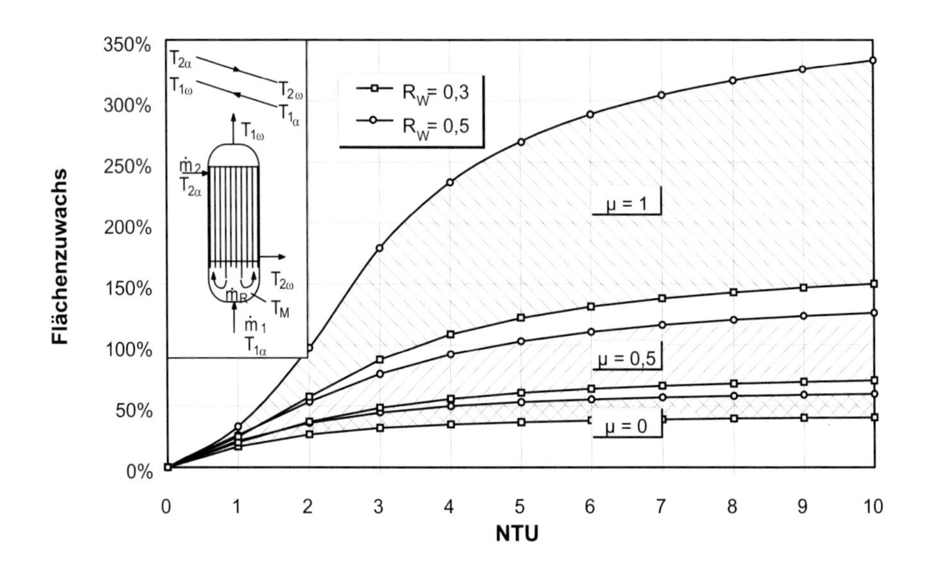

Bild 4: Flächenzuwachs zum Ausgleich der Zirkulationsverluste durch die Wirbelgutrückführung

$$\mathrm{NTU} = \frac{k \cdot A}{(\dot{m} \cdot c_p)_1} = \frac{\Delta T_{ax.}}{\Delta \vartheta_{ln}}$$

$$R_W = \frac{w_{RF}}{w_{WAT}} = \frac{\dot{m}_{l,RF} \cdot c_{p,l} + \dot{m}_{P,RF} \cdot c_{p,P}}{\dot{m}_{WAT} \cdot c_{p,l}}$$

$$\mu = \frac{(\dot{m} \cdot c_p)_1}{(\dot{m} \cdot c_p)_2}$$

In der Regel nimmt die Rückführrate Werte zwischen 0,3 und 0,5 an. Während der Flächenzuwachs bei dampfbeheitzten Spitzenerhitzern ($\mu = 1$, NTU < 0,5) vernachlässigbar ist (< 10 %), kann für den flüssig/flüssig Wärmeübergang eine erhebliche Flächenkorrektur erforderlich sein. Mit einer Reihenschaltung von 2-3 Wärmeaustauschern lassen sich die Triebkraftverluste jedoch deutlich reduzieren. Weiterhin ist bei der Auswahl des Wärmeaustauschertyps zu berücksichtigen, daß Wirbelschichtapparate – im Gegensatz zu konventionellen Wärmeaustauschern – meist ohne Foulingfaktoren ausgelegt werden können. Flächenzuschläge an dieser Stelle sind in der Regel nicht erforderlich.

4 Verhinderung von Fouling

Während der Wärmeübergangskoeffizient im Fall sauberer Austauschflächen ähnliche Werte wie in einem zwangdurchströmten Apparat annimmt, kommen die Hauptvor-

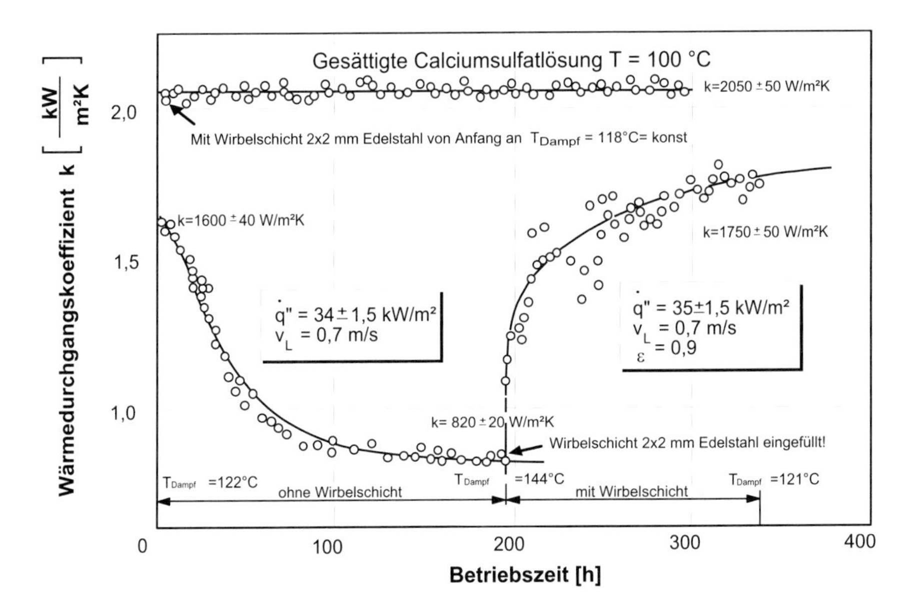

Bild 5: Vergleich zwischen konventioneller Zwangsumlauftechnik und zirkulierender Wirbelschicht beim Betrieb mit Calciumsulfatlösung

teile der Technologie beim Einsatz von zur Belagbildung neigenden Medien zum Tragen. In vielen Fällen kann ein Apparat mit zirkulierender Wirbelschichttechnik auch dann noch kontinuierlich mit sauberen Wärmeaustauschflächen betrieben werden, wenn ein vergleichbarer konventioneller Rohrbündelwärmeaustauscher in kurzen Zeitintervallen gereinigt werden muß. Bild 5 zeigt für eine gesättigte Calciumsulfatlösung den zeitlichen Verlauf des Wärmedurchgangskoeffizienten.

Beim Betrieb mit Wirbelschicht erhält man einen konstanten Wert von etwa 2,1 kW/ m^2 K; im Fall eines konventionell durchströmten Zwangsumlaufwärmeaustauschers verschlechtert sich der Wärmeübergang durch ausgefallenes Calciumsulfat auf den Wänden so sehr, daß der Wärmedurchgangskoeffizient bereits nach 200 h auf weniger als die Hälfte des ursprünglichen Wertes zurückgeht. Bei Zugabe von Wirbelgut können die Beläge in einem Zeitraum von etwa 150 h wieder nahezu vollständig entfernen werden.

Belagfreie Oberflächen können jedoch nur bis zu einer bestimmten Wärmestromdichte realisiert werden. Für den Fall einer gesättigten Calciumsulfatlösung zeigt Bild 6 die maximalen Wärmeströme bei der stehenden und der zirkulierenden Wirbelschicht. Weiterhin wird ein wesentlicher Unterschied zwischen den beiden Betriebsarten deutlich: Während die Leerraumgeschwindigkeit zur Aufrechterhalung einer gewünschten Partikelkonzentration bei der stehenden Wirbelschicht konstant sein muß, kann sie bei der zirkulierenden Wirbelschicht über einen breiten Volumenstrombererreich variiert werden.

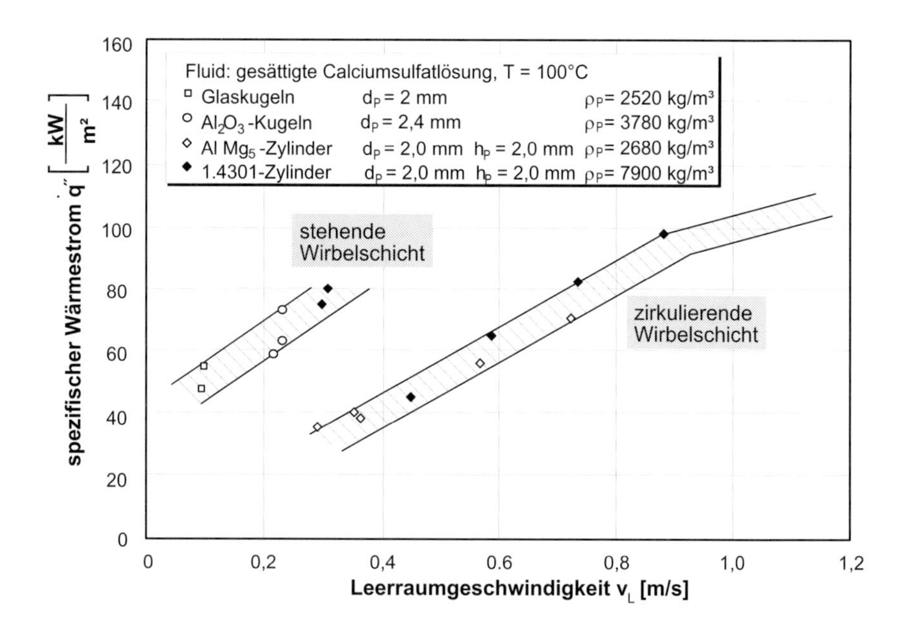

Bild 6: Maximale spezifische Wärmestromdichten bei belagfreiem Betrieb für eine gesättigte Calciumsulfatlösung

5 Ausgeführte Anlagen

Der erste industriell eingesetzte Wirbelschicht-Wärmeaustauscher wurde als Spitzenerhitzer in einer MSF-Anlage in den USA eingesetzt, um unbehandeltes Meerwasser auf eine Temperatur von 120 °C zu erhitzen. Die Wärmeaustauschfläche von 1.000 m² konnte durch Einsatz der Partikeln über den gesamten Zeitraum von 15.000 Betriebsstunden belagfrei betrieben werden.

Ausgehend von diesem Erfolg haben sich mehrere Arbeitsgruppen mit der Auslegung von Wirbelschicht-Wärmeaustauschern befaßt. Die Anzahl der insgesamt gebauten Anlagen ist deshalb nur schwierig zu bestimmen. Ingenieure aus den Niederlanden haben bis heute etwa 60 Apparate realisiert [14]. Am Institut für Verfahrenstechnik der RWTH Aachen wurden in Zusammenarbeit mit mehreren Industriepartnern (u. a. SGL TECHNIK GmbH [15]) etwa 40 Wärmeaustauscher dimensioniert und gebaut. Davon

Tafel 1: Einsatzgebiete und Betriebsstunden von Wirbelschicht-Wärmetauschern

Anwendung	Stück	Fläche [m²]	Material Rohre	Material Partikeln	Betriebs-stunden
Deponiesicker-wasser	12	14-70,8	®DIABON* (Graphit)	Keramik	bis zu 20.000
Textilabwasser	3	45 45 45	1.4571 1.4571 1.4571	1.4571 1.4571 1.4571	10.000 10.000 10.000
Ölemulsionen	2	63 73	1.4571 1.4571	1.4571 1.4571	40.000 25.000
Schlempen	1	77	1.4571	1.4571	18.000
Salzlösungen	3	71 70 12	1.4462 1.4571 1.4571	1.4462 1.4571 1.4571	30.000 4.000 500
Zucker-rübensaft	4	255 255 255 255	1.4436 1.4436 1.4436 1.4436	1.4436 1.4436 1.4436 1.4436	6.300 6.300 6.300 6.300
CDT	2	150	1.4462/HII 1.4462/HII	1.4462 1.4462	32.000 Inbetriebnahme Okt. 96
Industrie-abwasser	2	15 15	– –	– –	2.000 2.000

*für SGL Carbon AG eingetragener Markenname

werden zur Zeit etwa 30 Apparate kontinuierlich mit Wirbelgut betrieben; bei einigen Anlagen zur Abwassereindampfung hat sich gezeigt, daß das Foulingpotential der jeweiligen Medien als zu hoch eingestuft wurde und dementsprechend saubere Heizflächen auch ohne Einsatz von Partikeln zu realisieren sind. Bei veränderten Abwasserzusammensetzungen, könnten diese Apparate aber sofort mit Wirbelgut betrieben werden. An den in Tafel 1 gezeigten Apparaten wurde im vergangenen Jahr eine statistische Erhebung durchgeführt. Wie man sieht, werden Wirbelschicht-Wärmeaustauscher in unterschiedlichsten Industriezweigen eingesetzt. Haupteinsatzgebiete liegen in der Chemie, der Lebensmittelindustrie und in der Aufbereitung von hochbelasteten Abwässern.

Häufig müssen dabei hochlegierte Werkstoffe verwendet werden, da chloridhaltige Medien bei Temperaturen von über 70 °C in Verbindung mit dem Material 1.4571 zu Lochfraßkorrosion führen. Eine preislich interessante Alternative, bei der mit keiner Korrosion zu rechnen ist, bietet der Einsatz von Rohrbündeln aus ®DIABON. In Verbindung mit keramischem Wirbelgut läßt sich ein guter Kompromiß zwischen belagfreien Heizflächen und geringem Verschleiß finden.

6 Betriebserfahrungen

Bei den meisten Anwendungsfällen aus Tafel 1 sind konventionelle Wärmeaustauscher durch Wirbelschicht-Wärmeaustauscher ersetzt worden, da sich die Betreiber so längere Betriebszeiten für die Anlagen versprechen. Einige Anlagen wurden dazu neu installiert, bei anderen wurden die Wärmeaustauscher umgerüstet. Die notwendigen Umrüstungen stellten bei keinem Apparat ein Problem dar.

In einigen Fällen wurde eine Abwasserbehandlung erst mit Einsatz eines Wirbelschicht-Wärmeaustauschers möglich. Wegen des hohen Personalaufwands und der Kosten für Reinigungsmittel wäre die Abwasseraufbereitung mit konventionellen Apparaten unter wirtschaftlichen Gesichtspunkten uninteressant gewesen. Bei der Inspektion der in Tafel 1 aufgeführten Anlagen waren alle Apparate in einem einwandfreien Zustand. Die Reinigungsintervalle wurden bei keiner Anlage durch Verschmutzung der Wärmeaustauscher begrenzt.

Aus Voruntersuchungen an unserem Institut war bekannt, daß die Rohrein- und Rohrausläufe hinsichtlich möglicher Erosionserscheinungen die gefährdetsten Zonen in dem Apparat darstellen. Bei allen technisch ausgeführten Wirbelschicht-Wärmeaustauschern werden diese Bereiche daher als Verschleißelemente konzipiert, die bei regelmäßigen Wartungen zu kontrollieren und gegebenenfalls auszutauschen sind.

Während das in Bild 7 gezeigte Einlaufelement eines Metall-Apparates nach etwa 18.000 Betriebsstunden metallisch blanke Rohre bei vernachlässigbarem Verschleiß aufweist, zeigen Bild 8 und Bild 9 das gleiche Bauteil bei einem anderen Apparat im Neuzustand beziehungsweise nach 40.000 Betriebsstunden.

Im Rahmen einer routinemäßigen Inspektion wurde eine starke Beschädigung des Einlaufelementes festgestellt, die jedoch noch zu keiner Beeinträchtigung des Zirkulationsverhaltens geführt hat. Das Bauteil ist nur im unmittelbaren Einlaufbereich verschlissen, im oberen Bereich der Einlaufverlängerungen entspricht die Wandstärke quasi dem Neuzustand. Erosion in den Rohren des Apparates konnte nicht festgestellt werden. Die Ursache für den stark unterschiedlichen Verschleiß der beiden Einlaufelemente ist in der Kombination von Flüssigkeit und Partikeln zu sehen. Während der erste Apparat ausschließlich mit Schlempen betrieben wurde, ist in dem zweiten Apparat zeitweise korrosives Deponiesickerwasser eingedampft worden. Eine Kombination aus Erosion und Korrosion scheint für den Materialabtrag verantwortlich zu sein.

Bild 7: Einlaufelement eines mit Schlempen betriebenen Apparates nach 18.000 Betriebsstunden

Am oberen Rohrbündelende fallen die Verschleißerscheinungen deutlich schwächer aus. Je nach Konstruktionsweise der Auslaufelemente sind diese alle 15.000 bis 40.000 Betriebsstunden auszuwechseln, insbesondere der Einlaufbereich der Rückführrohre sollte alle 15.000 Stunden kontrolliert werden.

Bild 8: Einlaufelement eines Wärmeaustauschers zur Eindampfung von Ölemulsionen/Deponiesickerwasser im Neuzustand

Bild 9: Einlaufelement eines Wärmeaustauschers zur Eindampfung von Ölemulsionen/Deponiesickerwasser nach 40.000 Betriebsstunden

Bei der Rohrvermessung der metallischen Apparate konnte selbst in den besonders stark beanspruchten Rückführrohren kein nennenswerter Verschleiß festgestellt werden. Nach über 40.000 Betriebsstunden lag der maximale Erosionsverlust der Wandstärken unter 0,1 mm. Bei üblichen Wanddicken von 1-3 mm stellt dies kein Problem für den sicheren und wirtschaftlichen Betrieb eines Wirbelschicht-Wärmeaustauschers dar. Apparate, die aus dem deutlich weicheren Werkstoff ®DIABON gebaut sind, weisen bei den Rückführrohren einen leichten Verschleiß auf. Etwa alle 8.000 h müssen diese ausgetauscht werden. Da die Rohrwechsel bereits bei der konstruktiven Gestaltung der Apparate eingeplant wurden, ist der zeitliche und finanzielle Aufwand der Arbeiten im Vergleich zu den erlangten Betriebsvorteilen gering.

7 Kosten

Die Investitionskosten eines Wirbelschicht-Wärmeaustauschers sind in der Regel etwa 60-110 % höher als bei einem vergleichbaren konventionellen Rohrbündelwärmeaustauscher mit Zwangsumlaufdurchströmung. Die jährlich anfallenden Wartungs- und Reinigungskosten sind jedoch deutlich niedriger. Mit einem dynamischen Investitionskostenverfahren [16] lassen sich die Kosten für beide Varianten vergleichen. Grundgedanke der dynamischen Investitionsrechnung ist es, alle mit einer Investition verbundenen Einnahmen und Ausgaben über dem Planungszeitraum abzuschätzen. In Kapitaleinsatzmatrizen werden die Kosten für jedes Betriebsjahr aufgetragen. Durch Befragung des Betriebspersonals konnten für den oben bereits vorgestellten Apparat zur Aufbereitung von Ölemulsionen (s. Tafel 1, 63 m² Wärmeaustauschfläche) die in Tafel 2 und Tafel 3 aufgeführten Werte ermittelt werden.

Der Projektstand für beide Versionen ist in Bild 10 zusammengefaßt.

Trotz der deutlich höheren Investitionskosten ist der Einsatz eines Wirbelschicht-Wärmeaustauschers unter Berücksichtigung aller anfallenden Kosten bereits nach 1,5 Jahren preiswerter als ein konventionell betriebener Apparat. Im folgenden soll dieser

Tafel 2: Kapitaleinsatzmatrix für den Einsatz eines Wirbelschicht-Wärmeaustauschers

Periode (Jahr)		0	1	2	3	4	5
Investitionskosten [DM]		-200.000					
Instandhaltung							
Wartung (Reinigung)	Personal [DM] Material [DM]		-4.000				
Instand-setzung (Reparatur)	Personal [DM] Material [DM]		-5.000				-13.550 -49.000
Kapitaldienst (8% Zinsen) [DM]			-16.000	-18.000	-19.440	-20.995	-22.674
Projektstand [DM]		-200.000	-225.000	-243.000	-262.440	-283.435	-368.660

Tafel 3: Kapitaleinsatzmatrix für den Einsatz eines konventionellen Wärmeaustauschers

Periode (Jahr)		0	1	2	3	4	5
Investitionskosten [DM]		-84.000					
Instandhaltung							
Wartung (Reinigung)	Personal [DM] Material [DM] Geräte [DM] Verlust durch Stillstand [DM]		-9.030 -28.700 -3.150 -47.960	-9.030 -28.700 -3.150 -47.960	-9.030 -28.700 -3.150 -47.960	-9.030 -28.700 -3.150 -47.960	-9.030 -28.700 -3.150 -47.960
Instand-setzung (Reparatur)	Personal [DM] Material [DM]						
Kapitaldienst (8% Zinsen) [DM]			-6.720	-14.364	-22.621	-31.538	-41.168
Projektstand [DM]		-84.000	-179.560	-282.764	-394.225	-514.604	-644.612

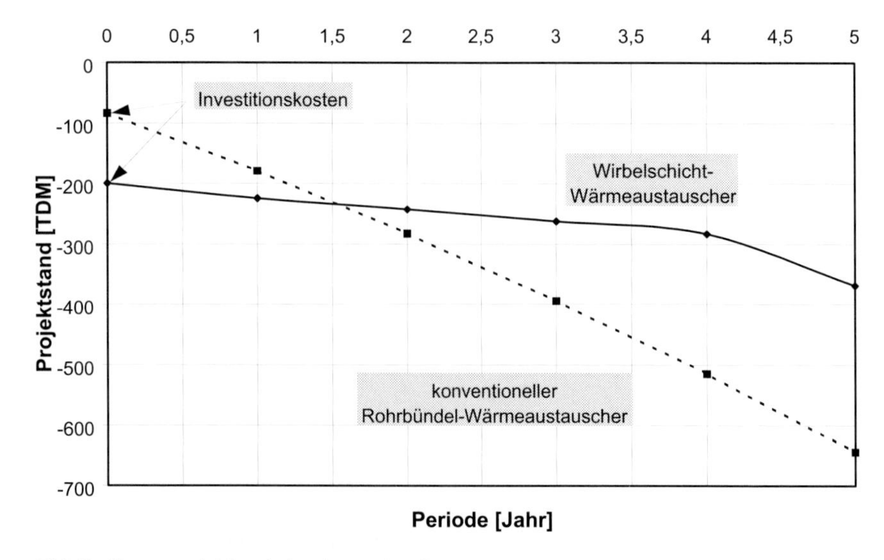

Bild 10: Kostenvergleich zwischen konventionellem und wirbelschichtbetriebenem Wärmeaustauscher

Zeitpunkt als Break-Even-Punkt bezeichnet werden. Insbesondere die hohen Wartungskosten und die durch die Stillstandszeiten verlorengegangene Produktionszeit sind für die hohen Kosten der konventionellen Technologie verantwortlich.

An insgesamt fünf metallischen Apparaten konnten mit der vorgestellten Methode ähnlich kleine Werte für den Break-Even-Punkt ermittelt werden.

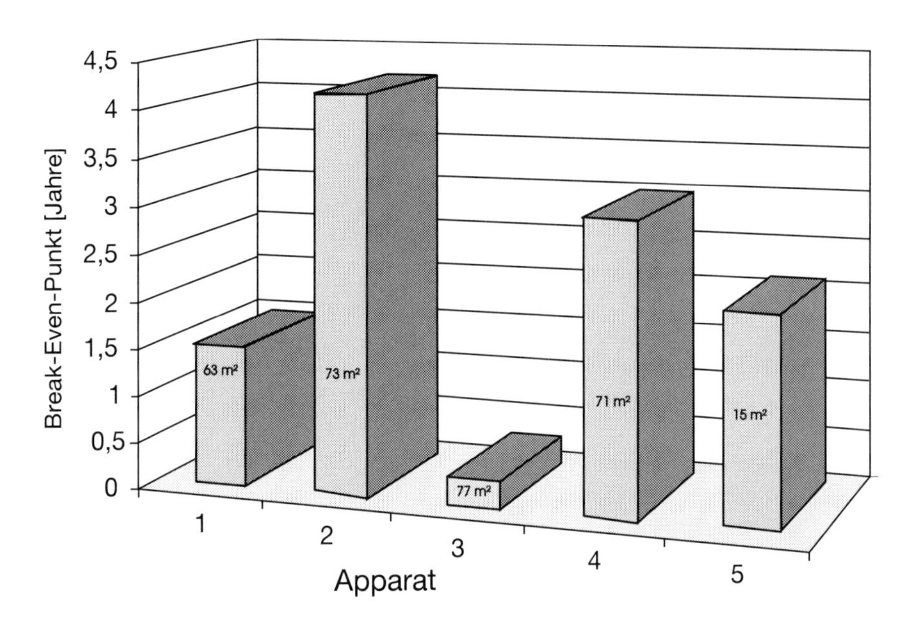

Bild 11: Break-Even-Punkte fünf industriell betriebener Wirbelschicht-Wärmeaustauscher

8 Zusammenfassung

Wirbelschicht-Wärmeaustauscher eignen sich sehr gut zum Einsatz bei stark krustenbildenden Flüssigkeiten. Besonders vorteilhaft ist der Einsatz der zirkulierenden Wirbelschicht, da sie Betriebssicherheit über einen breiten Volumenstrombereich gewährleistet. Mit der Zirkulationsströmung sind jedoch grundsätzlich Wirkungsgradverluste verbunden. Für dampfbeheizte Spitzenerhitzer sind die Verluste so klein, daß sie im Rahmen der üblicherweise angesetzten Sicherheitsfaktoren bei der Auslegung von Wärmeaustauschern nicht berücksichtigt werden müssen. Bei Apparaten mit einem flüssig/flüssig Wärmeübergang sind entweder zum Teil erhebliche Flächenzuschläge erforderlich, oder eine Aufteilung auf mehrere hintereinander geschaltete Apparate. Trotz dieses Nachteils können Wärmeaustauscher mit zirkulierender Wirbelschichttechnik meistens kleiner als konventionelle zwangsdurchströmte Rohrbündelwärmeaustauscher ausgelegt werden, da Foulingzuschläge entfallen. Bei der Inspektion von 19 industriell betriebenen Apparaten konnten in keinem Fall konstruktionsbedingte Mängel festgestellt werden. Einzige Verschleißteile bei metallischen Apparaten sind die Ein- und Austrittselemente des Rohrbündels. Sie sind in regelmäßigen Intervallen (alle 15.000 h) zu kontrollieren und gegebenenfalls auszutauschen. Erosion in metallischen Rohren ist selbst nach über 40.000 Betriebsstunden kaum meßbar. Bei Wirbleschicht-Wärmeaustauschern aus ®DIABON müssen neben den Ein- und Austrittselementen des Rohrbündels die Rückführrohre etwa alle 8.000 h ausgewechselt werden. Die Wartungskosten sind in der Regel trotzdem deutlich günstiger als bei konventionellen Apparaten, da aufwendige Reinigungen stark reduziert beziehungsweise ganz entfallen können. Wie die Kostenrechnung zeigt, lohnt sich die Mehrinvestition bei allen untersuchten Apparaten bereits nach weniger als 4,5 Jahren.

8 Formelzeichen

A	Fläche	[m^2]
c_p	spezifische Wärmekapazität	[kJ/kg K]
d	Durchmesser	[m]
g	Erdbeschleunigung	[m/s^2]
h	Höhe	[m]
$\dot{m}$	Massenstrom pro Zeiteinheit	[kg/s]
k	Wärmedurchgangskoeffizient	[kW/m^2 K]
NTU	Übertragungseinheit	[–]
p	Druck	[MPa]
$\dot{p}''$	flächenspezifischer Wärmestrom	[kW/m^2]
R_W	Rezirkulationsrate	[–]
T	Temperatur	[°C]
v_L	Leerraumgeschwindigkeit	[m/s]
α	Wärmeübergangskoeffizient	[kW/m^2 K]
$\Delta T_{ax.}$	axiale Temperaturdifferenz	[°C]
Δp	Druckverlust	[MPa]
$\Delta \rho$	Dichtedifferenz	[kg/m^3]
$\Delta \vartheta_{ln}$	treibende Temperaturdifferenz	[°C]
ε	Porosität	[–]
λ_L	Wärmeleitfähigkeit	[kW/mK]
ρ	Dichte	[kg/m^3]
μ	Verhältnis der Wärmekapazitätsströme	[–]

Indizes:

dyn.	dynamisch
M	Mischung
R	Rezirkulation
RF	Rückführrohr
SR	Steigrohr
F	Fluid

P	Partikel
WAT	Wärmeaustauscher
α	Eintritt
ω	Austritt
1	Medium 1
2	Medium 2

9 Schrifttum

[1] Hatch, L. P; Weth, G. G.: Scale control in high temperature distillation utilizing fluidized bed heat exchangers, Research and Development Progress Report, No. 571, 1970

[2] Allen, C. A.; Grimmett, E. S.: Liquid-fluidized-bed heat exchanger design parameters, Department of Energy, Idaho Operations Office, under contract I-(322)-1570, 1978

[3] Klaren, D. G.: Development of a vertical flash evaporation, Ph. D. Thesis, Delft University of Technology, The Netherlands, 1975

[4] Klaren. D. G.: The fluidized bed heat exchanger: Principles and modes of operation and heat transfer results under severe fouling conditions, Fouling Prev. Res. Dig., vol. 5, No.1 (1983)

[5] Kollbach, J. S.: Entwicklung eines Verdampfungsverfahrens mit Wirbelschicht-Wärmeaustauscher zum Eindampfen krustenbildender Abwässer, Dissertation RWTH Aachen, 1987

[6] Erdmann, C.: Wärmeaustauscher mit zirkulierender Wirbelschicht zur Verhinderung von Belagbildung, VDI-Verlag GmbH, Düsseldorf, 1993

[7] Rautenbach, R.; Erdmann, C., Kollbach J. S.: The fluidized bed technique in the evaporation of wastewaters with severe fouling/scaling potential – latest developments , applications, limitations Desalination, 81 (1991), 285-298

[8] Rautenbach, R.; Katz, T.: WSWAT-Desing 2.2, Program and Manual, Institut für Verfahrenstechnik, RWTH Aachen, 1995

[9] Richardson, J. F.; Mitson, A. E.: Sedimentation and fluidisation part II, – heat transfer from a tube wall to a liquid-fluidized bed, Trans. Instn. Chem. Engrs., 36 (1958), 270-282

[10] Wehrmann, M.; Mersmann, A.: Wärmeübertragung in Flüssigkeitsdurchströmten Fest- und Fließbetten, Chem.-Ing.-Techn. MS 940/81, 1991

[11] Jamialahmadi M.; Malayeri, M. R., Müller-Steinhagen, H.: Prediction of heat transfer to liquid-solid fluidized beds, Can. Journ. of chem. Engn., 73 (1995), 444-455

[12] Rautenbach, R.; Erdmann, C., Kollbach J. S.: Selbstreinigender Wirbelschicht-Wärmeaustauscher – hydraulische und thermische Apparatecharakteristik, Betriebserfahrungen, Chem.-Ing.-Techn., 63 (1991), 1005-1007

[13] Katz, T.: Bestimmung der internen Zirkulationsrate eines Wirbelschicht-Wärmeaustauschers, IVT Information 25 (1995), Institut für Verfahrentechnik der RWTH Aachen

[14] Klaren D. G.: Verbesserte Version des selbstreinigenden Wirbelschicht-Wärmeaustauschers für stark verschmutzende Flüssigkeiten, Vortrag der Klarex Technology BV, Nijkerk, Niederlande bei der BASF, Ludwigshafen, Deutschland, im Januar 1995

[15] SGL TECHNIK GmbH (vormals SIGRI GmbH), ®DIABON Rohrbündelwärmeaustauscher für den Gewässerschutz, Technische Information Nr. 1/91, Meitingen, 1991

[16] REFA, Methodenlehre der Betriebsorganisation, Plan und Gestaltung, 1. Aufl., München, 1991

8 Trockner

Trocknungsverfahren und Apparate

Von U. Boltendahl, K.-H. Steppuhn und H. Blawatt [1])

1. Einführung

Ziel eines jeden Trocknungsvorganges ist im allgemeinen der Entzug von Flüssigkeit aus einem Feststoff oder Gas; mitunter wird auch die Entfernung von Wasser aus einer Flüssigkeit als Trocknung bezeichnet. Neben produktionsbedingten Trocknungsvorgängen kann die Trocknung vielfach auch der Erhaltung, Konservierung und Veredelung von Stoffen dienen.

In diesem Betrag wird die thermische Entfernung von Flüssigkeit, meist Wasser oder Lösungsmittel, aus einem Feststoff behandelt. Die hierzu industriell eingesetzten Verfahren und verwendeten Apparate werden exemplarisch erläutert. Eine Marktübersicht angebotener Trocknungsanlagen bietet dem Anwender überschaubare Vergleiche für seine Problemstellungen an. Der Bereich der Gefriertrocknung wurde wegen seiner speziellen Probleme und des großen Umfanges hier nicht berücksichtigt.

2. Einteilung der Trocknungsverfahren

Generell läßt sich ein Feststoff mechanisch oder thermisch trocknen. Bei der mechanischen Trocknung wird die Flüssigkeit durch Pressen oder Zentrifugieren bis auf einen Anteil Restfeuchte, abgezogen. Im Gut wirkende Kapillar-, van der Waals- und osmotische Kräfte sind verantwortlich für eine mechanisch nicht weiter zu entfernende Restfeuchte.

Die Möglichkeit der thermischen Trocknung ist gegeben durch eine Differenz zwischen dem Partialdruck der verdampften Flüssigkeit in dem Trocknungsgas und dem Dampfdruck dieser Flüssigkeit im Trocknungsgut. Dieses Druckgefälle kann durch Temperatur- oder Druckänderungen beeinflußt werden. Die Art der Trocknung selbst verläuft schrittweise. Zunächst verdunstet anhaftende Oberflächenfeuchtigkeit bei konstanter Trocknungsgeschwindigkeit. Im zweiten Schritt wird das Austreten der Kapillar- oder Innenfeuchtigkeit besonders durch die Feuchtigkeitsverteilung im Gut und dessen Stoffübergangswiderstand beeinflußt. In dieser Phase nähert sich die Temperatur des Feststoffes bis zur abgeschlossenen Trocknung der höheren Temperatur des Trocknungsgases beziehungsweise einer Heizfläche.

Das Gebiet der industriellen Trocknung mit seinen vielfältigen Anforderungen erfordert in der Regel für die jeweilige Aufgabenstellung speziell konzipierte Anlagen. Dadurch unterscheiden sich häufig die angewendeten Verfahren und eingesetzten Anlagen wesentlich voneinander.

Neben der klassischen Konvektions- und Kontakttrocknung finden Infrarotstrahlungstrockner, Hochfrequenz- oder Mikrowellentrockner und Vakuum-Untertemperatur-

---

[1]) Prof. Dr.-Ing. Udo Boltendahl, Dipl.-Ing. Karl-Heinz Steppuhn und Dipl.-Ing. Holger Blawatt, Institut für Verfahrenstechnik der Fachhochschule Flensburg, Flensburg

trockner (Gefriertrockner) vielfältige Anwendung. Tafel 1 gibt eine Übersicht der hier vorgestellten Verfahren.

Tafel 1: Verfahren und Apparate zur industriellen Trocknung

Konvektionstrocknung	Kontakttrocknung	andere Verfahren
Bandtrockner Hordentrockner Kammertrockner Prallstrahltrockner Sprühtrockner Stromtrockner Trommeltrockner Wirbelschichttrockner	Drallrohrtrockner Dünnschichttrockner Schaufeltrockner Schneckentrockner Tellertrockner Walzentrockner	Adsorptionstrockner Gefriertrockner Hochfrequenztrockner Strahlungstrockner

3 Konvektionstrockner

In den Konvektionstrocknern überträgt sich die für den Trocknungsvorgang notwendige Energie von einem strömenden Fluid auf das Gut. Bei diesem Fluid kann es sich um ein Gas, eine Flüssigkeit oder um einen dispergierten Feststoff handeln [1]. Technisch werden in der Regel Gase, überwiegend Luft, eingesetzt. Die mit Konvektion arbeitenden Trockner werden vor allem nach ihren Eigenschaften sowie der äußeren Erscheinungsform und Größe des Gutes unterschieden. Verfügbare Heizmittel, Betriebskosten, Rückgewinnungsmöglichkeiten von Stoffen und Energie sowie die Eingliederung in einen Produktionsablauf nebst Platzbedarf beeinflussen in der Regel die Auswahl eines geeigneten Trockners.

Konvektionstrockner mit ihren grundsätzlichen Unterscheidungskriterien seien nachstehend gegenübergestellt. Angesichts der Vielzahl zu trocknender Güter kann diese Aufstellung aber nur unvollkommen sein. Sie soll für den potentiellen Anwender jedoch eine Entscheidungshilfe darstellen; im Einzelfall ist bei der Auswahl des geeigneten Trockners die gesamte Trocknungsanlage den Erfordernissen anzupassen.

3.1 Bandtrockner

Bei den Bandtrocknern handelt es sich dem Prinzip nach um sogenannter **Überströmtrockner**, bei denen das Feuchtgut vom Trocknungsgas überströmt wird. Das Gut wird auf einem Endlosband aus Stahl oder Kunststoff durch den Trockner gefördert. Das wärmere Fluid streicht im Gleich- oder Gegenstrom, bei Bedarf auch quer dazu, über das Gut hinweg.

Bessere Trocknungsergebnisse erzielt man, wenn die Bandtrockner als **Durchströmtrockner** mit perforiertem Transportband ausgelegt sind. Den Wärmetransport übernehmen ober- und unterhalb des Bandes angeordnete Umluftsysteme. Die Beheizung erfolgt entweder direkt mit den Verbrennungsgasen von Gas- bzw. Ölbrennern oder indirekt über Wärmetauscher, welche wahlweise mit Heißwasser, Dampf oder Thermoöl beschickt werden und das Trocknungsgas erwärmen.

Seinen Einsatz findet der Bandtrockner sowohl in der Lebensmittel, Textil, Holz und Papier verarbeitenden als auch in der chemischen Industrie. Das behandelte Gas kann dabei ein Pulver, ein Granulat oder ein viskoses, pastöses Material sein.

3.2 Hordentrockner

Ebenfalls nach dem Durchströmprinzip arbeitet der Horden-Schachttrockner. Die Horden lagern dabei übereinandergestapelt und werden von indirekt beheizter Luft durchströmt. Schrittweise wird das in einer Horde befindliche Gut mechanisch in einen Schacht abwärtsbewegt. An der untersten Position angekommen, gelangt eine Horde außerhalb dieses Schachtes wieder an die oberste Stelle und erneut in die Trockenvorrichtung. Dieser Vorgang wiederholt sich bis zur vollendeten Trocknung.

Hordentrockner haben sich vor allem in der Lebensmittelverarbeitung etabliert. Ihre Auslegung erreicht bis zu 60 m^2 Nutzfläche [1].

3.3 Kammertrockner

Kammertrockner sind oft chargenweise arbeitende Langzeittrockner. Sie können aber auch bei Einsatz entsprechender Fördermittel in einem kontinuierlichen Produktionsablauf eingesetzt werden. Nicht selten folgt auf die Trocknung des Gutes eine produktspezifische Wärmebehandlung. Neben stückigem, dieselfähigem und pastösem Gut können ebenfalls Filterkuchen getrocknet werden.

Der Nutzinhalt von Kammertrocknern liegt zwischen 1 m^3 und mehreren 100 m^3 [2]. Die Wahl der eingesetzten Werkstoffe wird von der Betriebstemperatur und der Korrosionsbeständigkeit bestimmt. Neben normalen Stählen finden bei höheren Temperaturen warmfeste Chromnickelstähle Verwendung; diese bieten oft auch die notwendige Resistenz gegen aggressive Medien.

Beheizt wird in der Regel auf indirektem Wege über Gas/Gas-Wärmetauscher, die primärseitig im Heißgas (Rauchgas, Öl- oder Gasbrennern) und sekundärseitig mit Prozeßluft gespeist werden. Bei der Trockengasführung unterscheidet man zwischen horizontaler und vertikaler Strömung. Die Wahl der Strömungsführung richtet sich nach dem Gut und der erforderlichen Fluidgeschwindigkeit.

3.4 Prallstrahltrockner

Bei den **Prallstrahl-** oder **Düsentrocknern** werden die Trocknungsgase durch Düsen senkrecht oder schräg auf das meist großflächige Feuchtgut geführt. Bei den überwiegend kontinuierlich arbeitenden Trocknern sind die „Düsen" häufig als Schlitze oder Lochreihen ausgeführt, welche quer zur Förderrichtung des Gutes angeordnet sind. Prallstrahltrockner finden als Kurzzeittrockner hauptsächlich Verwendung in der Papier und Textilindustrie sowie in der holzverarbeitenden Industrie. Die Beheizung erfolgt auch hier indirekt durch Erwärmung der Prozeßluft in Wärmetauschern.

3.5 Sprühtrockner

Diese auch als **Zerstäubungstrockner** bekannten Apparate wandeln pumpbare Suspensionen, Breie und Pasten in pulverige Stoffe um. Kontinuierlich arbeitend, wird das einer Düse entströmende Feuchtgut in Partikeln von 2 bis 400 µm Größe zerteilt.

Die schlagartige Vergrößerung der Gutoberfläche gewährleistet kürzeste Verweilzeiten in einem warmen Gasstrom. Feuerungen oder versorgen die Trockner mit Heißgasen oder Warmluft. Je nach Art der Auslegung fällt das Produkt auf den Boden des Trockners oder wird bis zu den Abscheideeinrichtungen im Gasstrom mitgerissen. Apparative Sonderauslegungen gestatten eine Sprüh-Gefriertrocknung (Sublimationstrocknung).

Neben der Anwendung in der Lebensmittel- und Futtermittelindustrie werden Zerstäubungstrockner vor allem auch in chemischen und pharmazeutischen Betrieben eingesetzt. Moderne Anlagen zur Sprühtrocknung werden wegen ihres hohen Wirkungsgrades bei optimaler Wärmenutzung häufig mehrstufig in Kombination mit Fließbett-Trocknern ausgelegt [3].

3.6 Stromtrockner

Stromtrockner bezeichnet man auch als **Förderluft-** oder **Flugtrockner**. Sie eignen sich besonders zur Förderung und Trocknung von Schüttgütern und Schlämmen, die sich aufgrund geringer Korngröße oder niedrigen spezifischen Gewichtes pneumatisch fördern lassen.

Die heißen Trocknungsgase verteilen die Teilchen und sorgen für die Förderung des Trockengutes; gleichzeitig übertragen sie die notwendige Trocknungswärme und führen die entstehenden Dämpfe ab. Die Partikeln können sich dabei in Richtung der strömenden Trocknungsgase bewegen oder auch gegen den Strom bzw. schräg dazu absinken.

Die Einsatzschwerpunkte der Stromtrockner liegen in der Aufbereitung von Steinen und Erden, Kohle, Erzen und Produktion der chemischen Industrie. Kleinere Anlagen setzt man in der pharmazeutischen und Lebensmittel verarbeitenden Industrie ein. Kurze Verweilzeiten gewährleisten die Eignung von Stromtrocknern auch für temperaturempfindliche Produkte. Vielfach werden Stromtrockner mit Zerkleinerungs- und Sichtereinrichtungen kombiniert. Ihr Durchsatz erreicht abhängig vom Gut bis zu 250 Tonnen pro Stunde bei einer erreichbaren Endfeuchte von unter 0,05 % [4, 5].

Das Trocknungsgut kann durch Berührung mit den Trocknerwänden abgerieben oder auch zerkleinert werden; in solchen Fällen kommt der Einsatz von Stromtrocknern nur bedingt in Betracht.

3.7 Trommeltrockner

Das gemeinsame Konstruktionsprinzip der **Trommel-** oder **Röhrentrockner** bildet eine rotierende, zylindrische oder konische Trommel. Das zu trocknende Gut befindet sich entweder im Inneren oder wird durch Unterdruck außen auf der mit Löchern versehenen Trommel gehalten. Im ersten Fall erfolgt die Trocknung entweder nach dem Überstromprinzip, wenn die Trocknungsluft in Axialrichtung durch die rotierende Röhre geführt wird, oder nach dem Durchströmprinzip, wobei die Luft von außen durch das Gut und die durchlöcherte Trommelwand nach innen strömt. Im zweiten Fall handelt es sich naturgemäß immer um eine Durchstromtrocknung, wobei die Luft von außen durch das Gut und die durchlöcherte Trommelwand nach innen strömt. Bei Überströmtrocknern sind in der Regel je nach den Eigenschaften des Gutes verschiedenartige Einbauten im Innern der Trommel vorhanden.

In der Textilindustrie eingesetzte Trommeltrockner arbeiten häufig nach dem Durchströmprinzip. Faserige, strangförmige und flächige Stoffe lassen sich bei gleichmäßiger Verteilung auf zylinderförmige Trommeln aufbringen. Die sich drehenden Trommeln liegen horizontal nebeneinander und sind jeweils über den halben Trommelumfang vom Trockengut behaftet.

Durch Übergabevorrichtungen wird das Gut von einer Trommel auf die nächste gebracht. Damit ist gleichzeitig eine Förderung des Gutes durch den Trockner gegeben. Vielfach wird das Gut beim Übergang auf die nächste Trommel gewendet, hierdurch wird ein gleichmäßiger Trocknungsvorgang gewährleistet.

Nach dem Überstromprinzip arbeitende Trommeltrockner werden großtechnisch bei der Trocknung von Erzen, Kohle, Schlämmen und Ölrückständen eingesetzt. Aufgrund ihrer Abmessungen von bis zu 30 m Länge bei 5 m Durchmesser lassen sich je nach Gut 60 bis 400 Tonnen pro Stunde entfeuchten; die erreichbare Restfeuchte liegt zwischen 1 % und 22 % [6]. In den Trocknern angebrachte Einbauten verbessern die Wärmeübertragung zwischen den Heißgasen und dem zu trocknenden Gut. Anfallende Abgase müssen häufig durch Elektrofilter, Zyklone oder Naßwäscher entstaubt werden.

3.8 Wirbelschichttrockner

Dieser auch als **Fließbetttrockner** bekannte Trocknertyp gewährleistet aufgrund kurzer Verweilzeiten schonendes Trocknen rieselfähiger und fluidisierbarer Produkte. Das erwähnte Gas dient außer als Trocknungsmittel gleichzeitig zum Aufbau der Wirbelschicht und damit zum Fluidisieren des Gutes: Durch einen auf das Trockengut abgestimmten, perforierten Anströmboden wird ein heißer Gasstrom geführt. Dieser durchströmt das Aufgabegut von unten nach oben und versetzt es in den Wirbelzustand. Der Gasstrom wird so geregelt, daß sich eine homogene Wirbelschicht ausbildet. Für jedes einzelne Partikel steht dessen gesamte Oberfläche für den Trocknungsvorgang zur Verfügung. Infolge des besonders guten Wärme- und Stoffaustausches sind für die Trocknung nur kurze Zeitspannen erforderlich.

Apparativ für den kontinuierlichen und diskontinuierlichen Betrieb ausgelegt, gelangen Wirbelschichttrockner für Produkte von 0,05 mm bis 25 mm in der chemischen, pharmazeutischen und Lebensmittel verarbeitenden Industrie zum Einsatz [7]. Der Zustand des Gutes reicht von pulverförmigen und kristallinen bis zu faserigen Substanzen. Die Trocknung pastöser Stoffe läßt sich im Einzelfall ebenfalls vornehmen.

Im Bild 1 ist die Dampf-Wirbelschicht-Trocknung (DWT) von Klärschlamm nach dem Konzept von KHD-HUMBOLDT-WEDAG [10] als ausgewähltes Beispiel dargestellt. Dieses DWT-Verfahren basiert auf dem Prinzip der Kontakttrocknung in einer mit Brüden fluidisierten stationären Wirbelschicht. Mechanisch vorentwässerter Klärschlamm wird in einem Granulator mit Trockengut gemischt und anschließend gleichmäßig verteilt von oben in den Trockner gegeben. In einem Wirbelbett erfolgt die Trocknung des Feuchtgutes. Rezirkulierte, in einem Zyklon entstaubte Brüden dienen dabei als Wirbelmedium, überschüssige Brüden werden in einem Kondensator verflüssigt. Die für den Trocknungsvorgang erforderliche Wärme wird über einen Rohrbündelwärmetauscher an das fluidisierte Material übertragen. Das getrocknete Gut tritt am oberen Austrag des Trockners aus. Der mittig im Düsenboden angeordnete untere Auslauf dient zum Ausschleusen von etwaigen Schwerstoffen bzw. zum Entleeren des Trockners.

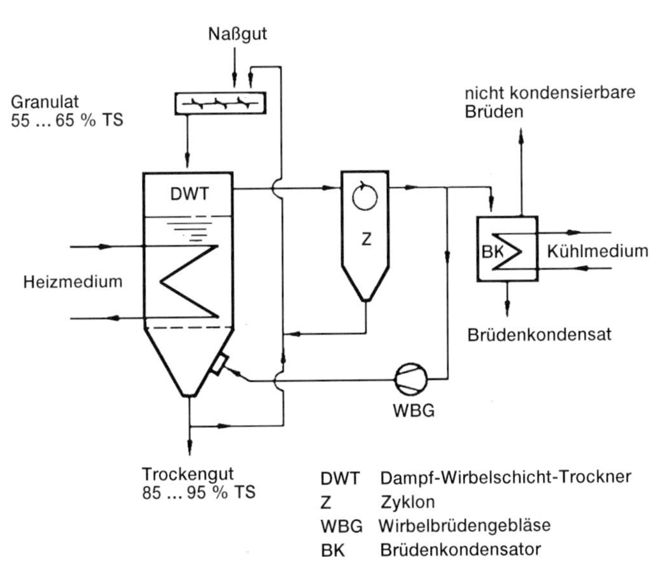

Bild 1: Dampf-Wirbelschicht-Trocknung nach einem Verfahren der KHD Humboldt Wedag

4 Kontakttrockner

Bei den Kontakttrocknern wird die für den Trocknungsvorgang aufzuwendende Energie direkt von der Oberfläche heißer Körper durch Wärmeleitung aufgenommen. Je nach Anwendungsfall und Auslegung der Trockner überträgt sich zusätzlich ein Teil der Wärme über Konvektion und Strahlung. Bei einigen Kontakttrocknern befindet sich das Gut in Ruhe, bei anderen wird es innig vermischt. Konstruktionsmerkmale und Leistung dieser Trockner werden neben den Eigenschaften des Gutes auch hier häufig durch die betrieblich verfügbaren Heizmedien bestimmt.

Nachfolgend sind einige Apparate in ihrer Wirkungsweise gegenübergestellt. Diese Aufstellung kann nur einen Überblick eingesetzter Anlagen vermitteln. Individuelle Erfordernisse bei der Trocknung eines Gutes weichen in der Praxis zu stark voneinander ab, als daß man hier betriebsfertige Lösungen vorstellen könnte.

4.1 Walzentrockner

Diese Art Kontakttrockner besteht meist aus innenbeheizten rotierenden Zylindern, auf deren äußerer Mantelfläche das flüssige, breiige oder pastöse Gut als dünne Schicht aufgetragen wird. Bei der einfachsten Vorrichtung, mit der haftfähiges Gut kontinuierlich auf den Zylinder aufgebracht werden kann, taucht der Zylinder in einen Trog ein. Das Feuchtgut schlägt sich nieder und wird rundgetragen. Nach einer Verweilzeit von 2 bis 30 Sekunden hebt ein Schabmesser das nicht sehr weit abgetrocknete Produkt kompakt als Film, Flocken oder Pulver ab [1]. Die erreichbare Schichtdicke des Filmes

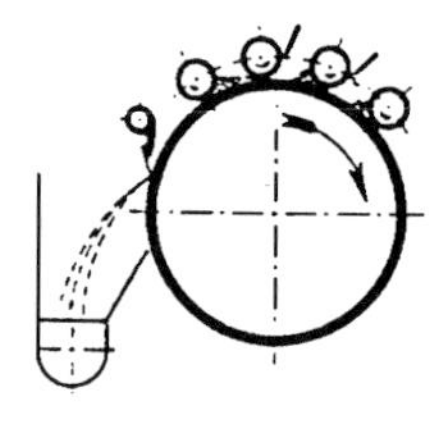

Einwalzentrockner mit obenliegenden Auftragswalzen

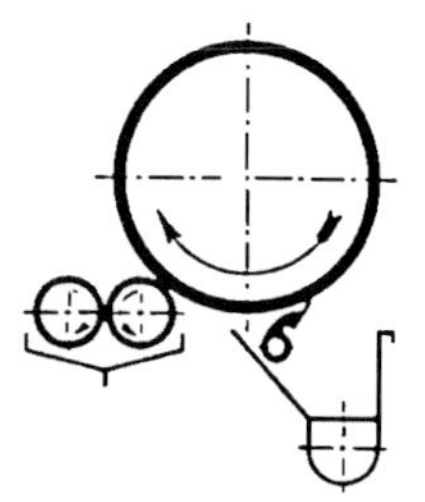

Einwalzentrockner mit vorliegenden Auftragswalzen

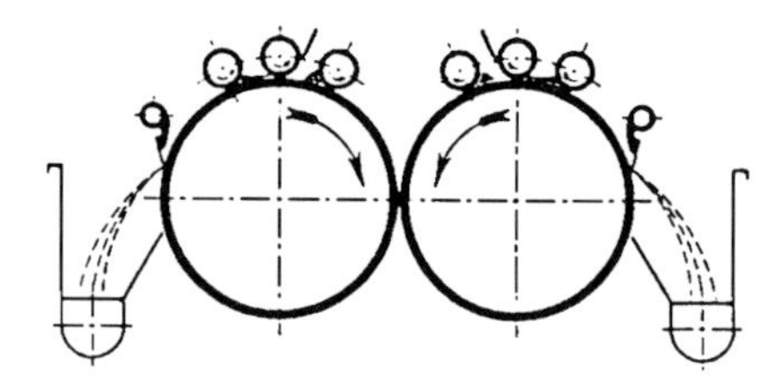

Zweiwalzentrockner mit obenliegenden Auftragswalzen

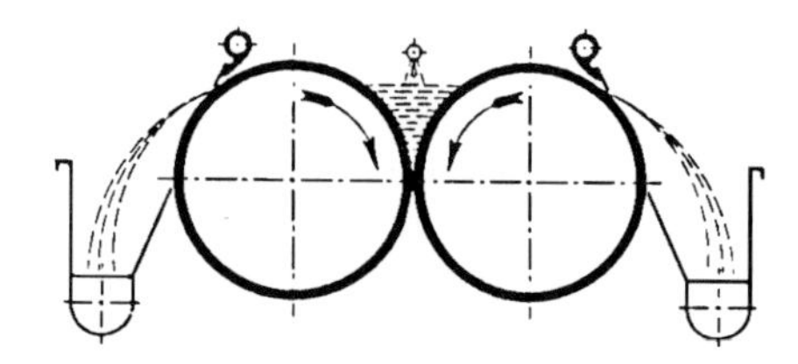

Zweiwalzentrockner mit Sumpfauftrag

Bild 2: Möglichkeiten der Produktauftragung bei Ein- und Zweiwalzentrocknern der Goudschen Maschinefabriek BV

ergibt sich aus der Beschaffenheit des Gutes, der Trocknungstemperatur und der Drehgeschwindigkeit. In der Regel dient Wasserdampf als Heizmittel. Zur Wärmeübertragung bei hohen Temperaturen lassen sich Thermoöle verwenden oder es können auch elektrisch beheizte Walzen eingesetzt werden. Bild 2 zeigt unterschiedliche Möglichkeiten des Produktauftrags bei Ein- und Zweiwalzentrocknern.

4.2 Dünnschichttrockner

In diesen Trocknern wird das Gut gleichmäßig auf einer beheizten Rohrfläche ausgebreitet. Die Wärmezufuhr erfolgt mittels flüssiger oder gasförmiger Wärmeträger.

Bei vertikaler Auslegung fließt das Produkt aufgrund der Schwerkraft kontinuierlich als dünner Film abwärts und wird bis zum Trockenlauf eingedampft. Schließlich tritt es an der Unterseite als Feststoff aus.

In der horizontalen Bauweise wird das Gut nach der Aufgabe durch eine spezielle Rotorkonstruktion zwangsweise gefördert.

Eingesetzt wird der Dünnschichttrockner überwiegend zum Trocknen von pastösen Stoffen und Schlämmen.

4.3 Schaufel- und Schneckentrockner

Diese Trocknertypen eignen sich für grießige bis fast flüssige Stoffe. Ein im trog- oder rohrförmigen Gehäuse angebrachter Rotor mischt und fördert das Gut. Die Wärmezufuhr erfolgt indirekt über Rotor und Mantel. Als Wärmeträger werden zur Beheizung allgemein Dampf, Heißwasser und Thermoöle eingesetzt. Im Bild 3 sind verschiedene Konstruktionen von Schaufeln dargestellt. Je nach Eigenschaften des Produktes sind die Apparate für chargenweisen oder kontinuierlichen Betrieb konzipiert. Für unterschiedliches Gut liegen die Verweilzeiten zwischen mehreren Minuten und einigen Stunden.

4.4 Tellertrockner

Der Tellertrockner ist ein kontinuierlicher Kontakttrockner für rieselfähige Produkte. Spezifische Merkmale sind der mechanische Transport des Gutes und die geringe Strömungsgeschwindigkeit der entstehenden Gase. Ermöglicht wird besonders die Behandlung feinkörniger Produkte wie Kunst- und Farbstoffe, Herbizide, Fungizide und Aktivkohle [8]. Das feuchte Produkt gelangt über eine Aufgabe- und Verteilervorrichtung auf den obersten der untereinander angebrachten Teller, wird mit einem rotierenden Krählwerk zum Tellerrand hin transportiert und fällt schließlich auf den darunter befindlichen Teller. Hier wird das Gut von außen nach innen gefördert; dieser Vorgang wiederholt sich entsprechend der Telleranzahl. Während des Transportes über die beheizten Teller trocknet das Produkt.

Entstehende Gase werden angesaugt oder von Spülgasen abgeführt. Die Teller lassen sich getrennt mit Dampf, Wasser oder anderen Wärmeträgerflüssigkeiten beheizen.

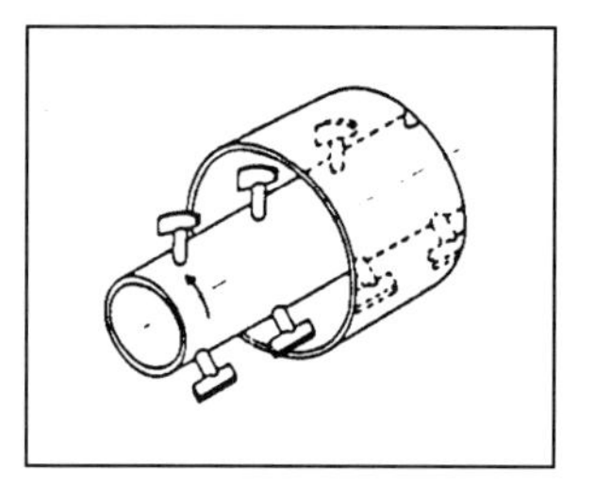

Rührwelle mit einfachen Schaufeln

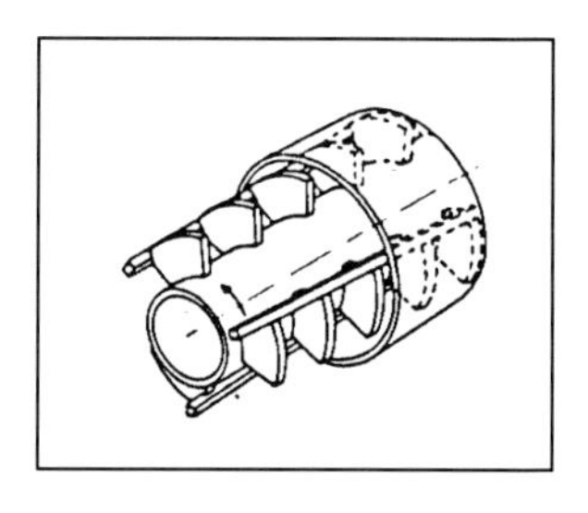

Rührwelle mit Schaufelscheiben

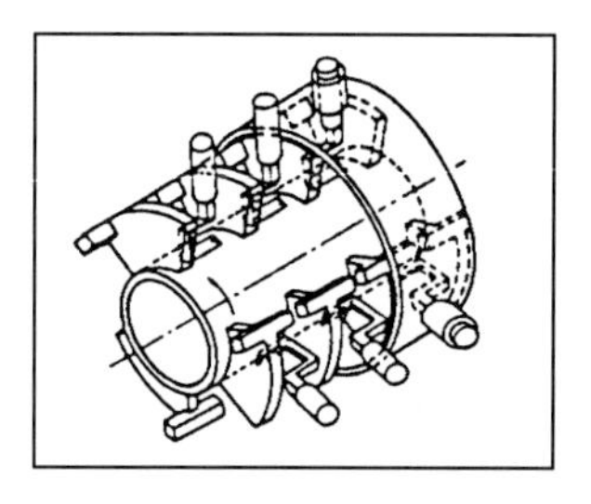

Rührwelle mit Schaufelscheiben
und fixierten Gegenschaufeln

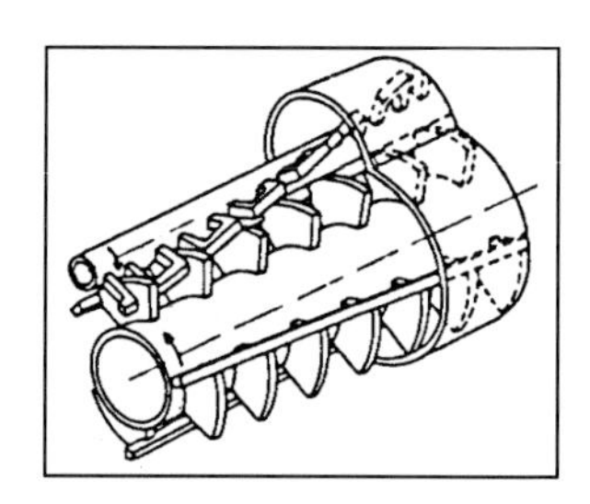

Rührwelle mit Schaufelscheiben
und rotierenden Gegenschaufeln

Bild 3: Verfahrentechnische Verfahren in der Auslegung von Schaufeltrocknern der LIST AG

4.5 Drallrohrtrockner

In der Funktionsweise als **Fördergastrockner** ausgelegt, führen diese Trockner das Gut in einem Rohr kontinuierlich aufwärts. Mittels rotierender Körper wird dem Gut eine Drallströmung aufgezwungen. Aufgrund der Zentrifugalkräfte wird das Gut nach außen hin bewegt und es vollzieht sich ein Wärmeaustausch entlang der beheizten Rohrwand. Generell ist der Drallrohrtrockner für pulverförmige, pneumatisch förderbare Stoffe geeignet, die nicht zum Kleben oder Anhaften neigen. Das Prinzip eines Drallrohrtrockners wird in Bild 4 anschaulich wiedergegeben.

5 Adsorptionstrockner

Flüssigkeiten und Gase lassen sich in vielen Fällen einfach aufgrund des chemophysikalischen Verhaltens hygroskopischer Feststoffe von Wasser befreien. Dieser Effekt wird neben der Entfernung geringer Mengen an Lösemittel vor allem zur Entfeuchtung von Luft ausgenutzt. Verwendung finden überwiegend Molekularsiebe, dieses sind in der Regel keramische Grundkörper mit sehr einheitlichen interkristallinen Porenöffnungen. Weitere Adsorptionsmittel sind aktiviertes Aluminiumoxyd und Silicagel. Diese drei Trocknungsmittel bieten den Vorteil, daß sich die Feuchte aus ihnen durch eine entsprechende Wärmebehandlung wieder austreiben läßt.

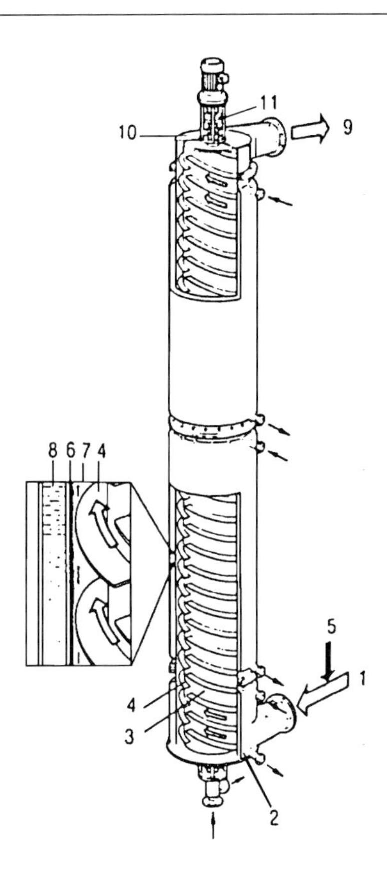

1 - Fördergas		7 - Strömungskanal	
2 - unteres Kopfstück		8 - Heiz- oder Kühlmantel	
3 - Verdrängerkörper		9 - Trockenprodukt und Fördergas	
4 - Luftleitbleche		10 - oberes Kopfstück	
5 - Feuchtprodukt		11 - Verdrängerkörperantrieb	
6 - Produktfim			

Bild 4: Prinzip des Drallrohrtrockners von WERNER & PFLEIDERER

Zur Trocknung flüssiger Stoffe vermengt man das Feuchtgut innig mit dem Adsorbens, läßt dieses eine genügend lange Zeit einwirken und erhält nach dem Trennen das getrocknete Produkt. Zur Trocknung feuchter Luft leitet man diese durch einen entsprechend imprägnierten Filterkörper. Bei niederen Temperaturen schlägt sich Wasserdampf an der großen inneren Oberfläche der hochporösen, keramischen Grundkörper nieder. Eine anschließende Erwärmung des Filters, meist mittels eines Heißluftstromes, regeneriert das Material. So steht es in ausreichenden Zyklen frisch aufbereitet für einen erneuten Einsatz zur Verfügung. Es sei allerdings erwähnt, daß alle Adsorptionsmittel im Laufe ihres Einsatzes inneren Veränderungen unterliegen. Ihre Einsatzdauer ist je nach Anwendungsfall auf 2000 bis 4000 Zyklen begrenzt [1].

Anwendung finden solche Trocknereinrichtungen überwiegend in der Chemie, Pharmazie, Elektronik und Lebensmitteltechnik.

6 Strahlungstrockner

Diese Trockner nutzen elektromagnetische Wellen zur Übertragung der Trocknungsenergie. In der industriellen Trocknungstechnik wird die Trocknung mit Infrarotstrahlung häufig angewendet. Aus diesem Grunde sei sie hier stellvertretend für andere Strahlungstrockner näher erläutert. Ergänzenderweise sei gesagt, daß für spezielle Anwendungen die verschiedensten Strahlungstrockner eingesetzt werden, beispielsweise Trocknung mit Ultraviolett-Strahlungstrocknern (für Lacke), Elektronenstrahl-Trocknern (für Lackhärtung), Induktions-Trocknern (für Bleche) [11]. Mikrowellen-Trockner gehören ebenfalls zu den Strahlungstrocknern. Ihre Funktionsweise und Anwendungsgebiete werden unter Punkt 7 gesondert behandelt.

Die Infrarotstrahlung unterscheidet sich von den anderen in Trocknungsapparaten genutzten Strahlungen lediglich durch ihre Wellenlänge. Im Spektrum der elektromagnetischen Strahlung liegt der IR-Bereich zwischen den sichtbaren Licht- und den Mikrowellen. Dieser Bereich umfaßt Wellenlängen zwischen 0,76 µm und 1000 µm, entspricht also Frequenzen von $4 \cdot 10^{14}$ und 310^{11} Schwingungen pro Sekunde [1].

Ein mit elektrischem Strom oder heißen Gasen erwärmter Strahler sendet fortlaufend Strahlen aus, von denen einige direkt, andere indirekt auf das Gut treffen. Entsprechende Strahlführung ist durch die Anordnung des Gutes und geeignete Reflektionseinrichtungen zu gewährleisten. Die zum Trocknen notwendige Energiezufuhr erfolgt durch die Strahlung während die Abfuhr der verdampften Feuchtigkeit im allgemeinen durch strömende Luft besorgt wird.

Elektrische Lampen, Metallrohr- und Quarzrohrstrahler sowie gasbeheizte Flächenstrahler finden Verwendung beim Trocknen in der Farben, Leder und Papier verarbeitenden Industrie. Kleine Ausführungen werden häufig in der analytischen Chemie eingesetzt.

7 Mikrowellentrockner

Die Trocknung von Produkten mittels Mikrowellen ist eines der jüngsten und interessantesten Verfahren thermischer Trocknung. Wegen ihrer aufkommenden starken Nutzung in der verfahrenstechnischen Anwendung soll auf die Mikrowellentrocknung hier nochmals gesondert eingegangen werden.

Mikrowellentrockner sind geeignet für alle Trocknungsaufgaben mit wäßrigen Bestandteilen oder Lösungsmittel, deren Moleküle ein starkes Dipolmoment aufweisen. Die Moleküle werden unter dem Einfluß eines elektromagnetischen Feldes in Schwingungen versetzt, woraus Temperaturerhöhungen resultieren. Im Gegensatz zu den anderen Formen der Wärmeübertragung wird hier nur das Gut unmittelbar und auch bis in tiefere Ebenen durch die Wechselwirkung mit dem Feld erhitzt.

Die Erzeugung hochfrequenter elektromagnetischer Wellen, deren industrielle Anwendung bei einer Frequenz von 2,45 GHz durchgeführt wird, geschieht mit Hilfe eines sogenannten Magnetrons (speziell konstruierte Vakuumröhre). Zur Zeit beträgt die maximale Leistung eines einzelnen Magnetrons etwa 10 kW. Größere Wärmeleistungen lassen sich mit Hilfe mehrerer Anordnungen erzeugen [9].

Mikrowellentrockner werden als kontinuierliche Bandtrockner oder chargenweise arbeitende Kammertrockner ausgelegt. Ihren Einsatzschwerpunkt erfahren sie im Pharmabereich, beim Kalzinieren und in der Vakuum-Trocknung. Ihr Hauptvorteil liegt in der gleichmäßigen Trocknung mit geringen Feuchtigkeitsunterschieden auch im Inneren des Gutes. Mikrowellentrockner eignen sich besonders für unregelmäßig anfallende Trocknungsaufgaben, da sie schnell betriebsbereit sind und keine Stillstandsverluste aufweisen. Nachteilig sind die meist hohen Kosten für die einzusetzende elektrische Energie.

8 Marktübersicht von Trocknungsapparaten

Der Verfahrenstechniker benötigt eine Kenntnis des Angebotes von Trocknern; wichtig ist ihm das Wissen um Einsatzmöglichkeiten und -grenzen. Welcher Apparat in der Praxis für seine Problemstellung eingesetzt wird, entscheiden technische und wirtschaftliche Erfordernisse. In vielen Fällen erweist es sich als sinnvoll, Trocknungsanlagen unterschiedlichen Prinzips miteinander zu kombinieren.

Für den Bereich der Trocknung im industriellen Maßstab wurde die in Tafel 2 vorliegende Übersicht zu den Trocknungsapparaten zusammengestellt. Die Angaben der Marktübersicht enthalten Leistungsdaten sowie Einsatzmöglichkeiten von Trocknern, die überwiegend Wasser aus Feuchtgut entfernen.. Die Übersicht basiert auf Herstellerangaben, die Daten können als Anhaltswerte betrachtet werden. Firmenanschriften sind ebenfalls mit einbezogen. Je nach Produktspezifikation und Auslegung bieten sich ergänzende Einsatzmöglichkeiten. Im Zweifelsfalle sind weitergehende Informationen direkt von den aufgeführten Firmen zu beziehen.

Von der Vielzahl der in der Trocknungstechnik vertretenen Firmen fanden sicherlich nicht alle Berücksichtigung. Dementsprechend sind wir über ergänzende Zuschriften und auch Korrekturhinweise dankbar.

9 Zusammenfassung

Der Einsatz von Trocknern in der Industrie richtet sich nach den Forderungen produktspezifischer Eigenschaften und betrieblicher Gegebenheiten.

Aus der Vielzahl der Anforderungen haben sich zahlreiche Trocknungsverfahren und Apparate entwickelt; oft werden sie kombiniert eingesetzt. Die wichtigsten Verfahren und Apparate mit ihrer differenten Arbeitsweise sind in diesem Beitrag aufgeführt. Neuere Entwicklungen wie die Mikrowellentrocknung wurden ebenfalls berücksichtigt.

Eine Marktübersicht angebotener Apparate mit deren Daten sowie die Angabe der Hersteller soll es dem Anwender ermöglichen, eine Vorauswahl zu treffen und direkte Kontakte mit den anbietenden Firmen aufzunehmen.

Tafel 2

Firma	Spezialgebiet	Verfahrensweise/Bauform																arbeitsweise	
		Vakuumtrockner	Überdrucktrockner	Trockenöfen	Strahlungstrockner	Schaufeltrockner	Labortrockner	Kontakttrockner	Induktionstrockner	Mikrowellentrockner	gasdichte Trockner	Widerstandstrockner	Durchlauftrockner	Drucklufttrockner	atmosph. Trockner	Konvektionstrockner	Trock. + Wärmeübertr.	diskontinuierlich	kontinuierlich
AEG Aktiengesellschaft Trocknungstechnik Goldsteinstraße 238 60528 Frankfurt/Main Tel. 069-66990 Fax. 069-6699205	Vibrationskonvektions-, Vibrationskontakttrockner	X			X		X	X					X			X	X	X	X
Josef Aichem GmbH Luft- und Klimatechnik Industriestraße 20 28199 Bremen Tel. 0421-875092	Siebrohr-Trommeltrockner Bandtrockner												X						X
Alfa Laval Flow GmbH Heerdter Lohweg 63-71 40549 Düsseldorf Tel. 0211-59560 Fax. 0211-5956111	Drucklufttrockner														X				
Alpine AG Peter-Dörfler-Straße 13-25 86199 Augsburg Tel. 0821-59060 Fax. 0821-573558	Fließbett-Sprüh-Granulatoren											X	X	X					X
Alup-Kompressoren GmbH Adolf-Ehmann-Straße 2 73357 Köngen Tel. 07024-8020 Fax. 07024-802106	Druckluft-Kältetrockner (luft- und wassergekühlt)													X					X
APV Anhydro A/S Ostmark 7 DK 2860 Soborg	Sprühanlagen Spinflash-Anlagen Fließbettanlagen						X									X	X		
Babcock-BSH AG Parkstraße 10 47811 Krefeld Tel. 02151-4480 Fax02151-448592	Gesamte Bandbeite	X		X	X	X		X				X	X			X	X	X	X

Tafel 2 (Fortsetzung)

Firma	Spezialgebiet	Verfahrensweise/Bauform																arbeitsweise	
		Vakuumtrockner	Überdrucktrockner	Trockenöfen	Strahlungstrockner	Schaufeltrockner	Labortrockner	Kontakttrockner	Induktionstrockner	Mikrowellentrockner	gasdichte Trockner	Widerstandstrockner	Durchlauftrockner	Drucklufttrockner	atmosph. Trockner	Konvektionstrockner	Trock. + Wärmeübertr.	diskontinuierlich	kontinuierlich
Babkock Textilmaschinen GmbH Hittfelder Kirchweg 7 21220 Seevetal Tel. 04105-8110 Fax. 04105-811231	Textiltrockner				X			X					X	X		X			X
Rolf Beetz Spezialmaschinen GmbH Tonndorfer Weg 15-17 22149 Hamburg Tel. 040-661144 Fax. 040-664430	Vakuumtrockner	X				X												X	X
BMA Braunschweigische Maschinenbauanstalt GmbH Am Alten Bahnhof 5 38122 Braunschweig Tel. 0531-8040 Fax. 0531-804216	Trommel-Wirbelschichttrockner					X													X
Boge Kompressoren Otto Boge GmbH & Co. KG Lechtermannshof 26 33739 Bielefeld Tel. 05206-6010 Fax. 05206-601200	Kältetrockner Adsorptionstrockner													X					
Bräuer Aufbereitungs- und Förderanlagen Geothestraße 11 64625 Bensheim Tel. 06251-73068 Fax. 06251-73955																			
Bucher-Guyer AG CH-Niederweningen Tel. 01-8572211 Fax. 01-8572249	Vakuum-Trocknungsanlagen	X						X								X		X	X
Bühler AG 9240 Uzwil Tel. 073501111 Fax. 073-503379	Schachttrockner Rieseltrockner Wirbelschichttrockner	X											X			X			X

Tafel 2 (Fortsetzung)

Firma	Spezialgebiet	Verfahrensweise/Bauform																arbeits-weise	
		Vakuumtrockner	Überdrucktrockner	Trockenöfen	Strahlungstrockner	Schaufeltrockner	Labortrockner	Kontakttrockner	Induktionstrockner	Mikrowellentrockner	gasdichte Trockner	Widerstandstrockner	Durchlauftrockner	Drucklufttrockner	atmosph. Trockner	Konvektionstrockner	Trock. + Wärmeübertr.	diskontinuierlich	kontinuierlich
CEW Industrieberatung **Sacha Stradtmann** **Tannenweg 6** **50389 Wesseling** **Tel. 02236-5863**	Fließbetttrockkner	X					X				X		X		X			X	
Martin Christ GmbH **Postfach 17 13** **37507 Osterrode am Harz** **Tel. 05522-50070** **Fax. 05522-500712**	Gefriertrocknungsanlagen	X				X										X		X	
DEG Engineering GmbH **Lockhofstraße 3** **45881 Gelsenkirchen** **Tel. 0209-45011** **Fax. 0209-468971**	Dünnschichttrockner Kontakttrockkner	X	X					X			X		X		X			X	X
Dorr-Oliver Deutschland GmbH **Postfach 12 02 52** **65080 Wiesbaden** **Tel. 0611-2040** **Fax. 0611-204055**	Wirbelschichttrockner							X					X						X
Draiswerke GmbH **Speckweg 43-59** **68305 Mannheim** **Tel. 0621-75040** **Fax. 0621-7504233**	Turbolenttrockner	X	X	X			X	X	X							X		X	
Dürr GmbH **Spitalwaldstraße 18** **70435 Stuttgart** **Tel. 0711-1360** **Fax. 0711-1361455**	Takt-Trockner Durchlauftrockner				X								X			X	X		
Eichholz Technische Anlagen **GmbH & Co. KG** **Kolpingstraße 1** **48480 Schapen** **Tel. 05458-888** **Fax. 05458-7570**	Vakuum-Wärmepumpen-Trockner	X																X	X

Tafel 2 (Fortsetzung)

Firma	Spezialgebiet	Verfahrensweise/Bauform																arbeitsweise	
		Vakuumtrockner	Überdrucktrockner	Trockenöfen	Strahlungstrockner	Schaufeltrockner	Labortrockner	Kontakttrockner	Induktionstrockner	Mikrowellentrockner	gasdichte Trockner	Widerstandstrockner	Durchlauftrockner	Drucklufttrockner	atmosph. Trockner	Konvektionstrockner	Trock. + Wärmeübertr.	diskontinuierlich	kontinuierlich
EL-A Verfahrenstechnik GmbH Martin-Koller-Straße 13 81829 München Tel. 089-4200090 Fax. 089-42000920	Bandtrockner Sprühbandtrockner Kontaktbandtrockner Mikrowellentrockner	X						X	X	X			X					X	X
EPV-GmbH u. Co. Anlagenbau Carl-Zeiss-Straße 10 75217 Birkenfeld Tel. 07231-480071 Fax. 07231-482241	Infrarottrockner Durchlauföfen Kammeröfen			X	X	X		X					X					X	X
Filterwerk Mann + Hummel GmbH Hindenburgstraße 45 71638 Ludwigsburg Tel. 07141-980 Fax. 07141-982545	Trockenlufttrockner Warmlufttrockner						X									X		X	
Fleissner GmbH & Co. Wolfsgartenstraße 6 63329 Egelsbach Tel. 06103-4010 Fax. 06103-401440	Strahlungstrockner Zylindertrockner Konvektionstrockner				X		X	X					X			X	X	X	X
Ganuk GmbH Postfach 42 63546 Hammersbach Tel. 06185-989 Fax. 06185-1616													X					X	
GEA Wiiegand GmbH Einsteinstraße 9-15 76275 Ettlingen Tel. 07243-7050 Fax. 07243-705330	Wirbelschichttrockner																	X	X
GoGas Goch GmbH & Co. Zum Ihnedieck 18 44265 Dortmund Tel. 0231-465050	Durchlauftrockner Schwebetrockner			X	X		X						X			X		X	X

Tafel 2 (Fortsetzung)

Firma	Spezialgebiet	Verfahrensweise/Bauform																arbeits-weise	
		Vakuumtrockner	Überdrucktrockner	Trockenöfen	Strahlungstrockner	Schaufeltrockner	Labortrockner	Kontakttrockner	Induktionstrockner	Mikrowellentrockner	gasdichte Trockner	Widerstandstrockner	Durchlauftrockner	Drucklufttrockner	atmosph. Trockner	Konvektionstrockner	Trock. + Wärmeübertr.	diskontinuierlich	kontinuierlich
Maschinenfrabrik **Max Goller GmbH & Co.** **Am Hammeranger 1** **95126 Schwarzenbach/Saale** **Tel. 09284-9320** **Fax. 09284-932102**	Zylindertrockner							X											X
Haagen & Rinau Mischtechnik GmbH **Hafenwende 21** **28357 Bremen** **Tel. 0421-207710** **Fax. 0421-2077136**	Vakuum-Schaufeltrockner Vakuum-Taumeltrockner	X		X		X	X	X									X	X	X
Hackemack KG **Maschinen und Anlagen** **Am PLass 23-25** **32758 Detmold** **Tel. 05231-76070** **Fax. 05231-23960**	UV-Trockner Senkrecht-Trockner Düsentrockner				X		X						X			X		X	X
Hankison GmbH **Gutenbergstraße 40** **47443 Moers** **Tel. 02841-8190** **Fax. 02841-87112**	Analysentrockner						X			X							X		X
Wilhelm Hedrich **Vakuumanlagen GmbH & Co. KG** **Katzenfurt** **35630 Ehringshausen** **Tel. 06449-790** **Fax. 06449-7949**	Vakuum-Trockenanlagen		X																X
Heraeus Quarzglas GmbH **Quarzstraße** **63405 Hanau** **Tel. 06181-3671** **Fax. 0681-39420**	Infrarot-Trockner				X													X	X

Tafel 2 (Fortsetzung)

Firma	Spezialgebiet	Verfahrensweise/Bauform																arbeitsweise	
		Vakuumtrockner	Überdrucktrockner	Trockenöfen	Strahlungstrockner	Schaufeltrockner	Labortrockner	Kontakttrockner	Induktionstrockner	Mikrowellentrockner	gasdichte Trockner	Widerstandstrockner	Durchlauftrockner	Drucklufttrockner	atmosph. Trockner	Konvektionstrockner	Trock. + Wärmeübertr.	diskontinuierlich	kontinuierlich
Hans Hoffmann Trocken- und Lackierofenfrabrik **Boschweg 10** **12057 Berlin** **Tel. 030-6845075** **Fax. 030-6857024**	Durchlauf-Trockner Kammer-Trockner	X		X	X	X	X						X			X	X	X	X
Hosokawa Micron BV **Postfach 98** **NL 7005 BL Doetinchen** **Tel. 318340-73333** **Fax. 318340-73456**	Mahltrockner Vakuumtrockner Mikrowellentrockner Kontakttrockner Konvektionstrockner	X					X	X		X						X		X	
IST-Strahlentechnik GmbH **Lauterstraße 29-31** **72622 Nürtingen** **Tel. 07022-60020** **Fax. 07022-600253**	UV-Trockner				X		X					X	X						X
Keller GmbH **Carl-Keller-Straße** **49479 Ibbenbüren** **Tel. 05451-850** **Fax. 05451-85310**	Durchlauftrockner Kammertrockner			X									X			X	X	X	X
Kettenbauer GmbH & Co. KG **Postfach 20 50** **79727 Murg** **Tel. 07763-7013** **Fax. 07763-5056**	Durchlauftrockner Wirbelschicht-Trockner			X	X			X					X						X
KHS Maschinen und Anlagenbau **Planiger Straße 139-147** **55543 Kreuznach** **Tel. 0671-6000** **Fax. 0671-600411**	Filtertrockner Nutschentrockner	X			X	X		X										X	
Paul Klöckner GmbHH **Hirtscheider Straße 13** **57645 Nistertal** **Tel. 02661-2990** **Fax. 02661-29922**	Karusell-Trockner												X						X

Tafel 2 (Fortsetzung)

Firma	Spezialgebiet	Verfahrensweise/Bauform																arbeitsweise	
		Vakuumtrockner	Überdrucktrockner	Trockenöfen	Strahlungstrockner	Schaufeltrockner	Labortrockner	Kontakttrockner	Induktionstrockner	Mikrowellentrockner	gasdichte Trockner	Widerstandstrockner	Durchlauftrockner	Drucklufttrockner	atmosph. Trockner	Konvektionstrockner	Trock. + Wärmeübertr.	diskontinuierlich	kontinuierlich
Krupp Fördertechnik GmbH Aufbereitungstechnik Schleebergstraße 12 59320 Ennigerloh Tel. 02524-300 Fax. 02524-2252	Trommeltrockner Mahltrockner Schachttrockner Pralltrockner Schnelltrockner					X							X			X	X		X
Künzi Engineering Hauptstraße 169 4416 Bubendorf-Basel	Dünnschichttrockner Kontakttrockner	X	X					X			X		X		X			X	X
Liese Silo- und Schüttguttechnik Oberelsunger Straße 24-26 34289 Zierenberg Tel. 05606-3338 Fax. 05606-3411	Getreide-Durchlauftrockner												X						X
List AG Leaders in High Viscosity Processing Technologie 4422 Arisdorf Tel. 004161-8113000 Fax. 004161-8113555	Kontakt-Knettrockner	X	X				X	X			X				X			X	X
Gebrüder Lödige Maschinenbau GmbH Elsener Straße 7-9 33102 Paderborn Tel. 05251-3090 Fax. 05251-309123	Schaufeltrockner	X				X	X	X			X		X			X	X	X	X
Lutro Luft- und Trockentechnik GmbH Sielminger Straße 35 70771 Leinfelden-Echterdingen Tel. 0711-790940	Lakieranlagen-Trockner			X	X								X			X		X	X
Fr. Meese GmbH & Co. Aktienstraße 42 45359 Essen Tel. 0201-672015	UV-Trockner IR-Trockner			X	X		X						X			X		X	

Tafel 2 (Fortsetzung)

Firma	Spezialgebiet	Verfahrensweise/Bauform																arbeits-weise	
		Vakuumtrockner	Überdrucktrockner	Trockenöfen	Strahlungstrockner	Schaufeltrockner	Labortrockner	Kontakttrockner	Induktionstrockner	Mikrowellentrockner	gasdichte Trockner	Widerstandstrockner	Durchlauftrockner	Drucklufttrockner	atmosph. Trockner	Konvektionstrockner	Trock. + Wärmeübertr.	diskontinuierlich	kontinuierlich
Menschick GmbH Trockensysteme Lehenbühlstraße 71272 Renningen Tel. 07159-3049 Fax. 07159-5368	Heißluftdüsentrockner Trockenkanäle			X	X		X						X			X	X	X	
Mohr + Caidik Maschinenfabrik GmbH & Co. Robert-Bosch Straße 2-12 91522 Ansbach Tel. 0981-9506176 Fax. 0981-9506176	Strahlungstrockner Konvektionstrockner			X	X	X		X	X				X			X	X	X	X
A. Monforts Texilmaschinen GmbH & Co. Schwalmstraße 301 41238 Mönchengladbach Tel. 02161-4010 Fax. 02161-401498	Kontinuetrockner				X			X								X			X
C. G. Mozer GmbH & Co. KG POstfach 9 43 73009 Göppingen Tel. 07161-67350 Fax. 07161-673535	Trommeltrockner				X	X		X					X			X		X	X
B. Münstermann GmbH + Co. KG Kortenkamp 3 48291 Telgte-Westbevern Tel. 02504-98000 Fax. 02504-980090	Bandtrockner Kammertrockner Stromtrockner			X	X		X	X					X			X	X	X	X
Gebrüder Netsch Maschinen- und Anlagentechnik Gebr.- Netsch-Straße 19 95100 Selb Tel. 09287-750 Fax. 09287-75225	Bandtrockner Sprühtrockner Kammertrockner Durchlauftrockner			X									X			X	X	X	X

Tafel 2 (Fortsetzung)

Firma	Spezialgebiet	Verfahrensweise/Bauform																arbeitsweise	
		Vakuumtrockner	Überdrucktrockner	Trockenöfen	Strahlungstrockner	Schaufeltrockner	Labortrockner	Kontakttrockner	Induktionstrockner	Mikrowellentrockner	gasdichte Trockner	Widerstandstrockner	Durchlauftrockner	Drucklufttrockner	atmosph. Trockner	Konvektionstrockner	Trock. + Wärmeübertr.	diskontinuierlich	kontinuierlich
Nubilosa Molekularzerstäuber Dipl.-Ing. G. Ladisch GmbH & Co. KG Reichenaustraße 81 78467 Konstanz Tel. 07531-65483 Fax. 07531-66381	Zerstäubungstrockner						X				X					X			X
Pagendarm GmbH Fangdieckstraße 70-76 22547 Hamburg Tel. 040-840070 Fax. 040-842622	Schwebetrockner Düsentrockner				X								X			X	X		X
Petzholdt-Heidenauer Maschinenfabrik GmbH Thomas-Mann-Straße 2/4 1809 Heidenau/Sachsen Tel. 03529-5740 Fax. 03529-574440	Konti-Röster/Trockner												X						X
Gebr. Pfeiffer AG Postfach 30 80 67655 Kaiserslautern Tel. 0631-41610 Fax. 0631-4161191	TRT-Triplex-Trockner							X								X		X	
PLeq Plant & Equipment Engineering GmbH Regentenstraße 46 51063 Köln Tel. 0221-9625230 Fax. 0221-96252322	Drehrohrtrockner			X	X		X	X				X	X			X	X	X	X
F. Kurt Retsch GmbH & Co. KG Rheinische Straße 36 42781 Haan Tel. 02129-55610 Fax. 02129-8702	Wirbelbett-Trockner						X											X	

Tafel 2 (Fortsetzung)

Firma	Spezialgebiet	Verfahrensweise/Bauform																arbeitsweise	
		Vakuumtrockner	Überdrucktrockner	Trockenöfen	Strahlungstrockner	Schaufeltrockner	Labortrockner	Kontakttrockner	Induktionstrockner	Mikrowellentrockner	gasdichte Trockner	Widerstandstrockner	Durchlauftrockner	Drucklufttrockner	atmosph. Trockner	Konvektionstrockner	Trock. + Wärmeübertr.	diskontinuierlich	kontinuierlich
Rippert GmbH & Co. KG Anlagentechnik Am Hanewinkel 20-26 33442 Herzebrock-clarholz Tel. 05245-9010 Fax. 05245-90137	Durchlauftrockner Kammer-Trockner IR-Trockner				X					X			X						X
Rubarth Apparate GmbH Mergenthaler Straße 8 30880 Laatzen Tel. 0511-824015 Fax. 0511-824017	Umluft-Trockenschränke			X			X											X	
Sabroe GmbH Druckluft und Gastechnik Ochsenweg 73 24941 Flensburg Tel. 0461-9490 Fax. 0461-949369	Druckluftaufbereitung													X					X
Sandvik Process Systems GmbH Salierstraße 35 70736 Fellbach Tel. 0711-51050 Fax. 0711-5105196	Stahlbandtrockner				X		X	X					X			X			X
Schenk Filterbau GmbH Bettringer Straße 73550 Waldstetten Tel. 07171-4010 Fax. 07171-401107	Schwingfließbett-Trockner Schwingkontakt-Trockner				X		X	X								X	X		X
Schott & Meissner Maschinen- und Anlagenbau GmbH Postfach 1143 74568 Blaufelden Tel. 07953-8850 Fax. 07953-88510																			

Tafel 2 (Fortsetzung)

Firma	Spezialgebiet	Verfahrensweise/Bauform																arbeitsweise	
		Vakuumtrockner	Überdrucktrockner	Trockenöfen	Strahlungstrockner	Schaufeltrockner	Labortrockner	Kontakttrockner	Induktionstrockner	Mikrowellentrockner	gasdichte Trockner	Widerstandstrockner	Durchlauftrockner	Drucklufttrockner	atmosph. Trockner	Konvektionstrockner	Trock. + Wärmeübertr.	diskontinuierlich	kontinuierlich
Schröter GmbH & Co. KG Brülstraße 13-22 73635 Rudersberg Tel. 07183-30010 Fax. 07183-300116	Durchlauftrockner Kammertrockner Paternostertrockner			X	X								X			X	X	X	X
Ewald Schwing Verfahrenstechnik GmbH POstfach 10 12 52 47497 Neukirchen-Vluyn Tel. 02845-9300 Fax. 02845-930100	Durchlauf-Granulat-Trockner												X						X
SMAG Salzgitter Maschinenbau GmbH Windmühlenberstraße 20-22 38259 Salzgitter Tel. 05341-3021 Fax. 05341-302424	Trommeltrockner					X		X								X		X	X
Paul Stehning GmbH Blumenröder Straße 3 65549 Limburg Tel. 06431-40090 Fax. 06431-42582	Vakuumtrockner Taumeltrockner Doppelkonustrockner	X				X	X	X										X	
Stork Friesland B.V. Postfach 13 8400 AA Gorredijk Tel. 05133-7777 Fax. 05133-3708	Sprühtrockner Dampftrockner Fließbett-Trockner Wirbelschichttrockner						X									X	X	X	X
Striko-Verfahrenstechnik W. Strickfeldt & Koch GmbH Fritz-Kotz-Straße 4 51674 Wiehl Tel. 02261-75066 Fax. 02261-72488	Bandtrockner Schranktrockner			X			X						X				X	X	X

Tafel 2 (Fortsetzung)

Firma	Spezialgebiet	Verfahrensweise/Bauform																arbeitsweise	
		Vakuumtrockner	Überdrucktrockner	Trockenöfen	Strahlungstrockner	Schaufeltrockner	Labortrockner	Kontakttrockner	Induktionstrockner	Mikrowellentrockner	gasdichte Trockner	Widerstandstrockner	Durchlauftrockner	Drucklufttrockner	atmosph. Trockner	Konvektionstrockner	Trock. + Wärmeübertr.	diskontinuierlich	kontinuierlich
Thermo-Verfahrenstechnik GmbH **Talstraße 36** **79664 Wehr** **Tel. 07762-4300** **Fax.**	Wagenduchlauftrockner Schaufeltrockner			X		X							X				X	X	X
Uhde GmbH Werk Hagen **Buschmühlenstraße 20** **58093 Hagen** **Tel. 02331-9670** **Fax. 02331-967370**	Schwingplattentrockner Schwingfließbett-Trockner Zyklontrockner							X					X			X	X	X	
Ventilatorenfabrik Oelde GmbH **Robert-Schumann-Ring 21** **59302 Oelde** **Tel. 02522-750** **Fax. 02522-75250**	Bandtrockner												X						X
Vibra Maschinenfabrik **Schultheis GmbH & Co.** **Mühlheimer Straße 243** **63075 Offenbach** **Tel. 069-8600030** **Fax. 069-86000345**	Fließbett-Trockner						X		X							X	X	X	X
Werner & Pfleiderer **Theodorstraße 10** **70469 Stuttgart** **Tel. 0711-8970** **Fax. 0711-8773981**	Dralltrockner Granulat-Fluidat-Trockner							X					X			X			X
WMV-Apparatebau GmbH & **Co. KG** **Industriegebiet Mauel** **51570 Windeck** **Tel. 02292-5038**	Zentrifugentrockner Umwälz-Zentrifugal-Trockner																	X	
Zetro Kälte-Klima- **Trrocknungs-Technik** **Werkstraße 3** **25497 Prisdorf** **Tel. 04101-72578**	Gastrockner													X			X		X

Schrifttum

[1] Kröll, K.: Trockner und Trocknungsverfahren Bd. 2, 2. Auflage, Springer Verlag Berlin-Heidelberg-New York-Tokio (1978).
[2] Lindemann, W.: Kammertrockner und Wärmekammern, Austührungs- und Einsatzbeispiele, Aufbereitungstechnik, 28. Jahrgang (1987) Heft 9, Seite 621-626.
[3] AVP Anhydro AS, Sprühtrocknungsanlagen, Firmenschrift.
[4] KHD Humboldt Wedag AG, Stromtrockner, Firmenschrift 7-140d.
[5] Allgaier-Werke GmbH, Trockner und Kühler, Referat über angewandte Trocknungs- und Kühltechnik.
[6] KHD-Humboldt-Wedag AG, Trommeltrockner, Firmenschrift 7-130d.
[7] Allgaier-Werke GmbH, Wirbelschichttrockner, Firmenschrift.
[8] Krauss Maffei, Tellertrockner TT/Tellerkühler TK, Firmenschrift, Best. Nr. 230 1 d.
[9] Hosokawa Micron Europe B.V.: Mikrowellen-Vakuumtrocknungstechnologien, Firmenschrift.
[10] KHD-Humboldt-Wedag AG, Dampf-Wirbelschicht-Trocknung, Firmenschrift 07.5.0 d.

Der Mischer-Trockner MT
ein diskontinuierlicher Trockner für hochwertige Produkte

Von F. Thurner und J. Oess [1])

1 Einleitung

Für die Trocknung hochwertiger Produkte werden Apparate benötigt, die die Produktqualität nicht beeinträchtigen. Eine schonende thermische und mechanische Behandlung des Produktes im Trockner führt ebenso zu einer hohen Produktqualität, wie die Vermeidung von Kontamination durch Fremdpartikel, Keime oder Ablagerungen gealterten Produktes. Für die Verarbeitung von Pharma- oder Spezialprodukten werden daher diskontinuierlich arbeitende, sterilisierbare Vakuumtrockner eingesetzt, die einfach und vollständig zu reinigen sind. Infolge des hohen Kapitaleinsatzes und der kleinen Produktionsmengen werden solche Trockner multivalent genutzt.

2 Beschreibung des Trocknungsapparates

Der in Bild 1 dargestellte **Mischer-Trockner MT** erfüllt obige Anforderungen. Er besteht im wesentlichen aus dem Konusbehälter, der Mischschnecke und dem Mischwerk.

Der **Konusbehälter** ist als Vakuum-/Druckbehälter ausgeführt. Der aufgeschweißte Doppelmantel beziehungsweise Halbrohrschlange dient zur Beheizung oder Kühlung. Die Stutzen für den Produkteintrag, Mannloch, Brüden, Temperaturmessung sind auf dem Behälteroberteil angeschweißt. Der Produktaustrag befindet seitlich an der tiefsten Stelle des Konusbehälters.

Die **Mischschnecke** dient zur konvektiven Durchmischung des Produktes und zur Entfernung von Produktablagerungen an der Behälterwand. Die Mischschnecke dreht zum einen um die eigene Achse, um das Schüttgut nach oben zu fördern und zum anderen um die Konusbehälterachse, um die Behälterwand frei von Produktablagerungen zu halten. Die Mischschnecke ragt von unten, fliegend gelagert in den Konusbehälter. Durch diese Konstruktion können alle Antriebs- und Lagerteile außerhalb des Verfahrensraumes angebracht werden. Eine möglich Verunreinigung des Produktes durch Schmiermittel für Lager- und Getriebeteile wird dadurch ausgeschlossen. Der Verfahrensraum ist von oben frei zugänglich und kann daher gut inspiziert und gereinigt werden. Gleichzeitig ist es möglich, Zusatzaggregate und Meßlanzen direkt in das Produkt zu führen. Eine Beheizung der Mischschnecke kann mit flüssigem Wärmeträgermedium und Heizdampf erfolgen. Aufgrund der fliegenden Lagerung wird das Heizdampfkondensat problemlos abgeführt.

Die Lagerung, der Antrieb und die Abdichtung der Mischschnecke erfolgt im **Mischwerk**, das an den Konusbehälter angeflanscht ist. Zur Abdichtung der Mischschnecke und des Drehtriebes werden vorzugsweise doppelt wirkenden Gleitringdichtungen ein-

---

[1]) Dr.-Ing. Franz Thurner, Dipl. - Ing. Jürgen Oess, Krauss Maffei, Verfahrenstechnik GmbH, München

gesetzt. Diese Art der Abdichtung zeichnet sich durch minimale Leckage, minimalen Abrieb und lange Standzeiten aus. Der produktberührte Teil des Mischwerkes ist kegelförmig gestaltet (siehe Bild 3) und mit Abstreifern versehen, um auch bei schwer fließenden Produkten einen nahezu vollständigen Austrag zu erzielen. Die Mischschnecke und der Drehtrieb werden durch Elektromotore über Untersetzungsgetriebe angetrieben. Eine Variation der Drehzahl zur Anpassung an die jeweiligen Produkteigenschaften ist über Frequenzumrichter möglich.

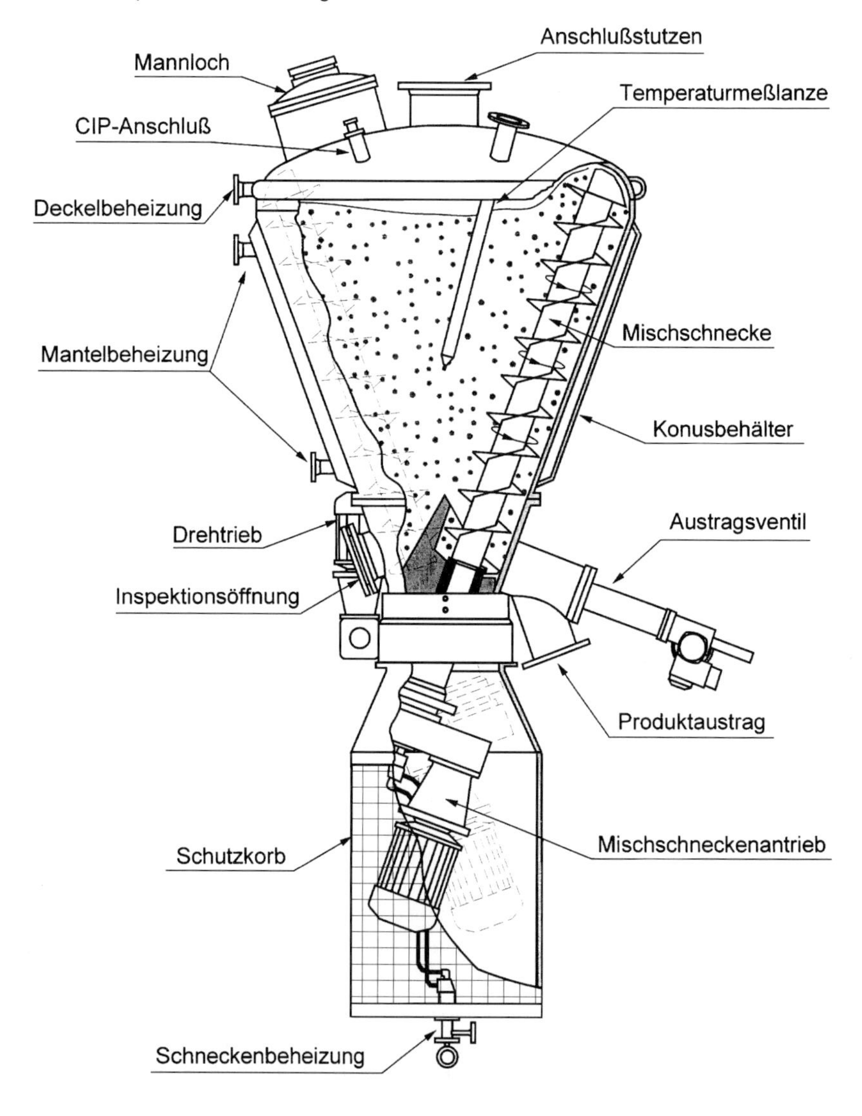

Bild 1: Schema des Mischer-Trockners MT

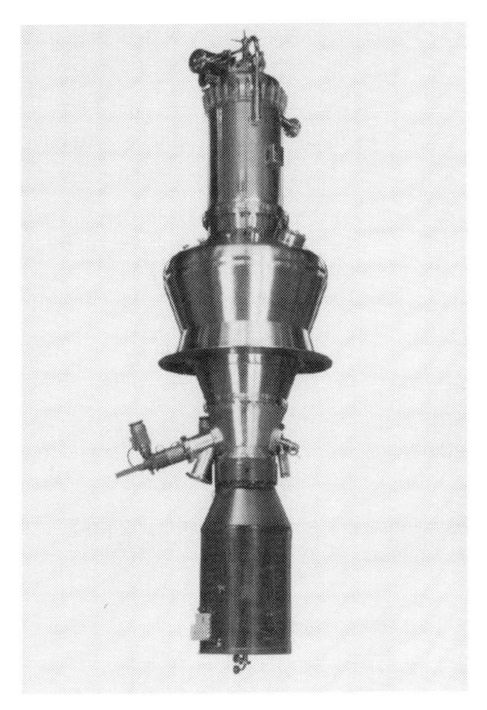

Bild 2: Foto des Mischer-Trockners MT

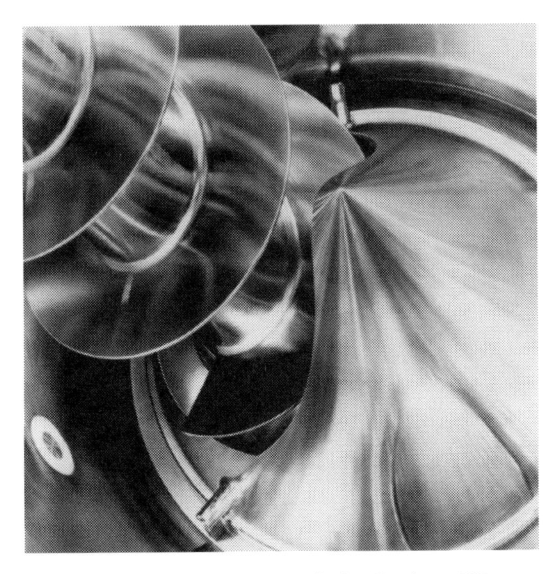

Bild 3: Blick ins Innere des Mischer-Trockners MT

Der Produktaustrag wird durch ein Austragsventil vakuum- und druckdicht abgedichtet. Das Austragsventil ist als Kolbenventil ausgeführt, wobei die Abdichtung über Dichtringe oder metallisch erfolgen kann.

Je nach Anwendungsfall kann der Apparat mit Zusatzeinrichtungen ausgerüstet werden:

Mittels einer Temperaturmeßlanze, die am Behälteroberteil befestigt wird und in die Mitte der Schüttung ragt, kann die Produkttemperatur ohne Randeinflüsse gemessen werden. Die Produkttemperatur ist ein Maß für den Zustand des Produktes und dient als optimale Regelgröße für die Prozeßführung.

Bei der Verarbeitung klumpenbildender Produkte können Agglomeratzerstörer von oben in den Trockner eingebracht werden.

Durch Einsatz von Desodorierstutzen am Behälterunterteil, ist es möglich, die Produktschüttung von unten mit Schleppgas zu durchströmen, wodurch die Trocknungszeit bei innenfeuchten Produkten um bis zu 50 % verkürzt werden kann.

Eine Reinigung des Apparates kann über fest installierte CIP-Stutzen erfolgen, ohne den Trockner öffnen zu müssen.

3 Beschreibung des Trocknungssystems

Für den Betrieb des Mischer-Trockners MT sind verschiedene Peripherieapparate erforderlich (Bild 4). Es handelt sich hierbei im wesentlichen um

- Eintragssystem,
- Brüdenfilter,
- Kondensator,
- Vakuumsystem,
- Austragssystem,
- Heiz- und Kühlkreislauf und
- Meß-, Steuer- und Regeleinrichtungen.

Der **Produkteintrag** erfolgt in der Regel direkt aus dem vorgeschalteten Trennapparat wie Zentrifuge oder Filter. Falls das Trocknungssystem als eine stand-alone Anlage betrieben wird, werden ja nach Produktart offene oder staubdichte Eintragssysteme für die Entleerung von Fässern, Big Bags, etc. verwendet.

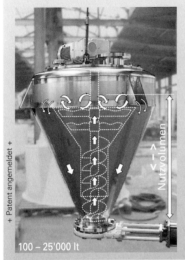

Bei der Trocknung von rieselfähigen Schüttgütern wird Feingut mit dem Brüdenstrom mitgerissen. Um Produktverluste und ein Verschmutzen nachgeschalteter Apparate zu vermeiden werden Brüdenfilter zur Abtrennung der Feststoffpartikel aus dem Brüdenstrom eingesetzt. Die **Brüdenfilter** werden direkt auf den Behälterdeckel aufgesetzt und bestehen aus einem beheizten Gehäuse mit Filterelementen. Als Filtermedium werden Textilgewebe, Kunststoffmembranen oder Sintermetallgewebe verwendet. Bei der Produktion hochwertiger Produkte werden vorzugsweise Filterelemente aus gesintertem Mehrlagengewebe oder Metallfasergewebe eingesetzt, da diese Materialien nahe-

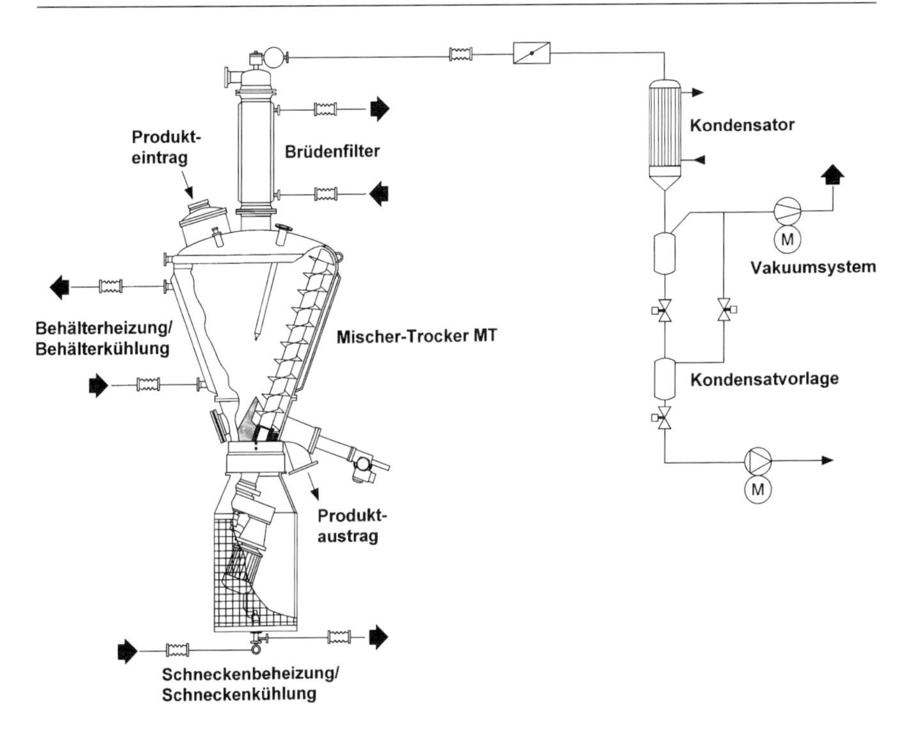

Bild 4: Fließbild des Trocknungssystems

zu keinem Verschleiß unterliegen. Eine Kontamination des Produktes durch Faserabrieb ist ausgeschlossen. Die Filterelemente werden durch Aufgabe eines Druckgasstoßes abgereinigt. Der abgereinigte Feststoff fällt direkt in den Trockner zurück.

Die abgeführten Brüden werden in einem **Kondensator** verflüssigt. In der Regel werden Rohrbündel- oder Plattenkondensatoren verwendet, die zu Reinigungszwecken einfach demontierbar sind. Das Kondensat wird entweder direkt abgepumpt oder in einer Kondensatvorlage gesammelt.

Zum Evakuieren des Trocknungssysstemes und zur Abführung nicht kondensierbarer Anteile aus dem Trockner wird ein **Vakuumsystem** benötigt. Die Auswahl des Vakuumsystems ist vorrangig vom Prozeßdruck abhängig. Hauptsächlich werden Flüssigkeitsringpumpen mit vorgeschaltetem Gasstrahler oder vorgeschalteter Wälzkolbenpumpe verwendet. Bei niedrigen Drücken kommen Drehschieberpumpen oder Schraubenverdichter zum Einsatz.

In pharmazeutischen Anlagen wird vorzugsweise Heizdampf als primäres Heizmedium verwendet. Die **Beheizung** des Trockners erfolgt entweder direkt mit Dampf bei dem zur Heiztemperatur korrespondierenden Sattdampfdruck oder über einen Wasserkreislauf. Bei Verwendung eines Heizkreislaufes wird das Kreislaufwasser durch Eindüsung von Dampf oder indirekt in einem Wärmeübertrager erwärmt.

Je nach Automationsgrad wird das Trocknungssystem manuell oder halb- bis vollautomatisch durch eine Apparatesteuerung oder ein Prozeßleitsystem überwacht und gesteuert.

4 Arbeitsweise

Die zu verarbeitende Chargenmenge wird bei laufendem Mischorgan in den Trockner eingefüllt. Anschließend wird das System geschlossen und das Produkt getrocknet. Je nach Produkteigenschaften wird die Trocknung mit konstanten Einstellungen für Druck, Heiztemperatur und Drehzahl durchgeführt oder die Parameter werden im Laufe der Trocknung verändert um eine optimale Produktqualität zu erreichen.

5 Anwendungsbeispiel

Produktdaten:

Feststoff	Pharmaprodukt
Korngröße, d_{p50}	20 µm
Flüssigkeit	Isopropanol
Schüttgewicht trocknen	340 kg/m³

Apparatedaten:

Mischer Trockner:	
Typ	MT 3/300 GL
Nennvolumen	3 m³
Wärmeübertragungsfläche	10,7 m²
Brüdenfilter:	
Typ	MF 3
Filtermaterial	Sintermetallgewebe
Filterfläche	3,3 m²
Kondensator:	
Typ	Rohrbündelwärmeübertrager
Wärmeaustauschfläche	5 m²
Vakuumsystem:	
Typ	Flüssigkeitsringpumpe mit Flüssigkeitskreislauf
Saugleistung	220 m³/h
Beheizung:	
Typ	Wasserkreislauf mit indirekter Dampfbeheizung

Betriebsdaten:

Chargenmenge	1000 kg atro
Herkunft	aus Schälzentrifuge
Anfangsfeuchte	15 %

Anfangstemperatur	20 °C
Trocknen 1 (Vakuumkontakt-trocknung):	6 h
Heiztemperatur	50 °C
Prozeßdruck	50 mbar
Drehzahl Mischschnecke	80 min^{-1}
Drehzahl Drehtrieb	0,3 min^{-1}
Trocknen 2 (Desodorierung):	4 h
Heiztemperatur	80 °C
Prozeßdruck	20 mbar
Drehzahl Mischschnecke	40 min^{-1}
Drehzahl Drehtrieb	0,15 min^{-1}
Inertgasspülung	4 m^3/h
Kühlung:	1 h
Kühltemperatur:	20 °C
Austrag:	0,5 h
Endfeuchte:	10 ppm
Endtemperatur:	30 °C

6 Einsatzgebiete

Im Mischer-Trockner MT lassen sich folgende Grundverfahren durchführen:

- Aufheizen,
- Abkühlen,
- Mischen,
- Trocknen,
- Desodorieren.

Er wird hauptsächlich zur Verarbeitung qualitativ hochwertiger Produkte in

- der chemischen Industrie,
- der pharmazeutischen Industrie und
- der Lebensmittelindustrie

eingesetzt.

Über 200 Produkte werden mit Erfolg im Mischer Trockner MT verarbeitet. Darunter sind

- Antibiotika (Novocain-Penicillin, Procain-Penicillin, Chephalosporin, etc.),
- Vitamine,
- Hormonpräparate,

- Anti-Krebsmittel,
- Herbizide,
- Insektizide,
- Enzyme und
- Aminosäuren.

7 Zusammenfassung

Der Mischer Trockner MT ist ein diskontinuierlicher Vakuumkontakttrockner. Die Trocknung erfolgt unter Erhalt der Produktqualität (Reinheit, Kornform, Korngröße). Eine Kontamination durch Fremdpartikel, Keime und Produktablagerungen vorhergegangener Chargen wird vermieden. Durch die geometrische Form ist eine nahezu vollständige Entleerung möglich. Der Mischer Trockner MT wird aufgrund dieser Merkmale für die chargenweise Trocknung hochwertiger Produkte eingesetzt. Er hat sich unter anderem für die fremdpartikelarme Trocknung parenteraler (durch Injektion oder Infusion) verabreichter Arzneimittel bewährt.

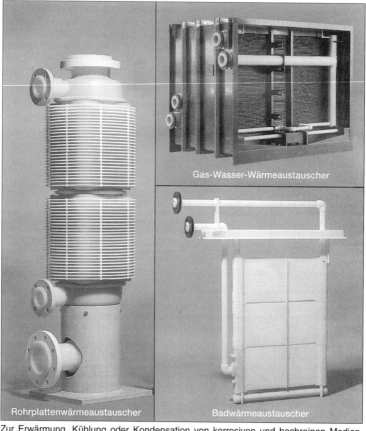

9 Destillations-Rektifikations-Extraktionsanlagen

Trennkolonnen mit geordneten Packungen für die Rektifikation und Absorption

Von L. Spiegel [1])

1 Einleitung

Vor mehr als dreißig Jahren beschäftigte sich Sulzer mit dem Bau von Rektifizier-Kolonnen zur Endanreicherung und Aufarbeitung von schwerem Wasser. Für diese mit den damaligen Kolonneneinbauten nicht lösbare Aufgabe der Vakuumrektifikation bei extrem hoher Trennstufenzahl entwickelte Sulzer die erste geordnete Packung aus Metallgewebe, die Gewebe-Packung BX. Wichtigstes Merkmal dieser Packung war ein äußerst niedriger Druckabfall pro Trennstufe und eine hohe Trennstufenzahl pro Meter.

Die Weiterentwicklung dieser Technologie brachte 1976 die Mellapak hervor, eine geordnete Packung ähnlicher Struktur wie die BX-Packung, aber aus kostengünstigem Blech statt Metallgewebe hergestellt. Dank der damit verbundenen Preissenkung hat die geordnete Packung ihren Siegeszug in nahezu alle Gebiete der Rektifikation und Absorption angetreten.

Mitte 1994 wurde mit der Optiflow eine neuartige, hochsymmetrische Stoffaustauschstruktur auf den Markt gebracht, die gegenüber der Mellapak nochmals eine signifikante Leistungsverbesserung bringt.

In diesem Beitrag werden die wichtigsten Eigenschaften der geordneten Packungen und ihre Anwendungen beschrieben, daneben werden auch die übrigen Kolonneneinbauten, insbesondere die Verteiler kurz erläutert.

2 Geordnete Packungen

Die geordneten Packungen lassen sich nach dem Grundmaterial, aus dem sie gefertigt werden, oder dem Anwendungsgebiet in folgende Gruppen einteilen:

- Mellapak aus Blech oder Kunststoff
- Gewebepackung aus Metall oder Kunststoffgewebe
- Mellagrid aus Blech
- Melladur aus technischem Porzellan
- Mellacarbon aus Carbonfasern (CFC)
- Laborpackung aus Metallgewebe oder CFC

Tafel 1 gibt einen Überblick über die verschiedenen geordneten Packungen, ihre Bezeichnungen, spezifische Oberflächen und Lückenvolumina. Die Optiflow-Struktur wird weiter unten separat beschrieben.

Die Mellapak dient als universeller Packungstyp für ein breites Anwendungsspektrum. Es reicht von Anlagen für die Herstellung von chemischen Zwischenprodukten

[1]) Dr. sc. nat. Lothar Spiegel, Sulzer Chemtech AG, Winterthur, Schweiz

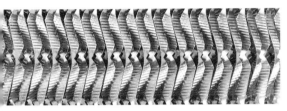

Tafel 1: Übersicht über die geordneten Packungen von Sulzer Chemtech

Packung	Typ	spezifische Oberfläche	Lückenvolumen
		m^2/m^2	m^2/m^3
Mellapak	125.Y 125.X 170.Y 170.X 2Y 2X 250.Y 250.X 350.Y 500.Y 500.X 750.Y	115 115 170 170 205 205 250 250 350 500 500 750	0.989 0.989 0.983 0.983 0.990 0.990 0.988 0.988 0.983 0.975 0.975 0.963
Mellapak aus Kunststoff	125.Y 250.Y 250.X	125 250 250	0.931 0.863 0.875
Mellagrid	64 90	64 90	0.968 0.955
Gewebepackung	BX CY	500 700	0.888 0.843
Kunststoffgewebe	BX PFP	420	0.874
Laborpackung	DX EX	1000 1500	0.775 0.850
Melladur	160.Y 250.Y 350.Y 450.Y	160 250 350 450	0.820 0.760 0.740 0.720
Mellacarbon	125.Y 250.Y 350.Y 500.Y	125 250 350 500	0.970 0.925 0.895 0.850
Laborpackung	EX CFC	1700	0.900
CFC: Carbonfaser			

wie Styrol und Caprolactam, über die Luftzerlegung bis hin zu Vakuumtürmen und Propan- und Butansplittern in Raffinerieanlagen, von der Erdgastrocknung und -reinigung bis hin zu Lösungsmittelrückgewinnung.

Die Gewebepackungen BX und CY wie auch die speziell für den Einsatz in Labor- und Pilotkolonnen entwickelten Laborpak DX und EX werden vor allem bei schwierigen

Trennaufgaben im Vakuum eingesetzt, wie zum Beispiel bei der Isomerentrennung, der Rektifikation von Duft- und Aromastoffen und anderen Feinchemikalien.

Mellagrid stellt eine Alternative zu den oft in Rohölkolonnen eingesetzten Grids dar.

Im folgenden werden die Eigenschaften von Mellapak und Optiflow ausführlicher beschrieben.

2.1 Mellapak

Es gibt diese Packung in insgesamt zwölf Strukturvarianten (siehe Tafel 1), die sich hinsichtlich des Neigungswinkels der Gas-Strömungskanäle und in der spezifischen Oberfläche unterscheiden: Die Kanäle der mit X bezeichneten Packungstypen schließen einen 30°-Winkel mit der vertikalen Achse ein, die mit Y bezeichneten Packungstypen einen 45°-Winkel. Die X-Typen haben niedrigere Druckverluste als die Y-Typen und sind höher belastbar, erreichen allerdings eine etwas niedrigere Trennstufenzahl je m Packungshöhe. Die Ziffern der Typenbezeichnung stehen für die spezifische Oberfläche a_l in m^2/m^3 (Ausnahme: Mellapak 2Y und 2X, 205 m^2/m^3). Niedrige a_l-Werte ergeben hohe Durchsätze, hohe a_l-Werte hingegen den besseren Trenneffekt. Durch geeignete Wahl des Packungstyps können somit Preis und Leistung einer Kolonne optimiert werden. Mellapak 250.Y (Bild 1) ist die am häufigsten verwendete Packung.

Bild 1: Mellapak 250.Y aus strukturiertem Blech

Material

Mellapak ist in einer grossen Vielzahl von Werkstoffen erhältlich. Grundsätzlich kann dieser Packungstyp aus allen metallischen Werkstoffen hergestellt werden, die sich zu

Blech verarbeiten lassen. Daneben ist die Packung aber auch für den Einsatz in Absorptionskolonnen in Kunststoffausführung lieferbar.

Für den Betrieb mit sehr korrosiven Gemischen und bei hohen Temperaturen kann Melladur (bis über 1000 °C), eine Packung aus technischem Porzellan, oder Mellacarbon (bis über 400 °C) aus Carbonfaser eingesetzt werden. Die Laborpackung EX CFC besteht ebenfalls aus Carbonfaser und eignet sich in Pilot- oder Laborkolonnen zum Pilotieren korrosiver Gemische [1].

Struktur

Die Struktur ist aus Bild 1 ersichtlich. Die Packungskörper bestehen aus schräg gefalteten Lamellen, die so aneinander geschichtet sind, daß offene, sich kreuzende Gas-Kanäle gebildet werden, die schräg zur Kolonnenachse verlaufen. Dadurch wird das Gas beim Durchströmen der Packung in Richtung der parallelen Lagen vermischt. Das Verdrehen aufeinander folgender Packungen bewirkt eine radiale Vermischung über den gesamten Kolonnenquerschnitt. Damit werden Unterschiede in der Gasströmung oder der Konzentration ausgeglichen.

Je kleiner der Kolonnendurchmesser ist, um so eher wird ein gleichmäßiges Konzentrations-Profil über den Kolonnenquerschnitt erreicht. Deshalb werden bei kleinen Durchmessern (z. B. < 300 mm) etwas höhere Trennwirkungen gemessen. Auf eine Wiederverteilung wird – unabhängig von der Packungshöhe – in der Regel verzichtet.

Bei großen Kolonnen mit Durchmesser von 1 m und mehr machen sich Unregelmäßigkeiten in der Gas- oder Flüssigkeitsströmung stark bemerkbar und vermindern damit die Trennstufenzahl. Die starke radiale Gasvermischung der geordneten Packungen kann zwar Strömungs- und Konzentrationsunterschiede in der Gasphase weitgehend ausgleichen. Eine möglichst gute Anfangsverteilung bei der Flüssigkeitsaufgabe und das Strömungsverhalten auf der Packungsoberfläche sind ebenfalls entscheidend für eine optimale Trennwirkung.

Die Flüssigkeitsausbreitung auf einer Gewebepackung wurde schon früher untersucht [2]. Sie wird durch die spezielle Oberflächenstruktur (Lochung) noch verbessert. Diese Art der Strukturierung wurde auch auf die Blechoberfläche der Mellapak übertragen. Damit konnte die Ausbreitung von Flüssigkeiten auf Blechoberflächen entscheidend verbessert werden. Dies bewirkt, daß die Trennstufenzahl praktisch von der Flüssigkeitsbelastung unabhängig ist. Auch bei sehr niedrigen Flüssigkeitsbelastungen ($< 200\ l/m^2\ h$), wie sie im tiefen Vakuum und bei sehr kleinen Rücklaufverhältnissen vorkommen können, werden noch hohe Trennstufenzahlen erreicht.

Leistungdaten

In Bild 2 sind am Beispiel der Mellapak 250.Y und 250.X die Trennwirkung (NTSM = number of theoretical stages per meter = Anzahl der theoretischen Trennstufen je Meter Packungshöhe) und der Druckverlust pro Meter als Funktion des F-Faktors für drei

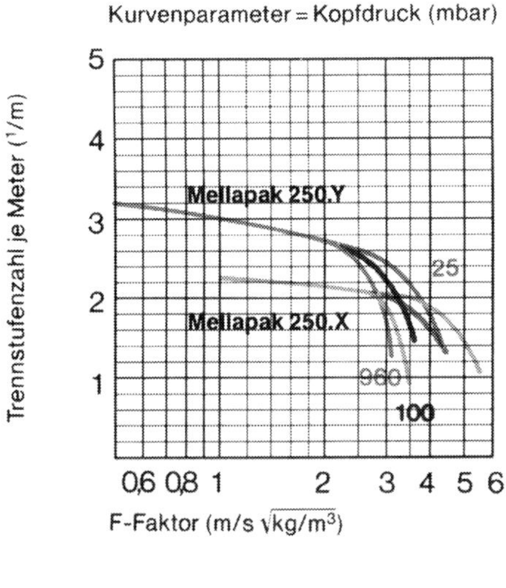

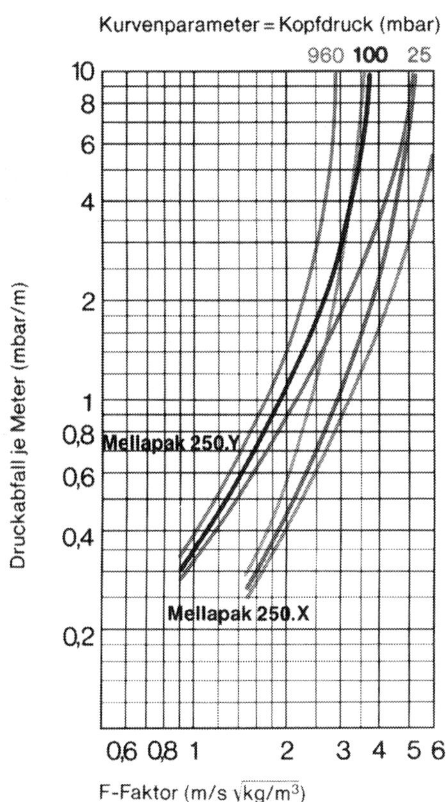

Bild 2:
Leistungsdaten von Mellapak 250.Y-Trennwirkung (NTSM) als Funktion des F-Faktors (oben) Druckverlust pro Meter als Funktion des F-Faktors (unten)

verschiedene Kopfdrücke bei totalem Rücklauf aufgetragen. Die NTSM-Werte sind als Richtgrößen für niedrigviskose organische Gemische anzusehen, deren Molmassen zwischen 60 und 150 kg/kmol liegen (siehe auch [3]). Sie gelten ferner unter der Voraussetzung, daß eine gute Flüssigkeitsverteilung gewährleistet ist und die Kolonne bei mäßigen Drücken (unter 0.5 MPa) arbeitet.

Kapazität, Druckverlust und Hold-up können mit Hilfe von Modellen berechnet werden [4-14]. Darauf basierend wurde von Sulzer Chemtech das PC-Programm SULPAK entwickelt, mit dem sich schnell und zuverlässig eine vorläufige Kolonnendimensionierung durchführen läßt. Ein Beispiel für eine Grobdimensionierung findet man in [3].

2.2 Optiflow

Seit den Achtziger-Jahren beschränkte sich die Weiterentwicklung von geordneten Packungen stets auf geringfügige Variationen der bekannten Bauformen. Umfangreiche Untersuchungen an heute erhältlichen Produkten, aus der Literatur bekannt oder im eigenen Technikum durchgeführt, zeigten klar, daß diese punktuellen Veränderungen der Geometrie zwar teilweise zu Verbesserungen unter bestimmten Bedingungen führten; sie wurden aber stets unter Inkaufnahme anderer Nachteile erreicht.

Unter diesen Voraussetzungen war es naheliegend, daß eine markante Leistungssteigerung nur mit einer gänzlich neuen Bauform zu erreichen war: der Optiflow-Struktur (Bild 3).

Bild 3: Ausschnitt der pyramidenförmigen Struktur von Optiflow

Optiflow besteht aus vielen einzelnen rautenförmigen Teilflächen. Diese sind mehrfach symmetrisch in einem kubisch raumzentrierten Gitter angeordnet. Dabei stoßen die Rautenflächen jeweils an ihren Ecken zusammen und bilden somit eine fachwerkähnliche Struktur aus Oktaedern oder Pyramiden. Diese gleichmäßige Struktur hoher Symmetrie bewirkt eine gute Verteilung und Ausbreitung der Flüssigkeitsphase auf der Blechoberfläche sowie eine gute Quer- und Durchmischung des Flüssigkeitsfilms. In der Gasphase wird durch die Flügelradwirkung benachbarter Rautenflächen eine aufwärtsgerichtete Rotationsströmung induziert, mit einem niedrigem Druckverlust und hoher Trennwirkung. Die 4 diagonal durchgehend offenen, sich durchdringenden Hauptströmungsrichtungen erzeugen eine ideale Ausbreitung und Quermischung in der Gasphase.

Material

Optiflow wird aus den gängigen rostfreien Stählen hergestellt.

Leistungsdaten

Optiflow vereinigt die Eigenschaften verschiedener geordneter Packungen bezüglich Trennwirkung und Kapazität:

- eine um 25 % höhere Kapazität als Mellapak 250.Y bei leicht höherer NTSM (Bild 4 oben)
- eine um 50 % höhere NTSM als Mellapak 250.X (Bild 4 unten)

Die Druckverluste von Optiflow liegen im Vergleich mit Schüttfüllkörpern und Mellapak 250.Y viel tiefer [15].

3 Kolonneneinbauten

Bild 5 zeigt ein Schnittbild einer typischen Rektifizier-Kolonne, geschweißt in Monoblockausführung mit zwei Sektionen.

Hauptbestandteil jeder Sektion ist die Packung. In ihr begegnen sich die flüssige und gasförmige Phase, indem die Flüssigkeit auf der Packungsoberfläche meist als Film herunterrieselt und das Gas im Zwischenraum aufwärts strömt. Dies führt zu einem intensiven Stoffaustausch entlang der gesamten berieselten Oberfläche.

Über der Packung befindet sich der Flüssigkeitsverteiler, dessen Aufgabe die gleichmäßige Verteilung der Flüssigkeit ist. Je nach Trennproblem kommen unterschiedliche Ausführungen von Verteilern zur Anwendung. Die wichtigsten Bauarten werden unten beschrieben.

Die Packung ruht auf einem Tragrost, der so dimensioniert ist, daß die Kapazität der Packung durch ihn nicht begrenzt wird.

Zwischen den zwei Sektionen dient der Flüssigkeitssammler zum Sammeln und Vermischen der Flüssigkeit. Er ist so konstruiert, daß die gesamte austretende Flüssig-

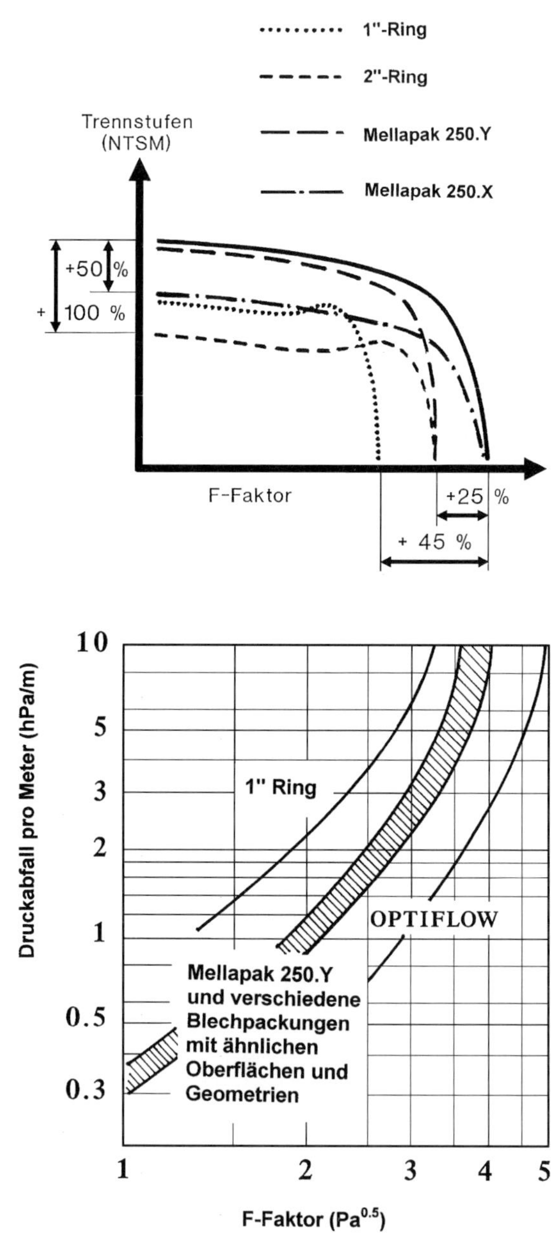

Bild 4: Leistungsdaten von Optiflow im Vergleich mit Mellapak und Schüttfüllkörpern Trennwirkung (oben) Druckverlust (unten)

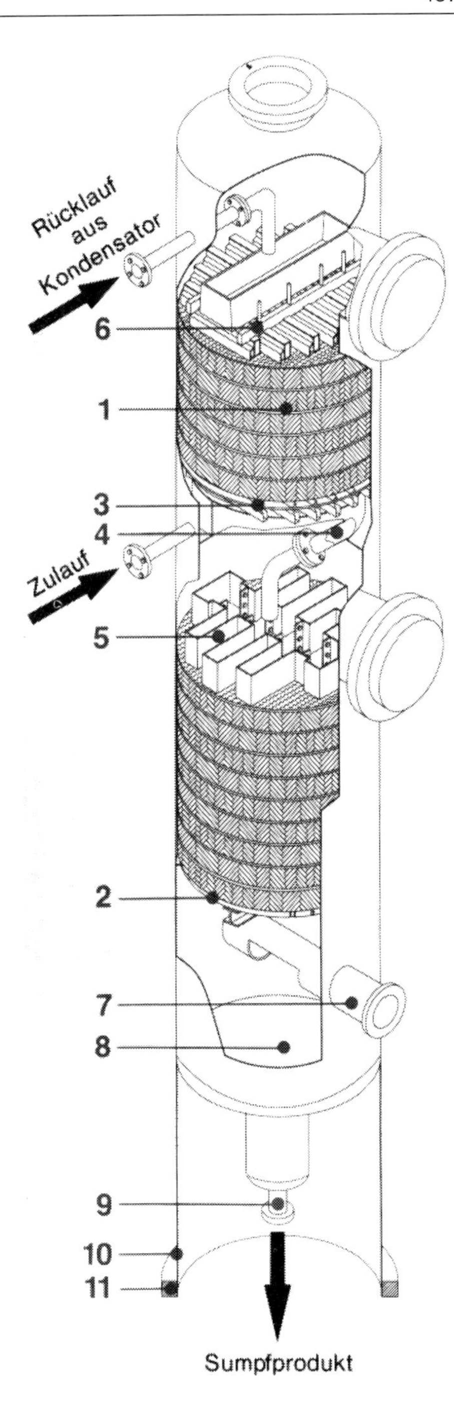

Legende:

1 Packung
2 Auflageträger
3 Flüssigkeitssammler
4 Ringkanal mit Ablauf
5 Flüssigkeitsverteiler
6 Halterost
7 Dampfeintrittsrohr
8 Kolonnensumpf
9 Umwälzleitung zum Verdampfer
10 Standzarge
11 Verankerung

Bild 5:
Schnittbild einer Rektifizier-Kolonne
in Monoblockausführung

keit aufgefangen und in den Ringkanal geleitet wird. Von dort fließt die Flüssigkeit gut durchmischt zum nächsten Verteiler.

Unterhalb der unteren Sektion befindet sich ein Gasverteilsystem, das für eine gleichmäßige Verteilung des Gasstroms am Eintritt in die untere Packungssektion sorgt.

3.1 Flüssigkeits-Verteiler

Für die Trennwirkung einer Packungskolonne ist die gleichmäßige Verteilung der Flüssigkeit wie auch des entgegenströmenden Dampfes über den Querschnitt von ausschlaggebender Bedeutung. Kolonnen mit großem Durchmesser sind besonders anfällig auf Maldistributionseffekte. Als Faustregel gilt, daß alle 15 bis 20 Trennstufen eine Wiederverteilung eingebaut werden sollte.

Teillastverhalten und Empfindlichkeit gegenüber Schmutz und Ablagerungen sind wichtige Betriebsmerkmale von Flüssigkeitsverteilern. In Bild 6a sind drei wichtige Bauarten von Flüssigkeitsverteilern zusammengestellt

- Elementverteiler VE
- Kanalverteiler VK
- Sammler/Verteiler V/S

Diese Bauarten werden je nach Anwendung mit dem geeigneten Ausflußsystem kombiniert (siehe Bild 6b):

- Grundloch Typ G
- Prallblech Typ P
- innenliegende Röhrchen Typ R
- seitliche Ausflußröhrchen Typ L

Der Typ G eignet sich nur für saubere Flüssigkeiten. Der Typ P wird standardmäßig eingesetzt, wegen des erweiterten Lochdurchmessers ist er auch bei kleinen Flüssigkeitsbelastungen (bis 200 l/m^2 h) nicht verstopfungsanfällig. Die Typen R und L werden bei Flüssigkeiten, die zum Verstopfen neigen, eingesetzt.

Der Elementverteiler wird standardmäßig mit dem P, L oder G-Ausflußsystem gebaut. Er setzt sich aus Armkanälen und einem darüberliegendem Hauptkanal (oder mehreren) zusammen. Er wird in Monoblockkolonnen ab 800 mm Durchmesser verwendet. Bei kleineren Durchmessern (ab 300 mm) wird der Kanalverteiler, meist mit G oder R-Ausflußsystem kombiniert, verwendet. Er besteht aus einem Block offener Kanäle, die als kommunizierendes System miteinander verbunden sind.

Sammler/Verteiler sind Kaminbodensammler mit gleichzeitiger Funktion als Flüssigkeitsverteiler. Sie werden eingesetzt, wenn der zwischen zwei Packungen verfügbare Raum sehr beschränkt ist oder wenn hohe Flüssigkeitsströme bewältigt werden müssen.

Weitere Bauarten von Verteilern für spezielle Anforderungen sind in [16] beschrieben.

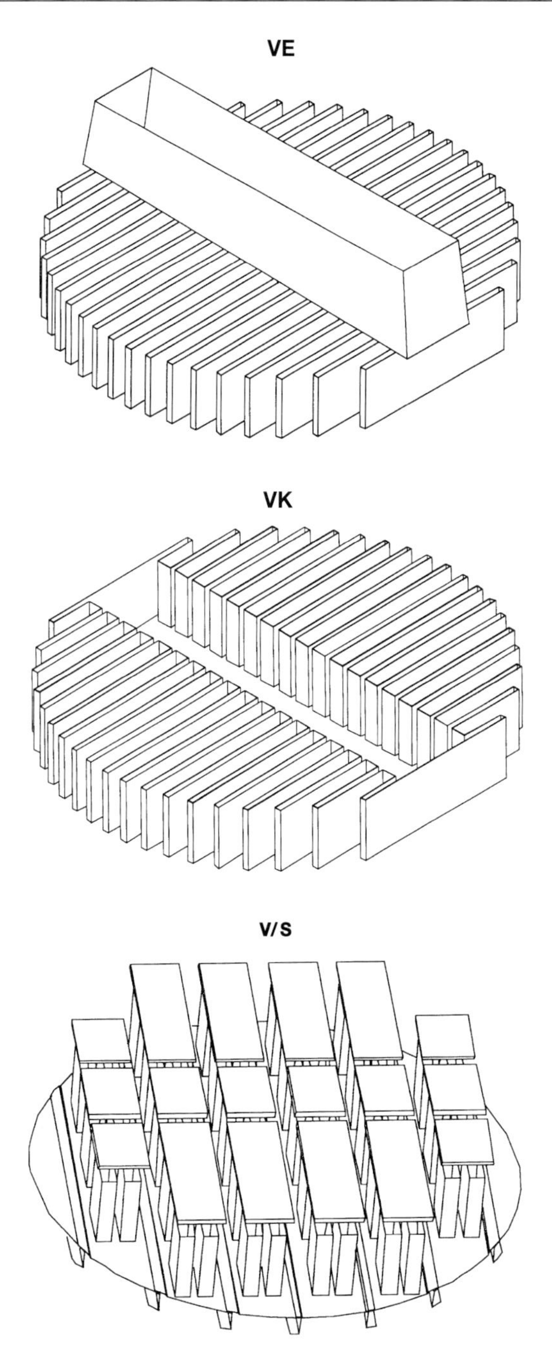

Bild 6a: Bauarten von Flüssigkeitsverteilern

Ausflußsystem Typ G

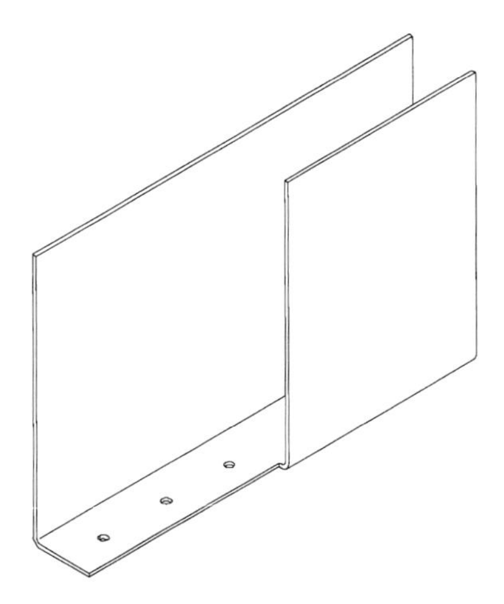

Ausflußsystem Typ P

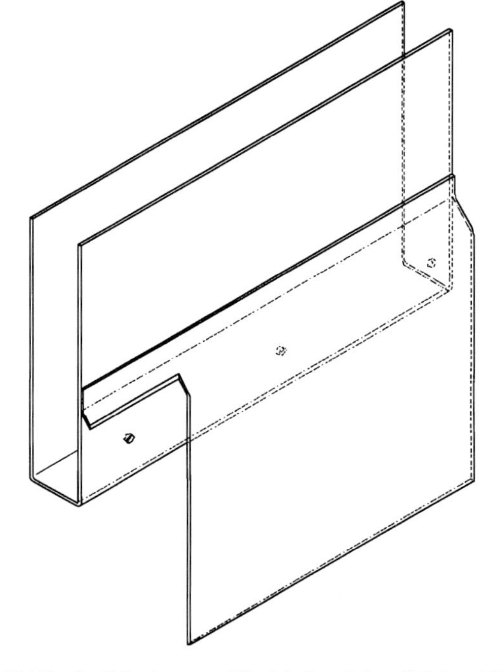

Bild 6b: Ausflußysteme von Flüssigkeitsverteilern (Teil 1 und 2)

Ausflußsystem Typ R

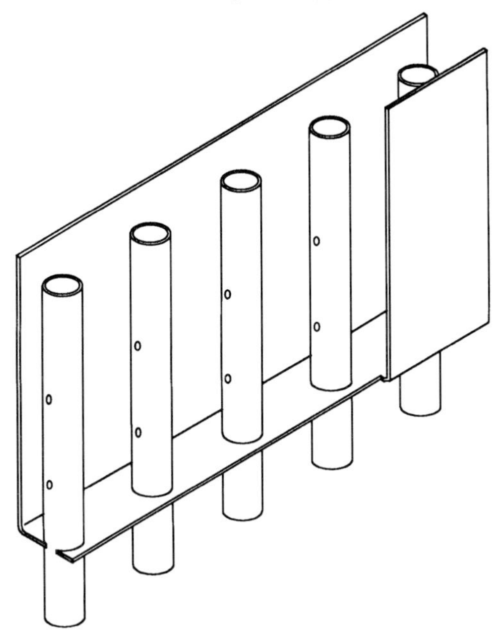

Ausflußsystem Typ L

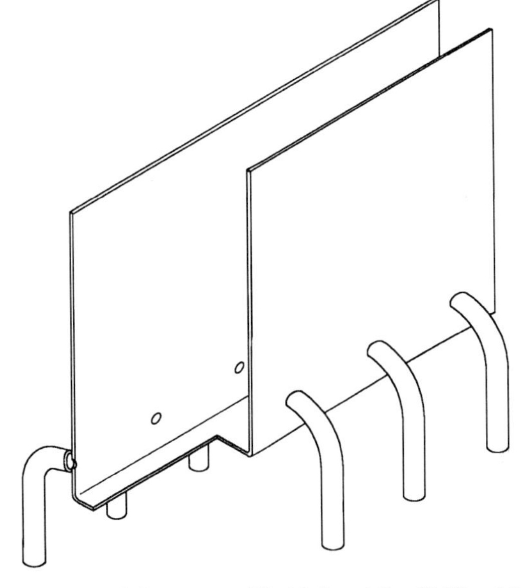

Bild 6b: Ausflußysteme von Flüssigkeitsverteilern (Teil 3 und 4)

3.2 Gasverteiler

Die Gasverteilung in Rektifikationskolonnen hat vor allem bei höheren Drücken und großen Kolonnendurchmessern einen erheblichen Einfluß auf die Trennwirkung einer Packungskolonne. Da an den Eintrittsstutzen oft Zweiphasenströmung herrscht und die Betriebsverhältnisse überdies von der Lage und der Anzahl der Zuführungen abhängen, findet man bei den Gasverteilern eine größere Vielfalt an konstruktiven Lösungen als bei den Flüssigkeitsverteilern.

Weitergehende Hinweise zur Auswahl von Verteilsystemen und den übrigen Kolonneneinbauten findet man in [16,17].

4 Anwendungen für die Rektifikation

Ob bei einer spezifischen Trennaufgabe geordnete Packungen, Schüttfüllkörper oder Böden die wirtschaftlichste Lösung sind, hängt vom jeweiligen Anwendungsfall ab. Im allgemeinen lohnt sich der Einsatz geordneter Packungen immer dann, wenn eine hohe Trennwirkung, ein kleiner Druckabfall oder eine Verbesserung der Leistung einer bestehenden Kolonne angestrebt wird. Sie eignen sich auch für die Optimierung von Trennprozessen in Pilotkolonnen und für die auf Pilotversuche gestützte sichere Auslegung industrieller Kolonnen sowie für den Einsatz in Mehrzweckkolonnen und in Anlagen mit großem Lastbereich. Ferner kommen sie in Frage bei der Einsparung von Energie, der Erhöhung der Ausbeuten und bei der Trennung von Stoffgemischen mit Schaumneigung [18,19].

4.1 Chemische Industrie

Der Einsatz von Packungskolonnen in der chemischen Industrie und die damit erzielbaren Energieeinsparungen soll an zwei Beispielen anschaulich gemacht werden. Das erste ist eine Trennkolonne für das Gemisch Cyclohexanon/Cyclohexanol mit einer Kapazität von 200000 t/a Cyclohexanon. Die zweite Kolonne erzeugt 320000 t/a Styrol aus einem Ethylbenzol/Styrol-Gemisch. In Tafel 2 findet man einen Vergleich zwischen den Abmessungen und den Betriebsdaten einer konventionellen Bodenkolonne mit denen einer Mellapak-Kolonne.

Die Mellapak-Kolonnen erreichen in beiden Fällen die gleiche Trennstufenzahl bei geringerer Packungshöhe und etwa der halben Rücklaufmenge. Daraus ergibt sich eine markante Senkung des Dampfverbrauches. Der wesentlich niedrigere Druckverlust in der Mellapak-Kolonne würde sogar den Einsatz eines Brüdenverdichters zur Beheizung des Kolonnensumpfs rechtfertigen. Damit könnten die Energiekosten nochmals erheblich gesenkt werden.

Optiflow-Kolonne

Die Trennung von Fettsäure-Estern erfolgt mittels Vakuum-Rektifikation bei Drükken von 1 kPa. In Bild 7 sieht man links den ursprünglichen Entwurf der Kolonne mit einer Kombination von Gewebepackung BX und Mellapak 250.Y. Rechts ist die Optiflow-

Tafel 2: Ersatz von Böden durch Mellapak bei der Produktion von Zwischenprodukten in der chemischen Industrie

		Cyclohexanon/Cyclohexan		Ethylbenzol/Styrol	
		mit Böden	mit Mellapak.	mit Böden	mit Mellapak
Kapazität	t/a	200000	200000	320000	320000
Durchmesser	m	8 bis 10	5.9	11.25/9.75	7.2
Kopfdruck	kPa	7	4.2	6.0	24.4
Kopftemperatur	°C	74	63	55	90
Sumpfdruck	kPa	35	7.0	36.6	30.9
Sumpftemperatur	°C	126	89	111	104
Druckabfall	kPa	28	2.8	30.6	6.5
Trennstufenzahl	—	40	40	70	70
Rücklaufverhältnis	—	6	3	10	7
Packungshöhe	m	36 a)	15	32 b)	30
Dampfeinsparung:					
prozentual	%		ca. 45		ca. 30
effektiv	t/a		127 000		120000

a) 60 Böden mit einem Abstand von 600 mm
b) 80 Böden mit einem Abstand von 400 mm

Tafel 3: Vergleich einer Kolonne mit geordneten Packungen oder Optiflow für die Trennung von Fettsäure-Estern

		BX/Mellapak 250.Y	Optiflow
Trennstufenzahl		Verstärkerteil: 9 / Abtriebsteil: 9	
Kopfdruck	mbar	10	
Sumpfdruck	mbar	155	
Druckdifferenz	mbar	55	
Durchmesser	m	1.8	1.5
Packungs-Volumen	m^3	18	14
Investition (Packung & Einbauten)	CHF	340'000	273'000

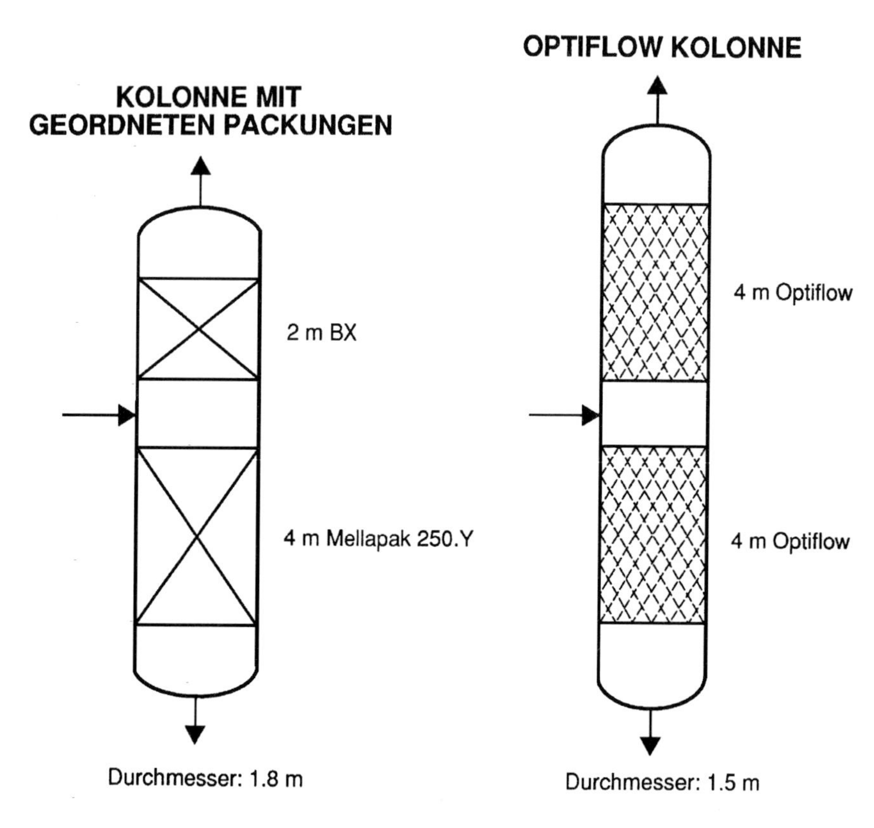

Bild 7: Trennung von Fettsäure-Estern

Kolonne dargestellt, die dann auch ausgeführt wurde. Ausschlaggebend waren die Investitionskosten der Optiflow-Kolonne, die sich gegenüber der konventionellen Lösung um 20 % niedriger erwiesen (siehe Tafel 3).

4.2 Petrochemie

In den Achtzigerjahren hat die geordnete Packung auch in der eher konservativ planenden petrochemischen Industrie Einzug gehalten. Vor allem werden hier bestehende Kolonnen von Böden, aber auch von Einbauten mit geringerer Effizienz, wie Grids auf Mellapak umgerüstet. Der Anreiz ist, wie in der chemischen Industrie, die höhere Kapazität, der kleinere Druckabfall und die bessere Trennleistung der Packungskolonne.

Beispiele erfolgreicher Umrüstungen sind

- Rohöltürme für atmosphärischen Druck
- Vakuumtürme zur Erzeugung von Cracker-Einsatzstoff

- Vakuumtürme für die Schmierölproduktion
- Fraktionierkolonnen für die Produkte von Crack- und Verkokungsanlagen

Als besonders attraktiv erweist sich die Umrüstung der sogenannten Waschsektion in Rohölkolonnen, und zwar der Sektion direkt oberhalb der Einspeisung des Rohöls respektive des atmosphärischen Rückstands.

Die Waschsektion dient dazu, mitgerissene Tropfen abzuscheiden und die Trennung zwischen Rückstand und unterstem Seitenprodukt zu bewerkstelligen.

Dank der besseren Trennwirkung von Mellapak oder Optiflow gegenüber Grids oder Böden kann auch bei höherer Ausbeute der Siedekurve-Endpunkt beibehalten werden. Im Beispiel von Bild 8 wurde nach dem Umbau die gleiche Gasölqualität erhalten, der „cut point" aber stieg von 481 °C auf 520 °C, die Ausbeute von 60.4 auf 64.8 % (Tafel 4). Die Kapitalrückflußzeit für diesen Umbau betrug nur zwei Monate [20].

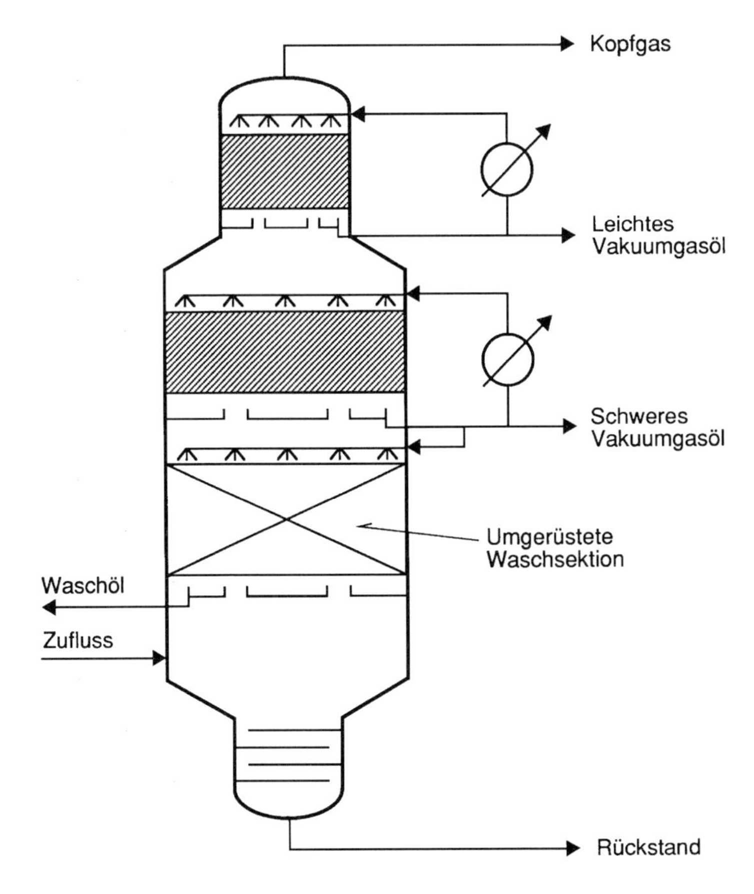

Bild 8: Umrüstung der Waschsektion eines Vakuumturms zur Gasöl-Trennung

Tafel 4: Umrüstung der Waschsektion eines Vakuumturms zur Herstellung von Gasöl und Cracker-Einsatzstoff.

	mit Grids	mit Mellapak
Ofenaustrittstemperatur	366 ° C	378 ° C
Druck in der Flash-Zone	9.33 kPa	8.13 kPa
Druckverlust	1.33 kPa	1.33 kPa
Gasölausbeute	60.4 Gew-%	64.8 Gew-%
"cut point"	481 ° C	520 ° C

5 Anwendungen für die Absorption

In Absorptionstürmen bewährt sich Mellapak vor allem wegen der niedrigen Druckverluste, der guten Stoffübertragung und der hohen Gas- und Flüssigkeitsdurchsätze bei ausgezeichnetem Teillastverhalten. Die Mellapak-Kolonnen arbeiten aber auch mit geringen Rieseldichten zuverlässig. Das wirkt sich vorteilhaft auf die Energiekosten für das Umpumpen und das Aufbereiten der Waschflüssigkeit aus und erlaubt in manchen Fällen, den Absorber mit direktem Durchlauf zu betreiben. Die kompakte Bauweise und das geringere Gewicht der Packungskolonne ist bei modularer Bauweise, zum Beispiel bei Off-Shore-Anlagen, von Vorteil.

5.1 Gastrocknung und -reinigung

Gastrockner und -wäscher arbeiten häufig bei Drücken von 7 bis 12 MPa. Die geringeren Abmessungen der Mellapak-Kolonne bringen daher bei gleicher Leistung eine beträchtliche Gewichtsersparnis und dementsprechend niedrigere Investitionskosten. So verringerte sich beispielsweise beim Einsatz einer Bodenkolonne durch eine Mellapak-Kolonne der Manteldurchmesser von 2.5 auf 1.8 m und das Gewicht von 80 auf 45 t. Die Umrüstung einer bestehenden Bodenkolonne zur Erdgastrocknung mit Triethylenglykol auf Mellapak (Bild 9) erbrachte eine Leistungssteigerung um 70 % bei gleichzeitiger Senkung des Taupunkts von -2 auf -10 °C.

Fast ebenso wichtig wie niedrigere Investitionskosten oder Kapazitätssteigerungen sind jedoch häufig betriebstechnische Vorteile. In Kolonnen mit geordneter Packung tritt die Flüssigkeit in Form eines zusammenhängenden Films mit dem Gas in Kontakt. Sie wird nicht, wie bei der Bodenkolonne, vom Gas durchperlt und zerstäubt. Es können sich also keine Flüssigkeitsnebel bilden und mit dem Gas am Kolonnenkopf austreten. In Mellapak-Kolonnen beschränkt sich daher der Verbrauch an Waschflüssigkeit auf den Verdampfungsverlust.

Für die Erdgastrocknung hat Sulzer Chemtech mehr als 300 Mellapak-Kolonnen mit Durchmessern bis zu 3.4 m und für Drücke bis 12 MPa geliefert [21].

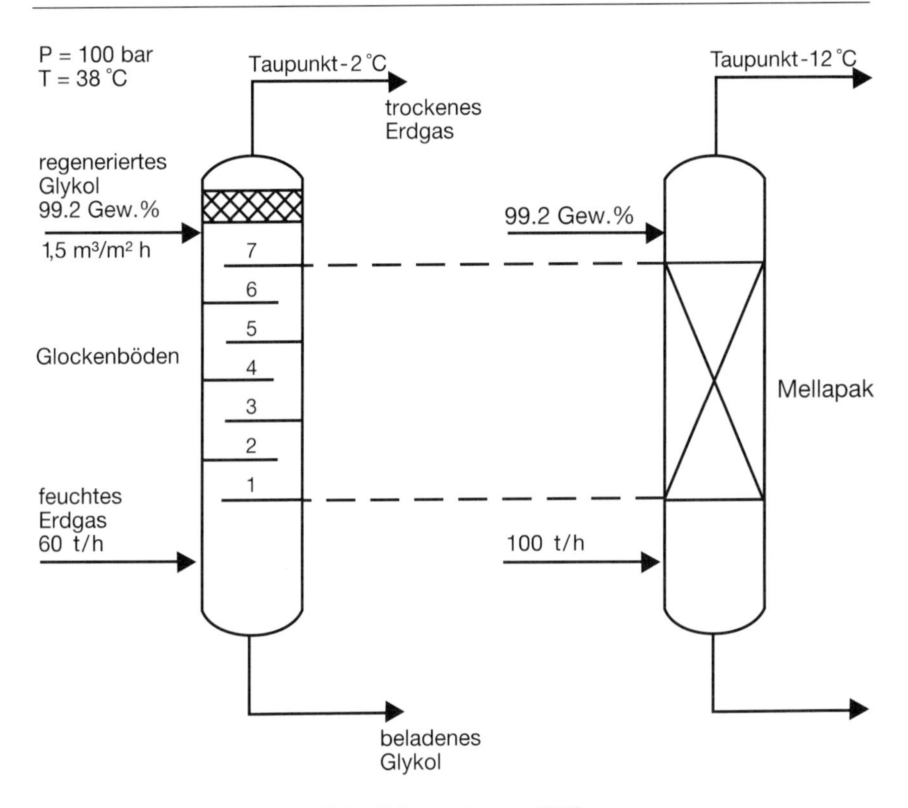

Bild 9: Erdgastrocknung mit TEG

5.2 Abgasreinigung und Lösungsmittelrückgewinnung

Zur Verringerung der Immission durch organische Dämpfe und Lösemittel in der Abluft und in den Abgasen von Industrieanlagen werden vermehrt Abgasreinigungsanlagen mit organischen Waschflüssigkeiten eingesetzt [22, 23]. Da die Absorptionsflüssigkeiten nicht selbst zur Luftverunreinigung beitragen sollen, müssen sie bei Raumtemperatur einen niedrigen Dampfdruck ($\leq$ 0,1 Pa) und einen dementsprechend hohen Normalsiedepunkt haben. Man spricht daher auch von „Hochsieder-Wäsche". Waschflüssigkeiten, die für diesen Zweck verwendet werden, gehören vor allem in die Gruppen der Polyglykolether, der Phthalsäureester und der Silikonöle. Welcher dieser Stoffe jeweils am besten geeignet ist, hängt von der Art der Gasverunreinigung ab. Bild 10 zeigt das vereinfachte Fließbild einer Anlage zur Lösungsmittel-Rückgewinnung. Im Absorber wird die zu reinigende Luft bei Umgebungstemperatur gewaschen. Die mit Lösungsmittel angereicherte Waschlösung nimmt in einem Rekuperator Wärme von der zum Absorber strömenden regenerierten Waschlösung auf und wird in einem Erhitzer weiter aufgewärmt, bevor sie in die Regenerationskolonne eintritt. Diese ist als Dampfstripper mit aufgesetzter Verstärkerstufe ausgeführt, damit kein Waschmittel am Kopf der Kolonne austreten kann. Die Regenerationskolonne arbeitet bei Unterdruck (6 bis 10 kPa). Aus diesem Grunde werden die Restgase aus dem Kopfkondensator mit einer Vakuumpumpe abgesaugt und einem zweiten Kondensator zugeführt.

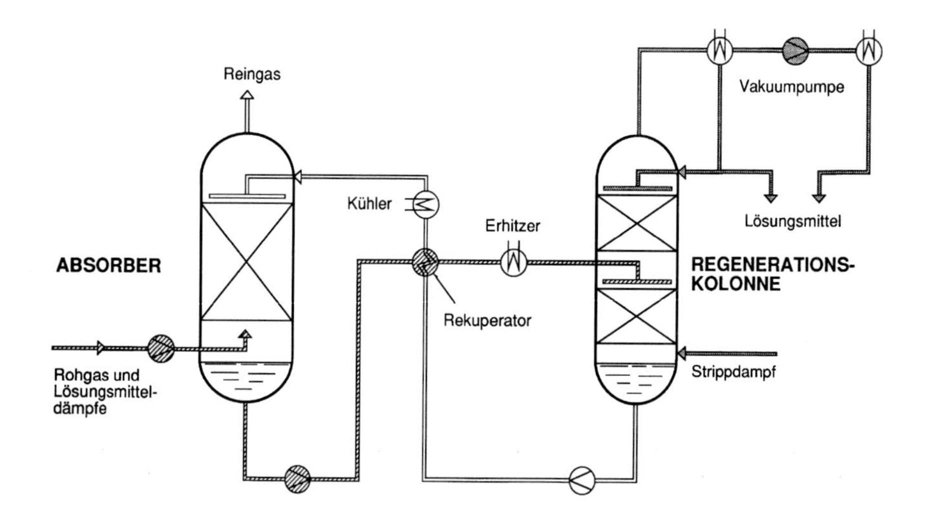

Bild 10: Fliessbild einer Anlage zur Lösungsmittelrückgewinnung

Tafel 5: Betriebsdaten einer Walzölrückgewinnungsanlage

Abluftmenge bei 35 ° C	300000 m³/h
Kohlenwasserstoffbeladung, Eintritt Kohlenwasserstoffbeladung, Austritt	1 g/m³ < 50 mg/m³
Betriebsstunden	6600 h/Jahr
Betriebsmittel	
Elektrische Energie Rückgewinnungsanlage allein Ventilator bei Förderdruck von 30 mbar Heizenergie Kühlwassermenge	 80 kW 360 kW 125 kW 200 kW

Die regenerierte Waschflüssigkeit, die mit Rücksicht auf die geforderte Reinheit der Abluft Lösungsmittelrestgehalte von höchstens 0,005 Mol-% aufweisen darf, gibt in dem bereits erwähnten Rekuperator Wärme an die angereicherte Flüssigkeit ab und wird in einem nachgeschalteten Kühler auf die Absorbertemperatur abgekühlt. Die Wärmerückgewinnung im Rekuperator, der meist als Plattenwärmeaustauscher ausgeführt wird, liegt bei 90 bis 95 %.

In Tafel 5 sind typische Betriebsdaten einer Anlage zur Walzöl-Rückgewinnung zusammengestellt. Dank ihrer geringen Druckverluste, ihrer hohen Belastbarkeit und Flexibilität tragen die Mellapak-Kolonnen dazu bei, den Betriebsaufwand optimal zu gestalten und auch kurzfristige Belastungsspitzen, wie sie in Industrieanlagen auftreten, sicher abzufangen.

5.3 Weitere Anwendungen in Absorptionsanlagen

Mit den oben beschriebenen Beispielen sind die Möglichkeiten für den Einsatz von Mellapak-Kolonnen in der Gaswäsche keineswegs erschöpft. Weitere Anwendungen finden sich in den Prozessen und Anlagen

- der chemischen Industrie:
  - Ethylenoxid- und Acrylnitril-Absorbern
  - Chlortrocknern
  - Absorbern für HCl, NH_3 und zahlreiche andere Stoffe
- der Zellstoffindustrie:
  - Chlordioxidabsorbern
  - SO_2-Strippern und -Absorbern
  - Abgaswäschern mit Schwefelrückgewinnung
- der Lebensmittelindustrie zum
  - Ausstrippen flüchtiger Bestandteile (Desodorierung)
  - Behandeln von Fettsäuren
  - Absorbieren und Strippen von Hexan
- der Wasser- und Abwasserreinigung zum
  - Desorbieren von chlorierten Kohlenwasserstoffen und NH_3
  - Entgasen von Wasser, auch von Meerwasser
  - Neutralisieren

6 Zusammenfassung

Geordnete Packungen sind heute bei vielen Anwendungen der Rektifikation und Absorption die wirtschaftlichste Lösung. Sie lassen sich aus den verschiedensten Werkstoffen (Metallgewebe, Blech, Kunststoff, Porzellan, CFC) und Strukturvarianten herstellen und damit bei fast beliebig vielen Trennproblemen einsetzen. Die angeführten Beispiele stellen nur einen kleinen Ausschnitt aus den bisher realisierten industriellen Anwendungen dar (Bild 11).

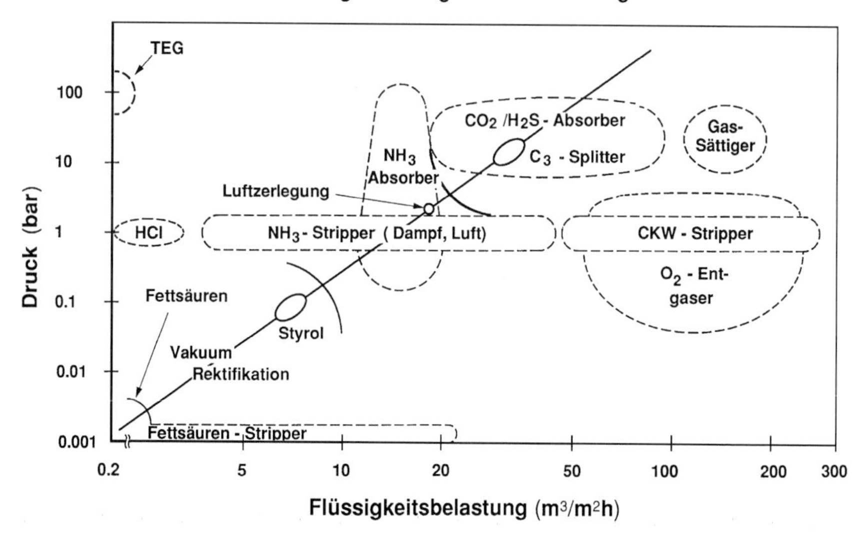

Bild 11: Anwendungsbereich geordneter Packungen in Funktion des Drucks und der spezifischen Flüssigkeitsbelastung (ausgezogene Linien: Rektifikation, gestrichelte Linien: Absorption/Strippen)

Schrifttum

[1] Becker, O.; Steiner, R.: „Erprobung neuartiger Carbonfaser-Packungen als Kolonneneinbauten bei der Rektifikation", Chem.-Ing.-Tech. 67 (1995) Nr. 7, S. 883-888

[2] Huber, M.; Meier, W.: SULZER Technische Rundschau, 1/1975

[3] Sulzer Brothers, Winterthur, Switzerland, „Separation columns for distillation and absorption", Publication No. 22.13.06 (1991)

[4] Spiegel, L.; Meier, W.: „Correlations of the performance characteristics of the various Mellapak types"; I. Chem. E. Symposium Series No. 104 (1987), A203-A215.

[5] Stichlmair,J.; Bravo, J. L., Fair, J. R.: „General model for prediction of pressure drop and capacity of countercurrent gas/liquid packed columns", Gas Sep. Purif., 3 (1989) March, S. 19-28

[6] Billet, R.: „Packed column design and analysis", Ruhr University, Bochum, 1989

[7] Mackowiak, J.: „Fluiddynamik von Kolonnen mit modernen Füllkörpern und Packungen für Gas/Flüssigkeitssysteme", Salle, Frankfurt am Main, 1991

[8] Kaiser, V.: „Flooding of packed columns correlated another way", AIChE National Meeting, Houston, March 1993

[9] Bravo, J. L.; Rocha, J. A., Fair, J. R.: „Pressure drop in structured packings", Hydrocarbon Proc., 65 (1986) March, S. 45-49

[10] J.A. Rocha,J. A.; Bravo, J. L., Fair, J. R.: „Distillation columns containing structured packings: A comprehensive model for their performance. 1. Hydraulic models", Ind. Eng. Chem. Res. 1993, 32, S. 641-651

[11] Spiegel, L.; Meier, W.: „A generalized pressure drop model for structured packings",I. Chem. E. Symp. Ser., 128, 1992, B85-B94

[12] Süess, P.; Spiegel, L.: „Hold-up of Mellaopak structured packings", Chem. Eng. and Processing, 31 (1992) 2, S. 119-124

[13] de Brito, M. H.; von Stockar, U., Bangerter, A. M.: Ind. Eng. Chem. res., 33,3 (1994), S. 647-656

[14] Spiegel, L.; Meier, W.: „Structured packings, capacity and pressure drop at very high liquid loads", Chemical plants and processing, 1/1995, S. 36-38

[15] Süess, P.; Meier, W., Plüss, R. C.: „Optimale Struktur für Destillation und Absorption", Chemie Technik, 24, 1995, Nr. 2
[16] Sulzer Technical Information, „MELLATECH Column Internals", Nr. 22.51.06, (1991)
[17] Süess, P.: „Analysis of gas entries of packed columns for two phase flow", I. Chem. E. Symp. Ser., 128,1992, A369- A383
[18] Bomio, P.; Ghelfi, L., Rütti, A., Spiegel, L., Müller, B.: „Rektifikation und Absorption mit geordneten Packungen", Chemie Technik, 43 (1991), 11/12, S. 409-415
[19] Meier, W.; Spielmann, T.: „Lösung thermischer Trennaufgaben", Chemische Rundschau, Jahresausgabe 1987, S. 11-14
[20] Roza, M.; Hunkeler, R., Berven, O. J., Ide, S.: I. Chem. E. Symp. Ser., 104,1987, B165-B178
[21] Bomio, P; Breu, K.: „Structured packing in high pressure absorption columns", HTI Quarterly: Winter 1994/95, S. 99 - 104
[22] Lerch, H. P.: „Lösungsmittelrückgewinnung aus Abluft", Chemische Rundschau, Jahresausgabe 1988
[23] Duss, M.; Bomio, P.: „Abgasreinigung und Lösungsmittelrückgewinnung mittels Hochsiederwäsche"; Vorgetragen auf der VFWL-Tagung in Brugg-Windisch, 1990

10 Anlagenkomponenten für Apparate

Heiz- und Kühlanlagen für den Niedertemperatur-Bereich

Von B. Thier [1])

1 Einführung

Zahlreiche Prozesse in der chemisch-pharmazeutischen Industrie laufen in Temperaturbereichen von ca. -25 °C bis +160 °C ab.

Als Medium (Monofluid) für die Heiz- und Kühltechnik eignen sich dabei hervorragend Wasser und Wasser-Glykol-Gemische.

Die besonderen Merkmale dieser Wärmeträgersysteme begründen sich aus:

- den äußerst günstigen Wärmeübertragungsverhältnissen
- der Nichtbrennbarkeit des Wärmeträgers aufgrund des hohen Wasseranteils
- des geringen Aufwandes an Sicherheitsschaltungen
- der problemlosen Entsorgung

Die Eingrenzung im oberen Temperaturbereich ist durch die Ausbildung des

- Drucksystems (Dampfdruck des Wassers) für den Mantel oder Schlangenraum und die
- thermische Stabilität des Glykols

gegeben.

2 Anforderungen an Prozeßführung

Die Herstellung chemisch-pharmazeutischer Produkte im Chargenprozeß erfordert ein Temperiersystem, das hohe Anforderungen an Qualität und Sicherheit mit folgenden Kriterien erfüllen muß:

- Flexible Fahrweise
- Weite Temperaturgrenzen
- Keine Umschaltung auf andere Energien
- Einheitliches Heiz- und Kühlmedium (Monofluid)
- Installation von Energieschienen (Vor- und Rücklauf)
- Reaktoren müssen unabhängig voneinander heiz- und kühlbar sein mit individuell regelbaren Sekundärkreisläufen
- Weitgehende energetische Aufteilung der Heiz- und Kühlströme
- Gute Regelungsmöglichkeiten; hohe Steilbereiche der Ventile
- Einbindung in übergeordnete Steuersysteme (SPS oder PLS)
- Sicherheitsschaltung (Notkühlung, Entspannung usw.)
- Korrosionsfreie Systeme

---

[1]) Dipl.-Ing. B. Thier, Ing.-Büro IBT, Marl

Diese Forderung erfüllt weitgehend ein Druckflüssigkeitskreislauf mit primären und sekundären Umläufen, der als geschlossenes Heiz- und Kühlsystem Korrosionen ausschließt und zugleich als Zwischenkreislauf und somit als Auffangzone für eventuell Schadstoffe dient.

Die Integration der Kälteanlage ermöglicht außerdem eine flexible Anpassung an die Temperaturführung des Prozesses bei tiefen Temperaturen, wobei optimale Energieeinsparung und hervorragende Regelmöglichkeiten durch Komponentenfahrweise gegeben sind und damit eine Qualitätsverbesserung der Produkte sowie die Reproduzierbarkeit der Ansätze erreicht werden kann.

Als Wärme-Kälteträger wird dabei nur ein Medium (Wasser + Ethylenglykol) benutzt, das mit N_2 überlagert wird (Drucksystem). Damit entfallen Installationen verschiedener Energien (Sole, Kaltwasser, Kühlwasser, Warmwasser, Dampf), die nicht nur aufwendig sind, sondern auch sicherheits- (Verriegelung) und regelungstechnische Probleme aufweisen.

3 Heiz- und Kühlverfahren

3.1 Temperiersysteme mit Wasser

3.1.1 Einzelanlagen

Für den Temperaturbereich von 0 bis 170 °C ist Wasser wegen seiner physikalischen Eigenschaften (geringe Zähigkeit, große spezifische Wärmekapazität, hohe Wärmeleitfähigkeit, seiner Verträglichkeit mit der Umwelt (unbrennbar, wenig korrosiv, ökologisch unbedenklich) als Trägermedium von Wärme oder Kälte sehr geeignet. Soll die Temperatur eines Produktes in einem Behälter mit Doppelmantel oder in einem Doppelrohr auf einen vorgegebenen Wert gebracht oder gehalten werden, so ist dafür ein mit Dampf und Kühlwasser gespeister Wasserkreislauf gut geeignet [1].

Der Umlaufstrom wird dabei durch direktes Einleiten von Wasserdampf erwärmt oder durch Zugabe von Kaltwasser gekühlt. Umgewälzt wird der Kreisstrom durch eine Förderpumpe, deren Förderverhalten günstig beeinflußt wird, wenn Kaltwasser auf der Saugseite und Dampf über einen Aufheizer auf der Druckseite in den Kreisstrom eintreten. Kondensat und Überschußwasser müssen auf geeignete Weise abgetrennt werden.

Für den Aufbau von Heiz/Kühlsystemen mit Wasserumlauf gibt es im wesentlichen drei Ausführungsformen, die abhängig von der angestrebten Betriebstemperatur, der notwendigen Heiz- und Kühlenergie (Kreisstrommenge) sowie von örtlichen Gegebenheiten (Förderhöhe und -druck) gewählt werden können. Dabei wird der erforderliche Förderkreislaufdruck im System entweder – wenn baulich möglich – durch ausreichende geodätische Höhe des Überlaufgefäßes oder durch Druckregelung im Kreiswasserstrom beziehungsweise mit Hilfe eines Dampfdruckpolsters im beheizten Überlaufgefäß erreicht.

Die zugehörigen Anlagentypen sind in Bild 1a und 1b dargestellt. Die notwendigen Kreisstrom-Förderpumpen 2 sind jeweils passend zum Anlagenaufbau zu wählen.

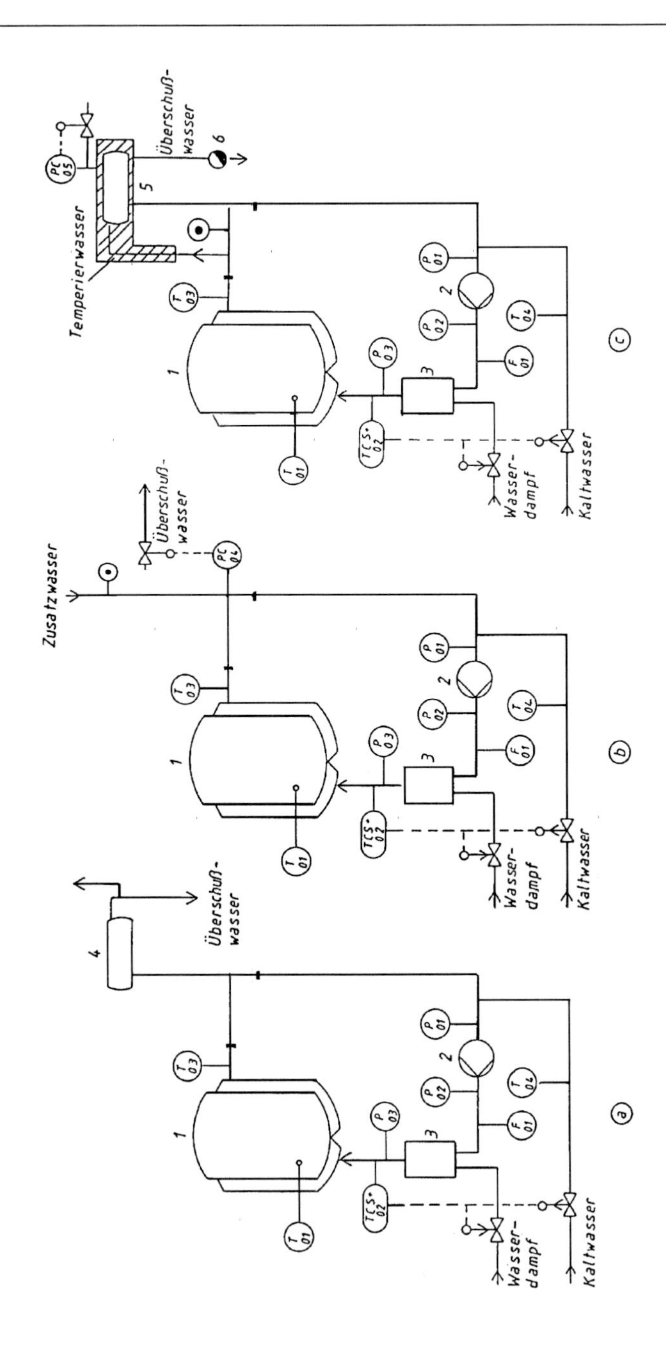

Bild 1: Verfahrensfließbilder: Wasser-Temperiersysteme [1]

a) Warmwasserheizungen (Kreiswassertemperatur bis 100 °C)

Die Entnahme des Überschußwassers erfolgt an einem hochgesetzten Überlaufgefäß 4. Die Höhendifferenz zwischen Wasserspiegel im Überlaufgefäß und Pumpeneingang entspricht der Haltedruckhöhe der Anlage H_{HA} bei 100 °C, wenn die Leitungswiderstände vernachlässigbar sind.

b) Druckwasserheizungen (Kreiswassertemperatur bis 170 °C)

Wird die Kreiswassertemperatur über 100 °C gesteigert, so überschreitet der Wasserdampfdruck den Umgebungsluftdruck. Um Dampfbildung zu verhindern, muß an jeder Stelle im Kreisstrom der Wasserdruck größer sein als der Dampfdruck des Kreiswassers im Temperatur-Betriebsbereich. Nachstehend sind zugehörige Ausführungsformen von Druckwasserheizungen beschrieben.

- Druckhaltung mit Zusatzwasser

  In die Auslaßleitung für das Überschußwasser aus dem Kreisstrom wird ständig Zusatzwasser eingeführt (Bild 1b). Durch einen Überströmregler PC04 wird der Druck in der Auslaßleitung auf einem Wert gehalten, der über dem Dampfdruck des Wassers bei der Temperatur liegt. Durch die Druckhaltung mit dem Zusatzwasser (Bild 1b) wird erreicht, daß Dampfblasen im Kreisstrom außerhalb des Erhitzers nicht auftreten und der NPSH-Wert und die notwendige Haltedruckhöhe sicher eingehalten werden.

- Druckhaltung mit Dampfpolster

  Bei ausreichender Bauhöhe kann die für die Umwälzpumpe 2 (Bild 1c) erforderliche Haltedruckhöhe H_{Ha} auch mit Hilfe eines mit Wasserdampf überlagerten Überlaufgefäßes 5 realisiert werden (Bild 1c). Um zu gewährleisten, daß die Temperatur des Wassers in diesem Gefäß und damit dessen Dampfdruck hinreichend hoch sind, wird ein Teil des Kreisstroms dem Dampfraum des Überlaufgefäßes zugeführt. Das Dampfpolster puffert Druckstöße im System durch den Dampfeinlaß gleichzeitig ab.

  Die notwendige Haltedruckhöhe H_{ha} der Anlage ist dann bei hinreichend weiter Leitung zwischen Überlaufgefäß und Pumpeneingang gleich der Höhendifferenz zwischen Wasserspiegel im Überlaufgefäß und Pumpeneinlaß. Um bei Wassertemperaturen unter 100 °C einen Unterdruck im Überlaufgefäß zu vermeiden, ist der Einbau eines Vakuumbrechers vorzusehen.

c) Entnahme des Überschußwassers

Wegen des anfallenden Kondensates beziehungsweise wegen der Kaltwasserzugabe ist in der Temperieranlage jeweils ein Bauteil zum Ausschleusen Überschußwassers aus dem Kreisstrom erforderlich. Die beabsichtigte Betriebsweise bestimmt dessen Gestaltung (vergl. Bild 1a bis 1a).

Bild 2 zeigt ein Einstoff-Temperiersystem für einen Doppelmantelrührkessel mit Dralldüsen. Eine Umwälzpumpe 3 sorgt für einen ausreichenden Flüssigkeitsstrom durch den Mantel und damit für eine gute Regelbarkeit unabhängig von der Heiz- bzw. Kühllast [2].

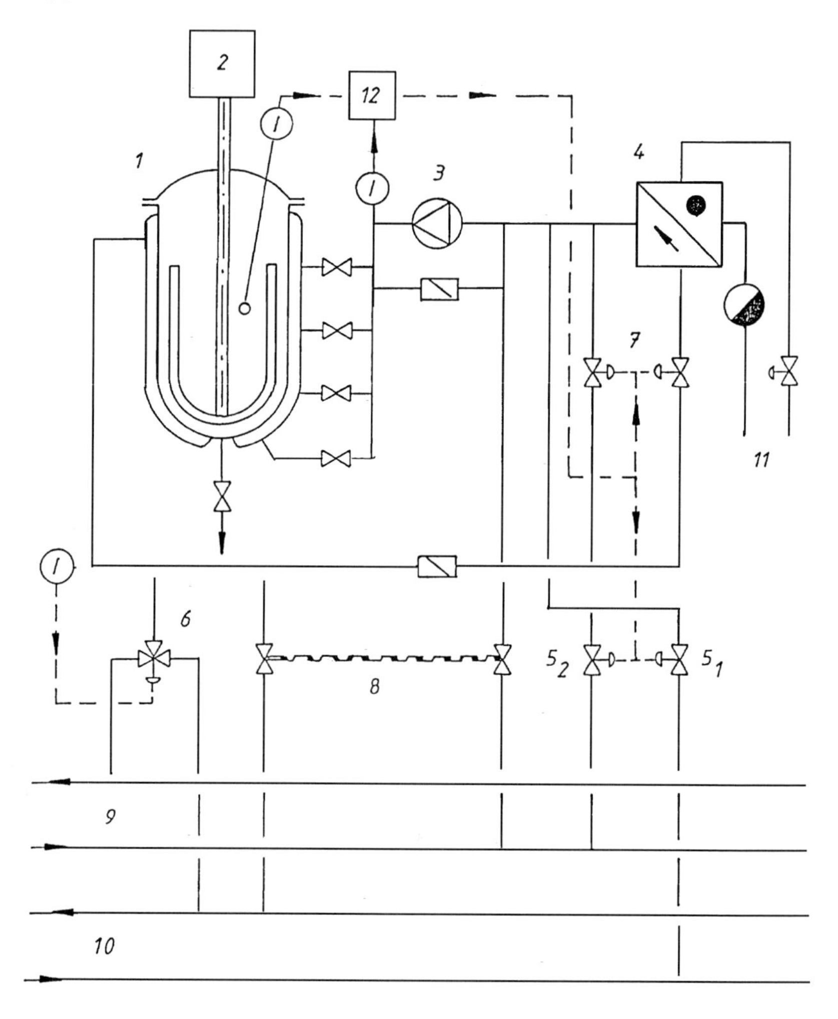

Bild 3: Einstoff-Temperier-System [2]

Zur Kühlung kann entweder Flüssigkeit von Umgebungstemperatur aus einem Vorkühlnetz oder tiefkalte Flüssigkeit aus dem Tiefkühlnetz in den Kreislauf eingespeist werden, eine entsprechende Menge erwärmter Flüssigkeit wird je nach Rückflußtemperatur durch das Dreiwegventil 6 (Temperaturweiche) in die Rückleitung des Vorkühlnetzes oder in die des Rückkühlnetzes geleitet.

Zum Erwärmen des Kreislaufs dient ein dampfbeheizter Wärmeaustauscher 4. Bei einer solchermaßen dezentralisierten Heizung befindet sich immer nur eine kleine Menge des Wärmeträgers auf hoher Temperatur, was seine Lebensdauer erhöht. Die meist relativ kleinen Erhitzer erweisen sich zudem auch als billiger als ein Versorgungsnetz für heiße Flüssigkeit, insbesondere, weil ein Dampfnetz meist ohnehin vorhanden ist.

Die Temperatur wird mit Hilfe einer zentralen Steuereinheit über die Vorlauftemperatur zum Kesselmantel geregelt. Die Temperatur des Kesselinhalts wird als Sollwertkorrektur aufgeschaltet.

Je nach Betriebszustand wird entweder durch Ventil 5 aus dem Vorkühlnetz oder durch Ventil 5_2 aus dem Tiefkühlnetz Flüssigkeit in den Kreislauf eingespeist, oder es wird zum Heizen über die Ventilkombination 7 ein Teilstrom der umgewälzten Flüssigkeit durch den Erhitzer geleitet.

Da in den Rührwerksreaktoren häufig exotherme Reaktionen durchgeführt werden, die außer Kontrolle geraten können, ist eine Notkühlvorrichtung vorgesehen. Sie besteht aus zwei mechanisch gekoppelten Kugelhähnen, durch die im Falle von Gefahr rasch eine große Menge tiefkalter Flüssigkeit dem Kühlmantel zugeleitet werden kann. Netzdruck und Kühlkreislauf werden so ausgelegt, daß die Notkühlung auch beim Ausfall der Pumpe 3 wirksam ist.

Bild 3 zeigt einen Heiz- und Kühlkreislauf für einen Rührkessel-Reaktor (Druckwassersystem) bei einem Temperaturbereich von +20 °C bis +150 °C. Mit Hilfe der

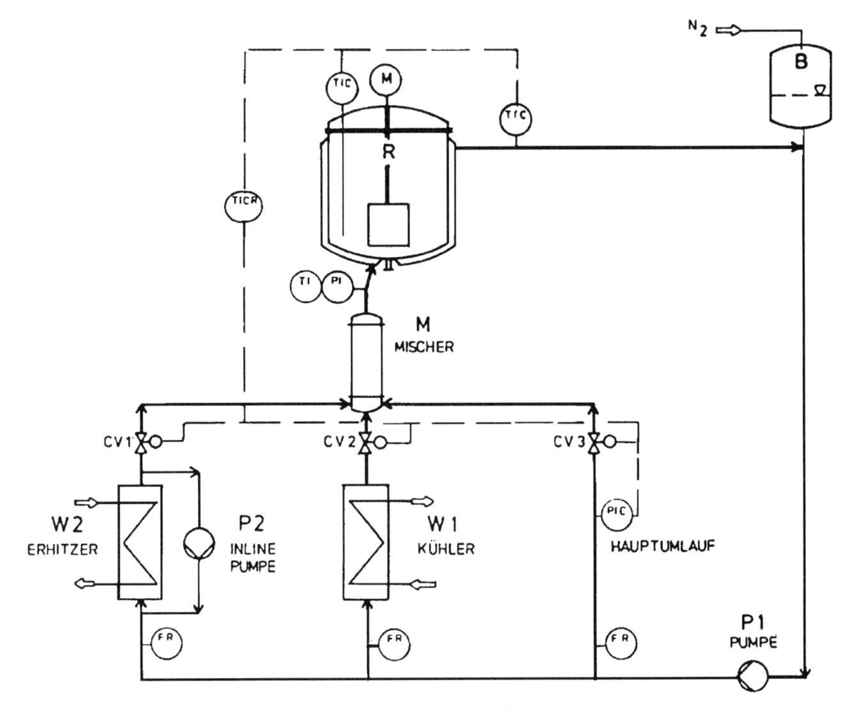

Bild 3: Heiz- und Kühlkreislauf (Einzelanlage)

Pumpe P1 wird der Hauptkreislauf aufgebaut, der über die Druckregelung, den Mantelraum des Reaktors R und das Ausdehnungsgefäß B läuft und zu einem Stickstoff überlagerten Drucksystem ausgebaut wird.

Am Druckstutzen der Pumpe P1 werden zwei Nebenkreisläufe angeschlossen, die zu den Wärmeaustauschern W1 und W2 führen, in denen unterschiedliche Temperaturen eingestellt werden. Die Beheizung oder Kühlung der Wärmeaustauscher W1 und W2 erfolgt durch Energieschienen (HD-Dampf, Kühlwasser) mit Vor- und Rücklaufleitungen durch entsprechende Temperatursteuerung.

Die Steuerung des Heiz- und Kühlsystems erfolgt über die Temperatur-Kaskade (TICR) und der zyklischen Öffnung der Stellventile (CV1, CV2, CV3) durch Führungs- und Folgeregler im Reaktor R beziehungsweise im Ein- oder Ausgang des Mantelraumes.

Durch den Druckaufbau der Pumpe P1 liegt der Druck im Hauptkreislauf und in den Nebenkreisläufen ca. 1 bis 3 bar höher als im Drucksystem, das durch die N_2-Druckregelung eingestellt wird.

Durch entsprechende Schaltung sowie durch Druck- und Mengenregelung können also folgende Betriebsfahrweisen erreicht werden:

- Der Hauptkreislauf über Pumpe P1 läuft ständig über die Druckregelung (PIC) um.
- Wird der Reaktor R über die Regelung (TICR) angefahren, öffnet das Stellventil CV1 und das Heizmedium strömt über den Wärmeaustauscher W2 in den Mantelraum des Reaktors R ein. Am Wärmeaustauscher W2 ist eine Bypaß-Leitung über die Inline-Pumpe P2 vorgesehen, um ein einheitliches Temperaturniveau in der Heißschiene zu gewährleisten.
- Ist die Temperatur im Reaktor R erreicht, setzt die Reaktion ein und es entwickelt sich Wärme (exotherme Reaktion). Das bedeutet, daß das Heiz-Stellventil CV1 schließt und das Kühlventil CV2 öffnet und sich somit ein entsprechendes Δt einstellt, um die Wärmemengen abzuführen.

Das Mengenverhältnis zwischen Haupt- und Nebenkreislauf kann durch entsprechende Einstellung des Druckreglers geändert, und weiterhin z. B. auch durch Durchfluß- oder Mengenverhältnisregelung sehr präzise festgelegt und damit eine genaue Temperaturführung der Förderströme erreicht werden (Druck-Mengenregelung).

Mit Hilfe der verfahrenstechnischen Schaltung der Kreisläufe (Hauptumlauf und Bypaß) sowie der Regelung (temperaturgesteuerte Druck-Mengenregelung) wird erreicht, daß auch geringe Heiz- oder Kühlmengen in der Temperierphase eingefahren werden können, ohne daß dabei der Hauptumlauf (Menge, Geschwindigkeit) wesentlich beeinflußt wird.

3.2 Temperiersysteme mit Wasser-Glykol

3.2.1 Einzelanlagen

Bild 4 zeigt eine Temperieranlage zum Heizen/Kühlen/Tiefkühlen. Das Heiz- und Kühlsystem für den Rührwerksbehälter R besteht aus einem Hauptkreislauf des Wär-

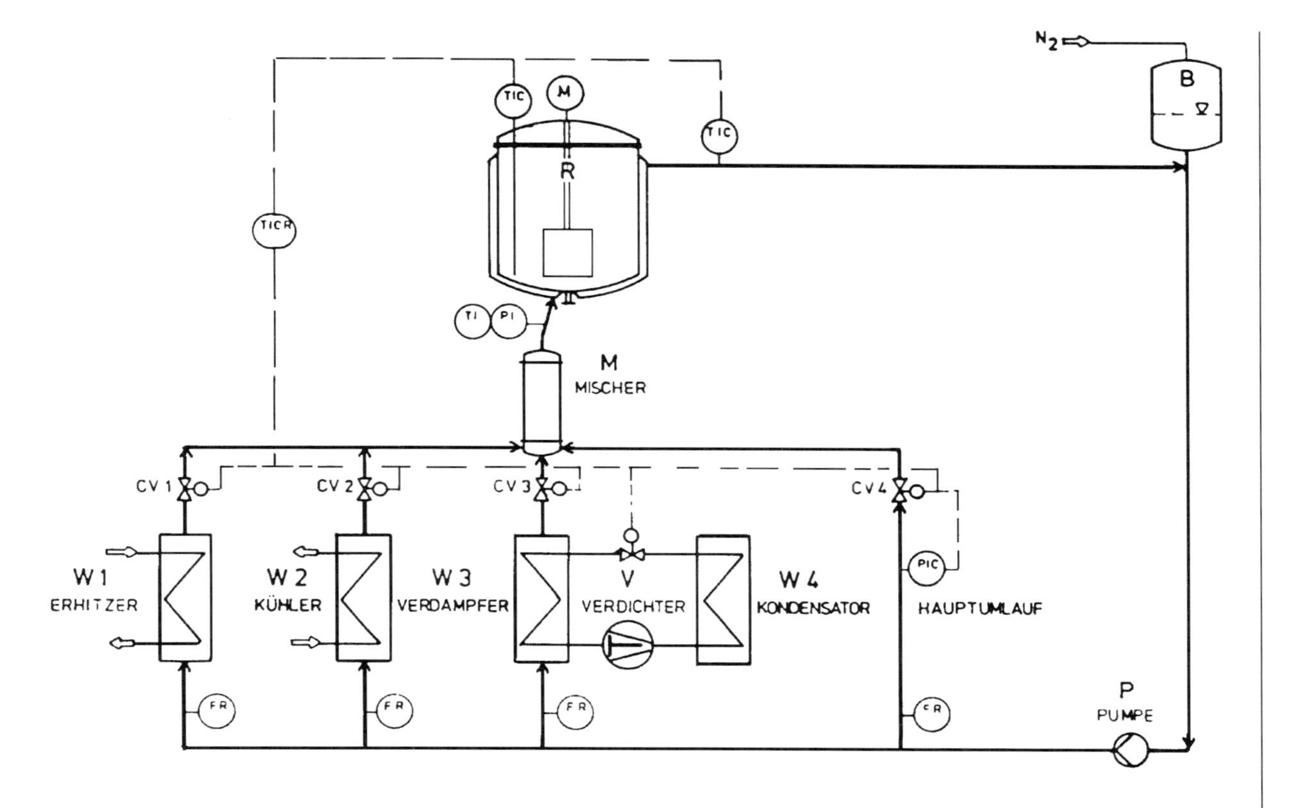

Bild 4: Temperieranlage Heizen/Kühlen/Tiefkühlen

me-Kälteträgers mit der Pumpe P, der über die Druckregelung CV 4 den Mischer M, den Mantelraum des Reaktors R sowie über das Ausdehnungsgefäß B umläuft. Im Bypaß angeordnet und über Stellventile (CV 1 bis CV 3) gesteuert sind die Kühl- und Tiefkühlkreisläufe (W2, W3), wobei Verdampfer W3 in einer Kompakt-Kälteanlage integriert ist (V, W3, W4), die Temperaturen von -25 °C erzeugt. Die Steuerung der Kälteanlage erfolgt über ein Saugdrossel-Regelventil. Der Erhitzer W1 (ca. 160 °C) ist ebenfalls im Bypaß-System eingeordnet.

Saugseitig vor der Pumpe P ist an der höchsten Stelle ein Ausdehnungsgefäß B angeordnet mit N_2-Überlagerung und Druckregler, wobei ebenfalls Entlüftungs- und Entspannungsmöglichkeiten vorgesehen sind.

Die Temperieranlage wird von einer Kaskaden-Regelung (TICR) gesteuert mit einem Führungsregler im Rührwerkskessel und einem Folgeregler im Ein- bzw. Ausgang des Heiz- und Kühlkreislaufes. Eingebunden sind dabei die Stellventile für die Bypaß-Regelung sowie das Saugdrossel-Regelventil der Kälteanlage.

Als Heiz- und Kühlmedium wird ein Glykol-Wassergemisch (ca. 50/50) verwendet, das eine Temperaturfahrweise von ca. -25 °C bis +160 °C erlaubt bei äußerst günstigen Werten (Wärmeübertragung, Viskosität, Druckabfall).

Als Heiz- und Kühlmedium mit der Temperaturspreizung von -25 °C bis +160 °C kommen Wassergemische in Frage mit:

- Ethylenglykol und
- Propylenglykol (physiologisch unbedenklich), wobei in beiden Fällen hervorragende Korrosionsschutz-Eigenschaften vorliegen (Schutzinhibitor und N_2-Überlagerung).

3.3 Heiz- und Kühlanlagen (Zentrale Anlagen)

3.3.1 Zwei Energiesysteme

Beim Heiz- und Kühlsystem in Bild 5 werden aus zwei Vorratsbehältern (heiß, kalt, B1, B2) Heiz- und Kühlmedien über Kreiselpumpen (P1, P2) den Vorlaufschienen zugeführt. Erfolgt keine Einspeisung in die Sekundärkreisläufe an den Rührwerksbehältern, wird über eine Regelung des Vorlaufschienendruckes die Behälterinhalte B1 und B2 umgewälzt. Heiz- und Kühlsysteme (Wärmeaustauscher W1, W2) halten die Vorratsbehälter auf vorgegebener Temperatur (TIC).

Der Systemdruck wird über eine Stickstoffreduzierung und eine Druckregeleinrichtung eingestellt. Er liegt in der Regel ca. 1,5 bar über dem der Temperatur zugeordneten Dampfdruck des Heiz- und Kühlmediums. Damit liegt ein geschlossenes Druckflüssigkeitssystem vor, das keine Korrosion aufweist und durch die Komponentenfahrweise (heiß/kalt) eine gute Temperaturführung ermöglicht.

Zur Aufrechterhaltung eines geschlossenen Druck-Flüssigkeitskreislaufes müssen aufgrund der N_2-Überlagerung die Pumpeneinläufe über Tauchrohr in die Behälter (Saugseitige Rückführung) geleitet werden.

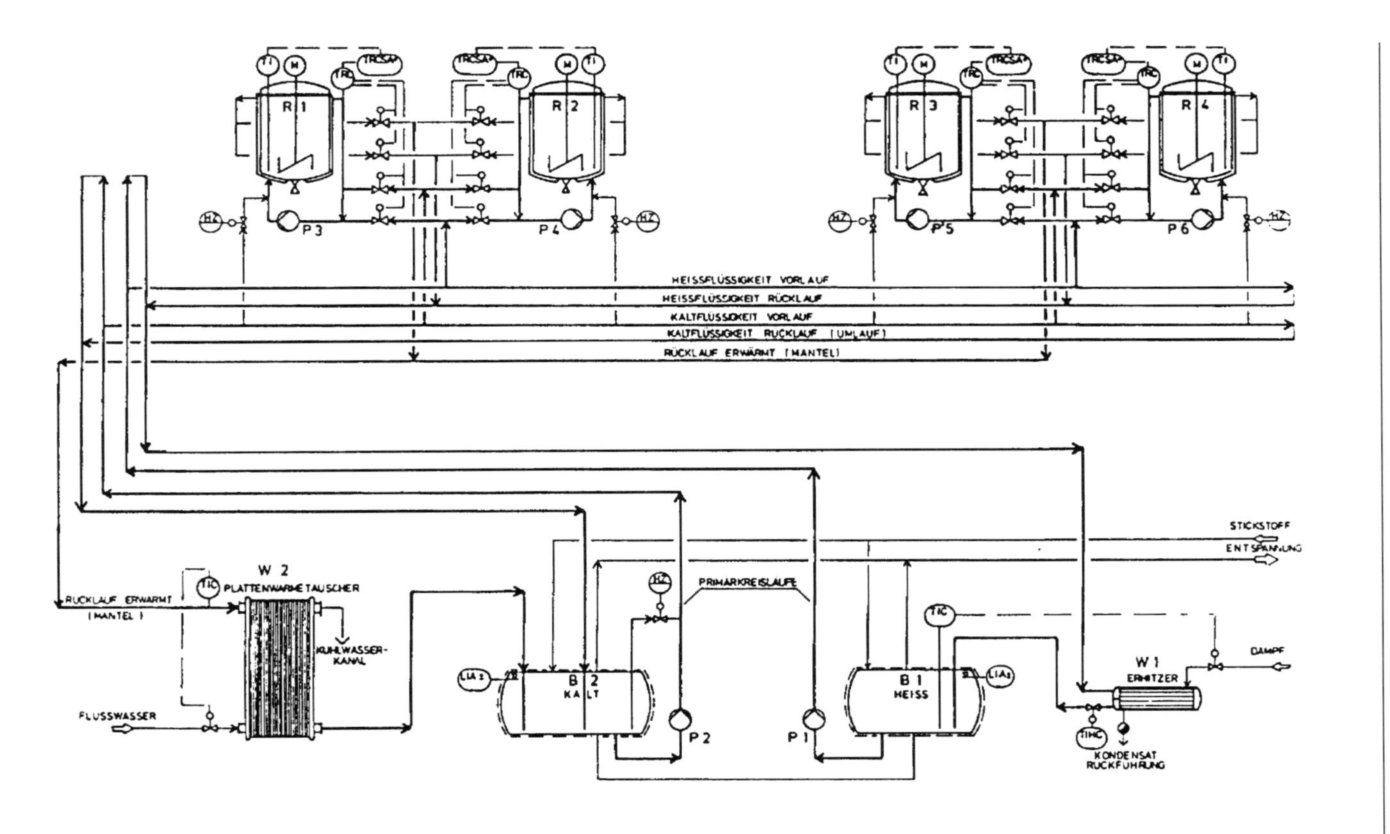

Bild 5: Heiz- und Kühlsysteme für Chargen-Prozesse (2 Energiesysteme)

Die Behälter B1 und B2 sind durch eine Ausgleichleitung mit Durchflußblende verbunden, um ständig für einen Niveauausgleich bei möglicher unterschiedlicher Beaufschlagung zu sorgen.

An den Rührwerkskesseln (R1 bis R4) werden mit Hilfe von Inline-Pumpen (P3 bis P6) Sekundärkreisläufe aufgebaut, in die über Stellventile aus den Vorlaufschienen (heiß, kalt) Medien mit konstanter Temperatur und konstantem Druck eingespeist werden.

Zur Regelung dient eine Temperaturkaskade (TRCSA+ -Führungs- und Folgeregler), die auch die Ausschleusung der Heiz- und Kühlmittel in die Rücklaufschienen übernimmt, wobei die Auslaß-Stellventile synchron mit den Eingangs-Stellventilen gesteuert werden und somit eine weitgehende energetische Aufteilungen der Rücklaufströme erreicht werden kann. Das bedeutet: Öffnet beispielsweise das Einlaß-Kaltventil zu 50 %, so öffnet auch das Auslaß-Kaltventil ebenfalls zu 50 %, so daß das Kaltmedium auch wieder in die Kaltschiene zurückgefahren wird.

Mit einer Ausnahme: Beim Umschalt-Prozeß der Stellventile wird der vorhandene Inhalt des Sekundärkreislaufes teilweise oder ganz in die „falsche Schiene" ausgestoßen.

Die in den Reaktoren R1 bis R4 erzeugte Wärme wird über das Kaltwassersystem abgeführt. Dabei werden die in den verschiedenen Phasen auftretenden Teilströme erwärmten Wassers (Wasserrücklauf) über einen Kühler W2 abgeführt, mit Wasser von maximal 25 °C heruntergekühlt und danach wieder in den Vorratstank B2 gegeben.

Bei größeren Anlagen ist es zweckmäßig, den Warmwasserrücklauf vom gesamten Umlaufwassersystem zu trennen und beide Ströme erst nach der Kühlzone (Kühler W2) zusammenzuführen. Damit sind Voraussetzungen für günstigere Kühlmöglichkeiten geschaffen. Bei kleiner Kühlfläche ist das t größer und somit geringere Kühlmengen erforderlich.

3.3.2 Zwei-Energiesysteme mit integrierter Kälteanlage

Das Kühlsystem (Bild 6) wird durch eine Kompaktkälteanlage (V1, W3, W2) ergänzt, um Temperaturen bis -20 °C in der Kaltschiene fahren zu können. Das „Tieftemperatur-Kühlsystem" wird hierbei im Bypaß zum normalen Kühlstrang geschaltet und wird alternativ über den Temperaturregler eingestellt. Das bedeutet, daß der Kühlträgerkreislauf mit Umlaufpumpe P3 und Solespeicher B3 mit konstanten Temperaturen über den Verdampfer W2 umläuft.

3.3.3 Heiz- und Kühlsysteme (drei Energiesysteme)

Bei einer Betriebsfahrweise mit weiter Temperaturspreizung (zum Beispiel -20 bis +160 °C) ist es aus wärme- und regelungstechnischen Gründen zweckmäßiger, einen dritten Kreislauf (mittel) vorzusehen mit einem Temperaturbereich von 20 bis 30 °C (Kühlwasserniveau). Bild 7 zeigt ein Heiz- und Kühlsystem für Chargenprozesse mit drei Energiesystemen und integrierter Kälteanlage.

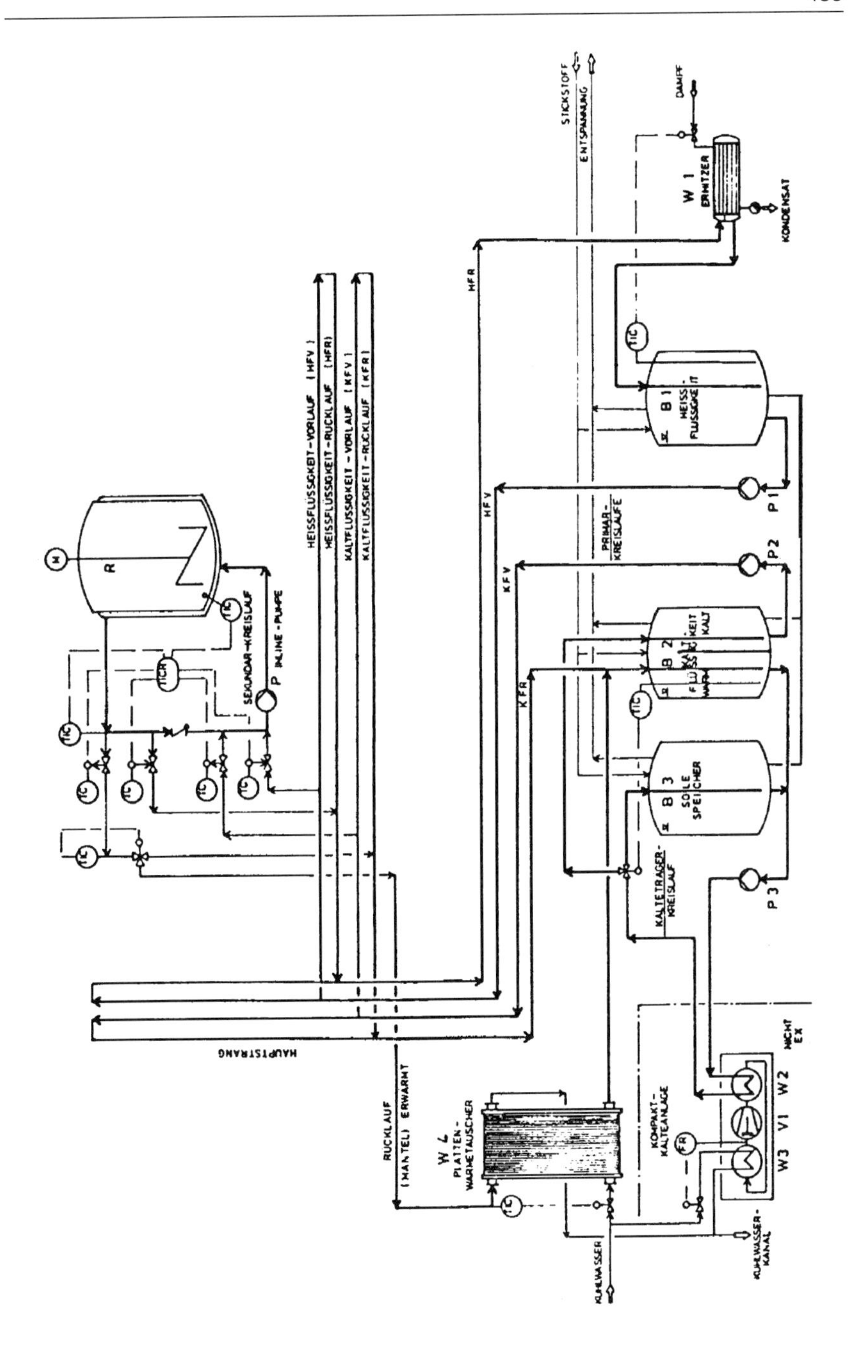

Bild 6: Heiz- und Kühlsysteme für Chargenprozesse – Zwei Energiesysteme mit integrierter Kälteanlage

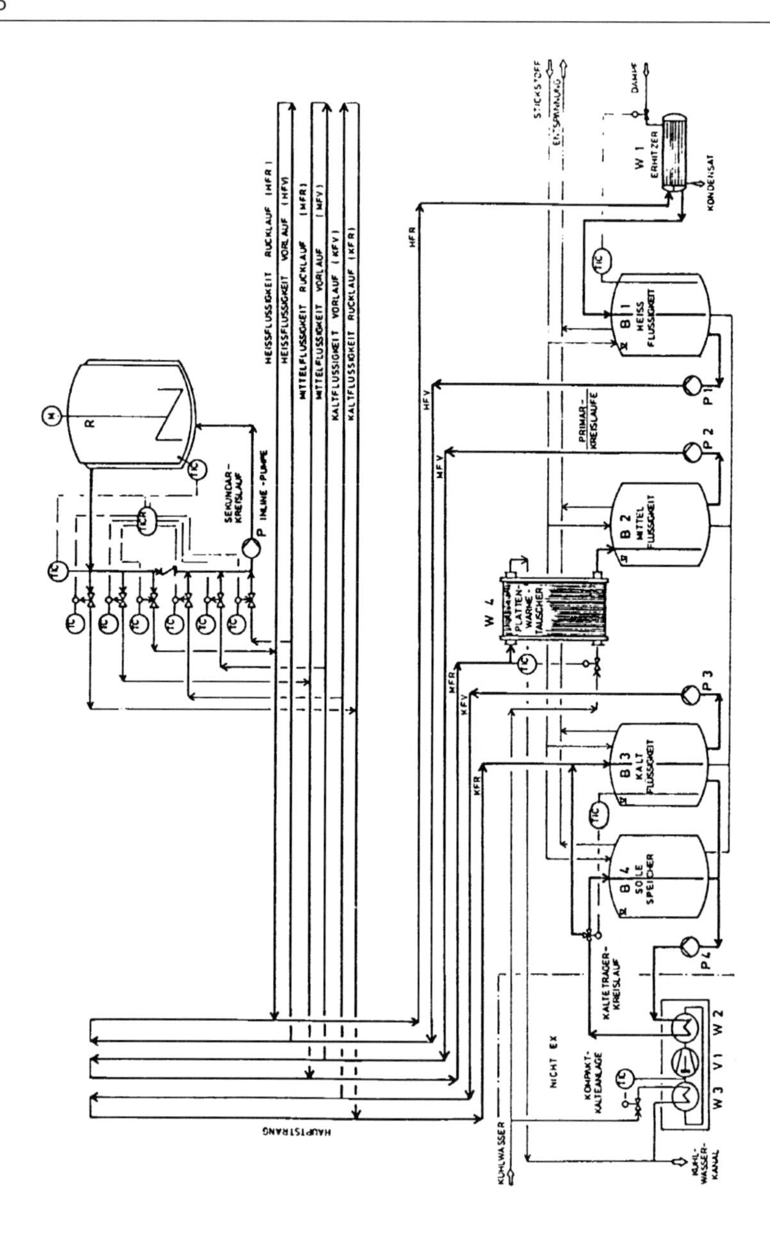

Bild 6: Heiz- und Kühlsysteme für Chargenprozesse – Drei Energiesysteme mit integriertem Sole-Kältekreislauf

Primärkreisläufe

In Bild 8 ist das vollständige Schema der Primäranlage zu sehen mit drei Energieschienen und integriertem Kälte-Sole-Kreislauf, bestehend aus:

- der Heißkomponente mit Vorratsgefäß (B1), Erhitzer (W1), Umlaufpumpe (P1) sowie den Vor- und Rücklaufschienen sowie
- der Mittel- und Kaltkomponente ebenfalls mit den entsprechenden Anlagenteilen (B2, B3; W4, W2; P2, P3, P4), wobei die Kompakt-Kälteanlage und der Hauptkälteträgerkreislauf mit Puffergefäß und Umlaufpumpe integriert werden.

Sekundärkreisläufe

Am Reaktor R wird mit Hilfe der Inlinepumpe P ein Kreislauf aufgebaut, in dem das Arbeitsmedium mit hoher Geschwindigkeit durch den Mantelraum des Rührbehälters gepumpt wird (Bilder 9 und 10). In diesen Kreislauf werden über Regelventile (Stellventile) Kalt-Warm- oder Heißkomponenten aus den Vorlaufschienen eingefahren. Die Regelung übernimmt dabei die Temperaturkaskade (TICR).

3.3.4 Zyklische Steuerung der Ausgangs-Stellventile am Sekundärkreislauf

Die Ausgangs-Stellventile werden in der Regel synchron mit den Eingangs-Stellventilen geschaltet. Das bedeutet, daß beispielsweise beim Öffnen des Heiß-Einlaßventils gleichzeitig auch das Heiß-Auslaßventil öffnet, ebenso bei den Kalt-Stellventilen (Energetische Aufteilung). Bei jedem Zyklus (Änderung der Schaltung) wird dabei der Inhalt des Mantelraumes und Rohrleitungen (Sekundär-Kreislauf) ausgestoßen. Das bedeutet: heiße Mengenströme werden in den Kaltstrang gefahren und umgekehrt kalte Ströme in den Heißstrang.

In größeren Anlagen sind die Volumina der Mantelräume beachtlich so daß zum Beispiel durch das schubweise Ausschleusen von heißer Flüssigkeit der Kaltwasserkreislauf in seiner Temperatur deutlich erhöht wird.

Die Zyklusänderungen bei mehreren Chargenprozessen sind entsprechend den Verfahrensabläufen in der Regel ebenfalls hoch, so daß häufig Umschaltungen vorkommen. Dieses Problem kann dadurch gelöst werden, daß die Ausgangs-Stellventile nicht im gleichen Takt mit den Eingangs-Ventilen arbeiten, sondern zeitlich verschoben. Dadurch wird erreicht, daß der Inhalt der Mantelräume (heiß oder kalt) in den richtigen Strang geschoben wird.

Eine weitere Möglichkeit der Energieaufteilung besteht darin, daß man im Ausgang des Kaltmediums am Sekundärkreislauf eine Temperatursteuerung einbaut und dabei einen Grenzwert vorgibt, der über Stellventile oder Dreiwegeventile eine Umsteuerung vornimmt, beispielsweise -20 °C.

Bei den Verfahren der Temperatursteuerung muß darauf geachtet werden, daß Mengenverschiebungen zwischen Heiß- und Kaltstrang auftreten können, die zwar über die Ausgleichsleitung der Behälter (heiß und kalt) allmählich wieder ausgeglichen werden, was jedoch mit einem gewissen Energieausgleich und -verlust verbunden ist.

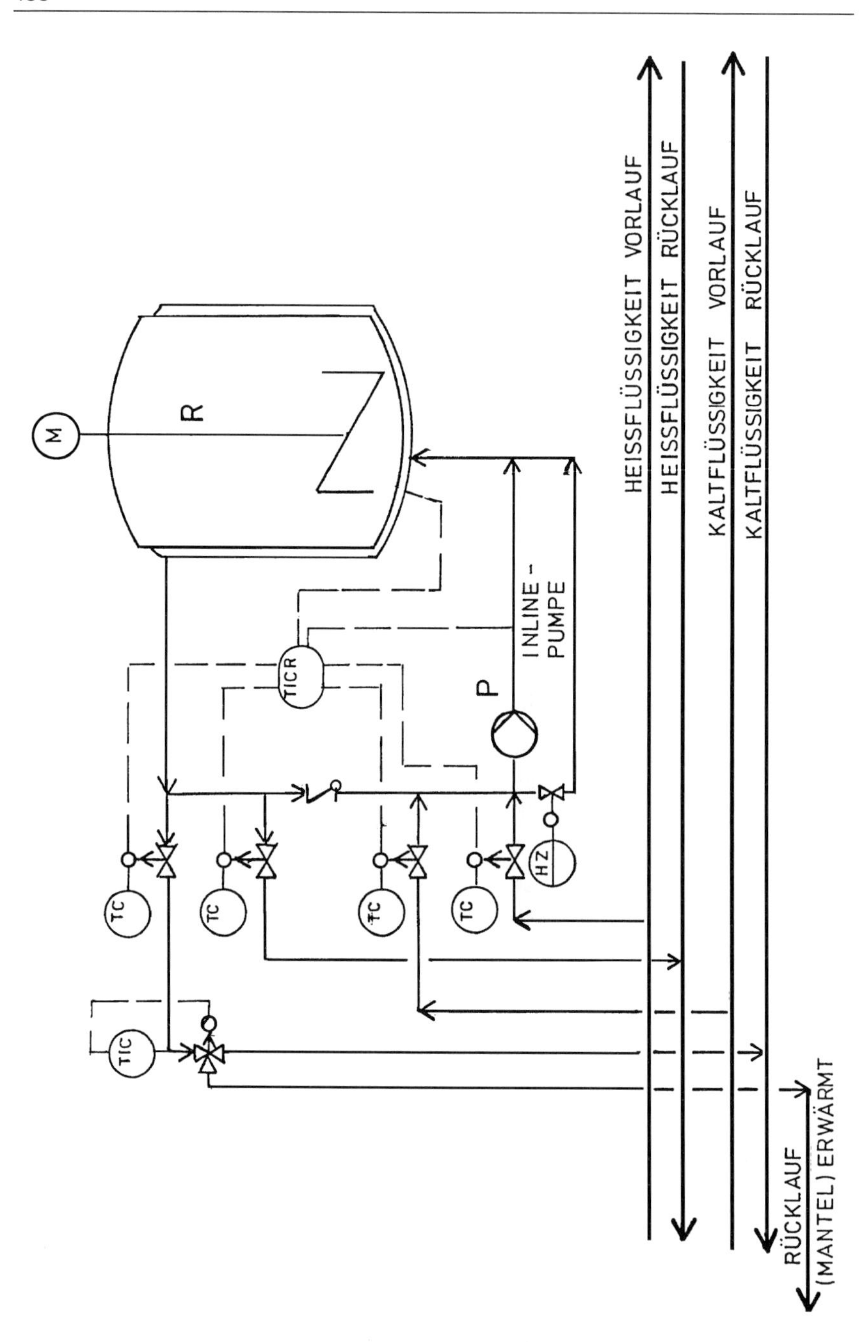

Bild 9: Sekundärkreislauf

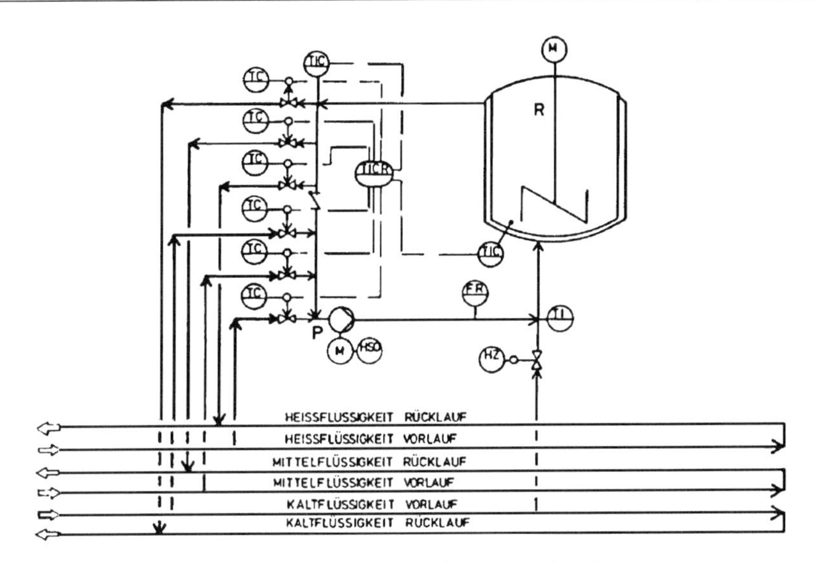

Bild 10: Sekundärkreislauf (3 Energieschienen)

4 Kälte/Sole-Systeme

4.1 Einbindung in Kühlkreisläufe

Für eine Rührkesselanlage, in der unterschiedliche verfahrenstechnische Prozesse durchgeführt werden sollen, ist ein Heiz- und Kühlsystem zu konzipieren, das eine flexible Fahrweise in weiten Temperaturgrenzen (-20 °C bis +150 °C) mit einem Medium (z. B. Wasser-Ethylenglykol) ohne Umschaltungen ermöglicht.

Zur Lösung dieser Aufgabe dient ein Heiz- und Kühlsystem mit drei primären Kreisläufen (heiß, mittel, kalt) sowie den sekundären Kreisläufen am Rührkessel.

Das Drei-Speicher-Kälte-Wärmeträgersystem wird durch eine integrierte Kälte/Soleanlage ergänzt, um Temperaturen bis -20 °C fahren zu können.

In den folgenden Ausführungen wird versucht, Anforderungen und Schaltungen des Kältesystems aufzuzeigen, um eine wirtschaftliche und technische Lösung für das Verbundsystem einschließlich der Dimensionierung der Solespeicher zu erhalten.

4.2 Anforderungen an Kältesysteme

Für die Bereitstellung einer Kaltschiene von -20 °C ist der Einbau einer Kälteanlage erforderlich, die folgende Funktionen übernimmt:

- Abkühlung des Solebehälters von +20 °C auf -20 °C (eventuell im Nachtspeicher-Betrieb)
- Abkühlung des Reaktors (Inhalt und Apparat) auf gewünschte Temperaturen (+20 °C bis -20 °C)

- Kühlung des aus den Mantelräumen der Reaktoren rücklaufenden erwärmten Wassers, wobei Wärmeeinbrüche (zum Beispiel exotherme Reaktion) und Temperaturspitzen im Sommerbetrieb aufgefangen werden müssen.

Das bedeutet für das Solesystem:

- ausreichende Bemessung des Solepuffers, um annähernd stabile Temperaturen zu halten.

  Anmerkung: Bei dem Verdampfer der Kälteanlage würde bei starken Wärmeeinbrüchen über das Solesystem eine spontane Kältemittelverdampfung einsetzen, wobei dann Flüssigkeitströpfchen mitgerissen werden.

- um eine wirtschaftliche Nutzung der teuren Kälteenergie zu gewährleisten, ist die Nachtspeicher-Fahrweise anzustreben mit günstigen Stromtarifen
- das aus den Mantelräumen der Reaktoren zurücklaufende erwärmte Kaltwasser sollte nicht direkt mit der Kaltsole vermischt werden (Zweikammersystem warm/kalt oder Höhenschichtung des Warm-Kaltstromes durch Einbauten)
- bei dem Drei-Speicher-Kälte-Wärmeträgersystem sind die Vorratsbehälter (heiß, mittel, kalt) mit Druck- und Niveauausgleich vorzusehen. Ihre Aufstellung erfordert daher entsprechende Abmessungen (Höhe/Durchmesser) sowie die Aufstellung auf einer Geschoßebene.

  Ein eventuell vorgesehener Solepuffer müßte in dieses System (Druck, Niveau) einbezogen werden

- gute Regelung ohne wesentliche Verzögerung im Verbundsystem der Kreisläufe:
  - Kältemittel (Kältemaschine)
  - Kälteträger (mit eventuell 2 Solebehältern)
  - Kälteflüssigkeits-System (Primärkreislauf)
- Möglichkeiten der Entnahme zur Versorgung weiterer Verbraucher aus dem Kälteträgerkreislauf z. B.:
  - Notkühlung
  - Destillations-Glasaufbauten
  - Raumkühlung (z. B. MSR-Leitstand)

4.3 Schaltungen: Kalte-Sole-Systeme

4.3.1 Temperiersystem Sulzer *)

Bild 11 zeigt zwei Rührbehälter R mit je einem Temperiermodul TK und einer Steuereinheit S für die Regelung der Kesselinnentemperatur und einen Modul TKA für die Glasaufbauten A. Die Module TK sind mit den Dralldüsen an den Kesselmänteln und den Rückleitungen verbunden. Sie haben Versorungsanschlüsse für kalten Wärmeträger K, Kühlwasser W und Dampf beziehungsweise Kondensat D. Die Module TKA zirkulieren

---

* Sulzer-Druckschrift

Flüssigkeit durch die Glasaufbauten A des Rührbehälters. Sie besitzen Anschlüsse für tiefkalten Wärmeträger und Kühlwasser und werden durch die Steuereinheit SA oder durch einen Hilfssteuerkreis in Einheit TK geregelt.

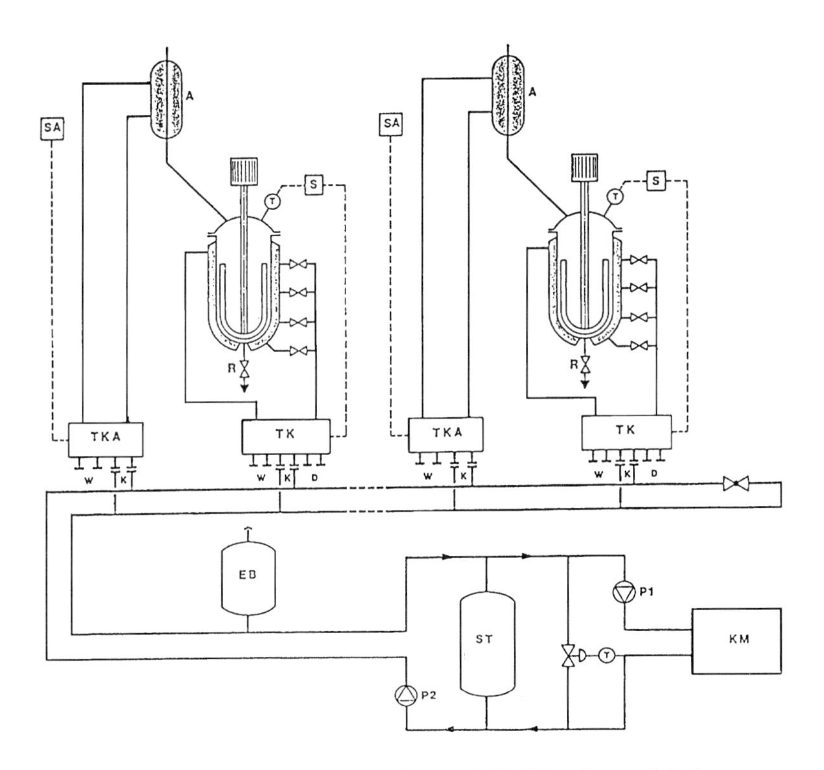

Bild 11: Zentrale Kälteversorgung für zwei Rührbehälter (System Sulzer)

Das Versorgungssystem für tiefkalten Wärmeträger besteht aus der Kältemaschine KM, einem Speichertank ST, einem Expansionsbehälter EB sowie zwei Pumpen P1 und P2. Die Vorlaufpumpe P2 fördert kalten Wärmeträger aus dem Speichertank ST über die Vorlaufleitung f zu den Verbrauchern. Eine entsprechende Menge erwärmter Flüssigkeit fließt durch die Rücklaufleitung r in den Speichertank zurück. Gleichzeitig entnimmt die Primärpumpe P1 am Kopf des Speichers erwärmte Flüssigkeit und zirkuliert sie durch die Kältemaschine KM. Gekühlte Flüssigkeit fließt zum Bodenstutzen des Speichers ST zurück.

Je nach Temperatur der erwärmten Flüssigkeit am Speicherkopf fördert Pumpe P1 mehr oder weniger Flüssigkeit in den Speicher zurück. Im ersten Fall wird der Speicher geladen, im zweiten deckt er einen Spitzenbedarf an Kälteleistung und wird entladen.

In dem Speicher ST sind Einbauten vorhanden, um eine laminare Schichtströmung zu erreichen.

4.3.2 Kühlsystem mit integriertem NH_3-Verdampfer

Bild 12 zeigt eine Ammoniakverdampferstation bestehend aus dem Verdampfer W1, Abscheider und Gegenstromwärmeaustauscher W2 mit dem Anschluß an das werksseitige NH_3-Netz. Auf der Kälteträgerseite wird ein Kreislauf aufgebaut mit Hilfe der

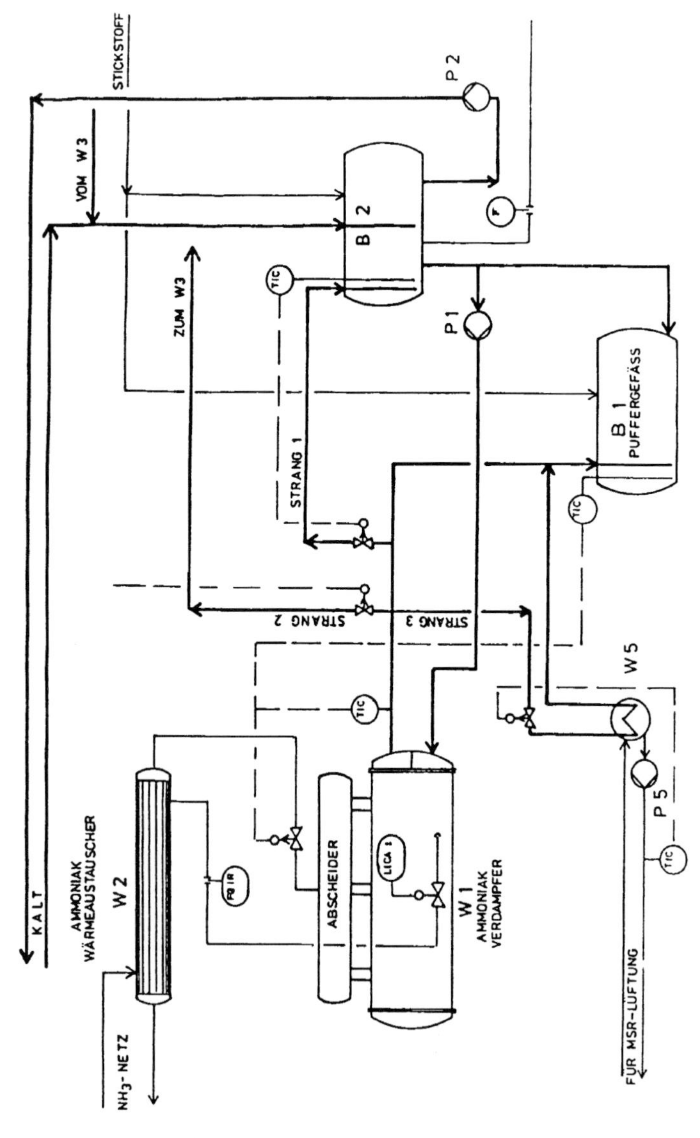

Bild 12: Primärkreislauf „Kalt" mit integrierteer NH_3-Anlage

Pumpe P1 und des Puffergefäßes B1, der die im Verdampfer erzeugte Kälteleitung auf das Glykol-Wassergemisch überträgt und über ein Saugdrossel-Regelventil gesteuert wird. Eingebunden wird die Kälteflüssigkeitsschiene über ein Dreiwegeventil, das alternativ und regelbar von der Temperatur im Kaltwassertank gesteuert wird.

Neben der Bereitstellung der Energien für die Kaltschiene (-20 °C) hat das NH_3-Kältesystem noch eine weitere Funktion zu erfüllen: die Verbesserung der Kondensations- beziehungsweise Kühlmöglichkeiten bei den Destillationsaufbauten an den Rührwerkskesseln. Dazu dient der Kreislauf (Strang 2), der über ein gesteuertes Dreiwegeventil zum Wärmeaustauscher W3 führt, sowie Strang 3, an den sich ein Kaltwasserkreislauf (drucklos) über Pumpe P5 und Wärmeaustauscher W5 anschließt, der die Destillationsaufbauten mit Kaltwasser (3 bis 20 °C) versorgt, beziehungsweise für die MSR-Lüftung eingesetzt wird.

5 Schrifttum

[1] Schupmehl, L.; Schäfer, E.: Temperieren mit Kreisstromwasser in chemischen Verfahrensanlagen. Chem.-Ing.-Tech. 56 (1984) Nr. 5, S. 377-383

[2] Hirschberg, H. G.: Rührkessel-Temperiersysteme. Handbuch der Kältetechnik, 6. Band Teil B Wärmeaustauscher, S. 588-589, Springer-Verlag 1988

Erhitzer für Wärmeträgeranlagen – Systemtechnische Überlegungen und Beispiele aus der Praxis

Von Dietmar Hunold [1])

1 Einleitung

Wärmeübertragungsanlagen (WT-Anlagen) werden seit Jahrzehnten zur kontrollierten Beheizung oder Kühlung von unterschiedlichsten Produktionseinrichtungen eingesetzt. Damit sind solche Anlagen als Hilfs- oder Nebenanlagen einzustufen, die im betrieblichen Alltag zuverlässig und störungsfrei arbeiten sollen. Im Vergleich zu Beheizungssystemen mit Druckwasser oder Dampf als Wärmeträgerfluid (WTF) bieten sie – trotz eines reduzierten Wärmeübertragungsvermögens infolge der im allgemeinen höheren Viskosität und der geringeren Wärmekapazität des Wärmeträgerfluids – entscheidende Vorteile, die sich positiv auf die Wirtschaftlichkeit von Produktionsanlagen auswirken. Hier ist zunächst der nahezu drucklose Betrieb auch bei Temperaturen deutlich größer als 300 °C zu nennen, der durch den geringen Dampfdruck geeigneter Wärmeträgeröle ermöglicht wird. Damit sind technische und wirtschaftliche Vorteile bei der Auslegung und dem Betrieb thermoölbeheizter Apparate und Maschinen verbunden. Hinzu kommen ein weitestgehender Betrieb ohne Aufsicht und ein geringer Wartungs- und Inspektionsaufwand, die lange Maschinenlaufzeiten bei geringen Personalkosten ermöglichen. Daneben sind Wärmeträgeröle nicht korrosiv, wodurch die Lebensdauer der WT-Anlagen und der angeschlossenen Maschinen und Apparate (Wärmeverbraucher) positiv beeinflußt wird.

In diesem Beitrag werden zunächst einige grundlegende Schaltungsvarianten von Wärmeübertragungsanlagen dargestellt und ihre spezifischen Vorteile für einige ausgewählte Anwendungsfälle aufgezeigt. Die nachfolgenden Abschnitte beschäftigen sich mit der Hauptkomponente einer WT-Anlage, dem Erhitzer. Es werden einige bewährte Konstruktionen von elektrisch beheizten wie auch von befeuerten Erhitzern vorgestellt und Besonderheiten vor dem Hintergrund einer optimalen wärme- und strömungstechnischen Auslegung zur Gewährleistung eines langjährigen, zuverlässigen und wirtschaftlichen Betriebes diskutiert. Abschließend werden einige ausgeführte Anlagen aus unterschiedlichsten Bereichen des industriellen Alltags erläutert.

2 Prinzipieller Aufbau von Wärmeübertragungsanlagen

Nahezu jeder industrielle Fertigungsprozeß beinhaltet zumindest einen Verfahrensschritt, in dem das Produkt einer Wärmebehandlung unterzogen wird. Hierfür hat sich in den vergangenen drei Jahrzehnten aufgrund der Eingangs erwähnten Vorteile die Verwendung von WT-Anlagen mehr und mehr durchgesetzt.

Aus den unterschiedlichen Einsatzgebieten und Anforderungen in den einzelnen Industriezweigen ergibt sich eine entsprechende Vielfalt von Anlagenbauformen. Einige Schaltungsvarianten sind in Bild 1 und Bild 2 dargestellt. Im linken Teil von Bild 1 ist

[1]) Dr. Ing. Dietmar Hunold, HOCH-TEMPERATUR-TECHNIK, Herford

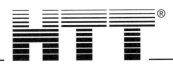

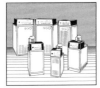

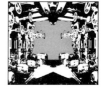

(18) ENTLÜFTUNG DN INS FREIE FÜHREN,
EVTL. AUSTRETENDEN WÄRMETRÄGER
GEFAHRLOS AUFFANGEN !
ventilation is to lead outside,
if heat carrier drops out
collect without danger !

MONTAGEHINWEIS AD-BEHÄLTER !
important for the assemby expansion vessel !
ANORDNUNG 0,5 - 1 m ÜBER DEM HÖCHSTEN
PUNKT DER ANLAGE , MINDESTENS ABER 3 m
ÜBER SAUGSEITE DER UMWÄLZPUMPE .
disposition 0,5 - 1 m about the highest point
of the plant , but at least 3 m above
suction side of the circulation pump

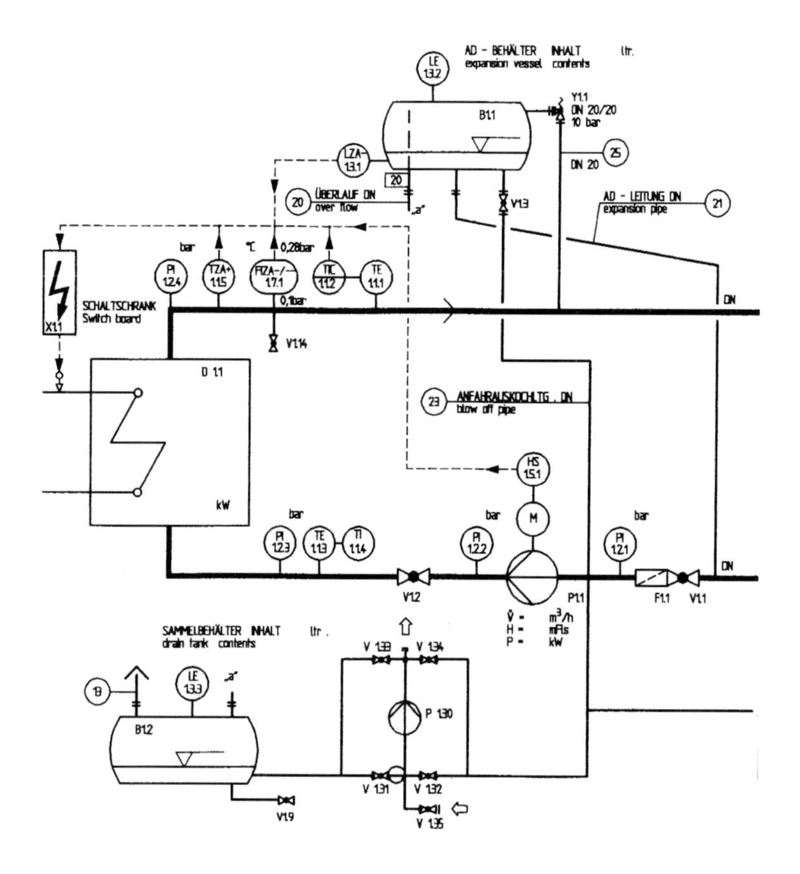

Bild 1: Prinzip-Verfahrensfließbild einer Wärmeträgeranlage in der Flüssigphase mit Sekundär-Regelkreisen zur unabhängigen Temperierung zweier Verbraucher (Primärkreis).

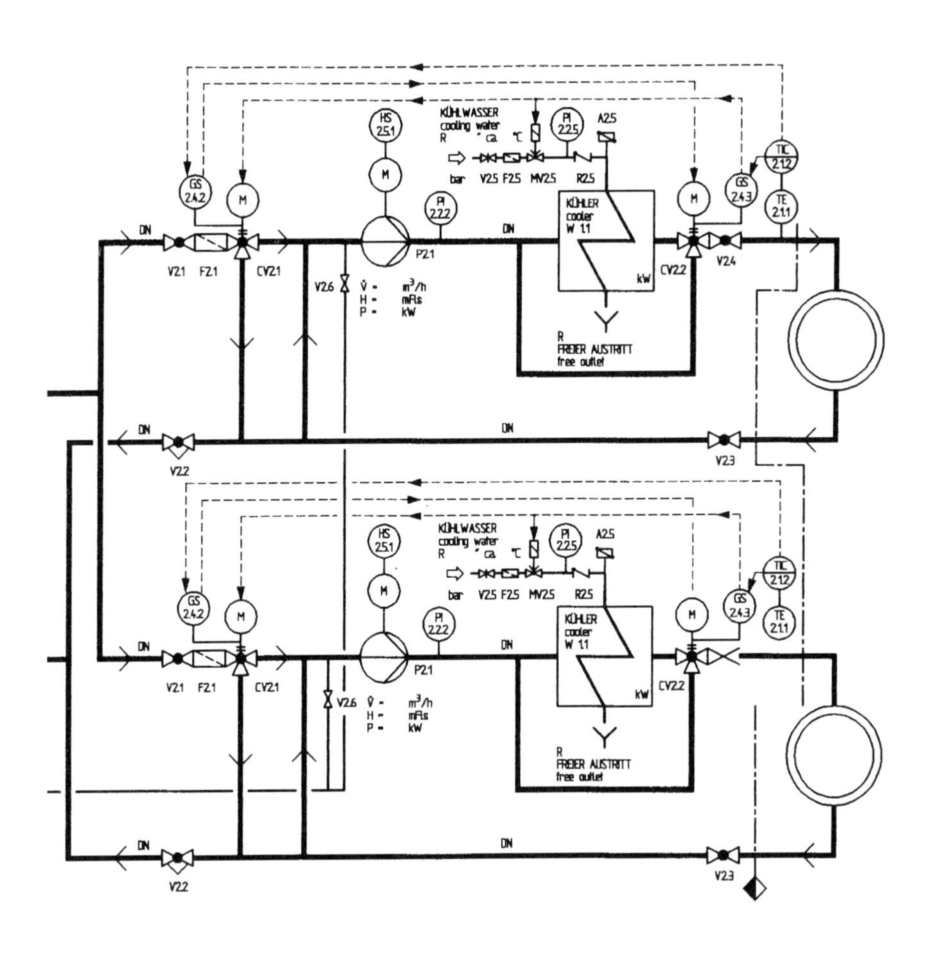

Bild 1: Prinzip-Verfahrensfließbild einer Wärmeträgeranlage in der Flüssigphase mit Sekundär-Regelkreisen zur unabhängigen Temperierung zweier Verbraucher (Primärkreis). (Fortsetzung)

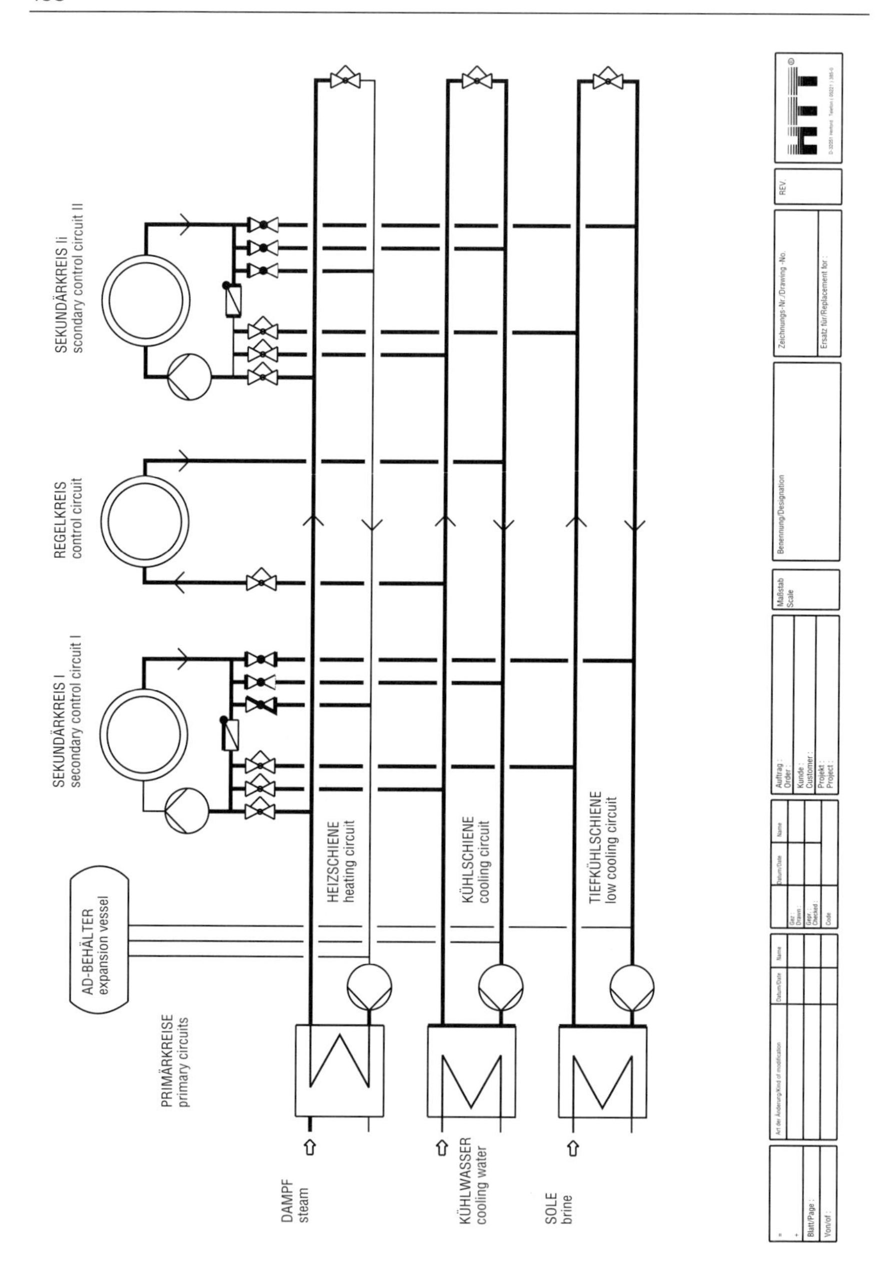

Bild 2a: Prinzip-Verfahrensfließbild einer Heiz-Kühl-Tiefkühl-Wärmeträgeranlage zur unabhängigen Temperierung verschiedener Verbraucher in einem weiten Temperaturbereich (Zentrale mit Sekundär- und Regelkreisen).

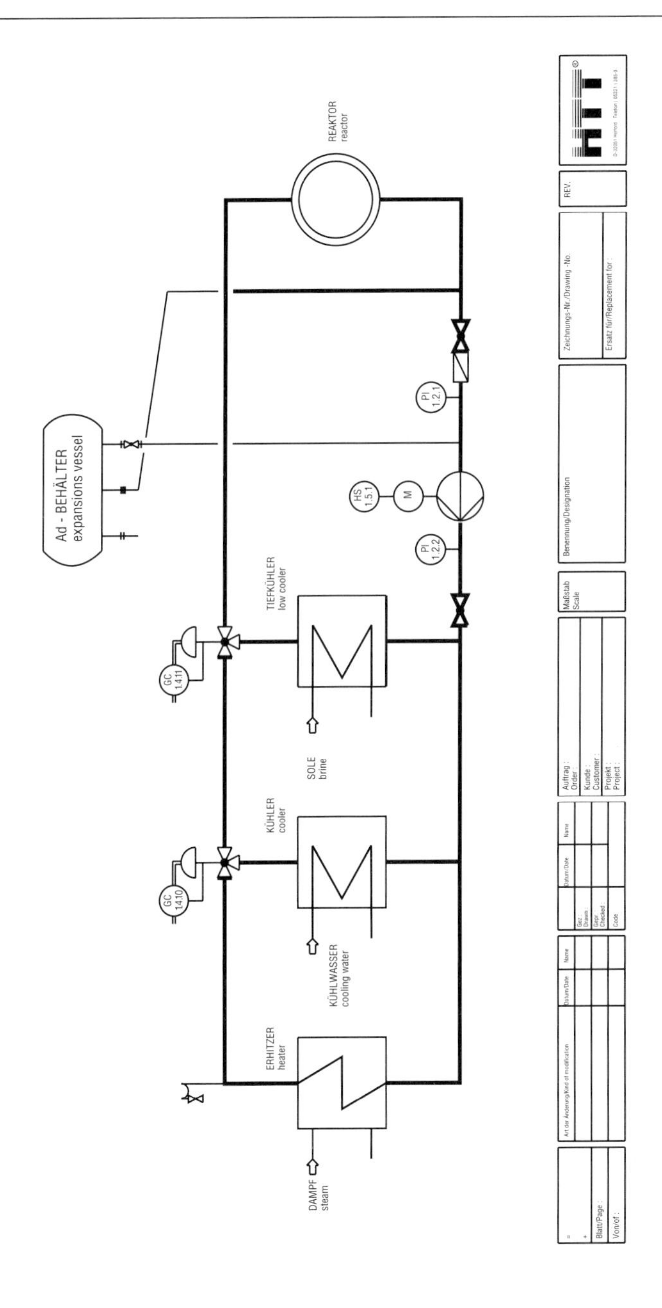

Bild 2b: Prinzip-Verfahrensfließbild einer Heiz-Kühl-Tiefkühl-Wärmeträgeranlage zur Einzeltemperierung eines Verbrauchers.

der primäre Erhitzerkreislauf mit Umwälzpumpe und dem zwangsdurchströmten Erhitzer zur erkennen. Daran sind zwei Sekundär-Regelkreise angeschlossen, die eine vollkommen unabhängige Verbraucher-Temperierung ermöglichen. Durch die integrierten, geregelten Kühleinrichtungen (Thermoöl/Wasser-Wärmeübertrager) sind beispielsweise auch Betriebszustände möglich, in denen in einem Sekundärkreis dem Verbraucher Energie zugeführt wird, während gleichzeitig in dem zweiten Sekundärkreis Energie vom Verbraucher abgeführt wird.

Bei sogenannten Heiz-Kühl-Tiefkühlanlagen für die chemische oder pharmazeutische Industrie werden die angeschlossenen Sekundär-Regelkreise entweder über drei, sich auf unterschiedlichen Temperaturniveaus befindlichen Primärkreisen mit Energie versorgt (Zentrale, Bild 2a), oder es wird je Verbraucher eine HKT-Anlage eingesetzt (Einzeltemperierung, Bild 2b).

Bild 3 zeigt eine Schaltungsvariante einer WT-Anlage, die zur Beheizung eines angeschlossenen Verbrauchers mit kondensierendem Öl eingesetzt wird. Der Primärkreis besteht wiederum aus einem zwangsdurchströmten Erhitzer, der über ein Reduzierventil heißes Öl in einen sogenannten „flash-tank" entspannt, so daß es verdampft. Im Dampfkreislauf erfolgt der Massen- und Energietransport allein aufgrund natürlicher Konvektion. Der Dampf strömt zu den kälteren Beheizungsflächen am Verbraucher und kondensiert dort. Über eine Kondensatpumpe wird das kondensierte Öl wieder zurück in den „flash-tank" gespeist.

Die Vorteile eines solchen Anlagenkonzepts sind in der (theoretisch) isothermen Beheizung des Verbrauchers zu sehen, weshalb dieses Konzept bei weitverzweigten Verbrauchern, die auf einheitlicher Temperatur gehalten werden müssen (beispielsweise Spinnköpfe in der Kunststoff-Industrie), eingesetzt wird. Daneben ist der Wärmeübergang bei der Kondensation im Vergleich zum Wärmeübergang bei Zwangskonvektion deutlich verbessert. Allerdings erfordert die Beheizung mit kondensierendem Dampf eine aufwendige Konstruktion des Verbrauchers, um ein freies Ablaufen des Kondensats zu ermöglichen und um Gaspolster an den wärmeübertragenden Flächen zu vermeiden, die eine gleichmäßige Beheizung verhindern können. Daneben sind aufgrund der relativ geringen Verdampfungsenthalpie von Wärmeträgerölen (nur ca. 1/5 des entsprechenden Wertes von Wasserdampf bei gleicher Temperatur) und der geringen Dichte sehr große Rohrleitungsquerschnitte erforderlich, so daß diese Beheizungsart nur noch selten zum Einsatz kommt.

Die Erhitzer in WT-Anlagen sind in der Regel als Zwangsdurchlauf-Erhitzer mit exakt geführter und damit definierter Strömung ausgeführt, um eine unzulässige Überhitzung des Wärmeträgeröles zu vermeiden. Abhängig von der geforderten Leistung des Erhitzers, des Aufstellungsortes sowie des zur Verfügung stehenden (wirtschaftlichsten) „Brennstoffes" kommen elektrisch beheizte oder direkt befeuerte Erhitzer zum Einsatz, die in den nachfolgenden Abschnitten eingehender betrachtet werden.

3 Elektrisch beheizte Erhitzer

3.1 Aufbau eines Elektro-Erhitzers

Ein Elektro-Erhitzer besteht in der Regel aus mehreren Widerstands-Heizelementen, die in die Strömung des Thermoöls eingetaucht werden. Um eine unzulässige Überhit-

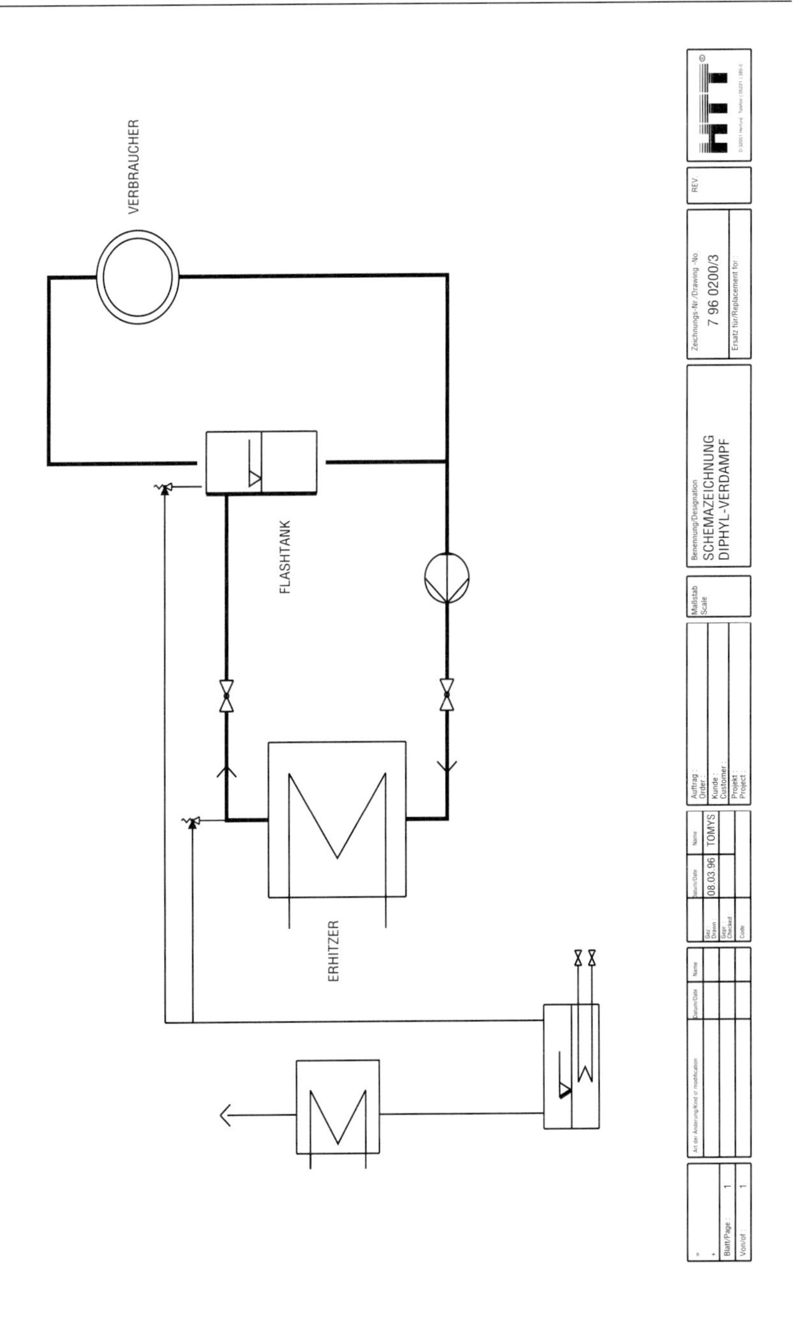

Bild 3: Prinzip-Verfahrensfließbild einer Wärmeträgeranlage zur Beheizung des Verbrauchers mit kondensierendem Dampf

zung des Thermoöls im Bereich der thermischen Grenzschicht an den Widerstands-Heizelementen (sogenannte „Filmtemperatur") zu vermeiden, ist eine präzise Strömungsführung zwingend erforderlich. Hierfür hat sich eine Konstruktion bewährt, bei der die Widerstands-Heizelemente in einzelne gerade Rohrstücke eingesteckt werden, die zu einem harfenförmigen Gesamtsystem verbunden sind (vgl. Bild 4). Im Bereich der Einströmung sind die Heizlemente unbeheizt und im nachfolgenden Bereich, der sich durch eine präzise Strömungsform auszeichnet, läßt sich der Wärmeübergang exakt berechnen.

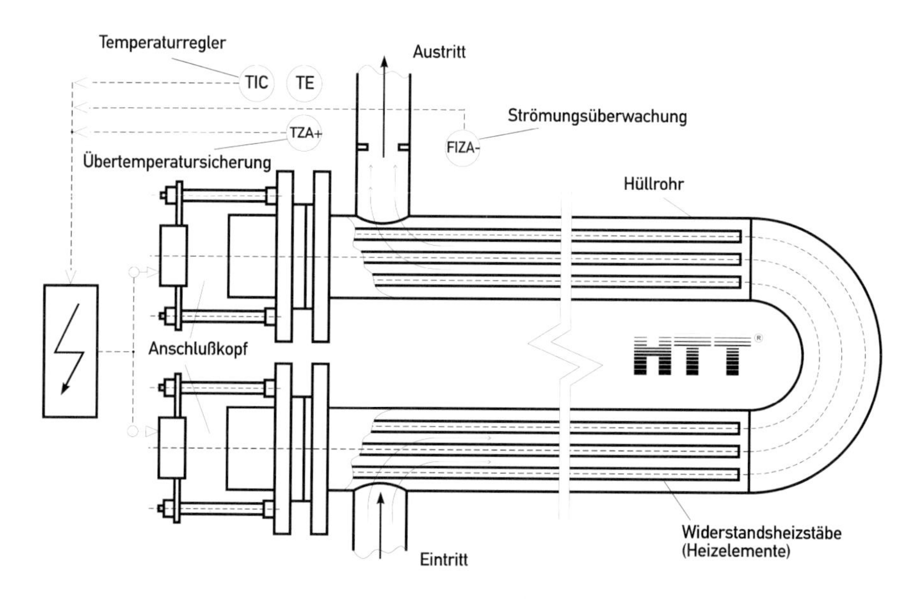

Bild 4: Schematische Darstellung eines Elektroerhitzers mit Überwachungs- und Regeleinrichtungen.

3.2 Wärmeübergang an einem Heizelement eines Elektro-Erhitzers

Die Grundgleichung für die sich in der Grenzschicht einstellende Temperatur des Thermoöls (ϑ_{Film} „Filmtemperatur") beziehungsweise der Oberflächentemperatur des Heizelements und der Vorlauftemperatur $\vartheta_{Vorlauf}$ bei einer aufgeprägten Wärmestromdichte $\dot{q}$ und dem äußeren Wärmeübergangskoeffizienten α_a lautet (vgl. hierzu auch [1]):

$$\vartheta_{Film} = \vartheta_{Vorlauf} + \frac{\dot{q}}{\alpha_a} \tag{3.1}$$

Die Wärmestromdichte ist durch die Dimensionierung des Heizelements und die angelegte elektrische Spannung vorgegeben, woraus sich die sogenannte Quellstärke $\dot{\Phi}'''$ der Wärmeentwicklung im Innern eines Heizstabes (Index HS) ergibt. Damit läßt sich Gleichung 3.1 wie folgt schreiben:

$$\vartheta_{Film} = \vartheta_{Vorlauf} + \frac{\dot{\Phi}''' \cdot r_{HS}}{2 \cdot \alpha_a} \tag{3.2}$$

Die Quellstärke ist definiert als der Quotient aus der Wärmeleistung des Heizstabes und seinem Volumen. Die Wärmeleistung wiederum ergibt sich mit dem Ohm´schen Gesetz über den spezifischen elektrischen Widerstand R des Heizleiters (Index HL) im Innern des Heizstabes.

$$\dot{\Phi}''' = \frac{\dot{Q}_{HS}}{V_{HS}} = \frac{I^2 \cdot R_{HL}}{r_{HS}^2 \cdot \pi \cdot L_{HS}} \tag{3.3}$$

$$\vartheta_{Film} = \vartheta_{Vorlauf} + \frac{I^2 \cdot R_{HL}}{2 \cdot r_{HS} \cdot \pi \cdot L_{HS} \cdot \alpha_a} \tag{3.4}$$

Es wird deutlich, daß die Filmtemperatur bei gegebener Vorlauftemperatur, festgelegter Heizstabgeometrie und -leistung nur noch durch den äußeren Wärmeübergangskoeffizienten bestimmt wird. Dieser ergibt sich entsprechend den nachfolgenden Beziehungen als Funktion der Strömungsgeschwindigkeit, der Stoffwerte des eingesetzten Thermoöls und der geometrischen Ausgestaltung des wärmeübertragenden Systems (Heizstab- und Hüllrohrgeometrie).

Bei einer turbulenten Strömung in einem Rohr mit dem hydraulischen Durchmesser D_{hydr} läßt sich der Wärmeübergangskoeffizient α_a von der beheizenden Fläche an das strömende Fluid durch die nachfolgende Beziehung (vgl. VDI-Wärmeatlas, Abschnitt Gb1-Gb6) beschreiben:

$$\alpha_a = \frac{\lambda}{D_{hydr}} \cdot 0{,}012 \cdot \left(Re_{hydr}^{0,87} - 280\right) \cdot Pr^{0,4} \cdot \left(1 + \frac{D_{hydr}}{L}\right)^{2/3} \tag{3.5}$$

Der hydraulische Durchmesser für die Strömung im Hüllrohr mit dem Innendurchmesser D_{HR} und n Heizstäben mit dem äußeren Durchmesser d_{HS} ist dabei wie folgt anzusetzen:

$$D_{hydr} = \frac{D_{HR}^2 - n \cdot d_{HS}^2}{D_{HR} + d_{HS}} \tag{3.6}$$

Da die Prandtl-Zahl und die Wärmeleitfähigkeit des Öls durch die Wahl des Wärmeträgerfluids festgelegt sind, ergibt sich mit Vernachlässigung des Einlaufterms $(1+D_{hydr}/L)$ die folgende Abhängigkeit des Wärmeübergangskoeffizienten von der Strömungsgeschwindigkeit w_{hydr} im freien Querschnitt des Hüllrohres und des hydraulischen Durchmessers der Rohrströmung:

$$\alpha_a \approx w_{hydr}^{0,87} \cdot D_{hydr}^{-0,13} \tag{3.7}$$

Gleichung 3.7 macht deutlich, daß der Wärmeübergangskoeffizient wesentlich durch die Strömungsgeschwindigkeit bestimmt wird und der Geometrieeinfluß von untergeordneter Bedeutung ist.

Die konkrete Berechnung des Wärmeübergangs für eine bestimmte Geometrie und für den Wärmeträger HT 350 ergibt für die Vorlauftemperatur von 350 °C einen Wärmeübergangskoeffizienten von α_a = 1.340 W/m²K bei einer Strömungsgeschwindigkeit von w_{hydr} = 1 m/s. Eine Verdoppelung der Strömungsgeschwindigkeit auf 2 m/s ergibt entsprechend Gleichung 2.7 eine Erhöhung des Wärmeübergangskoeffizienten auf 2.440 W/m²K. Damit stellt sich im ersten Fall bei einer Heizflächenbelastung (Wärmestromdichte $\dot{q}$) von 50 kW/m² = 5 W/cm² eine Filmtemperaturerhöhung $\Delta\vartheta_{Film}$ von 37 K ein, wohingegen sich der entsprechende Wert für eine Strömungsgeschwindigkeit von 2 m/s zu lediglich 20,5 K ergibt.

3.3 Druckverlustbetrachtung

Der Druckverlust einer Strömung in einer Rohrleitung der Länge L und des hydraulischen Durchmessers D_{hydr} läßt sich mit der dimensionslosen Rohrreibungszahl λ wie folgt schreiben:

$$\Delta p = \lambda \cdot \frac{L}{D_{hydr}} \cdot \frac{\rho}{2} w^2 \qquad (3.8)$$

Für eine turbulente Strömung in einem glatten Rohr läßt sich dabei λ als Funktion der Reynolds-Zahl in nachfolgender Form darstellen:

$$\lambda = \frac{0{,}22}{Re^{0{,}2}} \qquad (3.9)$$

Damit ergibt sich die folgende Proportionalität zwischen Druckverlust, hydraulischem Durchmesser und der Strömungsgeschwindigkeit im freien Rohrquerschnitt:

$$\Delta p \approx \frac{1}{Re^{0{,}2}} \cdot \frac{1}{D_{hydr}} \cdot w_{hydr}^2 \qquad (3.10)$$

$$\Delta p \approx D_{hydr}^{-1{,}2} \cdot w_{hydr}^{1{,}8} \qquad (3.11)$$

Der Druckverlust hängt also, und das in weitaus stärkerem Maße als der Wärmeübergang, sowohl von der Strömungsgeschwindigkeit als auch von der Geometrie (D_{hydr}) ab. Dieser Zusammenhang, wiederum anhand eines konkreten Zahlenbeispiels, stellt sich folgendermaßen dar.

Eine Verdopplung der Strömungsgeschwindigkeit von 1,5 auf 3,0 m/s bedeutet eine Erhöhung des Druckverlustes auf 350 % des Ausgangswertes; eine Halbierung des hydraulischen Durchmessers von 20 auf 10 mm bewirkt eine Erhöhung des Druckverlustes auf 230 % des Ausgangswertes.

3.4 Aufbau von Widerstands-Heizelementen

Neben der Betrachtung der sich einstellenden Filmtemperatur, die die Lebensdauer des Wärmeträgeröls maßgeblich bestimmt, ist die Zuverlässigkeit eines Heizelementes oder Heizstabes ganz wesentlich von der im Betrieb auftretenden Heizleitertemperatur beeinflußt.

Die entsprechend Gleichung 3.3 im Heizstab als Wärme freigesetzte elektrische Leistung muß vom Heizleiter an die Oberfläche des Heizstabes transportiert werden, um dort den Wärmeträger zu erwärmen. Abhängig vom Aufbau eines Heizelementes treten dabei unterschiedliche Wärmetransportmechanismen auf. Prinzipiell unterscheidet man die nachfolgenden Bauarten von Widerstands-Heizelementen:

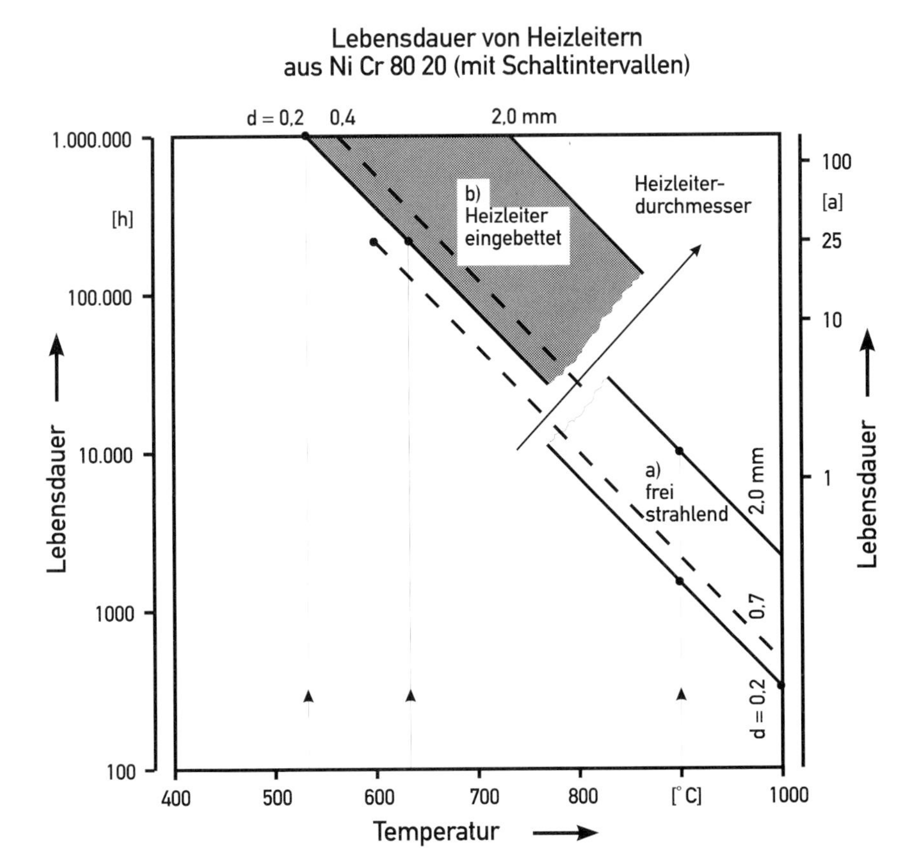

Bild 5: Lebensdauer von Heizleitern als Funktion der Heizleitertemperatur für unterschiedliche Heizleiterdurchmesser (Heizleitermaterial NiCr 80 20).

1. Eingebettete Heizleiter:

   Hierbei wird der Hohlraum zwischen Heizleiter und dem Heizstabrohr mit Magnesiumoxid (MgO) verfüllt, so daß die Wärmeabfuhr durch Wärmeleitung erfolgt. Eine anschließende Nachverdichtung des Magnesiumoxids durch eine Durchmesserreduzierung des Heizstabrohres erhöht die Wärmeleitfähigkeit des Magnesiumoxids (sogenannter hochverdichteter Heizstab), so daß hier trotz erhöhter Wärmeleistung eines Heizleiters seine Temperatur nicht höher liegt als im Falle des nicht nachverdichteten Heizstabes.

2. Freistrahlende Heizleiter:

   In diesem Fall wird der Hohlraum zwischen Heizleiter und Heizstabrohr nicht verfüllt, und die freigesetzte Wärme kann allein aufgrund von Wärmestrahlung auf das Heizstabrohr übertragen werden.

Da bei der Wärmeübertragung durch Leitung der Wärmestrom mit der anliegenden treibenden Temperaturdifferenz linear verknüpft ist, im Falle von Wärmeübertragung durch Strahlung die absoluten Temperaturen jedoch in der 4. Potenz in die beschreibenden Wärmeübergangsbeziehungen eingehen, kann prinzipiell gesagt werden, daß sich bei freistrahlenden Heizleitern wesentlich höhere Temperaturen einstellen, wodurch die Lebensdauer von Heizelementen nachhaltig beeinflußt ist. Dies verdeutlicht auch die in Bild 5 wiedergegebene Darstellung, in der für unterschiedliche Heizleiterdurchmesser die Lebensdauer eines Heizstabes als Funktion der Heizleitertemperatur aufgetragen ist (vgl. hierzu auch [2] und [3]). Bei einer in der Praxis üblichen Heizflächenbelastung von 4,5 W/cm^2 tritt bei freistrahlenden Heizleitern eine Temperatur von ca. 900 °C auf, die weit über der zulässigen Dauertemperatur von ca. 800 °C liegt, so daß hier mit einer Lebensdauer von nur einigen hundert Betriebsstunden zu rechnen ist.

Hieraus folgert, daß Heizelemente mit freistrahlenden Heizleiter zu vermeiden sind, um einen langjährigen wartungsfreien Betrieb sicherzustellen. Anderenfalls ist auf jeden Fall eine Austauschbarkeit der Heizstäbe konstruktiv vorzusehen und für den betrieblichen Alltag einzuplanen.

4 Befeuerte Wärmeträgererhitzer

4.1 Einsatzgebiete und Bauformen

Befeuerte Erhitzer finden überall dort Verwendung, wo größere Heizleistungen bei wirtschaftlichen Energiekosten gefordert sind. Während elektrisch beheizte Erhitzer bereits mit einigen wenigen kW Heizleistung gebaut werden, ist die kleinste Erhitzerleistung von befeuerten Erhitzern bei ca. 100 kW Nennleistung anzusetzen.

Grundsätzlich sollte die Entscheidung über die Beheizungsart sorgfältig geprüft werden, da es allein unter energetischen wie exergetischen Gesichtspunkten unsinnig ist, den in Wärmekraftwerken mit hohem technischen Aufwand und bei einem Umwandlungsverlust von deutlich mehr als 60 % erzeugten elektrischen Strom anschließend wieder in Wärme umzuwandeln.

Allerdings liegen die Betriebskosten (Energiekosten) von befeuerten Erhitzern in Deutschland bei nur ca. 20 bis 25 % des entsprechenden Wertes von elektrisch beheizten Erhitzern, wodurch sich allein hieraus entscheidende betriebswirtschaftliche Vorteile ergeben. Dabei sind jedoch die in der Regel höheren Investitions-, Genehmigungs-, und Wartungskosten gegenzurechnen, da bei befeuerten Erhitzern beispielsweise ein Kamin zu installieren ist (Bau- und Betriebsgenehmigung, Wartung beziehungsweise Reinigung), die Energieversorgungsleitung (Gas- oder Ölleitung) zumeist aufwendiger zu verlegen ist als eine elektrische Versorgungsleitung und ein Brenner eine regelmäßige Wartung erfordert. Daneben ist bei größeren befeuerten Erhitzern der Bau eines Heizraumes zwingend erforderlich (vgl. TRB 801, Feuerraumverordnung).

Bei Heizleistungen von mehr als 1 MW kann durch den Einsatz eines Verbrennungsluftvorwärmers (LUVO) der feuerungstechnische Wirkungsgrad häufig noch einmal deutlich angehoben werden, so daß die Betriebskosten weiter sinken. Hierzu wird in einem nachfolgenden Abschnitt ein Beispiel aus der Praxis vorgestellt.

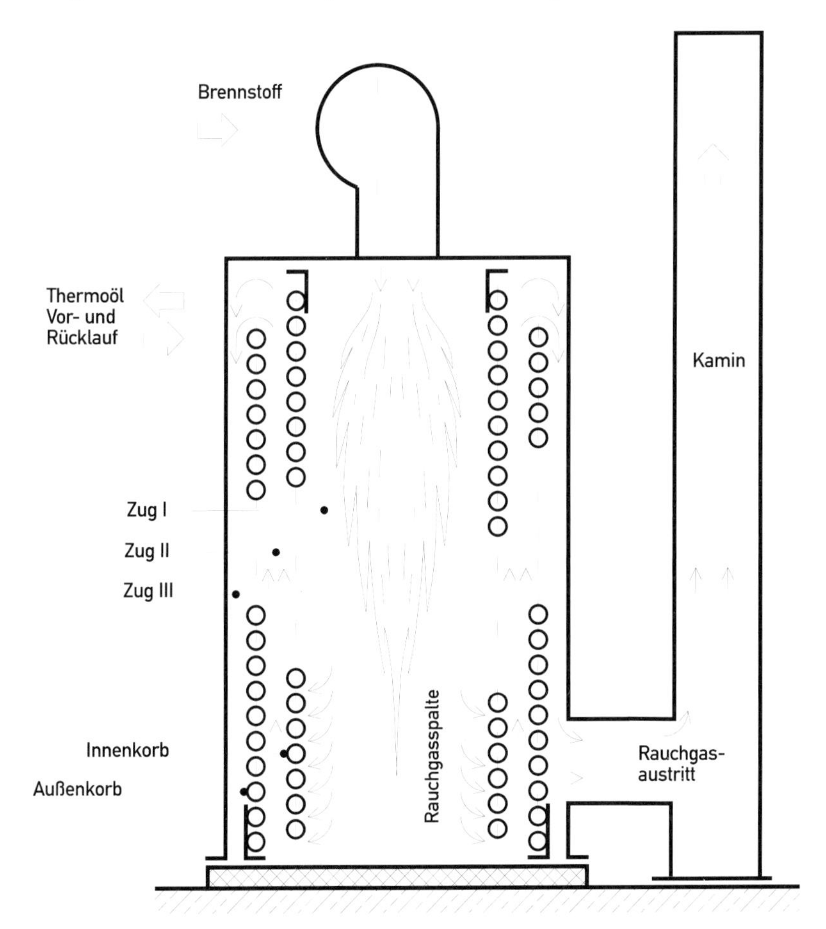

Bild 6: Prinzipieller Aufbau eines 3-Zug-Kessels mit Strahlungsbrennkammer (1. Zug) und nachgeschalteten Konvektionsheizflächen (2. und 3. Zug).

Befeuerte Erhitzer bestehen in der Regel aus zwei zylindrischen und konzentrisch zueinander angeordneten Rohrwendeln (3-Zug-Kessel), die in einem gemeinsamen Rauchgasmantel eingebaut sind. Im 1. Zug, der Strahlungsbrennkammer, brennt die Flamme und überträgt die Wärme aufgrund der relativ geringen Rauchgasgeschwindigkeit primär durch Strahlung (Flammen- und Gasstrahlung) an die mit dem Wärmeträger durchströmte Rohrwendel. Danach wird das Rauchgas am Boden des Kessels in den 2. Zug (1. Konvektionsheizfläche) umgelenkt, um dann anschließend am Kesseldeckel erneut in den 3. Zug (2. Konvektionsheizfläche) umgelenkt zu werden. Danach verläßt das Rauchgas den Kessel über den Rauchgasstutzen (vgl. die schematische Darstellung in Bild 6).

Die Vorteile einer solchen Konstruktion sind in der sehr kompakten Bauweise zu sehen, die sich sowohl bei der vertikalen als auch bei der horizontalen Aufstellung durch einen geringen Platzbedarf auszeichnet. Als nachteilig ist die nur begrenzt durchführbare Reinigung der Konvektionsheizflächen anzuführen. Allerdings ist dieser Punkt nur bei stark feststoffbeladenen Rauchgasen (Schweres Heizöl oder Feststoffe als Brennstoff) zu beachten. Abhilfe kann hier auch die Installation von Reinigungslanzen schaffen, mittels derer die Heizflächen zyklisch mit Preßluft abgeblasen werden können.

4.2 Auslegung von befeuerten Erhitzern

Bei der wärmetechnischen Auslegung und Konstruktion von befeuerten Erhitzern sind als primäre Zielgrößen eine hohe Brennstoffausnutzung (hoher feuerungstechnischer Wirkungsgrad), die Einhaltung der zulässigen Filmtemperatur des Wärmeträgers und eine zuverlässige und langlebige Konstruktion, die auch häufige Lastwechsel (An- und Abfahren) problemlos zuläßt, zu nennen. Für den Betreiber ist daneben ein möglichst geringer Druckverlust des Wärmeträgers beim Durchströmen des Kessels von Interesse, um die notwendige Antriebsleistung der Kreislaufpumpe auf ein wirtschaftliches Maß zu beschränken.

Bild 7 zeigt beispielhaft ein Erhitzerkennfeld mit den Hauptgrößen absolute Filmtemperatur $T_{F,max}$, Druckverlust Δp_{Erh} des Wärmeträgers beim Durchströmen des Kessels bei einer kinematischen Viskosität von ν = 0,5 mm²/s und Filmtemperaturerhöhung DT_F für die Brennstoffe Erdgas „L" und leichtes Heizöl („EL") als Funktion des Wärmeträger-Volumenstroms beziehungsweise der daraus resultierenden Temperaturerhöhung des Wärmeträgers (ΔT_{Erh}).

Die wesentlich höhere Filmtemperatur und auch Filmtemperaturerhöhung bei leichtem Heizöl im Vergleich zu Erdgas ergibt sich in erster Linie aus dem intensiveren Leuchten der Flamme, das zu einer erhöhten Wärmestromdichte an der Rohrwand führt. Die aus der Flammenstrahlung resultierende Wärmestromdichte $\dot{q}_{Fl}$ im 1. Zug errechnet sich entsprechend der nachfolgenden Beziehung

$$\dot{q}_{Fl} = \varphi \cdot \varepsilon_{Fl,W} \cdot C_S \cdot \left(T_{Fl}^4 - T_W^4\right) \tag{3.1}$$

mit dem Flächenverhältnis φ als Quotient aus Flammendurchmesser und Feuerraumdurchmesser, der allgemeinen Strahlungskonstante C_s eines schwarzen Körpers (C_s =

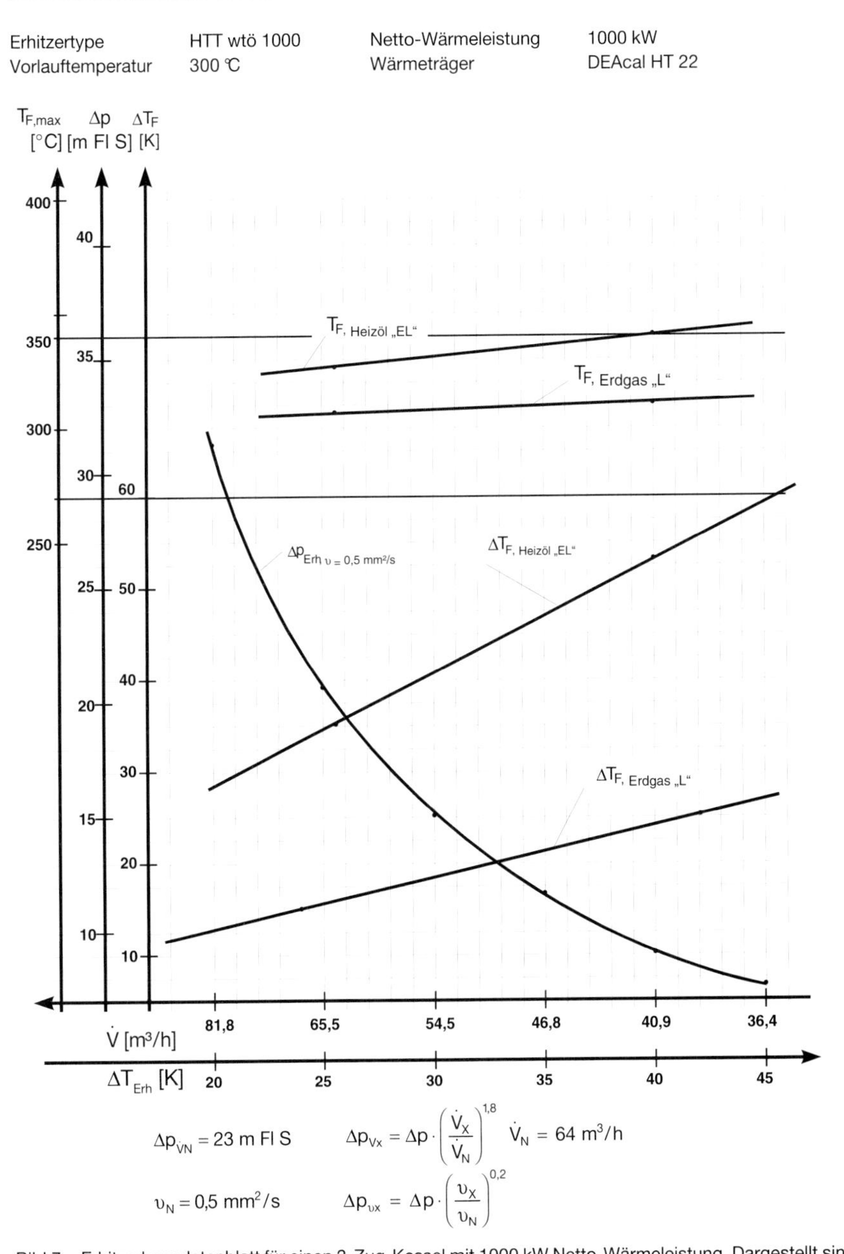

Bild 7: Erhitzerkenndatenblatt für einen 3-Zug-Kessel mit 1000 kW Netto-Wärmeleistung. Dargestellt sind die absolute Filmtemperatur, die Filmtemperaturerhöhung sowie der Druckverlust des Wärmeträgers beim Durchströmen des Kessel als Funktion des gewählten Volumenstroms beziehungsweise der daraus resultierenden Temperaturerhöhung des Wärmeträgers für die Brennstoffe Erdgas "L" und leichtes Heizöl („EL").

$5{,}67 \times 10^{-8}$ W/m²K⁴) und dem Emissionsverhältnis $\varepsilon_{Fl,W}$ zwischen leuchtender Flamme und der Wand des Feuerraumes. So erreicht $\varepsilon_{Fl,W}$ hier beispielsweise bei einem Flammendurchmesser von 2,0 m und schwerem Heizöl als Brennstoff einen um 70 % höheren Wert als bei Erdgas.

Ferner ist die in Bild 7 ebenfalls eingetragene Obergrenze der Filmtemperaturerhöhung von 60 K zu beachten. Da die maximale Filmtemperatur (und damit auch die maximale Rohrwandtemperatur) aufgrund der im 1. Zug wesentlich höheren Wärmestromdichte auf der Rohrinnenseite auftritt, ergeben sich Wärmespannungen in der Rohrlängsrichtung (Druckspannungen in der wärmeren Rohrinnenseite und Zugspannungen in der kälteren Rohraußenseite). Überschreiten diese Spannungen die zulässigen Werte (plastische Verformung), so bilden sich bereits nach kurzer Wechselbeanspruchung, die durch das An- und Abfahren hervorgerufen wird, in Umfangsrichtung Risse im Rohr.

Bild 8: Gasbefeuerter 3-Zug-Kessel in stehender Kompaktausführung mit angebauter Betriebs- und Standby-Pumpe sowie integriertem Luftvorwärmer (Werksbild HTT).

5 Einige Beispiele aus der Praxis

5.1 Befeuerter Erhitzer mit höchstem Wirkungsgrad und geringsten Schadstoff-Emissionen

Zur Beheizung eines industriellen Trockners sind ca. 14 MW Heizleistung bei einer Vorlauftemperatur von 290 °C bereitzustellen. Als Brennstoff stehen wahlweise Flüssiggas (Butan) und Erdgas zur Verfügung. Da ein hoher feuerungstechnischer Wirkungs-

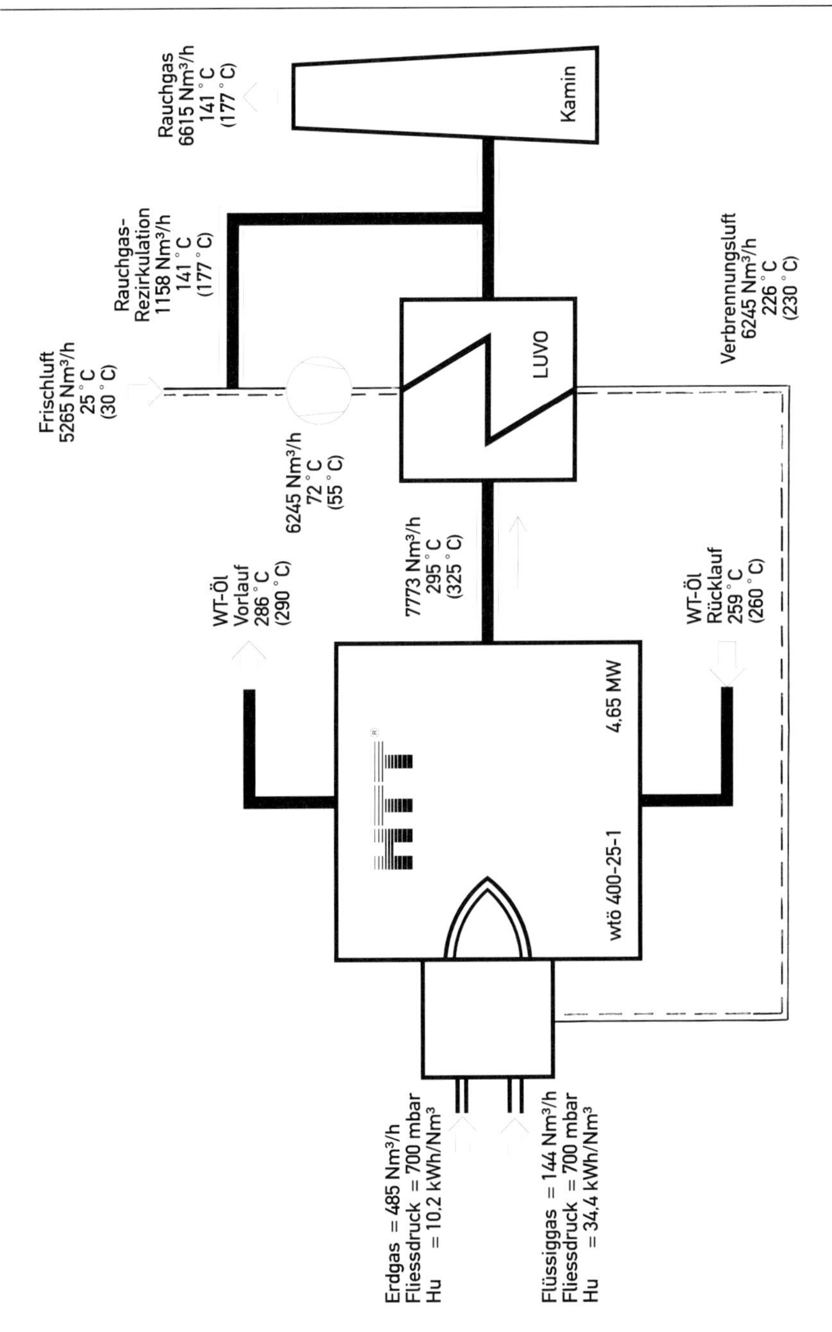

Bild 9: Blockschaltbild eines Kessels mit LUVO und Rauchgas-Rezirkulation. Die hinter den Auslegungswerten in Klammern eingetragenen Werte stellen die unter Betriebsbedingungen erzielten Werte dar.

grad und eine deutliche Unterschreitung der Grenzwerte der TA Luft primäres Ziel des Kunden ist, werden die drei Erhitzer (3-Zug-Kessel in liegender Ausführung mit je 4,65 MW Netto-Wärmeleistung) mit Luftvorwärmern ausgestattet. Weil die Verbrennungsluftvorwärmung bekanntlich die Verbrennungstemperatur anhebt und damit die Bildung von Stickoxiden (NO_x) erheblich fördert, sind die Kessel zusätzlich mit einer Rauchgas-Rezirkulation ausgerüstet. Bild 9 zeigt das Blockschaltbild eines Kessels mit den charakteristischen Daten für die Auslegung beziehungsweise die tatsächlich im Betrieb erzielten Werte (vgl. [4]).

Die in Tafel 5.1 eingetragenen Abgas-Werte zeigen, daß die durch die TA Luft geforderten Werte deutlich unterschritten werden. Gleichzeitig belegen TÜV-Messungen zum feuerungstechnischen Wirkungsgrad entsprechend DIN 4702, daß sowohl im Fall von Butan als auch bei Erdgas der Wirkungsgrad deutlich über 94 % liegt. Angesichts der Tatsache, daß in diesem Fall 1 % Wirkungsgraderhöhung einer Einsparung von DM 60.000 Brennstoffkosten pro Jahr entspricht, stellt dieses Erhitzerkonzept eine ausgezeichnete wirtschaftliche Lösung dar.

Tafel 5.1: Abgaswerte (TÜV-Messung) für die Brennstoffe Erdgas und Flüssiggas jeweils bei 100 % Heizleistung.

Brennstoff	Emissionswert	NO_x [mg/Nm³]	CO [mg/Nm³]	Staub [mg/Nm³]
Erdgas	gefordert	≤ 120	≤ 50	< 5
	erreicht	55	22	< 5
Flüssiggas	gefordert	≤ 150	≤ 60	< 5
	erreicht	122	12	< 5

5.2 Feststoffbefeuerte Erhitzer

Ein weiteres, gerade für die holzverarbeitende Industrie interessantes Beispiel für einen befeuerten Erhitzer läßt sich anhand eines Spänekessels erläutern. In Bild 10 sind die Hauptkomponenten einer solchen Anlage erkennbar: Brennstoffbunker, Vorfeuerung/Brennkammer/Schwelkammer, Thermoölerhitzer mit Substitutionsbrenner, Entstaubungseinrichtung, Saugzugabgasventilator und Kamin.

Dem Thermoölkessel wird aus der Brennkammer Heißgas mit einer Temperatur von ca. 1.250 °C zugeführt, das im 3. Zug auf ca. 360 °C abgekühlt wird. Bei einem Thermoöl-Volumenstrom von 51 m³/h und einer Vor-/Rücklauftemperatur von 300 bzw. 260 °C erreicht der Kessel eine Netto-Wärmeleistung von 1.100 kW. Um eine 100prozentige Verfügbarkeit der Anlage sicherzustellen, ist neben der Heißgasfeuerung die Möglichkeit zur Beheizung des Kessels mit einem herkömmlichen Heizölbrenner vorgesehen. Dazu ist am Erhitzerboden ein Brennergeschränk angebracht, mit dessen Hilfe nach Herausnahme eines Verschlußsteines der Substitutionsbrenner in den Kessel eingeschwenkt werden kann.

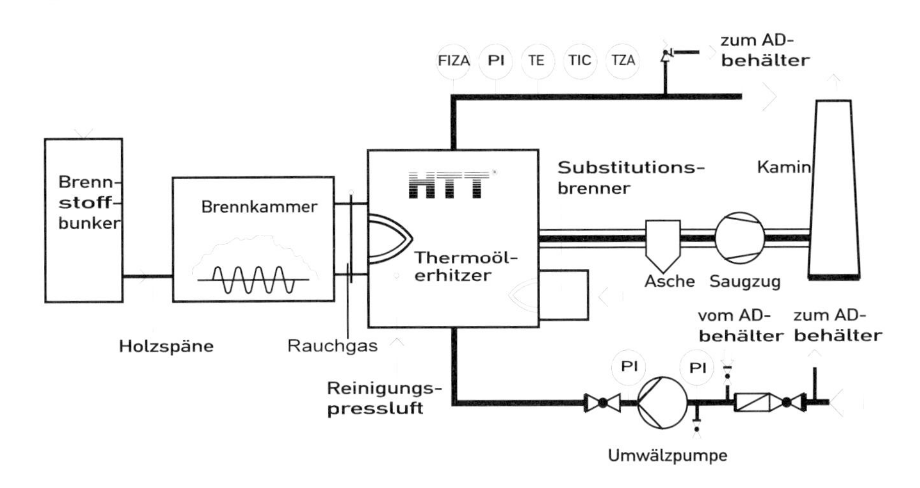

Bild 10: Blockschaltbild eines Spänekessels mit den Hauptkomponenenten der Anlage. Der Kessel erreicht bei einer Temperatur des Heißgases aus der Brennkammer von 1.250 °C und einer Vorlauftemperatur des Thermoöls von 300 °C eine Netto-Leistung von 1.100 kW.

Die der Brennkammer zugeführten Späne fallen kontinuierlich bei einem Verfahrensschritt der Holzver- beziehungsweise -bearbeitung an. Da die Holzbearbeitung gleichzeitig in einem weiteren Schritt Prozeßwärme für die Beheizung einer Beschichtungspresse benötigt, kann hier von einem idealen Fall quasi „kostenlos" erzeugter Wärme gesprochen werden. Tatsächlich jedoch ist mit einer solchen Anlage nicht nur eine erhebliche Brennstoffeinsparung verbunden, sondern es werden gleichzeitig auch noch die Entsorgungskosten minimiert.

5.3 Befeuerter Erhitzer in „Chemie-Ausführung"

Der nachfolgend vorgestellte einzügige Erhitzer in stehender Bauweise wird häufig in der chemischen Industrie eingesetzt. Es handelt sich hier um einen Erhitzer mit 3,6 MW Nettoleistung, ausgelegt für 350 °C, 20 bar Betriebsüberdruck und für eine Mischung aus 60 % Diphyl und 40 % Santotherm 66 als Wärmeträger. Die Rücklauftemperatur beträgt 310 °C bei einem Volumenstrom des Wärmeträgers von 180 m^3/h. Die prinzipielle Konstruktion wird in Bild 11 ersichtlich. Die Strahlungsbrennkammer besteht aus einer 2gängig gewickelten, zylindrischen Rohrschlange, der Brennereinbau erfolgt am Erhitzerboden mittig. Der nachfolgende, rechteckige Konvektionsteil ist mit Rippenrohren ausgestattet, wobei die Register zur Reinigung ausgezogen werden können.

Der Erhitzer ist mit einem modulierenden Gebläsebrenner ausgestattet, der wahlweise mit Erdgas oder mit leichtem Heizöl betrieben werden kann.

5.4 Heiz-Kühl-Tiefkühlanlagen

Bei den in der chemischen oder pharmazeutischen Industrie zur Reaktortemperierung eingesetzten Heiz-Kühl-Tiefkühlanlagen (hkt-Anlagen) werden nur selten Erhitzer

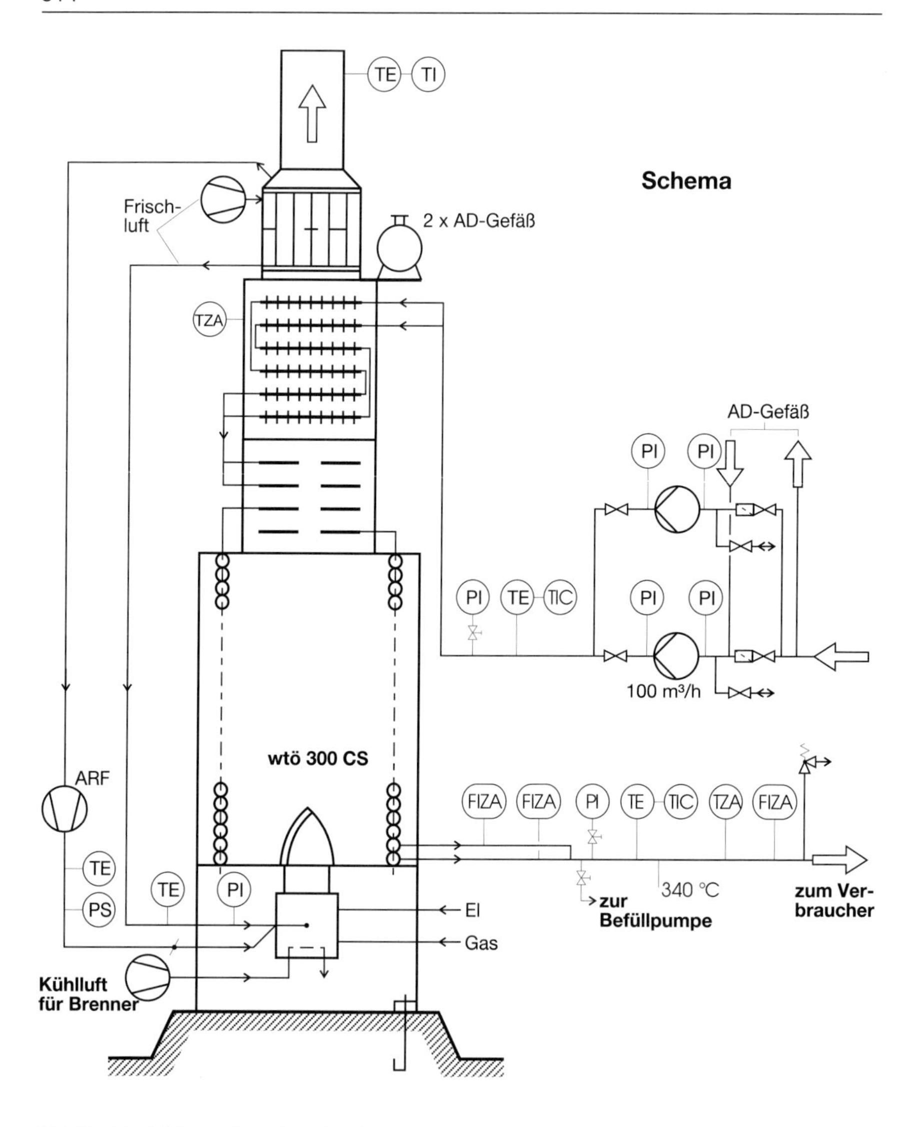

Bild 11: Prinzipieller Aufbau eines 1zügigen, stehenden Erhitzers in "Chemie-Ausführung" mit Luftvorwärmer und Rauchgasrezirkulation. Kenndaten: 3,6 MW Nettoleistung bei 350 °C Vorlauftemperatur, Auslegungsdruck 20 $bar_{ü}$, Wirkungsgrad > 90 %.

der bislang dargestellten Bauarten eingesetzt. Vielmehr erfolgt hier – da größere chemische Werke stets über eigene Energienetze verfügen – die Wärmezu- beziehungsweise -abfuhr zumeist über Wärmeübertrager (vgl. Bild 2a und 2b). Die Beheizung einer hkt-Anlage wird dann mit Dampf vorgenommen, der auf unterschiedlichen Druck- bzw. Temperaturniveaus zur Verfügung steht. Da diese Temperaturniveaus zumeist deutlich unterhalb der zulässigen Vorlauftemperatur der verwendeten Wärmeträgermedien liegen, können aufwendige Übertemperatur- und Durchflußüberwachungen, wie sie im Falle von elektrisch oder direkt befeuerten Erhitzern unabdingbar sind, entfallen.

Die Wärmeübertrager werden in der Regel als Rohrbündelapparate in U-Rohr- oder Gradrohr-Ausführung eingesetzt, letztere insbesondere dann, wenn auf der Rohrinnenseite mit starker betriebsbedingter Verschmutzung zu rechnen ist. In einigen wenigen Fällen, zum Beispiel bei sehr kleinen treibenden Temperaturdifferenzen für den Wärmeübergang, finden Platten-Wärmeübertrager Verwendung. Hier ist besondere Aufmerksamkeit auf die Reinigungsmöglichkeit beziehungsweise auf die dauerhafte Dichtigkeit, insbesondere unter Temperaturwechselbeanspruchung, zu richten.

5.5 Indirekt beheizte und gekühlte Hochdruck-Wasser/Dampf-Anlage

Zur Untersuchung von Verdampfungs- und Kondensationsvorgängen in Rohrleitungssystemen in einem Druckbereich von 30 bis 160 bar und mit einer maximalen Temperatur von 450 °C dient eine Hochdruck-Wasser/Dampf-Versuchsanlage, bei der die Beheizung des Dampferzeugers sowie die Kühlung des Kondensators durch Thermoöl-Zwischenkreisläufe erfolgt (vgl. Bild 12).

Neben dem weiten Druck- und Temperaturbereich muß am Eintritt in die Versuchsstrecke ein beliebiger Naßdampfzustand einstellbar sein. Dies läßt sich durch Mischen von Wasser und Dampf, jeweils im Sättigungszustand, unmittelbar vor dem Eintritt in die Versuchsstrecke erreichen. Die damit verbundenen Anforderungen an die Versuchsanlage sind in Tafel 5.5 aufgeführt. Daneben ist ein geschlossener Versuchskreislauf anzustreben, das heißt die Anlage muß das aus den Versuchsstrecken austretende Zweiphasengemisch für den erneuten Mischungsvorgang aufbereiten können. Insbesondere der weite Massenstrombereich führt zu hohen Anforderungen an das Teillastverhalten der Anlage und ihrer Komponenten [5].

Tafel 5.5: Anforderungen an die Hochdruck-Wasser/Dampf-Versuchsanlage.

Parameter	Einheit	Versuchsstrecke I	Versuchsstrecke II
Druck	[bar]	30 bis 160	30 bis 160
Temperatur	[°C]	210 bis 370 bzw. 20 K Unterkühlung oder Überhitzung	210 bis 450 bzw. 20 K Unterkühlung und 100 K Überhitzung
Massenstrom	[kg/h]	175 bis 360	15 bis 60
Dampfgehalt am Eintritt in die Versuchsstrecke	[–]	0 bis 1	
fossile thermische Leistung	[kW]	max. 250	
elektrische Anschlußleistung	[kW]	max. 60	

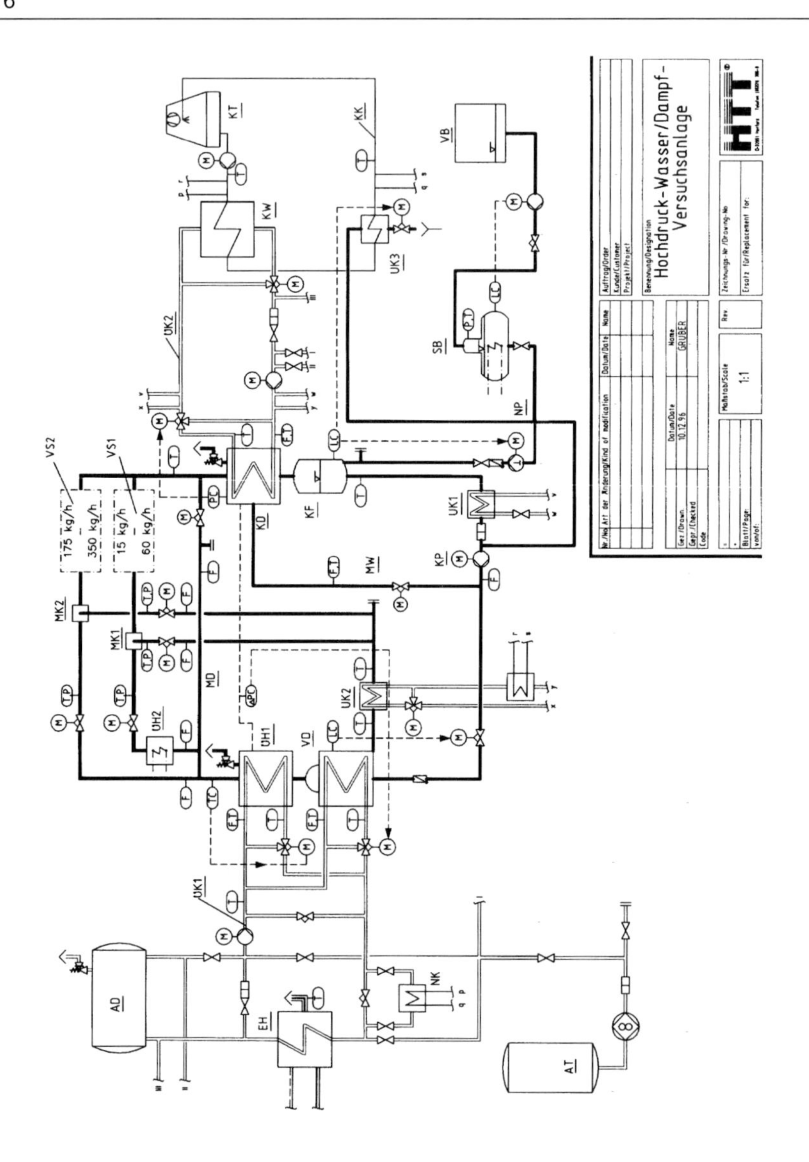

Bild 12: Vollständiges Wärmeschaltbild der Hochdruck-Wasser/Dampf-Versuchsanlage [5] mit Thermoöl-Zwischenkreisläufen zur Beheizung des Dampferzeugers (links) und zur Kühlung des Kondensators (rechts)

So ist ein zum Beispiel ein Massenstromverhältnis von $\dot{m}_{min}/\dot{m}_{max} = 1/24$ innerhalb des Druckbereiches von 30 bis 160 bar gefordert. Da sich die Verdampfungsenthalpie bei einer Druckerhöhung von 30 auf 160 bar auf nahezu 50 % reduziert, bedeutet dies, daß die Dampferzeugerleistung in einem Verhältnis von 1/45 geregelt werden muß.

Außerdem sollen auch Zweiphasengemische mit niedrigem Dampfgehalt bereitgestellt werden, so daß sich der Regelbereich noch einmal beträchtlich erhöht (zum Beispiel um den Faktor 100 bei einem minimalen Eintrittsdampfgehalt von $\dot{x} = 0{,}01$ auf 1/4500.

Eine zufriedenstellende Regelbarkeit der Anlage in diesem großen Bereich wird durch zwei Maßnahmen erreicht:

- Mindestdampf-Leitung zwischen Dampferzeuger und Kondensator
- Indirekte Beheizung des Dampferzeugers und Kühlung des Kondensators durch Thermoöl-Zwischenkreisläufe

Über die Mindestdampf-Leitung kann die überschüssige Dampfproduktion nach Erreichen der Mindestlast des Brenners direkt in den Kondensator abgefahren werden. Gleichzeitig wird durch diesen Mindestdampfmassenstrom stets ein für die Druckhaltung im Kondensator und damit für die Regelung des Anlagendrucks notwendiges Dampfpolster im Kondensator auch bei reinem Wasserumlauf sichergestellt.

Die indirekte Beheizung des Dampferzeugers durch einen Thermoöl-Zwischenkreislauf bietet aber gerade aus regelungstechnischer Sicht entscheidende Vorteile: Durch eine entsprechend dem Anlagendruck und der damit festgelegten Verdampfungstemperatur gewählte Vorlauftemperatur des Thermoöls läßt sich eine konstante „Grädigkeit", also eine konstante treibende Temperaturdifferenz für den Wärmeübergang, einstellen. Nach Vorwahl der Grädigkeit muß mit dem Massenstrom des Thermoöls nur noch der zur Regelung erforderliche, relativ kleine Lastbereich abgedeckt werden, so daß generell hohe Thermoölvolumenströme möglich sind. Damit sind trotz der Massenstromregelung des Thermoöls stets stabile Wärmeübertragungsverhältnisse und kurze Verzugszeiten sichergestellt.

Mit der indirekten Beheizung des Dampferzeugers sind – neben wärmetechnischen Aspekten – aber auch Vorteile hinsichtlich der sicherheitstechnischen Anforderungen und damit des notwendigen Aufwands für Fertigung und Betrieb des Dampferzeugers verbunden, die sich aus den generellen verfahrenstechnischen Vorteilen von Wärmeträgerölanlagen ergeben. Da die Beheizung des Dampferzeugers durch eine wärmeabgebende Flüssigkeit erfolgt und somit keine aufgeprägte Wärmestromdichte wie bei direktbefeuerten Dampferzeugern vorliegt, kann die maximale Temperatur im Dampferzeuger nur den Wert der maximalen Vorlauftemperatur des Thermoöls annehmen. Damit ist ein „Durchbrennen" der Heizflächen auch bei unzureichender Kühlung auf der Wasser-/Dampfseite ausgeschlossen. Der Dampferzeuger, der damit nicht unter die Dampfkessel-Verordnung fällt, ist lediglich als ein Druckbehälter einzustufen und entsprechend der Druckbehälterverordnung auszulegen und zu prüfen.

Das Thermoöl wiederum wird in einem erdgasbefeuerten, stehenden Erhitzer mit 250 kW Netto-Leistung erwärmt, und als Thermoöl wird eine eutektische Mischung aus Diphenyl/Diphenyloxid eingesetzt, die bei einer Drucküberlagerung von 12 bar mit Stickstoff bis 400 °C chemisch stabil ist und in der Flüssigphase verbleibt. Infolge der Hochdruckkondensation bei einem Druck von bis zu 160 bar kann die Kondensationstemperatur auf rund 350 °C ansteigen. Eine Kühlung des Kondensators durch Kühlwasser auf Umgebungstemperatur läßt hier aufgrund der großen „Grädigkeit" regelungstechnische Probleme erwarten. Dieser Punkt verdient besondere Aufmerksamkeit, da das Druckniveau im Kondensator dem Druck in den Versuchsstrecken entspricht und hieran besonders hohe Anforderungen hinsichtlich der Druckkonstanz gestellt werden müssen. Aus diesen Gründen erfolgt auch die Kühlung des Kondensators durch einen Thermoöl-Zwischenkreislauf, für den die wärmetechnische Argumentation in ähnlicher Weise wie die bereits für den Dampferzeuger ausgeführte gilt.

Das hier vorgestellte Anlagenkonzept belegt einmal mehr die vielseitige Verwendbarkeit von Wärmeträgeranlagen, die entscheidende verfahrenstechnische Fortschritte, betriebsrelevante Vereinfachungen und wichtige Prozeßautomatisierungen erlauben.

6 Schrifttum

[1] Wagner, W.: Wärmeträgertechnik mit organischen Medien. 5. Auflage (1995), Resch Verlag

[2] Czepek, R.: Der elektrische Rohrheizkörper, seine Eigenschaften und Bedeutung in der Elektrowärme-Industrie, elektrowärme international 27, 12 (1969)

[3] Jentzsch, H.; Mense, H.: Elektrische Heizelemente und ihre Lebenserwartung, Chemie Technik 14 (6/1985)

[4] Schmitt, G: Wärmeübertragungsanlage mit bemerkenswerten Betriebsdaten, HTT-Informationsschrift. Zu beziehen über: HTT GmbH, Füllenbruchstr.183, 32051 Herford

[5] Müller, M.; Hunold, D.: Hochdruck-Wasser/Dampf-Versuchsanlage für Experimente mit Zweiphasenströmungen. Brennstoff Wärme Kraft (BWK) Bd. 47 (1995) Nr. 6, Seite 269-275 VDI-Verlag Düsseldorf

Heiz- und Kühltechnik emaillierter Apparate

Von B. Sauckel [1])

1 Einleitung

Emaillierte Apparate, insbesondere emaillierte Rührkessel, sind wegen ihrer hervorragenden Werkstoffeigenschaften in der chemischen, pharmazeutischen und verwandten Industrien fest integrierte Anlagenteile. Eng gekoppelt mit den verschiedenen Aufgaben der Rührtechnik werden in Rührkesseln chemische Reaktionen durchgeführt, bei denen je nach Wämetönung Wärme zu- beziehungsweise abgeführt werden muß, oder die Produkte müssen aufgeheizt oder abgekühlt werden.

Bei emaillierten Apparaten ist wegen des gegenüber metallischen Werkstoffen schlechten Wärmeleitvermögens von Email ein ganz besonderes Augenmerk auf die wärmetechnische Auslegung zu legen. Wird doch dadurch die Wirtschaftlichkeit des Verfahrens und der Preis des erzeugten Produkts wesentlich mitbestimmt.

Grundsätzlich kann bei der wärmetechnischen Auslegung emaillierter Apparate nach den in der Wärmeübertragung bekannten Rechenverfahren [1] vorgegangen werden. Sie sind jedoch noch durch die für emaillierte Apparate spezifischen Einflußgrößen zu ergänzen, was in den folgenden Ausführungen aufgezeigt werden soll, wobei der Rührkessel als das wohl bedeutendste Anlagenteil unter den emaillierten Apparaten ausführlich untersucht werden soll.

2 Emaillierter Rührkessel (Bild 1)

2.1 Wärmedurchgangszahl

Kennzeichnendes Kriterium für die Beurteilung der Wärmeübertragungseigenschaften ist das Produkt aus Wärmdurchgangszahl und Wärmeübertragungsfläche kA. Während die Fläche A von der Apparategeometrie (Bauform und Größe) gegeben ist, berücksichtigt die Wärmedurchgangszahl k neben der Geometrie vor allem auch die Stoffwerte von Produkt und Wärmeträger (Heiz- und Kühlmedium).

Bei Email handelt es sich um einen Verbundwerkstoff, bestehend aus der tragenden Stahlwand der Dicke s_1 und der gegen Korrosion schützenden Emailauskleidung der Dicke s_2 (Bild 1). Die Wärmedurchgangszahl (k-Zahl) für einen Rührkessel mit dem üblichen Doppelmantel wird wie folgt berechnet:

$$k = \frac{1}{\frac{1}{\alpha_1} + \frac{1}{\alpha_2} + \frac{s_w}{\lambda_1}} \qquad (1)$$

s_w in Gleichung 1 stellt eine scheinbare Wanddicke [1] dar.

---

[1]) Dipl.-Ing. Bernhard Sauckel , Leimen

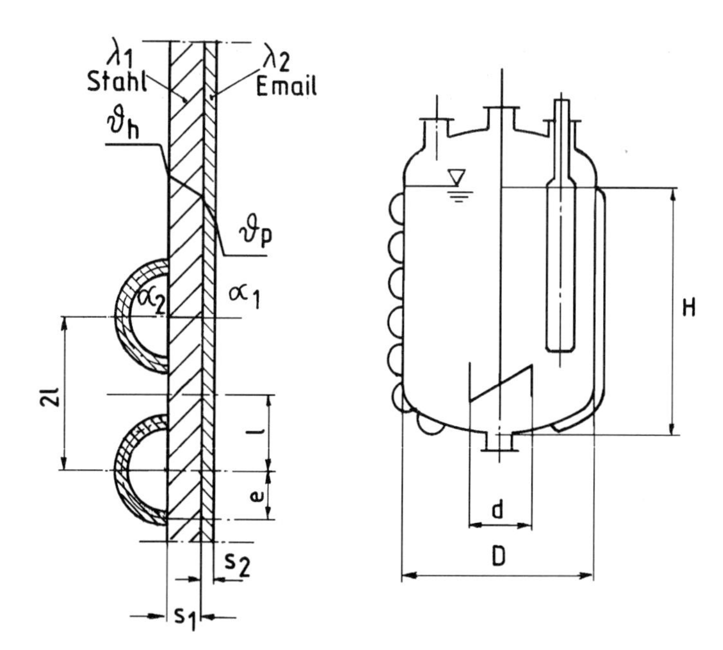

Bild 1: Emaillierter Rührkessel (rechts) und Wandelement des Verbundwerkstoffs Stahl/Email (links)

$$s_w = s_1 + s_2 \frac{\lambda_1}{\lambda_2} \tag{2}$$

Für den Apparat mit Halbrohrschlange (Bild 1) gilt:

$$k = \frac{1}{\frac{1}{\alpha_1} + \frac{l}{e}\frac{1}{\alpha_2} + \frac{1}{\varepsilon\chi}\frac{s_w}{\lambda_1}} \tag{3}$$

wobei l/e und $\varepsilon\chi$ berücksichtigen, daß infolge des Abstandes zwischen den Halbrohren die Apparatewand nicht voll für die Wärmeübertragung genutzt werden kann. Die nicht ummantelte Fläche zwischen den Halbrohren wird also durch Korrekturfaktoren bei der Berechnung der k-Zahl erfaßt. Das hat für die Praxis den Vorteil, daß immer – wie auch beim Doppelmantel – die gesamte Mantelfläche, einschließlich der Abstände zwischen den Halbrohren, in die übertragbare Wärmemenge nach Gleichung (4) eingeht.

$$\dot{Q} = k\,A\,\Delta\vartheta_m \tag{4}$$

2.1.1 Wärmeleitwiderstand

Für den Wärmeleitwiderstand maßgeblich sind in den Gleichungen (1) und (3) die Ausdrücke $\frac{s}{\lambda_1}$ und $\frac{1\,s_w}{\varepsilon\chi\,\lambda_1}$. Mit s_w nach Gleichung (2) der Wärmeleitfähigkeit $\lambda_1 = 52$

W/mK für den Grundwerkstoff Stahl und λ_2 = 1,163 W/mK für die Emailauskleidung. Die Korrekturfaktoren ε und χ können nach VDI-Wärmeatlas Mc1-4 [1] ermittelt werden.

2.1.2 Wärmeübergang Produktseite

Der Wärmeübergang im Rührkessel, vom Produkt an die Behälterinnenwand, wird bestimmt von dem Rührsystem, bestehend aus Rührer und Stororgan (Stromstörer). Er läßt sich genügend genau durch dimensionslose Gleichungen der Form [7]

$$\begin{aligned} Nu &= \frac{\alpha_1 D_i}{\lambda} = C\, Re^{2/3}\, Pr^b \left(\frac{\eta_{fl}}{\eta_w}\right)^p \\ Re &= \frac{n\, d^2\, \rho}{\eta} \\ Pr &= \frac{\eta\, c_p}{\lambda} \end{aligned} \tag{5}$$

darstellen.

Die im Emailapparatebau gebräuchlichen Rührertypen zeigt (Bild 2). Mit dem hier dargestellten Impellerrührer und der daraus für den BE-Apparat resultierenden Entwicklung der CBT-Turbine wurden Rührer gefunden, die sowohl von der emailtechnischen Gestaltung her als auch hinsichtlich der Rührtechnik eine gute Lösung bieten. Die Konstanten C, b, p und der Gültigkeitsbereich sind in (Tafel 1) zusammengefaßt.

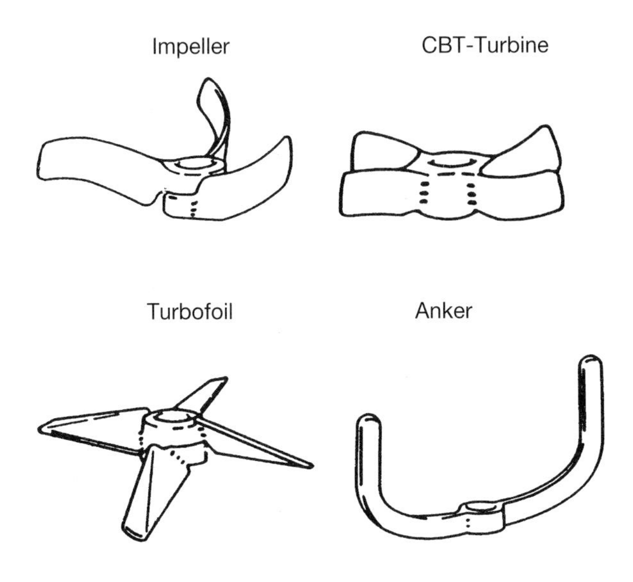

Bild 2: Bei Emailapparaten gebräuchliche Rührerformen

Tafel 1: Rührerspezifische Konstanten

Rührertyp	C	b	p	Gültigkeitsbereich
Impeller	0,33	1/3	0,14	$2 \cdot 10^4 \leq Re \leq 2 \cdot 10^6$
CBT-Turbine	0,48	1/3	0,14	$2 \cdot 10^4 \leq Re \leq 2 \cdot 10^6$
Turbofoil	0,55	1/3	0,14	$10^3 \leq Re \leq 10^6$
Anker	0,55	1/4	0,14	$5 \cdot 10^3 \leq Re \leq 4 \cdot 10^4$

In der Mehrzahl der Anwendungsfälle (für Produkte mit wasserähnlicher Viskosität) kann der Einfluß von η_{fl}/η_w vernachlässigt werden.

Aus der Nusseltschen Gleichung kann nun α_1 berechnet werden. Für Impeller, CBT-Turbine und Turbofoil gilt:

$$\alpha_1 = C\, D_i^{1/3} \left(\frac{d}{D_i}\right)^{4/3} n^{2/3} \left(\rho\, \lambda\right)^{2/3} \left(\frac{c_p}{\eta}\right)^{1/3} \tag{6}$$

2.1.3 Wärmeübergang Mantelseite

Für emaillierte Apparate sind zwei Mantelkonstruktionen (Bild 1) üblich [7]:

- der konventionelle Doppelmantel
- die Halbrohrschlange

Die Mehrzahl aller emaillierten Rührkessel ist immer noch mit dem Doppelmantel ausgerüstet. Nachteilig ist bei dieser Konstruktion, daß ohne Leitvorrichtung wegen des großen Strömungsquerschnitts im Ringraum zwischen Doppelmantel und Innenkessel eine nur sehr kleine Strömungsgeschwindigkeit mit entsprechend schlechtem Wärmeübergang zu erzielen ist. Leitspiralen sind nur unter unwirtschaftlich hohem Fertigungsaufwand möglich.

Um auch im Doppelmantel die für einen guten Wärmeübergang nötige Strömungsgeschwindigkeit bei wirtschaftlichem Wärmeträgerverbrauch zu realisieren, werden geschwindigkeitsfördernde Strömungsdüsen (Bild 3) eingesetzt [3, 4]. Ihre Aufgabe ist es, den für die gewünschte Strömungsgeschwindigkeit nötigen Impuls zu erzeugen und dem Mantelraum den Wärmeträger zuzuführen. Damit kann eine Verbesserung der Wärmeübertragungsleistung um das zwei- bis dreifache bewirkt werden. Wie die Erfahrung gezeigt hat, sind für nahezu alle Anwendungsfälle Strömungsdüsen DN 50 mit 3,2 cm Austrittsquerschnitt hinsichtlich Durchsatzmenge und Druckverlust optimal.

Je nach Apparategröße werden eine oder mehrere Strömungsdüsen am Mantelzylinder in möglichst gleichen Abständen angeordnet. Eine in der Praxis bewährte Schaltung zeigt (Bild 4). Die Anordnung der Mantelstutzen, Anzahl z der Strömungsdüsen und das Abstandmaß h ist in DIN 28151 genormt (Tafel 2).

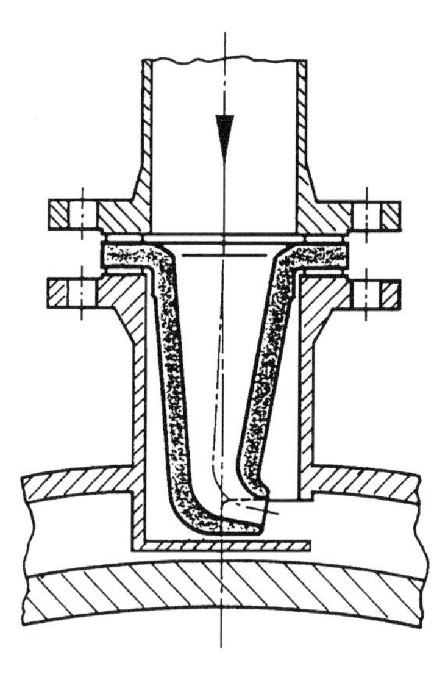

Bild 3: Geschwindigkeitsfördernde Strömungsdüse

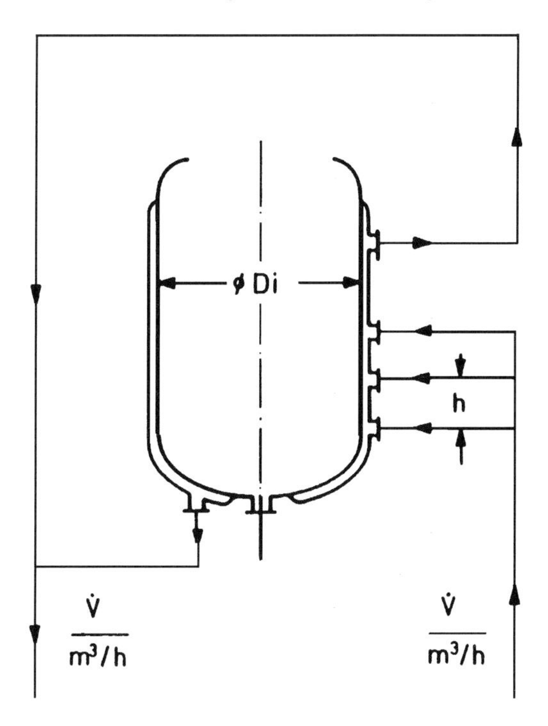

Bild 4: Schaltung des Wärmeträgerkreislaufs bei Verwendung von Strömungsdüsen

Tafel 2: Mantelstutzen und Strömungsdüsen

Apparate-Typ	D_i		h
CE/BE	mm	z	mm
1600	1400	1	
2500	1600	1	
4000	1800	2	350
6300	2000	3	350
8000	2200	3	300
10000	2400	3	300
12500	2400	3	350
16000	2600	4	400
20000	2800	4	450

Wärmeträgerdurchsatz je Strömungsdüse [8]:

$$\dot{V}_s = 12{,}4w \qquad (7)$$

w soll zwischen 0,6 und 1 m/s und bei Wärmeträgeröl oder Sole bis maximal 1,5 m/s gewählt werden. Je nach Apparategröße und der damit vorgegebenen Anzahl Strömungsdüsen ist die gesamte Durchsatzmenge

$$\dot{V} = z\,\dot{V}_s \qquad (8)$$

Damit wird der Duckverlust im Mantelraum

$$\Delta p = 91{,}6 \cdot 10^{-5} \cdot \rho w^2 \qquad (9)$$

Mit der Halbrohrschlange werden durch gezielte Strömungsführung und optimalen Wärmeträgerdurchsatz sehr gute Wärmeübertragungsverhältnisse erzielt. Wegen der gegenüber dem Doppelmantel sehr zeitaufwendigen Rohbaufertigung und dem dadurch bedingten, um ca. 20 % höheren Preis, wird bis heute die Halbrohrschlange immer noch nur für ganz spezielle Anwendungsfälle eingesetzt. Zum Beispiel:

- Heizen mit hochgespanntem Sattdampf bis 32 bar und 235 °C. Bei derartig hohen Manteldrücken erfordert der Doppelmantel Innenkesselwanddicken, die aus fertigungstechnischen und wirtschaftlichen Gründen nicht mehr vertretbar sind.
- Beim Heizen und Kühlen mit Wärmeträgeröl oder Sole, die wegen ihrer Stoffwerte gegenüber Wasser und wasserähnlichen Wärmeträgern ganz beträchtlich niedrigere Wärmeübergangszahlen ergeben, ist es häufig angebracht, eine höhere Strömungsgeschwindigkeit zu fahren. Mit der Halbrohrschlange kann man durchaus bis 3 m/s gehen. Beim DIN-Kessel mit Doppelmantel, ausgelegt für 6 bar Manteldruck, ist die

Strömungsgeschwindigkeit im Mantel auf 1,5 m/s beschränkt, wegen Verschleiß in den Strömungsdüsen und Anstieg der Druckverluste über den Auslegungsdruck hinaus.

- Unterteilung in mehrere Zonen, z. B. zum Beheizen oder Kühlen von Teilmengen.
- Unterteilung in mehrgängige Schlangen bei unverträglichen Heiz-/ Kühlmedien oder um größere Durchsatzmengen zu realisieren.

Für DIN- Kessel bis 2000 mm Durchmesser werden Halbrohre aus Rohr 88,9 · 6,3 und über 2000 mm aus Rohr 108 · 6,3 verwendet.

Der Strömungsquerschnitt des Halbrohres ist:

$$f = d_s^2 \, \pi/8 \tag{10}$$

und der Wärmeträgerdurchsatz bei Wahl der Strömungsgeschwindigkeit analog zum Doppelmantel beziehungsweise den oben genannten Empfehlungen für die eingängige Halbrohrschlange

$$\dot{V}_s = f \, w \tag{11}$$

und für die mehrgängige Halbrohrschlange

$$\dot{V} = z \, \dot{V}_s \tag{12}$$

Damit werden die Druckverluste

$$\Delta p = \xi \frac{L}{d_h} \rho \, w^2/2 \cdot 10^{-5} \tag{13}$$

In Gleichung 13 ist der hydraulische oder gleichwertige Durchmesser

$$d_h = 4 \, f/U = \frac{d_s \, \pi}{\pi + 2} \tag{14}$$

Der Widerstandsbeiwert für gezogene Stahlrohre mit einer Rauhigkeit K = 1 (zwischen mäßig verrostet bis stark verkrustet) nach VDI-Wärmeatlas Lb1-4 [1] und den Stoffwerten von Wasser bei 20 °C ist $\xi = 0{,}055$.

Für die Berechnung der Wärmeübergangszahl α_2 hat sich in der Praxis die folgende Gleichung von Haussen [1] als hinreichend genau bestätigt:

$$Nu = \frac{\alpha_2 \, d_h}{\lambda} = 0{,}024 \left[1 + \left(\frac{d_h}{L} \right)^{2/3} \right] Re^{0,8} \, Pr^{0,33} \left(\frac{\eta_{fl}}{\eta_w} \right)^{0,14}$$

$$Re = \frac{w \, d_h \, \rho}{\eta} \tag{15}$$

$$Pr = \frac{\eta \, c_p}{\lambda}$$

Um Gleichung (15) auch für den mit Strömungsdüsen ausgerüsteten Apparat anwenden zu können, kann das in (Bild 5) dargestellte Strömungsmodell für die Ermittlung des hydraulischen Durchmessers herangezogen werden [7]. Aus der Vertikalgeschwindigkeit w_s des Wärmeträgers im Ringraum des Doppelmantels und der von den Strömungsdüsen erzeugten Tangentialgeschwindigkeit w_t läßt sich die Bahn eines Flüssigkeitsteilchens berechnen. Aus dem Abstand a zweier Strömungslinien und b zwischen Doppelmantel und Innenkessel kann ein fiktiver Strömungskanal definiert werden, so daß nun der gleichwertige oder hydraulische Durchmesser berechnet werden kann:

$$d_h = \frac{D_a - D}{1 + \frac{3600\, w_t\, (D_a - D)^2}{\dot{V}\,(z+1)/z}} \tag{16}$$

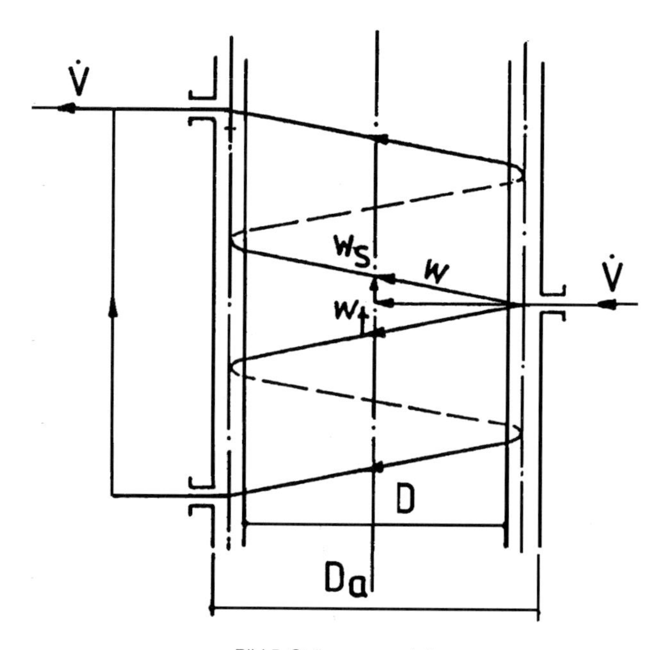

Bild 5: Strömungsmodell

Für die Mehrzahl der Anwendungsfälle erhält man mit Gleichung (16) in guter Übereinstimmung $d_h = 0{,}05$ m.

Analog zum Wärmeübergang auf der Produktseite erhält man durch Umformen von Gleichung (15):

$$\alpha_2 = 0{,}024\, \frac{w^{0,8}}{d_h^{\;0,2}} \cdot \frac{\left(\lambda^{0,67}\, \rho^{0,8}\, c_p^{\;0,33}\right)}{\eta^{0,47}} \tag{17}$$

2.1.4 Berechnungsbeispiel

Emaillierter Rührkessel Typ BE 4000 mit Doppelmantel

Abmessungen

$V = 4\ m^3$ $s_1 = 0{,}022\ m$ $\lambda_1 = 52\ W/mK$

$D_a = 1{,}878\ m$ $s_2 = 0{,}0014\ m$ $\lambda_2 = 1{,}163\ W/mK$

$D = 1{,}800\ m$

$A = 12\ m^2$

Rührer: CBT-Turbine

$C = 0{,}48$

$n = 100\ min^{-1}$

$d = 0{,}835\ m$

	Stoffwerte	Produkt	Wärmeträger
	H_2SO_4	Marlotherm L	
ϑ	°C	110	250
λ	W/mK	0,488	0,0988
ρ	kg/m³	1496	814
c_p	J/kGK	2303	2429
η	Pas	$1{,}85 \cdot 10^{-3}$	$285 \cdot 10^{-6}$

Wärmeübergangszahl Produktseite

$$\alpha_1 = C D_i^{1/3} \left(\frac{d}{D_i}\right)^{4/3} n^{2/3} (\rho\lambda)^{2/3} \left(\frac{c_p}{\eta}\right)^{1/3} = 2628 \frac{W}{m^2\,K}$$

$$= 0{,}48\,(1{,}8 - 2 \cdot 0{,}022)^{1/3} \left(\frac{0{,}835}{1{,}756}\right)^{4/3} \left(\frac{100}{60}\right)^{2/3} (1496 \cdot 0{,}488)^{2/3} \left(\frac{2303}{1{,}85 \cdot 10^{-3}}\right)^{1/3} = 2628$$

Wärmeübergangszahl Mantelseite

$$w = 1{,}5\,m/s \quad z = 2 \Rightarrow \dot V = z\,\dot V_s = z \cdot 12{,}4\,w = 2 \cdot 12{,}4 \cdot 1{,}5 = 37{,}2\,m^3/h$$

$$d_h = \frac{D_a - D}{1 + \dfrac{3600\,w_t\,(D_a - D)^2}{\dot V (z+1)/z}} = \frac{1{,}878 - 1{,}8}{1 + \dfrac{3600 \cdot 1{,}5 \cdot (0{,}078)^2}{37{,}2 \cdot (2+1)/2}} = 0{,}0491\,m$$

$$\alpha_2 = 0{,}024 \frac{w^{0,8}}{d_h^{0,2}} \cdot \frac{\left(\lambda^{0,67}\,\rho^{0,8}\,c_p^{0,33}\right)}{\eta^{0,47}} = 0{,}024 \frac{1{,}5^{0,8} \cdot \left(0{,}0988^{0,67} \cdot 814^{0,8} \cdot 2429^{0,33}\right)}{0{,}0491^{0,2} \cdot \left(285 \cdot 10^{-6}\right)^{0,47}}$$

$$= 1664 \frac{W}{m^2\,K}$$

Wärmedurchgangszahl

$$k = \frac{1}{\frac{1}{\alpha_1} + \frac{1}{\alpha_2} + \frac{s_W}{\lambda_1}} = \frac{1}{\frac{1}{2628} + \frac{1}{1664} + \frac{0{,}0846}{52}} = 365 \frac{W}{m^2\,K}$$

$$s_w = s_1 + s_2 \frac{\lambda_1}{\lambda_2} = 0{,}022 + 0{,}0014 \cdot \frac{52}{1{,}163} = 0{,}0846\ m$$

Druckverlust

$\Delta p = 91{,}6 \cdot 10^{-5}\, \rho w^2 = 91{,}6 \cdot 10^{-5} \cdot 814 \cdot 1{,}5^2 = 1{,}68$ bar

2.2 Einsatz von Kennzahlen

Durch die Verwendung dimensionsloser Kennzahlen können die Wärmeübertragungsmöglichkeiten eines Rührkessels transparent gemacht werden, so daß eine rasche Beurteilung darüber gegeben ist, ob die an die Wärmeübertragung gestellten Anforderungen erfüllbar sind [10].

Aus (Bild 6) können die relativen Abmessungen wie folgt abgeleitet werden:

Schlankheitsgrad (18)

$$s = \frac{H}{D}$$

Durchmesserverhältnis in bezug auf Heiz-/Kühleinbauten (19)

$$d = \frac{D_E}{D}$$

relative Länge der Heiz-/Kühleinbauten (20)

$$l = \frac{L_E}{D}$$

Durch Verknüpfung von geometrischen und kalorischen Einflußgrößen kann eine kalorische Kennzahl

$$B_K = V_N \left(\frac{\dot{q}_k}{k\, \Delta\vartheta_m} \right)^3 \tag{21}$$

als Maß für die Anforderungen, die an die Wärmeübertragung gestellt werden, und eine geometrische Kennzahl

$$B_G = \frac{\pi\, s\, A}{4} \quad \text{mit} \quad A = \frac{1 + 4\, s\, (1 + 0{,}084\, z)}{s} \tag{22}$$

als Maß für die Möglichkeiten, die durch die Bauform für die Wärmeübertragung geboten werden, definiert werden. Es gilt die Bedingung:

$$B_K \le B_G \tag{23}$$

B_G ist in (Bild 7) in Abhängigkeit vom Schlankheitsgrad s dargestellt.

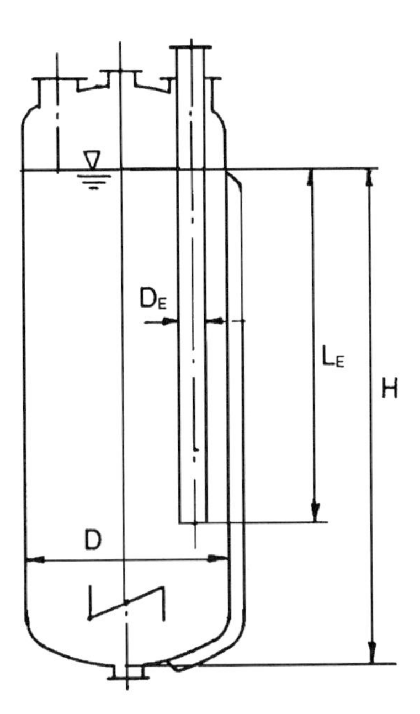

Bild 6: Schlanker Rührkessel mit Heiz-/Kühlkerzen

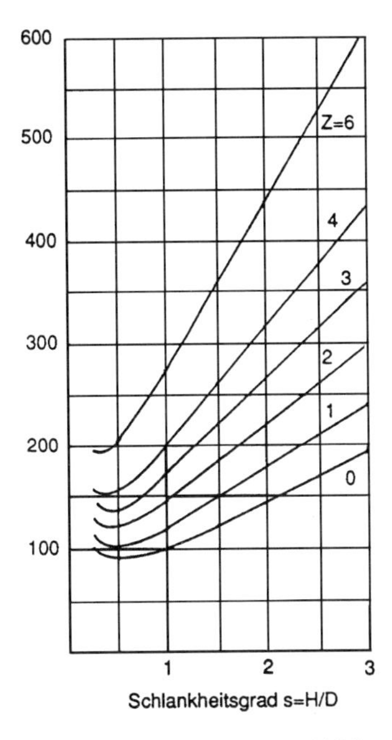

Bild 7: Geometrische Kennzahl BG

3 Lagerbehälter und Vorlagen

Lagerbehälter dienen überwiegend zur Lagerung von Flüssigkeiten. Sie sind nur selten mit Rührwerken ausgerüstet.

Die Anforderungen an die Wärmeübertragung basieren in der Regel darauf, die Flüssigkeit auf einer bestimmten Temperatur zu halten. In diesem Fall müssen lediglich Isolationsverluste ausgeglichen werden. Für diesen Zweck werden Lagerbehälter und Vorlagen noch häufig mit einem Doppelmantel versehen. Bei emaillierten Apparaten, vor allem bei liegenden Lagerbehältern, ist der Kostenaufwand für den Doppelmantel beträchtlich.

Wirtschaftlicher ist hier eine Beirohrheizung, indem zum Beispiel eine Vollrohrschlange um den Behälter gewickelt und durch geeignete Haltelaschen befestigt wird.

Eine sehr elegante Lösung bieten doppelwandige Heizplatten, die mit Spannbändern am Behälter befestigt werden. Zur Erzielung eines guten Wärmeübergangs und zum Ausgleich von Unebenheiten, was gerade bei emaillierten Behältern sehr wichtig ist, dient die zwischen den Heizplatten und der Behälterwand befindliche Wärmeleitpaste [11]. Die Auslegung und Bestimmung der erforderlichen Zahl der Heizplatten kann auf Anfrage von den Herstellern der Heizplatten erfolgen.

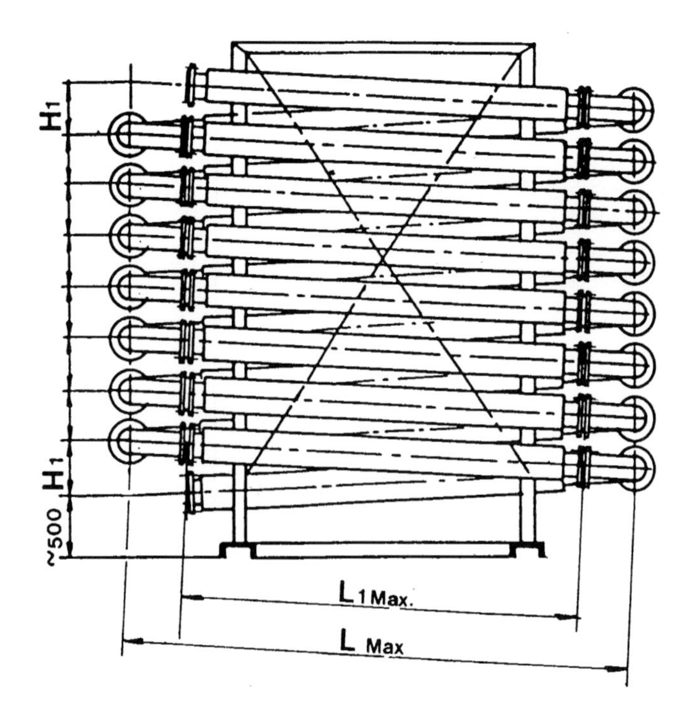

Bild 8: Doppelrohrwärmetauscher

4 Wärmetauscher

In den Prospekten der Emailhersteller sind einige emaillierte Wärmetauscher aufgeführt, von welchen aber heute eigentlich nur noch die Doppelrohr-Wärmetauscher (Bild 8) eingesetzt werden. Je nach Menge der Stoffströme und den vorgegebenen Temperaturen können die Apparate aus beliebig vielen Rohren in den Nennweiten DN 25 bis DN 250 nach dem Baukastenprinzip zusammengesetzt werden. Die Berechnung kann nach VDI-Wärmeatlas [1] erfolgen. Der Berechnungsgang, mit den für die emaillierten Doppelrohr-Wärmetauscher speziellen Daten, ist in [12] zusammengestellt.

Erwähnt werden soll noch der von einem deutschen Hersteller neu entwickelte Rohrbündelwärmetauscher (U-Bündel). Bei den außen emaillierten Rohren 25 · 1,5 wird an den Enden das Email geschliffen. Vor der Montage in den produktseitig emaillierten Rohrboden, dessen Bohrungen ebenfalls geschliffen sind, werden die U-Rohre mit Stickstoff unterkühlt, so daß nach dem Temperaturausgleich ein fester und absolut gasdichter Preßsitz entsteht. Damit sind erstmals bei emaillierten Wärmetauschern Rohrteilungen möglich geworden, wie bei Wärmetauschern aus metallischen Werkstoffen üblich. Ein weiterer Vorteil dieser Konstruktion ist die nur 0,5 mm dicke, Emailschicht, wodurch gegenüber herkömmlichen Emaillierungen, deren Emaildicke 1,4 mm beträgt, etwa 30 % weniger Fläche benötigt wird.

5 Thermische Einsatzgrenzen

Welche Temperaturen, beziehungsweise Temperaturdifferenzen beim Heizen und Kühlen in emaillierten Apparaten gefahren werden dürfen, ist von dem Spannungszustand im Verbund Stahl/Email gegeben, der durch die Druckvorspannung in der Emailschicht gekennzeichnet ist [9]. Für den Betrieb emaillierter Apparate lassen sich aus der Theorie zwei typische Belastungsfälle herleiten:

- Emailschock
- Heizen und Kühlen über den Mantel

5.1 Emailschock

Er ist definiert durch das Einfüllen von Produkt (heiß oder kalt) in den Apparat (kalt oder heiß). Besonders kritisch ist der Kälteschock, nämlich das Einfüllen von kaltem Produkt in den heißen Apparat. Die zulässigen Temperaturen des einzufüllenden Produkts in Abhängigkeit von der Wandtemperatur sind dem Schockdiagramm (Bild 9) zu entnehmen.

5.2 Heizen und Kühlen über den Mantel

Hier handelt es sich nicht um Emailschock, da zwischen dem Wärmeträger im Mantelraum und der Emailschicht die Stahlwand als Puffer wirkt. Maßgeblich für die zulässigen Temperaturen ist der Wärmefluß vom Heiz- beziehungsweise Kühlmedium durch die Apparatewand zum Produkt.

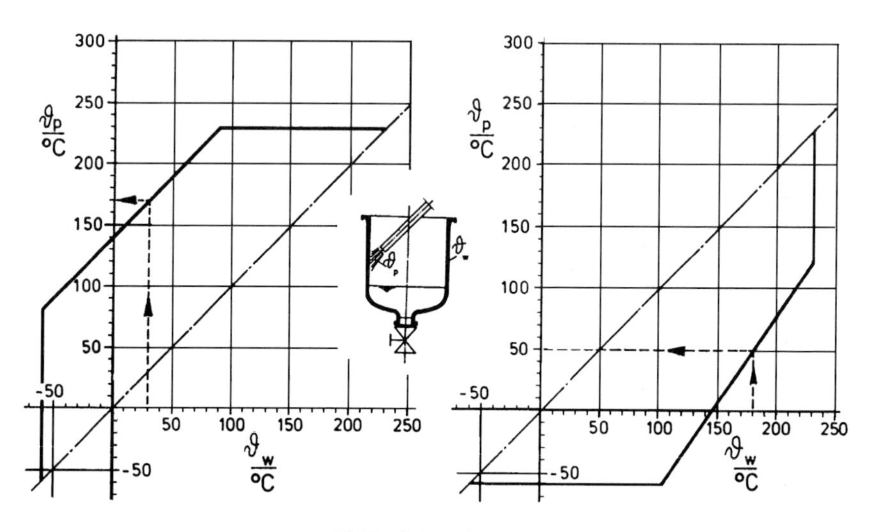

Bild 9: Schockdiagramm

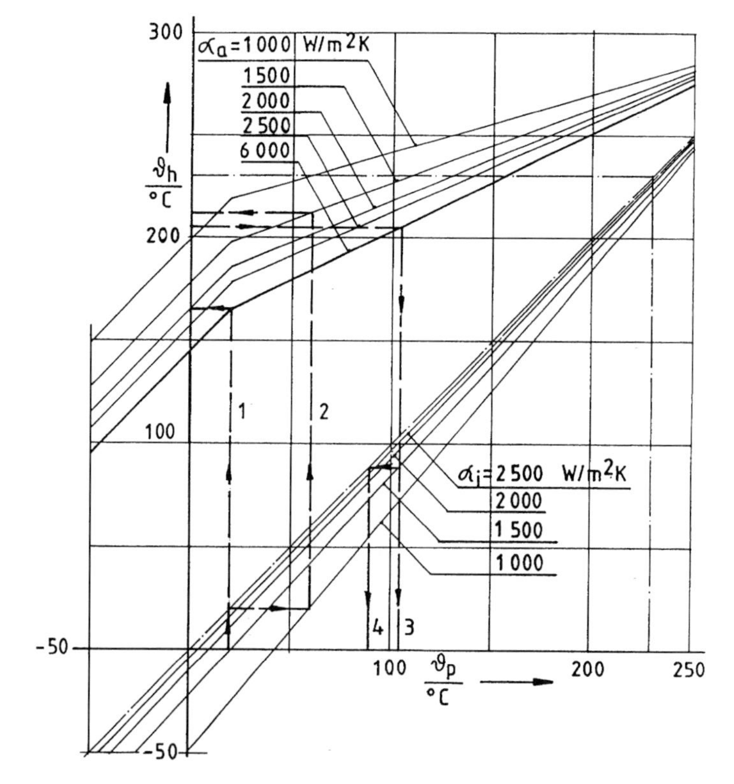

Bild 10: Erweitertes Fahrdiagramm Heizen

Für das Abkühlen heißer Produkte kann mit einer zulässigen Temperaturdifferenz zwischen Produkt und Kühlmedium $\vartheta_p - \vartheta_h = 140$ °C gerechnet werden.

Für das Aufheizen von Produkten wurde das erweiterte Fahrdiagramm Heizen (Bild 10) entwickelt [9]. Die zulässige Temperatur ϑ_h des Heizmediums ist über der Produkttemperatur ϑ_p aufgetragen, wobei auch die Wärmeübergangszahlen von Produkt und Heizmedium berücksichtigt wurden, so daß eine optimale Kesselfahrweise möglich ist. Die Anwendung des hier dargestellten erweiterten Fahrdiagramms erfordert jedoch eine äußerst sorgfältige, auf den speziellen Anwendungsfall zugeschnittene Auslegung, die in enger Zusammenarbeit zwischen Apparatebauer und Anlagenplaner erfolgen muß und gegebenenfalls durch praxisnahe Versuche zu untermauern ist.

6 Zusammenfassung

In dem Beitrag wurden die für die wärmetechnische Auslegung emaillierter Apparate maßgeblichen Einflußgrößen beschrieben. Im Wesentlichen wurde am Beispiel des emaillierten Rührkessels die Berechnung der Wärmedurchgangszahl behandelt und es wurde aufgezeigt, wie trotz des schlechten Wärmeleitvermögens von Glas im Verbund Stahl/Email der emaillierte Rührkessel die von der Wärmeübertragung gestellten Anforderungen recht gut erfüllt.

Formelzeichen

A	m^2	Wärmeübertragungsfläche
b		rührerspezifische Konstante
B_G		geometrische Kennzahl
B_K		kalorische Kennzahl
c_p	$\frac{J}{kg\,K}$	spezifische Wärmekapazität von Produkt/Wärmeträger
C		rührerspezifische Konstante
d	m	Rührerdurchmesser
d_h	m	gleichwertiger oder hydraulischer Durchmesser
d_s	m	Innendurchmesser des Halbrohres
D	m	Außendurchmesser der Behälterwand
D_i	m	Innendurchmesser Behälterwand
D_a	m	Innendurchmesser des Doppelmantels
e	m	Länge der Wärmeleitungsstrecke in das Symmetriestück
f	m^2	Strömungsquerschnitt des Halbrohrs
k	$\frac{W}{m^2\,K}$	Wärmedurchgangszahl
l	m	Länge des Symmetriestücks
L	m	Länge des Strömungskanals/Halbrohres

n	min^{-1}	Rührerdrehzahl
p		rührerspezifische Konstante
Δp	bar	Druckverlust im Mantelraum
$\dot{Q}$	W	Wärmestrom
s_1	m	Wanddicke Stahl
s_2	m	Emailschichtdicke
s_w	m	scheinbare Wanddicke
U	m	benetzter Umfang
V_N	m^3	Nennvolumen
$\dot{V}$	m^3/h	Wärmeträgerdurchsatzmenge
$\dot{V}_s$	m^3/h	Wärmeträgerdurchsatzmenge je Strömungsdüse/Rohrschlange
w	m/s	Strömungsgeschwindigkeit
w_t	m/s	Tangentialgeschwindigkeit
z		Anzahl der Strömungsdüsen/mehrgängigen Halbrohrschlangen
NU		Nusseltzahl
RE		Reynoldszahl
PR		Prantlzahl
α_1	$\frac{W}{m^2\,K}$	Wärmeübergangskoeffizient Produktseite
α_2	$\frac{W}{m^2\,K}$	Wärmeübergangskoeffizient Mantelseite
ε, χ		Korrekturfaktoren
η	Pas	dynamische Viskosität von Produkt/Wärmeträger
η_{fl}	Pas	dynamische Viskosität bei mittlerer Flüssigkeitstemperatur
η_w	Pas	dynamische Viskosität bei mittlerer Wandtemperatur
ϑ_h	°C	Temperatur des Wärmeträgers
ϑ_p	°C	Produkttemperatur
$\Delta\vartheta_m$	°C	mittlere logarithmische Temperaturdifferenz
λ	$\frac{W}{m\,K}$	Wärmeleitfähigkeit von Produkt/Wärmeträger
λ_1	$\frac{W}{m\,K}$	Wärmeleitfähigkeit von Stahl
λ_2	$\frac{W}{m\,K}$	Wärmeleitfähigkeit von Email
ρ	kg/m^3	Dichte von Produkt/Wärmeträger
ξ		Widerstandsbeiwert

Schrifttum

[1[VDI-Wärmeatlas: VDI-Verlag, Düsseldorf, 1977
[2] VDI-Wärmeatlas: VDI-Verlag, Düsseldorf, 1963
[3] Gramlich, H.: Kennlinien für Strömungsdüsen, Bericht Nr. 16, Pfaudlerwerke AG, Schwetzingen, 1969

[4] DS 235-2: Strömungsdüsen im Mantel emaillierter Behälter, Pfaudlerwerke GmbH, Schwetzingen
[5] Symposium Anwendungstechnik, Pfaudler-Werke GmbH, Schwetzingen, 1995
[6] Sauckel, B.: Emaillierte Apparate mit Halbrohrschlange, Chemische Industrie, (1976), Heft 5, S. 282-285
[7] Sauckel, B.: Wärmeübertragung in emaillierten Rührwerksapparaten, Chemie-Technik, (1986), Heft 8, S. 48-54
[8] Sauckel, B.: Halbrohr kontra Doppelmantel, Chemie-Technik, (1995), Heft 1, S. 24-27
[9] Sauckel, B.: Einsatz emaillierter Apparate bei höheren Temperaturen und Drücken, Chemie-Technik, (1996), Heft 3, S. 24-26
[10] Sauckel, B.: Einsatz von Kennzahlen für die Auslegung von Rührwerkskesseln, Chemie-Technik, (1992) Heft 10, Seite 104-106
[11] D 10/90: Prematherm – Heiz- und Kühlplatten, Prematechnik GmbH, Frankfurt/M
[12] DS 130-0: Doppelrohr-Wärmetauscher WD, Pfaudler-Werke GmbH, Schwetzingen

Statische Dichtungen im Apparatebau

Von R. Rödel [1])

1 Vorwort

Die Dichtungstechnik hat noch nie einen so raschen Wandel erlebt wie in den letzten 15 Jahren. Auslöser für diesen Prozeß war zunächst die zunehmende Erkenntnis über die Gefahrenpotentiale von Asbest, dem wichtigsten Grundstoff der meisten Industriedichtungen, und dem dadurch ausgelösten Umstieg auf asbestfreie Dichtungstechnologien in weiten Teilen Europas. Darüberhinaus haben immer schärfere Auflagen hinsichtlich der Begrenzung von Emissionen und Immissionen im Zuge eines wachsenden Umweltbewußtseins der Gesellschaft (TA-LUFT, CLEAN AIR ACT, Störfallverordnung etc.) weitere starke Einflüsse auf die Entwicklung in der Dichtungstechnik zur Folge.

2 Übersicht über die wichtigsten statischen Dichtungen

Die Vielfalt an statischen Dichtungstypen und -systemen ist enorm, dennoch ist die Anzahl der hinsichtlich ihrer Einsatzhäufigkeit wirklich bedeutsamen Varianten recht übersichtlich.

Sieht man von Flüssigdichtsystemen, die vor allem im Fahrzeugbau und in bestimmten Bereichen des Apparatebaus zunehmende Bedeutung erlangt haben, ab, so kann man die heute vorwiegend eingesetzten Dichtungen in zwei große Gruppen einteilen:

A. Flachdichtungen

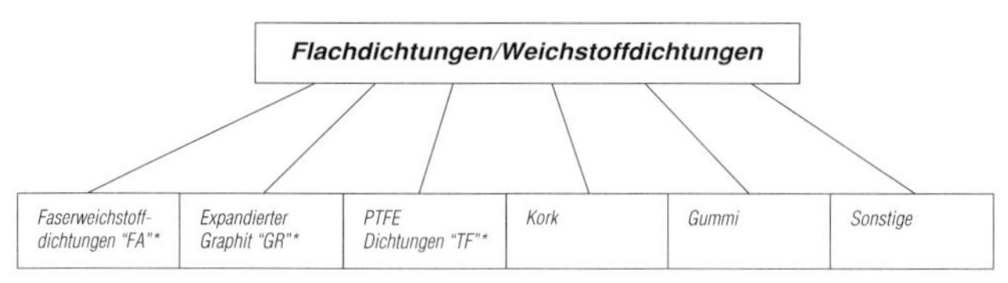

B. Metallische Dichtungen

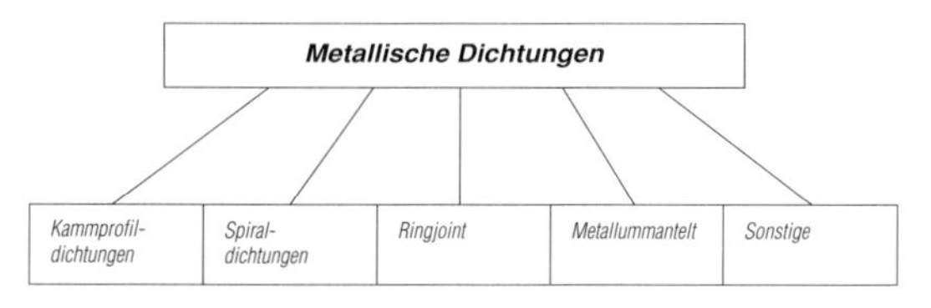

Bild 1: Die wichtigsten statischen Dichtungen

---

[1]) Dipl.-Ing. Reinhard Rödel, Klinger GmbH, Idstein

3 Die Entwicklung asbestfreier Dichtungsmaterialien

Die Entwicklung asbestfreier Dichtungswerkstoffe (FA) hat bereits in den 70er Jahren begonnen, und die ersten serienreifen Produkte konnten vor ca. 15 Jahren dem Anwender angeboten werden. Grundlage der Entwicklung dieser ersten Generation von FA-Materialien war die Absicht, die „technischen" Anforderungen nach DIN 3754 nachzustellen, um somit auch gleichwertige Dichtwerkstoffe zu erhalten. Diese Erwartung wurde jedoch im wesentlichen nicht erfüllt, wie erste praktische Erfahrungen zeigten. Bei der Suche nach den Gründen dafür wurde immer deutlicher, wie wenig dichtungstechnische Relevanz die meisten der nach DIN 3754 oder ähnlich festgeschriebenen Merkmale hatten. So wurde die weitere Materialentwicklung begleitet von einer Innovation der Prüfverfahren und Beurteilungskriterien und durch diese entscheidend geprägt. Diese dynamische Entwicklung hat dazu geführt, daß es heute möglich ist, nahezu alle Dichtungsaufgaben, bei denen in der Vergangenheit It-Dichtungen zum Einsatz kamen, asbestfrei zu lösen. Dabei zeigte sich, daß die It-Substitution eine Diversifikation zur Folge hat. Neben den Dichtungen auf Faserbasis, die nach dem It-Kalanderverfahren hergestellt werden und als direkter Nachfolger der It-Dichtung angesehen werden können, kommen vor allem Materialien auf Basis von expandiertem Graphit mit hervorragenden mechanischen Eigenschaften zum Einsatz. Daneben behaupten sich auch Werkstoffe auf Basis PTFE, die jedoch nicht in erster Linie als Ersatz für It-Dichtungen anzusehen sind, sondern schon in der Vergangenheit wegen ihrer hervorragenden chemischen Beständigkeit verwendet wurden, aber wegen der hohen Fließneigung schon bei Raumtemperatur nicht entsprechend universell einsetzbar sind. Weiterentwicklungen dieser Gattung mit verbesserten Fließeigenschaften haben jedoch an Bedeutung gewonnen.

3.1 Asbestfreie Faserstoffdichtungen (FA)

Folgende Faserstoffe haben sich als It-Ersatzstoffe durchgesetzt:

- Aramidfasern
- Glasfasern
- Mineralfasern
- Kohlenstoffasern

Bis heute am meisten verbreitet sind Werkstoffe auf Aramidbasis, einer Faser, die wegen ihrer Pulp-Struktur relativ schnell gute Ergebnisse lieferte. Ein großer Nachteil dieser Faser ist ihre Hydrolyseempfindlichkeit, was den Einsatz im Dampf und ähnlichen Medien thermisch begrenzt. Bessere Ergebnisse im Dampf dagegen zeigen Dichtungen auf Basis Glasfaser. Die ersten Generationen dieser Werkstoffe hatten wegen der schwierigen Einmischbarkeit und geringen sogenannten Faser-Matrix-Haftung schlechte thermomechanische Eigenschaften. Moderne Glasfaserwerkstoffe haben durch optimale Misch- und neuartige Rezepturkonzepte, jedoch auch in diesem Punkt, hervorragende Ergebnisse gebracht. Mineralfasern als alleinige Basis von Dichtwerkstoffen kommen kaum vor. Sie werden meist in Kombination mit den genannten Fasern eingesetzt. Neueste Entwicklungen auf Basis Carbonfasern zeigen interessante Perspektiven im Hinblick auf Medienbeständigkeit und Temperaturbeständigkeit bei gleichzeitig hervorragenden Dichteigenschaften.

3.2 Werkstoffe auf Basis von expandiertem Graphit (GR)

Da expandierter Graphit ein sehr empfindlicher Werkstoff ist, kommt er in der Regel nur in verstärkter Form zum Einsatz. Heute übliche Verstärkungsvarianten sind:

a) Laminat
Eine Folie aus Metall – meist Edelstahl – wird beidseitig mit Graphitfolie kaschiert.

b) PSM-Graphit
Auf ein Spießblech wird beidseitig Graphitfolie mechanisch verkrallt.

3.3 Werkstoffe auf Basis von PTFE (TF)

PTFE-Dichtungen sind wegen ihrer meist universellen chemischen Beständigkeit, besonders bei aggressiven Medien, die erste Wahl. Demgegenüber stehen jedoch vor allem bei reinem ungefüllten PTFE geringe Druckstandfestigkeiten bzw. Kaltfluß sowie ein ausgebildetes Kriechen schon bei Raumtemperatur.

Gerade diese Nachteile haben die Entwickler bei den Dichtungsherstellern besonders gefordert, was zu verschiedenen Materialkonzepten und Kompromissen geführt hat. Dichtwerkstoffe auf Basis von PTFE können heute die unterschiedlichsten Eigenschaften aber auch Leistungsmerkmale aufweisen. Die bekanntesten sind:

- Reines PTFE gesintert (Nur in den wenigsten Anwendungen ohne aufwendige Konstruktion als Flachdichtung geeignet).
- Gefüllte und hochgefüllte gesinterte Flourpolymere (haben verbesserte Standfestigkeit, jedoch häufig schlechtere Medienbeständigkeit vor allem bei starken Laugen)
- Gerecktes PTFE mit Mikroporosität (Sehr weicher Werkstoff der nach Einbau „nur" noch als dünner Film vorliegt und somit den Kalt- und Warmfluß stark begrenzt)
- PTFE- Modifikationen (Spezialwerkstoffe)

4 Die wesentlichen Unterschiede zwischen den asbestfreien Dichtungswerkstoffen und den It-Materialien

Grundsätzlich gilt: Es gibt keine 1: 1 Austauscharbeit zwischen den in DIN 3754 genormten It-Werkstoffen (It 200, It 300, It 400, It Oe, It C, It S) und den heute eingesetzten asbestfreien Materialien. Das Eigenschaftsprofil der alten It-Typen war bei einem durchschnittlichen Asbestanteil von ca. 80 % eindeutig von diesem technisch hervorragenden – jedoch in physiologischer Hinsicht abzulehnenden – Mineral geprägt.

4.1 Dichtungswerkstoffe auf Faserbasis (FA)

4.1.1 Negativ:

- Generell gilt, daß diese asbestfreien Werkstoffe bei Anwendungen in höheren Temperaturbereichen (über 150 °C) zunehmend mehr Sorgfalt beim Einbau der Dichtungen notwendig machen als dies bei It-Materialien der Fall war, das heißt Unzuläng-

lichkeiten beim Einbau oder bei den konstruktiven Randbedingungen machen sich eher bemerkbar als bisher.
- Die Einsatzgrenzen bei „dynamischem" Betrieb, durch häufige Temperatur- und/ oder Drucklastwechsel, werden schneller erreicht, besonders beim Betriebsmedium Dampf, durch stärkere Versprödung.
- Im Vergleich mit It-Werkstoffen liegen (für die meisten verfügbaren Qualitäten) die zulässigen maximalen Flächenpressungen niedriger (Ausnahmen: z. B. Sil C 4430, Sil C 4500 oder streckmetallarmierte Varianten)

4.1.2 Positiv:

- Bessere Gasdichtheiten der neuen asbestfreien Weichstoffdichtungen.
- Bessere Anpassungfähigkeit im Vergleich zu It.
- Geringe Chlorid- und Ferritanteile, dadurch verminderte Korrosionsneigung bei Flanschen.
- Dünnere Dichtungsdicken möglich

4.2 Werkstoffe auf Basis Graphit (GR)

4.2.1 Negativ

- Durch geringe Eigenfestigkeit begründetes sehr schlechtes Handling bei den unverstärkten Graphitdichtungen, im Vergleich zu Kalandermaterialien problematische Handhabung bei den verstärkten Typen, macht ein vollständiges Umdenken und extrem vorsichtige Handhabung bei den Instandhaltungsmannschaften notwendig.
- Ein gegenüber Kalandermaterialien total verändertes Kompressionsverhalten und eine sehr geringe Eigenfestigkeit des Materials stellen den Konstrukteur wie den Instandhalter vor Auslegungsprobleme. Die Frage nach der richtigen Dicke ist schwieriger geworden. Erschwert wird dies noch dadurch, daß einige Anbieter statt der mittlerweile fast zum Standard gewordenen Dichte 1 g/cm^3 auch Material mit Dichte 0,7 g/cm^3 anbieten bzw. verwenden. Wird dies nicht beachtet, bleiben Probleme meist nicht aus. Das Verhältnis von nutzbarer Dicke zu Einbaudicke ist deutlich ungünstiger, verglichen mit It- oder Kalanderwerkstoffen.
- Knackpunkt: abhängig von Dichtungsdicke und Dichtungsbreite gibt es bei Erreichen einer bestimmten Flächenpressung einen mehr oder minder ausgeprägten sogenannten Knackpunkt, das heißt eine schlagartige Gefügeänderung, die eine ebenso unmittelbare Änderung der Dicke zur Folge hat. Wird also im Betrieb diese Grenzflächenpressung erstmalig überschritten, tritt dieses Phänomen auf und ein Versagen der Dichtverbindung ist möglich, bei gering vorgespannten Flanschverbindungen unausweichlich
- Die vor dem Einbau vorhandene extrem große Porösität des Werkstoffes Graphit setzt voraus, daß die Dichtung absolut trocken eingebaut werden muß, da sonst wegen der geringen Eigenfestigkeit des Materials durch Verdrängungsvorgänge der Flüssigkeit eine Zerstörung des Dichtwerkstoffes bereits beim Einbau vorprogrammiert ist. Dies gilt auch für die Verwendung aller pastösen sogenannten Dichthilfsmittel.

4.2.2 Positiv:

- hervorragende Oberflächenanpassung schafft optimales Microsealing.
- hohe thermische Beständigkeit bis ca. 550 °C bei inerter Atmosphäre bis über 2000 °C.
- keine Veränderung seiner physikalischen Eigenschaften unter Temperatureinfluß (z. B. keine Versprödung) hohe, nahezu universelle Chemikalienbeständigkeit
- extrem hohe Druckstandfestigkeit, das heißt sehr geringes Setzen auch bei hohen Temperaturen und über lange Zeit.

4.3 Dichtungswerkstoffe auf PTFE- Basis (TF)

4.3.1 Negativ:

- meist geringe Druckstandfestigkeit
- viele Werkstoffe zeigen ausgeprägten Kaltfluß
- meist nicht wartungsfrei (regelmäßiges Nachziehen der Schrauben erforderlich)
- relativ geringe Temperaturbelastbarkeit

4.3.2 Positiv:

- nahezu universelle Chemikalienbeständigkeit
- meist sehr gute Dichtheit erzielbar
- physiologisch unbedenklich

5 Die Funktion der Dichtung im Dichtverbund

Es gibt eine ganze Reihe von Forderungen, die an eine Flachdichtung zu stellen sind. Die „ideale" Dichtung soll folgende Forderungen erfüllen:

- Vollkommene Anpassung an die Unebenheiten der Dichtfläche.
- Nach Anpassung an die Dichtfläche soll die Dichtung keine weitere Veränderung aufweisen.
- Keine Veränderung unter Betriebsbedingungen
- Vollkommene Beständigkeit gegen das abzudichtende Medium
- Keine Veränderung der abzudichtenden Fläche durch mechanische oder chemische Wirkung der Dichtung.
- Die Leckrate unter Betriebsbedingungen soll gegen Null gehen.
- Das statische und festigkeitsmäßige Verhalten der Dichtverbindung soll nicht negativ beeinflußt werden.

Bei Betrachtung dieser Punkte ist schon festzustellen, daß Randbedingungen erforderlich sind, um die Erfüllung der einzelnen Punkte prüfen zu können. So hängt die Forderung nach Anpassung an die Unebenheiten von der Größenordnung dieser Unebenheiten ab, die noch nach der Makro- und Mikrogestalt zu unterscheiden sind. Die mögliche Veränderung der Dichtung und auch die Beständigkeit der Dichtung hängen wiederum von den Betriebsbedingungen und der Art des Mediums ab. Eine mögliche Veränderung der Dichtflächen durch die Dichtung hängt vom Werkstoff der Dichtflächen ab. Die Leckage hängt von der im Betriebszustand vorhandenen Flächenpressung ab. Auch das Gesamtverhalten der Dichtverbindung in bezug auf Statik und Festigkeit hängt nicht nur von der Dichtung ab.

Es gibt jedoch zwei markante Parameter, die für das Verhalten der Dichtung besonders wichtig sind wenn, wie es hier geschieht, Weichstoffdichtungen betrachtet werden.

Bild 2: Die richtige Flächenpressung

Ohne Erfüllung dieser beiden Bedingungen sind die übrigen Randbedingungen unbedeutend.

Diese, für die Dichtungsauslegung wichtigsten Kenngrößen sind jedoch ebenfalls keine fixen Größen, sondern hängen ihrerseits wieder von den unterschiedlichsten Randbedingungen ab. So ist die zulässige Maximalpressung zum Beispiel stark abhängig von Temperatur und Dichtungsdicke, die Mindestflächenpressung vom gewünschten Grad der Dichtheit, dem Betriebsmedium und dem Innendruck.

Einige Dichtungshersteller haben sich seit mehreren Jahren ebenfalls intensiv mit diesem Problemkreis befaßt. Ausgangspunkt für die Überlegungen bei der Ermittlung sind die in der Praxis auftretenden Anforderungen an diese Werkstoffe:

- DICHTHEIT
- STANDFESTIGKEIT
- SICHERHEIT

5.1 Was ist dicht? (Leckkriterium)

Die Anforderungen an die Dichtheit sind in der Praxis sehr unterschiedlich und abhängig von Randbedingungen wie

- Betriebsmedium – Chemie
- Aggregatzustand des Mediums
- Toxizität des Mediums
- Gefährlichkeit des Mediums
- Betriebsart
- Sonstige betriebliche Belange (z. B. Preis des Mediums etc.)

Um hier trotzdem eine Standardisierung der Aussage beziehungsweise eine Ermittlung von materialspezifischen Dichtkennwerten, die das Leckageverhalten beschreiben, zu ermöglichen, wird experimentell mit Stickstoff als Prüfmedium gearbeitet. Das Verfahren bestimmt die Leckage in Abhängigkeit vom Innendruck, der auf die Dichtung aufgebrachten Flächenpressung und der Dichtungsdicke. Es ergeben sich folgende charakteristische Abhängigkeiten.

Bild 3 zeigt den prinzipiellen Verlauf der Leckrate mit dem Innendruck für verschiedene Flächenpressungen.

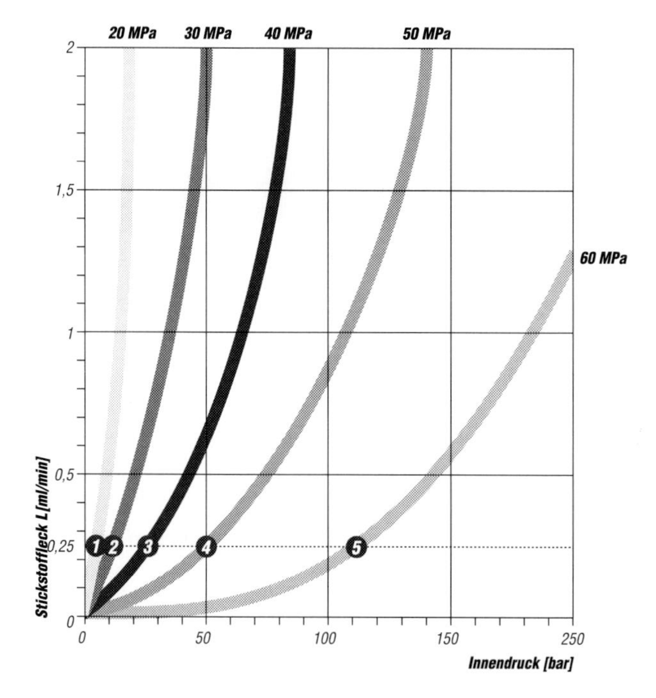

Bild 3: Stickstoff-Leckage von Flachdichtungen

Bild 4 zeigt, als Ableitung aus Bild 3, welche Flächenpressung für welchen Innendruck mindestens erforderlich ist, um eine bestimmte Dichtheit (hier 0,25 ml/min. zu erreichen. Diese Darstellung ist nur als Prinzipskizze zu verstehen, da die tatsächlichen Verläufe von Material zu Material beziehungsweise Hersteller zu Hersteller sehr unterschiedlich sein können.

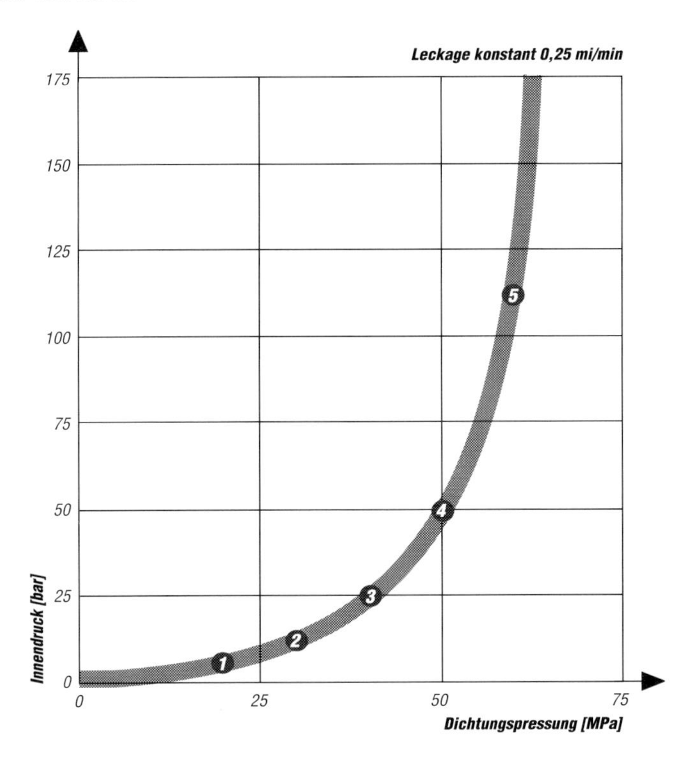

Bild 4: Mindestflächenpressung

Bisher wurde sehr häufig die Einheit ml/min. für Dichtheitsangaben gewählt, die sich auf eine Probedichtung der Abmessung 90 mm x 50 mm bezieht. In den neuen Normen DIN 29090 und DIN 28091 wird eine neue Leckeinheit definiert, die größen unabhängig ist und die Einheit mg/(s · m) hat. Als grobe Umrechnung gilt: 10 ml/min ~ 1 mg/(s · m).

DIN 28090 definiert 3 Dichtheits-(Leck-)klassen.

Dichtheitsklassen			
Dichtheitsklasse	$L_{1,0}$	$L_{0,1}$	$L_{0,01}$
spezifische Leckagerate Λ mg/(s · m)	$\leq 1,0$	$\leq 0,1$	$\leq 0,01$

5.2 Was heißt standfest?

Für die Beurteilung der Standfestigkeit einer Weichstoffdichtung wurde in der Vergangenheit üblicherweise die in DIN 3754 für die einzelnen Dichtungsqualitäten It 200, It 300 etc. festgelegten Werte für die Druckstandfestigkeit nach DIN 52913 herangezogen. Dieser Wert hat auch heute nichts von seiner Bedeutung eingebüßt und ist nach wie vor ein einfaches Kriterium zur Beurteilung von Dichtwerkstoffen.

Was dieser Wert jedoch nicht leisten kann:

Er kann nicht zur Berechnung von Dichtungen herangezogen werden. Er liefert nur eine isolierte Aussage zum Materialverhalten bei einer Flächenpressung, einer Temperatur und einer exemplarischen Flanschcharakteristik. Um rechenbare Kennwerte zu bekommen, ist es notwendig, das Materialverhalten in Abhängigkeit von Flächenpressung, Temperatur und Materialdicken zu untersuchen. Mit Hilfe einer von KLINGER entwickelten Prüfeinrichtung ist es möglich, dies durchzuführen.

Es zeigen sich folgende für Weichstoffdichtungen charakteristische Abhängigkeiten.

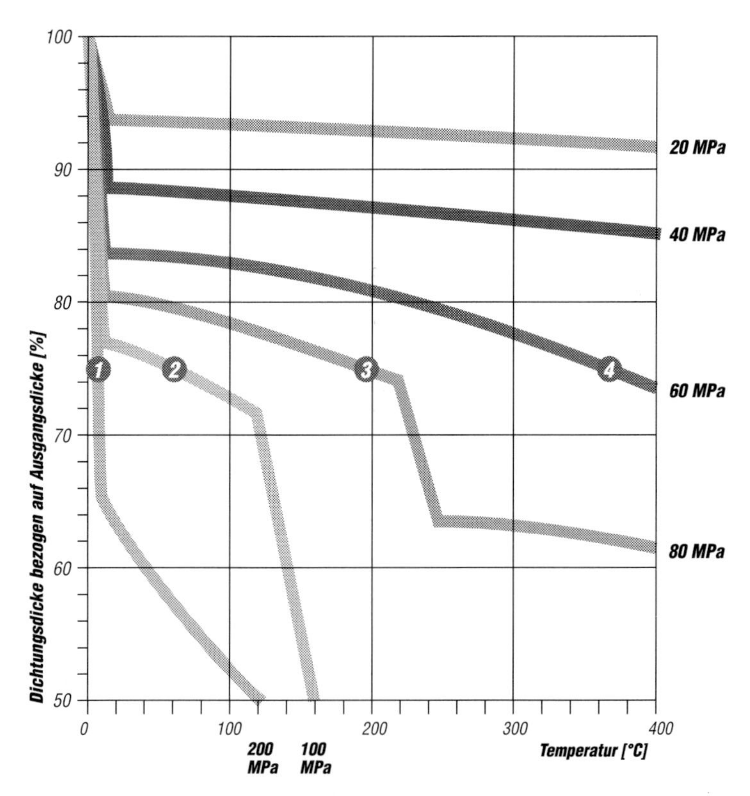

Bild 5: Fließverhalten unter Temperatur und Last

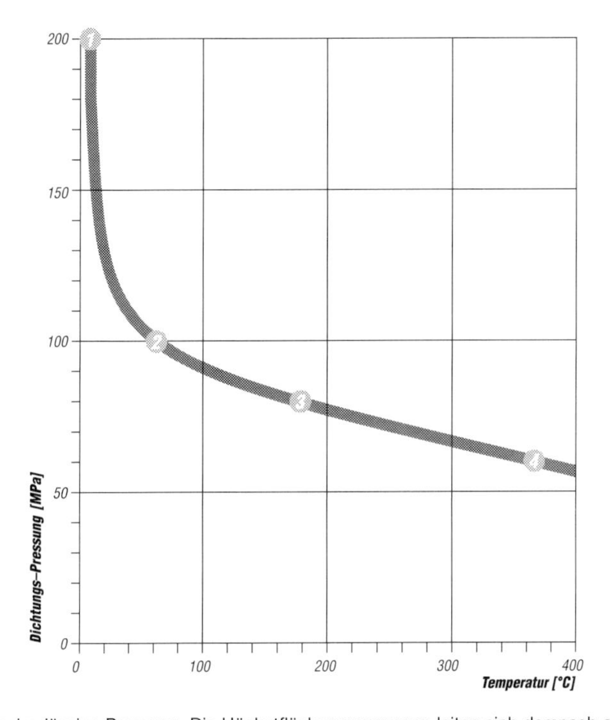

Bild 6: Maximal zulässige Pressung. Die Höchstflächenpressungen leiten sich demnach aus den zulässigen Verformungen her.

Höchstflächenpressung nach DIN 28090		
Grenzwerte zulässiger relativer Dickenänderung $\varepsilon_{hD/zul}$		
Dichtungswerkstoff		$\varepsilon_{hD/zul}$
Weichstoff, z. B. Elastomere Dichtungsplatten	15 FA*) TF*)	 15 25
	GR*)	5
Metall		1
Metall-Weichstoff		5

*) Kurzzeichen nach DIN 28091-1

5.2.1 Der Einfluß von sogenannten Dichthilfsmitteln

Die Verwendung von Dichthilfsmitteln führt meistens zu einer erheblichen Beeinträchtigung der thermomechanischen Eigenschaften von Dichtwerkstoffen. Das bedeutet eine oft drastische Abnahme der maximal zulässigen Flächenpressung, wie nachfolgendes Diagramm (Bild 7) zeigt. Besonders gefährlich ist der Einsatz von öl- oder fetthaltigen Pasten.

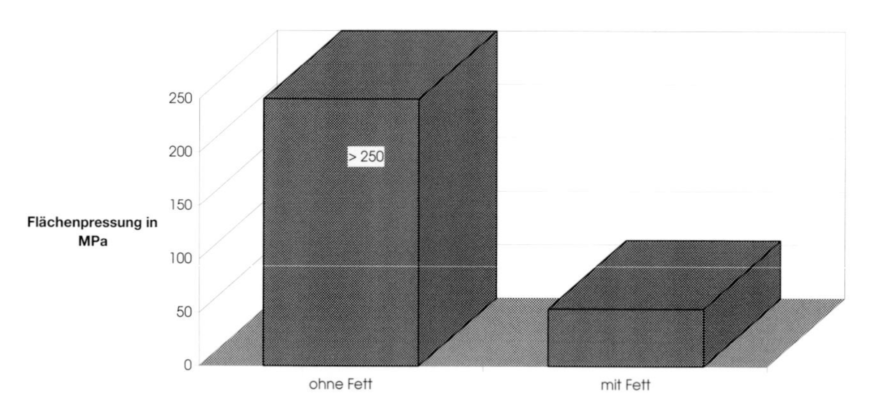

Bild 7: Die Wirkung flüssiger und pastöser Trennhilfsmittel

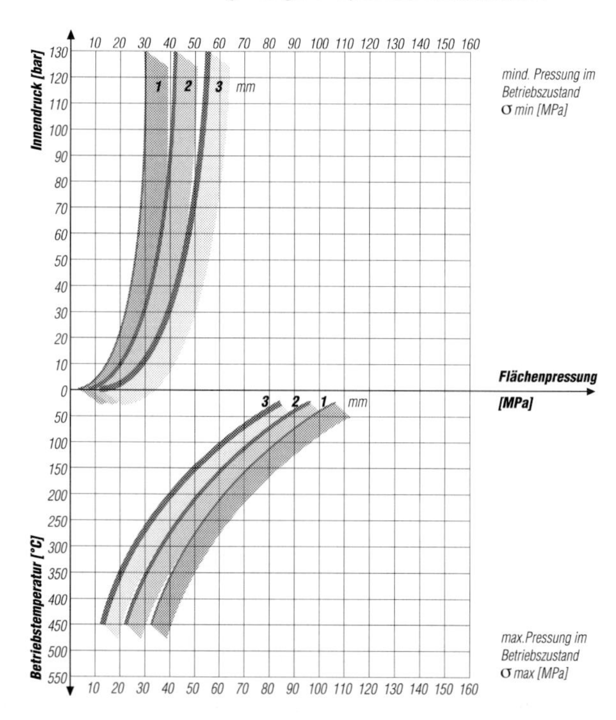

Bild 8: Dichtungs-Charakteristik.

5.3 Die Dichtungscharakteristik

Die Einsatzfähigkeit von Dichtungsmaterialien wird durch die nachfolgend dargestellt Dichtungscharakteristik definiert. Man erkennt sehr deutlich, daß dünne Dichtungen geringere Pressungen benötigen um eine entsprechende Dichtheit zu erreichen und gleichzeitig höhere Höchstflächenpressungen zulassen. Dünne Dichtungen sind demnach in sicherheitstechnischer Hinsicht zu bevorzugen. Flanschunebenheiten und -verzüge begrenzen jedoch leider häufig den Einsatz dünner Dichtungen.

Zum Vergleich sind im Bild 9 die Vorverformungspressungen für It-Dichtungen nach DIN V 2505 dargestellt. Man erkennt den Widerspruch zu dem zuvor gezeigten auf Meßergebnissen beruhenden Diagramm. Dickere Dichtungen erfordern hier geringere Pressungen als dünne, was sowohl durch tausende von Messungen widerlegt, als auch vom theoretischen Ansatz her nicht plausibel ist

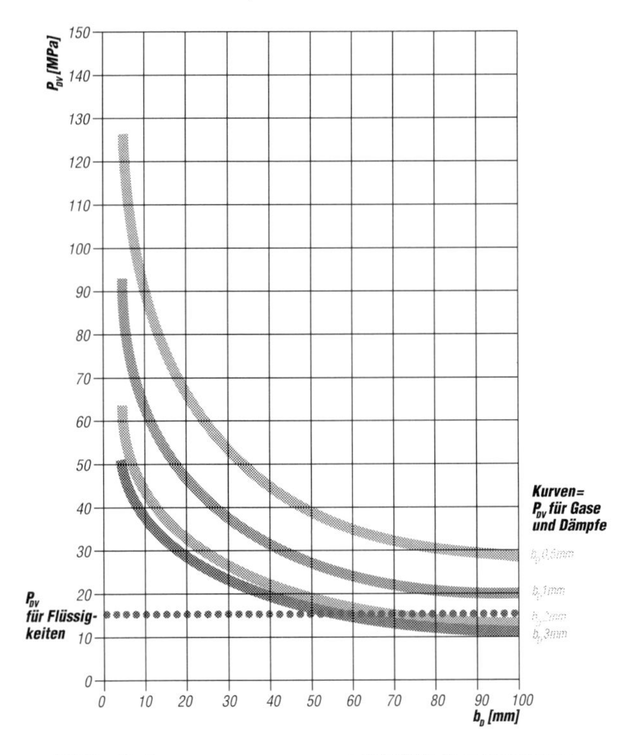

Bild 9: Verformungspressungen nach DIN 2505 für It-Dichtungen

6 Die neuen Normen für Dichtungen

Seit mehr als 10 Jahren beschäftigen sich Fachleute aus dem Kreis von Dichtungsanwendern und -herstellern mit dem Thema Dichtungstechnik um zu neuen, zeitgemäßen, rechenbaren, das reale Verhalten von Dichtungen und Dichtwerkstoffen beschreibenden Kennwerten zu kommen mit dem klaren Ziel eine entsprechende Normung herbeizuführen.

Die ersten greifbaren Ergebnisse der Arbeit eines eigens dafür gegründeten Fachausschusses (FNCA) liegen vor:

- DIN 28090: „Statische Dichtungen für Flanschverbindungen" von 1995
  - DIN 28090-1: Dichtungskennwerte und Prüfverfahren
  - DIN 29090-2: Spezielle Prüfverfahren zur Qualitätssicherung
  - DIN 29090-3: Prüfverfahren zur Ermittlung der chemischen Beständigkeit
- DIN 28091: „Technische Lieferbedingungen für Dichtungsplatten"
  - DIN 28091-1: Allgemeine Festlegungen
  - DIN 28091-2: Dichtungsplatten auf Basis von Fasern
  - DIN 28091-3: Dichtungsplatten auf Basis von PTFE
  - DIN 28091-4: Dichtungsplatten Basis von expandiertem Graphit

11 Sicherheitstechnische Ausrüstung

Sicherheitskonzept bei der Lagerung von chemischen Stoffen in Behältern

Von G. Harms [1])

1 Einleitung und Grundsätzliches zur Vorgehensweise

Ein Sicherheitskonzept stellt im Kern die Gesamtheit der Maßnahmen zur Vermeidung des Wirksamwerdens potentieller Gefahrenquellen dar. Diese Aufgabe soll mit möglichst geringem Aufwand erfüllt werden. Jedes vernünftige Sicherheitskonzept setzt sich im Prinzip aus den drei Stufen

1. **Vermeiden** von Gefahrenpotentialen
2. **Verhindern** des Wirksamwerdens von unvermeidbaren Gefahrenpotentialen
3. **Begrenzung** der Auswirkungen (wenn dennoch etwas passieren sollte)

zusammen [6]. Diesem Konzept folgt beispielweise auch der § 3 der StörfallV [3]. Der Unterschied zwischen neuen Anlagen und Änderungen oder Nachrüstungen bei vorhandenen Anlagen besteht meistens darin, daß bei Letzterem die ersten beiden Punkte, vor allem der erste, kaum mehr zu beeinflussen sind. Dieser Aufwand ist für die nachträgliche Berücksichtigung von Sicherheitsaspekten (Stufen 2 und 3) gegenüber dem bei der Planung einer neuen Anlage in der Regel viel größer (Stichwort „Integrierte Sicherheit").

Ausgangspunkt ist, daß man die Gefahrenpotentiale identifiziert hat und verschiedene Möglichkeiten zur Verhinderung des Wirksamwerdens beziehungsweise zur Begrenzung der Auswirkungen kennt und zur Auswahl hat.

Die Erarbeitung geschieht zweckmäßigerweise in einer dem Gefahrenpotential angemessen detailliert durchgeführten Sicherheitsbetrachtung. Ein Beispiel ist unter 1.3. zu finden. Alle drei vorgennannten Stufen lassen sich auf die wesentlichen Typen der hier zu behandelnden Behälterlager

- Silos
- Flüssiggasbehälter
- Tanks für brennbare und/oder wassergefährdende Flüssigkeiten

in vergleichbarer Weise anwenden [6].

Das von einer Anlage ausgehende Risiko setzt sich stets aus den beiden wesentlichen Faktoren

1. potentielles Schadensausmaß eines unerwünschten Ereignisses und
2. Eintrittswahrscheinlichkeit dieses Ereignisses

zusammen, daß heißt man hat zunächst mehrere Möglichkeiten zur Minimierung. Entweder man reduziert das Potential oder die Wahrscheinlichkeit oder beides. Die Minimie-

---

[1]) Dipl.-Ing. Gunnar Harms, Bayer AG Leverkusen

rung einer Eintrittswahrscheinlichkeit setzt ein vorhandenes Potential voraus, das bedeutet, daß die Minimierung des Potentials Vorrang hat. Da es überdies wesentlich einfacher ist, das potentielle Schadensausmaß als demgegenüber Eintrittswahrscheinlichkeiten zu ermitteln [1], ergibt sich daraus, daß potentialorientiert gearbeitet wird. Das heißt viele Sicherheitskonzepte bauen auf einer weitestmöglichen Reduzierung des potentiellen Schadensausmaßes auf (Stoffmengen klein und Dampfdrücke gering halten etc.). Der angestrebte Idealzustand – vernachlässigbares Potential – wird als inhärente Sicherheit bezeichnet, daß heißt, selbst im Störungsfall kann keine Gefahr entstehen [7].

Es ist zunächst vorstellbar, zwischen den beiden denkbaren Wegen **„Minimierung des Potentials"** und **„Minimierung der Wahrscheinlichkeit des Wirksamwerdens"** solange zu optimieren, bis man unter die Schwelle eines akzeptierten Restrisikos rutscht, die im übrigen nicht konstant ist, sondern tendenziell mit zunehmendem Potential weiter abnimmt. Dies ist psychologisch bedingt, weil spektakuläre Ereignisse stärker in das Bewußtsein rücken. Es wird zum Beispiel deutlich, wenn man sich vor Augen führt, daß 8.000 Einzelereignisse *„Tod infolge Verkehrsunfall"* pro Jahr in Deutschland allgemein akzeptiert werden, aber gegen ein jedes Jahr einmal stattfindendes Einzelereignis mit 8.000 Todesopfern unverzüglich Maßnahmen gefordert würden.

Im dem genannten zweiten Schritt, bei dem es um die Festlegung von Maßnahmen zur Verhinderung des Wirksamwerdens des im ersten Schritt minimierten Potentials geht, und bei dem eigentlich Wahrscheinlichkeiten, daß heißt Systemunzuverlässigkeiten, berücksichtigt werden müßten, wird oftmals wiederum nur das Potential betrachtet. Ein **risiko-** und nicht nur **potential**orientiertes Sicherheitskonzept bleibt daher letztendlich ein Optimierungsproblem, das mangels ausreichend belastbarer Daten zu Systemunzuverlässigkeiten von Anlagenkomponenten und der Komplexität der möglichen Ereignisabläufe (Modellierbarkeit) in dieser zunächst einfach erscheinenden Form nicht gelöst werden kann.

Hinzu kommt, daß die Zeitabhängigkeit von Zuverlässigkeitsdaten berücksichtigt werden müßte, da Versagenswahrscheinlichkeiten für lange Zeiträume nicht als konstant angesehen werden können [20, 26]. Weiterhin ist die Modellierung verfahrenstechnischer Prozesse nicht mit einer einfachen *„ausgefallen/nicht ausgefallen"*-Logik möglich, sondern es müßten weitere Zustände berücksichtigt werden. Aus den genannten Gründen ist es daher folgerichtig, deterministisch vorzugehen, daß heißt ausreichend wirksame Maßnahmen unbeschadet von Eintrittswahrscheinlichkeiten vorzusehen. Man befindet sich dann auf der sicheren Seite.

Für die Lagerung hat man schon frühzeitig entsprechend dem zu beherrschenden Potential abgestufte Maßnahmen entwickelt. Bei der Lagerung wassergefährdender Stoffe legt beispielsweise der Anforderungskatalog in Abhängigkeit vom Potential (Wassergefährdungsklasse und Menge) allgemeine und besondere Maßnahmen fest [12]. Siehe dazu die Bilder 1-4. Analog gilt dies auch für die Lagerung nach VbF (Gefahrklassen und Mengen) sowie nach DruckbehV (siehe z. B. die Anforderungen in der Anlage zur TRB 801, Nr. 25 und TRB 610). Siehe dazu auch Bild 5 für VbF-Flüssigkeiten.

Die gelegentlich anzutreffende pauschale Betrachtungsweise, jeder *denkbaren* Störungsursache mindestens ein oder zwei ausreichend wirksame verhindernde Maßnahmen zuzuordnen, führt unter Umständen dazu, daß des Guten zuviel getan wird, daß

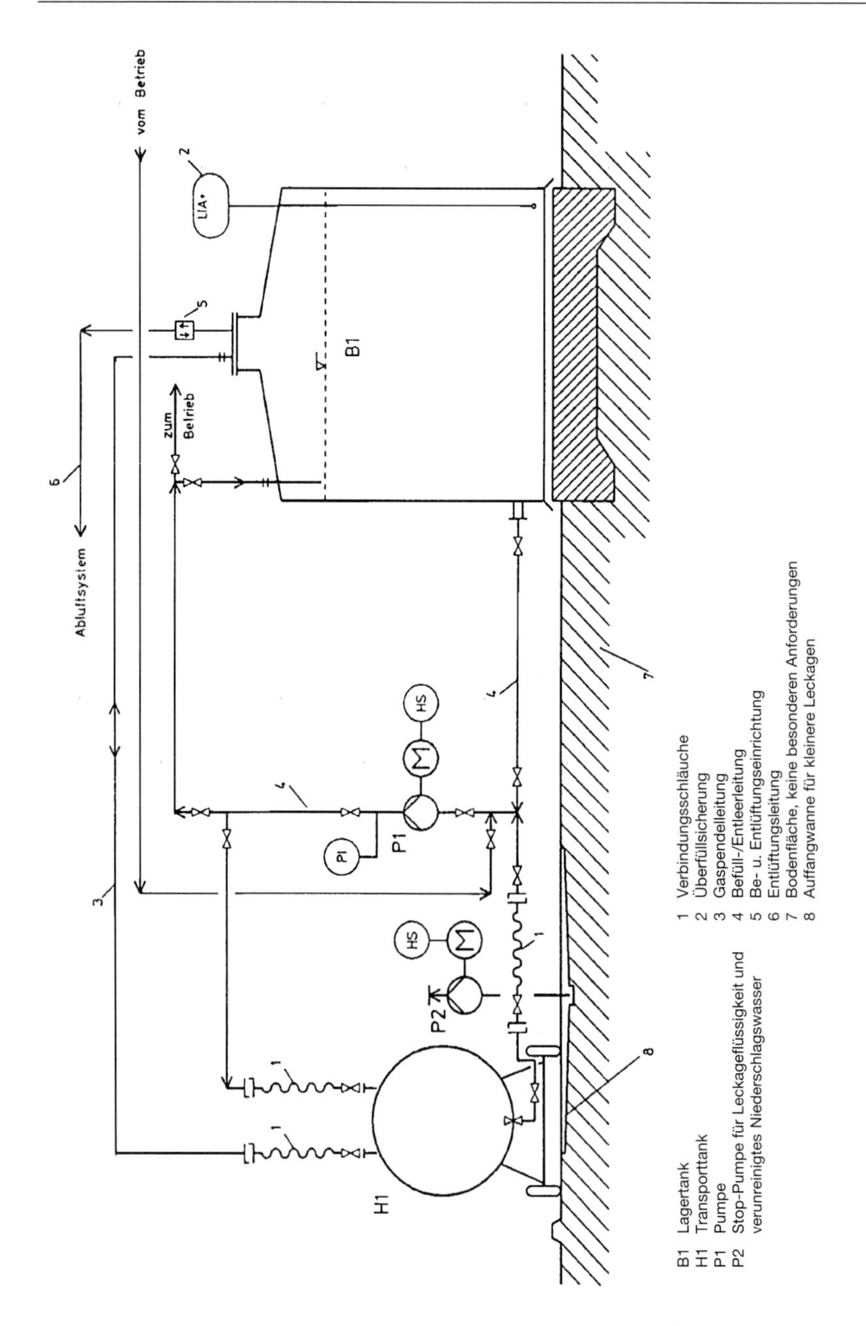

Bild 1: Anlage zur oberirdischen Lagerung von wassergefährdenden Flüssigkeiten der Wassergefährdungsklasse 0 (Flammpunkt > 55 °C oder nicht brennbar) mit Füll- und Entleerstelle

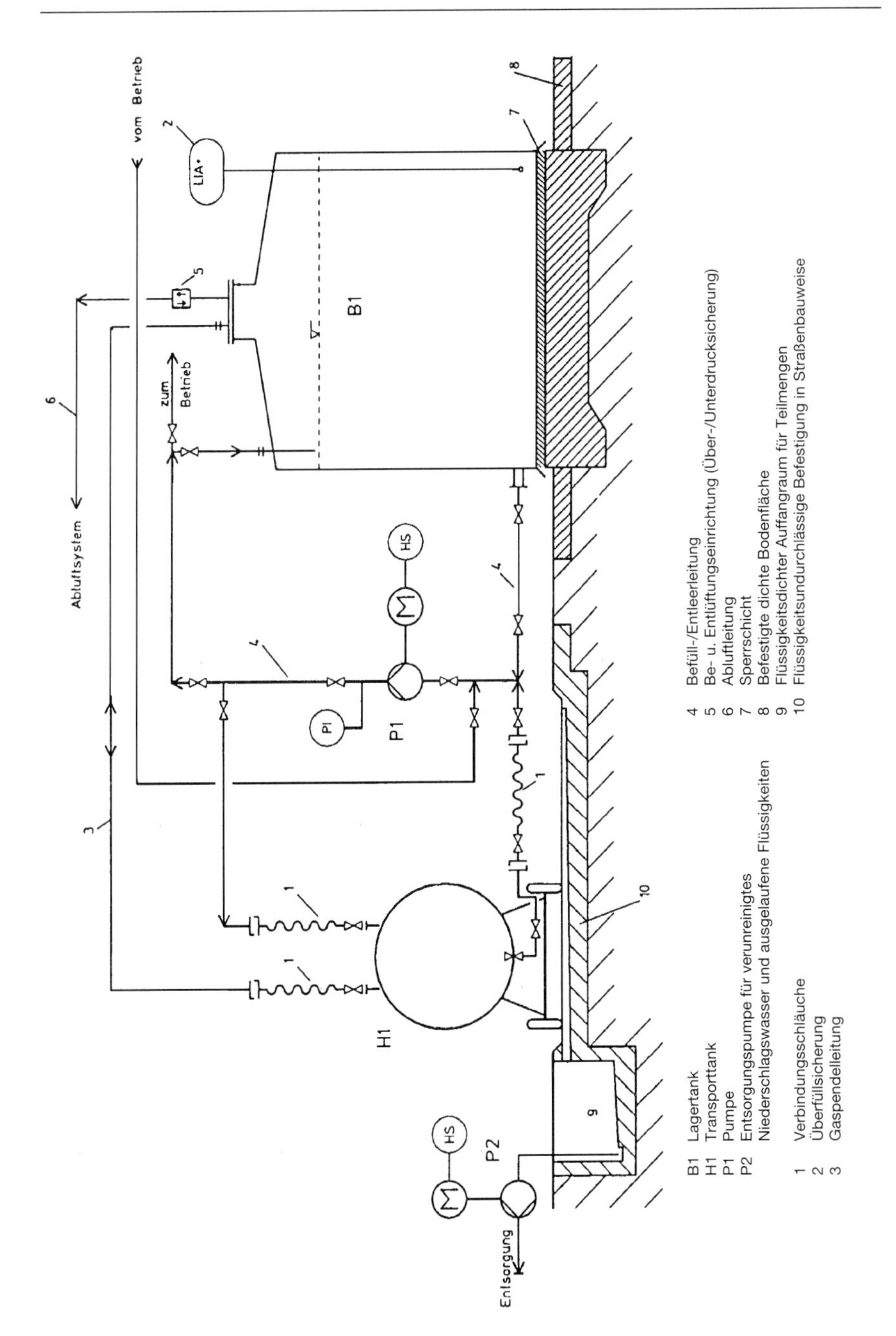

Bild 2: Anlage zur oberirdischen Lagerung von wassergefährdenden Flüssigkeiten der Wassergefährdungsklasse 1 (Flammpunkt > 55 °C oder nicht brennbar) mit Füll- und Entleerstelle

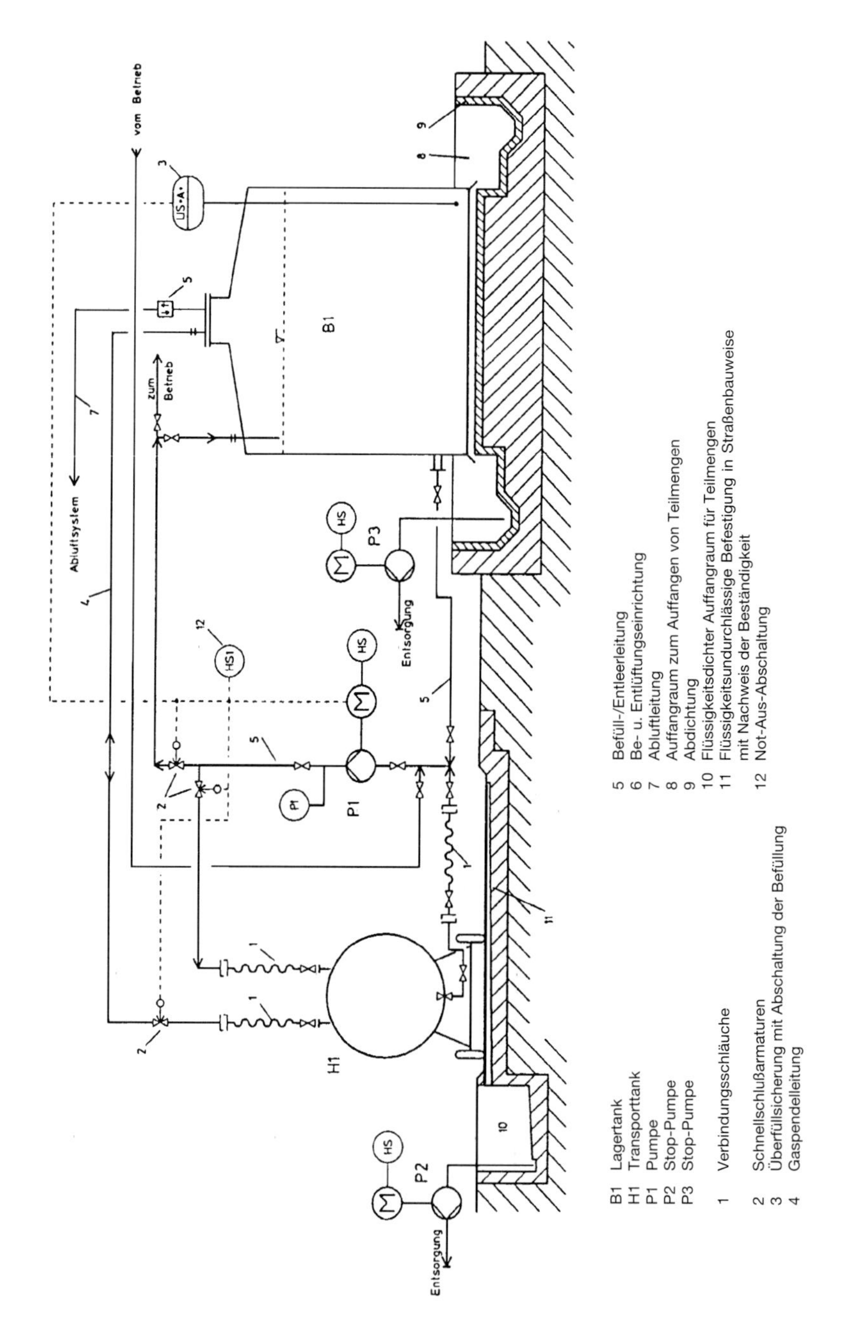

Bild 3: Anlage zur oberirdischen Lagerung von wassergefährdenden Flüssigkeiten der Wassergefährdungsklasse 2 (Flammpunkt > 55 °C oder nicht brennbar) mit Füll- und Entleerstelle

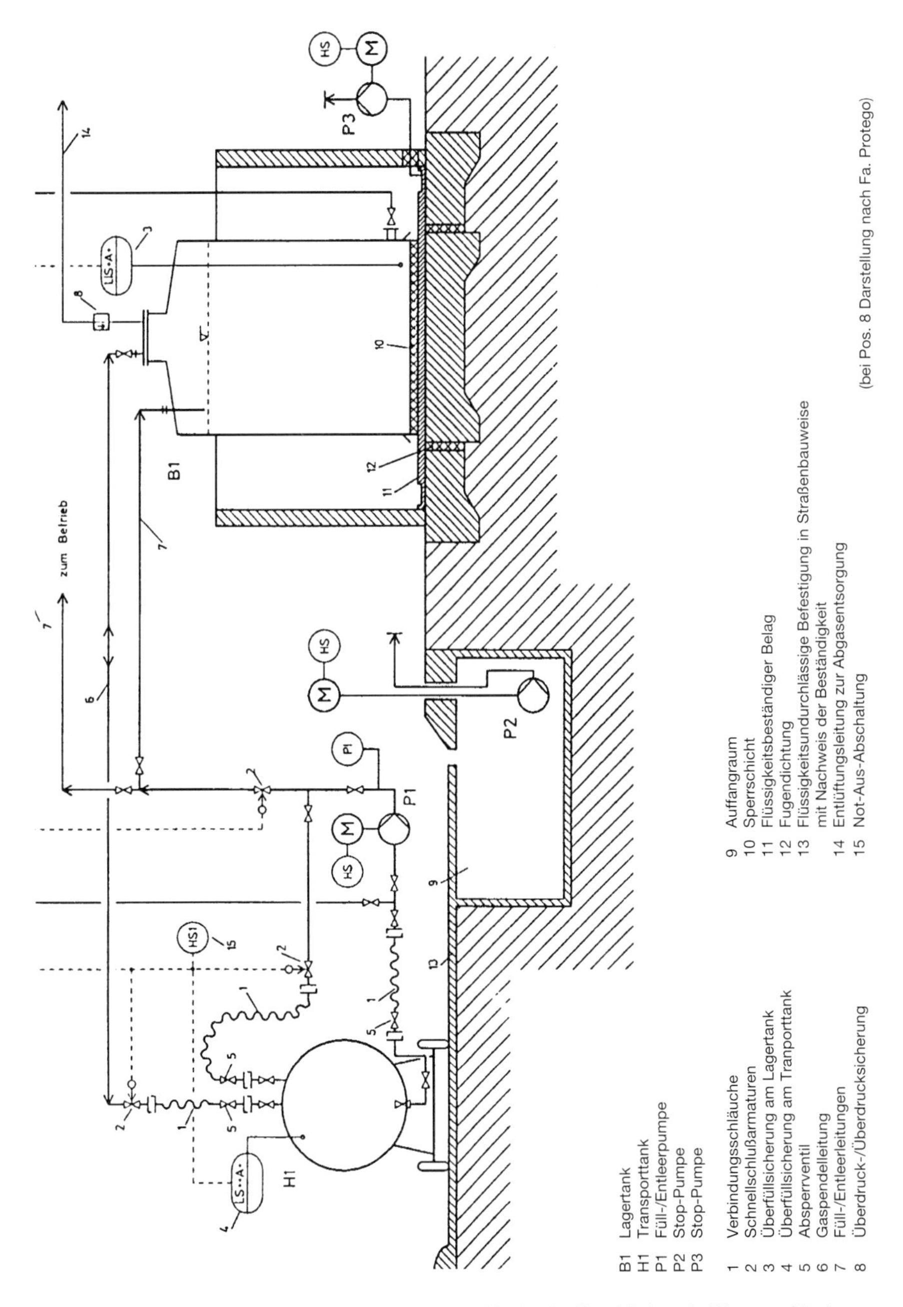

Bild 4: Anlage zur oberirdischen Lagerung von wassergefährdenden Flüssigkeiten der Wassergefährdungsklasse 3 (Flammpunkt > 55 °C oder nicht brennbar) mit Füll- und Entleerstelle

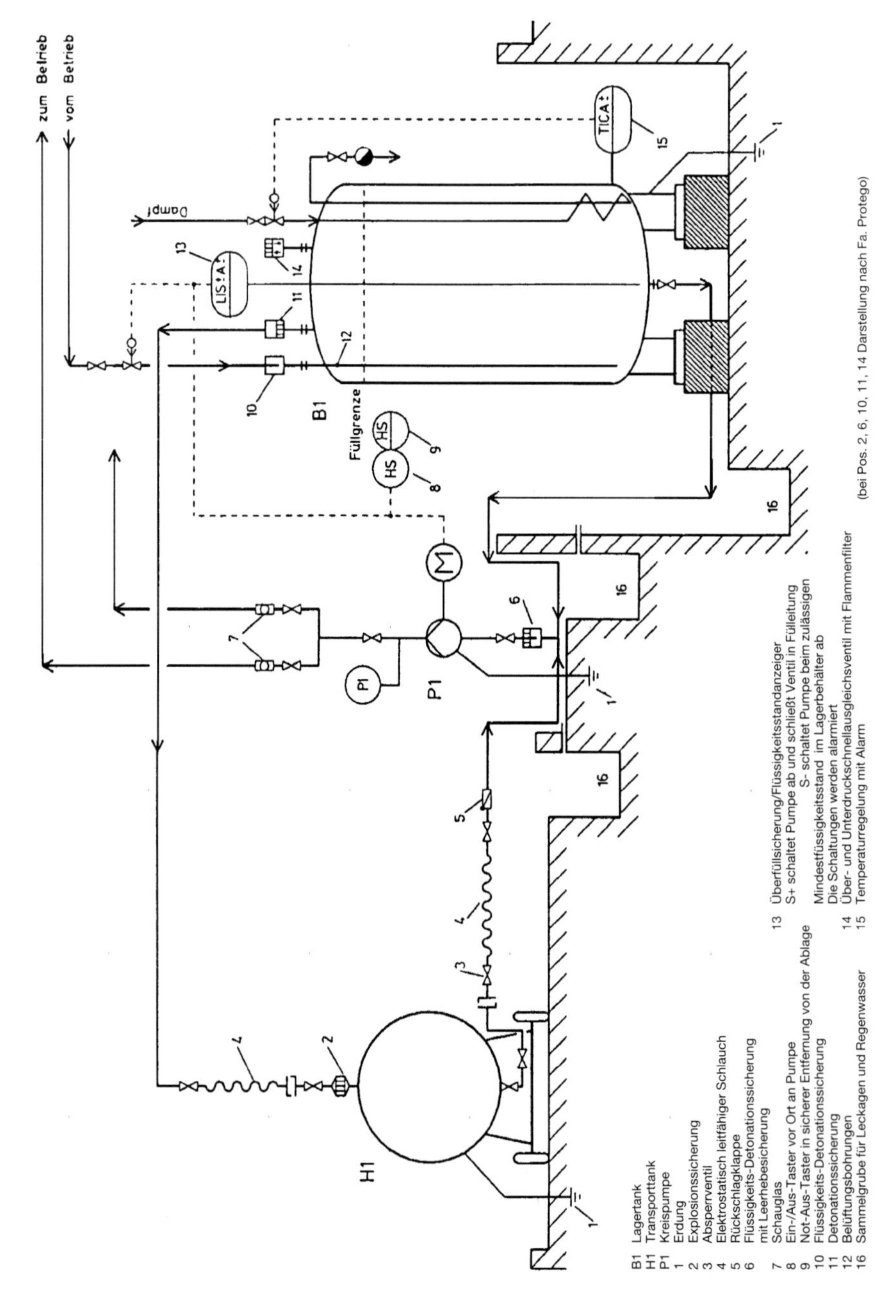

Bild 5: Anlage zur oberirdischen Lagerung von wassergefährdenden Flüssigkeiten der Gefahrenklasse A I, A II und B sowie A III bei Beheizung, mit Entleerstelle

heißt, zu einem ungleichgewichtigen Sicherheitskonzept. Dies gilt vor allem dann, wenn aus Vorsorgegesichtspunkten oder Unsicherheit zwischen auslösender Ursache und unerwünschtem Ereignis entlang des denkbaren Ereignisablaufes noch weitere „Barrieren" zwischengeschaltet werden. Diese verursachen einen hohen einmaligen und vor allem laufenden Aufwand, da die notwendige Instandhaltung und Personalschulung ständig Geld kostet. Ganz abgesehen davon, daß sie weitere Gefahrenquellen (z. B. Eingriff bei Fehlalarmen!) bilden können, die sonst nicht auftreten würden.

Es geht im Endeffekt genau darum, zu ermitteln, welche Maßnahmen im konkreten Einzelfall nötig – und sinnvoll – und nicht, welche möglich – und vielleicht weniger sinnvoll sind, da sie keinen wesentlichen Beitrag mehr zur Risikominderung leisten können. In diesem Zusammenhang ist der Hinweis auf die diversitäre Ausführung redundanter Einrichtungen wichtig. Wenn schon Redundanz, dann sollten systematische Fehler weitgehend vermieden werden, indem verschiedene physikalische Wirkprinzipien zur Anwendung kommen.

Leider setzt das technische Regelwerk hier zuweilen einige Grenzen, daß heißt Mindestanforderungen, die einzuhalten sind, obwohl im Einzelfall eine weniger aufwendige Lösung praktikabler und wirksamer sein könnte. Abweichungen bedürfen in der Regel der behördlichen Zustimmung. Insbesondere hier zeigt sich der Mangel des Fehlens der risikoorientierten Betrachtung, da das technische Regelwerk nahezu ausschließlich auf Mengen und Gefahrenklassen abhebt, unabhängig davon, wie wahrscheinlich ein Versagen ist. Dennoch sind im Vorfeld einige Freiheitsgrade möglich, wie zum Beispiel Aufstellung im Raum oder im Freien, im druckstoßfesten Behälter, unter Druck, unter Druck verflüssigt, drucklos, etc..

Die bereits etablierten Methoden zur Modellierung von Freisetzungsvorgängen, Bränden und Explosionen können zum Beispiel als Hilfsmittel eingesetzt werden, um über Rückwärtsbetrachtungen Potentiale zu definieren und dann zu identifizieren, die im Freisetzungsfall zu einem nicht mehr akzeptablen Schadensausmaß führen könnten und daher einer weiteren Betrachtung bedürfen. Auf diese Weise gelingt es, sich auf die wirklich gefahrenträchtigen Anlagenkomponenten zu konzentrieren, daß heißt jene, deren Versagen tatsächlich eine ernste Gefahr verursachen kann.

Es nützt beispielsweise niemandem, wenn ein Behälter samt Zuleitungen doppelwandig mit Zwischenraumüberwachung ausgeführt wird und dabei das maximal gasförmig freisetzbare Inventar eines sehr giftigen Stoffes nur so gering ist, daß es am nächstmöglichen Aufpunkt, an dem sich ungeschützt Menschen aufhalten können, in kurzer Zeit nur unerhebliche Immissionsbelastungen verursachen kann. Weiterhin ist es für das Sicherheitskonzept zum Beispiel ein erheblicher Unterschied, ob ein Stoff geruchlos ist oder so stechend riecht, daß er unmittelbar zu Flucht zwingt.

In diesem Sinne sollen die nachfolgenden Ausführungen als Anregung verstanden werden, um aus der Vielzahl möglicher Ansätze die für den jeweiligen Einzelfall beste Lösung zu ermitteln. Entscheidend für die Wirksamkeit des Sicherheitskonzeptes ist die Beachtung aller drei eingangs genannten Stufen und vor allem deren sorgfältige Abstimmung aufeinander.

2 Strategie zur Erarbeitung eines Sicherheitskonzeptes

Zunächst kommt es darauf an, sich über das Schutzziel, also sozusagen der Hauptstoßrichtung, klar zu werden. Je nachdem, ob es um Brandschutz, Explosionschutz, Gesundheitsschutz, Gewässerschutz etc. geht, muß die Zielrichtung des Konzeptes festgelegt werden. In den meisten Fällen werden mehrere, zum Teil auch alle diese Schutzziele gleichzeitig zu erfüllen sein.

Es hat sich als sinnvoll erwiesen, schrittweise vorzugehen. Nach dem Sammeln von Informationen sowohl zu den zu lagernden Stoffen und den Lagerungsbedingungen als auch zum Lagerstandort (Lage, Infrastruktur etc.) sollte zunächst der Standort auf seine Eignung hin bewertet werden. Hierbei ergeben sich bereits sicherheitstechnische Anforderungen, die teilweise ihren Niederschlag in der Gestaltung des Lagers finden (Lagerkapazität, Funktionsbereiche etc.). Nach der Festlegung der Brand- und Explosionsschutzmaßnahmen muß geprüft werden, ob ausreichende Schadensbegrenzung getroffen worden ist (Rückhaltung von Leckagen und Löschwasser). Nachdem das Konzept nunmehr in groben Zügen steht, sollten abschließend noch Alternativen untersucht werden.

2.1 Vermeiden von Gefahrenpotentialen

Die Überlegungen zum Kleinhalten des Inventars an gefährlichen Stoffen, dem ersten Schritt der 1. Stufe des Sicherheitskonzeptes, sind abgeschlossen und man hat nun das, womit man unbedingt leben muß, sicher zu beherrschen, daß heißt, in der Regel ausreichend dicht einzuschließen. Bei sehr giftigen Stoffen und verflüssigten Gasen sollte eine erforderliche größere Menge in mehrere kleine Teilmengen aufgeteilt werden.

Es gilt das Prinzip, daß zunächst jede Öffnung an einem Apparat sorgfältig abzudichten ist. Übrig bleiben darf daher nur die Anzahl an Öffnungen, die unbedingt erforderlich ist. Das vielleicht Wünschenswerte darf hier kein Maßstab sein. Außerdem ist Öffnungen an ruhenden Teilen möglichst der Vorzug gegenüber solchen an bewegten Teilen zu geben. Wellendurchführungen sind aber nicht immer vermeidbar.

Neben dem dichten Einschließen möglichst klein gehaltener Stoffmengen kommen noch weitere Maßnahmen in Frage, **z. B. Kaltlagerung, Passivierung oder Inertisierung.**

Die Kaltlagerung bietet bei verflüssigten Gasen den Vorteil, daß Anlagenteile nur für geringere Drücke oder Normaldruck ausgelegt werden müssen und vor allem die spontan freisetzbare Menge für den Fall von Leckagen etc. gering gehalten wird. Größere Stoffmengen können nur durch erheblichen Wärmeeintrag, der außer im Brandfall in der Regel schon längere Zeit anhalten muß, freigesetzt werden. Damit ist sichergestellt, daß gegenüber einer spontan freiwerdenden größeren Gasmenge, die unmittelbar eine ernste Gefahr bewirken kann, nur ein vergleichsweise geringer, dafür aber weitgehend konstanter Stoffstrom emittiert werden kann. Dies bewirkt eine erhebliche Verzögerung von gefahrdrohenden Immissionsbelastungen in der Umgebung und ermöglicht durch den Zeitvorteil eine gezielte Gefahrenabwehr. Dieser Vorteil wird mit einem entsprechend hohen Aufwand für die Verfügbarkeit der Kühlung erkauft und verursacht laufende Kosten. Der Gefahrenquelle „Ausfall der Kühlung" muß dann entweder entsprechend vorgebeugt werden oder aber ein Ausfall muß zumindest für eine gewisse Zeit akzeptabel sein können.

Weiterhin besteht in einigen Fällen, wie erwähnt, die Möglichkeit der Stabilisierung oder Passivierung von hochreaktiven Stoffen und Zubereitungen durch Additive, wie diese zum Beispiel bei zur Polymerisation oder Zersetzung neigenden Stoffen gehandhabt werden. Das Problem hierbei ist, daß das Reaktionsvermögen oftmals genau die gewünschte Eigenschaft ist, weshalb eben dieser Stoff und kein anderer zum Einsatz kommt.

Bei der unmittelbaren Bereitstellung zur Reaktion, wenn die Additive entfernt oder unwirksam gemacht geworden sind und das Gefahrenpotential wieder aktiviert ist, kann die Möglichkeit der Minimierung der zu handhabenden Mengen, zum Beispiel durch kontinuierliche oder quasikontinuierliche statt diskontinuierlicher Bereitstellung und Reaktionsführung in Betracht gezogen werden.

Die dritte erwähnte Möglichkeit, die Inertisierung, ist insbesondere als klassische Explosionsschutzmaßnahme im allgemeinen bereits der 2. Stufe (Verhindern) zuzuordnen. Inertisierung kann aber auch außerhalb des Explosionsschutzes sinnvoll sein, zum Beispiel bei der Lagerung von selbstentzündlichen Stoffen.

Abschließend soll noch auf Vorschriften und Richtlinien zur Zusammenlagerung von Stoffen hingewiesen werden [9, 17]. Für brennbare Flüssigkeiten allein ist die Zusammenlagerung in der TRbF 110, Nr. 2.2 Abs. 5 definiert und geregelt. Die Lagerung von brennbaren Flüssigkeiten zusammen mit anderen Stoffen wird als gemischte Lagerung bezeichnet und ist in der gleichen TRbF unter Nr. 7.9 geregelt.

Eine von vornherein getrennte Lagerung in örtlich getrennten Auffangräumen mit jeweils separat ausreichender Löschwasserrückhaltekapazität (3. Stufe des Sicherheitskonzeptes) macht alle weiteren (nachgelagerten) Maßnahmen, die sich gegen Gefahrenquellen aus dem unerwünschten Kontakt der Stoffe ergeben könnten, zumindest im Lagerbereich überflüssig. Dies gilt allerdings nur mit der Einschränkung, daß im Vorfeld insbesondere die Gefahrenquellen *„versehentliche Befüllung mit falschem Inhalt"* und *„Rückströmung aus anderen Anlagenteilen"* (zum Beispiel über geflutete Entlüftungen, die natürlich auch getrennt verlegt sein sollten) ausgeschlossen worden sind.

Hierzu zählt auch die sorgfältige Entwässerung der Auffangräume von Behältern mit Stoffen, die mit Wasser gefährlich reagieren können. Wenn sichergestellt ist, daß die Tasse, beziehungsweise die Fläche, auf die gegebenenfalls austretender Stoff hinlaufen kann, stets trocken ist, braucht die Gefahrenquelle *„Gefährliche Reaktion mit Wasser"* für den Fall von Leckagen nicht mehr betrachtet zu werden. Das widerspricht zwar zunächst dem im Abschnitt 1.2.3. genannten Geschlossenhalten von Gullies – was ja auch mit dem Ärgernis einer „ewigen" Lache verbunden ist. Dies ist aber nur ein scheinbarer Widerspruch, da es auf die Priorität der Schutzziele ankommt. In diesem Fall muß sichergestellt werden, daß Niederschlagswasser vom sensiblen Bereich nach Möglichkeit ganz ferngehalten wird. Der Auffangraum muß zunächst immer geschlossen sein. Angesammelte Flüssigkeit muß fachgerecht entsorgt werden, daß heißt Produkt zurück in die Anlage, verschmutztes Wasser in eine Abwasserbehandlungsanlage und Reinwasser in den Reinwasserkanal.

2.2 Verhindern des Wirksamwerdens von Gefahrenpotentialen

Eine sorgfältige Werkstoffauswahl unter Berücksichtigung der Stoffeigenschaften und der Wirtschaftlichkeit wird vorausgesetzt. Ebenso gilt dies für die Einhaltung der technischen Regelwerke bei Errichtung und Betrieb. Unabhängig von den einzuhaltenden gesetzlichen Anforderungen [3] hat man bei der grundsätzlichen konzeptionellen Gestaltung, wie erwähnt, dennoch einige Freiheitsgrade.

Dies beginnt bereits damit, daß man ein möglichst **fehlerverzeihendes** Konzept wählt. Das heißt, daß Abweichungen irgendwelcher Art, zum Beispiel Fehlbedienungen, nicht zu unzulässigen Auswirkungen führen können. Ein weiter „Gutbereich" der wichtigen Größen, daß heißt großer Abstand von kritischen Parametern, trägt dazu bei [7]. Die Stellung von wichtigen Armaturen bei Energieausfall (zum Beispiel Stoffstrom zu, Kühlwasser auf) spielt in diesem Sinnne auch eine Rolle. Die Pufferung zum Beispiel von Kühlmittel sorgt bei Ausfall des Kühlsystems für eine Zeitreserve. Die Einbindung von Entlüftungsleitungen beispielsweise in den Hauptstrang eines Abluftsammelsystems von oben vermindert die Gefahr des Eindringens von Flüssigkeit für den Fall der versehentlichen Überfüllung in einem der angeschlossenen Behälter. Die Gefahr des versehentlichen Eindringens von Flüssigkeiten über das Abluftsammelsystem kann mit geringem Aufwand noch weiter reduziert werden, wenn man an der tiefsten Stelle der mit einem Gefälle verlegten Abluftsammelleitung einen Kondensatsammelbehälter mit einem Flüssigkeitsstandalarm installiert.

Zu beachten ist, daß der Gewährleistung der Sicherheit bereits verfahrenstechnisch und konstruktiv (integrierte Sicherheit) gegenüber nachträglich oder zusätzlich installierten sicherheitstechnischen Maßnahmen nach Möglichkeit der Vorzug zu geben ist, da sie **passiv**, daß heißt unmittelbar und permanent wirksam sind. Technische oder organisatorische Maßnahmen erfordern stets einen wie auch immer gearteten Eingriff, also **aktives** Handeln, was mit einer gewissen Unzuverlässigkeit verbunden ist. Eine Brandwand zum Beispiel schützt allein schon deswegen, weil sie einfach da ist. Sie ist immer da und muß nicht aktiviert werden, während eine Löschanlage erst aktiviert werden muß. Die Feuerwehr muß erst gerufen werden und dann auch sehr schnell kommen. Im Gegensatz zur Brandwand müssen auch technische Einrichtungen erst aktiv werden, daß heißt die Löschanlage auslösen. Außerdem müssen technische Einrichtungen wiederkehrend geprüft werden, wenn ihre Verfügbarkeit im Anforderungsfall gewährleistet sein soll.

Bei Neuanlagen sollte diesem Aspekt eine hohe Gewichtung zukommen, bei Änderungen an vorhandenen Anlagen hat man aus technischen Zwängen heraus oft keine Wahl mehr. So kann es – nur aus den genannten Überlegungen allein heraus – beispielsweise besser sein, einen Flüssiggasbehälter mit einer Erddeckung (Vgl. den sogenannten „MURL"-Erlaß! [25]) statt einer Berieselung oder Brandschutzisolierung zu versehen. Dies ist jedoch bei einer bereits bestehenden Anlage kaum durchführbar. Die erdgedeckte Lagerung kann auch bei Neuanlagen nur in wenigen Ausnahmefällen empfohlen werden, wie zum Beispiel bei brennbaren Stoffen, die sich bereits bei relativ geringer Erwärmung spontan exotherm zersetzen können.

Es ist weiterhin zu bedenken, daß fast alle Lagergüter nach VAwS als wassergefährdend zu betrachten beziehungsweise eingestuft sind. Bei unterirdischer Lagerung müßte dann also eine doppelwandige Ausführung mit Zwischenraumüberwachung vorgesehen werden. Wegen der schlecht zu kontrollierenden äußeren Oberfläche (Korrosion) sollte auf eine Lagerung von Gasen in einwandigen unterirdischen Tanks verzichtet werden.

Siehe dazu auch [8, 13, 14]. In [13] werden Erläuterungen und Hinweise zur Sicherheitstechnik erdgedeckter Tanklager am Beispiel eines konkreten Stoffes gegeben, während in [8] unter anderem Brandschutzisolierungen untersucht und bewertet werden. In [14] wird eine Beispiellösung für die Flüssiggaslagerung mit einer Wasserberieselung vorgestellt.

Wenn man denn an einer bestehenden Anlage nach- oder „auf"-rüsten muß oder will, hat man wegen der Vorschriftenlage oft nur die Wahl zwischen verschiedenen technischen Maßnahmen und keine Freiräume für konzeptionelle Überlegungen. Dabei werden wegen der Notwendigkeit, dem „Stand der Sicherheitstechnik" entsprechen zu müssen, oft grundsätzlich **technische** Maßnahmen erwogen beziehungsweise gefordert.

Dabei wird zuweilen vergessen, daß der Mensch trotz aller Unzulänglichkeiten zumindest intelligent eingreifen kann, daß heißt verschiedene Handlungsalternativen hat und abwägen kann, während eine technische Einrichtung zwar zuverlässiger, aber eben nur einen **vorgesehenen** Eingriff ausführen kann. Hier spielt die Frage, wieviel Zeit man hat, um etwas zu tun, eine wesentliche Rolle.

Daraus ergibt sich, daß Störungsmöglichkeiten, deren Ursache klar ist , die daher **einfach und sicher** mit technischen Maßnahmen beherrscht werden können und zudem **sofortiges Eingreifen** erfordern, z. B. Überfüllung, zweckmäßig mit einer **technischen** Maßnahme wirksam beherrscht werden, ohne daß der Mensch handeln muß.

Dagegen können Störungsmöglichkeiten, die **mehrere Ursachen** haben können, die eine Ursachenermittlung vor dem Eingriff erfordern würden und zudem einen gewissen Zeitrahmen bis zum Eintritt eines unzulässigen Zustandes haben, wie zum Beispiel Temperaturanstieg im Tank, mit organisatorischen Maßnahmen nach frühzeitiger Alarmierung beherrscht werden. Ein automatischer Eingriff, wie sofortiges Abschalten der Heizung, richtet möglicherweise mehr Schaden als Nutzen an, wenn zum Beispiel eine teure Charge erstarrt und verdorben ist und nun womöglich noch „bergmännisch abgebaut" werden muß.

Wenn möglich, sollte die Vorbeugung gegen und der Eingriff in denkbare Ereignisabläufe im Vorfeld und in der Anfangsphase organisatorisch erfolgen, die tragende Absicherung gegen den unmittelbaren Gefahreneintritt jedoch technischer Art sein.

Zu den Maßnahmen allgemeiner Art in diesem Sinne gehören auch solche Dinge wie das grundsätzliche Verbot von Arbeiten im Lagerbereich, die nicht unmittelbar vor Ort erforderlich sind. Eine Ausnahme bilden nur regelmäßige Kontrollgänge und regelmäßige Funktionsprüfungen der Sicherheitseinrichtungen mit Befunddokumentation. Alles andere hat außerhalb zu erfolgen.

Eine häufig kontrovers diskutierte Gefahrenquelle ist zum Beispiel das Trockenlaufen von Pumpen. Wann ist es akzeptabel und wann nicht? Es gibt eine große Zahl denkbarer Ursachen für den plötzlich ausbleibenden Flüssigkeitszustrom, die vernünftigerweise nicht auszuschließen sind. Wenn man denn nicht auf eine Pumpe, die trockenlaufen kann, verzichten will oder kann, kommt man nicht umhin, die einzelnen Ursachen Punkt für Punkt abzuarbeiten und auszuschließen oder aber die Pumpe in Abhängigkeit vom Gefährdungspotential des Stoffes entsprechend auszurüsten, was wiederum auf sehr verschiedene Weise geschehen kann.

Auch ein ausreichender Wärme- und Kälteschutz, der von vornherein extreme Temperaturbelastungen vermeidet und Heiz-/Kühlsysteme im Hochsommer und im Winter entlasten kann, gehört dazu. Frostschäden zum Beispiel werden meist erst bemerkt, wenn es nach Tagen oder Wochen wieder wärmer wird und dann plötzlich irgendwo Wasser austritt oder, schlimmer noch, andere Stoffe frei werden. Die beim Einfrieren entstandenen Schäden werden dann erst offenbar. An dieser Stelle wird deutlich, daß durch die bis ins Detail durchdachte Anordnung von Entwässerungen und Entlüftungen viel Ärger vermieden werden kann. In aller Regel wird dies bei der Planung der Anlage auch entsprechend berücksichtigt. Das Problem sind die später erforderlichen betriebsbedingten Änderungen, wenn Leitungen neu verlegt, umverlegt, gekürzt oder abgerissen werden. Die möglichen Rückwirkungen dieser Änderungen auf andere Anlagenteile, an die zunächst niemand denkt, müssen detailliert nachgeprüft werden.

An dieser Stelle soll noch auf das Problem der Unterrostung hingewiesen werden, welches sich bei Isolierungen ergibt. Unter Umständen werden hier teure Inspektionen erforderlich, um den Zustand der isolierten Leitung zu überprüfen. Insofern ist auch die Isolierung ein Optimierungsproblem.

Über- und Unterdruckausgleichsventile vermeiden möglicherweise Spannungen, die durch unvorhergesehene Temperaturschwankungen mit der Folge von Druckbeanspruchungen entstehen können.

Die Vermeidung von Zündquellen in Ex-Bereichen entsprechend der Zonenfestlegung wird in der Ex-RL mit Beispielsammlung sowie in den einschlägigen Technischen Regeln umfassend behandelt. Manchmal gibt es aber Möglichkeiten, auf die unter Umständen aufwendige Zündquellenvermeidung ganz zu verzichten. Wenn bereits die notwendige Bedingung der gefährlichen explosionsfähigen Atmosphäre ausgeschlossen werden kann, braucht man sich um die Zündquellen in der Regel nicht mehr zu kümmern. Neben der gesicherten Inertisierung – die auch teuer werden kann, kommt zum Beispiel auch die gesicherte Überfettung oder das Arbeiten mit Unterdruck in Frage. Mitunter reicht auch die Gewährleistung ständiger Be- bzw. Durchlüftung.

Abschließend zu diesem Abschnitt soll noch kurz erwähnt werden. daß das Auslösen von Gefahrenquellen durch den vorsätzlichen Eingriff Unbefugter nicht außer acht gelassen werden darf. Der Anteil der Brandstiftungen bei den Industriebränden liegt innerhalb der Bundesrepublik (alte Bundesländer) bei über 50% [10].

2.3 Begrenzen der Auswirkungen bei Gefahreneintritt

Hier sind eine ganze Reihe von Maßnahmen zu nennen, die sich zum Teil gegenseitig ergänzen. Die erste und wichtigste Maßnahme ist die **frühzeitige Leckagedetektion.** Dies spielt immer dann eine ganz entscheidende Rolle, wenn das Sicherheitskonzept für unter Druck stehende Anlagenteile, wie meistens, auf dem *„Leck-vor Bruch"*-Ansatz basiert und daher eine rechtzeitige Detektion voraussetzt. Je nach Detektionsmöglichkeit durch die menschliche Nase ist hier abgestuft vorzugehen. Eine stechend riechende Flüssigkeit mit niedrigem Dampfdruck erfordert weniger Aufwand als zum Beispiel ein Behälter mit Ethylenoxid. Bei letzterem wird man auf Sensoren mit einer redundant vorhandenen Alarmierung und weiteren technischen Maßnahmen kaum verzichten können, während im ersten Fall schichtweise Kontrollgänge sicher ausreichen würden.

Sehr wichtig ist die **Einhaltung ausreichender Sicherheitsabstände** und Schutzstreifen, die für brennbare Flüssigkeiten und Gase im Technischen Regelwerk sowie in der Ex-RL vorgeschrieben sind. Die Möglichkeit der gegenseitigen Beeinflussung durch Brände und Explosionen („Domino-Effekt") sollte so gering wie möglich gehalten werden. Dies gilt sowohl für die Abstände zwischen den einzelnen Lagerbehältern als auch für den Abstand nach außen.

Die **Fire-safe-Ausführung** von bestimten Armaturen nach ISO 10497 [24] bei der Lagerung von brennbaren Flüssiggasen, die sicherstellt, daß sicherheitsrelevante Schaltvorgänge auch bei hohen Temperaturen, insbesondere unter Brandeinwirkung, noch sicher ausgeführt werden, gehört heute zum Stand der Technik.

Ausreichende **Auffang- und Rückhaltevolumina**, sowohl für ausgelaufene Stoffe als auch für Löschwasser, sind eine wichtige Maßnahme, unter anderem auch zum Gewässerschutz. Die diesbezüglichen gesetzlichen Anforderungen sind in den letzten Jahren ständig verschärft und modifiziert worden [12, 21].

Durch eine spezielle Gestaltung des Auffangraumes, beispielsweise als Kreisring, kann zusätzlich die sich im Leckagefall ausbildende Lachenfläche begrenzt werden. Dies spielt bei Flüssigkeiten mit hohem Dampfdruck eine Rolle. Die Gestaltung des Auffangraumes entscheidet darüber, ob sich eine flache, großflächige Lache bildet, oder ob diese nur klein bleibt – bei entsprechender Tiefe. Im allgemeinen ist der Emissionsmassenstrom an verdunstender Flüssigkeit in etwa proportional der Lachengröße. Bei brennbaren Flüssigkeiten ist aus Explosionsschutzgründen eine gute Belüftung des Auffangraumes erforderlich, während bei sehr giftigen Stoffen die weitestgehende Reduzierung der Lachenoberfläche im Vordergrund steht.

Gullies, die einen Lagerbereich direkt ins Kanalnetz entwässern, **müssen** stets **abgesperrt** sein, so daß gegebenenfalls sich ansammelnde Flüssigkeit erst überprüft werden kann, bevor die Abgabe ins Netz erfolgt.

Selbstverständlich und größtenteils vorgeschrieben sind ausreichende Einrichtungen zur **Bekämpfung von Entstehungsbränden vor Ort**. Dazu gehört ein Brandschutzkonzept, gegebenenfalls als Bestandteil eines Gefahrenabwehrplanes mit je nach Schwere des denkbaren Ereignisses abgestuften Maßnahmen.

Ursächlich für den Brandschutz vorgesehene Maßnahmen sind auch zur Emissionsbegrenzung sinnvoll, zum Beispiel kann man halogenierte Kohlenwasserstoffe mit Wasser überschichten, da sie in der Regel schwerer als Wasser und darin zudem schwer löslich sind. Die Emission in die Luft ist damit beendet. Eine Beschäumung schützt schon vor Emmissionen sehr giftiger Stoffe mit hohem Dampfdruck, auch wenn es noch gar nicht brennt. Für solche Fälle sollte ohnehin geeignetes Material zum Abdekken, Neutralisieren oder Aufsaugen kleiner Leckagen bereitstehen.

Im Hinblick auf den Explosionsschutz sind **Detonationssicherungen in Gaspendelleitungen** beim Handling brennbarer Flüssigkeiten vorzusehen.

NOT-AUS-Schalter müssen im Anforderungsfall auch ereichbar sein, unmittelbar vor Ort (wo sich am ehesten jemand aufhalten kann) und dennoch geschützt in sicherer Entfernung, zum Beispiel in einer Meßwarte, wenn diese nicht zu weit weg ist. Wenn die Gaswolke oder brennende Lache den NOT-AUS bereits umschließt, kann er nicht mehr bedient werden.

Sinnvoll sind **gelegentliche Alarmübungen**, damit die Handgriffe „sitzen" und eine Sensibilisierung in bezug auf mögliche Fehlhandlungen erfolgt. Wenn sich erst im Ernstfall zeigt, was man alles vergessen oder verwechseln kann, ist es zu spät.

Im konkreten Fall eines Behälterlagers ist es günstig, für Pumpen außerhalb der Tanktasse eine separate eigene Pumpentasse vorzusehen. Dies kann zweckmäßigerweise auch ein abgetrennter Bereich der Behältertasse sein. Leckagen an den Tanks haben dann keine Auswirkung auf die Pumpen, und Leckagen an der Pumpe – die häufiger auftreten – bleiben auf den unmittelbaren Nahbereich begrenzt. Auch für Tankwagen ist eine eigene Tasse sinnvoll oder sogar vorgeschrieben.

3 Beispiel einer Sicherheitsbetrachtung

Nachfolgend ist ein fiktives Beispiel für einen Behälter mit Befüll- und Entleerstelle aufgeführt. Siehe dazu auch Bild 5. Das Beispiel kann nicht abschließend im Sinne einer vollständigen Musterlösung sein, da je nach konkreten Stoffeigenschaften noch weitere Gefahrenquellen und weitere Aspekte hinzukommen oder entfallen können. Die Sicherheitsbetrachtung ist nach einem stets wiederkehrenden Formalismus für die Zwecke der Sicherheitsanalyse strukturiert, der in manchen Fällen übertrieben scheinen mag. Die Erfahrung hat aber gezeigt, daß das genaue Hinterfragen zunächst banaler Sachverhalte oft Aspekte zutage fördert, die doch noch einer näheren Betrachtung bedürfen, insbesondere zum Beispiel konkrete Festlegungen in Betriebsanweisungen, was genau zu tun und zu unterlassen ist. Gerade auf diesem Gebiet gibt es zuweilen noch Unklarheiten. Die Sicherheitsbetrachtung sollte von einem interdisziplinären Team durchgeführt werden, um sicherzustellen, daß zum Beispiel durch „Betriebsblindheit" nicht wichtige Aspekte unbehandelt bleiben. Unkonventionelle Fragen und Antworten bringen mitunter neue Ideen zur Diskussion.

Da es sich nachfolgend um ein fiktives Beispiel handelt, sind möglicherweise einige Gefahrenquellen mehrfach abgesichert. Damit sollen Alternativen aufgezeigt werden, um eine vergleichbare Sicherheit auf möglichst verschiedenen Wegen zu erreichen.

Beispiel für Betrachtung eines Tanklagers - NICHT ABSCHLIESSEND ! -

Betrieb: ... (Seite 1) Betriebseinheit: VbF - Tanklager, Tasse ...

Verfahren: Lagern Verfahrensabschnitt: Entleeren des TKW und Lagern/ Abpumpen zum Betrieb

Anlagenteil: Tankkesselwagen (TKW), Tank B1 und Pumpe P1

Gefahrenquelle/ Abweichung	*Ursachen für Abweichungen vom bestimmungsgemäßen Betrieb*	*eintretende Folgen mit Bewertung*	*Störfalleintritts-voraussetzung(en)*	*verhindernde und begrenzende Gegenmaßnahmen (techn. + org.)*
1.Heißlaufen der Förderpumpe P1	1.Leer-/Trockenlaufen durch bereits entleerten TKW (beim Entleeren des TKW)	Erwärmung der trockenlaufenden Pumpe, ggf. Undichtwerden, Freisetzung leichtentzündlicher Flüssigkeiten und Entstehung explosionsfähiger Atmosphäre	Gleichzeitiges Erreichen der Zündtemperatur an der Oberfläche ---> Brand bzw. Explosion bei Vorhandensein einer gefahrdrohenden Menge an Ex-Atmoshäre	1.1.pumpeninternesLS-A- schaltet P1 ab und alarmiert 1.2.pumpeninternesTS+A+ schaltet P1 ab und alarmiert 1.3.Betriebsanweisung schreibt vor, daß während des Entleerens des TKW ständig vor Ort befindliches Personal Abfüllvorgang überwacht und ggf. über HS eingreift
	2.Leer-/Trockenlaufen durch bereits entleerten Tank B1 (beim Pumpen in Betrieb)	- " -	- " -	2.1. analog 1.1 2.2. analog 1.2 2.3.LIS-A- am B1.schaltet P1 ab und alarmiert
	3.Eingekammerter Pumpenlauf durch geschlossene Ventile auf Saug- <u>und</u> Druckseite der Pumpe P1	Erwärmung des Inhaltes, Druckaufbau, mechanisches Versagen des Pumpenkörpers, ggf. Undichtwerden, Freisetzung leichtentzündlicher Flüssigkeiten und Entstehung explosionsfähiger Atmosphäre	- " -	3.1.Betriebsanweisung schreibt vor, daß Personal vor Inbetriebnahme der P1 Ventilstellungen saug- und druckseitig überprüft 3.2.analog 1.2.

<u>Betrieb:</u> ... (Seite 2) <u>Betriebseinheit:</u> VbF - Tanklager, Tasse ...

<u>Verfahren :</u> Lagern <u>Verfahrensabschnitt:</u> Entleeren des TKW und Lagern

<u>Anlagenteil:</u> Tankkesselwagen (TKW), Tank B1 und Pumpe P1

Gefahrenquelle/ Abweichung	*Ursachen für Abweichungen vom bestimmungsgemäßen Betrieb*	*eintretende Folgen mit Bewertung*	*Störfalleintritts-voraussetzung(en)*	*verhindernde und begrenzende Gegenmaßnahmen (techn. + org.)*
2.Druck im TKW zu tief	1.Fehlbedienung, z.B. bei Ventilstellung (keine Tankbelüftung am Tank des TKW) 2.Direktes Abpumpen in den Betrieb (kein Druckausgleich über Gaspendelung !)	Beschädigung des nicht unterdruckfesten Tanks des TKW mit Bildung von Undichtigkeiten und Leckagen, Freisetzung von leichtentzündlichen Flüssigkeiten, Lachenbildung, Entstehung explosionsfähiger Atmosphäre	Bildung explosionsfähiger Atmosphäre in gefahrdrohender Menge und gleichzeitiges Auftreten einer wirksamen Zündquelle	1.1.Betriebsanweisung regelt Anschluß der Gaspendelleitung, dadurch wird ausreichende Belüftung sichergestellt. 1.2.Vermeidung wirksamer Zündquellen gemäß festgelegter Ex-Schutzzonen 2.1.Über-/Unterdrucksicherung auf dem Tank B1 2.2. analog 1.2.
3.Druck im TKW zu hoch /Überfüllung	1.Rückströmen aus Tank B1 bei höherem Flüssigkeitsstand als im TKW durch offenes Bodenventil	Auslaufen von leichtentzündlichen Flüssigkeiten, Lachenbildung, Entstehung explosionsfähiger Atmosphäre	Bildung explosionsfähiger Atmosphäre in gefahrdrohender Menge und gleichzeitiges Auftreten einer wirksamen Zündquelle	1.1.Keine Anschlußmöglichkeit für druckführende Anlagenteile 1.2.Betriebsanweisung regelt Anschluß und Öffnen der Gaspendelung vor Anschluß von Entleerschlauch 2.1.Rückschlagklappe in Übernahmeleitung
4.Schlauchabriß	1.Fehlhandlung (Abfahren des TKW bei noch angeschlossenem Entnahmeschlauch)	Auslaufen von leichtentzündlichen Flüssigkeiten, Lachenbildung, Entstehung explosionsfähiger Atmosphäre	Bildung explosionsfähiger Atmosphäre in gefahrdrohender Menge und gleichzeitiges Auftreten einer wirksamen Zündquelle	1.1.Fixieren der Räder des TKW 1.2.Betriebsanweisung schreibt Kontrolle vor Abfahrt vor 1.3.Reißleinensicherung schließt Bodenventil 1.4.Rückschlagklappe in der Pumpenleitung 1.5.Vermeidung wirksamer Zündquellen gemäß festgelegter Ex-Schutzzonen

Betrieb:... (Seite 3) Betriebseinheit: VbF - Tanklager, Tasse ...

Verfahren: Lagern Verfahrensabschnitt: Entleeren des TKW und Lagern

Anlagenteil: Tankkesselwagen (TKW), Tank B1 und Pumpe P1

Gefahrenquelle/ Abweichung	*Ursachen für Abweichungen vom bestimmungsgemäßen Betrieb*	*eintretende Folgen mit Bewertung*	*Störfalleintritts-voraussetzung(en)*	*verhindernde und begrenzende Gegenmaßnahmen (techn. + org.)*
5.Druck im B1 zu hoch	1.Fehlhandlung (Falsche Schaltung bei der Entnahme, Rückströmung vom Betrieb etc.) 2.Thermische Ausdehnung infolge Temperaturanstieg	1.Bersten des B1 bzw. Auftreten von Leckagen bei Überschreiten des zulässigen Betriebsüberdruckes infolge Pumpendruckes sowie 2.Freisetzung leichtentzündlicher Flüssigkeiten, Entstehung von explosionsfähiger Atmosphäre	Bildung explosionsfähiger Atmosphäre in gefahrdrohender Menge und gleichzeitiges Auftreten einer wirksamen Zündquelle	1.1.Über-/Unterdrucksicherung 1.2.Gaspendelung sichert Rückströmen
6.Überfüllung des B1	1.Fehlhandlung (Falsche Schaltung bei der Entnahme, Rückströmung vom Betrieb etc.) 2.Innenleckagen am Heiz-/Kühlsystem (siehe Gef.-quelle 10) 3.Thermische Ausdehnung infolge Temperaturanstieg	-“-		2.1.LS+A+ schließt Ventil zum B1 und alarmiert 2.2.LS+A+ schaltet P1 ab und alarmiert 2.3.Vermeidung wirksamer Zündquellen gemäß festgelegter Ex-Schutzzone
7.Explosionsgefahr im Tank B1	1.elektrostatische Aufladung beim Befüllvorgang durch hohe Strömungsgeschwindigkeit in der Fülleitung und die Art und Weise der Flüssigkeitseinleitung 2.Rückzündung aus nachgeschalteten Apparaten und Rohrleitungen	Entladung der aufgeladenen Flüssigkeit Zündquelle im Tank B1	Gleichzeitiges Auftreten einer zündfähigen Atmosphäre (Im Innern ist *betriebsmäßig*, *oft* und *langzeitig* mit dem Auftreten von Ex-Atmosphäre zu rechnen ---> Zone 0) sowie ggf. Fortpflanzung der Zündung in vor- bzw. nachgelagerte Anlagenteile	1.1.Vermeidung wirksamer Zündquellen gemäß Zone 0 (konstruktive Gestaltung des Befüllrohres derart, daß elektrostatische Aufladung vermieden wird (abgetauchte Leitung)) 1.2.Flammensperren bzw. Detonationssicherungen in den angeschlossenen Leitungen

Betrieb :... (Seite 4) Betriebseinheit: VbF - Tanklager, Tasse ...

Verfahren: Lagern Verfahrensabschnitt: Entleeren des TKW und Lagern

Anlagenteil: Tankkesselwagen (TKW), Tank B1 und Pumpe P1

Gefahrenquelle/ Abweichung	*Ursachen für Abweichungen vom bestimmungsgemäßen Betrieb*	*eintretende Folgen mit Bewertung*	*Störfalleintritts-voraussetzung(en)*	*verhindernde und begrenzende Gegenmaßnahmen (techn. + org.)*
8.Produktverwech-selung	1.Anschluß eines TKW an falsche Übernahmestelle 2.TKW bereits bei Anlieferung falsch befüllt	ggf. exotherme chemische Reaktion zwischen Flüssig-keitsresten und Befüllprodukt - " -	Druckaufbau, Bersten bzw. Leckage am Tank, Freisetzung leichtent-zündlicher Flüssigkeit und gleichzeitiges Auftreten einer wirksamen Zünd-quelle (wobei hier auch die Reaktion selbst die Zündquelle bilden kann, d.h. die bereits betriebe-ne ZQ-Vermeidung bleibt hier ggf. wirkungslos !)	1.1.stoffbezogen eindeutig zuge-ordnete Anschlußflansche (spezielle Paßform) 1.2.siehe auch Gefahrenquelle 5 2.1.Vereinbarung mit Anlieferer über Sicherstellung der korrek-ten TKW-Befüllung mit Be-schriftung (ggf. Verriegelung mit Freigabe nur durch korrek-ten Barcode) 2.2.Betriebsanweisung schreibt ggf. Probenahme mit Freigabe durch Labor vor
9.Temperatur zu hoch	1.unkontrollierte Wärmezufuhr durch Dampfbeheizung 2.Ausfall/Versagen der Rege-lung TICA+-	Thermisch bedingter Druck-aufbau, ggf. auch Auslösung von Zersetzungsreaktionen bei Lagerung thermisch un-beständiger Flüssigkeiten	- " -	1.1. siehe auch Gefahrenquelle 5 1.2.TICA+- regelt Dampfzufuhr und alarmiert bei Überschrei-tung der zulässigen Tempe-ratur 2.1.maximal mögliche Wärmezu-fuhr wird verfahrenstechnisch so auf Höchstwert begrenzt, daß max. erreichbare Gleich-gewichtstemperatur unterhalb der maximal zulässigen Tem-peratur liegt

Betrieb: ... (Seite 5) Betriebseinheit: VbF - Tanklager, Tasse ...

Verfahren: Lagern Verfahrensabschnitt: Lagern

Anlagenteil: Tank B1

Gefahrenquelle/ Abweichung	*Ursachen für Abweichungen vom bestimmungsgemäßen Betrieb*	*eintretende Folgen mit Bewertung*	*Störfalleintritts-voraussetzung(en)*	*verhindernde und begrenzende Gegenmaßnahmen (techn. + org.)*
10.Innenleckagen am Beheizungssystem	1.Korrosion (dampf- bzw. kondensatseitig) 2.Unbeständigkeit gegenüber ggf. gelagerter aggressiver Flüssigkeit	1.Eindringen von Dampf bzw. Kondensat in den Tank B1, Zunahme des Füllstandes trotz nicht in Betrieb befindlicher Pumpe und ggf. 2.exotherme chemische Reaktion mit Druckaufbau	Druckaufbau und Überfüllung des Tanks B1 (siehe auch GQ 4 und 5) Bersten bzw. Leckage am Tank B1, Freiset-zung leichtentzündlicher Flüssigkeit und gleichzeitiges Auftreten einer wirksamen Zündquelle (wobei hier auch die Reaktion selbst die Zündquelle bilden kann) (siehe auch Gefahrenquelle 7)	1.1.und 2.1.Verwendung geeigneter Werkstoffe, die sowohl Korrosion vernünftigerweise ausschließen als auch gegen die gehandhabten Flüssigkeiten beständig sind 1.2.und 2.2.Maßnahmen gegen Gefahrenquellen 5 und 6 (wobei die Abschaltfunktionen der Überfüllsicherungen hier wirkungslos bleiben (!), das bedeutet, daß Personal Ursache suchen muß, Betriebsanweisung schreibt Abschalten der Heizung bei Füllstandsalarm ohne erkennbaren Befüllvorgang vor 1.3.und 2.3.TICA+-drosselt weitere Dampfzufuhr 1.4.Wiederkehrende Prüfungen des B1 und des Heiz-/Kühlsystems
11.Strömung vom Tank B1 in den Betrieb ohne Pumpvorgang	1.Tank B1 liegt geodätisch höher als zu befüllender Betriebsbehälter, Hebereffekt löst „Rückströmung" aus	*unerwartete* Überfüllung von angeschlossenen Betriebsbehältern und Apparaten im Betrieb ... ‚Freisetzung leichtentzündlicher Flüssigkeiten, Entstehung von explosionsfähiger Atmosphäre	Bildung explosionsfähiger Atmosphäre in gefahrdrohender Menge und gleichzeitiges Auftreten einer wirksamen Zündquelle	1.1.Belüftungsöffnung oberhalb max. Füllstand in der abgetauchten Leitung im Tank B1 verhindert Hebereffekt 1.2.Rückschlagklappen in entsprechenden Leitungen 1.3.Überfüllsicherungen an den angeschlossenen Betriebsbehältern und Apparaten

4 Zusammenfassung

Ein optimales Sicherheitskonzept setzt sich aus den drei grundsätzlichen Schritten **Vermeiden – Verhindern – Begrenzen** zusammen. Der Vermeidung des Potentials gefährlicher Stoffe ist in der Regel die Priorität gegenüber dessen Beherrschung zu geben. Nach Festlegung des/der Schutzziele und der Ermittlung der diesbezüglichen spezifischen Gefahrenquellen spielt der Umstand, ob man eine Neuanlage errichten oder eine bestehende Anlage ändern will oder muß, die entscheidende Rolle bei den Freiheitsgraden für die Wahl der Mittel. Dabei gilt stets, daß sicherheitstechnische Aspekte so weit wie möglich in die Lagerstruktur und -technik integriert werden, da der Aufwand für nachträglich „aufgepfropfte" Sicherheit immer höher sein dürfte.

Schrifttum

[1] Hauptmanns, U.; Herttrich, M., Werner, W.: Technische Risiken, Ermittlung und Beurteilung; Springer-Verlag, 1987

[2] Roth, L.; Weller, U.: Chemie-Brände; Ecomed-Verlagsgesellschaft, 1990

[3] Hansmann, K.: Bundes-Immissionsschutzgesetz, 9. Auflage, Nomos-Verlagsgesellschaft Baden-Baden, 1992

[4] Wefers, H.; Reimers, L.: Die neue Störfall-Verordnung – Störfallvorsorge, Sicherheitsanalyse, Arbeitshilfen; WEKA Fachverlage GmbH, 1992

[5] Pilz, V.: Sicherheitsanlaysen zur systematischen Überprüfung von Verfahren und Anlagen – Methoden, Nutzen und Grenzen; Vortrag auf dem Jahrestreffen der Verfahrensingenieure Sept. 1984 in München, enthalten in: DECHEMA-Monographien, Band 100: „Praxis der Sicherheitsanalysen in der chemischen Verfahrenstechnik"; Verlag Chemie, 1985

[6] Pilz, V.: Sichere Lagerung von Stoffen in der chemischen Industrie"; Chem. Ing. Tech. 60 (1988) Nr. 6, S. 452-463

[7] Pilz, V.: Integrierte Sicherheit bei verfahrenstechnischen Anlagen; Umwelt, Bd. 19 (1989) Nr. 5, S. D 27-D 30

[8] Jahn, R.; Wiegand, A.: Flüssiggasanlagen – Erfordernisse und technische Lösungen zum Brandschutz technischer Anlagen; Brandschutz/Deutsche Feuerwehr-Zeitung 4/92, S. 246-255

[9] Heusel, G.: Gefahrgutlagerung in der chemischen Industrie; F+H Fördern und Heben 42 (1992) Nr. 5, S. 362-366

[10] Seeger, W.; Richardt, K.-J.: Sicherheitsanalyse nach Störfall-Verordnung; TÜ 31 (1990) Nr. 12, S. 530-534

[11] Schäfer, K.: Sicherheitsmaßnahmen bei der Lagerung chemischer Produkte. Neue Empfehlungen des VCI; Chem. Ing. Tech. 60 (1988) Nr. 1, S. 9-16

[12] Mäder, R.: Lagerung wassergefährdender Flüssigkeiten; Sonderdruck aus TÜ 29 (1988) Nr. 2, S. 45-49

[13] Kupper, H.-J.; Fürst, H., Ertel, B.: Sicherheitstechnik am Beispiel eines erdgedeckten Tanklagers; Chem. Ing. Tech. 65 (1993) Nr. 3, S. 278-283

[14] Doktor, K.-J.: Gase sicher lagern – Sichere Lagerung von verflüssigten, brennbaren oder giftigen Gasen in der chemischen Industrie – Beispiellösung für Lagerung und Abfüllung; Sonderdruck aus TÜ 30 (1989) Nr. 6, S. 245-249

[15] Handbuch I zur StFV, Richtlinien für Betriebe mit Stoffen, Erzeugnissen oder Sonderabfällen; Bundesamt für Umwelt, Wald und Landschaft (BUWAL) Bern, 1991

[16] Handbuch „Technische Überwachung der Bayer AG", Band 1; Oktober 1989

[17] Handbuch „Lagerung" und Richtlinie „Sichere und wirtschaftliche Lagerung von Chemikalien" in der Bayer AG; Mai 1994

[18] Handbuch und Richtlinie „Verfahrens- und Anlagensicherheit" der Bayer AG; 1994

[19] Handbuch „Staubexplosionsschutz" der Bayer AG; 1987

[20] VDI Handbuch „Technische Zuverlässigkeit"; VDI-Verlag Düsseldorf ,1986

[21] Mäder, R.: Anforderungen an Anlagen zum Umgang mit gefährlichen flüssigen Stoffen; werksinternes Material der Bayer AG

[22] Sicherheitskonzept für Anlagen zum Umgang mit wassergefährdenden Stoffen; herausgegeben vom VCI e.V. Frankfurt am Main, April 1987

[23] Thier, B.: Sicherheitstechnische Kriterien für den Betrieb von Chemieanlagen, in: Handbuch „Apparate", 1. Ausgabe, Kap. 8.3, Vulkan-Verlag Essen, 1991

[24] ISO 10497 (Vgl. auch British Standard Institution BS 6755, Part 2, 1987)

[25] Erlaß des MURL in NRW nach § 48 BImSchG: „Sicherheitstechnische Anforderungen an Flüssiggasanlagen", Mai 1990

[26] Ermittlung von Zuverlässigkeitskenngrößen für Chemieanlagen, Datenband 1 und 2, Forschungsbericht der GRS mbH; Autrags-Nr. 75055; Oktober 1988

Absichern von Behältern mit Armaturen

Von V. Stichler [1])

1 Einleitung

Da Behälter sehr verschiedene Aufgaben übernehmen können, muß die Absicherung mit Armaturen entsprechend angepaßt werden. Bei einem Sammel- oder Lagerbehälter, der der Druckbehälterverordnung nicht unterliegt, sind lediglich Armaturen zur Befüllung und Entleerung vorzusehen, gegebenenfalls zusätzlich eine Be- und Entlüftung. Anders verhalten sich Reaktionsbehälter mit höheren Drücken, hohen und tiefen Temperaturen, bei staubförmigen Medien und der Ausrüstung mit einem Rührwerk. In diesen Verwendungsbereichen muß die Ausrüstung mit Armaturen den jeweiligen Aufgaben entsprechen. Dabei sind die Regelwerke unter Berücksichtigung der vorliegenden Verfahrenstechnik und deren physikalischen und chemischen Werten zu beachten, Tafel 1.

Das Regelsystem steuert die ganze Anlage und damit auch die einzelnen Behälter. Fällt die Hilfsenergie aus, müssen die Absperrarmaturen, mit wenigen Ausnahmen, in Schließstellung gefahren werden. Die Sicherungsarmaturen dienen dann dazu, ohne Meß- und Regeltechnik, jede Gefahr zu vermeiden.

2 Füllen und Entleeren des Behälters

Zum Füllen des Behälters über eine Rohrleitung muß eine Absperrarmatur vorhanden sein, die manuell oder mit einer Steuerung geöffnet oder geschlossen wird. Je nach Druck, Temperatur und Nennweite ist es ein Ventil, ein Schieber, eine Absperrklappe oder ein Hahn. Das hat auch für die Entleerung Gültigkeit. Liegen kritische Medien vor, werden auch zwei Armaturen eingebaut, so daß zwischen beiden eine Kontrollmöglichkeit vorhanden ist, zur Feststellung von Leckagen. Eine Sicherung gegen unbefugtes oder fehlerhaftes Bedienen ist angebracht.

Bei Lagerbehälter können Überfüllsicherungen vorgesehen werden. Sie sperren die Füllarmatur. Ähnlich verhält es sich mit Druckbegrenzern, die ebenfalls auf die Füllarmatur oder Pumpe einwirken. Diese Einrichtungen sind vorzusehen, wenn keine Meß- und Regeltechnik für die Gesamtanlage unter Einbeziehung des Behälters vorhanden ist.

Wird ein Behälter mit einer Flüssigkeit gefüllt, so wird die Luft verdrängt. Diese kann ins Freie gehen. Sofern es sich bei der Flüssigkeit um kritische oder toxische Medien handelt, die bei der Förderung Gase abgeben, oder die mit einem Inertgas beaufschlagt werden, erfolgt eine Rückführung. Das Inertgas wird bei der Entleerung des Behälters wieder verwendet. Bei Kohlenwasserstoffen und ähnlichem ist der Behälter nach der zweiten Füllung mit deren Gasen angefüllt.

Sie werden beim Befüllen über ein Gaspendel wieder einem Auffangbehälter zugeführt und gehen nicht verloren. Zudem wird eine Umweltbelastung vermieden, Bild 1.

---

[1]) Viktor Stichler, Mülheim an der Ruhr

Tafel 1: Aufbau des deutschen Regelwerkes

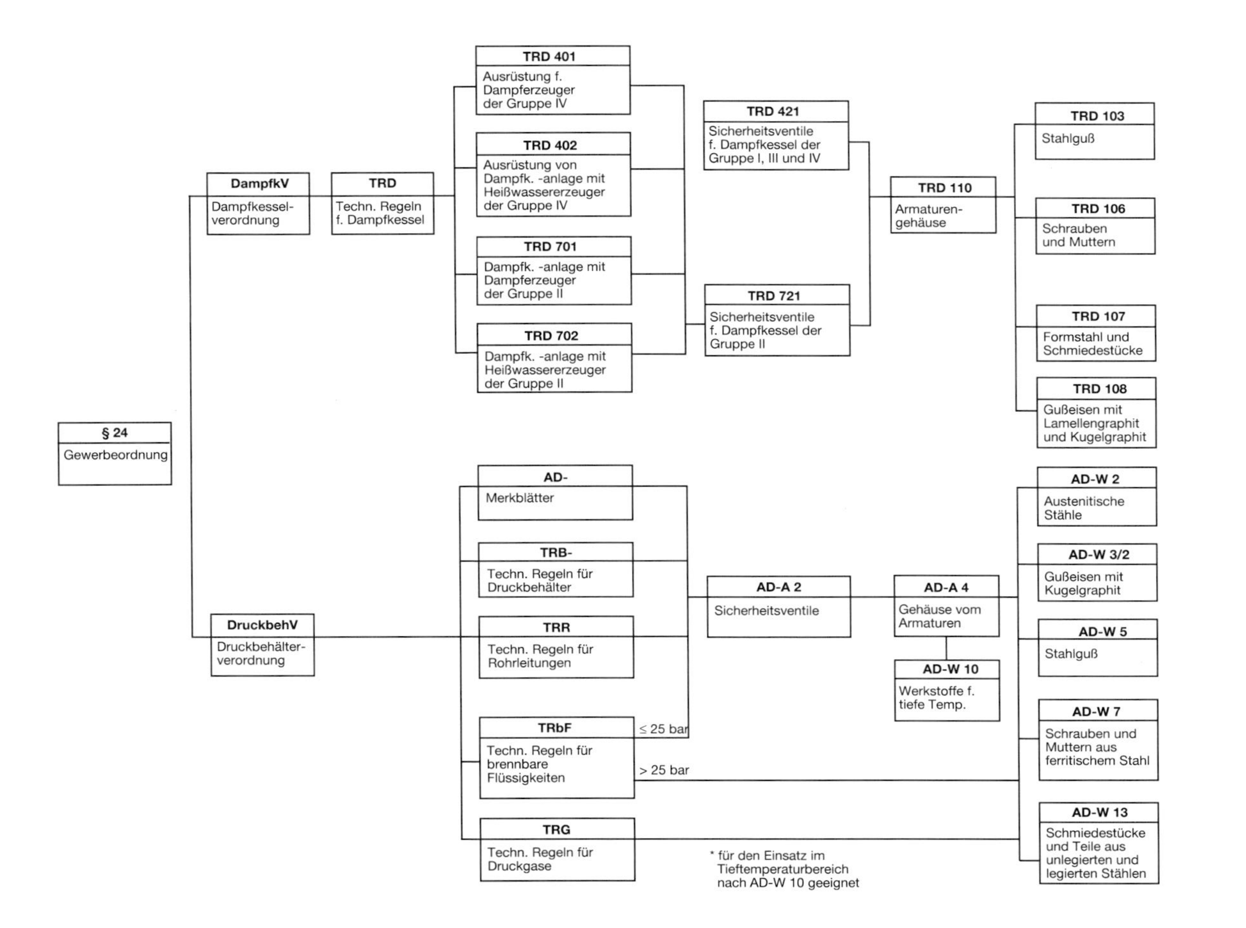

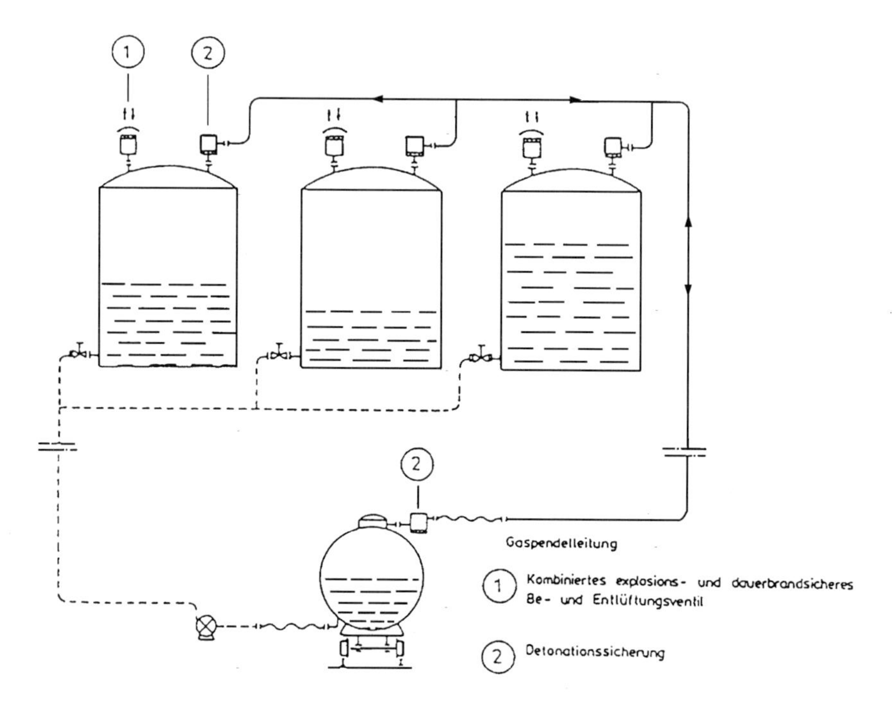

Bild 1: Atmospärische Be- und Entlüftung mit zusätzlicher Gaspendelung

Druckausgleichventile übernehmen dabei die Aufgabe, Gase beim Füllen abzuleiten und gleichzeitig beim Entleeren Gase (Luft) dem Behälter zuzuführen, damit kein Vakuum entsteht. Bei brennbaren Medien werden diese Armaturen als flammsichere Be- und Entlüftungseinrichtungen ausgelegt. Diese Armaturen gleichen einen Über- und Unterdruck aus. Zugleich verhindern sie, daß ein Brand außerhalb des Behälters in diesen übergreifen kann, Bild 2 und 3. Je nach Größe des Behälters muß festgelegt werden, ob anstelle einer Armatur, zwei oder mehr verwendet werden müssen. Dabei ist auch die Pumpleistung zu berücksichtigen.

Für ungefährliche Medien sind normale Be- und Entlüftungsventile ausreichend, die nach dem Auftriebsprinzip arbeiten. Sie haben eine Hohlkugel, die auf der Flüssigkeit schwimmt und dadurch den Sitz verschließt und abdichtet. Fällt der Flüssigkeitsspiegel, so fällt die Kugel wieder ab und gibt die Öffnung frei.

Schließlich gibt es noch eine weitere Absicherung gegen Vakuum: es wird eine Berstscheibe verwendet, die so ausgelegt ist, daß sie anspricht, wenn im Behälter ein geringer Unterdruck entsteht. Dies sollte nur eine zusätzliche Absicherung darstellen, da nach jedem Ansprechen die Berstscheibe erneuert werden muß.

Sind mehrere Behälter in Reihe geschaltet und mit Rohrleitungen verbunden, werden diese Verbundrohrleitungen mit Absperrarmaturen versehen, damit jeder Behälter

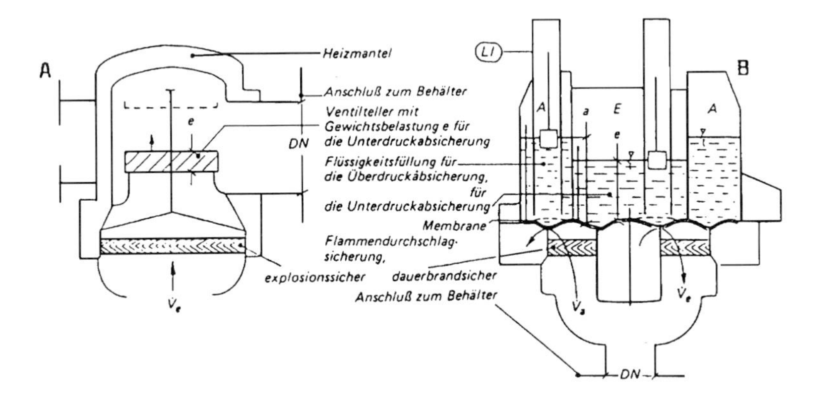

Bild 2: A = Teilerventil zur Absicherung von Unterdruck,
B = Membranventil zur Absicherung von Überdruck

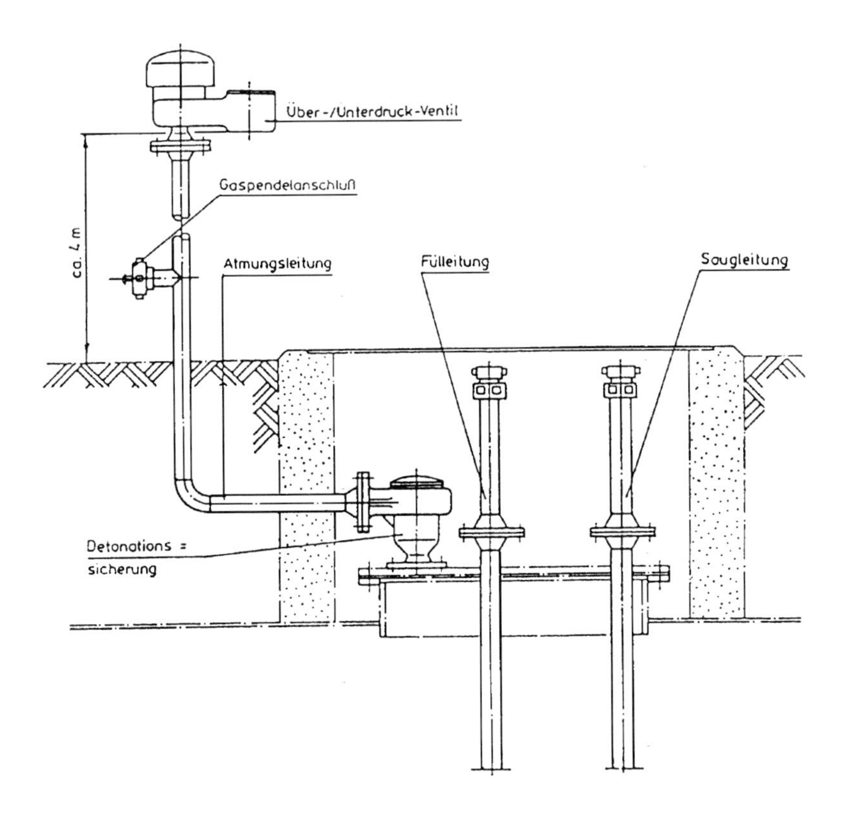

Bild 3: Sicherungsarmaturen für unterirdische Lagerbehälter

getrennt werden kann. Werden alle Behälter zusammen gefüllt, sind diese Armaturen geöffnet. Über einen Niveauanzeiger sollte die Eingangsarmatur gesteuert werden, damit die Befüllung der nachfolgenden Behälter gleichmäßig erfolgt. Dieser Füllstandsanzeiger dient gleichzeitig als Steuerorgan für die Überfüllsicherung. Es gibt den Impuls an die Eingangsarmatur, die sich dann schließt, selbst wenn die Pumpe noch fördert

3 Absicherung gegen Überdruck

Behälter, die nur mit geringem Druck beaufschlagt werden, oder drucklos sind, benötigen keine Sicherungsarmaturen gegen Überdruck. Es ist allerdings zu untersuchen, ob durch äußere Einwirkung eine Volumenveränderung möglich ist und damit ein unzulässiger Druck aufgebaut wird. In diesem Fall ist ein Überström-Ventil ausreichend. Bei kleinen Behältern auch ein Volumenkompensator, Bild 4.

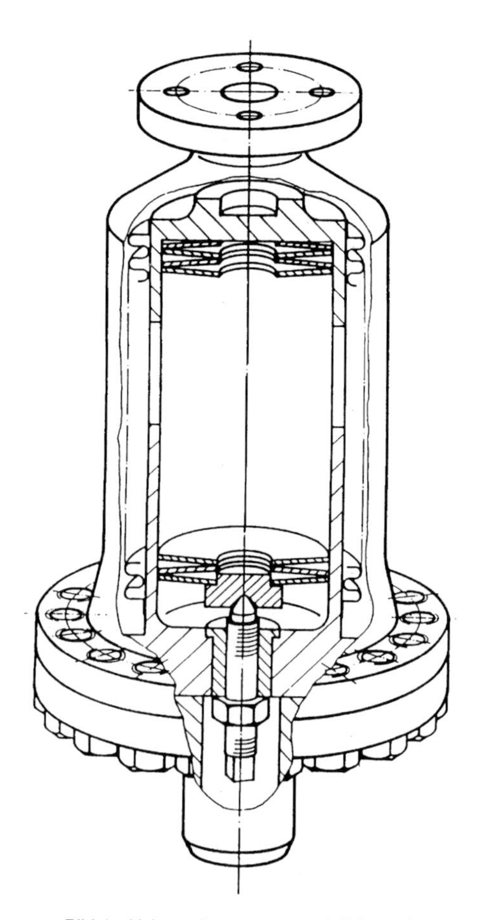

Bild 4: Volumenkompensator mit Faltenbalg

In der Verfahrenstechnik unterliegen Behälter meist der Druckbehälterverordnung und damit sind die Regelwerke gemäß AD-Merkblatt A 2 – Sicherheitseinrichtungen gegen Drucküberschreitungen –, bei Dampf TRD 421 und TRD 721 zusammen mit den Unfallverhütungsvorschriften zu beachten. Danach sind Armaturen vorzusehen, die mit Sicherheit eine unzulässige Drucküberschreitung vermeiden. Das ist vor allem mit Sicherheitsventilen zu erreichen. Bei Dampf und gasförmigen Medien werden Vollhubsicherheitsventile verwendet, die schlagartig öffnen, wenn die Druckgrenze erreicht ist. Bei Flüssigkeiten werden Proportional-Sicherheitsventile bevorzugt, die eine proportionale Öffnungscharakteristika besitzen. Alle Sicherheitsventile müssen so ausgelegt sein, daß sie jeden unzulässigen Überdruck sicher abführen, was auch für das Volumen Gültigkeit hat. Hat sich der Druck im Behälter wieder normalisiert, so sollen die Sicherheitsventile wieder schließen und dabei wird verlangt, daß ein dichter Abschluß nach dem Ansprechen vorhanden ist. Meist sind es federbelastete Ventile, bei größeren Anlagen und bei der Verwendung von mehr als einem Sicherheitsventil, auch gesteuerte Ventile. Je nach Art des Massestromes blasen die Ventile in die Atmosphäre oder in einen Auffangbehälter ab. Ein Auffangbehälter ist erforderlich, sofern die Medien umweltschädlich sind, oder dem Prozeß wieder zugeführt werden. In diesem Fall muß der Aufsatz des Sicherheitsventils geschlossen sein. Ein zusätzlicher Faltenbalg unterstützt diese Maßnahme. Um Leckagen kurz vor dem Ansprechen des Ventils zu vermeiden, oder wenn Verkrustungsgefahr durch das Medium am Sitz und Kegel der Armatur besteht, wird vor dem Ventil eine Berstscheibe eingebaut, die unerwünschte Leckagen und zu spätes Ansprechen wegen des Anbackens im Abschluß ausschaltet. Allerdings bedingt diese Anordnung, daß nach jedem Abblasen des Ventils, die Berstscheibe zu erneuern ist.

Es ist zweckmäßig an einem Behälter zwei Sicherheitsventile, unter der Verwendung eines Wechselventils, vorzusehen. Dabei ist ein Ventil beaufschlagt und das zweite Ventil dient als Reserve. Das Wechselventil muß so ausgelegt sein, daß beim Umschalten kein Totpunkt vorhanden ist. Mindestens ein Ventil muß in jeder Stellung des Wechselventils betriebsbereit sein. Außerdem ist der Widerstandsbeiwert des Wechselventils bei der Einstellung des Sicherheitsventils zu berücksichtigen.

Alle Sicherheitsarmaturen, die an Behältern gemäß der Druckbehälterverordnung verwendet werden, müssen die Zulassung der Überwachungsorganisationen besitzen und unterliegen laufenden Kontrollen. Gleichzeitig ermöglichen sie die Auslegung des Behälters in der Berechnung mit einem maximalem Druckanstieg von 10 % über dem Betriebsdruck.

4 Flüssiggasbehälter

Armaturen an Flüssiggasbehältern müssen eine Bescheinigung besitzen, daß sie gemäß ISO-Norm 10497 den Forderungen der „Fire-Safe"-Ausführung entsprechen. Dabei ist zu beachten, daß diese Bescheinigung auch Absperrventile in entsprechender Auslegung erhalten, die gemäß der Betriebsanleitung am Behälter so eingebaut werden, daß der Druck des Flüssiggases von unten auf den Kegel ansteht. Wird das Ventil manuell betätigt, so verhindert das Spindelgewinde, daß sich bei einem Brand das Ventil durch den anstehenden Druck öffnet. Wird jedoch mit einem Antrieb gearbeitet, wie teilweise vorgeschrieben, so schließt das Ventil mit Federkraft. Mit steigender Wärme wird der Antrieb mit Sicherheit wirkungslos und die Federkraft entfällt. Damit öffnet das Ventil durch den anstehenden Druck unter dem Kegel. Flüssiggas wird austreten und den Brand vergrößern. Werden für die Absperrung Hähne verwendet, besteht diese Gefahr nicht, wobei dem Kugelhahn meist der Vorzug gegeben wird. Wenn der Hahn geschlossen ist, erfüllt er seine Aufgabe, sofern er die Zulassung nach ISO 10497 besitzt.

Grundsätzlich sind die Festlegungen nach TRbF 403, TRR 100, TRB 610, TRB 801 und AD-Merkblatt A-6 zu beachten. Darin wird unter anderm die Forderung gestellt, daß bei Behältern einer bestimmten Größe für den Ein- und Auslauf zwei Armaturen vorzusehen sind. Entweder sollen beide Armaturen fernbetätigt werden, oder eine Armatur wird manuell bedient und die zweite besitzt einen Antrieb. Dabei ist zu beachten, daß sich in jedem Fall zwischen beiden Armaturen Flüssiggas befindet. Sind es nun Kugelhähne, wie sie meist vorgesehen werden und diese sind geschlossen, wird sich im Brandfall zwischen beiden ein Druck aufbauen, der weit über dem zulässigen Druck liegt. Deshalb muß dazwischen ein thermisches Entspannungsventil vorgesehen werden.

Der Behälter muß Sicherheitsventile besitzen, die bei Erwärmung und einem damit entstehenden Überdruck ansprechen. Die Entlastung durch die Sicherheitsventile sollte so geschehen, daß keine weitere Gefahrenquelle durch ausströmendes Gas entsteht.

Sind mehrere Behälter miteinander verbunden, dann muß sichergestellt sein, daß eine Trennung mit Absperrarmaturen erfolgen kann. Die Über- und Unterdruckventile sind als flammendurchschlagsichere Armaturen vorzusehen, wie bereits im Teil 2 – Füllen und Entleeren von Behältern – beschrieben. Das hat auch für die Überfüllsicherungen Gültigkeit.

5 Behälter mit staubförmigen Medien

Ein Unterschied zu Behältern mit flüssigen oder gasförmigen Stoffen, im Bezug auf die Ausrüstung mit Armaturen zum Füllen und Entleeren, besteht nicht. Es ist allerdings zu beachten, daß die Auslegung der Armaturen auf Feststoffe erfolgen muß. Verstopfungen können leicht eintreten. Außerdem ist mit Verschleiß zu rechnen, so daß die Abdichtung in der Armatur Schaden nehmen kann.

Deshalb wurden für diese Stoffe Armaturen entwickelt, die sich für die Feststoff-Förderung eignen. Wichtig ist jedoch die Absicherung gegen Staubexplosionen und je nach Staubart gegen einen Brand.

Um den unzulässigen Überdruck bei einer Staubexplosion im Behälter sicher abzuführen, eignen sich Berstscheiben besser als Sicherheitsventile. Der Überdruck kann meist ins Freie gehen, sofern der Behälter nicht in einem Gebäude steht. Sonst muß nach der Berstscheibe eine Ableitung vorhanden sein. Berstscheiben ergeben schlagartig eine Entlastung, wobei zuvor festgelegt werden muß, welcher Druck entstehen kann und welche Menge abgeführt werden muß. Danach richtet sich die Dimensionierung der Berstscheibe. (VDI-Richtlinie 2263 und 3673, dazu AD-Merkblatt A-1).

Durch eine Staubexplosion tritt bei verschiedenen Medien ein Brand auf. Besteht diese Gefahr, müssen Vorkehrungen getroffen werden, den Brand zu lokalisieren. Dazu sind am Behälter Flammenfilter (Flammendurchschlagsicherungen) vorzusehen, die bewirken, daß der Brand nicht auf andere Anlagenteile übergreifen kann. Dabei ist das Prinzip ein Wärmetauschermodul, in dem die Flammentemperatur auf einen unterhalb der Zündtemperatur des Mediums liegenden Wert reduziert wird.

Zum Schutz des Behälters, sofern angenommen werden kann, daß sich eine Explosion in der zuführenden Rohrleitung bilden kann, eignet sich auch ein Explosionsschutzschieber. Er wird druckgesteuert und schließt in sehr kurzer Zeit. Diese Armatur ist gleichzeitig im umgekehrten Fall ein Schutz für die Rohrleitung, sofern die Explosion im Behälter erfolgt.

6 Zusätzliche Armaturen bei unterschiedlichen Behälterarten

Behälter besitzen in der Verfahrenstechnik auch Rührwerke, die verschiedene Medien miteinander vermischen. Die Befüllung erfolgt meist von oben durch den Deckel. Hier werden Armaturen verwendet, wenn das Medium beachtet wird, wie bereits unter 2 – Füllen und Entleeren von Behältern – beschrieben. Die Entleerung erfolgt über Bodenablaßventile, die am tiefsten Punkt am Behälterboden montiert sind. Die Montage erfolgt über einen Blockflansch. Diese Bodenablaßventile haben einen Abgang von 45° gegenüber dem Einlaufstutzen. Als Absperrteil kann ein Kegel oder ein Kolben vorgesehen sein. In der „Zustellung" bildet der Abschlußkegel oder Kolben mit dem Behälterboden eine Ebene ohne Toträume, weil sich die Sitzbuchse in der Länge der Dimension des Behälterbodens anpassen läßt. Die Öffnungsrichtung der Ventile kann ventil- oder behälterseitig sein, wobei das Rührwerk im Behälter zu beachten ist. Außerdem können diese Bodenablaßventile mit einer Zusatzeinrichtung versehen werden, die das Nachschleifen des Kegels während des Betriebes ermöglicht. Diese Forderung kann dann auftreten, wenn das Medium kristallistenende oder anpackende Eigenschaften hat.

Besitzt ein Behälter getrennte Füll- und Entleerungsleitungen, dann können hier zur weiteren Sicherheit Rückflußverhinderer eingebaut werden. Wird ein Behälter gefüllt und eine Störung in der Förderung tritt ein, dann schließt der Rückflußverhinderer und es kann keine Flüssigkeit aus dem Behälter. In der Entleerungsleitung ist diese Armatur nicht erforderlich. Hier werden nur Rückflußverhinderer vorgesehen, wenn zum Beispiel der Behälter ins Freie entleert und die Möglichkeit besteht, daß von dieser Seite durch Hochwasser oder ähnliches ein Rückstau eintreten kann.

Transportable Behälter unterliegen Sondervorschriften in der Ausrüstung. So hat auch die Bundesbahn für Kesselwagen Richtlinien erstellt. Sie unterscheiden sich nach dem Füllgut des Behälters. Für diese Kesselwagen wurden Sonderarmaturen entwickelt. Es sind unter anderem Domdeckelventile oder allgemein Kesselwagenarmaturen, Bild 5. Sie sind nach den Gefahrenquellen bei einem Transport ausgelegt und erhalten von den maßgebenden Überwachungsorganen nach der Prüfung ein Zulassungsattest.

Ähnlich ist es bei Behältern die im Straßentransport Verwendung finden. Hier sind vielfach Doppelabsicherungen vorgeschrieben, wie zum Beispiel zwei Kugelhähne. Die Grundlage dafür ist die Einstufung in die verschiedenen Gefahrenklassen.

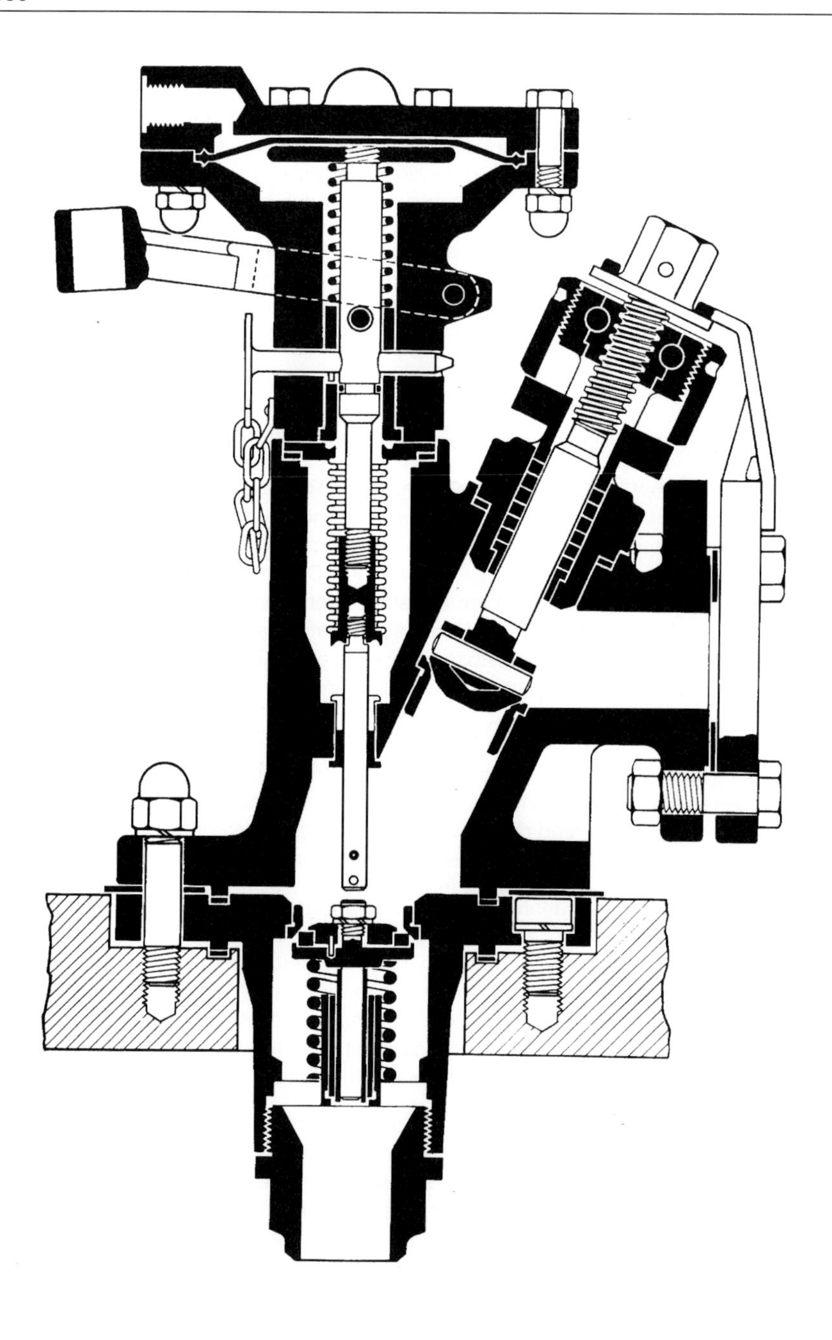

Bild 5: Domdeckelventil für Chemie-Kesselwagen

In der Verfahrenstechnik laufen in Behältern auch Reaktionen ab, oder sie dienen zur Vermischung von verschiedenen Reagenzien. Diese Vorgänge werden überwacht. Teilweise laufen die Reaktionen über einen bestimmten Zeitabschnitt ab. Aus diesem Grund müssen laufend Proben entnommen werden. Dazu wurden Probeentnahme-Armaturen entwickelt. Die Anforderungen an diese Armaturen sind: gefahrlose Entnahme von Proben, dichter Abschluß vor, während und nach der Entnahme, keine Toträume in der Armatur damit Verfälschungen durch Reste in der Probe ausgeschlossen werden, Spülmöglichkeit zur Entfernung von Resten in der Armatur nach der Entnahme. Da diese Proben auch bei höheren Temperaturen und Drücken entnommen werden, muß dies bei der Werkstoffwahl und den Abdichtungen Berücksichtigung finden, Bild 6.

In diesem Zusammenhang sind auch Verriegelungen von Armaturen an Behältern zu sehen. Sofern in einem Behälter eine Reaktion ablaufen soll, ist es wichtig, daß die einzelnen Medien nach einem bestimmten Plan zugeführt werden. In diesem Fall legt eine Verriegelung den Ablauf fest und Fehlbedienungen werden vermieden. Wenn die erste Armatur geöffnet wird, so sind die weiteren Absperrorgane geschlossen. Wird die erste Armatur geschlossen, kann der Schlüssel entnommen werden, um die nächste Armatur zu öffnen. In diesem Sinne wird ein Plan festgelegt, der die Reihenfolge garantiert.

7 Zusammenfassung

Der Begriff „Behälter" besitzt einen weiten Spielraum, nämlich vom einfachen Lagerbehälter für ungefährliche Medien bis zum Reaktionsgefäß unter erhöhten chemischen Bedingungen und mit höheren Drücken und Temperaturen. Deshalb kann von einer Standardausrüstung nicht ausgegangen werden.

Vielfach sind Behälter in ein System mit einbezogen, auch wenn es sich um die Lagerung handelt, jedoch in jedem Fall in der Verfahrenstechnik. Die Steuerung und Überwachung übernimmt dann die Meß- und Regeltechnik die nach einem vorgegebenen Programm arbeitet. Ihr unterliegen alle Vorgänge vom Füllen und Entleeren bis zu chemischen Reaktionen. Gleichzeitig ist das MSR-System eine Sicherheitseinrichtung, die bei Abweichungen von der Soll-Eingabe entsprechend reagiert. Damit sind theoretisch zusätzliche Sicherheitseinrichtungen nicht erforderlich. Trotzdem werden sie vorgesehen, denn es besteht immer die Gefahr, daß das Steuersystem ausfällt. Dann müssen Armaturen vorhanden sein, die ohne zusätzliche Steuerung Gefahren abwenden.

Das MSR-System kann nur arbeiten, wenn alle wichtigen Armaturen mit Antrieben versehen sind, die eine bestimmte Stellung garantieren, oder als Regelorgane arbeiten. Als Antriebe können verschiedene Arten gewählt werden, die sich jedoch nach den Steuermöglichkeiten des Meß- und Regelsystems richten. Das sind meist Antriebe mit Membrane und Feder, oder bei Armaturen mit einer Schwenkbewegung zur Betätigung mit ähnlich ausgelegten Antrieben. Eine Feder ist aber auch hier vorgesehen, da beim Ausfall des Steuermediums alle Armaturen in die Sicherheitsstellung gehen sollen, was dann die Federkraft bewirkt. Bei Behältern werden, teilweise auf Grund einer Vorschrift, auch zusätzliche Absperrorgane vorgesehen, die manuell zu betätigen sind. Damit soll sichergestellt werden, daß in jedem Fall eine Absperrung möglich ist. Das ergibt den Schluß, daß jeder Behälter eine Ausrüstung an Armaturen erhalten muß, die seiner Verwendung entspricht. Deshalb ist die Verwendung die Grundlage.

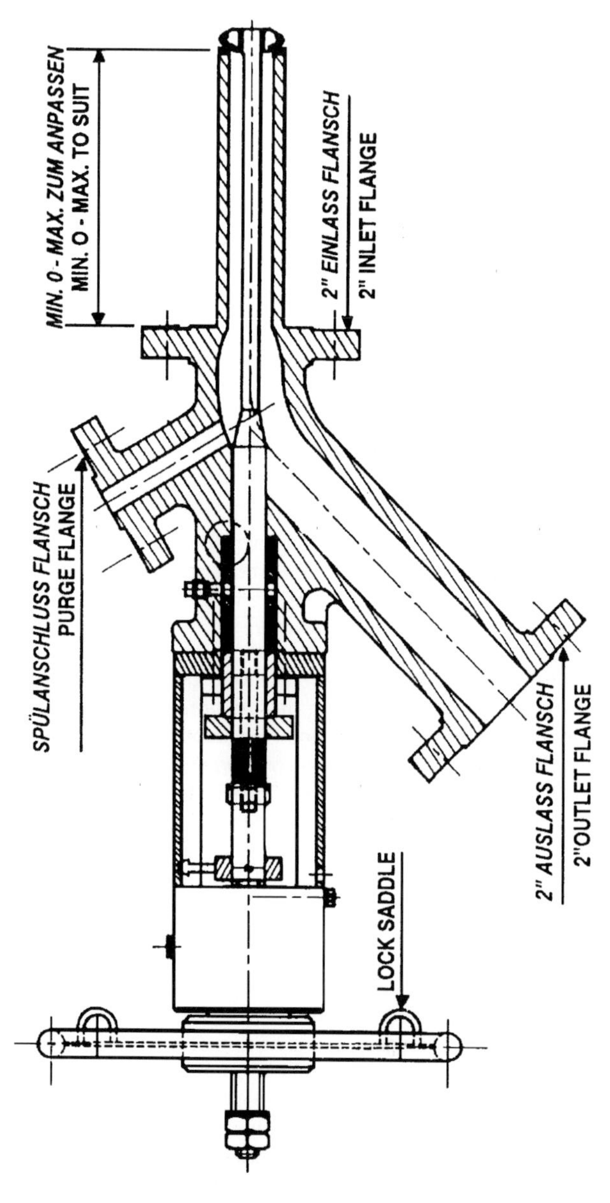

Bild 6: Probeentnahme 0

Stichwortverzeichnis

A

Abscheidesysteme 314
Absichern von Behältern und Armaturen 572
Absicherungen von Überdruck 575
Absicherungen von Unterdruck 575
Absorptionsanlagen 469
AD-Merkblätter 15, 16, 30, 39, 45, 61, 98
Adsorptionstrockner 422
Alloy 601 H (NiCr23Fe; 2.4851) 167
Alloy 617 (NiCr23Co12Mo; 2.4663) 167
Aluminiumwerkstoffe124
Anlagen zur Lösungsmittelrückgewinnung 468
Anwendungen für die Absorption 466
Anwendungsbeispiele für Graphitapparate 244
Anwendungsbereiche von Bleiwerkstoff 145
Apparate aus kunstharzimprägniertem Graphit 236
Apparate aus Thermoplast-GFK-Verbundkonstruktionen 215
Apparatekonstruktionen 45
Asbestfreie Dichtungsmaterialien 537
Atmosphärische Be- und Entlüftungen 574
Aufbau des deutschen Regelwerkes 573
Aufbau eines Wirbelschicht Wärmeaustauschers 398
Aufbau von Hybrid-Paketen 96
Aufbau von Wärmeübertragungsanlagen 494
Aufbau von Widerstands-Heizelementen 505
Aufbereitung von Schlick aus Häfen, Flüssen und Seen 305
Auffang- und Rückhaltevolumina 563
Auskleidungen 267
Auslegung filternder Abscheider 365
Auslegung und Herstellung von Druckbehältern 23, 44
Auslegung von Apparaten nach Regelwerk 28
Auslegung von Bajonettverschlüssen 48
Auslegung von befeuerten Erhitzern 508
Auslegung von querangeströmten Rohrbündeln 53
Auslegung von Vertikalschneckendosierern 73
Auslegungsstrategien für vertikale Schneckendosierer 91
Ausschnitte in der Behälterwand 34
Äußerer Überdruck 37
Austenitische Stähle 114
Auswahl von Modulen 338
Automatisierungen 9

B

Bandtrockner 415
Bau- und Druckprüfungen 25
Beanspruchung des Behältermantels 29
Beanspruchungsanalysen 62
Befeuerte Erhitzer in „Chemie-Ausführung“ 513
Befeuerte Wärmeträgererhitzer 506
Behälter mit staubförmigen Medien 578
Behälter-Stutzen-Verbindungen 58
Beispiel einer Sicherheitsbetrachtung 564
Bekämpfung der Larven 343
Bekämpfung der Muscheln 343
Berechnung auf Wechselbeanspruchung 39
Berechnung bei innerem Überdruck 32
Berechnung und Zeichnungserstellung von Druckbehältern 44
Berechnungsgrundlagen 21
Berechnungsverfahren 39, 54
Beschichtungen 267
Beständigkeitstabellen von Apparatebaugraphit 232
Betrieb von Druckbehältern 14
Bleilegierungen 139

Bleiwerkstoffe 138
Blockwärmeaustauscher 237
Blow-Down-Behälter 317
Borosilicatglas 218
Borosilicatglas und Kombinatswerkstoffe 224

C

Chemisch-technologische Grundlagen der Kristallisation 274
Chemische Tauglichkeit von Plhenolharzwerkstoffen 194
Chemische Tauglichkeit von Thermoplasten 207
CuAl-Werkstoffe DIN 17665 134
CuNi-Werkstoffe DIN 17664 und DIN 17658 136
CuSn-Werkstoffe DIN 17662 136
CuZn-Legierungen DIN 17660 132

D

DDS-Filterautomat 349
Detonationssicherungen in Gaspendelleitungen 564
Dichthilfsmittel 545
Dichtungscharakteristik 547
Dickwandige zylindrische Mäntel unter innerem Überdruck 38
Dimensionierung von Kunststoffkonstruktionen 177
DIN-ISO 3585, Borosilicatglas 221
DIN-ISO 4704, Apparatebauteile aus Glas 221
DIN-Normen 122
Diskontinuierliche Kristallisatoren 278
Diskontinuierliche Schneckenbetriebe 88
Diskontinuierliche Vakuumkontakttrockner 446
Domdeckelventile für Chemie-Kesselwagen 580
Doppelrohrwärmetauscher 530
Doppelwand-Plattenwärmeüberträger 372
Dralltrockner 422
Druckbehälter 288
Druckgeräterichtlinien 26
Drucklverlustbetrachtungen 504
Druckwasserstoffbeständige Stähle 154
Dünnschichttrockner 421

E

Ebener Boden 34
Eigenschaften der Phenolharzwerkstoffe 192
Einflußgrößen auf den Dosierstrom 76
Einsatz von Plattierungen 173
Elektrisch beheitzte Erhitzer 500
Elektrische Eigenschaften 208
Elektroerhitzer mit Überwachungs- und Regeleinrichtungen 502
Emallierte Rührkessel 519
Energiesysteme mit integrierter Kälteanlage 484
Entspannungs- und Abscheidesysteme 310
Entwicklungen 6
Erhitzer für Wärmeträgeranlagen 494
Ermüdungsfestigkeit von Behälter-Stutzen-Verbindungen 70
Ermüdungsfestigkeitsnachweis 56, 59
Ermüdungsfestigkeitsnachweise nach AD-Merkblatt S2 68
Europäische Normen (EN) 252
Europäisches Komitee für Normung (CEN) 252

F

Fertigung der Phenolharzapparate 196
Fertigungen im Apparatebau 180
Festigkeiten 148
Festigkeits- und Schädigungsverhalten 187
Festigkeitsberechnungen 97
Feuerstoffbefeuerte Erhitzer 512
Filtermedien 362
Filterrückspülungen 351
Finite- Element- Rechnungen 47
Finite-Elemente-Modelle 62
Fire-safe-Ausführungen 563

Flanschverbindungen
„Kugel-Pfanne“ 221
Fließbild von Trocknungssystemen 443
Flüssiggasbehälter 577
Flüssiggasdruckbehälter 286
Flüssiggaslager-Behälteranlagen 291
Flüssigkeits-Verteiler 458
Flüssigkeitsabscheidung 314
Füllen und Entleeren von Behältern 572
Funktionen der Dichtung im Dichtverbund 540
Funktionsschema eines Hydrozyklons 293

G

Gaspendelungen 574
Gasverteiler 462
Gelöteter Plattenwärmeüberträger 372
Genehmigungsverfahren 7
Geordnete Packungen 448
Geschlossene Entspannungssysteme 312
Gewölbter Boden 33, 38
GFK-Armierungen 212
Glasapparate- und Anlagenbau 218
Gummierungen 267
Gußwerkstoffe 257

H

Hauptwerkstoffgruppen 31
Heißgasfilter 357
Heißgasfilter mit hängenden Filterelementen 359
Heißgasfilter mit stehenden Filterelementen 359
Heiz- und Kühlanlagen 474
Heiz- und Kühlsysteme für Chargenprozesse 483
Heiz- und Kühltechnik emaillierter Apparate 519
Heiz-Kühl-Tiefkühlanlagen 513
Heizelementschweißen 182
Heizen und Kühlen über den Mantel 531
Hitzebeständige und hochwarmfeste Stähle 117
Hochkorrosionsbeständige Nickellegierungen 159
Hochlegiert Stähle 108
Hochtemperaturwerkstoffe 167
Hohlfasermodule 335
Hordentrockner 416
HYBRID-Plattenwärmetauscher 95
Hydrozyklone 293
Hydrozyklonschaltungen 301

I

Indirekt beheizte und gekühlte Hochdruck-Wasser/Dampf-Anlagen 515
Interkristalline Angriffe 114
Interkristalline Spannungsrißkorrosionen 155

K

Kalt- und Warmformgebungen 170
Kälte/Sole-Systeme 489
Kälteschutz 562
Kaltrißverhalten 151
Kammertrockner 416
Kapillarmodule 335
Kapitaleinsatzmatrix für den Einsatz von Wirbelschicht-Wärmeaustauschern 407
Kassettenmodule 331
Kegelmäntel und Tellerböden 37
Kerbspannungsermittlung an Schweißnahtübergängen 62
Kinetische und hydrodynamische Grundlagen 275
Kolonnen 242
Kolonneneinbauten 455
Konstruieren mit Apparatebaugraphit 234
Kontakttrockner 419
Kontinuierliche Kristallisatoren 280
Konvektionstrockner 415
Korrosionsbeständigkeit von Kupfer 129
Korrosionsschutzmaßnahmen 137
Korrosionsschutzmaßnahmen an metallischen Werkstoffen 261

Korrosionsschutzmaßnahmen im Chemie-Apparatebau 246, 248
Korrosionsverhalten 153
Kristallisationsapparate 274
Kristallisatorbauarten 278
Kühlsysteme mit integriertem NH3-Verdampfer 492
Kühlwasserkreisläufe 341
Kunstharzimprägnierter Elektrographit 230
Kunststoffe im chemischen Apparatebau 176
Kunststoffgerechtes Konstruieren 182
Kupferlegierungen 132
Kupferwerkstoffe 128

L

Lagerung von wassergefährdenden Flüssigkeiten 552
Langzeitfestigkeit bei höheren Temperaturen 121
Leckage von Flachdichtungen 542
Leckagededektionen 563
Leckagenberechnung an Flanschverbindung 51
Loch- und Spaltkorrosionen 114

M

„Make or Buy“ 8
Marktübersicht zu den Trocknungsapparaten 425
MATHCAD-Programmdokumente 67
Mechanische Eigenschaften von GFK 204
Mechanische Eigenschaften von Phenolharzwerkstoffen und GF-EP-Laminaten 193
Membrantrennverfahren 325
Metallische Werkstoffe in der Chemietechnik 254
Mikrostützwirkungen 69
Mikrowellentrockner 424
Mindestflächenpressungen 543
Mischer-Trockner 439
Mischer-Wärmeaustauscher 379
Mischer-Wärmeaustauscher in Doppelmantelausführung 379
Mischer-Wärmeaustauscher in Rohrbündelausführung 383
Mischreaktoren 384
Modularisierungen 9
Modultypen 338

N

NE-Werkstoffe 258
Nichteisenwerkstoffe im Apparatebau 124
Nichtrostende austenitische Stähle 255
Nichtrostende ferritische Stähle 255
Nichtrostende ferritische-austenitische Stähle 257
Nichtrostende martenitische Stähle 257
Nichtrostende Stähle 112
Nickel-Chrom-Eisen Legierungen 162, 166
Nickel-Chrom-Molybdän-Legierungen 163
Nickel-Kupfer-Legierungen 161
Nickel-Molybdän 161
Nickellegierungen für die Hochtemperaturanwendung Alloy 600 (NiCr 15 Fe, 2, 4816) 166
Nickelwerkstoffe für den Hochtemperatureinsatz 168
Nickelwerkstoffe für die Naßkorrosion 159
NiCrFe mit weiteren Legierungszusätzen 167
Normen für Dichtungen 547
Normen für legierte Stähle 122

P

PBCu-, PbCuSn- und Pb-Mehrstofflegierungen 142
PbSb-Werkstoffe (Hartblei) 142
Permeationen 208
Permeationskoeffizient für Wasser unterschiedlicher Apparatebauwerkstoffe 210
Pervaporation 324

Phenolharzwerkstoffe im Apparatebau 191
Physikalische und chemische Eigenschaften von Apparatebaugraphit 231
Plattenmodule 329
Plattenwärmeaustauscher 240
Plattenwärmeüberträger 370
Plattierungen und Überzüge 261
Prallstrahltrockner 416
Primärkreisläufe 487
Probeentnahme-Armaturen 581
Produktkühler 391
Prozeßanlage und Auffangsysteme 311
Prozeßanlage und Fackelsysteme 320
PTF-Faltenbälge 227

R

Rauchgasentschwefelungen 303
Reaktionssysteme in Doppelmantelausführung 394
Regelmäßige Prüfungen 25
Regeln für Druckbehälter 12
Regenerierung mit Druckluft 364
Ringnutwärmeaustauscher 239
Rohrbündelwärmeaustauscher 235, 237
Rohrleitungen 289
Rohrmodule 334
Rollnahtschweißen 100
Rolls-Lavel Plate Fin Heat Exchanger 377
Rückgewinnungsanlagen für Poyethylen 307

S

Schaltungen von Mischer-Wärmeaustauschern 392
Schaufel- und Schneckentrockner 421
Schüttgutdichtemessungen 84
Schüttgutdichten 79
Schüttgutdichteverläufe 83
Schweißeignungen 150
Schweißen 171, 180
Schweißen mit Schweißzusatzwerkstoffen 101
Schweißtechnik 96
Schweißverbindungen am Wärmetauscherblock 97
Schweißwerkstoffe 172
Sekundärkreisläufe 487
Semigeschweißte Plattenwärmeüberträger 371
Sicherheitsabstände und Schutzstreifen 563
Sicherheitskonzepte bei der Lagerung 550
Sicherheitssysteme 290
Sicherheitstechnik erdgedeckter Tanklager 561
Sicherheitstechnische Betrachtung von Rohrleitungssystemen 50
Sicherungsarmaturen für unterirdische Lagerbehälter 575
Sonderapparate 242
Spaltsiebe 344
Spannungsanalysen 51
Spannungsanalyseverfahren 21
Spannungserhöhungsfaktoren 66
Spannungsrißkorrosionen 114
Sprühtrockner 417
Stähle und NE-Werkstoffe 254
Standardisierungen 9
Standsicherheitsnachweise 39
Statische Dichtungen im Apparatebau 536
Strahlungstrockner 424
Stromtrockner 417
Strömungsdüsen 523
Strukturanalysen 46
Strukturwandel 7
Stutzenbauten 212
Syntheseeinheiten 242

T

Technische Regeln für Druckbehälter (TRB) 14
Technische Regeln Rohrleitungen (TRR) 289
Technische Regeln zur Druckbehälterverordnung 287
Tellertrockner 421

Temperiersysteme mit Wasser-Glykol 480
Thermische Eigenschaften 208
Thermoplast-GFK-Verbundkonstruktionen 202, 214
Thermoplastverarbeitung 211
TRB 801, Anr. 25 291
TRbF 559
Trennkolonnen 448
Trennkorngrößen 298
Trockner 413
Trocknungsverfahren und Apparate 414
Trommeltrockner 417

U

Überdruckvergleichsventile 562
Übersicht über die geordneten Packungen 450
Übersicht über die Methoden des Korrosionsschutzes 249
Übersicht über die wichtigsten statischen Dichtungen 536
Übersicht über Herstellungmethoden von metallischen Oberflächenschutzschichten 250
Ultrafiltration 324
Umkehrosmose 324
Unlegierte und nichtlegierte Stähle 147, 255
Unterdruckausgleichsventile 562

V

VdTÜV-Werkstoffblatt 123
Verbundwerkstoffe aus Graphit mit Carbonfasern 234
Verhinderungen von Fouling 404
Vermeiden von Gefahrenpotentialen 558
Versagensarten bei Druckbehältern 18
Vertikalspannungsverteilungen 80
Vollverschweißte Plattenwärmeüberträger 374
Volumenkompensator mit Faltenbalg 576
Vorprüfung von Druckbehältern 25

W

Walzentrockner 420
Wärmeaustauscher 369
Wärmeaustauscher für viskose Produkte 386
Wärmebehandlungen 170
Wärmeschutz 562
Wärmespannungen 224
Wärmetauscher 531
Wärmetechnische Auslegung emaillierter Apparate 533
Wärmeübergänge an einem Heizelement eines Elektro-Erhitzers 502
Wärmeübergänge bei der Wirbelschicht 399
Wärmeübergänge Mantelseite 522
Warmform- und Temperaturbeständigkeit von Phenolharzwerkstoffen 194
Warmschweißen 181
Waschen und Klassieren kontaminierter Böden 303
Wasserstoffinduzierte Rißbildungen 153
Wechselbeanspruchung 23
Weichstoffdichtungen 544
Werkstoffe auf Basis von expandiertem Graphit 538
Werkstoffe auf Basis von PTFE 538
Werkstoffe für Apparate – Korrosionsschutz 107
Werkstoffliches Recycling von Kunststoffen 308
Werkstoffwahl für Chemieapparate 251
Wickelmodule 332
Wirbelschicht-Wärmeaustauscher 397
Wirbelschichttrockner 418

Z

Zähigkeiten 149
Zähigkeiten in der Wärmeeinflußzone 152
Zeichnungserstellung 48
Zylinderschalen 37
Zylindrische Mäntel und Kugeln 33

Marktpartner für den Apparatebau:

Marktpartner für den Apparatebau:

Marktpartner für den Apparatebau:

MITROBA
Misch- und Trockungstechnik

CH-6247 Schötz

Telefon +41-41-980-4066
Telefax +41-41-980-5143

Unser Leistungsprogramm
Misch- und Trocknungstechnik im Schüttgüterbereich Pharma - Food - Chemie

Anzeige A9 nach Seite 442

Andreas Stein

2, rue Paul Beaupère
F-44300 Nantes

Hotline Deutschland: 01805 301 261
Fax: (33) 240681188

email: polysoude.sales@mail.naonet.fr

Unser Leistungsprogramm
- Automatische Rohrschweißanlagen für Rohr / Rohr bzw. Rohr-in-Boden-Anwendungen zum Einsatz im z.B. chemischen und pharmazeutischen Apparate- und Anlagenbau, in der Energietechnik sowie der Lebensmittelindustrie.
- Maschinen zur Rohrendenbearbeitung
- Weltweites Vertriebsnetz/Niederlassungen

Anzeige A7 nach Seite 358

Ansprechpartner: Herr Rainer Kausch

Laubenhof 15a
45326 Essen

Telefon: 0201-36 48 9-01
Telefax: 0201-36 89 00

Unser Leistungsprogramm:

Behälter, Wärmetauscher, Kolonnen aus:
- Edelstahl
- Titan
- Tantal
- Hastelloy
- Zirkonium
- Nickel etc.

Fertigung nach AD-Merkblatt und ASME

Einhefter nach Seite 72

STAWAG BIOTECH AG

STAWAG BIOTECH AG

Wagistr. 13
CH-8952 Schlieren

Telefon +41-1-730-4434
Telefax +41-1-730-4628

Unser Leistungsprogramm
FUNDA-Filtration für Chemie, Pharma, Lebensmittelindustrie, Nuklear, Chlor-Alkali, Hydrometallurgie, Textil und Maschinenindustrie.

Anzeige A6 nach Seite 328

Marktpartner für den Apparatebau:

Inserenten-, Lieferungs- und Leistungsverzeichnis

Abhitzekessel

GEKA-Wärmetechnik
Gottfried Kneifel GmbH & Co. KG
D-76227 Karlsruhe ...... A 5, nach S. 328
HTT GmbH
D-32051 Herford 495

Abluftreinigungsanlagen

HOSOKAWA MIKROPUL
Gesellschaft für Mahl- und Staubtechnik mbH
D-51149 Köln .... A 7, nach S. 358
Keramchemie GmbH
D-56427 Siershahn ..... A 2, nach S. 194
KÜHNI AG
Verfahrens- und Umwelttechnik
CH-4123 Allschwil 2 449

Abscheider (Zentrifugalabscheider)

KÜHNI AG
Verfahrens- und Umwelttechnik
CH-4123 Allschwil 2 449

Absorptionsanlagen

HOSOKAWA MIKROPUL
Gesellschaft für Mahl- und Staubtechnik mbH
D-51149 Köln .... A 7, nach S. 358
KÜHNI AG
Verfahrens- und Umwelttechnik
CH-4123 Allschwil 2 449

Anschwemmfilter

STAWAG BIOTECH AG
CH-8952 Schlieren ...... A 6, nach S. 328

Behälter

SCHILLER APPARATEBAU GMBH
D-45326 Essen .... nach S. 72

CAD-Beratung und Schulung

ISKA GmbH
CAD/CAM/CAE-Systeme
D-64604 Bensheim 123

CAD/CAM für Behälter- und Apparatebau

ISKA GmbH
CAD/CAM/CAE-Systeme
D-64604 Bensheim 123

CAD-Dienstleistungen

ISKA GmbH
CAD/CAM/CAE-Systeme
D-64604 Bensheim 123

CAE für Verfahrenstechnik

ISKA GmbH
CAD/CAM/CAE-Systeme
D-64604 Bensheim 123

Chargenmischer

MITROBA AG
Misch- und Trocknungstechnik
CH-6247 Schötz
(Schweiz) .... A 9, nach S. 442

Dampferzeuger

GEKA-Wärmetechnik
Gottfried Kneifel GmbH & Co. KG
D-76227 Karlsruhe ...... A 5, nach S. 328
HTT GmbH
D-32051 Herford 495

Destillationsanlagen

KÜHNI AG
Verfahrens- und Umwelttechnik
CH-4123 Allschwil 2 449

Drehscheibenextraktoren

KÜHNI AG
Verfahrens- und Umwelttechnik
CH-4123 Allschwil 2 449

Druckbehälter

MITROBA AG
Misch- und Trocknungstechnik
CH-6247 Schötz
(Schweiz) .... A 9, nach S. 442
SCHILLER APPARATEBAU GMBH
D-45326 Essen .... nach S. 72

STAWAG BIOTECH AG
CH-8952 Schlieren ...... A 6, nach S. 328

Drucknutschen

STAWAG BIOTECH AG
CH-8952 Schlieren ...... A 6, nach S. 328

Dünnschicht-Verdampfer

KÜHNI AG
Verfahrens- und Umwelttechnik
CH-4123 Allschwil 2 449

Eindampfanlagen

KÜHNI AG
Verfahrens- und Umwelttechnik
CH-4123 Allschwil 2 449
Messo Chemietechnik GmbH
D-47229 Duisburg .... A 1, nach S. 194

Eindampfkristallisatoren

Messo Chemietechnik GmbH
D-47229 Duisburg .... A 1, nach S. 194

Entspannungs- und Abscheidesysteme

KÜHNI AG
Verfahrens- und Umwelttechnik
CH-4123 Allschwil 2 449

Erhitzer

GEKA-Wärmetechnik
Gottfried Kneifel GmbH & Co. KG
D-76227 Karlsruhe ...... A 5, nach S. 328
HTT GmbH
D-32051 Herford 495
Thermowave
Gesellschaft für Wärmetechnik mbH
D-06536 Berga .... A 7, nach S. 358

Erhitzer für Wärmeträgeranlagen

GEKA-Wärmetechnik
Gottfried Kneifel GmbH & Co. KG
D-76227 Karlsruhe ...... A 5, nach S. 328

Extraktionsapparate

KÜHNI AG
Verfahrens- und Umwelttechnik
CH-4123 Allschwil 2 449

Fallfilmverdampfer

KÜHNI AG
Verfahrens- und Umwelttechnik
CH-4123 Allschwil 2 449
Messo Chemietechnik GmbH
D-47229 Duisburg .... A 1, nach S. 194

Fallstromverdampfer

KÜHNI AG
Verfahrens- und Umwelttechnik
CH-4123 Allschwil 2 449

Fassheizer

WILL & HAHNENSTEIN GMBH
D-57007 Siegen 158

Fasstechnik

WILL & HAHNENSTEIN GMBH
D-57007 Siegen 158

Feinvakuumdestillationsanlagen

KÜHNI AG
Verfahrens- und Umwelttechnik
CH-4123 Allschwil 2 449

Filtermedien

BEKAERT (FVG)
Filter Vertriebs GmbH
D-65510 Idstein .... A 3, nach S. 288

Füllkörper-Destillationsanlagen

KÜHNI AG
Verfahrens- und Umwelttechnik
CH-4123 Allschwil 2 449

Glockenbodenkolonnen

KÜHNI AG
Verfahrens- und Umwelttechnik
CH-4123 Allschwil 2 449

Heißgasfilter

HOSOKAWA MIKROPUL
Gesellschaft für Mahl- und Staubtechnik mbH
D-51149 Köln .... A 7, nach S. 358

Heiz- und Kühlanlagen

HTT GmbH
D-32051 Herford 495

Kerzenwärmeaustauscher

KÜHNI AG
Verfahrens- und Umwelttechnik
CH-4123 Allschwil 2 449

Kessel (Naturumlaufkessel, Sonderkessel, Zwangsdurchlaufkessel)

GEKA-Wärmetechnik
Gottfried Kneifel GmbH & Co. KG
D-76227 Karlsruhe ...... A 5, nach S. 328

Kolonnenpackungen

KÜHNI AG
Verfahrens- und Umwelttechnik
CH-4123 Allschwil 2 449

Kondensatoren

CALORPLAST WÄRMETECHNIK GmbH
D-47803 Krefeld .... A 12, nach S. 446
KÜHNI AG
Verfahrens- und Umwelttechnik
CH-4123 Allschwil 2 449
Thermowave
Gesellschaft für Wärmetechnik mbH
D-06536 Berga .... A 7, nach S. 358

Konusmischer

J. Engelsmann AG
D-67004 Ludwigshafen ....
A 11, nach S. 446

Konustrockner

J. Engelsmann AG
D-67004 Ludwigshafen ....
A 11, nach S. 446

Korrosionsschutz

Keramchemie GmbH
D-56427 Siershahn ..... A 2, nach S. 194

Kühlungskristallisatoren

Messo Chemietechnik GmbH
D-47229 Duisburg .... A 1, nach S. 194

Kunststoff-Apparatebau

Keramchemie GmbH
D-56427 Siershahn ..... A 2, nach S. 194

Labor-Wärmeschränke

WILL & HAHNENSTEIN GMBH
D-57007 Siegen 158

Mehrkammerreaktoren

KÜHNI AG
Verfahrens- und Umwelttechnik
CH-4123 Allschwil 2 449

Membranfilter

BEKAERT (FVG)
Filter Vertriebs GmbH
D-65510 Idstein .... A 3, nach S. 288

Mischer

J. Engelsmann AG
D-67004 Ludwigshafen ....
A 11, nach S. 446
MITROBA AG
Misch- und Trocknungstechnik
CH-6247 Schötz
(Schweiz) .... A 9, nach S. 442

Mischer-Reaktor-Trockner

J. Engelsmann AG
D-67004 Ludwigshafen ....
A 11, nach S. 446
MITROBA AG
Misch- und Trocknungstechnik
CH-6247 Schötz
(Schweiz) .... A 9, nach S. 442

Misch- und Knetmaschinen

J. Engelsmann AG
D-67004 Ludwigshafen
A 11, nach S. 446

Mixer-Settler-Kolonnen

KÜHNI AG
Verfahrens- und Umwelttechnik
CH-4123 Allschwil 2 449

Platten-Wärmeaustauscher

Thermowave
Gesellschaft für Wärmetechnik mbH
D-06536 Berga .... A 7, nach S. 358

Prozeßapparate

KÜHNI AG
Verfahrens- und Umwelttechnik
CH-4123 Allschwil 2 449

Prozeßgaskühler

CALORPLAST WÄRMETECHNIK GmbH
D-47803 Krefeld .... A 12, nach S. 446

Pulsierende Extraktionskolonnen

KÜHNI AG
Verfahrens- und Umwelttechnik
CH-4123 Allschwil 2 449

Rauchgasreinigungsanlagen

HOSOKAWA MIKROPUL
Gesellschaft für Mahl- und Staubtechnik mbH
D-51149 Köln .... A 7, nach S. 358

Reaktoren

SCHILLER APPARATEBAU GMBH
D-45326 Essen .... nach S. 72

Rektifikationskolonnen

KÜHNI AG
Verfahrens- und Umwelttechnik
CH-4123 Allschwil 2 449

Rekuperatoren

Thermowave
Gesellschaft für Wärmetechnik mbH
D-06536 Berga .... A 7, nach S. 358

Rippenrohr-Wärmeaustauscher

KÜHNI AG
Verfahrens- und Umwelttechnik
CH-4123 Allschwil 2 449

Rohr-in-Boden-Schweißanlagen

Polysoude S.A.
F-44300 Nantes .... A 4, nach S. 194

Rohrbündelapparate

KÜHNI AG
Verfahrens- und Umwelttechnik
CH-4123 Allschwil 2 449

Rohrendenbearbeitungsmaschinen

Polysoude S.A.
F-44300 Nantes .... A 4, nach S. 194

Rohrleitungen

Keramchemie GmbH
D-56427 Siershahn ..... A 2, nach S. 194

Rohrschweißanlagen

Polysoude S.A.
F-44300 Nantes .... A 4, nach S. 194

Rotationsverdampfer

KÜHNI AG
Verfahrens- und Umwelttechnik
CH-4123 Allschwil 2 449

Rückgewinnungsanlagen (für Lösemittel)

KÜHNI AG
Verfahrens- und Umwelttechnik
CH-4123 Allschwil 2 449

Rückspülfilter

STAWAG BIOTECH AG
CH-8952 Schlieren ...... A 6, nach S. 328

Rührwerksbehälter

MITROBA AG
Misch- und Trocknungstechnik
CH-6247 Schötz
(Schweiz) .... A 9, nach S. 442
SCHILLER APPARATEBAU GMBH
D-45326 Essen .... nach S. 72

Schnecken-Wärmeaustauscher

J. Engelsmann AG
D-67004 Ludwigshafen ....
A 11, nach S. 446

Schweißanlagen

Polysoude S.A.
F-44300 Nantes .... A 4, nach S. 194

Siebbödenkolonnen

KÜHNI AG
Verfahrens- und Umwelttechnik
CH-4123 Allschwil 2 449

Tanks

MITROBA AG
Misch- und Trocknungstechnik
CH-6247 Schötz
(Schweiz) .... A 9, nach S. 442

Taumeltrockner

J. Engelsmann AG
D-67004 Ludwigshafen ....
A 11, nach S. 446

Teller-Druckfilter

STAWAG BIOTECH AG
CH-8952 Schlieren ...... A 6, nach S. 328

Thermoöl-Erhitzer

GEKA-Wärmetechnik
Gottfried Kneifel GmbH & Co. KG
D-76227 Karlsruhe ...... A 5, nach S. 328

Trenntechnische Prozeßlinien

Messo Chemietechnik GmbH
D-47229 Duisburg .... A 1, nach S. 194

Trockner

MITROBA AG
Misch- und Trocknungstechnik
CH-6247 Schötz
(Schweiz) .... A 9, nach S. 442

Trommeltrockner

J. Engelsmann AG
D-67004 Ludwigshafen ....
A 11, nach S. 446

Vakuum-Destillationsanlagen

KÜHNI AG
Verfahrens- und Umwelttechnik
CH-4123 Allschwil 2 449

Vakuum-Kühlanlagen

Messo Chemietechnik GmbH
D-47229 Duisburg .... A 1, nach S. 194

Vakuummischer

J. Engelsmann AG
D-67004 Ludwigshafen ....
A 11, nach S. 446
MITROBA AG
Misch- und Trocknungstechnik
CH-6247 Schötz
(Schweiz) .... A 9, nach S. 442

Vakuumtrockner

J. Engelsmann AG
D-67004 Ludwigshafen ....
A 11, nach S. 446
MITROBA AG
Misch- und Trocknungstechnik
CH-6247 Schötz
(Schweiz) .... A 9, nach S. 442

Ventilatoren

Keramchemie GmbH
D-56427 Siershahn ..... A 2, nach S. 194

Ventilböden

KÜHNI AG
Verfahrens- und Umwelttechnik
CH-4123 Allschwil 2 449

Verdampfer

KÜHNI AG
Verfahrens- und Umwelttechnik
CH-4123 Allschwil 2 449
Messo Chemietechnik GmbH
D-47229 Duisburg .... A 1, nach S. 194
Thermowave
Gesellschaft für Wärmetechnik mbH
D-06536 Berga .... A 7, nach S. 358

Verdampfungskristallisatoren

Messo Chemietechnik GmbH
D-47229 Duisburg .... A 1, nach S. 194

Wärmeaustauscher

CALORPLAST WÄRMETECHNIK GmbH
D-47803 Krefeld .... A 12, nach S. 446
HTT GmbH
D-32051 Herford 495
KÜHNI AG
Verfahrens- und Umwelttechnik
CH-4123 Allschwil 2 449
SCHILLER APPARATEBAU GMBH
D-45326 Essen .... nach S. 72
Thermowave
Gesellschaft für Wärmetechnik mbH
D-06536 Berga ....A 7, nach S. 358

Wärmekammern

WILL & HAHNENSTEIN GMBH
D-57007 Siegen 158

Wärme-Rückgewinnungsanlagen

CALORPLAST WÄRMETECHNIK GmbH
D-47803 Krefeld .... A 12, nach S. 446

Wärmeübertragungsanlagen

GEKA-Wärmetechnik
Gottfried Kneifel GmbH & Co. KG
D-76227 Karlsruhe ...... A 5, nach S. 328

Warmlufttrockner

WILL & HAHNENSTEIN GMBH
D-57007 Siegen 158

Zentrifugaldünnschichtverdampfer

KÜHNI AG
Verfahrens- und Umwelttechnik
CH-4123 Allschwil 2 449

Zyklone

HOSOKAWA MIKROPUL
Gesellschaft für Mahl- und Staubtechnik
mbH
D-51149 Köln .... A 7, nach S. 358

NOTIZEN

NOTIZEN